MODÈLES PROBABILISTES D'AIDE À LA DÉCISION

Couverture: Ronald YOUNG

ISBN 2-7605-0428-X

Dépôt légal — 4e trimestre 1987
Bibliothèque nationale du Québec
Bibliothèque nationale du Canada
Imprimé au Canada

Michel NEDZELA

MODÈLES PROBABILISTES D'AIDE À LA DÉCISION

avec la collaboration de Jacqueline Gianini

1987
Presses de l'Université du Québec
Case postale 250, Sillery, Québec G1T 2R1

À Claire et Marc

TABLE DES MATIÈRES

Chapitre 1

NOTIONS FONDAMENTALES DE THÉORIE DES PROBABILITÉS

Chapitre 2

PROBABILITÉ CONDITIONNELLE ESPÉRANCE CONDITIONNELLE

Chapitre 3

LA THÉORIE DE LA DÉCISION

Chapitre 5

CHAINES DE MARKOV

Chapitre 6

DISTRIBUTIONS STATIONNAIRES D'UNE CHAINE DE MARKOV

Chapitre 7

PROCESSUS DE DÉCISION MARKOVIENS

Chapitre 8

LOI EXPONENTIELLE ET PROCESSUS DE POISSON

Chapitre 9

PROCESSUS DE RENOUVELLEMENT

Chapitre 10

FILES D'ATTENTE

Chapitre 11

TEMPS D'ARRÊT OPTIMAL SUR UNE CHAINE DE MARKOV

Chapitre 12

LA SIMULATION

AVANT-PROPOS

L'incertitude dans la connaissance des événements futurs est à la base de nombreux problèmes de décision dans le monde des affaires. Il est facile de se convaincre de l'omniprésence de l'incertitude, non seulement dans l'entreprise, mais encore dans la vie quotidienne. C'est pourquoi ceux qui savent en tirer partie, que ce soit par *savoir-faire* ou par *chance*, sont très bien récompensés pour leur succès. Après tout, d'après l'Ancien Testament, Joseph n'est-il pas devenu ministre du pharaon pour avoir su prévoir sept années de famine (les sept vaches maigres) après sept années d'abondance (les sept vaches grasses).

Les modèles probabilistes d'aide à la décision, hier domaine réservé de quelques spécialistes, font partie des instruments de travail actuels des gestionnaires et pour ceux d'entre eux qui considèrent cette perspective comme un dîner forcé avec le diable, il serait souhaitable de s'équiper d'une longue et solide cuillère.

Les modèles probabilistes permettent de quantifier l'incertitude et de représenter les relations dynamiques qui existent entre des suites d'événements aléatoires. On y fait appel non seulement pour analyser l'incertitude dans la prise de décision, mais encore pour étudier les variations propres aux processus biologiques et médicaux, pour représenter les complexités inhérentes aux interactions psychologiques et sociales, et pour fournir de nouveaux points de vue dans le développement de la mathématique et de la statistique.

L'objectif de ce manuel est de procurer au lecteur le *savoir-faire* nécessaire pour mettre toutes les *chances* de son côté dans la prise de décision face à l'incertitude. Pour ce faire: *(i)* nous présentons à l'étudiant les concepts et les méthodes principales des modèles probabilistes, *(ii)* nous illustrons la richesse et la diversité de ces modèles à l'aide d'applications prises dans les domaines de la gestion, des sciences physiques et sociales, et du génie, et *(iii)* nous proposons un grand nombre de problèmes qui permettent au lecteur de tester, sur des exemples appropriés, sa compréhension des idées et des modèles introduits dans ce livre. Ces moyens nous assurent que le dîner se termine bien pour les débutants, tout en mettant en appétit les initiés.

L'enseignement des modèles probabilistes présente un défi assez différent de celui des modèles déterministes. Ces différences sont reflétées dans l'approche pédagogique des manuels correspondants. Alors que dans "Introduction à la science de la gestion" il était possible de garder les connaissances mathématiques préalables à un minimum, la nature même des sujets probabilistes exige une infrastructure mathématique plus développée. L'absence de traitement mathématique transforme un certain nombre de livres d'introduction aux modèles probabilistes en manuels de recettes qui ne préparent pas adéquatement le lecteur à la prise de décision face à l'incertitude. Ce manuel présuppose un niveau mathématique correspondant au premier cours de calcul et d'algèbre des programmes universitaires de l'Ontario, ou aux cours de mathématiques 103, 105 et 203 des Cégeps du Québec.

L'approche retenue dans ce manuel propose une route intermédiaire entre l'intuition probabiliste, dans la mesure où elle existe, et un traitement mathématique rigoureux, dans la mesure où il est nécessaire à la bonne compréhension du sujet. Bien que la matière soit plus difficile que celle d'"Introduction à la science de la gestion", nous avons, dans la mesure du possible, porté une attention particulière à la clarté du langage et à la simplicité de l'expression. Cela rend possible l'utilisation du manuel par l'étudiant n'ayant pas un accès direct à la salle de classe (cours par correspondance, culture personnelle).

Les utilisateurs possibles

Ce manuel peut être utilisé dans les programmes de recherche opérationnelle ou de science de la gestion des facultés, écoles et départements d'administration, et dans les cours de probabilité et de processus stochastiques des facultés de sciences et de génie.

Il a été préparé initialement en vue des besoins des étudiants des programmes de premier (baccalauréats) et deuxième (maîtrises) cycles des facultés d'administration désirant acquérir des connaissances plus poussées en science de la gestion, et des étudiants des programmes de mathématiques désirant acquérir une formation de base dans le domaine des processus stochastiques. Le manuel est également adapté à l'enseignement des établissements français d'enseignement supérieur des techniques de l'ingénieur, et des meilleures écoles de gestion des entreprises.

A l'Université d'Ottawa, par exemple, nous utilisons les chapitres 3, 4 (en partie), et 12 dans le deuxième cours de recherche opérationnelle (troisième année du baccalauréat), et tout ou partie des chapitres 1, 2, 5, 6, 7, 8, 9 et 10 dans un cours de "Modèles probabilistes en gestion" (quatrième année du baccalauréat, ou deuxième année de maîtrise).

Le livre du maître est disponible pour les professeurs ayant choisi le manuel comme livre obligatoire dans leur enseignement (prière de communiquer avec l'auteur à la Faculté d'Administration, Université d'Ottawa, Ottawa, Canada K1N 6N5). Les logiciels accompagnant les livres de l'auteur sont en vente à la société P.E. LOGIC Inc. (100, Chemin Lisgar, Ottawa, Canada K1M 2G5).

Remerciements

La rédaction d'un manuel est toujours un ouvrage ingrat. Un professeur a cependant la chance de pouvoir soumettre les manuscrits qui constituent ses notes de cours à l'épreuve d'un enseignement oral, et de pouvoir ainsi l'améliorer grâce aux réactions des étudiants. Ce manuel est le fruit de plusieurs années d'enseignement des cours spécialisés en recherche opérationnelle à l'Université d'Ottawa. Il a pu voir le jour grâce aux efforts de nombreuses personnes que je tiens ici à remercier. Ma collègue et collaboratrice Jacqueline Gianini a eu un rôle déterminant dans l'élaboration des chapitres 3, 9, 11 et 12. Ses critiques et commentaires ont enrichi l'ensemble de la présentation.

Les étudiants ont toujours apprécié la disponibilité de programmes d'ordinateur associés au manuel. Ces programmes ont pu être développés grâce à l'excellent travail de Denis Pellerin.

La réalisation de ce manuel a été toute une expérience! L'auteur en a fait la typographie sur micro-ordinateur à l'aide du logiciel TEX conçu par le professeur Donald Knuth de l'Université Stanford. La "dactypographie" du manuscrit a rendu la vie misérable, à parts égales, à Diane Denault et à Jacqueline Gianini. Denis Pellerin et l'auteur ont rivalisé d'imagination dans le rôle de TEXpert (ou doit-on plutôt dire TEXnicien?). Stephen Bencze de la compagnie TEXSource de Houston au Texas, a fait la photocomposition à partir des disquettes envoyées par l'auteur. Je tiens également à remercier Angèle Tremblay et Richard Hodgson, des Presses de l'Université du Québec, pour la révision du manuscrit et la conception graphique respectivement.

Finalement, je remercie mon épouse Jennifer, et mes enfants Claire et Marc, de m'avoir laissé consacrer autant de temps à la préparation de ce volume; ce temps, en grande partie, leur appartenait. Les vrais coupables, puisqu'il vaut mieux en trouver, sont Donald Knuth pour avoir mis au point le merveilleux logiciel TEX, et les professeurs Kai Lai Chung, Donald Iglehart, Samuel Karlin et Arthur Veinott de l'Université Stanford pour m'avoir intéressé, par la richesse de leur enseignement, aux sujets quelque peu ésotériques qui constituent la matière de ce livre.

Michel NEDZELA

Chapitre 1

NOTIONS FONDAMENTALES DE THÉORIE DES PROBABILITÉS

Tout modèle d'aide à la décision qui se veut un tant soit peu réaliste doit permettre de tenir compte de l'incertitude et du hasard. En effet, dans le monde des affaires tout comme dans le monde physique, les quantités et phénomènes qui intéressent le preneur de décision sont sujets à des variations qui ne peuvent pas être prévues d'avance. On appelle *modèle probabiliste* un modèle qui permet de tenir compte de ces variations.

Comme nous allons le voir, le processus d'affectation de probabilités à des situations réelles est plutôt approximatif: le passage de la réalité au modèle probabiliste se fait, en grande partie, par tâtonnement. Il est donc essentiel, pour pouvoir réussir dans ce domaine, d'avoir à sa disposition un répertoire aussi complet que possible de modèles et de méthodes probabilistes. En d'autres termes, nous devons nous équiper d'un grand dictionnaire probabiliste!

Le but de ce chapitre est précisément de nous donner les bases d'un tel dictionnaire. Ce manuel est, en effet, consacré à la construction et à l'analyse de modèles probabilistes dans le contexte de la prise de décision. Il est donc indispensable de commencer avec les notions fondamentales de probabilité. Nous attirons cependant l'attention du lecteur sur le fait que, le but de ce manuel n'étant pas l'étude de la théorie des probabilités, ces notions sont relativement succinctes. Nous renvoyons le lecteur souhaitant des approfondissements en théorie des probabilités aux nombreux ouvrages spécialisés dans ce domaine.

1.1 PROBABILITÉS ET ÉVÉNEMENTS

1.1.1 Ensemble fondamental et événements

Supposons que nous soyons prêts à faire une expérience dont le résultat n'est pas connu d'avance. Cependant, bien que nous ne puissions pas en prévoir le résultat, nous connaissons tous les résultats possibles de cette expérience. On appelle *ensemble fondamental* Ω l'ensemble des résultats possibles de l'expérience. L'ensemble Ω est également appelé l'*espace des réalisations* de cette expérience.

On peut concrétiser ce concept à l'aide des exemples suivants:

1. Si l'expérience consiste à lancer un dé, l'ensemble fondamental est $\Omega = \{1,2,3,4,5,6\}$ où le résultat i signifie que le chiffre i $(i = 1,2,3,4,5,6)$ a été lu sur le dessus du dé.
2. Si maintenant l'expérience consiste à lancer deux fois le même dé, l'ensemble fondamental contient les 36 éléments

$$\Omega = \begin{cases} (1,1),(1,2),(1,3),(1,4),(1,5),(1,6), \\ (2,1),(2,2),(2,3),(2,4),(2,5),(2,6), \\ (3,1),(3,2),(3,3),(3,4),(3,5),(3,6), \\ (4,1),(4,2),(4,3),(4,4),(4,5),(4,6), \\ (5,1),(5,2),(5,3),(5,4),(5,5),(5,6), \\ (6,1),(6,2),(6,3),(6,4),(6,5),(6,6), \end{cases}$$

   où le résultat (i,j) signifie que le chiffre i est apparu au premier lancer, et le chiffre j au deuxième.
3. Les probabilistes semblent beaucoup s'amuser avec des dés et des pièces de monnaie. Si maintenant nous jouons à pile ou face avec une pièce de monnaie, alors l'ensemble fondamental sera $\Omega = \{P,F\}$ où le résultat P indique pile et F face.
4. Si l'expérience consiste à mesurer la durée de vie (ou de fonctionnement) d'une ampoule électrique, l'ensemble fondamental de

cette expérience comprend tous les nombres réels non négatifs, soit $\Omega = [0, \infty)$. □

On appelle *événement* tout sous-ensemble de l'ensemble fondamental Ω. Si ω est le résultat de l'expérience et A un sous-ensemble de Ω, on dira que l'événement A est réalisé si $\omega \in A$. On peut concrétiser ce concept à l'aide des exemples suivants:

1′. Dans l'expérience qui consiste à lancer un dé unique, le sous-ensemble $A = \{1\}$ de l'ensemble fondamental représente l'événement que le résultat du lancer soit le chiffre 1. De même, le sous-ensemble $B = \{1, 3, 5\}$ représente l'événement que le résultat du lancer soit un chiffre impair.

2′. Dans l'expérience qui consiste à lancer deux fois le dé, l'événement que la somme des deux résultats soit égale à sept correspond au sous-ensemble $A = \{(1, 6), (2, 5), (3, 4), (4, 3), (5, 2), (6, 1)\}$ de l'ensemble fondamental Ω de l'exemple 2 précédent.

3′. Dans l'expérience qui consiste à jouer à pile ou face, le sous-ensemble $A = \{P\} \subset \{P, F\}$ est associé avec l'événement que le résultat du lancer soit pile.

4′. Finalement, pour l'exemple 4 précédent, le sous-ensemble $A = (500,\ 1\,000)$ correspond à l'événement que la durée de vie de l'ampoule soit comprise entre 500 et 1 000 heures. □

Dans la terminologie des événements, on appelle *événement certain* l'ensemble fondamental Ω puisque si on réalise l'expérience, on obtient nécessairement l'un des résultats de l'ensemble Ω. De même, on peut interpréter en termes d'événements les concepts de base de la théorie des ensembles. Soit, par exemple, deux sous-ensembles A et B de Ω; on appelle *réunion* $A \cup B$ de A et B, le sous-ensemble qui contient tous les éléments qui sont soit dans A, soit dans B, soit à la fois dans A et B. Par conséquent, l'événement $A \cup B$ (oralement, on énonce A union B) est réalisé si l'un au moins des événements A ou B est réalisé. Dans l'exemple 1 précédent, considérons les deux événements $A = \{2, 3, 4\}$ et $B = \{1, 3, 4\}$. L'événement $A \cup B$ est donc le sous-ensemble $\{1, 2, 3, 4\}$.

De façon analogue, on appelle *intersection* $A \cap B$ (oralement, on énonce A inter B) de deux sous-ensembles A et B, le sous-ensemble qui contient les éléments communs à A et à B. L'événement $A \cap B$ est réalisé lorsque les événements A et B sont simultanément réalisés. Avec les événements $A = \{2, 3, 4\}$ et $B = \{1, 3, 4\}$, l'intersection est $A \cap B = \{3, 4\}$. Par la suite, nous utiliserons souvent la notation AB pour indiquer l'intersection $A \cap B$. Dans certains cas, il peut arriver que deux sous-ensembles n'aient aucun élément commun; leur intersection est vide, et on note $AB = \emptyset$ où $\emptyset$ est l'ensemble vide. Dans ce cas, on dit que les sous-ensembles A et B sont *disjoints*. En termes d'événements, on dira que les événements A et B sont incompatibles. Par exemple, pour l'expérience qui consiste à lancer un dé, les événements "le résultat est un chiffre pair" (événement A) et "le résultat est un chiffre impair" (événement B) sont incompatibles. En d'autres termes, si $A = \{2, 4, 6\}$ et $B = \{1, 3, 5\}$, alors $AB = \emptyset$.

On peut généraliser les concepts de réunion et d'intersection d'événements à un nombre quelconque d'événements tout comme on le fait en théorie des ensembles (voir, par exemple, Godement (1963)).

Nous terminons ce rappel de théorie des ensembles avec l'ensemble complémentaire A^c d'un sous-ensemble A (on dit aussi le *complément* de A). C'est l'ensemble constitué des éléments de Ω qui ne sont pas dans A. En termes d'événements, l'événement A^c est réalisé si et seulement si l'événement A n'est pas réalisé. Par exemple, pour les événements $A = \{2, 4, 6\}$ et $B = \{1, 3, 5\}$ définis ci-dessus, nous avons $A^c = B$.

1.1.2 Probabilités

Revenons donc à une expérience dont Ω est l'ensemble fondamental. Supposons qu'à chaque événement $A \subset \Omega$, on associe un nombre $P(A)$ qui possède les trois propriétés suivantes:

(*i*) $0 \leq P(A) \leq 1$.

(*ii*) $P(\Omega) = 1$.

(*iii*) Soit une suite arbitraire $A_1, A_2, \ldots$ d'événements mutuellement incompatibles (c'est-à-dire que $A_i A_j = \emptyset$ lorsque $i \neq j$), alors

$$P\Big(\bigcup_{i=1}^{\infty} A_i\Big) = \sum_{i=1}^{\infty} P(A_i) \qquad (1.1.1)$$

On appelle $P(A)$ la *probabilité de l'événement* A (on dit, de façon abrégée, la probabilité de A).

Exemple 1.1.1. Dans l'exemple 1 du lancer unique d'un dé, on suppose en général que les six résultats possibles ont la même chance de se produire. Par conséquent, on associe à chaque résultat la même mesure. D'après les propriétés (*ii*) et (*iii*) ci-dessus, nous avons donc:

$$P(\{1\}) = P(\{2\}) = P(\{3\}) = P(\{4\}) = P(\{5\}) = P(\{6\}) = \frac{1}{6} \tag{1.1.2}$$

Dans ce cas, on dit souvent que l'on jette un dé "parfait". Dans la réalité, un tel dé n'existe pas; en effet, les chiffres gravés sur le dé détruiraient la symétrie du cube (si elle existait) et de plus, la façon de lancer le dé influence certainement le résultat. Cependant, on ignore ces problèmes et le lancer d'un dé est l'un des mécanismes utilisés pour représenter certains événements qui peuvent se réaliser avec la même probabilité. □

Il est utile d'essayer d'interpréter empiriquement les probabilités données dans (1.1.2). Ces nombres devraient, d'une certaine façon, indiquer ce qui risque vraisemblablement d'arriver, et ce concept est associé intuitivement à la fréquence de réalisation. De façon concrète, on peut poser la question comme suit: si on lance le dé plusieurs fois de suite, combien de fois un résultat donné va-t-il être observé? Plus généralement, soit A un événement associé à cette expérience, et $N_n(A)$ le nombre de fois que cet événement se produit lors des n premiers lancers. La *fréquence relative* de A est donc $F_n(A) = N_n(A)/n$. Les nombres $F_n(A)$ satisfont les propriétés (*i*), (*ii*) et (*iii*) des probabilités; cependant ces nombres peuvent varier considérablement suivant la valeur de n. Que se passe-t-il lorsque le nombre de lancers devient de plus en plus grand? En particulier, est-ce que la valeur de $F_n(A)$ se stabilise autour d'une valeur d'équilibre? On ne peut pas vraiment répondre à cette question de façon empirique puisqu'il faudrait continuer indéfiniment les lancers. Cependant, on peut supposer qu'une limite existe au sens mathématique du terme

$$F(A) = \lim_{n\to\infty} F_n(A). \tag{1.1.3}$$

Le lecteur familiarisé avec les limites vérifiera que les propriétés (i), (ii) et (iii) sont également satisfaites par $F(A)$. La limite $F(A)$ dépend encore de la suite de lancers qui a été réalisée pour calculer sa valeur. A priori, il n'y a pas de raison pour qu'une autre suite de lancers conduise au même résultat. Cependant, notre intuition demande qu'une mesure de la chance de réalisation de l'événement A soit plus que le résultat d'une suite d'essais particulière. Une théorie cohérente construite sur la base des fréquences relatives doit supposer que le nombre $F(A)$ est le même pour toute suite comparable de lancers. Bien que cette approche soit rassurante et intuitive, elle pose des difficultés théoriques considérables (voir Koopman (1940)). Nous ne l'utiliserons pas dans ce manuel; nous préférons la définition suggérée par (1.1.2), à savoir:

$$P(A) = \frac{\text{taille du sous-ensemble } A}{\text{taille de l'ensemble fondamental } \Omega} \tag{1.1.4}$$

où la taille d'un sous-ensemble sera définie en fonction du contexte. Dans (1.1.2), la taille est le nombre d'éléments du sous-ensemble.

Indiquons, pour clore la discussion sur les fréquences, que dans certaines conditions (lancers indépendants avec le même dé), le fait que la fréquence limite $F(A)$ définie par (1.1.3) existe et soit égale à $P(A)$, définie par (1.1.4), quelles que soient les suites possibles de lancers, est un résultat fondamental de la théorie des probabilités. Ce résultat, connu sous le nom de *loi des grands nombres*, sera examiné plus loin dans ce chapitre.

1.1.3 Probabilité d'une réunion d'événements

La relation (1.1.1) nous indique que pour deux événements incompatibles A et B, nous avons $P(A \cup B) = P(A) + P(B)$. En général, deux sous-ensembles A et B ne sont pas nécessairement disjoints. Nous laissons au lecteur le soin de vérifier que:

$$A = (A \cap B) \cup (A \cap B^c)$$

et:

$$A \cup B = (A \cap B^c) \cup B$$

Puisque nous avons ci-dessus ces réunions d'ensembles disjoints, il vient, d'après la relation (1.1.1)

$$P(A \cup B) = P(AB^c) + P(B) = P(A) - P(AB) + P(B).$$

D'où, pour deux événements A et B quelconques:

$$P(A \cup B) = P(A) + P(B) - P(AB). \tag{1.1.5}$$

Exemple 1.1.2. Dans l'exemple 2 où on lance deux fois le dé, considérons les deux événements $A = \{$le premier résultat est 1$\}$ et $B = \{$le deuxième résultat est 1$\}$. On a $P(A) = P(B) = \frac{6}{36} = \frac{1}{6}$. D'après (1.1.5), la probabilité $P(A \cup B)$ d'avoir au moins un lancer donnant le résultat 1 est égale à:

$$\begin{aligned} P(A \cup B) &= P(A) + P(B) - P(AB) \\ &= \frac{1}{6} + \frac{1}{6} - \frac{1}{36} = \frac{11}{36} \end{aligned}$$

puisque $P(AB)$ est la probabilité du résultat $(1, 1)$. Remarquons qu'on aurait pu directement trouver le résultat désiré à partir de l'ensemble Ω de l'exemple 2. □

On peut utiliser (1.1.5) pour trouver la probabilité que l'un au moins de trois événements A, B et C se réalise. En effet, en écrivant $A \cup B \cup C = (A \cup B) \cup C$, il vient:

$$P(A \cup B \cup C) = P(A \cup B) + P(C) - P((A \cup B)C).$$

Par suite de la distributivité de l'intersection par rapport à la réunion, on a:

$$(A \cup B)C = AC \cup BC$$

et, par conséquent:

$$P((A \cup B)C) = P(AC) + P(BC) - P(ACBC).$$

D'après la commutativité et l'associativité de l'intersection, le dernier terme se réduit à $P(ABC)$, d'où:

$$P(A \cup B \cup C) = P(A \cup B) + P(C) - P(AC) - P(BC) + P(ABC).$$

En utilisant une autre fois (1.1.5), on obtient finalement:

$$\begin{aligned} P(A \cup B \cup C) = P(A) + P(B) + P(C) - P(AB) \\ - P(AC) - P(BC) + P(ABC). \end{aligned} \quad (1.1.6)$$

On peut montrer, par récurrence sur n, qu'étant donné les n événements $A_1, A_2, \ldots, A_n$, la relation (1.1.6) se généralise de la façon suivante:

$$\begin{aligned} P(A_1 \cup A_2 \cup \cdots \cup A_n) &= \sum_i P(A_i) - \sum_{i<j} P(A_i A_j) \\ &+ \sum_{i<j<k} P(A_i A_j A_k) - \sum_{i<j<k<l} P(A_i A_j A_k A_l) \\ &+ \cdots + (-1)^{n+1} P(A_1 A_2 \ldots A_n) \end{aligned} \quad (1.1.7)$$

En d'autres termes, la probabilité que l'un au moins des n événements se réalise est égale à la somme des probabilités que chacun de ces événements se réalise séparément moins la somme des probabilités que deux de ces événements se réalisent simultanément plus la somme des probabilités que trois de ces événements se réalisent simultanément, etc.

1.1.4 Probabilités et intégrales

Les exemples choisis pour illustrer le concept de probabilité correspondaient à ce que l'on appelle le *cas discret* où l'ensemble fondamental est soit fini, soit dénombrable. Dans ce cas, il n'y a pas de difficulté particulière à associer des probabilités aux événements; il suffit de préciser $P(\omega_i)$ pour chaque résultat ω_i possible de l'expérience. Dans le cas non discret, que l'on appelle aussi souvent le *cas continu*, la façon la plus commune d'associer probabilités et événements est de le faire à l'aide d'intégrales.

On trouve souvent dans les modèles probabilistes du monde de la physique ou du génie des affirmations du genre: "Supposons que la probabilité de tomber dans un petit intervalle de longueur Δx centré sur x soit égale à $f(x)\,\Delta x$" ou encore "Supposons que la probabilité de tomber dans un petit rectangle de côtés Δx et Δy soit égale à $f(x,y)\,\Delta x\,\Delta y$", où $f(x)$ et $f(x,y)$ sont des fonctions connues. Remarquons qu'ici nous utilisons x et (x,y) plutôt que ω pour représenter les résultats de l'expérience, puisque c'est une pratique bien établie pour un point de la droite ou du plan. Montrons que ces affirmations permettent effectivement d'associer des probabilités à des événements au sens de la section 1.1.2.

Prenons d'abord le cas de la droite, et soit un intervalle $I = [\,a,b\,]$. Découpons-le en sous-intervalles de longueur $\Delta x_1, \Delta x_2, \ldots, \Delta x_n$ centrés respectivement sur les points $x_1, x_2, \ldots, x_n$. La probabilité de chacun de ces sous-intervalles est $f(x_i)\,\Delta x_i$, pour $i = 1, 2, \ldots, n$; par conséquent, la probabilité de tomber dans l'intervalle $[\,a,b\,]$ est égale à:

$$f(x_1)\,\Delta x_1 + f(x_2)\,\Delta x_2 + \cdots + f(x_n)\,\Delta x_n.$$

On sait, d'après la théorie de Riemann, que cette somme est une approximation de l'intégrale

$$\int_a^b f(x)\,dx.$$

Introduisons maintenant la notation suivante:

$$\int_I f(x)\,dx = \int_a^b f(x)\,dx,$$

et si l'ensemble A est égal à la réunion d'intervalles disjoints I_i pour $i = 1, 2, \ldots, n$, nous avons:

$$\int_A f(x)\,dx = \int_{I_1} f(x)\,dx + \cdots + \int_{I_n} f(x)\,dx.$$

Nous pouvons maintenant associer à un événement A la probabilité $P(A)$ de la façon suivante:

$$P(A) = \int_A f(x)\,dx. \tag{1.1.8}$$

La correspondance entre un événement A et la probabilité $P(A)$ définie par (1.1.8) possède-t-elle les propriétés données dans la section 1.1.2?

La réponse à cette question est positive, moyennant certaines restrictions sur $f(x)$. D'abord, pour satisfaire (i), il faut clairement que $f(x) \geq 0$, sinon, s'il y avait des valeurs de x telles que $f(x) < 0$, alors on aurait des événements dont la probabilité est négative. Ensuite, pour satisfaire (ii), nous devons avoir:

$$P(\Omega) = \int_{\Omega} f(x)\, dx = 1. \tag{1.1.9}$$

Finalement, l'additivité de la probabilité pour des événements mutuellement incompatibles (propriété (iii)) résulte de la même propriété pour les intégrales.

Remarquons, d'après ce qui précède, que la fonction $f(x)$ représente en quelque sorte l'accumulation de probabilité au voisinage du point x. On l'appelle souvent la *densité* de la probabilité.

On peut généraliser à deux dimensions (ou plus) les concepts introduits dans cette section. Si $f(x, y)$ est une densité de probabilité à deux dimensions et A un événement donné (c'est-à-dire un sous-ensemble du plan), on définit la probabilité de A comme suit:

$$P(A) = \iint_{A} f(x, y)\, dx\, dy \tag{1.1.10}$$

à condition que l'intégrale ci-dessus soit bien définie.

1.2 PROBABILITÉ CONDITIONNELLE ET THÉORÈME DE BAYES

1.2.1 Probabilité conditionnelle

La relation (1.1.4) de la section précédente nous indique que la probabilité d'un sous-ensemble A était égale à sa taille relative à celle de l'ensemble Ω. Lorsque Ω est un ensemble fini dont tous les éléments sont équiprobables (comme dans l'exemple 1.1.1), alors:

$$P(A) = \frac{|A|}{|\Omega|} \, ,$$

où $|A|$ représente le nombre d'éléments de l'ensemble A. Lorsque l'ensemble Ω est dénombrable et que chacun de ses éléments $\omega \in \Omega$ a un nombre $P(\omega) = P(\{\omega\})$ qui lui est associé, alors (1.1.4) prend la forme:

$$P(A) = \frac{\sum_{\omega \in A} P(\omega)}{\sum_{\omega \in \Omega} P(\omega)} \; ; \tag{1.2.1}$$

remarquons que le dénominateur de l'expression ci-dessus est égal à 1.

Dans de nombreuses questions, on s'intéresse à la taille du sous-ensemble A relativement à celle d'un autre sous-ensemble B. De façon plus précise, il s'agit de la taille relative du sous-ensemble A *dans* B, c'est-à-dire de l'intersection AB par rapport à B. De façon analogue à (1.2.1), on écrit:

$$\frac{\sum_{\omega \in AB} P(\omega)}{\sum_{\omega \in B} P(\omega)}. \tag{1.2.2}$$

La formule (1.2.2) suggère que, en quelque sorte, nous changions notre ensemble fondamental de Ω à B, et que nous définissions une nouvelle probabilité relative à l'ensemble B. Cette probabilité s'appelle la *probabilité de A étant donné B*, et est définie par:

$$P(A \mid B) = \frac{P(AB)}{P(B)} \tag{1.2.3}$$

lorsque $P(B) > 0$. Bien entendu, la relation (1.2.3) n'est pas définie lorsque $P(B) = 0$ puisqu'elle se réduit au rapport “indéterminé” 0/0.

Nous illustrons ce nouveau concept, encore connu sous le nom de *probabilité conditionnelle*, à l'aide de quelques exemples.

Exemple 1.2.1. Revenons à l'expérience de l'exemple 2 de la section 1.1.1 où on lance le même dé parfait deux fois consécutives. Supposons que la somme des deux résultats soit égale à huit (événement B). Quelle est la probabilité que le premier résultat soit un trois (événement A)?

Réponse: il suffit d'utiliser la relation (1.2.3) en remarquant que l'événement B correspond au sous-ensemble $B = \{(2,6),(3,5),(4,4),(5,3),(6,2)\}$ dont la probabilité est $P(B) = \frac{5}{36}$. Par ailleurs, l'événement AB correspond au sous-ensemble $\{(3,5)\}$ dont la probabilité $P(AB) = \frac{1}{36}$. Par conséquent, $P(A \mid B) = \frac{1/36}{5/36} = \frac{1}{5}$. □

Le raisonnement sous-jacent à l'exemple 1.2.1 éclaire à nouveau le concept de probabilité conditionnelle. Étant donné que le total des deux lancers est huit, il en résulte qu'il ne peut y avoir que cinq résultats pour notre expérience, soit $(2,6), (3,5), (4,4), (5,3), (6,2)$. Puisque ces cinq résultats étaient initialement équiprobables, ils le sont encore après l'information sur le total. Par conséquent, chacun d'entre eux a une probabilité de $\frac{1}{5}$ alors que les 31 autres éléments de l'ensemble Ω ont une probabilité nulle.

Exemple 1.2.2. On considère des familles ayant deux enfants, et on suppose que chaque enfant a la même probabilité d'être un garçon ou une fille. L'ensemble fondamental permettant de représenter tous les "résultats possibles" est $\Omega = \{(gg), (gf), (fg), (ff)\}$, où f représente une fille et g un garçon et où l'ordre des lettres $f$et g représente l'ordre de naissance. En fait, pour représenter Ω de façon correcte il faudrait inclure ces quatre éléments pour chaque famille considérée, mais on peut se contenter de l'ensemble ci-dessus, car cela ne change en rien les calculs.

Si on choisit une famille au hasard et que cette famille a un garçon, quelle est la probabilité qu'elle ait aussi un deuxième garçon?

Réponse: Une réponse rapide et incorrecte, fondée sur l'égalité des sexes, serait $\frac{1}{2}$. L'erreur est due à l'utilisation de la mauvaise information dans le conditionnement. Définissons les événements suivants:

$$A = \{\text{la famille choisie a deux garçons}\}$$

$$B = \{\text{la famille choisie a au moins un garçon}\}.$$

Étant donné que $A \subset B$ (A est un sous-ensemble de B), nous avons $AB = A$, et d'après (1.2.3):

$$P(A \mid B) = \frac{P(A)}{P(B)} = \frac{\frac{1}{4}}{\frac{3}{4}} = \frac{1}{3}.$$

Posons maintenant une question similaire. Si l'on choisit un enfant au hasard parmi tous les enfants des familles considérées et que cet enfant est un garçon, quelle est la probabilité qu'il ait un frère?

Réponse: Dans ce cas, l'espace fondamental $\tilde{\Omega} = \{f_f, f_g, g_f, g_g\}$ où les éléments ne sont plus les familles, mais plutôt les enfants de ces familles, est préférable pour aborder la question posée. L'élément f_f représente une fille ayant une soeur, f_g une fille ayant un frère, etc. Considérons les événements

$$\tilde{A} = \{\text{le garçon choisi a un frère}\}$$

$$\tilde{B} = \{\text{choisir un garçon}\}.$$

Ici nous avons $\tilde{A}\tilde{B} = \{g_g\}$, et d'après (1.2.3):

$$P(\tilde{A} \mid \tilde{B}) = \frac{P(\tilde{A}\tilde{B})}{P(\tilde{B})} = \frac{\frac{1}{4}}{\frac{1}{2}} = \frac{1}{2}.$$

Remarquons la différence dans les réponses des deux questions d'apparence similaire. □

Nous donnons maintenant certaines généralisations importantes dérivées de la définition des probabilités conditionnelles.

1.2.2 Formules de base et théorème de Bayes

De façon générale, un grand nombre de questions probabilistes font intervenir plusieurs événements. On peut donc dire que, d'une certaine façon, toutes les probabilités sont conditionnelles puisque rien ne se passe dans un isolement absolu. Cependant, beaucoup de ces conditions sont évidentes ou implicites: lorsque l'on joue à pile ou face, on ignore la possibilité que la pièce tombe sur sa tranche, et il n'est pas vraiment nécessaire de préciser s'il s'agit d'une pièce de monnaie canadienne ou française.

Proposition 1.2.1. *Soient n événements arbitraires $A_1, A_2, \ldots, A_n$; nous avons:*

$$P(A_1 A_2 \ldots A_n) = P(A_1)P(A_2 \mid A_1)P(A_3 \mid A_1 A_2) \times \cdots \times P(A_n \mid A_1 A_2 \ldots A_{n-1}) \quad (1.2.4)$$

à condition que $P(A_1 A_2 \cdots A_{n-1}) > 0$.

Démonstration. Étant donné la condition $P(A_1A_2\ldots A_{n-1}) > 0$, toutes les probabilités conditionnelles dans (1.2.4) sont bien définies puisque:

$$P(A_1) \geq P(A_1A_2) \geq \cdots \geq P(A_1A_2\ldots A_{n-1}) > 0.$$

En utilisant de façon répétitive la relation (1.2.3) sur le membre de droite de (1.2.4), on obtient:

$$P(A_1)\frac{P(A_1A_2)}{P(A_1)}\frac{P(A_1A_2A_3)}{P(A_1A_2)}\cdots\frac{P(A_1A_2\ldots A_n)}{P(A_1A_2\ldots A_{n-1})} = P(A_1A_2\ldots A_n). \blacksquare$$

Exemple 1.2.3. Trois personnes ayant des manteaux identiques rendent visite au directeur d'un grand bureau de marketing. Ils laissent leur manteau au vestiaire. Cependant, la secrétaire, ayant oublié de noter à qui appartenait chacun des manteaux, les rend au hasard aux trois personnes à leur sortie du bureau. Quelle est la probabilité qu'aucune d'entre elles ne retrouve son propre manteau?

Réponse: Soit M_i l'événement "la personne numéro i retrouve son propre manteau", $i = 1, 2, 3$. La probabilité cherchée est égale à $1 - P(M_1 \cup M_2 \cup M_3)$, puisque $M_1 \cup M_2 \cup M_3$ correspond à l'événement "au moins une personne retrouve son propre manteau". D'après (1.1.6):

$$\begin{aligned}P(M_1 \cup M_2 \cup M_3) =& P(M_1) + P(M_2) + P(M_3) - P(M_1M_2)\\ &- P(M_1M_3) - P(M_2M_3) + P(M_1M_2M_3).\end{aligned}$$

Mais $P(M_1) = P(M_2) = P(M_3) = \frac{1}{3}$. Nous avons également, d'après (1.2.3): $P(M_iM_j) = P(M_i)P(M_j \mid M_i)$, pour $i \neq j$. La probabilité $P(M_j \mid M_i)$ que la personne numéro j reçoive son propre manteau sachant que la personne numéro i a reçu le sien est $\frac{1}{2}$, et $P(M_iM_j) = \frac{1}{3} \cdot \frac{1}{2} = \frac{1}{6}$, lorsque $i \neq j$. Finalement, selon (1.2.4): $P(M_1M_2M_3) = P(M_1)P(M_2 \mid M_1)P(M_3 \mid M_1M_2) = \frac{1}{3} \cdot \frac{1}{2} \cdot 1 = \frac{1}{6}$. D'où $P(M_1 \cup M_2 \cup M_3) = 1 - \frac{1}{2} + \frac{1}{6} = \frac{2}{3}$. La probabilité qu'aucune des personnes ne retrouve son propre manteau est donc de $\frac{1}{3}$. $\square$

Proposition 1.2.2. *Supposons que l'ensemble fondamental Ω soit décomposé en une partition d'événements A_i disjoints: $\Omega = \cup_i A_i$.*

Pour tout événement B, nous avons:

$$P(B) = \sum_i P(B \mid A_i)P(A_i). \tag{1.2.5}$$

Démonstration. Nous remarquons d'abord que:

$$B = \Omega B = \Big(\bigcup_i A_i\Big)B = \bigcup_i (A_i B)$$

par suite de la distributivité de l'intersection par rapport à la réunion; nous en déduisons d'après l'additivité des probabilités:

$$P(B) = P\Big(\bigcup_i (A_i B)\Big) = \sum_i P(A_i B).$$

Finalement, en utilisant la relation (1.2.3):

$$P(B) = \sum_i P(B \mid A_i)P(A_i). \blacksquare$$

La relation (1.2.5) est connue sous le nom de *loi des probabilités totales.*

Exemple 1.2.4. *L'échantillonnage séquentiel*

Considérons un sac qui contient n boules noires et r boules rouges. On enlève au hasard une boule et on la met de côté sans regarder sa couleur (échantillonnage sans remplacement). Quelle est la probabilité que la deuxième boule sortie du sac soit de couleur noire?

Réponse: Définissons l'événement $N_i = \{$la i-ième boule tirée est noire$\}$. Écrivons la loi des probabilités totales pour N_2 en décomposant l'ensemble fondamental Ω entre les événements N_1 et N_1^c:

$$P(N_2) = P(N_2 \mid N_1)P(N_1) + P(N_2 \mid N_1^c)P(N_1^c). \tag{1.2.6}$$

De façon évidente:

$$P(N_1) = \frac{n}{n+r}\,, \quad P(N_1^c) = \frac{r}{n+r}\,,$$

et:

$$P(N_2 \mid N_1) = \frac{n-1}{n+r-1}\,, \quad P(N_2 \mid N_1^c) = \frac{n}{n+r-1}\,,$$

étant donné qu'il reste $n + r - 1$ boules dans le sac après le premier tirage, parmi lesquelles $n - 1$ ou n sont noires suivant que la première boule tirée est noire ou non. En substituant les valeurs ci-dessus dans (1.2.6), il vient:

$$\begin{aligned} P(N_2) &= \frac{n-1}{n+r-1} \cdot \frac{n}{n+r} + \frac{n}{n+r-1} \cdot \frac{r}{n+r} \\ &= \frac{n(n-1+r)}{(n+r-1)(n+r)} = \frac{n}{n+r}. \end{aligned}$$

On voit, par conséquent, que $P(N_2) = P(N_1)$, c'est-à-dire que les probabilités pour le deuxième tirage sont les mêmes que celles pour le tirage initial (à condition qu'on n'en connaisse pas le résultat). Ce résultat devrait piquer la curiosité, et le lecteur doit être en train de se demander s'il s'agit d'une coïncidence ou d'un résultat important. Nous lui laissons démontrer, par récurrence sur i, le résultat suivant:

Proposition 1.2.3. *Pour chaque entier i, $1 \leq i \leq n + r$,*

$$P(N_i) = \frac{n}{n+r}\cdot \tag{1.2.7}$$

Remarquons que ces résultats ne sont plus valables si l'on connaît la couleur de certaines des boules tirées. Nous devrions alors calculer des probabilités conditionnelles telles que $P(N_2 \mid N_1)$, $P(N_3 \mid N_1 N_2^c)$, $P(N_4 \mid N_1 N_2^c N_3)$. Ces probabilités sont faciles à calculer (expliquer pourquoi). Il serait cependant plus difficile d'exprimer des probabilités du genre $P(N_4 \mid N_2)$ ou $P(N_4 \mid N_1 N_3^c)$. □

Proposition 1.2.4. *Avec les notations et l'hypothèse de la proposition 1.2.2, nous avons également:*

$$P(A_i \mid B) = \frac{P(A_i)P(B \mid A_i)}{\sum_i P(A_i)P(B \mid A_i)} \tag{1.2.8}$$

à condition que $P(B) > 0$.

Démonstration. Par définition de la probabilité conditionnelle dans le cas où $P(B) > 0$:

$$P(A_i \mid B) = \frac{P(A_i B)}{P(B)} = \frac{P(A_i)P(B \mid A_i)}{P(B)},$$

ce qui vérifie (1.2.8) puisque le dénominateur de cette relation est égal à $P(B)$ d'après (1.2.5). ■

Ce résultat dont la démonstration est si simple est célèbre depuis 1763 sous le nom de *théorème de Bayes*. Il permet de calculer la probabilité de la "cause" A_i à partir de l'observation de l'"effet" B. On appelle $P(A_i)$ la *probabilité a priori*, tandis que $P(A_i \mid B)$ est la *probabilité a posteriori* de la cause A_i. Bien que le résultat soit élégant et ait donné lieu à de nombreuses applications dans les domaines des phénomènes naturels et du comportement humain, son utilité est limitée par le fait que l'on connaît rarement les probabilités a priori des causes.

Exemple 1.2.5. Dans un cours où ce genre de méthodes d'évaluation est en vigueur, un étudiant répond à un examen à choix multiples. Chaque question a cinq réponses possibles, une seule étant correcte. S'il a étudié la question, l'étudiant y répond de façon correcte avec certitude. Sinon, il choisit une réponse au hasard parmi les cinq réponses proposées. L'étudiant a étudié 70% des questions de cet examen. S'il donne une réponse correcte à une question, quelle est la probabilité qu'il avait étudié cette question?

Réponse: Nous appliquons le théorème de Bayes sans introduire des notations particulières pour les événements:

$$P(\text{étude} \mid \text{réponse correcte}) = \frac{P(\text{réponse correcte} \mid \text{étude})\, P(\text{étude})}{P(\text{réponse correcte})}$$

Mais $P(\text{réponse correcte} \mid \text{étude}) = 1$ et $P(\text{étude}) = 0{,}7$, et nous calculons le dénominateur à l'aide de la proposition 1.2.2:

$$\begin{aligned} P(\text{réponse correcte}) &= P(\text{réponse correcte} \mid \text{étude})\, P(\text{étude}) \\ &\quad + P(\text{réponse correcte} \mid \text{pas d'étude})\, P(\text{pas d'étude}) \\ &= 1 \times 0{,}7 + 0{,}2 \times 0{,}3 = 0{,}76. \end{aligned}$$

D'où $P(\text{étude} \mid \text{réponse correcte}) = \frac{0{,}7}{0{,}76} = 0{,}92$. □

Exemple 1.2.6. Une personne possède trois commodes ayant chacune deux tiroirs. La première commode a une pièce d'or dans chaque tiroir, la seconde a une pièce d'or dans un tiroir et une pièce d'argent dans l'autre, et la troisième a une pièce d'argent dans chaque tiroir. On choisit une commode au hasard, et l'on ouvre un tiroir. Si ce tiroir contient une pièce d'or, quelle est la probabilité que l'autre tiroir contienne également une pièce d'or?

Réponse: La réponse fausse $\frac{1}{2}$ est souvent donnée à cette question classique. On obtient une réponse correcte à l'aide du théorème de Bayes. Ici les "causes" correspondent au choix des commodes. Soit A_i, $i = 1, 2, 3$, l'événement correspondant au choix de la i-ième commode. Les probabilités a priori sont $P(A_i) = \frac{1}{3}$, $i = 1, 2, 3$. Soit B l'effet observé, à savoir la découverte d'une pièce d'or. Par suite de la composition des commodes, nous avons $P(B \mid A_1) = 1$, $P(B \mid A_2) = \frac{1}{2}$, et $P(B \mid A_3) = 0$. La probabilité cherchée est $P(A_1 \mid B)$, et d'après (1.2.8):

$$P(A_1 \mid B) = \frac{P(B \mid A_1)P(A_1)}{\sum_{i=1}^{3} P(B \mid A_i)P(A_i)} = \frac{1 \times \frac{1}{3}}{1 \times \frac{1}{3} + \frac{1}{2} \times \frac{1}{3} + 0 \times \frac{1}{3}} = \frac{2}{3} \cdot \square$$

1.3 ÉVÉNEMENTS INDÉPENDANTS

Considérons une urne qui contient quatre boules numérotées de 1 à 4, et une expérience qui consiste à choisir une boule dans cette urne. Soit $\Omega = \{1, 2, 3, 4\}$ l'ensemble fondamental de cette expérience; on suppose que chaque boule a la même probabilité d'être choisie et, par conséquent:

$$P(\{1\}) = P(\{2\}) = P(\{3\}) = P(\{4\}) = \frac{1}{4}\cdot$$

Soient deux événements A et B; dans certains cas, si l'on sait que A s'est réalisé, les chances de réalisation de B augmentent. Par exemple, si $A = \{1, 2\}$ et $B = \{1\}$, on a $P(A) = \frac{1}{2}$, $P(B) = \frac{1}{4}$ et $P(AB) = \frac{1}{4}$. Par conséquent, d'après (1.2.3), $P(B \mid A) = \frac{1}{2}$ et cette probabilité conditionnelle est plus grande que $P(B)$. Inversement, dans d'autres cas, si l'on sait que l'événement A s'est réalisé, alors les chances de réalisation de B diminuent. Par exemple, si $A = \{1, 2, 3\}$ et $B = \{1, 2, 4\}$, on a $P(A) = P(B) = \frac{3}{4}$ et $P(AB) = \frac{1}{2}$. Par conséquent $P(B \mid A) = \frac{2}{3}$ et cette probabilité conditionnelle est plus petite que $P(B)$.

Nous allons nous intéresser à la situation où la connaissance de la réalisation de l'événement A ne change pas les chances de réalisation de l'événement B. Pour illustrer ce cas, supposons que $A = \{1, 2\}$ et $B = \{1, 3\}$; on a $P(A) = P(B) = \frac{1}{2}$ et $P(AB) = \frac{1}{4}$, et par conséquent $P(B \mid A) = \frac{1}{2}$. La probabilité conditionnelle $P(B \mid A)$ est donc égale à la probabilité de B; dans ce cas, on dira que les événements A et B sont *indépendants*.

De façon générale, soient A et B deux événements par rapport à un ensemble fondamental Ω; supposons que $P(A) \neq 0$. Nous dirons que les événements A et B sont indépendants si $P(B \mid A) = P(B)$. Cela entraîne, d'après (1.2.3), $P(AB) = P(A)P(B)$. Cette dernière relation est également définie si $P(A) = 0$, et est parfaitement symétrique par rapport aux événements A et B. Nous donnons donc la définition suivante:

Définition 1.3.1. *On dit que deux événements A et B sont indépendants si et seulement si*

$$P(AB) = P(A)P(B). \tag{1.3.1}$$

Exemple 1.3.1. Considérons à nouveau l'expérience de l'exemple 2 de la section 1.1.1 où l'on lance un dé parfait deux fois consécutives. Soit S_6 l'événement qui se réalise lorsque la somme des résultats est six, et Q l'événement "le résultat du premier lancer est quatre". Nous avons

$$P(S_6Q) = P(\{4, 2\}) = \frac{1}{36} ,$$

et

$$P(S_6)P(Q) = \frac{5}{36} \cdot \frac{1}{6} = \frac{5}{216} ;$$

par conséquent, les événements S_6 et Q ne sont pas indépendants. Cela se vérifie intuitivement car, en effet, la probabilité conditionnelle $P(S_6 \mid \text{premier résultat})$ n'est pas indépendante du premier résultat. Si ce premier résultat est un six, l'événement S_6 ne peut pas se réaliser; tandis que si c'est un nombre différent, il peut se réaliser. Les événements S_6 et Q ne peuvent donc pas être indépendants.

Si maintenant on considère l'événement S_7 "la somme des résultats est sept", nous avons

$$P(S_7Q) = P(\{4,3\}) = \frac{1}{36},$$

et

$$P(S_7)P(Q) = \frac{1}{6} \cdot \frac{1}{6} = \frac{1}{36};$$

par conséquent, les événements S_7 et Q sont indépendants. □

Essayons de généraliser le concept d'indépendance à trois événements A, B et C. Prenons à nouveau l'ensemble fondamental $\Omega = \{1,2,3,4\}$ où chaque élément est équiprobable (probabilité $\frac{1}{4}$). Soient les événements $A = \{1,2\}$, $B = \{1,3\}$ et $C = \{1,4\}$. Nous avons $P(A) = P(B) = P(C) = \frac{1}{2}$, et:

$$P(AB) = P(\{1\}) = \frac{1}{4} = P(A)P(B),$$

$$P(AC) = P(\{1\}) = \frac{1}{4} = P(A)P(C),$$

$$P(BC) = P(\{1\}) = \frac{1}{4} = P(B)P(C).$$

Par conséquent, les événements A, B et C sont *indépendants deux à deux.* Nous avons également $P(C) = \frac{1}{2}$ et $P(C \mid AB) = 1$. Par conséquent, la connaissance de la réalisation de l'événement AB augmente les chances de réalisation de l'événement C. Il en résulte que les événements A, B et C ne sont pas *mutuellement indépendants.* De façon générale, trois événements A, B et C sont mutuellement indépendants si ces événements sont indépendants deux à deux et si

$$P(ABC) = P(A)P(B)P(C). \qquad (1.3.2)$$

On peut généraliser ce résultat à un nombre quelconque d'événements de la façon suivante:

Définition 1.3.2. *On dit que n événements $A_1, A_2, \ldots, A_n$ sont mutuellement indépendants si et seulement si quels que soient les k événements distincts $A_{n_1}, A_{n_2}, \ldots, A_{n_k}$, $(2 \leq k \leq n)$ pris parmi eux, on a*

$$P(A_{n_1}A_{n_2}\ldots A_{n_k}) = P(A_{n_1})P(A_{n_2})\ldots P(A_{n_k})\ . \qquad (1.3.3)$$

La proposition suivante confirme un résultat intuitif.

Proposition 1.3.1. *Si les événements A et B sont indépendants, alors les événements A et B^c sont aussi indépendants.*

Démonstration. On peut écrire A comme la réunion disjointe suivante:

$$A = (AB) \cup (AB^c)$$

et, par conséquent:

$$P(A) = P(AB) + P(AB^c).$$

Par suite de l'indépendance de A et B, $P(AB) = P(A)P(B)$, d'où:

$$P(AB^c) = P(A) - P(A)P(B) = P(A)[1 - P(B)] = P(A)P(B^c). \blacksquare$$

Exemple 1.3.2. *Suite d'expériences élémentaires indépendantes*
On considère une expérience, dite élémentaire, dont l'ensemble fondamental est $\Omega = \{0, 1\}$; 0 correspond à un échec et 1 à un succès. On suppose qu'on obtient un succès avec probabilité p et un échec avec probabilité $1 - p$ pour chaque expérience élémentaire. Nous avons déjà donné certains exemples d'expériences élémentaires, comme celui du lancer d'une pièce de monnaie. Lorsque l'on répète plusieurs fois l'expérience élémentaire, on suppose que le résultat de la i-ième expérience élémentaire n'influence pas le résultat des autres.

Considérons alors une expérience qui consiste à répéter n fois consécutives l'expérience élémentaire. L'ensemble fondamental de cette expérience est $\Omega = \{\, (x_1, x_2, \ldots, x_n) : x_i = 0 \text{ ou } 1\,\}$ et contient 2^n éléments; $x_i = 0$ ou 1 suivant que la i-ième expérience élémentaire est un échec ou un succès respectivement.

Nous cherchons maintenant à attribuer des probabilités aux points de Ω. Supposons que le n-tuplet $(x_1, x_2, \ldots, x_n)$ soit tel que k des x_i soient égaux à 1; pour simplifier prenons $x_1 = \ldots = x_k = 1$ et $x_{k+1} = \ldots = x_n = 0$. Si A_i est l'événement "la i-ième expérience élémentaire est un succès", $1 \leq i \leq n$, nous avons:

$$\{(\underbrace{1, 1, \ldots, 1}_{k \text{ fois}}, \underbrace{0, \ldots, 0}_{(n-k) \text{ fois}})\} = A_1 \ldots A_k A_{k+1}^c \ldots A_n^c.$$

En généralisant la proposition 1.3.1, on montre que si on suppose que les événements $A_1, A_2, \ldots, A_n$ sont mutuellement indépendants, alors les événements $A_1, \ldots, A_k, A_{k+1}^c, \ldots, A_n^c$ le sont également. Puisque $P(A_i) = p$, $1 \leq i \leq n$, nous avons:

$$\begin{aligned} P(\{(1, 1, \ldots, 1, 0, \ldots, 0)\}) &= P(A_1) \cdots P(A_k) P(A_{k+1}^c) \cdots P(A_n^c) \\ &= p^k (1-p)^{n-k}. \end{aligned}$$

De façon analogue, nous voyons que si un n-tuplet $(x_1, x_2, \ldots, x_n)$ est tel qu'exactement k des x_i soient égaux à 1, alors sa probabilité P est telle que:

$$P(\{(x_1, x_2, \ldots, x_n)\}) = p^k (1-p)^{n-k}.$$

Nous calculons maintenant la probabilité qu'exactement k parmi les n expériences élémentaires soient des succès. Remarquons que cet événement est différent de l'événement "k expériences élémentaires spécifiées à l'avance sont des succès tandis que les autres sont des échecs". Soit B_k l'événement "k parmi les n expériences sont des succès". Étant donné que chaque suite de k succès a pour probabilité $p^k(1-p)^{n-k}$, l'événement B_k a pour probabilité $P(B_k) = C(n, k)$ $p^k(1-p)^{n-k}$, où $C(n, k)$ est le nombre de n-tuplets $(x_1, x_2, \ldots, x_n)$ distincts ayant exactement k éléments égaux à 1. On sait que $C(n, k)$ est égal au nombre de combinaisons de n éléments k à k, soit:

$$C(n, k) = \binom{n}{k} = \frac{n!}{k!\,(n-k)!}, \qquad 0 \leq k \leq n.$$

Par conséquent:

$$P(B_k) = \binom{n}{k} p^k (1-p)^{n-k}. \tag{1.3.4}$$

Nous retrouverons ces probabilités connues sous le nom de *loi binômiale* dans la suite de ce chapitre. □

1.4 VARIABLES ALÉATOIRES

Supposons à nouveau que nous ayons défini un modèle probabiliste: ensemble fondamental Ω, événements et probabilités associées. Remarquons que dans un certain nombre de situations dans les sections précédentes, nous n'étions pas particulièrement intéressés par l'ensemble Ω lui-même, mais plutôt par un ensemble plus petit dont les éléments étaient des nombres. En particulier, dans l'exemple 1.3.2, nous nous sommes intéressés au nombre de succès parmi n expériences élémentaires. Au lieu de considérer l'ensemble $\Omega = \{(x_1, x_2, \ldots, x_n) : x_i = 0 \text{ ou } 1\}$, nous avons en fait implicitement défini un autre ensemble fondamental dont les éléments sont les nombres $0, 1, 2, \ldots, n$ et nous leur avons associé les probabilités données par (1.3.4).

Dans cette section nous allons étudier les modèles où l'ensemble fondamental est constitué de nombres réels. Ces situations apparaissent en général dans les cas où l'on cherche à dénombrer ou à mesurer certains événements. De façon caractéristique, dans tous ces exemples, nous ne serons pas directement intéressés par le résultat $\omega \in \Omega$ de l'expérience originale, mais plutôt par un nombre réel que nous associons à ω. Nous formalisons cette association avec le concept de *variable aléatoire* (que nous écrirons également v.a.).

Définition 1.4.1. *On appelle variable aléatoire (sur Ω) toute fonction X définie sur $\omega \in \Omega$ et à valeurs dans l'ensemble des nombres réels $\mathcal{R}$.*

$$\omega \in \Omega : \quad \omega \longrightarrow X(\omega) \in \mathcal{R}. \tag{1.4.1}$$

Il résulte de cette définition et du fait, bien connu en analyse élémentaire, que toute somme, différence, produit ou quotient de deux fonctions donne encore une fonction, que l'on a la proposition suivante.

Proposition 1.4.1. *Si X et Y sont des variables aléatoires (sur Ω), alors c'est également le cas de $X+Y$, $X-Y$, XY, X/Y $(Y \neq 0)$ et $aX+bY$ $(a, b \in \mathcal{R})$.*

Remarquons également que, puisque toute fonction de fonction est elle-même une fonction, si g est une fonction réelle, et X une variable aléatoire alors $g(X)$ est une fonction définie sur $\omega \in \Omega$ et à valeurs dans $\mathcal{R}$. Il en résulte que $g(X)$ est aussi une variable aléatoire.

Tout comme nous avons associé des probabilités aux résultats de certaines expériences, nous devons maintenant préciser comment calculer les probabilités d'une expérience dont le résultat est la valeur d'une certaine variable aléatoire. Si les valeurs de la variable aléatoire sont des nombres entiers, comme dans le cas de l'exemple 1.3.2, nous calculons la probabilité que $X(\omega)$ soit égal à k en calculant la probabilité de l'événement $\{X(\omega) = k\}$. Dans le cas de l'exemple 1.3.2, où $X(\omega)$ représente le nombre de succès pour n expériences élémentaires, il s'agit de la probabilité du sous-ensemble de Ω pour lequel il y a exactement k succès. Si maintenant la variable aléatoire prend des valeurs dans un ensemble non dénombrable (contrairement à l'ensemble des nombres entiers), tel que l'intervalle $[0, 1]$, il nous faut calculer la probabilité que la variable aléatoire $X(\omega)$ prenne des valeurs comprises entre x et y. Cela se fait de façon naturelle en fonction de l'expérience originale; on considère l'ensemble des points $\omega \in \Omega$ tels que $x < X(\omega) \leq y$ et, supposant que cet ensemble constitue un événement, nous en calculons la probabilité.

La discussion précédente confirme que la détermination des probabilités qu'une variable aléatoire prenne certaines valeurs est relativement simple lorsque l'on connaît les probabilités associées à l'expérience sous-jacente (éléments ω de Ω).

Si l'ensemble A est un événement défini par rapport aux valeurs d'une variable aléatoire X, nous noterons

$$P_X(A) = P\{X(\omega) \in A\} \tag{1.4.2}$$

la probabilité que la valeur de la v.a. $X(\omega)$ se trouve dans l'ensemble A.

Supposons maintenant que l'on ne connaisse pas le résultat de l'expérience originale, soit $\omega \in \Omega$, mais que l'on enregistre les valeurs de $X(\omega)$. Nous avons donc une expérience dont les résultats sont des valeurs numériques et à laquelle on associe les probabilités $P_X(A)$. En relation avec cette nouvelle expérience, nous introduisons la terminologie suivante.

Définition 1.4.2. *On appelle loi de probabilité (ou distribution) de la variable aléatoire $X(\omega)$, l'ensemble des valeurs $P_X(A)$ pour tous les événements A (sous-ensembles de la droite réelle $\mathcal{R}$).*

Remarquons qu'en pratique on ne donne jamais les $P_X(A)$ pour tous les événements A possibles et imaginables. On donne suffisamment d'information sur la loi de la v.a. X afin de pouvoir calculer les nombres $P_X(A)$ quel que soit A. Par exemple, si nous savons que $X(\omega)$ prend les valeurs 0 et 1 avec probabilité $\frac{1}{2}$, alors la loi de X est entièrement spécifiée. En effet, si A est un événement (sous-ensemble) de $\mathcal{R}$, $P_X(A) = 1$ si les points 0 et 1 se trouvent dans A, $P_X(A) = \frac{1}{2}$ si un seul des points 0 ou 1 se trouve dans A, et $P_X(A) = 0$ si ni l'un ni l'autre des points 0 et 1 ne se trouvent dans A. Plus généralement, si une variable aléatoire ne prend qu'un nombre fini de valeurs, soient $1, 2, \ldots, n$ ces valeurs, sa loi est précisée par les n nombres

$$P\{X(\omega) = 1\}, P\{X(\omega) = 2\}, \ldots, P\{X(\omega) = n\}.$$

En effet, si nous connaissons ces n nombres, il est alors facile de calculer $P_X(A)$ pour tout événement A de la droite réelle. Par exemple:

$$P\{3{,}2 \leq X(\omega) \leq 5{,}3\} = P\{X(\omega) = 4\} + P\{X(\omega) = 5\}.$$

Comme nous le verrons à de nombreuses reprises dans la suite de notre étude des variables aléatoires, il n'est pas en général nécessaire de connaître les probabilités associées à l'expérience originale afin de déterminer la loi d'une variable aléatoire. Nous verrons que de nombreux modèles permettent de déterminer ces lois sans référence explicite aux probabilités de l'expérience originale.

Toutes les variables aléatoires que nous rencontrerons dans ce manuel peuvent être classées en deux catégories données dans la définition suivante.

Définition 1.4.3. *Les deux types de loi d'une variable aléatoire.*

(a) La variable aléatoire X prend ses valeurs dans un ensemble dénombrable $\{x_1, x_2, \ldots\}$ et sa distribution est précisée par les nombres $P\{X(\omega) = x_i\}$. On dit alors qu'on a une loi discrète. La proba-

bilité d'un événement A est égale à la somme des probabilités des valeurs x_i qui se trouvent dans A; c'est-à-dire:

$$P\{X(\omega) \in A\} = \sum_{x_i \in A} P\{X(\omega) = x_i\}. \tag{1.4.3}$$

(b) La variable aléatoire X prend des valeurs qui varient de façon continue sur un sous-ensemble de la droite réelle $\mathcal{R}$ et sa distribution est précisée par une fonction non négative $f(x)$ telle que

$$P\{X(\omega) \in A\} = \int_A f(x)\,dx \tag{1.4.4}$$

pour tout événement $A \subset \mathcal{R}$. On dit qu'on a une loi continue, et que $f(x)$ est la densité de cette loi.

Le lecteur remarquera que l'accent est mis sur les valeurs prises par la variable aléatoire $X(\omega)$, et non pas sur le résultat $\omega \in \Omega$ de l'expérience originale. Par conséquent, dans la suite, nous utiliserons la notation X au lieu de $X(\omega)$, sauf au cas où la connaissance du résultat de l'expérience originale est nécessaire.

Avant de donner les exemples classiques de variables aléatoires, nous introduisons le concept de *fonction de répartition.*

Définition 1.4.4. *On appelle fonction de répartition de la variable aléatoire X la fonction $F(x)$ définie par:*

$$F(x) = P\{X \le x\}, \qquad -\infty < x < \infty. \tag{1.4.5}$$

L'importance de la fonction de répartition provient du fait que si l'on connaît $F(x)$ alors, par suite de la propriété d'additivité des probabilités, la loi de X est connue. En effet, soient $a < b$ deux nombres quelconques, nous avons par additivité:

$$P\{X \le b\} = P\{X \le a\} + P\{a < X \le b\},$$

soit:

$$P\{a < X \le b\} = P\{X \le b\} - P\{X \le a\},$$

ou encore:

$$P\{X \in (a, b]\} = F(b) - F(a). \tag{1.4.6}$$

Par conséquent, puisque tout événement $A \subset \mathcal{R}$ peut être exprimé comme la réunion d'intervalles (a, b) disjoints, nous voyons, d'après la relation (1.4.2), que la connaissance de $F(x)$ entraîne celle des nombres $P_X(A)$.

Toutes les fonctions F définies sur $\mathcal{R}$ ne peuvent être choisies pour être des fonctions de répartition. Si X est une v.a. et $F(x)$ sa fonction de répartition, nous avons les propriétés suivantes:

(*i*) $0 \leq F(x) \leq 1$, pour tout $x \in \mathcal{R}$

(*ii*) Si $x < y$, alors $F(x) \leq F(y)$; on dit que la fonction F est non décroissante.

(*iii*) Si $P\{X = x_0\} = \alpha$, la fonction $F(x)$ a une discontinuité (saut) de valeur α au point x_0.

(*iv*) $\lim_{x \to -\infty} F(x) = 0$ et $\lim_{x \to \infty} F(x) = 1$.

(*v*) $\lim_{y \downarrow x} F(y) = F(x)$; on dit que la fonction est continue à droite.

Remarquons que dans le cas d'une loi de probabilité discrète telle que la v.a. X prend ses valeurs dans l'ensemble $\{x_1, x_2, \ldots\}$, la fonction de répartition $F(x)$ augmente par sauts aux points de discontinuité $x_1, x_2, \ldots$ Dans le cas d'une loi continue de densité $f(x)$, nous avons, d'après (1.4.4):

$$F(x) = P\{X \leq x\} = \int_{-\infty}^{x} f(t)\, dt, \qquad -\infty < x < \infty. \tag{1.4.7}$$

Bien qu'on puisse théoriquement donner la loi d'une variable aléatoire en précisant sa fonction de répartition, cela est rarement le cas en pratique. Comme nous allons le voir dans la suite, on définit une loi discrète en associant les probabilités $p_1, p_2, \ldots$, aux valeurs $x_1, x_2, \ldots$, de la variable aléatoire. Dans le cas d'une loi continue, on donne souvent sa densité $f(x)$. Cependant la relation suivante, obtenue en dérivant (1.4.7) par rapport à x, est utile:

$$f(x) = \frac{dF(x)}{dx}, \qquad -\infty < x < \infty. \tag{1.4.8}$$

Exemple 1.4.1. *Une loi de probabilité mixte*

Dans la définition 1.4.3 nous avons divisé les lois de probabilité en deux catégories: discrète ou continue. Dans le cas discret, la v.a. prend des valeurs x_i avec probabilité $p_i = P\{X = x_i\}$. Dans le cas continu, lorsque la densité $f(x)$ est elle-même une fonction continue, nous avons $P\{X = x\} = 0$ pour tout $x \in \mathcal{R}$. En effet, si on prend $A = [\,x, x\,]$, d'après (1.4.4):

$$P\{X = x\} = P\{X \in [\,x, x\,]\} = \int_x^x f(t)\, dt = 0. \tag{1.4.9}$$

Il existe cependant des variables aléatoires dont la loi est partiellement discrète et partiellement continue. On dit qu'on a une loi mixte. Prenons l'exemple suivant: supposons qu'on joue à pile ou face avec une pièce de monnaie parfaite. On définit la variable aléatoire X comme suit: si la pièce tombe sur pile alors $X(\omega) = 1$; si elle tombe sur face, alors on choisit au hasard un nombre x dans l'intervalle $(0, 1)$ et on pose $X(\omega) = x$ (nous verrons dans la suite que choisir un nombre au hasard dans l'intervalle $(0, 1)$ revient à suivre une loi continue – dite uniforme – de densité $f(x) = 1$).

Calculons la fonction de répartition de cette v.a. X. D'abord si $x \leq 0$, $F(x) = 0$ puisque X ne prend pas de valeurs négatives et est égale à zéro avec probabilité zéro (d'après (1.4.9)). Ensuite, pour $0 \leq x < 1$, appelons H l'événement "la pièce tombe sur face" et $Y(\omega)$ la valeur au hasard dans $(0, 1)$:

$$\begin{aligned} F(x) &= P\{X(\omega) \leq x\} = P(H \cap \{Y(\omega) \leq x\}) \\ &= P(H)P\{Y(\omega) \leq x\}, \qquad \text{par indépendance,} \\ &= \frac{1}{2}\int_0^x f(t)\, dt = \frac{1}{2}\int_0^x 1\, dt = \frac{x}{2}. \end{aligned}$$

Finalement $F(x) = 1$ pour $x \geq 1$. La fonction $F(x)$ est représentée sur la figure 1.4.1. Remarquons (voir (*iii*) ci-dessus) que puisque $P\{X(\omega) = 1\} = \frac{1}{2}$ (pièce tombe sur pile), la fonction $F(x)$ a un saut de valeur $\frac{1}{2}$ au point $x = 1$. On dit aussi que la loi de X a une masse de $\frac{1}{2}$ au point $x = 1$. Il n'y a pas de concentration de masse

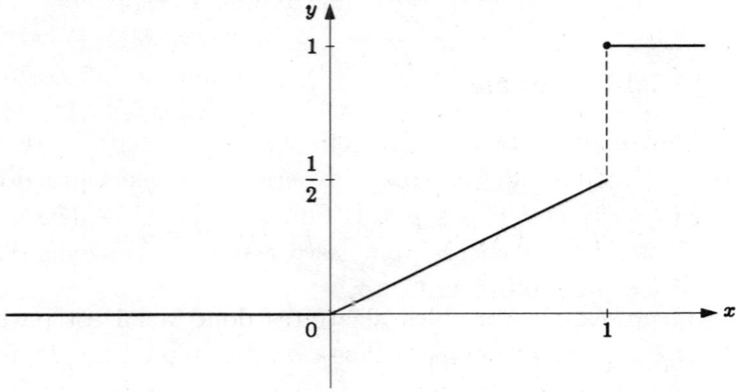

FIGURE 1.4.1: FONCTION DE RÉPARTITION D'UNE LOI MIXTE

ailleurs qu'au point $x = 1$ (donc la fonction $F(x)$ est continue sauf en $x = 1$). □

Nous sommes maintenant prêts à envisager les grands exemples classiques de lois discrètes ou continues.

1.4.1 Loi de Bernoulli

Considérons, comme dans l'exemple 1.3.2, une expérience élémentaire dont le résultat peut être reconnu soit comme un succès soit comme un échec. Si nous définissons la variable aléatoire X égale à 1 lorsque le résultat est un succès, et à 0 lorsque c'est un échec, nous avons la loi suivante:

$$\begin{aligned} P\{X = 0\} &= 1 - p \\ P\{X = 1\} &= p \end{aligned} \tag{1.4.10}$$

où p, $0 \leq p \leq 1$, est la probabilité que le résultat de l'expérience élémentaire soit un succès.

On dit qu'une v.a. discrète X suit une *loi de Bernoulli* lorsque sa loi est donnée par (1.4.10) pour $p \in (0, 1)$. Le nom a été choisi en mémoire de Jacques Bernoulli, mathématicien suisse (1654–1705) dont la contribution au calcul des probabilités fut très importante. On dit également que X est une variable aléatoire de Bernoulli.

1.4.2 Loi binômiale

Supposons maintenant que l'on répète n fois de suite, et de façon indépendante les unes des autres, l'expérience élémentaire dont la probabilité de succès est p, $0 \leq p \leq 1$. Soit X la variable aléatoire qui représente le nombre de succès pour les n essais; nous avons, d'après (1.3.4), la loi de probabilité suivante:

$$p(k) = P\{X = k\} = \binom{n}{k} p^k (1-p)^{n-k}, \qquad k = 0, 1, \ldots, n. \quad (1.4.11)$$

On dit qu'une variable aléatoire discrète X suit une *loi binômiale* lorsque sa loi est donnée par (1.4.11). On écrit $X \sim B(n, p)$ pour indiquer que la v.a. X suit une loi binômiale de paramètres n et p. On dit également que X est une variable aléatoire binômiale de paramètres n et p.

Remarquons, en utilisant le développement du binôme de Newton (soit$(a+b)^n = \sum_{k=0}^{n} \binom{n}{k} a^k b^{n-k}$), que:

$$\sum_{k=0}^{n} p(k) = \sum_{k=0}^{n} \binom{n}{k} p^k (1-p)^{n-k} = [p + (1-p)]^n = 1,$$

et, par conséquent, la somme des probabilités pour toutes les valeurs possibles de X est bien égale à 1.

Exemple 1.4.2. L'examen du cours de Marketing 123 comprend dix questions à choix multiples. Chaque question a trois réponses possibles. Pour avoir la note A, il faut répondre correctement à huit questions au moins. Quelle est la probabilité qu'un étudiant qui répond complètement au hasard à toutes les questions puisse avoir un A à cet examen?

Réponse: Chaque question représente une expérience indépendante ayant une probabilité de succès $p = \frac{1}{3}$ (réponse correcte). Si on appelle X le nombre de réponses correctes, X suit une loi binômiale $B(10, \frac{1}{3})$. La probabilité d'avoir la note A est donc égale à:

$$\begin{aligned}
P\{X \geq 8\} &= P\{X = 8\} + P\{X = 9\} + P\{X = 10\} \\
&= \binom{10}{8}\left(\frac{1}{3}\right)^8\left(\frac{2}{3}\right)^2 + \binom{10}{9}\left(\frac{1}{3}\right)^9\left(\frac{2}{3}\right)^1 + \binom{10}{10}\left(\frac{1}{3}\right)^{10}\left(\frac{2}{3}\right)^0 \\
&= \frac{201}{6\,561} = 0{,}03.
\end{aligned}$$

Cette réponse est heureusement très morale. □

Exemple 1.4.3. L'émetteur d'urgence de la station d'observation polaire canadienne peut être alimenté soit par deux piles à haute intensité, soit par quatre piles à faible intensité. Une pile a une probabilité p de tomber en panne pendant la durée d'une mission quel que soit le type de la pile; de plus, les piles tombent en panne indépendamment les unes des autres. L'émetteur continue à fonctionner si au moins 50% de ses piles ne sont pas en panne. Pour quelles valeurs de p est-il préférable d'utiliser quatre piles plutôt que deux?

Réponse: Le fonctionnement d'une pile représente une expérience indépendante ayant une probabilité de succès (panne) égale à p. Si on appelle X le nombre de piles en panne, X suit une loi binômiale $B(2, p)$ ou $B(4, p)$ suivant que l'on utilise deux ou quatre piles. La probabilité qu'un émetteur alimenté par deux piles fonctionne est donc:

$$\begin{aligned}
P\{X \leq 1\} &= P\{X = 0\} + P\{X = 1\} = \binom{2}{0} p^0(1-p)^2 + \binom{2}{1} p(1-p) \\
&= (1-p)^2 + 2p(1-p) = (1-p)(1+p)
\end{aligned}$$

tandis que la probabilité qu'un émetteur alimenté par quatre piles fonctionne est:

$$\begin{aligned}
P\{X \leq 2\} &= P\{X = 0\} + P\{X = 1\} + P\{X = 2\} \\
&= \binom{4}{0} p^0(1-p)^4 + \binom{4}{1} p(1-p)^3 + \binom{4}{2} p^2(1-p)^2 \\
&= (1-p)^2(3p^2 + 2p + 1).
\end{aligned}$$

Il est donc préférable d'utiliser quatre piles plutôt que deux lorsque:

$$(1-p)^2(3p^2 + 2p + 1) \geq (1-p)(1+p).$$

Cette inéquation se réduit à:

$$p^2(1-3p) \geq 0$$

qui est satisfaite lorsque $p \leq \frac{1}{3}$.

Par conséquent, si la probabilité de panne des piles est inférieure ou égale à $\frac{1}{3}$, il est préférable d'utiliser quatre piles plutôt que deux, tandis que c'est le contraire si $p \geq \frac{1}{3}$. □

1.4.3 Loi multinomiale

Nous allons maintenant généraliser la loi binômiale. Supposons que l'expérience élémentaire consiste à lancer un dé parfait. Si nous répétons l'expérience dix fois de suite, nous savons, d'après (1.4.11), que la probabilité d'obtenir quatre fois le chiffre 6 est $\binom{10}{4}\left(\frac{1}{6}\right)^4\left(\frac{5}{6}\right)^6$. Demandons-nous maintenant quelle serait la probabilité d'obtenir dans les dix lancers les résultats ci-dessous:

Résultat du lancer	1 2 3 4 5 6
Nombre de fois où ce résultat apparaît	0 2 1 3 0 4

Nous pouvons utiliser le raisonnement de l'exemple 1.3.2 pour indiquer que la probabilité d'obtenir une suite particulière de lancers favorables (par exemple la suite de résultats $2, 2, 3, 4, 4, 4, 6, 6, 6, 6$) est $\left(\frac{1}{6}\right)^{10}$. Il nous faut donc trouver le nombre de suites de 10 chiffres pris parmi $1, 2, 3, 4, 5, 6$ qui satisfont les conditions imposées ci-dessus. Un raisonnement combinatoire élémentaire permet de vérifier la proposition suivante.

Proposition 1.4.2. *Considérons toutes les suites de n nombres pris parmi les nombres $1, 2, \ldots, j$. Le nombre de suites qui ont exactement k_1 un, k_2 deux,..., k_j fois le nombre j (où $k_1 + k_2 + \ldots + k_j = n$) est égal à:*

$$\frac{n!}{k_1!\,k_2!\ldots k_j!}. \tag{1.4.12}$$

En utilisant la proposition 1.4.2, nous établissons que la probabilité désirée pour les dix lancers est:

$$\frac{10!}{0!\,2!\,1!\,3!\,0!\,4!}\left(\frac{1}{6}\right)^{10} = 0{,}000\,2.$$

On rappelle que $0! = 1$.

On peut généraliser la situation précédente au cas de n répétitions indépendantes d'une expérience pouvant avoir j résultats possibles. Le résultat n$^0 i$ est obtenu avec probabilité p_i $(p_1 + p_2 + \cdots + p_j = 1)$. La probabilité que, dans ces n expériences, on obtienne k_1 fois le résultat n^{0}1, k_2 fois le résultat n^{0}2, ..., k_j fois le résultat n$^0 j$ $(k_1+k_2+\cdots+k_j = n)$ est égale à:

$$p(k_1, k_2, \ldots, k_j) = \frac{n!}{k_1!\,k_2!\ldots k_j!}\,p_1^{k_1} p_2^{k_2} \ldots p_j^{k_j}. \tag{1.4.13}$$

On dit que (1.4.13) définit la *loi multinomiale* étant donné que le terme $p(k_1, k_2, \ldots, k_j)$ se retrouve dans le développement multinomial de $(p_1 + p_2 + \cdots + p_j)^n$.

1.4.4 Loi géométrique

Revenons à nouveau à l'expérience élémentaire dont le résultat est un "succès" avec probabilité p. Faisons des répétitions indépendantes de cette expérience jusqu'à ce que l'on obtienne un succès. Définissons la variable aléatoire X égale au nombre d'essais jusqu'au premier succès; nous avons la loi suivante:

$$p(k) = P\{X = k\} = (1-p)^{k-1}p, \qquad k = 1, 2, \ldots \tag{1.4.14}$$

puisque pour que X soit égal à k, il faut et il suffit que les $k-1$ premières expériences soient des échecs (probabilité $1-p$) tandis que la k-ième est un succès.

On dit qu'une variable aléatoire discrète X suit une *loi géométrique* de paramètre p lorsque sa loi est donnée par (1.4.14) pour $p \in (0, 1)$. On dit également que X est une variable aléatoire géométrique de paramètre p.

Remarquons, puisque la somme de la série géométrique $\sum_{n=0}^{\infty} x^n = \frac{1}{1-x}$ lorsque $|x| < 1$, que:

$$\sum_{k=1}^{\infty} p(k) = p \sum_{k=1}^{\infty} (1-p)^{k-1} = p \frac{1}{1-(1-p)} = 1$$

et, par conséquent, la somme des probabilités pour toutes les valeurs possibles de X est bien égale à 1.

1.4.5 Loi de Poisson

Les quatre lois de probabilité que nous venons d'introduire sont fondées sur la répétition d'une expérience dite élémentaire, chaque essai se faisant de façon indépendante des autres. Nous allons voir dans cette section comment construire une loi de probabilité en prenant la limite de lois élémentaires.

Revenons à nos n expériences élémentaires indépendantes utilisées dans le contexte de la loi binômiale, et supposons que n est un nombre relativement grand. En général, le nombre de succès sera également relativement grand sauf dans le cas, auquel nous allons nous intéresser, où la probabilité p de succès est très faible. Posons $\lambda = np$ et supposons que le nombre λ n'est pas trop grand. Remarquons que λ correspond approximativement au nombre de succès pour les n essais. D'après (1.4.11), la probabilité de n'avoir aucun succès est:

$$p(0) = (1-p)^n = \left(1 - \frac{\lambda}{n}\right)^n.$$

En utilisant les deux premiers termes du développement en série de Taylor de $\text{Log}(1 - \frac{\lambda}{n})^n$, on montre après quelques manipulations algébriques que:

$$\left(1 - \frac{\lambda}{n}\right)^n \simeq e^{-\lambda}\left(1 - \frac{\lambda^2}{n}\right).$$

Par conséquent, si n est très grand et λ (donc λ^2) relativement petit, nous avons d'après ce qui précède:

$$p(0) = e^{-\lambda}.$$

De plus, il résulte de (1.4.11) que:

$$\begin{aligned}
\frac{p(k+1)}{p(k)} &= \frac{\binom{n}{k+1} p^{k+1}(1-p)^{n-k-1}}{\binom{n}{k} p^k(1-p)^{n-k}} \\
&= \frac{k!\,(n-k)!}{(k+1)!\,(n-k-1)!} \cdot \frac{p}{1-p} \\
&= \frac{1}{k+1} \cdot \frac{(n-k)p}{1-p} \\
&= \frac{\lambda}{k+1} \left[\left(1 - \frac{k}{n}\right) \frac{1}{1-p} \right].
\end{aligned}$$

Lorsque $k \ll n$ (k très petit par rapport à n) et $p \ll 1$, le terme entre crochets est pratiquement égal à 1, et par conséquent:

$$\frac{p(k+1)}{p(k)} = \frac{\lambda}{k+1}.$$

D'où:

$$\begin{aligned}
p(1) &= \lambda\, p(0) = \lambda e^{-\lambda} \\
p(2) &= \frac{\lambda}{2}\, p(1) = \frac{\lambda^2}{2} e^{-\lambda} \\
p(3) &= \frac{\lambda}{3}\, p(2) = \frac{\lambda^3}{2 \cdot 3} e^{-\lambda}.
\end{aligned}$$

On vérifie de proche en proche que:

$$p(k) = \frac{\lambda^k}{k!} e^{-\lambda}. \qquad (1.4.15)$$

Nous avons obtenu (1.4.15) en supposant que le nombre d'essais n était très grand (essentiellement infini) tandis que la probabilité de succès était très faible. Remarquons d'ailleurs, en utilisant le développement en série entière de la fonction exponentielle $e^x = \sum_{k=o}^{\infty} \frac{x^k}{k!}$, que:

$$\sum_{k=0}^{\infty} p(k) = e^{-\lambda} \sum_{k=0}^{\infty} \frac{\lambda^k}{k!} = e^{-\lambda} e^{\lambda} = 1$$

et, par conséquent, il faut bien supposer que le nombre de succès possibles peut prendre toutes les valeurs entières $0, 1, 2, \ldots$ pour avoir une somme de probabilités égale à 1.

Nous en concluons donc que (1.4.15) définit une loi de probabilité raisonnable pour déterminer le nombre de succès pour un grand nombre de répétitions indépendantes d'une expérience élémentaire dont la probabilité de succès est très faible (le paramètre λ correspond au nombre total espéré de succès).

Définition 1.4.5. *On dit qu'une variable aléatoire discrète X qui prend les valeurs $0, 1, 2, \ldots$ suit une loi de Poisson de paramètre λ ($\lambda > 0$), si $P\{X = k\} = p(k)$ est donné par (1.4.15) pour $k = 0, 1, 2, \ldots$.*

On dit également que X est une variable aléatoire de Poisson de paramètre λ. Ce nom provient du mathématicien français Denis Poisson (1781–1840) qui découvrit la loi des événements "rares". La loi de Poisson, comme nous le verrons dans le chapitre 8, possède de nombreuses applications dans des domaines divers. On trouve, dans la plupart des livres de probabilité et de statistique, des tables de la fonction de répartition discrète de la loi de Poisson (c'est-à-dire les probabilités $P\{X \leq k\}$ pour $k = 0, 1, 2, \ldots$) pour différentes valeurs du paramètre λ.

Exemple 1.4.4. Une machine produit des boulons. On s'est aperçu en moyenne que un pour cent des boulons fabriqués sont défectueux. Trouver la probabilité que dans une boîte de 200 boulons, il n'y en ait aucun qui soit défectueux.

Réponse: Le nombre de boulons défectueux suit une loi binômiale de paramètres 200 et 0,01. D'après (1.4.11), la probabilité de n'avoir aucun boulon défectueux est:

$$p(0) = (1 - 0{,}01)^{200} = 0{,}1340.$$

Si nous utilisons l'approximation de Poisson à la loi binômiale (puisque $n = 200$ est "grand" et $p = 0{,}01$ est faible, tandis que $\lambda = np = 2 \ll 200$), il vient:

$$p(0) = e^{-2} = 0{,}1353.$$

Remarquons que si l'approximation poissonnienne évitait le calcul des probabilités binômiales lorsqu'on ne disposait pas de moyens de calcul puissants, cela n'est plus le cas aujourd'hui où les probabilités binômiales se calculent facilement à l'ordinateur ou à l'aide d'une calculatrice. Cependant, cette approximation a des conséquences théoriques importantes pour la construction des processus de Poisson comme nous le verrons dans le chapitre 8. □

1.4.6 Loi uniforme

Nous allons maintenant donner les exemples classiques de lois continues. Nous commençons avec la *loi uniforme.*

Définition 1.4.6. *On dit qu'une variable aléatoire continue X suit une loi uniforme sur l'intervalle $(0,1)$ si elle admet la densité suivante:*

$$f(x) = \begin{cases} 1 & \text{si } 0 < x < 1; \\ 0 & \text{sinon.} \end{cases} \tag{1.4.16}$$

Remarquons que la fonction $f(x)$ définie par (1.4.16) est bien une densité puisque $f(x) \geq 0$ et $\int_{-\infty}^{\infty} f(x)\,dx = \int_0^1 dx = 1$. La variable aléatoire X est dite uniforme sur $(0,1)$ puisqu'elle ne prend ses valeurs que dans cet intervalle et a une densité constante partout sur $(0,1)$. Il en résulte que si (x_1, x_2) est un intervalle inclus dans $(0,1)$ on a:

$$P\{x_1 \leq X \leq x_2\} = \int_{x_1}^{x_2} f(x)\,dx = x_2 - x_1,$$

c'est-à-dire que la probabilité que la valeur prise par la v.a. X tombe dans l'intervalle (x_1, x_2) est égale à la longueur de cet intervalle.

On peut généraliser la définition 1.4.6 au cas d'un intervalle (a,b) quelconque.

Définition 1.4.7. *On dit qu'une variable aléatoire continue X suit une loi uniforme sur l'intervalle (a,b) si elle admet la densité suivante:*

$$f(x) = \begin{cases} \dfrac{1}{b-a} & \text{si } a < x < b; \\ 0 & \text{sinon.} \end{cases} \tag{1.4.17}$$

On obtient facilement la fonction de répartition d'une variable aléatoire uniforme sur (a, b) en intégrant (1.4.17):

$$F(x) = P\{X \leq x\} = \int_{-\infty}^{x} f(t)\,dt = \begin{cases} 0 & \text{si} \quad x \leq a; \\ \dfrac{x-a}{b-a} & \text{si} \quad a < x < b; \\ 1 & \text{si} \quad x \geq b. \end{cases} \tag{1.4.18}$$

Remarquons que la relation (1.4.8) $f(x) = F'(x)$ est bien vérifiée dans le cas de la loi uniforme.

1.4.7 Loi exponentielle

Nous verrons dans le chapitre 8 qu'il existe un lien étroit entre les processus de Poisson et certaines variables aléatoires continues dites v.a. exponentielles. Dans ce contexte nous étudierons ces variables aléatoires en détail. Pour le moment, nous nous contentons de signaler leur existence.

Définition 1.4.8. *On dit qu'une variable aléatoire continue X suit une loi exponentielle de paramètre λ $(\lambda > 0)$ si elle admet la densité suivante:*

$$f(x) = \begin{cases} \lambda e^{-\lambda x} & \text{si } x \geq 0; \\ 0 & \text{si } x < 0. \end{cases} \tag{1.4.19}$$

Remarquons à nouveau que la fonction $f(x)$ définie par (1.4.19) est bien une densité puisque $f(x) \geq 0$ et $\int_{-\infty}^{\infty} f(x)\,dx = \int_0^{\infty} \lambda e^{-\lambda x}\,dx = -e^{-\lambda x}\,|_0^{\infty} = 1$. La fonction de répartition de la loi exponentielle de paramètre λ est égale à:

$$F(x) = P\{X \leq x\} = \int_{-\infty}^{x} f(t)\,dt = \begin{cases} 0 & \text{si } x < 0; \\ 1 - e^{-\lambda x} & \text{si } x \geq 0. \end{cases} \tag{1.4.20}$$

1.4.8 Loi normale (loi de Laplace-Gauss)

Définition 1.4.9. *On dit qu'une variable aléatoire continue X suit une loi normale (ou loi de Laplace-Gauss) de paramètres μ et σ^2 si elle admet la densité suivante:*

$$f(x) = \frac{1}{\sqrt{2\pi}\sigma} e^{-(x-\mu)^2/2\sigma^2}, \qquad -\infty < x < \infty. \tag{1.4.21}$$

On écrit $X \sim \mathcal{N}(\mu, \sigma^2)$ pour indiquer que la v.a. X suit une loi normale de paramètres μ et σ^2. On dit également que X est une v.a. normale de paramètres μ et σ^2. La représentation graphique de la fonction $f(x)$ définie par (1.4.21) est la courbe en cloche bien connue qui est symétrique par rapport à la droite $x = \mu$.

On peut montrer que si $X \sim \mathcal{N}(\mu, \sigma^2)$ alors la variable aléatoire $Y = \alpha X + \beta$, où $\alpha, \beta \in \mathcal{R}$, suit une loi normale de paramètres $\alpha\mu + \beta$ et $\alpha^2\sigma^2$. Il en résulte que si $X \sim \mathcal{N}(\mu, \sigma^2)$ alors la variable aléatoire définie par $Y = (X - \mu)/\sigma$ (nous avons choisi $\alpha = 1/\sigma$ et $\beta = (-\mu)/\sigma$) suit une loi normale de paramètres $\alpha\mu + \beta = 0$ et $\alpha^2\sigma^2 = 1$. On dit qu'une variable aléatoire $X \sim \mathcal{N}(0, 1)$ est une *variable aléatoire normale centrée réduite.* Sa densité est:

$$\varphi(x) = \frac{1}{\sqrt{2\pi}} e^{-x^2/2}, \qquad -\infty < x < \infty. \tag{1.4.22}$$

On ne sait pas calculer une expression algébrique pour la fonction de répartition d'une variable aléatoire normale (on ne connaît pas de technique d'intégration pour ce genre d'intégrale). Cependant on peut montrer que $\int_{-\infty}^{\infty} \frac{1}{\sqrt{2\pi}} e^{-x^2/2}\, dx = 1$ (voir section 1.6.3). La table de l'Annexe A donne les valeurs numériques de la fonction de répartition $\Phi(x) = P\{X \leq x\}$ de la loi normale centrée réduite pour certaines valeurs de x.

$$\Phi(x) = P\{X \leq x\} = \int_{-\infty}^{x} \frac{1}{\sqrt{2\pi}} e^{-x^2/2}\, dx. \tag{1.4.23}$$

En tenant compte de la symétrie de la fonction φ par rapport à la droite $x = 0$, on voit que:

$$\Phi(-x) = P\{X \leq -x\} = P\{X > x\} = 1 - \Phi(x). \tag{1.4.24}$$

Notons pour terminer que cette loi est l'une de celles qui se rencontrent le plus fréquemment; un exemple très caractéristique est celui de la répartition des erreurs accidentelles qui apparaissent lorsque l'on mesure plusieurs fois une même grandeur physique constante; on constate alors que les diverses valeurs mesurées se répartissent suivant une loi normale. Un autre exemple, dont les conséquences sont très importantes, a été mis en évidence par Laplace (mathématicien français 1749–1827) et rigoureusement démontré par Ljapunov (mathématicien russe 1857–1918): il s'agit du *théorème limite central* dont nous parlerons dans la section 1.7.

1.5 COUPLES DE VARIABLES ALÉATOIRES

Dans la section précédente, nous avons défini et étudié certains concepts reliés à une variable aléatoire unique. Il existe de nombreuses situations où il est nécessaire d'établir des relations de nature probabiliste entre deux ou plusieurs variables aléatoires. Dans cette section, nous allons étudier les concepts fondamentaux reliés à ces situations.

1.5.1 Fonctions de répartition croisées

Définition 1.5.1. *Soient deux variables aléatoires X et Y définies sur le même espace fondamental Ω. On appelle fonction de répartition croisée du couple de variables aléatoires X et Y, la fonction $F(x, y)$ définie par:*

$$F(x,y) = P\{X \leq x, Y \leq y\}, \qquad -\infty < x, y < \infty. \tag{1.5.1}$$

Notons que la fonction $F(x, y)$ donnée dans (1.5.1) est bien définie puisque, étant donné que X et Y sont des v.a., $\{X(\omega) \leq x\}$ et $\{Y(\omega) \leq y\}$ sont des événements dans Ω. Leur intersection $\{X(\omega) \leq x \text{ et } Y(\omega) \leq y\}$ est donc un événement et sa probabilité est bien définie.

Exemple 1.5.1. Tout comme dans le cas d'une variable aléatoire unique, on peut utiliser la fonction F pour exprimer la probabilité d'un événement faisant intervenir X et Y. Soient $(a, b]$ et $(c, d]$ deux intervalles tels que $a \leq b$ et $c \leq d$. Calculons la probabilité que $X \in (a, b]$ *et* $Y \in (c, d]$. Nous avons:

$$P\{a < X \leq b, c < Y \leq d\} \\ = P\{a < X \leq b,\ Y \leq d\} - P\{a < X \leq b,\ Y \leq c\}.$$

Mais:

$$P\{a < X \leq b,\ Y \leq d\} = P\{X \leq b,\ Y \leq d\} - P\{X \leq a,\ Y \leq d\} \\ = F(b, d) - F(a, d).$$

De même:

$$P\{a < X \leq b,\ Y \leq c\} = F(b, c) - F(a, c).$$

D'où finalement:

$$P\{a < X \leq b,\ c < Y \leq d\} = (F(b, d) - F(a, d)) - (F(b, c) - F(a, c)), \tag{1.5.2}$$

ce qui permet de calculer la probabilité désirée à partir de $F(x, y)$. □

Les fonctions de répartition des variables aléatoires X et Y définies par:

$$F_X(x) = P\{X \leq x\} \text{ et } F_Y(y) = P\{Y \leq y\}$$

sont appelées *fonctions de répartition marginales* dans le contexte de la distribution du couple de variables aléatoires X et Y. On les obtient à partir de la fonction de répartition croisée de la façon suivante:

$$F_X(x) = F(x, \infty) = \lim_{y \to \infty} F(x, y),$$

$$F_Y(y) = F(\infty, y) = \lim_{x \to \infty} F(x, y).$$

S'il existe une fonction non négative $f(x, y)$ telle que:

$$F(x, y) = \int_{-\infty}^{x} \left(\int_{-\infty}^{y} f(u, v)\, dv \right) du, \qquad -\infty < x, y < \infty, \tag{1.5.3}$$

cette fonction est appelée la *densité croisée* de la loi du couple de variables continues X et Y.

Lorsque la densité $f(x,y)$ existe, on peut écrire la relation (1.5.2) sous la forme

$$P\{a < X \leq b,\ c < Y \leq d\} = \int_a^b \left(\int_c^d f(x,y)\,dy \right) dx. \qquad (1.5.4)$$

Remarquons, en particulier, que:

$$\int_{-\infty}^{\infty} \int_{-\infty}^{\infty} f(x,y)\,dx\,dy = 1.$$

Il résulte également de (1.5.4) que:

$$F_X(x) = P\{X \leq x\} = \int_{-\infty}^{x} \left(\int_{-\infty}^{\infty} f(u,y)\,dy \right) du$$

et, d'après la relation (1.4.8), nous avons en dérivant par rapport à x:

$$f_X(x) = \int_{-\infty}^{\infty} f(x,y)\,dy$$

où $f_X(x)$ est la densité (marginale) de la loi de la variable aléatoire X. De même, la densité (marginale) de la loi de la v.a. Y est donnée par

$$f_Y(y) = \int_{-\infty}^{\infty} f(x,y)\,dx.$$

On peut aussi montrer que, moyennant certaines hypothèses vérifiées par la plupart des "bonnes" fonctions:

$$\frac{\partial^2}{\partial x\,\partial y} F(x,y) = f(x,y). \qquad (1.5.5)$$

Finalement, étant donné un couple de variables aléatoires continues X_1 et X_2 avec une densité croisée $f(x_1, x_2)$, il est parfois nécessaire de déterminer la loi croisée d'un couple de variables aléatoires Y_1 et Y_2 définies comme des fonctions de X_1 et X_2, par exemple $Y_1 = g_1(X_1, X_2)$ et $Y_2 = g_2(X_1, X_2)$.

Supposons que les fonctions g_1 et g_2 satisfont les deux conditions suivantes:

1. Les équations $y_1 = g_1(x_1, x_2)$ et $y_2 = g_2(x_1, x_2)$ admettent une solution unique $x_1 = h_1(y_1, y_2)$ et $x_2 = h_2(y_1, y_2)$.
2. Les fonctions g_1 et g_2 ont des dérivées partielles continues et l'expression

$$J(x_1, x_2) = \frac{\partial g_1}{\partial x_1}\frac{\partial g_2}{\partial x_2} - \frac{\partial g_1}{\partial x_2}\frac{\partial g_2}{\partial x_1}$$

est non nulle pour toutes les valeurs de (x_1, x_2).

Alors, on peut démontrer que les variables aléatoires continues Y_1 et Y_2 admettent la densité croisée:

$$f_{Y_1,Y_2}(y_1, y_2) = f_{X_1,X_2}(x_1, x_2)\,|J(x_1, x_2)|^{-1} \tag{1.5.6}$$

où $x_1 = h_1(y_1, y_2)$ et $x_2 = h_2(y_1, y_2)$.

Exemple 1.5.2. Nous avons défini ci-dessus le concept de fonction de répartition croisée pour un couple de v.a. (X, Y). Lorsque les variables sont discrètes, on définit souvent la loi de (X, Y) à partir de la distribution croisée de X et Y, soit:

$$p(x, y) = P\{X = x, Y = y\}.$$

A partir de $p(x, y)$, on retrouve bien entendu les distributions (marginales) de X et de Y de la façon suivante:

$$p_X(x) = \sum_y p(x, y),$$

$$p_Y(y) = \sum_x p(x, y).$$

L'exemple suivant donne lieu à un calcul astucieux: on lance un dé parfait n fois de suite de façon indépendante les unes des autres. Soient X et Y le maximum et le minimum respectivement des résultats obtenus (le nombre maximum —ou minimum— peut bien entendu avoir été obtenu plusieurs fois lors des n lancers). Trouver la probabilité croisée $P\{X = 5, Y = 2\}$.

Réponse: Le lecteur avec un peu d'expérience en probabilité reconnaîtra que lorsque l'on s'intéresse à la loi de variables aléatoires qui sont le maximum ou le minimum de certaines expériences, il est plus facile de calculer les probabilités d'événements définis par des inégalités que par des égalités. Avec un peu de réflexion sur les événements utilisés, on peut écrire que

$$P\{X=5, Y\geq 2\} = P\{X=5, Y=2\} + P\{X=5, Y\geq 3\},$$

ou encore:

$$P\{X=5, Y=2\} = P\{X=5, Y\geq 2\} - P\{X=5, Y\geq 3\}.$$

Dans le même ordre d'idée:

$$P\{X=5, Y\geq 2\} = P\{X\leq 5, Y\geq 2\} - P\{X\leq 4, Y\geq 2\},$$

et:

$$P\{X=5, Y\geq 3\} = P\{X\leq 5, Y\geq 3\} - P\{X\leq 4, Y\geq 3\}.$$

Finalement, nous avons:

$$\begin{aligned} P\{X=5, Y=2\} = {} & P\{X\leq 5, Y\geq 2\} - P\{X\leq 4, Y\geq 2\} \\ & - P\{X\leq 5, Y\geq 3\} + P\{X\leq 4, Y\geq 3\}. \end{aligned}$$

Pour calculer $P\{X\leq 5, Y\geq 2\}$, il suffit de remarquer que c'est la probabilité que le résultat de chacun des n lancers indépendants soit compris entre 2 et 5. Cette probabilité est égale à $\frac{4}{6}$ pour chaque lancer, et donc à $\left(\frac{4}{6}\right)^n$ pour les n lancers. Nous aurons donc:

$$P\{X=5, Y=2\} = \left(\frac{4}{6}\right)^n - \left(\frac{3}{6}\right)^n - \left(\frac{3}{6}\right)^n + \left(\frac{2}{6}\right)^n. \ \square$$

Exemple 1.5.3. Revenons à la loi multinomiale introduite dans la section 1.4.3. Le lecteur attentif a sans doute remarqué que nous n'avons pas défini de variable aléatoire "multinomiale". C'est que, en fait, la loi multinomiale est une loi croisée de j variables aléatoires $X_1, \ldots, X_j$, où X_i est égale au nombre de fois où le résultat n$^0 i$ est obtenu dans les n expériences. La distribution croisée des variables $X_1, X_2, \ldots, X_j$ est donc égale à:

$$P\{X_1 = k_1, X_2 = k_2, \ldots, X_j = k_j\}$$

$$= \begin{cases} \dfrac{n!}{k_1!\, k_2! \ldots k_j!} p_1^{k_1} p_2^{k_2} \ldots p_j^{k_j} & \text{si } k_1 + k_2 + \cdots + k_j = n; \\ 0 & \text{sinon;} \end{cases}$$

avec $p_i > 0$ pour $i = 1, \ldots, j$ et $p_1 + p_2 + \cdots + p_j = 1$. □

1.5.2 Variables aléatoires indépendantes

Définition 1.5.2. *On dit que les variables aléatoires X et Y sont indépendantes si quels que soient x et y*

$$P\{X \leq x, Y \leq y\} = P\{X \leq x\}P\{Y \leq y\}. \tag{1.5.7}$$

Cela revient à dire, d'après la définition 1.3.1, que X et Y sont des v.a. indépendantes si, quels que soient x et y, les événements $E_x = \{X \leq x\}$ et $F_y = \{Y \leq y\}$ sont indépendants.

Si l'on utilise la fonction de répartition croisée et les fonctions de répartition marginales, la définition 1.5.2 implique que $F(x, y) = F_X(x)F_Y(y)$, quels que soient x et y.

En pratique, on utilise une forme dérivée de (1.5.7) pour exprimer que deux variables aléatoires X et Y sont indépendantes.

Proposition 1.5.1. *Les variables aléatoires discrètes X et Y sont indépendantes si et seulement si, quels que soient x et y,*

$$P\{X = x, Y = y\} = P\{X = x\}P\{Y = y\}. \tag{1.5.8}$$

Démonstration. Supposons que les variables aléatoires X et Y soient telles que la relation (1.5.8) est vérifiée quels que soient x et y. Nous avons:

$$\begin{aligned} P\{X \leq x, Y \leq y\} &= \sum_{u \leq x} \sum_{v \leq y} P\{X = u, Y = v\} \\ &= \sum_{u \leq x} \sum_{v \leq y} P\{X = u\}P\{Y = v\} \\ &= \sum_{u \leq x} P\{X = u\} \sum_{v \leq y} P\{Y = v\} \\ &= P\{X \leq x\}P\{Y \leq y\}, \end{aligned}$$

et par conséquent les v.a. X et Y sont indépendantes.

Réciproquement, supposons que X et Y prennent des valeurs entières (ce qui ne limite pas la généralité de la démonstration), on a:

$$\begin{aligned} P\{X = x, Y = y\} = {} & P\{X \leq x, Y \leq y\} - P\{X \leq x, Y \leq y - 1\} \\ & - P\{X \leq x - 1, Y \leq y\} + P\{X \leq x - 1, Y \leq y - 1\}. \end{aligned}$$

Puisque les v.a. sont indépendantes, il vient d'après (1.5.7):

$$\begin{aligned} P\{X = x, Y = y\} & \\ &= P\{X \le x\}P\{Y \le y\} - P\{X \le x\}P\{Y \le y-1\} \\ &\quad - P\{X \le x-1\}P\{Y \le y\} + P\{X \le x-1\}P\{Y \le y-1\} \\ &= (P\{X \le x\} - P\{X \le x-1\})(P\{Y \le y\} - P\{Y \le y-1\}) \\ &= P\{X = x\}P\{Y = y\} \end{aligned}$$

et la condition (1.5.8) est satisfaite. ■

Proposition 1.5.2. *Les variables aléatoires continues X et Y sont indépendantes si et seulement si, quels que soient x et y,*

$$f(x,y) = f_X(x) f_Y(y) \tag{1.5.9}$$

où $f(x,y)$, $f_X(x)$ et $f_Y(y)$ sont respectivement la densité croisée du couple (X,Y), la densité marginale de X et la densité marginale de Y.

Démonstration. Supposons que les variables aléatoires X et Y soient telles que la relation (1.5.9) est vérifiée quels que soient x et y. Nous avons:

$$\begin{aligned} P\{X \le x, Y \le y\} &= \int_{-\infty}^{x} \left(\int_{-\infty}^{y} f(u,v)\, dv \right) du \\ &= \int_{-\infty}^{x} \left(\int_{-\infty}^{y} f_X(u) f_Y(v)\, dv \right) du \\ &= \left(\int_{-\infty}^{x} f_X(u)\, du \right) \left(\int_{-\infty}^{y} f_Y(v)\, dv \right) \\ &= P\{X \le x\}P\{Y \le y\} \end{aligned}$$

et par conséquent les v.a. X et Y sont indépendantes.

Réciproquement, si X et Y sont des v.a. indépendantes, nous avons vu que la définition 1.5.2 implique que, quels que soient x et y,

$$F(x,y) = F_X(x) F_Y(y).$$

Il résulte de la relation (1.5.5) que:

$$\begin{aligned} f(x,y) &= \frac{\partial^2}{\partial x \partial y} F(x,y) = \frac{\partial^2}{\partial x \partial y} F_X(x) F_Y(y) \\ &= \frac{dF_X(x)}{dx} \cdot \frac{dF_Y(y)}{dy} = f_X(x) f_Y(y) \end{aligned}$$

d'après la relation (1.4.8). La condition (1.5.9) est donc satisfaite. ■

On peut, bien entendu, appliquer le concept d'indépendance à plusieurs variables aléatoires. On dira que les n variables aléatoires $X_1, X_2, \ldots, X_n$ sont indépendantes si, quelles que soient les valeurs $x_1, x_2, \ldots, x_n$,

$$\begin{aligned} P\{X_1 \le x_1, X_2 \le x_2, \ldots, X_n \le x_n\} \\ = P\{X_1 \le x_1\}P\{X_2 \le x_2\} \ldots P\{X_n \le x_n\}. \end{aligned} \tag{1.5.10}$$

Exemple 1.5.4. Soient X et Y deux variables aléatoires indépendantes qui suivent une loi géométrique de paramètre p. Calculer les probabilités conditionnelles $P\{X = j \mid X + Y = k\}$ pour toutes les valeurs entières de $j < k$. Interpréter le résultat.

Réponse: En appliquant la relation (1.2.3) à des événements définis par des variables aléatoires, nous avons:

$$P\{X = j \mid X + Y = k\} = \frac{P\{X = j, X + Y = k\}}{P\{X + Y = k\}}.$$

Mais:

$$\begin{aligned} P\{X = j, X + Y = k\} &= P\{X = j, Y = k - j\} \\ &= P\{X = j\}P\{Y = k - j\} \end{aligned}$$

par indépendance des v.a. X et Y. Il résulte de la relation (1.4.14) que:

$$\begin{aligned} P\{X = j, X + Y = k\} &= ((1-p)^{j-1}p)((1-p)^{k-j-1}p) \\ &= (1-p)^{k-2}p^2. \end{aligned}$$

De plus, d'après la loi des probabilités totales:

$$\begin{aligned} P\{X + Y = k\} &= \sum_{i=1}^{k-1} P\{X + Y = k \mid Y = i\}P\{Y = i\} \\ &= \sum_{i=1}^{k-1} P\{X = k - i \mid Y = i\}P\{Y = i\}. \end{aligned}$$

L'indépendance de X et de Y entraîne celle des événements $\{X = k-i\}$ et $\{Y = i\}$, donc:

$$\begin{aligned} P\{X+Y=k\} &= \sum_{i=1}^{k-1} P\{X=k-i\}P\{Y=i\} \\ &= \sum_{i=1}^{k-1}(1-p)^{k-2}p^2 = (k-1)(1-p)^{k-2}p^2 \end{aligned}$$

et finalement:

$$P\{X=j \mid X+Y=k\} = \frac{1}{k-1}, \qquad j<k=2,3,\ldots$$

Remarquons que le résultat est indépendant de la valeur de j. Nous laissons au lecteur le soin d'interpréter ce résultat en tenant compte de ses connaissances sur la loi géométrique. □

Exemple 1.5.5. *Loi de la somme de deux v.a. continues*

Soient deux variables aléatoires continues X et Y de densité croisée $f(x,y)$. Dans de nombreux contextes probabilistes, il est utile de calculer la densité d'une variable aléatoire Z définie par une fonction de X et Y, soit $Z = \varphi(X,Y)$. Étant donnée une valeur fixe $z \in \mathcal{R}$, l'événement $\{Z \leq z\}$ est équivalent à l'événement $\{\,(X,Y) \in A_z\,\}$, où A_z est le sous-ensemble de $\mathcal{R}^2$ tel que:

$$A_z = \{\,(x,y) \mid \varphi(x,y) \leq z\,\}.$$

Nous avons donc:

$$\begin{aligned} F_Z(z) &= P\{Z \leq z\} \\ &= P\{\,(X,Y) \in A_z\,\} \\ &= \iint_{A_z} f(x,y)\,dx\,dy. \end{aligned}$$

Si nous pouvons trouver une fonction non négative g telle que:

$$\iint_{A_z} f(x,y)\,dx\,dy = \int_{-\infty}^{z} g(v)\,dv, \qquad -\infty < z < \infty, \tag{1.5.11}$$

alors g est la densité de la v.a. Z.

Nous allons illustrer cette technique dans le cas où $Z = X + Y$, c'est-à-dire que Z est la somme des variables aléatoires X et Y. L'ensemble A_z est donc ici défini comme suit:

$$A_z = \{\,(x,y) \mid x + y \leq z\,\};$$

il est égal au demi-plan sous la droite $x + y = z$, comme on le voit sur la figure ci-dessous.

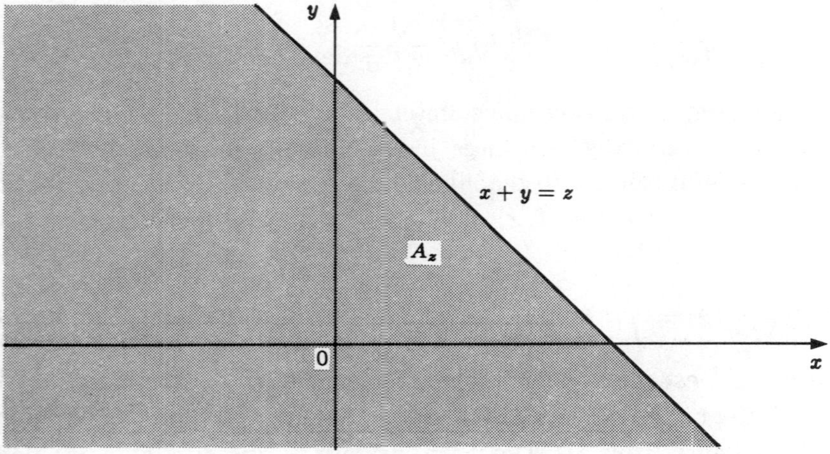

FIGURE 1.5.1: DEMI-PLAN A_z

Par conséquent:

$$F_Z(z) = \iint_{A_z} f(x,y)\,dx\,dy = \int_{-\infty}^{\infty}\left(\int_{-\infty}^{z-x} f(x,y)\,dy\right)dx.$$

Faisons le changement de variable $y = v - x$ dans l'intégrale entre parenthèses; il vient:

$$\begin{aligned} F_Z(z) &= \int_{-\infty}^{\infty}\left(\int_{-\infty}^{z} f(x, v - x)\,dv\right)dx \\ &= \int_{-\infty}^{z}\left(\int_{-\infty}^{\infty} f(x, v - x)\,dx\right)dv, \end{aligned}$$

après avoir changé l'ordre d'intégration. D'après (1.5.11), la densité de la v.a. $Z = X + Y$ est donc donnée par:

$$f_{X+Y}(z) = \int_{-\infty}^{\infty} f(x, z-x)\,dx, \qquad -\infty < z < \infty. \tag{1.5.12}$$

On utilise principalement la relation (1.5.12) lorsque les variables aléatoires X et Y sont indépendantes. Nous avons, dans ce cas, d'après la proposition 1.5.2:

$$f_{X+Y}(z) = \int_{-\infty}^{\infty} f_X(x) f_Y(z-x)\,dx, \qquad -\infty < z < \infty. \tag{1.5.13}$$

On dit que f_{X+Y} est la *convolution* des densités f_X et f_Y.

Pour prendre un exemple concret, cherchons la densité de la somme de deux variables aléatoires indépendantes uniformes sur (0,1). D'après la définition 1.4.6, chacune de ces variables admet pour densité $f(x) = 1$ si $0 < x < 1$ et $f(x) = 0$ partout ailleurs. Par conséquent, la relation (1.5.13) devient:

$$f_{X+Y}(z) = \int_{0}^{z} f_X(x) f_Y(z-x)\,dx, \qquad 0 < z < \infty, \tag{1.5.14}$$

et la densité est manifestement nulle pour $z \leq 0$. La fonction sous le signe d'intégration dans (1.5.14), soit $f_X(x)f_Y(z-x)$, ne peut prendre que les valeurs 0 ou 1. Elle n'est égale à 1 que si x et z vérifient simultanément $0 \leq x \leq 1$ et $0 \leq z - x \leq 1$. Si $0 \leq z \leq 1$, $f_X(x)$ $f_Y(z-x)$ est égale à 1 lorsque $0 \leq x \leq z$. Par conséquent, d'après (1.5.14), $f_{X+Y}(z) = z$ lorsque $0 \leq z \leq 1$. Si $1 < z \leq 2$, $f_X(x)f_Y(z-x)$ est égale à 1 lorsque $z - 1 \leq x \leq 1$. Donc, d'après (1.5.14) $f_{X+Y}(z) = 2 - z$ lorsque $1 < z \leq 2$. En résumé:

$$f_{X+Y}(z) = \begin{cases} z & 0 \leq z \leq 1; \\ 2 - z & 1 < z \leq 2; \\ 0 & \text{ailleurs.} \end{cases} \square$$

1.6 ESPÉRANCES, VARIANCES ET COVARIANCES

Supposons que moyennant paiement d'un droit de α dollars, on puisse participer à un jeu de hasard dont le gain est la valeur d'une variable aléatoire X qui prend les valeurs $x_1, x_2, \ldots, x_k$. Doit-on accepter de participer à ce jeu? Si l'on ne peut jouer qu'une seule fois la réponse à cette question n'est pas évidente. Supposons, cependant, que l'on puisse jouer aussi souvent qu'on le désire. Après n parties, nous avons dépensé $n\alpha$ dollars et gagné $X_1+X_2+\cdots+X_n$ dollars, où, si l'on suppose que les parties sont indépendantes les unes des autres, les variables aléatoires $X_1, X_2, \ldots, X_n$ sont indépendantes et ont la distribution de X. Soit $N_n(x_i)$ le nombre de parties dont le résultat est x_i; nous avons donc:

$$X_1 + X_2 + \cdots + X_n = \sum_{i=1}^{k} x_i N_n(x_i).$$

Le gain moyen par partie est:

$$\frac{X_1 + X_2 + \cdots + X_n}{n} = \sum_{1=1}^{k} x_i \left[\frac{N_n(x_i)}{n}\right].$$

Comme nous l'avons vu dans la discussion des fréquences relatives (voir relation (1.1.3)), le rapport $N_n(x_i)/n$ tend vers $P\{X = x_i\}$ lorsque n est grand. Par conséquent, le gain moyen par partie doit être approximativement égal à $\mu = \sum_{i=1}^{k} x_i P\{X = x_i\}$. On peut donc espérer un gain net par partie si $\mu > \alpha$, et une perte nette si $\mu < \alpha$.

La quantité $\sum_{i=1}^{k} x_i P\{X = x_i\}$ est appelée *espérance* de la variable aléatoire X. Elle est égale à la moyenne des valeurs x_i de X *pondérée* par les probabilités $P\{X = x_i\}$. L'espérance est en quelque sorte une façon de résumer en une valeur unique la loi d'une variable aléatoire. La précision de cette approximation dépend du degré de dispersion (mesuré par la variance) de la loi autour de cette valeur moyenne. Dans la suite de cette section, nous allons étudier les concepts d'espérance et de variance d'une variable aléatoire.

1.6.1 Définitions et propriétés

Considérons une v.a. discrète X qui prend les valeurs $x_1, x_2, \ldots$. D'après ce qui précède, il est logique de définir l'espérance $E(X)$ de la v.a. X par:

$$E(X) = \sum_{i=1}^{\infty} x_i P\{X = x_i\}. \tag{1.6.1}$$

Si X ne prend qu'un nombre fini de valeurs, soit $x_1, x_2, \ldots, x_k$, alors nous retrouvons le nombre μ de l'introduction à cette section. Dans le cas général, la relation (1.6.1) est valable à condition que la somme soit bien définie. Pour s'assurer que c'est bien le cas, nous exigeons que la série ci-dessus soit absolument convergente, c'est-à-dire que $\sum_i |x_i| P\{X = x_i\} < \infty$. Nous avons donc la définition suivante.

Définition 1.6.1. *Soit X une variable aléatoire discrète qui prend les valeurs $x_1, x_2, \ldots$, avec les probabilités $P\{X = x_1\}, P\{X = x_2\}, \ldots$ Si on a $\sum_i |x_i| P\{X = x_i\} < \infty$, on dit que la variable aléatoire X a une espérance finie $E(X)$ donnée par la relation (1.6.1). Si, au contraire, $\sum_i |x_i| P\{X = x_i\} = \infty$, alors on dit que la variable aléatoire X n'a pas une espérance finie et $E(X)$ n'est pas définie.*

On utilise souvent l'expression "moyenne de X" pour parler de l'espérance de la v.a. X.

Par analogie avec la définition 1.6.1, nous avons la définition suivante dans le cas d'une variable aléatoire continue.

Définition 1.6.2. *Soit X une variable aléatoire continue de densité f. Si:*

$$\int_{-\infty}^{\infty} |x| f(x)\, dx < \infty,$$

on dit que la variable aléatoire X a une espérance finie donnée par:

$$E(X) = \int_{-\infty}^{\infty} x f(x)\, dx. \tag{1.6.2}$$

Nous allons donner maintenant un certain nombre de propriétés importantes de l'espérance de variables aléatoires. Ces propriétés sont vraies, que les v.a. soient discrètes ou continues. Nous les établirons indifféremment dans l'un ou l'autre des cas, laissant au lecteur le soin d'établir la démonstration dans l'autre cas.

Théorème 1.6.1. *Si X et Y sont deux variables aléatoires qui ont des espérances finies, alors l'espérance de $X+Y$ est finie, et:*

$$E(X+Y) = E(X) + E(Y). \tag{1.6.3}$$

Démonstration. Donnons la démonstration dans le cas de v.a. discrètes. Nous laissons au lecteur, en utilisant l'inégalité $|x_i + y_j| \leq |x_i| + |y_j|$, le soin de s'assurer que l'espérance de $X+Y$ est finie. Nous avons:

$$\begin{aligned}
E(X+Y) &= \sum_{x_i, y_j} (x_i + y_j) P\{X = x_i, Y = y_j\} \\
&= \sum_{x_i, y_j} x_i P\{X = x_i, Y = y_j\} + \sum_{x_i, y_j} y_j P\{X = x_i, Y = y_j\} \\
&= \sum_{x_i} x_i \Big(\sum_{y_j} P\{X = x_i, Y = y_j\} \Big) \\
&\quad + \sum_{y_j} y_j \Big(\sum_{x_i} P\{X = x_i, Y = y_j\} \Big) \\
&= \sum_{x_i} x_i P\{X = x_i\} + \sum_{y_j} y_j P\{Y = y_j\} \\
&= E(X) + E(Y),
\end{aligned}$$

ce qui établit le résultat annoncé. ■

On peut généraliser le théorème 1.6.1 au cas de n variables aléatoires $X_1, X_2, \ldots, X_n$ ayant des espérances finies, et on obtient:

$$E(X_1 + X_2 + \cdots + X_n) = E(X_1) + E(X_2) + \cdots + E(X_n). \tag{1.6.4}$$

Étant donné que l'espérance de la somme de deux variables aléatoires est égale à la somme de leurs espérances, on pourrait s'attendre à ce que l'espérance du produit de deux variables aléatoires soit égale au produit de leurs espérances. Cependant, ce dernier résultat n'est pas vrai en général comme on le voit en considérant la variable aléatoire X qui prend les valeurs 1 et -1 avec probabilité $\frac{1}{2}$. En effet, si on pose $Y = X$, il vient $E(X) = E(Y) = 0$ et $E(XY) = E(X^2) = 1$.

Il existe cependant un cas important où la règle de l'espérance du produit est valable: c'est celui où les variables aléatoires X et Y sont indépendantes.

Théorème 1.6.2. *Soient X et Y deux variables aléatoires indépendantes ayant des espérances finies. Alors l'espérance de XY est finie et:*

$$E(XY) = E(X)E(Y). \tag{1.6.5}$$

Démonstration. Donnons, pour ce théorème, une démonstration dans le cas de variables aléatoires continues. Puisque les v.a. X et Y sont indépendantes, nous avons d'après la proposition 1.5.2: $f(x,y) = f_X(x)f_Y(y)$. Par conséquent:

$$\begin{aligned}
E(XY) &= \int_{-\infty}^{\infty}\int_{-\infty}^{\infty} xyf(x,y)\,dx\,dy \\
&= \int_{-\infty}^{\infty}\int_{-\infty}^{\infty} xyf_X(x)f_Y(y)\,dx\,dy \\
&= \int_{-\infty}^{\infty} xf_X(x)\,dx \int_{-\infty}^{\infty} yf_Y(y)\,dy \\
&= E(X)E(Y),
\end{aligned}$$

ce qui établit la relation (1.6.5). Le même calcul appliqué à $|XY|$, et où l'on utilise le fait que $|xy| = |x||y|$, montre que l'espérance de XY est finie. ■

Ici encore, nous pouvons généraliser le théorème 1.6.2 au cas de n v.a. indépendantes $X_1, X_2, \ldots, X_n$ ayant des espérances finies. On obtient:

$$E(X_1X_2\ldots X_n) = E(X_1)E(X_2)\ldots E(X_n). \tag{1.6.6}$$

Nous attirons l'attention du lecteur sur le fait que la réciproque du théorème 1.6.2 n'est pas satisfaite. En effet, comme nous allons le voir dans l'exemple suivant, nous pouvons avoir deux variables aléatoires X et Y telles que $E(XY) = E(X)E(Y)$, et qui pourtant ne sont pas indépendantes.

Exemple 1.6.1. Soit (X, Y) un couple de variables aléatoires qui prend les valeurs $(1,0)$,$(0,1)$,$(-1,0)$, et $(0,-1)$ avec probabilité $\frac{1}{4}$. On a $E(X) = E(Y) = 0$; et puisque $XY \equiv 0$, nous avons également $E(XY) = 0$. Nous avons donc bien $E(XY) = E(X)E(Y)$. Cependant, puisque $P\{X = 0\} = P\{Y = 0\} = \frac{1}{2}$, et $P\{X = 0, Y = 0\} = 0$, il en résulte:

$$P\{X=0, Y=0\} \neq P\{X=0\}P\{Y=0\};$$

on en conclut, d'après la proposition 1.5.1, que les v.a. X et Y ne sont pas indépendantes. □

Nous avons vu qu'il résulte de la définition 1.4.1 d'une variable aléatoire que, si X est une v.a. et g une fonction réelle, $g(X)$ est aussi une v.a. Puisque $g(X)$ prend la valeur $g(x_i)$ lorsque $X = x_i$, la définition 1.6.1 suggère que, dans le cas discret, l'espérance de $g(X)$ est donnée par:

$$E(g(X)) = \sum_{i=1}^{\infty} g(x_i)P\{X = x_i\}; \tag{1.6.7}$$

et, dans le cas continu:

$$E(g(X)) = \int_{-\infty}^{\infty} g(x)f(x)\,dx \tag{1.6.8}$$

où f est la densité de la v.a. X. Ces définitions ne sont bien entendu valides que si ces espérances sont bien définies, c'est-à-dire si la série dans (1.6.7), ou l'intégrale dans (1.6.8), est absolument convergente.

En choisissant convenablement la fonction g, nous laissons au lecteur le soin de vérifier le résultat suivant.

Théorème 1.6.3. *Soit X une variable aléatoire ayant une espérance finie, a et b deux constantes réelles. Alors la variable aléatoire $aX + b$ a une espérance finie, et:*

$$E(aX+b) = aE(X) + b. \tag{1.6.9}$$

Une quantité souvent utilisée dans l'étude d'une variable aléatoire est, lorsque r est un entier non négatif, $E(X^r)$ le *moment d'ordre r*. On déduit de (1.6.7) et de (1.6.8) que le moment d'ordre r se calcule de la façon suivante:

$$E(X^r) = \begin{cases} \displaystyle\sum_{i=1}^{\infty} x_i^r P\{X = x_i\} & \text{dans le cas discret;} \\ \displaystyle\int_{-\infty}^{\infty} x^r f(x)\,dx & \text{dans le cas continu;} \end{cases}$$

à condition que la série ou l'intégrale ci-dessus soit bien définie (absolument convergente). Remarquons que le moment d'ordre 1 n'est rien d'autre que l'espérance de X.

On peut montrer que, par suite du fait que $|x|^k \leq |x|^r + 1$ quel que soit l'entier $k \leq r$, l'existence du moment d'ordre r entraîne celle de tous les moments d'ordre k inférieur ou égal à r. Cependant, on ne peut rien en conclure pour les moments d'ordre supérieur. En particulier, une variable aléatoire peut n'avoir aucun moment (donc son espérance n'est pas définie) comme on le voit dans l'exemple suivant.

Exemple 1.6.2. Considérons la variable aléatoire X dont la loi est donnée par:

$$P\{X = k\} = \frac{1}{k(k+1)}, \qquad k = 1, 2, \ldots$$

Nous avons bien là une loi de probabilité discrète puisque ces nombres sont compris entre 0 et 1 et que:

$$\sum_{k=1}^{\infty} P\{X = k\} = \sum_{k=1}^{\infty} \frac{1}{k(k+1)} = \sum_{k=1}^{\infty} \left[\frac{1}{k} - \frac{1}{k+1}\right]$$
$$= (1 - \frac{1}{2}) + (\frac{1}{2} - \frac{1}{3}) + \cdots = 1.$$

Cependant, cette variable aléatoire n'a pas une espérance finie puisque:

$$\sum_{k=1}^{\infty} |k| P\{X = k\} = \sum_{k=1}^{\infty} \frac{1}{k+1} = \infty$$

(en effet, la série ci-dessus, connue sous le nom de série harmonique, ne converge pas). Par conséquent, la variable aléatoire X n'a aucun moment. □

Dans la pratique on s'intéresse surtout aux deux premiers moments $E(X)$ et $E(X^2)$. La quantité suivante joue un rôle important.

Définition 1.6.3. *Soit X une variable aléatoire ayant un moment d'ordre 2 fini. On appelle variance de X, et on note* $\text{Var}(X)$, *la quantité:*

$$\text{Var}(X) = E\Big[(X - E(X))^2\Big]. \tag{1.6.10}$$

En développant le carré dans l'expression (1.6.10), on obtient:

$$\operatorname{Var}(X) = E\Big[X^2 - 2XE(X) + (E(X))^2\Big];$$

soit, en tenant compte de la relation (1.6.4) et du théorème (1.6.3):

$$\operatorname{Var}(X) = E(X^2) - 2(E(X))^2 + (E(X))^2.$$

D'où encore:

$$\operatorname{Var}(X) = E(X^2) - (E(X))^2. \tag{1.6.11}$$

Il est traditionnel, en probabilité et en statistique, de représenter l'espérance $E(X)$ par la lettre grecque μ et la variance $\operatorname{Var}(X)$ par σ^2. Le nombre non négatif $\sigma = \sqrt{\operatorname{Var}(X)}$ est appelé *écart-type* de la distribution de X.

Comme nous l'avons mentionné au début de cette section, l'espérance $E(X)$ correspond à la valeur moyenne de la v.a. X. On peut considérer la variance comme une mesure de la dispersion de la distribution de X relativement à la moyenne. Plus la v.a. X s'éloigne de sa valeur moyenne μ, plus sa variance est grande.

Guidé par le théorème 1.6.1, il est légitime de se demander s'il existe une relation entre la variance d'une somme de deux v.a. X et Y et la somme de leurs variances. Soient donc deux v.a. X et Y ayant des moments d'ordre 2 finis et, par conséquent, des variances finies. On peut montrer avec quelques manipulations algébriques qu'il en résulte que la variance de $X+Y$ est finie. Nous avons:

$$\begin{aligned}
\operatorname{Var}(X+Y) &= E\Big[(X+Y-E(X+Y))^2\Big] \\
&= E\Big[\big((X-E(X)) + (Y-E(Y))\big)^2\Big] \\
&= E\Big[(X-E(X))^2\Big] + E\Big[(Y-E(Y))^2\Big] \\
&\quad + 2E\Big[(X-E(X))(Y-E(Y))\Big] \\
&= \operatorname{Var}(X) + \operatorname{Var}(Y) + 2E\Big[(X-E(X))(Y-E(Y))\Big].
\end{aligned}$$

Par conséquent, contrairement au cas de l'espérance, la variance d'une somme de v.a. n'est pas en général égale à la somme des variances.

On appelle *covariance* de X et Y, et on note $\mathrm{Cov}(X,Y)$, la quantité $E[(X-E(X))(Y-E(Y))]$. Nous avons donc la relation importante:

$$\mathrm{Var}(X+Y) = \mathrm{Var}(X) + \mathrm{Var}(Y) + 2\,\mathrm{Cov}(X,Y). \qquad (1.6.12)$$

Nous pouvons exprimer $\mathrm{Cov}(X,Y)$ de la façon suivante:

$$\mathrm{Cov}(X,Y) = E[XY - XE(Y) - YE(X) + E(X)E(Y)];$$

et, d'après la relation (1.6.4) et le théorème (1.6.3):

$$\mathrm{Cov}(X,Y) = E(XY) - E(Y)E(X) - E(X)E(Y) + E(X)E(Y).$$

D'où:

$$\mathrm{Cov}(X,Y) = E(XY) - E(X)E(Y). \qquad (1.6.13)$$

La relation (1.6.13) montre clairement, par suite du théorème 1.6.2, que $\mathrm{Cov}(X,Y) = 0$ lorsque les variables aléatoires X et Y sont indépendantes (remarquons que l'exemple 1.6.1 indique que la réciproque est fausse). Nous pouvons donc donner formellement le théorème suivant.

Théorème 1.6.4. *Soient X et Y des variables aléatoires indépendantes ayant des variances finies, alors:*

$$\mathrm{Var}(X+Y) = \mathrm{Var}(X) + \mathrm{Var}(Y). \qquad (1.6.14)$$

On peut généraliser la relation (1.6.12) par récurrence sur n, au cas de n variables aléatoires $X_1, X_2, \ldots, X_n$ ayant chacune un moment d'ordre 2 fini. On obtient:

$$\mathrm{Var}\left(\sum_{i=1}^{n} X_i\right) = \sum_{i=1}^{n} \mathrm{Var}(X_i) + 2\sum_{i=1}^{n-1}\sum_{j=i+1}^{n} \mathrm{Cov}(X_i, X_j) \qquad (1.6.15)$$

et, en particulier, si ces n v.a. sont indépendantes:

$$\mathrm{Var}\left(\sum_{i=1}^{n} X_i\right) = \sum_{i=1}^{n} \mathrm{Var}(X_i). \qquad (1.6.16)$$

Nous sommes maintenant prêts à illustrer les concepts et à utiliser les résultats introduits dans cette section à l'aide des principales lois discrètes et continues étudiées dans la section 1.4.

1.6.2 Applications aux variables aléatoires discrètes

En déterminant l'espérance et la variance des lois discrètes importantes, nous voulons également illustrer certaines techniques de calcul que l'on retrouve souvent dans les développements probabilistes.

Exemple 1.6.3. *Loi de Bernoulli*
D'après les probabilités données dans (1.4.10), nous avons pour une variable aléatoire de Bernoulli:

$$E(X) = 0 \times (1-p) + 1 \times p = p.$$

Pour calculer la variance à partir de la relation (1.6.11), nous écrivons d'abord $E(X^2) = 0^2 \times (1-p) + 1^2 \times p = p$, et il vient:

$$\mathrm{Var}(X) = E(X^2) - (E(X))^2 = p - p^2 = p(1-p). \; \square$$

Exemple 1.6.4. *Loi binômiale*
Avant de calculer l'espérance et la variance d'une variable aléatoire binômiale de paramètres n et p, donnons les relations générales suivantes déduites de la formule du binôme de Newton. Cette formule s'écrit:

$$(x+y)^n = \sum_{k=0}^{n} \binom{n}{k} x^k y^{n-k}. \tag{1.6.17}$$

En prenant la dérivée par rapport à x, il vient:

$$n(x+y)^{n-1} = \sum_{k=0}^{n} k \binom{n}{k} x^{k-1} y^{n-k}. \tag{1.6.18}$$

Et en dérivant à nouveau cette dernière expression par rapport à x, on obtient:

$$n(n-1)(x+y)^{n-2} = \sum_{k=0}^{n} k(k-1) \binom{n}{k} x^{k-2} y^{n-k}. \tag{1.6.19}$$

Soit donc maintenant une variable aléatoire X avec une loi binômiale de paramètres n et p. D'après la relation (1.4.11):

$$p(k) = P\{X = k\} = \binom{n}{k} p^k (1-p)^{n-k}, \qquad k = 0, 1, \ldots, n.$$

L'espérance de X est donc égale à:

$$E(X) = \sum_{k=0}^{n} kp(k) = \sum_{k=0}^{n} k\binom{n}{k} p^k(1-p)^{n-k}$$
$$= p\sum_{k=0}^{n} k\binom{n}{k} p^{k-1}(1-p)^{n-k}.$$

Mais si l'on pose $x = p$ et $y = (1-p)$ dans l'expression (1.6.18), on a:

$$n = \sum_{k=0}^{n} k\binom{n}{k} p^{k-1}(1-p)^{n-k},$$

et par conséquent:

$$E(X) = np.$$

La variance se calcule de façon analogue. Pour obtenir $E(X^2)$, écrivons:

$$E(X^2) = \sum_{k=0}^{n} k^2 p(k) = \sum_{k=0}^{n} [k(k-1)+k]p(k)$$
$$= \sum_{k=0}^{n} k(k-1)p(k) + \sum_{k=0}^{n} kp(k).$$

Le dernier terme de l'expression ci-dessus n'est autre que $E(X)$. Pour calculer le premier terme, on écrit:

$$\sum_{k=0}^{n} k(k-1)p(k) = p^2 \sum_{k=0}^{n} k(k-1)p^{k-2}(1-p)^{n-k};$$

mais, en faisant $x = p$ et $y = (1-p)$ dans l'expression (1.6.19), on obtient:

$$\sum_{k=0}^{n} k(k-1)p(k) = p^2 n(n-1).$$

En regroupant ces derniers résultats, il vient:

$$E(X^2) = n(n-1)p^2 + np = np[(n-1)p+1]$$

et, finalement:

$$\text{Var}(X) = E(X^2) - (E(X))^2 = np[(n-1)p + 1 - np] = np(1-p).$$

Les calculs effectués précédemment peuvent paraître quelque peu écrasants pour obtenir le résultat cherché. Cependant, ce genre de calcul est souvent utilisé et il est souhaitable d'en maîtriser la démarche. Dans le cas de la loi binômiale, on peut cependant procéder de façon beaucoup plus élégante comme nous allons l'illustrer maintenant.

Étant donné qu'une variable aléatoire binômiale X représente le nombre de succès parmi n expériences indépendantes ayant chacune une probabilité de succès p, on peut écrire:

$$X = \xi_1 + \xi_2 + \cdots + \xi_n$$

où $\xi_i = 1$ si l'expérience numéro i est un succès (avec probabilité p), et $\xi_i = 0$ dans le cas contraire. Les variables aléatoires ξ_i, $i = 1, 2, \ldots, n$, sont donc n variables aléatoires *indépendantes* ayant chacune une loi de Bernoulli avec paramètre p. Nous avons donc d'après l'exemple 1.6.3: $E(\xi_i) = p$ et $\text{Var}(\xi_i) = p(1-p)$ pour chaque $i = 1, 2, \ldots, n$.

Il résulte des relations (1.6.4) et (1.6.16) que:

$$E(X) = E(\xi_1 + \xi_2 + \cdots + \xi_n) = nE(\xi_1) = np,$$

et:

$$\text{Var}(X) = \text{Var}(\xi_1 + \xi_2 + \cdots + \xi_n) = n\text{Var}(\xi_1) = np(1-p).$$

Pour terminer cet exemple, remarquons que, comme on pouvait s'y attendre, l'espérance du nombre de succès parmi n essais indépendants est égale à n fois la probabilité de succès à chaque essai. □

Exemple 1.6.5. *Loi géométrique*

Ici encore nous commençons par donner un petit arsenal de relations algébriques utiles dans les calculs probabilistes. On sait que la série géométrique $\sum_{n=0}^{\infty} x^n$ converge absolument et uniformément lorsque $|x| < 1$, et que:

$$1 + x + x^2 + \cdots = \sum_{n=0}^{\infty} x^n = \frac{1}{1-x}, \qquad |x| < 1. \qquad (1.6.20)$$

En dérivant j fois la relation (1.6.20) par rapport à x, il vient:

$$\sum_{n=j}^{\infty} n(n-1)\dots(n-j+1)x^{n-j} = \frac{j!}{(1-x)^{j+1}}, \qquad |x| < 1. \quad (1.6.21)$$

Remarquons également qu'en faisant passer $j!$ au dénominateur du premier membre de la relation (1.6.21), on peut écrire:

$$\sum_{n=j}^{\infty} \binom{n}{j} x^{n-j} = \sum_{n=0}^{\infty} \binom{n+j}{j} x^n = \frac{1}{(1-x)^{j+1}}, \qquad |x| < 1.$$

Considérons donc une v.a. X ayant une loi géométrique. Les probabilités sont données par (1.4.14) et l'on a:

$$\begin{aligned} E(X) &= \sum_{k=0}^{\infty} kp(k) = \sum_{k=0}^{\infty} k(1-p)^{k-1}p \\ &= p\sum_{k=1}^{\infty} k(1-p)^{k-1}. \end{aligned}$$

On calcule cette dernière somme en posant $j = 1$ et $x = (1-p)$ dans la relation (1.6.21); d'où:

$$E(X) = p\,\frac{1!}{p^2} = \frac{1}{p}\cdot \qquad (1.6.22)$$

Comme on pouvait s'en douter intuitivement, l'espérance du nombre d'essais nécessaires pour obtenir le premier succès est inversement proportionnelle à la probabilité de succès de chaque essai.

Pour calculer $\mathrm{Var}(X)$, cherchons d'abord le moment d'ordre 2:

$$\begin{aligned} E(X^2) &= \sum_{k=0}^{\infty} k^2 p(k) = \sum_{k=0}^{\infty} [k(k-1)+k]p(k) \\ &= \sum_{k=0}^{\infty} k(k-1)p(k) + \sum_{k=0}^{\infty} kp(k). \end{aligned}$$

Le dernier terme de l'expression ci-dessus n'est autre que $E(X)$. Pour calculer le premier terme, on écrit:

$$\begin{aligned}\sum_{k=0}^{\infty} k(k-1)p(k) &= \sum_{k=0}^{\infty} k(k-1)(1-p)^{k-1}p \\ &= p(1-p)\sum_{k=2}^{\infty} k(k-1)(1-p)^{k-2};\end{aligned}$$

mais, en faisant $j = 2$ et $x = (1-p)$ dans la relation (1.6.21), on obtient:

$$\sum_{k=0} k(k-1)p(k) = p(1-p)\frac{2}{p^3} = \frac{2(1-p)}{p^2}.$$

En regroupant les derniers résultats, il vient:

$$E(X^2) = \frac{2(1-p)}{p^2} + \frac{1}{p} = \frac{2-p}{p^2}$$

et, finalement:

$$\operatorname{Var}(X) = E(X^2) - (E(X))^2 = \frac{2-p}{p^2} - \frac{1}{p^2} = \frac{1-p}{p^2}.$$

La loi géométrique intervient lorsque l'on "attend" un succès en répétant de façon indépendante une expérience donnée. Une application célèbre est celle du "collectionneur de coupons". Une version canadienne de ce problème est la suivante: chaque fois qu'il fait le plein d'essence, Monsieur Tremblay reçoit une photo prise au hasard parmi celles des N vedettes de la Ligue nationale de hockey. Son fils, Rodrigue, est un collectionneur avide de ces photos. Malheureusement, on ne peut pas choisir la photo reçue, elle est chaque fois tirée entièrement au hasard parmi les N photos (on appelle cette méthode de choix un *échantillonnage avec remplacement*). Rodrigue se demande combien de fois son père devra faire le plein pour qu'il ait r photos différentes dans sa collection?

Il s'agit bien d'un problème d'attente puisque l'on attend, en quelque sorte, la r-ième nouvelle arrivée. Soient $X_1, X_2, \ldots$ les temps d'attente successifs pour une nouvelle photo. Clairement, nous avons

$X_1 = 1$. La valeur de X_2 correspond à la réussite d'une expérience où la probabilité de succès est $p = \frac{N-1}{N}$ (toutes les photos sont nouvelles sauf une). Donc, d'après (1.6.22), nous avons:

$$E(X_2) = \frac{1}{p} = \frac{N}{N-1}.$$

De même, la valeur de X_3 correspond à la réussite d'une expérience où la probabilité de succès est $p = \frac{N-2}{N}$ (toutes les photos sont nouvelles sauf deux). Donc:

$$E(X_3) = \frac{N}{N-2}.$$

En répétant ce raisonnement, on obtient pour $1 \leq r \leq N$:

$$\begin{aligned} E(X_1 + X_2 + \cdots + X_r) &= \frac{N}{N} + \frac{N}{N-1} + \cdots + \frac{N}{N-r+1} \\ &= N\Big(\frac{1}{N-r+1} + \cdots + \frac{1}{N}\Big). \end{aligned}$$

En particulier, si $r = N$, il vient:

$$E(X_1 + X_2 + \cdots + X_N) = N\Big(1 + \frac{1}{2} + \cdots + \frac{1}{N}\Big) \tag{1.6.23}$$

et, si N est pair et $r = N/2$:

$$E(X_1 + X_2 + \cdots + X_{N/2}) = N\Big(\frac{1}{\frac{N}{2}+1} + \cdots + \frac{1}{N}\Big). \tag{1.6.24}$$

On peut donner une approximation de cette somme de termes à l'aide du résultat classique d'analyse:

$$1 + \frac{1}{2} + \cdots + \frac{1}{N} = \mathrm{Log} N + C + \varepsilon_N$$

où C est la constante d'Euler (les mathématiciens ne savent pas si ce nombre, dont la valeur est approximativement 0,5772 , est ou non rationnel), et ε_N tend vers zéro lorsque N tend vers l'infini.

On voit donc que lorsque N est grand (et il y a beaucoup de vedettes dans la Ligue nationale de hockey!), l'expression (1.6.23) se comporte comme $N\text{Log}N$. De même, en écrivant la relation (1.6.24) sous la forme:

$$N\Big(1+\frac{1}{2}+\cdots+\frac{1}{N}\Big)-N\Big(1+\frac{1}{2}+\cdots+\frac{1}{N/2}\Big),$$

on établit que cette expression se comporte comme $N\text{Log}N - N\text{Log}\frac{N}{2}$, soit $N\text{Log}\,2$, qui est égal approximativement à 0,69 N.

Ce résultat asymptotique indique qu'il suffit de faire le plein en moyenne un nombre de fois approximativement égal à 69% du nombre total de photos afin d'en posséder la moitié. Par contre, si Rodrigue veut toutes les photos, son père devra s'arrêter pour faire le plein beaucoup plus souvent (si $N=100$, $N\text{Log}\,2=69$ mais $N\text{Log}N=460$); les dernières photos semblent bien plus difficiles à obtenir! □

Exemple 1.6.6. *Loi de Poisson*

Rappelons d'après la définition 1.4.5 qu'une v.a. de Poisson prend les valeurs $k=0,1,2,\ldots$ avec probabilité $P\{X=k\}=p(k)=\frac{\lambda^k}{k!}e^{-\lambda}$, où λ est un paramètre positif. Nous avons donc:

$$\begin{aligned} E(X) &= \sum_{k=0}^{\infty} kp(k) = \sum_{k=0}^{\infty} k\,\frac{\lambda^k}{k!}e^{-\lambda} \\ &= \lambda e^{-\lambda}\sum_{k=1}^{\infty}\frac{\lambda^{k-1}}{(k-1)!}. \end{aligned}$$

Mais d'après le développent en série de e^x donné dans la section 1.4.5, cette dernière somme est égale à e^{λ}, et par conséquent $E(X)=\lambda e^{-\lambda}e^{\lambda}=\lambda$. L'espérance d'une variable aléatoire de Poisson est donc égale à son paramètre.

Pour calculer la variance de X, nous commençons par le moment d'ordre 2:

$$E(X^2)=\sum_{k=0}^{\infty}k^2p(k)=\sum_{k=0}^{\infty}k^2\frac{\lambda^k}{k!}e^{-\lambda}.$$

Nous utilisons à nouveau la décomposition $k^2=k(k-1)+k$ qui a été particulièrement utile dans les exemples précédents:

$$\begin{aligned}E(X^2) &= \sum_{k=0}^{\infty} k(k-1)\,\frac{\lambda^k}{k!}e^{-\lambda} + \sum_{k=0}^{\infty} k\,\frac{\lambda^k}{k!}e^{-\lambda}\\ &= \lambda^2 e^{-\lambda}\sum_{k=2}^{\infty}\frac{\lambda^{k-2}}{(k-2)!} + E(X)\\ &= \lambda^2 e^{-\lambda}e^{\lambda} + \lambda = \lambda^2 + \lambda.\end{aligned}$$

On en conclut, en tenant compte de la relation (1.6.11):

$$\mathrm{Var}(X) = \lambda.$$

La variance de la variable aléatoire de Poisson est donc aussi égale à son paramètre. □

1.6.3 Applications aux variables aléatoires continues

Exemple 1.6.7. *Loi uniforme*

Considérons la loi uniforme sur l'intervalle (a, b) donnée par la définition 1.4.7. D'après (1.6.2):

$$E(X) = \int_a^b \frac{x}{b-a}\,dx = \frac{b^2-a^2}{2(b-a)} = \frac{a+b}{2}.$$

Par conséquent, comme on pouvait s'y attendre, l'espérance d'une v.a. uniforme sur un intervalle (a, b) se trouve au milieu de l'intervalle.

Maintenant, calculons le moment d'ordre 2:

$$\begin{aligned}E(X^2) &= \int_a^b \frac{x^2}{b-a}\,dx = \frac{b^3-a^3}{3(b-a)}\\ &= \frac{1}{3}(a^2+ab+b^2).\end{aligned}$$

La variance s'obtient de la façon habituelle:

$$\begin{aligned}\mathrm{Var}(X) &= E(X^2) - (E(X))^2\\ &= \frac{1}{3}(a^2+ab+b^2) - \frac{1}{4}(a+b)^2\\ &= \frac{1}{12}(b^2-2ab+a^2)\\ &= \frac{(b-a)^2}{12}.\end{aligned}$$

Exemple 1.6.8. *Loi exponentielle*

Considérons une v.a. exponentielle X de paramètre λ; sa densité $f(x)$ est donnée par (1.4.19), et

$$E(X) = \int_0^\infty x f(x)\, dx = \int_0^\infty x\lambda e^{-\lambda x}\, dx.$$

On intègre par parties (on utilise $\int u\, dv = uv - \int v\, du$) en posant $u = x$ et $dv = \lambda e^{-\lambda x}\, dx$, il vient:

$$\begin{aligned} E(X) &= -xe^{-\lambda x}\Big|_0^\infty + \int_0^\infty e^{-\lambda x}\, dx \\ &= 0 - \frac{e^{-\lambda x}}{\lambda}\Big|_0^\infty = \frac{1}{\lambda}. \end{aligned}$$

L'espérance d'une variable aléatoire exponentielle est donc l'inverse de son paramètre.

Le moment d'ordre 2 est égal à:

$$E(X^2) = \int_0^\infty x^2 \lambda e^{-\lambda x}\, dx.$$

En intégrant par parties avec $u = x^2$ et $dv = \lambda e^{-\lambda x}\, dx$, il vient:

$$\begin{aligned} E(X^2) &= -x^2 e^{-\lambda x}\Big|_0^\infty + \int_0^\infty 2xe^{-\lambda x}\, dx \\ &= 0 + \frac{2}{\lambda}E(X) = \frac{2}{\lambda^2} \end{aligned}$$

et, par conséquent, utilisant à nouveau la relation (1.6.11):

$$\operatorname{Var}(X) = \frac{2}{\lambda^2} - \frac{1}{\lambda^2} = \frac{1}{\lambda^2}\cdot \ \square$$

Exemple 1.6.9. *Loi normale*

La densité $\varphi(x)$ de la loi normale centrée réduite est donnée par (1.4.22). Si $X \sim \mathcal{N}(0, 1)$, son espérance est:

$$E(X) = \int_{-\infty}^\infty x\varphi(x)\, dx = \int_{-\infty}^\infty x\, \frac{1}{\sqrt{2\pi}} e^{-x^2/2}\, dx = 0.$$

L'intégrale est nulle puisque la fonction sous le signe somme est impaire.

Puisque $E(X) = 0$, nous avons $\mathrm{Var}(X) = E(X^2)$. Calculons donc le moment d'ordre 2:

$$E(X^2) = \int_{-\infty}^{\infty} \frac{1}{\sqrt{2\pi}} x^2 e^{-x^2/2}\, dx = \frac{1}{\sqrt{2\pi}} \int_{-\infty}^{\infty} x^2 e^{-x^2/2}\, dx.$$

Intégrons par parties en posant $u = x$ et $dv = xe^{-x^2/2}\, dx$, il vient:

$$\begin{aligned} E(X^2) &= \frac{1}{\sqrt{2\pi}} \left[-xe^{-x^2/2} \Big|_{-\infty}^{\infty} + \int_{-\infty}^{\infty} e^{-x^2/2}\, dx \right] \\ &= \frac{1}{\sqrt{2\pi}} \left[0 + \int_{-\infty}^{\infty} e^{-x^2/2}\, dx \right] \\ &= \frac{1}{\sqrt{2\pi}} \int_{-\infty}^{\infty} e^{-x^2/2}\, dx. \end{aligned}$$

Nous ne pouvons résister au plaisir de rappeler le calcul de l'intégrale classique $I = \int_{-\infty}^{\infty} e^{-x^2/2}\, dx$. Cependant ce calcul exige un changement de variables par passage en coordonnées polaires; le lecteur non familier avec ces techniques peut ignorer ce calcul sans perte de continuité. Nous avons donc:

$$\begin{aligned} I^2 &= \left(\int_{-\infty}^{\infty} e^{-x^2/2}\, dx \right) \left(\int_{-\infty}^{\infty} e^{-y^2/2}\, dy \right) \\ &= \iint_{\mathcal{R} \times \mathcal{R}} e^{-\frac{1}{2}(x^2+y^2)}\, dx\, dy. \end{aligned}$$

Passons en coordonnées polaires θ et ρ (où $x = \rho \cos\theta$ et $y = \rho \sin\theta$). Le jacobien de la transformation est égal à ρ, et l'on a donc:

$$\begin{aligned} I^2 &= \int_0^{\infty} \int_0^{2\pi} e^{-\frac{1}{2}\rho^2} \rho\, d\rho\, d\theta \\ &= 2\pi \int_0^{\infty} \rho e^{-\frac{1}{2}\rho^2}\, d\rho = 2\pi \Big(-e^{-\frac{1}{2}\rho^2} \Big|_0^{\infty} = 2\pi. \end{aligned}$$

On en conclut $I = \sqrt{2\pi}$ et $\mathrm{Var}(X) = E(X^2) = 1$.

La variable aléatoire normale centrée réduite a donc une espérance nulle et une variance égale à 1. Cela explique le choix de la notation $\mathcal{N}(0, 1)$. On peut montrer de la même façon qu'une variable aléatoire normale dont la loi est $\mathcal{N}(\mu, \sigma^2)$ a pour espérance μ et pour variance σ^2. □

1.6.4 Récapitulation

Nous avons étudié la loi et calculé l'espérance et la variance d'un certain nombre de variables aléatoires classiques. Afin de faciliter l'utilisation de ces résultats, nous allons les résumer sous forme compacte. Le tableau 1.6.1 donne une récapitulation des principaux résultats pour les lois discrètes, tandis que le tableau 1.6.2 fait la même chose pour les lois continues.

1.7 THÉORÈMES LIMITES

Dans la section 1.1.2, nous avons relié la fréquence limite $F(A)$ et la probabilité $P(A)$ de l'événement A par l'intermédiaire d'un résultat connu sous le nom de *loi des grands nombres.* Cette loi est l'un des deux principaux résultats limites de la théorie des probabilités. L'importance théorique et pratique des théorèmes limites est considérable; nous laissons au lecteur intéressé le soin de se référer aux ouvrages spécialisés (voir en particulier Chung (1974a)). Dans le cadre de ce manuel, nous nous contenterons de donner ces résultats sans démonstration afin de pouvoir les utiliser par la suite.

Le premier résultat limite, connu sous le nom de *loi (forte) des grands nombres*, est sans doute le plus connu des résultats de la théorie des probabilités. Il indique tout simplement que la moyenne d'une suite de variables aléatoires indépendantes et de même loi converge (avec une probabilité égale à 1) vers l'espérance de la loi commune.

Théorème 1.7.1. *Soit $X_1, X_2, \ldots$ une suite de variables aléatoires indépendantes et de même loi telle que $E(X_i) = \mu$. Alors, on a avec une probabilité égale à 1:*

$$\frac{X_1 + X_2 + \cdots + X_n}{n} \to \mu \qquad \textit{lorsque } n \to \infty.$$

Faisons remarquer que ce résultat, tout comme le suivant, est valable quelle que soit la loi des v.a. X_i. C'est donc un résultat très général, et par conséquent très puissant.

Loi	$P\{X=k\}=$	Espérance	Variance
Bernoulli $0 \leq p \leq 1$	$\begin{cases} p & \text{si } k=1 \\ 1-p & \text{si } k=0 \end{cases}$	p	$p(1-p)$
Binômiale $B(n,p)$ $0 \leq p \leq 1$	$\binom{n}{k} p^k (1-p)^{n-k}$ $k=0,1,\ldots,n$	np	$np(1-p)$
Géométrique $0 \leq p \leq 1$	$(1-p)^{k-1}p$ $k=1,2,\ldots$	$\frac{1}{p}$	$\frac{1-p}{p^2}$
Poisson $\lambda > 0$	$\frac{\lambda^k}{k!}e^{-\lambda}$ $k=0,1,2,\ldots$	λ	λ

TABLEAU 1.6.1: LOI, ESPÉRANCE ET VARIANCE (VARIABLE ALÉATOIRE DISCRÈTE)

Loi	Densité	Espérance	Variance
Uniforme sur (a,b)	$f(x) = \begin{cases} \frac{1}{b-a} & a < x < b \\ 0 & \text{sinon} \end{cases}$	$\frac{a+b}{2}$	$\frac{(b-a)^2}{12}$
Exponentielle paramètre λ $\lambda > 0$	$f(x) = \begin{cases} \lambda e^{-\lambda x} & x \geq 0 \\ 0 & x < 0 \end{cases}$	$\frac{1}{\lambda}$	$\frac{1}{\lambda^2}$
Normale $\mathcal{N}(\mu,\sigma^2)$	$f(x) = \frac{1}{\sqrt{2\pi}\sigma} e^{-(x-\mu)^2/2\sigma^2}$ $-\infty < x < \infty$	μ	σ^2

TABLEAU 1.6.2: LOI, ESPÉRANCE ET VARIANCE (VARIABLE ALÉATOIRE CONTINUE)

On peut introduire le *théorème limite central* en se posant la question de savoir de combien la somme $X_1 + X_2 + \cdots + X_n$ peut bien dévier de sa limite $n\mu$ telle qu'exprimée dans le théorème 1.7.1. Par exemple, si l'expérience consiste à jouer à pile ou face avec une pièce parfaite, et si l'on pose $X_i = 1$ si le i-ième lancer tombe sur pile et 0 sur face, alors on s'attend à voir fluctuer la somme $X_1+X_2+\cdots+X_n$ autour de $\frac{n}{2}$. Moyennant une certaine "normalisation" de la déviation, on a le théorème suivant.

Théorème 1.7.2. *Soit $X_1, X_2, \ldots$ une suite de variables aléatoires indépendantes et de même loi ayant une espérance égale à μ et une variance égale à σ^2. Alors la loi de la variable aléatoire:*

$$\frac{X_1 + X_2 + \cdots + X_n - n\mu}{\sigma\sqrt{n}}$$

tend vers la loi normale centrée réduite lorsque $n \to \infty$; ou encore:

$$\lim_{n\to\infty} P\Big\{\frac{X_1 + X_2 + \cdots + X_n - n\mu}{\sigma\sqrt{n}} \leq x\Big\}$$
$$= \frac{1}{\sqrt{2\pi}} \int_{-\infty}^{x} e^{-x^2/2}\, dx = \Phi(x).$$

Si l'on appelle $F_n(x)$ la probabilité ci-dessus, on pourra trouver dans Warnshuis (1968) une comparaison entre les graphiques de $\Phi(x)$ et de $F_n(x)$ pour plusieurs valeurs de n. On y montre, en particulier, que l'approximation normale est excellente lorsque la loi de X_i est assez "régulière" comme c'est le cas des lois uniformes ou exponentielles. Cependant, pour des lois très discontinues comme la loi de Poisson, ou surtout la loi binômiale, l'approximation est assez mauvaise même pour des valeurs de n relativement grandes ($n = 80$ par exemple). Rappelons que nous avons vu dans l'exemple 1.4.4 une situation (np relativement petit pour n relativement grand) où la loi de Poisson donnait une excellente approximation de la loi binômiale. Nous allons cependant voir dans l'exemple suivant que lorsque les paramètres n et p de la loi satisfont $np(1-p) \geq 10$, l'approximation normale est satisfaisante.

Exemple 1.7.1. *L'approximation normale*

Le théorème limite central suggère que pour n "suffisamment grand" on peut faire l'approximation suivante:

$$P\left\{\frac{S_n - n\mu}{\sigma\sqrt{n}} \leq t\right\} \approx \Phi(t), \qquad -\infty < t < \infty,$$

où $S_n = X_1 + X_2 + \cdots + X_n$. En faisant le changement de variable $x = \sigma\sqrt{n}\,t + n\mu$, il vient:

$$P\{S_n \leq x\} \approx \Phi\left(\frac{x - n\mu}{\sigma\sqrt{n}}\right), \qquad -\infty < x < \infty. \tag{1.7.1}$$

La relation (1.7.1) est connue sous le nom de formule de l'approximation normale.

Si la v.a. X_n est une v.a. continue ayant une densité f_{S_n}, on obtient en dérivant la relation (1.7.1) par rapport à x:

$$f_{S_n}(x) \approx \frac{1}{\sigma\sqrt{n}}\varphi\left(\frac{x - n\mu}{\sigma\sqrt{n}}\right), \qquad -\infty < x < \infty, \tag{1.7.2}$$

où φ est la densité de la loi normale centrée réduite donnée par la relation (1.4.22).

Les approximations (1.7.1) et (1.7.2) sont de bonnes approximations de la fonction de répartition et de la densité de la variable aléatoire S_n lorsque n est assez grand et que la loi de X_i est suffisamment "régulière".

Dans le cas d'une loi discrète, on peut utiliser l'approximation donnée par (1.7.2) lorsque n est suffisamment grand. On a alors:

$$P\{S_n = k\} \approx \frac{1}{\sigma\sqrt{n}}\varphi\left(\frac{k - n\mu}{\sigma\sqrt{n}}\right), \qquad k = 0, 1, 2, \ldots \tag{1.7.3}$$

A titre d'illustration, prenons le cas où S_n est une variable aléatoire binômiale de paramètres $n = 10$ et $p = 0{,}3$ (notons que $n = 10$ n'est pas vraiment "grand", mais le principe illustré reste le même et les calculs sont relativement simples). Le tableau 1.7.1 donne les valeurs de:

$$P\{S_n = k\} = \binom{10}{k}(0{,}3)^k(0{,}7)^{10-k},$$

et de l'approximation normale (A.N.):

$$\text{A.N.} = \frac{1}{\sqrt{np(1-p)}}\varphi\Big(\frac{k-np}{\sqrt{np(1-p)}}\Big) = \frac{1}{\sqrt{2{,}1}}\varphi\Big(\frac{k-3}{\sqrt{2{,}1}}\Big),$$

pour $k = 0, 1, \ldots, 10$.

k	$P\{S_n = k\}$	A.N.
0	0,0282	0,0323
1	0,1211	0,1062
2	0,2335	0,2170
3	0,2668	0,2753
4	0,2001	0,2170
5	0,1029	0,1062
6	0,0368	0,0323
7	0,0105	0,0061
8	0,0001	0,0007
9	0,0000	0,0001
10	0,0000	0,0000

TABLEAU 1.7.1: L'APPROXIMATION NORMALE

On peut visualiser cette approximation sur la figure 1.7.1. Cette figure suggère une autre façon de donner une approximation de $P\{S_n = k\}$. En effet l'approximation donnée par (1.7.3) correspond à la surface d'un rectangle de base égale à 1 et de hauteur $\frac{1}{\sigma\sqrt{n}}\varphi\Big(\frac{k-n\mu}{\sigma\sqrt{n}}\Big)$. La surface de ce rectangle est elle-même approximativement égale à la surface comprise entre l'axe horizontal, la courbe en cloche et les droites verticales $k - \frac{1}{2}$ et $k + \frac{1}{2}$. Par exemple, la surface de la région hachurée sur la figure 1.7.1 donne une approximation de $P\{S_n = 2\}$. On peut exprimer cette surface à l'aide de la fonction Φ, soit:

$$P\{S_n = k\} \approx \Phi\Big(\frac{k+\frac{1}{2}-n\mu}{\sigma\sqrt{n}}\Big) - \Phi\Big(\frac{k-\frac{1}{2}-n\mu}{\sigma\sqrt{n}}\Big), \qquad k = 0, 1, 2, \ldots. \tag{1.7.4}$$

Finalement, si l'on somme (1.7.4) sur l'ensemble $\{\ldots, k-2, k-1, k\}$, nous obtenons:

$$P\{S_n \leq k\} \approx \Phi\Big(\frac{k+\frac{1}{2}-n\mu}{\sigma\sqrt{n}}\Big), \qquad k = 0, 1, 2, \ldots. \tag{1.7.5}$$

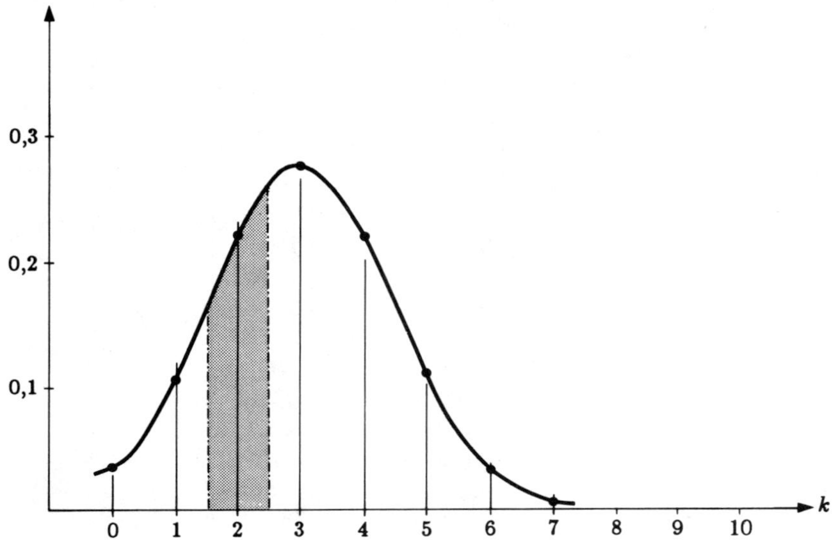

FIGURE 1.7.1: L'APPROXIMATION NORMALE

L'approximation (1.7.5) est en général meilleure que celle donnée par (1.7.1).

Considérons maintenant l'exemple suivant: supposons que l'on joue à pile ou face 80 fois de suite avec une pièce parfaite. Quelle est la probabilité d'obtenir 40 "faces"? Comparez la solution exacte et l'approximation normale.

Réponse: Soit X le nombre de "faces" obtenues avec 80 lancers, on a:

$$P\{X = 40\} = \binom{80}{40}\left(\frac{1}{2}\right)^{80} \simeq 0{,}088928.$$

Étant donné que $n\mu = np = 40$ et $\sigma\sqrt{n} = \sqrt{np(1-p)} = \sqrt{20} \simeq 4{,}472136$, nous avons d'après la relation (1.7.4):

$$\begin{aligned} P\{X = 40\} &\approx \Phi\Big(\frac{40 + 0{,}5 - 40}{\sqrt{20}}\Big) - \Phi\Big(\frac{40 - 0{,}5 - 40}{\sqrt{20}}\Big) \\ &= \Phi(0{,}1118) - \Phi(-0{,}1118) \\ &= \Phi(0{,}1118) - (1 - \Phi(0{,}1118)). \end{aligned}$$

La dernière égalité s'obtient à partir de la relation (1.4.24). Finalement, en extrapolant à partir de la table de la fonction de répartition de la loi normale de l'Annexe A:

$$P\{X = 40\} \approx 2 \times 0{,}5445 - 1 = 0{,}089.$$

Remarquons que le calcul de l'approximation normale se fait très facilement à partir des tables de la loi normale, tandis que le calcul exact nécessite des instruments de calcul puissants. □

PROBLÈMES

1. Soient A et B des événements tels que $P(A) = \frac{1}{5}$, $P(B) = \frac{3}{5}$, et $P(A \cup B) = \frac{1}{2}$. Trouver $P(AB)$.

2. Soient A et B des événements tels que $P(A) = \frac{1}{3}$, $P(A \cup B) = \frac{1}{2}$, et $P(AB) = \frac{1}{4}$. Trouver $P(B)$.

3. Soient trois événements A, B et C. Exprimer les événements suivants en termes de la théorie des ensembles:
(a) seul l'événement B est réalisé (c'est-à-dire que A et C ne sont pas réalisés);
(b) A et B sont réalisés, mais pas C;
(c) au moins l'un des trois événements A, B et C est réalisé;
(d) au moins deux des trois événements A, B et C sont réalisés;
(e) les trois événements A, B et C sont réalisés;
(f) aucun des trois événements A, B et C n'est réalisé;
(g) au plus l'un des trois événements A, B et C est réalisé;
(h) au plus deux des trois événements A, B, et C sont réalisés.

4. Soient A et B deux événements; montrer que:

$$(AB)^c = A^c \cup B^c$$

et

$$(A \cup B)^c = A^c B^c$$

Ces relations sont connues, particulièrement dans la littérature anglo-saxonne, sous le nom de lois de De Morgan.

5. Soient deux événements A et B tels que $P(A) = 0{,}9$ et $P(B) = 0{,}8$; montrer que $P(AB) \geq 0{,}7$. De façon générale, si A et B sont deux événements quelconques, démontrer l'inégalité de Bonferroni:

$$P(AB) \geq P(A) + P(B) - 1.$$

6. Supposons que le territoire de la République d'Utopie soit carré et divisé en trois bandes U_1, U_2 et U_3 de même surface. Supposons que le prix du terrain dans les bandes U_1, U_2 et U_3 soit proportionnel aux nombres 1, 3 et 2 respectivement (ce qui revient à dire, par exemple, que le terrain est trois fois plus cher dans U_2 que dans U_1). Soit T un terrain dans la République d'Utopie; sa valeur relativement à celle de l'ensemble du territoire de la République est:

$$V(T) = \frac{P(TU_1) + 3P(TU_2) + 2P(TU_3)}{2},$$

où la mesure $P(\cdot)$ d'un terrain est égale au rapport de la surface du terrain à la surface du territoire de la République d'Utopie. Montrer que $V(\cdot)$ satisfait les trois propriétés données pour définir une probabilité dans la section 1.1.2.

7. Une urne contient 10 boules numérotées de 1 à 10. On tire une boule au hasard, puis une deuxième boule parmi les neuf restantes. Trouver la probabilité que la différence des numéros des deux boules tirées soit plus grande ou égale à 2.

8. Une personne possède quatre commodes ayant chacune deux tiroirs. Les deux premières commodes ont chacune une pièce d'or dans l'un de leurs tiroirs et une pièce d'argent dans l'autre. La troisième commode a une pièce d'or dans chaque tiroir, tandis que la quatrième a une pièce d'argent dans chaque tiroir. On choisit une commode au hasard et l'on ouvre un tiroir. On y découvre une pièce d'or. Trouver la probabilité que, dans l'autre tiroir, on découvre:
(a) une pièce d'argent;
(b) une pièce d'or.

9. Supposons que l'on fasse rouler simultanément deux dés parfaits. Quelle est la probabilité que la somme des résultats soit égale à i, $i = 2, 3, \ldots, 12$?

10. Soient A et B deux événements incompatibles dans l'ensemble fondamental d'une expérience donnée. On répète cette expérience jusqu'à ce que l'un des événements A ou B soit réalisé. Donner l'ensemble fondamental de cette nouvelle expérience (qui consiste à répéter l'expérience initiale jusqu'à la réalisation de A ou B). Montrer que la probabilité que l'événement A se réalise avant l'événement B est $P(A)/[P(A) + P(B)]$.

Indication: on pourra conditionner sur le résultat de la première expérience initiale.

11. L'un des jeux de dés favoris des casinos américains est connu sous le nom de "craps". Les règles en sont les suivantes: le joueur lance simultanément deux dés (supposés) parfaits. Il gagne immédiatement si son total est sept ou onze. Il perd immédiatement si son total est deux, trois ou douze. S'il obtient un total différent de ceux mentionnés précédemment, il continue à lancer les dés jusqu'à ce que son total soit à nouveau égal au total initial (dans ce cas il gagne) ou qu'il obtienne un total de sept (dans ce cas il perd). Calculer la probabilité de gagner du joueur (on utilisera les résultats des problèmes 9 et 10). Ce jeu vous paraît-il relativement favorable au joueur par rapport aux autres jeux disponibles dans ce genre de casinos?

12. Un sac contient trois boules blanches et deux boules noires. On tire deux boules au hasard.
(a) Quelle est la probabilité que la deuxième boule soit noire sachant que la première est noire?
(b) Quelle est la probabilité que la couleur des deux boules soit la même?
(c) Quelle est la probabilité que la première boule soit blanche sachant que la deuxième est blanche?

13. Soixante-dix pour cent des étudiants de cette université sont des hommes et trente pour cent sont des femmes. On sait que quarante pour cent des hommes et soixante pour cent des femmes fument. Quelle est la probabilité qu'un étudiant en train de fumer soit un homme?

14. Supposons que le test pour la tuberculose soit tel que 90% de ceux qui ont la maladie ont une réaction positive, de même que 5% de ceux qui ne l'ont pas. Supposons que 1% de la population d'un certain pays soit atteint de tuberculose. Quelle est la probabilité qu'une personne choisie au hasard et qui réagit positivement au test ait effectivement la maladie?

15. Le patron des Belles gourmandes, un petit bistro belge qui sert des moules et des frites excellentes, s'est aperçu que 20% des gens qui réservaient une table ne se présentaient jamais au restaurant. Si un soir donné, le restaurant accepte 52 réservations pour les 50 tables disponibles, quelle est la probabilité que tous les clients qui avaient réservé puissent avoir une table?

16. Démontrer la proposition 1.2.3.

17. Dans l'exemple 1.2.3, on suppose maintenant qu'il y a n personnes avec des manteaux identiques. Montrer que la probabilité qu'aucune d'entre elles ne retrouve son propre manteau est:

$$\frac{1}{2!} - \frac{1}{3!} + \frac{1}{4!} - \cdots + (-1)^n \frac{1}{n!}.$$

Que se passe-t-il lorsque $n \to \infty$? Ce résultat limite est-il intuitif?

18. A l'aide d'un dé parfait, on choisit d'abord au hasard un numéro entre 1 et 7. Pour cela, on lance le dé une fois: s'il sort $2, 3, 4, 5$ ou 6, on choisit le numéro sorti. S'il sort 1, on lance le dé une deuxième fois. Si, au deuxième lancer, il sort $1, 2$ ou 3, on choisira 1; s'il sort $4, 5$ ou 6, on choisira 7. Ce choix préliminaire étant fait, on prend le dé D_i (i étant le numéro choisi) parmi les dés $D_1, \ldots, D_7$. Le dé D_i a $i - 1$ faces blanches et $7 - i$ faces noires. On lance dorénavant seulement le dé D_i.

(a) Calculer la probabilité pour qu'il sorte une face noire au premier lancer du dé D_i.

(b) Sachant qu'il est sorti une face noire aux deux premiers lancers du dé D_i, calculer la probabilité qu'il sorte une face noire au troisième lancer.

(c) Calculer la limite quand $n \to \infty$ de la probabilité qu'il sorte une face noire au n-ième lancer du dé D_i sachant que dans les $n-1$ lancers précédents, il est toujours sorti une face noire. Comment interpréter ce résultat?

19. Soient A et B deux événements indépendants.

(a) Montrer que les événements A^c et B sont indépendants.

(b) Montrer que les événements A^c et B^c sont indépendants.

20. Soient A, B et C trois événements mutuellement indépendants; montrer que les événements $A \cup B$ et C sont indépendants.

21. Soient A, B, C et D quatre événements mutuellement indépendants; montrer que les événements $A \cup B$ et CD sont indépendants.

22. Le savant Cosinus, anciennement spécialisé en probabilités en tous genres, est devenu fou. Il annonce à ses trois assistants de recherche qu'il a déjà choisi l'un d'entre eux au hasard pour être mitraillé à coup de fonctions et d'intégrales trigonométriques très aiguisées. L'assistant A, vaguement inquiet de cette menace, demande au savant de lui dire en confidence lequel des deux autres assistants (B et C) ne sera pas mitraillé. L'assistant A fait valoir que cette information n'est pas vraiment secrète puisqu'il sait déjà qu'au moins un des deux autres assistants ne sera pas mitraillé. Le savant Cosinus refuse de répondre à cette question, car il prétend que si l'assistant A savait lequel de ses collègues ne sera pas mitraillé, alors sa propre probabilité d'être mitraillé passerait de $\frac{1}{3}$ à $\frac{1}{2}$ puisqu'il serait l'un de deux candidats possibles. Que pensez-vous de l'argument du savant Cosinus?

23. Le contrôle des connaissances dans cette école parisienne bien connue se fait à l'aide de mini-tests. Chaque mini-test comprend cinq questions à choix multiples; chaque question a trois réponses possibles. Quelle est la probabilité qu'un étudiant qui répond au hasard aux cinq questions (c'est une stratégie très utilisée dans cette école) obtienne au moins quatre réponses correctes?

24. La compagnie Air Chance assure ses vols avec des avions d'une capacité de 50 places. Ayant remarqué qu'en moyenne 5% des passagers qui ont réservé ne se présentent pas pour l'envolée, la politique de la compagnie est d'accepter 52 réservations par vol. Quelle est alors la probabilité que, pour un vol "complet", tous les passagers se présentant au départ avec une réservation aient un siège?

25. Le propriétaire d'un magasin de micro-ordinateurs a remarqué que parmi les personnes qui entrent dans son magasin, 40% achètent un micro-ordinateur à bon marché, 30% achètent un micro-ordinateur de luxe, et 30% n'achètent rien du tout. Si cinq personnes entrent dans ce magasin lundi matin, quelle est la probabilité de vendre deux ordinateurs à bon marché, un ordinateur de luxe, et d'avoir deux clients qui repartent sans avoir rien acheté?

26. Dans le problème précédent, quelle est la probabilité que, ce lundi matin, le magasin vende au moins trois micro-ordinateurs?

27. Soit X une variable aléatoire binômiale de paramètres n et p. Montrer que lorsque k varie de 0 à n, la probabilité $P\{X = k\}$ est une fonction strictement croissante de k jusqu'à une certaine valeur k^* de k, puis une fonction strictement décroissante de k lorsque $k^* \leq k \leq n$. La valeur k^* de k est telle que:
(a) k^* est égal soit à $(n+1)p-1$ soit à $(n+1)p$ lorsque $(n+1)p$ est entier;
(b) k^* vérifie $(n+1)p-1 < k^* < (n+1)p$ lorsque $(n+1)p$ n'est pas entier.
Indication: on pourra comparer le rapport $P\{X = k\}/P\{X = k-1\}$ à 1.

28. Soit X une variable aléatoire de Poisson de paramètre λ. Montrer que la probabilité $P\{X = k\}$ est une fonction strictement croissante de k jusqu'à une certaine valeur k^* de k, puis une fonction strictement décroissante de k lorsque $k^* < k$. Le nombre k^* est le plus grand entier inférieur ou égal à λ.

29. On suppose qu'une variable aléatoire X suive une loi binômiale de paramètres n et p. Calculer la probabilité binômiale $P\{X = k\}$ avec l'approximation de Poisson donnée dans la section 1.4.5 dans les cas suivants:
(a) $k = 2$, $n = 8$, $p = 0{,}1$.
(b) $k = 9$, $n = 10$, $p = 0{,}95$.
(c) $k = 0$, $n = 10$, $p = 0{,}1$.
(d) $k = 4$, $n = 9$, $p = 0{,}2$.

30. On effectue des répétitions indépendantes d'une expérience dont la probabilité de succès est p, $0 < p < 1$, jusqu'à ce qu'on obtienne un total de r succès (r entier positif). Soit X le nombre d'expériences nécessaires.
(a) Montrer que $P\{X = k\} = \binom{k-1}{r-1}p^r(1-p)^{k-r}$, avec $k \geq r$. On dit que X est une variable aléatoire binômiale négative (ou encore

v.a. de Pascal) de paramètres r et p. Remarquons que lorsque $r = 1$, cette loi se réduit à la loi géométrique.
(b) Calculer $E(X)$ et $\text{Var}(X)$.

31. Une compagnie achète une composante en lots de 100 unités chacun. Un lot est de bonne qualité s'il contient 5% de composantes défectueuses, et de mauvaise qualité s'il contient 20% de composantes défectueuses. On a observé que 70% des lots achetés sont de bonne qualité, tandis que 30% sont de mauvaise qualité.

Un échantillon aléatoire de 10 composantes choisies dans un lot qui vient d'arriver ne contient aucune composante défectueuse. En supposant que le nombre de composantes défectueuses dans un échantillon de dix composantes suive une loi binômiale $B(n, p)$, avec $n = 10$ et où p est égal soit à 0,05 (si le lot est de bonne qualité) soit à 0,20 (si le lot est de mauvaise qualité), calculer la probabilité a posteriori que le lot examiné soit de bonne qualité, et celle que le lot soit de mauvaise qualité. Expliquer la différence observée entre les probabilités a priori (égales à 0,7 et 0,3 respectivement) et les probabilités a posteriori calculées.

32. Le nombre de clients arrivant à une banque dans une période d'une heure est une variable aléatoire de Poisson dont le paramètre λ est inconnu. Le gérant de la banque estime a priori que λ a une probabilité de 0,2 d'être égal à 20 (clients par heure), de 0,4 d'être égal à 30 et de 0,4 d'être égal à 40.
(a) Pendant la première heure d'ouverture de la banque, le gérant a compté 24 clients. Quelles sont, tenant compte de cette observation, les probabilités conditionnelles que λ soit égal à 20, 30, 40 (clients par heure) respectivement?
(b) Comparer les probabilités conditionnelles calculées dans (a) aux probabilités a priori données ci-dessus. Expliquer les différences observées.

33. Trouver la valeur du paramètre α pour que la fonction suivante

$$f(x) = \begin{cases} \alpha(1 - x^2) & \text{si } -1 < x < 1, \\ 0 & \text{sinon,} \end{cases}$$

soit la densité d'une variable aléatoire X. Calculer alors la fonction de répartition de X.

34. Trouver la valeur du paramètre α pour que la fonction suivante

$$f(x) = \begin{cases} \alpha(4x - 2x^2) & \text{si } 0 < x < 2, \\ 0 & \text{sinon,} \end{cases}$$

soit la densité d'une variable aléatoire X. Calculer alors la valeur de $P\{\frac{1}{2} < X < \frac{3}{2}\}$.

35. Soit N un entier positif; montrer que les probabilités

$$P\{X = k\} = \begin{cases} \dfrac{2k}{N(N+1)} & \text{si } k = 1, 2, \ldots, N, \\ 0 & \text{sinon,} \end{cases}$$

définissent bien une loi de probabilité pour la v.a. X, et calculer $E(X)$. On rappelle que:

$$\sum_{k=1}^{N} k = \frac{N(N+1)}{2} \quad \text{et} \quad \sum_{k=1}^{N} k^2 = \frac{N(N+1)(2N+1)}{6}.$$

36. Soient X et Y deux variables aléatoires discrètes, indépendantes et uniformes sur l'ensemble $\{0, 1, \ldots, N\}$, c'est-à-dire:

$$P\{X = i\} = P\{Y = j\} = \frac{1}{N+1}, \qquad i, j = 0, 1, \ldots, N.$$

(a) Calculer $P\{X \geq Y\}$ et $P\{X = Y\}$.
(b) Trouver les lois des v.a. $\min(X, Y)$ et $\max(X, Y)$.

37. Soient X et Y deux variables aléatoires indépendantes. X_1 a une loi géométrique de paramètre p_1 et X_2 une loi géométrique de paramètre p_2.
(a) Calculer $P\{X \geq Y\}$ et $P\{X = Y\}$.
(b) Trouver les lois des v.a. $\min(X, Y)$ et $X + Y$.

38. Soient $X_1, X_2, \ldots, X_n$ des variables aléatoires indépendantes de loi uniforme sur $(0, 1)$, et $Z = \max(X_1, X_2, \ldots, X_n)$. Montrer que la fonction de répartition de Z est:

$$F_Z(z) = z^n, \qquad 0 \leq z \leq 1.$$

Trouver la densité de Z.

39. Soient X et Y deux variables aléatoires continues indépendantes. Montrer que:

$$P\{X \leq Y\} = \int_{-\infty}^{\infty} F_X(y) f_Y(y)\, dy.$$

40. Considérons deux jeux de cartes ayant chacun n cartes numérotées de 1 à n. On bat les deux jeux et on tire simultanément une carte de chaque jeu (par exemple, la carte se trouvant sur le dessus du jeu). On dit que l'on a une "réussite " au i-ième tirage si la i-ième carte tirée de chaque jeu a le même numéro. Soit R_n le nombre de réussites après les n tirages.

(a) Calculer $E(R_n)$.

(b) Calculer $\text{Var}(R_n)$.

Indication: On définira $X_i = 1$ si on a une réussite au i-ième tirage et $X_i = 0$ sinon. Alors $R_n = X_1 + \cdots + X_n$. On montrera que $P\{X_i = 1\} = 1/n$, et lorsque $i \neq j$:

$$P\{X_i = 1, X_j = 1\} = \frac{1}{n(n-1)}.$$

41. Soient X et Y deux variables aléatoires indépendantes ayant une loi normale $\mathcal{N}(\mu, \sigma^2)$. Montrer que les variables aléatoires $X + Y$ et $X - Y$ sont indépendantes.

42. Démontrer le théorème 1.6.1 dans le cas de variables aléatoires continues.

43. Démontrer le théorème 1.6.2 dans le cas de variables aléatoires discrètes.

44. Soient X et Y deux variables aléatoires indépendantes uniformes sur l'intervalle $[\theta - \frac{1}{2}, \theta + \frac{1}{2}]$. Montrer que la loi de $X - Y$ est indépendante du paramètre θ, et calculer sa densité.

45. Soit X une variable aléatoire discrète qui prend des valeurs entières non négatives. Montrer que l'espérance de X est telle que:

$$E(X) = \sum_{k=0}^{\infty} P\{X > k\} = \sum_{k=1}^{\infty} P\{X \geq k\}.$$

Indication: $E(X) = \sum\limits_{n=1}^{\infty} nP\{X = n\} = \sum\limits_{n=1}^{\infty} \sum\limits_{k=1}^{n} P\{X = n\}$.

46. Soit X une variable aléatoire discrète ayant une loi géométrique de paramètre p.
(a) Calculer $P\{X > k\}$ pour $k \geq 0$.
(b) Calculer $E(X)$ à l'aide de la formule du problème 45.

47. Soit X une variable aléatoire continue non négative dont la fonction de répartition est $F(x) = P\{X \leq x\}$. Montrer que:

$$E(X) = \int_0^\infty [1 - F(x)]\, dx.$$

Indication: $E(X) = \int_0^\infty xf(x)\, dx = \int_0^\infty \left(\int_0^x dy\right) f(x)\, dx$ où $f(x)$ est la densité de la variable aléatoire X.

48. La loterie provinciale Lottariotto a un tirage hebdomadaire de 1 000 000 de billets. Il y a un premier prix de 50 000 dollars, 9 deuxièmes prix de 2 500 dollars chacun, 90 troisièmes prix de 250 dollars chacun, et 900 quatrièmes prix de 25 dollars chacun. Quelle est l'espérance de la valeur d'un billet?

49. Supposons que, dans le problème précédent, 80% des billets soient vendus en moyenne chaque semaine. Quelle est la valeur espérée des prix gagnés? Sachant qu'un billet est vendu à 50 cents, quelle est l'espérance de profit pour la province?

50. Démontrer la relation (1.6.15).

51. Considérons la loi multinomiale de l'exemple 1.5.3. Montrer les résultats suivants:

$$E(X_i) = np_i, \qquad i = 1, 2$$
$$E(X_1X_2) = n(n-1)p_1p_2$$
$$\text{Cov}(X_1, X_2) = -np_1p_2.$$

(a) On fera d'abord le calcul directement en tenant compte du fait que les lois marginales de X_1 et X_2 sont binômiales (le vérifier).
(b) On utilisera ensuite la décomposition de l'exemple 1.6.4, soit $X_1 = \xi_1 + \cdots + \xi_n$ et $X_2 = \eta_1 + \cdots + \eta_n$ où ξ_i et η_j sont des v.a. de Bernoulli que l'on définira. On vérifiera que $E(\xi_i\eta_i) = 0$ et $E(\xi_i\eta_j) = p_1p_2$ pour $i \neq j$. Finalement on calculera $E(X_1X_2)$ et $\text{Cov}(X_1, X_2)$.

52. A l'aide du théorème limite central pour des variables aléatoires de Poisson indépendantes avec paramètre $\lambda = 1$, montrer que:

$$\lim_{n \to \infty} e^{-n} \sum_{k=0}^{n} \frac{n^k}{k!} = \frac{1}{2}.$$

Chapitre 2

PROBABILITÉ CONDITIONNELLE ESPÉRANCE CONDITIONNELLE

Nous avons introduit le concept de probabilité conditionnelle dans la section 1.2 du chapitre précédent et nous avons illustré son utilisation, en particulier par l'intermédiaire de la loi des probabilités totales. En fait, comme nous allons le voir dans ce chapitre, les concepts de probabilité conditionnelle et d'espérance conditionnelle sont parmi les outils les plus utiles en théorie des probabilités et dans l'étude des modèles probabilistes. Il y a pour cela deux raisons principales. D'abord, nous sommes souvent amenés à calculer probabilités et espérances en ayant à notre disposition une information partielle sur le phénomène étudié. On s'intéresse donc à des probabilités ou espérances conditionnées par cette information partielle. D'autre part, comme nous l'avons déjà vu dans le cas de la loi des probabilités totales, il est souvent utile, pour calculer une probabilité ou une espérance particulière, de conditionner à l'aide d'un événement ou d'une variable aléatoire convenablement choisi.

2.1 VARIABLES ALÉATOIRES DISCRÈTES

Souvenons-nous tout d'abord, comme nous l'avons vu dans la section 1.2.1, que pour deux événements quelconques A et B, la *probabilité conditionnelle* de A étant donné B (on dit aussi probabilité conditionnelle de A connaissant B) est définie par:

$$P(A \mid B) = \frac{P(AB)}{P(B)}$$

lorsque $P(B) > 0$. Au cas où $P(B) = 0$, la probabilité conditionnelle $P(A \mid B)$ n'est pas définie.

Par conséquent, si X et Y sont deux variables aléatoires discrètes (c'est-à-dire que chacune de ces v.a. prend au plus un nombre dénombrable de valeurs différentes), il est naturel de définir la ***probabilité conditionnelle*** de X connaissant $Y = y$ par:

$$\begin{aligned} p_{X|Y}(x \mid y) &= P\{X = x \mid Y = y\} \\ &= \frac{P\{X = x, Y = y\}}{P\{Y = y\}} \\ &= \frac{p(x,y)}{p_Y(y)} \end{aligned} \tag{2.1.1}$$

à condition que $P\{Y = y\} = p_Y(y) > 0$. Comme dans l'exemple 1.5.2, $p(x, y)$ représente la distribution croisée de X et Y et $p_Y(y)$ la distribution (marginale) de Y. Plutôt que de dire que la probabilité $p_{X|Y}(x \mid y)$ n'est pas définie pour $p_Y(y) = 0$, nous faisons la convention que $p_{X|Y}(x \mid y) = 0$ si $p_Y(y) = 0$ (cette convention permet de ne pas séparer les deux cas dans certains calculs).

Avec ces notations, la loi des probabilités totales (proposition 1.2.2) s'écrit:

$$\begin{aligned} P\{X = x\} &= \sum_y P\{X = x \mid Y = y\} P\{Y = y\} \\ &= \sum_y p_{X|Y}(x \mid y) p_Y(y). \end{aligned} \tag{2.1.2}$$

Remarquons que, dans la relation (2.1.2), les points où $p_{X|Y}(x \mid y)$ n'est pas défini (valeur égale à zéro par convention) sont précisément ceux pour lesquels $p_Y(y) = 0$. Par conséquent, notre convention n'a aucune influence sur les calculs résultant de la relation (2.1.2).

Exemple 2.1.1. Soit une expérience pouvant avoir trois résultats possibles. Le résultat n$^0 i$ est obtenu avec probabilité p_i ($p_1 + p_2 + p_3 = 1$). On effectue n répétitions indépendantes de cette expérience. Soit X_i le nombre de fois où l'on obtient le résultat n$^0 i$. Trouver la probabilité conditionnelle de X_1 étant donné que $X_2 = m$.

Réponse: Pour $k \leq n - m$, nous avons par définition:

$$P\{X_1 = k \mid X_2 = m\} = \frac{P\{X_1 = k, X_2 = m\}}{P\{X_2 = m\}}.$$

L'événement $\{X_1 = k, X_2 = m\}$ est identique à $\{X_1 = k, X_2 = m, X_3 = n - m - k\}$, et sa probabilité est donnée par la loi multinomiale de l'exemple 1.5.3. De même, le problème n^{0}51 du chapitre 1 nous indique que la loi marginale de X_2 est binômiale avec paramètres n et p_2. Par conséquent:

$$P\{X_1 = k \mid X_2 = m\} = \frac{\dfrac{n!}{k!\, m!\, (n-k-m)!}\, p_1^k p_2^m p_3^{n-k-m}}{\dfrac{n!}{m!\, (n-m)!}\, p_2^m (1-p_2)^{n-m}}$$

$$= \frac{(n-m)!}{k!\, (n-k-m)!} \left(\frac{p_1}{1-p_2}\right)^k \left(\frac{p_3}{1-p_2}\right)^{n-m-k}.$$

En tenant compte du fait que $p_3 = 1 - p_1 - p_2$, il vient:

$$P\{X_1 = k \mid X_2 = m\} = \binom{n-m}{k} \left(\frac{p_1}{1-p_2}\right)^k \left(1 - \frac{p_1}{1-p_2}\right)^{n-m-k}.$$

Il en résulte que la loi conditionnelle de X_1, étant donné $X_2 = m$, est binômiale de paramètres $n - m$ et $\frac{p_1}{1-p_2}$.

Remarquons que nous aurions pu aussi obtenir ce résultat avec le raisonnement suivant: puisque $X_2 = m$, considérons les $n - m$ expériences dont le résultat est autre que le résultat n^{0}2. La probabilité du résultat n^{0}1 pour l'une quelconque de ces $n - m$ expériences est égale à:

$$P\{\text{résultat n}^0 1 \mid \text{pas le résultat n}^0 2\}$$

$$= \frac{P\{\text{résultat n}^0 1, \text{pas le résultat n}^0 2\}}{P\{\text{pas le résultat n}^0 2\}}$$

$$= \frac{p_1}{1-p_2}.$$

Par conséquent, étant donné que $X_2 = m$, le nombre de fois où l'on obtient le résultat n^{0}1 (considéré comme un succès par rapport au résultat n^{0}3 considéré comme un échec) suit une loi binômiale de paramètres $n - m$ et $\frac{p_1}{1-p_2}$. □

Exemple 2.1.2. Soit une variable aléatoire X binômiale de paramètres N et p, où N suit une loi de Poisson de paramètre λ. Trouver la loi marginale de X.

Réponse: Nous allons déterminer la loi marginale de la variable aléatoire X en conditionnant sur les valeurs prises par N. D'après la loi des probabilités totales (relation (2.1.2)), nous avons:

$$P\{X = k\} = \sum_{n=0}^{\infty} p_{X|N}(k \mid n) p_N(n)$$

où:

$$p_{X|N}(k \mid n) = P\{X = k \mid N = n\} = \binom{n}{k} p^k (1-p)^{n-k}; \quad k = 0, 1, \ldots, n,$$

et:

$$p_N(n) = P\{N = n\} = \frac{\lambda^n}{n!} e^{-\lambda}, \qquad n = 0, 1, \ldots$$

Par conséquent:

$$\begin{aligned} P\{X = k\} &= \sum_{n=k}^{\infty} \frac{n!}{k!\,(n-k)!} p^k (1-p)^{n-k} \frac{\lambda^n}{n!} e^{-\lambda} \\ &= \frac{(\lambda p)^k}{k!} e^{-\lambda} \sum_{n=k}^{\infty} \frac{[\lambda(1-p)]^{n-k}}{(n-k)!}. \end{aligned}$$

On reconnaît que la somme ci-dessus est égale au développement en série de la fonction $e^{\lambda(1-p)}$; d'où:

$$P\{X = k\} = \frac{(\lambda p)^k}{k!} e^{-\lambda} e^{\lambda(1-p)} = \frac{(\lambda p)^k}{k!} e^{-\lambda p}, \qquad k = 0, 1, \ldots$$

La variable aléatoire X a donc une loi de Poisson de paramètre λp. □

Soit X une variable aléatoire dont l'espérance $E(X)$ est finie. On définit *l'espérance conditionnelle* de X connaissant $Y = y$ par:

$$\begin{aligned} E[X \mid Y = y] &= \sum_x xP\{X = x \mid Y = y\} \\ &= \sum_x x p_{X|Y}(x \mid y) \end{aligned} \tag{2.1.3}$$

lorsque $P\{Y = y\} > 0$. L'espérance conditionnelle n'est pas définie pour les valeurs de y telles que $P\{Y = y\} = 0$.

Étant donné que l'espérance conditionnelle de X connaissant $Y = y$ n'est rien d'autre qu'une espérance par rapport à la distribution conditionnelle $p_{X|Y}(x \mid y)$, l'espérance conditionnelle a le même genre de propriétés que l'espérance "ordinaire". En particulier, pour deux constantes réelles a et b, nous avons comme dans (1.6.9):

$$E[aX + b \mid Y = y] = aE[X \mid Y = y] + b. \tag{2.1.4}$$

Remarquons que l'espérance conditionnelle de X connaissant $Y = y$ est une fonction de la variable réelle y. Par conséquent, $E[X \mid Y]$ est une variable aléatoire qui prend la valeur $E[X \mid Y = y]$ lorsque $Y = y$. L'une des propriétés les plus importantes de l'espérance conditionnelle est donnée dans la proposition suivante:

Proposition 2.1.1. *Soit X une variable aléatoire discrète ayant une espérance finie. Pour toute variable aléatoire discrète Y, on a:*

$$\begin{aligned} E(X) &= E(E[X \mid Y]) \\ &= \sum_y E[X \mid Y = y]P\{Y = y\}. \end{aligned} \tag{2.1.5}$$

Démonstration. Par définition:

$$E(E[X \mid Y]) = \sum_y E[X \mid Y = y]P\{Y = y\}.$$

En tenant compte de la relation (2.1.3), il vient:

$$\begin{aligned}E(E[X \mid Y]) &= \sum_y \sum_x xP\{X = x \mid Y = y\}P\{Y = y\} \\ &= \sum_y \sum_x x\frac{P\{X = x, Y = y\}}{P\{Y = y\}}P\{Y = y\} \\ &= \sum_y \sum_x xP\{X = x, Y = y\}.\end{aligned}$$

Puisque l'espérance de X est bien définie, nous pouvons échanger les sommations:

$$\begin{aligned}E(E[X \mid Y]) &= \sum_x x \sum_y P\{X = x, Y = y\} \\ &= \sum_x xP\{X = x\} \\ &= E(X). \blacksquare\end{aligned}$$

Remarquons que la proposition 2.1.1 n'est rien d'autre qu'une forme particulière de la loi des probabilités totales pour les espérances conditionnelles.

Exemple 2.1.3. *Espérance d'une v.a. géométrique*

Considérons à nouveau une expérience élémentaire dont le résultat est un "succès" avec probabilité p. Faisons des répétitions indépendantes de cette expérience jusqu'à ce que l'on obtienne un succès. La v.a. X égale au nombre d'essais jusqu'au premier succès a une loi géométrique donnée par (1.4.14).

On peut calculer $E(X)$ sans utilisation explicite de la distribution de X. Soit Y une variable aléatoire telle que:

$$Y = \begin{cases} 1 & \text{si la première expérience est un succès;} \\ 0 & \text{si la première expérience est un échec.} \end{cases}$$

Utilisons la proposition 2.1.1 en conditionnant sur Y; il vient:

$$\begin{aligned}E(X) &= E(E[X \mid Y]) \\ &= E[X \mid Y = 1]P\{Y = 1\} + E[X \mid Y = 0]P\{Y = 0\} \\ &= pE[X \mid Y = 1] + (1 - p)E[X \mid Y = 0].\end{aligned}$$

Cependant $E[X \mid Y = 1] = 1$, puisque si la première expérience est un succès, alors il suffit d'une seule expérience pour avoir un succès. Par contre, si la première expérience est un échec, nous nous retrouvons dans la même situation probabiliste qu'avant cette expérience puisque toutes les expériences sont indépendantes. Donc $E[X \mid Y = 0]$ est égal à une expérience plus le même nombre d'expériences qu'on espérait devoir faire avant de réaliser la première, soit tout simplement $E(X)$. Il en résulte $E[X \mid Y = 0] = 1 + E(X)$. On en déduit:

$$E(X) = p \times 1 + (1 - p)(1 + E(X))$$

d'où:

$$E(X) = \frac{1}{p} \cdot \square$$

Bien que, comme dans l'exemple 1.6.5, nous aurions pu calculer $E(X)$ directement à partir de la distribution de la loi géométrique, l'exemple ci-dessus a permis d'éviter l'utilisation de sommations complexes et a donné l'occasion d'illustrer le raisonnement faisant intervenir la reproduction d'une même situation probabiliste. Ce raisonnement est très utilisé en probabilité et permet souvent d'obtenir simplement des résultats dans des cas où le calcul direct est trop compliqué.

Exemple 2.1.4. Certaines personnes prétendent que pendant la campagne d'Égypte (1798–1800), Napoléon s'était perdu dans une chambre secrète d'une pyramide. Cette chambre a trois portes: la première porte conduit à l'extérieur en deux heures, la deuxième porte donne dans un tunnel qui ramène à la même chambre après trois heures de voyage, et la troisième porte donne dans un tunnel qui ramène à la même chambre après cinq heures de voyage. Il fait totalement noir dans la chambre et il n'y a pas de façon d'identifier une porte par rapport à une autre; par conséquent, chaque fois qu'il se retrouve dans la chambre, Napoléon a la même probabilité de choisir n'importe laquelle des trois portes. Les égyptologues nous apprennent qu'il réussit à sortir de la pyramide en 15 heures. Ayant l'esprit de compétition très développé, il demanda aux plus grands mathématiciens de l'époque, dès sa sortie, de lui calculer le temps moyen nécessaire pour sortir de la pyramide afin de pouvoir se convaincre qu'il avait fait mieux que la moyenne.

Réponse: Soit X le temps jusqu'à la sortie de la pyramide, et soit Y le numéro de la première porte choisie. A l'aide de la proposition 2.1.1, nous obtenons:

$$\begin{aligned} E(X) &= E[X \mid Y = 1]P\{Y = 1\} + E[X \mid Y = 2]P\{Y = 2\} \\ &\quad + E[X \mid Y = 3]P\{Y = 3\} \\ &= \frac{1}{3}(E[X \mid Y = 1] + E[X \mid Y = 2] + E[X \mid Y = 3]). \end{aligned}$$

Clairement $E[X \mid Y = 1] = 2$ puisque, si Napoléon choisit la première porte, il sort de la pyramide en deux heures. Maintenant pour calculer $E[X \mid Y = 2]$, remarquons que si Napoléon choisit la deuxième porte, il va voyager pendant trois heures avant de se retrouver à son point de départ dans la même situation (en ce qui concerne sa sortie) que trois heures auparavant. Il se retrouve donc dans la même "situation probabiliste" qu'au début et l'espérance de son temps de sortie est toujours $E(X)$. Par conséquent, $E[X \mid Y = 2] = 3 + E(X)$. Le même raisonnement permet d'écrire $E[X \mid Y = 3] = 5 + E(X)$. Donc:

$$E(X) = \frac{1}{3}(2 + 3 + E(X) + 5 + E(X)).$$

Et, en résolvant par rapport à $E(X)$:

$$E(X) = 10.$$

Afin de se convaincre de la force de la méthode, le lecteur pourra essayer de déterminer la distribution de X afin de calculer $E(X)$. □

Nous attirons l'attention du lecteur sur le fait que, dans les deux exemples précédents, la méthode de la répétition de la même situation probabiliste est utilisée avec le conditionnement sur le *premier* résultat ou la *première* décision. Dans beaucoup de cas (nous en verrons un certain nombre par la suite), ce conditionnement est suffisant. Cependant, il n'y a aucune garantie que nous retrouvions la "même situation probabiliste" après seulement un résultat ou une décision. Dans certains cas, il faudra conditionner plusieurs fois avant de retrouver une situation déjà rencontrée (au sens probabiliste). Nous renvoyons le lecteur au problème 10 à la fin de ce chapitre.

Pour terminer cette première section, illustrons l'utilisation du conditionnement pour calculer une variance. Ce calcul nous permettra de voir un autre aspect de la méthode de la répétition de la même situation probabiliste.

Exemple 2.1.5. *Variance d'une v.a. géométrique*

Avec les notations de l'exemple 2.1.3, calculons la variance de la variable aléatoire X. On a:

$$\mathrm{Var}(X) = E(X^2) - (E(X))^2.$$

Pour calculer $E(X^2)$ en conditionnant sur les valeurs prises par Y, on remarque qu'on peut appliquer la proposition 2.1.1 à une fonction $g(X)$ de la variable aléatoire X tout comme on l'avait fait dans le chapitre 1 par l'intermédiaire de la relation (1.6.7). On a alors:

$$E(g(X)) = \sum_y E[g(X) \mid Y = y]P\{Y = y\}. \tag{2.1.6}$$

En prenant ici $g(X) = X^2$, il vient:

$$\begin{aligned} E(X^2) &= E(E[X^2 \mid Y]) \\ &= E[X^2 \mid Y = 1]P\{Y = 1\} + E[X^2 \mid Y = 0]P\{Y = 0\}. \end{aligned}$$

Cependant $E[X^2 \mid Y = 1] = 1$, puisque si la première expérience est un succès, alors il suffit d'une seule expérience pour avoir un succès, et $X = 1 = X^2$. Par contre, si la première expérience est un échec le nombre X d'essais nécessaires jusqu'au premier succès est égal à 1 plus le nombre d'essais nécessaires après le premier; soit X' ce nombre. Remarquons alors que les v.a. X et X' ont nécessairement la même loi puisque du point de vue probabiliste on se retrouve dans la même situation avant ou après le premier échec. Par conséquent, $E[X^2 \mid Y = 0] = E((1 + X')^2)$; mais ce dernier terme est égal à $E((1 + X)^2)$ puisque X et X' ont la même loi. En regroupant ces résultats, on obtient:

$$\begin{aligned} E(X^2) &= 1 \times P\{Y = 1\} + E((1 + X)^2) \times P\{Y = 0\} \\ &= p + (1 - p)E(1 + 2X + X^2) \\ &= 1 + 2(1 - p)E(X) + (1 - p)E(X^2). \end{aligned}$$

Nous avons vu, dans l'exemple 2.1.3, que $E(X) = 1/p$, donc:

$$E(X^2) = 1 + \frac{2(1-p)}{p} + (1-p)E(X^2).$$

En résolvant cette équation pour $E(X^2)$, on trouve:

$$E(X^2) = \frac{2-p}{p^2};$$

et finalement:

$$\begin{aligned}\operatorname{Var}(X) &= E(X^2) - (E(X))^2 \\ &= \frac{2-p}{p^2} - \left(\frac{1}{p}\right)^2 \\ &= \frac{1-p}{p^2}.\end{aligned}$$

On retrouve à nouveau le résultat de l'exemple 1.6.5 sans avoir fait appel à la distribution de la loi géométrique. □

2.2 SOMMES ALÉATOIRES DE VARIABLES ALÉATOIRES

On rencontre souvent dans la construction de modèles probabilistes des sommes de variables aléatoires de la forme $S_N = X_1 + \cdots + X_N$, où N est elle-même une variable aléatoire. On dit qu'on a une *somme aléatoire de variables aléatoires.*

Le modèle suivant est suffisamment général et permet d'obtenir des résultats utiles. Soit une suite de variables aléatoires $X_1, X_2, \ldots$ indépendantes et de même loi. Soit N une variable aléatoire discrète indépendante de $X_1, X_2, \ldots$, et dont la loi est donnée par $p_N(n) = P\{N = n\}$ pour $n = 0, 1, \ldots$. On définit la somme aléatoire S_N de la façon suivante:

$$S_N = \begin{cases} 0 & \text{si } N = 0, \\ X_1 + \cdots + X_N & \text{si } N > 0. \end{cases} \tag{2.2.1}$$

Pour ne pas avoir à séparer continuellement ces deux cas, nous définirons $S_N = X_1 + \cdots + X_N$ avec la convention implicite que $S_N = 0$ lorsque $N = 0$. Dans la suite de ce chapitre, nous représenterons la somme aléatoire S_N par la variable aléatoire S afin de simplifier la notation dans tous les cas où cette simplification ne crée pas d'ambiguïté.

Pour motiver notre étude des sommes aléatoires, on peut donner un certain nombre de modèles où elles interviennent.

1. *Théorie du risque.* Supposons qu'une compagnie d'assurances reçoit un nombre aléatoire N de réclamations pendant une période donnée. Le montant de la réclamation n$^0 i$ est une v.a. X_i. La somme totale des obligations financières de la compagnie, pour la période considérée, est donc $S = X_1 + \cdots + X_N$.

2. *Files d'attente.* Soit N le nombre de clients qui se présentent à un comptoir pendant une période donnée. Si X_i est la durée du service de chaque client, la somme $S = X_1 + \cdots + X_N$ représente la demande totale de temps de service pour la période considérée.

3. *Modèles de population.* Soit N le nombre de plantes d'une espèce particulière dans une région donnée. Si la plante n$^0 i$ produit X_i graines, la somme $S = X_1 + \cdots + X_N$ représente le nombre total de graines de cette espèce produit dans la région considérée. □

Lorsque les variables aléatoires $X_1, X_2, \ldots$ sont discrètes, nous pouvons utiliser, pour l'étude des sommes aléatoires, les notions de conditionnement données dans la section 2.1. Cependant, si les variables aléatoires $X_1, X_2, \ldots$ sont continues, nous avons besoin de concepts supplémentaires avant de pouvoir entreprendre cette étude.

2.2.1 Distributions conditionnelles: le cas mixte

Soient X et N deux variables aléatoires telles que N prend des valeurs entières non négatives. On définit la *fonction de répartition conditionnelle* de X étant donné $N = n$ par:

$$F_{X|N}(x \mid n) = P\{X \leq x \mid N = n\} = \frac{P\{X \leq x, N = n\}}{P\{N = n\}}$$

lorsque $P\{N = n\} > 0$. La fonction de répartition conditionnelle n'est pas définie lorsque $P\{N = n\} = 0$.

Supposons que la variable aléatoire X soit continue. Si la fonction $F_{X|N}(x \mid n)$ est dérivable par rapport à x pour chaque valeur de n telle que $P\{N = n\} > 0$, on peut définir la *densité conditionnelle* de X étant donné $N = n$ par:

$$f_{X|N}(x \mid n) = \frac{d}{dx} F_{X|N}(x \mid n)$$

lorsque $P\{N = n\} > 0$. Cette densité conditionnelle possède les propriétés habituelles des densités, en particulier:

$$P\{a < X \leq b, N = n\} = \int_a^b f_{X|N}(x \mid n) p_N(n)\, dx$$

pour $a < b$, où $p_N(n) = P\{N = n\}$. En dérivant la loi des probabilités totales écrite sous la forme:

$$P\{X \leq x\} = \sum_{n=0}^{\infty} P\{X \leq x \mid N = n\} P\{N = n\},$$

on trouve la densité marginale de X:

$$f_X(x) = \sum_{n=0}^{\infty} f_{X|N}(x \mid n) p_N(n). \qquad (2.2.2)$$

Finalement, l'espérance conditionnelle de X étant donné $N = n$ est définie par:

$$E[X \mid N = n] = \int_{-\infty}^{\infty} x f_{X|N}(x \mid n)\, dx.$$

L'espérance conditionnelle ainsi définie a les propriétés de celle définie pour le cas discret dans la section 2.1. En particulier, la proposition 2.1.1 prend la forme:

$$E(X) = E(E[X \mid N]) = \sum_{n=0}^{\infty} E[X \mid N = n]\, p_N(n). \qquad (2.2.3)$$

2.2.2 Espérance et variance d'une somme aléatoire

Considérons le problème suivant: on suppose que le nombre moyen d'accidents sur un grand chantier de construction est de trois par semaine. On suppose également que le nombre d'ouvriers blessés dans chaque accident peut être représenté par des variables aléatoires indépendantes avec une espérance commune égale à 2. De plus, le nombre d'ouvriers blessés dans chaque accident est indépendant du nombre d'accidents. On cherche l'espérance du nombre hebdomadaire de blessés.

Si on représente le nombre de blessés dans l'accident n$^0 i$ par X_i, et par N le nombre hebdomadaire d'accidents, nous avons un nombre total de blessés $S = X_1 + \cdots + X_N$. On ne peut pas calculer $E(S)$ à l'aide de la relation (1.6.4) puisque cette dernière s'applique au cas où le nombre n de variables aléatoires dans la somme est fixé. Ici, au contraire, nous avons une somme aléatoire de variables aléatoires. Nous allons établir le résultat suivant:

Proposition 2.2.1. *Soient $X_1, X_2, \ldots$ une suite de variables aléatoires de même loi ayant un moment d'ordre 2 fini, et N une variable aléatoire discrète indépendante de $X_1, X_2, \ldots$, et ayant un moment d'ordre 2 fini. Alors:*

$$E(X_1 + X_2 + \cdots + X_N) = E(N)E(X_1). \tag{2.2.4}$$

Si de plus les variables aléatoires $X_1, X_2, \ldots$ sont indépendantes:

$$\operatorname{Var}(X_1 + X_2 + \cdots + X_N) = E(N)\operatorname{Var}(X_1) + (E(X_1))^2 \operatorname{Var}(N). \tag{2.2.5}$$

Démonstration. Écrivons la relation (2.2.3) pour la somme $S = X_1 + \cdots + X_N$; il vient:

$$\begin{aligned} E(S) &= \sum_{n=0}^{\infty} E[S \mid N = n]\, p_N(n) \\ &= \sum_{n=1}^{\infty} E[X_1 + \cdots + X_N \mid N = n]\, p_N(n). \end{aligned}$$

Utilisons la connaissance de $N = n$ pour écrire:

$$E(S) = \sum_{n=1}^{\infty} E[X_1 + \cdots + X_n \mid N = n]\, p_N(n)$$

et, puisque la v.a. N est indépendante de $X_1, X_2, \ldots$:

$$E(S) = \sum_{n=1}^{\infty} E(X_1 + \cdots + X_n) p_N(n).$$

Puisque l'espérance d'une somme (non aléatoire) de v.a. est égale à la somme des espérances de chacune d'entre elles (relation (1.6.4)), nous avons $E(X_1 + \cdots + X_n) = E(X_1) + \cdots + E(X_n) = nE(X_1)$, et par conséquent:

$$E(S) = E(X_1) \sum_{n=1}^{\infty} n p_N(n) = E(X_1) E(N);$$

ce qui établit la relation (2.2.4). Cette relation est une forme particulière de l'*équation de Wald*.

Pour calculer la variance de S, on écrit par définition:

$$\begin{aligned}\text{Var}(S) &= E[(S - E(S))^2] = E[(S - E(N)E(X_1))^2] \\ &= E[(S - NE(X_1) + NE(X_1) - E(N)E(X_1))^2] \\ &= E[(S - NE(X_1))^2] + (E(X_1))^2 E[(N - E(N))^2] \\ &\quad + 2E(X_1)E[(S - NE(X_1))(N - E(N))].\end{aligned}$$

Nous avons alors pour chacun des trois termes ci-dessus:

$$\begin{aligned}&E[(S - NE(X_1))^2] \\ &\qquad = \sum_{n=0}^{\infty} E[(S - NE(X_1))^2 \mid N = n] \, p_N(n) \\ &\qquad = \sum_{n=1}^{\infty} E[(X_1 + \cdots + X_n - nE(X_1))^2 \mid N = n] \, p_N(n).\end{aligned}$$

Utilisons à nouveau l'indépendance de N par rapport à $X_1, X_2, \ldots$, il vient:

$$E[(S - NE(X_1))^2] = \sum_{n=1}^{\infty} \text{Var}(X_1 + \cdots + X_n) p_N(n).$$

Puisque les variables aléatoires $X_1, \ldots, X_n$ sont indépendantes, nous avons d'après la relation (1.6.16) $\text{Var}(X_1 + \cdots + X_n) = \text{Var}(X_1) + \cdots + \text{Var}(X_n) = n\text{Var}(X_1)$, et par conséquent:

$$E[(S - NE(X_1))^2] = \text{Var}(X_1) \sum_{n=1}^{\infty} np_N(n) = \text{Var}(X_1)E(N).$$

Le deuxième des trois termes ci-dessus est égal à $(E(X_1))^2 E[(N - E(N))^2]$, soit $(E(X_1))^2 \text{Var}(N)$. Pour prouver la relation (2.2.5), il ne nous reste donc plus qu'à vérifier que le troisième terme est nul:

$$\begin{aligned} &E[(S-NE(X_1))(N - E(N))] \\ &\quad = \sum_{n=0}^{\infty} E[(S - NE(X_1))(N - E(N)) \mid N = n]\, p_N(n) \\ &\quad = \sum_{n=0}^{\infty} (n - E(N))E[X_1 + \cdots + X_n - nE(X_1) \mid N = n]\, p_N(n); \end{aligned}$$

mais:

$$E[X_1 + \cdots + X_n - nE(X_1) \mid N = n] = E[X_1 + \cdots + X_n - nE(X_1)] = 0,$$

et la démonstration est complète. ■

Revenons maintenant à la question posée au début de cette section. La proposition 2.2.1 confirme notre intuition que l'espérance du nombre hebdomadaire de blessés est égale au produit de l'espérance du nombre d'accidents, soit 3, par l'espérance du nombre de blessés par accident, soit 2; d'où une espérance égale à 6.

Exemple 2.2.1. *Processus de ramification*

Une population est telle que chaque "individu" a un nombre de descendants égal à k avec probabilité $p(k)$, $k = 0, 1, \ldots$ On observe une population initialement composée d'un seul parent qui a un nombre aléatoire N de descendants. Le descendant n$^0 i$ produit à son tour X_i descendants, indépendamment des autres membres de sa génération, pour former une deuxième génération. Le nombre d'individus dans la deuxième génération est donc égal à $S = X_1 + \cdots + X_N$. Si on pose $E(N) = E(X_1) = \mu$ et $\text{Var}(N) = \text{Var}(X_1) = \sigma^2$, on a d'après la proposition 2.2.1:

$$E(S) = \mu^2 \qquad \text{et} \qquad \text{Var}(S) = \mu\sigma^2(1 + \mu). \;\square$$

2.2.3 Loi d'une somme aléatoire

Supposons que les variables aléatoires $X_1, X_2, \ldots$ sont continues et admettent la densité $f(x)$. D'après (1.5.14), la densité de $X_1 + X_2$ est égale à la convolution de f avec elle-même, soit:

$$f_{X_1+X_2}(x) = \int_{-\infty}^{\infty} f(x-t)f(t)\,dt.$$

On montre, par récurrence sur n, que la densité de $X = X_1 + \cdots + X_n$ est:

$$f^{(n)}(x) = \int_{-\infty}^{\infty} f^{(n-1)}(x-t)f(t)\,dt, \qquad n > 1 \tag{2.2.6}$$

où $f^{(1)}(x) = f(x)$. Remarquons que, puisque les v.a. N et $X_1, X_2, \ldots$ sont indépendantes, $f^{(n)}(x)$ est aussi la densité conditionnelle de X connaissant $N = n \geq 1$. En supposant que $P\{N = 0\} = 0$, on peut donc écrire la densité de la somme aléatoire S sous la forme:

$$f_S(x) = \sum_{n=1}^{\infty} f^{(n)}(x)p_N(n). \tag{2.2.7}$$

Exemple 2.2.2. *Variations du cours d'une action*

Il existe depuis le début du vingtième siècle des modèles probabilistes qui représentent les variations du cours d'actions et de titres en Bourse. L'exemple suivant est présenté par Taylor *et al.* (1984).

Soit S la variation du cours unitaire d'une action entre la fermeture du marché un jour donné et sa fermeture le jour suivant. Si on considère un titre pour lequel le volume de transactions est important, la variation S est la somme des variations pour chacune des transactions qui a lieu pendant la période considérée. Si l'on accepte l'hypothèse d'un marché parfait, on peut supposer que les variations au cours des transactions successives peuvent être représentées par des variables aléatoires indépendantes. De plus, pour tenir compte du caractère stationnaire de ce processus, on peut supposer que ces v.a. ont une variance finie commune. Nous pouvons donc utiliser le théorème limite central et, pour un grand nombre de transactions, la variation du cours du titre devrait suivre un loi normale.

Cette conclusion est confirmée par un certain nombre d'études empiriques. La plupart de ces études considèrent la variation du cours pour un *nombre fixe de transactions.* D'autres études présentent des résultats en désaccord partiel avec cette conclusion: en effet, on observe des variations de prix très petites ou très grandes plus fréquemment que ne le suggère la loi normale. De plus, les changements de prix de taille intermédiaire sont sous-représentés dans les données. La plupart de ces études considèrent la variation du cours pour une *période de temps fixée* et un nombre aléatoire de transactions.

La question suivante nous ramène au sujet des sommes aléatoires: est-ce que le fait qu'un nombre aléatoire de transactions a lieu dans la journée considérée constitue une explication des écarts observés dans les données sur les variations quotidiennes de prix par rapport à la loi normale? Nous pouvons modéliser la variation quotidienne S de la façon suivante:

$$S = X_0 + X_1 + \cdots + X_N$$

où $X_0, X_1, \ldots$ sont des variables aléatoires normales indépendantes avec une espérance commune égale à zéro et une variance commune égale à σ^2, et N est une variable aléatoire de Poisson de paramètre λ approprié.

Nous pouvons interpréter la v.a. N comme le nombre quotidien de transactions, X_i comme la variation du cours lors de la i-ième transaction ($i \geq 1$), et X_0 comme une variation de cours entre la fermeture du marché un jour donné et son ouverture le jour suivant.

Connaissant $N = n$, la loi conditionnelle de la variable aléatoire $S_n = X_0 + X_1 + \cdots + X_n$ est normale avec une espérance nulle et une variance égale à $(n+1)\sigma^2$ (voir remarque à la suite de cet exemple). La densité conditionnelle de S_n est donc:

$$\varphi_n(x) = \frac{1}{\sqrt{2\pi(n+1)}\,\sigma} e^{-x^2/2(n+1)\sigma^2}.$$

Puisque la distribution de la loi de Poisson est donnée par:

$$p_N(n) = \frac{\lambda^n}{n!} e^{-\lambda}, \qquad n = 0, 1, \ldots,$$

nous en déduisons, d'après la relation (2.2.7), la densité de la variation quotidienne S du cours de l'action:

$$f_S(x) = \sum_{n=0}^{\infty} \varphi_n(x) \frac{\lambda^n}{n!} e^{-\lambda}. \tag{2.2.8}$$

(Remarquons qu'ici nous n'avons pas de problème pour $n = 0$ puisque $\varphi_0(x)$ est la densité de la variable aléatoire normale X_0).

On ne peut malheureusement pas simplifier la relation (2.2.8). Il est cependant possible de calculer numériquement $f_S(x)$ pour toute valeur de x. Lorsque $\lambda = 1$ et $\sigma^2 = \frac{1}{2}$, on déduit de la proposition 2.2.1 que la variance de la variation quotidienne de cours S est égale à:

$$\text{Var}(S) = E(N)\text{Var}(X_1) + (E(X_1))^2 \, \text{Var}(N)$$

où ici: $E(N) = 1 + \lambda, \text{Var}(N) = \lambda, E(X_1) = 0$ et $\text{Var}(X_1) = \sigma^2$. D'où:

$$\text{Var}(S) = (1 + \lambda)\sigma^2 = 1.$$

La figure 2.2.1 permet de comparer la densité $f_S(x)$ (représentée par une ligne discontinue) lorsque $\lambda = 1$ et $\sigma^2 = \frac{1}{2}$ avec la densité de la loi normale $\mathcal{N}(0, 1)$ (représentée par une ligne continue). Remarquons que ces deux lois ont une espérance nulle et une variance égale à 1. L'écart entre la courbe $f_S(x)$ et la densité normale $\varphi(x)$ est en accord avec les remarques faites ci-dessus à propos des études qui considèrent la variation du cours pour une période de temps fixée et un *nombre aléatoire de transactions.* Bien entendu, ce calcul ne *prouve pas* que l'écart par rapport à la normale est la *conséquence* du nombre aléatoire de transactions dans la journée. Cependant, le calcul montre qu'une telle explication est en accord avec les observations et que, par conséquent, elle est une cause possible de l'écart observé. □

Remarque. Dans l'exemple ci-dessus, nous avons utilisé le fait qu'une somme de variables aléatoires normales indépendantes a une loi normale dont l'espérance est la somme des espérances de ces v.a., et la variance la somme des variances. Ce résultat n'est pas très difficile à vérifier, mais si on veut utiliser les techniques illustrées dans l'exemple 1.5.5 (voir en particulier la relation (1.5.13)), les calculs

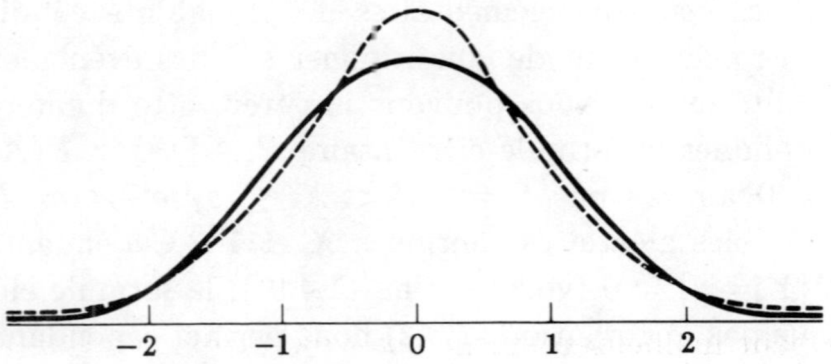

FIGURE 2.2.1

sont particulièrement déplaisants! (Le lecteur intéressé peut consulter Hoel *et al.* (1971).) La démonstration est considérablement plus simple si on dispose des concepts de *fonction génératrice* ou *fonction caractéristique*. Cependant ces outils analytiques sont relativement complexes sur le plan technique et nous avons choisi de ne pas les introduire dans ce manuel. On en trouvera une étude détaillée dans Chung (1974a).

2.3 VARIABLES ALÉATOIRES CONTINUES

Soient X et Y deux variables aléatoires continues admettant la densité croisée $f(x,y)$. On définit la *densité conditionnelle* de la variable aléatoire X connaissant $Y = y$ par:

$$f_{X|Y}(x \mid y) = \frac{f(x,y)}{f_Y(y)} \tag{2.3.1}$$

à condition que la densité marginale de Y satisfasse $f_Y(y) > 0$. La densité conditionnelle n'est pas définie pour les valeurs de y telles que $f_Y(y) = 0$.

La *fonction de répartition conditionnelle* de la variable aléatoire X connaissant $Y = y$ est définie par:

$$F_{X|Y}(x \mid y) = \int_{-\infty}^{x} f_{X|Y}(t \mid y)\, dt \tag{2.3.2}$$

à condition que $f_Y(y) > 0$.

Les définitions données ci-dessus représentent une généralisation importante des concepts élémentaires de probabilité conditionnelle. En effet, elles permettent de conditionner sur des événements ayant une probabilité nulle. Nous pouvons illustrer cette différence en essayant d'appliquer la formule élémentaire $P(A \mid B) = P(AB)/P(B)$ si $P(B) > 0$ au cas où $A = \{a < X \leq b\}$ et $B = \{Y = y\}$ pour les variables aléatoires continues X et Y. Cependant, puisque $P(B) = P\{Y = y\} = 0$ (voir relation (1.4.9)), la formule élémentaire ne s'applique pas. La relation (2.3.2) nous permet cependant d'écrire:

$$P\{a < X \leq b \mid Y = y\} = F_{X|Y}(b \mid y) - F_{X|Y}(a \mid y) = \int_a^b f_{X|Y}(t \mid y)\, dt, \tag{2.3.3}$$

à la seule condition que la densité marginale $f_Y(y)$ soit strictement positive pour la valeur y.

Exemple 2.3.1. On peut également illustrer l'importance de la généralisation obtenue à l'aide du problème suivant: une personne arrive à un arrêt d'autobus au temps Y qui est uniformément distribué sur l'intervalle $(0, 1)$, où 0 représente midi et 1 représente treize heures. De façon indépendante, l'autobus arrive à l'arrêt au temps Z qui est uniformément distribué sur $(0, 1)$. Sachant que la personne est arrivée à l'arrêt à 12h30 ($Y = 0{,}5$), quelle est la probabilité qu'elle ait manqué l'autobus?

Réponse: La réponse $P\{Z < Y \mid Y = 0{,}5\} = 0{,}5$ est intuitivement évidente. Cependant, on ne peut pas utiliser la définition élémentaire des probabilités conditionnelles puisque l'événement $\{Y = 0{,}5\}$ a une probabilité nulle. Pour utiliser la relation (2.3.1), on définit d'abord la densité croisée de Z et de Y:

$$f_{Z,Y}(z, y) = f_Z(z) f_Y(y) = \begin{cases} 1 & \text{si } 0 \leq z \leq 1 \text{ et } 0 \leq y \leq 1, \\ 0 & \text{sinon,} \end{cases}$$

et on fait le changement de variables $X = Y - Z$; il vient (en utilisant par exemple la relation (1.5.6)):

$$f_{X,Y}(x, y) = 1 \quad \text{si} \quad 0 \leq y \leq 1 \quad \text{et} \quad y - 1 \leq x \leq y.$$

Maintenant, la relation (2.3.1) donne:

$$f_{X|Y}(x \mid 0{,}5) = \frac{f_{X,Y}(x,\ 0{,}5)}{f_Y(0{,}5)} = 1 \quad \text{si} \quad -0{,}5 \leq x \leq 0{,}5;$$

et finalement d'après (2.3.3):

$$P\{Z < Y \mid Y = 0{,}5\} = P\{X > 0 \mid Y = 0{,}5\} = \int_0^{\infty} f_{X|Y}(t \mid 0{,}5)\, dt$$
$$= \int_0^{0,5} 1\, dt = 0{,}5. \square$$

La densité conditionnelle $f_{X|Y}(x \mid y)$ définie par la relation (2.3.1) a le même genre de propriétés que les autres densités. En particulier, d'après les relations (1.5.4) et (2.3.1):

$$P\{a < X \leq b, c < Y \leq d\} = \int_c^d \left(\int_a^b f(x,y)\, dx \right) dy$$
$$= \int_c^d \left(\int_a^b f_{X|Y}(x \mid y)\, dx \right) f_Y(y)\, dy.$$

En posant $c = -\infty$ et $d = +\infty$ dans la relation ci-dessus, on obtient la version continue de la loi des probabilités totales:

$$P\{a < X \leq b\} = \int_{-\infty}^{\infty} \left(\int_a^b f_{X|Y}(x \mid y)\, dx \right) f_Y(y)\, dy. \tag{2.3.4}$$

Soit maintenant une variable aléatoire continue X dont l'espérance est finie. On définit l'*espérance conditionnelle* de X connaissant $Y = y$ par:

$$E[X \mid Y = y] = \int_{-\infty}^{\infty} x f_{X|Y}(x \mid y)\, dx \tag{2.3.5}$$

lorsque $f_Y(y) > 0$. L'espérance conditionnelle n'est pas définie pour les valeurs de y telles que $f_Y(y) = 0$. Ici encore les espérances conditionnelles ont le même genre de propriétés que les espérances ordinaires. De plus, la proposition 2.2.1 est valide dans le cas continu (nous en laissons la vérification au lecteur). Nous pouvons donc ici aussi écrire la loi des probabilités totales sous la forme:

$$E(X) = E(E[X \mid Y]) = \int_{-\infty}^{\infty} E[X \mid Y = y] f_Y(y)\, dy. \tag{2.3.6}$$

On obtient une autre forme utile de la loi des probabilités totales en choisissant dans (2.3.6) X égale à la *variable aléatoire indicatrice* d'un ensemble A, c'est-à-dire:

$$X = \begin{cases} 1 & \text{si l'événement } A \text{ se produit,} \\ 0 & \text{sinon.} \end{cases}$$

Étant donné que, par définition de X, $E(X) = P(A)$, nous pouvons écrire (2.3.6) sous la forme:

$$P(A) = \int_{-\infty}^{\infty} P\{A \mid Y = y\} f_Y(y)\, dy. \tag{2.3.7}$$

Exemple 2.3.2. Soient deux variables aléatoires continues X et Y qui admettent la densité croisée:

$$f(x, y) = \frac{e^{-(x/y)} e^{-y}}{y}, \qquad 0 < x < \infty, \;\; 0 < y < \infty.$$

Montrer que $E[X \mid Y = y] = y$.

Réponse: Pour pouvoir utiliser la relation (2.3.5), nous avons besoin de la densité conditionnelle de X connaissant $Y = y$, et donc, d'après la relation (2.3.1), de la densité marginale de Y:

$$\begin{aligned} f_Y(y) &= \int_0^{\infty} f(x, y)\, dx = e^{-y} \int_0^{\infty} \frac{e^{-(x/y)}}{y}\, dx \\ &= e^{-y} \Big(-e^{-(x/y)} \Big|_{x=0}^{x=\infty} = e^{-y} \qquad \text{pour } y > 0. \end{aligned}$$

On en déduit:

$$f_{X|Y}(x \mid y) = \frac{f(x, y)}{f_Y(y)} = \frac{e^{-(x/y)}}{y} \qquad \text{pour } x, y > 0.$$

La loi conditionnelle de X connaissant $Y = y$ est donc une loi exponentielle de paramètre $1/y$. Son espérance $E[X \mid Y = y]$ est donc égale à y. □

Exemple 2.3.3. *Loi de la somme de deux v.a. continues*

Dans le cas de deux variables aléatoires continues indépendantes X et Y, on peut retrouver simplement le résultat de l'exemple 1.5.5 (convolution) à l'aide du conditionnement. Prenons $A = \{X+Y \leq z\}$ dans la relation (2.3.7):

$$\begin{aligned} P\{X+Y \leq z\} &= \int_{-\infty}^{\infty} P\{X+Y \leq z \mid X=x\} f_X(x)\, dx \\ &= \int_{-\infty}^{\infty} P\{Y \leq z-x \mid X=x\} f_X(x)\, dx \\ &= \int_{-\infty}^{\infty} P\{Y \leq z-x\} f_X(x)\, dx \quad \text{(par indépendance)} \\ &= \int_{-\infty}^{\infty} F_Y(z-x) f_X(x)\, dx. \qquad (2.3.8) \end{aligned}$$

On retrouve la relation (1.5.14) en écrivant que $f_{X+Y}(z) = \frac{d}{dz} P\{X + Y \leq z\}$ et en dérivant sous le signe somme par rapport à z l'intégrale de la relation (2.3.8). □

PROBLÈMES

1. La loi de probabilité du couple de variables aléatoires X et Y est donnée dans le tableau suivant:

$X\downarrow$ $Y\rightarrow$	1	2	3
1	1/9	1/3	1/9
2	1/9	0	1/18
3	0	1/6	1/9

Calculer $E[X \mid Y = i]$ pour $i = 1, 2, 3$.

2. Dans le problème ci-dessus, les variables aléatoires X et Y sont-elles indépendantes?

3. On choisit une carte au hasard parmi N cartes numérotées de 1 à N. Soit X le numéro de la carte choisie. On choisit alors une deuxième carte au hasard parmi les cartes numérotées de 1 à X. Soit Y le numéro de la carte ainsi choisie. Trouver la probabilité conditionnelle de X connaissant $Y = y$, pour $y = 1, 2, \ldots$.

4. Soit X une variable aléatoire binômiale de paramètres p et N, où N est elle-même une variable aléatoire binômiale de paramètres q et M. Montrer, en utilisant la relation (2.1.2), que la loi marginale de X est binômiale avec paramètres M et pq.

5. Soit X une variable aléatoire binômiale de paramètres $p = \frac{1}{2}$ et N, où N est elle-même une variable aléatoire binômiale de paramètres $q = \frac{1}{4}$ et $M = 40$. Utiliser le résultat du problème précédent pour trouver l'espérance de X.

6. On lance un dé parfait de façon répétitive. Soit X le numéro du lancer où l'on obtient un six pour la première fois, et soit Y le numéro du lancer où l'on obtient un cinq pour la première fois. Calculer $E(X)$, $E[X \mid Y = 1]$, et $E[X \mid Y = 5]$.

7. On joue à pile ou face avec une pièce en argent jusqu'à ce qu'on obtienne face. Soit N le nombre d'essais nécessaires. On joue alors N fois à pile ou face avec une pièce en or. Soit X le nombre de fois où la pièce en or tombe sur pile. Calculer $P\{X = 0\}$, $P\{X = 1\}$, et $E(X)$.

8. Voici une variante de notre histoire napoléonienne (exemple 2.1.4). Napoléon se trouve maintenant dans une autre chambre secrète dans une autre pyramide. Il y a toujours trois portes: la première porte donne sur un tunnel qui le ramène à son point de départ en deux heures, la deuxième porte donne sur un tunnel qui le ramène à son point de départ en trois heures, et la troisième porte le conduit immédiatement à l'extérieur.
(a) En supposant qu'il choisisse toujours les portes 1, 2 et 3 avec probabilités 0,5 , 0,3 et 0,2 respectivement, quelle est l'espérance du temps nécessaire pour sortir de la pyramide?
(b) A force de passer son temps dans les pyramides, Napoléon a finalement appris quelque chose. On suppose maintenant qu'il a la même probabilité de choisir une porte non encore essayée (c'est-à-dire que s'il a initialement choisi la porte 2 – avec probabilité 1/3 – il choisira uniquement entre les portes 1 et 3 – avec probabilité 1/2 pour chacune d'entre elles – à son retour dans la chambre secrète). Quelle est maintenant l'espérance du temps nécessaire pour sortir de la pyramide?
(c) Trouver la variance du temps nécessaire pour sortir de la pyramide avec les hypothèses des questions (a) et (b).

9. De l'histoire, nous passons sans hésitation à la mythologie: après avoir vaincu le Minotaure, Thésée essaye de sortir du labyrinthe de Cnossos en suivant le fil d'Ariane. Malheureusement, un incident non mentionné dans la mythologie classique se produit: le fil casse. A ce moment, Thésée doit choisir entre deux directions: s'il part à droite, il va errer dans le labyrinthe pendant trois jours avant de revenir à son point de départ. Si par contre il va à gauche, alors il a une chance sur trois de trouver la sortie unique après deux jours de voyage tandis qu'il a deux chances sur trois de revenir à son point de départ après avoir erré cinq jours dans le labyrinthe. Étant donné qu'il n'y a aucun point de repère dans le labyrinthe,

Thésée a autant de chances de partir vers la gauche ou vers la droite chaque fois qu'il retourne à son point de départ.
(a) Trouver l'espérance du nombre de jours qu'il va passer dans le labyrinthe après la rupture du fil d'Ariane.
(b) Trouver aussi la variance de ce nombre de jours.

10. Voici maintenant un problème pour les bons (et moins bons) joueurs de trictrac (que les Américains appellent sans poésie: backgammon). Trois joueurs que nous appellerons A, B et C, pour préserver leur anonymat, jouent à tour de rôle avec les règles suivantes: A et B commencent l'un contre l'autre, puis C joue avec le gagnant. Le gagnant de la deuxième partie joue ensuite (si nécessaire) contre le perdant de la première partie; et ainsi de suite jusqu'à ce qu'un joueur gagne deux parties consécutives. Ce joueur est déclaré vainqueur du tournoi. Chaque joueur a la même probabilité de gagner une partie donnée (bien qu'en pratique ce ne soit pas toujours vrai, surtout si l'auteur de ce problème se trouve parmi les joueurs!). Définissons les événements $\alpha = \{A$ gagne le tournoi$\}$, $\beta = \{B$ gagne le tournoi$\}$, et $\gamma = \{C$ gagne le tournoi$\}$.
(a) Calculer $P(\alpha)$, $P(\beta)$ et $P(\gamma)$.
(b) Trouver l'espérance du nombre de parties nécessaires pour terminer le tournoi.

Indication: conditionner sur les parties successives jusqu'à ce que l'on se retrouve, du point de vue probabiliste, au même point dans le tournoi.

11. Soit X une variable aléatoire ayant une espérance finie. Établir les relations suivantes:
(a) $E[XY \mid Y = y] = yE[X \mid Y = y]$,
(b) $E[g(X,Y) \mid Y = y] = E[g(X,y) \mid Y = y]$,
(c) $E(XY) = E(YE[X \mid Y])$,
(d) $E[g(X) \mid Y = y] = E(g(X))$ si X et Y sont indépendantes.

12. On effectue N expériences de Bernoulli indépendantes avec probabilité de succès égale à p (voir section 1.4.1), où N est une variable aléatoire de Poisson de paramètre λ. Soit X le nombre de succès enregistrés dans les N expériences.

(a) Écrire X sous la forme d'une somme aléatoire de variables aléatoires et calculer son espérance et sa variance à l'aide de la proposition 2.2.1.
(b) Déterminer la loi de X.

13. Le nombre hebdomadaire de réclamations reçues par une compagnie d'assurances est une variable aléatoire dont l'espérance est μ_1 et la variance σ_1^2. Le montant payé pour chaque réclamation est une variable aléatoire dont l'espérance est μ_2 et la variance σ_2^2. Calculer l'espérance et la variance du montant total des réclamations payé par la compagnie chaque semaine. Préciser les hypothèses d'indépendance que vous devez faire pour obtenir ce résultat. Ces hypothèses sont-elles réalistes?

14. Le nombre de clients qui vient chaque jour dans ce magasin est donné par une variable aléatoire de Poisson de paramètre $\lambda = 20$. La somme dépensée par chacun des clients est une variable aléatoire uniforme sur l'intervalle $(0, 100)$ dollars. Calculer l'espérance et la variance de la recette quotidienne de ce magasin. Quelles sont les hypothèses que vous avez dû faire pour utiliser la proposition 2.2.1?

15. On définit la somme aléatoire S comme dans la relation (2.2.1), et on suppose que les variables aléatoires X_i sont indépendantes et de même loi (espérance μ et variance σ^2).
(a) Calculer l'espérance et la variance de S lorsque N est une variable aléatoire de Poisson de paramètre λ.
(b) Calculer l'espérance et la variance de S lorsque N est une variable aléatoire géométrique d'espérance $\lambda = 1/p$.
(c) Comparer les résultats de (a) et (b) lorsque $\lambda \to \infty$.

16. La densité croisée du couple de v.a. continues (X, Y) est donnée par:

$$f(x,y) = \begin{cases} 6xy(2-x-y) & \text{si } 0 < x < 1 \text{ et } 0 < y < 1, \\ 0 & \text{sinon.} \end{cases}$$

Calculer $E[X \mid Y = y]$ pour $0 < y < 1$.

17. La densité croisée du couple de v.a. continues (X, Y) est donnée par:

$$f(x,y) = \begin{cases} 4y(x-y)e^{-(x+y)} & \text{si } 0 < x < \infty, \ 0 \leq y \leq x, \\ 0 & \text{sinon.} \end{cases}$$

Calculer $E[X \mid Y = y]$.

18. La densité croisée du couple de v.a. continues (X, Y) est donnée par:

$$f(x,y) = \begin{cases} \frac{1}{2} y e^{-xy} & \text{si } 0 < x < \infty, \ 0 < y < 2, \\ 0 & \text{sinon.} \end{cases}$$

Calculer $E[e^{X/2} \mid Y = 1]$.

19. Soit X une variable aléatoire exponentielle de paramètre λ. Calculer $E[X \mid X > 2]$.

20. Soit X une variable aléatoire uniforme sur l'intervalle (0,2). Calculer $E[X \mid X < 1]$.

21. Soient $X_0, X_1, X_2, \ldots$ des variables aléatoires non négatives, continues, indépendantes, et de même loi. Soit N le premier indice k tel que $X_k > X_0$, c'est-à-dire, $N = 1$ si $X_1 > X_0$, $N = 2$ si $X_1 \leq X_0$ et $X_2 > X_0$, etc. Trouver la loi et l'espérance de la variable aléatoire N. (On peut interpréter $X_0, X_1, X_2, \ldots$ comme les offres successives sur un article que l'on cherche à vendre. N est alors le numéro de la première offre qui est meilleure que l'offre initiale.)

22. Démontrer la proposition 2.2.1 dans le cas de variables aléatoires X et Y continues (relation (2.3.6)).

23. Soient a, b, et c des variables aléatoires indépendantes de même loi uniforme sur l'intervalle $(0, 1)$. Quelle est la probabilité que l'équation $ax^2 + bx + c = 0$ ait des racines réelles?

Indication: la probabilité cherchée est $P\{b^2 - 4ac \geq 0\}$. On conditionnera sur les valeurs de certaines des variables a, b et c.

Chapitre 3

LA THÉORIE DE LA DÉCISION

L'incertitude dans la connaissance des événements futurs est à la base de nombreux problèmes de décision dans le monde des affaires. Il est facile d'imaginer combien la tâche du gérant d'un fonds de retraite serait simplifiée s'il était en mesure de connaître avec certitude les mouvements des marchés boursiers et des obligations.

On peut se convaincre facilement de l'omniprésence de l'incertitude, non seulement dans l'entreprise, mais encore dans la vie quotidienne. C'est pourquoi ceux qui savent en tirer partie, que ce soit par savoir-faire ou par chance, sont souvent très bien récompensés pour leur succès. Après tout, d'après l'Ancien Testament, Joseph n'est-il pas devenu ministre du pharaon pour avoir su prévoir sept années de famine (les sept vaches maigres) après sept années d'abondance (les sept vaches grasses).

C'est peut-être à cause de l'ubiquité de l'incertitude et des récompenses potentielles pour ceux qui savent la maîtriser que l'on trouve toute une panoplie de techniques quantitatives pour aider le gestionnaire à choisir de façon optimale parmi plusieurs possibilités. Ces techniques tiennent compte de la possibilité d'acquérir un supplément d'information (sur les événements futurs) afin de réduire l'incertitude.

Dans ce chapitre, nous allons formaliser une partie de ces techniques connues sous les noms de théorie de la décision et théorie des jeux. Parmi les problèmes que nous envisagerons, on trouve les suivants: quelle est la décision qui maximise l'espérance de gain du preneur de décision en tenant compte de l'information additionnelle (si elle est disponible)? Faut-il rechercher une information supplémentaire, c'est-à-dire est-ce que son coût sera inférieur à l'augmentation du gain espéré? Combien le preneur de décision est-il prêt à payer pour éliminer toute incertitude? Finalement, nous donnerons des notions de théorie de l'utilité dans le cas où les choix du preneur de décision ne peuvent pas reposer uniquement sur son espérance de gain.

3.1 NATURE DE LA THÉORIE MATHÉMATIQUE DE LA DÉCISION

Dans l'étude des modèles déterministes (par exemple programmation linéaire), on effectuait la formulation et la résolution des problèmes en supposant que tous les coefficients (profits c_j, coefficients technologiques a_{ij}, deuxièmes membres b_i) étaient connus avec certitude. Lorsque l'information disponible est parfaite, on dit que l'on a un *problème décisionnel en univers certain.*

Lorsque l'information disponible pour un problème donné est partielle ou imparfaite, on est amené à considérer respectivement deux nouvelles catégories de problèmes décisionnels: les *problèmes décisionnels en univers risqué* et les *problèmes décisionnels en univers incertain.*

Dans les problèmes décisionnels en univers risqué, le preneur de décision possède une connaissance partielle des événements possibles qu'il est capable d'exprimer sous forme d'une loi de probabilité. Par exemple, le profit c_j de l'activité j n'est plus une constante comme en programmation linéraire mais plutôt une variable aléatoire. Cependant, bien que l'on ne connaisse pas la valeur exacte prise par c_j, on connaît sa loi de probabilité (sous forme, par exemple, de la densité f_{c_j}).

Dans les problèmes décisionnels en univers incertain, le preneur de décision ne connaît pas la loi de probabilité de c_j (soit par ignorance ou bien à cause du fait qu'il est impossible de la déterminer). On voit donc bien que, par rapport à l'information disponible pour le preneur de décision, l'univers certain et l'univers incertain représentent deux cas diamétralement opposés; on peut dire que l'univers risqué se situe quelque part entre ces deux extrêmes.

Le degré de connaissance de l'information disponible a une influence déterminante sur la façon dont un problème est formulé (et, par conséquent, résolu). Alors que dans le cas de la programmation linéaire, il est parfaitement raisonnable de maximiser le profit sous la forme $z = c_1x_1 + c_2x_2 + \cdots + c_nx_n$, le même critère perd sa signification en univers risqué si on ne lui associe pas une loi de probabilité (puisque z est une variable aléatoire). On voit que ce même critère devient inutilisable en univers incertain puisque l'on ne sait rien des valeurs prises par les coefficients c_j. On peut déjà, à partir de ces quelques remarques, se rendre compte du fait qu'une information insuffisante conduira à l'utilisation de modèles de prise de décision plus complexes, et que les solutions obtenues seront inévitablement moins satisfaisantes qu'en univers certain.

Avant de formaliser le contexte de la théorie de la décision, nous allons brièvement décrire les trois disciplines qui en constituent l'essentiel.

3.1.1 La théorie des jeux

Dans les problèmes décisionnels en univers incertain, on rencontre des situations où deux (ou plusieurs) participants sont en situation de conflit. Chaque adversaire cherche à améliorer sa position au détriment de celles des autres. La théorie mathématique de ces problèmes est connue sous le nom de *théorie des jeux*.

On suppose que les adversaires sont intelligents et agissent de façon rationnelle. Lorsqu'il n'y a que deux joueurs, leurs objectifs sont en général clairs: ils cherchent à maximiser leurs profits respectifs. Lorsqu'il y a plus de deux participants, les objectifs ne sont pas toujours aussi clairs: les joueurs peuvent former des coalitions ou même avoir des comportements irrationnels.

Sous son aspect le plus général, un jeu à plusieurs participants peut être très difficile à résoudre. Cependant, la théorie est bien développée pour les *jeux finis à deux participants et à somme nulle* (ou *duels*). Chaque joueur dispose d'un nombre fini de stratégies, et il existe une fonction de gain représentant le revenu du premier joueur en fonction des stratégies des deux joueurs. Le revenu du deuxième joueur est l'opposé de celui du premier joueur.

Les conflits entre adversaires sont à la source de plusieurs problèmes de nature politique, militaire, économique et diplomatique. Ces problèmes peuvent être extrêmement complexes, et il est souvent peu réaliste de vouloir les représenter dans le contexte simplificateur de la théorie des jeux (à l'exception peut-être de certaines situations militaires ou de duopole). Cependant, malgré ces faiblesses pratiques, le développement de la théorie des jeux a fourni de nombreux outils à la théorie de la décision.

3.1.2 La théorie de la décision statistique

La théorie de la décision (statistique) est analogue à la théorie des jeux à deux participants. Cependant le point de vue est différent: alors que dans la théorie des jeux les deux adversaires s'opposent l'un à l'autre, dans la théorie de la décision, l'un des deux "joueurs" est représenté par la nature qui n'est pas un adversaire calculateur et malveillant.

3.1.3 La théorie de la décision multicritère

Lorsque le preneur de décision cherche à optimiser simultanément plusieurs objectifs, il n'est pas en général possible de trouver une stratégie qui soit optimale par rapport à chacun de ces objectifs pris séparément. On cherche alors une solution de compromis soit en définissant une mesure d'action unique qui englobe l'ensemble des objectifs considérés, soit en se contentant d'une solution "suffisamment" efficace par rapport à chacun des objectifs.

Par la suite, nous allons présenter des éléments de la théorie de la décision (statistique) et de la théorie des jeux.

3.2 NOTIONS DE BASE ET EXEMPLES

Comme nous venons de le remarquer, les fondements de la théorie de la décision (statistique) sont semblables à ceux des jeux de stratégie à deux participants, l'un des participants étant la nature. Les trois éléments fondamentaux d'un "jeu" en théorie de la décision sont:

- un ensemble $\mathcal{E}$ non vide des *états de la nature*, appelé parfois espace des paramètres. Cet ensemble correspond aux "actions" de la nature;
- un ensemble $\mathcal{A}$ non vide d'actions disponibles pour l'autre joueur (que nous appellerons dorénavant "le statisticien");
- une fonction de gain du statisticien $L(e, a)$ définie pour chaque état $e \in \mathcal{E}$ et chaque action $a \in \mathcal{A}$.

Mathématiquement parlant, un jeu en théorie de la décision est donc un triplet $(\mathcal{E}, \mathcal{A}, L)$, et tout triplet de cette espèce définit un problème de théorie de la décision dont l'interprétation est la suivante: la nature "choisit" un état $e \in \mathcal{E}$ et le statisticien, ignorant le choix de la nature, choisit une action $a \in \mathcal{A}$. Il en résulte pour le statisticien un gain égal à $L(e, a)$. Cette définition très générale permet, comme nous allons le voir, une grande variété d'applications. Remarquons que le statisticien (notre preneur de décision) va chercher la stratégie qui, d'une certaine façon, va maximiser son gain; on peut utiliser la même formulation dans le cas où il cherche à réduire une perte: il suffira de considérer une perte comme un gain négatif et de se rappeler que $\min_i\{-x_i\} = -\max_i\{x_i\}$.

Nous allons illustrer cette formulation à l'aide des exemples suivants.

Exemple 3.2.1. *Un problème de parts de marché*

Deux compagnies, CHEAP CHIPS et PETITES PUCES, se partagent le marché canadien des circuits intégrés pour micro-ordinateurs de gestion. Depuis deux ans, le marché s'est relativement stabilisé, mais on observe encore des fluctuations importantes dans les parts de marché respectives des deux compagnies. En particulier, les annonces publicitaires paraissant dans la revue "Byte International" semblent jouer un rôle important dans la détermination des parts de marché.

Un certain nombre de contraintes déterminent l'emplacement et la longueur des annonces: d'une part, les deux compagnies exigent que leurs annonces soient séparées de celles de leur concurrent par au moins sept pages et, d'autre part, les éditeurs de la revue veulent limiter le contenu publicitaire à 25 pages. Deux mois avant la parution de chaque numéro, le service de la publicité de Byte International propose à chacune des deux compagnies trois formats publicitaires faisant varier la taille des annonces, la page de l'annonce et son emplacement par rapport aux articles du numéro. Alors qu'un format présente l'avantage de donner plus de place au début ou à la fin du numéro, un autre format garantit la position de l'annonce près d'un article de fond.

Chacune des deux compagnies est au courant des trois formats publicitaires proposés à la compagnie rivale. Cela a permis à la direction de PETITES PUCES d'évaluer le gain en parts de marché pour chaque format choisi par cette compagnie et chaque format choisi par sa rivale. Appelons C_1, C_2 et C_3 les choix offerts à la compagnie CHEAP CHIPS, et P_1, P_2 et P_3 les choix offerts à la compagnie PETITES PUCES. Les gains de la compagnie PETITES PUCES sont représentés dans le tableau 3.2.1; remarquons qu'une valeur négative correspond à une perte de parts de marché pour la compagnie PETITES PUCES.

Avec les notations introduites au début de cette section, la compagnie PETITES PUCES devient le statisticien, tandis que l'autre compagnie joue le rôle de la nature. A noter que dans ce jeu à deux participants et à somme nulle, le "statisticien" et la "nature" sont deux adversaires rationnels. Le triplet $(\mathcal{E}, \mathcal{A}, L,)$ est formé des éléments suivants: $\mathcal{E} = \{C_1, C_2, C_3\}$ où C_1, C_2, C_3 sont les actions de la compagnie CHEAP CHIPS (la nature), $\mathcal{A} = \{P_1, P_2, P_3\}$ sont les actions de la compagnie PETITES PUCES (le statisticien), et la fonction de gain $L(.,.)$ est donnée par le tableau 3.2.1. On a, par exemple, $L(C_2, P_3) = -6$ ce qui signifie que si CHEAP CHIPS prend l'action C_2 et PETITES PUCES prend l'action P_3, la part de marché de PETITES PUCES va diminuer de 6% (tandis que celle de CHEAP CHIPS va augmenter de 6% puisque dans un jeu à deux participants et à somme nulle la perte d'un joueur est le gain de l'autre). □

		CHOIX DE LA COMPAGNIE PETITES PUCES		
		P_1	P_2	P_3
CHOIX DE LA COMPAGNIE CHEAP CHIPS	C_1	1	4	−8
	C_2	0	−3	−6
	C_3	3	−5	7

TABLEAU 3.2.1: GAINS DE LA COMPAGNIE PETITES PUCES (EN PARTS DE MARCHÉ)

Exemple 3.2.2. *Un problème de gestion agricole*

La société PAICNO possède de grands vignobles dans l'ouest du Canada. Au début du mois d'août, son directeur général Fernand Péquenot, que ses employés appellent amicalement Fern, doit prendre une décision concernant 50 hectares de vignes situés dans la vallée de l'Okanagan. Il peut utiliser les raisins de ces vignes soit pour faire des raisins secs, soit pour faire du vin. S'il décide de produire des raisins secs, il faut cueillir les raisins à la fin du mois d'août puis les laisser sécher au soleil pendant le mois de septembre. Ce choix est très avantageux s'il ne pleut pas trop pendant le mois de septembre, mais il peut entraîner des pertes considérables s'il pleut beaucoup. Si, par contre, Fern décide de produire du vin, il suffit de cueillir les raisins à la fin du mois de septembre et les pertes subies en cas de pluie ne sont pas aussi importantes.

Pour simplifier la formulation de ce problème de théorie de la décision, nous supposerons que la nature peut se trouver dans l'un des trois états suivants:

e_1: il ne pleut pas pendant le mois de septembre,
e_2: il pleut un peu pendant le mois de septembre,
e_3: il pleut beaucoup pendant le mois de septembre;

et Fern, qui devient le statisticien, peut choisir parmi deux actions possibles:

a_1: produire des raisins secs,

a_2: produire du vin.

Sur la base des années précédentes, Fern estime que les profits (en dollars par hectare) sont ceux donnés par le tableau 3.2.2.

	$\mathcal{E}$ \ $\mathcal{A}$	ACTIONS DU STATISTICIEN a_1	a_2
ÉTATS DE LA NATURE	e_1	600	400
	e_2	500	300
	e_3	−200	200

TABLEAU 3.2.2: PROFITS DE LA COMPAGNIE PAICNO (EN DOLLARS PAR HECTARE)

On remarquera que dans cet exemple, contrairement au précédent, les profits de la compagnie PAICNO ne correspondent pas aux "pertes de la nature". Cette différence de point de vue est l'un des éléments qui permettent de séparer la théorie des jeux de la théorie de la décision (statistique). □

Exemple 3.2.3. *Le lancement d'un nouveau produit*

Le groupe de recherche et de développement de la compagnie YOURTEL, l'un des chefs de file mondiaux des réseaux de commutation téléphonique, vient de mettre au point un nouveau réseau, le SX 2001, qui est à la pointe de la technologie actuelle. Le procédé de fabrication de ce nouveau réseau est malheureusement très coûteux. Le conseil d'administration de YOURTEL doit choisir une stratégie pour l'entreprise pour la prochaine année. L'entreprise peut maintenir sa ligne de produits actuelle et retarder la mise en marché du nouveau réseau; on estime que cette stratégie rapporterait un profit annuel de 20 millions de dollars. L'entreprise peut également abandonner sa ligne de produits actuelle et se lancer dans la production et le marketing du nouveau réseau; on estime qu'avec cette stratégie le profit pourrait atteindre 30 millions de dollars si le marché pour le nouveau produit est favorable, mais seulement 2 millions de dollars si le marché ne se matérialise pas (à cause entre autres du prix de vente élevé du réseau).

Pour créer un triplet ($\mathcal{E}$, $\mathcal{A}$ L) pour ce problème de décision, on peut définir les états de la nature (le marché) suivants:

e_1: le marché est favorable;

e_2: le marché est défavorable.

Les actions (stratégies) de la compagnie YOURTEL (le statisticien) sont les suivantes:

a_1: garder la ligne de produits actuelle;

a_2: lancer le nouveau produit.

La table des profits $L(.,.)$ de la compagnie est donnée ci-dessous.

		ACTIONS DU STATISTICIEN	
	$\mathcal{E}$ \ $\mathcal{A}$	a_1	a_2
ÉTATS DE LA NATURE	e_1	20	30
	e_2	20	2

TABLEAU 3.2.3: PROFITS DE LA COMPAGNIE YOURTEL (EN MILLIONS DE DOLLARS)

Remarquons que nous avons simplifié le problème à l'extrême en limitant l'ensemble des états de la nature (le marché) à deux éléments. Un modèle plus réaliste aurait tenu compte de plusieurs situations intermédiaires pour lesquelles les profits auraient varié de façon plus ou moins continue entre 2 et 30 millions de dollars lorsque l'on choisit d'introduire le nouveau produit. On pourrait également permettre à l'entreprise des stratégies intermédiaires qui n'exigent pas soit d'abandonner totalement la ligne de produits actuelle, soit de retarder le nouveau produit. Cependant, comme nous le verrons par la suite, ce problème simplifié contient tous les éléments nécessaires au développement de la théorie de la décision. □

3.3 LA THÉORIE DE LA DÉCISION ET LA THÉORIE DES JEUX: UNE COMPARAISON

Comme nous l'avons déjà mentionné dans la section 3.1, il y a de nombreuses similitudes entre la théorie de la décision et la théorie des jeux. Les différences résultent principalement de l'interprétation philosophique des éléments du triplet ($\mathcal{E}$, $\mathcal{A}$, L). On peut résumer les différences essentielles de la façon suivante.

(a) Dans un jeu à deux participants, les deux joueurs essayent simultanément de maximiser leurs gains (ou minimiser leurs pertes), tandis qu'en théorie de la décision la nature choisit un état sans motivation de cette sorte. Cette différence intervient surtout dans la définition d'un comportement "rationnel" pour le statisticien. Cependant, un tel comportement n'existe pas nécessairement pour la nature et, s'il existe, le statisticien n'en a pas nécessairement connaissance. On ne suppose pas que la nature gagne la perte $L(e, a)$ du statisticien, lorsque e et a sont les choix des joueurs.

Un exemple va éclaircir cette discussion: considérons le jeu ($\mathcal{E}$, $\mathcal{A}, L$) pour lequel $\mathcal{E} = \{e_1, e_2\}$, $\mathcal{A} = \{a_1, a_2\}$ et L est donnée par:

	a_1	a_2
e_1	4	1
e_2	-3	0

En théorie des jeux où le joueur qui choisit un point est supposé être rationnel, le joueur choisira e_1. Quel que soit le choix du statisticien, il gagnera plus avec e_1 qu'avec e_2. Il est donc aussi clair que le statisticien choisira a_2 plutôt que a_1, car il limite sa perte à 1. Supposons maintenant que L ne représente pas les gains de la nature ou que la nature "choisit" un état sans raisons précises. Alors, il n'est plus clair que le choix du statisticien doive être a_2. Cette différence de philosophie est reflétée dans les théorèmes fondamentaux des deux théories.

(b) On suppose que la nature choisit un état une fois pour toutes et que le statisticien peut essayer de le découvrir par des expériences ou tout autre moyen d'acquérir de l'information. Cette différence est plus apparente que réelle car on peut très bien imaginer un jeu entre deux adversaires rationnels où la règle du jeu permet à l'un des joueurs d'essayer de découvrir le choix de l'autre avant de prendre sa décision. Cependant cette structure d'information et d'expérimentation va distinguer la théorie de la décision de la théorie des jeux en tant que telle.

3.4 PROBABILISATION DES ACTIONS

Dans cette section nous allons voir que, pour le statisticien, le choix entre les actions de l'ensemble $\mathcal{A}$ peut cacher des difficultés inattendues. Nous commençons avec un exemple. Soit un problème de théorie de la décision $(\mathcal{E}, \mathcal{A}, L)$ où $\mathcal{E} = \{e_1, e_2\}$, $\mathcal{A} = \{a_1, a_2, a_3\}$ et L est une fonction de gain donnée par la table ci-dessous.

	a_1	a_2	a_3
e_1	4	1	2
e_2	1	4	2

Envisageons la question suivante: le statisticien doit-il choisir l'action a_3 ? On voit que, d'après la table des données, si la nature choisit l'état e_1, l'action a_3 est meilleure que l'action a_2, tandis que si la nature choisit l'état e_2, l'action a_3 est préférée à l'action a_1. Donc l'action a_3 est préférée à l'une ou l'autre des deux autres actions suivant les circonstances.

Supposons maintenant que l'on permette au statisticien de jouer à pile ou face entre les actions a_1 et a_2. Cette nouvelle action est une *action probabilisée*; appelons δ cette action probabilisée. On voit que, pour une action probabilisée, le choix effectif de l'action (entre a_1, a_2 et a_3) est laissé à un mécanisme aléatoire; le statisticien, lui, choisit les probabilités des réalisations du mécanisme. En théorie des jeux, on appelle *stratégie mixte* une stratégie probabilisée du genre de δ. Dans notre exemple, l'action δ choisit a_1 avec probabilité $\frac{1}{2}$, a_2 avec probabilité $\frac{1}{2}$ et a_3 avec probabilité 0. On peut calculer l'espérance du gain lorsque l'action probabilisée δ est choisie. Si e_1 est l'état de la nature, l'espérance de gain est:

$$\frac{1}{2} \times L(e_1, a_1) + \frac{1}{2} \times L(e_1, a_2) + 0 \times L(e_1, a_3) = \frac{5}{2},$$

tandis que si e_2 est l'état de la nature, l'espérance de gain est:

$$\frac{1}{2} \times L(e_2, a_1) + \frac{1}{2} \times L(e_2, a_2) + 0 \times L(e_2, a_3) = \frac{5}{2}.$$

On voit donc que l'action probabilisée δ procure un gain supérieur à l'action a_3 quel que soit l'état de la nature. L'action a_3 devient moins intéressante qu'on ne pouvait le croire à première vue. En fait, on peut même montrer que l'on peut améliorer toute action probabilisée qui attribue une probabilité positive à a_3 en distribuant cette probabilité également entre a_1 et a_2. Considérons par exemple l'action probabilisée qui choisit a_1 avec probabilité α, a_2 avec probabilité β et a_3 avec probabilité $1 - \alpha - \beta$ (différent de zéro). Si e_1 est l'état de la nature, l'espérance de gain est:

$$\alpha L(e_1, a_1) + \beta L(e_1, a_2) + (1 - \alpha - \beta) L(e_1, a_3) = 2 + 2\alpha - \beta;$$

tandis que si e_2 est l'état de la nature, l'espérance de gain est:

$$\alpha L(e_2, a_1) + \beta L(e_2, a_2) + (1 - \alpha - \beta) L(e_2, a_3) = 2 - \alpha + 2\beta.$$

Répartissons maintenant la probabilité $1 - \alpha - \beta$ également entre les actions a_1 et a_2. L'action probabilisée ainsi obtenue choisit a_1 avec probabilité $\alpha + \frac{1}{2}(1 - \alpha - \beta) = \frac{1}{2} + \frac{1}{2}(\alpha - \beta)$, a_2 avec probabilité $\beta + \frac{1}{2}(1 - \alpha - \beta) = \frac{1}{2} + \frac{1}{2}(\beta - \alpha)$ et a_3 avec probabilité zéro. Si e_1 est l'état de la nature, l'espérance de gain devient:

$$4\left[\frac{1}{2} + \frac{1}{2}(\alpha - \beta)\right] + 1\left[\frac{1}{2} + \frac{1}{2}(\beta - \alpha)\right] + 0 \times 2 = \frac{5}{2} + \frac{3}{2}(\alpha - \beta),$$

tandis que si e_2 est l'état de la nature, l'espérance de gain devient:

$$1\left[\frac{1}{2}+\frac{1}{2}(\alpha-\beta)\right]+4\left[\frac{1}{2}+\frac{1}{2}(\beta-\alpha)\right]+0\times 2=\frac{5}{2}+\frac{3}{2}(\beta-\alpha).$$

On vérifie aisément, étant donné $\alpha+\beta<1$, que:

$$\frac{5}{2}+\frac{3}{2}(\alpha-\beta)>2+2\alpha-\beta$$

et:

$$\frac{5}{2}+\frac{3}{2}(\beta-\alpha)>2+2\beta-\alpha.$$

Par conséquent, quel que soit l'état de la nature, l'action probabilisée qui choisit a_3 avec probabilité zéro (c'est-à-dire qui ne choisit jamais a_3) est préférable à l'action probabilisée qui choisit a_3 avec une probabilité positive.

On peut donc apporter une réponse à la question posée initialement: si les actions probabilisées sont admissibles et s'il se base sur l'espérance de son gain, le statisticien ne doit jamais choisir l'action a_3.

De façon générale, une action probabilisée δ dans le problème de décision $(\mathcal{E},\mathcal{A},L)$ est une loi de probabilité sur $\mathcal{A}$. Si $\mathcal{A}$ est un ensemble au plus dénombrable d'actions, l'espérance de gain du statisticien lorsqu'il choisit l'action δ est:

$$E(L(e,\delta))=\sum_{a\in\mathcal{A}}L(e,a)\,P\{\delta=a\}.$$

Remarquons que chaque action a de l'ensemble $\mathcal{A}$ peut elle-même être considérée comme une action probabilisée δ associée à la loi dégénérée donnée par $P\{\delta=a\}=1$ et $P\{\delta=a'\}=0$ pour toute action a' de l'ensemble $\mathcal{A}$ différente de l'action a. On représente par $\mathcal{A}^*$ et on appelle *espace des actions probabilisées* l'ensemble des actions probabilisées δ sur $\mathcal{A}$ telles que $E(L(e,\delta))$ soit fini quel que soit l'état de la nature e. Avec cette notation, le problème de décision $(\mathcal{E},\mathcal{A}^*,L)$ peut être considéré comme le problème de décision $(\mathcal{E},\mathcal{A},L)$ dans lequel le statisticien peut probabiliser ses choix.

L'exemple ci-dessus montre l'avantage de la probabilisation des actions: le statisticien peut ignorer l'action a_3 et, ce faisant, il simplifie son problème de décision. Cependant la probabilisation des actions a pour effet de transformer un problème où l'on avait un nombre fini d'actions disponibles pour le statisticien (trois dans notre exemple) en un problème où il doit maintenant choisir parmi une infinité d'actions probabilisées. Il est donc loin d'être clair que le statisticien a vraiment simplifié son problème de décision! Dans le supplément au chapitre 3, nous montrerons que pour le critère de décision le plus fréquemment utilisé, celui qui consiste à maximiser l'espérance de gain du statisticien, s'il existe une action optimale par rapport à ce critère alors il existe aussi une action optimale *non* probabilisée. Par rapport à ce critère de décision, il n'est donc pas nécessaire de tenir compte des actions probabilisées puisqu'elles ne permettent pas de faire un choix meilleur.

Par conséquent, bien que le concept d'action probabilisée soit important dans les développements théoriques de théorie de la décision, le résultat du supplément à ce chapitre nous indique que dans la plupart des problèmes pratiques il n'est pas nécessaire de probabiliser ses actions. Dans le reste de ce chapitre, nous ne considérerons que des actions *non* probabilisées.

3.5 CRITÈRES DE DÉCISION

Le problème fondamental de la théorie de la décision peut être formulé de façon simple: étant donné un triplet $(\mathcal{E}, \mathcal{A}, L)$, quelle action le statisticien doit-il choisir?

Il est naturel de chercher à choisir une action qui optimise la fonction de gain du statisticien quel que soit l'état de la nature. Cependant une telle action n'existe en général pas et, même si elle existait, le problème de décision ne présenterait qu'un intérêt limité. Souvent le problème est tellement complexe que le statisticien va devoir se contenter de trouver une action "raisonnable" (par opposition à une devinette où il ne tient pas compte de l'information à sa disposition). De plus, même si le statisticien peut choisir des actions particulièrement bonnes mais difficiles à expliquer et à justifier (à son patron, par exemple, qui n'a pas lu le chapitre sur la théorie de la décision!), il se tournera vers des actions plus faciles à justifier ou d'application plus simple. De toute façon, le statisticien va donc devoir choisir un *critère* pour l'aider à sélectionner son action. Un tel critère conduit à la classification des actions possibles et, réciproquement, une telle classification des actions est équivalente à un critère.

Le choix du critère le plus approprié dépendra de la nature du problème décisionnel (univers incertain ou univers risqué) et aussi de l'attitude du preneur de décision (est-il fondamentalement prudent ou aime-t-il prendre des risques?). Dans la suite, nous allons envisager deux des critères de choix qui sont essentiels à l'étude de la théorie de la décision. Nous considérons dans tous les cas un problème décisionnel où les ensembles $\mathcal{E}$, ensemble des états de la nature, et $\mathcal{A}$, ensemble des actions du statisticien, sont des ensembles finis; nous aurons, par exemple: $\mathcal{E} = \{e_1, e_2, \ldots, e_m\}$ et $\mathcal{A} = \{a_1, a_2, \ldots, a_n\}$.

3.5.1 Problèmes décisionnels en univers incertain: le critère du maximin

Dans un jeu de stratégie où le statisticien se trouve face à face avec un adversaire intelligent et rationnel, un critère prudent s'impose d'autant plus que, dans le cas du duel, la perte du statisticien représente le gain de son adversaire. Le critère du *maximin* permet de classer les actions en fonction de ce qui peut arriver de pire au statisticien.

Définissons:

$$V_*(a) = \min_{e \in \mathcal{E}} L(e, a)$$

pour chaque $a \in \mathcal{A}$, et:

$$V_* = \max_{a \in \mathcal{A}} V_*(a) = \max_{a \in \mathcal{A}} \min_{e \in \mathcal{E}} L(e, a);$$

V_* représente la valeur maximale du gain minimum que le statisticien peut réaliser. On appelle V_* la *valeur maximin* ou *valeur inférieure du jeu*. Une action a_* du statisticien qui réalise la valeur inférieure du jeu, soit $V_*(a_*) = V_* = \max_{a \in \mathcal{A}} V_*(a)$, est appelée action *maximin*.

Le grand mathématicien américain J. Von Neumann (1903-1957) a indiqué que, dans un duel, la meilleure stratégie prudente du statisticien est la stratégie maximin (voir Von Neumann *et al.* (1947)).

Exemple 3.5.1. Revenons à l'exemple 3.2.1 où la compagnie PETITES PUCES joue le rôle du statisticien. Pour calculer la valeur inférieure du jeu, nous avons:

$$V_*(P_1) = \min_i L(C_i, P_1) = \min(1, 0, 3) = 0$$
$$V_*(P_2) = \min_i L(C_i, P_2) = \min(4, -3, -5) = -5,$$
$$V_*(P_3) = \min_i L(C_i, P_3) = \min(-8, -6, 7) = -8;$$

d'où:

$$V_* = \max_j V_*(P_j) = \max(0, -5, -8) = 0. \ \square$$

Von Neumann a montré que, pour la compagnie CHEAP CHIPS, la meilleure stratégie prudente consiste à minimiser la perte maximale qu'elle peut subir. Cette stratégie, dite *minimax*, correspond à la valeur supérieure du jeu, soit:

$$V^* = \min_{e \in \mathcal{E}} \max_{a \in \mathcal{A}} L(e, a).$$

On peut montrer en général que $V_* \leq V^*$. Cependant, dans notre exemple, $V_* = V^* = 0$; on dit que le jeu admet un *point-selle.* Dans ce cas, les actions maximin (soit P_1) et minimax (soit C_2) sont dites optimales, et elles fournissent avec la valeur V du jeu ($V = V_* = V^*$) une solution du duel. Dans le cas où $V_* < V^*$ (il n'existe pas de point-selle), on peut montrer que les stratégies maximin et minimax définies sur l'espace des actions probabilisées sont optimales.

Les stratégies maximin peuvent s'appliquer à la théorie de la décision tout comme elles s'appliquent à la théorie des jeux. Dans ce contexte, on appelle *critère de Wald* le critère du maximin. Le critère de Wald n'est pas souvent utilisé dans les problèmes de décision, car il est extrêmement prudent et fait preuve de beaucoup de pessimisme. Les décisions prises à l'aide de ce critère présupposent que la nature est un opposant malveillant qui cherche à infliger au statisticien une pénalité aussi lourde que possible. Ce critère ne sera raisonnable que dans un problème de décision où les pires conséquences doivent être évitées à tout prix: une assurance incendie est de ce point de vue une action maximin; bien qu'un incendie soit très peu probable, les conséquences en sont suffisamment graves pour justifier l'achat de l'assurance.

A l'extrémité optimiste des critères de décision, nous trouvons le critère du maximax. Pour ce critère, les actions sont classées en fonction de ce qui peut arriver de meilleur au statisticien. C'est le critère adopté par tout acheteur de billets de loterie: la possibilité de gagner le gros lot compense amplement la perte presque certaine du prix du billet.

Exemple 3.5.2. Revenons à l'exemple 3.2.2 où la table des gains (profits en dollars par hectare) de la compagnie PAICNO est donnée par le tableau 3.5.1.

	a_1	a_2
e_1	600	400
e_2	500	300
e_3	−200	200

TABLEAU 3.5.1

Dans cet exemple, nous avons:

$$V_*(a_1) = \min_i L(e_i, a_1) = \min(600, 500, -200) = -200$$

et:

$$V_*(a_2) = \min_i L(e_i, a_2) = \min(400, 300, 200) = 200.$$

D'où $V_* = \max_j V_*(a_j) = \max(-200, 200) = 200$. La valeur maximin du problème est 200 et l'action maximin est a_2 (produire du vin). De même pour trouver l'action maximax, on calcule:

$$V^*(a_1) = \max_i L(e_i, a_1) = 600$$

et:

$$V^*(a_2) = \max_i L(e_i, a_2) = 400.$$

La valeur maximax du problème est donc $600 = \max(600, 400)$ et a_1 (produire des raisins secs) est l'action maximax. □

D'autres critères ont été proposés pour la prise de décision en univers incertain. En particulier, le critère d'Hurwicz permet de refléter des attitudes allant des plus pessimistes (maximin) aux plus optimistes (maximax) par l'intermédiaire d'un coefficient d'optimisme α compris entre 0 et 1; on choisit l'action $a \in \mathcal{A}$ qui réalise la valeur suivante:

$$\max_{a \in \mathcal{A}} [\alpha \max_{e \in \mathcal{E}} L(e, a) + (1 - \alpha) \min_{e \in \mathcal{E}} L(e, a)].$$

Nous avons également le critère de Laplace qui repose sur le raisonnement suivant: étant donné que les probabilités d'observer les différents états de la nature sont inconnues, on ne possède pas suffisamment d'information pour conclure qu'elles sont différentes. Par conséquent, il n'est pas déraisonnable de supposer que les états de la nature sont équiprobables, et le critère consiste à choisir l'action qui donne le plus grand gain moyen, c'est-à-dire l'action $a \in \mathcal{A}$ qui réalise la valeur suivante:

$$\max \Big[\frac{1}{m} \sum_{e \in \mathcal{E}} L(e, a) \Big].$$

Ces différents critères peuvent conduire pour un même problème à des solutions très différentes; tout dépend de l'attitude du preneur de décision face à l'incertitude. Pour éviter cette instabilité dans la solution d'un problème en univers incertain, le preneur de décision devra essayer de porter un jugement sur les possibilités de la nature. D'ailleurs, grâce à son expérience et à sa connaissance du milieu, le preneur de décision peut souvent associer des probabilités subjectives aux différents états de la nature. Ces probabilités représentent en quelque sorte les croyances du statisticien sur les chances que la nature a de se trouver dans tel ou tel état. Par l'introduction de ces probabilités le statisticien transforme son problème décisionnel en univers incertain en un problème décisionnel en univers risqué.

3.5.2 Problèmes décisionnels en univers risqué: le critère du gain espéré maximum

Dans cette section, le statisticien va disposer d'une information partielle sur les états de la nature. Cette information se présente sous la forme d'une loi de probabilité sur les états de nature. Cette loi est souvent appelée *loi a priori* (ou distribution a priori) des états de la nature. Nous représenterons par $p_i = P\{e = e_i\}$ la probabilité a priori que la nature se trouve dans l'état e_i, $i = 1, \ldots, m$. Dans ces conditions, si le statisticien choisit l'action a, son *gain espéré* est:

$$\mathrm{GE}(a) = \sum_{i=1}^{m} L(e_i, a)p_i;$$

son *gain espéré maximum*, GE^*, est donné par:

$$\mathrm{GE}^* = \max_{a \in \mathcal{A}} \mathrm{GE}(a)$$

et l'action optimale a^* par rapport au critère du gain espéré maximum est telle que:

$$\mathrm{GE}(a^*) = \mathrm{GE}^*.$$

Exemple 3.5.3. Revenons à nouveau à l'exemple 3.2.2. Supposons que l'observation des données météorologiques des dix dernières années pour la vallée de l'Okanagan nous apprenne que pour cinq de ces années il n'avait pas plu du tout au mois de septembre, pour trois d'entre elles il avait plu un peu en septembre, et pour les deux autres il avait plu beaucoup en septembre. Sur la base de ces observations, Fern, le directeur général de la société, en déduit les probabilités a priori des états de la nature de la façon suivante:

$$p_1 = P\{e = e_1\} = 0{,}5;\ p_2 = P\{e = e_2\} = 0{,}3;\ p_3 = P\{e = e_3\} = 0{,}2.$$

On peut incorporer ces probabilités a priori dans la table des gains (profits en dollars par hectare) de la compagnie PAICNO.

	a_1	a_2	p_i
e_1	600	400	0,5
e_2	500	300	0,3
e_3	−200	200	0,2

Le gain espéré pour chacune des deux actions de la compagnie est:

$$\mathrm{GE}(a_1) = 600 \times 0{,}5 + 500 \times 0{,}3 - 200 \times 0{,}2 = 410$$

$$\mathrm{GE}(a_2) = 400 \times 0{,}5 + 300 \times 0{,}3 + 200 \times 0{,}2 = 330$$

et le gain espéré optimal est $\mathrm{GE}^* = \max\{410, 330\} = 410$. On obtient le gain espéré optimal en choisissant l'action a_1, c'est-à-dire en produisant des raisins secs. Il est commode d'indiquer les gains espérés de chacune des actions du statisticien directement sur la dernière ligne de la table des gains. □

	a_1	a_2	p_i
e_1	600	400	0,5
e_2	500	300	0,3
e_3	−200	200	0,2
GE(a)	410	330	

Exemple 3.5.4. Reprenons maintenant l'exemple 3.2.3 et supposons qu'après consultation des experts de l'industrie des réseaux

de commutation téléphonique, le service du marketing de la société YOURTEL évalue la probabilité d'un marché favorable à 0,6. La table des gains (profits en millions de dollars) de la compagnie se présente de la façon suivante:

	a_1	a_2	p_i
e_1	20	30	0,6
e_2	20	2	0,4
GE(a)	20	18,8	

Le gain espéré optimal est $\text{GE}^* = \max\{20; 18{,}8\} = 20$ millions de dollars, et l'action optimale a_1 consiste à garder la ligne de produits actuelle (ne pas introduire le nouveau réseau sur le marché). □

En utilisant le critère du gain espéré maximum, le statisticien agit comme si la nature était une variable aléatoire dont il connaît la loi. La détermination de cette loi a priori peut se faire, lorsqu'elles existent, à l'aide de données historiques (comme les données météorologiques de l'exemple 3.5.3), ou bien par une évaluation subjective faite par des experts (comme dans l'exemple 3.5.4). Il y a eu pendant longtemps un affrontement philosophique entre l'école dite "objectiviste" (qui soutient que le statisticien a rarement suffisamment d'information sur l'état de la nature pour être capable de déterminer une loi a priori) et l'école dite "subjectiviste" (qui soutient qu'il n'est pas nécessaire de supposer que la nature choisit un état en fonction de la loi a priori, mais plutôt que la loi a priori reflète les croyances du statisticien en ce qui concerne l'état de la nature; ces croyances peuvent être modifiées par l'acquisition d'informations supplémentaires qui permettent de déterminer une loi dite "a posteriori" des états de la nature). Dans le contexte des problèmes décisionnels en univers risqué de ce chapitre, nous supposerons toujours qu'il est possible de déterminer la loi a priori des états de la nature et nous indiquerons, dans la mesure du possible, comment trouver cette loi pour les problèmes décisionnels que nous examinerons.

Outre le désavantage provenant potentiellement du manque de fiabilité dans l'estimation de la loi a priori des états de l'ensemble $\mathcal{E}$, le concept de gain espéré n'a de signification réelle que dans le cas d'un problème de décision à caractère répétitif: le gain espéré est approximativement égal au gain moyen obtenu à la suite d'un grand nombre de répétitions de la même décision prise dans des circonstances identiques. Finalement, remarquons que le choix du critère du gain espéré maximum implique que le preneur de décision est indifférent devant la possibilité d'un cadeau garanti d'un million de dollars et la possibilité d'un cadeau de deux millions de dollars reçu avec probabilité $\frac{1}{2}$ et de zéro dollar reçu également avec probabilité $\frac{1}{2}$. Mettez-vous à la place du preneur de décision, pensez à ce que vous pourriez faire avec un million de dollars et décidez si vous êtes vraiment indifférent vis-à-vis de l'alternative proposée. Cette difficulté n'est pas aussi grave qu'on peut le penser; en effet on peut utiliser des unités de mesure qui tiennent compte de l'utilité du preneur de décision. Nous en verrons un exemple par la suite.

En résumé, malgré certaines limitations inhérentes à son utilisation, le critère du gain espéré maximum demeure un outil fondamental en théorie de la décision.

3.6 LA VALEUR ESPÉRÉE DE L'INFORMATION PARFAITE

Supposons qu'il soit possible de faire une expérience qui procure une information parfaite sur l'état de la nature. Combien le statisticien est-il prêt à payer pour le résultat d'une telle expérience? Il est clair que si l'information obtenue permet une augmentation de gain de 10 000 dollars, le statisticien devrait être prêt à acheter cette information à un prix inférieur ou égal à cette somme.

On peut raisonner de la façon suivante: si le statisticien connaît l'état de la nature, soit e, avant de déterminer son action, il va choisir dans chaque cas l'action qui rapporte le gain maximum $L^*(e)$, soit:

$$L^*(e) = \max_{a \in \mathcal{A}} L(e, a).$$

Le statisticien peut donc calculer GEIP, le *gain espéré avec informa-*

tion parfaite, soit:

$$\text{GEIP} = \sum_{i=1}^{m} L^*(e_i)p_i.$$

Et, par conséquent, la ***valeur espérée de l'information parfaite*** VEIP est la différence entre son gain espéré avec information parfaite et son gain espéré maximum (sans information autre que celle contenue dans la loi a priori), soit:

$$\text{VEIP} = \text{GEIP} - \text{GE}^*.$$

VEIP représente donc l'augmentation de l'espérance de gain qui résulte de la connaissance de l'information parfaite. Si les gains sont exprimés en unités monétaires, la valeur espérée de l'information parfaite représente donc le prix maximum que le statisticien serait prêt à payer pour obtenir le résultat d'une expérience donnant une information parfaite sur l'état de la nature. Illustrons ce concept sur certains des exemples précédents.

Exemple 3.6.1. Revenons à l'exemple 3.2.2 (continué dans l'exemple 3.5.3). Rappelons que la table des gains de la compagnie PAICNO se présente sous la forme suivante (profits en dollars par hectare):

	a_1	a_2	p_i
e_1	600	400	0,5
e_2	500	300	0,3
e_3	−200	200	0,2
GE(a)	410	330	

On obtient immédiatement le gain maximum pour chaque état de la nature, soit $L^*(e_1) = \max\{600, 400\} = 600$, $L^*(e_2) = \max\{500, 300\}$

$= 500$ et $L^*(e_3) = \max\{-200, 200\} = 200$. Le gain espéré avec information parfaite est donc:

$$\text{GEIP} = 600 \times 0{,}5 + 500 \times 0{,}3 + 200 \times 0{,}2 = 490.$$

Nous avons vu, dans l'exemple 3.5.3, que le gain espéré optimal est $\text{GE}^* = 410$. La valeur espérée de l'information parfaite est donc $\text{VEIP} = 490 - 410 = 80$ (dollars par hectare). Puisque, d'après l'exemple 3.2.2, la compagnie PAICNO possède 50 hectares de vignes, le prix maximum qu'elle devrait être prête à payer pour une information météorologique parfaite est $80 \times 50 = 4\,000$ dollars. □

Exemple 3.6.2. Nous revenons maintenant à l'exemple 3.2.3 (continué dans l'exemple 3.5.4). Rappelons la table des gains de la compagnie YOURTEL (profits en millions de dollars):

	a_1	a_2	p_i
e_1	20	30	0,6
e_2	20	2	0,4
GE(a)	20	18,8	

On obtient facilement $L^*(e_1) = \max\{20, 30\} = 30$ et $L^*(e_2) = \max\{20, 2\} = 20$. D'où $\text{GEIP} = 30 \times 0{,}6 + 20 \times 0{,}4 = 26$. Étant donné que $\text{GE}^* = 20$, on en déduit $\text{VEIP} = 26 - 20 = 6$. Le prix maximum que la compagnie YOURTEL serait prête à payer pour une information parfaite sur l'état du marché pour son nouveau produit est donc 6 millions de dollars. □

On peut donner une autre interprétation de la valeur espérée de l'information parfaite en introduisant le concept de regret. Le *regret* est le coût de l'opportunité perdue en ne choisissant pas la meilleure action pour un état donné de la nature. Étant donné que, pour un état e de la nature, le gain maximum est $L^*(e)$, le regret $R(e, a)$ lorsque le statisticien choisit l'action a s'exprime comme la différence entre ce gain maximum et le gain effectivement reçu, soit:

$$R(e, a) = L^*(e) - L(e, a).$$

Exemple 3.6.1 (suite). On peut calculer la table des regrets de la compagnie PAICNO. Par exemple:

$$R(e_1, a_1) = L^*(e_1) - L(e_1, a_1) = 600 - 600 = 0$$

et:

$$R(e_1, a_2) = L^*(e_1) - L(e_1, a_2) = 600 - 400 = 200.$$

En procédant de même pour les autres états de la nature, on obtient la table suivante:

	a_1	a_2	p_i
e_1	0	200	0,5
e_2	0	200	0,3
e_3	400	0	0,2
RE(a)	80	160	

RE(a) est le regret espéré lorsque le statisticien choisit l'action a. Remarquons que ces regrets (ou pertes d'opportunité) ne sont jamais négatifs, et que pour chaque état de la nature e l'un au moins des regrets $L(e, a_j)$ est nul. Nous remarquons également dans cet exemple que le regret espéré minimum $\text{RE}^* = 80$ est égal à la valeur espérée de l'information parfaite. Ce résultat n'est pas dû au hasard comme nous le démontrons dans la proposition suivante. □

Proposition 3.6.1. *Une action a^* optimale par rapport au critère du gain espéré maximum est optimale par rapport au critère du regret espéré minimum, et réciproquement. De plus:*

$$\text{RE}^* = \text{VEIP} = \text{GEIP} - \text{GE}^*.$$

Démonstration. Par définition:

$$\text{RE}(a) = \sum_{i=1}^{m} R(e_i, a)p_i = \sum_{i=1}^{m} [L^*(e_i) - L(e_i, a)]p_i$$

$$= \sum_{i=1}^{m} L^*(e_i)p_i - \sum_{i=1}^{m} L(e_i, a)p_i$$

$$= \text{GEIP} - \text{GE}(a). \tag{3.6.1}$$

Il vient:

$$\begin{aligned} \text{RE}^* &= \min_{a \in \mathcal{A}}\{\text{RE}(a)\} = \min_{a \in \mathcal{A}}\{\text{GEIP} - \text{GE}(a)\} \\ &= \text{GEIP} + \min_{a \in \mathcal{A}}\{-\text{GE}(a)\} \\ &= \text{GEIP} - \max_{a \in \mathcal{A}}\{\text{GE}(a)\} \\ &= \text{GEIP} - \text{GE}^* = \text{VEIP} \end{aligned} \tag{3.6.2}$$

De plus, si a^* est une action optimale par rapport au critère du gain espéré maximum, nous avons $\text{GE}^* = \text{GE}(a^*)$. Alors d'après (3.6.1), nous avons $\text{GE}^* = \text{GE}(a^*) = \text{GEIP} - \text{RE}(a^*)$, et d'après (3.6.2), il vient: $\text{GE}^* = \text{GEIP} - \text{RE}^*$. D'où $\text{RE}(a^*) = \text{RE}^*$, et l'action a^* est optimale par rapport au critère du regret espéré minimum. On démontre la réciproque (à savoir qu'une action a^* optimale par rapport au critère du regret espéré minimum est optimale par rapport au critère du gain espéré maximum) de façon analogue. ∎

Finalement, on déduit de la proposition 3.6.1 que la valeur espérée de l'information parfaite est égale à la perte d'opportunité espérée minimale.

3.7 LES ARBRES DE DÉCISION

Dans les problèmes décisionnels que nous avons examinés jusqu'à maintenant, le statisticien choisit une action dans l'ensemble $\mathcal{A}$, la nature se trouve dans l'un des états possibles de l'ensemble $\mathcal{E}$, il en résulte un gain $L(e, a)$, et le problème s'arrête là. Cependant beaucoup de problèmes décisionnels font intervenir une suite de décisions interdépendantes et séquentielles: chaque décision est influencée par les décisions qui la précèdent, et les conséquences de cette décision dépendent d'un nouveau "choix" de la nature. On ne peut évidemment pas, en général, modéliser un tel problème décisionnel à l'aide d'une simple table de gains pour le statisticien. On utilise plutôt une méthode graphique pour représenter, *dans l'ordre chronologique*, les différentes actions du preneur de décision et les choix du hasard (ou états de la nature). On donne à ce graphique le nom d'*arbre de décision.*

3.7.1 La construction d'un arbre de décision

Un arbre de décision est composé d'un ensemble de *noeuds* reliés par des *branches.* Il y a deux types de noeuds:

(*i*) *les noeuds décisionnels* où le preneur de décision doit choisir parmi plusieurs actions; chaque branche qui part d'un tel noeud représente l'une des actions possibles à ce stade du problème. Un noeud décisionnel est habituellement représenté par un carré □ sur l'arbre de décision.

(*ii*) *les noeuds aléatoires* représentent les moments du processus décisionnel où la nature doit "choisir son état". Chaque branche qui part d'un tel noeud représente l'un des choix possibles du hasard (ou états de la nature). On représente conventionnellement un noeud aléatoire à l'aide d'un cercle ○ sur l'arbre de décision. Au-dessus de chacune des branches partant d'un noeud aléatoire on indique, entre parenthèses, la probabilité que l'état de la nature représenté par cette branche se réalise.

On indique également sous certaines branches de l'arbre de décision les gains (ou les pertes représentées par des gains négatifs) associés avec les actions ou états de la nature choisis. Chaque cheminement le long des branches de l'arbre de décision représente un scénario possible pour le problème décisionnel: ce scénario est constitué de la suite d'actions et d'états de la nature rencontrés le long de ce chemin. La somme des gains (ou pertes) partiels le long de ce chemin donne le gain associé à ce scénario; on indique ce gain total à l'extrémité terminale de la dernière branche du chemin.

Nous allons illustrer la construction de l'arbre de décision à l'aide de l'exemple suivant.

Exemple 3.7.1. Revenons au problème du lancement d'un nouveau réseau de commutation téléphonique sur le marché (exemple

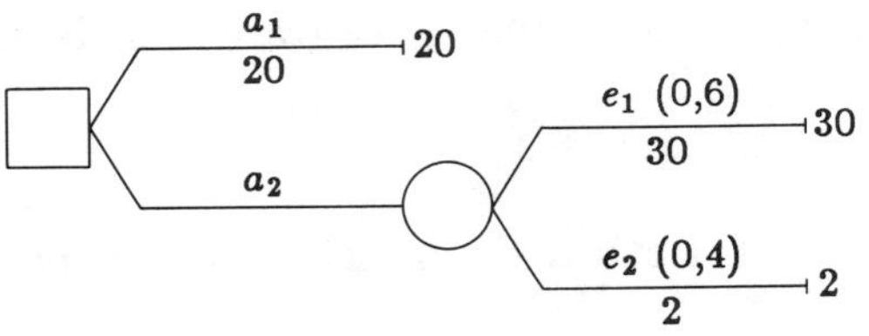

FIGURE 3.7.1: ARBRE DE DÉCISION
DE LA COMPAGNIE YOURTEL

3.5.4). La figure 3.7.1 représente l'arbre de décision de la compagnie YOURTEL. Nous avons d'abord un noeud décisionnel d'où partent deux branches correspondant aux deux actions possibles de la compagnie: a_1, garder la ligne de produits actuelle, et a_2, lancer le nouveau produit. Le gain résultant de l'action a_1 est 20 (millions de dollars). A la suite de la branche associée à l'action a_2, il y a un noeud aléatoire représentant l'état du marché pour le nouveau produit: e_1, marché favorable avec probabilité 0,6 et gain égal à 30, ou bien e_2, marché défavorable avec probabilité 0,4 et gain égal à 2. Remarquons qu'il n'y a pas de noeud aléatoire à la suite de l'action a_1 puisque, dans ce cas, le gain ne dépend pas de l'état du marché pour le nouveau produit.

Introduisons maintenant une deuxième décision dans l'exemple de la compagnie YOURTEL. Supposons que si l'action a_2 est choisie et que le marché s'avère défavorable, on ait maintenant la possibilité de faire une campagne publicitaire pour le nouveau produit. Cette campagne coûterait trois millions de dollars, mais si elle était couronnée de succès le profit de la compagnie pourrait atteindre onze millions de dollars (moins le prix de la campagne de publicité). Si la campagne échouait, son effet sur le profit serait négligeable et il resterait à deux millions de dollars (moins les frais de publicité). L'agence de publicité chargée de la campagne estime que celle-ci a autant de chances de réussir que d'échouer.

On peut incorporer cette modification dans l'arbre de décision de la figure 3.7.1 en ajoutant un noeud décisionnel à la suite de la branche qui correspond à un marché défavorable (e_2) pour le nouveau produit (a_2). A partir de ce noeud, nous avons deux branches correspondant aux deux actions suivantes:

a_3: ne pas faire de campagne publicitaire,

a_4: lancer une campagne publicitaire.

La branche associée à l'action a_3 est terminale et le profit demeure 2 (millions de dollars). A la suite de la branche associée à l'action a_4, nous avons un noeud aléatoire d'où partent deux branches représentant les événements aléatoires suivants:

e_3: la campagne publicitaire est un succès,

e_4: la campagne publicitaire est un échec.

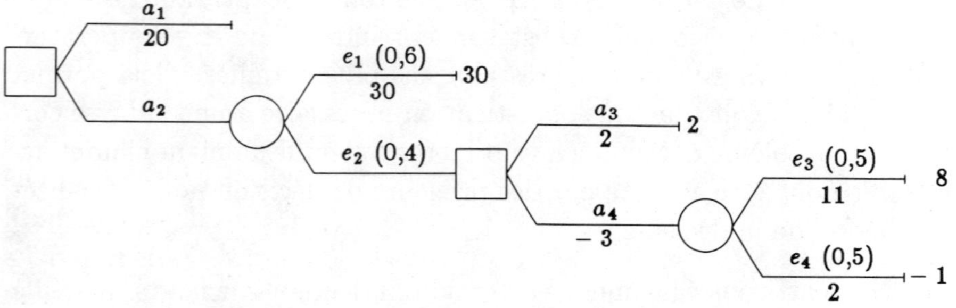

FIGURE 3.7.2: ARBRE DE DÉCISION MODIFIÉ DE LA COMPAGNIE YOURTEL

Les flots monétaires associés à cette partie de l'arbre de décision comprennent le coût de la campagne publicitaire (−3 pour un coût de 3 millions de dollars) et les profits dans chacun des deux cas équiprobables. Le nouvel arbre de décision est représenté dans la figure 3.7.2.

Il est clair que l'arbre de décision de la figure 3.7.2 ne représente pas tous les choix ouverts en réalité à la compagnie YOURTEL. Celle-ci peut, par exemple, vendre ou louer ses brevets à une autre compagnie qui se chargerait alors de la production et de la distribution du nouveau réseau de commutation téléphonique. Cette option élimine une partie du risque provenant de l'incertitude de la connaissance du marché et permet à YOURTEL de maintenir sa ligne de produits actuelle. Une autre option consiste à faire d'abord une étude de marché et à ne choisir d'introduire ou non le nouveau produit qu'après avoir analysé les résultats de cette étude. Il faut bien entendu tenir compte du fait que l'information fournie par une telle étude est imparfaite. Dans le cas de résultats particulièrement optimistes, YOURTEL peut même envisager la construction d'une nouvelle usine pour fabriquer le nouveau produit tout en conservant sa ligne de produits actuelle. Chacune de ces options, et tout autre scénario concevable, ajoute à la croissance de l'arbre de décision qui peut devenir extrêmement complexe. On court rapidement le risque d'incorporer trop de détails dans l'arbre le rendant ainsi difficile à comprendre et à utiliser. □

Un arbre de décision doit être simple tout en capturant l'essentiel du problème décisionnel. Il est souvent indiqué de développer certaines branches à l'aide d'arbres annexes plus détaillés. Cela permet au modèle d'avoir toute la sophistication nécessaire à une analyse correcte du problème décisionnel, tout en restant suffisamment clair et accessible pour être accepté par des preneurs de décision non spécialisés en théorie de la décision.

Nous attirons également l'attention du lecteur sur le grand soin à apporter à l'évaluation des conséquences monétaires dans un problème décisionnel. Ces conséquences doivent inclure non seulement les flots monétaires traditionnels tels que les bénéfices et coûts associés à la production et à la distribution des produits, mais encore certains éléments non directement monétaires tels que la perte d'achalandage si la compagnie retire du marché sa ligne de produits actuelle, ou encore l'accroissement de la renommée (et sa valeur en bénéfices futurs) de la compagnie si elle introduit un nouveau produit de pointe sur le marché (surtout si cette introduction est couronnée de succès). Souvent aussi des considérations subjectives introduites par les directeurs de l'entreprise doivent être incorporées dans le processus de décision et évaluées dans le calcul des conséquences. Finalement, les conséquences financières sont en général calculées pour une période fixée, par exemple la première année après le lancement du nouveau produit. Une étude plus poussée devrait prendre en considération la suite des revenus pendant la durée de vie du nouveau produit sur le marché. Nous supposons, bien entendu, que les profits de la compagnie YOURTEL incorporent tous ces facteurs.

3.7.2 Un exemple de plus grande dimension: le développement de la basse ville d'Ottawa

Dans la construction de tout arbre de décision, il est essentiel que l'enchaînement des noeuds décisionnels et aléatoires respecte l'ordre chronologique tel qu'il est perçu par le preneur de décision. Dans l'exemple de la compagnie YOURTEL, la campagne publicitaire ne sera entreprise que si le marché pour le nouveau produit s'avère défavorable. Par conséquent, le noeud décisionnel associé à la campagne publicitaire fait suite au noeud aléatoire associé à l'état du marché. Ce dernier fait lui-même suite au noeud décisionnel associé au lancement du nouveau produit.

Nous allons illustrer l'importance d'une chronologie claire à l'aide de l'exemple suivant adapté d'un problème de Holloway (1979).

Exemple 3.7.2. *Le développement de la basse ville d'Ottawa*
En 1986, Chuck Seawell, le directeur du département de planification urbaine de la ville d'Ottawa, est sur le point d'entreprendre un important projet de reconstruction urbaine qui doit changer le visage de la basse ville. Il s'attend, si tout va bien, à ce que les travaux puissent commencer dans le courant de l'été 1987 sur des terrains libres de vieux bâtiments. En octobre 1986, de façon tout à fait inattendue, on lui propose l'achat de certains terrains dans la basse ville au prix particulièrement intéressant de un million de dollars. Cependant, cette offre n'est valable que jusqu'au 1er décembre 1986. Ces terrains sont à l'intérieur de la zone de reconstruction. Toutefois, M. Seawell hésite à conclure le marché car tous les permis nécessaires à la mise en route du projet n'ont pas encore été obtenus. En premier lieu, il faudra recevoir l'accord du conseil municipal, ensuite celui de la commission régionale d'Ottawa-Carleton avant que les travaux puissent commencer. M. Seawell a l'autorité nécessaire pour acheter les terrains avant l'obtention des permis. Il peut même engager les fonds nécessaires pour démolir les bâtiments existants sur les terrains en question. Cependant, si les

permis ne sont pas accordés, la construction n'aura pas lieu et la ville devra revendre les terrains.

Après avoir rencontré informellement un certain nombre des membres du conseil municipal, Chuck Seawell a appris que la décision municipale serait prise en mars 1987 et la décision régionale trois mois plus tard. Il semble bien que les positions des conseillers municipaux soient déjà établies: sept conseillers sont fermement en faveur du projet, sept autres sont tout aussi fermement opposés au projet (les mauvaises langues, dont Chuck Seawell ne fait pas partie, disent qu'aucun d'entre eux ne possède de terrains dans la zone du projet). Le dernier conseiller (il y a quinze conseillers municipaux à Ottawa) réserve son avis. Cependant M. Seawell pense bien que son vote sera favorable; en fait il estime à trois chances sur quatre la probabilité que le dernier conseiller vote en faveur du projet. Il est impensable que les autres conseillers changent d'avis d'ici le vote de mars 1987. Au niveau régional, M. Seawell pense qu'il y a 80% de chances que le vote de la commission soit favorable si le vote du conseil municipal a été en faveur du projet. Il est bien entendu que si le vote du conseil municipal a été négatif, le projet ne sera même pas soumis à la commission régionale.

Chuck Seawell est tenté d'acheter les terrains immédiatement. Ses prévisions indiquent en effet que, par suite de la spéculation foncière, le prix de ces terrains passera à 1,2 million de dollars si on attend la décision du conseil municipal, et à 1,5 million de dollars en juin après le vote de la commission régionale. De plus, il serait souhaitable de démolir les bâtiments existants pendant le mois d'avril car il s'agit d'une période creuse pour les entreprises de travaux publics. Les estimations reçues placent les coûts de démolition à 200 000 dollars en avril; ils augmenteront à 300 000 dollars au mois de juin. Cependant, il n'y aurait aucun avantage à entreprendre les travaux de démolition avant le mois d'avril, même si les terrains étaient achetés immédiatement.

Si le projet de reconstruction n'est pas approuvé, Chuck Seawell s'attend à ce que le prix des terrains baisse considérablement. Dans ce cas, il pense qu'il serait possible de les revendre à 800 000 dollars si les vieux bâtiments n'ont pas été démolis, et à 900 000 dollars avec les vieux bâtiments démolis. Finalement, par suite de sa longue expérience dans ce domaine, Chuck Seawell sait que ses décisions (acheter ou non les terrains, démolir ou non les bâtiments) n'influenceront pas de quelque façon que ce soit le vote du conseil municipal ni celui de la commission régionale.

Analyse de cet exemple: Avant de procéder à la construction de l'arbre de décision de ce problème, il est utile de rappeler la suite des événements possibles dans l'ordre chronologique.

Octobre 1986: option d'achat des terrains (un million de dollars, l'option doit être exercée avant le 1er décembre);

Mars 1987: vote du conseil municipal; si le vote est favorable (option d'achat des terrains à un coût de 1,2 million de dollars);

Avril 1987: décision concernant la démolition des vieux bâtiments (à un coût de 200 000 dollars);

Juin 1987: vote de la commission régionale; si le vote est favorable et si cela n'est pas déjà fait: achat des terrains (1,5 million de dollars) et démolition (300 000 dollars).

Remarquons également que les démolitions ne peuvent évidemment commencer qu'après l'achat des terrains. D'autre part, si M. Seawell achète les terrains et que l'un ou l'autre des votes est défavorable, il faudra alors les revendre immédiatement. Finalement, si les terrains sont achetés et l'un des votes est défavorable, l'option de démolir les bâtiments dans le but de revendre les terrains n'est pas intéressante puisque le coût des démolitions excède l'augmentation du prix de vente.

L'arbre de décision est donné en figure 3.7.3. Les commentaires suivants illustrent les différentes étapes de sa construction.

Octobre 1986: nous avons un premier noeud décisionnel correspondant à l'exercice de l'option d'achat des terrains. Chuck Seawell peut soit *acheter* à un coût de un million de dollars soit *attendre*.

Mars 1987: le vote du conseil municipal correspond à un noeud aléatoire. L'état de la nature est soit *favorable* (avec probabilité 0,75), soit *défavorable* (avec probabilité 0,25). Si le vote est défavorable nous avons une branche terminale pour l'arbre de décision: revente des terrains à 800 000 dollars dans le cas de l'achat à l'automne précédent, ou bien branche terminale sans coût ni revenu si les terrains n'avaient pas été achetés. Si le vote est favorable et si les terrains n'ont pas encore été achetés, Chuck Seawell peut à nouveau considérer l'option d'*acheter* (à 1,2 million de dollars) ou d'*attendre*; d'où un nouveau noeud décisionnel entre mars et avril 1987.

Avril 1987: pour chacune des branches non terminales de l'arbre correspondant à un déroulement du processus tel que les terrains ont déjà été achetés, il y a un noeud décisionnel avec deux actions: démolir (à un coût de 200 000 dollars) ou attendre.

Juin 1987: le vote de la commission régionale correspond au dernier noeud aléatoire. Si la décision est favorable (avec probabilité 0,8), Chuck Seawell pourra commencer le projet après avoir acheté, si nécessaire, les terrains au coût de 1,5 million de dollars, et démoli, si nécessaire, les bâtiments au coût de 300 000 dollars. Par contre, si le vote est défavorable (avec probabilité 0,2), il faut revendre les terrains à 800 000 dollars avec les vieux bâtiments, et à 900 000 dollars si les vieux bâtiments ont déjà été démolis.

Remarquons que certains bénéfices résultant du projet de reconstruction, tels par exemple les avantages sociaux, l'augmentation des impôts municipaux, etc., ne sont pas inclus dans le calcul des conséquences. De tels avantages devraient être ajoutés à toutes les branches pour lesquelles le projet est réalisé.

Finalement, faisons quelques remarques de style concernant la construction des arbres de décision. Dans un arbre de décision sous forme classique (ou canonique), un noeud décisionnel est suivi d'un noeud aléatoire, qui lui-même à son tour est suivi d'un noeud décisionnel, et ainsi de suite. Dans l'arbre de la figure 3.7.3, on remarque que

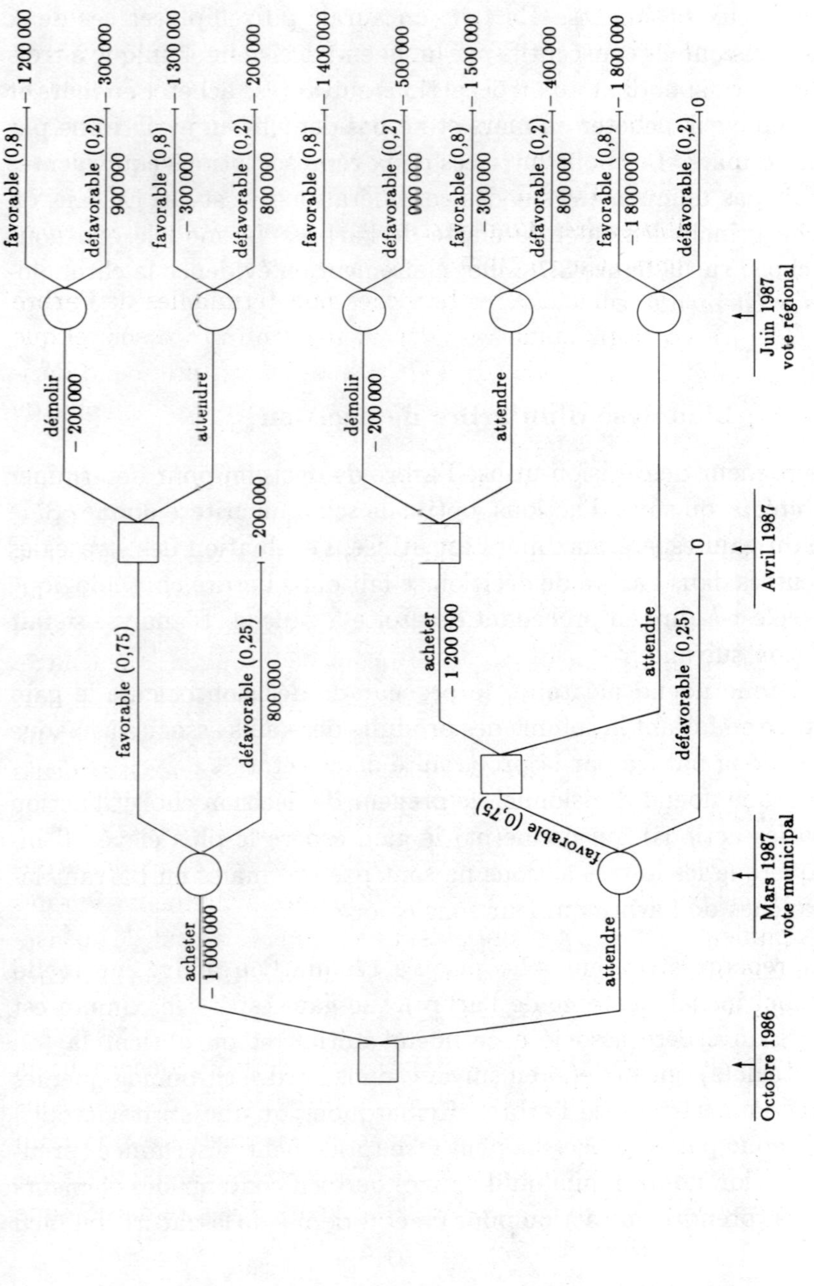

FIGURE 3.7.3: L'ARBRE DE DÉCISION DU DÉVELOPPEMENT DE LA BASSE VILLE D'OTTAWA

cette alternance n'est pas respectée: le noeud décisionnel correspondant à l'achat des terrains entre mars et avril 1987 est immédiatement suivi, en avril 1987, d'un noeud décisionnel correspondant à la démolition des vieux bâtiments. En fait, on aurait pu remplacer ces deux noeuds décisionnels consécutifs par un noeud décisionnel unique à trois branches correspondant aux trois actions suivantes: acheter en mars et démolir en avril, acheter en mars et ne pas démolir en avril, et ne pas acheter en mars. Le choix entre ces deux représentations équivalentes ne se fait pas uniquement sur des considérations de style. En fait, on s'attache principalement à la clarté de l'arbre. Le modèle que nous avons choisi sur la figure 3.7.3 met clairement en évidence la chronologie des événements. □

3.7.3 L'analyse d'un arbre de décision

Le preneur de décision utilise l'arbre de décision pour déterminer une *stratégie*, ou suite d'actions, optimale selon un critère donné. Si le critère du gain espéré maximum est utilisé, l'évaluation des stratégies représentées dans l'arbre de décision se fait dans l'ordre chronologique inverse, c'est-à-dire en procédant de droite à gauche. L'analyse se fait de la façon suivante:

- à chaque noeud aléatoire, le preneur de décision calcule le gain espéré en faisant la somme des produits des gains associés à chaque état de la nature par la probabilité de cet état;
- à chaque noeud décisionnel, le preneur de décision choisit l'action (ou les actions) qui donne(nt) le gain espéré le plus élevé. Il indique que les autres actions ne sont pas optimales en barrant les branches de l'arbre qui leur sont associées.

On répète cette démarche jusqu'à ce que l'on arrive au noeud décisionnel initial (le *tronc* de l'arbre). Le gain espéré maximum est donc le gain espéré associé à ce noeud initial, et on obtient la (ou les) stratégie(s) optimale(s) en suivant, dans l'ordre chronologique, les branches non barrées de l'arbre. Remarquons qu'une stratégie optimale obtenue par ce processus peut être totalement déterminée (prendre une action donnée quoi qu'il arrive) ou bien contenir des éléments aléatoires (prendre une action pour un état donné de la nature, ou bien une autre action pour un autre état possible). Nous allons illustrer ce processus en reprenant l'exemple 3.7.1.

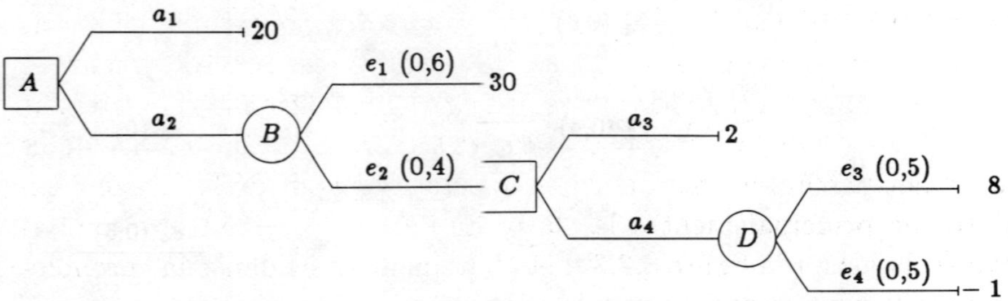

Exemple 3.7.3. L'arbre de décision modifié de la compagnie YOURTEL est reproduit ci-dessus. Commençons l'évaluation de cet arbre de décision au noeud D. Le gain espéré pour ce noeud aléatoire est $8 \times 0{,}5 + (-1) \times 0{,}5 = 3{,}5$; on associe cette valeur avec le noeud D sur la figure 3.7.4. En remontant en arrière l'ordre chronologique, nous arrivons au noeud décisionnel C où il faut choisir entre l'action a_3 (ne pas faire de campagne publicitaire) qui rapporte un gain net effectif de 2 (millions de dollars) et l'action a_4 (faire une campagne publicitaire) qui rapporte un gain net espéré de 3,5 (millions de dollars). L'action a_4 est choisie et la valeur maximale, soit 3,5, est associée au noeud C. La branche correspondant à l'action a_3 est barrée. Nous reculons alors dans l'arbre jusqu'au noeud aléatoire B dont la valeur espérée est $30 \times 0{,}6 + 3{,}5 \times 0{,}4 = 19{,}4$. Finalement, au noeud décisionnel A, il faut choisir entre l'action a_1 (garder la ligne de produits actuelle) qui procure un gain net effectif de 20, et l'action a_2 (lancer le nouveau produit) qui rapporte un gain net espéré de 19,4. On barre donc la branche correspondant à l'action a_2, et la valeur maximale 20 (millions de dollars) correspondant à l'action a_1 est associée au noeud A.

Dans cet exemple, la stratégie optimale consiste tout simplement à garder la ligne de produits actuelle et son gain maximum est de 20 (millions de dollars). Si, cependant, le gain résultant de l'action a_1 avait été inférieur à 19,4 (au lieu d'être égal à 20), la stratégie optimale aurait alors été de lancer le nouveau produit et de faire une

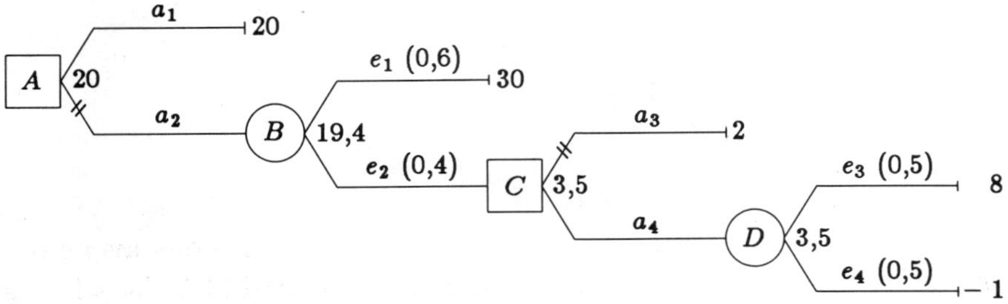

FIGURE 3.7.4: ANALYSE DE L'ARBRE DE DÉCISION MODIFIÉ DE LA COMPAGNIE YOURTEL

campagne publicitaire *au cas où le marché s'avérerait défavorable.* Le gain espéré maximum résultant de cette stratégie serait de 19,4. Remarquons que cette dernière stratégie comprend une action (la campagne publicitaire) qui ne sera choisie que si la nature se trouve dans un état particulier (marché défavorable). □

3.7.4 L'analyse post-optimale d'un arbre de décision

La détermination de la stratégie optimale et le calcul du gain espéré maximum le long d'un arbre de décision présupposent que tous les flots monétaires et les lois de probabilité des différents événements aléatoires sont connus. Cependant, en réalité ce n'est presque jamais le cas: les flots monétaires sont estimés à partir de données historiques qui sont souvent incomplètes, insuffisantes ou, pire encore, inexistantes; les mêmes difficultés se rencontrent dans la détermination d'une loi de probabilité des états de la nature. Il faut donc, dans la plupart des cas, tenir compte d'une composante subjective plus ou moins importante dans l'évaluation des flots monétaires et des probabilités: un preneur de décision qui, pour des raisons personnelles, favorise une action particulière risque d'être plus optimiste dans son évaluation des conséquences de cette action qu'un preneur de décision neutre.

Il est donc important, après avoir déterminé une stratégie optimale et un gain espéré maximum, d'étudier de quelle façon ces éléments risquent d'être modifiés par suite de l'incertitude existant sur la valeur des flots monétaires ou des probabilités. Cette étude constitue l'analyse post-optimale de l'arbre de décision. Nous allons en illustrer la démarche à l'aide des exemples de la compagnie YOURTEL et du développement de la basse ville d'Ottawa.

Exemple 3.7.4. Nous allons d'abord nous attacher à l'analyse post-optimale des probabilités. Dans l'exemple 3.7.3, nous avons déterminé la stratégie optimale de la compagnie YOURTEL dans le cas où la probabilité d'un marché favorable au nouveau produit était de 0,6. Cependant cette probabilité n'est vraisemblablement pas connue avec certitude. Il est néanmoins clair que si cette probabilité était inférieure à 0,6, l'action a_2 (lancer le nouveau produit) serait encore moins avantageuse (puisque le gain espéré associé au noeud B diminuerait), et l'action a_1 demeurerait optimale. Par contre, lorsque la probabilité d'avoir un marché favorable pour le nouveau produit est supérieure à 0,6, il se pourrait que l'action a_2 devienne optimale. Il est important pour la compagnie YOURTEL de savoir à partir de quelle valeur de cette probabilité l'action optimale va changer.

Pour répondre à cette question, reprenons l'arbre de décision de la figure 3.7.4 et remplaçons la probabilité de l'état de la nature e_1 (marché favorable) par le paramètre p; la probabilité de e_2 devient $1 - p$. Remarquons que ce changement n'influence pas l'arbre de décision à la droite du noeud C et nous pouvons donc simplifier la représentation comme sur la figure suivante:

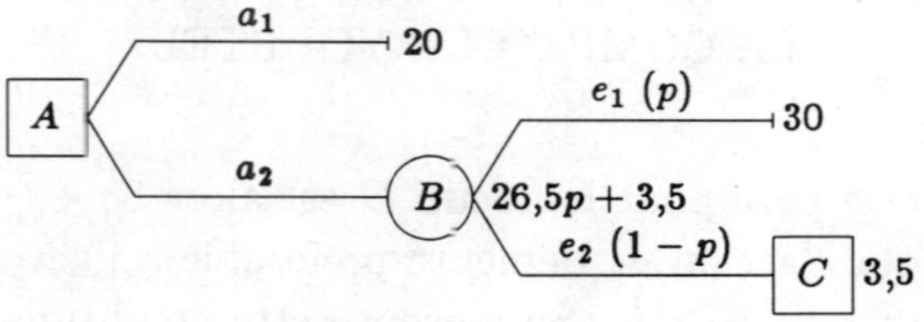

Le gain net espéré au noeud B est égal à $30p + 3{,}5(1-p) = 26{,}5p + 3{,}5$. Pour que l'action a_1 reste optimale, il faut et il suffit que: $20 \geq 26{,}5p + 3{,}5$; soit encore $p \leq \frac{16{,}5}{26{,}5} = 0{,}623$.

Nous voyons donc que la probabilité que le marché soit favorable ne peut pas dépasser 0,623 sans changer la stratégie optimale. Si la valeur 0,6, estimée par les experts en marketing de la compagnie YOURTEL, est le reflet d'une attitude tant soit peu pessimiste, il y a tout lieu de mettre sérieusement en question le choix de la stratégie optimale a_1.

Supposons maintenant que la probabilité du marché favorable reste fixée à 0,6 et faisons l'analyse post-optimale de la probabilité de succès de la campagne publicitaire. Soit q la valeur de cette probabilité égale initialement à 0,5. Étant donné que ce changement a des répercussions sur l'arbre de décision tout entier, nous reconstruisons cet arbre en figure 3.7.5.

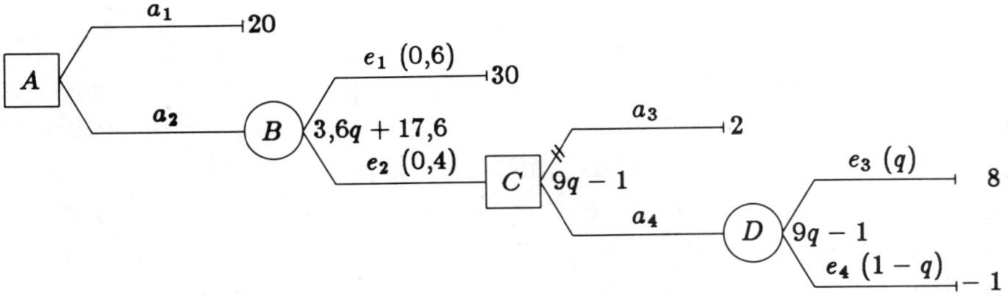

FIGURE 3.7.5: ANALYSE POST-OPTIMALE POUR LA COMPAGNIE YOURTEL

Le gain net espéré pour le noeud D est alors $8q + (-1)(1-q) = 9q - 1$. Pour que l'action a_4 demeure préférable à l'action a_3, il faut que $9q - 1 \geq 2$, soit $q \geq \frac{1}{3}$. Supposons cette condition satisfaite, le gain net espéré au noeud C est donc $9q - 1$. Le gain net espéré au noeud B est égal à $30 \times 0{,}6 + (9q-1) \times 0{,}4 = 3{,}6q + 17{,}6$. L'action a_1 demeure optimale si et seulement si $3{,}6q + 17{,}6 \leq 20$, soit $q \leq \frac{2}{3}$.

La stratégie optimale reste donc la même si la valeur de la probabilité de succès de la campagne publicitaire reste dans l'intervalle $[\frac{1}{3}, \frac{2}{3}]$. Revenons au noeud C: si la condition $q \geq \frac{1}{3}$ n'est pas satisfaite, a_3 devient l'action optimale et l'arbre de décision simplifié est représenté ci-dessous. On voit en particulier que la stratégie a_1 demeure optimale.

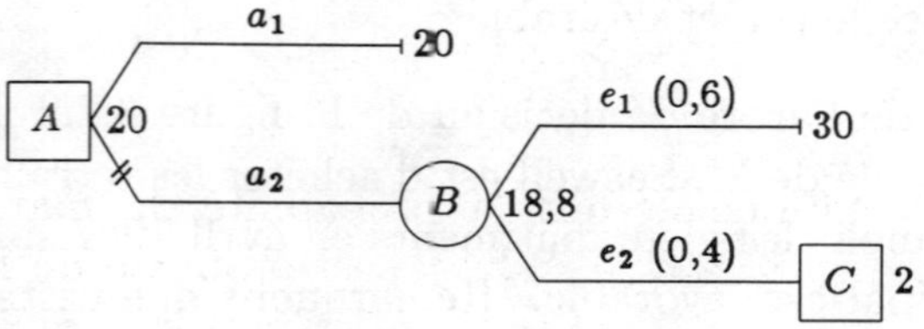

On peut donc en conclure que, toutes choses égales par ailleurs, la compagnie YOURTEL ne devrait considérer introduire son nouveau produit sur le marché que si la campagne publicitaire a au moins deux chances sur trois de réussir.

En terminant l'analyse post-optimale des probabilités, soulignons que les résultats obtenus pour les probabilités p ou q présupposent que, lorsque l'une de ces probabilités varie, les valeurs de toutes les autres données demeurent fixées à leur valeur initiale. Lorsque les probabilités p et q varient simultanément, les résultats obtenus ci-dessus ne sont plus valables. En écrivant que la stratégie optimale reste inchangée, on obtiendra des relations faisant intervenir à la fois les deux paramètres p et q. □

Pour faire l'analyse post-optimale des flots monétaires, passons maintenant à l'exemple du développement de la basse ville d'Ottawa.

Exemple 3.7.5. Dans la discussion de l'exemple 3.7.2, nous avons indiqué que certains bénéfices résultant de la réalisation du projet, comme les avantages sociaux, n'étaient pas inclus dans la valeur des flots monétaires. Par conséquent, sur la figure 3.7.3, les branches de l'arbre de décision pour lesquelles le projet est approuvé ont des coûts supérieurs aux branches où le projet n'est pas réalisé. Reprenons cet arbre de décision en ajoutant à chaque branche pour laquelle le projet est approuvé une valeur correspondant à ces avantages; soit x cette valeur. Analysons l'arbre de décision de la figure 3.7.6 pour essayer de répondre aux questions suivantes:

- quelle est la stratégie optimale de Chuck Seawell dans le projet de développement de la basse ville d'Ottawa?
- la stratégie optimale est-elle influencée par la valeur de x? De plus, y a-t-il une valeur minimale de ces bénéfices qu'il faut atteindre pour rendre le projet désirable?

L'analyse de l'arbre de décision de la figure 3.7.6 montre que la stratégie optimale de M. Seawell est d'acheter les terrains immédiatement et de démolir les vieux bâtiments en avril 1987 si la décision du conseil municipal est favorable. Remarquons que cette stratégie est indépendante de la valeur de x, puisqu'à chaque noeud décisionnel, l'action optimale est choisie indépendamment de la valeur prise par x. En retraçant les calculs le long de l'arbre, on observe que cette indépendance est due au fait que les probabilités que les deux votes soient favorables au projet ne sont pas affectées par les actions choisies par M. Seawell avant le vote. On voit clairement qu'il faudrait tenir compte de la valeur de x si, par exemple, le fait d'acheter ou non les terrains immédiatement influençait la probabilité d'approbation du conseil municipal (estimée à 0,75). Finalement, la question de savoir s'il existe une valeur minimale des avantages qui rende le projet désirable relève beaucoup plus de la politique municipale que de la théorie de la décision! On pourrait dire que le projet serait désirable si le gain optimal du projet (tous avantages et coûts inclus) n'était pas négatif; cela implique que:

$$0{,}6x - 815\,000 \geq 0,$$

soit:

$$x \geq 1\,358\,333{,}33 \text{ dollars.}$$

Clairement, un politicien peu familier avec la théorie de la décision ne peut manquer d'être impressionné par cette valeur minimale des avantages sociaux et autres qui rendrait le projet "profitable" pour la ville. □

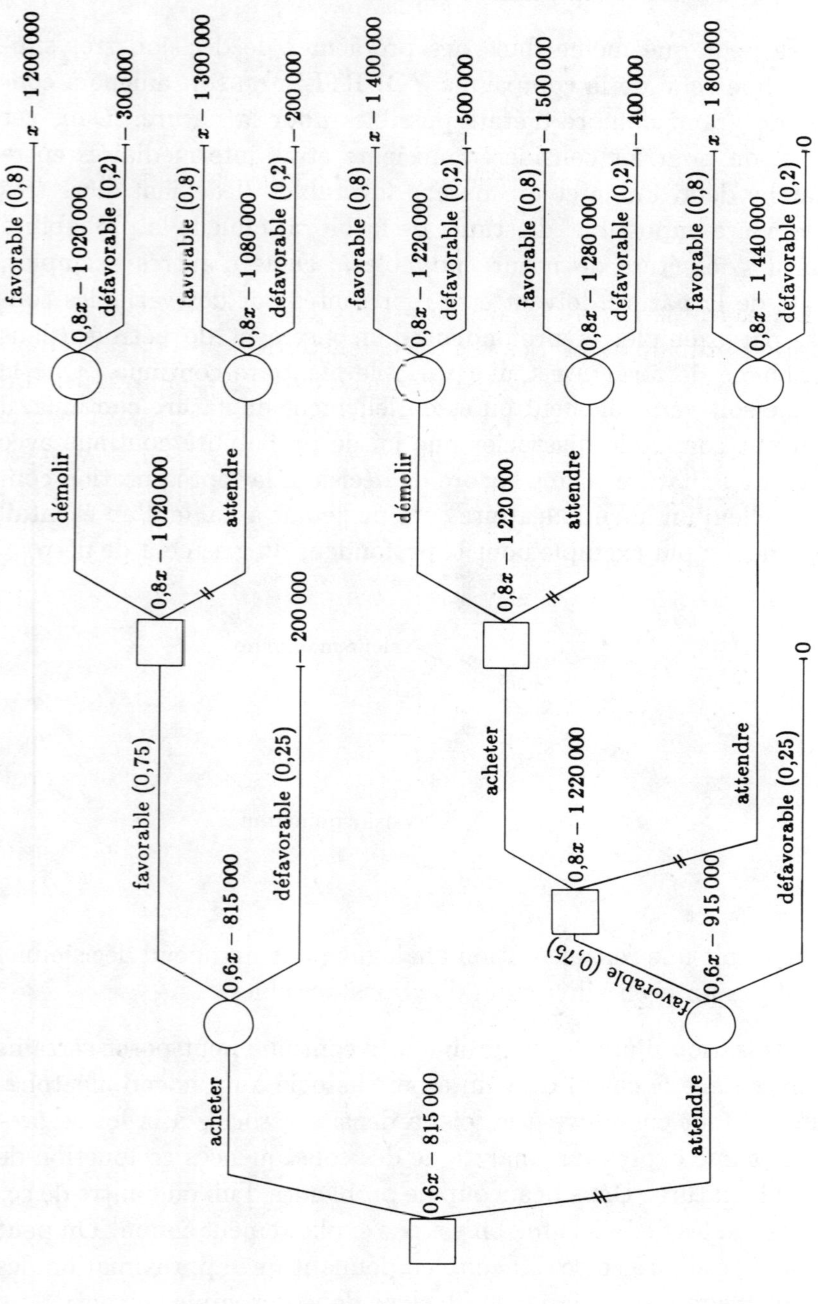

FIGURE 3.7.6: ANALYSE POST-OPTIMALE DES FLOTS MONÉTAIRES

3.7.5 La discrétisation d'une loi de probabilité continue

Il se peut que même dans des problèmes de décision très simples, comme celui de la compagnie YOURTEL, on soit amené à considérer un grand nombre d'états possibles pour la nature. Dans cet exemple, on pourrait considérer plusieurs états intermédiaires entre un marché défavorable et un marché favorable. Il devient alors très difficile, voire impossible, d'estimer de façon rationnelle la probabilité de chacun des états de nature possibles. Dans d'autres exemples, les états de la nature doivent être représentés par des variables continues; par exemple, la profondeur d'un gisement de pétrole (dans un problème de forage) est une variable aléatoire continue. Que le problème soit véritablement ou essentiellement de nature continue, il est souvent commode d'associer une loi de probabilité continue avec les états de la nature. Dans l'arbre de décision, la représentation conventionnelle d'un noeud aléatoire continu se fait à l'aide d'un éventail d'événements; par exemple pour la profondeur du gisement de pétrole:

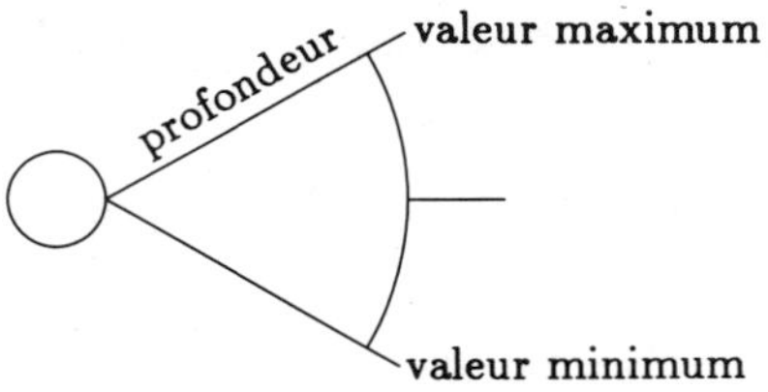

On aurait une représentation analogue pour un noeud décisionnel lorsqu'il y a un éventail continu d'actions possibles.

L'utilisation d'une loi de probabilité continue peut poser certains problèmes dans le calcul du gain espéré associé à un noeud aléatoire. En effet, il faut connaître à la fois la densité associée à la loi de probabilité et une expression analytique des conséquences en fonction de l'état de la nature. Dans beaucoup de problèmes, l'un ou l'autre de ces éléments (ou les deux à la fois) n'est pas explicitement connu. On peut cependant résoudre cette difficulté en donnant une approximation des fonctions inconnues de la façon illustrée dans l'exemple suivant.

Exemple 3.7.6. Le groupe de marketing de la compagnie YOURTEL (voir exemple 3.2.3) voudrait mettre au point un modèle plus réaliste de l'état du marché plutôt que le choix entre favorable et défavorable. Une loi de probabilité continue sur les profits annuels paraît être un modèle approprié. Dans la détermination de cette loi, il faudra tenir compte des considérations suivantes:

- les profits n'ont pratiquement aucune chance d'être inférieurs à 2 millions de dollars, alors qu'il y a une chance sur 20 qu'ils dépassent 30 millions de dollars;
- il semble y avoir un consensus sur le fait que les profits ont autant de chances de dépasser 20 millions de dollars que d'être inférieurs à ce montant;
- il y a une chance sur cinq pour que les profits dépassent 25 millions de dollars, et une chance sur quatre pour qu'ils soient inférieurs à 16 millions de dollars.

Ces considérations subjectives permettent de déterminer cinq points de la fonction de répartition des profits de la compagnie YOURTEL d'après les hypothèses du groupe de marketing. Si on représente par X la valeur des profits (en millions de dollars), on obtient le tableau 3.7.1.

MONTANT DU PROFIT x	FONCTION DE RÉPARTITION $F(x) = P\{X \leq x\}$
2	0
16	0,25
20	0,50
25	0,80
30	0,95

TABLEAU 3.7.1

Pour déterminer la fonction de répartition des profits de la compagnie YOURTEL, on peut ajuster graphiquement une courbe sur les

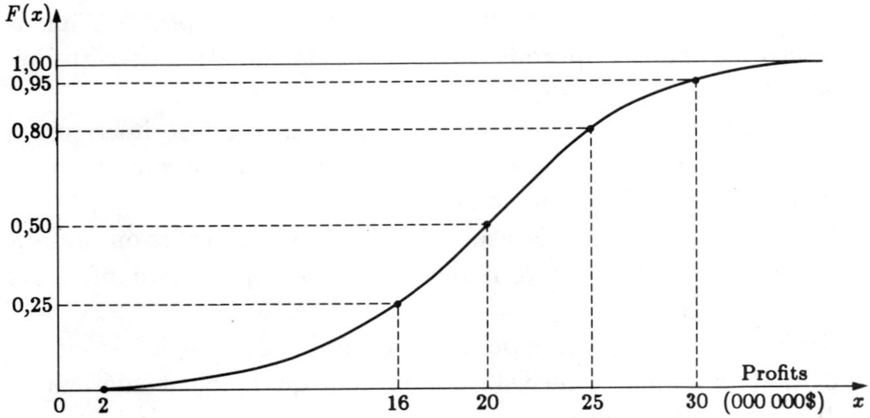

FIGURE 3.7.7: FONCTION DE RÉPARTITION DES PROFITS DE LA COMPAGNIE YOURTEL

cinq points donnés dans le tableau 3.7.1. Cette courbe est donnée en figure 3.7.7.

Pour simplifier le calcul du gain espéré associé à cette fonction de répartition (dont l'expression analytique exacte est inconnue), on cherche une approximation de la loi de probabilité continue par une loi discrète. En principe, on peut avoir une approximation discrète aussi précise qu'on le désire. La précision dépend du nombre de points que l'on utilise dans le processus d'approximation. Grâce à la puissance de calcul des ordinateurs, on pourrait utiliser un nombre de points relativement grand; l'expérience montre cependant que l'on obtient une bonne approximation avec un nombre de points plutôt restreint.

Il y a plusieurs façons de calculer l'approximation désirée. L'une des considérations majeures est de capturer toutes les caractéristiques importantes de la loi de probabilité connue à l'aide d'un petit nombre de points. L'une des méthodes les plus fréquemment utilisées consiste à diviser l'échelle des probabilités cumulatives en intervalles équiprobables. On augmente le nombre d'intervalles jusqu'à ce qu'une approximation satisfaisante ait été obtenue.

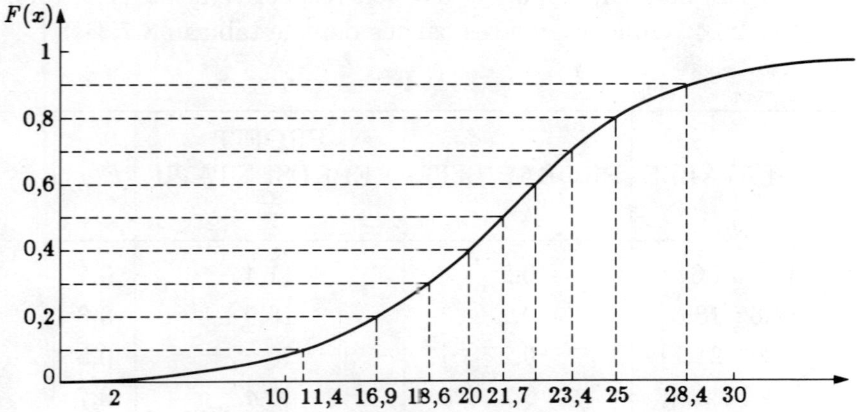

FIGURE 3.7.8: APPROXIMATION D'UNE LOI CONTINUE PAR LA MÉTHODE DES INTERVALLES ÉQUIPROBABLES

Afin d'illustrer cette méthode avec l'exemple de la compagnie YOURTEL, supposons que l'on choisisse de donner une approximation de la fonction de répartition de la figure 3.7.7 avec cinq intervalles équiprobables. Pour ce faire, nous choisissons cinq intervalles égaux sur l'axe des valeurs de la fonction de répartition (axe vertical). On voit sur la figure 3.7.8 qu'il s'agit des intervalles déterminés par les valeurs 0; 0,2; 0,4; 0,6; 0,8 et 1. On obtient les intervalles correspondants pour le profit en déterminant, d'après la figure 3.7.8, les abcisses des points dont les ordonnées sont les valeurs choisies ci-dessus.

On en déduit les intervalles équiprobables suivants:

$$P\{2 < X \leq 14{,}6\} = F(14{,}6) - F(2) = 0{,}2 - 0 = 0{,}2$$
$$P\{14{,}6 < X \leq 18{,}6\} = F(18{,}6) - F(14{,}6) = 0{,}4 - 0{,}2 = 0{,}2$$
$$P\{18{,}6 < X \leq 21{,}7\} = F(21{,}7) - F(18{,}6) = 0{,}6 - 0{,}4 = 0{,}2$$
$$P\{21{,}7 < X \leq 25\} = F(25) - F(21{,}7) = 0{,}8 - 0{,}6 = 0{,}2$$
$$P\{25 < X\} = 1 - F(25) = 1 - 0{,}8 = 0{,}2.$$

Il faut maintenant choisir une valeur unique du profit pour représenter un intervalle tout entier. La méthode recommande le choix du point qui partage l'intervalle en deux sous-intervalles équiprobables. Dans notre exemple, les points représentatifs sont donc les points dont les ordonnées sont 0,1; 0,3; 0,5; 0,7 et 0,9; soit respectivement: 11,4; 16,9; 20; 23,4 et 28,4. On a résumé ces calculs dans le tableau 3.7.2.

INTERVALLE	PROBABILITÉ	PROFIT REPRÉSENTATIF x	$F(x)$
[2 ; 14,6]	0,2	11,4	0,1
[14,6 ; 18,6]	0,2	16,9	0,3
[18,6 ; 21,7]	0,2	20	0,5
[21,7 ; 25]	0,2	23,4	0,7
[25 ; ∞]	0,2	28,4	0,9

TABLEAU 3.7.2

En tenant compte de ces modifications, on peut représenter l'arbre de décision de la figure 3.7.1 sous l'une ou l'autre des formes ci-dessous. Le choix entre les cinq branches et l'éventail dépend essentiellement de l'existence ou non d'actions et d'événements postérieurs à l'action a_2 de la compagnie YOURTEL. Dans les deux cas, le gain espéré associé avec le noeud aléatoire correspondant à l'état du marché pour le nouveau produit est égal à: $0{,}2 \times 11{,}4 + 0{,}2 \times 16{,}9 + 0{,}2 \times 20 + 0{,}2 \times 23{,}4 + 0{,}2 \times 28{,}4 = 20{,}02$.

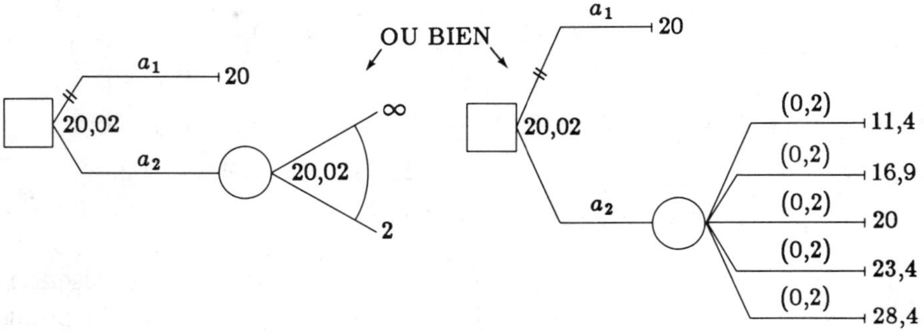

L'analyse de l'arbre de décision nous montre maintenant que l'action optimale est a_2 (lancer le nouveau produit sur le marché) et que cette stratégie procure un gain espéré de 20 020 000 dollars. Le preneur de décision devra cependant prendre conscience du fait que la nature très subjective de la détermination de la fonction de répartition des profits impose une analyse post-optimale très soignée avant de choisir définitivement l'une ou l'autre des stratégies possibles. □

3.8 LA VALEUR ESPÉRÉE DE L'INFORMATION IMPARFAITE ET LE PRINCIPE DE BAYES

Dans les problèmes décisionnels envisagés dans le début de ce chapitre, le preneur de décision choisissait sa stratégie optimale sans information sur les états de la nature autre que celle contenue dans la loi a priori. Cependant, s'il était possible d'obtenir des informations additionnelles sur les états de la nature, par exemple en réalisant une expérience ou une étude préliminaire, on devrait en tenir compte dans la détermination d'une solution optimale. Dans la section 3.6, nous avons introduit le concept de valeur espérée de l'information parfaite. La VEIP représentait le prix maximum que le statisticien serait prêt à payer pour obtenir le résultat d'une expérience donnant une information parfaite sur l'état de la nature. Cependant, une telle expérience n'existe en général pas et la VEIP ne donne qu'une borne supérieure pour le montant que le preneur de décision serait prêt à payer pour une information quelconque. Dans ce paragraphe, nous allons déterminer la valeur espérée de l'information imparfaite (VEII), c'est-à-dire le prix maximum que le statisticien serait prêt à payer pour obtenir une certaine information supplémentaire sur l'état de la nature.

Pour commencer, nous allons enrichir un peu la structure du triplet $(\mathcal{E}, \mathcal{A}, L)$ associé avec un problème de théorie de la décision. Introduisons l'information supplémentaire par l'intermédiaire d'une variable aléatoire X dont la loi dépend de la valeur correcte de l'état de la nature $e \in \mathcal{E}$. Cette variable aléatoire peut représenter les résultats d'une étude de marché, d'une analyse météorologique à long terme, d'un test de qualité dans un processus industriel, etc. Le preneur de décision peut observer (en payant un certain prix) les valeurs prises par cette variable aléatoire.

On appelle *règle de décision* d une correspondance qui à chaque valeur x prise par la variable aléatoire X associe l'action $d(x)$, où $d(x) \in \mathcal{A}$. En d'autres termes, une règle de décision est une façon d'associer une action à chaque résultat possible de l'expérience. Puisque l'action choisie à l'aide d'une règle de décision d dépend du résultat d'une expérience, il en résulte que la fonction de gain du statisticien $L(.,.)$ est maintenant elle-même une variable aléatoire $L(., d(X))$. On appelle *fonction d'opportunité* $R(.,.)$, l'espérance de cette variable aléatoire, et on note lorsque $e = e_i$ est l'état de la nature:

$$R(e_i, d) = E[L(e_i, d(X)) \mid e = e_i].$$

Dans le cas où X est une variable aléatoire discrète prenant des valeurs x, on a:

$$R(e_i, d) = \sum_x L(e_i, d(x)) P\{X = x \mid e = e_i\}$$

où $P\{X = x \mid e = e_i\}$ est la probabilité conditionnelle que le résultat de l'expérience soit x lorsque la valeur correcte de l'état de la nature est e_i.

Appelons $\mathcal{D}$ l'ensemble de toutes les règles de décision du statisticien. En présence de l'expérience dont le résultat est X, on peut remplacer le triplet $(\mathcal{E}, \mathcal{A}, L)$ par le triplet $(\mathcal{E}, \mathcal{D}, R)$. Soit à nouveau $p_i = P\{e = e_i\}$ la probabilité a priori que la nature se trouve dans l'état e_i, $i = 1, \ldots, m$; l'opportunité espérée $R(d)$ associée à la règle de décision d est donnée par:

$$\begin{aligned} R(d) &= \sum_{i=1}^{m} R(e_i, d) p_i \\ &= \sum_{i=1}^{m} \sum_x L(e_i, d(x)) P\{X = x \mid e = e_i\} p_i. \end{aligned}$$

D'après les résultats de la section 2.1 sur les probabilités conditionnelles, nous avons:

$$P\{X = x \mid e = e_i\} p_i = P\{e = e_i \mid X = x\} P\{X = x\}$$

et, par conséquent:

$$\begin{aligned} R(d) &= \sum_{i=1}^{m}\sum_{x} L(e_i, d(x))P\{e = e_i \mid X = x\}P\{X = x\} \\ &= \sum_{x} P\{X = x\}\Big(\sum_{i=1}^{m} L(e_i, d(x))P\{e = e_i \mid X = x\}\Big) \quad (3.8.1) \end{aligned}$$

Comme nous l'avons déjà vu dans la section 1.2.2, les probabilités $P\{e = e_i \mid X = x\}$ s'appellent les *probabilités a posteriori* de l'état de la nature connaissant le résultat de l'expérience. On rappelle que, d'après le théorème de Bayes (proposition 1.2.4), elles sont calculées de la façon suivante:

$$\begin{aligned} P\{e = e_j \mid X = x\} &= \frac{P\{e = e_j, X = x\}}{P\{X = x\}} \\ &= \frac{P\{X = x \mid e = e_j\}P\{e = e_j\}}{\sum_{i=1}^{m} P\{X = x \mid e = e_i\}P\{e = e_i\}}. \end{aligned}$$

On appelle *règle de décision bayésienne* la règle de décision d^* qui maximise l'opportunité espérée $R(d)$. Revenons à l'expression de $R(d)$ donnée dans la relation (3.8.1). On remarque que pour chaque valeur de x il existe une action $d(x) \in \mathcal{A}$ qui maximise la somme $\sum_{i=1}^{m} L(e_i, d(x))P\{e = e_i \mid X = x\}$; soit a_x^* cette action. La règle d^* telle que $d^*(x) = a_x^*$ pour tout résultat possible x de l'expérience est bien la règle de décision bayésienne puisque, pour toute autre règle de décision $d \in \mathcal{D}$, nous avons:

$$\sum_{i=1}^{m} L(e_i, d(x))P\{e = e_i \mid X = x\} \leq \sum_{i=1}^{m} L(e_i, a_x^*)P\{e = e_i \mid X = x\},$$

d'où, en multipliant par $P\{X = x\}$ et en sommant sur toutes les valeurs de x:

$$\begin{aligned} R(d) &= \sum_{x} P\{X = x\}\Big(\sum_{i=1}^{m} L(e_i, d(x))P\{e = e_i \mid X = x\}\Big) \\ &\leq \sum_{x} P\{X = x\}(\sum_{i=1}^{m} L(e_i, a_x^*)P\{e = e_i \mid X = x\}) = R(d^*). \end{aligned}$$

Remarquons que, d'après ce qui précède, la règle de décision bayésienne maximise l'*espérance de gain a posteriori connaissant le résultat de l'expérience.*

Nous allons introduire la valeur espérée de l'information imparfaite en illustrant à l'aide d'exemples les concepts ci-dessus.

Exemple 3.8.1. Revenons à l'exemple 3.7.3 où la compagnie YOURTEL avait l'option de faire une campagne publicitaire dans le cas où le marché était défavorable. Nous avons vu que, dans ces conditions, la stratégie optimale consiste à garder la ligne de produits actuelle (action a_1) pour un gain maximum de 20 millions de dollars.

Supposons maintenant que l'on puisse faire une étude de marché pour déterminer *à l'avance* l'état du marché par rapport au nouveau produit: soit X la variable aléatoire représentant les résultats de cette étude, cette variable aléatoire peut prendre deux valeurs possibles:

x_1: résultats positifs, le marché est favorable;

x_2: résultats négatifs, le marché est défavorable.

A partir de cette expérience (étude de marché), nous pouvons construire les quatre règles de décision suivantes:

d_1: la règle prudente, soit garder la ligne de produits actuelle quel que soit le résultat de l'étude de marché, c'est-à-dire $d_1(x_1) = a_1$ et $d_1(x_2) = a_1$;

d_2: la règle contrariante, soit garder la ligne de produits actuelle lorsque le marché pour le nouveau produit semble favorable, et introduire le nouveau produit lorsque l'étude de marché donne des résultats négatifs, c'est-à-dire $d_2(x_1) = a_2$ et $d_2(x_2) = a_1$;

d_3: la règle confiante qui consiste à prendre l'action suggérée par l'étude de marché, soit $d_3(x_1) = a_1$ et $d_3(x_2) = a_2$;

d_4: la règle optimiste, soit introduire le nouveau produit sur le marché quel que soit le résultat de l'étude, ou $d_4(x_1) = a_2$ et $d_4(x_2) = a_2$.

Il faut maintenant choisir la meilleure parmi ces quatre règles de décision suivant le critère de l'opportunité espérée maximum. Puis, suivant le coût de l'étude de marché, il faudra décider si l'étude mérite d'être faite ou pas. Pour ce faire, nous pouvons effectuer les calculs suggérés ci-dessus dans la définition de la règle de décision bayésienne. On peut également raisonner sur un arbre de décision, ce qui a l'avantage de donner un support visuel au raisonnement. Pour construire notre arbre, revenons à la figure 3.7.4 et éliminons la branche non optimale correspondant à l'action a_2. Introduisons une nouvelle branche correspondant à la réalisation de l'étude de marché dont le coût est, disons, de un million de dollars. L'arbre complété se trouve en figure 3.8.1.

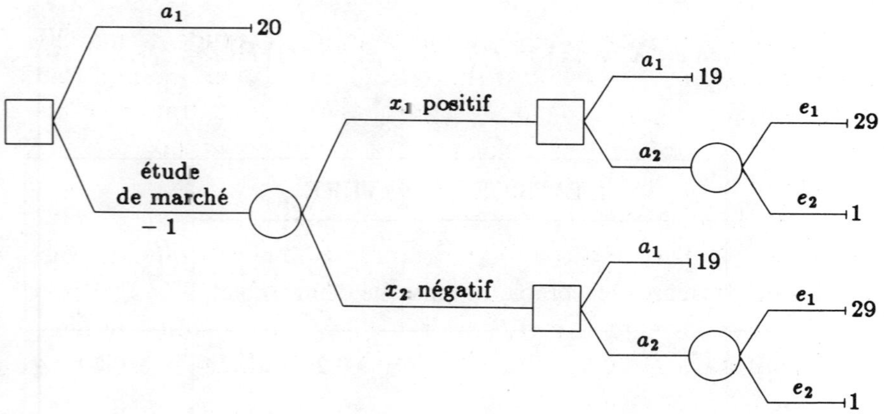

FIGURE 3.8.1: ARBRE DE DÉCISION DE LA COMPAGNIE YOURTEL (ÉTUDE DE MARCHÉ)

Pour déterminer les probabilités associées avec les branches partant des noeuds aléatoires, on utilise généralement des données historiques. Supposons que, dans cet exemple, on dispose des résultats de dix études de marché antérieures. Sur ces dix études, six avaient été conduites dans des situations où le marché était favorable (on s'en était aperçu après l'étude), et quatre dans des situations où le marché était défavorable. Parmi les six études de marché conduites sur des marchés favorables, cinq avaient donné des résultats positifs (suggérant un marché favorable) et une avait donné un résultat négatif. Parmi les quatre études conduites sur des marchés défavorables, deux avaient donné des résultats positifs.

On peut résumer ces données historiques en écrivant les probabilités des résultats de l'étude de marché connaissant l'état correct du marché. Par exemple, d'après ce qui précède, la probabilité d'obtenir des résultats positifs ($X = x_1$) sachant que le marché est favorable ($e = e_1$) est égale à 5 sur 6. D'où $P\{X = x_1 \mid e = e_1\} = \frac{5}{6}$. De même: $P\{X = x_2 \mid e = e_1\} = \frac{1}{6}$, $P\{X = x_1 \mid e = e_2\} = \frac{2}{4}$, et $P\{X = x_2 \mid e = e_2\} = \frac{2}{4}$. A l'aide des probabilités a priori données dans l'exemple 3.5.4, soit $p_1 = P\{e = e_1\} = 0{,}6$ et $p_2 = P\{e = e_2\} = 0{,}4$, on peut calculer la table des probabilités du couple de variables aléatoires (X, e) en utilisant la définition des probabilités conditionnelles, à savoir:

$$P\{e = e_i, X = x_j\} = P\{X = x_j \mid e = e_i\}P\{e = e_i\}.$$

e / X	ÉTATS DE LA NATURE e_1 (marché favorable)	ÉTATS DE LA NATURE e_2 (marché défavorable)	$P\{X = x_j\}$
x_1 positif	0,5	0,2	0,7
x_2 négatif	0,1	0,2	0,3
$P\{e = e_i\}$	0,6	0,4	

Remarquons que, dans la table ci-dessus, on obtient les probabilités marginales $P\{X = x_i\}$ en faisant la somme de chaque ligne; ici $P\{X = x_1\} = 0{,}7$ et $P\{X = x_2\} = 0{,}3$. Nous pouvons maintenant calculer les probabilités a posteriori des états de la nature:

$$P\{e = e_1 \mid X = x_1\} = \frac{P\{e = e_1, X = x_1\}}{P\{X = x_1\}} = \frac{0{,}5}{0{,}7} = \frac{5}{7}.$$

De même: $P\{e = e_2 \mid X = x_1\} = \frac{2}{7}$, $P\{e = e_1 \mid X = x_2\} = \frac{1}{3}$, et $P\{e = e_2 \mid X = x_2\} = \frac{2}{3}$.

Sur la figure 3.8.2, ces probabilités ont été indiquées sur les branches appropriées de l'arbre de décision. On peut alors analyser l'arbre de décision de la façon habituelle pour déterminer le gain espéré maximum. Remarquons que le calcul qui permet d'obtenir les gains espérés associés avec les deux noeuds aléatoires les plus à droite sur la figure 3.8.2 est identique au calcul suggéré avant cet exemple pour obtenir la règle de décision bayésienne. Quelle que soit la méthode de calcul choisie, on constate que la règle de décision bayésienne suggère d'introduire le nouveau produit (action a_2) si les résultats de l'étude de marché sont positifs, et de conserver la ligne de produits actuelle (action a_1) si les résultats de l'étude sont négatifs. C'est donc la règle de décision d_3.

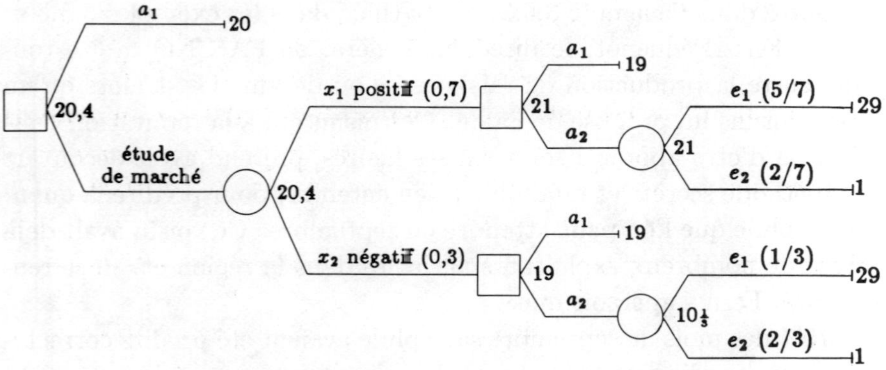

FIGURE 3.8.2: ANALYSE DE L'ARBRE DE DÉCISION DE LA COMPAGNIE YOURTEL (ÉTUDE DE MARCHÉ)

La figure 3.8.2 montre également que, dans l'hypothèse d'une étude de marché coûtant un million de dollars, il est optimal de conduire cette étude et le gain espéré maximum est égal à 20,4 millions de dollars. Remarquons que si la compagnie YOURTEL avait pu obtenir gratuitement l'information résultant de l'étude de marché, son gain espéré maximum aurait été de 21,4 millions de dollars (20,4 plus le coût de l'étude, soit 1). Cette dernière valeur représente une augmentation de 1,4 million de dollars de l'espérance de profit de YOURTEL par rapport au gain espéré maximum (sans étude de marché). Le montant de l'augmentation de profit espéré représente la somme maximale que la compagnie YOURTEL devrait être prête à payer pour obtenir l'information dérivée de l'étude de marché. □

De façon générale, on calcule le *gain espéré avec information imparfaite* (GEII) comme étant le gain espéré maximum que l'on peut obtenir en tenant compte de l'information imparfaite fournie par une expérience ou une étude; le coût de l'expérience ou de l'étude n'est *pas inclus* dans le calcul de GEII. La *valeur espérée de l'information imparfaite* (VEII) est la différence entre GEII et GE^*, le gain espéré maximum (sans information); soit:

$$\text{VEII} = \text{GEII} - \text{GE}^*$$

Exemple 3.8.2. Revenons au problème de la compagnie PAICNO rencontré dans l'exemple 3.2.2 (et continué dans les exemples 3.5.3 et 3.6.1). Fern Péquenot, le directeur général de PAICNO hésite toujours entre la production de raisins secs ou de vin. C'est alors qu'un de ses voisins lui propose de l'aide. Ce voisin, qui a la réputation dans la région d'être apprenti sorcier à ses heures, prétend avoir découvert une méthode secrète et infaillible (bien entendu) pour prédire la quantité de pluie que l'on peut attendre en septembre. Ce voisin avait déjà "aidé" de nombreux exploitants agricoles dans la région et, en se renseignant, Fern s'aperçoit que:

- 70% des mois de septembre sans pluie avaient été prédits correctement, tandis que 20% des mois de septembre sans pluie avaient été prédits comme ayant un peu de pluie, et 10% comme ayant beaucoup de pluie;
- 50% des mois de septembre avec un peu de pluie avaient été prédits correctement, tandis que 20% des mois de septembre avec un peu de pluie avaient été prédits sans pluie, et 30% comme ayant beaucoup de pluie; et finalement
- 60% des mois de septembre très pluvieux avaient été correctement prédits, tandis que 20% de ces mois avaient été prédits sans pluie, et 20% avec un peu de pluie seulement.

En reprenant les états de la nature de l'exemple 3.2.2, soit:

e_1: il ne pleut pas pendant le mois de septembre,
e_2: il pleut un peu pendant le mois de septembre,
e_3: il pleut beaucoup pendant le mois de septembre,
et en choisissant les valeurs suivantes pour la variable aléatoire X qui représente les prévisions de l'ami de Fern:
x_1: pas de pluie prévue en septembre,
x_2: un peu de pluie prévue en septembre,
x_3: beaucoup de pluie prévue en septembre,
nous pouvons résumer l'information obtenue par Fern de la façon suivante:

$P\{X = x_j \mid e = e_i\}$	$e = e_1$	$e = e_2$	$e = e_3$
$X = x_1$	0,7	0,2	0,2
$X = x_2$	0,2	0,5	0,2
$X = x_3$	0,1	0,3	0,6

De plus, dans l'exemple 3.5.3, nous avions la loi a priori suivante:

$$P\{e = e_1\} = 0{,}50, \quad P\{e = e_2\} = 0{,}30, \quad P\{e = e_3\} = 0{,}20.$$

Tout comme dans l'exemple précédent, nous pouvons maintenant calculer la table des probabilités du couple de variables aléatoires (X, e) en utilisant la définition des probabilités conditionnelles. Les calculs sont donnés dans le tableau 3.8.1. A partir de ce tableau, on peut calculer la table des probabilités a posteriori des états de la nature. Par exemple:

$$P\{e = e_1 \mid X = x_1\} = \frac{P\{e = e_1, X = x_1\}}{P\{X = x_1\}} = \frac{0{,}35}{0{,}45} = 0{,}778.$$

Les probabilités a posteriori sont données dans le tableau 3.8.2.

Afin de déterminer la règle de décision bayésienne, nous allons maintenant effectuer les calculs suggérés dans la définition de cette règle, c'est-à-dire déterminer pour chaque valeur x de X l'action a_x^*

$P\{X = x_j, e = e_i\}$	$e = e_1$	$e = e_2$	$e = e_3$	$P\{X = x_j\}$
$X = x_1$	0,35	0,06	0,04	0,45
$X = x_2$	0,10	0,15	0,04	0,29
$X = x_3$	0,05	0,09	0,12	0,26
$P\{e = e_i\}$	0,50	0,30	0,20	

TABLEAU 3.8.1

$P\{e = e_i \mid X = x_j\}$	$X = x_1$	$X = x_2$	$X = x_3$
$e = e_1$	0,778	0,345	0,192
$e = e_2$	0,133	0,517	0,346
$e = e_3$	0,089	0,138	0,462

TABLEAU 3.8.2

qui maximise la somme $\sum_{i=1}^{3} L(e_i, d(x))P\{e = e_i \mid X = x\}$. Nous laissons au lecteur le soin d'obtenir le même résultat en construisant l'arbre de décision approprié. Nous allons utiliser le tableau 3.8.3 pour présenter les calculs. On déduit de ce tableau que la règle bayésienne d^* est telle que:

$$d^*(x_1) = a_1, \quad d^*(x_2) = a_1, \quad d^*(x_3) = a_2.$$

Elle consiste à toujours produire des raisins secs, sauf si les prédictions de l'ami de Fern indiquent qu'il y aura beaucoup de pluie en septembre. Dans ce dernier cas, il vaut mieux produire du vin. Dans ces conditions, le risque (profit) optimal est donné par:

$$R(d^*) = \sum_{j=1}^{3} P\{X = x_j\}\Big(\sum_{i=1}^{3} L(e_i, a^*_{x_j})P\{e = e_i \mid X = x_j\}\Big),$$

$X = x$	$d(x)$	$\sum_{i=1}^{3} L(e_i, d(x))P\{e = e_i \mid X = x\}$	MAX	a_x^*
$x = x_1$	a_1	$600 \times 0{,}778 + 500 \times 0{,}133 - 200 \times 0{,}089 = 515{,}5$	•	a_1
	a_2	$400 \times 0{,}778 + 300 \times 0{,}133 + 200 \times 0{,}089 = 368{,}9$		
$x = x_2$	a_1	$600 \times 0{,}345 + 500 \times 0{,}517 - 200 \times 0{,}138 = 437{,}9$	•	a_1
	a_2	$400 \times 0{,}345 + 300 \times 0{,}517 + 200 \times 0{,}138 = 320{,}7$		
$x = x_3$	a_1	$600 \times 0{,}192 + 500 \times 0{,}346 - 200 \times 0{,}462 = 195{,}8$		
	a_2	$400 \times 0{,}192 + 300 \times 0{,}346 + 200 \times 0{,}462 = 273{,}0$	•	a_2

TABLEAU 3.8.3

soit ici:

$$R(d^*) = 0{,}45 \times 515{,}5 + 0{,}29 \times 437{,}9 + 0{,}26 \times 273{,}0 = 429{,}95.$$

On a bien entendu $R(d^*) = \text{GEII}$. On a vu dans l'exemple 3.5.3 que $\text{GE}^* = 410$ et, par conséquent, la valeur espérée de l'information imparfaite est donc égale à:

$$\text{VEII} = \text{GEII} - \text{GE}^* = 429{,}95 - 410 = 19{,}95.$$

Par conséquent, la compagnie PAICNO devrait être prête à payer l'information fournie par l'ami de Fern jusqu'à concurrence de 19,95 dollars par hectare, soit un maximum de 997,50 dollars pour les 50 hectares de vignes. □

3.9 UTILITÉ ET PRÉFÉRENCES DU PRENEUR DE DÉCISION

Le critère du gain net espéré, que nous avons utilisé dans ce qui précède, paraît être raisonnable dans un problème décisionnel à caractère répétitif et où il y a relativement peu d'écart entre les différentes conséquences financières possibles. Cependant, dans une situation où des gains ou des pertes considérables sont possibles, le preneur de décision hésitera à suivre ce critère et choisira peut-être une action donnant un gain espéré moins élevé mais présentant moins de risques. L'exemple suivant illustre une telle situation.

Exemple 3.9.1. *L'achat d'une police d'assurance*

Le propriétaire d'une maison doit décider de l'assurer ou non contre l'incendie. Pour formaliser ce problème décisionnel, nous pouvons supposer que la nature peut se trouver dans l'un des deux états suivants:

e_1: la maison brûle dans le courant de l'année,

e_2: la maison ne brûle pas dans le courant de l'année;

et notre propriétaire peut choisir parmi deux actions possibles:

a_1: acheter une police d'assurance,

a_2: ne pas acheter une police d'assurance.

Les calculs des actuaires montrent que, chaque année, deux maisons sur mille dans cette catégorie sont détruites par le feu. La probabilité de l'état e_1 est donc 0,002, tandis que celle de l'état e_2 est $1 - 0{,}002 = 0{,}998$. La perte en cas d'incendie est de 160 000 dollars, tandis que le prix de la police d'assurance est de 400 dollars.

	a_1	a_2	p_i
e_1	– 400	–160 000	0,002
e_2	–400	0	0,998
GE(a)	–400	– 320	

TABLEAU 3.9.1

La table des gains du propriétaire, dans le format utilisé dans la section 3.5, est donnée dans le tableau 3.9.1. Le gain espéré optimal est donc GE* $= -320$, et l'action optimale est a_2 qui consiste à ne pas s'assurer.

Par conséquent, le critère du gain espéré maximum suggère de ne pas acheter d'assurance. Cependant, notre propriétaire, comme la plupart des gens auxquels le problème se pose, va vraisemblablement assurer sa maison contre l'incendie. La possibilité de perdre cet investissement, qui représente la plus grande partie du patrimoine de sa famille, n'est pas un risque acceptable. Le paiement d'une prime annuelle semble créer un sentiment de sécurité qui compense largement la différence de gain espéré entre les deux stratégies. □

La règle du gain espéré maximum suggère donc de choisir la stratégie la moins préférée par le preneur de décision. Est-ce à dire que cette règle n'est pas valable? Pour répondre à cette question, il nous faut examiner les valeurs monétaires utilisées dans l'exemple 3.9.1. La "vraie valeur" des conséquences de l'incendie n'est pas uniquement reflétée par la perte financière. Le détenteur d'une police d'assurance est prêt à payer plus que sa perte espérée pour acheter sécurité et tranquillité d'esprit. On dit que l'*utilité* du preneur de décision est accrue par l'achat de la police d'assurance. L'utilité, comme nous allons le voir dans la suite, est une mesure relative et non pas une mesure absolue. Si notre preneur de décision possède aussi une maison valant 80 000 dollars, on ne peut pas dire que l'utilité de cette maison est la moitié de l'utilité de la maison valant 160 000 dollars. La température est un autre exemple de mesure relative: bien qu'il fasse plus chaud lorsque la température est de 30°C plutôt que 15°C, on ne peut pas dire qu'il fasse deux fois plus chaud.

Nous pouvons donc répondre à la question posée dans le paragraphe précédent de la façon suivante: la règle du gain espéré maximum n'est pas vraiment remise en question. Ce qui est remis en cause, c'est l'utilisation des valeurs monétaires (dollars) pour mesurer les conséquences de certaines stratégies. La discussion précédente suggère qu'il est plus judicieux d'utiliser une mesure relative qui tient compte des préférences du preneur de décision, en particulier en présence de risque.

Il nous faut donc essayer de quantifier de façon systématique l'attitude d'un preneur de décision vis-à-vis du risque. A cet effet, nous allons introduire le concept de *courbe d'utilité* (ou *courbe de préférences*).

3.9.1 Courbe de préférences

La courbe d'utilité (ou courbe de préférences) va permettre d'attribuer à chaque noeud aléatoire d'un arbre de décision son *équivalent monétaire certain* (EMC), c'est-à-dire le montant minimum que le preneur de décision serait prêt à accepter à la place du risque associé à ce noeud aléatoire.

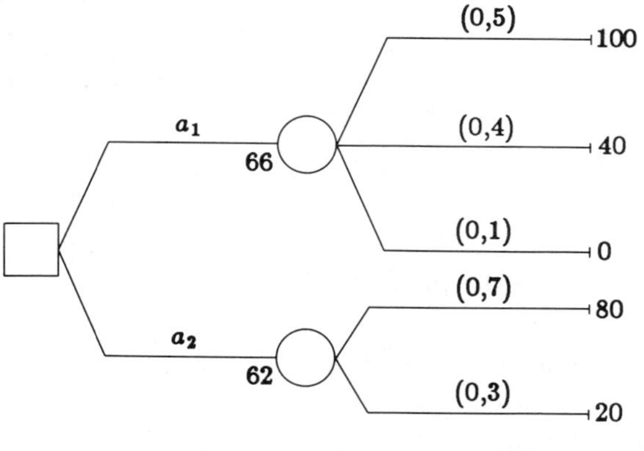

FIGURE 3.9.1

Pour illustrer la construction et l'utilisation d'une courbe d'utilité, considérons l'arbre de décision de la figure 3.9.1 où tous les gains sont exprimés en milliers de dollars. Si le preneur de décision base sa décision sur le critère du gain espéré maximum, il choisit l'action a_1 qui donne un gain espéré de 66 000 dollars, de préférence à l'action a_2 dont le gain espéré est de 62 000 dollars. Cependant, un preneur de décision prudent, et qui veut se garantir un gain minimum d'au moins 20 000 dollars, peut très bien préférer l'action a_2.

Il serait sans doute assez difficile pour le preneur de décision d'attribuer directement un EMC aux neuds aléatoires de la figure 3.9.1. En effet, il est difficile de comparer des situations où les conséquences sont différentes. Il faudra utiliser une procédure systématique afin d'éviter les contradictions internes dans la détermination des EMC (par exemple, absence de transitivité dans les équivalents monétaires certains). La méthode de la *loterie de référence* permet d'obtenir un classement non contradictoire des préférences du preneur de décision. La loterie (hypothétique) de référence est un noeud aléatoire à deux branches, une pour chacune des deux conséquences (financières) extrêmes du problème. Pour le problème de décision de la figure 3.9.1, la loterie de référence prend la forme ci-dessous:

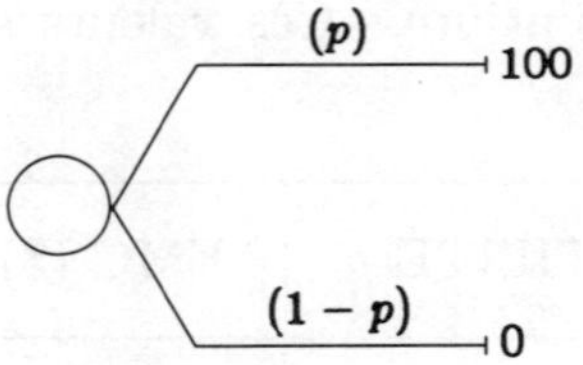

puisque les gains minimum et maximum sont respectivement 0 et 100 000 dollars.

Nous allons maintenant déterminer, pour un certain nombre de valeurs de p (associées avec le risque inhérent à la loterie), un montant équivalent pour le preneur de décision à une loterie de référence où la probabilité d'obtenir le meilleur résultat est p. Les deux équivalents monétaires suivants sont incontestables:

- si $p = 1$, l'EMC de la loterie de référence est 100 000 dollars;
- si $p = 0$, l'EMC est clairement égal à zéro.

Pour d'autres valeurs de p, l'EMC va varier en fonction de l'attitude du preneur de décision vis-à-vis du risque. Supposons que, pour notre preneur de décision, nous ayons les EMC suivants:

- si $p = 0{,}5$, le gain espéré de la loterie de référence est 50 000 dollars. Notre preneur de décision ayant une certaine aversion pour le risque accepterait certainement ce montant en échange de cette loterie; cependant, il se contenterait de 25 000 dollars pour ne pas avoir à prendre le risque inhérent à cette loterie (25 000 est le montant minimum, il n'accepterait pas moins). L'EMC associé à $p = 0{,}5$ est donc 25 000 dollars;

- si $p = 0{,}8$, le gain espéré de la loterie de référence est 80 000 dollars. Notre preneur de décision accepterait 50 000 dollars certains en échange de ces 80 000 espérés;
- si $p = 0{,}25$, le gain espéré de la loterie de référence est 25 000 dollars; mais étant donné que la probabilité d'un gain nul est 0,75, le preneur de décision accepterait un montant de 10 000 dollars, mais il n'accepterait pas un montant inférieur.

La valeur du paramètre p qui a permis de déterminer l'EMC de la loterie de référence est appelée *utilité* de cet EMC. Les hypothèses ci-dessus ont donc permis de déterminer cinq points de la courbe de préférences ou courbe d'utilité. Ces valeurs sont résumées dans le tableau 3.9.2.

UTILITÉ p	EMC ($)
0	0
0,25	10 000
0,5	25 000
0,8	50 000
1	100 000

TABLEAU 3.9.2

On convient habituellement, comme nous le faisons en figure 3.9.2, de représenter les courbes d'utilité avec les EMC sur l'axe horizontal et les utilités sur l'axe vertical. Nous avons tracé une courbe relativement "lisse" qui passe par les cinq points déterminés ci-dessus. Une courbe d'utilité est toujours non décroissante, mais elle n'est pas nécessairement aussi régulière que celle de la figure 3.9.2. En pratique, on peut se contenter d'une courbe telle que celle que nous venons de tracer si l'on n'a aucune raison de remettre en question les utilités qu'elle reflète. Dans le cas contraire, il est bon de déterminer les

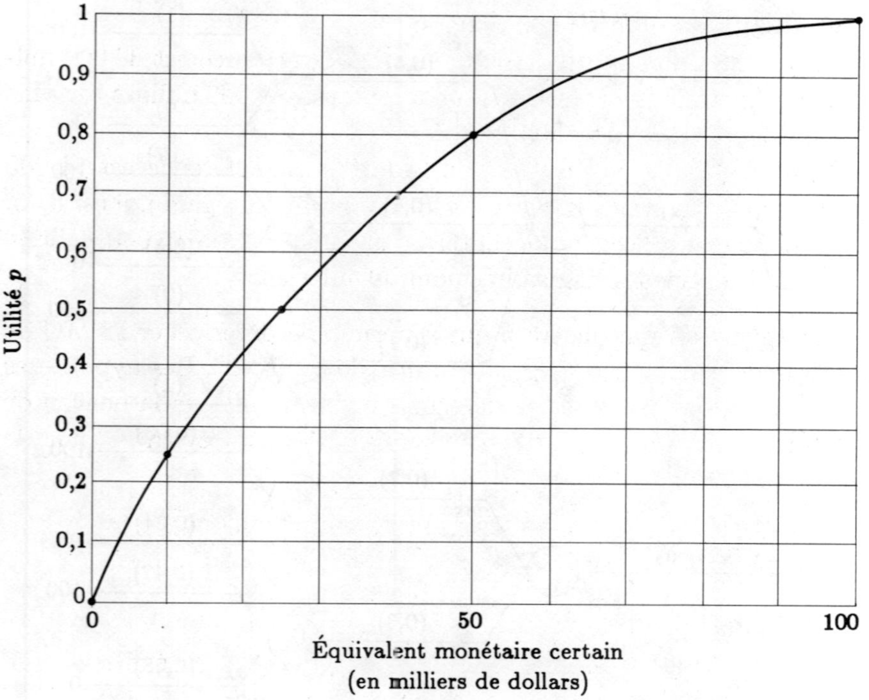

FIGURE 3.9.2: COURBE D'UTILITÉ

EMC associés à un plus grand nombre de valeurs de p afin de mieux refléter l'attitude du preneur de décision vis-à-vis du risque.

Pour en revenir au problème de décision de la figure 3.9.1, nous pouvons utiliser la courbe d'utilité de la figure 3.9.2 pour remplacer chacun des gains (considéré comme un EMC) par sa loterie de référence associée (l'utilité est déterminée par la courbe de la figure 3.9.2). Par exemple, le gain de 80 000 dollars correspond, d'après la figure 3.9.2, à une utilité de 0,96. Il est donc associé à une loterie de référence où $p = 0{,}96$. En introduisant ces loteries de référence sur la figure 3.9.1, on obtient la figure 3.9.3.

On peut simplifier la figure 3.9.3 en regroupant pour les deux noeuds aléatoires suivant a_1 et a_2 toutes les branches se terminant

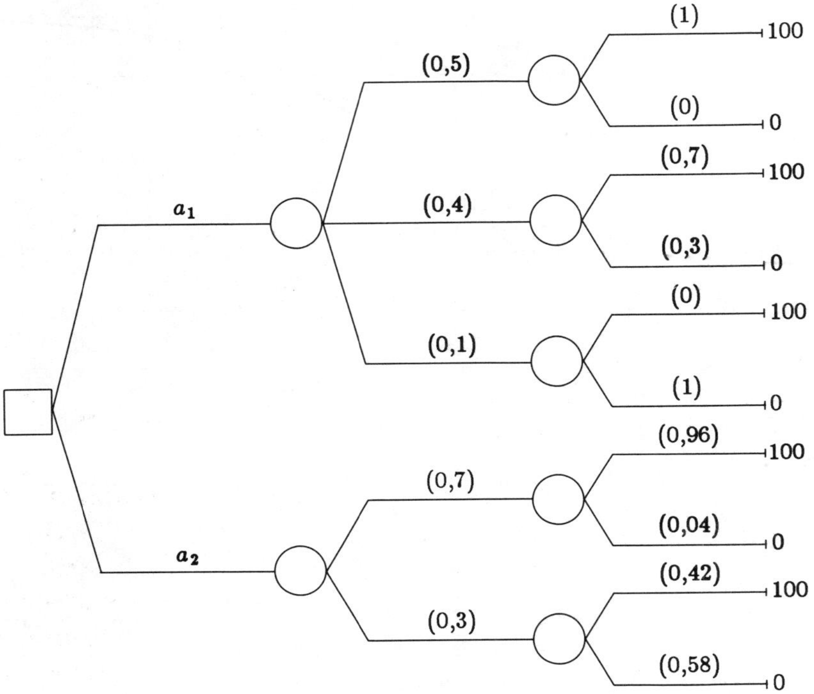

FIGURE 3.9.3

avec un gain égal à 100 d'une part, et à zéro d'autre part. Par exemple, pour le noeud aléatoire faisant suite à a_1, la probabilité associée au gain de 100 est égale à $0{,}5 \times 1 + 0{,}4 \times 0{,}7 + 0{,}1 \times 0 = 0{,}78$. Le réseau simplifié est donné en figure 3.9.4.

Le choix entre les actions a_1 et a_2 est donc réduit au choix entre deux loteries de référence (loteries hypothétiques où l'on gagne 100 000 dollars avec probabilité p et zéro avec probabilité $1 - p$) dont l'une a pour probabilité de gagner $p = 0{,}78$ (a_1) et l'autre $p = 0{,}798$ (a_2). La décision optimale est alors l'action a_2, et son équivalent monétaire certain est, d'après la courbe d'utilité de la figure 3.9.2, légèrement supérieur à 50 000 dollars.

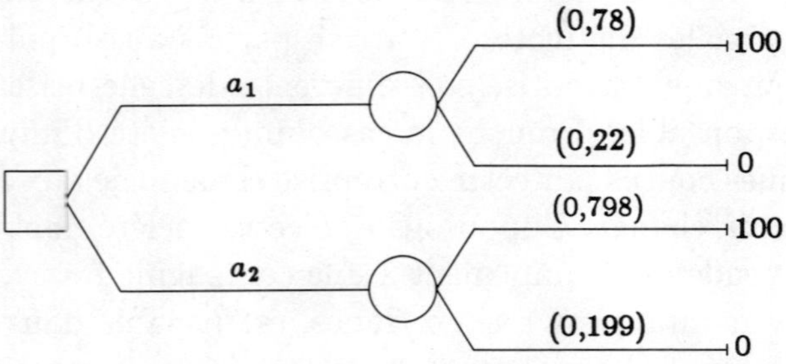

FIGURE 3.9.4

En pratique, nous pouvons simplifier la procédure illustrée par les figures 3.9.3 et 3.9.4 en indiquant, directement à côté de chacun des gains de la figure 3.9.1, l'utilité correspondante d'après la courbe de préférences. C'est ce que nous avons fait en figure 3.9.5.

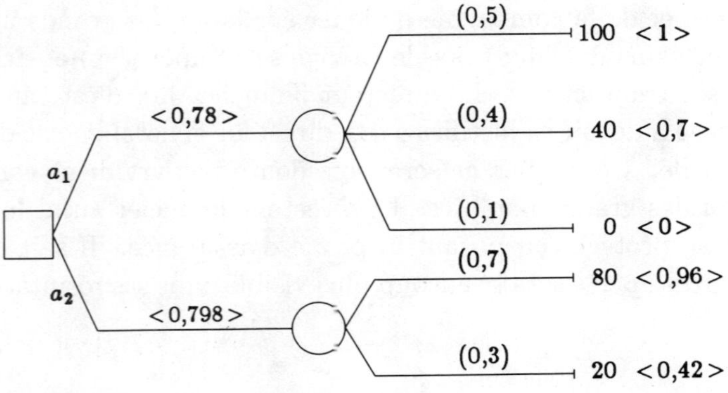

FIGURE 3.9.5

Il suffit alors de calculer l'utilité espérée maximale, de la même façon que l'on calcule le gain espéré maximal. Par exemple, l'utilité espérée associée avec l'action a_2 est $0{,}7 \times 0{,}96 + 0{,}3 \times 0{,}42 = 0{,}798$. On remarque, sur la figure 3.9.5, que l'on a représenté les utilités entre les symboles < >, afin de les distinguer des probabilités des états de la nature qui apparaissent entre parenthèses.

Il est vraisemblable que deux preneurs de décision vont avoir des courbes de préférences différentes. Ces courbes peuvent conduire à des décisions optimales distinctes. Il arrive parfois aussi que la décision optimale pour une entreprise soit différente de celle prise par le gestionnaire responsable. Prenons le cas d'une société d'import-export; l'un des risques courus par cette entreprise est associé aux fluctuations dans le taux de change. Supposons que cette société dont le siège est à Montréal vende de l'équipement à une compagnie française. La facture, dont le montant est fixé en francs, est payable dans trois mois. Une dévaluation du franc pendant cette période pourrait avoir des conséquences financières néfastes pour notre entreprise montréalaise. Le directeur financier de cette société peut cependant minimiser le risque en se procurant une assurance qui lui garantit un taux de change fixe, lequel est néanmoins inférieur au taux de change espéré au moment du règlement de la facture. Si le chiffre d'affaires de l'entreprise est suffisamment important pour qu'une perte de cette nature ne mette pas en cause sa stabilité financière, et si le volume de transactions internationales est assez conséquent, il est vraisemblablement dans l'intérêt de la compagnie de jouer sur la loi des grands nombres (pertes et gains dus aux taux de change se compensent) et de ne pas assurer ses transactions. Le directeur financier, lui, n'est sans doute pas disposé à devoir se justifier à son directeur général en cas de perte substantielle. Ce dernier ne sera sans doute pas vraiment convaincu par la loi des grands nombres. Le directeur financier aura donc tendance à se protéger en payant la prime d'assurance. Il sait en effet qu'une grosse perte sera beaucoup plus visible dans ses résultats qu'un gros profit.

3.9.2 Détermination des préférences du preneur de décision

Étant donné l'importance de la courbe de préférences dans le choix de la stratégie optimale, il apparaît que sa construction doit être faite avec le plus grand soin. Dans la section précédente, nous avions construit une loterie de référence dont les "prix" étaient les conséquences financières extrêmes du problème décisionnel. Nous avons ensuite déterminé les équivalents monétaires certains (EMC) de ces loteries de référence pour plusieurs valeurs de la probabilité p de "gagner". Nous avons finalement ajusté une courbe à partir des points ainsi déterminés, et nous avons supposé que cette courbe d'utilité donnait les EMC pour toutes les autres loteries de référence dans le domaine considéré. Dans cette section, nous allons décrire un processus qui, d'après un certain nombre d'études expérimentales, facilite la détermination de courbes de préférences fiables.

L'expérience montre que la plupart des gens trouvent qu'il est plus facile de déterminer l'EMC d'une loterie de référence lorsque les probabilités de chacune des conséquences sont égales (à 0,5). Il semble qu'il soit plus difficile d'appréhender l'EMC d'une loterie de référence dont les deux conséquences ont des probabilités différentes (par exemple 0,3 pour le meilleur résultat et 0,7 pour le moins bon). Il en résulte que le processus proposé détermine des points de la courbe de préférences en choisissant toujours des loteries de référence où la probabilité p est égale à 0,5; par contre, les valeurs des deux conséquences varient d'une loterie à l'autre.

Pour illustrer la méthode, reprenons le cas du preneur de décision qui cherche à construire sa courbe d'utilité entre les deux limites, zéro et 100 000 dollars.

1. On commence par déterminer l'EMC d'une loterie entre zéro et 100 000 dollars avec probabilité $p = 0{,}5$ de gagner. Nous avons choisi pour cette loterie, dans la section 3.9.1, un EMC de 25 000 dollars.
2. On prend ensuite une loterie de référence entre 0 et 25 000 dollars, toujours avec probabilité $p = 0{,}5$. Supposons que l'EMC de cette loterie soit 10 000 dollars.
3. On considère alors une loterie de référence entre 25 000 et 100 000 dollars, toujours avec probabilité $p = 0{,}5$. Disons que l'EMC de cette loterie est 45 000 dollars.

Pour ramener l'EMC obtenu dans le cas 2 ci-dessus à un EMC pour une loterie de référence entre zéro et 100 000 dollars, il suffit d'observer la procédure appliquée sur la figure 3.9.6. Les EMC sont indiqués à l'intérieur des noeuds aléatoires. Sur cette figure, on a regroupé dans le cas 2 les extrémités terminales correspondant à un

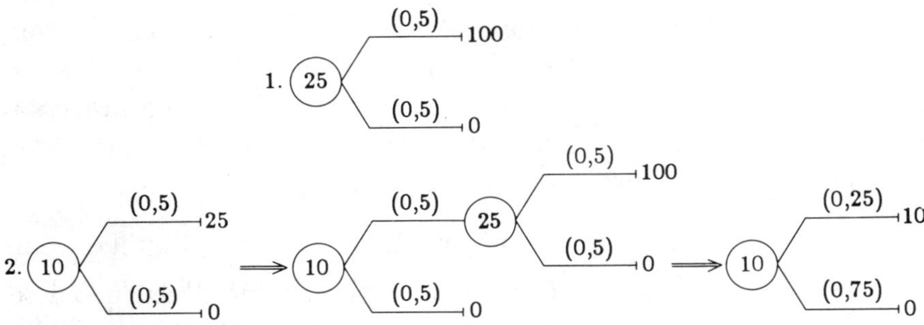

FIGURE 3.9.6

gain nul avec probabilité 0,5 + 0,5 × 0,5 = 0,75. On obtiendrait de la même façon que l'EMC de 45 000 dollars correspond à une loterie de référence entre 0 et 100 000 dollars avec probabilité $p = 0{,}75$ (de gagner 100 000 dollars).

La méthode commencée avec les cas 1, 2 et 3 continue de la même façon et permet, à l'itération suivante, de déterminer les EMC de loteries de référence avec probabilités p égales successivement à 0,125; 0,375; 0,625 et 0,875. En répétant cette procédure, on obtient autant de points de la courbe de préférences qu'on souhaite en avoir.

Dans la mesure où le preneur de décision est plus à l'aise pour déterminer ses EMC avec des loteries où les deux conséquences ont des probabilités égales, la méthode que nous venons d'exposer (connue, pour des raisons évidentes, sous le nom de détermination *en chaîne* des préférences du preneur de décision) est plus fiable que la méthode directe décrite dans la section 3.9.1.

Pour en terminer avec la construction d'une courbe de préférences pour un preneur de décision, nous faisons quelques remarques concernant le choix d'une loterie de référence. Attardons-nous plus particulièrement sur le choix des conséquences extrêmes que l'on appelle également *conséquences de référence.* Il est clair que le domaine défini par les conséquences de référence doit comprendre le domaine défini par la conséquence la plus favorable et la moins favorable du problème décisionnel considéré. Cependant, tout couple de conséquences de référence qui satisfait cette condition est-il acceptable? L'expérience montre que, si nous avions utilisé une courbe d'utilité construite à partir d'une loterie de référence entre -10 et 10 millions de dollars pour le problème décisionnel de la figure 3.9.1, nous serions presque inévitablement arrivés à des résultats contradictoires par rapport à ceux obtenus à l'aide de la courbe de la figure 3.9.2. Le choix d'une "bonne" loterie de référence demande donc certaines précautions: d'abord, l'écart entre les deux conséquences de référence doit être suffisamment grand afin que le preneur de décision puisse "sentir" le risque inhérent au problème (une loterie de référence entre 30 000 et 31 000 dollars ne sera pas très utile, car il y a peu de différence relative entre ces deux montants). Par ailleurs, si les sommes en jeu sont bien au-delà des montants avec lesquels le preneur de décision a l'habitude de faire des affaires, les EMC risquent d'être choisis arbitrairement. Certains auteurs suggèrent de déterminer le montant X que le preneur de décision peut se permettre de dépenser en une année, et de choisir une loterie avec des conséquences de référence égales à $-X$ et $2X$ pour déterminer sa courbe d'utilité. Cette courbe doit être mise à jour aussi régulièrement que possible car, comme nous allons le voir par la suite, les préférences du preneur de décision évoluent régulièrement.

3.9.3 Attitudes devant le risque

Revenons à la courbe de préférences de la figure 3.9.2. Chaque EMC déterminé par le preneur de décision est inférieur ou égal au gain espéré de la loterie de référence correspondante. On dit qu'un tel preneur de décision a une *aversion pour le risque.* Il en résulte une courbe de préférences *concave.* Remarquons que l'utilité marginale du preneur de décision (représentée géométriquement par la pente de la tangente à la courbe) diminue lorsque le gain augmente: son utilité décroît rapidement lorsque la perte s'agrandit, mais elle n'augmente pas aussi vite que son gain.

Le comportement d'une personne qui *aime* (ou recherche) *le risque* est l'opposé du comportement de celle qui a une aversion pour le risque. Son EMC est supérieur ou égal au gain espéré de la loterie de référence correspondante. Sa courbe de préférences est *convexe*. Plus le gain maximum est élevé, plus le comportement d'une personne qui aime le risque va être différent de celui d'une personne qui a une aversion pour celui-ci. L'utilité marginale du preneur de décision augmente avec le gain: chaque dollar supplémentaire procure un sentiment de bien-être proportionnellement plus grand que le dollar précédent.

Finalement, le troisième type de comportement est la *neutralité* devant le risque. L'EMC est exactement égal au gain espéré de la loterie de référence, et la courbe d'utilité est *linéaire*. C'est un comportement caractéristique d'un preneur de décision qui est très riche, comme une grande compagnie multinationale. Remarquons cependant qu'un tel comportement n'est en général valable que pour un domaine limité de conséquences. Une compagnie multinationale s'assurera contre des pertes substantielles, telles que la destruction d'un avion ou d'une usine. Cela s'applique également aux individus: beaucoup de personnes qui ont une aversion pour le risque deviennent neutres lorsque les sommes en jeu sont faibles. C'est ce qu'illustre l'exemple de l'assurance-automobile: une personne a tendance à assurer une voiture neuve contre tous les risques (aversion pour le risque en présence d'un actif de valeur relativement élevé); mais après que la valeur de la voiture a diminué avec le temps, la personne a tendance à ne prendre qu'une assurance au tiers (ce qui reflète une plus grande neutralité face à un risque limité).

La figure 3.9.7 illustre les trois types de courbe d'utilité suivant l'attitude devant le risque du preneur de décision.

La plupart des gens ont à la fois une aversion et une passion pour le risque, en fonction des sommes en jeu. Lorsqu'un jeune entrepreneur crée une société, les risques sont importants: tout son capital est en jeu et il y a un risque non négligeable de faillite. On peut dire que ces entrepreneurs aiment le risque. Leur motivation réside dans la possibilité de faire fortune et d'être leur propre patron. Lorsque ces gens connaissent le succès et commencent à être reconnus par leurs concitoyens, leur attitude vis-à-vis du risque change et beaucoup développent une aversion pour le risque. A ce moment, il n'existe probablement aucune possibilité d'investissement qui puisse les convaincre de prendre

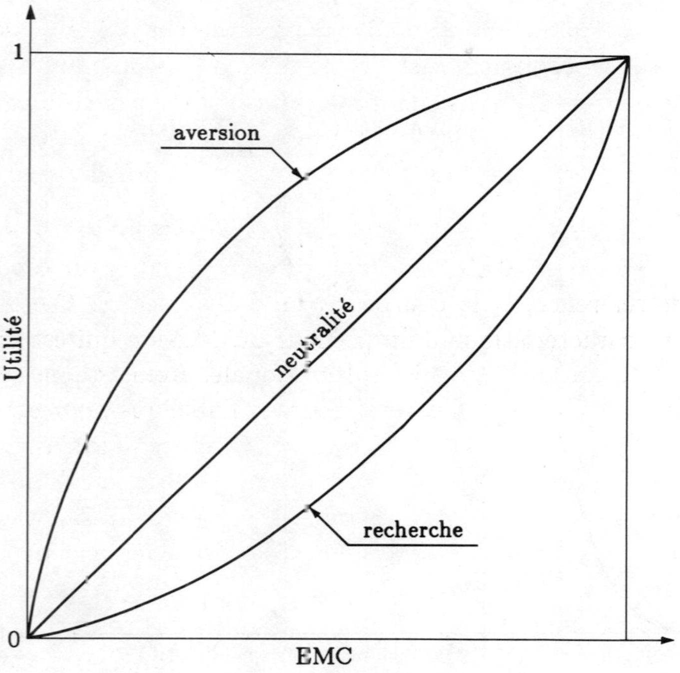

FIGURE 3.9.7: COURBE D'UTILITÉ ET ATTITUDE DEVANT LE RISQUE

un risque qui remettrait en cause leur fortune ou leur position dans leur groupe social.

On peut donc concevoir l'attitude d'un individu évoluant entre une aversion et une passion pour le risque. En général, une personne qui aime le risque se fixe un certain objectif financier. Par exemple, un jeune cadre peut investir dans des titres très spéculatifs jusqu'à ce qu'il gagne assez pour pouvoir acheter une maison. Pour ces personnes, le fait de perdre n'est pas très différent du fait de maintenir le statu quo. Cependant, une fois cet objectif atteint, la perception change et la personne va développer une aversion pour le risque jusqu'à ce qu'un nouvel objectif financier prenne forme. La courbe d'utilité d'une telle personne est donnée en figure 3.9.8. La fortune apparaît sur l'axe horizontal et l'utilité sur l'axe vertical. Cette figure met en évidence l'alternance passion/aversion dans l'attitude devant le risque.

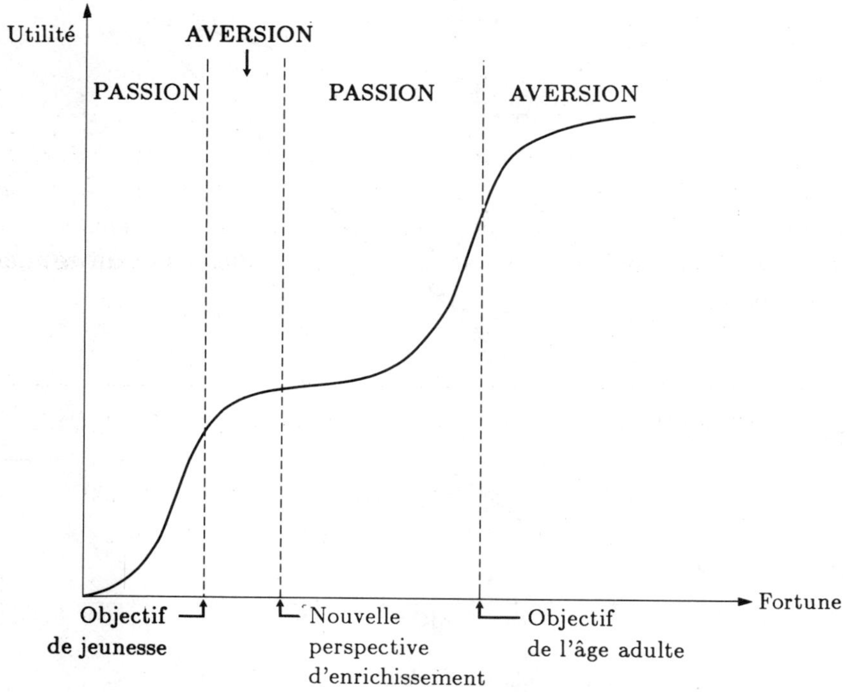

FIGURE 3.9.8: UTILITÉ D'UN INDIVIDU SUR UNE LONGUE PÉRIODE DE TEMPS

Nous voyons donc bien que l'utilité d'un preneur de décision est sujette à des variations constantes au cours du temps. Il est donc judicieux de mettre sa courbe de préférences à jour avant une décision importante, afin de refléter l'état actuel de notre attitude devant le risque.

3.10 LOGICIELS POUR L'ANALYSE DES ARBRES DE DÉCISION

La prolifération des micro-ordinateurs dans le monde des affaires et la popularité des techniques d'analyse à l'aide d'arbres de décision ont contribué au développement de nombreux logiciels dans ce domaine. Dans la revue OR/MS Today, Henrion (1985) a évalué trois des logiciels les plus connus, bien qu'encore à des stades divers de développement.

Ces trois logiciels – Riskcalc, Arborist et Supertree – permettent de construire des arbres de décision avec des noeuds décisionnels et des noeuds aléatoires. Ils calculent les valeurs espérées, ou les lois de probabilité, des résultats de diverses stratégies. Ils sont utilisables sur micro-ordinateur IBM PC. Au-delà de ces points communs, les caractéristiques de ces trois logiciels (prix et possibilités offertes à l'utilisateur) sont sensiblement différentes. Le tableau suivant résume ces différences.

CARACTÉRISTIQUE	RISKCALC	ARBORIST	SUPERTREE
Prix(dollars):	35	585	1 500
Mémoire RAM minimale:	192K	512K	512K
Couleur:	Option	Oui	Non
Lien avec d'autres logiciels:	Lotus 1-2-3	Non	APL, Lotus 1-2-3 etc.
Taille maximale de l'arbre (noeuds):	500	1 000	8 000
Affichage de l'arbre:	Non	Oui	Oui
Utilités:	Oui	Oui	Oui
Analyse post-optimale:	Non	Oui	Partielle
Calcul de la VEIP:	Non	Non	Oui

La lecture de l'article d'Henrion permet d'évaluer en détail ces trois logiciels. On peut également obtenir des renseignements à jour auprès des fabricants:

- Riskcalc: Riskcalc Associates, 345 Marsh St., Belmont, MA 02178, USA.
- Arborist: Texas Instruments Inc., P.O. Box 2909, Mail Stop 2151, Austin, TX 78769, USA.

- Supertree: SDG Decision Systems, 3000 Sand Hill Road, Menlo Park, CA 94025, USA.

L'utilisation de l'un de ces logiciels permet d'analyser efficacement un arbre de décision d'assez grande taille et apporte un complément important à un enseignement de théorie de la décision.

Nous attirons l'attention du lecteur sur le fait que l'évaluation de ces trois logiciels remonte au dernier trimestre de l'année 1985. Étant donné le dynamisme du marché des logiciels pour micro-ordinateurs, il serait prudent d'obtenir les renseignements les plus récents dans la presse spécialisée ou auprès des fabricants.

PROBLÈMES

1. Dans un projet de construction, on peut prendre certaines précautions pour éviter les retards dus à la pluie ou au gel. Si aucune précaution n'est prise contre la pluie et qu'il pleut, la perte s'élève à 1 000 dollars; si aucune précaution n'est prise contre le gel et qu'il gèle, la perte est de 5 000 dollars. La probabilité qu'il pleuve pendant la durée du projet est estimée à 0,4, la probabilité qu'il gèle est 0,1, et la probabilité qu'il fasse beau (ni pluie ni gel) est $1 - 0{,}4 - 0{,}1 = 0{,}5$. On suppose que, pendant la durée de la construction, il ne peut y avoir à la fois pluie et gel. Les précautions contre la pluie augmentent le coût de construction de 200 dollars, les précautions contre le gel l'augmentent de 300 dollars. Les précautions contre la pluie *et* le gel augmentent le coût de construction de 650 dollars. Ces précautions doivent être prises dès le début du projet.

(a) Trouver la solution qui minimise l'espérance des coûts associés aux retards possibles dus à la pluie ou au gel.

(b) Calculer la valeur espérée de l'information parfaite.

(c) Donner la table des regrets, et calculer le regret espéré minimum.

2. Monsieur K. Rauté possède plusieurs magasins de mode masculine. Bien que les chemises, pantalons, etc. viennent de divers fabricants, M. K. Rauté fabrique lui-même les cravates qu'il vend afin de leur donner le style inimitable de ses magasins. Il se prépare à lancer une nouvelle cravate à carreaux rouges et violets. Cependant, il ne peut pas exactement prédire le niveau des ventes de ce nouveau modèle. Sur la base de ses expériences passées, il estime qu'avec probabilité 0,2 les ventes seront mauvaises (500 douzaines de cravates), avec probabilité 0,5 elles seront moyennes (1000 douzaines), et avec probabilité 0,3 elles seront bonnes (2000 douzaines de cravates).

Il se propose de vendre sa nouvelle cravate à 200 dollars la douzaine, tandis que les coûts de fabrication et de distribution s'élèvent à 100 dollars la douzaine. S'il produit trop de cravates, il peut en écouler au plus 500 douzaines à 150 dollars la douzaine par l'intermédiaire d'un grossiste local. Le reste de la production excédentaire devra être détruit. Pour des raisons relativement obscures, M. K. Rauté doit produire une quantité de cravates qui est un multiple de 500 douzaines.

(a) Combien de douzaines de cravates M. K. Rauté doit-il fabriquer pour maximiser son profit espéré?

(b) Un expert local en mode masculine, monsieur T. Tchéké, prétend qu'il peut prédire avec exactitude le niveau des ventes de la nouvelle cravate (mauvais, moyen, bon). Quelle est la valeur espérée de cette information?

3. Vous participez à un jeu télévisé, et vous venez de gagner 100 dollars. Vous avez maintenant le choix entre deux possibilités: vous pouvez garder vos 100 dollars ou choisir une enveloppe au hasard parmi 10 enveloppes. Cinq de ces enveloppes contiennent un billet de 10 dollars, trois d'entre elles contiennent un billet de 20 dollars, et les deux dernières contiennent l'une un billet de 50 dollars et l'autre un billet de 1 000 dollars.

(a) Calculer le profit net espéré de la stratégie qui consiste à choisir une enveloppe au hasard.

(b) Prendrez-vous les 100 dollars ou accepterez-vous le risque de choisir une enveloppe? Quel critère de décision avez-vous utilisé pour arriver à votre choix?

4. Une famille fait des projets de vacances pour l'été prochain. Tous aimeraient faire une randonnée d'une semaine en canoë dans le parc Algonquin, mais ils craignent que la vie en plein air ne soit pas des plus agréables s'il se met à pleuvoir. Par contre, par beau temps cette randonnée serait très agréable. Afin de tenir compte des préférences de chacun des membres de la famille, un système de points a été développé: la randonnée dans le parc Algonquin "vaut" 100 points s'il fait beau, et -50 points s'il pleut. De plus, on estime que la probabilité de pluie pendant la semaine choisie est 0,3.

Notre famille envisage également la possibilité de passer sa semaine de vacances dans la région de Stratford. Les aménagements touristiques de cette région permettent de s'occuper quel que soit le temps. Un séjour à Stratford vaut 60 points s'il fait beau, et 20 points en cas de pluie. La probabilité de pluie à Stratford pendant la semaine considérée est 0,2.

(a) Déterminer la décision qui maximise l'espérance du nombre de points.

(b) Calculer la valeur espérée de l'information parfaite (en points) sur le temps qu'il fera dans le parc Algonquin sachant que, s'il pleut dans le parc, il y a 80% de chances qu'il pleuve aussi à Stratford.

5. Les dirigeants de la compagnie Electraluxe, qui fabrique toujours des équipements électriques craignent qu'il n'y ait bientôt une grève dans l'industrie du cuivre. Cette grève, qu'elle soit générale ou limitée, pourrait avoir un effet négatif sur la production d'Electraluxe. Pour prévenir ces effets négatifs, on peut prendre les mesures suivantes: entreposer immédiatement une grande quantité de cuivre, ce qui entraînerait des frais d'entreposage de 50 000 dollars; ou bien entreposer une petite quantité de cuivre (frais d'entreposage de 20 000 dollars). Les dirigeants peuvent également décider de continuer à acheter du cuivre au fur et à mesure des besoins de la production. Cette stratégie leur permet d'éviter tout coût d'entreposage. Cependant, en cas de grève générale le manque à gagner (perte), résultant de la demande non satisfaite, est estimé à 200 000 dollars tandis qu'en cas de grève limitée, il serait de 100 000 dollars. De plus, si la compagnie entrepose une petite quantité de cuivre, le manque à gagner en cas de grève générale est estimé à 50 000 dollars. Remarquons qu'il n'y a aucune perte, quelle que soit la situation, si Electraluxe entrepose une grande quantité de cuivre; et aucune perte, en cas de grève limitée, si Electraluxe entrepose une petite quantité de cuivre.

Les résultats des négociations syndicales dans l'industrie du cuivre sont notoirement imprévisibles. Electraluxe n'a donc aucune idée des possibilités qu'une grève, générale ou limitée, se matérialise. Dans ces conditions, quelle stratégie la compagnie devra-t-elle adopter si, pour prendre sa décision, elle utilise:

(a) le critère du maximax (que l'on appelle aussi critère du minimin lorsque l'on définit les $L(e, a)$ comme des pertes);

(b) le critère du maximin.

6. La société Electraluxe se lance maintenant dans l'électronique. Elle fabrique un système de guidage pour le missile Exosept de la compagnie Patatra. Cependant, 25% des systèmes produits sont défectueux. Malheureusement le défaut ne peut pas être décelé avant livraison des systèmes à Patatra. Le profit unitaire net par système de guidage vendu s'élève à 4 000 dollars; cependant, pour chaque système défectueux, le contrat stipule qu'Electraluxe doit payer 6 000 dollars à Patatra. Cette compagnie se charge alors de réparer le système de guidage afin de le rendre opérationnel. Electraluxe a l'option d'utiliser un procédé spécial pour la production de tous les systèmes. Ce procédé, qui garantit que tous les systèmes produits fonctionnent bien, réduit le profit net unitaire à 1 000 dollars (au lieu de 4 000 avec le procédé original).

(a) Construire l'arbre de décision de la société Electraluxe. Quel est le profit net espéré maximal? Faut-il utiliser le procédé spécial pour fabriquer les systèmes de guidage?

Les questions suivantes sont indépendantes les unes des autres.

(b) La tolérance du procédé de fabrication original change, et l'on n'est plus sûr que le pourcentage p de composantes défectueuses demeure égal à 25%. Pour quelles valeurs de p, la stratégie optimale, trouvée en (a), demeure-t-elle inchangée?

(c) Le contrat avec Patatra prévoit maintenant un paiement de 10 000 dollars par système défectueux. La stratégie optimale trouvée en (a) demeure-t-elle valable? Pour quelle(s) valeur(s) de ce paiement cette stratégie cessera-t-elle d'être optimale?

(d) On pourrait également tester chaque unité produite et n'appliquer le procédé spécial qu'aux systèmes défectueux. En supposant que le test permette de trouver avec certitude les systèmes défectueux, quel est le montant maximum que la société Electraluxe est prête à payer par système pour effectuer ce test?

7. La société DUPONT et DUPONT Inc. vient de se voir octroyer un contrat pour la construction d'un pont (évidemment!) sur la rivière des Outaouais. Ce pont doit être terminé impérativement d'ici 18 mois. En utilisant les techniques traditionnelles, la compagnie estime qu'elle peut construire le pont en 12 mois à un coût mensuel de 15 millions de dollars.

DUPONT et DUPONT vient cependant d'embaucher un jeune ingénieur civil, récemment diplômé de l'Université d'Ottawa. Celui-ci suggère de mettre en pratique certaines idées théoriques nouvelles dont il a entendu parler pendant ses études. Ces techniques de pointe permettent de suspendre le pont à partir des deux rives. Cependant, avant de pouvoir entreprendre la construction d'un tel pont, il faudra étudier soigneusement la composition des sols sur les deux rives afin de déterminer si la base rocheuse peut supporter le pont suspendu. Cette étude nécessite six mois et coûte 2 millions de dollars par mois. De plus, comme DUPONT et DUPONT n'a aucune expérience avec ces nouvelles techniques, la compagnie devra évaluer la résistance des matériaux qu'elle se propose d'utiliser. Cette étape prendra six mois à un coût mensuel de 8 millions de dollars. La compagnie a l'option de réaliser l'étude des sols et le test de résistance des matériaux simultanément, ou bien elle peut attendre la fin de l'un d'entre eux avant d'entreprendre l'autre. Si la base rocheuse s'avère suffisamment solide et si les matériaux sont satisfaisants, la construction du pont suspendu prendra six mois à un coût mensuel de 16 millions de dollars.

Le service des études de DUPONT et DUPONT estime qu'il y a 9 chances sur 10 pour que la base rocheuse s'avère suffisamment solide, mais seulement 3 chances sur 4 pour que les matériaux passent le test. Si la base rocheuse est inadéquate, ou si les matériaux ne sont pas acceptables, le pont devra être construit selon les techniques traditionnelles. Bien que ces techniques exigent normalement une période de construction d'une durée de 12 mois, DUPONT et DUPONT pense, en cas d'extrême besoin, être capable de construire un pont avec les techniques traditionnelles en six mois moyennant un coût mensuel de 40 millions de dollars.

(a) Construire l'arbre de décision qui représente toutes les options des gestionnaires de DUPONT et DUPONT. Quelle est la stratégie qui minimise l'espérance du coût total?

(b) Si DUPONT et DUPONT construit le pont suspendu avec les techniques nouvelles, la société en tirera certains bénéfices intangibles (telles l'augmentation de son prestige, de meilleures chances d'obtenir des contrats semblables, etc.). Ces bénéfices n'apparaissent pas dans l'analyse de la partie (a). Pour quelle valeur monétaire de ces bénéfices intangibles la compagnie aura-t-elle intérêt à prendre le risque de construire le pont suspendu? Quelle sera alors sa stratégie optimale?

8. La compagnie MECTON possède un atelier de mécanique générale et se spécialise dans la fabrication de pièces sur mesure. Un constructeur d'automobiles cherche à faire fabriquer 10 000 pièces d'un type spécial et demande des soumissions pour ce travail; le contrat sera accordé à la soumission dont le coût sera minimal. Les termes du contrat suggèrent qu'il serait souhaitable d'inclure à la soumission un prototype de la pièce à fabriquer.

Le directeur de la production de MECTON, après avoir étudié les plans de la pièce désirée, estima que les coûts de développement du prototype pourraient être de 1000, 1500 ou 2000 dollars avec probabilités 0,2; 0,5 ou 0,3 respectivement. Sur la base des coûts du prototype, le directeur de la production pourra alors déterminer le montant de la soumission: il décide de limiter ses choix à un montant élevé ou à un montant relativement bas. Le tableau suivant donne, en dollars, les différents coûts de production et les montants de la soumission.

COÛT DU PROTOTYPE	COÛTS DE PRODUCTION	MONTANT DE LA SOUMISSION	
		ÉLEVÉ	BAS
1 000	12 000	45 000	39 000
1 500	18 000	50 000	44 000
2 000	35 000	60 000	48 000

Les coûts de production représentent les coûts de fabrication des 10 000 pièces. On estime que les coûts administratifs de préparation de la soumission s'élèvent à 300 dollars. Sur la base des soumissions passées, on pense qu'avec les montants choisis MECTON a 70 chances sur 100 d'obtenir le contrat si la compagnie choisit le montant relativement bas, ou 30 chances sur 100 si elle choisit le montant élevé.

MECTON a évidemment l'option de faire une soumission sans y joindre aucun prototype. Pour ne pas prendre trop de risques, le directeur ferait alors une offre élevée à 60 000 dollars, ou une offre relativement basse à 43 000 dollars. Dans ce cas, on estime que les chances de MECTON de recevoir le contrat seraient de 10 pour 100 avec l'offre élevée, et de 30 pour 100 avec l'offre basse. Les coûts de production seraient de 12000, 18000 ou 35000 dollars avec probabilités 0,2; 0,5 ou 0,3 respectivement. Les coûts administratifs sont toujours de 300 dollars.

Construire l'arbre de décision du problème de la compagnie MECTON. Trouver la stratégie qui maximise le profit espéré et déterminer la valeur de ce profit optimal.

9. Une usine de produits chimiques fabrique une solution utilisée par les teinturiers dans des cuves de 100 litres chacune. Dans 25% des cas, le processus de fabrication est défectueux et tout le contenu de la cuve est inutilisable en teinturerie. Une cuve de solution de bonne qualité procure un profit de 500 dollars. Si une cuve de solution défectueuse est vendue, il en résulte une perte de 1 000 dollars car l'usine doit compenser le client.

On peut évaluer la qualité de la solution à l'aide du test de teinturométrie. Ce test est correct dans 80% des cas; c'est-à-dire que si la cuve contient une solution de bonne qualité, le test sera positif huit fois sur dix, tandis que si la cuve contient une solution défectueuse, le test sera négatif huit fois sur dix. Si la compagnie décide de ne pas vendre une cuve de solution, celle-ci peut être utilisée pour la fabrication de décapants et rapporte un profit de 100 dollars (que la solution soit ou non de bonne qualité).

(a) Sachant que le test coûte 50 dollars par cuve, doit-on l'utiliser systématiquement?

(b) Déterminer la VEIP sur la qualité d'un lot. Quelle est la valeur espérée de l'information fournie par le test?

10. Un fabricant estime qu'en moyenne une pièce sur dix qui sort de sa chaîne de production est défectueuse. Chaque pièce défectueuse vendue coûte au fabricant 80 dollars en pénalités diverses. Le fabricant pourrait faire inspecter chaque pièce à un coût unitaire de 10 dollars; cette inspection permet d'identifier avec certitude tous les défauts. Il existe également un test qui donne un diagnostic correct huit fois sur dix (que la pièce soit ou non défectueuse), un diagnostic incorrect une fois sur dix, et aucun résultat positif ou négatif une fois sur dix. Il en coûte 3 dollars par unité pour pouvoir utiliser ce test.

(a) Construire l'arbre de décision représentant toutes les actions possibles.

(b) Calculer les probabilités associées aux branches de l'arbre, et les coûts (profits négatifs) pour chaque branche terminale de l'arbre. Quelle est la décision optimale selon le critère du gain espéré maximum?

11. Le conseil municipal de la ville de Mâchoires d'Orignal (Moose Jaw) doit décider ou non de forer un puits artésien pour procurer de l'eau à la municipalité. Malheureusement, le niveau de la nappe d'eau est inconnu. Si la nappe d'eau est haute, la ville peut s'attendre à réaliser un profit net de 50 000 dollars; tandis que, si la nappe est basse, la perte sera de 100 000 dollars. Si le puits n'est pas creusé, on devra amener l'eau de la ville voisine à un coût de 60 000 dollars.

Pour obtenir plus d'information sur la hauteur de la nappe d'eau, il est possible d'effectuer un sondage géologique qui coûte 5 000 dollars. Les résultats du sondage peuvent être classés en trois groupes: excellents, favorables ou défavorables. On sait que si la nappe d'eau est haute, le sondage donne des résultats excellents dans 60% des cas, des résultats favorables dans 30% des cas et des résultats défavorables dans 10% des cas. En outre, si la nappe d'eau est basse, le sondage donne des résultats excellents dans 10% des cas, des résultats favorables dans 30% des cas et des résultats défavorables dans 60% des cas. A priori, les ingénieurs du service municipal des eaux estiment que la probabilité que la nappe soit haute est de 0,4.

Trouver la stratégie qui minimise le coût total espéré. Faut-il effectuer le sondage?

12. La ART & JEFF DOLLIES Inc. veut lancer une poupée-robot sur le marché. Il est cependant difficile d'évaluer le succès potentiel d'un tel gadget. La direction de la compagnie hésite donc à produire un trop grand nombre de poupées dès le début. Trois niveaux possibles de production sont envisagés pour la première année: normal, réduit et minimal. Pour simplifier son problème, le groupe de marketing envisage trois niveaux possibles pour la demande de la poupée-robot: élevé, moyen et faible. Les probabilités de ces trois niveaux de demande, ainsi que la table des profits (en dollars) pour la première année, sont donnés dans le tableau ci-dessous.

NIVEAU DE DEMANDE	PROBABILITÉ	NIVEAU DE PRODUCTION		
		NORMAL	RÉDUIT	MINIMAL
ÉLEVÉ	0,2	80 000	70 000	50 000
MOYEN	0,4	50 000	45 000	40 000
FAIBLE	0,4	−25 000	−10 000	0

(a) Déterminer le niveau de production qui maximise l'espérance du profit.
(b) Construire la table des regrets, et calculer le regret espéré minimum.
(c) Quelle est la valeur espérée de l'information parfaite pour la compagnie?
(d) Une campagne publicitaire permettrait de changer les probabilités a priori du niveau de demande à 0,3; 0,5 et 0,2 pour un niveau élevé, moyen et faible respectivement. Sachant qu'une telle campagne revient à 15 000 dollars, est-il avantageux de la réaliser?
(e) Le groupe de marketing propose de faire une étude de marché pour la poupée-robot. Cette étude coûterait 3 000 dollars et indiquerait soit un marché favorable, soit un marché défavorable. Des données historiques sur des études semblables permettent d'estimer que la probabilité du résultat "marché favorable", étant donné un niveau élevé de demande (observé après lancement du produit sur le marché), est égale à 0,8; de même la probabilité du résultat "marché favorable", étant donné un niveau moyen (resp.

faible) de demande, est égale à 0,6 (resp. 0,25). Construire un arbre de décision pour voir s'il est souhaitable de réaliser l'étude de marché.

(f) Quelle est la valeur espérée de l'information fournie par l'étude de marché de la question (e)?

13. Un investisseur a une courbe de préférences déterminée par les points suivants:

EMC($)	UTILITÉ
100 000	1,00
80 000	0,80
60 000	0,50
40 000	0,25
– 20 000	0,00

(a) Tracer cette courbe de préférences et calculer l'utilité associée à un montant de 50 000 dollars.

(b) Quelle est l'attitude de cet investisseur devant le risque?

(c) Utiliser la courbe de la question (a) pour déterminer si notre investisseur serait intéressé à placer 15 000 dollars dans une affaire où il peut les perdre avec probabilité 0,6, ou gagner 60 000 dollars avec probabilité 0,4.

14. Une personne vient d'acheter un voiture neuve et cherche à se procurer une police d'assurance tous risques. On lui propose, pour 300 dollars par an, une police où tous les dommages sont remboursés sans aucune retenue. Elle peut acheter également pour 225 dollars par an une police qui rembourse le montant du dommage moins 250 dollars (ou zéro si le dommage est inférieur ou égal à 250 dollars). Cette personne estime que la probabilité d'un accident annuel est de 0,15; la probabilité d'avoir plus d'un accident est négligeable. De plus, la personne estime qu'en cas d'accident, les dommages seront supérieurs à 250 dollars.

La courbe de préférences de cette personne est déterminée par les points suivants:

MONTANT	−500	−475	−300	−250	−225	0
UTILITÉ	0	0,40	0,80	0,90	0,94	1

(a) Tracer cette courbe de préférences. Quelle est l'attitude de cette personne devant le risque?

(b) Utiliser la courbe de préférences de la question (a) pour déterminer celle des deux polices d'assurance qui conviendrait le mieux à notre personne.

15. Supposez que vous ayez le choix entre les deux loteries suivantes:

Loterie A: vous gagnez 10 000 dollars (avec probabilité 1).

Loterie B: vous gagnez 50 000 dollars avec probabilité 0,1 , ou 10 000 dollars avec probabilité 0,89 , ou zéro dollar avec probabilité 0,01.

Quelle loterie préférez-vous? Supposez, maintenant, que vous ayez le choix entre les deux autres loteries suivantes:

Loterie C: vous gagnez 10 000 dollars avec probabilité 0,11 , ou zéro dollar avec probabilité 0,89.

Loterie D: vous gagnez 50 000 dollars avec probabilité 0,10, ou zéro dollar avec probabilité 0,90.

Montrez que si vous avez choisi A de préférence à B, vous devez choisir C plutôt que D; au contraire, si vous avez choisi B, vous devez préférer D.

16. Une personne ayant une aversion pour le risque a déterminé les équivalents monétaires certains suivants:

- 1 500 dollars pour une loterie ayant un gain de 6 000 dollars ou un gain nul avec la même probabilité (0,5);
- 500 dollars pour une loterie ayant un gain de 6 000 dollars avec probabilité 0,25 ou un gain nul avec probabilité 0,75; et
- 3 500 dollars pour une loterie ayant un gain de 6 000 dollars avec probabilité 0,75 ou un gain nul avec probabilité 0,25.

(a) Tracer une courbe de préférences pour cette personne.

(b) Analyser l'arbre de décision de la page suivante en tenant compte de la courbe de préférences de la question (a). Trouver la stratégie optimale et calculer son EMC.

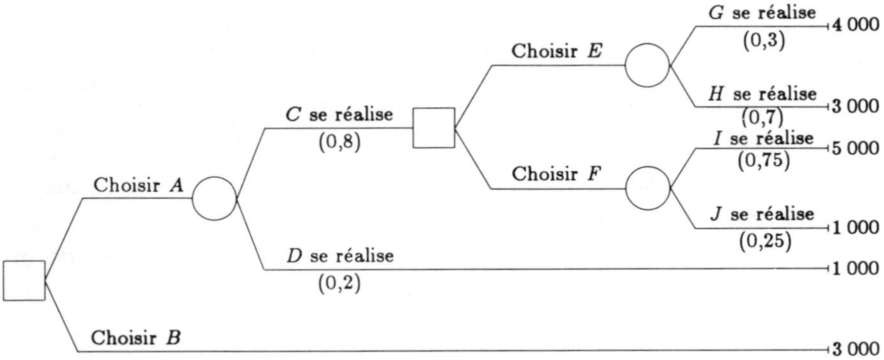

17. Déterminer une courbe de préférences entre −100 et +500 dollars à l'aide des éléments suivants:

- les utilités associées à −100, +250 et +500 dollars sont 0; 0,75 et 1 respectivement;
- l'équivalent monétaire certain (EMC) associé à une loterie où l'on gagne soit 500 dollars soit 250 dollars avec la même probabilité (0,5) est 350 dollars;
- l'EMC associé à une loterie où soit qu'on gagne 250 dollars, soit qu'on perde 100 dollars avec la même probabilité est 30 dollars;
- l'EMC associé à une loterie où soit qu'on gagne 500 dollars, soit qu'on perde 100 dollars avec la même probabilité est 90 dollars.

Tracer soigneusement la courbe de préférences ainsi obtenue.

18. On considère la courbe de préférences ci-contre.

(a) Trouver une loterie de référence qui, d'après cette courbe, est équivalente à un montant certain de 30 000 dollars.

(b) Trouver une loterie où la probabilité de gagner est de 0,5 et qui, d'après cette courbe, est équivalente à un montant certain de 30 000 dollars.

(c) Trouver une loterie où l'on peut gagner soit 50 000 dollars, soit 10 000 dollars et qui, d'après cette courbe, est équivalente à un montant certain de 30 000 dollars.

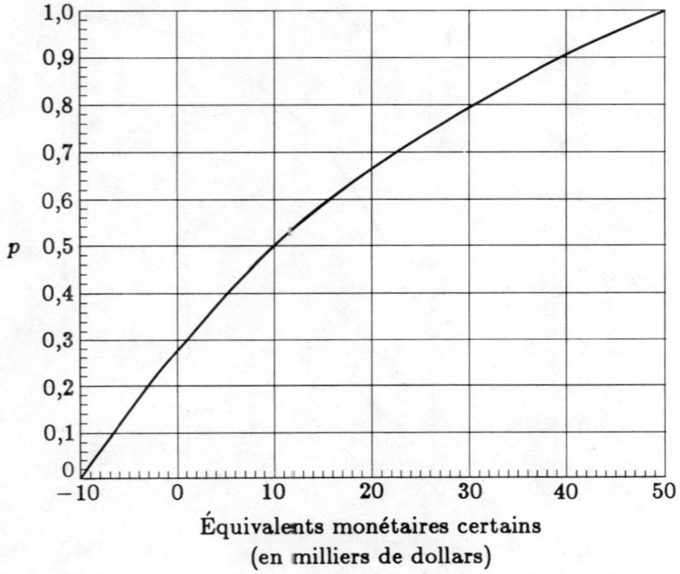

19. On considère la courbe de préférences de la page suivante.

(a) Trouver, d'après cette courbe, l'EMC d'une loterie où l'on a une probabilité égale (0,5) de perdre 600 ou 2 000 dollars (gain de −600 ou −2 000). Quelle est l'attitude devant le risque reflétée par cette loterie?

(b) Trouver, d'après cette courbe, l'EMC d'une loterie où l'on gagne zéro ou 2 000 dollars avec la même probabilité. Quelle est l'attitude devant le risque reflétée par cette loterie?

(c) Trouver, d'après cette courbe, l'EMC d'une loterie où l'on gagne ou perd 2 000 dollars avec la même probabilité. Quelle est l'attitude devant le risque reflétée par cette loterie?

(d) Trouver, d'après cette courbe, l'EMC d'une loterie où l'on perd 2 000 dollars ou gagne 600 dollars avec la même probabilité. Quelle est l'attitude devant le risque reflétée par cette loterie?

20. Rodolphe Turgeon va bientôt terminer ses études à la Faculté d'administration de l'Université d'Ottawa, l'un des meilleurs programmes au pays. Pour le récompenser son père lui a promis un cadeau de 10 000 dollars en argent pour le jour de la colla-

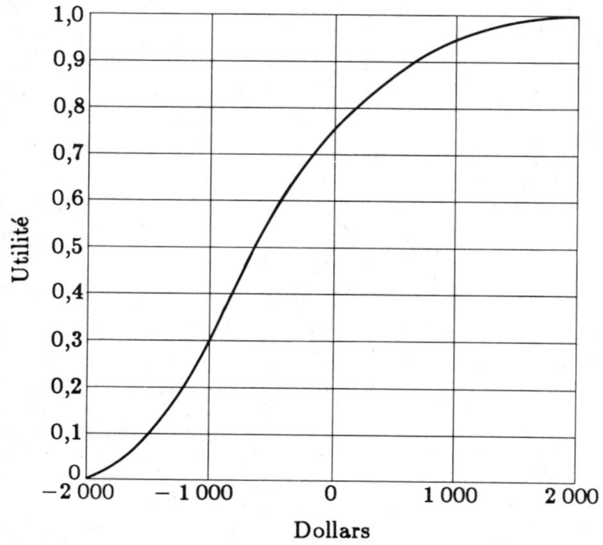

tion des grades. La collation aura lieu dans trois mois. Voyant que Rodolphe, en train de prendre ADM 3751 "Investissements et théorie du portefeuille", s'intéresse aux marchés financiers, son père lui propose, à la place des 10 000 dollars, 1 000 actions de la compagnie YOURTEL. Cette société, longtemps l'un des chefs de file de l'industrie des télécommunications, venait d'être rachetée par une entreprise anglaise. En ce moment, le cours de l'action de YOURTEL est de 12 dollars. Cependant, bien qu'il ne recevra son cadeau que dans trois mois, le père de Rodolphe, afin de pouvoir planifier son budget, lui demande de choisir immédiatement entre l'argent et les actions. Se rendant compte que le cours des actions peut varier considérablement dans les trois mois à venir, Rodolphe essaye d'analyser le choix qui lui est offert. Il en arrive aux conclusions suivantes:

- il pense que la valeur des actions a plus de chances d'augmenter que de baisser dans les trois prochains mois et, au moment de la collation des grades, le cours a autant de chances d'être supérieur à 14 dollars, que d'être inférieur à cette même valeur;

- il estime que la probabilité que le cours des actions tombe en dessous de 6 dollars est de 0,01 et que la probabilité que ce cours dépasse 24 dollars est aussi de 0,01;
- il estime également qu'il n'y a qu'une chance sur cinq pour que la valeur des actions tombe en dessous de 10 dollars, et une chance sur quatre pour que cette valeur soit supérieure à 16 dollars au moment de la collation des grades.

Ayant ainsi déterminé, en quelque sorte, une fonction de répartition pour le cours des actions dans trois mois, il se met à réfléchir sur ses préférences devant le risque. Il se dit sans ambiguïté que:

- son EMC pour une loterie où il peut gagner zéro ou 25 000 dollars avec la même probabilité (0,5) est 9 000 dollars;
- son EMC pour une loterie où il a 20% de chances de gagner 25 000 dollars et 80% de chances de ne rien gagner du tout est 3 000 dollars;
- son EMC pour une loterie où il peut gagner 3 000 ou 25 000 dollars avec la même probabilité (0,5) est 12 000 dollars;
- son EMC pour une loterie où il peut gagner 12 000 ou 25 000 dollars avec la même probabilité est 17 000 dollars.

Aidez Rodolphe à décider lequel des deux cadeaux possibles il doit choisir. Vous tiendrez compte de sa courbe de préférences, et vous utiliserez un arbre de décision obtenu en discrétisant la loi de probabilité continue résultant de son estimation du cours de l'action dans trois mois.

CAS

WESTON MANUFACTURING COMPANY*

Compte rendu d'une séance du bureau de direction

Lors de cette réunion, tenue le 5 novembre 1965, les directeurs des ateliers Weston apprenaient que la compagnie terminerait probablement l'année financière (fin décembre) avec un déficit de presque 50 000 dollars pour un chiffre d'affaires approximatif de 1,8 million de dollars.

Tous se souvenaient des résultats semblables de l'année dernière, car ces deux années étaient les seules mauvaises années des cinquante-sept ans d'existence de la compagnie.

Les pertes de 1964 furent de 49 971,48 dollars, alors qu'en 1963, on fit un profit net de plus de 150 000 dollars.

Les états financiers jusqu'au 31 octobre 1965 montraient une perte de 48 915,56 dollars. Pour la même période l'an dernier, on avait perdu 73 059,68 dollars.

Scott Howell, le président du bureau de direction, exprima aussi sa déception quant aux profits du mois d'octobre qui ne s'élevaient qu'à 15 261,58 dollars pour des ventes de 217 245,97 dollars. Malheureusement, un projet important n'avait pas donné les résultats escomptés à cause de modifications de dernière heure qui s'étaient avérées nécessaires.

On estimait expédier en novembre 85 000 dollars de produits finis sur lesquels on perdra 14 000 dollars. Si les projets pour décembre se

---

* Ce cas est une traduction du cas No. EA–C 717 intitulé "Weston Manufacturing Company" préparé par le professeur P.A. Vatter de la Harvard University Graduate School of Business Administration. Il sert de base de discussion à un groupe d'étudiants. Il ne prétend pas donner un exemple de bonnes ou de mauvaises décisions administratives.

réalisent, on expédiera 240 000 dollars de produits finis sur lesquels on espère réaliser 13 000 dollars de profit net.

Après la présentation de ces estimations des résultats du dernier trimestre, Scott Howell entreprit d'informer ses collaborateurs sur l'origine et l'état des négociations entre la compagnie et un de leurs nouveaux clients: la Sheridan Electric Products Corporation.

L'entreprise Sheridan est un gros fabricant d'appareils électriques de type industriel, dont le siège social et la plus grande partie des usines sont situés à Dayton, Ohio, à moins de 200 km des ateliers Weston.

Scott Howell: "En 1958, les entreprises Sheridan nous demandèrent si on pouvait leur fabriquer un wagon plate-forme spécial. Il fallait, en effet, que la hauteur du sol à la plate-forme soit de seulement 66 cm, tout en ayant une capacité de charge de 330 tonnes. On voulait l'utiliser pour transporter des transformateurs géants de l'usine de fabrication jusqu'à un atelier de calibrage et vérification situé à une distance de 4 km. Un wagon spécial était nécessaire pour abaisser la hauteur totale du chargement, afin d'éviter des obstacles situés près des usines de fabrication. Après une étude, John Sanders leur répondit par lettre qu'on pouvait leur construire un tel wagon pour environ 20 000 dollars.

On croyait alors décrocher le contrat, mais les entreprises Sheridan décidèrent plutôt de louer un wagon spécial de la Baltimore and Ohio Railroad Company chaque fois qu'un transformateur géant devait être déplacé. On ne nous donna pas les raisons de cette décision. Je sais, par contre, que les entreprises Sheridan ne contactèrent aucun de nos concurrents pour l'achat éventuel d'un wagon. Durant les cinq années qui suivirent, Don Acher passa occasionnellement aux entreprises Sheridan pour constater que leur désir d'acheter un wagon fluctuait considérablement.

L'an dernier, ils ont manifesté le désir de reprendre les pourparlers. Bert Stokes dessina alors des plans satisfaisant aux exigences de capacité de charge, de hauteur, de longueur, de largeur, etc. En un mot, les plans répondaient en tous points aux spécifications que nous fit parvenir l'ingénieur en chef, Fred Shillkof, des entreprises Sheridan. Shillkof approuva ensuite ces plans, ce qui confirma notre impression que leur voie ferrée était de type industriel, c'est-à-dire parfaitement nivelée et très robuste comme c'est le cas dans la grande majorité des voies ferrées à usage interne intensif. Une voie robuste et nivelée nous permettait d'utiliser un train de roulement fixe plutôt qu'un train de roulement oscillant.

Malgré l'augmentation des coûts de production depuis la première soumission, John réussit à la maintenir. La commande ferme fut passée, le wagon fabriqué et livré le 23 mars dernier, exactement selon les délais prévus. Les coûts de production furent de 15 000 dollars.

Malheureusement, la voie ferrée chez Sheridan n'avait pas une bonne assise et le wagon dérailla à un endroit particulièrement dénivelé; Sheridan n'accepta pas le wagon et nous le retourna à nos frais, soit 550 dollars. Bert étudia le problème et conclut que la reconstruction du wagon sur un train oscillant coûterait 16 000 dollars.

Le 18 juillet, un nouveau prix de vente total révisé de 36 000 dollars fut annoncé à Sheridan. Le temps de reconstruction est estimé à moins d'une semaine si on décide de la faire.

Comme vous le savez, des problèmes de santé m'ont empêché de me déplacer en septembre. Au début d'octobre, n'ayant pas reçu de réponse à notre offre de juillet, je demandai un rendez-vous pour Bert et moi avec l'ingénieur-chef de Sheridan, leur gérant des achats et leur directeur général.

J'ai demandé à Bert d'écrire un rapport sur ce rendez-vous. Il viendra nous en parler dans quelques minutes. En attendant, avez-vous des questions?"

"Oui, Scott, je voudrais clarifier un point, dit O'Brien, y a-t-il quelqu'un de chez nous qui ait vu la fameuse voie ferrée?"

"Bert et moi l'avons inspectée lors de notre rendez-vous d'octobre" répondit Scott Howell. "Elle est très évidemment impraticable pour un wagon à train non oscillant. Les gens de chez Sheridan pensaient que le wagon pourrait absorber les dénivellements par torsion, mais n'importe quel ingénieur aurait pu voir que cela serait impossible pour un wagon ayant une capacité de charge de 330 tonnes."

On frappa à la porte et Albert (Bert) Stokes entra. Connaissant tout le monde, Stokes se fit demander par Howell de présenter son rapport du rendez-vous de Dayton.

"Le 22 octobre dernier, Scott Howell et moi-même avons rencontré à Dayton, Ohio, le gérant des achats des entreprises Sheridan, M. Robert Casey, de même que leur directeur général, M. James Woodruff. Ce dernier nous informa immédiatement à partir d'une étude de leur service des transports datée du 8 octobre que, depuis mars dernier, on aurait utilisé quatre fois le wagon spécial s'il avait été opérationnel. Dans chacun des cas, on paya 300 dollars de frais de location à la compagnie de chemins de fer B & O. Cette même étude estimait qu'un wagon spécial de 330 tonnes pourrait être utilisé 12 fois en moyenne par année, ce qui correspond à des frais de location annuels de 3 600 dollars.

Woodruff déclara de plus que, à son avis, 36 000 dollars pour un wagon d'une durée de vie de 20 ans constituait un investissement non rentable. Il précisa qu'un investissement de 25 000 dollars pour un tel wagon serait acceptable. Ce chiffre était basé sur les économies de frais de location réalisées durant la vie utile estimée du wagon.

La séance fut levée après les conclusions suivantes: nous acceptions d'essayer de réviser nos plans afin d'essayer de réduire le prix soumis le 18 juillet; Scott leur suggéra de bien explorer toutes les autres possibilités d'utilisation du wagon spécial; nous communiquerions avec eux; leurs derniers mots: Vous savez, il n'y a pas d'urgence!!!"

"Bert, pourquoi Fred Shillkof n'était-il pas au rendez-vous?", demanda Hall.

"Je l'ignore, Max, lui répondit Stokes, ni Woodruff, ni Casey ne nous donnèrent la raison de son absence. Il n'a pas été congédié, si c'est ce que tu penses; il n'était pas malade non plus, car nous l'avons vu travaillant dans son bureau dont la porte était ouverte".

"Encore une question, Bert", dit O'Brien. "Si nous reconstruisons le wagon sur un train oscillant, sommes-nous sûrs qu'il ne déraillera plus?"

"Il y a très peu de chances pour qu'il déraille, même si leur voie n'est pas en très bon état. Je dirais, environ une chance sur cent".

Toutes les questions étant épuisées, Stokes ramassa ses papiers et se retira.

"Bien, Messieurs, dit Howell, que faisons-nous maintenant?"

Le silence qui suivit cette question fut brisé par Sanders: "Nous leur avons soumis un prix de vente de 36000 dollars, basé sur les coûts de modification et sur le prix du wagon original. Sachant maintenant qu'ils accepteraient immédiatement un prix de vente de 25000 dollars, on peut reconsidérer notre offre. N'oublions pas toutefois qu'il nous aurait été impossible de leur construire un wagon à train oscillant pour 25 000 dollars s'ils nous l'avaient demandé au début. Peut-être devrions-nous absorber chacun la moitié de la différence et leur faire une soumission à 30000 dollars, bien que je doute qu'ils l'accepteraient. Je me résumerai en disant que nous avons moins que la moitié des chances qu'ils acceptent à 30 000 dollars, disons 2 chances sur 5. A 25 000 dollars, je suis presque sûr qu'ils accepteraient; disons que nous avons 9 chances sur 10 dans ce cas. Par contre, à 36 000 dollars je ne crois pas que l'on ait plus d'une chance sur dix qu'ils acceptent."

"Si Sheridan refuse le wagon, on pourrait essayer de le vendre à quelqu'un d'autre, non?" proposa Hall.

Don Acher hocha la tête: "Peut-être..., mais, tel quel, on a peu de chances de le vendre; je dirai une chance sur vingt de trouver un client. Si oui, pour quel prix: 10 000, 15 000 ou 18 000 dollars ? Probablement 15 000 dollars. Si on essaye de le vendre tel quel, on aura vite fait la tournée des clients éventuels, en deux semaines par exemple, il faut donc compter environ 200 dollars de frais de vente.

Si on reconstruit le wagon, le nombre de clients éventuels augmente, si bien que j'estime alors à une chance sur cinq notre probabilité de trouver un client. On pourrait lui vendre le wagon pour un prix variant entre 17 000 et 25 000 dollars, disons 20 000 dollars. Par contre, il faut compter au moins quatre semaines de démarches et environ 500 dollars de frais de vente.

Ces prix de vente sont très raisonnables, sans doute, mais il ne faut guère espérer mieux."

Tous admettaient qu'on ne pouvait guère discuter plus avec Sheridan, n'ayant pas ou très peu d'arguments de persuasion. Sanders résuma alors la situation: "A mon avis, on peut faire deux choses: leur faire une dernière soumission à un prix ferme en leur précisant que c'est à prendre ou à laisser ou bien absorber nous-mêmes la perte actuelle. A ce sujet, notons que la valeur de rebut du wagon tel quel est d'environ 3 000 dollars, alors que celle d'un tel wagon avec train oscillant serait de 4 000 dollars."

"Tu as bien raison, John", dit Howell. "Je ne désire certainement pas absorber une perte en ce moment, surtout si on considère notre piteux rendement quant au profit pour ces derniers temps, mais je préfère cela à une interminable bataille légale. Notre avocat m'a assuré que l'on pourrait forcer Sheridan à nous payer une compensation pour avoir annulé leur commande simplement parce que leur voie ferrée est bien en deçà des normes acceptées. Un autre argument, probablement plus fort, qui nous permettrait d'exiger une compensation d'annulation de commande est que l'ingénieur-chef Shillkof aurait dû nous avertir de l'état de leur voie ferrée lorsqu'il a vu et approuvé nos plans. Légalement, notre cause est certainement bonne, mais il s'agit de notre première affaire avec Sheridan, et à cause de leur importance, ils peuvent nous aider à redresser notre situation générale s'ils nous passent d'autres commandes. De plus, le simple fait de recourir à la loi peut nous nuire considérablement, même si nous avons tous les droits de notre côté. Dans ces conditions, il faut incontestablement donner à Sheridan l'occasion de refuser une soumission pour le wagon modifié avant d'essayer de le vendre ailleurs. De toute façon, c'est nous qui devons faire quelque chose et cela presse. La vente de ce wagon peut considérablement modifier l'allure du résultat de nos opérations pour l'année. A l'aide des estimations de Bert et Don, je propose que l'on règle cette affaire avant la fin de cette année. Je vous demande d'y penser très sérieusement afin que l'on puisse prendre une décision avant la fin de cette semaine."

Questions suggérées sur le cas "Weston Manufacturing Company"

(i) Supposons que Sheridan refuse absolument de négocier avec Weston l'achat d'un wagon modifié. Développer un arbre de décision décrivant les options envisagées par Scott Howell. Indiquer clairement les coûts et revenus associés à chaque branche, ainsi que les probabilités correspondant à chaque noeud aléatoire.

(ii) Trouver la stratégie qui maximise le profit espéré dans l'arbre de décision de la question *(i)*. Quel est le profit net espéré maximum?

(iii) Dans l'arbre de décision de la question *(i)*, avez-vous tenu compte du coût initial de construction (15 000 dollars)? L'arbre de décision va-t-il changer si vous tenez compte de ce coût? Et la stratégie optimale?

(iv) Scott Howell indique qu'il souhaite donner à Sheridan l'occasion de refuser une offre pour le wagon modifié avant d'essayer de le vendre ailleurs. En tenant compte de ce point de vue, construire l'arbre de décision approprié et trouver la stratégie optimale.

(v) En fait, Scott Howell se demande si l'approche évaluée dans la question *(iv)* est raisonnable sur le plan financier. Après tout, Sheridan n'a pas été un client sans reproche. Pourquoi ne pas essayer de vendre le wagon tout de suite? Construire alors l'arbre de décision qui représente le problème décisionnel de Weston lorsque la compagnie n'a pas nécessairement besoin de donner le droit de premier refus à Sheridan. Quelle est la stratégie optimale? Que pouvez-vous en conclure?

LES ANTENNES CUMBERLAND INC.*

Première partie

Le 14 août 1982, M. Adrien Tremblay faisait face à un dilemme: il ne lui restait plus que quelques jours pour décider s'il devait ou non signer un contrat qui lui avait été proposé par un syndicat d'hommes

---

* Adaptation de Waggoner Engineering Corporation et de Tyler Antenna.

d'affaires de la ville de Chibougamau dans le nord du Québec. Ce contrat stipulait que les Antennes Cumberland Inc., dont M. Tremblay était le président, devrait construire une antenne collective en suivant certaines spécifications. Cette antenne serait érigée à une certaine distance de la ville, et serait reliée à une station centrale située dans la ville même. Le syndicat payerait alors comptant pour le système terminé, et se chargerait de le gérer.

La société Antennes Cumberland se spécialisait dans l'étude et la construction d'antennes collectives, destinées à desservir des petites villes situées au-delà de la portée des émetteurs existants. M. Tremblay fonda la compagnie en 1978, après l'obtention d'une maîtrise en génie électrique et civil à l'Université Laval en juin 1976, et après deux années passées à travailler dans le département d'équipement de diffusion d'une des grandes chaînes de télévision de Montréal. Le capital initial de la compagnie était de 15 000 dollars, donnés par le père de M. Tremblay qui était un riche entrepreneur dans le secteur de la construction. Depuis sa fondation, toutes les actions de la compagnie étaient restées entre les mains des membres de la famille Tremblay. Le 14 août 1982, l'actif de la compagnie s'élevait à 75 000 dollars, dont 40 000 dollars en argent liquide (ou presque) et le reste représenté par la valeur nette de l'équipement de bureau et de construction.

Afin de conserver des fonds de roulement, M. Tremblay s'était donné une stricte ligne de conduite: éviter à tout prix de s'engager dans la possession ou la gestion des systèmes d'antenne qu'il construisait et vérifiait. Lorsque la compagnie travaillait sur un nouveau projet elle obtenait d'abord une franchise du gouvernement municipal; puis, avant d'investir quoi que ce soit dans la construction elle-même, elle essayait de convaincre des hommes d'affaires et des investisseurs de former une société locale afin d'acheter et de gérer le système dès que celui-ci serait terminé et vérifié. Si M. Tremblay ne réussissait pas à organiser sur place un groupe prêt à signer un contrat d'achat à des conditions satisfaisantes, il préférait invariablement perdre la franchise plutôt que d'immobiliser son capital pour une période de temps indéterminée. Le 14 août 1982, la compagnie n'avait qu'une seule franchise, celle de la ville de Chibougamau, et ne prévoyait pas pouvoir en obtenir une autre dans les mois suivants. La franchise de

Chibougamau deviendrait nulle et non avenue à moins que la construction “commence le 1er septembre au plus tard et se continue par la suite sans délais inutiles” (ce sont là les termes du contrat).

Le seul emplacement possible pour l'antenne de Chibougamau était à une bonne distance de la ville, et par conséquent il serait plus économique de transmettre les signaux jusqu'à la station centrale, à l'intérieur de la ville, à l'aide d'un relais à ondes hertziennes plutôt que par câbles coaxiaux. L'installation d'un tel relais requiert un permis du Conseil de la radiodiffusion et des télécommunications canadiennes et, à cause de l'existence d'une station locale de télévision à Chibougamau, il était impossible de prévoir quelle serait la décision du Conseil en ce qui concernait la demande de permis des Antennes Cumberland. Le permis pourrait être accordé sans restrictions, mais dans des circonstances semblables le Conseil avait parfois accordé le permis à la condition d'interdire la transmission de certains programmes que la station locale avait l'intention de diffuser à l'aide d'enregistrements sur magnétoscope. Dans d'autres cas, il avait refusé carrément d'accorder un permis. Le rapport de l'inspecteur s'occupant du cas Cumberland ne serait prêt que le 15 décembre, et M. Tremblay n'avait aucun moyen de se renseigner à l'avance sur la conclusion de l'inspecteur; cependant, il était sûr que le Conseil accepterait le rapport de l'inspecteur, quelle qu'en soit la recommandation.

Un permis conditionnel serait peu avantageux pour les Antennes Cumberland car le prix spécifié dans le contrat proposé pour un système de relais à ondes hertziennes avec un permis conditionnel n'était que de 120 000 dollars, alors que le prix spécifié pour ce même système avec un permis sans restrictions était de 150 000 dollars. Le syndicat paierait également 150 000 dollars pour un système de relais par câbles coaxiaux, sur lequel le Conseil n'aurait aucun contrôle; mais, alors que le coût de construction ne serait que de 110 000 dollars si un relais à ondes hertziennes était choisi, il s'élèverait à 180 000 dollars pour un relais par câbles coaxiaux. Bien qu'aucune dépense concernant le type de liaison ne doive être faite avant la réception du rapport de l'inspecteur, le 15 décembre, les termes de la franchise exigeaient que l'antenne elle-même, qui représentait un coût de 80 000 dollars, devrait être terminée, ou presque, avant cette date.

Deuxième partie

Le 15 août 1982, alors qu'il n'avait pas encore pris de décision au sujet du contrat de Chibougamau, M. Adrien Tremblay apprit qu'une firme rivale, la société Antennes du Nord, était prête à lui vendre une franchise et un contrat que cette dernière avait dans la ville d'Amos; le prix serait de 10 000 dollars comptant. Cumberland avait fait une offre d'achat à ce même prix pour le contrat et la franchise quelques mois plus tôt, mais à cette époque, Antennes du Nord avait refusé de vendre. Cette société indiquait maintenant qu'elle avait une autre offre de 9 000 dollars pour la franchise et le contrat, et que cette offre serait acceptée si Cumberland ne se décidait pas avant une semaine. Bien que la franchise d'Amos se soit présentée de façon inespérée, M. Tremblay était tout à fait sûr que ses chances d'avoir accès à une autre franchise dans les quelques mois à venir étaient virtuellement nulles.

Le contrat avec le groupe local d'Amos stipulait la construction d'une antenne sur une colline juste en dehors de la ville; la liaison avec la station centrale dans la ville se ferait par câble. Le prix d'achat pour le système fini serait de 140 000 dollars. A l'aide de l'étude qu'il avait faite avant de faire son offre, M Tremblay avait conclu qu'il pourrait construire le système tout entier à un coût approximatif de 90 000 dollars à condition de pouvoir satisfaire les spécifications du contrat avec une antenne de 30 mètres. Il espérait qu'une telle antenne serait suffisante; cependant, il y avait des chances pour qu'elle ne reçoive pas un signal ayant l'intensité et la netteté exigées par le contrat, car une chaîne de montagnes entravait partiellement la réception du signal. Si l'antenne de 30 mètres n'était pas suffisante, M. Tremblay était sûr de pouvoir accroître sa hauteur suffisamment pour que le signal ne soit pas entravé, à un coût supplémentaire de 70 000 dollars; pratiquement aucune épargne ne résulterait de la construction d'une antenne plus haute dès le départ.

Le groupe d'Amos et le gouvernement municipal avaient autorisé les Antennes du Nord à vendre la franchise et le contrat à Cumberland. La franchise était valable à condition que le système soit en état de marche avant le 1er avril 1983. M. Tremblay était absolument sûr que la construction lui prendrait au plus trois mois, même s'il devait travailler à Chibougamau en même temps, et même si la hauteur de l'antenne d'Amos devait être accrue. Cependant, M. Tremblay croyait que pour terminer l'antenne de Chibougamau avant le 15 décembre, il était nécessaire d'en commencer la construction immédiatement. De plus, Cumberland aurait à faire un dépôt de 5 000 dollars auprès du groupe d'Amos dans la semaine suivant la reprise du contrat, et la compagnie devrait accepter de perdre son dépôt si elle ne réussissait pas à terminer le système avant la date limite.

Troisième partie

Le 16 août 1982, M. Adrien Tremblay décida d'analyser systématiquement le problème décisionnel qui lui était posé concernant le contrat proposé avec un syndicat d'hommes d'affaires de Chibougamau, et l'offre qui lui avait été faite par la société Antennes du Nord. Dans ce but, il évalua d'abord les probabilités suivantes:

Permis pour la liaison à ondes hertziennes à Chibougamau

accordé sans restrictions	0,5
accordé avec restrictions	0,2
refusé	0,3

Accroissement de la hauteur de l'antenne d'Amos

nécessaire	0,3
inutile	0,7

Quatrième partie

Après mûre réflexion sur les conséquences possibles des choix qui se présentaient à lui, M. Tremblay décida que ses équivalents monétaires certains pour les risques qu'il pourrait prendre étaient bien loin des espérances mathématiques correspondantes. Il décida donc de baser son analyse sur sa préférence en faveur d'actifs liquides au 1er avril 1983. Choisissant +150000 et −20000 dollars comme valeurs terminales de référence, il établit une courbe de préférences, dont deux parties sont données en figure 1. Pour ce faire, il prit comme base ses actifs non monétaires actuels, et supposa qu'aucun des événements ou actions de son problème décisionnel ne pourrait modifier cette base.

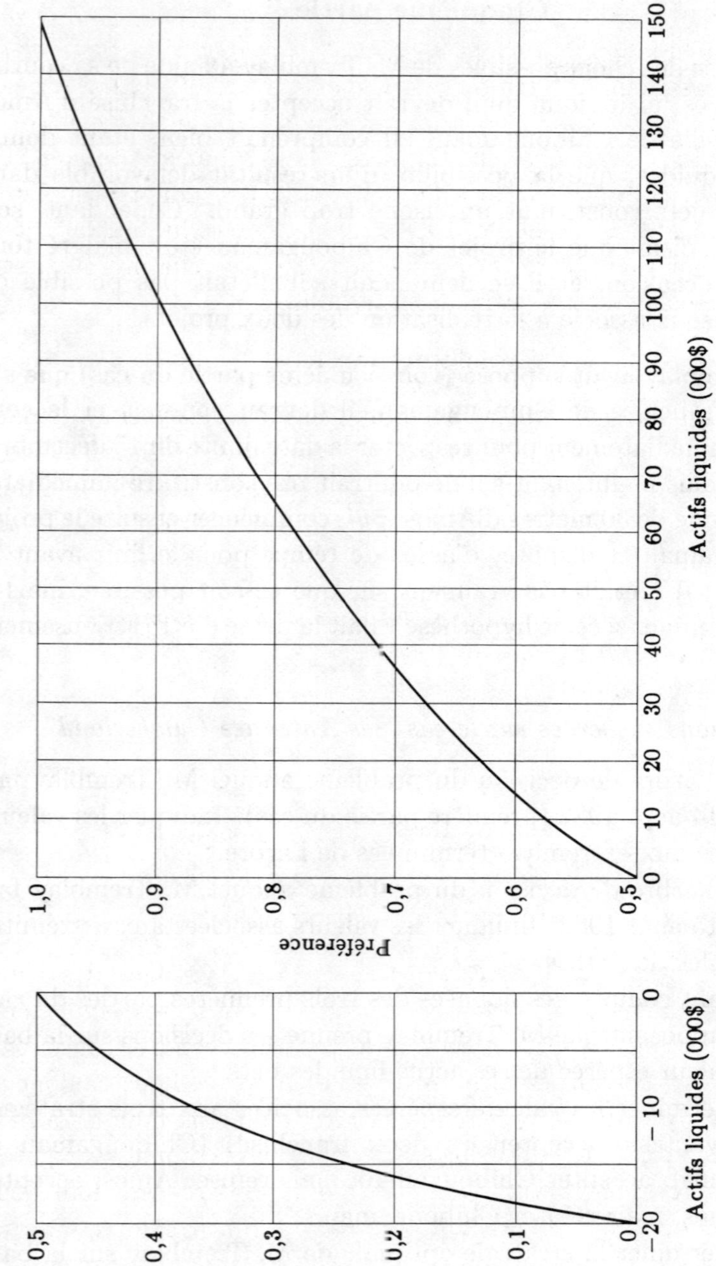

FIGURE 1: LES PRÉFÉRENCES DE M. TREMBLAY EN FAVEUR D'ACTIFS LIQUIDES

Cinquième partie

L'analyse des choix possibles de M. Tremblay à l'aide de sa courbe de préférences lui indiqua qu'il devrait accepter la franchise d'Amos et refuser celle de Chibougamau. Il comprenait bien, étant donné ses actifs liquides, que la possibilité d'un résultat défavorable dans les deux projets constituait un risque trop grand. Cependant, son intuition lui disait que le projet de Chibougamau était malgré tout une bonne occasion, et il se demandait s'il n'était pas possible de réduire le risque associé à la réalisation des deux projets.

M. Tremblay avait supposé (voir deuxième partie du cas) que s'il prenait la franchise de Chibougamau, il devrait commencer la construction immédiatement pour respecter la date limite du 15 décembre. Il se demandait maintenant s'il ne pourrait pas construire immédiatement l'antenne de 30 mètres d'Amos, *puis* commencer ensuite le projet de Chibougamau et disposer d'assez de temps pour le finir avant la date limite. Il n'était pas vraiment sûr que ce soit possible, mais il décida d'examiner si cette hypothèse valait la peine d'être sérieusement étudiée.

Questions suggérées sur le cas "les Antennes Cumberland"

(i) Tracer l'arbre de décision du problème auquel M. Tremblay fait face le 14 août 1982 (première partie du cas). Indiquer les valeurs associées aux extrémités terminales de l'arbre.

(ii) Tracer l'arbre de décision du problème auquel M. Tremblay fait face le 15 août 1982. Indiquer les valeurs associées aux extrémités terminales de l'arbre.

(iii) En tenant compte des données des trois premières parties du cas, et en supposant que M. Tremblay prenne ses décisions sur la base de la valeur espérée de ses actifs liquides nets:

- déterminer les valeurs espérées associées aux trois stratégies suivantes: accepter les deux franchises (Chibougamau et Amos); accepter Chibougamau, mais refuser Amos; accepter Amos, mais refuser Chibougamau;
- déterminer la stratégie optimale de M. Tremblay sur la base des calculs précédents.

Si au lieu de la valeur espérée des actifs liquides nets, M. Tremblay considère la contribution nette au profit afin de prendre sa décision, les résultats de cette question sont-ils modifiés? Si oui, comment?

(iv) Déterminer les équivalents monétaires certains (correspondant aux actifs liquides nets) associés aux stratégies possibles de M. Tremblay. Comment l'analyse est-elle modifiée si on calcule les EMC correspondant aux contributions nettes.

(v) Si l'on accepte l'hypothèse faite par M. Tremblay dans la cinquième partie du cas, et si l'on suppose également qu'il n'y aura pas de poursuites en justice s'il décide d'abandonner le projet de Chibougamau par la suite, quelle nouvelle stratégie M. Tremblay peut-il adopter? Que pensez-vous de cette stratégie étant donné sa courbe de préférences et son évaluation des probabilités?

SUPPLÉMENT AU CHAPITRE 3

LE PRINCIPE DE BAYES ET LA PROBABILISATION DES RÈGLES DE DÉCISION

Soit un triplet $(\mathcal{E}, \mathcal{A}, L)$ associé à un problème de décision, et X une variable aléatoire dont la loi dépend de la valeur correcte de l'état de la nature $e \in \mathcal{E}$. Pour simplifier le traitement mathématique dans ce supplément, nous supposerons, comme dans le chapitre 3, que $\mathcal{E} = \{e_1, e_2, \ldots, e_m\}$ et $\mathcal{A} = \{a_1, a_2, \ldots, a_n\}$.

Dans la section 3.8, nous avons remplacé le triplet $(\mathcal{E}, \mathcal{A}, L)$ par le triplet $(\mathcal{E}, \mathcal{D}, R)$, où $\mathcal{D}$ est l'ensemble des règles de décision du statisticien définies par rapport aux résultats possibles de l'expérience (variable aléatoire X), et R est la fonction d'opportunité associée.

De plus, dans la section 3.4, nous avons généralisé le problème $(\mathcal{E}, \mathcal{A}, L)$ au problème $(\mathcal{E}, \mathcal{A}^*, L)$, où $\mathcal{A}^*$ est l'espace des actions probabilisées. De façon analogue, nous pouvons généraliser le problème décisionnel $(\mathcal{E}, \mathcal{D}, R)$ au problème $(\mathcal{E}, \mathcal{D}^*, R)$, où $\mathcal{D}^*$, l'espace des règles de décision probabilisées, contient toutes les lois de probabilité sur $\mathcal{D}$. Si δ est une loi de probabilité sur $\mathcal{D}$, nous avons, lorsque $e = e_i$ est l'état de la nature:

$$R(e_i, \delta) = \sum_{d \in \mathcal{D}} R(e_i, d) P\{\delta = d\}. \tag{1}$$

Nous pouvons définir l'opportunité espérée $R(\delta)$ associée à la règle de décision probabilisée δ par:

$$R(\delta) = \sum_{i=1}^{m} R(e_i, \delta) P\{e = e_i\} \tag{2}$$

où $p_i = P\{e = e_i\}$ est la probabilité a priori que la nature se trouve dans l'état e_i, $i = 1, \ldots, m$.

Tout comme dans la section 3.4, on peut se demander s'il est nécessaire de considérer les règles de décision probabilisées dans la recherche de la règle de décision bayésienne qui maximise l'opportunité espérée $R(\delta)$. Le théorème suivant confirme, a posteriori, que la limitation de notre recherche aux règles non probabilisées (dans la section 3.8) était parfaitement justifiée.

Théorème. *S'il existe une règle de décision bayésienne $\delta_0 \in \mathcal{D}^*$ par rapport à une loi a priori des états de la nature, il existe une règle de décision bayésienne non probabilisée.*

Démonstration. Soit donc une règle de décision bayésienne $\delta_0 \in \mathcal{D}^*$ par rapport à une loi a priori des états de la nature définie par les probabilités $p_i = P\{e = e_i\}$, $i = 1, \ldots, m$. D'après les relations (1) et (2), nous avons:

$$\begin{aligned} R(\delta_0) &= \sum_{i=1}^{m} R(e_i, \delta_0) P\{e = e_i\} \\ &= \sum_{i=1}^{m} \Big(\sum_{d \in \mathcal{D}} R(e_i, d) P\{\delta_0 = d\} \Big) P\{e = e_i\} \\ &= \sum_{d \in \mathcal{D}} \Big(\sum_{i=1}^{m} R(e_i, d) P\{e = e_i\} \Big) P\{\delta_0 = d\} \\ &= \sum_{d \in \mathcal{D}} R(d) P\{\delta_0 = d\}. \qquad (3) \end{aligned}$$

Puisque la règle δ_0 est la règle de décision bayésienne, nous avons en particulier

$$R(\delta_0) \geq R(d) \qquad (4)$$

pour toute règle de décision $d \in \mathcal{D}$ (puisque toute règle de décision $d \in \mathcal{D}$ peut être considérée comme une règle probabilisée δ associée à la loi dégénérée donnée par $P\{\delta = d\} = 1$ et $P\{\delta = d'\} = 0$ pour toute règle $d' \neq d$).

Nous allons déduire de (4) que $R(\delta_0) = R(\overline{d})$ pour toute règle de décision $\overline{d}$ telle que $P\{\delta_0 = \overline{d}\} > 0$. Supposons, au contraire, qu'il existe une règle $\overline{d}$ telle que $P\{\delta_0 = \overline{d}\} > 0$ et que $R(\delta_0) > R(\overline{d})$.

D'après les relations (3) et (4):

$$\begin{aligned} R(\delta_0) &= R(\overline{d})P\{\delta_0 = \overline{d}\} + \sum_{d \neq \overline{d}} R(d)P\{\delta_0 = d\} \\ &< R(\delta_0)P\{\delta_0 = \overline{d}\} + \sum_{d \neq \overline{d}} R(\delta_0)P\{\delta_0 = d\} = R(\delta_0), \end{aligned}$$

ce qui est une contradiction. Par conséquent, si $P\{\delta_0 = \overline{d}\} > 0$, nous avons nécessairement $R(\delta_0) = R(\overline{d})$. Il en résulte que $\overline{d}$, qui est une règle de décision non probabilisée, est bayésienne par rapport à la loi donnée des états de la nature. C'est bien le résultat annoncé dans le théorème. ■

Chapitre 4

LA GESTION DES STOCKS

Dans tout cycle complet de production, on trouve des stocks que l'on peut classer en trois catégories: stocks de matières premières, stocks de produits semi-finis et stocks de produits finis. L'importance de ces stocks est variable au cours du cycle de production et dépend fortement de la nature de l'entreprise; toutefois, dans tous les cas, l'existence de ces stocks se révèle fort onéreuse, ce qui justifie la nécessité de définir des règles précises de gestion des stocks. On estime, en effet, que les coûts associés aux stocks représentent, annuellement, entre 10 et 30% de la valeur des produits finis.

Plusieurs attitudes existent face au problème des stocks:

- l'aspect administratif du problème consiste à définir les articles à stocker, suivre l'état des stocks, déterminer les documents nécessaires et désigner les responsables;
- l'aspect purement comptable du problème consiste à enregistrer des mouvements et à calculer des soldes;
- pour le service Fabrication, les stocks de matières premières doivent être tels que l'on ne puisse craindre d'en manquer. Les encours en excès constituent des stocks de sécurité palliant les aléas de l'atelier. Les ordres de fabrication sont des moyens de sortir les produits finis:

  · par grande quantité de chaque produit, c'est-à-dire économiquement du point de vue de la production;
  · de façon régulière pour équilibrer la charge, alors que la demande peut être irrégulière, afin de ne pas avoir à débaucher quand la demande se raréfie;
- pour les responsables de l'entretien des machines et équipements, il faut des stocks confortables de pièces de rechange pour ne pas risquer d'arrêter la production;
- pour le service commercial, le stock ne doit jamais être trop bas pour ne pas risquer de manquer ou de retarder une vente;
- pour le service financier, les stocks constituent un capital qui dort (sauf s'il s'agit d'achats spéculatifs).

Le problème de la direction générale va donc être de concilier les divers points de vue, parfois contradictoires, de façon à rechercher une optimisation globale.

L'utilisation de techniques quantitatives de gestion va nous amener à construire les modèles mathématiques représentant divers problèmes de stocks, et nous permettre de formuler des règles simples de gestion afin de réaliser le meilleur compromis possible.

Après une première partie consacrée à la présentation du problème et des principaux paramètres intervenant dans toute étude de stocks, nous étudierons un certain nombre de modèles déterministes de gestion des stocks, puis nous aborderons des modèles plus complexes tenant compte du caractère aléatoire de la demande.

4.1 INTRODUCTION A LA GESTION DES STOCKS

4.1.1 Généralités

Le *stock* est l'ensemble des marchandises ou des articles accumulés dans l'attente d'une utilisation ultérieure plus ou moins proche et qui permet d'alimenter les utilisateurs au fur et à mesure de leurs besoins sans leur imposer les délais et les à-coups d'une fabrication ou d'une livraison par des fournisseurs.

Les utilisateurs peuvent être, suivant les cas, ou bien les propres services de production ou d'exploitation de l'entreprise qui consomment des matières premières, des outillages, des produits de toutes sortes, ou bien la clientèle qui achète des produits finis.

On distingue plusieurs catégories de stocks:

- le *stock normal* constitué, en principe, par du matériel acheté en vue d'une utilisation courante et continue. Il peut s'agir aussi bien de matériels, articles ou produits nécessaires à la production ou à l'exploitation de l'entreprise, que de produits finis destinés à la vente;
- le *stock de pièces de rechange de sécurité*, constitué par du matériel neuf ou récupéré et en bon état. Ce stock est d'emploi exceptionnel ou aléatoire, mais il est indispensable de pouvoir en disposer immédiatement en cas de panne ou de besoin imprévisible pour assurer, quoi qu'il arrive, la continuité d'une exploitation;
- le *stock de récupération*, constitué par du matériel usagé, mais susceptible de réemploi et non encore remis en état. Dès sa remise en état, ce matériel peut être intégré, suivant le cas, soit dans le stock normal, soit dans celui des pièces de rechange de sécurité;
- le *stock de surplus*, constitué par du matériel inutilisable ou devenu inutile, qui doit être liquidé d'une façon ou d'une autre;
- le *stock du matériel de transit*, constitué par le matériel acheté en vue d'une utilisation exceptionnelle mais bien précise et non renouvelable.

Analogiquement, le stock peut être comparé à un réservoir: le flux d'entrée dans le réservoir est constitué par la livraison des commandes de réapprovisionnement passées par l'entreprise, le flux de sortie par la demande des utilisateurs.

Livraison des commandes de réapprovisionnement $\Longrightarrow$ STOCK $\Longrightarrow$ Demande des utilisateurs

Le gestionnaire doit régler le flux d'entrée de façon à satisfaire au mieux la demande en tenant compte d'un certain nombre de particularités:

- le *délai de réapprovisionnement*, intervalle de temps qui sépare l'instant où l'entreprise décide de passer la commande de l'instant où cette dernière lui sera livrée, peut être:
  · constant et déterminé;
  · variable mais déterminé;
  · aléatoire;
- la *demande* de la part des utilisateurs peut, elle aussi, être:
  · connue avec certitude et constante dans le temps;
  · aléatoire, le processus la régissant étant indépendant du temps;
  · aléatoire, le processus la régissant variant avec le temps;
- la nature aléatoire de la demande rend possible la *rupture de stock*. Quand une demande arrive durant la période de rupture de stock, deux possibilités peuvent se présenter:
  · la demande est perdue;
  · la demande est reportée.

L'existence ou la non-existence de stock donne naissance à des charges financières pour l'entreprise.

4.1.2 Les coûts de gestion d'un stock

Les éléments présentés ci-dessous jouent un rôle important dans la détermination des coûts de gestion d'un stock.

• Le coût d'acquisition

Ce coût, appelé encore coût de réapprovisionnement, comprend:
- le prix d'achat des articles (ou le coût de fabrication), et
- les dépenses occasionnées par la passation d'une commande (ou par la mise en marche du processus de production). Ces dépenses se subdivisent elles-mêmes en deux classes:
  - celles qui dépendent de la quantité commandée (ou fabriquée): les frais de transport, une partie des frais de réception et de contrôle des articles, etc. Il sera commode d'ajouter ces coûts au prix d'achat des articles;
  - celles qui sont indépendantes de la quantité commandée: les dépenses d'imprimés et de papiers, les frais postaux et télé-

phoniques, etc. Ces coûts fixes interviennent chaque fois qu'une commande est passée et représentent les frais administratifs de l'opération de réapprovisionnement.

Avec les hypothèses ci-dessus, on peut écrire le coût d'acquisition de z articles sous la forme:

$$c_a(z) = \begin{cases} 0 & \text{si } z = 0, \\ K + cz & \text{si } z > 0, \end{cases} \tag{4.1.1}$$

où K représente le coût fixe de commande (ou de production) et c représente le prix d'achat unitaire.

Le modèle décrit par la fonction (4.1.1) est l'un des modèles les plus utilisés en gestion des stocks pour représenter le coût d'acquisition. Dans certains cas, on suppose que le coût fixe K est nul. Le coût d'acquisition est alors directement proportionnel à la quantité commandée. Bien que l'on puisse utiliser d'autres modèles pour représenter le coût d'acquisition nous nous limiterons dans ce chapitre au modèle classique donné par la fonction (4.1.1).

- **Le coût de stockage**

Le coût de stockage comprend deux catégories d'éléments:

- les dépenses et pertes réellement encourues: les primes d'assurance, les impôts, le vol ou la détérioration des articles, la location de l'entrepôt, son entretien, l'éclairage, le chauffage, etc.;
- le manque à gagner dû à l'immobilisation en marchandise d'un capital qui pourrait être investi ailleurs (c'est-à-dire la perte de l'intérêt que rapporterait ce capital s'il était placé dans de meilleures conditions).

Il est très difficile en pratique de représenter avec précision, dans un modèle mathématique, tous ces coûts qui ne varient pas de la même façon avec le niveau des stocks. C'est pourquoi on fait un certain nombre d'hypothèses simplificatrices. Les deux hypothèses suivantes sont souvent utilisées:

- le coût de stockage d'une unité est proportionnel à la valeur de l'article stocké;
- le coût de stockage d'une unité est proportionnel à la durée de stockage de cette unité.

En fait, ces hypothèses ne sont pas toujours acceptables car le coût de stockage peut dépendre de la quantité maximale, ou bien de la quantité moyenne, entreposée pendant une période de temps, ou encore de l'excédent des articles acquis (ou produits) par rapport aux articles vendus (ou utilisés). Dans ce chapitre, nous utiliserons souvent cette dernière interprétation pour exprimer le coût de stockage c_s.

• **Le coût de satisfaction des demandes**

Ce coût comprend les frais d'emballage et d'expédition, le salaire des employés qui doivent aller chercher les articles, etc. Ces coûts n'ont en général aucune influence sur la politique de gestion utilisée. Aussi, nous n'en tiendrons pas compte par la suite.

• **Le coût de rupture de stock**

Le coût de la rupture de stock, que l'on appelle aussi *coût de pénurie* ou *coût de pénalité*, intervient lorsque la demande pour un article donné est supérieure au stock disponible. Il faut distinguer le cas des ventes reportées du cas des ventes perdues.

- *Coût d'une demande reportée*: en pratique, ce coût est très difficile à déterminer car, en dehors d'éléments facilement chiffrables (tels les frais de notification au client de la pénurie et du report, les dépenses de recherche du produit, etc.), il comprend des facteurs tels que la perte du client (qui peut passer ailleurs ses commandes) dont la mesure exacte est délicate.

  En principe, le coût unitaire (par article) $c_p(t)$ d'un report est une fonction non décroissante de la durée t du report. On prend en général comme approximation pour $c_p(t)$ une fonction linéaire:

  $$c_p(t) = K_p + c_p t,$$

  où K_p est le coût fixe unitaire de pénurie et c_p le coût unitaire de pénurie par unité de temps.

- *Coût d'une demande perdue*: ce coût est aussi difficilement mesurable car, en dehors des frais de notification au client de la rupture de stock et la perte de la vente elle-même, il comprend d'autres facteurs non chiffrables tels les bénéfices perdus sur d'autres articles ou sur les ventes futures du même article que le client va chercher ailleurs, provisoirement ou définitivement. L'acheteur peut également décourager d'éventuels clients en leur disant que ses commandes n'ont pas été satisfaites.

Le coût de perte d'une demande unitaire est en général représenté par une constante c_p.

• Le revenu

On peut, suivant le cas, inclure ou non dans le modèle le revenu provenant de la vente des articles. Si l'on suppose que la demande pour un certain article et son prix ne sont pas sous le contrôle de la compagnie qui en détient le stock, le revenu provenant des ventes ne dépend pas de la politique de gestion du stock utilisée, et on peut l'ignorer. Cependant, si l'on néglige le revenu, il faut inclure le manque à gagner résultant de la rupture de stock dans le coût de pénalité. Ainsi, en particulier, lorsque la demande est reportée, le coût associé avec le retard dans l'encaissement des revenus doit être inclus dans le coût unitaire de pénurie par unité de temps. En interprétant le revenu de la façon proposée, il ne sera pas nécessaire, par la suite, d'en tenir compte explicitement pour certains modèles.

• Le coût de récupération

Lorsque l'on considère un problème de gestion de stock avec un horizon de planification fini, on attache souvent une valeur de récupération aux articles invendus (inutilisés) à la fin de la période de planification. Le coût de récupération est l'opposé de cette valeur. On doit inclure, dans le coût de récupération, tous les frais encourus pour se débarrasser des articles en question. Il en résulte que ce coût est parfois positif.

• Le taux d'actualisation

Le taux d'actualisation permet de tenir compte de la valeur temporelle d'une suite de coûts ou de revenus. Lorsqu'une entreprise détient des stocks, le capital associé à ces stocks est immobilisé et ne peut pas être placé pour procurer des revenus. On représente le taux d'actualisation périodique par le paramètre α. Pour mesurer la "valeur" d'une politique de gestion des stocks, il sera parfois nécessaire d'actualiser les coûts encourus dans différentes périodes de temps. Nous traiterons la question de l'actualisation des revenus avec plus de détails au chapitre 7.

4.1.3 Choix d'une politique

Le problème de gestion des stocks consiste à maintenir un approvisionnement suffisant pour satisfaire une demande connue (*cas déterministe*) ou probable (*cas probabiliste*) de la manière la plus rentable. Il s'agit donc de déterminer une politique qui permettra de minimiser les coûts.

En général, l'entreprise n'a aucun contrôle sur la demande. Elle ne peut agir que sur le flux de réapprovisionnement pour atteindre le résultat désiré. Elle doit donc résoudre les deux questions suivantes:

1. Quand doit-elle passer une commande de réapprovisionnement?
2. Quelle quantité doit-elle commander?

Les solutions peuvent être classées, très schématiquement, en deux grandes catégories:

- solutions qui consistent à passer à des dates fixes (arbitraires ou non) des commandes de quantité variable, et
- solutions qui consistent à passer à des dates variables des commandes d'une quantité fixe (donnée arbitrairement ou pouvant résulter d'un calcul).

En effet, dans la pratique, il existe deux façons de répondre à la première question:

(i) décider de réapprovisionner lorsque le niveau du stock franchit en décroissant un *stock d'alerte* (revue continue), et

(ii) décider de réapprovisionner à intervalles de temps de durée fixe T, quel que soit le niveau du stock (revue périodique). T s'appelle la *période économique.*

De même, il existe deux façons de répondre à la deuxième question:

(a) la quantité de réapprovisionnement commandée est constante; on l'appelle *quantité économique*, et

(b) la quantité de réapprovisionnement commandée est le complément du niveau du stock au moment de la commande à un niveau appelé *niveau de recomplètement.*

Dans ce chapitre, nous allons proposer une classification des politiques de gestion des stocks en fonction de la nature de la demande (déterministe ou probabiliste), et élaborer des modèles pour la revue continue ou périodique des stocks. Dans tous les cas, on fera l'hypothèse que la livraison des commandes est instantanée.

4.2 MODÈLES DÉTERMINISTES AVEC REVUE CONTINUE DES STOCKS

Nous commençons par étudier les modèles déterministes où le niveau de la demande pour les unités stockées est supposé connu avec certitude et constant dans le temps.

Le problème fondamental est de déterminer à quel moment on doit passer une commande et quel doit être le volume de cette commande de réapprovisionnement.

Les demandes, dans la réalité, ne peuvent presque jamais être prévues de façon certaine; elles doivent, comme nous le verrons par la suite, être décrites en termes probabilistes. Cependant, les modèles déterministes sont dignes d'intérêt parce qu'ils fournissent un cadre simple pour introduire les méthodes d'analyse qui seront appliquées aux systèmes plus compliqués, et aussi parce qu'ils sont quelquefois utiles dans l'examen de certains aspects des problèmes réels. De plus, les résultats obtenus à l'aide des modèles déterministes indiquent, qualitativement, le comportement adéquat du système étudié, même lorsque l'on abandonne l'hypothèse de la connaissance certaine de la demande.

4.2.1 Le modèle de Wilson

Des pièces d'un certain modèle sont l'objet d'une demande constante, soit h pièces par unité de temps. On ne peut admettre aucune pénurie. Les pièces sont approvisionnées en séries ou *rafales*; le coût de lancement d'une rafale (coût fixe de commande) est constant et égal à K, tandis que le prix d'achat unitaire est c. Le coût du stockage d'une pièce par unité de temps (le jour, par exemple) est c_s. La demande totale pour un intervalle de temps θ (un an, par exemple) est N.

La règle de gestion optimale consiste à déterminer les instants optimaux de passation des commandes de réapprovisionnement ainsi

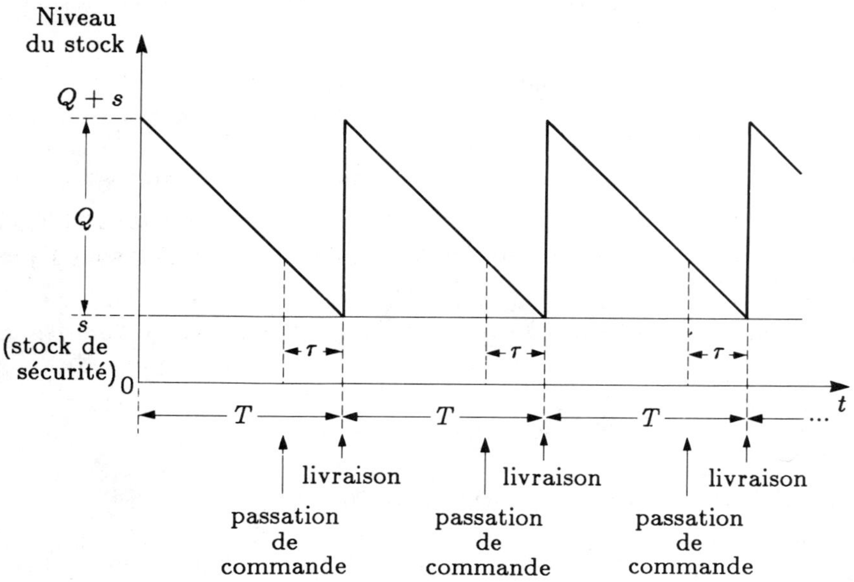

FIGURE 4.2.1: NIVEAU DU STOCK EN FONCTION DU TEMPS

que le volume Q de ces commandes de manière à ce que le coût total de gestion des N pièces soit minimum.

La gestion d'un stock dans de telles conditions est représentée graphiquement en figure 4.2.1. On suppose ici que le délai constant de réapprovisionnement τ est nul. On peut cependant vérifier facilement (voir problème 1) que le cas $\tau > 0$ se ramène immédiatement au cas que nous allons étudier. On verra un peu plus loin dans cette section qu'il ne faut jamais recevoir une commande tant que le niveau de stock n'est pas nul (n'est-ce pas d'ailleurs intuitif?). Le stock de sécurité optimal est donc $s^* = 0$. Finalement, remarquons que toutes les commandes doivent être de la même taille. En effet, à l'instant T, le preneur de décision se retrouve dans une situation identique à celle où il était à l'instant $t = 0$ et, par conséquent, se doit de suivre la même stratégie. Soit Q le volume (nombre d'unités) de chaque commande.

Évaluons le coût total de gestion:

- prix d'achat des unités Γ_1: la demande pour une période de longueur θ est égale à N unités. Puisque le coût unitaire est égal à c, le prix d'achat total est $\Gamma_1 = Nc$.
- calcul des frais fixes de commande Γ_2: le niveau de la demande étant constant et égal à h unités par unité de temps, on a $Q = hT$ et $N = h\theta$. On en déduit $Q/T = N/\theta$, ou encore que le nombre N/Q de commandes passées pendant la période θ est égal à θ/T. Puisque le coût de lancement d'une rafale est constant et égal à K, les frais fixes de commande pendant la période θ sont $\Gamma_2 = K(N/Q)$.
- calcul des frais de stockage Γ_3: puisque, comme on le voit sur la figure 4.2.1, le stock décroît de façon uniforme du niveau $Q + s$ au niveau s pendant la période T, le stock moyen a pour valeur $\frac{1}{2}[(Q + s) + s]$ et est immobilisé pendant le laps de temps T. Le coût de stockage pendant T unités de temps est donc égal à $\frac{1}{2}c_s[(Q+s)+s]T$. De manière évidente, ce coût est minimal (par rapport à la variable s) lorsque $s = s^* = 0$, c'est-à-dire lorsque le stock de sécurité est nul. Le coût total de stockage pour la période θ est, dans ces conditions, égal à $\frac{1}{2}c_sQT$ fois le nombre de commandes passées pendant la période, soit $\Gamma_3 = \frac{1}{2}c_sQT(N/Q) = \frac{1}{2}c_sTN = \frac{1}{2}c_s\theta Q$.

Le coût total Γ sur la période θ est donc:

$$\Gamma = \Gamma_1 + \Gamma_2 + \Gamma_3 = Nc + K\,\frac{N}{Q} + \frac{1}{2}\,c_s\theta Q,$$

où N, c, K, c_s et θ sont des constantes. Le coût global Γ est donc une fonction de la seule variable Q. Seuls les frais fixes de commande Γ_2 et le coût de stockage Γ_3 dépendent de Q. Les variations de ces coûts en fonction de la quantité de réapprovisionnement Q sont données en figure 4.2.2.

Le produit $\Gamma_2\Gamma_3 = \frac{1}{2}KNc_s\theta$ étant constant, on sait que le minimum de la somme $\Gamma_2+\Gamma_3$ (donc de Γ, puisque le terme Γ_1 est constant) est atteint lorsque $\Gamma_2 = \Gamma_3$. La taille optimale Q^* de la commande, encore appelée *quantité économique*, est donc telle que:

$$K\,\frac{N}{Q^*} = \frac{1}{2}\,c_s\theta Q^*,$$

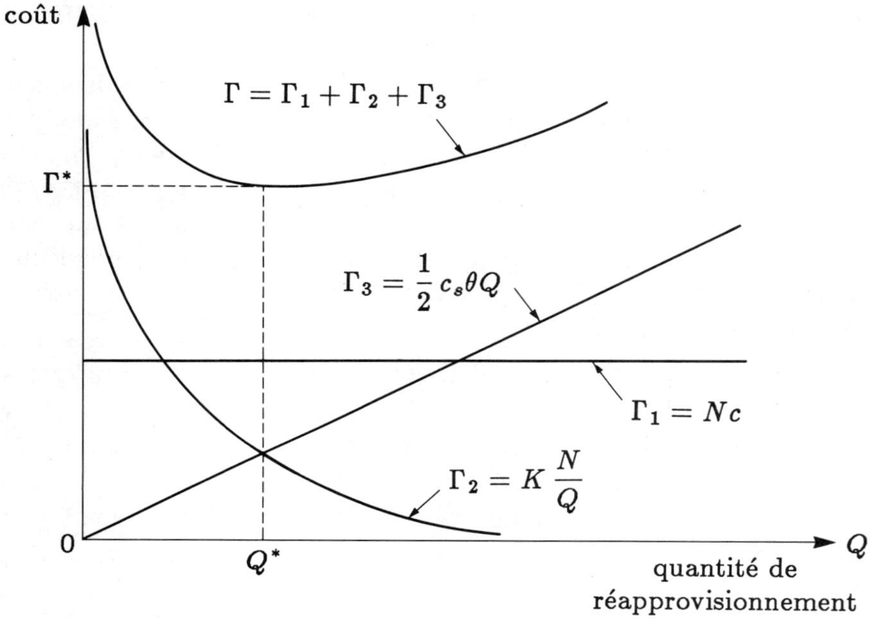

FIGURE 4.2.2: COÛTS DE GESTION DU STOCK

soit encore:

$$Q^* = \sqrt{2 \frac{N}{\theta} \frac{K}{c_s}} \cdot \tag{4.2.1}$$

La formule (4.2.1) est souvent appelée, dans la littérature, formule de Wilson. Remarquons qu'on peut obtenir la formule (4.2.1) en dérivant l'expression de Γ par rapport à Q, et en s'assurant, en dérivant une deuxième fois, que la valeur de Q qui annule la dérivée première correspond bien à un minimum de Γ.

Une première conclusion peut être tirée: "le minimum de la fonction économique de la gestion du stock a lieu lorsque le coût global de lancement (frais fixes de commande) est égal au coût global de stockage".

La période optimale de gestion T^* est donnée par la formule $T^* = Q^*(\theta/N)$, soit:

$$T^* = \sqrt{2\frac{\theta}{N}\frac{K}{c_s}} = \frac{\theta}{N}Q^*, \tag{4.2.2}$$

et le coût optimal de gestion du stock est:

$$\Gamma_2^* + \Gamma_3^* = \gamma^* = \sqrt{2N\theta K c_s}\,. \tag{4.2.3}$$

Il est intéressant de comparer le coût moyen de réapprovisionnement et de stockage optimal γ^* (en prenant, par exemple, une durée d'un an) au coût γ de la gestion du système lorsque l'on prend une valeur Q différente de Q^*. La formule fondamentale pour cette analyse post-optimale est la suivante:

$$\frac{\gamma}{\gamma^*} = \frac{\Gamma_2 + \Gamma_3}{\gamma^*} = \frac{K\dfrac{N}{Q}}{\sqrt{2N\theta K c_s}} + \frac{\dfrac{1}{2}c_s\theta Q}{\sqrt{2N\theta K c_s}} = \frac{1}{2}\Big(\frac{Q^*}{Q} + \frac{Q}{Q^*}\Big)\cdot$$

Remarquons que cette expression est totalement indépendante des paramètres du système.

La figure 4.2.3 représente l'évolution du rapport γ/γ^* en fonction du rapport Q/Q^*. On remarque que cette courbe présente un point méplat au voisinage de la valeur optimale Q^* de Q $(Q/Q^* = 1)$. Si, par exemple, la valeur réelle de Q diffère, dans l'un ou l'autre sens, de sa valeur optimale dans un rapport égal à 2, les coûts ne sont pas augmentés de plus de 25%. Par conséquent, la courbe étant assez plate au voisinage du minimum, une erreur d'évaluation de l'un quelconque des paramètres (niveau de la demande, charge de gestion, etc.) ne sera pas trop pénalisante.

Plus précisément, en prenant $Q/Q^* = 1 + x$, et en supposant que x est petit, on a:

$$\frac{\gamma}{\gamma^*} = \frac{1}{2}\Big(1 + x + \frac{1}{1+x}\Big) = \frac{1}{2}(1 + x + 1 - x + x^2 - x^3 + \cdots)$$

$$= 1 + \frac{x^2}{2} - \frac{x^3}{2} + \cdots \simeq 1 + \frac{x^2}{2}\cdot$$

Il en résulte qu'une erreur de 10% sur Q entraîne une erreur sur le coût de gestion de $(0{,}1)^2/2$, soit une erreur de 0,5%.

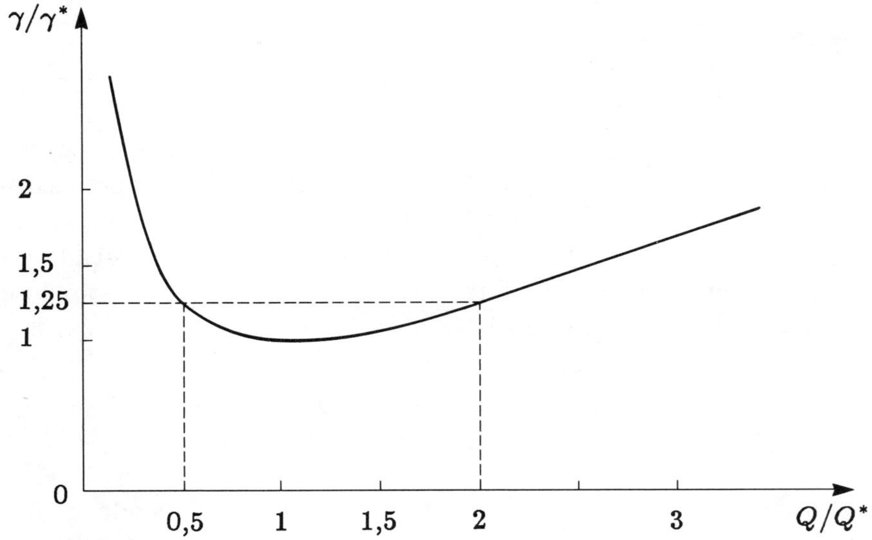

FIGURE 4.2.3: ANALYSE POST-OPTIMALE DE LA TAILLE DE LA COMMANDE

Exemple 4.2.1. La compagnie CLONE Inc. de Taïwan est un fabricant bien connu de composantes de micro-ordinateurs. Elle reçoit une commande de 120 000 chassis de modèle XT à livrer sur un an. A quelle cadence doit-elle approvisionner son stock si aucun retard dans les livraisons ne peut être admis? La demande du client est à taux constant; le coût de stockage est $c_s = 0{,}50$ dollar par unité et par jour et le coût de mise en route de la chaîne de production est $K = 30\,000$ dollars.

Réponse: Appliquons les résultats du modèle de Wilson, puisque les hypothèses en sont vérifiées (on supposera que la fabrication est instantanée). Les paramètres ont les valeurs suivantes: $N = 120\,000$ (unités), $K = 30\,000$ (dollars), $c_s = 0{,}50$ (dollar par unité et par jour) et $\theta = 365$ (jours, en supposant que l'usine est ouverte 365 jours par an, ce qui est vraisemblablement le cas!). D'après (4.2.1), la quantité économique de production est:

$$Q^* = \sqrt{2\,\frac{N}{\theta}\,\frac{K}{c_s}} = \sqrt{\frac{2 \times 120\,000 \times 30\,000}{365 \times 0{,}50}} \simeq 6\,281 \text{ unités,}$$

et, d'après (4.2.2), la période optimale entre deux cycles de fabrication est:

$$T^* = \frac{\theta}{N}\,Q^* = \frac{365 \times 6\,281}{120\,000} \simeq 19{,}10 \text{ jours.}$$

Le coût optimal de gestion du stock est donné, en dollars, par (4.2.3):

$$\gamma^* = \sqrt{2N\theta K c_s} = \sqrt{2 \times 120\,000 \times 365 \times 30\,000 \times 0{,}50} = 1\,146\,298{,}30.$$

La compagnie CLONE doit donc lancer la fabrication tous les 19,10 jours et produire 6 281 chassis à chaque fois.

On remarque, en faisant l'analyse post-optimale de ce résultat, qu'une erreur de 10% sur le niveau de production (soit une quantité économique comprise entre 5653 et 6909 unités) entraîne une variation du coût global de 0,5% environ (soit 5 731,50 dollars sur 1 146 298,30 dollars). □

Exemple 4.2.2. *Gestion des actifs liquides d'une entreprise*
Supposons qu'au début d'une période de durée θ (où θ est assez grand), une entreprise possède N dollars investis en bons du Trésor et autres obligations. Ces fonds correspondent exactement aux besoins en argent liquide de cette entreprise. Chaque jour, l'entreprise a besoin de q dollars en liquide. Les bons et obligations ont un taux d'intérêt quotidien égal à r, tandis que l'argent liquide ne rapporte rien. Il y a un coût fixe F par transaction lorsque l'entreprise vend des bons ou des obligations. On suppose qu'au début de la période de planification (instant zéro), l'entreprise n'a aucune liquidité et doit, par conséquent, vendre des bons ou des obligations. On suppose également que l'horizon de planification est suffisamment long pour que l'on doive vendre à plusieurs reprises afin de ne pas perdre trop d'intérêts. L'objectif de l'entreprise est de gérer ses actifs liquides pendant la période de planification afin de maximiser le revenu de ses placements.

Cet exemple est proposé par Mao (1969), qui utilise une méthode assez complexe de programmation dynamique pour établir que le nombre n optimal de transactions est un entier tel que:

$$n(n-1) \leq \frac{rq\theta^2}{2F} \leq n(n+1).$$

On peut approcher ce problème plus simplement à l'aide du modèle de Wilson en faisant l'hypothèse, implicite à ce modèle, que l'horizon de planification est illimité. Dans ce cas, F correspond au coût de lancement K, r correspond au coût unitaire de stockage c_s et q est égal au rapport N/θ. En appliquant la formule (4.2.2), on obtient la valeur de la période optimale de gestion:

$$T^* = \sqrt{2\,\frac{\theta}{N}\,\frac{K}{c_s}} = \sqrt{\frac{2F}{rq}}\cdot$$

Nous avons cependant un horizon θ, grand mais fini, et le nombre n^* de transactions est donc égal à θ/T^*, soit:

$$n^* = \sqrt{\frac{rq\theta^2}{2F}}\cdot$$

Il est intéressant de comparer notre réponse à la réponse exacte de Mao. En écrivant son résultat sous la forme:

$$n^2\Big(1-\frac{1}{n}\Big) \leq \frac{rq\theta^2}{2F} \leq n^2\Big(1+\frac{1}{n}\Big),$$

et en prenant la racine carrée de ce qui précède, avec l'approximation:

$$\sqrt{1 \pm \frac{1}{n}} \simeq 1 \pm \frac{1}{2n},$$

il vient:

$$n\Big(1-\frac{1}{2n}\Big) \leq \sqrt{\frac{rq\theta^2}{2F}} \leq n\Big(1+\frac{1}{2n}\Big).$$

Puisque $nQ = n^*Q^*$, on voit que le rapport Q/Q^* ne dévie pas de l'unité de plus d'une fraction $x = 1/2n$ d'un côté ou de l'autre (Q est la quantité de liquide obtenue à chaque transaction dans le modèle de Mao, et Q^* dans le modèle de Wilson). L'analyse post-optimale, qui précède les exemples de cette section, montre que le coût de notre approximation ne diffère pas du coût exact de plus de $x^2/2 = (1/8n^2)$.

Pour illustrer numériquement cet exemple, prenons le cas d'une entreprise dont les besoins en liquide sont de 60 000 dollars pour un horizon de planification de 60 jours, soit $q = 1\,000$ dollars par jour. Supposons que le taux d'intérêt des bons du Trésor soit de 5,84% par an ($r = 0{,}00016$ par jour), et que les frais de courtage soient de $F = 21{,}60$ dollars par transaction.

Avec ces paramètres, on obtient $rq\theta^2/2F = 13{,}333$, et $n^* = 3{,}65$. Le nombre n de Mao est égal à 4, puisque $3\times 4 \leq 13{,}333 \leq 4\times 5$. Avec notre résultat, on devra faire une transaction tous les $60/3{,}65 = 16{,}4$ jours (comparer à 15 jours avec Mao), et la différence de coût entre les deux solutions est de l'ordre de $1/8n^2 \simeq 0{,}9\%$. □

4.2.2 Recherche de la quantité économique, compte tenu du coût de la pénurie

Il peut être profitable de permettre une rupture de stock ou pénurie, puisque cela permet d'augmenter la durée du cycle de production, et donc de réduire les coûts de lancement. Cependant, cet avantage doit être contrebalancé par les coûts associés à la rupture de stock.

Supposons que, dans le modèle de Wilson, on admet une défaillance ou pénurie en lui affectant un coût c_p par unité en rupture de stock et par unité de temps. Le modèle mathématique de la gestion du stock est modifié et sa représentation graphique est donnée par la figure 4.2.4.

Pendant une durée T_1, dans chaque période T, le niveau journalier du stock est suffisant pour satisfaire la demande; puis, pendant une durée T_2, il y a pénurie et le reliquat est livré dès l'entrée en stock de la rafale suivante.

Soit S le niveau maximum du stock et Q le nombre d'unités dans chaque rafale. Il est facile de vérifier sur la figure 4.2.4 les relations suivantes:

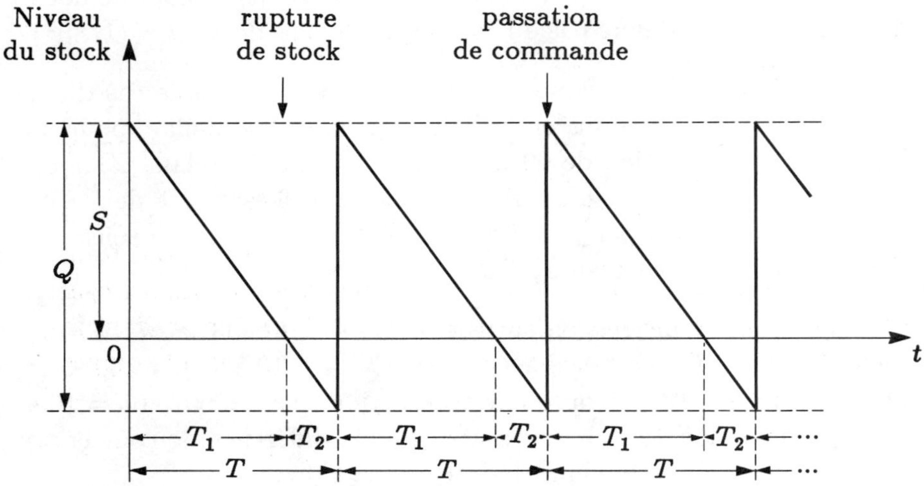

FIGURE 4.2.4: NIVEAU DU STOCK EN FONCTION DU TEMPS (AVEC RUPTURE DE STOCK)

$$\frac{T_1}{T} = \frac{S}{Q} \qquad \text{et} \qquad \frac{T_2}{T} = \frac{Q-S}{Q},$$

soit encore:

$$T_1 = \frac{S}{Q}T \qquad \text{et} \qquad T_2 = \frac{Q-S}{Q}T. \tag{4.2.4}$$

Évaluons, à nouveau, le coût total de gestion:

- le prix d'achat des unités: le prix d'achat total est toujours $\Gamma_1 = Nc$.
- calcul des frais fixes de commande Γ_2: le même raisonnement que dans la section précédente nous indique que, ici aussi, $\Gamma_2 = K(N/Q)$.
- calcul des frais de stockage Γ_3: le stock moyen a pour valeur $S/2$ et est immobilisé pendant le laps de temps T_1. Le coût de stockage pendant T_1 unités de temps est donc égal à $\frac{1}{2}c_s ST_1$, et le coût total de stockage pendant la période θ est, dans ces conditions, égal à $\frac{1}{2}c_s ST_1$ fois le nombre de commandes passées pendant la période,

soit θ/T. On a donc $\Gamma_3 = \frac{1}{2}c_s S T_1(\theta/T)$. En tenant compte de l'expression de T_1 donnée dans (4.2.4), il vient:

$$\Gamma_3 = \frac{1}{2}\, c_s S\Big(\frac{S}{Q}\,T\Big)\frac{\theta}{T} = \frac{1}{2}\, c_s\theta\,\frac{S^2}{Q}\cdot$$

- calcul des frais de rupture de stock Γ_4: on voit, d'après la figure 4.2.4, que le nombre moyen d'unités en rupture de stock est égal à $\frac{1}{2}(Q-S)$ pendant un laps de temps T_2. Le coût de pénurie pendant T_2 unités de temps est donc égal à $\frac{1}{2}c_p(Q-S)T_2$, et le coût total de la pénurie pendant la période θ est, dans ces conditions, égal à $\frac{1}{2}c_p(Q-S)T_2$ fois le nombre de commandes passées pendant la période. On a donc $\Gamma_4 = \frac{1}{2}c_p(Q-S)T_2(\theta/T)$. En tenant compte de l'expression de T_2 donnée dans (4.2.4), il vient:

$$\Gamma_4 = \frac{1}{2}\, c_p(Q-S)\frac{Q-S}{Q}\,T\,\frac{\theta}{T} = \frac{1}{2}\, c_p\theta\,\frac{(Q-S)^2}{Q}\cdot$$

Le coût total Γ sur la période θ est donc:

$$\Gamma = \Gamma_1 + \Gamma_2 + \Gamma_3 + \Gamma_4 = Nc + K\,\frac{N}{Q} + \frac{1}{2}\, c_s\theta\,\frac{S^2}{Q} + \frac{1}{2}\, c_p\theta\,\frac{(Q-S)^2}{Q}\,,$$

où N, c, K, c_s, c_p et θ sont des constantes. Le coût global Γ est donc une fonction des deux variables Q et S.

On trouve les valeurs Q^{**} et S^{**} qui minimisent la fonction $\Gamma = \Gamma(Q,S)$ en prenant les dérivées partielles $\partial\Gamma/\partial Q$ et $\partial\Gamma/\partial S$ et en les rendant égales à zéro. On obtient ainsi, après avoir vérifié qu'il s'agit bien d'un minimum de la fonction de deux variables (voir problème 3), que:

$$Q^{**} = \sqrt{2\,\frac{N}{\theta}\,\frac{K}{c_s}}\,\sqrt{\frac{c_s + c_p}{c_p}} = Q^*\sqrt{\frac{c_s + c_p}{c_p}}\,, \tag{4.2.5}$$

et:

$$S^{**} = \sqrt{2\,\frac{N}{\theta}\,\frac{K}{c_s}}\,\sqrt{\frac{c_p}{c_s + c_p}} = Q^*\sqrt{\frac{c_p}{c_s + c_p}}\cdot \tag{4.2.6}$$

La quantité $\rho = c_p/(c_s + c_p)$ est appelée *taux de pénurie* ou *taux de défaillance.* Cette quantité joue un rôle essentiel dans les problèmes de stocks où l'on admet la pénurie ou rupture de stock. Dans le présent problème, on constate que les quantités Q^{**} et S^{**} doivent être choisies de telle sorte que $S^{**}/Q^{**} = \rho$. Ce qui revient à écrire, d'après (4.2.4), $T_1/T = \rho$ et $T_2/T = 1 - \rho$. Dire qu'on se donne un taux de pénurie égal à ρ, c'est dire qu'on accepte qu'il y ait $100(1-\rho)\%$ du temps une rupture de stock dans l'intervalle T.

On notera que le taux de pénurie ρ est toujours compris entre 0 et 1. On voit facilement que ρ est très petit si $c_p \ll c_s$ (c_p très petit par rapport à c_s) et que ρ tend vers 1 lorsque $c_p \gg c_s$. Admettre c_p infiniment grand revient à écarter à priori la possibilité d'une rupture de stock; c'est le cas du modèle de Wilson de base pour lequel $\rho = 1$.

La période optimale de gestion T^{**} est donnée par la formule $T^{**} = Q^{**}(\theta/N)$, soit:

$$T^{**} = \sqrt{2\,\frac{\theta}{N}\,\frac{K}{c_s}}\,\sqrt{\frac{c_s + c_p}{c_p}} = \frac{T^*}{\sqrt{\rho}}\,, \qquad (4.2.7)$$

et en posant $\Gamma = \Gamma_1 + \gamma$, où $\gamma = \Gamma_2 + \Gamma_3 + \Gamma_4$, le coût optimal de gestion du stock est :

$$\gamma^{**} = \sqrt{2N\theta K c_s}\,\sqrt{\frac{c_p}{c_s + c_p}} = \gamma^* \sqrt{\rho}\,. \qquad (4.2.8)$$

Exemple 4.2.3. Revenons au cas de la compagnie CLONE de l'exemple 4.2.1; supposons que la pénurie de stock soit pénalisée de telle sorte que $c_p = 10c_s = 5$ dollars par unité et par jour.

Dans ce cas, le taux de pénurie est:

$$\rho = \frac{10c_s}{c_s + 10c_s} = \frac{10}{11} = 0{,}909\,,$$

et $\sqrt{\rho} = 0{,}953$. Les quantités économiques pour ce problème sont alors:

$$Q^{**} = Q^*/\sqrt{\rho} = 6\,281/0{,}953 \simeq 6\,591 \text{ unités,}$$
$$S^{**} = Q^*\sqrt{\rho} = 6\,281 \times 0{,}953 \simeq 5\,986 \text{ unités,}$$
$$T^{**} = T^*/\sqrt{\rho} = 19{,}10/0{,}953 \simeq 20{,}04 \text{ jours,}$$
$$\gamma^{**} = \gamma^*\sqrt{\rho} = 1\,146\,298{,}30 \times 0{,}953 = 1\,092\,422{,}20 \text{ dollars.} \; \square$$

4.2.3 Effet de l'inflation sur les coûts de gestion

L'une des hypothèses implicites du modèle de Wilson est que le taux de l'inflation est négligeable. Cependant, depuis quelques années, la plupart des pays ont connu des taux d'inflation non négligeables. Il est donc légitime d'étudier l'effet de l'inflation sur la valeur des quantités économiques.

Le sujet est assez technique et nous renvoyons le lecteur intéressé à Silver *et al.* (1985) et Gurnani (1983). Contentons nous d'indiquer que si l'on représente par r le taux d'escompte et par i le taux d'inflation, on peut obtenir l'approximation suivante pour la quantité économique Q_i^* en présence d'inflation:

$$Q_i^* = Q^* \sqrt{\frac{1}{1 - i/r}}.$$

Dans la pratique, on constate que le pourcentage d'erreur sur les coûts de gestion du stock en prenant Q^* plutôt que Q_i^* est extrêmement faible. La formule de Wilson donne donc une bonne approximation de la situation en présence d'inflation.

4.3 MODÈLES DÉTERMINISTES DYNAMIQUES

Nous allons maintenant supposer, tout en conservant l'hypothèse que le niveau de la demande est connu avec certitude pour les périodes de temps à venir, que ce niveau peut varier dans le temps pour tenir compte d'une demande saisonnière, cyclique, etc. L'abandon de l'hypothèse d'une demande constante dans le temps complique la recherche d'une politique de gestion optimale. D'une part, la quantité économique Q^* du modèle de Wilson augmente si le taux de la demande augmente, et elle diminue dans le cas contraire. D'autre part, il se peut aussi que le taux de la demande change à l'intérieur même de la période correspondant à une rafale. On peut cependant, sous certaines conditions, construire un algorithme simple pour résoudre ce problème. Cet algorithme est connu sous le nom d'*algorithme de Wagner-Whitin* d'après les travaux de Wagner *et al.* (1958). Ce modèle est aussi utilisé pour planifier la production de façon à réduire les coûts d'embauche, de débauche et d'heures supplémentaires. Nous verrons également comment aborder ce problème à l'aide de la programmation en nombres entiers.

4.3.1 Algorithme de Wagner-Whitin

Revenons au modèle de Wilson et modifions-le en tenant compte du fait que la demande est souvent saisonnière ou cyclique, plutôt que constante dans le temps. Pour pouvoir utiliser l'algorithme de Wagner-Whitin, il faut que les deux conditions suivantes soient satisfaites:

- l'horizon de planification doit être divisé en périodes de même durée. La production (commande) ne peut avoir lieu qu'au début d'une période et est instantanée;
- l'horizon de planification est fini; on suppose qu'il dure n périodes.

La première condition n'est pas particulièrement restrictive puisqu'on peut subdiviser des périodes de durées inégales en périodes plus courtes et de même durée. La deuxième condition ne pose pas non plus de difficulté majeure puisque notre politique de gestion actuelle n'est pas influencée, en général, par des événements lointains. On peut donc tronquer un horizon infini en ne prenant que les n premières périodes.

Dans ce modèle, nous supposons donc que l'horizon de planification est divisé en n périodes égales, et que la demande est égale à d_i au début de la période i, $i = 1, \ldots, n$. Ces demandes doivent être satisfaites; la pénurie n'est pas permise. De plus, il n'y a aucun stock de disponible au début de la première période (avant la première opération de production). Le coût de lancement d'une rafale au début d'une période est égal à K, tandis que le coût de fabrication (prix d'achat) unitaire est égal à c. Le coût de stockage d'une pièce est c_s par période; ce coût est payé (arbitrairement) à la fin de la période. L'hypothèse qui consiste à tenir compte du coût de stockage en fin de période, et, par conséquent, à appliquer ce coût aux unités en stock après avoir satisfait la demande de la période, est différente de celle faite dans le modèle de Wilson. Dans ce dernier, nous avons utilisé le coût de stockage par pièce et par unité de temps. Il apparaît clairement que le choix de la mesure du coût de stockage peut avoir une influence sur la règle de gestion optimale.

La règle de gestion optimale consiste à déterminer, pour chacune des n périodes, la quantité à produire (commander) au début de la période de manière à minimiser les coûts de gestion.

On pourrait essayer de résoudre ce problème en énumérant, pour chacune des 2^{n-1} combinaisons de décisions de produire ou non au début de chacune des périodes, tous les niveaux de production possibles. Cependant, cette approche devient rapidement compliquée, même pour des valeurs de n relativement modestes. Il faut donc trouver un algorithme plus efficace. Si l'on remarque que ce problème fait intervenir une suite de décisions interdépendantes et séquentielles, l'approche de la programmation dynamique va sans doute permettre de réduire considérablement les calculs (voir, par exemple, Nedzela (1986)). De plus, en tenant compte de la structure particulière de ce problème, il est possible de construire un algorithme encore plus efficace; c'est d'ailleurs l'approche de Wagner-Whitin.

Le résultat suivant permet de caractériser une politique de gestion optimale.

Proposition 4.3.1. *Avec les hypothèses du modèle, il existe une politique optimale de gestion qui ne fait produire (ou commander) que lorsque le niveau de stock est nul.*

Démonstration. Supposons qu'une politique optimale de gestion, soit la politique A, conduit au niveau de stock représenté, sur la figure 4.3.1, par une ligne continue entre les instants t_1 et t_2 (débuts de période). En particulier, cette politique recommande de produire à l'instant t_2 bien qu'il reste une quantité r en stock.

Considérons maintenant la politique B, identique à A, sauf qu'elle recommande de produire r unités en moins à l'instant t_1 et r unités de plus à l'instant t_2. Cette politique est représentée par une ligne discontinue sur la figure 4.3.1. Les coûts de lancement et de production des deux politiques sont identiques, mais les coûts de stockage de la politique B sont inférieurs à ceux de la politique A, puisque le niveau de stock en fin de période pour la politique B est inférieur à celui de la politique A. La politique B est donc meilleure que la politique A. Par conséquent, cette dernière ne peut pas être optimale. ∎

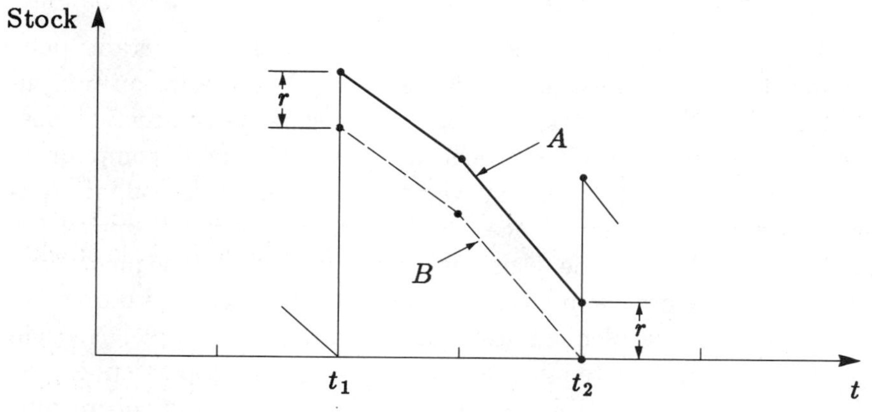

FIGURE 4.3.1: POLITIQUES DE GESTION DU STOCK

La proposition 4.3.1 permet donc d'éliminer des politiques de gestion qui ne peuvent pas être optimales. De plus, puisqu'elle implique aussi que la quantité produite au début de la i-ième période doit être l'une des quantités $0, d_i, d_i + d_{i+1}, \ldots, d_i + d_{i+1} + \cdots + d_n$, cette proposition permet également d'augmenter l'efficacité de l'approche dynamique.

Soit C_i le coût total optimal de gestion entre le début de la période i, lorsque le niveau du stock est nul, et la fin de l'horizon de planification (fin de la période n), $i = 1, 2, \ldots, n$. L'approche de la programmation dynamique suggère que C_i est égal au minimum de la somme des coûts de gestion jusqu'au début de la prochaine période où le niveau de stock est nul, et du coût optimal entre le début de cette dernière période et la fin de l'horizon de planification. On a donc la relation de récurrence suivante:

$$\begin{aligned} C_i = \underset{j=i,i+1,\ldots,n}{\text{minimum}} \Big\{ & C_{j+1} + K + c(d_i + d_{i+1} + \cdots + d_j) \qquad (4.3.1) \\ & + c_s(d_{i+1} + 2d_{i+2} + 3d_{i+3} + \cdots + (j-i)d_j) \Big\}, \end{aligned}$$

où l'indice j correspond à la première période après la période i telle que le niveau de stock en fin de période soit nul. La valeur de C_{n+1}

est choisie égale à 0. Le coût $K + c(d_i + d_{i+1} + \cdots + d_j)$ dans la relation (4.3.1) correspond au coût de production, au début de la période i, du nombre d'unités nécessaire pour satisfaire la demande jusqu'à la prochaine période où le niveau de stock sera nul. Le coût $c_s(d_{i+1} + 2d_{i+2} + \cdots + (j-i)d_j)$ correspond au coût de stockage des unités produites au début de la période i et restant en inventaire entre cette période et la prochaine période où le niveau de stock est nul. Ce dernier coût est calculé en fin de période sur le nombre d'unités en stock à ce moment; par exemple, en fin de période i, il y a un stock égal à $d_{i+1} + d_{i+2} + \cdots + d_j$, tandis qu'en fin de période $i+1$, le stock est égal à $d_{i+2} + \cdots + d_j$, etc.

L'algorithme de résolution de ce problème procède par le calcul successif des quantités $C_n, C_{n-1}, \ldots, C_1$, où C_1 est le coût optimal de gestion pour l'horizon de planification. Remarquons que, bien que la relation (4.3.1) fasse apparaître le coût unitaire c, *ce coût de production n'influence pas la solution optimale* puisque tous les plans de gestion doivent produire le même nombre total d'unités. Ce coût peut donc, en fait, être ignoré lors de la recherche d'une solution optimale; il suffira d'ajouter le coût $c(d_1 + \cdots + d_n)$ au coût optimal de gestion obtenu à l'aide de (4.3.1) pour obtenir le coût total optimal de gestion du stock. Nous avons choisi cependant de laisser le terme $c(d_i + d_{i+1} + \cdots + d_j)$ dans la relation (4.3.1), car on peut la généraliser au cas où les coûts de production (acquisition) et de stockage sont des fonctions concaves. Il faut alors modifier un peu la relation (4.3.1) qui prend la forme suivante:

$$\begin{aligned} C_i = \underset{j=i,i+1,\ldots,n}{\text{minimum}} \Big\{ C_{j+1} + K &+ c_a[d_i + d_{i+1} + \cdots + d_j] \\ &+ c_s[d_{i+1} + d_{i+2} + \cdots + d_j] \\ &+ c_s[d_{i+2} + \cdots + d_j] + \cdots + c_s[d_j] \Big\}, \end{aligned} \tag{4.3.2}$$

où les fonctions concaves $c_a[\,\cdot\,]$ et $c_s[\,\cdot\,]$ représentent respectivement les coûts de production (autres que le coût fixe K) et de stockage, et $C_{n+1} \equiv 0$.

Nous allons maintenant illustrer l'algorithme de Wagner-Whitin à l'aide de l'exemple 4.3.1.

Exemple 4.3.1. Une étude de marché, conduite par le client de la compagnie CLONE Inc. (voir exemple 4.2.1), révèle que la demande pour les micro-ordinateurs est saisonnière plutôt que constante et uniforme. L'étude prévoit des ventes de 50 000 machines pour la période des fêtes de fin d'année (octobre-décembre), de 20 000 machines pendant la période creuse de janvier à mars, de 30 000 machines pour la sortie du "nouveau modèle" (avril-juin), et de 20 000 machines pendant l'été (juillet-septembre). Ce client fabrique lui-même les cartes graphiques pour ses micro-ordinateurs. Le coût de mise en route de sa chaîne de production est $K = 20\,000$ dollars, et le coût de stockage pour une période de 3 mois est de $c_s = 0{,}20$ dollar par unité. Les contraintes d'utilisation de l'équipement et du personnel font que chaque rafale doit être un multiple de 10 000 cartes graphiques. On suppose que la production se fait très rapidement (instantanément). Notre client cherche donc le nombre de cartes (en multiple de 10 000) à fabriquer au début de chacune des 4 périodes afin de minimiser le coût total de gestion. Nous remarquerons que ce problème ne fait pas intervenir le coût de production unitaire des cartes (qui est, en fait, de 17 dollars par carte graphique) puisque, comme nous l'avons vu auparavant, ce coût n'influence pas la solution optimale lorsqu'il est constant.

Utilisons l'algorithme donné par la relation (4.3.1) en prenant $d_1 = 50\,000$ (demande de la période octobre-décembre), $d_2 = 20\,000$, $d_3 = 30\,000$ et $d_4 = 20\,000$. En posant $C_5 = 0$, nous avons $C_4 = K = 2$ (en exprimant les coûts en multiples de 10 000 dollars).

Pour calculer C_3, le coût total optimal de gestion entre le début de la période 3 et la fin de la période 4, il faut considérer les deux cas suivants:

- la première fois où le niveau de stock est nul, après le début de la période 3, est à la fin de la période 3; le coût de cette alternative, où l'on produit $d_3 = 3$ (en multiple de 10 000 unités) au début de la période 3 et $d_4 = 2$ au début de la période 4, est $C_3(3) = C_4 + K = 2 + 2 = 4$;
- la première fois où le niveau de stock est nul, après le début de la période 3, est à la fin de la période 4; le coût de cette alternative,

où l'on produit $d_3 + d_4 = 5$ au début de la période 3 et 0 au début de la période 4, est $C_3(4) = C_5 + K + c_s d_4 = 0 + 2 + 0{,}2 \times 2 = 2{,}4$.

Par conséquent $C_3 = \min(C_3(3), C_3(4)) = \min(4,\ 2{,}4) = 2{,}4$.

Pour calculer C_2, il faut tenir compte de la première fois où le niveau de stock est nul, après le début de la période 2; soit j l'indice de la période à la fin de laquelle cette situation est réalisée. On doit considérer les trois cas où, respectivement, $j = 2$, 3 et 4; les coûts correspondants sont $C_2(j)$. Il vient:

$$C_2(2) = C_3 + K = 2{,}4 + 2 = 4{,}4$$
$$C_2(3) = C_4 + K + c_s d_3 = 2 + 2 + 0{,}2 \times 3 = 4{,}6$$
$$C_2(4) = C_5 + K + c_s(d_3 + 2d_4) = 0 + 2 + 0{,}2 \times 7 = 3{,}4$$

et, par conséquent, $C_2 = \min(C_2(2), C_2(3), C_2(4)) = 3{,}4$.

Finalement, pour calculer C_1, il faut tenir compte de la première fois où le niveau de stock est nul après le début de la période 1; soit j l'indice de la période à la fin de laquelle cette situation est réalisée. On doit considérer les quatre cas où, respectivement, $j = 1, 2, 3$ et 4; les coûts correspondants sont $C_1(j)$. Il vient:

$$C_1(2) = C_2 + K = 3{,}4 + 2 = 5{,}4$$
$$C_1(2) = C_3 + K + c_s d_2 = 2{,}4 + 2 + 0{,}2 \times 2 = 4{,}8$$
$$C_1(3) = C_4 + K + c_s(d_2 + 2d_3) = 2 + 2 + 0{,}2 \times 8 = 5{,}6$$
$$C_1(4) = C_5 + K + c_s(d_2 + 2d_3 + 3d_4) = 0 + 2 + 0{,}2 \times 14 = 4{,}8$$

et, par conséquent, $C_1 = \min(C_1(1), C_1(2), C_1(3), C_1(4)) = 4{,}8$. Le coût optimal de gestion est donc 48 000 dollars (2 088 000 dollars, si l'on tient compte du coût de production de 120 000 unités à 17 dollars par unité). D'après ce qui précède, la solution optimale consiste soit à produire toutes les cartes graphiques au début de la première période (puisque $C_1 = C_1(4)$ implique que le stock sera nul, pour la première fois, à la fin de l'horizon de planification d'une durée de 4 périodes), soit à produire 70 000 cartes au début de la première période (puisque $C_1 = C_1(2)$) et 50 000 cartes au début de la troisième période (puisque $C_3 = C_3(4)$). □

4.3.2 Formulation par la programmation en nombres entiers

On peut également aborder le problème de planification de la production, résolu dans la section précédente, à l'aide des techniques de la programmation en nombres entiers. Plutôt que d'essayer de donner une formulation générale du problème, nous allons illustrer la méthode à l'aide de l'exemple 4.3.1.

Si l'on représente par z_i, $i = 1, 4$, le nombre de cartes fabriquées au début de la période i (on suppose, comme dans l'exemple 4.3.1, que z_i est un entier multiple de 10 000 unités), les coûts de gestion du stock sont égaux à la somme:

- des coûts de lancement; ce coût est égal à K à chaque période où l'on produit (on ne tiendra pas compte, ici non plus, du coût unitaire de production puisqu'il n'influence pas la solution optimale), et
- des coûts de stockage; ces coûts sont égaux à:

$$\begin{aligned}
&c_s(z_1-d_1)+c_s(z_1+z_2-d_1-d_2)+c_s(z_1+z_2+z_3-d_1-d_2-d_3)\\
=&3c_s(z_1-d_1)+2c_s(z_2-d_2)+c_s(z_3-d_3)\\
=&0{,}2\,[3(z_1-5)+2(z_2-2)+(z_3-3)].
\end{aligned}$$

Le problème revient donc à minimiser les coûts de gestion, soit: Minimiser $z =$ coûts de lancement $+ \, 0{,}2\,[3(z_1-5)+2(z_2-2)+(z_3-3)]$ avec les contraintes suivantes:

$$\begin{aligned}
z_1 &\leq d_1+d_2+d_3+d_4 = 12\\
z_2 &\leq d_2+d_3+d_4 = 7\\
z_3 &\leq d_3+d_4 = 5\\
z_4 &\leq d_4 = 2\\
z_1 &\geq d_1 = 3\\
z_1+z_2 &\geq d_1+d_2 = 7\\
z_1+z_2+z_3 &\geq d_1+d_2+d_3 = 10\\
z_1+z_2+z_3+z_4 &= d_1+d_2+d_3+d_4 = 12
\end{aligned}$$

et z_1,z_2,z_3,z_4 entiers non négatifs.

Malheureusement, le programme en nombres entiers ci-dessus n'est pas linéaire par suite de la présence des coûts de lancement dans la fonction économique. On peut linéariser la fonction économique en suivant, par exemple, la démarche proposée dans la section 6.1.1 de Nedzela (1986).

Introduisons les variables "zéro-un" t_i, $i = 1,4$, qui sont telles que $t_i = 1$ si on produit au début de la période i, et $t_i = 0$ dans le cas contraire. Avec ces variables, les coûts de lancement deviennent $K(t_1 + t_2 + t_3 + t_4)$. On relie les z_i et les t_i à l'aide des contraintes:

$$z_i - Mt_i \leq 0 \qquad i = 1,4, \tag{4.3.3}$$

où M est un nombre positif suffisamment grand. Remarquons, en effet, que si $z_i > 0$ la contrainte (4.3.3) implique que $t_i > 0$, donc $t_i = 1$. Réciproquement, si $z_i = 0$, la contrainte (4.3.3) devient $t_i \geq 0$, et par conséquent $t_i = 0$ ou 1. Mais, puisque l'on cherche à minimiser la fonction économique, il n'est jamais optimal de choisir $t_i = 1$. Par conséquent, $t_i = 0$ si et seulement si $z_i = 0$; il en résulte que, comme on le veut, $t_i = 1$ si et seulement si $z_i > 0$. Tenant compte des autres contraintes il suffit, dans ce problème, de choisir $M = 12$. Nous avons donc, après avoir éliminé les termes constants de la fonction économique, le programme en nombres entiers suivant:

Minimiser $z = 2(t_1 + t_2 + t_3 + t_4) + 0{,}6z_1 + 0{,}4z_2 + 0{,}2z_3$

avec les contraintes:

$$\begin{aligned} z_1 - 12t_1 &\leq 0 \\ z_2 - 12t_2 &\leq 0 \\ z_3 - 12t_3 &\leq 0 \\ z_4 - 12t_4 &\leq 0 \\ z_1 &\geq 3 \\ z_1 + z_2 &\geq 7 \\ z_1 + z_2 + z_3 &\geq 10 \\ z_1 + z_2 + z_3 + z_4 &= 12 \end{aligned}$$

et $z_i \geq 0$ et entier, $0 \leq t_i \leq 1$ et entier, $i = 1,4$.

Nous avons résolu ce problème à l'aide du programme PROENT de la section 6.5 de Nedzela (1986). La solution optimale obtenue est la même que celle trouvée dans la section 4.3.1. Elle consiste soit à produire toutes les cartes au début de la première période ($z_1^* = 12$, $t_1^* = 1$; $z_i^* = t_i^* = 0$, $i = 2, 3, 4$), soit à produire 70 000 cartes au début de la première période et 50 000 au début de la troisième ($z_1^* = 7$, $t_1^* = 1$, $z_3^* = 5$, $t_3^* = 1$; $z_i^* = t_i^* = 0$, $i = 2, 4$). La valeur optimale de la fonction économique est 9,2 ; on vérifie que 9,2 moins la somme des termes constants de la fonction économique $(0{,}6 \times 5 + 0{,}4 \times 2 + 0{,}2 \times 3)$ est égal à $C_1 = 4{,}8$ trouvé dans la section 4.3.1.

Pour terminer cette section, remarquons qu'il n'est pas nécessaire de choisir les variables z_i entières dans notre formulation. On peut vérifier que le programme PROENT donne la même solution optimale si l'on impose des variables z_i non négatives quelconques.

4.4 MODÈLES PROBABILISTES AVEC REVUE CONTINUE DES STOCKS

Dans le modèle de Wilson, nous avons supposé que la demande était connue et constante dans le temps. Nous avons ensuite abandonné l'hypothèse d'une demande constante pour présenter l'algorithme de Wagner-Whitin. Dans cette section nous allons faire le contraire: nous supposerons que la demande est incertaine, mais avec un taux moyen h constant dans le temps.

On peut se demander s'il est possible d'utiliser le modèle de la section 4.2.2 et de commander Q^{**} lorsque le niveau du stock est nul. Cependant, dans la pratique, on reçoit les unités désirées plusieurs semaines après avoir décidé de passer la commande. Il faut donc réapprovisionner avant que le stock ne soit nul, et tenir compte du fait que la demande est aléatoire pendant le délai de réapprovisionnement.

Dans cette section, nous allons présenter un modèle pour lequel le stock est revu continuellement, et où l'on passe une commande de Q unités à chaque fois que le niveau du stock atteint en décroissant un niveau d'alerte R. Nous cherchons les valeurs optimales de R et Q qui minimisent le coût total de gestion. On suppose que, comme dans

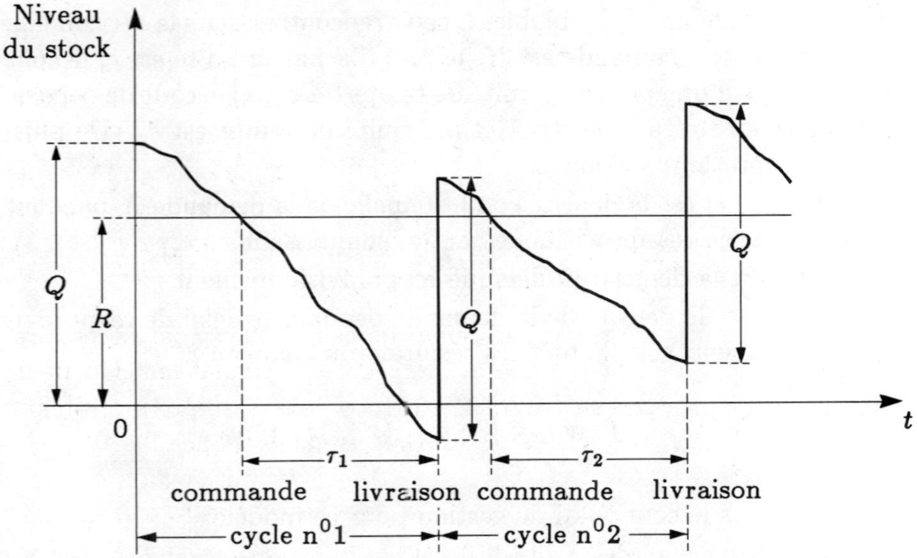

FIGURE 4.4.1: NIVEAU DU STOCK EN FONCTION DU TEMPS (CAS PROBABILISTE)

la section 4.2, la demande totale est égale, en moyenne, à N pour un intervalle de temps θ; on a donc $N = h\theta$.

La gestion d'un stock dans de telles conditions est représentée graphiquement en figure 4.4.1. On définit un cycle comme la période de temps entre deux livraisons consécutives. Pour simplifier l'étude de ce modèle, on fait les hypothèses suivantes:

- les délais de réapprovisionnement (intervalles de temps entre le moment où une commande est passée et celui où les marchandises sont reçues) forment une suite de variables aléatoires indépendantes et de même loi; soit τ_i le délai de réapprovisionnement pour le cycle $n^0 i$;
- la demande non satisfaite pendant un cycle donné est reportée au début du cycle suivant;
- la loi de la demande pendant un délai de réapprovisionnement est indépendante de l'instant auquel ce délai a lieu;

- il est impossible de passer une commande avant que la commande précédente n'ait été reçue.

Les coûts demeurent semblables à ceux rencontrés dans la section 4.2: le coût fixe de commande est K, le prix d'achat unitaire est c, le coût du stockage d'une pièce par unité de temps est c_s, et le coût de pénurie par unité en rupture de stock et par unité de temps est c_p. De plus, on a les notations suivantes:

- $d_{X|\tau}(x \mid t)$ est la densité conditionnelle de la demande X pendant le délai de réapprovisionnement τ, connaissant $\tau = t$;
- $r_\tau(t)$ est la densité du délai de réapprovisionnement τ;
- $f_X(x)$ est la densité de la demande pendant le délai de réapprovisionnement, soit d'après les résultats du chapitre 2:

$$f_X(x) = \int_0^\infty d_{X|\tau}(x \mid t)\, r_\tau(t)\, dt.$$

Évaluons le coût total de gestion pour ce modèle:

- le prix d'achat des unités: il est, en moyenne, égal à $\Gamma_1 = Nc$ pour la période considérée.
- calcul des frais fixes de commande Γ_2: le même raisonnement que dans la section 4.2.1 nous montre que $\Gamma_2 = K(N/Q)$.
- calcul des frais de stockage Γ_3: puisque la demande se fait avec un taux moyen constant, le stock moyen par cycle, et donc pour la période de planification θ, est égal à la demi-somme du stock en début du cycle et du stock en fin de cycle. L'espérance du stock en fin de période est égale, d'après la figure 4.4.1, à $E(R - X)$ où X est la variable aléatoire représentant la demande pendant le délai de réapprovisionnement. Le stock espéré en début de période, après livraison de Q unités, est $Q + E(R - X)$. Le stock moyen est donc égal à:

$$\frac{1}{2}[Q + 2E(R - X)] = \frac{Q}{2} + E(R - X) = \frac{Q}{2} + R - E(X).$$

En fait, l'expression ci-dessus n'est pas tout à fait correcte; en effet, si $R - E(X) < 0$ le stock en fin de période est nul et non pas négatif. On suppose cependant dans ce modèle qu'il n'y a rupture de stock que très rarement et que l'on peut négliger cette situation pour le calcul des frais de stockage; c'est l'une des *hypothèses simplificatrices* du modèle.

Dans ces conditions le coût de stockage est égal au nombre moyen d'unités en stock que multiplient le coût c_s par pièce et par unité de temps et la longueur θ de l'horizon de planification, c'est-à-dire $c_s\theta[(Q/2) + R - E(X)]$. Dans la pratique de ce genre de problèmes, on exprime souvent le coût unitaire de stockage comme un coût annuel par pièce, et l'horizon de planification est d'une année. Cela revient à redéfinir $c_s\theta$ comme le coût annuel unitaire de stockage C_s. Avec cette convention, on a:

$$\Gamma_3 = C_s[\frac{Q}{2} + R - E(X)].$$

- calcul des frais de rupture de stock Γ_4: soit $P(x)$ la quantité en rupture de stock (ou pénurie) dans un cycle où la demande pendant le délai de réapprovisionnement est $X = x$. On a:

$$P(x) = \begin{cases} 0 & \text{si } x \leq R, \\ x - R & \text{si } x > R. \end{cases}$$

Si on appelle P la variable aléatoire égale à la quantité en rupture de stock, l'espérance de P est par définition:

$$E(P) = \int_0^{\infty} P(x) f_X(x)\, dx = \int_R^{\infty} (x - R) f_X(x)\, dx. \qquad (4.4.1)$$

A ce stade, nous allons faire une hypothèse simplificatrice supplémentaire: *les frais de rupture de stock sont proportionnels au nombre d'unités en rupture de stock dans un cycle et non pas à la durée de la rupture de stock.* Si l'on admet que, comme pour le calcul de Γ_3, la pénurie est peu fréquente et de courte durée, il s'agit d'une hypothèse raisonnable en pratique. Dans ces conditions, le coût c_p devient le coût de pénurie par unité en rupture de stock, et puisqu'il y a, en moyenne, N/Q cycles, on a $\Gamma_4 = c_p E(P) N/Q$.

Le coût total Γ sur l'horizon de planification (où θ est égal à une année) est donc:

$$\Gamma = \Gamma_1 + \Gamma_2 + \Gamma_3 + \Gamma_4 = Nc + K\frac{N}{Q} + C_s[\frac{Q}{2} + R - E(X)] + c_p E(P)\frac{N}{Q},$$

où N, c, K, C_s, c_p et $E(X)$ sont des constantes, tandis que, d'après (4.4.1), $E(P)$ est une fonction de R. Le coût global Γ est donc une fonction des deux variables Q et R.

On trouve les valeurs Q^* et R^* qui minimisent la fonction $\Gamma = \Gamma(Q, R)$ en prenant les dérivées partielles $\partial\Gamma/\partial Q$ et $\partial\Gamma/\partial R$ et en les rendant égales à zéro. Il vient:

$$\frac{\partial \Gamma}{\partial Q} = -\frac{KN}{Q^2} + \frac{C_s}{2} - \frac{c_p N E(P)}{Q^2} = 0,$$
$$\frac{\partial \Gamma}{\partial R} = C_s + \frac{c_p N}{Q}\,\frac{dE(P)}{dR} = 0,$$

où $dE(P)/dR$ s'obtient en dérivant (4.4.1) sous le signe somme à l'aide de la formule suivante, connue sous le nom de *formule de Leibniz.* Cette formule, que l'on peut trouver dans tout bon traité d'analyse, nous indique que la dérivée d'une fonction $F(x)$ telle que:

$$F(x) = \int_{a(x)}^{b(x)} f(x, y)\, dy$$

est égale à:

$$F'(x) = \int_{a(x)}^{b(x)} \frac{\partial f(x,y)}{\partial x}\, dy - f(x, a(x))\,\frac{da(x)}{dx} + f(x, b(x))\,\frac{db(x)}{dx}\cdot \tag{4.4.2}$$

On obtient donc en dérivant (4.4.1) par rapport à R:

$$\frac{dE(P)}{dR} = -\int_R^{\infty} f_X(x)\, dx.$$

De $\partial\Gamma/\partial Q = 0$, on obtient:

$$Q^* = \sqrt{\frac{2N(K + c_p E(P))}{C_s}}\,, \tag{4.4.3}$$

et à partir de $\partial\Gamma/\partial R = 0$, on peut écrire:

$$\int_{R^*}^{\infty} f_X(x)\, dx = \frac{C_s Q^*}{c_p N}\cdot \tag{4.4.4}$$

Il est impossible de trouver explicitement, en fonction des paramètres du problème, les valeurs de Q^* et R^* à partir des équations (4.4.3) et (4.4.4). Hadley et Whitin (1963) ont proposé une méthode numérique pratique pour trouver une bonne approximation de Q^* et R^*.

La méthode consiste à remarquer que, puisque $E(P)$ est non négatif dans l'équation (4.4.3), la plus petite valeur possible de Q^* est $\sqrt{2NK/C_s}$; ce résultat est atteint lorsque $E(P) = 0$ (ou $R \to \infty$). Maintenant, si $R = 0$, l'équation (4.4.3) donne:

$$Q^* = \widehat{Q} = \sqrt{\frac{2N(K + c_p E(X))}{C_s}}, \tag{4.4.5}$$

et l'équation (4.4.4) conduit à:

$$Q^* = \widetilde{Q} = \frac{c_p N}{C_s}, \tag{4.4.6}$$

puisque $\int_0^1 f_X(x)\,dx = 1$. Hadley et Whitin ont montré que, si $\widetilde{Q} \geq \widehat{Q}$, les équations (4.4.3) et (4.4.4) admettent une solution unique. Pour obtenir les valeurs de Q^* et R^*, on procède comme suit: on prend comme valeur de Q^* à la première itération $Q_1 = \sqrt{2NK/C_s}$. Puis, on utilise l'équation (4.4.4) pour calculer la valeur de R_1 correspondant à Q_1. A l'aide de R_1, on trouve une nouvelle valeur Q_2 dans l'équation (4.4.2). Puis, on utilise l'équation (4.4.3) pour calculer la valeur de R_2 correspondant à Q_2. On continue de même jusqu'à ce que l'on obtienne deux valeurs consécutives R_i et R_{i+1} "suffisamment" proches. A ce stade, les dernières valeurs Q_i et R_i donnent Q^* et R^*.

Exemple 4.4.1. Considérons une compagnie où la demande annuelle pour un certain article est de $N = 1\,000$ unités. Bien que cette demande soit probabiliste, elle se présente en moyenne avec un taux constant. La compagnie effectue une révision continuelle de son stock et passe une commande de taille Q lorsqu'un stock d'alerte R est atteint. Les coûts fixes de commande sont $K = 100$ dollars. Les coûts annuels de stockage sont $C_s = 2$ dollars par unité, et le coût de pénurie est $c_p = 10$ dollars par unité en rupture de stock. De plus, la demande pendant le délai de réapprovisionnement suit une loi uniforme sur l'intervalle $(0, 100)$.

Pour déterminer si ce problème admet une solution optimale Q^* et R^*, calculons les valeurs $\widehat{Q}$ et $\widetilde{Q}$ données respectivement par (4.4.5) et (4.4.6) en tenant compte du fait que $E(X)$, l'espérance de la demande pendant le délai de réapprovisionnement, est égale à 50:

$$\widehat{Q} = \sqrt{\frac{2N(K + c_p E(X))}{C_s}} = \sqrt{\frac{2 \times 1\,000\,(100 + 10 \times 50)}{2}} = 774{,}5\,,$$

$$\widetilde{Q} = \frac{c_p N}{C_s} = \frac{10 \times 1\,000}{2} = 5\,000.$$

Puisque $\widetilde{Q} \geq \widehat{Q}$, il résulte de ce qui précède qu'il existe une solution optimale unique Q^* et R^*.

Pour utiliser les équations (4.4.3) et (4.4.4) dans les itérations successives, nous avons besoin de la valeur de $E(P)$ en fonction de R; on a d'après (4.4.1):

$$E(P) = \int_R^\infty (x - R) f_X(x)\, dx = \int_R^{100} (x - R)\,\frac{dx}{100} = \frac{R^2}{200} - R + 50. \qquad (4.4.7)$$

Avec cette valeur de $E(P)$, on obtient à partir de l'équation (4.4.3):

$$Q^* = \sqrt{\frac{2N(K + c_p E(P))}{C_s}} = \sqrt{\frac{2 \times 1\,000\,(100 + 10E(P))}{2}}$$
$$= \sqrt{100\,000 + 10\,000 E(P)}\,, \qquad (4.4.8)$$

et de l'équation (4.4.4), on déduit:

$$\int_{R^*}^{100} \frac{dx}{100} = \frac{2Q^*}{10 \times 1\,000}\,,$$

soit:

$$R^* = 100 - \frac{Q^*}{50}\,\cdot \qquad (4.4.9)$$

Les itérations successives se font de la façon suivante: on utilise (4.4.9) pour calculer R_i à partir d'une valeur Q_i, et les équations (4.4.7) et (4.4.8) permettent de calculer Q_{i+1} à partir d'une valeur de R_i.

Première itération:

$$Q_1 = \sqrt{\frac{2NK}{C_s}} = \sqrt{\frac{2 \times 1\,000 \times 100}{2}} = 316{,}23$$

$$R_1 = 100 - \frac{316{,}23}{50} = 93{,}68.$$

Deuxième itération:

$$E(P) = \frac{R_1^2}{200} - R_1 + 50 = 0{,}19971$$

$$Q_2 = \sqrt{100\,000 + 10\,000 \times 0{,}19971} = 319{,}37$$

$$R_2 = 100 - \frac{Q_2}{50} = 93{,}612.$$

Troisième itération:

$$E(P) = \frac{R_2^2}{200} - R_2 + 50 = 0{,}20403$$

$$Q_3 = \sqrt{100\,000 + 10\,000 \times 0{,}20403} = 319{,}43$$

$$R_3 = 100 - \frac{Q_3}{50} = 93{,}611.$$

On remarque que les valeurs de R_2 et R_3 sont approximativement égales. La solution optimale de ce problème est donc $Q^* \simeq 319{,}43$ et $R^* \simeq 96{,}61$. La politique optimale de gestion consiste à commander 319,43 unités dès que le stock tombe en dessous de 96,61 unités. □

4.5 MODÈLES PROBABILISTES AVEC REVUE PÉRIODIQUE DES STOCKS

Les modèles probabilistes où la décision de fabriquer (ou commander) doit être prise à des instants spécifiés à l'avance, tels que le premier lundi de chaque mois, jouent un rôle important, à la fois théorique et pratique, dans les problèmes de gestion de stock.

Tout d'abord, pour être réaliste, les commandes sont souvent passées de façon périodique dans les entreprises. Si l'on entrepose un grand nombre d'articles dont le volume de vente individuel est faible, il n'est sans doute pas économique de faire une revue continuelle de l'inventaire de chacun d'entre eux, et de passer une commande lorsqu'un article donné atteint son niveau d'alerte. De plus, on va commander vraisemblablement plusieurs articles au même fabriquant; il est donc souhaitable de grouper les commandes. Enfin, la gestion des stocks à l'aide de l'ordinateur se prête bien à la production de rapports périodiques (par exemple, hebdomadaires ou mensuels).

Le traitement mathématique des modèles probabilistes avec revue périodique présente un certain nombre de difficultés: d'abord, la plupart des modèles nécessitent que le délai de réapprovisionnement soit un multiple entier de la période. D'autre part, on doit, en général, supposer que la demande est indépendante d'une période à l'autre; cela n'est pas souvent une hypothèse réaliste. Finalement, la présence de coûts de lancement (coûts fixes de commande) complique le traitement analytique du problème.

Dans ce qui suit, nous allons faire un survol des nombreux modèles qui ont été construits pour ce genre de situation; nous nous intéresserons surtout au cas où les coûts sont directement proportionnels aux quantités en jeu. Nous allons considérer des modèles où l'horizon de planification est soit d'une période unique, soit de plusieurs périodes. Pour plus de détails, nous renvoyons le lecteur à l'ouvrage de Arrow *et al.* (1958).

4.5.1 Modèle discret à une période

Les modèles probabilistes à une période se rencontrent dans la gestion des stocks d'articles qui:

- perdent rapidement leur valeur, comme c'est le cas pour un journal quotidien, des décorations d'arbre de Noël, etc.;
- se détériorent rapidement, comme des fruits, des fleurs, etc.;
- ne sont stockés qu'une seule fois, comme c'est le cas pour les pièces de rechange d'un modèle de navette spatiale, etc.;
- ont un avenir incertain au delà de la période considérée.

Dans ce genre de modèles, la question centrale est de déterminer le stock nécessaire en début de période. Il est sans doute souhaitable de pouvoir disposer d'un stock supérieur à la demande espérée, mais ce stock devrait être inférieur à la demande maximale pendant la période considérée. Il faut trouver un compromis entre le risque d'une rupture de stock, et donc des coûts de pénalité et du manque à gagner associés, et le risque d'avoir trop de stock, et donc des pertes associées. Il est alors raisonnable d'essayer de minimiser l'espérance de la somme de tous ces coûts, ou de choisir un critère comparable mieux adapté au problème considéré.

Nous allons illustrer le cas d'une demande discrète à l'aide de l'exemple simple suivant.

Exemple 4.5.1. Guy Lafleur est propriétaire d'un kiosque de fleuriste situé près d'une boîte de nuit bien connue. Chaque soir, il commande des bouquets à un coût unitaire de 4 dollars. Il les revend aux clients de la boîte de nuit à 10 dollars le bouquet. Les invendus retournent au grossiste le lendemain matin; celui-ci les reprend à 2 dollars le bouquet. Durant les 36 derniers jours, Guy a pris note du nombre de bouquets vendus. Ses observations sont consignées dans le tableau 4.5.1. Il cherche à déterminer le nombre de bouquets à commander chaque jour pour maximiser son profit.

Demande i	2	3	4	5	6	7	8	9	10	11	12
Fréquence	1	2	3	4	5	6	5	4	3	2	1
$p_i = P\{D = i\}$	0,028	0,056	0,083	0,111	0,139	0,166	0,139	0,111	0,083	0,056	0,028
$P\{D \leq i\}$	0,028	0,084	0,167	0,278	0,417	0,583	0,722	0,833	0,916	0,972	1,000

TABLEAU 4.5.1

Remarquons que ce modèle est particulièrement simple puisqu'il n'y a ni coût fixe de commande ($K = 0$), ni coût de stockage ($c_s = 0$), ni coût de pénalité ($c_p = 0$). Les seuls facteurs qui interviennent ici sont le coût d'achat unitaire c (4 dollars), le prix de vente unitaire r (10 dollars), et la valeur de récupération unitaire βc (où β est un coefficient compris entre 0 et 1, ici $\beta = 0{,}5$). De façon générale, on représente par $p_i = P\{D = i\}$ la probabilité que la demande D pendant la période considérée soit égale à i, $i = 0, 1, 2, \ldots$ On suppose que le stock initial est nul et que la commande y est faite au début de la période. La quantité vendue durant la période est égale au minimum de y et de D. Dans ce problème où l'accent est mis sur les revenus du fleuriste, nous allons utiliser comme critère la maximisation du gain espéré.

D'après ce qui précède, le gain, lorsque la commande est y et la demande est D, est une variable aléatoire $G(D, y)$ telle que:

$$G(D, y) = r \min(D, y) + \beta c \max(0, y - D) - cy.$$

L'espérance de gain du fleuriste est donc:

$$\begin{aligned} G(y) = E(G(D, y)) &= \sum_{i=0}^{\infty} \Big[r \min(i, y) + \beta c \max(0, y - i) - cy \Big] p_i \\ &= r \sum_{i=0}^{y-1} i p_i + ry \sum_{i=y}^{\infty} p_i + \beta c \sum_{i=0}^{y-1} (y - i) p_i - cy \\ &= \sum_{i=0}^{y-1} \Big[ri + \beta c (y - i) \Big] p_i + ry \sum_{i=y}^{\infty} p_i - cy. \end{aligned}$$

En posant $\sum_{i=y}^{\infty} p_i = 1 - \sum_{i=0}^{y-1} p_i$, il vient:

$$G(y) = (r - \beta c) \sum_{i=0}^{y-1} i p_i + (\beta c - r) y \sum_{i=0}^{y-1} p_i + (r - c) y.$$

Pour étudier le comportement de la fonction $G(y)$ en fonction des valeurs entières de y, calculons la différence $G(y + 1) - G(y)$; on a:

$$\begin{aligned} G(y + 1) - G(y) &= (r - \beta c) y p_y + (\beta c - r) \Big[y p_y + \sum_{i=0}^{y} p_i \Big] + (r - c) \\ &= (\beta c - r) \sum_{i=0}^{y} p_i + r - c. \end{aligned}$$

La différence $G(y+1) - G(y)$ est positive tant que:

$$(\beta c - r)\sum_{i=0}^{y} p_i + r - c > 0,$$

soit, tant que y satisfait:

$$\sum_{i=0}^{y} p_i = P\{D \leq y\} < \frac{r-c}{r-\beta c}\cdot$$

Par conséquent, le maximum de la fonction $G(y)$ est atteint pour la première valeur y^* de y telle que l'inégalité suivante est satisfaite:

$$P\{D \leq y^*\} \geq \frac{r-c}{r-\beta c}\cdot \tag{4.5.1}$$

Pour le problème du fleuriste, on a d'après le tableau 4.5.1:

$$0{,}722 = P\{D \leq 8\} < \frac{r-c}{r-\beta c} = \frac{10-4}{10-2} = 0{,}75 < P\{D \leq 9\} = 0{,}833\,,$$

et, par conséquent, la politique optimale de gestion qui maximise le gain espéré consiste à commander 9 bouquets chaque jour. □

On aurait pu obtenir le résultat donné par la relation (4.5.1) de façon plus simple en effectuant un raisonnement à la marge. Calculons l'espérance du profit résultant de la décision de stocker le y-ième bouquet. Cette espérance est égale au produit du profit unitaire par la probabilité de vendre cette unité, soit $(r-c)P\{D \geq y\}$, moins la perte si l'unité n'est pas vendue, soit $(c-\beta c)P\{D < y\}$. On va commander la y-ième unité si l'espérance de profit est non négative, soit:

$$(r-c)P\{D \geq y\} - (c-\beta c)P\{D < y\} \geq 0,$$

ce qui donne:

$$P\{D < y\} \leq \frac{r-c}{r-\beta c}\cdot$$

Remarquons que ce résultat est identique à la relation (4.5.1), puisque, étant donné que $P\{D < y+1\} = P\{D \leq y\}$ pour une variable aléatoire D discrète, on s'arrête dès que y^* satisfait:

$$P\{D < y^* + 1\} = P\{D \leq y^*\} > \frac{r-c}{r-\beta c}\cdot$$

4.5.2 Modèle continu à une période

Nous revenons au contexte général du modèle probabiliste à une période décrit dans la section précédente. La demande D est maintenant une variable aléatoire non négative de densité $\varphi_D(\xi)$; pour simplifier la notation, et lorsqu'il n'y aura pas d'ambiguïté possible, nous noterons cette densité $\varphi(\xi)$ par la suite. On suppose que la production (ou livraison) est instantanée. On suppose également que la demande est instantanée; elle est satisfaite, dans la mesure du possible, au début de la période. Si l'on représente par y le *niveau du stock après livraison de la commande*, le nombre d'unités $S(y)$ stockées après avoir satisfait la demande ξ est:

$$S(y) = \max(y - \xi, 0) = \begin{cases} y - \xi & \text{si } \xi < y, \\ 0 & \text{si } \xi \geq y. \end{cases}$$

De même, le nombre d'unités $R(y)$ en rupture de stock est donné par:

$$R(y) = \max(\xi - y, 0) = \begin{cases} 0 & \text{si } \xi < y, \\ \xi - y & \text{si } \xi \geq y. \end{cases}$$

Soit x le nombre d'unités en stock avant de passer la commande (stock initial). On représente par c_s et c_p, respectivement, le coût de stockage et le coût de pénalité (rupture de stock) par unité pour la période. On suppose de plus qu'il n'y a pas de coût fixe de commande ($K = 0$), et que le coût de commande est c par unité. Finalement, on suppose que le prix de vente par unité est r. On se souvient, d'après la discussion de la section 4.1.2, que l'on peut ignorer ce revenu à condition d'inclure le manque à gagner résultant de la rupture de stock dans le coût de pénalité; ici, nous avons choisi de tenir compte explicitement du revenu.

Pour le modèle continu, nous choisissons, comme critère de gestion, la minimisation de l'espérance des coûts. Calculons donc l'espérance des coûts considérés. Pour cela, le coût, lorsque le niveau de stock après la commande est y et la demande est ξ, est une variable aléatoire $C(y, \xi)$ égale à:

$$C(y, \xi) = c(y - x) + c_s \max(y - \xi, 0) + c_p \max(\xi - y, 0) - r \min(\xi, y).$$

L'espérance des coûts est $C(y) = E(C(y, \xi))$, soit:

$$\begin{aligned} C(y) &= c(y-x) + c_s \int_0^\infty \max(y-\xi, 0)\,\varphi(\xi)\,d\xi \\ &\quad + c_p \int_0^\infty \max(\xi - y, 0)\,\varphi(\xi)\,d\xi - r \int_0^\infty \min(\xi, y)\,\varphi(\xi)\,d\xi \\ &= c(y-x) + c_s \left[\int_0^y (y-\xi)\varphi(\xi)\,d\xi + 0 \right] \\ &\quad + c_p \left[0 + \int_y^\infty (\xi - y)\varphi(\xi)\,d\xi \right] - r \left[\int_0^y \xi\varphi(\xi)\,d\xi + y \int_y^\infty \varphi(\xi)\,d\xi \right]. \end{aligned}$$

En remarquant que l'on peut écrire:

$$\int_0^y \xi\varphi(\xi)\,d\xi = \int_0^\infty \xi\varphi(\xi)\,d\xi - \int_y^\infty \xi\varphi(\xi)\,d\xi = E(D) - \int_y^\infty \xi\varphi(\xi)\,d\xi,$$

on peut mettre l'expression de $C(y)$ sous la forme:

$$C(y) = c(y-x) + c_s \int_0^y (y-\xi)\varphi(\xi)\,d\xi + (c_p + r) \int_y^\infty (\xi - y)\varphi(\xi)\,d\xi - rE(D). \tag{4.5.2}$$

Nous allons d'abord donner un résultat préliminaire concernant la minimisation de fonctions du genre de $C(y)$. Puis, dans le cas où $K = 0$, nous chercherons la politique optimale de gestion lorsqu'il est possible ou non de reporter une demande non satisfaite, et lorsqu'il y a ou non une valeur de récupération. Enfin, nous introduirons un coût fixe de commande $K > 0$, et nous mesurerons l'effet d'un tel coût sur la politique optimale de gestion.

- **Résultat préliminaire**

Considérons une fonction $F_x(y)$ de la forme suivante:

$$F_x(y) = c_1(y-x) + c_2 \int_0^y (y-\xi)\varphi(\xi)\,d\xi + c_3 \int_y^\infty (\xi - y)\varphi(\xi)\,d\xi, \tag{4.5.3}$$

où c_1, c_2, c_3 sont des constantes positives, x est un paramètre, et $\varphi(\xi)$ est la densité d'une variable aléatoire continue.

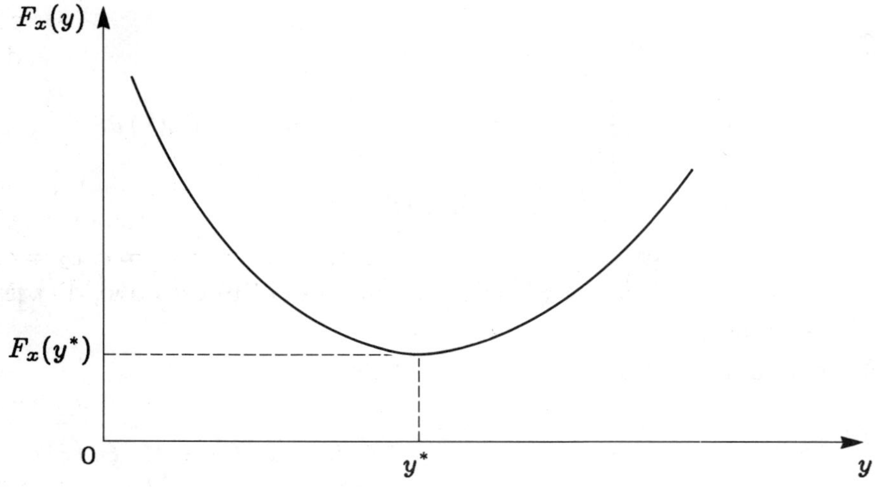

FIGURE 4.5.1: GRAPHE DE $F_x(y)$

On cherche la valeur y^* de y qui minimise $F_x(y)$. Pour cela, prenons la dérivée de $F_x(y)$ à l'aide de la formule de Leibniz (formule (4.4.2)); il vient:

$$\begin{aligned}\frac{dF_x(y)}{dy} &= c_1 + c_2\left[\int_0^y \varphi(\xi)\,d\xi + 0\right] + c_3\left[-\int_y^\infty \varphi(\xi)\,d\xi - 0\right]\\ &= c_1 + c_2\Phi(y) - c_3\,[1 - \Phi(y)\,],\end{aligned}$$

où $\Phi(y) = P\{D \leq y\} = \int_0^y \varphi(\xi)\,d\xi$ est la fonction de répartition de la variable aléatoire. Cette dérivée s'annule pour une valeur y^* de y telle que:

$$\Phi(y^*) = P\{D \leq y^*\} = \int_0^{y^*} \varphi(\xi)\,d\xi = \frac{c_3 - c_1}{c_2 + c_3}. \tag{4.5.4}$$

On vérifie que la valeur y^* est bien le minimum unique de la fonction $F_x(y)$, puisque la dérivée seconde $d^2F_x(y)/dy^2 = c_2\varphi(y) + c_3\varphi(y) = (c_2 + c_3)\varphi(y)$ est positive pour $y \geq 0$. Le graphe de la fonction $F_x(y)$ est du genre de celui donné en figure 4.5.1.

• Le coût fixe de commande est nul ($K = 0$)

L'espérance des coûts donnée par la relation (4.5.2) correspond au cas où la demande non satisfaite est reportée et où il n'y a pas de valeur de récupération.

Demande excédentaire perdue; pas de valeur de récupération.

On remarque dans l'expression de $C(y)$ donnée par (4.5.2) que le dernier terme, soit $-rE(D)$, est indépendant de y. La fonction $C(y)$ est donc de la forme de $F_x(y)$ donnée dans (4.5.3), avec $c_1 = c$, $c_2 = c_s$ et $c_3 = c_p + r$. La valeur y^* de y qui minimise $C(y)$ est donc, d'après (4.5.4), telle que:

$$\Phi(y^*) = \int_0^{y^*} \varphi(\xi)\, d\xi = P\{D \leq y^*\} = \frac{c_p + r - c}{c_s + c_p + r}. \tag{4.5.5}$$

La *politique optimale de gestion* consiste à commander $y^* - x$ si $y^* > x$ (x est le stock initial) et à ne rien commander si $y^* \leq x$. La quantité y^* est souvent appelée le *stock économique*.

Demande excédentaire reportée; pas de valeur de récupération.

Si l'on autorise le report de la demande non satisfaite, la quantité $\max(\xi - y, 0)$ sera commandée en fin de période à un coût unitaire actualisé de αc (où α, $0 < \alpha \leq 1$, tient compte de la valeur temporelle de l'argent). Le revenu est maintenant $r\xi$ puisqu'on peut satisfaire toute la demande.

Dans ces conditions, le coût $C(y, \xi)$, avec un niveau de stock après la commande de y et une demande ξ, est égal à:

$$\begin{aligned} C(y, \xi) = & c(y - x) + c_s \max(y - \xi, 0) + c_p \max(\xi - y, 0) \\ & + \alpha c \max(\xi - y, 0) - r\xi. \end{aligned}$$

On peut mettre l'espérance $C(y)$ de ce coût sous la forme:

$$C(y) = c(y-x) + c_s \int_0^y (y-\xi)\varphi(\xi)\, d\xi + (c_p + \alpha c) \int_y^\infty (\xi - y)\varphi(\xi)\, d\xi - rE(D).$$

Cette fonction $C(y)$ est donc de la forme de $F_x(y)$ donnée dans (4.5.3) avec $c_1 = c$, $c_2 = c_s$ et $c_3 = c_p + \alpha c$. La valeur y^* de y qui minimise $C(y)$ est donc, d'après (4.5.4), telle que:

$$\Phi(y^*) = \int_0^{y^*} \varphi(\xi)\,d\xi = P\{D \leq y^*\} = \frac{c_p - c(1-\alpha)}{c_s + c_p + \alpha c}. \tag{4.5.6}$$

La *politique optimale de gestion* est identique à celle trouvée dans le cas précédent avec la valeur du *stock économique* y^* donnée par l'équation (4.5.6).

Demande excédentaire reportée; valeur de récupération.

En plus des coûts qui constituent $C(y, \xi)$ dans le cas précédent, on reçoit un revenu βc (où le coefficient β, $0 < \beta \leq 1$ tient compte à la fois de la valeur temporelle de l'argent et de la dépréciation de la valeur de l'article) en fin de période; ce revenu correspond, par exemple, à la reprise des articles invendus par le fournisseur. Le coût $C(y, \xi)$ correspondant à ce cas est donc:

$$\begin{aligned} C(y, \xi) =& c(y-x) + c_s \max(y-\xi, 0) + c_p \max(\xi - y, 0) \\ & - \beta c \max(y - \xi, 0) + \alpha c \max(\xi - y, 0) - r\xi. \end{aligned}$$

On peut mettre l'espérance $C(y) = E(C(y, \xi))$ de ce coût sous la forme:

$$\begin{aligned} C(y) =& c(y-x) + (c_s - \beta c) \int_0^y (y-\xi)\varphi(\xi)\,d\xi \\ & + (c_p + \alpha c) \int_y^\infty (\xi - y)\varphi(\xi)\,d\xi - rE(D). \end{aligned}$$

Cette fonction $C(y)$ est donc de la forme de $F_x(y)$ donnée dans (4.5.3) avec $c_1 = c$, $c_2 = c_s - \beta c$ et $c_3 = c_p + \alpha c$. La valeur y^* de y qui minimise $C(y)$ est donc, d'après (4.5.4), telle que:

$$\Phi(y^*) = \int_0^{y^*} \varphi(\xi)\,d\xi = P\{D \leq y^*\} = \frac{c_p - c(1-\alpha)}{c_s + c_p + (\alpha - \beta)c}. \tag{4.5.7}$$

La *politique optimale de gestion* est, ici encore, identique à celle trouvée précédemment avec la valeur du *stock économique* y^* donnée par l'équation (4.5.7).

Demande excédentaire perdue; valeur de récupération.

Dans ce cas, le coût $C(y, \xi)$ est:

$$\begin{aligned} C(y, \xi) =& c(y-x) + c_s \max(y-\xi, 0) + c_p \max(\xi - y, 0) \\ & - \beta c \max(y - \xi, 0) - r \min(\xi, y), \end{aligned}$$

et son espérance $C(y)$ est donnée par:

$$\begin{aligned} C(y) =& c(y-x) + (c_s - \beta c) \int_0^y (y-\xi)\varphi(\xi)\, d\xi \\ &+ (c_p + r) \int_y^\infty (\xi - y)\varphi(\xi)\, d\xi. \end{aligned}$$

La fonction $C(y)$ est bien de la forme de $F_x(y)$ donnée dans (4.5.3) avec $c_1 = c$, $c_2 = c_s - \beta c$ et $c_3 = c_p + r$. La valeur y^* de y qui minimise $C(y)$ est donc, d'après (4.5.4), telle que:

$$\Phi(y^*) = \int_0^{y^*} \varphi(\xi)\, d\xi = P\{D \leq y^*\} = \frac{c_p + r - c}{c_s + c_p + r - \beta c}. \tag{4.5.8}$$

La *politique optimale de gestion* est toujours de la forme: commander $y^* - x$ si $y^* > x$, et ne rien commander si $y^* \leq x$, où le *stock économique* y^* est donné par (4.5.8).

- **Coût fixe de commande $K > 0$: politique (s, S)**

Nous supposons maintenant que le coût fixe de commande K (coût de lancement) est strictement positif; tous les autres paramètres rencontrés dans le cas $K = 0$ demeurent inchangés. Dans ces conditions, l'espérance du coût de gestion du stock devient $\overline{C}(y) = K + C(y)$, où $C(y)$ est l'une des espérances calculées dans le cas $K = 0$. La fonction $\overline{C}(y)$ est minimisée pour la même valeur y^* de y que la fonction $C(y)$ correspondante. La valeur y^* est donnée, suivant le cas, par l'une des relations (4.5.5) à (4.5.8). Les graphes typiques de $C(y)$ et $\overline{C}(y)$ sont donnés en figure 4.5.2.

Les valeurs s et S sont définies sur la figure 4.5.2 de la façon suivante:

- $S = y^*$ est la valeur de y qui minimise les fonctions $C(y)$ et $\overline{C}(y)$;
- s est la racine de l'équation en y:

$$C(y) = K + C(S) = \overline{C}(S)$$

telle que $s < S$. On voit qu'il existe une autre racine $s_1 > S$ de cette équation; on n'utilise pas la racine s_1.

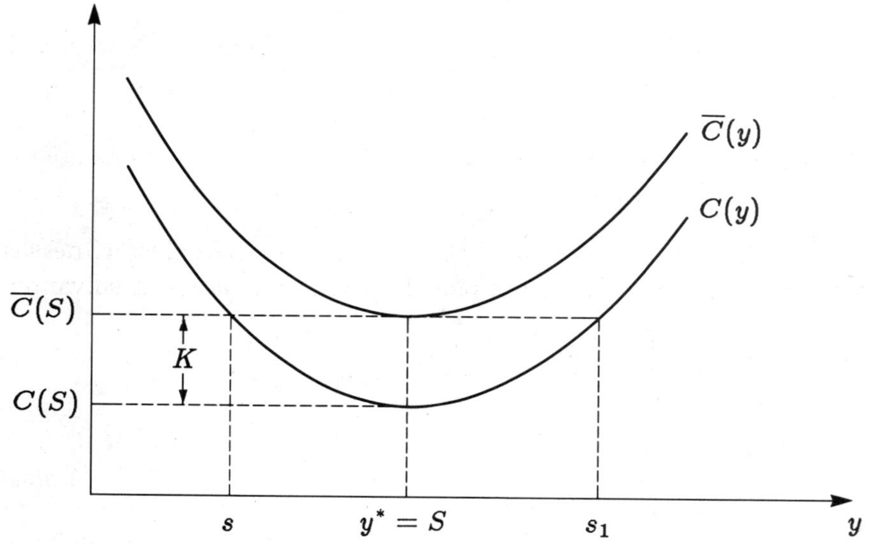

FIGURE 4.5.2: POLITIQUE (s, S)

Nous sommes maintenant prêts à aborder la question centrale: étant donné un stock initial x, doit-on passer une commande en début de période, et si oui, quelle est la taille de cette commande? L'objectif demeure toujours de minimiser l'espérance $\overline{C}(y)$ des coûts de gestion.

Pour répondre à cette question, nous allons considérer les trois cas suivants:

- *Premier cas*: $x < s$. Le coût de gestion du stock initial x est donné par $C(x)$. Si on commande une quantité supplémentaire $y - x$ $(y > x)$, l'espérance du coût de gestion est alors donnée par $\overline{C}(y)$ (qui tient compte du coût fixe de commande). On voit sur la figure 4.5.2 que, pour $x < s$:

$$\min_{y > x} \overline{C}(y) = \overline{C}(S) < C(x).$$

  Il est donc optimal d'avoir un stock disponible égal à $y^* = S$; ce qui revient à commander la quantité $S - x$.
- *Deuxième cas*: $s \leq x \leq S$. On voit à nouveau, sur la figure 4.5.2, que dans ce cas:

$$C(x) \leq \min_{y>x} \overline{C}(y) = \overline{C}(S).$$

Par conséquent, il est optimal de ne pas commander et de garder le stock initialement disponible.

- *Troisième cas*: $x > S$. La figure 4.5.2 montre que, pour $y > x$, $C(x) < \overline{C}(y)$. Il est donc, ici encore, optimal de ne pas commander.

La politique optimale mise en évidence dans l'analyse ci-dessus est appelée *politique* (s, S). On peut la résumer de la façon suivante:

$$\begin{cases} \text{si } x < s, & \text{commander } S - x, \\ \text{si } x \geq s, & \text{ne pas commander,} \end{cases}$$

où x est le niveau de stock disponible en début de période (avant de décider de commander ou non), et où s et S ont été définis auparavant. Le lecteur remarquera que l'analyse qui précède repose sur la ***convexité*** de la fonction $C(y)$; si cette hypothèse n'est pas satisfaite, la politique (s, S) cesse d'être optimale.

Exemple 4.5.2. Considérons le modèle probabiliste à une période où la demande est une variable aléatoire uniforme sur l'intervalle $(0, 10)$. On suppose que la demande non satisfaite est perdue et qu'il n'y a pas de valeur de récupération. De plus, les coûts de gestion sont $c_s = 1$ (coût unitaire de stockage), $c_p = 4$ (coût unitaire de rupture de stock), $c = 2$ (coût unitaire de commande/fabrication) et $r = 3$ (prix de vente unitaire). On demande de trouver la politique optimale de gestion:

(a) lorsque le coût fixe de commande est nul ($K = 0$);
(b) lorsqu'il y a un coût fixe de commande $K = 10$;
(c) lorsqu'il y a un coût fixe de commande $K = 20$.

Réponse: Pour la question (a), la politique optimale de gestion consiste à commander $y^* - x$ si $y^* > x$ (x est le stock initial) et à ne rien commander si $y^* \leq x$. La valeur du stock économique y^* est donnée par (4.5.5), soit:

$$\int_0^{y^*} \varphi(\xi)\, d\xi = \frac{c_p + r - c}{c_s + c_p + r} = \frac{4 + 3 - 2}{1 + 4 + 3} = \frac{5}{8} = 0{,}625.$$

La densité de la loi uniforme sur $(0,10)$ est donnée par la définition 1.4.7 où $a = 0$ et $b = 10$. Elle est égale à $1/10$ dans $(0,10)$, et 0 ailleurs. On a donc:

$$0{,}625 = \int_0^{y^*} \frac{1}{10}\, d\xi = \frac{y^*}{10},$$

d'où $y^* = 6{,}25$. Par conséquent, la politique optimale pour la question (a) peut être résumée de la façon suivante:

$$\begin{cases} \text{si } x < 6{,}25 & \text{commander } 6{,}25 - x, \\ \text{si } x \geq 6{,}25 & \text{ne rien commander.} \end{cases}$$

Introduisons maintenant, comme dans la question (b), un coût fixe $K = 10$. La théorie précédente nous confirme que la politique optimale sera une politique (s, S) où $S = 6{,}25$ et s est la racine inférieure à S de l'équation $C(y) = K + C(S)$. Nous devons donc exprimer la fonction $C(y)$ dans l'intervalle $0 \leq y \leq 10$. Il résulte de l'équation (4.5.2) que:

$$C(y) = 2(y - x) + 1 \int_0^y \frac{y - \xi}{10}\, d\xi + 7 \int_y^{10} \frac{\xi - y}{10}\, d\xi - 3 \times 5,$$

puisque l'espérance de la demande est $E(D) = 5$. Un calcul élémentaire d'intégration donne:

$$C(y) = \frac{2}{5}\, y^2 - 5y + 20 - 2x.$$

L'équation $C(y) = K + C(S)$ prend alors la forme:

$$\frac{2}{5}\, y^2 - 5y + 20 - 2x = 10 + \frac{2}{5}\,(6{,}25)^2 - 5(6{,}25) + 20 - 2x,$$

soit:

$$\frac{2}{5}\, y^2 - 5y + 5{,}625 = 0.$$

Les racines de cette équation du deuxième degré sont $y_1 = s = 1{,}25$ et $y_2 = s_1 = 11{,}25$.

La politique optimale pour la question (b) peut être résumée de la façon suivante:

$$\begin{cases} \text{si } x < 1{,}25 & \text{commander } 6{,}25 - x, \\ \text{si } x \geq 1{,}25 & \text{ne pas commander.} \end{cases}$$

Considérons finalement le cas d'un coût fixe $K = 20$. L'équation $C(y) = K + C(S)$ prend la forme:

$$\frac{2}{5}\,y^2 - 5y - 4{,}375 = 0,$$

et admet les racines $y_1 = s = -0{,}82$ et $y_2 = s_1 = 13{,}32$. La valeur négative de s n'a pas vraiment de sens puisque $C(y)$ n'est définie que pour des valeurs non négatives de y. La politique optimale consiste donc à ne jamais rien commander. Cela revient à suivre une politique (s, S) où $s = 0$. Comme le lecteur pourra s'en rendre compte graphiquement, on rencontre ce genre de situation lorsque la courbe des coûts $C(y)$ est particulièrement plate, ou lorsque le coût fixe de commande K est grand comparativement aux autres coûts. □

4.5.3 Modèle continu à plusieurs périodes

Lorsque le stock d'un article, pour lequel la demande est probabiliste, est revu périodiquement avec un horizon de planification d'une durée supérieure à une seule période, la politique optimale de gestion du stock ne consiste pas, en général, à appliquer à chaque période les règles de gestion préconisées pour le modèle à une période. En effet, on peut réduire les coûts en prenant un point de vue global sur toute la durée de l'horizon de planification. Dans cette section, nous allons présenter un modèle probabiliste discret à plusieurs périodes (le nombre de périodes peut être fini ou infini). Les coûts intervenant à chaque période sont les mêmes que ceux rencontrés dans le modèle continu à une période. Nous supposerons qu'il n'y a pas explicitement de valeur de récupération (s'il y en a une, elle est incluse dans le coût de stockage), et nous envisagerons le cas où la demande non satisfaite est reportée et celui où elle est perdue. Dans cette section, comme dans la précédente, le critère de gestion sera la minimisation de l'espérance des coûts.

Les modèles sont construits, dans la plupart des cas, pour un horizon de planification fini de N périodes. Les résultats, pour un horizon infini, sont obtenus en laissant le nombre N de périodes tendre vers l'infini dans le modèle fini. Nous supposons que le coût fixe de commande est nul pour toutes les périodes. La présence d'un coût fixe

$K > 0$ dans un modèle probabiliste à plusieurs périodes complique considérablement le traitement mathématique; nous laissons ce cas de côté dans notre exposé. Tout comme dans les modèles déterministes dynamiques, le gestionnaire va devoir prendre une suite de décisions interdépendantes et séquentielles; l'approche de la programmation dynamique va donc bien se prêter à la résolution du problème.

Remarquons que, dans le cas d'un horizon de planification de plusieurs périodes, le calcul des coûts doit tenir compte de la valeur temporelle de l'argent. On introduira donc le taux d'actualisation périodique α $(0 < \alpha < 1)$. Le preneur de décision est indifférent entre une somme S reçue après n périodes, $n \geq 1$, et une somme $\alpha^n S$ reçue immédiatement.

Finalement, nous supposerons, dans ces modèles, que la demande est stationnaire dans le temps, et indépendante d'une période à l'autre. La densité de la demande est donc la fonction $\varphi(\xi)$, quelle que soit la période considérée. On trouvera, dans les ouvrages spécialisés, le traitement des modèles à n périodes lorsque la demande est non stationnaire dans le temps.

Cas où la demande excédentaire est reportée.

Considérons un horizon de planification de N périodes. Soit $f_i(x_i)$ le coût espéré minimal pour les périodes $i, i+1, \ldots, N$, étant donné que le niveau de stock est x_i avant qu'une commande ne soit passée (si nécessaire) au début de la période i. Avec les notations de la section précédente, on peut exprimer la relation de récurrence de la programmation dynamique sous la forme:

$$f_i(x_i) = \min_{y_i \geq x_i} \left\{ C_i(y_i) + \alpha \int_0^\infty f_{i+1}(y_i - \xi)\varphi(\xi)\, d\xi \right\}, \qquad i = 1, 2, \ldots, N,$$

où $C_i(y_i)$, le coût de gestion en période i lorsqu'on a amené le stock initial au niveau y_i (en commandant $y_i - x_i \geq 0$), est obtenu comme dans la section 4.5.2, et où le coût minimal après la période i est actualisé à l'aide du taux α. On pose $f_{N+1}(y_N - \xi) \equiv 0$. Remarquons que la quantité x_i peut être négative puisque la demande excédentaire est reportée au début de la période suivante.

Avec nos hypothèses, le coût $C_i(y_i, \xi)$ en période i est égal à:

$$\begin{aligned} C_i(y_i, \xi) = c(y_i - x_i) + c_s \max(y_i - \xi, 0) + c_p \max(\xi - y_i, 0) \\ - r \min(\xi, y_i) - \alpha r \max(\xi - y_i, 0), \end{aligned}$$

où le premier terme du revenu correspond au prix de vente des articles vendus en période i, et le deuxième terme correspond au prix de vente, reçu en période $i + 1$ (d'où le taux α), des articles constituant la demande excédentaire. L'espérance $C_i(y_i)$ de ce coût peut être mise sous la forme:

$$\begin{aligned} C_i(y_i) = c(y_i - x_i) + \int_0^{y_i} [\, c_s(y_i - \xi) - r\xi \,] \, \varphi(\xi) \, d\xi \\ + \int_{y_i}^{\infty} [\, (c_p - \alpha r)(\xi - y_i) - r y_i \,] \, \varphi(\xi) \, d\xi. \end{aligned}$$

Bien que la relation de récurrence obtenue pour $f_i(x_i)$ soit des plus classiques en programmation dynamique, le traitement mathématique en est très complexe lorsque le nombre N de périodes est fini. Il est cependant possible de trouver facilement la solution optimale lorsque $N \to \infty$. L'équation de récurrence se met alors sous la forme:

$$\begin{aligned} f(x) = \min_{y \geq x} \Big\{ c(y - x) + \int_0^{y} [\, c_s(y - \xi) - r\xi \,] \, \varphi(\xi) \, d\xi \\ + \int_{y}^{\infty} [\, (c_p - \alpha r)(\xi - y) - r y \,] \, \varphi(\xi) \, d\xi + \alpha \int_0^{\infty} f(y - \xi) \varphi(\xi) \, d\xi \Big\}, \end{aligned}$$

où x et y représentent le niveau de stock au début de chaque période, avant et après commande respectivement.

La politique de gestion optimale dans le cas de l'horizon infini est donnée par un stock économique y^* qui est la racine unique de la dérivée de la fonction à minimiser dans l'expression ci-dessus. En dérivant cette expression par rapport à y, on obtient à l'aide de la formule de Leibniz:

$$\begin{aligned} c + c_s \int_0^{y} \varphi(\xi) \, d\xi - r y \varphi(y) - \int_y^{\infty} [\, (1 - \alpha) r + c_p \,] \, \varphi(\xi) \, d\xi \\ + r y \varphi(y) + \alpha \int_0^{\infty} \frac{\partial f(y - \xi)}{\partial y} \varphi(\xi) \, d\xi. \end{aligned}$$

On peut simplifier cette dérivée en éliminant le terme $ry\varphi(y)$. De plus, on calcule $\partial f(y-\xi)/\partial y$ à l'aide du raisonnement à la marge suivant: si on avait une unité de plus en stock au début de la période suivante, le coût diminuerait de c puisqu'on aurait une unité de moins à commander. Par conséquent:

$$\frac{\partial f(y-\xi)}{\partial y} = -c.$$

En écrivant que la dérivée ci-dessus est égale à 0, on obtient alors l'équation:

$$c+c_s\int_0^y \varphi(\xi)\,d\xi-\Big((1-\alpha)r+c_p\Big)\Big(1-\int_0^y \varphi(\xi)\,d\xi\Big)-\alpha c\int_0^\infty \varphi(\xi)\,d\xi = 0.$$

En tenant compte du fait que $\int_0^\infty \varphi(\xi)\,d\xi = 1$, cette équation se réduit à:

$$\int_0^{y^*} \varphi(\xi)\,d\xi = \frac{c_p+(1-\alpha)(r-c)}{c_s+c_p+(1-\alpha)r}, \tag{4.5.9}$$

qui permet de déterminer le stock économique y^* commun à chaque période.

La politique optimale de gestion pour chaque période est:

$$\begin{cases} \text{si } x < y^*, & \text{commander } y^* - x, \\ \text{si } x \geq y^*, & \text{ne rien commander,} \end{cases}$$

où x est le niveau du stock, en début de période, avant qu'une décision de commander ou non ne soit prise.

Dans le cas d'un horizon de planification fini de N périodes, on peut montrer que le stock économique y_i^* pour la période i est tel que:

$$y_N^* \leq y_{N-1}^* \leq \cdots \leq y_i^* \leq \cdots \leq y_1^* \leq y^*,$$

où y^* est la valeur déterminée par l'équation (4.5.9). On remarque que la politique optimale de gestion suggère de diminuer le niveau de stock au fur et à mesure que l'on approche de la fin de l'horizon. De plus, aucun des y_i^* ne peut dépasser la valeur du stock économique y^* du modèle à horizon infini.

Cas où la demande excédentaire est perdue.

Ce modèle est semblable au précédent, à la différence près que, lorsque la demande ξ est plus grande que le stock disponible y_i, le stock initial en début de période suivante, soit x_{i+1}, est nul et non plus négatif. La demande excédentaire est perdue et ne procure aucun revenu. La relation de récurrence correspondant à ce cas est donnée par:

$$\begin{aligned} f_i(x_i) = \min_{y_i \geq x_i} \Big\{ c(y_i - x_i) &+ \int_0^{y_i} [\, c_s(y_i - \xi) - r\xi \,]\, \varphi(\xi)\, d\xi \\ &+ \int_{y_i}^{\infty} [\, c_p(\xi - y_i) - r y_i \,]\, \varphi(\xi)\, d\xi \\ &+ \alpha \Big[\int_0^{y_i} f_{i+1}(y_i - \xi)\, \varphi(\xi)\, d\xi + \int_{y_i}^{\infty} f_{i+1}(0) \varphi(\xi)\, d\xi \Big] \Big\}, \\ & \qquad i = 1, 2, \ldots, N, \end{aligned}$$

avec $f_{N+1} \equiv 0$.

Ici aussi, il est difficile de trouver la solution optimale par la programmation dynamique. Le modèle avec horizon infini admet une politique optimale du type "stock économique". En laissant tendre N vers l'infini dans l'expression ci-dessus, on obtient l'équation fonctionnelle suivante:

$$\begin{aligned} f(x) = \min_{y \geq x} \Big\{ c(y - x) &+ \int_0^{y} [\, c_s(y - \xi) - r\xi \,]\, \varphi(\xi)\, d\xi \\ &+ \int_{y}^{\infty} [\, c_p(\xi - y) - r y \,]\, \varphi(\xi)\, d\xi \\ &+ \alpha \Big[\int_0^{y} f(y - \xi) \varphi(\xi)\, d\xi + \int_{y}^{\infty} f(0) \varphi(\xi)\, d\xi \Big] \Big\}. \end{aligned}$$

Comme dans le cas précédent, en écrivant que la dérivée de l'expression à minimiser est égale à 0, et en tenant compte du fait que $\partial f(y - \xi)/\partial y = -c$, il vient:

$$\int_0^{y^*} \varphi(\xi)\, d\xi = \frac{c_p + r - c}{c_s + c_p + r - \alpha c}. \tag{4.5.10}$$

La politique optimale de gestion pour chaque période est:

$$\begin{cases} \text{si } x < y^*, & \text{commander } y^* - x, \\ \text{si } x \geq y^*, & \text{ne rien commander,} \end{cases}$$

où x est le stock initial, et y^* est le stock économique déterminé par l'équation (4.5.10). Pour ce modèle, comme pour le précédent, on a toujours la relation:

$$y_N^* \leq y_{N-1}^* \leq \cdots \leq y_i^* \leq \cdots \leq y_1^* \leq y^*,$$

où y_i^* est le stock économique pour la période i dans le cas d'un horizon fini.

4.6 CONCLUSIONS

Les modèles que nous avons présentés dans ce chapitre sont des représentations très simplifiées de la réalité de la gestion des stocks. Ils nous ont cependant permis de donner au lecteur un aperçu de la nature générale des modèles d'inventaires. De plus, ces modèles approximent de nombreuses situations pratiques et sont donc souvent utiles à l'entreprise. Par exemple, les modèles à quantité économique, du genre du modèle de Wilson, ont été d'usage courant, avec parfois certaines modifications pour tenir compte d'une demande aléatoire. Les modèles à plusieurs périodes nous ont permis de caractériser la nature des politiques optimales, par exemple les politiques (s, S). Cependant il y a de nombreux problèmes de gestion de stock où des situations complexes doivent être reconnues et analysées: interactions entre plusieurs produits, demandes dépendantes, etc. De nombreux auteurs ont essayé de modéliser ces situations, mais il existe toujours un grand fossé entre la théorie et la pratique. Les résultats théoriques doivent être considérés comme des guides de gestion plutôt que comme des règles à suivre à la lettre. Il est souvent utile, comme on le verra au chapitre 12, de construire un modèle de simulation pour vérifier la fiabilité des règles de gestion proposées. On voit déjà une forte croissance du rôle de l'ordinateur dans la gestion de l'information sur les stocks; cette croissance va s'accompagner de développements parallèles dans les méthodes de gestion scientifique.

PROBLÈMES

1. On suppose qu'il existe, dans le modèle de Wilson, un délai de réapprovisionnement $\tau > 0$. Quelle est l'influence de ce facteur sur la politique optimale de gestion?

2. Retrouver la formule (4.2.1) en dérivant l'expression du coût total Γ par rapport à Q. Vérifier que la solution Q^* de $\Gamma' = 0$ satisfait la condition $\Gamma''(Q^*) > 0$.

3. Pour le modèle de la section 4.2.2, trouver les valeurs de Q et de S qui annulent les dérivées partielles $\partial\Gamma/\partial Q$ et $\partial\Gamma/\partial S$. Montrer que les valeurs ainsi trouvées (il s'agit de Q^{**} et S^{**}) donnent bien un minimum de la fonction $\Gamma(Q, S)$. A cet effet, on vérifiera les conditions du deuxième ordre, soit $\partial^2\Gamma(Q^{**}, S^{**})/\partial Q^2 > 0$, $\partial\Gamma(Q^{**}, S^{**})/\partial S^2 > 0$, et:

$$\left[\frac{\partial^2\Gamma(Q^{**}, S^{**})}{\partial Q \partial S}\right]^2 - \frac{\partial^2\Gamma(Q^{**}, S^{**})}{\partial Q^2}\,\frac{\partial^2\Gamma(Q^{**}, S^{**})}{\partial S^2} < 0.$$

4. Des pièces d'un certain modèle font l'objet d'une demande constante de 600 unités par semaine. Le coût de lancement d'une rafale est de 25 dollars, tandis que le coût unitaire de production est 3 dollars. Le coût de stockage hebdomadaire d'une pièce est 0,05 dollar.
(a) Déterminer l'intervalle de temps optimal entre deux périodes de production, et la taille optimale de la rafale lorsque la rupture de stock n'est pas permise.
(b) Mêmes questions que dans (a) lorsque la rupture de stock est permise avec un coût hebdomadaire de pénalité de 2 dollars par unité.

5. Reprendre le problème 4 dans le cas où la rupture de stock est permise et où il existe un délai de réapprovisionnement d'une semaine (voir problème 1).

6. Une compagnie de taxi utilise de l'essence au taux constant de 8 500 litres par mois. L'essence coûte 0,80 dollar le litre, et le coût fixe de commande est 1 000 dollars. Le coût de stockage de l'essence est 0,01 dollar par litre et par mois.

(a) Déterminer la fréquence des commandes ainsi que la quantité optimale à commander, lorsque la rupture de stock n'est pas permise.

(b) Mêmes questions que dans (a) lorsque la rupture de stock est permise avec un coût de pénalité de 0,30 dollar par litre et par mois.

7. (a) Reprendre la question 6(a) si l'on suppose que le coût de l'essence devient 0,75 dollar le litre si la commande est d'au moins 50 000 litres.

(b) Reprendre la question 6(a) si le coût de l'essence est 0,90 dollar le litre pour les premiers 20 000 litres, 0,80 dollar le litre pour les 20 000 litres suivants, et 0,75 dollar le litre à partir de 40 000 litres.

Indication: Il est utile de représenter graphiquement le coût total de gestion Γ, pour chacun des niveaux du coût de l'essence, en fonction du nombre Q de litres commandés.

8. La politique actuelle de gestion des stocks de la compagnie Simplex consiste à commander un nombre d'unités suffisant pour remplir la demande pendant une période d'un mois. Considérons un article pour lequel la demande annuelle est de 1 500 unités. Le coût fixe de commande est $K = 20$ dollars. Le coût mensuel de stockage est 2 dollars par unité; il ne peut pas y avoir de rupture de stock.

(a) Déterminer la quantité économique optimale et le temps entre deux commandes consécutives.

(b) Calculer la différence dans les coûts annuels de gestion du stock de la politique optimale et de la politique actuelle (12 commandes de 125 unités).

9. Dans le modèle de Wilson de la section 4.2.1, supposons qu'au lieu d'avoir un réapprovisionnement instantané, celui-ci se fait avec un taux uniforme ℓ par unité de temps. Montrer, lorsque la rupture de stock n'est pas permise, que:

(a) le coût total de gestion Γ sur la période θ est égal à:

$$\Gamma = Nc + K\,\frac{N}{Q} + \frac{1}{2}\,c_s\theta Q(1 - \frac{h}{\ell});$$

(b) la quantité économique est égale à:

$$Q^* = \sqrt{2 \frac{N}{\theta} \frac{K}{c_s} \frac{1}{1 - (h/\ell)}},$$

à condition que $\ell > h$.

10. Une compagnie peut fabriquer un article dont elle se sert régulièrement, ou bien elle peut l'acheter à l'extérieur. Si elle fabrique, le coût de lancement d'une rafale est de 20 dollars; la production se fait avec un taux uniforme $\ell = 100$ articles par jour. Si l'article est acheté à l'extérieur, le coût fixe de commande est 15 dollars, et la livraison est instantanée. Dans les deux cas, le coût de stockage d'un article est 0,02 dollar par jour, et le coût unitaire est identique. La compagnie estime qu'elle a besoin de 26 000 articles par an. En supposant que la rupture de stock n'est pas permise, la compagnie a-t-elle intérêt à fabriquer ou à acheter?

Indication: Voir le problème 9.

11. On considère un problème de gestion des stocks de pièces de rechange d'automobiles. Des études de prévision à court terme ont permis d'estimer la demande de la clientèle au cours des 6 prochains bimestres.

Bimestre	1	2	3	4	5	6
Demande	100	110	90	160	130	100

Devant l'instabilité apparente de la demande, le magasinier préfère commander chaque début de bimestre une quantité de pièces égale à la demande du bimestre en question. Pour simplifier, on peut estimer que:

- le coût de passation d'une commande est de 46 dollars, quelle que soit la quantité commandée;
- le prix d'une pièce est de 6 dollars, et le coût de stockage annuel de cette pièce s'élève à 20% de son prix d'achat;
- la demande est répartie uniformément durant le bimestre;
- le délai de réapprovisionnement est pratiquement nul.

(a) Que pensez-vous de la gestion actuelle?

(b) En définissant une demande bimestrielle moyenne, calculer la quantité économique de commande que fournit le modèle de Wilson. Proposez la politique de gestion correspondante en adaptant à chaque fois l'intervalle de temps séparant deux commandes, étant entendu qu'on s'interdit toute rupture de stock et qu'on ne peut commander qu'en début de bimestre. On s'interdit également tout excès de stock à la fin du sixième bimestre. Quel est le coût de cette gestion? Comment ce coût se compare-t-il à celui de la gestion actuelle?

12. L'entreprise PINSON fabrique et vend des skis. Durant une année, la fabrication dure 11 mois et les ventes se répartissent sur 6 mois. La capacité maximale de stockage est de 2 000 paires de skis. Le stockage coûte une somme fixe de 100 dollars par mois, pour chacun des douze mois de l'année, plus 0,20 dollar par paire stockée et par mois. La production mensuelle ne peut prendre que trois valeurs distinctes: 200, 300 ou 400 paires. Le *principe* en vigueur dans l'entreprise est de produire un maximum de skis avant que ne commence la saison de vente. On admettra que les skis fabriqués au cours d'un mois quelconque de la saison de vente servent à satisfaire (éventuellement en partie) la demande de ce même mois.

Mois	Avril	Mai	Juin	Juill.	Août	Sept.
Production	400	400	400	400	0	400
Vente	-	-	-	-	-	-
Mois	Oct.	Nov.	Déc.	Jan.	Fév.	Mars
Production	400	300	300	300	300	300
Vente	500	1 100	800	500	700	300

Le stock en début d'année (1er avril) est nul. Les prévisions de ventes mensuelles sont connues pour la prochaine saison ainsi que le plan de production qui découle du principe exposé ci-dessus. Les quantités, dans le tableau ci-contre, sont exprimées en paires de skis.

(a) Dessiner la courbe d'évolution du volume-stock, exprimé en paires de skis, sur l'année (production et vente d'un mois sont supposées se répartir régulièrement au cours du mois).

(b) Calculer les frais de stockage annuels.

(c) Sans remettre en cause le *principe* de production maximale, pourriez-vous proposer deux mesures, l'une concernant le mois de fermeture annuelle à choisir entre avril, mai, juin, juillet et août, l'autre modifiant le plan de production au cours du second semestre, qui permettent de diminuer ces frais de stockage? De combien?

On suppose *dans toute la suite* que le mois de fermeture annuelle est celui arrêté dans la question (c). On cherche à savoir si la remise en cause du *principe* de production peut permettre de nouvelles économies. Pour cela on demande:

(d) Quel est le volume maximal de production envisageable au cours du semestre de vente? (On remarquera que la production du mois de mars ne peut en aucun cas être augmentée). En déduire le volume minimal de stock que l'on doit avoir à la fin septembre, si l'on veut se préserver de toute rupture de stock.

(e) Compte tenu de la question précédente, proposer un nouveau plan de production, en précisant sur quel(s) principe(s) vous l'appuyez.

(f) Quelle est l'économie réalisée sur les frais de stockage par rapport au plan initial? Pensez-vous avoir obtenu la meilleure solution possible?

En fait, il se produit toujours, pendant le semestre de vente, une légère augmentation a des frais variables de production par paire de skis produite. Dans le cadre du plan de production défini dans la question (e), pourriez-vous préciser:

(g) A partir de quelle valeur de a certains articles fabriqués actuellement en octobre pourraient l'être plus tôt sans augmentation du coût total annuel de stockage et de fabrication, le coût de stockage supplémentaire étant compensé par le gain sur les frais variables de production?

(h) Même question que dans (g) en ce qui concerne certains articles actuellement fabriqués en novembre. Dans le cas où cette dernière valeur a serait dépassée, que proposeriez-vous comme plan de production?

13. On considère un horizon de planification de 5 mois. La demande, au début du mois i, est égale à d_i, et $d_1=2$, $d_2=4$, $d_3=2$, $d_4=2$ et $d_5=3$. Le coût de lancement d'une rafale est $K=4$ dollars, le coût de fabrication unitaire est 1 dollar, et le coût unitaire de stockage est 0,30 dollar par période. Déterminer, à l'aide de l'algorithme de Wagner-Whitin, le plan optimal de production qui satisfait les demandes mensuelles.

14. Formuler le problème 13 sous forme d'un programme linéaire en nombres entiers. Le résoudre si vous disposez d'un logiciel approprié.

15. Résoudre le problème 13 lorsque le coût de fabrication est donné par $3(1+\text{Log}X)$ dollars, où X est le niveau de production mensuel.

16. La demande pour un produit est 2, 3 et 4 unités respectivement, durant les périodes 1, 2 et 3. La demande doit être satisfaite à chaque période. Toutefois, les produits peuvent être stockés pour les périodes suivantes. Le coût d'entreposage unitaire et périodique est 1, 5 et 1 dollar respectivement, pour les périodes 1, 2 et 3. Le prix de vente unitaire est 20, 10 et 4 dollars respectivement, pour les périodes 1, 2 et 3. Finalement, les coûts de production unitaires sont de 4, 1 et 2 dollars respectivement, pour les périodes 1, 2 et 3, et il y a un coût fixe de 5 dollars à chaque période où l'on produit. Trouver la politique optimale de production, sachant que l'on ne permet pas la rupture de stock.

17. Dans l'exemple 4.4.1, calculer les quantités suivantes:
(a) le nombre approximatif de commandes par an;
(b) le coût fixe de commande annuel;
(c) l'espérance du coût de stockage annuel;
(d) l'espérance du coût de pénurie annuel;
(e) la probabilité d'une rupture de stock pendant un délai de réapprovisionnement.

Réponse: (a) 3; (b) 300 dollars; (c) 406,62 dollars; (d) 6,39 dollars; (e) 0,639.

18. Reprendre l'exemple 4.4.1 en supposant que la demande pendant le délai de réapprovisionnement suit une loi dont la densité est:

$$f(x) = \begin{cases} 1/50 & \text{si } 0 \leq x \leq 50, \\ 0 & \text{sinon.} \end{cases}$$

Tous les autres paramètres conservent leurs valeurs utilisées dans l'exemple 4.4.1.

19. Reprendre le problème 18 avec:

$$f(x) = \begin{cases} 1/10 & \text{si } 20 \leq x \leq 30, \\ 0 & \text{sinon.} \end{cases}$$

Comparer les valeurs de Q^* et R^* obtenues dans les problèmes 18 et 19, et interpréter les résultats.

Indication: Dans les deux problèmes, l'espérance de la demande pendant le délai de réapprovisionnement est constante; cependant, dans ce problème, la variance de cette demande est plus petite que dans le problème 18.

20. Supposons que, dans la section 4.5.1, il y a maintenant un coût de pénalité $c_p > 0$ pour chaque bouquet que le fleuriste ne peut pas fournir. Ce coût correspond, par exemple, à la perte d'achalandage du kiosque. Montrer que la formule (4.5.1) devient:

$$P\{D \leq y^*\} \geq \frac{r + c_p - c}{r + c_p - \beta c}.$$

21. Une boulangerie industrielle cherche combien de fournées de pain elle doit cuire chaque matin. Une fournée lui revient à 125 dollars, mais elle est vendue à 150 dollars. Une fournée invendue en fin de journée trouve preneur à 112,50 dollars sur le marché du pain "presque" frais. Par suite de la nature industrielle de l'entreprise, la demande est discrète et se fait en multiples d'une fournée; on ne vend jamais une fraction de fournée. Sur la base de la dernière année, la boulangerie reçoit une demande de 10 fournées 15% du temps, de 11 fournées 20% du temps, de 12 fournées 19% du temps, de 13 fournées 18% du temps, de 14 fournées 17% du temps, et de 15 fournées 11% du temps. Combien de fournées cette boulangerie devra-t-elle produire chaque matin pour maximiser son profit?

22. On suppose que la demande des pièces détachées d'un modèle d'avion suit une loi exponentielle de paramètre 1/50. Étant donné qu'il s'agit d'un modèle qu'on pense pouvoir vendre pendant une période de temps relativement courte, toute la production de pièces détachées va se faire en une seule fois. Le coût unitaire de fabrication est de 1 000 dollars par pièce, soit $c = 1\,000$, mais ce coût devient 10 000 dollars si la pièce demandée est en rupture de stock, d'où $c_p = 10\,000$. Les coûts de stockage, calculés sur les pièces invendues en fin de période, sont de 200 dollars par pièce. Déterminer le nombre de pièces à fabriquer.

23. Une patisserie industrielle fournit quotidiennement des gâteaux à un certain nombre de boulangeries. Le coût de production est de 0,20 dollar par gâteau; le prix de vente aux boulangeries est 0,30 dollar. La patisserie reprend les invendus qu'elle écoule dans son magasin de détail à 0,15 dollar le gâteau "presque frais". Le coût de pénalité pour la demande excédentaire est de 0,35 dollar par gâteau. Trouver la politique optimale de production de la patisserie, lorsque la demande totale des boulangeries suit une loi uniforme dans l'intervalle (1 000, 2 000).

24. Un étudiant prépare un voyage d'été en Europe. Il a déjà acheté 1 200 dollars de chèques de voyage pour subvenir à ses besoins et se demande s'il va devoir utiliser ses économies pour en acheter d'autres. Il estime devoir faire face aux dépenses données dans le tableau suivant.

Dépenses ($)	1 000	1 100	1 200	1 300	1 400	1 500	1 600	1 700
Probabilité	0,05	0,10	0,15	0,20	0,20	0,15	0,10	0,05

S'il n'a pas assez d'argent il devra écourter son voyage d'une semaine à chaque fois qu'il lui manquera 100 dollars. Étant donné qu'une semaine en Europe, pour lui, vaut 150 dollars, chaque semaine perdue représente donc une "perte nette" de 50 dollars pour notre étudiant. Les frais d'acquisition des chèques de voyage représentent 1% du montant acheté. De plus, tout montant inutilisé à la fin du voyage sera redéposé dans le compte d'épargne de l'étudiant, où celui-ci aurait pu accumuler 2 dollars d'intérêts pour chaque chèque de 100 dollars acheté inutilement.

A l'aide de ces données, trouver le nombre optimal de chèques de voyage de 100 dollars que l'étudiant doit se procurer avant son départ.

25. Trouver la politique optimale de gestion du stock pour un modèle probabiliste à une période où:

$$\varphi(\xi) = \begin{cases} 1/20 & \text{si } 0 \leq \xi \leq 20, \\ 0 & \text{sinon,} \end{cases}$$

et $c_s = 1$ dollar, $c_p = 3$ dollars, $K = 0{,}90$ dollar et $c = 2$ dollars.

26. Trouver la politique optimale de gestion du stock pour un modèle probabiliste à une période où:

$$\varphi(\xi) = \begin{cases} 1/5 & \text{si } 5 \leq \xi \leq 10, \\ 0 & \text{sinon,} \end{cases}$$

et $c_s = 1$ dollar, $c_p = 5$ dollars, $K = 5$ dollars et $c = 3$ dollars. On suppose qu'il existe un stock initial $x = 10$.

27. Reprendre le problème précédent lorsque:

$$\varphi(\xi) = \begin{cases} e^{-\xi} & \text{si } \xi > 0, \\ 0 & \text{sinon,} \end{cases}$$

et avec un stock initial nul.

28. On considère un modèle probabiliste à une période où la densité de la demande est donnée par:

$$\varphi(\xi) = \begin{cases} e^{-\xi} & \text{si } \xi > 0, \\ 0 & \text{sinon.} \end{cases}$$

Il y a deux coûts associés à ce modèle: le coût unitaire de commande c, et le coût de pénalité qui est une constante C_p indépendante de la quantité en rupture de stock.

(a) Si on dispose d'un stock initial x, et que l'on amène le niveau du stock à y (en commandant $y - x$ au coût $c(y - x)$), trouver

l'espérance $C(y)$ du coût de gestion. Donner la politique optimale de gestion.
(b) Si maintenant, il y a un coût fixe de commande $K > 0$, trouver la nouvelle politique optimale de gestion.

29. Une agence de voyages offre aux étudiants des vols à destination de la Martinique pour les vacances de Noël. Le directeur de l'agence doit décider à l'avance du nombre de places à réserver sur les vols du 20 et du 22 décembre. Le nombre de clients possibles est distribué uniformément entre 0 et 300 pour chacune des deux journées. Un siège revient à 50 dollars à l'agence, mais elle le revend à 100 dollars.

Trouver le nombre optimal de places à réserver dans les conditions suivantes:
(a) Le 20 décembre, après avoir pris les réservations, l'agence peut prendre plus d'étudiants qu'elle n'a réservé de sièges. Elle passe les réservations excédentaires à une autre agence qui lui vend le siège à 75 dollars (au lieu des 50 dollars payés avant le jour du vol). D'autre part, s'il reste des sièges libres, parmi les sièges réservés par l'agence, on trouve toujours suffisamment de passagers en attente (stand-by) prêts à payer 50 dollars pour un siège.
(b) Même question que dans (a) lorsque les passagers en attente paient seulement 40 dollars.
(c) Même question que dans (a) lorsque les passagers en attente paient 60 dollars, mais que leur nombre est distribué uniformément entre 0 et 50.
(d) Le 22 décembre, il n'y a aucune autre agence de voyages pouvant prendre les passagers excédentaires, et il n'y a aucun passager en attente.

30. Considérons un modèle probabiliste à deux périodes dans le cas où la demande excédentaire est reportée. La densité de la demande est donnée par:

$$\varphi(\xi) = \begin{cases} 1/10 & \text{si } 0 \leq \xi \leq 10, \\ 0 & \text{sinon.} \end{cases}$$

Les paramètres du problème sont: $r = 2$, $c = 1$, $c_p = 3$, $c_s = 0{,}1$ et $\alpha = 0{,}8$. Utiliser la relation de récurrence de la section 4.5.3 pour trouver la politique optimale de gestion pour les deux périodes.

31. Reprendre le problème précédent dans le cas où la demande excédentaire est perdue.

32. Considérons un modèle probabiliste pour lequel l'horizon de planification est infini. La densité de la demande est:

$$\varphi(\xi) = \begin{cases} 0{,}08\xi & \text{si } 0 \leq \xi \leq 5, \\ 0 & \text{sinon.} \end{cases}$$

Les paramètres du problème sont: $r = 10$, $c = 8$, $c_p = 1$ et $\alpha = 0{,}9$. Trouver la politique qui minimise l'espérance de la somme des coûts de gestion du stock, dans le cas où la demande excédentaire est reportée.

33. Reprendre le problème précédent dans le cas où la demande excédentaire est perdue.

34. On estime que la densité de la demande hebdomadaire pour un modèle donné d'ordinateur de poche est:

$$\varphi(\xi) = \begin{cases} \dfrac{1}{1\,000} e^{-\xi/1\,000} & \text{si } \xi \geq 0, \\ 0 & \text{sinon.} \end{cases}$$

Le coût unitaire de fabrication est de 75 dollars. Le coût unitaire de stockage est de 0,70 dollar par semaine. Le coût de pénalité est de 20 dollars par ordinateur en rupture de stock. Si on choisit un taux d'actualisation $\alpha = 0{,}95$, quelle est la politique optimale de gestion du stock d'ordinateurs sachant que la demande excédentaire est reportée à la période suivante.

35. Reprendre le problème précédent dans le cas où la demande excédentaire est perdue.

Chapitre 5

CHAINES DE MARKOV

Dans ce chapitre, plutôt que nous limiter à l'étude de variables aléatoires prises individuellement comme dans les deux premiers chapitres, nous allons nous intéresser à des suites de variables aléatoires. On appelle ces suites des *processus aléatoires* ou *processus stochastiques.* Parmi ces processus, les chaînes de Markov ont une importance primordiale puisqu'à la fois elles permettent de représenter une grande variété de systèmes et se prêtent bien à l'analyse mathématique.

5.1 INTRODUCTION

De nombreux phénomènes aléatoires peuvent être représentés par une suite de variables aléatoires indépendantes. C'est le cas, par exemple, de la demande pour un certain article pendant une période donnée, lorsque l'on suppose que la demande pendant la période envisagée n'a aucun rapport avec la demande enregistrée pendant la période précédente. Les demandes pour des périodes successives peuvent être représentées de façon satisfaisante par une suite de variables aléatoires indépendantes. Il existe cependant de nombreux autres phénomènes pour lesquels une telle hypothèse ne permet pas de représenter la réalité de façon adéquate. Nous allons maintenant envisager un tel processus.

Exemple 5.1.1. La série des cours journaliers d'un titre donné à la Bourse de Montréal ne peut pas se représenter de façon convenable par une suite de variables aléatoires indépendantes et de même loi. Le cours semble approximativement être déterminé par un mécanisme du type:

$$X_{n+1} = X_n + S_n \tag{5.1.1}$$

où X_n est le cours du jour n, et S_n est une modification aléatoire (positive ou négative). Il est possible que la suite de v.a. $\{S_n,\, n \geq 0\}$ soit formée par des réalisations indépendantes et de même loi d'une certaine v.a. S. Cependant, ce n'est pas le cas de la suite $\{X_n,\, n \geq 0\}$ puisqu'il est vraisemblable que le cours du jour $n + 1$ sera proche du cours du jour n. □

La théorie des *processus aléatoires* (ou processus stochastiques) a trait à l'étude de la structure des suites de variables aléatoires telles que $\{X_n,\, n \geq 0\}$. Nous avons la définition générale suivante:

Définition 5.1.1. *Un processus aléatoire est une famille de variables aléatoires $\{X_t,\, t \in T\}$ où t est un paramètre décrivant un ensemble d'indices T convenable.*

Dans l'exemple 5.1.1, la suite des cours journaliers X_n, commençant avec le cours X_0 d'un jour arbitraire $n = 0$, est un processus aléatoire pour lequel $T = \mathcal{N}$ (l'ensemble de nombres entiers non négatifs). On dit, lorsque $T = \mathcal{N}$ que $\{X_n,\, n \geq 0\}$ est un *processus aléatoire discret.* Par contre, lorsque T est un ensemble continu (comme l'intervalle $[0, \infty)$ ou l'ensemble $\mathcal{R}$ des nombres réels), on dit que $\{X_t,\, t \in T\}$ est un *processus aléatoire continu.*

Une *réalisation* ou *fonction échantillon* d'un processus aléatoire $\{X_t,\, t \in T\}$ est l'attribution à chaque $t \in T$ d'une valeur possible de X_t. Par exemple:

$$X_0 = 3, \quad X_1 = 14, \quad X_2 = 11, \quad \ldots \tag{5.1.2}$$

est une réalisation du processus aléatoire représentant la suite des cours journaliers envisagée précédemment. Une telle suite est également appelée une *série chronologique.* On peut produire une réalisation du processus défini par la relation (5.1.1) de la façon suivante:

on se donne $X_0 = x_0$ et on lui ajoute un échantillon s_0 de la variable aléatoire S (en supposant que les S_n sont des réalisations indépendantes de la v.a. S); $x_1 = x_0 + s_0$ est une réalisation de X_1. On continue en prenant un second échantillon indépendant s_1 de S, $x_2 = x_1 + s_1$ est une réalisation de X_2; et ainsi de suite.

Étant donné que $\{X_t,\, t \in T\}$ est une suite de variables aléatoires, il existe une loi de probabilité associée à chaque réalisation. On caractérise un processus aléatoire en donnant les distributions croisées de probabilité de $(X_{t_1}, X_{t_2}, \ldots, X_{t_n})$ pour chaque sous-famille finie $X_{t_1}, X_{t_2}, \ldots, X_{t_n}$ de variables du processus. Dans le cas d'un processus aléatoire discret, on donne les probabilités croisées

$$P\{X_{i_1} = \alpha_1, X_{i_2} = \alpha_2, \ldots, X_{i_n} = \alpha_n\} \tag{5.1.3}$$

pour chaque sous-famille finie $X_{i_1}, X_{i_2}, \ldots, X_{i_n}$ de variables du processus. La valeur x_n prise par X_n à l'instant n est appelée l'*état du processus* à l'instant n. L'ensemble des valeurs possibles prises par les variables aléatoires X_t, lorsque t parcourt l'ensemble T, est appelé l'*espace des états* du processus. Dans la réalisation (5.1.2), par exemple, le processus est dans l'état 11 à l'instant 2.

Le but des chapitres 5 et 6 est l'étude détaillée d'une classe importante de processus aléatoires, les *chaînes de Markov.* Avant d'aborder cette étude, nous commençons avec celle d'un cas particulier, celui des *promenades aléatoires.*

5.2 PROMENADES ALÉATOIRES

Revenons à l'exemple 5.1.1, et supposons que la modification aléatoire S_n soit telle que:

$$S_n = \begin{cases} +1 & \text{avec probabilité } 1/2, \\ -1 & \text{avec probabilité } 1/2, \end{cases}$$

pour chaque $n = 0, 1, 2, \ldots$. Si par exemple $X_n = 17$, le cours du jour suivant, soit X_{n+1}, sera égal à 16 ou 18 avec la même probabilité 1/2.

Ce modèle peut être généralisé de la façon suivante: nous prenons pour espace des états du processus l'ensemble Z des nombres entiers algébriques, et nous supposons que la modification aléatoire S_n satisfait:

$$S_n = \begin{cases} +1 & \text{avec probabilité } p, \\ -1 & \text{avec probabilité } q, \end{cases}$$

où $p + q = 1$, et $0 < p < 1$. La suite $\{X_n,\ n \geq 0\}$ ainsi obtenue représente le cas le plus simple d'une *promenade (ou chemin) aléatoire.* Si nous imaginons X_n comme étant la position d'une particule partant de la position initiale $X_0 = x_0$, et avançant ou reculant d'une unité à chaque instant, et ce *ad infinitum*, nous obtenons l'image classique de la promenade aléatoire. La figure 5.2.1 montre deux réalisations possibles de ce processus aléatoire.

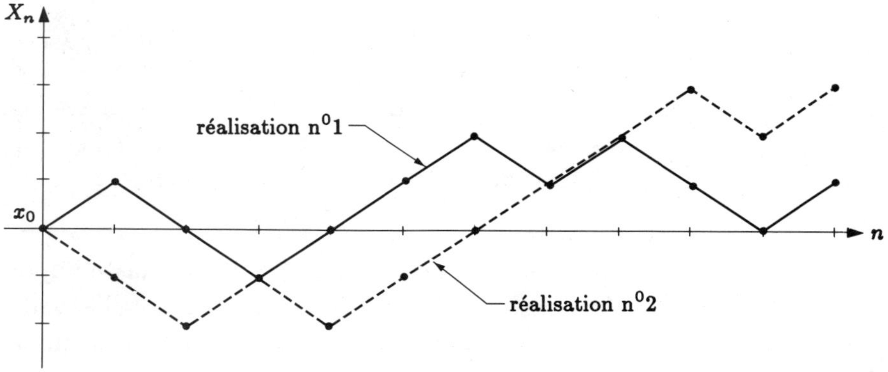

FIGURE 5.2.1: PROMENADE ALÉATOIRE

Le point de vue que nous allons adopter dans l'étude des processus aléatoires est fondamentalement différent de celui rencontré par le lecteur dans les deux premiers chapitres de ce manuel. Alors que le calcul des probabilités s'intéresse à certaines caractéristiques quantitatives d'une variable aléatoire X_n telles que son espérance mathématique, sa variance, la probabilité $P\{a < X_n \leq b\}$ pour un indice n particulier, nous allons étudier la promenade aléatoire dans son intégrité et suivre son évolution au cours du temps. Nous allons examiner certains problèmes faisant intervenir simultanément plusieurs variables de la suite $\{X_n,\ n \geq 0\}$.

5.2.1 Le problème de la ruine du joueur

Gardant l'analogie de X_n avec la position d'une particule, considérons le problème suivant: supposons que la particule parte de la position $X_0 = a$, $a \geq 1$, quelle est la probabilité qu'elle atteigne l'une des extrémités donnée de l'intervalle $[0, c]$ avant d'atteindre l'autre ($c = a + b$, $b \geq 1$, et a et b entiers)?

Ce problème célèbre a été envisagé dans un contexte différent par deux grands mathématiciens français du dix-septième siècle, Blaise Pascal (1623–1662) et Pierre de Fermat (1601–1665), et résolu de façon générale par P. de Montmort en 1708 dans le premier livre de Calcul des probabilités (intitulé "Essai d'analyse sur les jeux de hasard"). Deux joueurs A et B sont engagés dans une série de paris. Le joueur A gagne chaque pari avec une probabilité p, $0 < p < 1$, et B gagne chaque pari avec probabilité $q = 1 - p$. Les résultats des paris successifs sont supposés être indépendants. On peut imaginer, par exemple, que chaque pari consiste en une partie de pile ou face ($p = q = 1/2$), ou une partie d'échecs, de ping-pong (la force de A par rapport à celle de B est comme p par rapport à q), etc. Le joueur qui gagne un pari reçoit immédiatement un dollar du perdant. La fortune initiale du joueur A est de a dollars, et celle du joueur B de b dollars. Les paris continuent jusqu'à ce que l'un des deux joueurs soit ruiné. Quelle est la probabilité que le joueur A soit ruiné?

Dans cette formulation, la position X_n de la particule devient la fortune du joueur A après n paris. Si la particule atteint 0 avant $c = a + b$, alors le joueur A est ruiné; dans le cas contraire le joueur B est ruiné. C'est pourquoi ce problème est historiquement connu sous le nom de "problème de la ruine du joueur".

Pour résoudre le problème posé, appelons P_j, $1 \leq j \leq c - 1$, la probabilité que la "particule" (le joueur A) atteigne 0 avant c lorsqu'elle se trouve initialement dans l'état j:

$$P_j = P\{A \text{ ruiné} \mid X_0 = j\}, \qquad 0 \leq j \leq c. \qquad (5.2.1)$$

Nous cherchons P_a; mais, étant donné que a est une quantité arbitraire, nous avons en fait besoin de tous les P_j. En conditionnant sur le résultat du premier pari, et en écrivant la loi des probabilités totales appliquée aux probabilités conditionnelles, on obtient:

$$\begin{aligned}
P_j &= P\{A \text{ ruiné} \mid X_0 = j\} \\
&= \sum_k P\{A \text{ ruiné} \mid X_0 = j, X_1 = k\} P\{X_1 = k \mid X_0 = j\} \\
&= P\{A \text{ ruiné} \mid X_0 = j, X_1 = j+1\} P\{X_1 = j+1 \mid X_0 = j\} \\
&\qquad + P\{A \text{ ruiné} \mid X_0 = j, X_1 = j-1\} P\{X_1 = j-1 \mid X_0 = j\},
\end{aligned}$$

mais $P\{A \text{ ruiné} \mid X_0 = j, X_1 = j+1\} = P\{A \text{ ruiné} \mid X_0 = j+1\} = P_{j+1}$, puisque si le joueur A possède $j+1$ dollars après un pari, il a la même probabilité de ruine éventuelle que si sa fortune initiale est $j+1$ dollars. En appliquant le raisonnement symétrique pour montrer que $P\{A \text{ ruiné} \mid X_0 = j, X_1 = j-1\} = P_{j-1}$, il vient:

$$P_j = pP_{j+1} + qP_{j-1}, \qquad 1 \leq j \leq c-1. \tag{5.2.2}$$

De plus, nous avons les conditions aux limites évidentes:

$$P_0 = 1 \qquad \text{et} \qquad P_c = 0. \tag{5.2.3}$$

Il ne nous reste plus qu'à résoudre le système des équations (5.2.2) avec les conditions aux limites (5.2.3). Pour ce faire, on peut tirer profit de la forme particulière de cette équation (voir problème 1); nous préférons utiliser une méthode générale de résolution pour ce genre d'équations connues sous le nom d'*équations récurrentes linéaires du deuxième ordre à coefficients constants* (voir le supplément au chapitre 5 pour les éléments de cette méthode). L'équation caractéristique associée avec le système (5.2.2) est $pt^2 - t + q = 0$; elle admet les deux racines $t_1 = 1$ et $t_2 = q/p$.

Si $p \neq q$, ces deux racines sont distinctes et, d'après les résultats du supplément au chapitre 5, la solution générale du système (5.2.2) est:

$$P_j = \lambda t_1^j + \mu t_2^j = \lambda + \mu(q/p)^j$$

où λ et μ sont deux constantes dont les valeurs sont déterminées par les conditions (5.2.3). Nous avons donc:

$$\begin{aligned}
1 &= P_0 = \lambda + \mu \\
0 &= P_c = \lambda + \mu(q/p)^c
\end{aligned}$$

d'où l'on déduit:

$$\lambda = \frac{-(q/p)^c}{1-(q/p)^c} \quad \text{et} \quad \mu = \frac{1}{1-(q/p)^c}.$$

Les valeurs de P_j sont donc données par:

$$P_j = \frac{(q/p)^j - (q/p)^c}{1-(q/p)^c}, \qquad 0 \le j \le c \quad (p \ne q). \tag{5.2.4}$$

Si maintenant $p = q = 1/2$, les deux racines de l'équation caractéristique sont égales à 1 et la solution générale du système (5.2.2) est:

$$P_j = (\lambda j + \mu)t_1^j = \lambda j + \mu$$

où λ et μ sont deux constantes dont les valeurs sont déterminées par les conditions (5.2.3). Nous avons donc:

$$\begin{aligned} 1 &= P_0 = \mu \\ 0 &= P_c = \lambda c + \mu \end{aligned}$$

d'où l'on déduit $\lambda = -1/c$ et $\mu = 1$. Les valeurs de P_j sont donc données par:

$$P_j = \frac{c-j}{c}, \qquad 0 \le j \le c \quad (p = q = 1/2). \tag{5.2.5}$$

Pour obtenir la réponse au problème posé au début de la section 5.2.1, nous choisissons $j = a$ dans (5 2.4) et (5.2.5). On voit, lorsque $p = q = 1/2$, que $P_a = (c-a)/c = b/(a+b)$, c'est-à-dire que, à force égale, la probabilité de ruine du joueur A est égale à la fraction de la somme des fortunes initiales détenue au début du jeu par son adversaire.

Nous n'avons résolu que la moitié de la question posée initialement à propos de la "particule'. Il nous faut maintenant calculer la probabilité que le joueur B soit ruiné. On ne peut pas dire a priori que cette probabilité est $1 - P_a$, puisqu'il faut tenir compte des suites de paris où chacun gagne à tour de rôle (et cela indéfiniment) et qui ne semblent jamais conduire à la ruine d'un des joueurs. Appelons Q_j,

$1 \leq j \leq c-1$, la probabilité que la "particule" (le joueur A) atteigne c avant 0 lorsqu'elle se trouve initialement dans l'état j:

$$Q_j = P\{B \text{ ruiné} \mid X_0 = j\}, \qquad 0 \leq j \leq c.$$

Nous laissons au lecteur, à titre d'exercice, le soin d'établir et de résoudre le système d'équations récurrentes et de conditions aux limites vérifiées par Q_j. Leur résolution donne:

$$Q_j = \begin{cases} \dfrac{1-(q/p)^j}{1-(q/p)^c} & \text{si } p \neq q \\ j/c & \text{si } p = q = 1/2 \end{cases} \qquad 0 \leq j \leq c. \tag{5.2.6}$$

Des relations (5.2.4), (5.2.5) et (5.2.6), nous déduisons que, quelle que soit la valeur de p, $0 < p < 1$:

$$P_j + Q_j = 1, \qquad 0 \leq j \leq c. \tag{5.2.7}$$

Ce résultat permet de répondre à la question suivante: si la particule se trouve initialement dans l'intervalle $[0, c]$, quelle est la probabilité qu'elle atteigne éventuellement l'une des extrémités? La relation (5.2.7) permet de conclure que cette probabilité est égale à 1. Dans le cas des joueurs, cette relation exprime que tôt ou tard l'un des deux sera ruiné si les paris continuent sans limite de temps; en d'autres termes, ils ne peuvent pas continuer indéfiniment. On peut cependant soulever l'objection qu'il est possible d'obtenir une suite $\{S_n, n \leq 0\}$ égale à $\{+1, -1, +1, -1, \ldots\}$ qui semble contredire notre affirmation. Cependant, bien qu'une telle réalisation soit logiquement possible, il résulte de la relation (5.2.7) que sa probabilité est égale à zéro.

Puisque l'un des deux joueurs est destiné à être ruiné, nous pouvons nous demander quelle est l'espérance du nombre de paris nécessaires pour atteindre cette ruine. Soit N le nombre de paris en question, on l'appelle aussi *durée du jeu* ou *temps d'absorption* (puisque, lorsque la particule atteint l'une des extrémités de l'intervalle, elle y est "absorbée"). Soit e_j l'espérance conditionnelle de N, sachant que $X_0 = j$:

$$e_j = E[N \mid X_0 = j], \qquad 0 \leq j \leq c.$$

En conditionnant sur le résultat du premier pari, et en écrivant la loi des probabilités totales appliquée aux espérances conditionnelles, on obtient pour $1 \leq j \leq c-1$:

$$\begin{aligned} e_j = E[N \mid X_0 = j] &= \sum_k E[N \mid X_0 = j, X_1 = k]\, P\{X_1 = k \mid X_0 = j\} \\ &= E[N \mid X_0 = j, X_1 = j+1]\, P\{X_1 = j+1 \mid X_0 = j\} \\ &\quad + E[N \mid X_0 = j, X_1 = j-1]\, P\{X_1 = j-1 \mid X_0 = j\}. \end{aligned}$$

Mais:

$$E[N \mid X_0 = j, X_1 = j+1] = 1 + E[N \mid X_0 = j+1] = 1 + e_{j+1},$$

puisque, lorsque la fortune du joueur A est égale à $j+1$, nous sommes toujours dans la même “situation probabiliste” (voir exemples 2.1.3, 2.1.4 et 2.1.5) par rapport à la ruine éventuelle quel que soit l'instant où cette fortune est observée. Cependant, pour calculer l'espérance, il faut tenir compte du nombre de paris déjà joués avant de se trouver dans cette même situation (ici un seul pari, d'où le 1 dans le deuxième membre de l'égalité ci-dessus) Avec le même raisonnement, on obtient:

$$E[N \mid X_0 = j, X_1 = j-1] = 1 + e_{j-1},$$

d'où:

$$e_j = (1 + e_{j+1})p + (1 + e_{j-1})q = 1 + pe_{j+1} + qe_{j-1}.$$

En définitive, les durées de jeu e_j satisfont les équations:

$$-pe_{j+1} + e_j - qe_{j-1} = 1, \qquad 1 \leq j \leq c-1, \tag{5.2.8}$$

avec les conditions aux limites

$$e_0 = 0 \quad \text{et} \quad e_c = 0. \tag{5.2.9}$$

Nous laissons au lecteur (voir problème 3) le soin de trouver la valeur de e_j en fonction de j lorsque $p \neq q$. Lorsque $p = q = 1/2$, les équations (5.2.8) s'écrivent:

$$-e_{j+1} + 2e_j - e_{j-1} = 2, \qquad 1 \leq j \leq c-1. \tag{5.2.10}$$

L'équation caractéristique $-t^2 + 2t - 1 = 0$ admet la racine double $t_1 = t_2 = 1$. Il résulte donc du supplément à ce chapitre que la solution générale des équations (5.2.10) s'écrit:

$$e_j = e_j^* + (\lambda j + \mu)t_1^j = e_j^* + \lambda j + \mu,$$

où e_j^* est une solution particulière de l'équation (5.2.10), et λ et μ sont des constantes. Pour trouver la solution particulière e_j^*, remarquons que, avec les notations du supplément, $a = c = -1$, $b = 2$ et $d = 2$. La solution particulière est donc $e_j^* = -j^2$. La solution générale s'écrit alors:

$$e_j = -j^2 + \lambda j + \mu,$$

et les constantes λ et μ sont identifiées à l'aide des conditions aux limites (5.2.9); d'où $\lambda = c$ et $\mu = 0$. Nous avons finalement:

$$e_j = -j^2 + cj = j(c - j), \qquad 0 \leq j \leq c. \tag{5.2.11}$$

Nous pouvons vérifier à l'aide de (5.2.11) le résultat intuitif suivant: lorsque les joueurs sont de force égale ($p = q = 1/2$), l'espérance du nombre de paris jusqu'à la ruine est identique quel que soit celui des deux joueurs A ou B qui détient un capital initial de j, $0 \leq j \leq c$ (ce qui revient à dire que $e_j = e_{c-j}$).

5.2.2 Cas du joueur infiniment riche

Que se passe-t-il dans le cas où le joueur B devient infiniment riche et, par conséquent, ne peut pas être ruiné? Cela représente, en quelque sorte, la situation rencontrée par un joueur A contre un casino B. Intuitivement, il paraît clair que si $p \leq 1/2$, c'est-à-dire si le joueur A a une chance au plus égale à celle du casino de gagner chaque pari, le joueur A sera certainement ruiné. On peut vérifier notre intuition en laissant tendre c vers l'infini dans (5.2.4) et (5.2.5). Puisque $p < 1/2$ entraîne $q/p > 1$, on a:

$$\lim_{c\to\infty} P_j = \lim_{c\to\infty} \frac{(q/p)^j - (q/p)^c}{1 - (q/p)^c} = 1,$$

et, lorsque $p = 1/2$:

$$\lim_{c\to\infty} P_j = \lim_{c\to\infty} \frac{c - j}{c} = 1.$$

Si maintenant le joueur A est plus habile que le casino, soit $p > 1/2$, on a alors $q/p < 1$, et d'après (5.2.4):

$$\lim_{c\to\infty} P_j = \lim_{c\to\infty} \frac{(q/p)^j - (q/p)^c}{1-(q/p)^c} = (q/p)^j < 1.$$

Cela implique, en particulier, que même avec un dollar, un joueur habile jouant contre un adversaire infiniment riche (un casino) peut échapper indéfiniment à la ruine. Précisément, il a une probabilité $1-(q/p)$ de se trouver dans cette situation. Par exemple, si le joueur gagne chaque pari avec probabilité 2/3 (il est très habile!) et a un capital initial de un dollar, il a une chance sur deux de ne jamais être ruiné (puisque $1-(q/p) = 1-(\frac{1}{3}/\frac{2}{3}) = 1/2$).

Un résultat encore plus surprenant survient dans le cas où les deux joueurs sont de force égale ($p = q = 1/2$). Supposons que le joueur A a un capital initial de un dollar, et que le joueur B est infiniment riche. Alors, d'après ce qui précède, le joueur A sera certainement ruiné. Mais, d'après (5.2.11), $e_1 \to \infty$ lorsque $c \to \infty$; l'espérance du temps nécessaire pour atteindre la ruine est infinie!

La morale (?) de ces résultats peut-être interprétée de la façon suivante: un joueur ne doit pas laisser aux casinos un temps suffisant pour le ruiner. Il pourra ainsi éviter de partir les poches vides en dépit de l'avantage considérable du casino dans certains jeux et de la théorie des promenades aléatoires!

5.3 MATRICE DES PROBABILITÉS DE TRANSITION

La notion de promenade aléatoire peut être considérablement enrichie par l'introduction du concept de *chaîne de Markov.* La théorie repose sur les travaux du mathématicien russe A.A. Markov (1856–1922). Le reste de ce chapitre, ainsi que le chapitre suivant, est consacré à l'étude de ces chaînes dont les applications sont très nombreuses.

Nous considérons un processus aléatoire discret $\{X_n,\ n \geq 0\}$ dont l'espace des états I est au plus *dénombrable.* Il est souvent commode de représenter les différents états possibles par l'ensemble $\mathcal{N} = \{0, 1, 2, \ldots\}$ des nombres entiers non négatifs. On dira que le processus est dans l'état i à l'instant n si $X_n = i$, $i \in \mathcal{N}$, $n = 0, 1, 2, \ldots$

Définition 5.3.1. *On dit que le processus aléatoire discret $\{X_n, n \geq 0\}$ (ayant un espace des états au plus dénombrable) est une chaîne de Markov, si et seulement si:*

$$P\{X_{n+1} = j \mid X_0 = i_0, X_1 = i_1, \ldots, X_n = i\} \\ = P\{X_{n+1} = j \mid X_n = i\} \qquad (5.3.1)$$

pour toutes les suites $\{i_0, i_1, \ldots, i_{n-1}, i, j\}$ d'états possibles et pour chaque $n \geq 0$.

L'équation (5.3.1) s'interprète en disant que, pour une chaîne de Markov, la probabilité conditionnelle d'un état futur $X_{n+1} = j$, connaissant les états passés $X_0, X_1, \ldots, X_{n-1}$ et l'état présent $X_n = i$, est indépendante des états passés et dépend seulement de l'état présent. On dit souvent que le processus n'a pas de mémoire.

Exemple 5.3.1. Revenons au modèle de fluctuation du cours d'un titre introduit dans l'exemple 5.1.1. Supposons que pour chaque $n \geq 0$:

$$X_{n+1} = X_n + \begin{cases} +1 & \text{avec probabilité } 1/2, \\ -1 & \text{avec probabilité } 1/2. \end{cases}$$

De façon évidente, sachant que X_n est égal par exemple à 307, X_{n+1} est égal soit à 308 soit à 306 avec probabilité égale à 1/2 dans chaque cas; et aucun des cours enregistrés avant le jour n n'a d'influence sur le cours X_{n+1} du jour $n+1$. De plus, la suite $\{X_n, n \geq 0\}$ des cours est un processus aléatoire discret dont l'espace des états (les cours possibles exprimés en centimes) est l'ensemble des nombres entiers non négatifs. Le processus $\{X_n, n \geq 0\}$ est donc une chaîne de Markov. Cela montre également que la promenade aléatoire définie à la section 5.2 est une chaîne de Markov dont l'espace des états $\mathcal{I}$ est l'ensemble des nombres entiers algébriques $\mathcal{Z} = \{\ldots, -1, 0, +1, \ldots\}$. □

Les probabilités conditionnelles telles que celles qui interviennent dans le membre de droite de l'équation (5.3.1) jouent un rôle fondamental dans la suite. Nous posons:

$$P\{X_{n+1} = j \mid X_n = i\} = p_{ij}^{n,n+1}, \tag{5.3.2}$$

et on appelle $p_{ij}^{n,n+1}$ la *probabilité de transition à une étape.* Cette notation met l'accent sur le fait que les probabilités de transition sont en général fonction non seulement de l'état initial i et de l'état final j, mais encore de l'instant n de la transition. Lorsque les probabilités de transition à une étape sont indépendantes de la variable temps (c'est-à-dire de la valeur de n), on dit que l'on a une chaîne de Markov *homogène*, ou encore une chaîne de Markov à *probabilités de transition stationnaires.* Dans ce cas:

$$P\{X_{n+1} = j \mid X_n = i\} = p_{ij}, \qquad n = 0, 1, 2 \ldots \tag{5.3.3}$$

et p_{ij} est la probabilité que la valeur de l'état passe de i à j en un essai.

Exemple 5.3.2. Revenons à l'exemple précédent, et supposons que $X_4 = 7$. Les probabilités de transition à une étape sont données par:

$$P\{X_5 = 8 \mid X_4 = 7\} = p_{7\,8}^{4,5} = p_{7\,8} = 1/2,$$

$$P\{X_5 = 6 \mid X_4 = 7\} = p_{7\,6}^{4,5} = p_{7\,6} = 1/2,$$

tandis que:

$$P\{X_5 = k \mid X_4 = 7\} = p_{7k}^{4,5} = p_{7k} = 0, \qquad k \neq 6, 8.$$

Cette chaîne de Markov est donc homogène. □

La plupart des résultats de la théorie des chaînes de Markov s'appliquent aux chaînes homogènes. *Nous nous limiterons donc à de telles chaînes* à moins d'indiquer explicitement le contraire. Cependant, les modèles faisant intervenir des probabilités de transition non stationnaires permettent d'analyser des problèmes où les probabilités évoluent continuellement avec le temps; on peut les étudier numériquement à l'aide de l'ordinateur.

Proposition 5.3.1. *Une chaîne de Markov $\{X_n, n \geq 0\}$ est complètement déterminée par la connaissance des probabilités de transition (à une étape) p_{ij}, $i, j \in \mathcal{N}$, et de la distribution de probabilité initiale $p_i = P\{X_0 = i\}$, $i \in \mathcal{N}$.*

Démonstration. En effet, d'après (5.1.3), un processus aléatoire discret est caractérisé par les distributions croisées de probabilité de chaque sous-famille finie $\{X_{n_1}, X_{n_2}, \ldots, X_{n_k}\}$ de variables du processus; on supposera que $n_1 < n_2 < \cdots < n_k$. Il suffit donc de montrer qu'avec les données de la proposition 5.3.1, on peut calculer les probabilités croisées:

$$P\{X_0 = i_0, X_1 = i_1, \ldots, X_n = i_n\} \tag{5.3.4}$$

pour une suite arbitraire d'états $i_0, i_1, \ldots, i_n$, puisque toute probabilité associée à une sous-famille quelconque $\{X_{n_1}, X_{n_2}, \ldots, X_{n_k}\}$ peut être obtenue en faisant une somme des probabilités (5.3.4). On voit, par exemple, que:

$$P\{X_1 = i_1, X_3 = i_3\} = \sum_{i_0, i_2 \in \mathcal{N}} P\{X_0 = i_0, X_1 = i_1, X_2 = i_2, X_3 = i_3\}.$$

Montrons donc que l'on peut exprimer les probabilités (5.3.4) en fonction des probabilités de transition p_{ij} et de la distribution initiale p_i. Par définition des probabilités conditionnelles, on a:

$$\begin{aligned} P\{X_0 = i_0, X_1 = i_1, \ldots, X_n = i_n\} \\ &= P\{X_n = i_n \mid X_0 = i_0, \ldots, X_{n-1} = i_{n-1}\} \\ &\quad \times P\{X_0 = i_0, X_1 = i_1, \ldots, X_{n-1} = i_{n-1}\}. \end{aligned}$$

Mais, d'après la définition (5.3.1), on obtient:

$$\begin{aligned} P\{X_n = i_n \mid X_0 = i_0, \ldots, X_{n-1} = i_{n-1}\} \\ &= P\{X_n = i_n \mid X_{n-1} = i_{n-1}\}. \end{aligned}$$

Par conséquent:

$$\begin{aligned} P\{X_0 = i_0, X_1 = i_1, \ldots, X_n = i_n\} \\ &= p_{i_{n-1}, i_n} P\{X_0 = i_0, X_1 = i_1, \ldots, X_{n-1} = i_{n-1}\}. \end{aligned}$$

En répétant itérativement la même décomposition sur le deuxième membre de l'égalité ci-dessus, il vient:

$$\begin{aligned} P\{X_0 = i_0, X_1 = i_1, \ldots, X_n = i_n\} \\ &= p_{i_{n-1},i_n} p_{i_{n-2},i_{n-1}} \cdots p_{i_0 i_1} P\{X_0 = i_0\} \\ &= p_{i_{n-1},i_n} p_{i_{n-2},i_{n-1}} \cdots p_{i_0 i_1} p_{i_0}, \end{aligned} \tag{5.3.5}$$

ce qui achève la démonstration. ■

Remarquons que si $p_{ij} = p_j$ pour tout $i, j \in \mathcal{N}$, l'égalité (5.3.5) devient:

$$P\{X_0 = i_0, X_1 = i_1, \ldots, X_n = i_n\} = p_{i_n} p_{i_{n-1}} \cdots p_{i_1} p_{i_0},$$

ce qui montre que les variables aléatoires $X_0, \ldots, X_n$ sont indépendantes et ont toutes la même loi que X_0. Par conséquent, la dépendance de type markovien est une généralisation de la notion d'indépendance. D'une certaine façon, il s'agit du mode le plus simple de dépendance mutuelle pour une suite de variables aléatoires $\{X_n,\ n \geq 0\}$.

Il est clair, d'après la définition des probabilités de transition p_{ij}, que:

$$p_{ij} \geq 0, \qquad \text{quels que soient } i, j \in \mathcal{N}, \tag{5.3.6}$$

$$\sum_{j \in \mathcal{N}} p_{ij} = 1, \qquad \text{quel que soit } i \in \mathcal{N}. \tag{5.3.7}$$

La condition (5.3.7) exprime simplement qu'il y a une transition quelconque à chaque étape (pour plus de facilité, on convient qu'il y a transition même si l'état n'a pas changé). Remarquons cependant qu'en général:

$$\sum_{i \in \mathcal{N}} p_{ij} \neq 1;$$

nous laissons au lecteur le soin d'expliquer pourquoi.

Représentons par $p_{ij}^{(n)}$ la probabilité que le processus passe de l'état i à l'état j en exactement n étapes (transitions), soit:

$$p_{ij}^{(n)} = P\{X_{k+n} = j \mid X_k = i\}, \qquad n \geq 1, \tag{5.3.8}$$

puisque l'on considère des chaînes de Markov homogènes. La probabilité conditionnelle $p_{ij}^{(n)}$ que l'on appelle *probabilité de transition à n étapes* s'écrit également (en faisant $k = 0$ dans (5.3.8)):

$$p_{ij}^{(n)} = P\{X_n = j \mid X_0 = i\}, \qquad n \geq 1. \tag{5.3.9}$$

Par conséquent $p_{ij}^{(1)} = p_{ij}$ et, par convention, nous prendrons:

$$p_{ij}^{(0)} = \begin{cases} 1 & \text{si } i = j, \\ 0 & \text{si } i \neq j. \end{cases}$$

Le théorème 5.3.2 est connu sous le nom d'*équation de Chapman-Kolmogorov.*

Théorème 5.3.2. *Les probabilités de transition d'une chaîne de Markov satisfont la relation:*

$$p_{ij}^{(n+m)} = \sum_{k=0}^{\infty} p_{ik}^{(n)} p_{kj}^{(m)} \tag{5.3.10}$$

quels que soient les entiers non négatifs m et n, et les états i et j dans $\mathcal{N} = \{0, 1, 2, \ldots\}$.

Démonstration. Appliquons la loi des probabilités totales à $p_{ij}^{(n+m)} = P\{X_{n+m} = j \mid X_0 = i\}$ en conditionnant par les valeurs possibles de X_n; il vient:

$$\begin{aligned} p_{ij}^{(n+m)} &= \sum_{k=0}^{\infty} P\{X_{n+m} = j \mid X_0 = i, X_n = k\} P\{X_n = k \mid X_0 = i\} \\ &= \sum_{k=0}^{\infty} P\{X_{n+m} = j \mid X_n = k\} P\{X_n = k \mid X_0 = i\} \\ &= \sum_{k=0}^{\infty} p_{kj}^{(m)} p_{ik}^{(n)}, \end{aligned}$$

où la deuxième égalité a été obtenue en utilisant la propriété de Markov (dépendance seulement sur le "présent le plus récent"), et la troisième égalité provient des définitions des probabilités de transition. ■

Remarquons que l'équation de Chapman-Kolmogorov ne fait que traduire le fait que pour se rendre de i à j en $n+m$ transitions, il faut se rendre de i à un état quelconque k en n transitions, puis de k à la destination j en m transitions. Une interprétation intuitive des équations de ce genre permettra de développer notre compréhension de la structure des chaînes de Markov.

Lorsque $n = m = 1$, la relation (5.3.10) s'écrit:

$$p_{ij}^{(2)} = \sum_k p_{ik} p_{kj}, \tag{5.3.11}$$

où la sommation s'étend à tous les états $k \in \mathcal{N}$. La relation (5.3.11) suggère l'utilisation de la notation matricielle pour représenter les p_{ij}. Soit $P = (p_{ij})_{i,j \in \mathcal{N}}$ la matrice dont la probabilité de transition p_{ij} est l'élément à l'intersection de la i-ième ligne et la j-ième colonne. La matrice P est appelée la *matrice des probabilités de transition* du processus (on la nomme également *matrice de Markov*, ou encore *matrice stochastique*).

Soit $P^{(n)}$ la matrice dont les éléments sont les probabilités de transition à n étapes $p_{ij}^{(n)}$. La relation (5.3.11) montre, d'après un résultat élémentaire de calcul matriciel, que $P^{(2)} = P \times P$. En d'autres termes, les probabilités de transition à deux étapes sont les éléments du carré de la matrice P, c'est-à-dire:

$$P^2 = P \times P = \left(p_{ij}^{(2)}\right)_{i,j \in \mathcal{N}}.$$

On montre, par récurrence sur n, à l'aide du théorème 5.3.2 où l'on choisit $m = 1$, que:

$$P^{n+1} = P^n \times P = \left(p_{ij}^{(n+1)}\right)_{i,j \in \mathcal{N}}, \qquad n \geq 1.$$

Le théorème 5.3.2 ne fait que traduire la relation matricielle bien connue $P^{n+m} = P^n \times P^m$. Remarquons également que, d'une façon analogue à (5.3.7), nous avons la relation:

$$\sum_{j \in \mathcal{N}} p_{ij}^{(n)} = 1, \qquad \text{quels que soient } i \in \mathcal{N} \text{ et } n \geq 0. \tag{5.3.12}$$

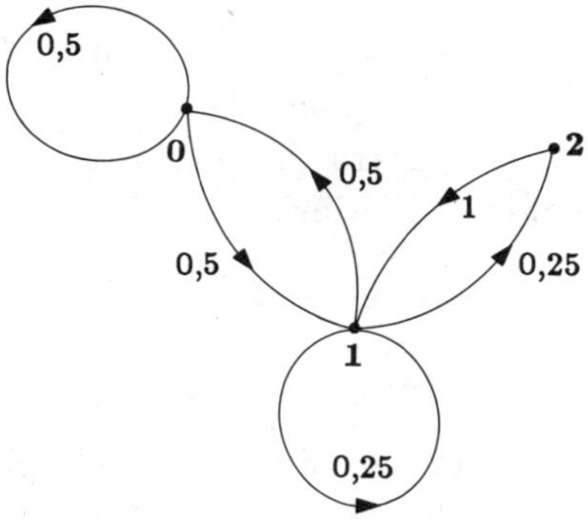

FIGURE 5.3.1

Les relations (5.3.6) et (5.3.7) permettent de caractériser les matrices de Markov comme des matrices dont les éléments sont non négatifs, et telles que la somme des éléments d'une ligne est égale à un. De plus, d'après (5.3.12), les puissances successives d'une matrice de Markov sont elles-mêmes des matrices de Markov.

Comme nous l'avons vu précédemment, une chaîne de Markov est caractérisée par sa matrice des probabilités de transition $P = (p_{ij})$ et par sa distribution initiale. Il est parfois utile de représenter de façon plus "visuelle" les transitions possibles. A chaque matrice de Markov, on peut associer un *diagramme des transitions* de la chaîne. C'est un graphe dont chacun des sommets représente un des états possibles de la chaîne et chaque arc orienté reliant deux sommets correspond à une transition possible en une étape.

Exemple 5.3.3. Considérons la matrice de Markov suivante associée avec une chaîne $\{X_n, n \geq 0\}$ dont l'espace des états est $\{0, 1, 2\}$:

$$P = \begin{array}{c} \text{DE/A} \\ 0 \\ 1 \\ 2 \end{array} \begin{array}{c} \begin{array}{ccc} 0 & \quad 1 & \quad 2 \end{array} \\ \begin{pmatrix} 0{,}5 & 0{,}5 & 0 \\ 0{,}5 & 0{,}25 & 0{,}25 \\ 0 & 1 & 0 \end{pmatrix} \end{array}$$

(une chaîne dont l'espace des états est un ensemble contenant un nombre fini d'éléments est dite finie), le diagramme des transitions correspondant est donné en figure 5.3.1. □

5.4 EXEMPLES DE CHAINES DE MARKOV

L'importance des chaînes de Markov tient au grand nombre de phénomènes naturels, physiques, biologiques ou économiques que l'on peut représenter grâce à elles. Nous allons maintenant présenter un certain nombre de tels exemples. Le lecteur pourra trouver d'autres exemples intéressants dans Kemeny *et al.* (1960).

5.4.1 Promenades aléatoires à une dimension

Comme nous l'avons vu au début de ce chapitre, il est commode dans l'étude des promenades aléatoires d'imaginer l'état du système comme la position d'une "particule" en déplacement sur un axe.

Dans le cas général, une promenade aléatoire à une dimension est une chaîne de Markov dont l'espace des états I est un sous-ensemble fini ou infini de l'ensemble Z des entiers algébriques, et dans laquelle la particule, lorsqu'elle est dans l'état i, peut en une étape, soit demeurer en i, soit atteindre l'un des états adjacents $i-1$ ou $i+1$. Les probabilités de transition à une étape sont de la forme:

$$p_{ij} = \begin{cases} p_i & \text{si } j = i+1, \\ q_i & \text{si } j = i-1, \\ r_i & \text{si } j = i, \\ 0 & \text{autrement,} \end{cases} \tag{5.4.1}$$

où $p_i, q_i, r_i \geq 0$ et $p_i + q_i + r_i = 1$. Le terme de "promenade aléatoire" semble adéquat puisqu'une réalisation du processus représente le trajet d'un individu (dans un état d'ébriété suffisamment prononcé) avançant aléatoirement d'un pas en avant ou en arrière.

Dans la section 5.2.1, nous avons étudié le problème de la ruine du joueur. Si l'on représente par X_n la fortune du joueur A après n paris, le processus $\{X_n, n \geq 0\}$ est une chaîne de Markov pour laquelle $I = \{0, 1, 2, \ldots, c\}$. Les probabilités de transition sont données par:

$$p_{ij} = \begin{cases} p & \text{si } j = i+1, \\ q & \text{si } j = i-1, \\ 0 & \text{autrement,} \end{cases} \tag{5.4.2}$$

pour $1 \leq i \leq c-1$, et $p_{00} = p_{cc} = 1$ (nous avons $p, q \geq 0$ et $p+q = 1$). Dans ce cas, on dit qu'on a une promenade aléatoire avec *deux barrières absorbantes.* Une fois que la particule a atteint l'un des deux états 0 ou c (ruine d'un des joueurs), elle ne peut plus s'en échapper (on dit qu'elle y est absorbée). La matrice de Markov P associée à cette chaîne est une matrice carrée d'ordre $c+1$:

$$P = \begin{pmatrix} 1 & 0 & 0 & 0 & \cdots & 0 & 0 & 0 \\ q & 0 & p & 0 & \cdots & 0 & 0 & 0 \\ 0 & q & 0 & p & \cdots & 0 & 0 & 0 \\ \vdots & \vdots & \vdots & \vdots & \ddots & \vdots & \vdots & \vdots \\ 0 & 0 & 0 & 0 & \cdots & q & 0 & p \\ 0 & 0 & 0 & 0 & \cdots & 0 & 0 & 1 \end{pmatrix}$$

et le diagramme des transitions correspondant est donné en figure 5.4.1.

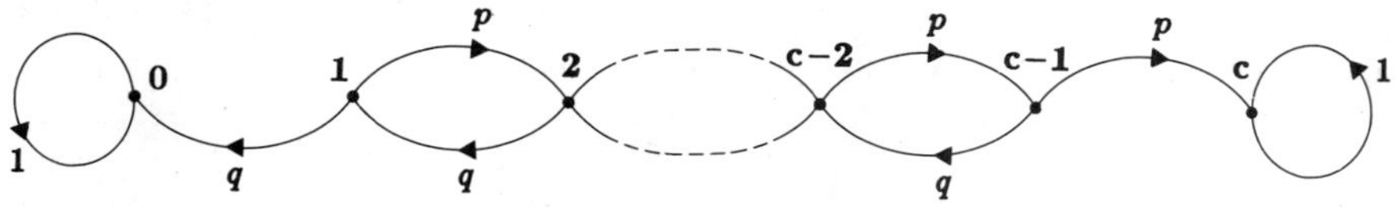

FIGURE 5.4.1

Si maintenant on considère le cas d'un joueur B ayant une fortune infinie, et que l'on représente toujours par X_n la fortune du joueur A après n paris, le processus $\{X_n, n \geq 0\}$ est une chaîne de Markov dont l'espace des états est $I = \{0, 1, 2, \ldots\}$. Les probabilités de transition sont données par (5.4.2) pour $i > 0$, et $p_{00} = 1$ (remarquons que cela implique $p_{0j} = 0$ pour tout j entier positif). On dit qu'on a une promenade aléatoire avec un *état zéro absorbant.*

Les chemins aléatoires ne sont pas seulement utiles pour simuler des situations de jeux de hasard, mais donnent aussi souvent des approximations discrètes raisonnables de processus physiques décrivant la diffusion de particules. Si on soumet une particule à des chocs et à des impulsions aléatoires, sa position subit des fluctuations aléatoires bien que la particule ait une trajectoire continue. Si la position future de la particule (c'est-à-dire sa loi de probabilité) ne dépend que de sa position présente, le processus $\{X_t, t \geq 0\}$, où X_t est la position à l'instant t, est markovien. Une approximation discrète d'un mouvement continu de ce type conduit à une promenade aléatoire. Lorsque la promenade aléatoire admet pour espace des états l'ensemble Z des entiers algébriques et pour probabilités de transition les p_{ij} donnés par (5.4.1), on parle d'une promenade aléatoire *libre*.

La considération d'un certain nombre de modèles physiques nous conduit à étudier les promenades aléatoires définies sur l'ensemble des entiers non négatifs. On classe les différents processus d'après la nature de l'état zéro. Si dans (5.4.1) $p_0 = 0$ et $r_0 = 1$, alors l'état zéro est absorbant. Si par contre $p_0 = 1$ et $r_0 = 0$, on a une situation dans laquelle l'état zéro agit comme une barrière réfléchissante. Chaque fois que la particule atteint l'état zéro, l'étape suivante la renvoie automatiquement à l'état un. Cela correspond au processus physique dans lequel on a en zéro un mur élastique et où la particule est renvoyée à son point de départ. Dans la terminologie du problème de la ruine du joueur, le joueur A en cas de ruine contre le joueur infiniment riche reçoit instantanément un dollar du joueur B pour que l'amusement puisse continuer indéfiniment. Si maintenant $p_0 > 0$ et $r_0 > 0$, on dit que zéro est une barrière semi-réfléchissante.

Un modèle mathématique classique de diffusion à travers une membrane est le fameux *modèle d'Ehrenfest;* il est analogue à une promenade aléatoire avec un ensemble fini d'états $I = \{0, 1, 2, \ldots, \rho\}$ dont les états frontières sont réfléchissants. Imaginons deux récipients A et B et ρ boules numérotées de 1 à ρ. Les boules sont initialement distribuées au hasard entre A et B. On choisit au hasard un nombre entre 1 et ρ et la boule qui porte ce numéro est changée de récipient. Les choix sont indépendants les uns des autres, et chaque choix constitue une étape du processus. Soit X_n le nombre de boules dans le récipient A après n choix. $\{X_n, n \geq 0\}$ est une chaîne de Markov ayant les probabilités de transition:

$$p_{ij} = \begin{cases} i/\rho & \text{si } j = i-1, \\ 1-(i/\rho) & \text{si } j = i+1, \\ 0 & \text{autrement,} \end{cases} \qquad 0 \leq i \leq \rho. \tag{5.4.3}$$

En effet, si nous avons i boules dans le récipient A à l'étape n, la boule tirée au $(n+1)$-ième choix sera dans A avec probabilité i/ρ. Elle sera alors déposée dans B, et nous aurons $i-1$ boules dans A à l'étape $n+1$. De façon analogue, la boule tirée au $(n+1)$-ième choix sera dans B avec probabilité $(\rho-i)/\rho = 1-(i/\rho)$. Elle sera déposée dans A, et nous aurons $i+1$ boules dans le récipient A à l'étape $n+1$. Remarquons que le processus de Ehrenfest est un chemin aléatoire à deux barrières réfléchissantes. On voit que les boules fluctuent entre les deux récipients avec une tendance à aller de celui qui possède la plus grande concentration de boules à celui qui possède la plus faible. On peut approcher par ce modèle un système physique gouverné principalement par un ensemble de forces régénératrices essentiellement proportionnelles à la distance d'une certaine position d'équilibre. Les systèmes d'échange de chaleur ou de molécules gazeuses entre corps isolés sont de ce type.

Nous allons, dans la suite, utiliser la théorie des chaînes de Markov pour répondre à des questions telles que:

- lorsque la promenade a au moins un état absorbant, quelle est la probabilité, partant d'un état donné, d'être absorbé dans cet état?
- peut-on déterminer un état de régime permanent pour la promenade aléatoire? En particulier, quelle est la probabilité que l'on se trouve (à long terme) dans un état donné?

On peut formuler le concept de promenade aléatoire pour d dimensions, $d \geq 2$. L'espace des états $\mathcal{I}$ est identifié à l'ensemble de tous les points du réseau entier de $\mathcal{R}^d$ (espace euclidien à d dimensions): ce qui veut dire qu'un état est un d-tuple $i = (i_1, i_2, \ldots i_d)$ d'entiers algébriques. Remarquons que $\mathcal{I}$ est un ensemble dénombrable. On suppose qu'à partir d'un point de ce réseau entier la particule ne peut se rendre en une étape qu'à l'un des $2d$ points adjacents, et cela avec des probabilités qui ne sont pas nécessairement égales dans toutes les directions. Si, par contre, toutes ces probabilités sont égales à $1/2d$, on dit qu'on a une promenade aléatoire *symétrique* à d dimensions.

Dans le cas $d = 2$, on peut représenter les états i et j par les vecteurs d'entiers algébriques $i = (i_1, i_2)$ et $j = (j_1, j_2)$, et on a les probabilités de transition suivantes:

$$p_{ij} = \begin{cases} p_1 & \text{si } j_1 = i_1 + 1,\ j_2 = i_2, \\ p_2 & \text{si } j_1 = i_1 - 1,\ j_2 = i_2, \\ p_3 & \text{si } j_1 = i_1,\ j_2 = i_2 + 1, \\ p_4 & \text{si } j_1 = i_1,\ j_2 = i_2 - 1, \\ 0 & \text{autrement,} \end{cases} \tag{5.4.4}$$

avec $p_1 + p_2 + p_3 + p_4 = 1$, et $p_i \geq 0$, $i = 1, \ldots, 4$.

La théorie des chaînes de Markov va aussi nous permettre, pour les promenades aléatoires, de répondre à la question suivante: partant d'un état donné, quelle est la probabilité que la chaîne visite un autre état donné? En particulier, nous allons voir que pour une promenade aléatoire libre symétrique à une dimension, cette probabilité est égale à 1. Ce résultat est-il toujours vrai pour une promenade aléatoire à plusieurs dimensions?

5.4.2 Un problème de gestion des stocks

Le magasin B.E. Systems vend un modèle particulier (sans nom) de micro-ordinateur fabriqué à Taiwan. Considérons des périodes de temps d'une semaine. A la fin d'une période donnée (vendredi soir), le magasin peut passer une commande à l'importateur et cette commande sera livrée le lundi matin suivant pour l'ouverture du magasin. La demande pour le micro-ordinateur pendant la i-ième semaine est une variable aléatoire D_i. On suppose que les v.a. D_i, $i \geq 1$, sont indépendantes et ont une même loi de Poisson de paramètre $\lambda = 1$ (par semaine). Soit $X_0 = 3$, le nombre d'ordinateurs en stock au début de la première semaine, et soit X_n, $n \geq 1$, le nombre d'ordinateurs en stock à la fin de la n-ième semaine.

Pour gérer ses stocks (voir chapitre 4), le magasin utilise la politique (s, S) suivante: si le nombre de micro-ordinateurs en stock à la fin d'une semaine donnée est inférieur à $s = 1$ (c'est-à-dire qu'il n'y a pas de stock), le magasin passe une commande pour amener son stock au niveau $S = 3$. S'il reste au moins un ordinateur en stock, aucune commande n'est passée. Lorsque le stock n'est pas suffisant pour satisfaire la demande, on suppose que la vente est perdue. Nous avons donc un processus aléatoire $\{X_n, n \geq 0\}$ dont l'espace des états est l'ensemble $I = \{0, 1, 2, 3\}$. On peut obtenir le stock X_{n+1} à la fin de la $(n+1)$-ième semaine à partir du stock X_n à la fin de la semaine précédente de la façon suivante:

$$X_{n+1} = \begin{cases} \max\{(3 - D_{n+1}), 0\} & \text{si } X_n < 1, \\ \max\{(X_n - D_{n+1}), 0\} & \text{si } X_n \geq 1. \end{cases} \tag{5.4.5}$$

La relation (5.4.5) montre bien que le processus $\{X_n, n \geq 0\}$ est une chaîne de Markov puisque la valeur prise par X_{n+1} ne dépend que de la valeur de X_n, et non pas des valeurs prises par X_i, $i < n$. La matrice des probabilités de transition est:

$$P = \begin{array}{c} \text{DE/A} \\ 0 \\ 1 \\ 2 \\ 3 \end{array} \begin{array}{c} \begin{array}{cccc} \quad 0 \quad & \quad 1 \quad & \quad 2 \quad & \quad 3 \quad \end{array} \\ \begin{pmatrix} 0{,}080 & 0{,}184 & 0{,}368 & 0{,}368 \\ 0{,}632 & 0{,}368 & 0 & 0 \\ 0{,}264 & 0{,}368 & 0{,}368 & 0 \\ 0{,}080 & 0{,}184 & 0{,}368 & 0{,}368 \end{pmatrix} \end{array}$$

puisque, étant donné que la variable aléatoire D_{n+1} suit une loi de Poisson de paramètre $\lambda = 1$, on a:

$$\begin{aligned} p_{01} &= P\{X_{n+1} = 1 \mid X_n = 0\} = P\{D_{n+1} = 2\} = 0{,}184 \\ p_{02} &= P\{X_{n+1} = 2 \mid X_n = 0\} = P\{D_{n+1} = 1\} = 0{,}368 \\ p_{03} &= P\{X_{n+1} = 3 \mid X_n = 0\} = P\{D_{n+1} = 0\} = 0{,}368 \\ p_{00} &= 1 - (p_{01} + p_{02} + p_{03}) = 0{,}080. \end{aligned}$$

Pour ce genre de problème, la théorie des chaînes de Markov va nous permettre de déterminer le comportement (à long terme) du système, et d'estimer les coûts et revenus moyens associés avec la politique de gestion choisie (moyennant certaines hypothèses que nous préciserons par la suite).

5.4.3 Un processus de ramification

Nous avons déjà vu un exemple de processus de ramification dans le chapitre 2 (exemple 2.2.1). Considérons ici une population formée d'organismes (individus, neutrons, bactéries, etc.) qui peuvent reproduire des organismes de même nature. Supposons que chaque organisme produit pendant sa durée de vie un nombre aléatoire de descendants ξ tel que:

$$P\{\xi = j\} = p_j, \qquad j \geq 0, \ p_j \geq 0 \text{ et } \sum_{j=0}^{\infty} p_j = 1. \tag{5.4.6}$$

On suppose que chaque organisme agit indépendamment de tout autre organisme et, pour plus de simplicité, que les durées de vie de tous les organismes sont égales.

Tous les organismes présents initialement constituent la génération numéro zéro; soit X_0 la taille de la génération initiale. Soit X_1 le nombre de leurs descendants. En général, soit X_n, $n \geq 0$, le nombre d'organismes de la n-ième génération. Étant donné que le nombre de descendants est fonction uniquement de la taille présente de la population, le processus $\{X_n, n \geq 0\}$ est une chaîne de Markov dont l'espace des états est l'ensemble des nombres entiers non négatifs $I = \{0, 1, 2, \ldots\}$. L'état zéro est absorbant puisque s'il n'y a aucun organisme dans une génération donnée, il n'y aura pas de descendants dans la génération suivante. Pour $i \geq 1$, les probabilités de transition à une étape sont données par:

$$p_{ij} = P\{X_{n+1} = j \mid X_n = i\} = P\{\xi_1^{(n)} + \cdots + \xi_i^{(n)} = j\} \tag{5.4.7}$$

où $\xi_k^{(n)}$ représente le nombre de descendants du k-ième organisme de la n-ième génération. Les variables aléatoires $\xi_k^{(n)}$, $1 \leq k \leq i$, sont indépendantes et ont la loi de probabilité commune donnée par (5.4.6). La relation (5.4.7) exprime que, étant donné que la taille de la n-ième génération est i, la probabilité que la taille de la $(n+1)$-ième génération soit j est égale à la probabilité que le nombre de descendants des i individus de la n-ième génération, $\xi_1^{(n)} + \cdots + \xi_i^{(n)}$, soit égal à j.

Un exemple typique de processus de ramification est représenté en figure 5.4.2. L'organisme initial engendre deux organismes; d'où $X_0 = 1$ et $X_1 = 2$. L'un des organismes de la première génération a quatre descendants et l'autre deux; par conséquent $X_2 = 6$. On voit sur la figure 5.4.2 que $X_3 = 2$ et $X_4 = 0$. Il s'ensuit que $X_n = 0$, $n \geq 4$. On dit qu'il y a *extinction* de la population.

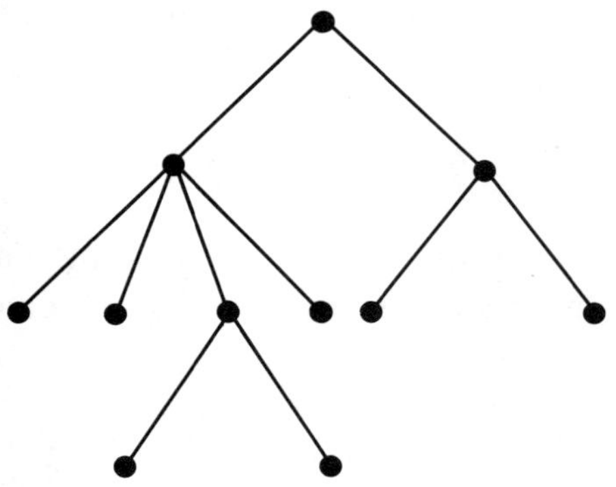

FIGURE 5.4.2: PROCESSUS DE RAMIFICATION AVEC EXTINCTION

L'un des problèmes fondamentaux de la théorie des processus de ramification est le calcul de la probabilité qu'une population ayant initialement un seul organisme disparaisse à tout jamais. On désigne par π_0 la ***probabilité d'extinction de la population.*** Lorsque la population initiale est composée de i organismes, la probabilité d'extinction devient π_0^i puisque chaque particule agit indépendamment des autres. Le calcul de π_0 s'est posé initialement dans l'étude de la survivance des noms de famille (travaux de F. Galton en 1889); dans ce contexte seuls les descendants mâles constituent les diverses générations (bien que dans la dernière partie du vingtième siècle cela ne soit plus tout à fait vrai!). De nombreux processus de ramification apparaissent aussi en électronique et en physique nucléaire.

5.4.4 Un exemple de génétique: la fluctuation de la fréquence des gènes

Le modèle génétique simplifié suivant a été introduit par S. Wright pour étudier les fluctuations de la fréquence des gènes sous l'influence des mutations et de la sélection. Nous commençons par décrire un modèle de reproduction aléatoire dit "haploïde simple", en négligeant les pressions de mutation et les forces de sélection. On suppose que l'on

a une taille de population donnée de $2N$ gènes avec des individus de types a et A. L'allure de la génération suivante est déterminée par $2N$ épreuves binômiales indépendantes: si la population mère comporte j gènes a et $2N - j$ gènes A, chaque épreuve a pour résultat a ou A avec les probabilités, respectivement:

$$p_j = \frac{j}{2N} \qquad \text{et} \qquad q_j = 1 - \frac{j}{2N}.$$

Les choix successifs sont faits avec remise. Par ce procédé on engendre une chaîne de Markov $\{X_n, n \geq 0\}$, où X_n est le nombre de gènes a à la n-ième génération avec une taille de population constante et égale à $2N$. L'espace des états est l'ensemble $I = \{0, 1, \ldots, 2N\}$. On calcule, d'après la loi binômiale, la matrice des probabilités de transition pour $j, k = 0, 1, \ldots, 2N$:

$$P\{X_{n+1} = k \mid X_n = j\} = p_{jk} = \binom{2N}{k} p_j^k q_j^{2N-k}. \tag{5.4.8}$$

Nous renvoyons le lecteur à Fischer (1962) pour une discussion des justifications biologiques de ces hypothèses.

Remarquons que les états 0 et $2N$ sont absorbants car une fois que $X_n = 0$ (ou $2N$), alors $X_{n+k} = 0$ (ou $2N$) pour tout $k \geq 0$. Une question intéressante est de déterminer avec quelle probabilité, sous la condition $X_0 = i$, la population atteindra la fixation, c'est-à-dire deviendra une population pure composée uniquement de gènes a ou de gènes A. Il est également génétiquement utile de déterminer la rapidité de la tendance à la fixation. On examinera ces questions dans l'analyse générale des probabilités d'absorption.

Un modèle plus réaliste tient compte des pressions de mutation. On suppose que, avant la formation de la nouvelle génération, chaque gène a la possibilité de muter, c'est-à-dire de se changer en un gène de l'autre type. On supposera plus précisément que pour chaque gène la mutation $a \to A$ se produit avec la probabilité α_1, et celle $A \to a$ avec la probabilité α_2. On suppose de nouveau que la composition de la nouvelle génération est déterminée par $2N$ épreuves binômiales indépendantes. Les valeurs de p_j et q_j, lorsque la population mère comprend j gènes a, sont maintenant:

$$\begin{aligned} p_j &= \frac{j}{2N}(1-\alpha_1) + (1-\frac{j}{2N})\alpha_2, \\ q_j &= \frac{j}{2N}\alpha_1 + (1-\frac{j}{2N})(1-\alpha_2). \end{aligned} \tag{5.4.9}$$

L'explication en est la suivante: on suppose que les pressions de mutation agissent d'abord, un nouveau gène est ensuite déterminé par un choix aléatoire dans la population. Or, la probabilité de choix d'un gène a est $1/2N$ fois le nombre de gènes a présents: donc la probabilité moyenne (moyenne prise sur toutes les mutations possibles) est simplement $1/2N$ fois le nombre moyen de gènes après mutation. Ce nombre moyen est évidemment $j(1-\alpha_1)+(2N-j)\alpha_2$, ce qui conduit aussitôt à (5.4.9).

Les probabilités de transition de la chaîne de Markov associée sont calculées au moyen de la relation (5.4.8) en utilisant les valeurs de p_j et q_j données dans (5.4.9). Si aucune des probabilités α_1 ou α_2 n'est nulle, il n'y aura fixation à aucun stade. Dans ce cas, on pourra calculer la limite de la fonction de répartition de X_n lorsque n tend vers l'infini. Cette loi limite est appelée *distribution asymptotique de la fréquence des gènes.*

5.4.5 Un exemple de marketing: l'étude de la fidélité à la marque

Le concept de fidélité à la marque a toujours beaucoup intéressé les industriels et les chercheurs en marketing. Il est le point de départ de la plupart des développements concernant les habitudes d'achat des consommateurs. Une grande partie des études sur ce sujet utilise les historiques d'achat comme données et les chaînes de Markov comme outil statistique (voir Styan *et al.* (1964)).

Supposons par exemple que le marché considéré se trouve dans une petite ville du nord de l'Ontario. Étant donné le caractère plutôt isolé de cette ville et les grandes distances qu'il faut parcourir pour faire des achats en dehors de la ville, la quasi totalité des achats de certains articles de consommation courante se fait en ville. L'un des articles de cette catégorie est le collant (bas-culotte pour femme). Il y a trois marques de collant disponibles dans cette ville; nous les appellerons A, B et C, pour des raisons évidentes de confidentialité des données. Si l'on suppose qu'il y a 7 000 femmes en âge de porter des collants, et que chacune achète exactement une paire de collants par période de temps, le marché total (soit 7 000 paires) va être divisé entre les trois marques. Dans cet exemple on ne tient pas compte des différents modèles, couleurs, etc., mais seulement de la marque.

Supposons maintenant qu'une étude sur les ventes de collants ait été réalisée au début de deux périodes consécutives. L'étude a mis en évidence le nombre de consommatrices qui se considéraient comme des clientes de l'une des trois marques. Les résultats sont donnés dans le tableau 5.4.1.

MARQUE	PÉRIODE 1	PÉRIODE 2
A	2 000	2 100
B	4 000	3 300
C	1 000	1 600

TABLEAU 5.4.1.

A première vue, il semble y avoir d'assez grandes différences dans les préférences des clientes pour les marques A, B, et C d'une période à l'autre. La marque C a gagné 600 clientes, tandis que la marque B en a perdu 700 et la marque A en a gagné 100. Cependant, cette analyse est assez superficielle car elle n'indique pas les mouvements de consommateurs d'une marque donnée à une autre marque. Ces mouvements sont donnés dans le tableau 5.4.2.

Ce tableau montre que, bien que la marque B ait perdu un total de 700 clientes, elle a malgré tout gagné 200 anciennes clientes de la marque A et 300 anciennes clientes de la marque C. Cependant, ces gains sur A et C ont été accompagnés d'une perte de 400 et 800 clients aux marques A et C respectivement. Remarquons que le nombre à l'intersection de la deuxième ligne et de la deuxième colonne, soit 2800, représente le nombre de clientes restées fidèles à la marque B.

		A LA MARQUE A	B	C	
	A	1 600	200	200	2 000
DE LA MARQUE	B	400	2 800	800	4 000
	C	100	300	600	1 000
		2 100	3 300	1 600	

TABLEAU 5.4.2

On peut maintenant calculer la probabilité qu'une des 2 000 clientes de la marque A lui reste fidèle, ou bien devienne une cliente de B ou de C. La probabilité qu'une cliente de la marque A lui reste fidèle est 1 600/2 000 = 0,8; de même, on a la probabilité 200/2 000 = 0,1 qu'une cliente de la marque A devienne une cliente de la marque B ou de la marque C. En calculant les probabilités analogues pour les clientes des marques B et C, on obtient la matrice:

$$
\begin{array}{cc}
 & \text{DE/A} \quad A \quad\;\; B \quad\;\; C \\
P = & \begin{array}{c} A \\ B \\ C \end{array} \begin{pmatrix} 0{,}8 & 0{,}1 & 0{,}1 \\ 0{,}1 & 0{,}7 & 0{,}2 \\ 0{,}1 & 0{,}3 & 0{,}6 \end{pmatrix}.
\end{array}
$$

Supposons que les mouvements de consommateurs observés de la période 1 à la période 2 soient relativement stables; les mêmes mouvements relatifs vont se répéter d'une période à l'autre. On peut définir le processus aléatoire $\{X_n,\, n \geq 0\}$ où X_n représente la marque choisie par "la" cliente à la période n. L'espace des états de ce processus est $I = \{A, B, C\}$. Puisque la probabilité de choisir une marque à la période $n+1$ ne dépend que de la marque choisie à la période n, le processus $\{X_n,\, n \geq 0\}$ est une chaîne de Markov dont la matrice des probabilités de transition à une étape est P.

On voit que pour déterminer le nombre de clientes de chaque marque après une période, il suffit de multiplier le vecteur du nombre initial de clientes de chaque marque par la matrice P, soit:

$$(2\,000\ ,\ 4\,000\ ,\ 1\,000)\begin{pmatrix} 0{,}8 & 0{,}1 & 0{,}1 \\ 0{,}1 & 0{,}7 & 0{,}2 \\ 0{,}1 & 0{,}3 & 0{,}6 \end{pmatrix} = (2\,100\ ,\ 3\,300\ ,\ 1\,600).$$

De même, pour déterminer le nombre de clientes de chaque marque après deux périodes, il suffit de multiplier le vecteur du nombre initial de clientes de chaque marque par la matrice P^2 des probabilités de transition à deux étapes, soit:

$$(2\,000\ ,\ 4\,000\ ,\ 1\,000)\begin{pmatrix} 0{,}66 & 0{,}18 & 0{,}16 \\ 0{,}17 & 0{,}56 & 0{,}27 \\ 0{,}17 & 0{,}40 & 0{,}43 \end{pmatrix} = (2\,170\ ,\ 3\,000\ ,\ 1\,830).$$

L'une des questions les plus importantes de la théorie des chaînes de Markov est de savoir si les vecteurs des nombres de clientes se stabilisent après un certain nombre de périodes. En d'autres termes, y a-t-il un état d'équilibre? Nous étudierons cette question au chapitre 6.

5.4.6 Autres exemples

Pour terminer les exemples de chaînes de Markov, nous allons d'abord montrer comment transformer en une chaîne un processus non markovien, et ensuite donner un exemple de chaîne de Markov non homogène.

Exemple 5.4.1. *Transformation d'un processus en une chaîne de Markov*

Supposons que le temps qu'il fait aujourd'hui dépende du temps qu'il a fait pendant les deux jours précédents. Plus spécifiquement, la probabilité qu'il pleuve demain, sachant qu'il a plu ou non hier et aujourd'hui, est donnée dans le tableau 5.4.3.

Si nous considérons un processus aléatoire qui peut être dans l'un des deux états "pluie" ou "sec" pendant la n-ième journée, ce processus n'est pas une chaîne de Markov puisque la probabilité d'être dans un état donné dépend à la fois de l'état présent (aujourd'hui) et d'un état passé (hier). Nous pouvons cependant transformer ce processus en chaîne de Markov par un choix judicieux des états du processus.

PLUIE HIER	PLUIE AUJOURD'HUI	PROB. PLUIE DEMAIN
OUI	OUI	0,7
NON	OUI	0,5
OUI	NON	0,4
NON	NON	0,2

TABLEAU 5.4.3

Définissons les quatre états suivants:
- état 0: pluie hier et aujourd'hui;
- état 1: sec hier, pluie aujourd'hui;
- état 2: pluie hier, sec aujourd'hui;
- état 3: sec hier et aujourd'hui.

On dira que le processus est dans l'état i à l'instant n lorsque le temps satisfait les spécifications de l'état pour la n-ième journée (aujourd'hui) et la $(n-1)$-ième journée (hier). On voit donc que la probabilité que le processus soit dans un état donné à l'instant $n+1$ (spécification du temps aujourd'hui et demain) ne dépend, d'après l'hypothèse initiale, que du temps à l'instant n (aujourd'hui et hier). On a donc une chaîne de Markov dont la matrice des probabilités de transition à une étape est:

$$P = \begin{pmatrix} 0{,}7 & 0 & 0{,}3 & 0 \\ 0{,}5 & 0 & 0{,}5 & 0 \\ 0 & 0{,}4 & 0 & 0{,}6 \\ 0 & 0{,}2 & 0 & 0{,}8 \end{pmatrix}.$$

Par exemple $P\{X_{n+1} = 0 \mid X_n = 0\} = P\{$pluie aujourd'hui et demain $\mid$ pluie hier et aujourd'hui$\} = 0{,}7$, et $P\{X_{n+1} = 1 \mid X_n = 0\} = P\{$pluie demain et sec aujourd'hui $\mid$ pluie hier et aujourd'hui$\} = 0$ puisqu'on ne peut avoir à la fois "pluie" et "sec" aujourd'hui. Les autres probabilités s'obtiennent par un raisonnement analogue. □

Exemple 5.4.2. *Chaîne de Markov non homogène*
Soit un récipient contenant N boules noires et R boules rouges.

On enlève les boules une par une sans les remettre dans le récipient après avoir observé leur couleur. On dira que le système est dans l'état i après n prélèvements s'il reste exactement i boules noires dans le récipient. On écrit $X_n = i$, où $\{X_n, n \geq 0\}$ est un processus stochastique représentant le nombre de boules noires restant dans le récipient après chaque prélèvement. On vérifie facilement que $\{X_n, n \geq 0\}$ est une chaîne de Markov dont l'espace des états est $\{N, N-1, \ldots, 1, 0\}$ et les probabilités de transition:

$$p_{ij}^{n,n+1} = P\{X_{n+1} = j \mid X_n = i\} = \begin{cases} 1 - \dfrac{i}{N+R-n} & \text{si } j = i, \\ \dfrac{i}{N+R-n} & \text{si } j = i-1, \\ 0 & \text{autrement.} \end{cases}$$

Remarquons que les probabilités de transition dépendent de l'instant n de la transition et, par conséquent, la chaîne considérée n'est pas une chaîne de Markov homogène. □

5.5 TEMPS D'ENTRÉE

Nous allons, dans le reste de ce chapitre, nous intéresser à la structure de base des chaînes de Markov homogènes afin d'essayer de répondre à certaines des questions posées dans les exemples précédents.

Commençons par considérer un sous-ensemble $\mathcal{A}$ de l'espace des états $\mathcal{I}$ d'une chaîne de Markov $\{X_n, n \geq 0\}$.

Définition 5.5.1. *On appelle temps d'entrée $T_{\mathcal{A}}$ dans le sous-ensemble $\mathcal{A}$, la variable aléatoire définie de la façon suivante:*

$$T_{\mathcal{A}} = \begin{cases} \min\{n > 0 : X_n \in \mathcal{A}\} & \textit{si } X_n \in \mathcal{A} \textit{ pour un certain } n > 0, \\ \infty & \textit{si } X_n \notin \mathcal{A} \textit{ pour tout } n > 0. \end{cases} \tag{5.5.1}$$

$T_{\mathcal{A}}$ est le premier instant pour lequel la chaîne occupe un état du sous-ensemble $\mathcal{A}$. Les temps d'entrée jouent un rôle important dans la théorie des chaînes de Markov. Nous allons nous intéresser essentiellement aux temps d'entrée dans un état donné $j \in \mathcal{I}$ que nous représenterons par T_j.

Proposition 5.5.1. *La probabilité de transition de l'état i à l'état j en n étapes vérifie la relation suivante:*

$$p_{ij}^{(n)} = \sum_{k=1}^{n} P\{T_j = k \mid X_0 = i\}\, p_{jj}^{(n-k)}, \qquad n \geq 1, \tag{5.5.2}$$

où T_j est le temps d'entrée dans l'état $j \in I$.

Démonstration. Afin de vérifier (5.5.2), remarquons que l'événement $\{X_n = j\}$ est égal à la réunion des n événements disjoints $\{T_j = k, X_n = j\}$, $1 \leq k \leq n$, soit:

$$\{X_n = j\} = \bigcup_{k=1}^{n} \{T_j = k, X_n = j\}.$$

Il résulte de cette décomposition que:

$$p_{ij}^{(n)} = P\{X_n = j \mid X_0 = i\} = \sum_{k=1}^{n} P\{T_j = k, X_n = j \mid X_0 = i\}$$

$$= \sum_{k=1}^{n} P\{T_j = k \mid X_0 = i\} P\{X_n = j \mid X_0 = i, T_j = k\}$$

$$= \sum_{k=1}^{n} P\{T_j = k \mid X_0 = i\}$$

$$\times P\{X_n = j \mid X_0 = i, X_1 \neq j, \ldots, X_{k-1} \neq j, X_k = j\}$$

(puisque T_j est le temps d'entrée dans l'état j)

$$= \sum_{k=1}^{n} P\{T_j = k \mid X_0 = i\} P\{X_n = j \mid X_k = j\}$$

(puisque $\{X_n, n \geq 0\}$ est une chaîne de Markov)

$$= \sum_{k=1}^{n} P\{T_j = k \mid X_0 = i\}\, p_{jj}^{(n-k)}$$

et, par conséquent, la relation (5.5.2) est satisfaite. ■

Remarquons que la relation (5.5.2) exprime que la probabilité de se rendre de i à j en n étapes est égale à la probabilité de se rendre de i à j, lorsque la première visite à l'état j a lieu à l'instant k, fois la probabilité de retourner en j en $n-k$ transitions, et ceci pour toutes les valeurs de k possibles, $1 \leq k \leq n$.

5.6 ÉTATS RÉCURRENTS, ÉTATS TRANSITOIRES

Soit à nouveau $\{X_n, n \geq 0\}$ une chaîne de Markov dont l'espace des états est l'ensemble dénombrable I et dont la matrice des probabilités de transition est $P = (p_{ij})$. Posons:

$$f_{ij} = P\{T_j < \infty \mid X_0 = i\}. \tag{5.6.1}$$

f_{ij} représente la probabilité que la chaîne X_n partant de l'état initial $X_0 = i$ visite l'état j après un temps fini quelconque. En particulier, f_{jj} représente la probabilité qu'une chaîne de Markov partant de l'état initial j y revienne éventuellement par la suite. La détermination de la probabilité f_{ij} va nous permettre de répondre à certaines des questions soulevées à la fin de la section 5.4.1 à propos des promenades aléatoires.

Définition 5.6.1. *Un état $j \in I$ est dit récurrent si $f_{jj} = 1$ et transitoire si $f_{jj} < 1$.*

Par conséquent, si j est un état récurrent, une chaîne de Markov partant de l'état j y retourne avec probabilité 1. Si j est un état transitoire, il existe une probabilité positive $1 - f_{jj}$ qu'une chaîne de Markov partant de j n'y revienne jamais.

Remarque: un état $j \in I$ est dit *absorbant* (voir section 5.4.1) lorsque $p_{jj} = 1$ (ce qui équivaut à $p_{ji} = 0$ pour tout $i \neq j$). Si l'état j est absorbant, on a $P\{T_j = 1 \mid X_0 = j\} = p_{jj} = 1$, puisque une fois dans l'état j la chaîne ne peut plus en sortir; d'où $f_{jj} = 1$. Un état absorbant est donc nécessairement récurrent. Les états absorbants des promenades aléatoires sont donc des états récurrents.

Augmentons un peu notre niveau de curiosité et demandons-nous, partant de l'état i, combien de fois la chaîne va visiter l'état j. Soit donc $N(j)$ le nombre de visites à l'état j sans compter l'état initial. Étant donné que les deux événements $\{N(j) \geq 1\}$ et $\{T_j < \infty\}$ sont identiques, ils ont la même probabilité, donc la même probabilité conditionnelle connaissant $X_0 = i$:

$$P\{N(j) \geq 1 \mid X_0 = i\} = P\{T_j < \infty \mid X_0 = i\} = f_{ij}.$$

Si m et n sont deux entiers positifs, la probabilité que la chaîne de Markov visite l'état j pour la première fois à l'instant m et que la visite suivante ait lieu n instants plus tard est $P\{T_j = m \mid X_0 = i\}P\{T_j = n \mid X_0 = j\}$. Par conséquent:

$$\begin{aligned} P\{N(j) \geq 2 \mid X_0 = i\} & \\ &= \sum_{m=1}^{\infty}\sum_{n=1}^{\infty} P\{T_j = m \mid X_0 = i\}P\{T_j = n \mid X_0 = j\} \\ &= \sum_{m=1}^{\infty} P\{T_j = m \mid X_0 = i\} \sum_{n=1}^{\infty} P\{T_j = n \mid X_0 = j\} \\ &= P\{T_j < \infty \mid X_0 = i\}P\{T_j < \infty \mid X_0 = j\} \\ &= f_{ij}f_{jj}. \end{aligned}$$

On remarquera que, par définition, l'événement $\{T_j < \infty\}$ est la réunion des événements disjoints $\{T_j = n\}$ pour toutes les valeurs possibles de n, soit $n = 0, 1, 2, \ldots$.

De façon analogue, on a:

$$P\{N(j) \geq n \mid X_0 = i\} = f_{ij}f_{jj}^{n-1}, \qquad n \geq 1. \tag{5.6.2}$$

Étant donné que:

$$\begin{aligned} P\{N(j) = n \mid X_0 = i\} & \\ &= P\{N(j) \geq n \mid X_0 = i\} - P\{N(j) \geq n + 1 \mid X_0 = i\}, \end{aligned}$$

nous déduisons de la relation (5.6.2) que:

$$P\{N(j) = n \mid X_0 = i\} = f_{ij}f_{jj}^{n-1}(1 - f_{jj}), \qquad n \geq 1. \tag{5.6.3}$$

De même:

$$P\{N(j) = 0 \mid X_0 = i\} = 1 - P\{N(j) \geq 1 \mid X_0 = i\} = 1 - f_{ij}.$$

Ces résultats sont intuitivement évidents. Remarquons, en effet, que pour qu'une chaîne partant de l'état initial $X_0 = i$ visite l'état j exactement n fois il faut et il suffit qu'elle se rende à l'état j pour une première visite (probabilité f_{ij}), y retourne $n-1$ fois (probabilité f_{jj}^{n-1}) et ensuite n'y revienne jamais (probabilité $1 - f_{jj}$). C'est exactement ce qu'affirme la relation (5.6.3).

Pour alléger un peu la notation, nous conviendrons de noter $P_i\{\cdot\}$ la probabilité conditionnelle $P\{\cdot \mid X_0 = i\}$ connaissant $X_0 = i$. De même, nous allons introduire l'espérance conditionnelle $E[\cdot \mid X_0 = i]$, et lorsqu'il n'y aura pas d'ambiguïté possible nous la noterons $E_i(\cdot)$.

En remarquant que nous avons une visite à l'état j à l'instant n si $X_n = j$, nous écrivons:

$$E_i(N(j)) = \sum_{n=1}^{\infty} 1 \times P\{X_n = j \mid X_0 = i\} = \sum_{n=1}^{\infty} p_{ij}^{(n)}.$$

Appelons G_{ij} l'*espérance conditionnelle du nombre de visites* dans l'état j pour une chaîne dont l'état initial est $X_0 = i$, nous avons donc:

$$G_{ij} = E_i(N(j)) = \sum_{n=1}^{\infty} p_{ij}^{(n)}. \tag{5.6.4}$$

Le théorème suivant exprime la différence fondamentale existant entre un état transitoire et un état récurrent.

Théorème 5.6.1. *Soit $\{X_n, n \geq 0\}$ une chaîne de Markov homogène.*

(i) Si j est un état transitoire, nous avons quel que soit l'état $i \in \mathcal{I}$:

$$P_i\{N(j) < \infty\} = 1 \quad \text{et} \quad G_{ij} = \frac{f_{ij}}{1 - f_{jj}} < \infty. \tag{5.6.5}$$

(ii) Si j est un état récurrent, nous avons:

$$P_j\{N(j) = \infty\} = 1 \quad \text{et} \quad G_{jj} = \infty. \tag{5.6.6}$$

De plus, quel que soit l'état $i \in I$:

$$P_i\{N(j) = \infty\} = P_i\{T_j < \infty\} = f_{ij}, \tag{5.6.7}$$

et si $f_{ij} = 0$ alors $G_{ij} = 0$, tandis que si $f_{ij} > 0$ alors $G_{ij} = \infty$.

Le théorème 5.6.1 exprime que si un état j est transitoire, cet état ne sera visité qu'un nombre fini de fois et l'espérance du nombre de visites est finie, cela quel que soit l'état initial de la chaîne. Si par contre l'état j est récurrent et si la chaîne se trouve initialement en j, elle y reviendra infiniment souvent. Si la chaîne se trouve initialement dans un état $i \neq j$, il se peut qu'elle ne visite jamais l'état récurrent j. Cependant, si elle y fait au moins une visite, elle y reviendra infiniment souvent. Le lecteur vérifiera que ces conclusions sont exactes dans le cas des seuls états récurrents que nous avons identifié jusqu'à maintenant, à savoir les états absorbants.

Démonstration. Commençons par la partie *(i)* du théorème 5.6.1. Puisque j est un état transitoire, nous avons d'après la définition 5.6.1 $0 \leq f_{jj} < 1$. Il résulte alors de la relation (5.6.2) que:

$$P_i\{N(j) = \infty\} = \lim_{n\to\infty} P_i\{N(j) \geq n\} = \lim_{n\to\infty} f_{ij} f_{jj}^{n-1} = 0,$$

d'où l'on déduit la première partie de (5.6.5).

Pour calculer l'espérance du nombre de visites dans l'état j partant de l'état i, nous écrivons par définition:

$$\begin{aligned} G_{ij} = E_i(N(j)) &= \sum_{n=1}^{\infty} n P_i\{N(j) = n\} \\ &= \sum_{n=1}^{\infty} n f_{ij} f_{jj}^{n-1}(1 - f_{jj}) \quad \text{(d'après (5.6.3))} \\ &= f_{ij}(1 - f_{jj}) \sum_{n=1}^{\infty} n f_{jj}^{n-1}. \end{aligned}$$

En utilisant la relation (1.6.21) pour $n = 1$ et $x = f_{jj} < 1$, on obtient:

$$G_{ij} = f_{ij}(1 - f_{jj}) \frac{1}{(1 - f_{jj})^2} = \frac{f_{ij}}{1 - f_{jj}}$$

et $G_{ij} < \infty$ puisque $0 \leq f_{jj} < 1$.

Considérons maintenant la partie *(ii)* du théorème 5.6.1. Puisque j est un état récurrent, $f_{jj} = 1$ d'après la définition 5.6.1. Il résulte de la relation (5.6.2) que:

$$P_i\{N(j) = \infty\} = \lim_{n\to\infty} P_i\{N(j) \geq n\} = \lim_{n\to\infty} f_{ij} f_{jj}^{n-1} = f_{ij},$$

ce qui établit (5.6.7) puisque, par définition, $f_{ij} = P_i\{T_j < \infty\}$. En particulier, lorsque $i = j$, il vient:

$$P_j\{N(j) = \infty\} = f_{jj} = 1 \text{ et } G_{jj} = \infty$$

puisque l'espérance d'une v.a. qui prend une valeur infinie avec probabilité égale à 1 ne peut être qu'infinie; ce qui établit les relations (5.6.6). Pour achever cette démonstration, remarquons que si $f_{ij} = 0$, alors $P_i\{T_j = k\} = 0$ pour tout $k > 0$, et il résulte de la proposition 5.5.1 que $p_{ij}^{(n)} = 0$ pour tout $n > 0$; ce qui d'après (5.6.4) implique que $G_{ij} = 0$. Si au contraire $f_{ij} > 0$, alors $P_i\{N(j) = \infty\} = f_{ij} > 0$, et puisque la v.a. $N(j)$ prend la valeur infini avec une probabilité positive, son espérance conditionnelle G_{ij} doit être infinie. ■

Remarque: soit j un état transitoire; étant donné, d'après (5.6.4) et le théorème 5.6.1, que:

$$G_{ij} = \sum_{n=1}^{\infty} p_{ij}^{(n)} < \infty, \qquad i \in I,$$

nous avons nécessairement:

$$\lim_{n\to\infty} p_{ij}^{(n)} = 0, \qquad i \in I. \tag{5.6.8}$$

Exemple 5.6.1. *Promenade aléatoire libre à une dimension*

Considérons la promenade aléatoire sur l'ensemble des entiers algébriques $I = \{\ldots, -2, -1, 0, 1, 2, \ldots\}$. Les probabilités de transition sont données par:

$$p_{ij} = \begin{cases} p & \text{si } j = i + 1, \\ q & \text{si } j = i - 1, \\ 0 & \text{autrement,} \end{cases}$$

où $p+q=1$, p et $q \geq 0$. Proposons-nous de déterminer si l'état zéro est transitoire ou récurrent.

L'application directe de la définition 5.6.1 exige le calcul de termes tels que $P_0\{T_0 = n\}$, $n \geq 1$. Il s'agit d'un calcul combinatoire difficile pour lequel nous renvoyons le lecteur au chapitre 3 de Feller (1968). On peut éviter cette difficulté en remarquant, d'après le théorème 5.6.1, que l'état zéro est récurrent si et seulement si $G_{00} = \infty$, ce qui d'après l'égalité (5.6.4) équivaut à $\sum_{n=1}^{\infty} p_{00}^{(n)} = \infty$.

Il faut donc évaluer les termes $p_{00}^{(n)}$, $n \geq 1$. Clairement, partant de l'origine, on ne peut y revenir qu'après un nombre pair de transitions comprenant autant de déplacements vers la droite (avec probabilité p) que de déplacements vers la gauche (avec probabilité $q = 1-p$). Par conséquent, $p_{00}^{(2n+1)} = 0$ et $p_{00}^{(2n)}$ est la probabilité d'obtenir n succès pour une loi binômiale $B(2n,p)$, soit:

$$p_{00}^{(2n)} = \binom{2n}{n} p^n q^n = \frac{(2n)!}{n!\,n!} p^n q^n, \quad n = 0, 1, \ldots \tag{5.6.9}$$

On doit donc étudier la convergence de la série:

$$\sum_{n=1}^{\infty} p_{00}^{(n)} = \sum_{n=1}^{\infty} \frac{(2n)!}{n!\,n!} p^n q^n.$$

En appliquant la règle de d'Alembert (règle u_{n+1}/u_n) à la série de terme général $u_n = p_{00}^{(2n)}$, on obtient:

$$\frac{u_{n+1}}{u_n} = \frac{(2n+2)(2n+1)}{(n+1)(n+1)} pq,$$

d'où:

$$\lim_{n\to\infty} \frac{u_{n+1}}{u_n} = 4pq.$$

Étant donné que $4pq = 4p(1-p) \leq 1$, l'égalité n'étant réalisée que pour $p = q = 1/2$, la série ci-dessus converge lorsque $p \neq q$. Par conséquent, lorsque $p \neq 1/2$, l'état zéro est un état transitoire pour la promenade aléatoire. Étant donné qu'on peut faire le même calcul pour un état quelconque $i \in I$, on en déduit que, lorsque $p \neq 1/2$, tous les états de la promenade aléatoire libre (non symétrique) sont transitoires.

Lorsque $p = q = 1/2$, la limite de u_{n+1}/u_n est égale à 1 et la règle de d'Alembert ne permet pas de conclure. On étudie la série considérée en déterminant un équivalent asymptotique de $p_{00}^{(2n)}$ à l'aide de la formule de Stirling:

$$n! \sim \left(\frac{n}{e}\right)^n \sqrt{2\pi n}, \tag{5.6.10}$$

il vient:

$$p_{00}^{(2n)} \sim \frac{(pq)^n 2^{2n}}{\sqrt{\pi n}} = \frac{1}{\sqrt{\pi n}}.$$

Par conséquent:

$$\sum_{n=1}^{\infty} p_{00}^{(n)} \sim \sum_{n=1}^{\infty} \frac{1}{\sqrt{\pi n}},$$

et la série étudiée est divergente (sa somme est infinie) puisque la série de terme général $v_n = 1/\sqrt{\pi n}$ est divergente.

On en conclut, en répétant le même calcul pour un état quelconque $i \in I$, que tous les états de la promenade aléatoire libre symétrique à une dimension ($p = 1/2$) sont récurrents. Ce qui revient à dire que partant de l'un quelconque d'entre eux on y reviendra infiniment souvent. □

Définition 5.6.2. *On dit qu'une chaîne de Markov est transitoire (resp. récurrente) si tous ses états sont transitoires (resp. récurrents).*

Nous venons de voir dans l'exemple 5.6.1 que la promenade aléatoire libre à une dimension était une chaîne de Markov transitoire lorsque $p \neq 1/2$, et une chaîne récurrente dans le cas symétrique ($p = 1/2$). L'espace des états de cette chaîne, l'ensemble des nombres entiers algébriques, est un ensemble infini. Dans le cas d'une chaîne de Markov finie (c'est-à-dire dont l'espace des états est fini), nous avons le résultat suivant:

Corollaire 5.6.2. *Une chaîne de Markov finie a au moins un état récurrent.*

Le corollaire 5.6.2 implique qu'il ne peut pas y avoir de chaîne de Markov finie transitoire. On peut justifier ce corollaire de la (jolie) façon suivante: si tous les états sont transitoires, on ne peut les visiter qu'un nombre fini de fois quel que soit l'état initial. Il s'ensuit que, puisqu'il n'existe qu'un nombre fini d'états, on ne pourrait faire qu'un nombre fini de visites à l'ensemble des états de la chaîne. Mais le temps s'écoule à l'infini, et après un nombre fini de périodes il ne reste plus nulle part où aller... La démonstration formelle est brève et pas aussi poétique!

Démonstration. Supposons que les états soient transitoires. Il en résulte, d'après les relations (5.3.12) et (5.6.8) et puisque l'ensemble I est fini, que:

$$0 = \sum_{j \in I} \lim_{n \to \infty} p_{ij}^{(n)} = \lim_{n \to \infty} \sum_{j \in I} p_{ij}^{(n)} = 1,$$

ce qui est une contradiction. Il doit donc exister au moins un état récurrent. ■

Il est cependant possible qu'une chaîne de Markov possède à la fois des états transitoires et des états récurrents. L'objet du paragraphe suivant est de décomposer l'espace des états I en fonction de la distinction entre états transitoires et récurrents. Avant de s'y rendre nous allons cependant envisager la nature des états pour une promenade aléatoire libre à plusieurs dimensions.

Exemple 5.6.2. *Promenade aléatoire libre à plusieurs dimensions*

A la fin de la section 5.4.1, nous avons posé la question de savoir si les états d'une promenade aléatoire libre à d dimensions sont transitoires ou récurrents. On voit intuitivement, d'après l'exemple 5.6.1, que, si la promenade n'est pas symétrique, la chaîne va vraisemblablement n'avoir que des états transitoires puisqu'il y a maintenant beaucoup plus de dimensions dans lesquelles elle peut se promener à jamais sans revenir à son point de départ. Le cas de la chaîne symétrique demande un peu plus d'attention.

Commençons par le cas $d = 2$. Les probabilités de transition sont données par (5.4.4) où $p_1 = p_2 = p_3 = p_4 = 1/4$. Tout comme dans l'exemple 5.6.1, calculons $G_{00} = \sum_{n=1}^{\infty} p_{00}^{(n)}$ où l'état zéro est égal au point $(0,0)$ du plan. Une nouvelle fois on ne peut pas, sur le treillis des nombres entiers du plan, revenir à l'origine en un nombre impair de transitions, d'où $p_{00}^{(2n+1)} = 0$. Retourner à l'origine en $2n$ étapes implique qu'il existe un nombre k, $0 \leq k \leq n$, tel que la particule effectue dans un ordre quelconque k pas à gauche, k à droite, $n-k$ vers le haut et $n-k$ vers le bas. La probabilité de cet événement s'obtient à l'aide de la loi multinomiale (voir section 1.4.3):

$$p_{00}^{(2n)} = \sum_{k=0}^{n} \frac{(2n)!}{k!\,k!\,(n-k)!\,(n-k)!}\left(\frac{1}{4}\right)^{2n}, \qquad n = 1, 2, \ldots.$$

On peut écrire $p_{00}^{(2n)}$ sous la forme:

$$p_{00}^{(2n)} = \left(\frac{1}{4}\right)^{2n}\binom{2n}{n}\sum_{k=0}^{n}\binom{n}{k}\binom{n}{n-k}.$$

En identifiant les coefficients du terme t^n dans les deux membres de l'identité $(1+t)^{2n} \equiv (1+t)^n(1+t)^n$, on obtient:

$$\sum_{k=0}^{n}\binom{n}{k}\binom{n}{n-k} = \binom{2n}{n},$$

d'où :

$$p_{00}^{(2n)} = \binom{2n}{n}^2\left(\frac{1}{4}\right)^{2n}, \qquad n = 1, 2, \ldots. \tag{5.6.11}$$

Remarquons que la probabilité $p_{00}^{(2n)}$ donnée par (5.6.11) est exactement le carré de la probabilité $p_{00}^{(2n)}$ donnée par (5.6.9) avec $p = q = 1/2$. Il s'agit là d'une coïncidence et non d'un phénomène quelconque d'indépendance par exemple entre les composantes horizontale et verticale de la promenade aléatoire à deux dimensions. Utilisant à nouveau la formule de Stirling (5.6.10), on a:

$$p_{00}^{(2n)} \sim \frac{1}{\pi n}.$$

La série $\sum_{n=1}^{\infty} p_{00}^{(n)}$ est donc divergente puisqu'elle est asymptotiquement équivalente à la série divergente de terme général $v_n = 1/\pi n$.

On en conclut, en répétant le même calcul pour un état quelconque $i = (i_1, i_2)$ de l'espace des états, que tous les états de la promenade aléatoire libre symétrique à deux dimensions sont récurrents. La chaîne de Markov elle-même est donc récurrente.

Un raisonnement plus compliqué bien que de principe identique montre que la promenade aléatoire libre symétrique à d dimensions, $d \geq 3$, constitue une chaîne transitoire (voir le paragraphe 6 du chapitre 2 de Karlin *et al.* (1975)). Les probabilités $p_{00}^{(2n)}$ sont bornées par des termes de la forme $Cn^{-d/2}$ (C est une constante) qui représentent le terme général de séries convergentes lorsque $d \geq 3$. Ces résultats ont été mis en évidence par G. Pólya en 1921.

Nous avons donc montré que, pour les promenades aléatoires libres *symétriques* à une et deux dimensions, la particule reviendra avec certitude dans tout état qu'elle a déjà occupé; alors que pour la promenade aléatoire libre à d dimensions, $d \geq 3$, il y a une probabilité positive que lorsque la particule quitte un état, elle n'y revienne jamais. □

5.7 DÉCOMPOSITION DE L'ESPACE DES ÉTATS

Soient $\{X_n, n \geq 0\}$ une chaîne de Markov homogène, et i et j deux états quelconques, $i, j \in I$.

Définition 5.7.1. *On dit que l'état j est accessible à partir de l'état i, et on note $i \to j$, si $f_{ij} > 0$.*

Remarquons que puisque $f_{ij} = P_i\{T_j < \infty\} > 0$, il existe un entier $n > 0$ tel que $P_i\{T_j = n\} > 0$. En d'autres termes, pour un certain $n > 0$, la transition de l'état i à l'état j en n étapes est possible; c'est-à-dire $p_{ij}^{(n)} > 0$. Réciproquement, si $p_{ij}^{(n)} > 0$, prenons la plus petite valeur de n qui satisfasse cette condition. Pour ce choix de n, $P_i\{T_j = n\} > 0$ et par conséquent $f_{ij} = P_i\{T_j < \infty\} > 0$.

Par conséquent, l'état j est *accessible* à partir de l'état i si et seulement si il existe un entier $n > 0$ tel que $p_{ij}^{(n)} > 0$.

Proposition 5.7.1. *Si l'état j est accessible à partir de l'état i et si l'état k est accessible à partir de l'état j, alors l'état k est accessible à partir de l'état i.*

La proposition 5.7.1 exprime la *transitivité* de la relation $\to$. En langage clair, elle dit que s'il existe un chemin de i à j et un chemin de j à k, alors il y a un chemin de i à k.

Démonstration. D'après ce qui précède, il existe deux entiers positifs n et m tels que $p_{ij}^{(n)} > 0$ et $p_{jk}^{(m)} > 0$. Utilisant alors le théorème 5.3.2 (équation de Chapman-Kolmogorov) et le fait que les probabilités de transition sont non négatives, on obtient:

$$p_{ik}^{(m+n)} = \sum_{t \in I} p_{it}^{(n)} p_{tk}^{(m)} \geq p_{ij}^{(n)} p_{jk}^{(m)} > 0,$$

et par conséquent k est accessible à partir de i. ■

Théorème 5.7.2. *Soit i un état récurrent et supposons que l'état j soit accessible à partir de i. Alors j est un état récurrent et $f_{ij} = f_{ji} = 1$.*

Ce théorème indique en particulier que si un état j est accessible à partir d'un état récurrent i, alors l'état j est lui-même récurrent et i est accessible à partir de j.

Démonstration. Supposons $j \neq i$ (le cas $i = j$ est trivial) et soit $n_0 = min\{n \geq 1 : P_i\{T_j = n\} > 0\}$. Le nombre n_0 est bien défini puisque l'état j est accessible à partir de i. De par la définition de n_0, on a $p_{ij}^{(n_0)} > 0$ et $p_{ij}^{(m)} = 0$ pour $1 \leq m < n_0$. Étant donné que $p_{ij}^{(n_0)} > 0$, il existe une suite d'états $(i_1, i_2, \ldots, i_{n_0-1})$ tels que:

$$P_i\{X_1 = i_1, \ldots, X_{n_0-1} = i_{n_0-1}, X_{n_0} = j\} = p_{ii_1} p_{i_1 i_2} \ldots p_{i_{n_0-1},j} > 0,$$

et tous les états de cette suite sont différents de i et j; dans le cas contraire la minimalité de n_0 serait contredite.

Montrons maintenant que $f_{ji} = 1$. Supposons, au contraire, que $f_{ji} < 1$. Il y a donc une probabilité positive $1 - f_{ji}$ qu'une chaîne de Markov partant de l'état j ne visite jamais l'état i. De façon précise, une chaîne de Markov partant de l'état i a la probabilité $p_{ii_1} \dots p_{i_{n_0-1},j}(1 - f_{ji}) > 0$ de visiter successivement les états $(i_1, i_2, \dots, i_{n_0-1}, j)$ pendant les n_0 premiers instants sans jamais retourner à l'état i par la suite. Ce qui contredit l'hypothèse que l'état i est récurrent.

Étant donné que $f_{ji} = 1$, il existe un entier positif n_1 tel que $p_{ji}^{(n_1)} > 0$. Donc d'après une forme générale de l'équation de Chapman-Kolmogorov, on a $p_{jj}^{(n_1+n+n_0)} \geq p_{ji}^{(n_1)} p_{ii}^{(n)} p_{ij}^{(n_0)}$, et par conséquent utilisant (5.6.4):

$$
\begin{aligned}
G_{jj} &\geq \sum_{n=n_1+1+n_0}^{\infty} p_{jj}^{(n)} = \sum_{n=1}^{\infty} p_{jj}^{(n_1+n+n_0)} \\
&\geq p_{ji}^{(n_1)} p_{ij}^{(n_0)} \sum_{n=1}^{\infty} p_{ii}^{(n)} = p_{ji}^{(n_1)} p_{ij}^{(n_0)} G_{ii} = \infty,
\end{aligned}
$$

puisque i est un état récurrent. On a donc $G_{jj} = \infty$ et l'état j est également un état récurrent.

Finalement, étant donné que j est un état récurrent et que i est accessible à partir de j (puisque $f_{ji} = 1$), nous concluons de la partie du théorème que nous venons de démontrer que $f_{ij} = 1$; ce qui achève cette démonstration. ■

Définition 5.7.2. *On dit que deux états i et j communiquent, et on note $i \leftrightarrow j$, si à la fois l'état j est accessible de l'état i et l'état i est accessible de l'état j.*

Utilisant le diagramme des transitions, on peut facilement vérifier si deux états communiquent ou si un état donné est accessible à partir d'un autre état. Il suffit de chercher un chemin possible conduisant de l'un à l'autre.

Exemple 5.7.1. Soit une chaîne de Markov finie $\{X_n, n \geq 0\}$ dont l'espace des états est $I = \{0, 1, 2, 3, 4, 5\}$ et la matrice des probabilités de transition à une étape est:

$$P = \begin{array}{c} \\ 0 \\ 1 \\ 2 \\ 3 \\ 4 \\ 5 \end{array} \begin{array}{c} \begin{array}{cccccc} 0 & 1 & 2 & 3 & 4 & 5 \end{array} \\ \begin{pmatrix} 1 & 0 & 0 & 0 & 0 & 0 \\ 1/2 & 1/4 & 1/4 & 0 & 0 & 0 \\ 0 & 1/4 & 1/4 & 1/4 & 0 & 1/4 \\ 0 & 0 & 0 & 1/3 & 1/3 & 1/3 \\ 0 & 0 & 0 & 2/3 & 0 & 1/3 \\ 0 & 0 & 0 & 3/4 & 0 & 1/4 \end{pmatrix} \end{array}.$$

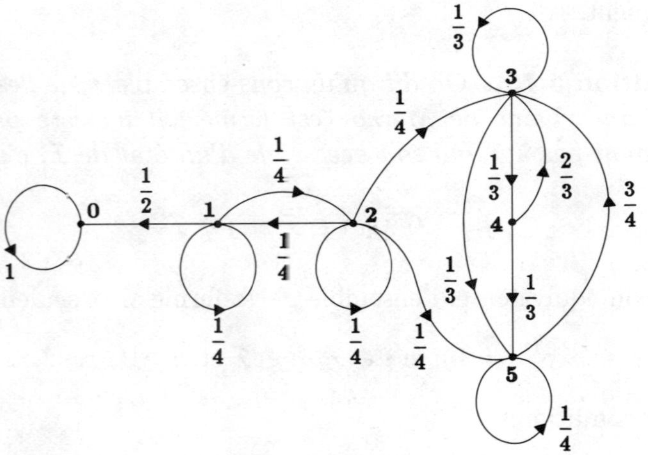

FIGURE 5.7.1

Le diagramme des transitions de la chaîne est donné en figure 5.7.1. L'examen de ce diagramme nous permet d'établir le tableau suivant:

$$\begin{array}{c} \\ 0 \\ 1 \\ 2 \\ 3 \\ 4 \\ 5 \end{array} \begin{array}{c} \begin{array}{cccccc} 0 & 1 & 2 & 3 & 4 & 5 \end{array} \\ \begin{pmatrix} + & 0 & 0 & 0 & 0 & 0 \\ + & + & + & + & + & + \\ + & + & + & + & + & + \\ 0 & 0 & 0 & + & + & + \\ 0 & 0 & 0 & + & + & + \\ 0 & 0 & 0 & + & + & + \end{pmatrix} \end{array}. \qquad (5.7.1)$$

L'élément situé à l'intersection de la i-ième ligne et de la j-ième colonne de la matrice (5.7.1) est égal à plus ou à zéro suivant que f_{ij} est positif ou nul, c'est-à-dire suivant que l'état j est accessible ou non à partir de l'état i. D'après ce qui précède, on voit que $p_{ij} > 0$ implique $f_{ij} > 0$. Cependant, la réciproque n'est pas vraie en général. En effet, $p_{20} = 0$, mais $p_{20}^{(2)} = p_{21}p_{10} = (1/4) \times (1/2) = (1/8) > 0$ et par conséquent $f_{20} > 0$. De plus, on identifie deux états distincts qui communiquent en recherchant deux éléments + symétriques par rapport à la diagonale principale de la matrice (5.7.1). En effet, $f_{ij} > 0$ et $f_{ji} > 0$ impliquent $i \leftrightarrow j$. On voit en particulier que, d'une part, les états 1 et 2 communiquent et, d'autre part, les états 3, 4 et 5 communiquent. □

Définition 5.7.3. *On dit qu'un sous-ensemble $\mathcal{F}$ de l'espace des états $\mathcal{I}$ d'une chaîne de Markov est fermé s'il n'existe pas d'état n'appartenant pas à $\mathcal{F}$ qui soit accessible d'un état de $\mathcal{F}$, c'est-à-dire si:*

$$f_{ij} = 0 \quad \text{si } i \in \mathcal{F} \text{ et } j \notin \mathcal{F} \tag{5.7.2}$$

De façon équivalente, l'ensemble $\mathcal{F}$ est fermé si et seulement si:

$$p_{ij}^{(n)} = 0 \quad \text{si } i \in \mathcal{F},\ j \notin \mathcal{F} \text{ et } n \geq 1. \tag{5.7.3}$$

En fait, la condition:

$$p_{ij} = 0 \quad \text{pour } i \in \mathcal{F} \text{ et } j \notin \mathcal{F}, \tag{5.7.4}$$

est suffisante pour assurer que $\mathcal{F}$ est un ensemble fermé. En effet, si elle est vérifiée, nous avons:

$$p_{ij}^{(2)} = \sum_{k \in \mathcal{I}} p_{ik}p_{kj} = \sum_{k \in \mathcal{F}} p_{ik}p_{kj} = 0$$

puisque $k \in \mathcal{F}$ et $j \notin \mathcal{F}$ entraîne que $p_{kj} = 0$. La relation (5.7.3) s'obtient par récurrence sur n.

Il résulte de la définition 5.7.3 qu'une chaîne de Markov se trouvant initialement dans un état appartenant à un ensemble fermé $\mathcal{F}$ restera toujours dans cet ensemble par la suite. Remarquons par exemple que si un état i est absorbant, l'ensemble $\mathcal{F} = \{i\}$ est fermé.

Définition 5.7.4. *On dit qu'un ensemble fermé $\mathcal{F}$ est irréductible si étant donné deux états quelconques i et j de $\mathcal{F}$, i et j communiquent ($i \leftrightarrow j$).*

Remarquons que l'ensemble $\{3, 4, 5\}$ de l'exemple 5.7.1 est un ensemble fermé irréductible. Il résulte du théorème 5.7.2 que si $\mathcal{F}$ est un ensemble fermé irréductible, les états de $\mathcal{F}$ sont soit tous récurrents, soit tous transitoires. Nous avons le corollaire suivant dont la démonstration est la conséquence immédiate des théorèmes 5.6.1 et 5.7.2.

Corollaire 5.7.3. *Soit $\mathcal{F}$ un sous-ensemble fermé irréductible de l'espace des états $\mathcal{I}$.*

(i) Les états de $\mathcal{F}$ sont soit tous récurrents, soit tous transitoires.

(ii) Si $\mathcal{F}$ ne contient que des états récurrents, nous avons, pour tout i et j dans $\mathcal{F}$, $f_{ij} = 1$, $P_i\{N(j) = \infty\} = 1$ et $G_{ij} = \infty$.

Il existe des ensembles fermés qui ne sont pas irréductibles. Soit par exemple une chaîne de Markov dont l'espace des états est l'ensemble des entiers non négatifs $\mathcal{N} = \{0, 1, 2, \ldots\}$, et telle que $p_{ij} = 0$ si $j \leq i$ et $p_{i,i+1} > 0$. Les transitions ne sont possibles que vers des états dont le numéro est plus élevé que celui de l'état actuel, et on ne peut jamais revenir à un état donné. Tous les états sont donc transitoires. Chaque ensemble $\{i, i+1, i+2, \ldots\}$ constitue un ensemble fermé. Cependant, aucun de ces ensembles fermés n'est irréductible puisque, par exemple, les deux premiers états de chacun d'entre eux (soit i et $i+1$) ne communiquent pas.

Définition 5.7.5. *On dit qu'une chaîne de Markov est irréductible si l'espace des états $\mathcal{I}$ constitue un ensemble irréductible, c'est-à-dire si tous les états communiquent entre eux.*

Le corollaire suivant est la conséquence directe de cette définition et du corollaire 5.7.3.

Corollaire 5.7.4. *Une chaîne de Markov irréductible est soit récurrente soit transitoire. Si elle est récurrente chacun des états est visité infiniment souvent (avec probabilité égale à 1).*

Le corollaire 5.6.2 nous a montré qu'une chaîne de Markov finie avait nécessairement au moins un état récurrent. Le même raisonnement permet d'établir qu'un sous-ensemble fermé ayant un nombre *fini* d'états contient au moins un état récurrent. Soit donc $\mathcal{F}$ un ensemble fermé irréductible ayant un nombre fini d'états. Il résulte du corollaire 5.7.3 et de ce qui précède que tous les états de $\mathcal{F}$ sont récurrents. Ce résultat est formalisé dans le théorème suivant.

Théorème 5.7.5. *Tous les états d'un ensemble fini, fermé et irréductible sont récurrents.*

Si par conséquent nous voulons étudier une chaîne de Markov dont l'espace des états est *fini*, le théorème 5.7.5 implique que si la chaîne est irréductible, elle est récurrente. Si la chaîne n'est pas irréductible, les théorèmes 5.7.2 et 5.7.5 permettent de séparer les états transitoires des états récurrents.

Exemple 5.7.2. Reprenons la chaîne de Markov de l'exemple 5.7.1 et séparons les états selon leur caractère transitoire ou récurrent. L'état 0 étant absorbant est récurrent. Nous avons remarqué que l'ensemble $\{3, 4, 5\}$ est un ensemble fermé irréductible; ses états sont donc récurrents d'après le théorème 5.7.5. L'état récurrent 0 est accessible à partir des états 1 et 2, mais les états 1 et 2 ne sont pas accessibles à partir de 0. Le théorème 5.7.2 implique que les états 1 et 2 sont transitoires; en effet si l'état 1, par exemple, était récurrent, le théorème 5.7.2 exige, puisque l'état 0 est accessible à partir de l'état 1, que l'état 1 soit accessible à partir de l'état 0, ce qui est impossible. Cette chaîne de Markov a donc deux états transitoires – les états 1 et 2 – et quatre états récurrents – les états 0, 3, 4 et 5. □

Exemple 5.7.3. Revenons à la promenade à deux barrières absorbantes de la section 5.4.1. L'espace des états est $\mathcal{I} = \{0, 1, \dots, c\}$ et les probabilités de transition sont données par (5.4.2). Les états 0 et c étant absorbants sont récurrents. Les états récurrents 0 et c sont accessibles des états i, $1 \leq i \leq c - 1$, mais l'état i n'est pas accessible de 0 ou de c. Le théorème 5.7.2 implique donc que les états i, $1 \leq i \leq c - 1$, sont transitoires et cela quelle que soit la valeur de p, $0 < p < 1$. □

Soient $\mathcal{I}_T$ et $\mathcal{I}_R$ respectivement le sous-ensemble des états transitoires et le sous-ensemble des états récurrents de l'espace des états $\mathcal{I}$. Dans l'exemple 5.7.2, nous avons obtenu $\mathcal{I}_T = \{1, 2\}$ et $\mathcal{I}_R = \{0, 3, 4, 5\}$. De plus $\mathcal{I}_R$ peut être décomposé en deux sous-ensembles fermés, irréductibles et disjoints $\mathcal{F}_1 = \{0\}$ et $\mathcal{F}_2 = \{3, 4, 5\}$. Le théorème suivant indique qu'une telle décomposition est toujours réalisable lorsque $\mathcal{I}_R$ n'est pas vide.

Théorème 5.7.6. *Supposons que l'ensemble $\mathcal{I}_R$ des états récurrents d'une chaîne de Markov ne soit pas vide. On peut écrire $\mathcal{I}_R$ comme la réunion d'un nombre fini ou dénombrable d'ensembles fermés irréductibles et disjoints $\mathcal{F}_1, \mathcal{F}_2, \ldots$, c'est-à-dire:*

$$\mathcal{I}_R = \bigcup_{k=1}^{\infty} \mathcal{F}_k, \quad \mathcal{F}_k \text{ fermé et irréductible, } \mathcal{F}_\ell \cap \mathcal{F}_k = \emptyset \text{ si } \ell \neq k.$$

Démonstration. Soit i un état récurrent, $i \in \mathcal{I}_R$, et soit $\mathcal{F}$ l'ensemble des états j de $\mathcal{I}_R$ accessibles à partir de l'état i. Étant donné que i est récurrent $f_{ii} = 1$, et par conséquent $i \in \mathcal{F}$. Vérifions que $\mathcal{F}$ est un ensemble fermé irréductible. Soit $j \in \mathcal{F}$ et k accessible à partir de j. La proposition 5.7.1 confirme que k est accessible à partir de i et puisque k est récurrent d'après le théorème 5.7.2, $k \in \mathcal{F}$. D'après la définition 5.7.3, $\mathcal{F}$ est donc un ensemble *fermé*. Soient alors j et k deux états de $\mathcal{F}$. Étant donné que i est récurrent et j est accessible à partir de i, i est accessible à partir de j d'après le théorème 5.7.2. Donc i et j communiquent, et de même i et k communiquent. Il est trivial de montrer, à partir de la proposition 5.7.1, que la relation de communication ($\leftrightarrow$) est transitive; par conséquent, j et k communiquent: $\mathcal{F}$ est irréductible d'après la définition 5.7.4.

Nous venons de montrer que tout état récurrent appartient à un ensemble fermé irréductible. Montrons maintenant qu'étant donnés deux sous-ensembles fermés et irréductibles $\mathcal{F}_1$ et $\mathcal{F}_2$ de $\mathcal{I}_R$, ils sont soit disjoints soit identiques. Supposons que $\mathcal{F}_1$ et $\mathcal{F}_2$ ne soient pas disjoints, et soit i un état commun à $\mathcal{F}_1$ et $\mathcal{F}_2$. Soit $j \in \mathcal{F}_1$, j est accessible à partir de i puisque $i \in \mathcal{F}_1$ et $\mathcal{F}_1$ est irréductible. Mais $i \in \mathcal{F}_2$ et j accessible à partir de i impliquent $j \in \mathcal{F}_2$ puisque $\mathcal{F}_2$

est fermé. Donc tout état j de $\mathcal{F}_1$ est également un état de $\mathcal{F}_2$, et réciproquement. Les ensembles $\mathcal{F}_1$ et $\mathcal{F}_2$ sont donc identiques. ∎

Nous pouvons utiliser la décomposition de l'espace des états d'une chaîne de Markov pour comprendre l'évolution d'un tel processus. Si la chaîne se trouve initialement dans l'un des ensembles fermés irréductibles $\mathcal{F}_k$ d'états récurrents, elle demeure dans $\mathcal{F}_k$ à tout jamais et visitera chaque état de $\mathcal{F}_k$ infiniment souvent (avec probabilité égale à 1). Si la chaîne se trouve initialement dans l'ensemble $\mathcal{I}_T$ des états transitoires, elle peut soit demeurer dans $\mathcal{I}_T$ à tout jamais (mais en visitant un état quelconque au plus un nombre fini de fois), soit par la suite entrer dans un des ensembles $\mathcal{F}_k$ et y rester à tout jamais en visitant infiniment souvent chacun des états de $\mathcal{F}_k$.

De façon pratique, lorsqu'on étudie une chaîne de Markov dont l'espace des états est de dimension relativement modeste, disons au plus une dizaine d'états, on peut effectuer la décomposition de l'espace des états en construisant et en analysant le diagramme des transitions tout comme nous l'avons fait dans les exemples 5.7.1 et 5.7.2. Cependant, dès que la dimension de $\mathcal{I}$ dépasse une dizaine d'états, cette méthode n'est plus appropriée. Il existe un certain nombre d'algorithmes qui permettent d'effectuer automatiquement et efficacement la décomposition de l'espace des états d'une chaîne de Markov. Pour plus de détails, nous renvoyons le lecteur à Fox *et al.* (1968) et Nedzela (1977).

5.8 PROBABILITÉS D'ABSORPTION

Soit $\mathcal{F}$ l'un des ensembles fermés irréductibles d'états récurrents dont l'existence a été établie par le théorème 5.7.6, et soit $f_{i\mathcal{F}} = P_i\{T_{\mathcal{F}} < \infty\}$ la probabilité qu'une chaîne de Markov initialement dans l'état i visite l'ensemble $\mathcal{F}$ après un temps fini quelconque. Étant donné qu'une fois dans $\mathcal{F}$ la chaîne ne peut plus en sortir, on appelle $f_{i\mathcal{F}}$ la *probabilité d'absorption* dans $\mathcal{F}$ de la chaîne initialement dans l'état i.

De façon évidente $f_{i\mathcal{F}} = 1$ si $i \in \mathcal{F}$ et $f_{i\mathcal{F}} = 0$ si $i \in \mathcal{I}_R \setminus \mathcal{F}$ (c'est-à-dire si i est un état récurrent n'appartenant pas à $\mathcal{F}$). Le calcul des probabilités d'absorption $f_{i\mathcal{F}}$ lorsque $i \in I_T$ n'est pas aussi simple. Pour nous en convaincre, revenons à l'exemple 5.7.1 et, à l'aide du diagramme des transitions, essayons de calculer $f_{i\mathcal{F}_1} = f_{10}$. Puisque par définition $f_{10} = P_1\{T_0 < \infty\}$, nous avons:

$$f_{10} = \sum_{n=1}^{\infty} P_1\{T_0 = n\}.$$

Il nous faut donc calculer les probabilités $P_1\{T_0 = n\}$ pour chaque $n \geq 1$. De façon évidente, $P_1\{T_0 = 1\} = 1/2$, puisque pour se rendre de l'état 1 à l'état 0 en une étape, il faut que la transition de 1 à 0 se réalise, et elle a probabilité 1/2. Pour calculer $P_1\{T_0 = 2\}$, il faut chercher tous les chemins avec deux transitions entre l'état 1 et l'état 0; le seul chemin possible est $(1,1,0)$ et sa probabilité est $(1/4) \times (1/2) = 1/8$. De même pour montrer que :

$$P_1\{T_0 = 3\} = \left(\frac{1}{4}\right)^2 \times \frac{1}{2} + \left(\frac{1}{4}\right)^2 \times \frac{1}{2},$$

il faut remarquer que les deux seuls chemins qui permettent de se rendre de l'état 1 à l'état 0 en trois transitions sont les chemins $(1,1,1,0)$ et $(1,2,1,0)$. Ensuite, en remarquant que les chemins $(1,1,1,1,0)$, $(1,1,2,1,0)$, $(1,2,2,1,0)$ et $(1,2,1,1,0)$ sont les seuls qui permettent de se rendre de l'état 1 à l'état 0 en quatre transitions, on établit que:

$$P_1\{T_0 = 4\} = \left(\frac{1}{4}\right)^3 \times \frac{1}{2} + \left(\frac{1}{4}\right)^3 \times \frac{1}{2} + \left(\frac{1}{4}\right)^3 \times \frac{1}{2} + \left(\frac{1}{4}\right)^3 \times \frac{1}{2}.$$

Comme on le voit, le calcul de $P_1\{T_0 = n\}$ se complique rapidement lorsque n augmente. Bien qu'il soit théoriquement possible d'envisager le calcul de f_{10} de cette façon, nous allons présenter une méthode générale dont l'application est simple.

5.8.1 Calcul de $f_{i\mathcal{F}}$

On obtient une relation utile en conditionnant sur l'état X_1 de la chaîne de Markov après la première transition. D'après la loi des probabilités totales, on a:

$$\begin{aligned} f_{i\mathcal{F}} &= P\{T_{\mathcal{F}} < \infty \mid X_0 = i\} \\ &= \sum_{j \in I} P\{T_{\mathcal{F}} < \infty \mid X_0 = i, X_1 = j\} P\{X_1 = j \mid X_0 = i\} \\ &= \sum_{j \in I} P\{T_{\mathcal{F}} < \infty \mid X_1 = j\} P\{X_1 = j \mid X_0 = i\} \end{aligned}$$

où la deuxième égalité s'obtient à partir de la propriété de Markov. Mais l'espace des états I peut être exprimé comme la réunion des trois sous-ensembles disjoints $\mathcal{F}$, $I_R \setminus \mathcal{F}$ et I_T. On a de façon évidente:

$$P\{T_{\mathcal{F}} < \infty \mid X_1 = j\} = \begin{cases} 1 & \text{si } j \in \mathcal{F}, \\ 0 & \text{si } j \in I_R \setminus \mathcal{F}, \\ f_{j\mathcal{F}} & \text{si } j \in I_T. \end{cases}$$

Par conséquent, l'expression de $f_{i\mathcal{F}}$ ci-dessus devient:

$$f_{i\mathcal{F}} = \sum_{j \in \mathcal{F}} P\{X_1 = j \mid X_0 = i\} + \sum_{j \in I_T} f_{j\mathcal{F}} P\{X_1 = j \mid X_0 = i\},$$

soit, en se rappelant que $P\{X_1 = j \mid X_0 = i\} = p_{ij}$:

$$f_{i\mathcal{F}} = \sum_{j \in \mathcal{F}} p_{ij} + \sum_{j \in I_T} p_{ij} f_{j\mathcal{F}}, \qquad i \in I_T. \tag{5.8.1}$$

La relation (5.8.1) définit un système d'équations linéaires dont le nombre d'équations et le nombre d'inconnues sont égaux au nombre d'états transitoires dans I_T. Lorsque l'ensemble I_T a un nombre infini d'éléments, la résolution du système (5.8.1) est difficile et, de plus, on peut montrer qu'il n'a pas nécessairement une solution unique. Cette difficulté ne se rencontre pas lorsque I_T est un ensemble fini comme le montre le théorème suivant.

Théorème 5.8.1. *Supposons que l'ensemble I_T des états transitoires d'une chaîne de Markov soit fini, et soit $\mathcal{F}$ un ensemble fermé irréductible d'états récurrents. Alors le système d'équations linéaires*

$$x_i = \sum_{j \in \mathcal{F}} p_{ij} + \sum_{j \in I_T} p_{ij} x_j, \qquad i \in I_T \tag{5.8.2}$$

admet la solution unique $x_i = f_{i\mathcal{F}}$, $i \in I_T$.

Avant de donner la démonstration du théorème 5.8.1, nous pouvons illustrer son utilisation.

Exemple 5.8.1. Revenons à nouveau à l'exemple 5.7.1 et au calcul de $f_{1\mathcal{F}_1} = f_{10}$ que nous n'avons pas terminé au début de cette section. Pour cette chaîne de Markov, nous avons $\mathcal{I}_T = \{1,2\}$ et $\mathcal{I}_R = \mathcal{F}_1 \cup \mathcal{F}_2$ où $\mathcal{F}_1 = \{0\}$ et $\mathcal{F}_2 = \{3,4,5\}$.

Pour calculer $f_{i\mathcal{F}_1}$, $i = 1,2$, nous devons résoudre, d'après le théorème 5.8.1, le système d'équations suivant:

$$\begin{cases} x_1 = p_{10} + \sum\limits_{j=1}^{2} p_{1j}x_j \\ x_2 = p_{20} + \sum\limits_{j=1}^{2} p_{2j}x_j \end{cases}$$

soit avec les valeurs numériques de l'exemple 5.7.1:

$$\begin{cases} x_1 = \frac{1}{2} + \frac{1}{4}x_1 + \frac{1}{4}x_2 \\ x_2 = 0 + \frac{1}{4}x_1 + \frac{1}{4}x_2 \end{cases}$$

Ce système admet la solution $x_1 = f_{1\mathcal{F}_1} = \frac{3}{4}$ et $x_2 = f_{2\mathcal{F}_1} = \frac{1}{4}$.

De même, pour calculer $f_{i\mathcal{F}_2}$, $i = 1,2$, nous devons résoudre le système d'équations suivant:

$$\begin{cases} x_1 = p_{13} + p_{14} + p_{15} + \sum\limits_{j=1}^{2} p_{1j}x_j \\ x_2 = p_{23} + p_{24} + p_{25} + \sum\limits_{j=1}^{2} p_{2j}x_j \end{cases}$$

soit:

$$\begin{cases} x_1 = \frac{1}{4}x_1 + \frac{1}{4}x_2 \\ x_2 = \frac{1}{2} + \frac{1}{4}x_1 + \frac{1}{4}x_2 \end{cases}$$

La solution de ce dernier système est $x_1 = f_{1\mathcal{F}_2} = \frac{1}{4}$ et $x_2 = f_{2\mathcal{F}_2} = \frac{3}{4}$.

Remarquons que nous aurions pu utiliser, pour calculer $f_{i\mathcal{F}_2}$, le fait que $f_{i\mathcal{F}_2} = 1 - f_{i\mathcal{F}_1}$, $i = 1,2$. En effet, étant donné que $\mathcal{I}_T$

est un ensemble fini d'états transitoires, la chaîne devra tôt ou tard visiter un état récurrent. Elle se trouvera alors dans l'un des ensembles fermés irréductibles $\mathcal{F}_1$ et $\mathcal{F}_2$ d'états récurrents et ne pourra plus s'en échapper. De plus, la chaîne visitera alors chacun des états de l'ensemble fermé irréductible d'états récurrents dans lequel elle se trouvera. Par conséquent:

$$f_{13} = f_{14} = f_{15} = f_{1\mathcal{F}_2} = \frac{1}{4},$$
$$f_{23} = f_{24} = f_{25} = f_{2\mathcal{F}_2} = \frac{3}{4}. \square$$

Nous donnons maintenant la démonstration du théorème 5.8.1.

Démonstration. Écrivons les équations (5.8.2) pour un état $j \in \mathcal{I}_T$, il vient:

$$x_j = \sum_{k \in \mathcal{F}} p_{jk} + \sum_{k \in \mathcal{I}_T} p_{jk} x_k \tag{5.8.3}$$

et remplaçons x_j dans le système (5.8.2) par son expression dans (5.8.3). On obtient:

$$x_i = \sum_{j \in \mathcal{F}} p_{ij} + \sum_{j \in \mathcal{I}_T} \sum_{k \in \mathcal{F}} p_{ij} p_{jk} + \sum_{j \in \mathcal{I}_T} \sum_{k \in \mathcal{I}_T} p_{ij} p_{jk} x_k.$$

Les deux premiers termes de la somme ci-dessus se réduisent à $P_i\{T_\mathcal{F} \leq 2\}$, et le dernier terme s'écrit après avoir inversé l'ordre des sommations (ce qui est possible puisque $\mathcal{I}_T$ est fini):

$$\sum_{k \in \mathcal{I}_T} \Big(\sum_{j \in \mathcal{I}_T} p_{ij} p_{jk} \Big) x_k = \sum_{k \in \mathcal{I}_T} p_{ik}^{(2)} x_k,$$

ou encore en revenant à l'indice courant j:

$$\sum_{j \in \mathcal{I}_T} p_{ij}^{(2)} x_j.$$

Nous avons donc:

$$x_i = P_i\{T_\mathcal{F} \leq 2\} + \sum_{j \in \mathcal{I}_T} p_{ij}^{(2)} x_j, \qquad i \in \mathcal{I}_T.$$

Par récurrence sur n, on montre aisément, à l'aide de la démarche que nous venons d'utiliser, que pour $n \geq 1$:

$$x_i = P_i\{T_{\mathcal{F}} \leq n\} + \sum_{j \in I_T} p_{ij}^{(n)} x_j, \qquad i \in I_T. \tag{5.8.4}$$

Laissons tendre n vers l'infini dans les équations du système (5.8.4), il vient:

$$x_i = \lim_{n\to\infty} P_i\{T_{\mathcal{F}} \leq n\} + \lim_{n\to\infty} \sum_{j \in I_T} p_{ij}^{(n)} x_j.$$

Soit en tenant compte de la relation (5.6.8) et du fait que l'ensemble I_T est fini:

$$\begin{aligned} x_i &= P_i\{T_{\mathcal{F}} < \infty\} + \sum_{j \in I_T} \underbrace{(\lim_{n\to\infty} p_{ij}^{(n)})}_{0} x_j \\ &= P_i\{T_{\mathcal{F}} < \infty\} = f_{i\mathcal{F}}; \end{aligned}$$

ce qui achève la démonstration. ■

5.8.2 Probabilités d'extinction

Un problème relié à celui des probabilités d'absorption est le problème de l'extinction de la population dans un processus de ramification. Nous avons vu dans la section 5.4.3 qu'un processus de ramification est une chaîne de Markov dont l'espace des états est l'ensemble des entiers non négatifs $I = \{0, 1, 2, \ldots\}$ et pour laquelle l'état 0 est absorbant. La probabilité d'extinction π_0 de la population est la probabilité que les descendants d'un organisme initial disparaissent à tout jamais. Par conséquent:

$$\pi_0 = f_{10} = P_1\{T_0 < \infty\}.$$

Nous avons également remarqué dans la section 5.4.3 que:

$$f_{i0} = P_i\{T_0 < \infty\} = \pi_0^i, \qquad i \geq 1. \tag{5.8.5}$$

On se souvient qu'un organisme particulier d'une génération donnée engendre ξ organismes de la génération suivante avec une loi de probabilité donnée par:

$$P\{\xi = j\} = p_j, \quad j \geq 0, \; p_j \geq 0 \text{ et } \sum_{j=0}^{\infty} p_j = 1. \tag{5.8.6}$$

Si $p_1 = 1$ (chaque organisme a toujours exactement un descendant), le processus de ramification n'a que des états absorbants, on dit que la chaîne de Markov est dégénérée. Supposons donc que $p_1 < 1$; l'état 0 est alors le seul état absorbant, c'est donc un état récurrent. Si $p_0 > 0$, l'état 0 est accessible à partir de tous les autres états qui eux ne sont pas accessibles à partir de l'état récurrent 0. D'après le théorème 5.7.2, ces autres états $\{1, 2, 3, \ldots\}$ doivent être transitoires. Il en résulte que (avec probabilité égale à 1) lorsque $p_0 > 0$, la chaîne de ramification sera soit absorbée dans l'état 0 (extinction de la population), soit s'enfuira à l'infini (explosion de la population) puisque chaque état transitoire $\{1, 2, 3, \ldots\}$ ne peut être visité qu'un nombre fini de fois. Par conséquent, il résulte de (5.8.5) que:

$$P_i\{\lim_{n\to\infty} X_n = \infty\} = 1 - \pi_0^i, \qquad i \geq 1.$$

Il est donc intéressant de calculer π_0 ou, au moins, de déterminer dans quelles circonstances $\pi_0 = 1$ (extinction certaine) ou $\pi_0 < 1$. Le raisonnement repose sur la proposition suivante.

Proposition 5.8.2. *La probabilité d'extinction π_0 est une solution de l'équation $\psi(s) = s$, où $\psi(s) = \sum_{i=0}^{\infty} p_i s^i$.*

Démonstration. Par définition:

$$\begin{aligned}\pi_0 = f_{10} = P_1\{T_0 < \infty\} &= \sum_{n=1}^{\infty} P_1\{T_0 = n\} \\ &= P_1\{T_0 = 1\} + \sum_{n=1}^{\infty} P_1\{T_0 = n+1\} \\ &= p_{10} + \sum_{n=1}^{\infty} P_1\{T_0 = n+1\}.\end{aligned} \tag{5.8.7}$$

Mais:

$$P_1\{T_0 = n+1\} = \sum_{i \in I\setminus\{0\}} p_{1i} P_i\{T_0 = n\}, \qquad n \geq 1. \tag{5.8.8}$$

La relation (5.8.8) exprime que pour aller pour la première fois à l'état 0 à l'instant $n+1$ partant initialement de l'état 1, il est nécessaire de faire une première transition à partir de l'état 1 vers un état i distinct de l'état 0, et d'atteindre l'état 0 pour la première fois à partir de i après n transitions supplémentaires. Puisque $I = \{0, 1, 2, \ldots\}$, on déduit de (5.8.7) et (5.8.8):

$$\pi_0 = p_{10} + \sum_{n=1}^{\infty} \sum_{i=1}^{\infty} p_{1i} \, P_i\{T_0 = n\},$$

soit, en changeant l'ordre des sommations:

$$\begin{aligned}\pi_0 &= p_{10} + \sum_{i=1}^{\infty} p_{1i} \sum_{n=1}^{\infty} P_i\{T_0 = n\} \\ &= p_{10} + \sum_{i=1}^{\infty} p_{1i} \, P_i\{T_0 < \infty\} \\ &= p_0 + \sum_{i=1}^{\infty} p_i f_{i0}\end{aligned}$$

puisque $p_{1i} = p_i$, $i \geq 0$ (la probabilité de passer de l'état 1 à l'état i, soit p_{1i}, est égale à la probabilité qu'un organisme ait i descendants, soit p_i). En utilisant (5.8.5) on a finalement:

$$\pi_0 = p_0 + \sum_{i=1}^{\infty} p_i f_{i0} = \sum_{i=0}^{\infty} p_i \pi_0^i = \psi(\pi_0).$$

La fonction $\psi(s)$ définie dans la proposition 5.8.2 est souvent utilisée dans le traitement analytique des variables aléatoires dont les seules valeurs possibles sont les entiers non négatifs (c'est le cas de la v.a. ξ), on l'appelle *fonction génératrice* de la variable aléatoire. ■

Soit μ l'espérance du nombre de descendants d'un organisme quelconque $\mu = E(\xi) = \sum_{j=0}^{\infty} j p_j$. Supposons d'abord $\mu \leq 1$, l'équation $\psi(s) = s$ n'a pas de racine dans l'intervalle $[0, 1)$ (avec l'hypothèse $p_1 < 1$) et par conséquent $\pi_0 = 1$ (puisque l'on a toujours $\psi(1) \equiv 1$).

L'extinction de la population est donc certaine lorsque $p_1 < 1$ et $\mu \leq 1$. Si par contre $\mu > 1$, l'équation $\psi(s) = s$ a une racine unique ρ dans $[0, 1)$ et on peut montrer que $\pi_0 = \rho < 1$. Donc si $\mu > 1$, la probabilité d'extinction de la population est plus petite que 1.

On trouvera la démonstration de ces résultats dans le chapitre 8 de Karlin *et al.* (1975). Il est cependant possible de les interpréter de manière intuitive. Si $\mu < 1$, chaque organisme engendre moins qu'un descendant en moyenne et on peut s'attendre à ce que la population disparaisse éventuellement. Si par contre $\mu > 1$, il est possible que la population s'accroisse rapidement évitant ainsi l'extinction.

Exemple 5.8.2. Supposons que chaque habitant mâle de la ville d'Utopie a exactement trois enfants. Chaque enfant est soit un garçon avec probabilité 1/2 soit une fille avec probabilité 1/2, indépendamment des autres enfants. Calculer la probabilité d'extinction de la descendance mâle d'un Utopien donné.

Réponse: nous considérons le processus de ramification $\{X_n, n \geq 0\}$ représentant le nombre de descendants mâles de la n-ième génération. D'après l'énoncé du problème, la v.a. ξ représentant le nombre de descendants mâles d'un individu donné suit une loi binômiale $B(3, \frac{1}{2})$; par conséquent $p_0 = p_3 = 1/8$, $p_1 = p_2 = 3/8$ et $p_n = 0$, $n \geq 4$. L'espérance μ de la v.a. ξ est $\mu = 0 \times p_0 + 1 \times p_1 + 2 \times p_2 + 3 \times p_3 = 3/2$. Puisque $\mu > 1$, la probabilité π_0 est la racine de l'équation $\psi(s) = s$ dans l'intervalle $(0, 1)$. Nous avons:

$$\psi(s) = \sum_{i=0}^{\infty} p_i s^i = \frac{1}{8} + \frac{3}{8}s + \frac{3}{8}s^2 + \frac{1}{8}s^3,$$

et l'équation $\psi(s) = s$ s'écrit:

$$s^3 + 3s^2 - 5s + 1 = 0,$$

soit:

$$(s - 1)(s^2 + 4s - 1) = 0.$$

Les racines de cette équation sont $-2 - \sqrt{5} = -4{,}236$, $-2 + \sqrt{5} = 0{,}236$ et 1. Par conséquent, la probabilité d'extinction est $\pi_0 = 0{,}236$. □

5.9 PÉRIODICITÉ D'UNE CHAINE DE MARKOV

Un autre élément de la structure d'une chaîne de Markov que nous allons envisager dans ce chapitre est la période d'un état.

Définition 5.9.1. *On dit que la période de l'état $i \in I$ est d si $p_{ii}^{(n)} > 0$ implique que n est un multiple de d. Si $p_{ii}^{(n)} = 0$ pour tout $n \geq 1$, on dit que la période de l'état i est zéro.*

La définition 5.9.1 implique, en d'autres termes, que lapériode d est le plus grand commun diviseur (p.g.c.d.) des entiers $n \geq 1$ tels que $p_{ii}^{(n)} > 0$. On dénote souvent par $d(i)$ la période d de l'état i. Remarquons que si $p_{ii} > 0$, la période de l'état i est nécessairement égale à 1. Le lecteur notera que la définition 5.9.1 n'implique pas que $p_{ii}^{(n)}$ soit positif pour *tous* les nombres n multiples de la période d; en particulier, nous n'avons pas nécessairement $p_{ii}^{(d)} > 0$.

Exemple 5.9.1. Revenons à nouveau à l'exemple 5.7.1. Étant donné, d'après la matrice des probabilités de transition, que $p_{ii} > 0$ pour $i = 0, 1, 2, 3$ et 5, on a $d(0) = d(1) = d(2) = d(3) = d(5) = 1$. Il est clair, d'après le diagramme des transitions de la figure 5.7.1, que $p_{44}^{(2)} > 0$ et $p_{44}^{(3)} > 0$; par conséquent, le p.g.c.d. de 2 et 3 étant égal à 1, nous avons aussi $d(4) = 1$. Tous les états de cette chaîne ont donc une période égale à 1. □

Exemple 5.9.2. Revenons à la promenade aléatoire libre rencontrée dans la section 5.4.1. Comme nous l'avons vu dans les exemples 5.6.1 et 5.6.2, $p_{ii}^{(2n)} > 0$ et $p_{ii}^{(2n+1)} = 0$ quel que soit l'état i. Tous les états ont donc une période commune égale à deux.

La promenade aléatoire à deux barrières absorbantes, dont le diagramme des transitions est donné en figure 5.4.1, est telle que les états absorbants 0 et c ont une période égale à un et tous les autres états ont une période égale à deux.

Finalement le lecteur s'assurera que les états du processus d'Ehrenfest (voir (5.4.3)) ont tous une période égale à deux. □

Le résultat principal concernant la périodicité d'une chaîne de Markov est le suivant.

Théorème 5.9.1. *Si deux états i et j d'une chaîne de Markov communiquent, ils ont la même période.*

Ce théorème implique en particulier que la période estconstante dans un ensemble fermé irréductible. Par conséquent, si la chaîne est irréductible, tous les états ont la même période. Si $d > 1$, on dit que la chaîne est *périodique* (de période d); si $d = 1$, on dit que la chaîne est *apériodique.* Remarquons qu'il suffit que $p_{ii} > 0$ pour un état i quelconque pour qu'une chaîne de Markov irréductible soit apériodique.

Démonstration. Puisque i et j communiquent, il résulte des définitions 5.7.1 et 5.7.2 qu'il existe deux entiers positifs m et n tels que $p_{ij}^{(m)} > 0$ et $p_{ji}^{(n)} > 0$. Soit s un entier tel que $p_{ii}^{(s)} > 0$, s est donc un multiple de la période $d(i)$ de l'état i. On peut écrire, d'après l'équation de Chapman-Kolmogorov:

$$p_{jj}^{(n+s+m)} \geq p_{ji}^{(n)} p_{ii}^{(s)} p_{ij}^{(m)} > 0. \tag{5.9.1}$$

De plus:

$$p_{ii}^{(2s)} \geq p_{ii}^{(s)} p_{ii}^{(s)} > 0,$$

par conséquent, nous avons de même:

$$p_{jj}^{(n+2s+m)} \geq p_{ji}^{(n)} p_{ii}^{(2s)} p_{ij}^{(m)} > 0. \tag{5.9.2}$$

Il résulte de (5.9.1) et (5.9.2) que les entiers $n + s + m$ et $n + 2s + m$ sont des multiples de la période $d(j)$ de l'état j. Leur différence est donc également un multiple de $d(j)$; donc s est un multiple de $d(j)$. En d'autres termes, $d(j)$ est un diviseur de tous les nombres $s \geq 1$ tels que $p_{ii}^{(s)} > 0$. Étant donné que $d(i)$ est le p.g.c.d. de tous ces nombres s, on a nécessairement $d(j) \leq d(i)$.

En reprenant la démonstration depuis le début avec un entier t tel que $p_{jj}^{(t)} > 0$, on établit de façon analogue que $d(i) \leq d(j)$ et par conséquent $d(i) = d(j)$. ■

On peut conclure de l'exemple 5.9.2 que la promenade aléatoire libre et le processus d'Ehrenfest sont des chaînes de Markov irréductibles et périodiques (période égale à deux).

PROBLÈMES

1. Résoudre le système des équations (5.2.2) avec les conditions aux limites (5.2.3) en posant $D_j = P_j - P_{j+1}$ (ne pas utiliser la théorie générale de la résolution des équations récurrentes).

2. Déterminer le système d'équations récurrentes et de conditions initiales satisfaites par les probabilités Q_j $(0 \leq j \leq c)$ de la section 5.2.1. Résoudre ces équations et retrouver (5.2.6).

3. Trouver, en résolvant le système des équations (5.2.8) avec les conditions aux limites (5.2.9), l'expression générale de e_j, pour $0 \leq j \leq c$, dans le cas $p \neq q$. On utilisera les résultats du supplément au chapitre 5 pour les équations du deuxième ordre avec un deuxième membre non nul.

4. Vous jouez des parties de pile ou face avec une pièce telle que la probabilité d'obtenir face est 0,4. Vous gagnez chaque partie si la pièce tombe sur face, et vous perdez si elle tombe sur pile. Vous décidez d'arrêter le jeu dès que vous avez une partie d'avance (c'est-à-dire dès que le nombre de parties gagnées moins le nombre de parties perdues est égal à un). Quelle est la probabilité que vous ne puissiez jamais vous arrêter de jouer?

5. On suppose que la matrice des probabilités de transition d'une chaîne de Markov à deux états est donnée par:

$$P = \begin{pmatrix} p & 1-p \\ 1-p & p \end{pmatrix}$$

où $0 < p < 1$. Montrer par récurrence sur n que:

$$P^{(n)} = \begin{pmatrix} \frac{1}{2} + \frac{1}{2}(2p-1)^n & \frac{1}{2} - \frac{1}{2}(2p-1)^n \\ \frac{1}{2} - \frac{1}{2}(2p-1)^n & \frac{1}{2} + \frac{1}{2}(2p-1)^n \end{pmatrix}.$$

6. Soit $\{X_n, n \geq 0\}$ une chaîne de Markov; montrer que:

$$P\{X_0 = i_0 \mid X_1 = i_1, \ldots, X_n = i_n\} = P\{X_0 = i_0 \mid X_1 = i_1\}.$$

7. Soit $\{X_n, n \geq 0\}$ une chaîne de Markov dont l'espace des états $\mathcal{I}$ est l'ensemble des nombres entiers non négatifs $\mathcal{N} = \{0, 1, 2, \ldots\}$

(on peut aussi prendre pour $\mathcal{I}$ un sous-ensemble de $\mathcal{N}$) et telle que:

$$\sum_{j \in \mathcal{I}} j p_{ij} = Ai + B, \qquad i \in \mathcal{I}$$

où A et B sont deux constantes données.
(a) Montrer que $E(X_{n+1}) = AE(X_n) + B$.
(b) Montrer que si $A \neq 1$:

$$E(X_n) = \frac{B}{1-A} + A^n \Big(E(X_0) - \frac{B}{1-A}\Big).$$

8. Soit $\{X_n,\ n \geq 0\}$ la chaîne de Ehrenfest sur l'espace des états $\mathcal{I} = \{0, 1, \ldots, \rho\}$ dont les probabilités de transition sont données par (5.4.3). Montrer que les conditions du problème précédent sont satisfaites et utiliser la partie (b) pour calculer $E[X_n \mid X_0 = i]$, $0 \leq i \leq \rho$.

9. N boules blanches et N boules noires sont placées dans deux urnes de telle façon que chaque urne contienne N boules. On dit que le système est dans l'état i, $i = 0, \ldots, N$, si la première urne contient i boules blanches. A chaque étape, on choisit au hasard une boule dans chaque urne et on échange les deux boules. Soit X_n l'état du processus après n étapes. Montrer que $\{X_n,\ n \geq 0\}$ est une chaîne de Markov et donner ses probabilités de transition à une étape.

10. Supposons que le temps qu'il fait aujourd'hui ("pluie" ou "sec") dépende du temps qu'il a fait pendant les trois jours précédents. Montrer que l'on peut analyser ce processus à l'aide d'une chaîne de Markov. Définir les états d'une telle chaîne.

11. Dans le problème précédent, on suppose que s'il a plu pendant les trois derniers jours, il pleuvra aujourd'hui avec probabilité 0,8; et s'il n'a pas plu pendant aucun des trois derniers jours, il pleuvra aujourd'hui avec probabilité 0,2. Dans tous les autres cas, la probabilité que le temps aujourd'hui soit le même que le temps qu'il a fait hier est égale à 0,6. Donner la matrice P des probabilités de transition de la chaîne de Markov.

12. On considère un processus $\{X_n,\, n \geq 0\}$ dont l'espace des états est $I = \{0, 1, 2\}$. Supposons que:

$$P\{X_{n+1} = j \,|X_n = i, X_{n-1} = i_{n-1}, \ldots, X_0 = i_0\}$$
$$= \begin{cases} p_{ij}^a & \text{lorsque } n \text{ est pair,} \\ p_{ij}^b & \text{lorsque } n \text{ est impair,} \end{cases}$$

où $\sum_{j=0}^{2} p_{ij}^a = \sum_{j=0}^{2} p_{ij}^b = 1$, $i = 0, 1, 2$. Est-ce que le processus $\{X_n,\, n \geq 0\}$ est une chaîne de Markov? Si oui, cette chaîne de Markov est-elle homogène? Si le processus est une chaîne de Markov non homogène, montrer comment agrandir l'espace des états pour la rendre homogène. Donner la matrice des probabilités de transition de la chaîne homogène.

13. (a) Un sujet soumis à un test psychologique peut faire l'une de deux réponses A_1 et A_2. On a, associé à ces réponses, un ensemble de N stimuli $\{S_1, S_2, \ldots, S_n\}$. Chaque stimulus entraîne l'une des deux réponses. On tire au hasard un seul stimulus et le sujet répond d'après celui-ci. On a à chaque épreuve une probabilité π, $0 < \pi < 1$, indépendante de l'histoire antérieure du processus, qu'il y ait renforcement. Lorsqu'il y a renforcement, le stimulus tiré ne modifie pas l'état qu'il conditionne. Dans le cas contraire, le stimulus entraîne l'autre réponse. Considérer la chaîne de Markov dont la variable d'état est le nombre de stimuli entraînant la réponse A_1 et déterminer sa matrice des probabilités de transition.

Réponse: $p_{ii} = \pi$, $p_{i,i+1} = ((N-i)/N)(1-\pi)$, $p_{i,i-1} = (i/N)$ $(1-\pi)$, et $p_{ij} = 0$ autrement $(i, j = 1, 2, \ldots, N)$.

(b) Un sujet S peut faire l'une des trois réponses A_0, A_1 ou A_2. La réponse A_0 correspond à un état de doute. Si S donne la réponse A_1, il y a une probabilité π_1 que l'expérience renforce le sujet dans son opinion et que, à l'essai suivant, S donne la même réponse. S'il n'y a pas renforcement (probabilité $1 - \pi_1$), alors à l'essai suivant S passe à l'état de doute. De même, π_2 est la probabilité de renforcement pour la réponse A_2. Ici encore le sujet demeure dans cet état s'il y a renforcement et autrement passe à l'état de doute. Quand S est dans l'état de doute, il y a une probabilité $1 - c$ qu'il y reste à l'essai suivant, et des probabilités

$c/2$ et $c/2$ qu'il donne les réponse A_1 ou A_2. Considérer la chaîne de Markov décrivant l'état du sujet et déterminer sa matrice des probabilités de transition.

Réponse: $p_{00} = 1 - c$, $p_{01} = p_{02} = c/2$; $p_{10} = 1 - \pi_1$, $p_{11} = \pi_1$; $p_{20} = 1 - \pi_2$, $p_{22} = \pi_2$.

14. Deux machines se trouvent dans un atelier, mais une seule d'entre elles peut être utilisée à un moment donné. Chaque jour, il y a une probabilité p pour qu'une machine en service tombe en panne. Une machine en panne est réparée par un seul ouvrier qui a besoin de deux jours pour faire les réparations et ne travaille que sur une seule machine à la fois. Lorsqu'une machine tombe en panne, c'est toujours en fin de journée, et les réparations ne commencent jamais avant le jour suivant au plus tôt; de même l'autre machine, si elle est en état de fonctionner, n'entre en service que le jour suivant. Montrer que le processus $\{X_n, n \geq 0\}$ dont l'état X_n à la fin du n-ième jour est (x, y), où x est le nombre de machines en état de fonctionner à la fin de la n-ième journée et y est égal à 1 si le réparateur a travaillé pendant la n-ième journée et 0 dans le cas contraire, est une chaîne de Markov et donner sa matrice des probabilités de transition.

15. Deux compagnies se partagent le marché pour un produit donné. La compagnie A est établie de longue date et s'inquiète de la pénétration réalisée par la compagnie B, une entreprise jeune et très dynamique. La compagnie A détient pour le moment 80% du marché, tandis que la compagnie B n'en détient que 20%. Le service des études de marché de la compagnie A a établi que, d'une période à l'autre, le mouvement des clients d'une marque à l'autre se fait avec les probabilités de transition suivantes: $p_{AA} = 0{,}5$, $p_{AB} = 0{,}5$, $p_{BA} = 0{,}6$ et $p_{BB} = 0{,}4$.

Sur la base de cette étude de marché, et en supposant que les mouvements observés sont stables d'une période à l'autre, quelles sont les prévisions des parts de marché des compagnies A et B à la fin d'une, de deux et de trois périodes?

16. Trois produits de consommation courante A, B et C sont en concurrence sur le marché. Au 1er avril une enquête réalisée sur un échantillon représentatif de consommateurs a donné le résultat suivant: 30% des personnes interrogées ont déclaré consommer le produit A, 50% ont déclaré consommer B et 20% ont déclaré consommer C.

Les fabriquants du produit A lancent une campagne de publicité d'un mois afin de tenter d'accroître leur part du marché. Une enquête réalisée le 1er mai sur le même échantillon de consommateurs montre que, parmi les clients du produit A (au 1er avril), 50% continuent d'acheter A, 40% achètent B et 10% achètent C; parmi les clients du produit B, 70% continuent d'acheter B et 30% achètent A; et parmi les clients du produit C, 80% continuent d'acheter C et 20% achètent A.

(a) Déterminer l'état du marché au 1er mai.

(b) Quel serait l'état du marché au bout d'une seconde campagne de publicité d'un mois? (En admettant que l'enquête du 1er juin donne des résultats identiques à celle du 1er mai.)

17. On considère une chaîne de Markov finie ayant M états. Montrer que si l'état j est accessible à partir de l'état i, il est accessible en au plus M transitions.

18. Décomposer l'espace des états $I = \{0, 1, \ldots, n\}$ (où la valeur de n est choisie de façon appropriée) des chaînes de Markov dont les matrices des probabilités de transition sont les suivantes. On précisera si les sous-ensembles obtenus sont transitoires ou récurrents.

$$P_1 = \begin{pmatrix} 0 & 1/2 & 1/2 \\ 1/2 & 0 & 1/2 \\ 1/2 & 1/2 & 0 \end{pmatrix} \quad P_2 = \begin{pmatrix} 0 & 0 & 0 & 1 \\ 0 & 0 & 0 & 1 \\ 1/2 & 1/2 & 0 & 0 \\ 0 & 0 & 1 & 0 \end{pmatrix}$$

$$P_3 = \begin{pmatrix} 1/2 & 0 & 1/2 & 0 & 0 \\ 1/4 & 1/2 & 1/4 & 0 & 0 \\ 1/2 & 0 & 1/2 & 0 & 0 \\ 0 & 0 & 0 & 1/2 & 1/2 \\ 0 & 0 & 0 & 1/2 & 1/2 \end{pmatrix}$$

$$P_4 = \begin{pmatrix} 1/4 & 3/4 & 0 & 0 & 0 \\ 1/2 & 1/2 & 0 & 0 & 0 \\ 0 & 0 & 1 & 0 & 0 \\ 0 & 0 & 1/3 & 2/3 & 0 \\ 1 & 0 & 0 & 0 & 0 \end{pmatrix}$$

19. Soit j un état transitoire d'une chaîne de Markov. Montrer à l'aide de (5.6.5) que, quel que soit $i \in I$:

$$\sum_{n=0}^{\infty} p_{ij}^{(n)} \leq \sum_{n=0}^{\infty} p_{jj}^{(n)}.$$

20. Soit une chaîne de Markov $\{X_n,\, n \geq 0\}$ dont l'espace des états est $I = \{0, 1, 2, \ldots\}$. On a, quel que soit $i \in I$, $p_{i,i+1} = p$ et $p_{i,0} = 1 - p$, où $0 < p < 1$.
(a) Montrer que la chaîne est irréductible.
(b) Calculer $P_0\{T_0 = n\}$, $n \geq 1$.
(c) Montrer que cette chaîne de Markov est récurrente (on calculera $P_0\{T_0 < \infty\}$).

21. Soit $\{X_n,\, n \geq 0\}$ un processus de ramification. Calculer la probabilité d'extinction π_0 lorsque:
(a) $p_0 = 1/4$ et $p_2 = 3/4$;
(b) $p_0 = 1/4$, $p_1 = 1/2$ et $p_2 = 1/4$;
(c) $p_0 = 1/6$, $p_1 = 1/2$ et $p_3 = 1/3$.

22. Soit une chaîne de Markov dont l'espace des états est $I = \{1, 2, \ldots, 7\}$, et la matrice des probabilités de transition est:

$$P = \begin{array}{c} \\ 1 \\ 2 \\ 3 \\ 4 \\ 5 \\ 6 \\ 7 \end{array} \!\!\begin{array}{c} \begin{array}{ccccccc} 1 & 2 & 3 & 4 & 5 & 6 & 7 \end{array} \\ \begin{pmatrix} 1/2 & 0 & 1/8 & 1/4 & 1/8 & 0 & 0 \\ 0 & 0 & 1 & 0 & 0 & 0 & 0 \\ 0 & 0 & 0 & 1 & 0 & 0 & 0 \\ 0 & 1 & 0 & 0 & 0 & 0 & 0 \\ 0 & 0 & 0 & 0 & 1/2 & 0 & 1/2 \\ 0 & 0 & 0 & 0 & 1/2 & 1/2 & 0 \\ 0 & 0 & 0 & 0 & 0 & 1/2 & 1/2 \end{pmatrix} \end{array}$$

(a) Décomposer l'espace des états I en sous-ensembles d'états

transitoires et d'états récurrents (il est commode de tracer le diagramme des transitions de la chaîne).
(b) Calculer f_{1j}, $j = 1, 2, \ldots, 7$.

23. On considère la chaîne de Markov dont l'espace des états est $I = \{1, 2, \ldots, 6\}$ et qui admet la matrice des probabilités de transition suivante:

$$P = \begin{array}{c} \\ 1 \\ 2 \\ 3 \\ 4 \\ 5 \\ 6 \end{array} \begin{array}{c} \begin{array}{cccccc} 1 & 2 & 3 & 4 & 5 & 6 \end{array} \\ \begin{pmatrix} 1/2 & 1/2 & 0 & 0 & 0 & 0 \\ 1/3 & 2/3 & 0 & 0 & 0 & 0 \\ 0 & 0 & 1/8 & 0 & 7/8 & 0 \\ 1/4 & 1/4 & 0 & 0 & 1/4 & 1/4 \\ 0 & 0 & 3/4 & 0 & 1/4 & 0 \\ 0 & 1/5 & 0 & 1/5 & 1/5 & 2/5 \end{pmatrix} \end{array}$$

(a) Décomposer l'espace des états I en sous-ensembles d'états transitoires et d'états récurrents.
(b) Calculer $f_{i\mathcal{F}_1}$, où $i = 1, 2, \ldots, 6$, et $\mathcal{F}_1 = \{1, 2\}$.

24. Une chaîne de Markov a été utilisée pour l'étude du conformisme. Cette chaîne a quatre états: S_1 = non-conformiste permanent, S_2 = non-conformiste indécis, S_3 = conformiste indécis et S_4 = conformiste permanent. Lorsqu'une séance de thérapie de groupe a lieu, les individus changent d'état selon la matrice des probabilités de transition suivante:

$$\begin{array}{c} \text{DE/A} \\ S_1 \\ S_2 \\ S_3 \\ S_4 \end{array} \begin{array}{c} \begin{array}{cccc} S_1 & S_2 & S_3 & S_4 \end{array} \\ \begin{pmatrix} 1 & 0 & 0 & 0 \\ 0{,}06 & 0{,}76 & 0{,}18 & 0 \\ 0 & 0{,}27 & 0{,}69 & 0{,}04 \\ 0 & 0 & 0 & 1 \end{pmatrix} \end{array}$$

Trouver les probabilités de conversion éventuelle des états "conflictuels" S_2 et S_3 dans les états de "résolution" S_1 et S_4.

25. On considère un processus de ramification tel que $p_j = p(1-p)^j$, $j \geq 0$ et $0 < p < 1$. Montrer que $\pi_0 = 1$ si $p \geq 1/2$ et $\pi_0 = p/(1-p)$ si $p < 1/2$.

26. Soit $\{X_n,\, n \geq 0\}$ un processus de ramification. Montrer, à l'aide des résultats du problème 7, que $E[X_n \mid X_0 = i] = i\mu^n$.

27. Soit $\{X_n,\, n \geq 0\}$ un processus de ramification, et supposons que la variable aléatoire associée ξ a une variance finie égale à σ^2.
(a) Montrer que $E[X_{n+1}^2 \mid X_n = i] = i\sigma^2 + i^2\mu^2$.
(b) Montrer, à l'aide du problème précédent, que:

$$E[X_{n+1}^2 \mid X_0 = i] = i\mu^n\sigma^2 + \mu^2 E[X_n^2 \mid X_0 = i].$$

28. On place un rat blanc dans le labyrinthe donné en figure 1. Le rat se déplace de façon aléatoire dans les différentes cases, c'est-à-dire que s'il y a k issues à une case, il choisit l'une quelconque d'entre elles avec la probabilité $1/k$. Il change de case une fois par période. Soit X_n le numéro de la case occupée à la période n. On suppose que la case 3 contient un aliment et que la case 7 donne un choc électrique (ces deux états sont absorbants). Montrer que le processus $\{X_n,\, n \geq 0\}$ est une chaîne de Markov et donner sa matrice des probabilités de transition. Calculer la probabilité que le rat trouve la nourriture avant de trouver le choc électrique sachant qu'il est placé initialement dans la case i, $i = 1, \ldots, 9$.

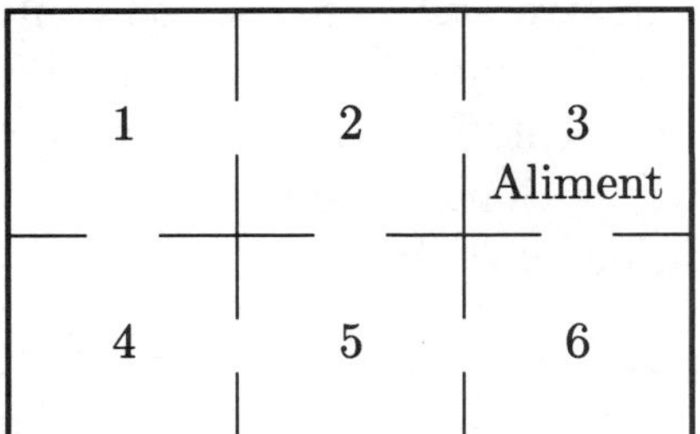

FIGURE 1

Indication: pour la dernière partie du problème, on calculera f_{i3}, $i = 1, \ldots, 9$, et on tiendra compte des symétries du labyrinthe pour résoudre le système d'équations linéaires obtenu.

SUPPLÉMENT AU CHAPITRE 5

ÉQUATIONS RÉCURRENTES

On dit qu'une équation de la forme:

$$ax_n + bx_{n-1} + cx_{n-2} = d, \qquad a \neq 0, \tag{1}$$

où a, b, c et d sont des constantes, est une *équation récurrente linéaire du deuxième ordre à coefficients constants.* Le lecteur familiarisé avec la théorie des équations différentielles linéaires du second ordre à coefficients constants reconnaîtra les similitudes existant entre ces deux types d'équations.

Nous commençons par envisager le cas où $d = 0$; on dit que l'équation est *homogène*, ou aussi qu'elle n'a pas de second membre.

Récurrence linéaire sans second membre

Nous avons donc l'équation:

$$ax_n + bx_{n-1} + cx_{n-2} = 0, \qquad a \neq 0. \tag{2}$$

Si x_n est une solution de (2), Cx_n l'est aussi, C désignant une constante. Nous dirons que deux solutions sont dépendantes lorsque leur rapport est constant; sinon, elles sont indépendantes. La suite x_n est déterminée si l'on fixe les valeurs initiales x_0 et x_1. On peut également donner des conditions aux limites, c'est-à-dire les valeurs de x_n pour deux valeurs spécifiées de n, soit par exemple n_1 et n_2. Dans tous les cas, la solution générale dépend donc de deux constantes arbitraires.

Réciproquement, étant données deux solutions particulières indépendantes de (2), soient u_n et v_n, $\lambda u_n + \mu v_n$ est une solution (λ et μ sont des constantes arbitraires). C'est la solution générale si l'on peut résoudre en λ et μ le système:

$$\begin{cases} \lambda u_0 + \mu v_0 = x_0 \\ \lambda u_1 + \mu v_1 = x_1 \end{cases}$$

lorsque l'on connaît x_0 et x_1, ou le système:

$$\begin{cases} \lambda u_{n_1} + \mu v_{n_1} = x_{n_1} \\ \lambda u_{n_2} + \mu v_{n_2} = x_{n_2} \end{cases}$$

lorsque l'on connaît x_{n_1} et x_{n_2}. Le premier système admet une solution unique si $u_0v_1 - u_1v_0 \neq 0$, et dans le cas du second si $u_{n_1}v_{n_2} - u_{n_2}v_{n_1} \neq 0$. Dans le cas contraire, par exemple pour le premier système, on aurait $v_0 = hu_0$, $v_1 = hu_1$, et par suite $v_n = hu_n$, où h est une constante; les solutions u_n et v_n seraient dépendantes.

Cherchons pour u_n et v_n des solutions de la forme $x_n = t^n$. On doit avoir d'après (2):

$$t^{n-2}(at^2 + bt + c) = 0.$$

Soient t_1 et t_2 les racines de l'équation $at^2+bt+c = 0$ appelée *équation caractéristique.* Si $t_1 \neq t_2$, on a les solutions indépendantes t_1^n et t_2^n (puisque, par exemple, $t_1 - t_2 \neq 0$), et la solution générale de (2) est:

$$x_n = \lambda t_1^n + \mu t_2^n, \qquad \text{si } t_1 \neq t_2, \tag{3}$$

où les constantes λ et μ sont calculées à partir des conditions initiales (ou des conditions aux limites).

Si l'équation caractéristique a une racine double $t_1 = t_2$ (on a alors $b^2 = 4ac$), on peut remarquer que $(t_2^n - t_1^n)/(t_2 - t_1)$ étant une solution qui, t_2 tendant vers t_1, a pour limite nt_1^{n-1}, cette limite ou d'ailleurs nt_1^n doit être une solution de l'équation limite. On vérifie en effet que pour $x_n = nt_1^n$:

$$\begin{aligned} ax_n + bx_{n-1} + cx_{n-2} &= t_1^{n-2}(ant_1^2 + b(n-1)t_1 + c(n-2)) \\ &= t_1^{n-2}(n(at_1^2 + bt_1 + c) - bt_1 - 2c) = 0 \end{aligned}$$

puisque $at_1^2 + bt_1 + c = 0$ et, la racine double t_1 étant égale à $-b/2a$, $-bt_1 - 2c = (b^2 - 4ac)/2a = 0$ (remarquons que $a \neq 0$, sinon la récurrence serait d'ordre un). La solution générale est alors:

$$x_n = (\lambda n + \mu)t_1^n, \qquad \text{si } t_1 = t_2, \tag{4}$$

où les constantes λ et μ sont ici aussi calculées à partir des conditions initiales (ou des conditions aux limites).

Récurrence linéaire avec second membre

Considérons une récurrence linéaire du second ordre avec second membre. Il s'agit d'un ensemble d'équations du genre de (1) avec $d \neq 0$. Si l'on connaît une solution particulière x_n^* de cette équation, en posant:

$$x_n = x_n^* + \alpha_n,$$

on voit que α_n vérifie l'équation homogène:

$$a\alpha_n + b\alpha_{n-1} + c\alpha_{n-2} = 0.$$

On déduit donc de l'étude ci-dessus que la solution générale d'une récurrence linéaire du second ordre avec second membre est de la forme:

$$x_n = x_n^* + \begin{cases} \lambda t_1^n + \mu t_2^n & \text{si } t_1 \neq t_2, \\ (\lambda n + \mu) t_1^n & \text{si } t_1 = t_2, \end{cases} \tag{5}$$

où t_1 et t_2 sont les solutions de l'équation caractéristique $at^2 + bt + c = 0$. Les constantes λ et μ sont calculées à partir des conditions initiales (ou des conditions aux limites).

Il ne nous reste plus qu'à indiquer comment trouver une solution particulière de (1). Cherchons une solution particulière constante $x_n^* = K$; on a:

$$K(a + b + c) = d.$$

Si $a + b + c \neq 0$ (ce qui revient à dire que $t = 1$ n'est pas racine de l'équation caractéristique), alors $x_n^* = d/(a + b + c)$ est une solution particulière de (1). Si $a + b + c = 0$ (t=1 est racine de l'équation caractéristique), essayons une solution particulière de la forme $x_n^* = Kn$. Il vient:

$$d = K(an + b(n-1) + c(n-2)) = K(n(a+b+c) - b - 2c) = -K(b+2c)$$

soit encore, puisque $a + b + c = 0$, $K(a - c) = d$. Par conséquent, si $a + b + c = 0$ et $a \neq c$ (ce qui revient à dire que $t = 1$ est racine simple de l'équation caractéristique), $x_n^* = dn/(a - c)$ est une solution particulière de (1). Finalement si $t = 1$ est une racine double de (1) ($a + b + c = 0$ et $a = c$), essayons une solution particulière de la forme $x_n^* = Kn^2$. Il vient:

$$\begin{aligned} d &= K(an^2 + b(n-1)^2 + c(n-2)^2) \\ &= K((a + b + c)n^2 - 2(b + 2c)n + b + 4c) \\ &= K(b + 4c) = K(4a + b), \end{aligned}$$

et puisque dans ce cas $4a + b \neq 0$ (il ne peut être nul sans que a soit nul), $x_n^* = dn^2/(4a + b)$ est une solution particulière de (1).

En résumé, on a:

$$x_n^* = \begin{cases} d/(a+b+c) & \text{si } a+b+c \neq 0, \\ dn/(a-c) & \text{si } a+b+c = 0 \text{ et } a \neq c, \\ dn^2/(4a+b) & \text{si } a+b+c = 0 \text{ et } a = c, \end{cases}$$

et ces trois cas correspondent respectivement, dans l'ordre, à des situations où:

- $t = 1$ n'est pas racine de l'équation caractéristique $at^2 + bt + c = 0$;
- $t = 1$ est une racine simple de l'équation caractéristique; et
- $t = 1$ est une racine double de l'équation caractéristique.

Chapitre 6

DISTRIBUTIONS STATIONNAIRES D'UNE CHAINE DE MARKOV

Soit $\{X_n,\ n \geq 0\}$ une chaîne de Markov dont l'espace des états est l'ensemble dénombrable I et la matrice des probabilités de transition est P. S'il existe des nombres non négatifs π_i, $i \in I$, dont la somme est égale à 1 et tels que:

$$\sum_{i \in I} \pi_i p_{ij} = \pi_j, \qquad j \in I, \tag{6.1.1}$$

la distribution $\{\pi_i,\ i \in I\}$ est appelée *distribution de probabilité stationnaire.*

Supposons qu'il existe une certaine distribution de probabilité stationnaire $\pi = \{\pi_i,\ i \in I\}$ pour la chaîne de Markov $\{X_n,\ n \geq 0\}$, et que:

$$\lim_{n \to \infty} p_{ij}^{(n)} = \pi_j, \qquad j \in I, \text{ quel que soit } i \in I. \tag{6.1.2}$$

Dans ces conditions, comme nous le verrons par la suite, la distribution de probabilité de X_n tend vers la distribution π lorsque $n \to \infty$, et cela quelle que soit la distribution de probabilité initiale.

Dans ce chapitre, nous allons étudier si une chaîne de Markov donnée admet une distribution stationnaire, si cette distribution est unique, et si la relation (6.1.2) est vérifiée. Nous chercherons quel est le comportement de la chaîne après un grand nombre de transitions. La question centrale est celle de la "stabilité" ou de l'état d'équilibre: le système converge-t-il, indépendamment de la distribution de probabilité initiale, vers une certaine distribution de probabilité limite?

Nous avons déjà soulevé la question de l'existence d'un état d'équilibre dans la section 5.4.5 à propos de l'étude de la fidélité à la marque. Calculons le nombre de clientes des marques A, B et C après n périodes comme nous l'avons fait dans la section 5.4.5 pour $n = 1$ et 2. Les résultats de ce calcul sont donnés dans le tableau 6.1.1. On remarque que le nombre de clientes de chaque marque atteint un état d'équilibre après 15 périodes. L'état d'équilibre est caractérisé par les nombres de clientes suivants: 2 332 (ou 33,3% du marché) pour la marque A, 2 723 (ou 38,9% du marché) pour la marque B et 1 945 (ou 27,8% du marché) pour la marque C.

n	A	B	C
0	2 000	4 000	1 000
1	2 100	3 300	1 600
2	2 170	3 000	1 830
3	2 219	2 866	1 915
4	2 253	2 803	1 944
5	2 277	2 770	1 953
6	2 294	2 753	1 953
7	2 306	2 742	1 952
8	2 314	2 736	1 950
9	2 320	2 731	1 949
10	2 324	2 729	1 947
11	2 327	2 727	1 946
12	2 329	2 725	1 946
13	2 330	2 724	1 946
14	2 331	2 724	1 945
15	2 332	2 723	1 945
16	2 332	2 723	1 945

TABLEAU 6.1.1: NOMBRE DE CLIENTES
APRÈS n PÉRIODES

Pour cet exemple, l'existence d'un état d'équilibre paraît logique. En effet, si une cliente utilise maintenant la marque B, les probabilités que cette cliente utilise la marque A ou la marque C dans vingt périodes sont vraisemblablement les mêmes que celles pour qu'elle utilise ces mêmes marques dans vingt-et-une périodes. De même, le fait qu'une cliente utilise maintenant la marque B n'a probablement pas grande importance dans la détermination de son choix dans vingt périodes. Par conséquent, indépendamment de son choix initial, après un nombre suffisant de périodes, les parts de marché vont se stabiliser.

Le lecteur s'assurera que le vecteur $\pi = (0{,}333\,,\ 0{,}389\,,\ 0{,}278)$ satisfait les conditions (6.1.1). Il résulte du tableau 6.1.1 que les conditions (6.1.2) sont vérifiées.

6.1 PROPRIÉTÉS ÉLÉMENTAIRES DES DISTRIBUTIONS STATIONNAIRES

Soit π une distribution stationnaire de la chaîne de Markov $\{X_n, n \geq 0\}$. Nous avons, en utilisant l'équation de Chapman-Kolmogorov et la relation (6.1.1):

$$\begin{aligned}\sum_{i\in I} \pi_i p_{ij}^{(2)} &= \sum_{i\in I} \pi_i \Big(\sum_{k\in I} p_{ik}p_{kj}\Big) \\ &= \sum_{k\in I}\Big(\sum_{i\in I} \pi_i p_{ik}\Big)p_{kj} = \sum_{k\in I} \pi_k p_{kj} = \pi_j.\end{aligned}$$

A l'aide de la relation $p_{ij}^{(n+1)} = \sum_k p_{ik}^{(n)} p_{kj}$ (déduite de l'équation de Chapman-Kolmogorov), nous pouvons par récurrence sur n établir que:

$$\sum_{i\in I} \pi_i p_{ij}^{(n)} = \pi_j, \qquad j \in I. \tag{6.1.3}$$

Si maintenant la distribution de probabilité initiale, c'est-à-dire la distribution de X_0, est égale à la distribution stationnaire π, nous avons:

$$\begin{aligned}P\{X_n = j\} &= \sum_{i\in I} P\{X_n = j \mid X_0 = i\}P\{X_0 = i\} \\ &= \sum_{i\in I} p_{ij}^{(n)} \pi_i = \pi_j, \qquad j \in I.\end{aligned}$$

Il en résulte que la distribution de probabilité de X_n est indépendante de n.

Supposons réciproquement que la distribution de probabilité de X_n soit indépendante de n; nous avons:

$$\begin{aligned} P\{X_0 = j\} = P\{X_1 = j\} &= \sum_{i \in I} P\{X_1 = j \mid X_0 = i\} P\{X_0 = i\} \\ &= \sum_{i \in I} p_{ij} P\{X_0 = i\}, \end{aligned}$$

et la distribution de probabilité initiale est stationnaire. Par conséquent, la distribution de X_n est indépendante de n si et seulement si la distribution de probabilité initiale est stationnaire au sens de (6.1.1). Remarquons que ce résultat justifie le nom de "distribution stationnaire" puisque, si la distribution initiale satisfait à (6.1.1), la chaîne de Markov aura la même loi de probabilité à chaque étape $n \geq 0$.

6.2 EXEMPLES DE DISTRIBUTIONS STATIONNAIRES

Dans cette section, nous allons envisager quelques exemples pour lesquels on peut trouver directement une distribution stationnaire unique. Il résulte de (6.1.1) que si l'on représente par π le vecteur ligne $(\pi_i)_{i \in I}$, les composantes π_i s'obtiennent en résolvant le système matriciel d'équations linéaires suivant:

$$\pi P = \pi, \qquad \pi \geq 0 \text{ et } \sum_{i \in I} \pi_i = 1. \tag{6.2.1}$$

Exemple 6.2.1. *Processus de naissance et de mort*

Considérons le cas d'une chaîne de Markov dont l'espace des états est $I = \{0, 1, 2, \dots\}$ (ou bien un sous-ensemble de l'ensemble des entiers non négatifs) et la matrice des probabilités de transition satisfait:

$$p_{ij} = 0 \quad \text{si } |i - j| > 1, \quad i, j \in I. \tag{6.2.2}$$

La relation (6.2.2) exprime le fait que tous les éléments non nuls de la matrice P sont soit sur la diagonale principale, soit sur une ligne parallèle et directement adjacente (au-dessus ou en dessous) à la diagonale principale. La plupart des exemples de promenade aléatoire que nous avons envisagés dans la section 5.4.1 sont de ce type. En général, on appelle ces chaînes des processus de naissance et de mort.

Avec ces hypothèses, la relation (6.2.1) s'écrit:

$$\begin{cases} \pi_0 = \pi_0 p_{00} + \pi_1 p_{10} \\ \pi_j = \pi_{j-1} p_{j-1,j} + \pi_j p_{jj} + \pi_{j+1} p_{j+1,j}, \qquad j \geq 1 \end{cases} \tag{6.2.3}$$

Pour éviter les cas triviaux, nous supposerons $p_{j-1,j} > 0$ pour $j \geq 1$ et $p_{j+1,j} > 0$ pour $j \geq 0$, sans cependant faire d'hypothèse sur les termes diagonaux p_{jj}. Remarquons que cette dernière hypothèse élimine les promenades aléatoires à barrières absorbantes (puisque si l'état 0 est absorbant $p_{01} = 0$), mais pas les promenades aléatoires à barrières réfléchissantes ou semi-réfléchissantes.

On peut résoudre les équations (6.2.3) de proche en proche. On a d'abord:

$$\pi_1 = \pi_0 \frac{1 - p_{00}}{p_{10}} = \frac{p_{01}}{p_{10}} \pi_0.$$

Continuons par récurrence sur n; supposons que:

$$\pi_j = \frac{p_{01} p_{12} \cdots p_{j-1,j}}{p_{10} p_{21} \cdots p_{j,j-1}} \pi_0$$

pour un indice $j \geq 1$. Nous avons d'après (6.2.3):

$$\begin{aligned} \pi_{j+1} &= \frac{1}{p_{j+1,j}} \left[-\pi_{j-1} p_{j-1,j} + \pi_j (1 - p_{jj}) \right] \\ &= \pi_0 \frac{p_{01} \cdots p_{j-2,j-1}}{p_{10} \cdots p_{j-1,j-2}} \times \frac{1}{p_{j+1,j}} \left[-p_{j-1,j} + \frac{p_{j-1,j}}{p_{j,j-1}} (1 - p_{jj}) \right] \\ &\qquad \text{(d'après l'hypothèse de récurrence)} \\ &= \pi_0 \frac{p_{01} \cdots p_{j-1,j}}{p_{10} \cdots p_{j,j-1}} \times \frac{1}{p_{j+1,j}} (-p_{j,j-1} + 1 - p_{jj}); \end{aligned}$$

mais $-p_{j,j-1} + 1 - p_{jj} = p_{j,j+1}$ d'après (6.2.2), et:

$$\pi_{j+1} = \frac{p_{01} p_{12} \cdots p_{j,j+1}}{p_{10} p_{21} \cdots p_{j+1,j}} \pi_0. \tag{6.2.4}$$

La suite $(\pi_0, \pi_1, \pi_2, \ldots)$ représente donc la solution unique du système d'équations linéaires (6.2.3). Pour en faire une distribution de probabilité stationnaire, il faut choisir π_0 de façon que:

$$1 = \sum_{j=0}^{\infty} \pi_j = \pi_0 \Big(1 + \sum_{j=1}^{\infty} \frac{p_{01} p_{12} \cdots p_{j-1,j}}{p_{10} p_{21} \cdots p_{j,j-1}}\Big).$$

Ce choix est possible si et seulement si:

$$\sum_{j=1}^{\infty} \frac{p_{01} p_{12} \cdots p_{j-1,j}}{p_{10} p_{21} \cdots p_{j,j-1}} < \infty. \tag{6.2.5}$$

La condition (6.2.5) est donc une condition nécessaire et suffisante d'existence d'une distribution de probabilité stationnaire pour les chaînes de Markov associées avec les processus de naissance et de mort.

Exemple 6.2.2. *La chaîne d'Ehrenfest*

Le processus d'Ehrenfest (voir la section 5.4.1) est une chaîne de Markov qui satisfait les conditions de l'exemple précédent. L'espace des états est l'ensemble $I = \{0, 1, 2, \ldots, \rho\}$ et les probabilités de transition à une étape sont données par:

$$p_{ij} = \begin{cases} i/\rho & \text{si } j = i - 1, \\ 1 - (i/\rho) & \text{si } j = i + 1, \\ 0 & \text{autrement,} \end{cases} \qquad 0 \leq i \leq \rho.$$

D'après ce qui précède, nous avons donc:

$$\pi_j = \frac{p_{01} p_{12} \cdots p_{j-1,j}}{p_{10} p_{21} \cdots p_{j,j-1}} \pi_0$$

mais,

$$p_{01} p_{12} \cdots p_{j-1,j} = \frac{\rho}{\rho} \times \frac{\rho - 1}{\rho} \times \cdots \times \frac{\rho - j + 1}{\rho} = \frac{\rho!}{(\rho - j)!\, \rho^j}$$

et:

$$p_{10} p_{21} \cdots p_{j,j-1} = \frac{1}{\rho} \times \frac{2}{\rho} \times \cdots \times \frac{j}{\rho} = \frac{j!}{\rho^j}$$

d'où:

$$\pi_j = \frac{\rho!}{j!\,(\rho - j)!} \pi_0 = \binom{\rho}{j} \pi_0, \qquad 0 \leq j \leq \rho.$$

Écrivons la condition $\sum_{j=0}^{\rho} \pi_j = 1$; il vient:

$$1 = \sum_{j=0}^{\rho} \pi_j = \pi_0 \sum_{j=0}^{\infty} \binom{\rho}{j}.$$

On calcule la somme des coefficients du binôme en faisant $x = y = 1$ et $n = \rho$ dans la relation (1.6.17); on obtient:

$$(1+1)^{\rho} = \sum_{j=0}^{\rho} \binom{\rho}{j} = 2^{\rho}.$$

Par conséquent $\pi_0 = 1/2^{\rho} = 2^{-\rho}$. Il en résulte que:

$$\pi_j = \binom{\rho}{j} 2^{-\rho}, \qquad 0 \leq j \leq \rho. \tag{6.2.6}$$

La relation (6.2.6) donne la distribution de probabilité stationnaire unique correspondant à la chaîne d'Ehrenfest.

Remarquons que dans ce cas la relation (6.1.2) ne peut pas être satisfaite puisque $p_{ii}^{(n)} = 0$ lorsque n est un nombre impair. Cela résulte du fait que la chaîne d'Ehrenfest est périodique avec $d = 2$. Il est possible, comme nous allons le voir dans l'exemple suivant, de modifier légèrement la chaîne d'Ehrenfest afin d'éviter ce comportement "périodique". Notons, de façon générale, que *la relation (6.1.2) ne peut pas être satisfaite dans le cas d'une chaîne périodique.*

Exemple 6.2.3. *La chaîne d'Ehrenfest modifiée*

Considérons à nouveau, comme dans la section 5.4.1, deux récipients A et B et ρ boules numérotées de 1 à ρ. Les boules sont initialement réparties au hasard entre les deux récipients. On choisit un nombre entre 1 et ρ et la boule qui porte ce numéro est extraite du récipient dans lequel elle se trouve. Puis, on choisit au hasard un des deux récipients et on y dépose la boule précédente. Ce processus est répété indéfiniment et chaque choix est fait de façon indépendante. Soit X_n le nombre de boules dans le récipient A après n choix. Le processus $\{X_n,\, n \geq 0\}$ est une chaîne de Markov dont l'espace des états est $I = \{0, 1, 2, \ldots, \rho\}$ et les probabilités de transition

$$p_{ij} = \begin{cases} \frac{1}{2} \cdot \frac{i}{\rho} & \text{si } j = i - 1, \\ \frac{1}{2} & \text{si } j = i, \\ \frac{1}{2}(1 - \frac{i}{\rho}) & \text{si } j = i + 1, \\ 0 & \text{autrement.} \end{cases} \tag{6.2.7}$$

La justification de (6.2.7) est laissée au lecteur. Il est évident, en remarquant que la relation (6.2.4) ne fait pas intervenir les probabilités p_{jj}, que la distribution de probabilité stationnaire de la chaîne d'Ehrenfest modifiée est aussi donnée par (6.2.6).

On verra par la suite que la relation (6.1.2) est satisfaite pour la chaîne modifiée. Le comportement "périodique" mis en évidence dans la chaîne d'Ehrenfest de l'exemple 6.2.2 ne se répète pas puisque la chaîne modifiée est apériodique ($p_{ii} = 1/2$ quel que soit l'état $i \in I$). Donc si on laisse le système fonctionner suffisamment longtemps, la distribution de probabilité de X_n, pour n assez grand, tendra vers la distribution de probabilité stationnaire (6.2.6) indépendamment de la distribution de probabilité initiale.

6.3 ÉTATS RÉCURRENTS POSITIFS, ÉTATS RÉCURRENTS NULS

On voit intuitivement que pour que la relation (6.1.2) puisse être satisfaite, il faut que la chaîne puisse se trouver "assez souvent" dans l'état j après un grand nombre de transitions. Cela suggère que les états *récurrents* vont jouer un rôle important puisque le nombre moyen de visites à un état transitoire est fini. Cependant tous les états récurrents ne sont pas équivalents du point de vue des distributions stationnaires; nous allons introduire une différence selon que le temps moyen de retour à un état récurrent est fini ou non.

6.3.1 Temps moyen de récurrence

Nous venons de voir dans l'exemple 6.2.2 que la relation (6.1.2) ne peut pas être satisfaite dans le cas d'une chaîne périodique. Pour remédier à la non-convergence des termes d'une suite, on peut considérer ce qu'on appelle la *convergence au sens de Césaro* ou *convergence en moyenne.* Par exemple, la suite $\{u_n, n \geq 0\}$ telle que $u_{2n-1} = 1$ et $u_{2n} = -1$, $n \geq 1$, ne converge pas au sens ordinaire, mais $\lim_{N\to\infty}(1/N)\sum_{n=1}^{N} u_n = 0$ et on dit que la suite converge au sens de Césaro. Dans cette section, nous allons montrer que la limite

$$\lim_{N\to\infty} \frac{1}{N} \sum_{n=1}^{N} p_{ij}^{(n)}$$

existe quels que soient les états i et j d'une chaîne de Markov.

Définition 6.3.1. *Soit j un état récurrent d'une chaîne de Markov; on appelle temps moyen de récurrence le nombre μ_{jj} (fini ou infini) défini par:*

$$\mu_{jj} = E_j(T_j) = \sum_{n=1}^{\infty} nP_j\{T_j = n\}.$$

Si l'état j est transitoire, on pose par convention $\mu_{jj} = \infty$.

Le temps moyen de récurrence est donc l'espérance du temps d'entrée dans l'état récurrent j (temps du premier retour à l'état j) étant donné que le processus est initialement dans cet état j.

Considérons un état j récurrent. Partant de l'état initial $X_0 = j$, nous prenons les instants $T_j^{(n)}$, $n \geq 0$, des retours successifs de la chaîne dans l'état j. Nous avons $T_j^{(0)} = 0$ et $T_j^{(1)} = T_j$; la variable aléatoire $S_j^{(n)} = T_j^{(n)} - T_j^{(n-1)}$ qui représente l'intervalle de temps entre le $(n-1)$-ième et le n-ième retour dans l'état j est appelée *durée d'attente* entre deux retours consécutifs. Il résulte de la propriété de Markov que les v.a. $S_j^{(n)}$, $n \geq 1$ sont des v.a. indépendantes possédant une distribution de probabilité commune:

$$P_j\{S_j^{(n)} = m\} = P_j\{S_j^{(1)} = m\} = P_j\{T_j = m\} \tag{6.3.1}$$

et puisque l'état j est récurrent:

$$\sum_{m=1}^{\infty} P_j\{T_j = m\} = P_j\{T_j < \infty\} = f_{jj} = 1. \qquad (6.3.2)$$

Pour justifier (6.3.1), remarquons que chaque fois que la chaîne revient dans l'état j, elle en repart, d'après la propriété de Markov, comme si elle en partait pour la première fois. Donc la loi de la deuxième durée d'attente $S_j^{(2)}$ doit être la même que celle de $S_j^{(1)} = T_j$. De plus, les durées d'attente successives sont indépendantes puisque, une fois de retour en j, le temps nécessaire pour y revenir ne dépend pas du temps qu'il a fallu pour y arriver. Le même raisonnement reste valable pour toutes les variables aléatoires $S_j^{(n)}$, $n \geq 1$. La relation (6.3.2) confirme que la loi de $S_j^{(n)}$, $n \geq 1$ est une "vraie" distribution de probabilité lorsque j est récurrent (puisque $f_{jj} = 1$, alors que pour j transitoire $f_{jj} < 1$). De plus:

$$E_j(S_j^{(n)}) = E_j(T_j) = \mu_{jj}, \qquad n \geq 1. \qquad (6.3.3)$$

Soit alors $G_{jj}^{(N)}$ l'espérance du nombre de retours dans l'état j pendant N périodes consécutives, partant de l'état initial $X_0 = j$. Tout comme nous avons établi la relation (5.6.4), nous obtenons ici:

$$G_{jj}^{(N)} = \sum_{n=1}^{N} p_{jj}^{(n)}. \qquad (6.3.4)$$

Lorsque N est suffisamment grand, on peut dire que le produit de l'espérance du nombre de retours dans l'état j pendant N périodes par la durée moyenne d'attente entre deux retours consécutifs est approximativement égal à N, c'est-à-dire, d'après (6.3.3) et (6.3.4):

$$N \sim G_{jj}^{(N)} \times \mu_{jj}.$$

Par conséquent, lorsque j est un état récurrent,

$$\lim_{N\to\infty} \frac{G_{jj}^{(N)}}{N} = \lim_{N\to\infty} \frac{1}{N} \sum_{n=1}^{N} p_{jj}^{(n)} = \frac{1}{\mu_{jj}}. \qquad (6.3.5)$$

Si maintenant i est un état quelconque d'une chaîne de Markov, on a d'après la proposition 5.5.1:

$$p_{ij}^{(n)} = \sum_{k=1}^{n} P_i\{T_j = k\} p_{jj}^{(n-k)}, \qquad n \geq 1,$$

d'où:

$$\frac{1}{N} \sum_{n=1}^{N} p_{ij}^{(n)} = \frac{1}{N} \sum_{n=1}^{N} \sum_{k=1}^{n} P_i\{T_j = k\} p_{jj}^{(n-k)};$$

en échangeant l'ordre des sommations, on obtient:

$$\frac{1}{N} \sum_{n=1}^{N} p_{ij}^{(n)} = \sum_{k=1}^{N} P_i\{T_j = k\} \sum_{n=k}^{N} \frac{1}{N} p_{jj}^{(n-k)}. \tag{6.3.6}$$

En laissant N tendre vers l'infini dans (6.3.6) et supposant le passage à la limite justifié, on obtient, en tenant compte de (6.3.5):

$$\begin{aligned} \lim_{N \to \infty} \frac{1}{N} \sum_{n=1}^{N} p_{ij}^{(n)} &= \sum_{k=1}^{\infty} P_i\{T_j = k\} \frac{1}{\mu_{jj}} \\ &= \frac{P_i\{T_j < \infty\}}{\mu_{jj}} = \frac{f_{ij}}{\mu_{jj}}. \end{aligned}$$

Les calculs précédents suggèrent le théorème suivant dont la démonstration rigoureuse dépasse le cadre de cet ouvrage (voir par exemple Hoel *et al.* (1972)).

Théorème 6.3.1. *Soit j un état récurrent, nous avons quel que soit l'état $i \in I$:*

$$\lim_{N \to \infty} \frac{G_{ij}^{(N)}}{N} = \frac{f_{ij}}{\mu_{jj}}$$

où $G_{ij}^{(N)} = \sum_{n=1}^{N} p_{ij}^{(n)}$ est l'espérance du nombre de retours dans l'état j pendant un intervalle de temps de N périodes partant de l'état initial i.

Tenant compte du corollaire 5.7.3, nous déduisons immédiatement du théorème précédent le corollaire suivant:

Corollaire 6.3.2. *Soit $\mathcal{F}$ un sous-ensemble fermé irréductible d'états récurrents, nous avons:*

$$\lim_{N\to\infty} \frac{G_{ij}^{(N)}}{N} = \frac{1}{\mu_{jj}}, \qquad i,j \in \mathcal{F}.$$

6.3.2 Ergodicité des états récurrents

Nous allons maintenant classer les états récurrents selon que leur temps de récurrence est fini ou non.

Définition 6.3.2. *On dit qu'un état récurrent j est récurrent positif (ou ergodique fort) si $\mu_{jj} < \infty$ et récurrent nul (ou ergodique faible) si $\mu_{jj} = \infty$.*

Par conséquent, une chaîne de Markov revient dans un état récurrent positif avec probabilité égale à 1 et le temps moyen d'attente jusqu'à la prochaine visite est fini. Dans le cas d'un état récurrent nul, la chaîne de Markov y revient encore avec probabilité égale à 1, mais le temps moyen d'attente est infini. Le théorème suivant est relié au théorème 5.7.2.

Théorème 6.3.3. *Soit i un état récurrent positif et supposons que l'état j soit accessible à partir de l'état i; alors j est un état récurrent positif.*

Démonstration. D'après l'hypothèse ci-dessus et le théorème 5.7.2, il existe deux entiers positifs n_1 et n_2 tels que $p_{ji}^{(n_1)} > 0$ et $p_{ij}^{(n_2)} > 0$. De plus, d'après l'équation de Chapman-Kolmogorov:

$$p_{jj}^{(n_1+m+n_2)} \geq p_{ji}^{(n_1)} p_{ii}^{(m)} p_{ij}^{(n_2)}.$$

En sommant l'inégalité ci-dessus pour $m = 1, 2, \ldots, N$, et en divisant par N, il vient:

$$\frac{G_{jj}^{(n_1+N+n_2)}}{N} - \frac{G_{jj}^{(n_1+n_2)}}{N} \geq p_{ji}^{(n_1)} p_{ij}^{(n_2)} \frac{G_{ii}^{(N)}}{N}. \tag{6.3.7}$$

Laissons tendre N vers l'infini. On a d'après le théorème 6.3.1:

$$\lim_{N\to\infty} \frac{G_{jj}^{(n_1+N+n_2)}}{N} = \lim_{N\to\infty} \frac{n_1+N+n_2}{N} \cdot \frac{G_{jj}^{(n_1+N+n_2)}}{n_1+N+n_2} = \frac{1}{\mu_{jj}}$$

et:

$$\lim_{N\to\infty} \frac{G_{ii}^{(N)}}{N} = \frac{1}{\mu_{ii}}.$$

D'autre part:

$$\lim_{N\to\infty} \frac{G_{jj}^{(n_1+n_2)}}{N} = 0;$$

il résulte donc de l'inégalité (6.3.7) que:

$$\frac{1}{\mu_{jj}} \geq p_{ji}^{(n_1)} p_{ij}^{(n_2)} \frac{1}{\mu_{ii}} > 0$$

puisque $\mu_{ii} < \infty$ par hypothèse. Donc $\mu_{jj} < \infty$ et j est un état récurrent positif. ■

Ce théorème permet de rendre plus précise la partie *(i)* du corollaire 5.7.3. En effet, si $\mathcal{F}$ est un sous-ensemble fermé irréductible de l'espace des états d'une chaîne de Markov, les états de $\mathcal{F}$ sont soit tous transitoires, soit tous récurrents nuls ou soit tous récurrents positifs. On peut, de même, réaffirmer le corollaire 5.6.2 de la façon suivante.

Théorème 6.3.4. *Si $\mathcal{F}$ est un sous-ensemble fermé de l'espace des états d'une chaîne de Markov et si $\mathcal{F}$ ne contient qu'un nombre fini d'états, il contient au moins un état récurrent positif.*

Démonstration. Puisque le sous-ensemble $\mathcal{F}$ est fermé, nous avons quel que soit $m \geq 1$:

$$\sum_{j\in\mathcal{F}} p_{ij}^{(m)} = 1, \qquad i \in \mathcal{F}.$$

En sommant la relation ci-dessus pour $m = 1, \ldots, n$ et en divisant par n, il vient:

$$1 = \frac{1}{n} \sum_{m=1}^{n} \sum_{j\in\mathcal{F}} p_{ij}^{(m)} = \frac{1}{n} \sum_{j\in\mathcal{F}} \sum_{m=1}^{n} p_{ij}^{(m)} = \frac{1}{n} \sum_{j\in\mathcal{F}} G_{ij}^{(n)}.$$

Si le sous-ensemble $\mathcal{F}$ ne contient que des états transitoires ou récurrents nuls, nous avons:

$$1 = \lim_{n\to\infty} \frac{1}{n} \sum_{j\in\mathcal{F}} G_{ij}^{(n)} = \sum_{j\in\mathcal{F}} \lim_{n\to\infty} \frac{G_{ij}^{(n)}}{n} = 0$$

puisque, lorsque j est transitoire, $\lim_{n\to\infty} G_{ij}^{(n)} = G_{ij} < \infty$, et si j est récurrent nul, le résultat provient du théorème 6.3.1. Nous avons donc une contradiction et il doit exister au moins un état récurrent positif. ∎

Ce théorème va nous permettre de préciser encore plus le résultat du théorème 5.7.5.

Théorème 6.3.5. *Tous les états d'un ensemble fini fermé et irréductible sont récurrents positifs.*

En effet, d'après le théorème 6.3.4, un ensemble fini fermé contient au moins un état récurrent positif. De plus, puisque l'ensemble est irréductible, tous les états sont récurrents positifs d'après le théorème 6.3.3. Nous avons également le corollaire suivant.

Corollaire 6.3.6. *Une chaîne de Markov finie n'a pas d'état récurrent nul.*

Démonstration. Considérons un état récurrent quelconque, il appartient, d'après le théorème 5.7.6, à un sous-ensemble fermé irréductible $\mathcal{F}$ de l'espace des états. Puisque $\mathcal{F}$ ne peut contenir qu'un nombre fini d'états, tous ces états sont récurrents positifs d'après le théorème 6.3.5. Tout état récurrent d'une chaîne de Markov finie est donc récurrent positif; il n'y a pas d'état récurrent nul. ∎

Remarquons qu'intuitivement il paraît clair que si nous n'avons qu'un nombre fini d'états, le temps moyen de récurrence sera fini parce qu'il n'y a pas "tellement d'états à visiter" et que la chaîne doit donc revenir "assez rapidement" à l'état en question.

Exemple 6.3.1. Revenons à la chaîne de Markov de l'exemple 5.7.1. L'espace des états de cette chaîne contient deux états transitoires, soient les états 1 et 2, et quatre états récurrents, soient les états 0, 3, 4 et 5. Ces quatre états sont donc nécessairement récurrents positifs. □

6.4 EXISTENCE ET UNICITÉ DES DISTRIBUTIONS STATIONNAIRES

Nous sommes maintenant prêts à étudier dans quelles conditions une chaîne de Markov admet une distribution de probabilité stationnaire unique. A certains moments de l'exposé, nous allons être amenés à échanger des opérations de sommation et des limites; nous supposerons l'échange justifié.

Soit donc $\{\pi_i,\, i \geq 0\}$ une distribution de probabilité stationnaire, on a d'après la relation (6.1.3):

$$\sum_{i \in I} \pi_i p_{ij}^{(m)} = \pi_j, \qquad m \geq 1 \text{ et } j \in I.$$

En sommant ces équations pour $m = 1, 2, \ldots, N$, on obtient:

$$\sum_{m=1}^{N} \sum_{i \in I} \pi_i p_{ij}^{(m)} = \sum_{m=1}^{N} \pi_j = N\pi_j,$$

soit, en échangeant l'ordre des sommations:

$$\sum_{i \in I} \pi_i \frac{1}{N} \sum_{m=1}^{N} p_{ij}^{(m)} = \pi_j,$$

ou encore:

$$\sum_{i \in I} \pi_i \frac{G_{ij}^{(N)}}{N} = \pi_j. \tag{6.4.1}$$

Nous montrons d'abord que la probabilité stationnaire associée avec un état transitoire ou un état récurrent nul est nulle.

Théorème 6.4.1. *Soit $\{\pi_i,\, i \in I\}$ une distribution de probabilité stationnaire d'une chaîne de Markov. Si l'état j est transitoire ou récurrent nul, alors $\pi_j = 0$.*

Démonstration. En effet, si l'état j est transitoire ou récurrent nul, nous avons remarqué dans la démonstration du théorème 6.3.4 que:

$$\lim_{N\to\infty} \frac{G_{ij}^{(N)}}{N} = 0, \qquad j \in I. \tag{6.4.2}$$

En laissant tendre N vers l'infini dans (6.4.1), nous avons donc:

$$\pi_j = \lim_{N\to\infty} \sum_{i\in I} \pi_i \frac{G_{ij}^{(N)}}{N} = \sum_{i\in I} \pi_i \lim_{N\to\infty} \frac{G_{ij}^{(N)}}{N} = 0. \blacksquare$$

Il résulte de ce théorème qu'une chaîne de Markov n'ayant pas d'état récurrent positif ne peut pas avoir de distribution de probabilité stationnaire. Que se passe-t-il pour des états récurrents positifs?

Théorème 6.4.2. *Une chaîne de Markov irréductible et récurrente positive admet la distribution de probabilité stationnaire unique donnée par*

$$\pi_i = \frac{1}{\mu_{ii}}, \qquad i \in I. \tag{6.4.3}$$

Démonstration. Il résulte du corollaire 6.3.2, puisque tous les états sont récurrents positifs, que:

$$\lim_{N\to\infty} \frac{G_{ij}^{(N)}}{N} = \frac{1}{\mu_{jj}}, \qquad i, j \in I. \tag{6.4.4}$$

Supposons qu'il existe une distribution de probabilité stationnaire $\{\pi_i,\ i \in I\}$. On déduit des relations (6.4.1) et (6.4.4) que:

$$\pi_j = \lim_{N\to\infty} \sum_{i\in I} \pi_i \frac{G_{ij}^{(N)}}{N} = \sum_{i\in I} \pi_i \lim_{N\to\infty} \frac{G_{ij}^{(N)}}{N}$$
$$= \sum_{i\in I} \pi_i \frac{1}{\mu_{jj}} = \frac{1}{\mu_{jj}} \sum_{i\in I} \pi_i = \frac{1}{\mu_{jj}}.$$

Par conséquent, s'il existe une distribution de probabilité stationnaire, elle doit être donnée par (6.4.3) et est donc unique. Il nous reste donc à montrer que la distribution en question est effectivement une distribution de probabilité stationnaire, c'est-à-dire, puisque $1/\mu_{ii}$ est non négatif quel que soit $i \in \mathcal{I}$, que:

$$\sum_{i\in\mathcal{I}} \frac{1}{\mu_{ii}} = 1 \tag{6.4.5}$$

et:

$$\sum_{i\in\mathcal{I}} \frac{1}{\mu_{ii}} p_{ij} = \frac{1}{\mu_{jj}}, \qquad j \in \mathcal{I}. \tag{6.4.6}$$

Remarquons d'abord que:

$$\sum_{i\in\mathcal{I}} p_{ki}^{(m)} = 1, \qquad m \geq 1 \text{ et } k \in \mathcal{I}.$$

Prenant la somme des équations précédentes pour $m = 1, 2, \ldots, N$ et divisant par N, il vient:

$$\sum_{i\in\mathcal{I}} \frac{G_{ki}^{(N)}}{N} = 1, \qquad k \in \mathcal{I}. \tag{6.4.7}$$

De plus, d'après l'équation de Chapman-Kolmogorov:

$$\sum_{i\in\mathcal{I}} p_{ki}^{(m)} p_{ij} = p_{kj}^{(m+1)}, \qquad m \geq 1.$$

Prenons à nouveau la somme de ces dernières équations pour $m = 1, 2, \ldots, N$ et divisons par N, nous obtenons:

$$\sum_{m=1}^{N} \sum_{i\in\mathcal{I}} \frac{1}{N} p_{ki}^{(m)} p_{ij} = \sum_{m=1}^{N} \frac{1}{N} p_{kj}^{(m+1)},$$

soit:

$$\sum_{i\in\mathcal{I}} \frac{G_{ki}^{(N)}}{N} p_{ij} = \frac{G_{kj}^{(N+1)}}{N} - \frac{p_{kj}}{N}. \tag{6.4.8}$$

Laissons tendre N vers l'infini dans la relation (6.4.7), il vient:

$$1 = \lim_{N\to\infty} \sum_{i\in\mathcal{I}} \frac{G_{ki}^{(N)}}{N} = \sum_{i\in\mathcal{I}} \lim_{N\to\infty} \frac{G_{ki}^{(N)}}{N} = \sum_{i\in\mathcal{I}} \frac{1}{\mu_{ii}}$$

où la dernière égalité résulte de la relation (6.4.4); cela établit la relation (6.4.5). Laissons maintenant tendre N vers l'infini dans la relation (6.4.8):

$$\lim_{N\to\infty} \sum_{i\in I} \frac{G_{ki}^{(N)}}{N} p_{ij} = \lim_{N\to\infty} \frac{N+1}{N} \cdot \frac{G_{kj}^{(N+1)}}{N+1} - \lim_{N\to\infty} \frac{p_{kj}}{N},$$

soit, en tenant compte de la relation (6.4.4):

$$\sum_{i\in I} \lim_{N\to\infty} \frac{G_{ki}^{(N)}}{N} p_{ij} = \frac{1}{\mu_{jj}} - 0 = \frac{1}{\mu_{jj}}$$

ou encore, toujours d'après la relation (6.4.4):

$$\sum_{i\in I} \frac{1}{\mu_{ii}} p_{ij} = \frac{1}{\mu_{jj}};$$

c'est la relation (6.4.6) désirée. ■

Des deux théorèmes précédents, on déduit le corollaire suivant.

Corollaire 6.4.3. *Une chaîne de Markov irréductible est récurrente positive si et seulement si elle a une distribution de probabilité stationnaire.*

On peut obtenir un résultat analogue au théorème 6.4.2 en se limitant à un ensemble fermé irréductible $\mathcal{F}$ d'états récurrents positifs. En effet, la démonstration précédente s'applique en remplaçant l'espace des états I par un tel ensemble $\mathcal{F}$. Nous introduisons d'abord la définition suivante.

Définition 6.4.1. *On dit qu'une distribution de probabilité $\{p_i, i \in I\}$ est concentrée sur un sous-ensemble $\mathcal{F}$ de I si $p_i = 0$ lorsque $i \notin \mathcal{F}$.*

Nous avons alors le résultat annoncé ci-dessus.

Théorème 6.4.4. *Si $\mathcal{F}$ est un ensemble fermé irréductible d'états récurrents positifs d'une chaîne de Markov, il existe une distribution de probabilité stationnaire unique concentrée sur $\mathcal{F}$. Cette distribution est donnée par:*

$$\pi_i = \begin{cases} \dfrac{1}{\mu_{ii}} & si\ i \in \mathcal{F}, \\ 0 & si\ i \notin \mathcal{F}. \end{cases} \tag{6.4.9}$$

Si $\mathcal{F}_1$ et $\mathcal{F}_2$ sont deux ensembles fermés irréductibles d'états récurrents positifs d'une même chaîne de Markov, il existe, d'après le théorème 6.4.4, une distribution de probabilité stationnaire $\pi^{(1)}$ concentrée sur $\mathcal{F}_1$ et une distribution de probabilité stationnaire $\pi^{(2)}$ concentrée sur $\mathcal{F}_2$. De plus, nous laissons au lecteur le soin de s'assurer (voir problème 3) que les distributions de probabilité $\pi^{(\alpha)}$ telles que:

$$\pi_i^{(\alpha)} = \alpha\pi_i^{(1)} + (1-\alpha)\pi_i^{(2)}, \qquad i \in \mathcal{I} \text{ et } 0 \leq \alpha \leq 1,$$

(il en existe une infinité) sont des distributions de probabilité stationnaires distinctes de la chaîne de Markov. On peut regrouper les résultats et les conséquences des théorèmes 6.4.1 et 6.4.4 dans le corollaire suivant.

Corollaire 6.4.5. *Soit $\mathcal{I}_{RP}$ l'ensemble des états récurrents positifs d'une chaîne de Markov.*

(i) Si $\mathcal{I}_{RP}$ est vide, il n'existe pas de distribution stationnaire.

(ii) Si $\mathcal{I}_{RP}$ est un ensemble irréductible non vide, il existe une distribution de probabilité stationnaire unique.

(iii) Si $\mathcal{I}_{RP}$ est un ensemble non vide et non irréductible, il existe une infinité de distributions de probabilités stationnaires distinctes.

Exemple 6.4.1. Revenons à la chaîne de Markov de l'exemple 6.3.1. Nous avons deux ensembles fermés irréductibles $\mathcal{F}_1 = \{0\}$ et $\mathcal{F}_2 = \{3,4,5\}$ formés d'états récurrents positifs.

De façon évidente, la distribution de probabilité stationnaire unique $\pi^{(1)} = (\pi_0^{(1)}, \ldots, \pi_5^{(1)})$ concentrée sur $\mathcal{F}_1$ est telle que $\pi_0^{(1)} = 1$ et $\pi_i^{(1)} = 0$ pour $i = 1, \ldots, 5$. Donc $\pi^{(1)} = (1,0,0,0,0,0)$.

Pour trouver la distribution de probabilité stationnaire unique $\pi^{(2)} = (\pi_0^{(2)}, \dots, \pi_5^{(2)})$ concentrée sur $\mathcal{F}_2$, nous devons, d'après (6.2.1), résoudre le système matriciel suivant:

$$(0, 0, 0, \pi_3^{(2)}, \pi_4^{(2)}, \pi_5^{(2)})P = (0, 0, 0, \pi_3^{(2)}, \pi_4^{(2)}, \pi_5^{(2)})$$

soit:

$$\begin{cases} \frac{1}{3}\pi_3^{(2)} + \frac{2}{3}\pi_4^{(2)} + \frac{3}{4}\pi_5^{(2)} = \pi_3^{(2)} \\ \frac{1}{3}\pi_3^{(2)} \qquad\qquad\qquad\quad\; = \pi_4^{(2)} \\ \frac{1}{3}\pi_3^{(2)} + \frac{1}{3}\pi_4^{(2)} + \frac{1}{4}\pi_5^{(2)} = \pi_5^{(2)} \end{cases}$$

avec les conditions $\pi_i^{(2)} \geq 0$ et $\pi_3^{(2)} + \pi_4^{(2)} + \pi_5^{(2)} = 1$. La résolution de ce système donne $\pi_3^{(2)} = 27/52$, $\pi_4^{(2)} = 9/52$ et $\pi_5^{(2)} = 4/13$. La distribution de probabilité stationnaire concentrée sur $\mathcal{F}_2$ est donc $\pi^{(2)} = (0, 0, 0, 27/52, 9/52, 4/13)$.

De plus, toute distribution de probabilité $\pi^{(\alpha)}$ de la forme:

$$\pi^{(\alpha)} = \alpha\pi^{(1)} + (1 - \alpha)\pi^{(2)}, \qquad 0 \leq \alpha \leq 1,$$

soit:

$$\pi^{(\alpha)} = (\alpha, 0, 0, (1 - \alpha)27/52, (1 - \alpha)9/52, (1 - \alpha)4/13), \quad 0 \leq \alpha \leq 1,$$

est une distribution stationnaire de la chaîne de Markov.

Remarquons que l'une des équations du système ci-dessus est redondante (on vérifie facilement que chacune des équations linéaires est égale à la somme des deux autres). Par suite du caractère markovien de la matrice P, cette propriété se rencontre dans tous les systèmes d'équations de la forme (6.1.1). □

Exemple 6.4.2. Revenons à la promenade aléatoire avec deux barrières absorbantes de la section 5.4.1. Les états 0 et c sont absorbants et les distributions de probabilité stationnaires correspondantes sont:

$$\pi^{(0)} = (1, 0, 0, \dots, 0, 0, 0),$$

$$\pi^{(c)} = (0, 0, 0, \dots, 0, 0, 1).$$

Pour $0 \leq \alpha \leq 1$, la distribution de probabilité $\pi^{(\alpha)} = \alpha\pi^{(0)} + (1-\alpha)\pi^{(c)}$ est une distribution de probabilité stationnaire de cette chaîne telle que:

$$\pi_i^{(\alpha)} = \begin{cases} \alpha & \text{si } i = 0, \\ 1-\alpha & \text{si } i = c, \\ 0 & \text{ailleurs.} \ \square \end{cases}$$

Ayant déterminé les situations dans lesquelles une distribution de probabilité stationnaire d'une chaîne de Markov existe, nous sommes maintenant prêts à envisager dans quelles conditions la relation (6.1.2):

$$\lim_{n\to\infty} p_{ij}^{(n)} = \pi_j, \qquad j \in I$$

est vérifiée, lorsque $\{\pi_i,\, i \in I\}$ est la distribution de probabilité stationnaire unique d'une chaîne de Markov irréductible et récurrente positive. Remarquons que, lorsque la relation (6.1.2) est satisfaite, la matrice P^n tend, lorsque n tend vers l'infini, vers une matrice de même dimension dont toutes les lignes sont identiques et égales au vecteur $(\pi_j)_{j\in I}$. Nous admettrons sans démonstration le théorème fondamental suivant (le lecteur intéressé pourra en trouver la démonstration dans la section 2.8 de Hoel *et al.* (1972)).

Théorème 6.4.6. *Soit $\{X_n,\, n \geq 0\}$ une chaîne de Markov irréductible et récurrente positive, et soit $\{\pi_i,\, i \in I\}$ sa distribution de probabilité stationnaire;*

(i) lorsque la chaîne est apériodique:

$$\lim_{n\to\infty} p_{ij}^{(n)} = \pi_j, \qquad \text{quels que soient } i, j \in I;$$

(ii) lorsque la chaîne a pour période d, il existe, pour chaque paire d'états i et j de I, un entier r $(0 \leq r < d)$ tel que $p_{ij}^{(n)} = 0$ sauf lorsque $n = md + r$ (m entier) et:

$$\lim_{m\to\infty} p_{ij}^{(md+r)} = d\pi_j.$$

Nous allons illustrer ce théorème à l'aide des exemples 6.2.2 et 6.2.3.

Exemple 6.4.3. *Chaîne d'Ehrenfest (suite)*

La chaîne d'Ehrenfest modifiée de l'exemple 6.2.3 est irréductible et apériodique. Tous ses états sont donc récurrents positifs. D'après (6.2.6) et le théorème 6.4.6, nous avons:

$$\lim_{n\to\infty} p_{ij}^{(n)} = \pi_j = \binom{\rho}{j} 2^{-\rho}, \qquad i, j \in \{0, 1, \ldots, \rho\}.$$

Par contre, la chaîne d'Ehrenfest classique (exemple 6.2.2) est irréductible et de période 2. Tous ses états sont donc récurrents, et elle admet la même distribution de probabilité stationnaire que la chaîne modifiée. Par contre, d'après la partie *(ii)* du théorème 6.4.5, si $j - i$ est pair, $p_{ij}^{(2m+1)} = 0$ pour $m \geq 0$ et:

$$\lim_{m\to\infty} p_{ij}^{(2m)} = 2\pi_j;$$

tandis que si $j - i$ est impair, $p_{ij}^{(2m)} = 0$ pour $m \geq 1$, et:

$$\lim_{m\to\infty} p_{ij}^{(2m+1)} = 2\pi_j.$$

Pour concrétiser ces résultats numériquement, prenons le cas $\rho = 3$. Pour la chaîne d'Ehrenfest modifiée, on a:

$$\lim_{n\to\infty} P^n = \lim_{n\to\infty} \begin{pmatrix} p_{00}^{(n)} & p_{01}^{(n)} & p_{02}^{(n)} & p_{03}^{(n)} \\ p_{10}^{(n)} & p_{11}^{(n)} & p_{12}^{(n)} & p_{13}^{(n)} \\ p_{20}^{(n)} & p_{21}^{(n)} & p_{22}^{(n)} & p_{23}^{(n)} \\ p_{30}^{(n)} & p_{31}^{(n)} & p_{32}^{(n)} & p_{33}^{(n)} \end{pmatrix}$$

$$= \begin{pmatrix} \pi_0 & \pi_1 & \pi_2 & \pi_3 \\ \pi_0 & \pi_1 & \pi_2 & \pi_3 \\ \pi_0 & \pi_1 & \pi_2 & \pi_3 \\ \pi_0 & \pi_1 & \pi_2 & \pi_3 \end{pmatrix} = \begin{pmatrix} 1/8 & 3/8 & 3/8 & 1/8 \\ 1/8 & 3/8 & 3/8 & 1/8 \\ 1/8 & 3/8 & 3/8 & 1/8 \\ 1/8 & 3/8 & 3/8 & 1/8 \end{pmatrix},$$

et pour la chaîne classique:

$$\lim_{n\to\infty} P^{2n} = \begin{pmatrix} 1/4 & 0 & 3/4 & 0 \\ 0 & 3/4 & 0 & 1/4 \\ 1/4 & 0 & 3/4 & 0 \\ 0 & 3/4 & 0 & 1/4 \end{pmatrix},$$

et:

$$\lim_{n\to\infty} P^{2n+1} = \begin{pmatrix} 0 & 3/4 & 0 & 1/4 \\ 1/4 & 0 & 3/4 & 0 \\ 0 & 3/4 & 0 & 1/4 \\ 1/4 & 0 & 3/4 & 0 \end{pmatrix}. \square$$

6.5 REVENU MOYEN PAR PÉRIODE DANS UNE CHAINE DE MARKOV

Dans la section 5.4.2, nous avons soulevé le problème du comportement (à long terme) d'une chaîne de Markov, et des coûts et revenus moyens associés avec une politique de gestion donnée. Les résultats de ce chapitre peuvent être utilisés pour calculer le revenu moyen par période (à long terme) associé à une chaîne de Markov irréductible $\{X_n, n \geq 0\}$ dont l'espace des états $I = \{1, 2, \ldots, S\}$ est fini. Un profit est considéré comme un revenu positif, et un coût comme un revenu négatif. Supposons que lorsque la chaîne de Markov entre dans l'état j, il en résulte un revenu $R(j)$, $j = 1, \ldots, S$. La suite des revenus est la suite des variables aléatoires $\{R(X_n), n \geq 1\}$; remarquons que la fonction $R(\cdot)$ est indépendante de la période n. L'espérance du revenu moyen par période $\overline{R}_N$ obtenu pendant les N premières périodes est:

$$E(\overline{R}_N) = E(\frac{1}{N} \sum_{n=1}^{N} R(X_n))$$

Nous avons le résultat suivant:

Théorème 6.5.1. *Si pour une chaîne de Markov irréductible et finie, on reçoit un revenu $R(j)$, $1 \leq j \leq S$, lorsque la chaîne est dans l'état j, l'espérance du revenu moyen par période $\overline{R}_N$ obtenu pendant les N premières périodes est telle que:*

$$\lim_{N\to\infty} E(\overline{R}_N) = \sum_{j=1}^{S} R(j)\pi_j,$$

où $\{\pi_j, 1 \leq j \leq S\}$ est la distribution de probabilité stationnaire unique de la chaîne.

Démonstration. Nous avons par définition:

$$E(\overline{R}_N) = E\Big(\frac{1}{N}\sum_{n=1}^{N} R(X_n)\Big) = \frac{1}{N}\sum_{n=1}^{N} E(R(X_n)). \tag{6.5.1}$$

D'après la relation (2.1.6), nous pouvons écrire:

$$\begin{aligned} E(R(X_n)) &= E(E[R(X_n) \mid X_0]) \\ &= \sum_{i=1}^{S} E[R(X_N) \mid X_0 = i]\, P\{X_0 = i\}; \end{aligned}$$

mais, pour $i = 1, \ldots, S$, nous avons:

$$E[R(X_n) \mid X_0 = i] = \sum_{j=1}^{S} R(j) P\{X_n = j \mid X_0 = i\} = \sum_{j=1}^{S} R(j) p_{ij}^{(n)}.$$

Par conséquent:

$$E(R(X_n)) = \sum_{i=1}^{S}\sum_{j=1}^{S} R(j) p_{ij}^{(n)} P\{X_0 = i\}. \tag{6.5.2}$$

On déduit donc de (6.5.1) et (6.5.2) que:

$$\begin{aligned} E(\overline{R}_N) &= \frac{1}{N}\sum_{n=1}^{N}\sum_{i=1}^{S}\sum_{j=1}^{S} R(j) p_{ij}^{(n)} P\{X_0 = i\} \\ &= \sum_{i=1}^{S}\sum_{j=1}^{S} R(j) P\{X_0 = i\} \frac{1}{N}\sum_{n=1}^{N} p_{ij}^{(n)} \\ &= \sum_{i=1}^{S}\sum_{j=1}^{S} R(j) P\{X_0 = i\} \frac{G_{ij}^{(N)}}{N}. \end{aligned}$$

En tenant compte des résultats du corollaire 6.3.2 et du théorème 6.4.2, on a:

$$\lim_{N\to\infty} \frac{G_{ij}^{(N)}}{N} = \frac{1}{\mu_{jj}} = \pi_j, \qquad j = 1, \ldots, S,$$

d'où:

$$\lim_{N\to\infty} E(\overline{R}_N) = \sum_{i=1}^{S}\sum_{j=1}^{S} R(j)P\{X_0 = i\} \lim_{N\to\infty} \frac{G_{ij}^{(N)}}{N}$$

$$= \sum_{j=1}^{S} R(j)\pi_j \sum_{i=1}^{S} P\{X_0 = i\}$$

$$= \sum_{j=1}^{S} R(j)\pi_j,$$

puisque $\sum_{i=1}^{S} P\{X_0 = i\}$ est évidemment égal à 1. ■

Exemple 6.5.1. Revenons au problème de gestion des stocks de la section 5.4.2. Supposons qu'il y ait un coût d'entreposage pour les micro-ordinateurs invendus à la fin de chaque semaine. Ce coût (exprimé, en dollars, comme un revenu négatif) est le suivant: $R(0) = 0$, $R(1) = -10$, $R(2) = -40$ et $R(3) = -90$. La distribution de probabilité stationnaire de la chaîne de Markov considérée s'obtient en résolvant le système matriciel:

$$(\pi_0, \pi_1, \pi_2, \pi_3)P = (\pi_0, \pi_1, \pi_2, \pi_3)$$

où P est la matrice des probabilités de transition de la section 5.4.2. En tenant compte de la condition $\sum_{i=0}^{3} \pi_i = 1$, on trouve $\pi_0 = \pi_1 = 0{,}285$, $\pi_2 = 0{,}264$ et $\pi_3 = 0{,}166$. Remarquons que les temps de récurrence correspondants (inverses des probabilités stationnaires) sont (en semaines) $\mu_{00} = \mu_{11} = 3{,}51$, $\mu_{22} = 3{,}79$ et $\mu_{33} = 6{,}02$. Il résulte du théorème 6.5.1 que l'espérance du revenu moyen par période (à long terme) est:

$$\sum_{j=0}^{3} R(j)\pi_j = 0 \times 0{,}285 - 10 \times 0{,}285 - 40 \times 0{,}264 - 90 \times 0{,}166 = -28{,}35.$$

Étant donnée la politique de gestion des stocks de la section 5.4.2, le coût moyen d'entreposage des micro-ordinateurs est donc, à long terme, de 28,35 dollars par semaine. □

On peut utiliser le théorème 6.5.1 pour interpréter la signification des probabilités stationnaires π_i. A cet effet, supposons que le revenu soit tel que:

$$R(X_n) = \begin{cases} 1 & \text{si } X_n = i, \\ 0 & \text{si } X_n \neq i. \end{cases}$$

L'espérance du revenu moyen par période $E(\overline{R}_N)$ est alors égale à l'espérance de la proportion de temps pendant laquelle le système se trouve dans l'état i, et:

$$\lim_{N\to\infty} E(\text{proportion de temps dans l'état } i) = \sum_{j=1}^{S} R(j)\pi_j = \pi_i. \tag{6.5.3}$$

La relation (6.5.3) indique que la probabilité stationnaire π_i est égale à l'*espérance de la proportion de temps* (à long terme) pendant laquelle le système se trouve dans l'état $i \in I$. On peut aussi montrer que π_i est égale directement à la *proportion de temps* (à long terme) pendant laquelle le système se trouve dans l'état i. Pour cela, supposons qu'au lieu de mesurer le revenu dans la chaîne de Markov par l'espérance du revenu moyen par période, nous préférons utiliser directement la variable aléatoire "revenu moyen par période" (à long terme). Le revenu moyen par période obtenu pendant les N premières périodes est:

$$\overline{R}_N = \frac{1}{N}\sum_{n=1}^{N} R(X_n),$$

et nous avons le résultat suivant:

Théorème 6.5.2. *Avec les hypothèses du théorème 6.5.1, on a avec probabilité égale à* 1*:*

$$\lim_{N\to\infty} \overline{R}_N = \sum_{j=1}^{S} R(j)\pi_j.$$

Remarquons que les théorèmes 6.5.1 et 6.5.2 indiquent que les deux mesures du revenu à long terme, l'espérance du revenu moyen par période et la v.a. revenu moyen par période, sont identiques. On en déduit donc la double interprétation de la signification de π_i donnée ci-dessus.

Démonstration. Soit $V^{(N)}(j)$ le nombre de visites dans l'état j pendant les N premières périodes. Le revenu moyen par période pendant les N premières périodes est aussi égal à :

$$\overline{R}_N = \frac{1}{N}\sum_{j=1}^{S} R(j)V^{(N)}(j) \tag{6.5.4}$$

(remarquons que lorsque $N \to \infty$, la variable aléatoire $V^{(N)}(j)$ tend vers la variable aléatoire $N(j)$ définie dans la section 5.6).

On montrera dans le chapitre 9 que, avec probabilité égale à 1:

$$\lim_{N\to\infty} \frac{V^{(N)}(j)}{N} = \frac{1}{\mu_{jj}},$$

et d'après le théorème 6.4.2, $\pi_j = 1/\mu_{jj}$; par conséquent d'après (6.5.4), on a avec probabilité égale à 1:

$$\lim_{N\to\infty} \overline{R}_N = \sum_{j=1}^{S} R(j) \lim_{N\to\infty} \frac{V^{(N)}(j)}{N} = \sum_{j=1}^{S} R(j)\pi_j. \blacksquare$$

Dans la discussion précédente, la fonction de revenu $R(\cdot)$ ne dépend que de l'état dans lequel le système se trouve pendant une période donnée. Dans un grand nombre de problèmes rencontrés dans la pratique, le revenu dépend à la fois de cet état, ainsi que d'une autre variable aléatoire. Revenons à nouveau au problème de gestion de stock de la section 5.4.2. Supposons maintenant que les coûts (revenus négatifs) considérés sont le coût de commande et le manque à gagner à la suite de ventes perdues (par manque de stock). On peut supposer que le nombre de micro-ordinateurs commandés dépend de l'état du système lorsque la commande est passée (fin de la semaine/période), et que le manque à gagner dépend de l'état du stock au début de la semaine suivante ainsi que de la demande pendant cette semaine. Le revenu pour la n-ième période, calculé à la fin de la n-ième semaine, est donc de la forme $R(X_{n-1}, D_n)$. Rappelons que les demandes pendant des semaines consécutives sont des variables aléatoires indépendantes et de même loi.

Pour tenir compte de ces fonctions de revenu plus complexes, on peut généraliser les résultats précédents de la façon suivante. Considérons une chaîne de Markov irréductible $\{X_n,\, n \geq 0\}$ dont l'espace des états $I = \{1, \ldots, S\}$ est fini. La chaîne est donc récurrente positive et il existe une distribution de probabilité stationnaire unique $\{\pi_i,\, 1 \leq i \leq S\}$. On associe à cette chaîne une suite de variables aléatoires $\{D_n,\, n \geq 1\}$ à valeurs entières, indépendantes et de même loi. A chaque période $n \geq 1$, on reçoit un revenu $R(X_n, D_{n+m})$, où m est un nombre entier positif ou négatif *fixé* (on avait ci-dessus $m = 1$). Finalement, on suppose que la suite des variables aléatoires $\{X_0, X_1, \ldots, X_n\}$ est indépendante de la v.a. D_{n+m}. Nous avons alors les résultats suivants:

Théorème 6.5.3. *Si les conditions énoncées ci-dessus sont satisfaites:*

(i) *l'espérance du revenu moyen par période (à long terme) est telle que:*

$$\lim_{N\to\infty} E\Big(\frac{1}{N}\sum_{n=1}^{N} R(X_n, D_{n+m})\Big) = \sum_{j=1}^{S} k(j)\pi_j,$$

où $k(j) = E(R(j, D_{n+m}))$; *et*

(ii) *le revenu moyen par période (à long terme) est tel que, avec probabilité égale à 1:*

$$\lim_{N\to\infty} \Big(\frac{1}{N}\sum_{n=1}^{N} R(X_n, D_{n+m})\Big) = \sum_{j=1}^{S} k(j)\pi_j.$$

Nous remarquons à nouveau que les deux mesures du revenu à long terme sont identiques. Avant de donner la démonstration du théorème 6.5.3, illustrons son utilisation avec l'exemple suivant.

Exemple 6.5.2. Supposons maintenant que les coûts associés avec le problème de gestion du stock de micro-ordinateurs soient les suivants: si le magasin commande $x > 0$ micro-ordinateurs, le coût de commande (en dollars) est de $10 + 25x$; il est de zéro si aucune commande n'est passée. Le manque à gagner par suite des ventes perdues est équivalent à un coût de 50 dollars par unité. Si la politique

(s, S) de gestion du stock est suivie (avec $s = 1$, $S = 3$), le coût (revenu négatif) pour la n-ième semaine, $n \geq 1$, est:

$$R(X_{n-1}, D_n) = \begin{cases} -10 - 25\times 3 - 50\max\{(D_n - 3), 0\} & \text{si } X_{n-1} < 1, \\ -50\max\{(D_n - X_{n-1}), 0\} & \text{si } X_{n-1} \geq 1. \end{cases}$$

Pour calculer l'espérance du revenu moyen par période (à long terme), nous avons besoin des coefficients $k(j) = E(R(j, D_n))$, $j = 0, 1, 2, 3$. On obtient, en tenant compte du fait que D_n suit une loi de Poisson de paramètre $\lambda = 1$:

$$\begin{aligned} k(0) = E(R(0, D_n)) &= -E(85 + 50\max\{(D_n - 3), 0\}) \\ &= -85 - 50\sum_{i=4}^{\infty}(i-3)P\{D_n = i\} \\ &= -85 - 50\sum_{i=4}^{\infty}(i-3)\frac{e^{-1}}{i!} = -86{,}2. \end{aligned}$$

De même:

$$\begin{aligned} k(1) &= E(R(1, D_n)) = -E(50\max\{(D_n - 1), 0\}) = -18{,}4 \\ k(2) &= E(R(2, D_n)) = -E(50\max\{(D_n - 2), 0\}) = -5{,}2 \\ k(3) &= E(R(3, D_n)) = -E(50\max\{(D_n - 3), 0\}) = -1{,}2. \end{aligned}$$

Par conséquent, d'après *(i)* du théorème 6.5.3, l'espérance du revenu moyen par période (à long terme) est:

$$-86{,}2 \times 0{,}285 - 18{,}4 \times 0{,}285 - 5{,}2 \times 0{,}264 - 1{,}2 \times 0{,}166 = -31{,}4.$$

L'espérance du coût moyen (à long terme) associé à la politique (s, S) choisie est donc de 31,4 dollars par semaine. On peut évaluer de la même manière les coûts associés aux politiques (s, S) pour différentes valeurs des paramètres s et S afin de déterminer une politique qui minimise l'espérance du coût moyen par semaine. □

Nous donnons maintenant la démonstration de la partie *(i)* du théorème 6.5.3. La démonstration de la partie *(ii)*, bien qu'analogue à celle du théorème 6.5.2, fait intervenir des résultats probabilistes plus élaborés; nous renvoyons le lecteur aux ouvrages spécialisés.

Démonstration. Nous avons:

$$E\Big(\frac{1}{N}\sum_{n=1}^{N} R(X_n, D_{n+m})\Big) = \frac{1}{N}\sum_{n=1}^{N} E(R(X_n, D_{n+m})).$$

Utilisant à nouveau la relation (2.1.6), nous pouvons écrire:

$$E(R(X_n, D_{n+m})) = E(E[R(X_n, D_{n+m}) \mid X_0]),$$

soit, comme dans la démonstration du théorème 6.5.1 et en utilisant la distribution de probabilité conditionnelle croisée de X_n et D_{n+m}:

$$E(R(X_n, D_{n+m})) = \sum_{i=1}^{S}\sum_{j=1}^{S}\sum_{d=0}^{\infty} R(j,d)P\{X_n = j, D_{n+m} = d \mid X_0 = i\}P\{X_0 = i\}.$$

Puisque la suite des variables aléatoires $\{X_0, X_1, \dots, X_n\}$ est indépendante de D_{n+m}, on a:

$$\begin{aligned} P\{X_n = j, D_{n+m} &= d \mid X_0 = i\} \\ &= P\{X_n = j \mid X_0 = i\}P\{D_{n+m} = d \mid X_0 = i\} \\ &= p_{ij}^{(n)} P\{D_{n+m} = d\} \end{aligned}$$

d'où:

$$\begin{aligned} E(R(X_n, D_{n+m})) &= \sum_{i=1}^{S}\sum_{j=1}^{S}\sum_{d=0}^{\infty} R(j,d)p_{ij}^{(n)} P\{D_{n+m} = d\}P\{X_0 = i\} \\ &= \sum_{i=1}^{S}\sum_{j=1}^{S} p_{ij}^{(n)} P\{X_0 = i\} \underbrace{\sum_{d=0}^{\infty} R(j,d)P\{D_{n+m} = d\}}_{k(j)} \\ &= \sum_{i=1}^{S}\sum_{j=1}^{S} k(j)p_{ij}^{(n)} P\{X_0 = i\}. \end{aligned}$$

Regroupant tous ces calculs, nous obtenons:

$$\begin{aligned} E\Big(\frac{1}{N}\sum_{n=1}^{N} R(X_n, D_{n+m})\Big) &= \sum_{i=1}^{S}\sum_{j=1}^{S} k(j)P\{X_0 = i\}\frac{1}{N}\sum_{n=1}^{N} p_{ij}^{(n)} \\ &= \sum_{i=1}^{S}\sum_{j=1}^{S} k(j)P\{X_0 = i\}\frac{G_{ij}^{(N)}}{N}. \end{aligned}$$

Laissant N tendre vers l'infini, et tenant compte du corollaire 6.3.2 et du théorème 6.4.2, il vient:

$$\begin{aligned}\lim_{N\to\infty} E\Big(\frac{1}{N}\sum_{n=1}^{N} R(X_n, D_{n+m})\Big) &= \sum_{i=1}^{S}\sum_{j=1}^{S} k(j)P\{X_0=i\} \lim_{N\to\infty}\frac{G_{ij}^{(N)}}{N} \\ &= \underbrace{\sum_{i=1}^{S} P\{X_0=i\}}_{1}\sum_{j=1}^{S} k(j)\pi_j \\ &= \sum_{j=1}^{S} k(j)\pi_j. \ \blacksquare\end{aligned}$$

PROBLÈMES

1. On considère la chaîne de Markov dont l'espace des états est $I = \{0, 1, 2\}$ et qui a pour matrice des probabilités de transition

$$P = \begin{matrix} & \begin{matrix} 0 & 1 & 2 \end{matrix} \\ \begin{matrix} 0 \\ 1 \\ 2 \end{matrix} & \begin{pmatrix} 0{,}4 & 0{,}4 & 0{,}2 \\ 0{,}3 & 0{,}4 & 0{,}3 \\ 0{,}2 & 0{,}4 & 0{,}4 \end{pmatrix} \end{matrix}.$$

Montrer que cette chaîne admet une distribution de probabilité stationnaire unique π. Trouver π_i, $i = 0, 1, 2$.

2. Une grande entreprise a N employés. Chaque employé se trouve placé dans une de trois catégories suivant la nature de son travail et change de catégorie (indépendamment des autres employés) selon une chaîne de Markov ayant pour matrice des probabilités de transition

$$P = \begin{pmatrix} 0{,}7 & 0{,}2 & 0{,}1 \\ 0{,}2 & 0{,}6 & 0{,}2 \\ 0{,}1 & 0{,}4 & 0{,}5 \end{pmatrix}.$$

Quelle est la proportion des employés se trouvant dans chacune des trois catégories?

3. Soient $\pi^{(1)}$ et $\pi^{(2)}$ deux distributions de probabilité stationnaires d'une chaîne de Markov.

(a) Montrer que quel que soit $0 \le \alpha \le 1$, le vecteur $\pi^{(\alpha)}$ défini par:

$$\pi_i^{(\alpha)} = \alpha\pi_i^{(1)} + (1-\alpha)\pi_i^{(2)}, \qquad i \in I$$

représente une distribution de probabilité stationnaire.

(b) Montrer que si $\alpha_1 \neq \alpha_2$, les distributions stationnaires $\pi^{(\alpha_1)}$ et $\pi^{(\alpha_2)}$ sont distinctes.

Indication: choisir un état $k \in I$ tel que $\pi_k^{(1)} \neq \pi_k^{(2)}$, et montrer que $\pi_k^{(\alpha_1)} = \pi_k^{(\alpha_2)}$ implique $\alpha_1 = \alpha_2$.

4. Soit un processus de naissance et de mort (voir exemple 6.2.1) tel que $p_{01} = 1$, $p_{i,i+1} = p > 0$ pour $i \ge 1$, et $p_{i,i-1} = q = 1 - p > 0$ pour $i \ge 1$. Trouver, lorsqu'elle existe, la distribution de probabilité stationnaire de cette chaîne de Markov.

5. On considère une chaîne de Markov sur les entiers non négatifs ayant des probabilités de transition telles que $p_{i,i+1} = p$ et $p_{i,0} = 1 - p$, où $0 < p < 1$. Montrer que cette chaîne a une distribution de probabilité stationnaire unique. Calculer π_i, $i \geq 0$.

6. On dit qu'une matrice de Markov P est doublement stochastique si la somme des éléments de chaque colonne est égale à un, c'est-à-dire:

$$\sum_{i \in I} p_{ij} = 1, \qquad \text{quel que soit } j \in I.$$

(On rappelle qu'une matrice de Markov est telle que $p_{ij} \geq 0$ et $\sum_j p_{ij} = 1$.)

Montrer qu'une chaîne de Markov irréductible et apériodique dont l'espace des états est $I = \{0, 1, \ldots, M\}$ et dont la matrice des probabilités de transition P est doublement stochastique admet la distribution de probabilité stationnaire unique donnée par:

$$\pi_j = \frac{1}{M+1} \qquad j = 0, 1, \ldots, M.$$

7. Une particule se déplace sur 5 points situés sur un cercle et numérotés 0, 1, 2, 3 et 4 dans le sens des aiguilles d'une montre. A chaque étape, la particule a une probabilité p d'aller au point suivant celui auquel elle se trouve (dans le sens des aiguilles d'une montre) et une probabilité $1 - p$ d'aller au point précédent (elle se déplace dans ce cas dans le sens contraire des aiguilles d'une montre). Soit X_n l'emplacement de la particule sur le cercle après n transitions.

(a) Montrer que le processus $\{X_n, n \geq 0\}$ est une chaîne de Markov et trouver sa matrice des probabilités de transition.

(b) Trouver la distribution de probabilité stationnaire de cette chaîne.

8. Soit X_n la somme des résultats de n lancers d'un dé parfait. Trouver

$$\lim_{n \to \infty} P\{X_n \text{ est un multiple de } 13\}$$

Indication: définir une chaîne de Markov appropriée et utiliser le résultat du problème 6.

9. Une particule se déplace selon une chaîne de Markov sur l'ensemble $\{1, 2, \ldots, c+d\}$, où c et d sont des entiers positifs. Partant de l'un quelconque des c premiers états (numérotés de 1 à c), la particule se retrouve après une transition dans un état choisi uniformément parmi les d derniers (numérotés de $c+1$ à $c+d$). Partant de l'un quelconque des d derniers états, la particule se retrouve après une transition dans un état choisi uniformément parmi les c premiers.
(a) Montrer que cette chaîne est irréductible.
(b) Trouver sa distribution de probabilité stationnaire.

10. Une jeune femme habite dans le centre ville. Elle a deux amis, l'un habite la ville haute et l'autre la ville basse. Lorsqu'elle décide de rendre visite à l'un d'entre eux pour la fin de semaine, elle choisit celui de la ville haute avec probabilité p. Entre deux visites, et afin de récupérer, elle reste chez elle pour une fin de semaine. Construire une chaîne de Markov à trois états (basse, centre, haute) pour représenter les déplacements de fin de semaine de cette jeune femme. Trouver la distribution de probabilité stationnaire de cette chaîne.

On suppose maintenant que notre héroïne décide de laisser au hasard le soin de choisir celui de ses deux amis auquel elle va rendre visite. Pour cela, elle se rend à un arrêt d'autobus qui dessert à la fois la ville haute et la ville basse et monte dans le premier autobus qui arrive. Elle sait que les autobus circulent dans les deux directions toutes les quinze minutes; elle en déduit que ces fréquences égales impliquent $p = 1/2$ ci-dessus. Cependant, après un certain temps, elle se rend compte qu'elle va dans la ville haute deux fois plus souvent que dans la ville basse. Comment cela se peut-il? Cet exemple contient une leçon importante pour le statisticien; à savoir: les données utiles ne sont pas nécessairement celles qui apparaissent les plus évidentes! Supposons que la jeune femme arrive à l'arrêt d'autobus au hasard entre 18 et 20 heures le vendredi soir. Déterminer les horaires d'autobus qui font qu'elle prendra l'autobus de la ville haute avec probabilité $p = 2/3$.

11. On considère la chaîne de Markov du problème 22 du chapitre 5.
(a) Trouver la distribution stationnaire concentrée sur chacun des ensembles fermés irréductibles de cette chaîne.

(b) Trouver, pour chaque $i, j \in I$, $\lim_{N\to\infty} G_{ij}^{(N)}/N$.

12. On considère la chaîne de Markov du problème 23 du chapitre 5.
(a) Trouver la distribution stationnaire concentrée sur chacun des ensembles fermés irréductibles de cette chaîne.
(b) Trouver, pour chaque $i, j \in I$, $\lim_{N\to\infty} G_{ij}^{(N)}/N$.

13. On considère la chaîne de Markov sur $\{0, 1, 2\}$ dont la matrice des probabilités de transition est:

$$P = \begin{array}{c} \\ 0 \\ 1 \\ 2 \end{array} \begin{array}{c} \begin{array}{ccc} 0 & 1 & 2 \end{array} \\ \begin{pmatrix} 0 & 0 & 1 \\ 1 & 0 & 0 \\ 1/2 & 1/2 & 0 \end{pmatrix} \end{array}.$$

(a) Montrer que cette chaîne est irréductible.
(b) Trouver sa période.
(c) Trouver sa distribution stationnaire.

14. On considère la chaîne de Markov sur $\{0, 1, 2, 3, 4\}$ dont la matrice des probabilités de transition est:

$$P = \begin{array}{c} \\ 0 \\ 1 \\ 2 \\ 3 \\ 4 \end{array} \begin{array}{c} \begin{array}{ccccc} 0 & 1 & 2 & 3 & 4 \end{array} \\ \begin{pmatrix} 0 & 1/3 & 2/3 & 0 & 0 \\ 0 & 0 & 0 & 1/4 & 3/4 \\ 0 & 0 & 0 & 1/4 & 3/4 \\ 1 & 0 & 0 & 0 & 0 \\ 1 & 0 & 0 & 0 & 0 \end{pmatrix} \end{array}.$$

(a) Montrer que cette chaîne est irréductible.
(b) Trouver sa période.
(c) Trouver sa distribution stationnaire.

15. On considère une chaîne de Markov irréductible dont l'espace des états est $I = \{0, 1, 2, \ldots\}$. Identifier si la chaîne est récurrente ou transitoire lorsque:

$$(1)\quad p_{j0} = \frac{j+1}{j+2} \quad \text{et} \quad p_{j,j+1} = \frac{1}{j+2}, \qquad j \geq 0;$$

$$(2)\quad p_{j0} = \frac{1}{j+2} \quad \text{et} \quad p_{j,j+1} = \frac{j+1}{j+2}, \qquad j \geq 0.$$

(*Indication:* on calculera $f_0 = P_0\{T_0 < \infty\}$ dans chacun des deux cas. On rappelle que $\sum_{n=0}^{\infty} 1/n! = e$.)

De plus, lorsque la chaîne est récurrente, on déterminera si elle est récurrente positive ou nulle. Finalement, si la chaîne est récurrente positive, calculer sa distribution stationnaire π_j, $j \geq 0$.

Indication: on calculera $\mu_{00} = \sum_{n=1}^{\infty} nP_0\{T_0 = n\}$.

16. On dispose d'une collection de n livres. Chaque jour, l'un de ces n livres est emprunté; le livre n$^0 i$ a la probabilité p_i d'être choisi, $i \geq 1$ et $\sum_{i=1}^{n} p_i = 1$. Une liste de ces livres est mise à jour de la façon suivante: le livre choisi est mis en tête de liste tandis que les positions relatives des autres livres sur la liste demeurent inchangées. On définit l'état du processus comme étant l'ordonnancement des livres dans la liste; chaque état est donc une permutation des nombres $(1, 2, \ldots, n)$ et il y a $n!$ états possibles.

(a) Montrer que ce processus est une chaîne de Markov.

(b) Soit $\pi(i_1, i_2, \ldots, i_n)$ la probabilité stationnaire associée à l'état $(i_1, i_2, \ldots, i_n)$. Pour que l'état soit $(i_1, i_2, \ldots, i_n)$ il faut que le livre n$^0 i_1$ soit le dernier à avoir été emprunté, que le livre n$^0 i_2$ soit le dernier livre à avoir été emprunté autre que i_1, etc. On voit donc intuitivement que:

$$\pi(i_1, i_2, \ldots, i_n) = p_{i_1} \cdot \frac{p_{i_2}}{1 - p_{i_1}} \cdot \frac{p_{i_3}}{1 - p_{i_1} - p_{i_2}} \cdots \frac{p_{i_{n-1}}}{1 - p_{i_1} - \cdots - p_{i_{n-2}}}.$$

Vérifier dans le cas $n = 3$ que les probabilités ci-dessus sont bien les probabilités stationnaires de cette chaîne.

17. Soit $\{X_n,\ n \geq 0\}$ une chaîne de Markov irréductible dont l'espace des états est $I = \{0, 1, \ldots, N\}$.

(a) Partant de l'état initial i, $0 \leq i \leq N$, quelle est la probabilité que la chaîne visite éventuellement l'état j, $0 \leq j \leq N$.

(b) Soit A l'événement que l'état N soit visité avant l'état 0, et $x_i = P\{A \mid X_0 = i\}$. Trouver le système d'équations linéaires vérifié par les x_i, $0 \leq i \leq N$.

(c) Si $\sum_{j=0}^{N} j p_{ij} = i$ pour $1 \leq i \leq N - 1$, montrer que $x_i = i/N$ est une solution du système d'équations de la question (b).

18. Un individu quelque peu excentrique a N parapluies qu'il utilise pour se rendre de sa maison à son travail, et vice versa. S'il se trouve dans sa maison (resp. à son travail) au début (resp. fin) d'une journée et qu'il pleut, il emmènera un parapluie au travail (resp. à la maison) pourvu qu'un parapluie soit disponible. S'il ne pleut pas, il n'emporte jamais de parapluie. On suppose que, indépendamment du passé, il pleut au début (resp. à la fin) de chaque journée avec probabilité p.

(a) Définir une chaîne de Markov à $N+1$ états pour nous aider à déterminer le pourcentage de fois où l'individu se fait mouiller (ce qui arrive lorsqu'il pleut et que tous les parapluies se trouvent à l'autre endroit).

(b) Montrer que la distribution stationnaire de cette chaîne est donnée par:

$$\pi_i = \begin{cases} q/(N+q) & \text{si } i = 0, \\ 1/(N+q) & \text{si } i = 1, \dots, N, \end{cases} \qquad \text{où } q = 1 - p.$$

(c) Quel est le pourcentage de fois où notre individu se fait mouiller?

(d) Lorsque $N = 3$, trouver la valeur de p qui maximise le pourcentage de fois où il se fait mouiller.

19. Une compagnie utilise simultanément s machines identiques. Ces machines tombent en panne selon une certaine loi de probabilité. Une machine en panne ne peut être réparée et doit être remplacée. Au début de chaque semaine, la compagnie commande le nombre de machines nécessaires afin de maintenir le total à s. La commande est livrée au début de la semaine suivante. Soit X_n le nombre de machines en état de marche au début de la n-ième semaine, et Y_n le nombre de machines qui tombent en panne pendant la n-ième semaine.

(a) Montrer que $X_{n+1} = s - Y_n$, et que le processus $\{X_n,\, n \geq 1\}$ est une chaîne de Markov.

(b) On suppose que les pannes se produisent selon une loi uniforme, soit:

$$P\{Y_n = j \mid X_n = i\} = \frac{1}{i+1}, \qquad j = 0, 1, \dots, i.$$

Trouver la matrice des probabilités de transition de la chaîne, sa distribution stationnaire et l'espérance du nombre de machines en état de marche en régime permanent.

20. Reprendre la question (b) du problème précédent lorsque les pannes se produisent selon une loi binômiale:

$$P\{Y_n = j \mid X_n = i\} = \binom{i}{j} p^j (1-p)^{i-j}, \qquad j = 0, 1, \ldots, i,$$

où $0 < p < 1$.

21. Dans le problème 15 du chapitre 5 déterminer, à long terme, les parts de marché des deux compagnies.

22. Dans le problème 16 du chapitre 5, y a-t-il une limite à l'état du marché au bout d'un grand nombre de campagnes de publicité? On admettra que les résultats des enquêtes sont toujours les mêmes.

23. Une entreprise de travaux de rénovation des maisons dispose d'une seule équipe dont tous les membres doivent travailler sur le même chantier. Les travaux qui sont proposés à cette entreprise peuvent être répartis en deux classes: les travaux de type A, de moyenne importance et d'une durée d'une semaine, et les chantiers de type B, plus importants et d'une durée de deux semaines. L'entreprise ne reçoit pas de demande qui n'entrerait pas dans cette classification. Il n'y a pas de liste d'attente pour les travaux.

Les demandes de travaux parviennent à l'entreprise au début de chaque semaine. Une observation statistique a montré que la probabilité de recevoir, un lundi donné, au moins une offre de travaux de type A (resp. type B) est de $p_A = 0{,}5$ (resp. $p_B = 0{,}6$). Ces offres sont indépendantes.

Certaines semaines des travaux ont été refusés, l'équipe étant déjà occupée sur un chantier (de type B) en cours; dans ce cas le client s'adresse à un concurrent. Certaines autres semaines, l'équipe reste inactive, faute de demande. L'exécution d'un travail de type A procure un bénéfice de 1 000 dollars, celle d'un chantier de type B, 2 400 dollars. En cas d'inactivité pendant une semaine, l'entreprise subit une perte de 500 dollars. La direction de l'entreprise a décidé que lorsqu'elle reçoit simultanément deux demandes, l'une de type A et l'autre de type B, elle donne suite à celle de type B.

(a) On désire représenter par une chaîne de Markov l'évolution de l'activité d'une semaine à l'autre. Définir les quatre états nécéssaires. Quelles sont les transitions possibles entre états d'une semaine à l'autre? Avec quelles probabilités?

(b) En supposant que l'entreprise fonctionne déjà depuis plusieurs semaines, trouver la probabilité de chacun des états. En déduire l'espérance du gain moyen pour une semaine de fonctionnement.

(c) Recommencer le problème en supposant maintenant que l'entreprise donne suite, lorsqu'elle reçoit simultanément une demande de type A et une de type B, à celle de type A. Comparer l'espérance du gain moyen hebdomadaire avec celle obtenue dans (b). Que pouvez-vous en conclure?

24. Considérons un système appelé *canal binaire* en théorie de la transmission, qui envoie des bits sur une ligne de transmission. Une mesure a permis de déterminer que la probabilité pour qu'un bit soit reçu correctement, sachant que le précédent avait été reçu correctement, est p_{11} et que la probabilité pour qu'un bit soit reçu correctement, sachant que le précédent est erroné est p_{21}.

On peut considérer que ce système évolue entre deux états:

E_1: le dernier bit a été transmis correctement,

E_2: le dernier bit a été transmis de façon erronée.

(a) Décrire l'évolution de ce système à l'aide du diagramme des transitions d'une chaîne de Markov. Donner la matrice des probabilités de transition.

(b) Calculer les valeurs des probabilités stationnaires π_1 et π_2 en fonction de p_{11} et p_{21}. Application numérique: $p_{11} = 0{,}9$ et $p_{21} = 0{,}7$.

On appelle capacité du canal la fonction:

$$C(\pi_1, \pi_2) = 1 + \pi_1 \log_2 \pi_1 + \pi_2 \log_2 \pi_2.$$

C traduit la quantité d'information qui peut être transmise par le canal en fonction du taux d'erreur ($\log_2$ représente le logarithme en base 2).

(c) Trouver le minimum de C et les valeurs de π_1 et π_2 correspondantes (rappelons que $\pi_1 + \pi_2 = 1$). En déduire les valeurs de p_{11} et p_{21} correspondantes. Interpréter ces résultats. On rappelle que la dérivée de la fonction $\log_2 x$ est telle que:

$$\frac{d}{dx} \log_2 x = \frac{1}{x \operatorname{Log} 2}$$

où $\operatorname{Log} 2$ est le logarithme népérien (en base e) de 2.

Pour éliminer les effets des défauts de transmission, on décide de transmettre après chaque bit un bit identique ("redondance temporelle"). On essaie de représenter l'évolution du système par une chaîne à 5 états:

E_1: le premier bit est transmis correctement, le second n'est pas encore transmis;

E_2: le premier bit est transmis de façon erronée, le second n'est pas encore transmis;

E_3: les deux bits ont été transmis de façon correcte;

E_4: un bit a été transmis de façon correcte, l'autre de façon erronée;

E_5: les deux bits ont été transmis de façon erronée.

(d) Expliquer pourquoi il est impossible de définir des probabilités de transition avec de tels états.

Pour pallier aux inconvénients précédents, on dédouble l'état E_4 en posant:

E_4: le premier bit a été transmis de façon correcte, le second de façon erronée;

E_5: le premier bit a été transmis de façon erronée, le second de façon correcte.

(e) Tracer le diagramme des transitions de cette chaîne de Markov. Montrer que l'espace des états se partitionne en deux classes $\mathcal{C}_1$ et $\mathcal{C}_2$ telles que le système passe lors d'une transition d'un état de $\mathcal{C}_1$ à un état de $\mathcal{C}_2$ puis, lors de la transition suivante, d'un état de $\mathcal{C}_2$ à un état de $\mathcal{C}_1$. La limite de P^n (où P est la matrice des probabilités de transition) lorsque $n \to \infty$ existe-t-elle? Trouver, lorsque $p_{11} = 0{,}9$ et $p_{21} = 0{,}7$, la distribution de probabilité stationnaire de la chaîne.

(f) A partir de la chaîne précédente, et en tenant compte de la partie *(ii)* du théorème 6.4.5, trouver, à long terme, les probabilités:

- de transmettre une information correctement (deux bits corrects);
- d'avoir une erreur détectée (un bit correct, un bit erroné);
- de ne pas détecter une erreur (deux bits erronés).

25. Déterminer l'espérance du coût moyen par semaine (à long terme) associé à la politique (s, S) où $s = 2$ et $S = 3$ pour le problème de gestion des stocks de la section 5.4.2. On utilisera les coûts de commande et de manque à gagner de l'exemple 6.5.2 (il n'y a pas d'autres coûts à considérer).

26. Revenons au problème de la section 5.4.2. Au lieu d'utiliser une politique (s, S) de gestion des stocks, le magasin choisit une politique (q, Q). Si le nombre de micro-ordinateurs en stock à la fin d'une semaine est inférieur à $q = 2$ (unités), on commande $Q = 2$ unités supplémentaires; dans le cas contraire, aucune commande n'est passée. Soit X_n le stock à la fin de la n-ième semaine. Lorsque le stock n'est pas suffisant pour satisfaire la demande, on suppose que la vente est perdue. Le processus $\{X_n, n \geq 0\}$ est une chaîne de Markov (on suppose $X_0 = 0$). On suppose que la demande a la même loi que dans la section 5.4.2 et que les coûts sont ceux de l'exemple 6.5.2.

(a) Trouver la distribution de probabilité stationnaire de cette chaîne.

(b) Trouver l'espérance du coût moyen par semaine (à long terme).

27. On considère la politique (k, Q) suivante de gestion des stocks. La demande pour un produit donné pendant la n-ième période est une variable aléatoire D_n, $n \geq 1$. Si la demande pendant une période est supérieure au stock disponible, les demandes non satisfaites sont mises en attente et sont livrées lorsque la commande suivante est disponible. Soit Z_n, $n \geq 0$, le stock disponible moins le nombre d'unités en attente avant de passer la commande à la fin de la n-ième période (on pose $Z_0 = 0$). Si $Z_n \geq 0$, il n'y a pas de demande non satisfaite. Si $Z_n < 0$, alors $-Z_n$ représente la demande non satisfaite et il n'y a pas de stock. Si à la fin de la n-ième période $Z_n < k = 1$, on commande $2m$ unités (en général Qm unités), où m est le plus petit nombre entier tel que $Z_n + 2m \geq 1$ (ce qui revient à dire que le nombre d'unités commandées est le plus petit multiple de 2 qui donne un stock d'au moins une unité). On suppose que les variables aléatoires D_n sont indépendantes et de même loi donnée par $P\{D_n = i\} = 1/5$, $i = 0, 1, 2, 3, 4$. Soit X_n le niveau de stock disponible après que la commande ait été passée à la fin de la n-ième période ($X_0 = 2$); on voit que:

$$X_n = \begin{cases} X_{n-1} - D_n + 2m & \text{si } X_{n-1} - D_n < 1, \\ X_{n-1} - D_n & \text{si } X_{n-1} - D_n \geq 1, \end{cases} \qquad (n = 1, 2, \ldots),$$

et$\{X_n,\ n \geq 0\}$ est une chaîne de Markov à deux états, soient 1 et 2. (Les seuls moments où on passe une commande sont ceux pour lesquels $Z_n = 0$, -1, -2 ou -3, et le nombre d'unités commandées est alors 2, 2, 4 et 4 respectivement, d'où $X_n = 2$, 1, 2 et 1 respectivement. En général, pour une politique (k, Q), les états de la chaîne sont $k, k+1, \ldots, k+Q-1$.)

(a) Trouver la matrice des probabilités de transition.

(b) Trouver la distribution de probabilité stationnaire de la chaîne (on pourra utiliser le résultat du problème 6).

(c) On suppose que le coût de commande est égal à $3 + 2m$ lorsqu'une commande est passée, et zéro dans le cas contraire. Le coût d'entreposage est égal à Z_n si $Z_n \geq 0$, et zéro dans le cas contraire. Le coût de pénalité pour rupture de stock est $-4Z_n$ si $Z_n \leq 0$, et zéro dans le cas contraire. Trouver l'espérance du coût moyen par période (à long terme).

Chapitre 7

PROCESSUS DE DÉCISION MARKOVIENS

Les processus de décision markoviens sont des processus stochastiques qui représentent l'évolution de systèmes dynamiques sous le contrôle de suites d'actions ou de décisions. Dans ce chapitre, nous allons donc étudier certains types de systèmes dynamiques qui sont observés périodiquement, et influencés au moment de l'observation par la prise d'une décision parmi un ensemble d'actions possibles. L'évolution du système sera le résultat de l'interaction entre les lois de transition du système et la suite des actions choisies dans le temps. Chaque évolution possible du système sera accompagnée d'effets économiques mesurables. Si l'on stipule un critère économique afin de comparer les effets mesurés, l'objectif du problème est de choisir les actions qui contrôlent le système de façon optimale.

Un exemple typique est celui de la gestion des stocks d'un certain produit, lorsque le niveau de stock fait l'objet d'un contrôle périodique. Après chaque contrôle, l'action consiste à ajouter une certaine quantité au stock disponible. Les lois de transition du système sont régies par la loi de la demande pour le produit. Les effets économiques sont ceux associés avec le coût d'une commande, les coûts d'inventaire, de rupture de stock, etc. Le critère économique choisi sera vraisemblablement une fonction des coûts à long terme.

Un autre exemple typique est celui d'un groupe de machines (ou de composantes électroniques) qui font l'objet d'une inspection périodique et peuvent alors être réparées ou remplacées. Lors de chaque inspection, le système est classé dans une catégorie appropriée et l'on décide du niveau d'entretien nécessaire. Les caractéristiques du système ainsi que son taux d'utilisation influencent les lois de transition. Les effets économiques sont ceux associés avec les coûts d'entretien, ainsi que les coûts résultant d'un système hors d'usage. Dans certains cas ces derniers coûts sont difficiles à mesurer; on peut alors utiliser la fiabilité du système comme une mesure de l'efficacité des procédures d'inspection et de surveillance.

Dans ce chapitre, nous allons commencer par définir le modèle markovien de décision; puis, nous donnerons certains exemples de systèmes modélisables dans ce contexte. Nous envisagerons ensuite un certain nombre de critères de décision possibles. Finalement, nous développerons des algorithmes de recherche d'une solution optimale dans le cas d'un critère particulier, celui de l'espérance du revenu actualisé.

7.1 LE MODÈLE MARKOVIEN DE DÉCISION

Considérons un système dont l'état peut être représenté par un élément de l'*espace des états* $\mathcal{I} = \{1, 2, \ldots, S\}$, et dont l'évolution peut être décrite de la façon suivante: à chaque état observé, $s \in \mathcal{I}$, correspond un ensemble $\mathcal{A}_s$ d'*actions (décisions)* possibles, et si l'action $a \in \mathcal{A}_s$ est choisie, le système a la probabilité $p_{st}(a)$ d'avoir une transition en une période de l'état s à l'état t. Pour chaque élément a de l'ensemble $\mathcal{A}_s$, nous avons:

$$p_{st}(a) \geq 0 \quad \text{et} \quad \sum_{t \in \mathcal{I}} p_{st}(a) = 1.$$

L'évolution du système est donc le résultat d'une loi aléatoire de transition et du choix d'une suite d'actions (ou décisions). On appelle *processus de décision markovien* la suite des états observés et des actions prises. Le mot "markovien" fait allusion à la loi aléatoire de transition qui, comme nous le verrons par la suite, peut être prise parmi plusieurs matrices de Markov.

Pour pouvoir mesurer l'effet économique d'une action donnée dans un état donné, nous introduisons une structure de *revenus* (un revenu positif correspond généralement à un gain ou profit, un revenu négatif correspond à une perte ou coût). Si l'on prend l'action $a \in \mathcal{A}_s$ lorsque l'on observe l'état $s \in I$, on reçoit immédiatement le revenu $r(s,a)$. L'évolution du système est représentée schématiquement sur la figure 7.1.1.

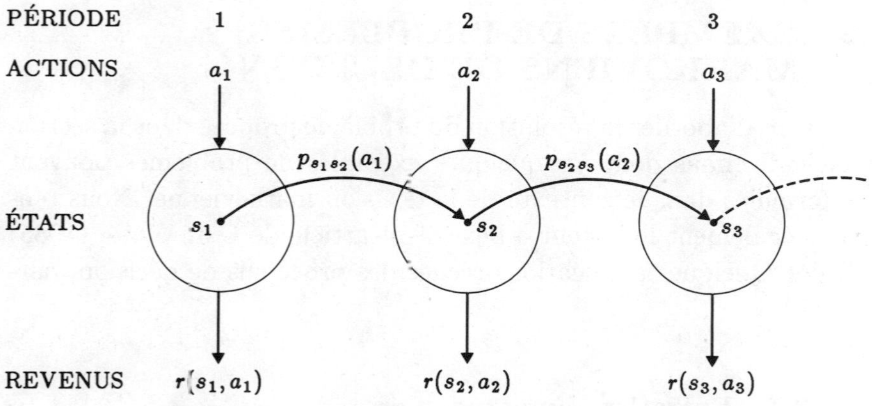

FIGURE 7.1.1: PROCESSUS DE DÉCISION MARKOVIEN

Le problème que nous proposons d'étudier est le suivant: connaissant la distribution de probabilité de l'état initial du système, quelle suite d'actions faut-il prendre pour maximiser l'effet économique total espéré?

Cette question implique d'abord le choix d'un horizon de planification. Si cet horizon est fini, nous avons un problème de programmation dynamique; la suite des décisions optimales dans chaque état s'obtient à l'aide des équations de récurrence développées par le mathématicien américain R. Bellman (voir, par exemple, Bellman *et al.* (1965)). Si l'horizon est infini, la programmation dynamique ne peut pas être utilisée directement et, le nombre de suites d'actions étant infini, on ne peut pas non plus procéder par énumération pour déterminer la suite optimale.

De plus, dans le cas d'un horizon de planification infini, l'effet économique total espéré est, en général, une somme divergente. Il faudra donc réduire ces flux infinis de revenus à des quantités permettant de comparer les mérites relatifs des suites d'actions associées. Dans la suite, nous envisagerons deux critères permettant d'effectuer ces comparaisons: l'*espérance du revenu total actualisé* et le *revenu moyen (espéré) par période.*

7.2 EXEMPLES DE PROBLÈMES MARKOVIENS DE DÉCISION

Avant d'aborder la résolution du problème proposé dans la section précédente, nous donnons quelques exemples de problèmes pouvant être formulés dans le contexte de la décision markovienne. Nous renvoyons également le lecteur à l'excellent article de D.J. White (1985) intitulé "Quelques applications réelles des processus de décision markoviens".

7.2.1 Entretien d'une machine

Une machine est mise en marche au début de chaque période (chaque période a une durée d'une heure). Au début de chaque période, l'opérateur trouve la machine dans l'un de deux états possibles:

état 1: la machine fonctionne,

état 2: la machine ne fonctionne pas.

Donc l'espace des états est $I = \{1, 2\}$. Si la machine fonctionne (état 1), aucune décision n'est nécessaire (c'est l'action 0: "ne rien faire"), et la machine procure un revenu de 30 dollars par période. Lorsque la machine fonctionne, la probabilité qu'elle fonctionne encore au début de la période suivante est 0,7 et la probabilité qu'elle ne fonctionne plus au début de la période suivante est 0,3. Si la machine ne fonctionne pas (état 2), nous avons deux actions possibles: soit faire certaines réparations spéciales (action 1) qui coûtent 20 dollars (revenu de -20 dollars) et remettent la machine en état de marche au début de la période suivante avec probabilité 0,6; soit faire les réparations ordinaires (action 2) qui coûtent 10 dollars (revenu de -10 dollars) et remettent la machine en état de marche au début de la période suivante avec probabilité 0,4. L'opérateur de la machine cherche la suite de décisions optimales, étant donné un horizon de planification infini et un critère (à préciser) de comparaison pour des suites infinies de revenus. Les données pour ce problème sont réunies dans le tableau 7.2.1.

ÉTATS	ACTIONS	PROBABILITÉS DE TRANSITION		REVENUS IMMÉDIATS
$s \in \mathcal{I}$	$a \in \mathcal{A}_s$	$p_{s1}(a)$	$p_{s2}(a)$	$r(s,a)$
1	0	0,7	0,3	30
2	1	0,6	0,4	-20
	2	0,4	0,6	-10

TABLEAU 7.2.1: DONNÉES POUR LE PROBLÈME D'ENTRETIEN D'UNE MACHINE

Nous attirons l'attention du lecteur sur le fait qu'il est toujours très pratique de présenter la formulation d'un problème de décision markovien sous la forme d'un tableau de données du genre du tableau 7.2.1.

7.2.2 Problème du chauffeur de taxi

Ce problème, célèbre parmi les problèmes de décision markoviens, a été introduit par Howard (1960) dans le premier ouvrage sur ces processus.

Considérons un chauffeur de taxi dont le territoire opérationnel comprend trois localités A, B et C. Lorsqu'il se trouve dans la localité A, il peut choisir l'une des trois actions suivantes:

action 1: conduire en espérant être arrêté par un passant,
action 2: se rendre à la station de taxi la plus proche et attendre un client,
action 3: ne rien faire et attendre un appel de Radio-Taxi.

Lorsqu'il se trouve dans la localité C, les trois mêmes actions lui sont offertes, mais dans la localité B il n'y a pas de service de Radio-Taxi et il ne peut choisir que parmi les deux premières possibilités. Chaque client pris en charge correspond à une période de temps; en fait on peut considérer ces périodes égales puisque la durée de chaque voyage n'intervient pas dans le modèle. Il y a pour chaque localité et chaque action une certaine probabilité que le prochain client désire se rendre dans la localité A, B ou C. Par exemple, supposons que si le chauffeur choisit l'action 1 dans la localité A, nous avons:

$$p_{AA}(1) = \frac{1}{2}, \quad p_{AB}(1) = \frac{1}{4}, \quad p_{AC}(1) = \frac{1}{4}.$$

De plus, pour chaque localité de départ, chaque action et chaque destination, il y a un revenu correspondant au prix de la course diminué des frais opérationnels (coût de l'essence, coût encouru pour se rendre à la station, etc.). Par exemple:

$$r(A, A, 1) = 10, \quad r(A, B, 1) = 4, \quad r(A, C, 1) = 8.$$

On peut supposer que les probabilités de transition et les revenus dépendent de l'action choisie, car chaque action est susceptible de mettre le chauffeur en contact avec des catégories de clients dont les comportements sont différents. Remarquons que dans ce cas, le revenu immédiat est en fait un revenu espéré, par exemple:

$$r(A, 1) = r(A, A, 1)p_{AA}(1) + r(A, B, 1)p_{AB}(1) + r(A, C, 1)p_{AC}(1) = 8.$$

Cela ne change rien au problème général et, à l'aide des données du tableau 7.2.2, nous aiderons le chauffeur de taxi à choisir la suite d'actions qui maximise un certain critère économique (à préciser dans la suite) étant donné un horizon de planification infini. Les revenus donnés dans le tableau 7.2.2 sont exprimés en unités monétaires quelconques (dollars par exemple) et les données de ce problème ont été choisies pour simplifier le traitement numérique.

ÉTATS	ACTIONS	PROBABILITÉS DE TRANSITION			$r(s,t,a)$			REVENUS IMMÉDIATS
$s \in I$	$a \in A_s$	$p_{s1}(a)$	$p_{s2}(a)$	$p_{s3}(a)$	$t=1$	$t=2$	$t=3$	$r(s,a)$
$A=1$	1	1/2	1/4	1/4	10	4	8	8
	2	1/16	3/4	3/16	8	2	4	2,75
	3	1/4	1/8	5/8	4	6	4	4,25
$B=2$	1	1/2	0	1/2	14	0	18	16
	2	1/16	7/8	1/16	8	16	8	15
$C=3$	1	1/4	1/4	1/2	10	2	8	7
	2	1/8	3/4	1/8	6	4	2	4
	3	3/4	1/16	3/16	4	0	8	4,5

TABLEAU 7.2.2: DONNÉES POUR LE PROBLÈME DU CHAUFFEUR DE TAXI

7.2.3 Un modèle de gestion de la fabrication

M. Al Kolic, le directeur de la fabrication de l'usine BONMARDIER, désire établir un programme mensuel de construction pour l'un des modèles de véhicule produit par cette société. L'horizon de planification étant considéré comme infini, son objectif est de minimiser, selon un critère à préciser par la direction générale, la somme des coûts de fabrication et d'entreposage. Il doit formuler ce programme sur la base des informations suivantes:

- pour un mois donné, la demande pour ce modèle, soit D, est indépendante de la demande de tout autre mois, et peut être de 2, 3 ou 4 unités avec la loi de probabilité:

$$P\{D=2\} = \frac{1}{4}, \quad P\{D=3\} = \frac{1}{2}, \quad P\{D=4\} = \frac{1}{4};$$

- la décision de mettre en marche ou non la chaîne de production est prise au début de chaque mois. Soit x le nombre d'unités fabriquées; x est un entier compris entre 0 (aucune unité fabriquée) et 5 (la capacité de production de l'usine est limitée). Le temps de fabrication est négligeable et les véhicules sont disponibles immédiatement. Les conditions d'entreposage sont telles qu'on ne peut pas garder plus de 4 véhicules à la fin d'une période; il faudra donc s'assurer que le niveau de production choisi soit tel qu'on ne puisse pas avoir plus de 4 véhicules en stock à la fin du mois;

- l'une des règles de l'usine, strictement appliquée par la direction générale, est de toujours avoir suffisamment de véhicules en stock en début de mois (après production) pour pouvoir faire face à une demande quelconque; et
- les coûts fixes de fabrication (mise en marche de la chaîne) sont de 11 (unités quelconques, par exemple milliers de dollars). Il y a un coût variable de fabrication de 2 par unité, et un coût d'entreposage de 1 par unité restant à la fin du mois. Remarquons que le coût de fabrication est nul si la chaîne n'est pas mise en marche. Par conséquent, pour une période (mois) où le niveau de production est x et le stock restant en fin de mois est y, le coût total $C(x, y)$ est:

$$C(x, y) = \begin{cases} 11 + 2x + y & \text{si } x > 0, \\ y & \text{si } x = 0. \end{cases}$$

Formulons ce problème dans le contexte des processus de décision markoviens. Les états du système correspondent au niveau de stock en début de période (avant production); cette information est suffisante pour analyser l'évolution future du système. Par conséquent, l'espace des états de ce problème est $I = \{0, 1, 2, 3, 4\}$, puisque la capacité d'entreposage en fin de période est limitée à 4 unités. Remarquons que l'ensemble I contient ici un état numéroté zéro, alors que dans la théorie générale nous avons supposé que le premier état était l'état numéro un; cela ne change en rien les résultats de la théorie des processus de décision markoviens. Les actions prises après observation de l'état correspondent aux décisions de fabrication. Étant donné que le niveau de production x dans l'état i doit satisfaire les conditions suivantes:

$$4 - i \leq x \leq \min(5, 6 - i),$$

les ensembles d'actions possibles (niveaux de production) correspondant aux différents états du système sont: $\mathcal{A}_0 = \{4, 5\}$, $\mathcal{A}_1 = \{3, 4, 5\}$, $\mathcal{A}_2 = \{2, 3, 4\}$, $\mathcal{A}_3 = \{1, 2, 3\}$ et $\mathcal{A}_4 = \{0, 1, 2\}$. Par exemple, si le stock est nul en début de mois, alors il faudra choisir entre la production de 4 unités ou la production de 5 unités (ensemble $\mathcal{A}_0$). Les conditions sur x, données ci-dessus, résultent des contraintes suivantes:

- le stock en début de mois (après production), soit $i + x$, doit être au moins de 4 unités pour pouvoir faire face à toute demande éventuelle (inégalité de gauche); et
- la production x est limitée à la fois par la capacité de production de l'usine (soit 5 unités) et le fait que l'entreposage en fin de période est catégoriquement limité à un maximum de 4 unités. Cette dernière condition implique que le stock en début de période (après production), soit $i+x$, ne doit pas dépasser 6 unités puisque la demande pourrait n'être que de 2 unités (inégalité de droite).

Les données pour ce problème sont résumées dans le tableau 7.2.3. On obtient les probabilités de transition à partir de la loi de la demande. Par exemple, la probabilité de transition $p_{12}(4)$ de l'état 1 à l'état 2 après avoir choisi l'action 4 (dans l'état 1) se calcule en remarquant qu'après production le stock est de un (stock avant production) plus 4 (niveau de production), soit 5, et que pour avoir un stock de fin de période de 2, il faut avoir une demande de 3 pour cette période; ce qui se produit avec probabilité 1/2. Le revenu immédiat $r(s, a)$ est l'opposé de l'espérance du coût résultant du choix de l'action a dans l'état s. Puisque l'action 0 (ne pas produire) n'est offerte que dans l'état 4, nous avons:

$$r(4, 0) = -1 \times E(4 - D) = E(D) - 4 = -1$$

où $E(4 - D)$ est l'espérance du stock restant en fin de période. Dans tous les autres cas, $r(s, a)$ est l'opposé de la somme du coût de fabrication, soit $11 + 2a$, et de l'espérance du coût d'entreposage du stock restant. Ce stock restant est égal à $s + a - D$; d'où:

$$\begin{aligned} r(s, a) &= -[11 + 2a + 1 \times E(s + a - D)] \\ &= -[11 + 2a + s + a - 3] = -8 - 3a - s \end{aligned}$$

pour chaque $s \in \mathcal{I} = \{0, 1, 2, 3, 4\}$ et $a = 1, 2, 3, 4, 5$.

ÉTATS $s \in I$	ACTIONS $a \in \mathcal{A}_s$	PROBABILITÉS DE TRANSITION $p_{s0}(a)$	$p_{s1}(a)$	$p_{s2}(a)$	$p_{s3}(a)$	$p_{s4}(a)$	REVENUS IMMÉDIATS $r(s,a)$
0	4	1/4	1/2	1/4	0	0	−20
	5	0	1/4	1/2	1/4	0	−23
1	3	1/4	1/2	1/4	0	0	−18
	4	0	1/4	1/2	1/4	0	−21
	5	0	0	1/4	1/2	1/4	−24
2	2	1/4	1/2	1/4	0	0	−16
	3	0	1/4	1/2	1/4	0	−19
	4	0	0	1/4	1/2	1/4	−22
3	1	1/4	1/2	1/4	0	0	−14
	2	0	1/4	1/2	1/4	0	−17
	3	0	0	1/4	1/2	1/4	−20
4	0	1/4	1/2	1/4	0	0	−1
	1	0	1/4	1/2	1/4	0	−15
	2	0	0	1/4	1/2	1/4	−18

TABLEAU 7.2.3: DONNÉES POUR LA GESTION DE LA FABRICATION

Avant de quitter cet exemple, supposons que M. Al Kolic décide d'appliquer la politique de fabrication suivante, indépendamment de la période considérée:

$$\text{niveau de production } x = \begin{cases} 5 & \text{si } i = 0, \\ 6 - i & \text{si } i = 1, 2, 3, \\ 0 & \text{si } i = 4. \end{cases}$$

Une telle politique est appelée *politique stationnaire.* Comme nous le verrons bientôt, les politiques stationnaires jouent un rôle fondamental dans la théorie des processus de décision markoviens. Avec la politique considérée, la loi de transition du système est donnée, d'après le tableau 7.2.3, par la matrice ci-après. Remarquons que cette matrice est bien une matrice de Markov (la somme des lignes est toujours égale à 1). De façon identique, toute politique stationnaire est associée à une matrice de Markov extraite du tableau 7.2.3. Si $|\mathcal{A}_i|$ représente le nombre d'éléments (actions) de l'ensemble $\mathcal{A}_i$, on remarque qu'il y a $|\mathcal{A}_0| \times |\mathcal{A}_1| \times |\mathcal{A}_2| \times |\mathcal{A}_3| \times |\mathcal{A}_4| = 162$ politiques stationnaires distinctes. Il existe évidemment une infinité de politiques non stationnaires.

ÉTAT (PÉRIODE $N+1$)

ÉTAT (PÉRIODE N)	0	1	2	3	4
0	0	1/4	1/2	1/4	0
1	0	0	1/4	1/2	1/4
2	0	0	1/4	1/2	1/4
3	0	0	1/4	1/2	1/4
4	1/4	1/2	1/4	0	0

7.3 SUITES INFINIES DE REVENUS

Pour comparer les mérites de diverses politiques dans un processus de décision markovien où l'horizon de planification est infini, il faut pouvoir comparer des suites infinies de revenus (ou revenus espérés). L'expérience montre que dans la plupart des situations, le preneur de décision n'est pas capable intuitivement de juger des mérites relatifs de plusieurs suites infinies de revenus. L'exemple qui suit, proposé par Wagner (1969), illustre certaines des difficultés rencontrées.

Supposons que l'on ait le choix entre les sept suites de revenus données dans le tableau 7.3.1. Chaque suite donne les revenus reçus à chaque période en commençant par le présent. La suite A, par exemple, procure un revenu de 3 pendant les périodes $3i + 1$, $i = 0, 1, 2, \ldots$, un revenu de 2 pour les périodes $3i + 2$, $i = 0, 1, 2, \ldots$, et un revenu de 1 pour les périodes $3i$, $i = 1, 2, \ldots$.

Il est clair que la suite F n'est pas désirable puisqu'on peut faire mieux à chaque période avec la suite D. De même, on peut éliminer E puisque D procure un revenu total supérieur quelle que soit la période considérée.

SUITES DE REVENUS	PÉRIODE 1	2	3	4	5	6	7	8	9	$\cdots$
A	3	2	1	3	2	1	3	2	1	$\cdots$
B	3	1	3	1	3	1	3	1	3	$\cdots$
C	1	6	-1	1	6	-1	1	6	-1	$\cdots$
D	$2\frac{2}{3}$	2	2	2	2	2	2	2	2	$\cdots$
E	1	3	1	3	1	3	1	3	1	$\cdots$
F	1	1	1	1	1	1	1	1	1	$\cdots$
G	4	0	0	4	0	0	4	0	0	$\cdots$

TABLEAU 7.3.1: SUITES DE REVENUS

Mais on ne peut pas éliminer G. Bien que son revenu total après la seconde période soit inférieur à ceux de A ou B, son revenu initial est le meilleur parmi les suites considérées. S'il est important, pour des raisons diverses, d'obtenir un revenu initial maximal, alors G devient le meilleur choix.

Comment choisir entre A, B, C et D? Pour la seconde période, C paraît la plus intéressante. Le revenu total de D est meilleur que celui de B pour chaque période paire, mais B donne un revenu total supérieur à celui de A, C et D pour chaque période de la forme $3 + 6i$, $i = 0, 1, 2, \ldots$.

Il apparaît clairement que pour comparer ces suites de revenus, une hypothèse sur la *valeur attachée aux revenus dans le temps* est nécessaire.

7.3.1 Le critère du revenu moyen par période

Nous faisons l'hypothèse fondamentale pour cette approche que *la valeur d'une unité de revenu est indépendante de la période pendant laquelle elle est reçue.* En d'autres termes, le preneur de décision n'attache pas une plus grande utilité à un dollar aujourd'hui qu'à un dollar demain ou dans dix ans! Les revenus reçus au cours du temps sont donc directement comparables et il est alors raisonnable de chercher la suite qui maximise le *revenu moyen par période* lorsque le nombre de périodes augmente indéfiniment. Le tableau 7.3.2 donne le revenu moyen après n périodes, $n = 1, 2, \ldots$, pour chacune des sept suites de revenus précédentes.

SUITES DE REVENUS	NOMBRE DE PÉRIODES n									
	1	2	3	4	5	6	7	8	9	∞
A	3	2,5	2	2,25	2,2	2	2,14	2,13	2	2
B	3	2	2,33	2	2,2	2	2,14	2	2,11	2
C	1	3,5	2	1,75	2,6	2	1,86	2,38	2	2
D	2,67	2,33	2,22	2,17	2,15	2,11	2,10	2,08	2,07	2
G	4	2	1,33	2	1,6	1,33	1,71	1,5	1,33	1,33

TABLEAU 7.3.2: REVENU MOYEN (PAR PÉRIODE) APRÈS n PÉRIODES

A titre d'illustration, afin d'obtenir les revenus moyens successifs associés avec la suite D, nous avons calculé, dans l'ordre, les quantités suivantes: $2\frac{2}{3}$, $\frac{1}{2}(2\frac{2}{3} + 2)$, $\frac{1}{3}(2\frac{2}{3} + 2 + 2), \ldots$, et finalement $\lim\limits_{n\to\infty} \frac{1}{n}[2\frac{2}{3} + 2(n-1)] = 2$.

Il résulte du tableau 7.3.2 que, dans l'hypothèse où le preneur de décision n'a pas de préférence temporelle pour les revenus, les suites A, B, C et D sont équivalentes lorsqu'on considère un horizon de planification infini. Cependant, remarquons qu'elles ne sont pas identiques si l'on considère un horizon fini quelconque. Selon le critère du revenu moyen par période, la suite G apparaît inférieure aux suites A, B, C et D dès que l'horizon de planification dépasse quatre périodes.

L'utilisation de ce critère présente un certain nombre de problèmes, en particulier dans le cas où le revenu moyen par période n'admet pas de limite finie lorsque le nombre de périodes augmente indéfiniment. C'est le cas par exemple d'une suite de revenus où l'on reçoit un revenu égal à i en période i; le revenu moyen par période après n périodes est égal à $\frac{1}{2}(n+1)$, il tend vers l'infini avec n. Mais la faiblesse fondamentale de ce critère de choix entre suites de revenus possibles, dans le cas d'un horizon de planification infini, est son manque de sensibilité aux revenus obtenus pendant un nombre fini de périodes. Considérons, par exemple, la suite A^* identique à A sauf pour la première période où le revenu est de 1 000 000 au lieu de 3. Le critère du revenu moyen par période ne permet pas de différencier entre A et A^*: le revenu moyen par période (à long terme) des deux suites est toujours égal à 2!

Pour éviter ce paradoxe, il faut introduire une valeur temporelle de l'argent dans la suite de revenus.

7.3.2 Le critère du revenu total actualisé

Une autre approche au problème de la comparaison des suites infinies de revenus est celle qui consiste à comparer le *revenu total actualisé.*

Si l'on a une suite de revenus $R_1, R_2, R_3, \ldots, R_m, \ldots$, le revenu total actualisé est:

$$R_1 + \alpha R_2 + \alpha^2 R_3 + \cdots + \alpha^{m-1} R_m + \cdots = \sum_{n=1}^{\infty} \alpha^{n-1} R_n,$$

où $\alpha = \{1 + (\text{INT}/100)\}^{-1}$ est le taux d'actualisation (par période), et

INT% le taux d'intérêt (par période). Cette approche suppose que le preneur de décision est capable de fixer une valeur pour le taux INT.

La justification de cette approche repose sur l'hypothèse suivante: il est possible à tout instant de prêter ou d'emprunter une somme quelconque à un taux d'intérêt composé de INT% par période. Si, par exemple, le taux d'intérêt annuel est de 10% et si nous empruntons un dollar aujourd'hui, il nous faudra rembourser 1,10 dollar dans un an, ou bien $(1{,}10)^2$ dollar dans deux ans ou encore $(1{,}10)^n$ dollars dans n années. De façon analogue, un dollar à recevoir dans n années ne vaut en fait que $(1{,}10)^{-n}$ dollars aujourd'hui. Si nous avions $(1{,}10)^{-n}$ dollars aujourd'hui et les prêtions à un taux d'intérêt composé de 10%, nous obtiendrions un dollar dans exactement n années.

Le revenu total actualisé d'une suite de revenus résume donc cette suite de revenus en indiquant de combien nous pouvons disposer immédiatement si nous utilisons tous nos revenus futurs pour rembourser l'emprunt de cette somme.

Supposons que l'on choisisse une suite de revenus n^{0}1 pour laquelle le revenu total actualisé est supérieur à celui d'une suite de revenus n^{0}2 pour une valeur donnée de α. Par hypothèse, nous pouvons emprunter et prêter sur la base des revenus de la suite n^{0}1 de façon à obtenir les mêmes avantages résultant de la suite n^{0}2 (les transactions se faisant au taux d'intérêt INT% associé à la valeur de α). De plus, il nous restera un certain montant en supplément. Par conséquent, il est toujours avantageux de choisir la suite avec le plus grand revenu actualisé, indépendamment de nos préférences temporelles pour l'argent.

Remarquons, bien sûr, que l'hypothèse faite n'est jamais exactement satisfaite. Mais en pratique, elle constitue une approximation raisonnable et permet d'obtenir des résultats satisfaisants. Un autre argument qui est souvent utilisé pour justifier l'utilisation du revenu actualisé est que les revenus à recevoir dans un futur éloigné sont multipliés par un faible coefficient (si INT=10%, $\alpha^{40} = 0{,}022$) et ont, par conséquent, un poids moindre sur les décisions.

Calculons maintenant le revenu total actualisé RTA des suites A, B, C, D et G.

Suite A:

$$\begin{aligned}\text{RTA}\{A\} &= 3 + 2\alpha + \alpha^2 + 3\alpha^3 + 2\alpha^4 + \alpha^5 + \cdots \\ &= (3 + 2\alpha + \alpha^2)(1 + \alpha^3 + \alpha^6 + \cdots) \\ &= (3 + 2\alpha + \alpha^2)(1 - \alpha^3)^{-1}.\end{aligned}$$

Suite B:

$$\begin{aligned}\text{RTA}\{B\} &= 3 + \alpha + 3\alpha^2 + \alpha^3 + \cdots \\ &= (3 + \alpha)(1 + \alpha^2 + \alpha^4 + \cdots) \\ &= (3 + \alpha)(1 - \alpha^2)^{-1}.\end{aligned}$$

Suite C:

$$\begin{aligned}\text{RTA}\{C\} &= 1 + 6\alpha - \alpha^2 + \alpha^3 + 6\alpha^4 - \alpha^5 + \cdots \\ &= (1 + 6\alpha - \alpha^2)(1 + \alpha^3 + \alpha^6 + \cdots) \\ &= (1 + 6\alpha - a^2)(1 - \alpha^3)^{-1}.\end{aligned}$$

Suite D:

$$\begin{aligned}\text{RTA}\{D\} &= 2\frac{2}{3} + 2\alpha + 2\alpha^2 + \cdots \\ &= 2\frac{2}{3} + 2\alpha(1 + \alpha + \cdots) \\ &= 2\frac{2}{3} + 2\alpha(1 - \alpha)^{-1}.\end{aligned}$$

Suite G:

$$\text{RTA}\{G\} = 4 + 4\alpha^3 + 4\alpha^6 + \cdots = 4(1 - \alpha^3)^{-1}.$$

Nous avons:

$$\text{RTA}\{A\} - \text{RTA}\{B\} = \alpha(1 + \alpha)^{-1}(1 + \alpha + \alpha^2)^{-1} > 0, \qquad 0 < \alpha < 1,$$

par conséquent, bien que B donne un revenu total supérieur à celui de A pour chaque période de la forme $3 + 6i$, $i = 0, 1, 2 \ldots$, le revenu total actualisé de A est supérieur à celui de B pour tout α, $0 < \alpha < 1$. De façon analogue, nous avons d'une part:

$$\text{RTA}\{A\} - \text{RTA}\{C\} = 2(1 - \alpha)(1 + \alpha + \alpha^2)^{-1} > 0, \qquad 0 < \alpha < 1$$

et, d'autre part:

$$\mathrm{RTA}\{A\}-\mathrm{RTA}\{D\} = \frac{1}{3}(1-\alpha)(1+2\alpha)(1+\alpha+\alpha^2)^{-1} > 0, \quad 0 < \alpha < 1,$$

le revenu total actualisé de A est supérieur à ceux de C et D pour tout α, $0 < \alpha < 1$. Si nous comparons maintenant les mérites relatifs des suites de revenus B et D, il vient:

$$\mathrm{RTA}\{B\} - \mathrm{RTA}\{D\} = -2\frac{2}{3} + \frac{2\alpha + 3}{1 + \alpha}$$

et B est meilleure que D lorsque $\alpha < \frac{1}{2}$, et inversement lorsque $\alpha > \frac{1}{2}$. Ce résultat n'est pas surprenant puisque plus le taux d'intérêt est élevé (α petit) plus les revenus des toutes premières périodes sont importants. A la limite, lorsque $\alpha = 0$, seul le revenu de la première période intervient dans le revenu total actualisé. Le choix optimal varie donc avec la valeur du taux d'actualisation. Nous rencontrerons cette propriété à nouveau par la suite.

Le critère du revenu total actualisé présente des difficultés d'utilisation, tout comme le critère du revenu moyen par période, lorsque la valeur RTA augmente indéfiniment avec le nombre de périodes. C'est le cas, par exemple, de la suite de revenus $R_n = 2^n, n = 1, 2, \ldots$, lorsque $\alpha \geq \frac{1}{2}$. Cependant, certaines suites de revenus qui présentaient des problèmes de convergence avec le critère du revenu moyen par période ont un RTA fini. Nous avons envisagé un peu plus haut la suite $R_n = n$, $n = 1, 2, \ldots$; son revenu actualisé est:

$$\mathrm{RTA} = \sum_{n=1}^{\infty} n\alpha^{n-1} = (1 - \alpha)^{-2},$$

qui est un nombre fini pour $0 \leq \alpha < 1$.

Dans la suite du chapitre, nous laisserons de côté les problèmes de convergence rencontrés dans la discussion précédente. Retenons cependant les éléments principaux de cette question:

- le choix d'un critère de comparaison pour évaluer les mérites respectifs de suites infinies de revenus implique une hypothèse sur l'utilité temporelle de l'argent pour le preneur de décision;

- un critère qui réduit une suite infinie de revenus à un nombre unique ne converge pas nécessairement pour toutes les suites de revenus; et
- même lorsque deux suites de revenus sont également désirables selon un critère donné, le preneur de décision peut exprimer une préférence lorsqu'il tient compte d'autres considérations de nature économique.

7.4 NOTATIONS ET DÉFINITIONS

Dans ce paragraphe, nous allons donner les éléments qui permettent d'étudier formellement un processus de décision markovien.

Soit donc un système dont l'état peut être représenté par l'un des éléments d'un ensemble fini $\mathcal{I} = \{1, 2, \ldots S\}$ appelé *espace des états.* A chaque état $s \in \mathcal{I}$, on associe un ensemble fini $\mathcal{A}_s$ *d'actions* (ou de *décisions*) offertes dans cet état. Soit $\mathcal{F} = \mathcal{A}_1 \times \mathcal{A}_2 \times \cdots \times \mathcal{A}_s$ le produit cartésien des ensembles $\mathcal{A}_s$. $\mathcal{F}$ est appelé *l'espace des règles de décision*; c'est un ensemble fini. Un élément $f \in \mathcal{F}$ est appelé *règle de décision*; la s-ième composante de f, soit $f(s)$, $s = 1, \ldots, S$, indique la décision à prendre dans l'état s lorsque la règle de décision choisie est f. Une *politique* (ou *stratégie*) est une suite de règles de décision, $\pi = \{f_1, f_2, f_3, \ldots\} = \{f_n,\ n \geq 1\}$ où la règle de décision $f_n \in \mathcal{F}$ est utilisée pour la période n, $n \geq 1$, c'est-à-dire que la décision prise à l'instant n dans l'état s est $f_n(s)$. Remarquons qu'une politique est parfaitement déterminée, ce n'est pas une variable aléatoire.

Étant donnée une suite de règles de décision $g_1, g_2, \ldots, g_N \in \mathcal{F}$ et une politique arbitraire $\pi = \{f_n,\ n \geq 1\}$, on représente par $(g_1, g_2, \ldots, g_N, \pi)$ la politique $\{g_1, g_2, \ldots, g_N, f_1, f_2, f_3, \ldots\}$. Si $g_1 = g_2 = \cdots = g_N = g$, on écrit:

$$(\underbrace{g, g, \ldots, g}_{N \text{ fois}}, \pi) = (g^N, \pi)$$

on désigne par $\{g^\infty\}$ la politique $\{g, g, g, g, \ldots\}$. $\{g^\infty\}$ est appelée *politique stationnaire* puisque la règle de décision correspondant à la période n est indépendante de la valeur de n. Finalement on désigne par $T\pi$ la translatée de π, c'est-à-dire si:

$$\pi = \{f_1, f_2, f_3, f_4, \ldots\} = \{f_n,\ n \geq 1\}$$
$$T\pi = \{f_2, f_3, f_4, \ldots\} = \{f_{n+1},\ n \geq 1\}$$

T est appelé opérateur de translation.

A chaque règle de décision $f \in \mathcal{F}$, on associe:

(*i*) un vecteur colonne à S dimensions $r(f)$ dont les éléments sont bornés et tels que:

$$r(f) = \begin{pmatrix} r(1, f(1)) \\ r(2, f(2)) \\ \vdots \\ r(S, f(S)) \end{pmatrix}$$

c'est le vecteur des revenus immédiats correspondant à la règle de décision f (les profits apparaissent comme des revenus positifs, les coûts comme des revenus négatifs).

(*ii*) une matrice de Markov $P(f) = \{p_{st}(f(s))\}_{s,t=1,\ldots,\ S}$

$$P(f) = \begin{pmatrix} p_{11}(f(1)) & p_{12}(f(1)) & \cdots & p_{1S}(f(1)) \\ p_{21}(f(2)) & p_{22}(f(2)) & \cdots & p_{2S}(f(2)) \\ \vdots & \vdots & \ddots & \vdots \\ p_{S1}(f(S)) & p_{S2}(f(S)) & \cdots & p_{SS}(f(S)) \end{pmatrix}$$

Par conséquent, $r(f)$ et $P(f)$ gouvernent les revenus et l'évolution du système en fonction de son état lorsque l'on a choisi la règle de décision f pour la période considérée.

Illustrons ces concepts à l'aide de l'exemple du chauffeur de taxi (section 7.2.2). L'espace des états est $\mathcal{I} = \{1, 2, 3\}$, et l'espace des règles de décision est $\mathcal{F} = \mathcal{A}_1 \times \mathcal{A}_2 \times \mathcal{A}_3 = \{1, 2, 3\} \times \{1, 2\} \times \{1, 2, 3\}$. L'ensemble $\mathcal{F}$ a donc $3 \times 2 \times 3 = 18$ éléments ou règles de décision, à savoir:

$$\begin{pmatrix}1\\1\\1\end{pmatrix}\begin{pmatrix}1\\1\\2\end{pmatrix}\begin{pmatrix}1\\1\\3\end{pmatrix}\begin{pmatrix}1\\2\\1\end{pmatrix}\begin{pmatrix}1\\2\\2\end{pmatrix}\begin{pmatrix}1\\2\\3\end{pmatrix}\begin{pmatrix}2\\1\\1\end{pmatrix}\begin{pmatrix}2\\1\\2\end{pmatrix}\begin{pmatrix}2\\1\\3\end{pmatrix}$$

$$\begin{pmatrix}2\\2\\1\end{pmatrix}\begin{pmatrix}2\\2\\2\end{pmatrix}\begin{pmatrix}2\\2\\3\end{pmatrix}\begin{pmatrix}3\\1\\1\end{pmatrix}\begin{pmatrix}3\\1\\2\end{pmatrix}\begin{pmatrix}3\\1\\3\end{pmatrix}\begin{pmatrix}3\\2\\1\end{pmatrix}\begin{pmatrix}3\\2\\2\end{pmatrix}\begin{pmatrix}3\\2\\3\end{pmatrix}$$

Par la suite, nous représenterons indifféremment une règle de décision soit par une colonne d'actions (comme ci-dessus) ou par un vecteur d'actions tel que $(1,1,1)$. Si la règle de décision $f = (3,1,2)$ est choisie (prendre l'action 3 dans l'état 1, l'action 1 dans l'état 2, et l'action 2 dans l'état 3), nous avons d'après le tableau 7.2.2:

$$r(f) = \begin{pmatrix}4{,}25\\16\\4\end{pmatrix} \qquad P(f) = \begin{pmatrix}1/4 & 1/8 & 5/8\\1/2 & 0 & 1/2\\1/8 & 3/4 & 1/8\end{pmatrix}$$

Nous allons maintenant formaliser les deux critères de décision envisagés dans la discussion de la section précédente.

7.4.1 Critère du revenu total actualisé

Soit α, $0 \leq \alpha < 1$, le taux périodique d'actualisation. Supposons que l'on ait choisi la politique $\pi = \{f_1, f_2, f_3, \ldots\}$ et que le système se trouve initialement dans l'état s, $s \in I$. Nous recevons un revenu immédiat $r(s, f_1(s))$ et le système se trouve à la période suivante dans l'état t, $t \in I$, avec une probabilité de transition $p_{st}(f_1(s))$. Dans l'état t nous recevons le revenu immédiat $r(t, f_2(t))$. L'espérance du revenu actualisé reçu pour les deux premières périodes, partant de l'état s, est donc:

$$r(s, f_1(s)) + \alpha \sum_{t \in I} p_{st}(f_1(s)) r(t, f_2(t)), \qquad (7.4.1)$$

soit vectoriellement:

$$r(f_1) + \alpha P(f_1) r(f_2); \qquad (7.4.2)$$

la s-ième composante de l'expression (7.4.2) est précisément l'expression (7.4.1). Considérons maintenant la troisième période; on remarque, de même, que l'espérance du revenu actualisé reçu pour les trois premières périodes, partant de l'état s, est:

$$r(s, f_1(s)) + \alpha \sum_{t \in I} p_{st}(f_1(s)) r(t, f_2(t))$$
$$+ \alpha^2 \sum_{t \in I} \sum_{u \in I} p_{st}(f_1(s)) p_{tu}(f_2(t)) r(u, f_3(u));$$

soit vectoriellement:

$$r(f_1) + \alpha P(f_1) r(f_2) + \alpha^2 P(f_1) P(f_2) r(f_3).$$

Remarquons que la matrice des probabilités de transition entre la première et la troisième période est $P(f_1)P(f_2)$. De même, on peut montrer facilement que la matrice des probabilités de transition entre la première et la $(n+1)$-ième période est:

$$P_n(\pi) = P(f_1)P(f_2) \cdots P(f_n),$$

et le vecteur colonne (de dimensions $S \times 1$) de l'espérance du revenu total actualisé associé avec la politique π, ou *valeur de la politique* π, est:

$$V_\alpha(\pi) = \sum_{n=0}^{\infty} \alpha^n P_n(\pi) r(f_{n+1}) \tag{7.4.3}$$

lorsque l'on définit $P_0(\pi)$ comme la matrice identité de dimensions $S \times S$. La s-ième ligne du vecteur $V_\alpha(\pi)$, $1 \leq s \leq S$, donne l'espérance du revenu total actualisé associé avec la politique π lorsque l'état initial est s.

Remarquons que toutes les composantes de ce vecteur sont bornées puisque les éléments de $r(f)$ sont bornés. En effet, soit $M = \max r(s, a)$ et $m = \min r(s, a)$; nous avons:

$$m(1-\alpha)^{-1} e \leq V_\alpha(\pi) \leq M(1-\alpha)^{-1} e$$

où e est le vecteur colonne $S \times 1$ dont tous les éléments sont égaux à 1. Rappelons que pour deux vecteurs ω_1 et ω_2 de mêmes dimensions, on a $\omega_1 \geq \omega_2$ (le vecteur ω_1 est plus grand ou égal au vecteur ω_2) si l'inégalité (au sens large) est vérifiée pour chacune des composantes de même rang des deux vecteurs. Si $\omega_1 \geq \omega_2$ et $\omega_1 \neq \omega_2$, on écrit

$\omega_1 > \omega_2$ et on dit que le vecteur ω_1 est strictement plus grand que le vecteur ω_2 (il suffit que l'inégalité stricte soit satisfaite par l'une des composantes des deux vecteurs). Par conséquent, lorsque tous les éléments de $r(f)$ sont bornés pour chaque $f \in F$, le vecteur $V_\alpha(\pi)$ est bien défini; nous n'avons pas à nous inquiéter des problèmes de convergence soulevés dans la section précédente.

Nous sommes maintenant prêts à définir une politique optimale selon le critère du revenu total actualisé.

Définition 7.4.1. *Soient deux politiques quelconques π_1 et π_2; on dira que la politique π_1 est au moins aussi bonne que π_2 (pour une valeur de α donnée), et on écrira $\pi_1 \geq \pi_2$, si et seulement si $V_\alpha(\pi_1) \geq V_\alpha(\pi_2)$. Donc:*

$$\pi_1 \geq \pi_2 \iff V_\alpha(\pi_1) \geq V_\alpha(\pi_2) \tag{7.4.4}$$

De même, on dira que la politique π_1 est strictement meilleure que π_2 et on écrira $\pi_1 > \pi_2$, si et seulement si $V_\alpha(\pi_1) > V_\alpha(\pi_2)$. Donc:

$$\pi_1 > \pi_2 \iff V_\alpha(\pi_1) > V_\alpha(\pi_2). \tag{7.4.5}$$

Finalement, on dira qu'une politique π^* est α-optimale si et seulement si $\pi^* \geq \pi$, quelle que soit la politique π.

Cette définition implique en particulier qu'une politique α-optimale donne une espérance de revenu total actualisé plus grande ou égale à celle de toute autre politique *quel que soit l'état initial du système.* L'existence d'une telle politique n'est pas intuitivement triviale. Notons que si p est la distribution de probabilité de l'état initial du système, le produit scalaire $pV_\alpha(\pi^*)$ représente l'espérance du revenu total actualisé lorsque l'on ne connaît pas l'état initial de façon déterministe. La définition 7.4.1 implique également que la politique π^* est indépendante de la distribution initiale p.

7.4.2 Critère du revenu moyen par période (à long terme)

En limitant, dans le cas où $\alpha = 1$, la somme de l'expression (7.4.3) aux n premières périodes, on établit que le revenu total espéré pour les n premières périodes associé avec une politique $\pi = \{f_1, f_2, \ldots\}$ est égal à:

$$\sum_{i=0}^{n-1} P_i(\pi) r(f_{i+1})$$

Par conséquent, le revenu moyen espéré par période pour les n premières périodes est:

$$\frac{1}{n} \sum_{i=0}^{n-1} P_i(\pi) r(f_{i+1}) \tag{7.4.6}$$

Comme nous l'avons mentionné dans la section précédente, l'expression (7.4.6) n'a pas toujours de limite lorsque le nombre de périodes augmente indéfiniment. On définira alors l'espérance du revenu moyen par période (à long terme) pour la politique π par:

$$\Gamma(\pi) = \lim_{n \to \infty} \frac{1}{n} \sum_{i=0}^{n-1} P_i(\pi) r(f_{i+1}) \tag{7.4.7}$$

Définition 7.4.2. *On dira qu'une politique π^* est optimale selon le critère de l'espérance du revenu moyen par période si et seulement si $\Gamma(\pi^*) \geq \Gamma(\pi)$, quelle que soit la politique π.*

Nous avons maintenant formalisé le modèle de décision markovien et nous sommes prêts à aborder la recherche de politiques optimales. Bien que les deux critères proposés conduisent à des algorithmes similaires, le fait que la valeur du critère soit souvent divergente dans le cas du revenu moyen conduit à des développements relativement techniques qui n'apportent, au niveau du traitement proposé dans ce manuel, que peu de bénéfices pour nos lecteurs. Nous nous limiterons donc à la recherche de politiques α-optimales selon le critère du revenu total actualisé; cette recherche donne lieu à une suite de résultats particulièrement élégants. Nous renvoyons aux ouvrages spécialisés le lecteur intéressé par une étude plus approfondie; en particulier on peut consulter Derman (1970) et Mine et Osaka (1970).

7.5 EXISTENCE DE POLITIQUES α-OPTIMALES

Dans ce paragraphe, nous allons montrer de façon constructive, pour le critère de l'espérance du revenu total actualisé, l'existence de politiques α-optimales lorsque $0 \leq \alpha < 1$.

D'après (7.4.3) la valeur $V_\alpha(\pi)$ d'une politique $\pi = \{f_1 f_2, \ldots\}$ est donnée par:

$$V_\alpha(\pi) = \sum_{n=0}^{\infty} \alpha^n P_n(\pi) r(f_{n+1}).$$

On peut écrire cette expression sous la forme:

$$\begin{aligned} V_\alpha(\pi) &= r(f_1) + \sum_{n=1}^{\infty} \alpha^n P_n(\pi) r(f_{n+1}) \\ &= r(f_1) + \alpha P(f_1) \sum_{n=0}^{\infty} \alpha^n P_n(T\pi) r(f_{n+2}) \\ &= r(f_1) + \alpha P(f_1) V_\alpha(T\pi) \qquad (7.5.1) \end{aligned}$$

où $T\pi = \{f_2, f_3, f_4, \ldots\}$ est la translatée de π.

A chaque règle de décision $f \in \mathcal{F}$, associons la transformation $L(f)$ de $\mathcal{R}^S$ dans $\mathcal{R}^S$ définie par:

$$\omega \in \mathcal{R}^S \longrightarrow L(f)\omega = r(f) + \alpha P(f)\omega \qquad (7.5.2)$$

où ω est un vecteur colonne à S éléments. Il résulte de (7.5.1) et (7.5.2) et des définitions de la section précédente que:

$$V_\alpha(f, \pi) = r(f) + \alpha P(f) V_\alpha(\pi) = L(f) V_\alpha(\pi) \qquad (7.5.3)$$

où $\{f, \pi\}$ est la politique $\{f, f_1, f_2, f_3, \ldots\}$. De façon analogue, lorsque $g_i \in \mathcal{F}$, $1 \leq i \leq N$, nous avons:

$$V_\alpha(g_1, g_2, \ldots, g_N, \pi) = L(g_1) L(g_2) \cdots L(g_N) V_\alpha(\pi). \qquad (7.5.4)$$

Nous donnons d'abord une propriété importante de la transformation $L(f)$.

Lemme 7.5.1. *$L(f)$ est une transformation monotone, c'est-à-dire que:*

$$w_1 \geq w_2 \Longrightarrow L(f)w_1 \geq L(f)w_2$$

Démonstration. Nous avons, en effet, d'après (7.5.2):

$$L(f)w_1 - L(f)w_2 = \alpha P(f)(w_1 - w_2);$$

si $w_1 - w_2 \geq 0$, nous avons également $L(f)w_1 - L(f)w_2 \geq 0$ puisque α et tous les éléments de la matrice $P(f)$ sont non négatifs. ∎

Les deux théorèmes suivants donnent certaines propriétés des politiques α-optimales.

Théorème 7.5.2. *Si la politique π^* est telle que $\pi^* \geq (f, \pi^*)$ quelle que soit la règle de décision $f \in \mathcal{F}$, alors π^* est une politique α-optimale.*

Démonstration. En effet, par hypothèse et d'après (7.5.3), nous avons quelle que soit la règle de décision $f \in \mathcal{F}$:

$$V_\alpha(\pi^*) \geq V_\alpha(f, \pi^*) = L(f)V_\alpha(\pi^*). \tag{7.5.5}$$

Soit alors $\pi = \{f_n, n \geq 1\}$ une politique arbitraire; il résulte de (7.5.5) que pour $N \geq 2$:

$$V_\alpha(\pi^*) \geq L(f_N)V_\alpha(\pi^*),$$

et, d'après le lemme 7.5.1 et la relation (7.5.4):

$$L(f_{N-1})V_\alpha(\pi^*) \geq L(f_{N-1})L(f_N)V_\alpha(\pi^*),$$

soit:

$$V_\alpha(\pi^*) \geq L(f_{N-1})V_\alpha(\pi^*) \geq V_\alpha(f_{N-1}, f_N, \pi^*).$$

De proche en proche, il vient:

$$V_\alpha(\pi^*) \geq V_\alpha(f_1, f_2, \ldots, f_N, \pi^*).$$

Laissons N tendre vers l'infini:

$$V_\alpha(f_1, f_2, \ldots, f_N, \pi^*) \to V_\alpha(\pi),$$

soit:

$$V_\alpha(\pi^*) \geq V_\alpha(\pi),$$

et puisque π est une politique arbitraire, on en déduit que π^* est α-optimale. ■

Ce premier théorème nous apprend qu'étant donné une certaine politique, s'il n'est pas possible de trouver une règle de décision f qui placée devant cette politique (f est utilisée pour la première période et les règles de décision prescrites par la politique sont utilisées pour la période suivant celle pour laquelle elles étaient initialement prescrites) l'améliore, alors cette politique est α-optimale. Le théorème suivant va nous montrer que si une telle règle f existe, alors la politique stationnaire $\{f^\infty\}$ est meilleure que la politique de départ.

Théorème 7.5.3. *Soient une règle de décision $f \in \mathcal{F}$ et π une politique données. Si $(f, \pi) > \pi$, alors $\{f^\infty\} > \pi$.*

Démonstration. En effet, par hypothèse et d'après (7.5.3), on a:

$$V_\alpha(f, \pi) = L(f)V_\alpha(\pi) > V_\alpha(\pi). \tag{7.5.6}$$

Appliquons la transformation monotone $L(f)$ aux deux côtés de l'inégalité de (7.5.6), il vient:

$$L^2(f)V_\alpha(\pi) \geq L(f)V_\alpha(\pi)$$

(remarquons qu'une transformation monotone ne conserve pas la stricte inégalité; elle la remplace par une inégalité au sens large). D'où, d'après (7.5.6):

$$L^2(f)V_\alpha(\pi) > V_\alpha(\pi).$$

En appliquant la transformation $L(f)$ de proche en proche, on obtient pour chaque $N \geq 2$:

$$V_\alpha(f^N, \pi) = L^N(f)V_\alpha(\pi) \geq L(f)V_\alpha(\pi) > V_\alpha(\pi). \tag{7.5.7}$$

Soit, en laissant tendre N vers l'infini dans (7.5.7):

$$V_\alpha(f^\infty) \geq L(f)V_\alpha(\pi) > V_\alpha(\pi),$$

ce qui confirme, par définition, que $\{f^\infty\} > \pi$. ■

Nous sommes prêts maintenant à donner le théorème fondamental de cette construction.

Théorème 7.5.4. *Soit $f \in \mathcal{F}$ une règle de décision quelconque. Pour chaque état $s \in \mathcal{I}$, soit $G(s, f)$ le sous-ensemble de $\mathcal{A}_s$ tel que si $a \in G(s, f)$:*

$$r(s,a) + \alpha \sum_{t \in \mathcal{I}} p_{st}(a) v_t > v_s \tag{7.5.8}$$

où v_s, $1 \leq s \leq S$, est la s-ième composante du vecteur $V_\alpha(f^\infty)$.

(i) si l'ensemble $G(s, f)$ est vide pour tout $s \in \mathcal{I}$, la politique $\{f^\infty\}$ est α-optimale.

(ii) s'il existe une règle de décision $g \in \mathcal{F}$ et un état $s \in \mathcal{I}$ tels que $g(s) \in G(s, f)$ et $g(\sigma) = f(\sigma)$ lorsque $g(\sigma) \notin G(\sigma, f)$, nous avons $\{g^\infty\} > \{f^\infty\}$.

Démonstration. En effet, d'après (7.5.3), nous avons:

$$V_\alpha(g, f^\infty) = r(g) + \alpha P(g) V_\alpha(f^\infty)$$

et la s-ième composante du vecteur $V_\alpha(g, f^\infty)$ est donnée par:

$$r(s, g(s)) + \alpha \sum_{t \in \mathcal{I}} p_{st}(g(s)) v_t. \tag{7.5.9}$$

Cette composante est plus grande que v_s si et seulement si $g(s) \in G(s, f)$ et elle est égale à v_s si $g(s) = f(s)$.

Par conséquent, si l'ensemble $G(s, f)$ est vide pour chaque $s \in \mathcal{I}$, nous avons $V_\alpha(f^\infty) \geq V_\alpha(g, f^\infty)$ quelle que soit la règle de décision $g \in \mathcal{F}$. Il en résulte, d'après le théorème 7.5.2, que la politique stationnaire $\{f^\infty\}$ est α-optimale.

Si au contraire, il existe une règle de décision $g \in \mathcal{F}$ qui satisfait aux conditions de l'énoncé *(ii)* du théorème 7.5.4, c'est-à-dire que la composante (7.5.9) est plus grande que v_s pour au moins un état $s \in \mathcal{I}$, alors $V_\alpha(g, f^\infty) > V_\alpha(f^\infty)$. Cela implique, d'après le théorème 7.5.3, que $\{g^\infty\} > \{f^\infty\}$. ∎

Ce théorème confirme le rôle important des politiques stationnaires dans la recherche de politiques α-optimales. En fait, nous avons le corollaire suivant.

Corollaire 7.5.5. *Il existe une politique α-optimale stationnaire.*

Démonstration. En effet, étant donnée une politique stationnaire arbitraire $\{f^\infty\}$, d'après le théorème 7.5.4, ou bien cette politique est α-optimale (dans le cas où $G(s, f)$ est vide pour chaque $s \in \mathcal{I}$), ou bien il est possible de trouver une meilleure politique stationnaire $\{g^\infty\}$ (dans le cas où l'ensemble $G(s, f)$ n'est pas vide pour au moins un état $s \in \mathcal{I}$). Le nombre de politiques stationnaires étant fini (puisque le nombre de règles de décision $f \in \mathcal{F}$ est fini), il en existe nécessairement une qui ne peut pas être améliorée. Cette politique stationnaire est donc α-optimale. ■

Il résulte des théorèmes précédents que la recherche de politiques α-optimales selon le critère de l'espérance du revenu total actualisé est réduite à celle de politiques stationnaires α-optimales, puisqu'il existe une politique α-optimale stationnaire. Ce problème apparaît être de nature combinatoire puisque l'ensemble des politiques stationnaires est fini: nous pourrions énumérer toutes les politiques stationnaires, calculer leur valeur et choisir la (ou les) meilleure(s). Cependant, dans la plupart des cas, le nombre de politiques stationnaires peut être considérable, et les énumérer toutes n'est pas une approche réaliste. Nous allons proposer par la suite un certain nombre d'algorithmes qui permettent de déterminer efficacement la politique stationnaire α-optimale.

7.6 ALGORITHME D'AMÉLIORATION DE LA POLITIQUE

Le théorème 7.5.4 et le corollaire 7.5.5 suggèrent une méthode de recherche de la politique stationnaire α-optimale. Cet algorithme, connu sous le nom d'*algorithme d'amélioration de la politique* (Howard (1960)), comporte deux étapes: le calcul de la valeur de la politique (VP) et l'amélioration de la politique (AP).

7.6.1 Première étape: valeur de la politique

Le corollaire 7.5.5 suggère de partir d'une politique stationnaire arbitraire, soit $\{f^\infty\}$, et de déterminer si elle est ou non α-optimale.

Pour cela, comme on le voit dans le théorème 7.5.4, nous avons besoin de la valeur de cette politique, soit $V_\alpha(f^\infty)$. De (7.4.3), on déduit en prenant $\pi = \{f^\infty\}$:

$$V_\alpha(f^\infty) = \sum_{n=0}^{\infty} \alpha^n P_n(f^\infty) r(f_{n+1}).$$

En tenant compte du fait que $f_{n+1} \equiv f$ et que $P_n(f^\infty) = P^n(f)$, quel que soit $n \geq 0$, nous avons:

$$V_\alpha(f^\infty) = \Big[\sum_{n=0}^{\infty} \alpha^n P^n(f)\Big] r(f). \qquad (7.6.1)$$

Étant donné que $0 \leq \alpha < 1$, et que le module des valeurs propres d'une matrice de Markov est inférieur ou égal à 1, on peut montrer (voir Kemeny et Snell (1960)) que la série de termes matriciels donnée dans (7.6.1) converge. De plus, sa somme (remarquer l'analogie avec la série géométrique) est $[I - \alpha P(f)]^{-1}$, où I est la matrice identité d'ordre S (dimension de l'espace des états du processus). Donc:

$$V_\alpha(f^\infty) = [\, I - \alpha P(f)\,]^{-1} r(f). \qquad (7.6.2)$$

7.6.2 Deuxième étape: amélioration de la politique

Le théorème 7.5.4 suggère de vérifier s'il existe des éléments dans les ensembles $G(s, f)$ pour chaque $s \in \mathcal{I}$ afin d'améliorer la politique stationnaire $\{f^\infty\}$. Pour chaque état s, $1 \leq s \leq S$, on cherche donc les actions $a \in \mathcal{A}_s$ telles que:

$$r(s, a) + \alpha \sum_{t \in \mathcal{I}} p_{st}(a) v_t > v_s \qquad (7.6.3)$$

où v_s, $1 \leq s \leq S$, sont les composantes du vecteur $V_\alpha(f^\infty)$.

Si l'ensemble $G(s, f)$ est vide quel que soit $s \in \mathcal{I}$ (c'est-à-dire qu'on ne peut pas trouver une action a dans $\mathcal{A}_s$ qui permette de satisfaire (7.6.3) pour au moins un état s de l'ensemble $\mathcal{I}$), alors la politique stationnaire $\{f^\infty\}$ est α-optimale et $V_\alpha(f^\infty)$ est l'espérance du revenu total actualisé (ou valeur) de la politique $\{f^\infty\}$.

Si, au contraire, il existe au moins un état $s \in I$ tel que l'ensemble $G(s, f)$ ne soit pas vide (c'est-à-dire que nous avons trouvé dans $\mathcal{A}_s$ une action a – différente de $f(s)$ – telle que l'inégalité (7.6.3) soit satisfaite), nous considérons l'amélioration stationnaire $\{g^\infty\}$ telle que $g(s) \in G(s, f)$ lorsque $G(s, f)$ n'est pas vide ($g(s)$ est l'action a que nous venons d'identifier) et $g(\sigma) = f(\sigma)$ lorsque $G(\sigma, f)$ est vide (nous gardons alors pour ces états les actions spécifiées par la règle de décision f). D'après le théorème 7.5.4, nous avons $\{f^\infty\} < \{g^\infty\}$.

L'algorithme retourne alors à l'étape précédente pour calculer la valeur de la nouvelle politique stationnaire. Remarquons que la condition $\{f^\infty\} < \{g^\infty\}$ garantit qu'une règle de décision déjà évaluée ne peut plus réapparaître à une itération ultérieure de l'algorithme. Étant donné que l'espace $\mathcal{F}$ des règles de décision est fini, cela implique que l'algorithme d'amélioration de la politique converge en un nombre fini d'itérations.

7.6.3 Discussion de cet algorithme

Le choix de la règle de décision initiale peut influencer la rapidité avec laquelle l'algorithme identifie la politique optimale. On peut choisir, par exemple, comme règle de décision initiale celle dont les composantes sont $\operatorname{Arg}\max\limits_{a \in \mathcal{A}_s} r(s, a)$, $1 \leq s \leq S$. La notation "Arg max" désigne l'action $a \in \mathcal{A}_s$ pour laquelle le maximum de $r(s, a)$ est atteint.

La figure 7.6.1 donne l'organigramme de l'algorithme d'amélioration de la politique. Les explications ci-dessous sont destinées à en faciliter la lecture.

- la règle de décision choisie à l'itération numéro n est représentée par f_n. La politique stationnaire associée est représentée par $\{f_n^\infty\}$ et sa valeur par $V(f_n)$.
- dans l'étape d'amélioration de la politique (AP), on cherche s'il existe une amélioration de la politique stationnaire actuelle, soit $\{f_n^\infty\}$, en identifiant l'action a (appelée ici $f_{n+1}(s)$) qui donne pour chaque état s la valeur maximale au membre de gauche de l'inégalité (7.6.3). Si les actions prescrites par la règle de décision f_{n+1} sont identiques à celles de la règle f_n pour chaque état s, $1 \leq s \leq S$, alors la politique $\{f_n^\infty\}$ est α-optimale et l'algorithme

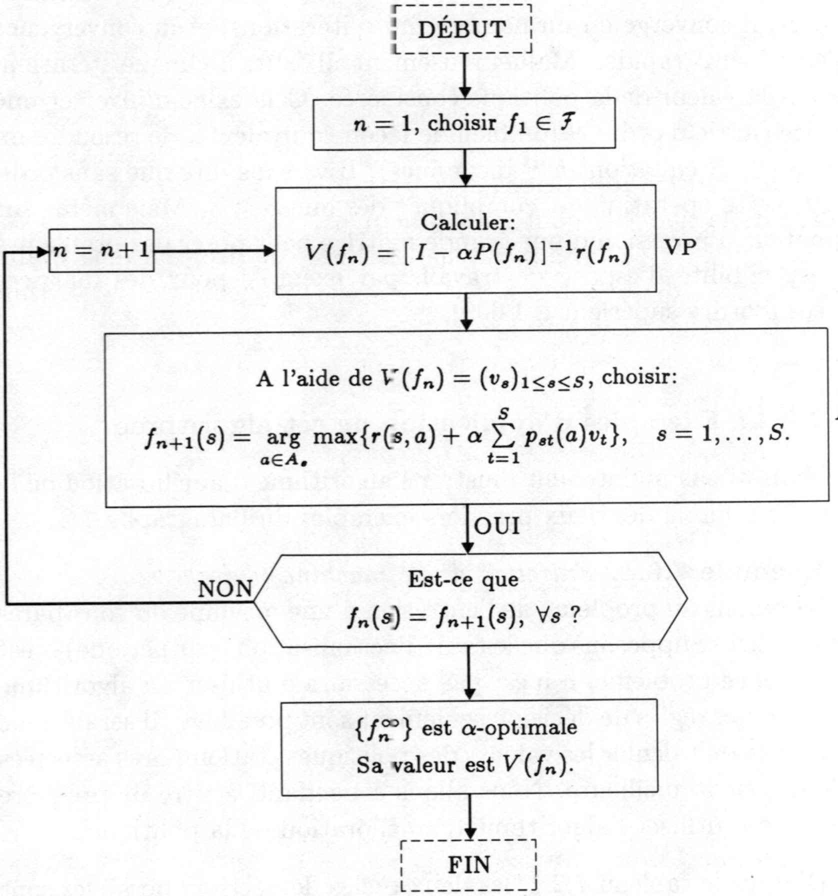

FIGURE 7.6.1: ORGANIGRAMME DE L'ALGORITHME D'AMÉLIORATION DE LA POLITIQUE

s'arrête. Sinon on remplace f_n par f_{n+1}, et on passe à l'itération suivante. Le critère d'optimalité, en pratique, est donc la comparaison des règles de décision à deux itérations successives.

L'algorithme d'amélioration de la politique est simple et élégant. De plus, il converge en un nombre fini d'itérations, et la convergence est en général rapide. Malheureusement, il faut, à chaque itération, calculer la valeur de la politique considérée. Cela exige d'inverser une matrice carrée d'ordre S (ou bien de façon équivalente, de résoudre un système de S équations à S inconnues). Il va sans dire que sans ordinateur cette opération est compliquée dès que $S \geq 3$. Mais même sur ordinateur, l'inversion d'une grande matrice peut poser des problèmes de disponibilité d'espace de travail, par exemple pour des matrices carrées d'ordre supérieur à 1 000).

7.6.4 Exemples d'application de cet algorithme

Nous allons maintenant illustrer l'algorithme d'amélioration de la politique à l'aide des deux premiers exemples du paragraphe 7.2.

Exemple 7.6.1. *Entretien d'une machine (suite)*
Revenons au problème de l'entretien d'une machine du sous-paragraphe 7.2.1. Supposons que le taux d'actualisation (par période) α est 0,9. Dans ce problème, il n'est pas nécessaire d'utiliser un algorithme puisque deux règles de décision seulement sont possibles. Il serait donc très simple de calculer les valeurs des politiques stationnaires associées et de choisir la meilleure. Nous allons cependant, à titre de première illustration, utiliser l'algorithme d'amélioration de la politique.

D'après le tableau 7.2.1, les deux règles de décision possibles sont $\begin{pmatrix} 0 \\ 1 \end{pmatrix}$ et $\begin{pmatrix} 0 \\ 2 \end{pmatrix}$. Choisissons $f_1 = \begin{pmatrix} 0 \\ 1 \end{pmatrix}$ comme règle de décision initiale.

Première itération:
(a) VP:

$$V(f_1) = [\,I - 0{,}9P(f_1)\,]^{-1}r(f_1)$$

$$= \left[\begin{pmatrix} 1 & 0 \\ 0 & 1 \end{pmatrix} - 0{,}9\begin{pmatrix} 0{,}7 & 0{,}3 \\ 0{,}6 & 0{,}4 \end{pmatrix}\right]^{-1}\begin{pmatrix} 30 \\ -20 \end{pmatrix} = \begin{pmatrix} 13\,800/91 \\ 8\,800/91 \end{pmatrix}$$

(b) AP:

$s = 1$: $G(1, f_1)$ est nécessairement vide (0 est la seule action possible);

$s = 2$: cherchons $\max\limits_{a\in\mathcal{A}_2}\{r(2,a)+0{,}9\,(p_{21}(a)\times\frac{13\,800}{91}+p_{22}(a)\times\frac{8\,800}{91})\}$

$a = 1$ $\quad 8\,800/91$

$a = 2$ $\quad -10 + 0{,}9\,(0{,}4 \times \frac{13\,800}{91} + 0{,}6 \times \frac{8\,800}{91}) = 8\,810/91$,

le maximum est atteint pour $a = 2$, donc $2 \in G(2, f_1)$.

La politique $\{f_2^\infty\} = \begin{pmatrix} 0 \\ 2 \end{pmatrix}^\infty$ est donc une amélioration stationnaire de la politique $\{f_1^\infty\}$.

Seconde itération:

(a) VP:

$$V(f_2) = [I - 0{,}9P(f_2)]^{-1}r(f_2)$$

$$= \left[\begin{pmatrix} 1 & 0 \\ 0 & 1 \end{pmatrix} - 0{,}9\begin{pmatrix} 0{,}7 & 0{,}3 \\ 0{,}4 & 0{,}6 \end{pmatrix}\right]^{-1}\begin{pmatrix} 30 \\ -10 \end{pmatrix} = \begin{pmatrix} 11\,100/73 \\ 7\,100/73 \end{pmatrix}$$

(b) AP:

$s = 1$: $G(1, f_2)$ est vide;

$s = 2$: on vérifie que $G(2, f_2)$ est vide.

Il n'y a donc pas d'amélioration possible de $\{f_2^\infty\}$. C'est donc la politique 0,9-optimale et sa valeur est donnée ci-dessus.

Lorsque $\alpha = 0{,}9$, l'opérateur de la machine a donc intérêt à effectuer les réparations ordinaires lorsque la machine ne fonctionne pas. L'espérance de son revenu total actualisé est 152,05 dollars si la machine fonctionne initialement et 97,26 dollars si la machine est initialement hors d'état de fonctionner. □

Exemple 7.6.2. *Problème du chauffeur de taxi (suite)*

Reprenons maintenant le problème du chauffeur de taxi du sous-paragraphe 7.2.2. Supposons que le taux d'actualisation par période est 0,9. Les 18 règles de décision possibles ont été énumérées dans le sous-paragraphe 7.2.2. Les données du problème apparaissent dans le tableau 7.2.2.

Choisissons la règle de décision initiale f_1 qui maximise le revenu immédiat dans chaque état, soit $f_1 = (1, 1, 1)$

Première itération:

(a) VP:

$$V(f_1) = [I - 0{,}9P(f_1)]^{-1} r(f_1)$$

$$= \left[\begin{pmatrix} 1 & 0 & 0 \\ 0 & 1 & 0 \\ 0 & 0 & 1 \end{pmatrix} - 0{,}9 \begin{pmatrix} 0{,}5 & 0{,}25 & 0{,}25 \\ 0{,}5 & 0 & 0{,}5 \\ 0{,}25 & 0{,}25 & 0{,}5 \end{pmatrix}\right]^{-1} \begin{pmatrix} 8 \\ 16 \\ 7 \end{pmatrix}$$

$$= \begin{pmatrix} 91{,}3 \\ 97{,}6 \\ 90{,}0 \end{pmatrix}$$

(b) AP: $\max_{a \in \mathcal{A}_s} \{ r(s,a) + 0{,}9 \sum_{t=1}^{3} p_{st}(a) [V(f_1)]_t \}; \qquad s = 1, 2, 3.$

$$s = 1 \begin{cases} a = 1 & 91{,}3 \\ a = 2 & 2{,}75 + 0{,}9\,(\frac{1}{16} \times 91{,}3 + \frac{3}{4} \times 97{,}6 + \frac{3}{16} \times 90) = 88{,}95 \\ a = 3 & 4{,}25 + 0{,}9\,(\frac{1}{4} \times 91{,}3 + \frac{1}{8} \times 97{,}6 + \frac{5}{8} \times 90) = 86{,}4 \end{cases}$$

$$s = 2 \begin{cases} a = 1 & 97{,}6 \\ a = 2 & 15 + 0{,}9\,(\frac{1}{16} \times 91{,}3 + \frac{7}{8} \times 97{,}6 + \frac{1}{16} \times 90) = 102{,}06 \end{cases}$$

$$s = 3 \begin{cases} a = 1 & 90 \\ a = 2 & 4 + 0{,}9\,(\frac{1}{8} \times 91{,}3 + \frac{3}{4} \times 97{,}6 + \frac{1}{8} \times 90) = 90{,}27 \\ a = 3 & 4{,}5 + 0{,}9\,(\frac{3}{4} \times 91{,}3 + \frac{1}{16} \times 97{,}6 + \frac{3}{16} \times 90) = 86{,}81 \end{cases}$$

Par conséquent $G(1, f_1)$ est vide, $G(2, f_1) = \{2\}$, et $G(3, f_1) = \{2\}$. La politique $\{f_2^\infty\} = (1, 2, 2)^\infty$ est donc une amélioration stationnaire de la politique $\{f_1^\infty\}$.

Seconde itération:
(a) VP:

$$V(f_2) = [I - 0{,}9P(f_2)]^{-1}r(f_2) = \begin{pmatrix} 119{,}4 \\ 134{,}5 \\ 121{,}9 \end{pmatrix}$$

(b) AP: $\max_{a \in \mathcal{A}_s}\{r(s,a) + 0{,}9 \sum_{t=1}^{3} p_{st}(a)[V(f_2)]_t\}; \qquad s = 1, 2, 3.$

$$s = 1$$

$$\begin{cases} a = 1 & 119{,}4 \\ a = 2 & 2{,}75 + 0{,}9\,(\frac{1}{16} \times 119{,}4 + \frac{3}{4} \times 134{,}5 + \frac{3}{16} \times 121{,}9) = 120{,}83 \\ a = 3 & 4{,}25 + 0{,}9\,(\frac{1}{4} \times 119{,}4 + \frac{1}{8} \times 134{,}5 + \frac{5}{8} \times 121{,}9) = 114{,}82 \end{cases}$$

$$s = 2$$

$$\begin{cases} a = 1 & 16 + 0{,}9\,(\frac{1}{2} \times 119{,}4 + \frac{1}{2} \times 121{,}9) = 124{,}59 \\ a = 2 & 134{,}5 \end{cases}$$

$$s = 3$$

$$\begin{cases} a = 1 & 7 + 0{,}9\,(\frac{1}{4} \times 119{,}4 + \frac{1}{4} \times 134{,}5 + \frac{1}{2} \times 121{,}9) = 118{,}99 \\ a = 2 & 121{,}9 \\ a = 3 & 4{,}5 + 0{,}9\,(\frac{3}{4} \times 119{,}4 + \frac{1}{16} \times 134{,}5 + \frac{3}{16} \times 121{,}9) = 113{,}24 \end{cases}$$

Par conséquent $G(1, f_2) = \{2\}$, $G(2, f_2)$ et $G(3, f_2)$ sont vides. La politique $\{f_3^\infty\} = (2,2,2)^\infty$ est donc une amélioration stationnaire de $\{f_2^\infty\}$.

Troisième itération:
(a) VP:

$$V(f_3) = [I - 0{,}9P(f_3)]^{-1}r(f_3) = \begin{pmatrix} 121{,}7 \\ 135{,}3 \\ 122{,}8 \end{pmatrix}$$

(b) AP: $\max_{a \in \mathcal{A}_s}\{r(s,a) + 0{,}9 \sum_{t=1}^{3} p_{st}(a)[V(f_3)]_t\}; \qquad s = 1, 2, 3.$

$$s = 1$$

$$\begin{cases} a = 1 & 8 + 0{,}9\,(\frac{1}{2} \times 121{,}7 + \frac{1}{4} \times 135{,}3 + \frac{1}{4} \times 122{,}8) = 120{,}84 \\ a = 2 & 121{,}7 \\ a = 3 & 4{,}25 + 0{,}9\,(\frac{1}{4} \times 121{,}7 + \frac{1}{8} \times 135{,}3 + \frac{5}{8} \times 122{,}8) = 115{,}93 \end{cases}$$

$$s = 2$$

$$\begin{cases} a = 1 & 16 + 0{,}9\,(\frac{1}{2} \times 121{,}7 + \frac{1}{2} \times 122{,}8) = 126{,}03 \\ a = 2 & 135{,}3 \end{cases}$$

$$s = 3$$

$$\begin{cases} a = 1 & 7 + 0{,}9\,(\frac{1}{4} \times 121{,}7 + \frac{1}{4} \times 135{,}3 + \frac{1}{2} \times 122{,}8) = 120{,}09 \\ a = 2 & 122{,}8 \\ a = 3 & 4{,}5 + 0{,}9\,(\frac{3}{4} \times 121{,}7 + \frac{1}{16} \times 135{,}3 + \frac{3}{16} \times 122{,}8) = 114{,}99 \end{cases}$$

Par conséquent $G(1, f_3)$, $G(2, f_3)$ et $G(3, f_3)$ sont vides. La politique $\{f_3^\infty\}$ est donc 0,9-optimale.

Lorsque $\alpha = 0{,}9$, le chauffeur de taxi a donc intérêt à se rendre à la station de taxi la plus proche quelle que soit la ville dans laquelle il se trouve. L'espérance de son revenu total actualisé sera dans ces conditions de 121,65 s'il se trouve initialement dans la ville A, de 135,31 s'il se trouve initialement dans la ville B et de 122,84 s'il se trouve initialement dans la ville C (notons que ces valeurs sont les composantes de $V(f_3)$ écrites avec deux chiffres après la virgule). □

7.7 ALGORITHME DES APPROXIMATIONS SUCCESSIVES

Comme nous l'avons remarqué dans la discussion de l'algorithme d'amélioration de la politique, cette méthode est difficile à utiliser pour des problèmes de petites dimensions lorsque l'on ne dispose pas d'une méthode rapide d'inversion de matrice. L'algorithme est également difficile à utiliser dès que le problème est de dimensions suffisantes (plus de 1 000 états), même si l'on dispose d'un ordinateur moderne. Nous allons maintenant introduire un algorithme qui ne nécessite jamais le calcul exact de la valeur d'une politique stationnaire donnée (donc pas d'inversion de matrice).

Cet algorithme permet également de calculer l'espérance du revenu total actualisé lorsque l'horizon de planification est limité à n périodes, $n \geq 1$. Considérons d'abord une période unique. Le revenu maximum que l'on peut obtenir lorsque le système est dans l'état s est $\max_{a \in \mathcal{A}_s} r(s,a)$. Soit V_1 le vecteur colonne à S éléments dont la s-ième composante est $\max_{a \in \mathcal{A}_s} r(s,a)$; nous avons vectoriellement:

$$V_1 = \max_{f \in \mathcal{F}} r(f). \qquad (7.7.1)$$

Considérons maintenant deux périodes consécutives. Le principe du maximum de la programmation dynamique (Bellman et Dreyfus (1965)) nous indique que, si l'état initial du système est s, le maximum de l'espérance du revenu total actualisé que l'on peut obtenir en deux périodes est:

$$\max_{a \in \mathcal{A}_s} \{r(s,a) + \alpha \sum_{t \in I} p_{st}(a)(V_1)_t\}, \qquad s = 1, \ldots, S. \qquad (7.7.2)$$

En effet, (7.7.2) exprime que le maximum de l'espérance du revenu total actualisé reçu en deux périodes est obtenu en prenant initialement l'action qui maximise la somme du revenu immédiat de cette action (soit $r(s,a)$) et de l'espérance du revenu maximum actualisé reçu à la période suivante (où l'on se retrouve dans l'état t avec probabilité $p_{st}(a)$ et reçoit alors le revenu maximum $(V_1)_t$ d'après (7.7.1)). En exprimant (7.7.2) vectoriellement, nous obtenons:

$$V_2 = \max_{f \in \mathcal{F}} \{r(f) + \alpha P(f) V_1\}. \qquad (7.7.3)$$

De façon analogue, le maximum de l'espérance du revenu total actualisé que l'on peut obtenir en n périodes, soit V_n, est donné par:

$$V_n = \max_{f \in \mathcal{F}} \{r(f) + \alpha P(f) V_{n-1}\}, \qquad n \geq 1 \qquad (7.7.4)$$

où V_0 est le vecteur colonne à S dimensions dont tous les éléments sont nuls. Nous allons voir dans le théorème suivant que V_n tend vers la valeur de la politique α-optimale lorsque n tend vers l'infini. De plus, ce résultat est vrai indépendamment du choix du vecteur initial V_0 dans la relation de récurrence (7.7.4).

Théorème 7.7.1.

(i) L'équation fonctionnelle

$$V = \max_{f \in \mathcal{F}} \{r(f) + \alpha P(f) V\} = \max_{f \in \mathcal{F}} L(f) V \tag{7.7.5}$$

admet une solution unique V^* dans $\mathcal{R}^S$.

(ii) Soit V_0 un vecteur arbitraire de l'espace $\mathcal{R}^S$, et:

$$V_n = \max_{f \in \mathcal{F}} \{r(f) + \alpha P(f) V_{n-1}\}, \qquad n \geq 1, \tag{7.7.6}$$

nous avons:

$$\lim_{n \to \infty} V_n = V^*. \tag{7.7.7}$$

(iii) Il existe une politique stationnaire $\{f^\infty\}$ α-optimale telle que $V^* = V_\alpha(f^\infty)$.

(iv) Soit $\mathcal{F}_\alpha = \{g \in \mathcal{F} : r(g) + \alpha P(g) V^* = \max_{f \in \mathcal{F}} \{r(f) + \alpha P(f) V^*\}\}$. Pour toute règle de décision $g \in \mathcal{F}_\alpha$, la politique stationnaire $\{g^\infty\}$ est α-optimale et $V_\alpha(g^\infty) = V^*$.

La démonstration du théorème 7.7.1 est assez complexe et est donnée dans le supplément au chapitre 7. Elle peut être laissée de côté sans perte dans la continuité de l'exposé.

L'*algorithme des approximations successives* repose sur le théorème 7.7.1. La méthode consiste à choisir un vecteur initial arbitraire $V_0 = ((V_0)_1, (V_0)_2, \ldots, (V_0)_S)$ à S composantes, et à le transformer successivement en appliquant la relation (7.7.6). Remarquons que, en pratique, cette transformation se fait composante par composante; la s-ième composante du vecteur V_n est:

$$(V_n)_s = \max_{a \in \mathcal{A}_s} \{r(s,a) + \alpha \sum_{t=1}^{S} p_{st}(a) (V_{n-1})_t\}, \qquad s = 1, \ldots, S.$$

Le théorème 7.7.1 nous apprend que le vecteur V_n converge vers V^*, où V^* est la valeur de la politique α-optimale. La politique stationnaire α-optimale est, d'après le point *(iv)* du théorème, obtenue en prenant la règle de décision qui maximise le deuxième membre de (7.7.5) pour $V = V^*$.

7.7.1 Discussion de cet algorithme

La figure 7.7.1 donne l'organigramme de l'algorithme des approximations successives. L'étape principale de l'algorithme consiste à trouver les maxima d'ensembles finis de nombres; cette opération est effectuée très efficacement sur ordinateur. De plus, du point de vue de l'encombrement de la machine, cette méthode est très économique puisque, pour le calcul du vecteur V_{n+1}, elle n'utilise que le vecteur V_n. Théoriquement, la convergence de la suite V_n vers V^* ne s'effectue pas en un nombre fini d'itérations. Cependant, en pratique, on se contente d'une valeur approchée de V^*. Remarquons qu'il n'y a pas d'arrêt formel dans l'algorithme des approximations successives. Dans l'organigramme de la figure 7.7.1, nous avons convenu d'arrêter les itérations lorsque V_{n+1} est "suffisamment proche" de V_n. Cela veut dire, par exemple, que la somme des valeurs absolues des différences des composantes correspondantes des deux vecteurs doit être inférieure à un nombre fixé à l'avance. Ce nombre détermine la précision de l'approximation. Si l'on dispose d'une bonne approximation de V^* que l'on utilise comme vecteur initial V_0, on peut en général l'améliorer en quelques itérations de cet algorithme.

Le théorème 7.7.1 nous indique que la politique α-optimale s'obtient à partir de la connaissance de V^*. Cependant l'algorithme des approximations successives ne donne pas, en général, la valeur exacte de V^*. L'expérience montre que la règle de décision associée à la politique stationnaire α-optimale apparaît dans le calcul de V_{n+1} après un petit nombre d'itérations: les actions prescrites par cette règle sont celles qui réalisent le maximum de l'expression utilisée dans le calcul de V_{n+1}. Ces actions reviennent à chaque fois à partir d'une certaine itération. Cependant, il n'y a pas de moyen de s'assurer, dans le contexte des approximations successives, que lorsque cette répétition des actions se produit itération après itération nous avons

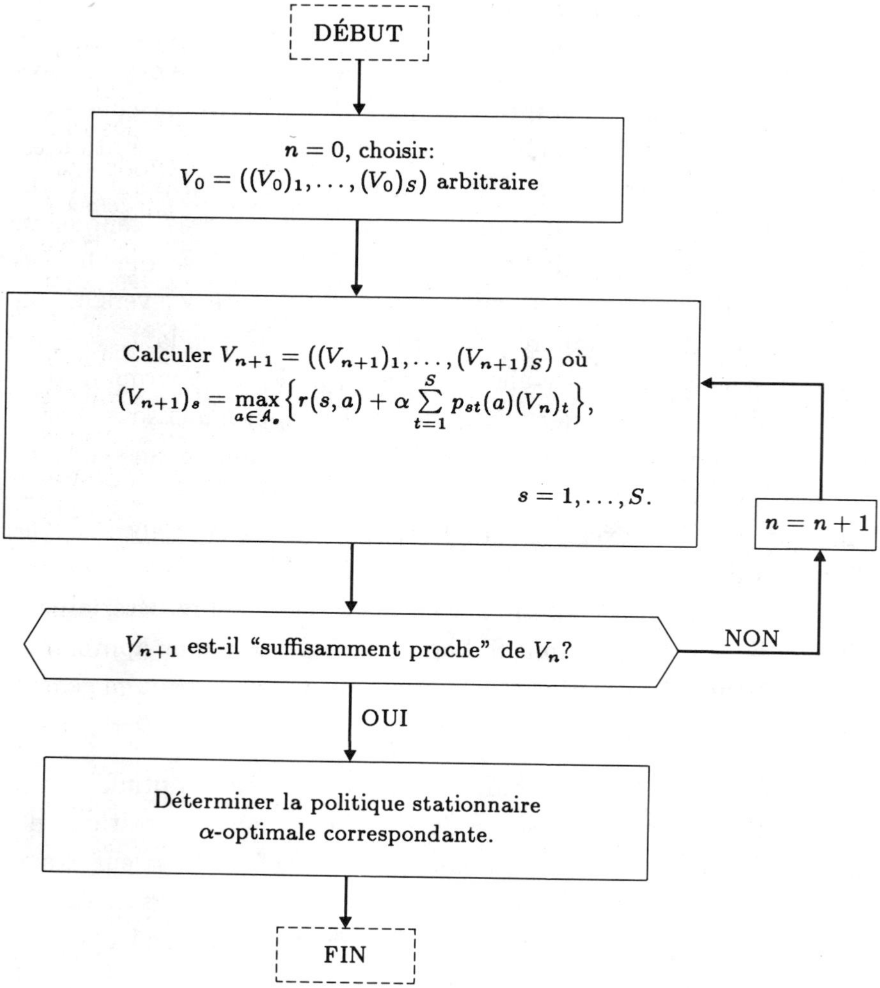

FIGURE 7.7.1: ORGANIGRAMME DE L'ALGORITHME DES APPROXIMATIONS SUCCESSIVES

atteint la règle de décision α-optimale. Il peut y avoir répétition d'une règle pendant plusieurs centaines ou milliers d'itérations avant que l'algorithme n'identifie finalement une autre règle qui se répète alors indéfiniment (voir problème 9).

Pour résumer notre discussion, répétons que le calcul de la valeur exacte de V^* (la valeur de la politique α-optimale) n'est jamais nécessaire avec cette méthode. Cela évite donc d'avoir à inverser des matrices carrées d'ordre S. Cette caractéristique rend la méthode particulièrement intéressante lorsque les calculs doivent être effectués à la main ou avec une petite calculatrice électronique. Lorsqu'une règle de décision revient plusieurs fois dans des itérations successives, c'est en général la règle associée à la politique stationnaire α-optimale. Il n'existe cependant aucun moyen de s'en assurer directement à l'aide de l'algorithme des approximations successives. Pour confirmer le résultat, une itération de l'algorithme d'amélioration de la politique indiquera si effectivement cette règle de décision est la bonne (on la choisit comme règle initiale), et donnera la valeur exacte de la politique α-optimale.

A titre de comparaison des deux algorithmes, il apparaît donc que si le nombre d'états n'est pas trop élevé (disons moins de mille), l'algorithme d'amélioration de la politique peut être facilement programmé sur un ordinateur moderne et le temps de calcul sera raisonnable. Cet algorithme élégant et précis est donc préférable dans cette situation. Lorsque le problème comporte un nombre élevé d'états, il est indiqué d'utiliser la méthode des approximations successives.

7.7.2 Exemple d'application de cet algorithme

Nous allons maintenant illustrer l'algorithme des approximations successives à l'aide de l'exemple du chauffeur de taxi.

Exemple 7.7.1. *Problème du chauffeur de taxi (suite)*
Reprenons les conditions de l'exemple 7.6.2 où le taux d'actualisation par période est $\alpha = 0{,}9$. Nous allons utiliser l'algorithme des

approximations successives avec le vecteur initial $V_0 = (0,0,0)$. A l'itération numéro n, $n \geq 1$, le vecteur V_n donne la valeur de l'espérance du revenu total actualisé obtenu par le chauffeur de taxi en n courses lorsqu'il utilise une stratégie optimale pour ces n courses.

A chaque itération, le vecteur V_{n+1}, $n \geq 0$, est déterminé à partir du vecteur V_n de la façon suivante:

$$(V_{n+1})_1 = \max \begin{cases} 8 + 0{,}9\,(\frac{1}{2}(V_n)_1 + \frac{1}{4}(V_n)_2 + \frac{1}{4}(V_n)_3) & (a=1) \\ 2{,}75 + 0{,}9\,(\frac{1}{16}(V_n)_1 + \frac{3}{4}(V_n)_2 + \frac{3}{16}(V_n)_3) & (a=2) \\ 4{,}25 + 0{,}9\,(\frac{1}{4}(V_n)_1 + \frac{1}{8}(V_n)_2 + \frac{5}{8}(V_n)_3) & (a=3) \end{cases}$$

$$(V_{n+1})_2 = \max \begin{cases} 16 + 0{,}9\,(\frac{1}{2}(V_n)_1 + \frac{1}{2}(V_n)_3) & (a=1) \\ 15 + 0{,}9\,(\frac{1}{16}(V_n)_1 + \frac{7}{8}(V_n)_2 + \frac{1}{16}(V_n)_3) & (a=2) \end{cases}$$

$$(V_{n+1})_3 = \max \begin{cases} 7 + 0{,}9\,(\frac{1}{4}(V_n)_1 + \frac{1}{4}(V_n)_2 + \frac{1}{2}(V_n)_3) & (a=1) \\ 4 + 0{,}9\,(\frac{1}{8}(V_n)_1 + \frac{3}{4}(V_n)_2 + \frac{1}{8}(V_n)_3) & (a=2) \\ 4{,}5 + 0{,}9\,(\frac{3}{4}(V_n)_1 + \frac{1}{16}(V_n)_2 + \frac{3}{16}(V_n)_3) & (a=3) \end{cases}$$

Le tableau 7.7.1 donne les valeurs de V_n pour certaines valeurs de n. L'examen des résultats numériques montre que la convergence de V_n vers la valeur $V^* = (121{,}7;\ 135{,}3;\ 122{,}8)$, obtenue dans l'exemple 7.6.2, est "relativement" lente.

Si l'on choisit comme règle d'arrêt des approximations successives le critère $\sum_{i=1}^{3} |(V_{n+1})_i - (V_n)_i| \leq 0{,}01$, l'algorithme s'arrête après 81 itérations, et l'approximation obtenue $V_{81} = (121{,}6;\ 135{,}3;\ 122{,}8)$ est très voisine de la valeur V^*.

Remarquons que la règle de décision optimale apparaît à la troisième itération et revient à chaque itération ultérieure. Il n'y a cependant pas de critère formel permettant de garantir qu'elle engendre une politique stationnaire 0,9-optimale. Lorsqu'une règle de décision revient régulièrement, il est judicieux de vérifier son optimalité avec une itération de l'algorithme d'amélioration de la politique. La combinaison des deux algorithmes est idéale du point de vue du temps de calcul.

ITÉRATION	VECTEUR V_n			ACTIONS QUI RÉALISENT V_n		
n	$(V_n)_1$	$(V_n)_2$	$(V_n)_3$	$s=1$	$s=2$	$s=3$
1	8	16	7	1	1	1
2	16,77	28,44	16,49	1	2	2
3	25,68	39,27	26,94	2	2	2
4	35,25	48,89	36,43	2	2	2
5	43,88	57,53	45,06	2	2	2
6	51,65	65,31	52,84	2	2	2
10	75,73	89,38	76,91	2	2	2
20	105,64	119,29	106,82	2	2	2
30	116,07	129,72	117,25	2	2	2
50	120,97	134,63	122,16	2	2	2
70	121,57	135,22	122,75	2	2	2

TABLEAU 7.7.1: APPROXIMATIONS SUCCESSIVES POUR LE CHAUFFEUR DE TAXI

Le tableau 7.7.1 donne également les stratégies optimales pour le problème à n périodes, $n \geq 1$. Si $n = 1$, le chauffeur a intérêt à prendre l'action 1 (rouler à la recherche d'un client) quelle que soit la ville où il se trouve. Si $n = 2$, le chauffeur a intérêt à prendre les actions suivantes:

- dans la première période, l'action 1 dans la ville 1 et l'action 2 (aller à la station) dans les villes 2 et 3,
- dans la seconde période, l'action 1 quelle que soit la ville où il se trouve.

Si $n \geq 3$, le chauffeur a intérêt à prendre les actions suivantes:

- dans les $(n-2)$ premières périodes, l'action 2 quelle que soit la ville où il se trouve,
- dans l'avant-dernière période, l'action 1 dans la ville 1 et l'action 2 dans les villes 2 et 3,

- dans la dernière période, l'action 1 quelle que soit la ville où il se trouve.

Remarquons que lorsque $n \to \infty$, nous retrouvons à la limite le fait que $(2, 2, 2)^\infty$ est la politique stationnaire 0,9-optimale. □

7.8 INFLUENCE DE LA VALEUR DE α SUR LA POLITIQUE α-OPTIMALE

Dans les sections précédentes, nous avons cherché la politique α-optimale pour une valeur donnée (fixe) du taux d'actualisation α. Nous allons maintenant étudier comment cette politique change lorsque α varie entre 0 et 1.

Considérons, à nouveau, l'exemple du chauffeur de taxi des sections précédentes. Le coefficient α peut être interprété de deux façons différentes: soit comme le taux d'actualisation par période, soit comme la probabilité que le taxi ne tombe pas en panne avant la course suivante ($(1 - \alpha)$ est donc la probabilité que le taxi tombe en panne avant la course suivante). Si l'on choisit la seconde interprétation, l'espérance du revenu total actualisé devient tout simplement l'espérance du revenu total. Remarquons que $\alpha = 0{,}9$ équivaut à un taux d'intérêt de 11,1% par période. Ce taux est absurde de façon pratique (à moins que le chauffeur ne fasse qu'une course par an), mais il illustre l'utilisation des modèles de décision markoviens. $\alpha = 0{,}9$ correspond également à une probabilité de panne de 0,1 après chaque course.

Le tableau 7.8.1 donne la règle de décision associée avec la politique stationnaire α-optimale et la valeur de la politique α-optimale en fonction des valeurs de α. Nous remarquons que, bien que la valeur de la politique α-optimale augmente régulièrement avec α, la règle de décision optimale ne change que lorsque α traverse certaines valeurs critiques appelées *points d'indifférence*. Smallwood (1966) donne un algorithme pour calculer ces points d'indifférence (voir le problème 11). Si β est un point d'indifférence alors il existe au moins deux politiques stationnaires qui ont la même valeur α-optimale lorsque $\alpha = \beta$. La figure 7.8.1 met en évidence les points d'indifférence pour le problème du chauffeur de taxi.

TAUX D'ACTUALISATION α	RÈGLE DE DÉCISION α-OPTIMALE ÉTAT 1	ÉTAT 2	ÉTAT 3	VALEUR DE LA POLITIQUE α-OPTIMALE ÉTAT 1	ÉTAT 2	ÉTAT 3
0	1	1	1	8,00	16,00	7,00
0,05	1	1	1	8,51	16,40	7,50
0,10	1	1	1	9,08	16,86	8,05
0,15	1	2	1	9,71	17,46	8,67
0,20	1	2	1	10,44	18,48	9,38
0,25	1	2	1	11,27	19,63	10,21
0,30	1	2	1	12,24	20,93	11,16
0,35	1	2	1	13,38	22,43	12,28
0,40	1	2	1	14,72	24,17	13,61
0,45	1	2	1	16,33	26,21	15,21
0,50	1	2	1	18,30	28,64	17,16
0,55	1	2	2	20,79	31,61	19,83
0,60	1	2	2	24,03	35,33	23,46
0,65	1	2	2	28,28	40,10	28,13
0,70	1	2	2	34,06	46,44	34,37
0,75	1	2	2	42,32	55,29	43,11
0,80	2	2	2	55,08	68,56	56,27
0,85	2	2	2	77,25	90,81	78,43
0,90	2	2	2	121,65	135,31	122,84
0,95	2	2	2	255,02	268,76	256,20

TABLEAU 7.8.1: RÈGLE DE DÉCISION ET VALEUR DE LA POLITIQUE α-OPTIMALE EN FONCTION DE α

Le lecteur pourra vérifier que pour α=16/115, les politiques stationnaires $(1,1,1)^\infty$ et $(1,2,1)^\infty$ sont α-optimales et ont pour valeur commune le vecteur colonne formé à partir des éléments 9,56, 17,26, et 8,53.

$\begin{pmatrix}1\\1\\1\end{pmatrix}^\infty$	$\begin{pmatrix}1\\2\\1\end{pmatrix}^\infty$	$\begin{pmatrix}1\\2\\2\end{pmatrix}^\infty$	$\begin{pmatrix}2\\2\\2\end{pmatrix}^\infty$

0 16/115 = 0,139 0,524 0,789 $\xrightarrow[\alpha]{}$ 1

FIGURE 7.8.1: POLITIQUE α-OPTIMALE EN FONCTION DE α POUR LE CHAUFFEUR DE TAXI

Remarquons que lorsque $0 \leq \alpha \leq 0{,}139$, la règle de décision α-optimale consiste à maximiser le revenu immédiat dans chaque état (c'est-à-dire, à conduire à la recherche d'un client). Ce résultat est logique puisqu'une petite valeur de α implique un taux d'intérêt très élevé (ici le taux d'intérêt est supérieur ou égal à 618,75%!), et il est donc optimal d'obtenir un revenu maximum aussi rapidement que possible.

L'une des objections les plus communes à l'approche consistant à calculer l'espérance du revenu total actualisé est qu'il est difficile de connaître avec certitude la valeur de α. L'analyse ci-dessus montre que, si l'incertitude est localisée dans un intervalle entre deux valeurs critiques, la politique α-optimale ne sera pas affectée. L'incertitude sur α n'affectera, dans ce cas, que la connaissance précise de la valeur de la politique optimale.

7.9 LE PROGRAMME PDM

Comme nous l'avons vu dans la discussion des algorithmes proposés pour la détermination des politiques α-optimales des processus de décision markoviens, les calculs peuvent être compliqués dès que le nombre d'états est supérieur ou égal à 3. C'est tout particulièrement le cas de l'algorithme d'amélioration de la politique pour lequel il faut inverser à chaque itération une matrice carrée d'ordre S. Le programme PDM, dont il existe une version MS-DOS (pour micro-ordinateur IBM PC ou compatible) et une version VAX, permet d'utiliser les deux algorithmes étudiés dans ce chapitre pour un problème de décision markovien où le nombre d'états S est inférieur ou égal à 40, et le nombre d'actions dans chaque état est inférieur ou égal à 45. Ce programme permet également de trouver les points d'indifférence du problème à l'aide d'une version modifiée de l'algorithme de Smallwood (voir le problème 11).

La saisie des données se fait de façon interactive. Pour chaque état $s \in I$ et chaque action $a \in \mathcal{A}_s$, l'utilisateur entre les données sous la forme des tableaux de la section 7.2. Les états et les actions peuvent être identifiés à l'aide d'expressions composées au plus de cinq caractères alphanumériques. Si le tableau est relativement grand (au moins 15 lignes), l'utilisateur a l'option de ne spécifier que les coefficients non nuls.

L'algorithme d'amélioration de la politique exige que l'utilisateur donne une règle de décision initiale. A chaque itération, le programme calcule la valeur de la politique et l'amélioration de cette politique. Il s'arrête automatiquement lorsqu'il a atteint la politique α-optimale.

L'algorithme des approximations successives exige que l'utilisateur donne un vecteur initial arbitraire V_0 à S composantes. Il effectue alors un certain nombre d'itérations, donnant pour chaque itération i la valeur du vecteur V_i ainsi que les actions qui réalisent le maximum à cette itération. Lorsque les mêmes actions sont répétées quatre fois consécutives, le programme propose à l'utilisateur de choisir parmi les quatre options suivantes:

- vérifier si la règle de décision suggérée par les dernières itérations est optimale (à l'aide de l'algorithme d'amélioration de la politique);
- continuer les approximations successives en imprimant chaque itération;
- continuer les approximations successives en imprimant seulement les vecteurs V_n où n est multiple d'un nombre choisi par l'utilisateur; et
- continuer les approximations successives en imprimant seulement le résultat final.

Dans les trois dernières options, l'utilisateur doit spécifier un critère d'arrêt de l'algorithme sous la forme d'une précision (voir l'exemple 7.7.1) ou de la dernière itération désirée.

Pour déterminer les points d'indifférence, il faut spécifier deux règles de décision f_1 et f_2 qui diffèrent dans un seul état et qui donnent des politiques stationnaires α-optimales lorsque α est la valeur cherchée. On peut déterminer ces règles de décision en essayant diverses valeurs de α dans $(0, 1)$ à l'aide de l'algorithme d'amélioration de la politique (voir le problème 7). On trouve alors un intervalle dans lequel se situe le point d'indifférence, ainsi que les règles f_1 et f_2. Le programme PDM donne sous forme décimale la valeur "exacte" du point d'indifférence.

7.10 RÉDUCTION A UN PROGRAMME LINÉAIRE

Nous allons montrer comment utiliser la programmation linéaire pour résoudre un problème de décision markovien. L'un des mérites de cette approche est qu'elle permet d'utiliser les nombreux logiciels de programmation linéaire qu'on peut trouver dans la plupart des bibliothèques de programmes.

Montrons d'abord qu'il est possible d'utiliser la programmation linéaire pour trouver le maximum d'un ensemble fini de nombres.

Exemple 7.10.1. Soit à trouver le maximum des nombres 16, 7, 20 et 5. On peut, à cet effet, résoudre le programme linéaire suivant:

$$\begin{gathered}\text{Minimiser } v\\ \text{avec les contraintes:}\\ v \geq 16\\ v \geq \ \ 7\\ v \geq 20\\ v \geq \ \ 5\end{gathered} \tag{7.10.1}$$

Il est clair que, puisque les contraintes impliquent que v doit être au moins égal à chacun des nombres 16, 7, 20 et 5, on minimise v en le choisissant exactement égal au plus grand de ces nombres, soit 20.

Le programme linéaire dual du programme (7.10.1) s'écrit (voir Nedzela (1986)):

$$\text{Maximiser } 16w_1 + 7w_2 + 20w_3 + 5w_4$$
$$\text{avec les contraintes:}$$
$$w_1 + w_2 + w_3 + w_4 = 1$$
$$w_1, w_2, w_3, w_4 \geq 0.$$

La solution du programme dual est également évidente: $w_3^* = 1$ et $w_1^* = w_2^* = w_4^* = 0$. Les valeurs optimales des fonctions économiques des deux programmes sont égales à 20. Remarquons qu'il existe une seule variable duale strictement positive; c'est w_3 qui est associée à la contrainte $v \geq 20$ dans le programme primal. Cette contrainte est "serrée" dans la solution optimale, c'est-à-dire que $v^* = 20$. Toutes les autres variables duales sont nulles; les contraintes associées sont des inégalités strictes dans la solution primale optimale. □

Bien que cet exemple soit très simple, nous allons utiliser la même idée pour résoudre le problème de décision markovien. Soient $L(f)$ la transformation définie par (7.5.2) et V^* le vecteur du théorème 7.7.1; la réduction du problème de décision markovien à un programme linéaire repose sur le lemme suivant.

Lemme 7.10.1. *Si pour un vecteur arbitraire V de $\mathcal{R}^S$ on a $\max_{f \in \mathcal{F}} L(f)V \leq V$, alors $V^* \leq V$.*

Démonstration. Soit V_0 un vecteur de $\mathcal{R}^S$ tel que $\max_{f \in \mathcal{F}} L(f)V_0 \leq V_0$. D'après (7.7.6) nous avons:

$$V_1 = \max_{f \in \mathcal{F}} L(f)V_0 \leq V_0.$$

Par suite de la monotonicité de la transformation $L(f)$:

$$V_1 \leq V_0 \Longrightarrow L(f)V_1 \leq L(f)V_0,$$

et $L(f)V_0 \leq \max_{f \in \mathcal{F}} L(f)V_0 \leq V_0$ quelle que soit la règle de décision $f \in \mathcal{F}$. Donc $L(f)V_1 \leq V_0$ quelle que soit $f \in \mathcal{F}$, et $V_2 = \max_{f \in \mathcal{F}} L(f)V_1 \leq V_0$. De proche en proche, on en déduit: $V_N \leq V_0$, $N \geq 1$. Par conséquent, en laissant N tendre vers l'infini, d'après *(ii)* du théorème 7.7.1:

$$V^* = \lim_{N \to \infty} V_N \leq V_0. \blacksquare$$

Puisque, d'après *(i)* du théorème 7.7.1, nous avons:

$$V^* = \max_{f \in \mathcal{F}} L(f)V^*,$$

il résulte du lemme précédent que l'on peut obtenir le vecteur V^* en:

Minimisant V
avec la contrainte:

$$\max_{f \in \mathcal{F}} L(f)V \leq V \qquad (7.10.2)$$

Cependant, puisque minimiser chaque composante $(V)_s$ du vecteur V (ce qu'il faut faire pour minimiser le vecteur V) minimise également $\sum\limits_{s=1}^{S}(V)_s$, le problème (7.10.2) se réduit à:

$$\text{Minimiser } \sum_{s=1}^{S}(V)_s$$

avec les contraintes:

$$\max_{a \in \mathcal{A}}\{r(s,a) + \alpha \sum_{t=1}^{S} p_{st}(a)(V)_t\} \leq (V)_s, \qquad s = 1, \ldots, S$$

ou, de façon équivalente, à:

$$\text{Minimiser } \sum_{s=1}^{S}(V)_s$$

avec les contraintes:

$$r(s,a) + \alpha \sum_{t=1}^{S} p_{st}(a)(V)_t \leq (V)_s, \qquad (7.10.3)$$

pour chaque action $a \in \mathcal{A}_s$ et chaque état $s = 1, \ldots, S$.

Si l'on introduit la notation de Kronecker δ_{st} (où $\delta_{st} = 1$ si $s = t$, et $\delta_{st} = 0$ si $s \neq t$, s et $t \in \mathcal{I}$), et si l'on pose $(V)_s = v_s$, le programme linéaire (7.10.3) s'écrit:

$$\text{Minimiser } \sum_{s=1}^{S} v_s$$

avec les contraintes:

$$\sum_{t=1}^{S} (\delta_{st} - \alpha p_{st}(a)) v_t \geq r(s, a) \tag{7.10.4}$$

pour chaque action $a \in \mathcal{A}_s$ et chaque état $s = 1, \ldots, S$,
et v_s est une variable arbitraire, $s = 1, \ldots, S$.

On obtient donc la valeur de la politique α-optimale en résolvant le programme linéaire (7.10.4). Cette valeur est égale au vecteur colonne des valeurs des variables optimales v_s^*, $1 \leq s \leq S$.

Le dual du programme (7.10.4) s'écrit:

$$\text{Maximiser } \sum_{s=1}^{S} \sum_{a \in \mathcal{A}_s} w(s, a) r(s, a)$$

avec les contraintes:

$$\sum_{s=1}^{S} \sum_{a \in \mathcal{A}_s} w(s, a)(\delta_{st} - \alpha p_{st}(a)) = 1, \qquad t = 1, \ldots, S \tag{7.10.5}$$

et $w(s, a) \geq 0, \quad s = 1, \ldots, S$ et $a \in \mathcal{A}_s$.

Dans le programme linéaire (7.10.5), $w(s, a)$ est la variable duale associée à la contrainte primale correspondant à l'état s et à l'action $a \in \mathcal{A}_s$ dans le programme (7.10.4) (c'est la contrainte dont le deuxième membre est $r(s, a)$). Comme dans l'exemple 7.10.1, la solution du problème dual (7.10.5) aura exactement un $w(s, a)$ positif pour chaque état $s = 1, \ldots, S$. Cette variable duale positive indique le choix de l'action correspondant à la règle de décision α-optimale dans chaque état $s = 1, \ldots, S$.

Exemple 7.10.2. *Un modèle de gestion de la fabrication (suite)* Nous allons illustrer, à l'aide de l'exemple de la section 7.2.3, la

	v_0	v_1	v_2	v_3	v_4	
$w(0,4)$	0,775	−0,45	−0,225	0	0	≥ -20
$w(0,5)$	1	−0,225	−0,45	−0,225	0	≥ -23
$w(1,3)$	−0,225	0,55	−0,225	0	0	≥ -18
$w(1,4)$	0	0,775	−0,45	−0,225	0	≥ -21
$w(1,5)$	0	1	−0,225	−0,45	−0,225	≥ -24
$w(2,2)$	−0,225	−0,45	0,775	0	0	≥ -16
$w(2,3)$	0	−0,225	0,55	−0,225	0	≥ -19
$w(2,4)$	0	0	0,775	−0,45	−0,225	≥ -22
$w(3,1)$	−0,225	−0,45	−0,225	1	0	≥ -14
$w(3,2)$	0	−0,225	−0,45	0,775	0	≥ -17
$w(3,3)$	0	0	−0,225	0,55	−0,225	≥ -20
$w(4,0)$	−0,225	−0,45	−0,225	0	1	≥ -1
$w(4,1)$	0	−0,225	−0,45	−0,225	1	≥ -15
$w(4,2)$	0	0	−0,225	−0,45	0,775	≥ -18
	‖	‖	‖	‖	‖	
	1	1	1	1	1	

TABLEAU 7.10.1: PROGRAMMES LINÉAIRES POUR LA GESTION DE LA FABRICATION

ÉTAT s	VALEUR DE LA POLITIQUE 0,9-OPTIMALE
0	$v_0 = -181{,}49375$
1	$v_1 = -179{,}41875$
2	$v_2 = -177{,}41875$
3	$v_3 = -175{,}41875$
4	$v_4 = -162{,}49375$

TABLEAU 7.10.2: SOLUTION OPTIMALE DU PROGRAMME PRIMAL

solution d'un problème de décision markovien à l'aide de la programmation linéaire. Les données de ce problème sont résumées dans le tableau 7.2.3.

Lorsque $\alpha = 0{,}9$, on obtient les deux programmes linéaires (7.10.4) et (7.10.5) associés à ce problème à l'aide de la *matrice bordée* donnée dans le tableau 7.10.1. La solution du programme primal est donnée dans le tableau 7.10.2. La solution duale optimale est: $w(0,4) = 3{,}98125$, $w(1,5) = 6{,}9625$, $w(2,4) = 12{,}25$, $w(3,3) = 17{,}5375$, $w(4,0) = 9{,}26875$ et tous les autres $w(s,a)$ sont nuls. Par conséquent, la politique stationnaire 0,9-optimale consiste à fabriquer 4 unités lorsque le stock en début de période est de zéro, 5 unités lorsqu'il y a une unité disponible en début de période, 4 unités lorsque le stock est de 2, 3 unités lorsqu'il est de 3 et zéro lorsque le stock est de 4. Remarquons, bien entendu, que dans la pratique il suffit de résoudre l'un ou l'autre des deux programmes linéaires en dualité pour obtenir à la fois les solutions primales et duales optimales. □

Pour terminer ce paragraphe, signalons pour le lecteur familiarisé avec la programmation linéaire que la méthode du simplexe appliquée aux programmes (7.10.4) et (7.10.5) est étroitement reliée à l'algorithme d'amélioration de la politique. De façon précise, chaque itération du simplexe correspond à une amélioration de la politique considérée dans un seul état plutôt que simultanément dans tous les états où une amélioration est possible.

PROBLÈMES

1. Au début de chaque année, M. DUFLOUZE a la possibilité d'investir dans l'un ou l'autre de deux fonds de placement: le fonds ATOUVA et le fonds MODERATO. A la fin de l'année, M. DUFLOUZE revend ses parts, encaisse ses profits (ou pertes), et il investit aussitôt pour l'année suivante. Les résultats des fonds de placement dépendent du rendement des marchés boursiers pendant l'année considérée. Ces dernières années, l'indicateur de marché oscille autour de la valeur 1 000. Les probabilités de transition en une année d'une valeur à l'autre de cet indicateur sont données par la matrice suivante:

INDICATEUR ↓→	900	1 000	1 100
900	0,3	0,5	0,2
1 000	0,1	0,5	0,4
1 100	0,1	0,4	0,5

Si dans une année l'indicateur du marché monte (ou descend) de 100 points, le fonds ATOUVA donne un profit (ou une perte) de 200 dollars, tandis que le fonds MODERATO donne un profit (ou perte) de 100 dollars. Si l'indicateur monte (ou descend) de 200 points en une année, le fonds ATOUVA donne un profit (ou une perte) de 500 dollars, tandis que le fonds MODERATO donne un profit (ou perte) de 200 dollars. Si l'indicateur du marché ne varie pas pendant l'année, il n'y a ni profit ni perte avec l'un ou l'autre des deux fonds de placement.

On cherche à formuler ce problème comme un problème de décision markovien pour aider M. DUFLOUZE à déterminer sa stratégie annuelle d'investissement (définir l'espace des états, l'ensemble des actions possibles dans chaque état, les probabilités de transition, et les revenus immédiats; construire le tableau complet des données).

2. Un barrage hydro-électrique situé en Colombie-Britannique sert à la fois à la production d'énergie électrique et au contrôle des inondations. La capacité du réservoir de retenue du barrage est de 3 unités (une unité est égale à un milliard de litres). Chaque mois une certaine quantité d'eau, soit Q, vient s'ajouter au contenu du réservoir. Quel que soit le mois considéré, la quantité Q est égale à zéro avec probabilité 1/6, à un (une unité d'eau) avec probabilité 1/3, à deux (unités d'eau) avec probabilité 1/3, et à trois (unités d'eau) avec probabilité 1/6.

Au début de chaque mois, on ouvre les vannes du barrage et on laisse s'écouler une certaine quantité d'eau. La première unité d'eau sert à la production de l'énergie hydro-électrique, puis ensuite elle est utilisée pour irriguer les exploitations agricoles en aval du barrage. La compagnie d'exploitation du barrage reçoit un revenu de 100 000 dollars pour l'eau utilisée pour l'irrigation. Si la compagnie laisse s'écouler plus d'une unité d'eau, les unités additionnelles sont utilisées exclusivement pour l'irrigation et rapportent un revenu de 100 000 dollars par unité.

Si le barrage est vide au début d'un mois donné, alors la compagnie doit acheter en Alberta l'électricité nécessaire à ses clients à un coût mensuel de 300 000 dollars. Si à un moment donné, l'eau accumulée dans le réservoir dépasse sa capacité de trois unités, l'eau excédentaire s'écoule d'elle-même sans gain ni perte pour la compagnie.

On cherche à déterminer une politique de gestion des eaux du barrage. Pour ce faire, formuler le problème comme un problème de décision markovien (définir l'espace des états, l'ensemble des actions possibles dans chaque état, les probabilités de transition, et les revenus immédiats; construire le tableau complet des données).

3. Mlle CITRON souhaite vendre sa voiture sur le marché des automobiles d'occasion. Elle reçoit une offre au début de chaque semaine, et elle doit décider immédiatement de l'accepter ou de la refuser. Cette offre peut être de 1 200 dollars avec probabilité 5/8, de 1 600 dollars avec probabilité 1/4, et de 2 000 dollars avec probabilité 1/8; on suppose que les offres sont indépendantes les unes des autres. Tant que la voiture n'est pas vendue, Mlle CITRON doit payer des frais d'entretien de 60 dollars par semaine.

On demande de formuler le problème de la vente de la voiture dans le cadre des processus de décision markoviens.

Indication: L'espace des états pour ce problème comprend les différentes offres et l'état "VENDUE". Le processus se trouve dans l'état "VENDUE" lorsqu'une offre est acceptée, et il y reste avec un coût hebdomadaire nul.

4. La valeur d'un certain titre en Bourse peut être 10, 15 ou 20 dollars suivant le mois considéré. Les experts boursiers estiment que si l'action vaut 10 dollars pendant un mois donné, elle vaudra 10 ou 15 dollars le mois suivant avec probabilités 0,9 et 0,1 respectivement. Si par contre l'action vaut 15 dollars pour un mois donné, elle vaudra 10, 15 ou 20 dollars le mois suivant avec probabilités 0,25, 0,25 et 0,5 respectivement. Finalement si l'action vaut 20 dollars pour un mois donné, elle vaudra 15 ou 20 dollars le mois suivant avec probabilités 0,875 et 0,125 respectivement.

On demande de formuler le problème de la vente du titre dans le cadre des processus de décision markoviens (construire le tableau complet des données).

5. Une personne désire acheter une maison. En attendant d'en avoir trouvé une, elle habite dans une chambre meublée à 40 dollars par jour. Lorsqu'elle a trouvé la maison qu'elle désire acheter, elle la paie immédiatement et l'occupe le *jour suivant.* Chaque jour, avant d'avoir acheté, la personne peut soit visiter une maison (et une seulement), soit ne visiter aucune maison. Si elle choisit de visiter une maison, elle doit payer une commission de 25 dollars par visite. Les maisons qu'elle visite valent soit 35 000, soit 40 000, soit 45 000 dollars, et ces prix se rencontrent chacun avec probabilité 1/3 lorsqu'elle décide de visiter une maison.

On demande de formuler le problème de l'achat de la maison dans le cadre des processus de décision markoviens afin de déterminer la politique d'achat qui minimise l'espérance du coût total (construire le tableau complet des données).

Indication: S'inspirer du problème 3.

6. Un exploitant agricole cultive du blé. Chaque année, il a des dépenses de semences et de main-d'oeuvre égales à 10 000 dollars. Si la récolte est abondante, il peut s'attendre à recevoir une recette de 34 000 dollars; sinon, si la récolte est mauvaise, il ne reçoit que 16 000 dollars. Chaque année l'exploitant agricole a la possibilité d'utiliser deux types d'engrais: l'engrais ordinaire qui coûte 4 000 dollars et donne une récolte abondante l'année suivante dans 60% des cas, et l'engrais supérieur qui coûte 6 000 dollars et garantit une récolte abondante l'année suivante dans 80% des cas.

Formuler le problème de décision (choix entre les deux types d'engrais) de l'exploitant agricole comme un problème de décision markovien. Trouver, à l'aide de l'algorithme d'amélioration de la politique, la politique stationnaire 0,5-optimale (on fera les calculs à la main).

7. Revenons au problème 2; nous allons maintenant déterminer la politique de gestion de l'eau qui maximise l'espérance du revenu total actualisé.

(a) Utiliser l'algorithme d'amélioration de la politique pour trouver la politique α-optimale pour les valeurs suivantes du taux d'actualisation α: 0,1, 0,5, 0,8 et 0,99. Donner également la valeur de la politique α-optimale. On prendra dans chaque cas pour règle de décision initiale celle consistant à libérer exactement une unité d'eau lorsqu'il y a au moins une unité d'eau dans le barrage au début du mois. Donner pour chaque valeur de α chacune des itérations de l'algorithme. (On peut pour éviter les calculs, soit utiliser le programme PDM, soit programmer les différentes étapes de l'algorithme.)

(b) Justifier intuitivement la politique trouvée dans le cas où α est égal à 0,1.

(c) Il existe un point d'indifférence unique pour ce problème. Donner, à partir des résultats de la question (a), un intervalle dans lequel se trouve ce point d'indifférence.

(d) Trouver la valeur exacte $\alpha = \alpha_0$ du point d'indifférence en explorant l'intervalle déterminé dans la question précédente. (La valeur exacte de α_0 comporte deux chiffres décimaux.)

(e) On peut démontrer le théorème suivant: si $\alpha = \alpha_0$ est un point d'indifférence, il existe deux politiques stationnaires α_0-optimales telles que les règles de décision associées ne diffèrent que dans un seul état.

D'après les résultats des questions (a) et (d), les deux politiques α_0-optimales pour ce problème diffèrent-elles dans un seul ou plusieurs états? Trouver toutes les politiques stationnaires α_0-optimales et vérifier sur cet exemple le résultat énoncé dans le théorème ci-dessus.

(f) Lorsque $\alpha = 0{,}8$, écrire sous forme d'une matrice bordée les deux programmes linéaires duals permettant de résoudre le problème. Utiliser un logiciel de programmation linéaire pour résoudre le problème, donner et interpréter les résultats.

8. Démontrer le théorème énoncé dans la question (e) du problème 7.

9. Revenons au problème de l'achat de la maison du problème 5; nous allons maintenant déterminer la politique d'achat qui minimise l'espérance du coût total actualisé.

(a) Utiliser l'algorithme d'amélioration de la politique pour trouver la politique stationnaire 0,999-optimale. Donner la valeur de cette politique. (On peut, pour éviter les calculs, soit utiliser le programme PDM, soit encore programmer les principales étapes de l'algorithme).

(b) Donner les sept premières itérations de l'algorithme des approximations successives pour $\alpha = 0{,}999$ en partant du vecteur V_0 dont toutes les composantes sont nulles. Donner la stratégie optimale pour le problème à 7 périodes. Le résultat est-il surprenant? Justifier votre réponse.

La politique stationnaire suggérée par les sept premières itérations de l'algorithme des approximations successives est-elle la politique stationnaire 0,999-optimale? Expliquer pourquoi.

(c) Si l'on part du vecteur V_0 précédent, combien faut-il d'itérations de l'algorithme des approximations successives pour faire apparaître la règle de décision optimale? Interpréter le résultat. (On modifiera un programme qui effectue les approximations successives pour répondre à cette question).

10. Retrouver à l'aide de la programmation linéaire la politique stationnaire 0,5-optimale pour le problème 6.

11. Smallwood (1966) propose l'algorithme suivant pour déterminer les valeurs des points d'indifférence d'un processus à S états.

(i) Trouver deux règles de décision f_1 et f_2 qui diffèrent dans un seul état et qui vont donner des politiques stationnaires α_0-optimales, où α_0 est la valeur du point d'indifférence. Puisque f_1 et f_2 ne diffèrent que dans un seul état, la matrice $P(f_2)-P(f_1)$ a seulement une ligne non nulle; soit ΔP ce vecteur ligne. De même, le vecteur colonne $r(f_2) - r(f_1)$ a seulement un élément non nul; soit Δr cet élément.

(ii) Puisque l'espace des états est de dimension S, le polynôme caractéristique de la matrice $P(f_2)$, égal au déterminant de la matrice $P(f_2) - \lambda I$ (où I est la matrice identité d'ordre S), est de la forme $a_S\lambda^S + a_{S-1}\lambda^{S-1} + \cdots + a_1\lambda + a_0$. Calculer les a_i, $0 \leq i \leq S$ (puisque les a_i sont définis à un facteur multiplicatif près, on essayera dans la mesure du possible de les avoir tous entiers).

(iii) Calculer:

$$c_0 = -a_S \Delta r$$

$$c_n = c_{n-1} - a_{S-n}\Delta r - \Delta P\Big[\sum_{k=0}^{n-1} a_{S-k}(P(f_2))^{n-1-k}\Big]r(f_2)$$

$$\text{pour } 1 \leq n \leq S-1.$$

(iv) Les points d'indifférence pour les politiques $\{f_1^\infty\}$ et $\{f_2^\infty\}$ sont les racines comprises entre 0 et 1 de l'équation polynomiale $c_{S-1}\alpha^{S-1} + c_{S-2}\alpha^{S-2} + \cdots + c_1\alpha + c_0 = 0$. Suivant le degré du polynôme, on peut trouver soit la valeur exacte des racines soit leur valeur approchée à l'aide de méthodes du genre de celle de Newton.

Retrouver la valeur des points d'indifférence du problème du chauffeur de taxi (figure 7.8.1) à l'aide de l'algorithme ci-dessus. Dans chaque cas, on prendra les règles f_1 et f_2 adjacentes sur la figure 7.8.1; on déterminera les coefficients a_0, a_1, a_2 et a_3 de l'équation caractéristique, on calculera les coefficients c_0, c_1 et c_2, et on résoudra l'équation du second degré $c_2\alpha^2 + c_1\alpha + c_0 = 0$. Dans les trois cas, cette équation admet une racine unique entre 0 et 1.

12. Dans ce problème, nous allons aborder une question de grande importance dans l'industrie: celle de déterminer le moment auquel il faut remplacer un équipement qui se détériore dans le temps. Le problème se pose en général de la façon suivante: si nous disposons d'une machine d'un certain âge, devons-nous garder ou remplacer cette machine? Si nous la remplaçons, quel est l'âge de la machine que nous devons acheter?

Pour préciser la discussion, considérons le problème du remplacement d'une automobile dont la durée de vie utile est de 10 ans. Tous les six mois, le propriétaire de la voiture doit décider soit de garder sa voiture, soit de la remplacer. L'état du système est représenté par l'âge de la voiture en périodes de six mois; donc pour ce problème $I = \{1, 2, 3, \ldots, 19, 20\}$. Les actions possibles dans chaque état $s \in I$ sont les suivantes:

- action G, garder la voiture pour une autre période de six mois. Remarquons que cette action n'est pas permise dans l'état 20, puisqu'on considère qu'une voiture dont l'âge est dix ans est inutilisable et doit être remplacée;
- actions A_i, remplacer la voiture d'âge s par une voiture d'âge i, où i varie entre 0 et 19. Nous avons donc, dans chaque état, les 20 actions $A_0, A_1, \ldots, A_{19}$.

Le tableau suivant contient les données numériques du problème. Nous avons:

- C_i: le coût (en dollars) d'achat d'une voiture d'âge i;
- R_i: le coût (en dollars) de revente (ou de reprise) d'une voiture d'âge i;
- M_i: le coût (en dollars) d'entretien et d'opération d'une voiture entre le moment où elle est d'âge i et celui où elle est d'âge $i + 1$; et
- p_i: la probabilité qu'une voiture d'âge i atteigne l'âge $i + 1$ sans occasionner de dépenses majeures.

Si la voiture occasionne des dépenses majeures dans les six mois entre les âges i et $i + 1$, elle n'atteint pas l'âge $i + 1$ et passe immédiatement à l'âge 20 (elle devient définitivement inutilisable).

AGE i	COÛT C_i	REPRISE R_i	ENTRETIEN M_i	PROBABILITÉ p_i
0	12 000	9 600	300	1,000
1	10 080	8 040	336	0,998
2	7 800	6 300	372	0,996
3	6 900	5 460	408	0,991
4	5 400	4 260	450	0,985
5	4 680	3 600	486	0,980
6	3 600	2 880	522	0,970
7	3 120	2 340	558	0,960
8	2 640	1 980	600	0,950
9	2 400	1 740	636	0,940
10	2 160	1 530	672	0,930
11	1 980	1 350	708	0,919
12	1 800	1 200	750	0,900
13	1 680	1 080	798	0,880
14	1 500	960	846	0,850
15	1 380	870	900	0,790
16	1 260	810	960	0,730
17	1 140	720	1 050	0,590
18	1 020	660	1 140	0,430
19	900	570	1 320	0,200
20	780	480	1 500	0

(a) On demande de formuler le problème du remplacement de la voiture comme un problème de décision markovien; en particulier on donnera pour chaque état $s \in I$ et chaque action $a \in \mathcal{A}_s$ les probabilités de transition $p_{st}(a)$, $t \in I$, et le revenu immédiat $r(s, a)$.

(b) A l'aide du programme PDM, trouver la politique stationnaire 0,94-optimale. ($\alpha = 0{,}94$ pour une période de six mois correspond

à un taux d'intérêt annuel d'approximativement 12%). On donnera également la valeur de la politique 0,94-optimale.
(c) Commenter les résultats de (b) et, en particulier, interpréter la signification de la valeur de la politique 0,94-optimale.

SUPPLÉMENT AU CHAPITRE 7

DÉMONSTRATION DU THÉORÈME 7.7.1

Avant de donner la démonstration du théorème 7.7.1, nous avons besoin de quelques rappels d'analyse.

Considérons l'espace euclidien $\mathcal{R}^S = \{ x = (x_1, \ldots, x_S) : x_i \in \mathcal{R}, i = 1, \ldots, S\}$ muni de la norme $\|x\| = \max_i |x_i|$ et de la distance $\rho(x,y) = \|x - y\|$ pour $x, y \in \mathcal{R}^S$. Une suite $\{x_n\}$ d'éléments de $\mathcal{R}^S$ converge dans $\mathcal{R}^S$ s'il existe un élément x de $\mathcal{R}^S$ tel que $\rho(x_n, x) \to 0$ lorsque $n \to \infty$. On écrit alors $x_n \to x$. Soit T une application de $\mathcal{R}^S$ dans $\mathcal{R}^S$; T est appelée *contraction* si pour tout x et y dans $\mathcal{R}^S$: $\rho(Tx, Ty) \leq \beta\rho(x,y)$ pour β fixé, $0 \leq \beta < 1$. On dira que l'élément x^* de $\mathcal{R}^S$ est un point fixe de T si $Tx^* = x^*$. Finalement nous rappelons le théorème classique suivant: si T est une contraction de $\mathcal{R}^S$ dans $\mathcal{R}^S$, T admet un point fixe $x^* \in \mathcal{R}^S$ unique, et pour tout $x \in \mathcal{R}^S$, $T^n x \to x^*$ lorsque $n \to \infty$.

Démonstration du théorème 7.7.1

Soit $\{f^\infty\}$ une politique stationnaire α-optimale dont l'existence est garantie par le corollaire 7.5.5. Quelle que soit la règle de décision $g \in \mathcal{F}$ et d'après (7.5.3):

$$V_\alpha(f^\infty) \geq V_\alpha(g, f^\infty) = L(g)V_\alpha(f^\infty),$$

par conséquent:

$$V_\alpha(f^\infty) \geq \max_{g \in \mathcal{F}} L(g)V_\alpha(f^\infty). \tag{1}$$

Mais, par définition de $L(f)$:

$$V_\alpha(f^\infty) = L(f)V_\alpha(f^\infty). \tag{2}$$

Donc, d'après (1) et (2):

$$V_\alpha(f^\infty) = \max_{g \in \mathcal{F}} L(g)V_\alpha(f^\infty).$$

L'équation fonctionnelle (7.7.5) admet donc une solution V^* et $V^* = V_\alpha(f^\infty)$ où $\{f^\infty\}$ est α-optimale. Ce qui prouve la partie *(iii)* du théorème.

Démontrons maintenant l'unicité de cette solution. Supposons qu'il existe une autre solution V' et soit $g' \in \mathcal{F}$ la règle de décision pour laquelle le maximum est atteint dans (7.7.5):

$$V' = \max_{f \in \mathcal{F}} \{r(f) + \alpha P(f)V'\} = r(g') + \alpha P(g')V' \tag{3}$$

soit:

$$[I - \alpha P(g')]V' = r(g')$$

où I est la matrice identité d'ordre S. Le fait que la matrice $I - \alpha P$ soit non singulière lorsque $0 \leq \alpha < 1$ et P est une matrice de Markov est un résultat classique de la théorie des matrices (voir Kemeny et Snell (1960)). Par conséquent:

$$V' = [I - \alpha P(g')]^{-1} r(g'),$$

ce qui démontre l'unicité de la solution de (3). Mais:

$$V_\alpha(g'^\infty) = L(g')V_\alpha(g'^\infty) = r(g') + \alpha P(g')V_\alpha(g'^\infty),$$

il en résulte:

$$V' = V_\alpha(g'^\infty).$$

Étant donné, par conséquent, que $V_\alpha(g'^\infty)$ est une solution de (7.7.5), nous avons quel que soit $g \in \mathcal{F}$:

$$V_\alpha(g'^\infty) \geq L(g)V_\alpha(g'^\infty) = V_\alpha(g, g'^\infty),$$

et d'après le théorème 7.5.2, $\{g'^\infty\}$ est α-optimale. Puisque les deux politiques $\{f^\infty\}$ et $\{g'^\infty\}$ sont α-optimales, on en déduit:

$$V^* = V_\alpha(f^\infty) = V_\alpha(g'^\infty) = V'.$$

Ce qui démontre les parties *(i)* et *(iv)* du théorème.

Nous achevons cette démonstration avec la partie *(ii)*. Définissons l'opérateur R: $\mathcal{R}^S \to \mathcal{R}^S$ par:

$$RV = \max_{f \in \mathcal{F}} \{r(f) + \alpha P(f)V\}, \qquad V \in \mathcal{R}^S.$$

D'après (7.7.6), nous avons:

$$RV_0 = \max_{f \in \mathcal{F}} \{r(f) + \alpha P(f) V_0\} = V_1$$

$$RV_1 = \max_{f \in \mathcal{F}} \{r(f) + \alpha P(f) V_1\} = V_2 = RRV_0 = R^2 V_0.$$

De façon analogue:

$$V_n = R^n V_0, \qquad n \geq 1$$

et, d'après *(i)*:

$$V^* = RV^*,$$

c'est-à-dire que V^* est un point fixe de R. D'après le résultat donné dans les rappels, si R est une contraction dans $\mathcal{R}^S$, alors $\lim_{n \to \infty} V_n = V^*$.

C'est précisément la relation (7.7.7). Nous terminons donc en démontrant que R est une contraction de $\mathcal{R}^S$ dans $\mathcal{R}^S$. A cet effet, soit e le vecteur colonne $S \times 1$, dont tous les éléments sont des 1, et soient V et W deux vecteurs arbitraires de $\mathcal{R}^S$. Nous avons:

$$RV = r(f) + \alpha P(f) V, \text{ pour un certain } f \in \mathcal{F}.$$

$$RW = r(g) + \alpha P(g) W, \text{ pour un certain } g \in \mathcal{F}.$$

Par définition de R:

$$RW = r(g) + \alpha P(g) W \geq r(f) + \alpha P(f) W,$$

d'où:

$$RV - RW = r(f) + \alpha P(f) V - RW \leq \alpha P(f)\,(V - W). \tag{4}$$

Mais, nous avons:

$$\|V - W\| = \max_i |V_i - W_i| \geq V_i - W_i, \qquad i = 1, \ldots, S,$$

donc:

$$V - W \leq \|V - W\| e. \tag{5}$$

Nous déduisons donc de (4) et (5) que:

$$RV - RW \leq \alpha \|V - W\| P(f) e = \alpha \|V - W\| e,$$

cette dernière égalité provenant du fait que $P(f)$ est une matrice de Markov. On a donc:

$$(RV - RW)_i \leq \alpha \|V - W\|, \qquad i = 1, \ldots, S,$$

d'où:

$$\max_i |(RV - RW)_i| \leq \alpha \|V - W\|,$$

c'est-à-dire encore:

$$\rho(RV, RW) \leq \alpha \rho(V, W), \qquad 0 \leq \alpha < 1.$$

R est donc bien une contraction. ■

Chapitre 8

LOI EXPONENTIELLE ET PROCESSUS DE POISSON

Lorsque l'on cherche à modéliser une situation faisant intervenir un certain degré d'incertitude, il peut être essentiel de faire des hypothèses simplificatrices afin de pouvoir utiliser ce modèle pour calculer les paramètres nécessaires à la prise de décision. Par ailleurs, il ne faut pas simplifier au-delà d'un certain seuil car les conclusions du modèle pourraient être sans rapport avec la situation réelle. Il faut donc trouver le compromis qui permet de représenter l'incertitude de façon suffisamment exacte tout en permettant une assez grande facilité de calcul.

La *loi exponentielle* est d'usage courant en recherche opérationnelle; elle permet dans de nombreux cas de modéliser des variables aléatoires de façon réaliste et sans trop de complications dans les calculs. On l'utilise fréquemment pour représenter les variables aléatoires suivantes: intervalle de temps entre les arrivées de deux clients dans une file d'attente, durée d'une conversation téléphonique, durée de vie des composantes électriques ou électroniques, etc. Les propriétés particulières de la loi exponentielle découlent du fait qu'elle est "sans mémoire": supposons, par exemple, que la durée de vie du tube cathodique de l'écran d'un micro-ordinateur est représentée par une variable aléatoire dont la loi est exponentielle. Si le tube a déjà fonctionné pendant 1 000 heures, la probabilité qu'il fonctionne encore pendant 50 heures est identique à la probabilité que, neuf, il fonctionne pendant 50 heures. Nous allons, dans la première partie de ce chapitre, étudier la loi exponentielle ainsi que ses propriétés fondamentales.

Dans la deuxième partie de ce chapitre, nous allons considérer un type de processus stochastique connu sous le nom de *processus d'arrivée*. Ces processus comptent le nombre d'événements (arrivées) dans un intervalle de temps donné. Le plus connu d'entre eux est le *processus de Poisson*. Ce dernier est souvent utilisé pour représenter le processus d'arrivée des clients dans un centre de services (magasin, banque, bureau de poste, etc.), le processus d'arrivée des appels à un central téléphonique, et le processus d'arrivée des particules radioactives dans un compteur Geiger. Notre étude va mettre en évidence les rapports étroits qui existent entre le processus de Poisson et la loi exponentielle.

8.1 LA LOI EXPONENTIELLE

Rappelons d'abord certains résultats du chapitre 1.

Définition 8.1.1. *On dit qu'une variable aléatoire X a une loi exponentielle de paramètre λ ($\lambda > 0$) si elle a la densité $f(x)$ suivante:*

$$f(x) = \begin{cases} \lambda e^{-\lambda x} & si\ x \geq 0, \\ 0 & si\ x < 0. \end{cases} \tag{8.1.1}$$

De (8.1.1), on déduit la fonction de répartition de la loi exponentielle:

$$F(x) = P\{X \leq x\} = \int_{-\infty}^{x} f(t)\,dt = \begin{cases} 1 - e^{-\lambda x} & \text{si } x \geq 0, \\ 0 & \text{si } x < 0, \end{cases} \tag{8.1.2}$$

et, à l'aide d'une intégration par parties ($u = t$, $dv = \lambda e^{-\lambda t}\,dt$), son espérance:

$$E(X) = \int_0^\infty t f(t)\,dt = \left(-te^{-\lambda t}\right|_0^\infty + \int_0^\infty e^{-\lambda t}\,dt = \frac{1}{\lambda}\cdot$$

8.1.1 Propriété caractéristique de la loi exponentielle

Définition 8.1.2. *On dit qu'une variable aléatoire continue positive X est sans mémoire si:*

$$P\{X > x + y \mid X > y\} = P\{X > x\} \tag{8.1.3}$$

pour tous x et y non négatifs.

Si la variable aléatoire X représente la durée de vie d'un transistor, la relation (8.1.3) indique que la probabilité que le transistor fonctionne pendant au moins $x + y$ heures étant donné qu'il a déjà fonctionné y heures est la même que la probabilité qu'il fonctionne initialement pendant x heures. Le transistor ne se "souvient" pas qu'il a déjà fonctionné y heures.

On peut écrire la relation (8.1.3) sous la forme équivalente suivante:

$$\frac{P\{X > x + y, X > y\}}{P\{X > y\}} = P\{X > x\},$$

soit:

$$P\{X > x + y, X > y\} = P\{X > x\}P\{X > y\};$$

et, puisque l'événement $\{X > x + y\}$ implique $\{X > y\}$:

$$P\{X > x + y\} = P\{X > x\}P\{X > y\}. \tag{8.1.4}$$

Cette relation caractérise la loi exponentielle comme l'indique le théorème suivant.

Théorème 8.1.1. *Soit $F(x) = P\{X \leq x\}$ la fonction de répartition d'une variable aléatoire X telle que $F(0) = 0$ et $F(x) < 1$ pour un $x > 0$, alors X a une loi exponentielle si et seulement si la relation (8.1.4) est satisfaite pour tous x et y non négatifs.*

Démonstration. En effet, si la variable aléatoire X a la loi exponentielle, nous avons d'après (8.1.2):

$$P\{X > x + y\} = e^{-\lambda(x+y)} = e^{-\lambda x}e^{-\lambda y} = P\{X > x\}P\{X > y\},$$

ce qui vérifie la relation (8.1.4).

Pour démontrer la réciproque, posons $G(x) = 1 - F(x) = P\{X > x\}$. La relation (8.1.4) devient:

$$G(x+y) = G(x)G(y). \tag{8.1.5}$$

Par définition, $G(x)$ est une fonction non croissante, et d'après les hypothèses du théorème: $G(0) = 1$, et il existe $x > 0$ pour lequel $G(x) > 0$. Supposons qu'il existe $x_0 > 0$ pour lequel $G(x_0) = 0$, et écrivons (8.1.5) avec $x = x_0/n$ et $y = (n-1)x_0/n$; il vient:

$$G(x_0) = G(x_0/n)G((n-1)x_0/n).$$

En répétant de proche en proche la décomposition de $(n-1)x_0/n$, on obtient:

$$G(x_0) = [\,G(x_0/n)\,]^n \tag{8.1.6}$$

pour tout entier $n > 0$. Il en résulte $G(x_0/n) = 0$. Utilisant à nouveau la relation (8.1.5), on en déduit $G(x) = 0$ pour tout $x > x_0/n$, puisque x peut être écrit comme la somme de x_0/n et de la différence $x - (x_0/n)$. Comme n est arbitraire, $G(x) = 0$ pour tout $x > 0$, ce qui est contraire à l'hypothèse du théorème. Donc $G(x) > 0$ pour tout $x > 0$.

Maintenant, écrivons (8.1.5) avec $x = y = 1/n$; il vient $G(2/n) = [\,G(1/n)\,]^2$. De proche en proche, on a $G(m/n) = [\,G(1/n)\,]^m$ pour tous les entiers m et n positifs. De plus, en écrivant (8.1.6) avec $x_0 = 1$, on obtient $G(1) = [\,G(1/n)\,]^n$; et par conséquent $G(m/n) = [\,G(1)\,]^{m/n}$. Comme $G(x)$ et $[\,G(1)\,]^x$ sont toutes deux des fonctions non croissantes qui coïncident chaque fois que x est rationnel, et que $[\,G(1)\,]^x$ est continue, il s'ensuit que:

$$G(x) = [\,G(1)\,]^x = e^{x \operatorname{Log} G(1)} \quad \text{pour tout } x > 0.$$

Mais, $F(x)$ étant une fonction de répartition, nous avons:

$$\lim_{x\to\infty} G(x) = 1 - \lim_{x\to\infty} F(x) = 0.$$

Il en résulte $G(1) < 1$. Donc $G(x) = e^{-\lambda x}$, où $\lambda = -\operatorname{Log} G(1) > 0$. ■

La démonstration du théorème 8.1.1 est relativement technique; elle peut cependant être considérablement simplifiée si l'on suppose que la fonction G est différentiable. De (8.1.5) on déduit alors:

$$G'(x+y) = \frac{\partial}{\partial x} G(x+y) = G'(x)G(y),$$

$$G'(x+y) = \frac{\partial}{\partial y} G(x+y) = G(x)G'(y),$$

et donc:

$$\frac{G'(x)}{G(x)} = \frac{G'(y)}{G(y)} \quad \text{pour tous } x \text{ et } y \text{ positifs.}$$

Le rapport $G'(x)/G(x)$ est donc constant quel que soit x positif, et sa valeur peut être calculée pour une valeur x_0 telle que $G(x_0) \neq 0$ (d'après l'hypothèse du théorème, il existe un x_0 tel que $F(x_0) < 1$). Soit $(-\lambda)$ cette valeur; nous avons alors l'équation différentielle $G'(x) = -\lambda G(x)$, dont la solution générale est $G(x) = Ce^{-\lambda x}$. La constante C est égale à 1, puisque $G(0) = 1 - F(0) = 1$. De plus, le paramètre λ est positif puisqu'il existe une valeur x_0 de x pour laquelle $G(x_0) < 1$.

Voyons maintenant l'utilisation de cette propriété dans des cas concrets.

Exemple 8.1.1. Considérons une succursale de banque avec deux guichets. Un employé travaille à chaque guichet. Les temps de service à chaque guichet sont des variables aléatoires exponentielles indépendantes de même paramètre λ. Au moment où vous entrez dans la banque, les employés sont en train de servir un client chacun, mais il n'y a personne en attente. Votre service va commencer dès que l'un des employés sera libre. Quelle est la probabilité que vous soyez le dernier des trois clients (qui sont dans la banque en ce moment) à quitter la banque?

Réponse: On raisonne de la façon suivante: au moment où votre service commence, le *temps de service restant* du client non encore parti sera une variable aléatoire exponentielle de paramètre λ par suite du manque de mémoire de la loi exponentielle. Par symétrie, la probabilité que vous sortiez de la banque avant le client restant est donc 1/2 (on vérifiera d'ailleurs ce résultat dans le théorème 8.1.3). □

Exemple 8.1.2. Supposons que la durée de vie du projecteur à haute intensité qui éclaire l'illustre tableau du doyen de la Faculté puisse être représentée par une variable aléatoire exponentielle avec moyenne égale à 10 heures. Supposons qu'un professeur entre dans le bureau du doyen à un moment où le projecteur est allumé. Étant donné qu'ils doivent discuter d'un sujet particulièrement épineux, la conversation risque de durer au moins 3 heures. Le professeur, ayant particulièrement horreur de ce tableau, se demande quelle est la probabilité que le projecteur fonctionne encore pendant 3 heures (si seulement il pouvait brûler avant la fin de la rencontre!)?

Réponse: A nouveau, nous utilisons l'absence de mémoire de la loi exponentielle de la façon suivante: au moment où le professeur entre dans le bureau, la *durée de vie résiduelle* du projecteur est une variable aléatoire exponentielle de moyenne 10. Par conséquent:

$$P\{\text{Vie résiduelle} > 3\} = 1 - F(3) = e^{-3\lambda} = e^{-3/10} = 0{,}74.$$

Si la durée de vie n'est pas une variable aléatoire exponentielle, mais plutôt une variable aléatoire quelconque X, dont la fonction de répartition est F, nous avons:

$$P\{X > 3 + t \mid X > t\} = \frac{1 - F(3 + t)}{1 - F(t)}.$$

Par conséquent, pour répondre à la question du professeur dans le cas où la durée de vie du projecteur n'est pas exponentielle, il aurait fallu savoir pendant combien d'heures le projecteur avait déjà fonctionné lorsque le professeur est entré dans le bureau du doyen. La loi exponentielle est très pratique puisqu'elle nous dispense du besoin de cette information. □

8.1.2 Autres propriétés de la loi exponentielle

Nous allons considérer par la suite des variables aléatoires qui sont la somme de variables aléatoires exponentielles indépendantes et de même paramètre λ; nous allons étudier leur distribution. Soient donc, pour commencer, X_1 et X_2 deux variables aléatoires exponentielles indépendantes de même paramètre λ. A l'aide des techniques de conditionnement illustrées dans le deuxième chapitre, déterminons la loi de $X_1 + X_2$ en conditionnant sur X_1:

$$\begin{aligned}
P\{X_1 + X_2 \leq x\} &= \int_0^x P\{X_1 + X_2 \leq x \mid X_1 = y\} f_1(y)\, dy \\
&= \int_0^x P\{X_2 \leq x - y \mid X_1 = y\} f_1(y)\, dy \\
&= \int_0^x P\{X_2 \leq x - y\} f_1(y)\, dy
\end{aligned}$$

par suite de l'indépendance de X_1 et X_2. Par conséquent, d'après (8.1.1) et (8.1.2):

$$\begin{aligned}
P\{X_1 + X_2 \leq x\} &= \int_0^x [1 - e^{-\lambda(x-y)}]\lambda e^{-\lambda y}\, dy \\
&= \int_0^x \lambda e^{-\lambda y}\, dy - \int_0^x \lambda e^{-\lambda x}\, dy \\
&= \left(-e^{-\lambda y}\Big|_0^x - \lambda x e^{-\lambda x}\right. \\
&= 1 - e^{-\lambda x} - \lambda x e^{-\lambda x}.
\end{aligned}$$

On obtient la densité de cette loi en dérivant par rapport à x:

$$f_{X_1+X_2}(x) = \frac{d}{dx} P\{X_1 - X_2 \leq x\} = \lambda^2 x e^{-\lambda x}, \qquad x \geq 0.$$

C'est la densité d'une loi connue sous le nom de *loi gamma* de paramètres 2 et λ.

$$X_1 + X_2 \sim \Gamma(2, \lambda).$$

Ce résultat admet la généralisation suivante:

Théorème 8.1.2. *Soient $X_1, X_2, \ldots, X_n$, n variables aléatoires indépendantes de même loi exponentielle avec paramètre λ; alors $X_1 + X_2 + \cdots + X_n$ a une loi gamma de paramètres n et λ.*

Nous laissons au lecteur le soin de démontrer (par récurrence) le théorème 8.1.2. La densité de la loi gamma de paramètres n et λ est égale à:

$$f(x) = \begin{cases} \dfrac{\lambda e^{-\lambda x}(\lambda x)^{n-1}}{(n-1)!} & \text{si } x \geq 0, \\ 0 & \text{si } x < 0. \end{cases}$$

Le théorème suivant est également utile:

Théorème 8.1.3. *Soient X_1 et X_2 deux variables aléatoires indépendantes exponentielles de paramètres respectifs λ_1 et λ_2; alors:*

$$P\{X_1 < X_2\} = \frac{\lambda_1}{\lambda_1 + \lambda_2}. \tag{8.1.7}$$

Démonstration. En effet, en conditionnant sur X_2, il vient:

$$\begin{aligned} P\{X_1 < X_2\} &= \int_0^\infty P\{X_1 < X_2 \mid X_2 = x\} f_{X_2}(x)\, dx \\ &= \int_0^\infty P\{X_1 < x \mid X_2 = x\} \lambda_2 e^{-\lambda_2 x} dx. \end{aligned}$$

Puisque X_1 et X_2 sont deux variables aléatoires indépendantes:

$$\begin{aligned} P\{X_1 < X_2\} &= \int_0^\infty P\{X_1 < x\} \lambda_2 e^{-\lambda_2 x} dx \\ &= \int_0^\infty (1 - e^{-\lambda_1 x}) \lambda_2 e^{-\lambda_2 x} dx \\ &= \int_0^\infty \lambda_2 e^{-\lambda_2 x} dx - \lambda_2 \int_0^\infty e^{-(\lambda_1 + \lambda_2)x} dx \\ &= 1 - \frac{\lambda_2}{\lambda_1 + \lambda_2} = \frac{\lambda_1}{\lambda_1 + \lambda_2}. \ \blacksquare \end{aligned}$$

Exemple 8.1.3. La puce B8083 utilisée dans la construction de certains micro-ordinateurs est composée de deux circuits intégrés: le B80-1 dont la durée de vie est exponentielle avec une moyenne de 5 000 heures, et le B80-2 dont la durée de vie est exponentielle avec une moyenne de 2 500 heures et indépendante de la durée de vie du B80-2. Si l'un des circuits intégrés tombe en panne, la puce cesse de fonctionner. Quelle est la probabilité, en cas de panne de la puce, que cette panne résulte d'une panne dans le circuit B80-1?

Réponse: On utilise (8.1.7) avec $\lambda_1 = 1/5\,000$ et $\lambda_2 = 1/2\,500$. La probabilité recherchée est donc:

$$\frac{1/5\,000}{1/5\,000 + 1/2\,500} = \frac{1}{3}. \;\square$$

Finalement, nous aurons besoin au chapitre 10 du résultat suivant:

Théorème 8.1.4. *Soient X_1 et X_2 deux variables aléatoires indépendantes exponentielles de paramètres respectifs λ_1 et λ_2. Si $X = \min(X_1, X_2)$, alors X est une variable aléatoire exponentielle de paramètre $\lambda_1 + \lambda_2$.*

Démonstration. Nous avons:

$$P\{X \leq x\} = 1 - P\{X > x\} = 1 - P\{\min(X_1, X_2) > x\}.$$

Mais, l'événement $\{\min(X_1, X_2) > x\}$ se réalise si et seulement si les événements $\{X_1 > x\}$ et $\{X_2 > x\}$ se réalisent simultanément; par conséquent:

$$\begin{aligned} P\{X \leq x\} &= 1 - P\{X_1 > x, X_2 > x\} \\ &= 1 - P\{X_1 > x\}P\{X_2 > x\} \quad \text{(par indépendance)} \\ &= 1 - e^{-\lambda_1 x}e^{-\lambda_2 x} \\ &= 1 - e^{-(\lambda_1 + \lambda_2)x}. \;\blacksquare \end{aligned}$$

On peut généraliser sans difficulté le théorème 8.1.4 au cas de n variables indépendantes exponentielles de paramètres respectifs λ_i, $i = 1, \ldots, n$.

8.2 LE PROCESSUS DE POISSON

8.2.1 Les processus d'arrivée

On dit qu'un processus stochastique $\{N(t),\ t \geq 0\}$ est un *processus d'arrivée* si $N(t)$ représente le nombre total de fois où se réalise un événement donné (arrivée) pendant l'intervalle de temps de 0 à t. Les processus suivants sont des processus d'arrivée:

(a) Soit $N(t)$ le nombre de clients qui sont entrés dans une certaine succursale de banque depuis l'ouverture (temps zéro) jusqu'au temps t (inclusivement). $N(t)$ est un processus d'arrivée pour lequel l'événement donné correspond à l'arrivée d'un client. Remarquons que si l'on définit $M(t)$ comme le nombre de clients dans la banque à l'instant t, $M(t)$ n'est pas un processus d'arrivée (pourquoi?).

(b) Une cellule se reproduit par mitose. Soit $N(t)$ le nombre de "descendants" de la cellule initiale nés dans l'intervalle $(0, t]$. $N(t)$ est un processus d'arrivée pour lequel l'événement donné correspond à la "naissance" d'une nouvelle cellule. Remarquons que $N(t)$ doit nécessairement inclure les cellules nées dans $(0, t]$ et "mortes" dans ce même intervalle.

(c) Soit $N(t)$ le nombre d'accidents à un certain carrefour dans l'intervalle $(0, t]$. $N(t)$ est également un procesus d'arrivée pour lequel l'événement donné correspond à l'occurrence d'un accident à ce carrefour.

Il résulte de la définition ci-dessus qu'un processus d'arrivée $\{N(t),\ t \geq 0\}$ possède les propriétés suivantes:

(i) $N(t) \geq 0$;

(ii) $N(t)$ prend des valeurs entières;

(iii) si $s < t$, alors $N(s) \leq N(t)$; et

(iv) si $s < t$, la différence $N(t) - N(s)$ représente le nombre d'événements (arrivées) dans l'intervalle $(s, t]$.

Les processus d'arrivée comme d'autres types de processus stochastiques peuvent avoir un certain nombre de propriétés qui en facilitent l'étude mathématique.

Définition 8.2.1. *Si les variables aléatoires* $N(t_1) - N(t_0)$, $N(t_2) - N(t_1), \ldots, N(t_n) - N(t_{n-1})$ *sont indépendantes quels que soient* $t_0, t_1, \ldots, t_n$ *satisfaisant* $0 < t_0 < t_1 < \cdots < t_n$, *on dit alors que le processus stochastique* $\{N(t),\, t \geq 0\}$ *est un processus à accroissements indépendants.*

L'hypothèse d'accroissements indépendants est sans doute raisonnable dans l'exemple (a) ci-dessus. Ce n'est vraisemblablement pas le cas dans (b). En effet, si $N(t)$ est particulièrement grand, il est probable qu'il y ait un grand nombre de cellules vivantes à l'instant t; et, par conséquent, le nombre de divisions cellulaires dans l'intervalle $(t, t+s]$ devrait être également relativement grand. En d'autres termes, l'accroissement $N(t+s) - N(t)$ n'est pas indépendant de $N(t)$; le processus de l'exemple (b) n'a pas des accroissements indépendants. Par contre, dans l'exemple (c), on peut vraisemblablement supposer que le processus du nombre d'accidents a des accroissements indépendants.

Définition 8.2.2. *Si la loi de l'accroissement* $N(t_2) - N(t_1)$ *ne dépend que de la différence* $t_2 - t_1$ *(dans le cas où* $t_1 < t_2$*), on dit que le processus d'arrivée* $\{N(t),\, t \geq 0\}$ *a des accroissements stationnaires.*

Il résulte en particulier de la définition 8.2.2 que, si le processus a des accroissements stationnaires, le nombre d'événements dans l'intervalle $(t_1, t_2]$ (soit $N(t_2) - N(t_1)$) a la même loi de probabilité que le nombre d'événements dans l'intervalle $(t_1 + s, t_2 + s]$ (soit $N(t_2 + s) - N(t_1 + s)$), quelle que soit la valeur de $s > 0$.

Pour l'exemple (a), l'hypothèse d'accroissements stationnaires ne peut être vérifiée que s'il n'existe pas de période dans la journée où les clients sont plus susceptibles de venir à la banque. Cela interdit en particulier le phénomène connu sous le nom de période de pointe (par exemple entre midi et 14 heures). Si l'on suppose, dans l'exemple (b), que la population cellulaire est relativement constante (les "naissances" et les "décès" se compensent), alors l'hypothèse d'accroissements stationnaires peut être envisagée. Finalement, dans l'exemple (c), il est vraisemblable que le nombre d'accidents est plus élevé pendant une journée d'hiver (chaussée glissante ou enneigée) que pendant une journée d'été; l'hypothèse d'accroissements stationnaires n'est donc sans doute pas vérifiée par ce processus.

8.2.2 Définition du processus de Poisson

Le processus de Poisson est l'un des exemples les plus importants de processus d'arrivée. On peut le définir de la façon suivante.

Définition 8.2.3. *On dit que le processus d'arrivée* $\{N(t),\, t \geq 0\}$ *est un processus de Poisson de paramètre* λ $(\lambda > 0)$ *si:*

(i) $N(0) = 0$;

(ii) le processus a des accroissements indépendants; et

(iii) le nombre d'événements dans un intervalle quelconque de longueur t *est une variable aléatoire de Poisson de paramètre* λt. *Par conséquent, quels que soient* $s, t \geq 0$*:*

$$P\{N(t+s) - N(s) = n\} = e^{-\lambda t}\,\frac{(\lambda t)^n}{n!}, \qquad n = 0, 1, \ldots \quad (8.2.1)$$

Remarquons qu'il résulte de la condition *(iii)* de la définition 8.2.3 que les accroissements d'un processus de Poisson sont stationnaires. De plus, en faisant $s = 0$ dans (8.2.1) et en tenant compte des résultats de l'exemple 1.6.6, on a $E(N(t)) = \lambda t$; cela explique pourquoi le paramètre λ est aussi appelé le *taux* du processus de Poisson.

La définition 8.2.3, malgré son apparente simplicité n'est pas très utile pour déterminer si un processus d'arrivée quelconque est bien un processus de Poisson. En effet, bien que les conditions *(i)* et *(ii)* soient faciles à vérifier à partir d'une connaissance globale du processus, la condition *(iii)* n'est pas très maniable. Le petit exercice de modélisation auquel nous allons nous livrer maintenant va nous permettre de jeter un regard différent sur ce processus.

Considérons l'expérience fameuse de Rutherford, Chadwick et Ellis (1920) qui ont enregistré le nombre de particules émises par une masse radioactive pendant 2 608 intervalles de 7,5 secondes chacun. Soit $R(k)$ la proportion de ces intervalles de temps où k particules ont été enregistrées. Les résultats sont donnés dans le tableau 8.2.1 (reproduit de Cramer (1945)). Nous avons également donné les valeurs des probabilités $P(k)$ d'une loi de Poisson de paramètre $\lambda = 3{,}87$. La correspondance entre $R(k)$ et $P(k)$ est remarquable. Cela soulève la question de savoir pourquoi la loi de Poisson apparaît dans le contexte de l'émission de particules?

k	$R(k)$	$P(k)$
0	0,024	0,021
1	0,078	0,081
2	0,147	0,156
3	0,201	0,201
4	0,202	0,195
5	0,157	0,151
6	0,105	0,097
7	0,053	0,054
8	0,017	0,026
9	0,010	0,011
≥ 10	0,006	0,007

TABLEAU 8.2.1

On peut modéliser le problème de la façon suivante: soit λ le nombre moyen de particules enregistrées par unité de temps lorsqu'on observe la décomposition radioactive pendant une assez longue période. Considérons le nombre de particules enregistrées pendant un intervalle quelconque de longueur t. L'espace des réalisations de cette expérience est $\{0, 1, 2, \ldots\}$. Pour associer des probabilités aux résultats de l'expérience, divisons l'intervalle $[0, t]$ en n sous-intervalles égaux de longueur t/n; on choisira n suffisamment grand pour avoir des sous-intervalles très petits. Supposons que, dans chaque sous-intervalle:

(a) la probabilité d'enregistrer au moins deux particules est négligeable par rapport soit à la probabilité d'enregistrer une particule, soit à la probabilité de n'enregistrer aucune particule;

de plus, il nous faut préciser le degré d'interaction entre ce qui est observé d'un sous-intervalle à l'autre:

(b) le fait qu'une particule soit enregistrée ou non dans un sous-intervalle donné est indépendant de ce qui se passe dans tout autre sous-intervalle.

Par conséquent, chaque sous-intervalle représente une expérience indépendante dont le résultat est 0 ou 1 (particule). Nous faisons également l'hypothèse suivante:

(c) la probabilité d'enregistrer une particule dans un sous-intervalle donné est constante quel que soit le sous-intervalle.

Donc, étant donné qu'on enregistre en moyenne λ particules par unité de temps, la probabilité d'enregistrer une particule dans un sous-intervalle de longueur Δt est approximativement $\lambda \Delta t$. Les sous-intervalles étant très petits, cette probabilité est elle-même très faible. Nous retrouvons donc la situation de la section 1.4.5 où nous avons un grand nombre d'expériences indépendantes ayant chacune une faible probabilité de succès (événements rares). Étant donné que l'espérance du nombre total de particules enregistrées est λt (dans l'intervalle $[0, t]$), la probabilité $R(k)$ d'enregistrer k particules dans un intervalle de longueur t est approximativement égale à:

$$R(k) \approx e^{-\lambda t} \frac{(\lambda t)^k}{k!} = P(k).$$

Nous voyons donc qu'on a obtenu une loi de Poisson en regardant les propriétés "microscopiques" du processus. Nous allons maintenant essayer de formaliser cette approche pour obtenir une définition "pratique" du processus de Poisson. Commençons d'abord par rappeler la notation classique de Landau:

Définition 8.2.4. *On dit qu'une fonction d'une variable réelle $f(x)$ est $o(h)$ (on lit "petit o de h") si:*

$$\lim_{h \to 0} \frac{f(h)}{h} = 0. \tag{8.2.2}$$

Cette définition implique que $f(h)$ tend vers zéro plus vite que h. On remarquera en particulier que $f(x) = x^n$ est $o(h)$ lorsque $n > 1$, tandis que $f(x) = x$ n'est pas $o(h)$.

Considérons maintenant un processus d'arrivée $\{N(t),\, t \geq 0\}$ et formalisons les hypothèses (a), (b) et (c) ci-dessus de la façon suivante:

(1) le processus $\{N(t),\, t \geq 0\}$ a des accroissements indépendants (équivalent à (b));

(2) le processus $\{N(t), t \geq 0\}$ a des accroissements stationnaires (équivalent à (c));

(3) il existe une constante $\lambda > 0$ telle que la probabilité d'enregistrer au moins une arrivée dans un intervalle de longueur h est égale à:

$$P\{N(t+h) - N(t) \geq 1\} = \lambda h + o(h)$$

(partiellement équivalent à (c));

(4) la probabilité d'au moins deux arrivées dans un intervalle de longueur h est $o(h)$, c'est-à-dire:

$$P\{N(t+h) - N(t) \geq 2\} = o(h)$$

(équivalent à la condition (e)).

Nous allons montrer rigoureusement que ces quatre hypothèses caractérisent un processus de Poisson au sens de la définition 8.2.3.

Remarquons d'abord que les conditions *(i)* et *(ii)* de la définition 8.2.3 sont satisfaites à la fois par le fait que, pour un processus d'arrivée, on peut toujours poser $N(0) = 0$, et d'après l'hypothèse (1). Puisque, d'après l'hypothèse (2), nous étudions un processus à accroissements stationnaires, il suffit, pour déterminer la loi de probabilité du processus, de calculer pour chaque $n \geq 0$ et $t > 0$:

$$P_n(t) = P\{N(t) = n\}. \tag{8.2.3}$$

Soit $p(h)$ la probabilité d'avoir au moins un événement dans un intervalle de longueur $h > 0$, on a:

$$p(h) = P\{N(h) \geq 1\} = \lambda h + o(h). \tag{8.2.4}$$

Par suite de l'hypothèse d'indépendance:

$$\begin{aligned} P_0(t+h) &= P\{N(t+h) = 0\} \\ &= P\{N(t) = 0, N(t+h) - N(t) = 0\} \\ &= P\{N(t) = 0\}P\{N(t+h) - N(t) = 0\} \\ &= P_0(t)P_0(h) = P_0(t)[1 - p(h)], \end{aligned}$$

et, par conséquent:

$$\frac{P_0(t+h) - P_0(t)}{h} = -P_0(t)\,\frac{p(h)}{h}.$$

Si maintenant h tend vers zéro, le membre de gauche de l'équation ci-dessus tend vers la dérivée $P_0'(t)$. D'après (8.2.4), on a $p(h)/h \to \lambda$ lorsque $h \to 0$. Par conséquent, la probabilité $P_0(t)$ de n'avoir aucun événement dans $(0, t]$ satisfait l'équation différentielle:

$$P_0'(t) = -\lambda P_0(t).$$

On sait que cette équation admet la solution générale $P_0(t) = Ce^{-\lambda t}$, où la constante C est déterminée par la condition initiale $P_0(0) = 1$. Par conséquent: $P_0(t) = e^{-\lambda t}$.

Calculons maintenant $P_1(t)$, la probabilité d'avoir exactement un événement dans $(0, t]$:

$$\begin{aligned}
P_1(t+h) &= P\{N(t+h) = 1\} \\
&= P\{N(t) = 1, N(t+h) - N(t) = 0\} \\
&\qquad\qquad + P\{N(t) = 0, N(t+h) - N(t) = 1\} \\
&= P\{N(t) = 1\}P\{N(t+h) - N(t) = 0\} \\
&\qquad\qquad + P\{N(t) = 0\}P\{(t+h) - N(t) = 1\} \\
&= P_1(t)P_0(h) + P_0(t)P_1(h).
\end{aligned}$$

D'après (8.2.4), $P_0(h) = 1 - p(h)$. L'hypothèse (4) implique que:

$$p(h) = P\{N(h) \geq 1\} = P_1(h) + P\{N(h) \geq 2\} = P_1(h) + o(h)$$

ou encore $P_1(h) = p(h) + o(h)$. Par conséquent, en reprenant l'expression ci-dessus de $P_1(t+h)$, il vient:

$$P_1(t+h) = P_1(t)[1 - p(h)] + P_0(t)[p(h) + o(h)],$$

soit:

$$P_1(t+h) - P_1(t) = -p(h)P_1(t) + p(h)P_0(t) + o(h)P_0(t).$$

Divisons les deux membres de l'équation précédente par h, et faisons tendre h vers zéro; puisque $o(h)/h \to 0$, on obtient:

$$P_1'(t) = -\lambda P_1(t) + \lambda P_0(t).$$

Le même genre d'analyse permet d'établir que, pour $n > 1$, on a:

$$P_n(t+h) = P_n(t)P_0(h) + P_{n-1}(t)P_1(h) + \sum_{i=2}^{n} P_{n-i}(t)P_i(h).$$

Nous utilisons à nouveau les relations $P_0(h) = 1 - p(h)$ et $P_1(h) = p(h) + o(h)$, et le fait que d'après l'hypothèse (4):

$$\sum_{i=2}^{n} P_{n-i}(t)P_i(h) \leq \sum_{i=2}^{n} P_i(h) = o(h)$$

puisque $P_{n-i}(t) \leq 1$. Après avoir soustrait $P_n(t)$ des deux membres de l'expression de $P_n(t+h)$, on obtient:

$$\begin{aligned} P_n(t+h) - P_n(t) &= P_n(t)[P_0(h) - 1] + P_{n-1}(t)P_1(h) \\ &\quad + \sum_{i=2}^{n} P_{n-i}(t)P_i(h) \\ &= -P_n(t)p(h) + P_{n-1}(t)p(h) + o(h). \end{aligned}$$

D'où, en divisant par h les deux membres de l'équation ci-dessus et en faisant tendre h vers zéro:

$$P_n'(t) = -\lambda P_n(t) + \lambda P_{n-1}(t), \qquad n = 1, 2, \ldots \tag{8.2.5}$$

puisque $p(h)/h \to \lambda$ et $o(h)/h \to 0$ lorsque $h \to 0$. Remarquons que les équations (8.2.5) admettent les conditions initiales $P_n(0) = 0$, $n = 1, 2, \ldots$.

Pour résoudre les équations (8.2.5), écrivons-les sous la forme équivalente suivante:

$$e^{\lambda t}\left[P_n'(t) + \lambda P_n(t)\right] = \lambda e^{\lambda t} P_{n-1}(t),$$

soit:

$$\frac{d}{dt}[e^{\lambda t}P_n(t)] = \lambda e^{\lambda t}P_{n-1}(t). \tag{8.2.6}$$

Mais, puisque $P_0(t) = e^{-\lambda t}$, on en déduit:

$$\frac{d}{dt}[e^{\lambda t}P_1(t)] = \lambda,$$

d'où $P_1(t) = (\lambda t + C)e^{-\lambda t}$; et puisque $P_1(0) = 0$, on a $C = 0$. Par conséquent:

$$P_1(t) = \lambda t e^{-\lambda t}.$$

Pour démontrer que $P_n(t) = e^{-\lambda t}(\lambda t)^n/n!$, on procède par récurrence. Nous venons de vérifier le résultat pour $n = 1$. En supposant qu'il est vrai pour $n - 1$, nous obtenons de l'équation (8.2.6):

$$\frac{d}{dt}[e^{\lambda t}P_n(t)] = \frac{\lambda^n t^{n-1}}{(n-1)!},$$

d'où:

$$e^{\lambda t}P_n(t) = \frac{(\lambda t)^n}{n!} + C$$

et, puisque $P_n(0) = 0$, on a donc $C = 0$. D'où finalement:

$$P_n(t) = e^{-\lambda t}\,\frac{(\lambda t)^n}{n!}, \qquad n = 0, 1, 2, \ldots$$

En d'autres termes, le processus d'arrivée $N(t)$ qui satisfait les quatre hypothèses données auparavant est un processus de Poisson de paramètre λ. Les hypothèses (1) à (4) sont relativement faciles à vérifier et sont des hypothèses "physiques" plausibles que l'on retrouve souvent dans les modèles probabilistes. Ces hypothèses apparaissent peu contraignantes à première vue. Elles sont cependant suffisantes pour imposer le comportement poissonnien que nous venons d'obtenir. Cette discussion suggère la définition suivante d'un processus de Poisson.

Définition 8.2.5. *On dit que le processus d'arrivée* $\{N(t),\ t \geq 0\}$ *est un processus de Poisson de paramètre* λ $(\lambda > 0)$ *si:*

(i) $N(0) = 0$;

(ii) le processus a des accroissements indépendants et stationnaires;
(iii) $P\{N(h) = 1\} = \lambda h + o(h)$; *et*
(iv) $P\{N(h) \geq 2\} = o(h)$.

Théorème 8.2.1. *Les définitions 8.2.3 et 8.2.5 sont équivalentes.*

Démonstration. Nous venons de vérifier que si un processus d'arrivée satisfait aux conditions de la définition 8.2.5, il satisfait aussi aux conditions de la définition 8.2.3.

Pour démontrer la réciproque, remarquons d'abord que les conditions de la définition 8.2.3 vérifient trivialement les conditions (i) et (ii) de la définition 8.2.5. Pour vérifier (iii) de la définition 8.2.5, posons $s = 0$, $t = h$ et $n = 1$ dans la relation (8.2.1), il vient:

$$P\{N(h) = 1\} = e^{-\lambda h}\lambda h,$$

soit:

$$\frac{P\{N(h) = 1\} - \lambda h}{h} = (e^{-\lambda h} - 1)\,\frac{\lambda h}{h} = \lambda(e^{-\lambda h} - 1).$$

Mais $e^{-\lambda h} \to 1$ lorsque $h \to 0$ et, par conséquent:

$$\lim_{h \to 0} \frac{P\{N(h) = 1\} - \lambda h}{h} = 0.$$

D'après la définition 8.2.4, cela implique que:

$$P\{N(h) = 1\} = \lambda h + o(h). \tag{8.2.7}$$

Il ne nous reste plus qu'à vérifier *(iv)* de la définition 8.2.5. Pour cela, remarquons que:

$$P\{N(h) \geq 2\} = 1 - P\{N(h) = 0\} - P\{N(h) = 1\}.$$

En posant $s = 0$, $t = h$ et $n = 0$ dans la relation (8.2.1), on obtient $P\{N(h) = 0\} = e^{-\lambda h}$; et en tenant compte de (8.2.7):

$$P\{N(h) \geq 2\} = 1 - e^{-\lambda h} - \lambda h - o(h).$$

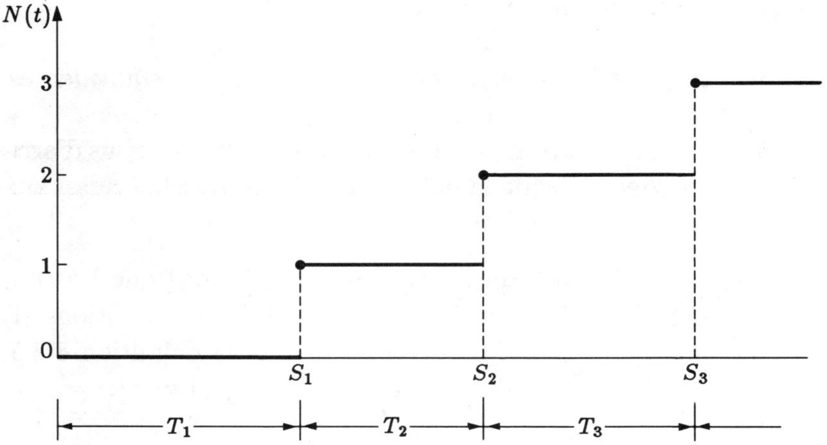

FIGURE 8.2.1: UNE RÉALISATION D'UN PROCESSUS DE POISSON

Par conséquent:

$$\frac{P\{N(h) \geq 2\}}{h} = \frac{1 - e^{-\lambda h} - \lambda h}{h} - \frac{o(h)}{h}.$$

En utilisant la relation: $1 - e^{-\lambda h} = \lambda h + o(h)$, on en déduit:

$$\lim_{h \to 0} \frac{P\{N(h) \geq 2\}}{h} = 0.$$

D'après la définition 8.2.4, ceci implique que $P\{N(h) \geq 2\} = o(h)$. ■

8.2.3 Distributions reliées au processus de Poisson

La figure 8.2.1 illustre une réalisation (fonction échantillon) d'un procesus de Poisson $N(t)$. Elle se présente sous la forme d'une fonction en escalier. Sur la figure, nous avons introduit des quantités qui jouent un rôle important dans l'étude des processus de Poisson: T_n est l'intervalle de temps entre le $(n-1)$-ième et le n-ième événement (on l'appelle *durée d'attente*), S_n est l'instant auquel se produit le n-ième événement. Dans cette section, nous allons déterminer un certain nombre de lois de probabilité reliées au processus de Poisson $N(t)$, aux durées d'attente T_n, et aux instants S_n.

Nous commençons par étudier la loi de probabilité des durées d'attente T_n. Remarquons tout d'abord que l'événement $\{T_1 > t\}$ est identique à l'événement $\{N(t) = 0\}$; par conséquent:

$$P\{T_1 > t\} = P\{N(t) = 0\} = e^{-\lambda t}$$

d'après la relation (8.2.1) où l'on fait $s = n = 0$. Il s'ensuit que T_1 a une loi exponentielle de paramètre λ (l'espérance de T_1 est $1/\lambda$). Pour déterminer la loi de T_2, conditionnons sur T_1. D'après les résultats du chapitre 2:

$$P\{T_2 > t\} = \int_0^\infty P\{T_2 > t \mid T_1 = s\} f_{T_1}(s)\, ds.$$

Mais:

$$\begin{aligned} P\{T_2 > t \mid T_1 = s\} &= P\{\text{aucun événement dans } (s, s+t] \mid T_1 = s\} \\ &= P\{\text{aucun événement dans } (s, s+t]\} \\ &= P\{N(t+s) - N(s) = 0\} = e^{-\lambda t} \end{aligned}$$

où on a pu éliminer le conditionnement par suite de l'indépendance des accroissements. Il en résulte:

$$P\{T_2 > t\} = \int_0^\infty e^{-\lambda t} f_{T_1}(s)\, ds = e^{-\lambda t} \int_0^\infty f_{T_1}(s)\, ds = e^{-\lambda t}.$$

T_2 a donc une loi exponentielle de paramètre λ et est indépendante de T_1 (puisque $P\{T_2 > t \mid T_1 = s\}$ prend des valeurs indépendantes de s). De proche en proche, on établit le résultat suivant.

Théorème 8.2.2. *Les durées d'attente T_n, $n \geq 1$, sont des variables aléatoires indépendantes et distribuées identiquement suivant une loi exponentielle de paramètre λ.*

Remarque: Le résultat du théorème 8.2.2 n'est pas vraiment surprenant. En effet, puisque le processus a des accroissements indépendants et stationnaires, cela revient à dire qu'il se répète (au sens probabiliste) quel que soit l'instant t: le processus est indépendant de ce qui s'est passé auparavant et a la même distribution que le processus initial. En d'autres termes, le processus n'a pas de *mémoire*; ce qui fait le lien avec des durées d'attente exponentielles.

Nous nous tournons maintenant vers la variable aléatoire S_n qui représente l'instant auquel se produit le n-ième événement. Nous avons:

$$S_n = \sum_{i=1}^{n} T_n$$

et, d'après les théorèmes 8.1.2 et 8.2.2, S_n a une loi gamma de paramètres n et λ.

Exemple 8.2.1. A partir du mois d'avril, les chalutiers des pays européens arrivent dans les grands bancs de poissons de Terre-Neuve suivant un processus de Poisson (bien sûr!) de paramètre $\lambda = 1$ par jour. Trouver l'espérance du temps écoulé jusqu'à ce que le dixième chalutier arrive. Trouver la probabilité que la durée d'attente de la onzième arrivée dépasse deux jours.

Réponse: L'instant d'arrivée du dixième chalutier est S_{10} qui est la somme de dix variables aléatoires exponentielles indépendantes de même loi de moyenne $1/\lambda = 1$; d'où $E(S_{10}) = 10/\lambda = 10$ jours. De plus, la durée d'attente de la onzième arrivée T_{11} est une variable aléatoire exponentielle de paramètre $\lambda = 1$; par conséquent: $P\{T_{11} > 2\} = e^{-2} = 0{,}133$. □

La loi *binômiale* intervient également dans le contexte des processus de Poisson. Supposons que $N(t) = n$, on cherche la probabilité que k de ces n événements ($k \leq n$) aient eu lieu dans l'intervalle $(0, s]$ où $s < t$. On a le résultat suivant:

Théorème 8.2.3. *Soit* $N(t)$ *un processus de Poisson de taux* $\lambda > 0$. *Alors:*

$$P\{N(s) = k \mid N(t) = n\} = \binom{n}{k}\left(\frac{s}{t}\right)^k \left(1 - \frac{s}{t}\right)^{n-k}$$

pour $0 < s < t$ *et* $0 \leq k \leq n$.

Démonstration. Par définition des probabilités conditionnelles:

$$P\{N(s) = k \mid N(t) = n\} = \frac{P\{N(s) = k, N(t) = n\}}{P\{N(t) = n\}}.$$

En remarquant que:

$$P\{N(s) = k, N(t) = n\} = P\{N(s) = k, N(t) - N(s) = n - k\}$$
$$= P\{N(s) = k\}P\{N(t) - N(s) = n - k\}$$

de par l'indépendance des accroissements du processus, on a donc:

$$P\{N(s) = k \mid N(t) = n\}$$
$$= \frac{[e^{-\lambda s}(\lambda s)^k/k!][e^{-\lambda(t-s)}(\lambda(t-s))^{n-k}/(n-k)!]}{e^{-\lambda t}(\lambda t)^n/n!}$$
$$= \frac{n!}{k!\,(n-k)!} \cdot \frac{s^k(t-s)^{n-k}}{t^n},$$

ce qui établit le résultat désiré. ∎

On remarquera que le résultat du théorème 8.2.3 est indépendant du taux λ du processus. Cela donne lieu à des résultats qui ne sont pas toujours conformes à l'intuition.

Exemple 8.2.2. Supposons qu'après douze jours, on ait enregistré 10 chalutiers arrivés dans les grands bancs au large de Terre-Neuve (voir exemple 8.2.1). Quelle est la probabilité, sachant donc que $N(12) = 10$, que 5 chalutiers aient été enregistrés au bout de 6 jours?

Réponse: On cherche $P\{N(6) = 5 \mid N(12) = 10\}$; d'après le théorème 8.2.3, on a:

$$P\{N(6) = 5 \mid N(12) = 10\} = \binom{10}{5}\left(\frac{6}{12}\right)^5\left(1 - \frac{6}{12}\right)^5 = \frac{252}{1\,024} = 0{,}246.$$

On aurait pu s'attendre intuitivement à obtenir ici une probabilité plus grande que 0,246. □

8.2.4 Loi uniforme et processus de Poisson

Le résultat principal de cette section, le théorème 8.2.4, donne un outil important pour déterminer certaines fonctions associées à un processus de Poisson. Il nous apprend que, connaissant le nombre total d'événements dans un intervalle, les positions des instants d'arrivée de ces événements dans l'intervalle sont, d'une certaine façon, uniformément distribuées.

On peut commencer par vérifier ce résultat lorsque nous apprenons qu'il y a eu exactement un événement dans l'intervalle $(0, t]$ et que nous cherchons la loi de l'instant d'arrivée. Intuitivement, puisque le processus de Poisson a des accroissements indépendants et stationnaires, si l'on divise $(0, t]$ en sous-intervalles de longueurs égales on s'attend à ce que chaque intervalle ait la même probabilité de contenir l'événement. En d'autres termes, l'instant d'arrivée $S_1 = T_1$ de l'événement devait être uniforme sur $(0, t]$. Formellement, nous avons pour $s \leq t$:

$$
\begin{aligned}
P\{T_1 < s \mid N(t) = 1\} &= \frac{P\{T_1 < s, N(t) = 1\}}{P\{N(t) = 1\}} \\
&= \frac{P\{\text{un événement dans } (0, s),\ \text{zéro événement dans } [s, t]\}}{P\{N(t) = 1\}} \\
&= \frac{P\{\text{un événement dans } (0, s)\}\, P\{\text{zéro événement dans } [s, t]\}}{P\{N(t) = 1\}} \\
&= \frac{\lambda s e^{-\lambda s} e^{-\lambda(t-s)}}{\lambda t e^{-\lambda t}} = \frac{s}{t}
\end{aligned}
$$

où nous avons utilisé pour la troisième égalité l'indépendance des accroissements du processus pour des intervalles disjoints. La loi de l'instant d'arrivée de l'événement, conditionnée par l'existence d'un seul événement dans $(0, t]$, est donc bien uniforme sur l'intervalle $(0, t)$.

Afin de généraliser ce résultat au cas de plusieurs événements dans l'intervalle $(0, t]$, nous introduisons le concept de *statistiques d'ordre* (voir Karlin *et al.* (1981)). Soient $X_1, X_2, \ldots, X_n$ n variables aléatoires indépendantes et de même loi. On définit les variables aléatoires $X_1^*, X_2^*, \ldots, X_n^*$ par

$$X_i^* = \text{la } i\text{-ième plus petite valeur de } X_1, X_2, \ldots, X_n.$$

En particulier:

$$X_1^* = \min\{X_1, X_2, \ldots, X_n\} \quad \text{et} \quad X_n^* = \max\{X_1, X_2, \ldots, X_n\}.$$

On voit clairement que:

$$X_1^* \leq X_2^* \leq \cdots \leq X_n^*,$$

ce qui montre, en particulier, que les v.a. X_i^* ne sont pas indépendantes. X_i^* est appelée la i-ième statistique d'ordre de l'échantillon $(X_1, X_2, \ldots, X_n)$ et $(X_1^*, X_2^*, \ldots, X_n^*)$ est appelé l'ensemble des statistiques d'ordre de taille n associé à l'échantillon $(X_1, X_2, \ldots, X_n)$.

Pour les besoins de cette section, nous allons déterminer la densité de probabilité croisée $f^*(x_1, x_2, \ldots, x_n)$ de la distribution des statistiques d'ordre de taille n associées à un échantillon de n variables aléatoires indépendantes et de loi uniforme sur $(0, t)$. La figure 8.2.2 illustre, dans ce cas, le genre de relation qui existe entre les X_i et les X_i^*.

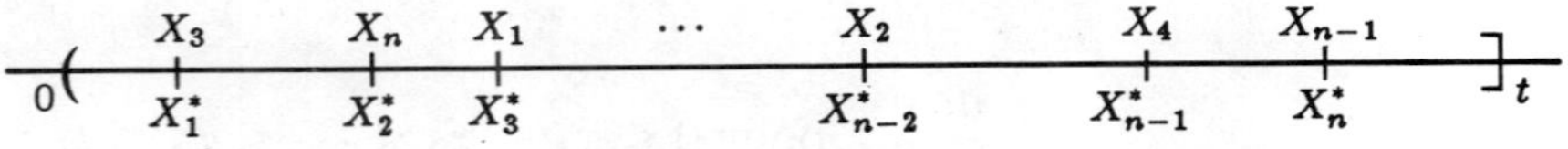

FIGURE 8.2.2: STATISTIQUES D'ORDRE

Soient $0 < x_1 < x_2 < \cdots < x_n < t$, et des accroissements $h_1, \ldots, h_n$ assez petits pour que les intervalles $(x_1, x_1 + h_1)$, $(x_2, x_2 + h_2), \ldots, (x_n, x_n + h_n)$ ne se recoupent pas; on a:

$$P\{x_i < X_i^* \leq x_i + h_i, i = 1, 2, \ldots, n\}$$
$$= \int_{x_n}^{x_n+h_n} \cdots \int_{x_1}^{x_1+h_1} f^*(t_1, \ldots, t_n)\, dt_1 \cdots dt_n.$$

Mais:

$$P\{x_i < X_i^* \leq x_i + h_i,\ i = 1, 2, \ldots, n\}$$
$$= \sum_{\substack{\text{toutes les permutations} \\ \sigma \text{ de } (1,2,\ldots n)}} P\{x_i < X_{i_\sigma} \leq x_i + h_i,\ i = 1, 2, \ldots, n\}$$
$$= \sum_{\sigma} \prod_{i=1}^{n} P\{x_i < X_i \leq x_i + h_i\}$$

$$= \sum_{\sigma} \prod_{i=1}^{n} \frac{h_i}{t} = \frac{n!}{t^n} h_1 h_2 \dots h_n$$

où l'on obtient la deuxième égalité par suite de l'indépendance des X_i, et la dernière puisqu'il y a $n!$ permutations des indices $1, 2, \dots, n$. Il en résulte donc que:

$$\int_{x_n}^{x_n+h_n} \cdots \int_{x_1}^{x_1+h_1} f^*(t_1, \dots, t_n) \, dt_1 \dots dt_n = \frac{n!}{t^n} h_1 h_2 \dots h_n.$$

D'après la formule de la moyenne, lorsque les h_i sont suffisamment petits, l'intégrale multiple ci-dessus est égale à $h_1 h_2 \dots h_n \, f^*(x_1, \dots, x_n)$. Il s'ensuit que la densité de probabilité croisée des statistiques d'ordre de n variables aléatoires indépendantes de même loi uniforme sur $(0, t)$ est:

$$f^*(x_1, x_2, \dots, x_n) = \begin{cases} \dfrac{n!}{t^n} & \text{pour } 0 \leq x_1 \leq x_2 \leq \dots \leq x_n \leq t, \\ 0 & \text{autrement.} \end{cases} \tag{8.2.8}$$

Nous pouvons énoncer maintenant le résultat principal de cette section.

Théorème 8.2.4. *Soit $N(t)$ un processus de Poisson. Étant donné que le nombre d'événements enregistrés dans l'intervalle $(0, t]$ est égal à n ($N(t) = n$), les n instants d'arrivée de ces événements, soient $S_1, S_2, \dots, S_n$, ont la même distribution que les statistiques d'ordre d'un échantillon de n observations indépendantes tirées de la loi uniforme sur $(0, t)$.*

Démonstration. Soient $0 < t_1 < t_2 < \dots < t_n < t_{n+1} \equiv t$, et des accroissements $h_1, h_2, \dots, h_n$ suffisamment petits pour que $t_i + h_i < t_{i+1}$, $i = 1, 2, \dots, n$. Nous avons, en utilisant les abréviations "1 E ds" et "0 E ds" pour signifier respectivement "un événement dans" et "aucun événement dans":

$$P\{t_i < S_i \leq t_i + h_i,\ i = 1, \ldots, n \mid N(t) = n\}$$

$$= \frac{P\{1 \text{ E ds } (t_i, t_i + h_i],\ i = 1, \ldots, n, \text{ et } 0 \text{ E ds le reste de } (0, t]\}}{P\{N(t) = n\}}$$

$$= \frac{P\{0 \text{ E ds le reste de } (0, t]\} \prod_{i=1}^{n} P\{1 \text{ E ds } (t_i, t_i + h_i]\}}{P\{N(t) = n\}}$$

où la deuxième égalité est obtenue en tenant compte de l'indépendance des accroissements du processus dans des intervalles disjoints. Maintenant, remarquant que le "reste" de $(0, t]$ a pour longueur $t - h_1 - h_2 - \cdots - h_n$, il vient:

$$P\{t_i < S_i \leq t_i + h_i, i = 1, \ldots, n \mid N(t) = n\}$$

$$= \frac{e^{-\lambda(t - h_1 - \cdots - h_n)}\, \lambda h_1 e^{-\lambda h_1} \ldots \lambda h_n e^{-\lambda h_n}}{e^{-\lambda t} \frac{(\lambda t)^n}{n!}}$$

$$= \frac{n!}{t^n} h_1 h_2 \ldots h_n.$$

Soit $f_{S_1, \ldots, S_n}(s_1, \ldots, s_n \mid N(t) = n)$ la densité conditionnelle de la loi croisée des v.a. $S_1, \ldots S_n$, on a par définition:

$$P\{t_i < S_i \leq t_i + h_i,\ i = 1, \ldots n \mid N(t) = n\}$$

$$= \int_{t_n}^{t_n + h_n} \cdots \int_{t_1}^{t_1 + h_1} f_{S_1, \ldots S_n}(s_1, \ldots, s_n \mid N(t) = n)\, ds_1 \ldots ds_n$$

$$= h_1 h_2 \ldots h_n\, f_{S_1, \ldots, S_n}(z_1 \ldots z_n \mid N(t) = n)$$

où, d'après la formule de la moyenne, $t_i \leq z_i \leq t_i + h_i$, $i = 1, \ldots n$.

En écrivant que les deux expressions de $P\{t_i < S_i \leq t_i + h_i,\ i = 1, \ldots, n \mid N(t) = n\}$ obtenues ci-dessus sont égales, il vient:

$$f_{S_1, \ldots, S_n}(z_1, \ldots, z_n \mid N(t) = n) = \frac{n!}{t^n}.$$

Puisque h_i est une valeur arbitraire, faisons tendre h_i vers zéro pour $i = 1, \ldots, n$. Alors $z_i \to t_i$ pour chaque $i = 1, \ldots, n$, et l'équation ci-dessus devient:

$$f_{S_1,\ldots,S_n}(t_1, \ldots, t_n \mid N(t) = n) = \frac{n!}{t^n}.$$

Par conséquent, la densité conditionnelle (étant donné $N(t) = n$) de la loi croisée des v.a. $S_1, \ldots, S_n$ est égale à $n!/t^n$, qui d'après (8.2.8) est également la densité croisée des statistiques d'ordre d'un échantillon de n observations indépendantes tirées de la loi uniforme sur $(0, t)$. ■

On paraphrase souvent le résultat du théorème 8.2.4 en disant que, étant donné qu'il y a eu n événements dans la période $(0, t]$, les instants $S_1, S_2, \ldots, S_n$ auxquels ces événements se sont produits (considérés comme des v.a. non ordonnées) sont des v.a. indépendantes et de même loi uniforme sur $(0, t)$.

On peut utiliser le théorème 8.2.4 pour tester l'hypothèse qu'un processus d'arrivée donné est un processus de Poisson. Pour cela, il suffit d'observer ce processus pendant une période de temps de durée fixe T. Si l'on enregistre n arrivées il faut, pour que le processus soit poissonnien, que les instants d'arrivée constituent un échantillon de n observations indépendantes tirées d'une loi uniforme sur $(0, T)$. On peut tester cette hypothèse, en particulier à l'aide du test de Kolmogorov-Smirnoff.

On peut également tester cette hypothèse en utilisant le fait que, d'après le théorème limite central, pour n suffisamment grand, la somme

$$S = \sum_{i=1}^{n} S_i$$

de n variables aléatoires indépendantes uniformes sur $(0, T)$ peut être considérée comme suivant une loi normale de moyenne $E(S) = nE(S_1) = nT/2$ et de variance $\text{Var}(S) = n\text{Var}(S_1) = nT^2/12$ (voir exemple 1.6.7 du chapitre 1). Par conséquent, si on observe une suite d'événements pendant $T = 10$ minutes, et que l'on enregistre $n = 12$ événements, alors la somme S des instants auxquels ces 12 événements ont lieu suit (approximativement) une loi normale de moyenne 60 et d'écart-type 10. Par conséquent si S se trouve à l'intérieur de l'intervalle de confiance à 95%, soit:

$$60 - 1{,}96 \times 10 \leq S \leq 60 + 1{,}96 \times 10, \tag{8.2.9}$$

on peut accepter l'hypothèse que les événements observés sont de nature poissonnienne. On trouvera une discussion complète des propriétés de ce test dans Chapman (1958, page 667).

Avant de donner une application particulièrement importante du théorème 8.2.4, considérons l'exemple amusant suivant.

Exemple 8.2.3. Pendant la période des fêtes de fin d'année, les clientes arrivent au grand magasin londonien HARROLD'S selon un processus de Poisson de taux λ (ce qui est normal puisque le pays dont Londres est la capitale est totalement entouré d'eau). Ce magasin, comme tous les grands magasins de l'endroit, a un portier plutôt excentrique: en ouvrant les portes chaque matin, il allume un cigare infiniment long, et à chaque arrivée d'une cliente il met de côté les cendres produites depuis l'arrivée précédente. On suppose que le cigare brûle à vitesse constante et que les cendres ne tombent jamais par terre. Le portier parie avec le représentant de l'Armée du Salut (qui est toujours devant la porte à cette époque de l'année) qu'après que N clientes soient arrivées, l'une des cendres mises de côté sera au moins aussi longue que la somme des $N-1$ autres. Quelle est la probabilité que notre portier gagne cet étrange pari?

Réponse: la réponse est plus facile que l'énoncé du problème! Si N clientes sont arrivées dans $(0, t)$, leurs instants d'arrivées forment un échantillon de n observations indépendantes d'une loi uniforme sur $(0, t)$. On cherche donc la probabilité qu'un des N intervalles déterminés par $N-1$ points jetés uniformément sur le segment $(0, t)$ soit au moins égal à la moitié de ce segment. Ce qui revient à chercher la probabilité que N points placés indépendamment et uniformément sur un cercle se retrouvent sur le même demi-cercle. On peut montrer sans difficulté (bien que le calcul soit plutôt technique) que cette probabilité est égale à $N/2^{N-1}$ (voir, dans le problème 24, une autre façon d'arriver à ce résultat). Remarquons, comme on s'y attend, que pour $N = 2$ la probabilité est égale à 1. Les valeurs numériques des probabilités de gagner pour certaines valeurs de N sont les suivantes: 0,75 ($N = 3$), 0,50 ($N = 4$), 0,31 ($N = 5$), 0,02 ($N = 10$). On voit que le portier n'a pas intérêt à proposer le pari pour un nombre N de clientes supérieur à 4. □

Nous allons utiliser le théorème 8.2.4 pour échantillonner un processus de Poisson. Considérons un processus de Poisson $N(t)$ pour lequel chaque événement correspond à une arrivée d'un individu qui appartient à l'un de k groupes possibles; on dit qu'on a un événement de type i si l'individu appartient au groupe numéro i, $1 \leq i \leq k$. Par exemple, si $N(t)$ est le processus des arrivées dans une banque, on peut avoir un événement de type 1 (resp. 2) correspondant à l'arrivée d'une femme (resp. homme). Supposons que si un événement se produit à l'instant s, la probabilité que cet événement soit de type i est $P_i(s)$, $1 \leq i \leq k$, et cette probabilité est indépendante de tout ce qui s'est passé jusqu'à ce moment. De plus, nous avons nécessairement $\sum_{i=1}^{k} P_i(s) = 1$. Soit $N_i(t)$ le processus d'arrivée des événements de type i, $1 \leq i \leq k$.

Théorème 8.2.5. *Les processus d'arrivée $N_i(t)$ des événements de type i d'un processus de Poisson de taux λ, $1 \leq i \leq k$, sont des processus de Poisson indépendants tels que*

$$E(N_i(t)) = \lambda \int_0^t P_i(s)\, ds.$$

Démonstration. Calculons $P\{N_i(t) = n_i, 1 \leq i \leq k\}$ en conditionnant sur le nombre total d'événements du processus $N(t)$, soit $n = \sum_{i=1}^{k} n_i$:

$$\begin{aligned} &P\{N_i(t) = n_i, 1 \leq i \leq k\} \\ &\qquad = P\{N_i(t) = n_i,\ 1 \leq i \leq k \mid N(t) = n\}\, P\{N(t) = n\}. \end{aligned}$$

Considérons maintenant un événement quelconque dans l'intervalle $(0, t]$; soit P_i la probabilité que cet événement soit de type i. En conditionnant sur l'instant s auquel l'événement a eu lieu, et en tenant compte du théorème 8.2.4 qui indique que l'instant s est uniformément distribué sur $(0, t)$, on a:

$$P_i = P\{\text{type } i\} = \int_0^t P\{\text{type } i \mid s\}\, \frac{ds}{t} = \frac{1}{t} \int_0^t P_i(s)\, ds,$$

et la probabilité du type de chaque événement est indépendante de celle du type des autres événements. Dans ces conditions, la probabilité $P\{N_i(t) = n_i,\ 1 \leq i \leq k \mid N(t) = n\}$ n'est autre que la probabilité multinomiale que lors de n répétitions indépendantes d'une expérience (chaque événement pouvant avoir k résultats possibles, on obtienne n_1 fois le résultat numéro 1 (événement de type 1), ..., et n_k fois le résultat numéro k (évènement de type k). D'après la formule (1.4.13):

$$P\{N_i(t) = n_i,\ 1 \leq i \leq k \mid N(t) = n\} = \frac{n!}{n_1! \ldots n_k!} P_1^{n_1} \ldots P_k^{n_k}.$$

Par conséquent:

$$P\{N_i(t) = n_i,\ 1 \leq i \leq k\} = \frac{n!}{n_1! \ldots n_k!} P_1^{n_1} \ldots P_k^{n_k} e^{-\lambda t} \frac{(\lambda t)^n}{n!}.$$

Mais, étant donné que $n = n_1 + \cdots + n_k$, et $P_1 + \cdots + P_k = 1$ on a:

$$P\{N_i(t) = n_i,\ 1 \leq i \leq k\} = \prod_{i=1}^{k} e^{-\lambda t P_i} \frac{(\lambda t P_i)^{n_i}}{n_i!}. \tag{8.2.10}$$

On vérifie que chaque processus d'arrivée $N_i(t)$, $1 \leq i \leq k$ est un processus de Poisson en sommant (8.2.10) pour $n_1, \ldots, n_{i-1}, n_{i+1}, \ldots, n_k$ variant de zéro à l'infini. Puisque $\sum_{n_j=0}^{\infty} (\lambda t P_j)^{n_j}/n_j! = e^{\lambda t P_j}$, on obtient:

$$P\{N_i(t) = n_i\} = e^{-\lambda t P_i} \frac{(\lambda t P_i)^{n_i}}{n_i!}, \tag{8.2.11}$$

ce qui confirme que les $N_i(t)$, $1 \leq i \leq k$, sont bien des processus de Poisson. De plus, la relation (8.2.10) montre que ces processus sont indépendants. Finalement, d'après (8.2.11):

$$E(N_i(t)) = \lambda t P_i = \lambda t \frac{1}{t} \int_0^t P_i(s)\, ds = \lambda \int_0^t P_i(s)\, ds. \blacksquare$$

Exemple 8.2.4. Les clients arrivent à une banque selon un processus de Poisson de taux $\lambda = 10$ par heure. Chaque client peut être un homme ou une femme avec probabilités égales. Supposons que cent hommes soient arrivés pendant les cinq premières heures d'ouverture.

Quelle est l'espérance du nombre de femmes qui sont arrivées pendant cette même période?

Réponse: on pourrait raisonner en disant que, étant donné que chaque arrivée est un homme ou une femme avec probabilités égales, puisqu'on a enregistré cent hommes on s'attend à avoir eu cent femmes. Le théorème 8.2.5 nous montre clairement que ce raisonnement est incorrect. Si l'on considère l'arrivée d'une femme comme un événement de type 1, et celle d'un homme comme un événement de type 2, les deux processus d'arrivée sont des processus de Poisson indépendants et:

$$E(N_1(t)) = \lambda \int_0^t P_1(s)\,ds = 10 \int_0^t \frac{1}{2}\,ds = 5t.$$

Dans notre exemple $t = 5$, et donc $E(N_1(t)) = 25$. L'espérance du nombre de femmes arrivées pendant les cinq premières heures est donc 25 indépendamment du nombre d'hommes arrivés. □

Exemple 8.2.5. *File d'attente avec un nombre infini de serveurs* Supposons que des clients arrivent dans un certain établissement selon un processus de Poisson $N(t)$ de taux λ. Dès qu'il arrive, le client est servi par l'un des serveurs qui sont en nombre infini. Les durées de service constituent des variables aléatoires indépendantes de même loi définie par la fonction de répartition G. Ce système de file d'attente est connu, comme on le verra au chapitre 10, sous le nom de $M/G/\infty$. Soit $N_1(t)$ le nombre de clients qui sont sortis du système avant l'instant t, et $N_2(t)$ le nombre de clients encore dans le système à l'instant t (on remarque que $N_1(t) + N_2(t) = N(t)$. Trouver les lois de $N_1(t)$ et $N_2(t)$.

Réponse: on définit un client de type 1 comme celui qui, arrivé dans $(0, t)$, est sorti du système avant l'instant t; et un client de type 2 comme celui qui, arrivé dans $(0, t)$, est encore en train d'être servi à l'instant t. Si un client est arrivé à l'instant s, $s \leq t$, il sera de type 1 si et seulement si la durée de son service est inférieure à $t - s$, ce qui se produit avec probabilité $G(t - s)$. De même, un client arrivé à l'instant s sera de type 2 avec probabilité $1 - G(t - s)$. Nous avons donc, avec les notations du théorème 8.2.5:

$$P_1(s) = G(t - s) \quad \text{et} \quad P_2(s) = 1 - G(t - s), \qquad s \leq t.$$

Il résulte du théorème 8.2.5 que les processus $N_1(t)$ et $N_2(t)$ sont des processus de Poisson indépendants tels que:

$$E(N_1(t)) = \lambda \int_0^t G(t-s)\,ds = \lambda \int_0^t G(y)\,dy,$$

et:

$$E(N_2(t)) = \lambda \int_0^t (1 - G(t-s))\,ds = \lambda \int_0^t (1 - G(y))\,dy$$

où, dans les deux cas, on a obtenu la dernière intégrale en faisant le changement de variable $t - s = y$. □

On trouvera dans Ross (1985) un certain nombre d'autres applications du théorème 8.2.5 ainsi que de nombreuses autres propriétés intéressantes des processus de Poisson.

8.3 GÉNÉRALISATIONS DU PROCESSUS DE POISSON

Dans cette section, nous allons généraliser le processus de Poisson pour tenir compte de deux limitations importantes. D'abord, nous avons vu que l'hypothèse d'accroissements stationnaires excluait les périodes de pointe. Or, ce phénomène est relativement fréquent. Pour en tenir compte, nous allons étudier les *processus de Poisson non homogènes*, où le taux d'arrivée λ sera une fonction du temps. Ensuite, nous introduirons la possibilité d'associer une variable aléatoire à chaque événement (par exemple un revenu ou un coût). La somme des variables aléatoires associées avec les arrivées jusqu'à l'instant t constitue un *processus de Poisson composé*.

8.3.1 Le processus de Poisson non homogène

Dans la définition 8.2.5 du processus de Poisson, nous allons éliminer la contrainte d'accroissements stationnaires, et permettre au taux λ du processus de dépendre de l'instant t auquel on l'observe. Nous obtenons la définition suivante.

Définition 8.3.1. *On dit que le processus d'arrivée* $\{N(t),\, t \geq 0\}$ *est un processus de Poisson non homogène d'intensité* $\lambda(t)$, $t \geq 0$, *si:*

(i) $N(0) = 0$;
(ii) *le processus a des accroissements indépendants;*
(iii) $P\{N(t+h) - N(t) = 1\} = \lambda(t)h + o(h)$; *et*
(iv) $P\{N(t+h) - N(t) \geq 2\} = o(h)$.

On remarquera, par comparaison avec les conditions *(iii)* et *(iv)* de la définition 8.2.5, que l'abandon de la stationnarité des accroissements fait que l'on doit utiliser $N(t+h)-N(t)$ plutôt que $N(h)$ pour exprimer le nombre d'événements dans $(t, t+h]$. En effet, ce nombre dépend de l'instant t.

Le théorème suivant permet de trouver, pour un processus de Poisson non homogène, l'équivalent de la définition 8.2.3.

Théorème 8.3.1. *Soit* $\{N(t),\, t \geq 0\}$ *un processus de Poisson non homogène d'intensité* $\lambda(t)$. *On a, quels que soient* $s, t \geq 0$*:*

$$P\{N(t+s)-N(t) = n\} = e^{-[m(t+s)-m(t)]}\,\frac{[m(t+s) - m(t)]^n}{n!}, \quad n \geq 0$$

où la fonction $m(t) = \int_0^t \lambda(s)\,ds$ *est appelée la valeur moyenne du processus.*

Le théorème 8.3.1 indique que $N(t+s) - N(t)$ suit une loi de Poisson de paramètre $m(t+s) - m(t)$. Par conséquent, $N(t)$ est une v.a. de Poisson de paramètre (moyenne) $m(t)$; d'où le nom de *valeur moyenne* du processus pour la fonction $m(t)$. En particulier, $m(t) = \lambda t$ si $\lambda(t) \equiv \lambda$ est constant.

Démonstration. Nous allons suivre une démarche analogue à celle utilisée dans la démonstration de l'équivalence des définitions 8.2.3 et 8.2.5. Pour t fixé, posons:

$$P_n(s) = P\{N(t+s) - N(t) = n\},$$

où $s > 0$ et $n \geq 0$. Par suite de la condition *(ii)* de la définition 8.3.1, on a pour $h > 0$:

$$\begin{aligned}
&P_0(s+h)\\
&\quad = P\{N(t+s+h) - N(t) = 0\}\\
&\quad = P\{N(t+s+h) - N(t+s) = 0, N(t+s) - N(t) = 0\}\\
&\quad = P\{N(t+s+h) - N(t+s) = 0\}\, P\{N(t+s) - N(t) = 0\}\\
&\quad = P_0(s)[1 - \lambda(t+s)h + o(h)],
\end{aligned}$$

d'où:

$$\frac{P_0(s+h) - P_0(s)}{h} = -\lambda(t+s)P_0(s) + P_0(s)\,\frac{o(h)}{h}.$$

Si maintenant h tend vers zéro, le membre de gauche de l'équation ci-dessus tend vers la dérivée $P_0'(s)$, et $o(h)/h \to 0$. Par conséquent:

$$P_0'(s) = -\lambda(t+s)P_0(s).$$

Cette équation différentielle s'écrit:

$$d\,\mathrm{Log}P_0(s) = -\lambda(t+s)\,ds$$

ou encore:

$$\mathrm{Log}P_0(s) = -\int_0^s \lambda(t+u)\,du = -\int_t^{t+s} \lambda(y)\,dy.$$

Il en résulte:

$$P_0(s) = e^{-\int_t^{t+s} \lambda(y)\,dy} = e^{-[m(t+s)-m(t)]}.$$

Pour $n > 0$, nous avons:

$$\begin{aligned}
P_n(s+h) &= P\{N(t+s+h) - N(t) = n\}\\
&= P\{N(t+s+h) - N(t+s) = 0,\, N(t+s) - N(t) = n\}\\
&\quad + P\{N(t+s+h) - N(t+s) = 1, N(t+s) - N(t) = n-1\}\\
&\quad + \sum_{k=2}^{n} P\{N(t+s+h) - N(t+s) = k, N(t+s) - N(t) = n-k\}.
\end{aligned}$$

En tenant compte des conditions *(ii)*, *(iii)* et *(iv)* de la définition 8.3.1, on obtient:

$$\begin{aligned}
P_n(s+h) = P_n(s)[1 - \lambda(t+s) + o(h)] + P_{n-1}(s)[\lambda(t+s)h + o(h)]\\
+ \sum_{k=2}^{n} P_{n-k}(s)o(h)
\end{aligned}$$

soit:

$$\frac{P_n(s+h) - P_n(s)}{h} = -\lambda(t+s)P_n(s) + \lambda(t+s)P_{n-1}(s) + \frac{o(h)}{h}\sum_{k=0}^{n} P_{n-k}(s).$$

Si maintenant $h \to 0$, il vient:

$$P_n'(s) = -\lambda(t+s)P_n(s) + \lambda(t+s)P_{n-1}(s).$$

Nous laissons au lecteur le soin de vérifier que:

$$P_n(s) = e^{-[m(t+s)-m(t)]}\,\frac{[m(t+s) - m(t)]^n}{n!}$$

est bien la solution de l'équation différentielle ci-dessus qui vérifie la condition initiale $P_n(0) = 0$. ■

L'exemple suivant illustre l'importance des processus de Poisson non homogènes pour modéliser les processus d'arrivée dont l'intensité varie avec le temps.

Exemple 8.3.1. Le bureau de poste de la rue Rideau est ouvert à partir de 8 heures. Entre 8 heures et midi, les clients arrivent à un taux moyen horaire qui semble augmenter régulièrement de 5 clients par heure à 8 heures jusqu'à 25 clients par heure à midi. Pendant la période de pointe de midi à 14 heures, le taux (moyen) des arrivées reste constant à 25 clients par heure. Puis, le taux (moyen) des arrivées décroît régulièrement de 14 à 17 heures, passant de 25 à 13 clients par heure. Entre 17 et 18 heures (heure de fermeture), le taux des arrivées reste constant à 13 clients par heure. En supposant que les nombres d'arrivées pendant des périodes de temps disjointes sont des variables aléatoires indépendantes, comment peut-on modéliser le processus des arrivées au bureau de poste? Quelle est la probabilité qu'aucun client n'arrive entre 8 et 9 heures vendredi matin? Quel est le nombre moyen d'arrivées entre 10 heures et midi le jeudi matin?

Réponse: on peut modéliser ce processus d'arrivée sous la forme d'un processus de Poisson non homogène d'intensité $\lambda(t)$ donnée par:

$$\lambda(t) = \begin{cases} 5 + 5t & 0 \leq t \leq 4, \\ 25 & 4 \leq t \leq 6, \\ 25 - 4(t-6) & 6 \leq t \leq 9, \\ 13 & 9 \leq t \leq 10, \end{cases}$$

et:

$$\lambda(t) = \lambda(t - 10), \qquad \text{pour } t > 10,$$

si l'on considère le temps t correspondant aux heures d'ouverture du bureau de poste.

Dans ces conditions, le nombre d'arrivées entre 8 et 9 heures le vendredi matin (ou tout autre matin) est, d'après le théorème 8.3.1, une variable aléatoire de Poisson de moyenne $m(1) - m(0)$. La probabilité de n'avoir aucune arrivée entre 8 et 9 heures est donc:

$$e^{-[m(1)-m(0)]} = e^{-\int_0^1 (5+5s)\, ds} = e^{-7,5} = 0{,}000\,553.$$

De même, le nombre d'arrivées entre 10 heures et midi est une variable aléatoire de Poisson de moyenne $m(4) - m(2)$:

$$m(4) - m(2) = \int_2^4 (5 + 5s)\, ds = 40;$$

on a donc 40 arrivées en moyenne entre 10 heures et midi. □

8.3.2 Le processus de Poisson composé

Définition 8.3.2. *On dit qu'un processus stochastique* $\{X(t), t \geq 0\}$, *tel que*

$$X(t) = \sum_{i=1}^{N(t)} Y_i, \qquad t \geq 0, \tag{8.3.1}$$

est un processus de Poisson composé, si $\{N(t), t \geq 0\}$ *est un processus de Poisson de taux* λ *et* $\{Y_n, n \geq 0\}$ *une suite de variable aléatoires indépendantes et de même loi qui est aussi indépendante de* $\{N(t), t \geq 0\}$.

En utilisant les résultats du chapitre 2, on peut facilement calculer l'espérance et la variance de $X(t)$. D'abord, d'après la relation (2.2.4) de la proposition 2.2.1, on a:

$$E(X(t)) = E(N(t))E(Y_1) = \lambda t E(Y_1), \tag{8.3.2}$$

ce qui exprime que la valeur moyenne de $X(t)$ est égale au nombre moyen d'arrivées, soit λt, fois la valeur moyenne de la variable aléatoire associée à chacune des arrivées. Maintenant, d'après la relation (2.2.5) de la proposition 2.2.1, on a:

$$\begin{aligned}\text{Var}(X(t)) &= E(N(t))\text{Var}(Y_1) + (E(Y_1))^2\text{Var}(N(t)) \\ &= \lambda t\,[\text{Var}(Y_1) + (E(Y_1))^2],\end{aligned}$$

où nous avons utilisé le fait que $E(N(t)) = \text{Var}(N(t)) = \lambda t$ puisque $N(t)$ est un processus de Poisson de taux λ. De plus, puisque $\text{Var}(Y_1)+ (E(Y_1))^2 = E(Y_1^2)$, on a aussi:

$$\text{Var}(X(t)) = \lambda t E(Y_1^2). \tag{8.3.3}$$

Étant donnée la nature du processus composé, nous pouvons reprendre certains des exemples donnés dans la section 2.2 du chapitre 2.

Exemple 8.3.2. *Théorie du risque*

Supposons que les réclamations arrivent à une compagnie d'assurance selon un processus de Poisson $N(t)$ de taux λ. Soit Y_i le montant de la i-ième réclamation. Alors, le processus de Poisson composé $X(t)$ défini par (8.3.1) représente le montant total des réclamations jusqu'à t.

Si l'on a $\lambda = 2$ réclamations par semaine, et si chaque réclamation est pour un montant de 1 000, 2 000, 3 000 ou 4 000 dollars avec probabilités $\frac{1}{6}$, $\frac{1}{3}$, $\frac{1}{3}$ et $\frac{1}{6}$ respectivement, trouver la valeur moyenne et la variance du montant total des réclamations pour une période fixée de cinq semaines.

Réponse: si Y_i représente le montant de la i-ième réclamation, calculons l'espérance et la variance de Y_1:

$$E(Y_1) = 1\,000 \times \frac{1}{6} + 2\,000 \times \frac{1}{3} + 3\,000 \times \frac{1}{3} + 4\,000 \times \frac{1}{6} = 2\,500$$

$$E(Y_1^2) = 1\,000^2 \times \frac{1}{6} + 2\,000^2 \times \frac{1}{3} + 3\,000^2 \times \frac{1}{3} + 4\,000^2 \times \frac{1}{6}$$
$$= 7\,166\,666{,}66.$$

Par conséquent, si $X(5)$ représente le montant total des réclamations pour la période de cinq semaines, on a d'après (8.3.2) et (8.3.3):

$$E(X(5)) = 2 \times 5 \times 2\,500 = 25\,000 \text{ dollars}$$
$$\text{Var}(X(5)) = 2 \times 5 \times 7\,166\,666{,}66 = 71\,666\,666{,}66. \;\square$$

Exemple 8.3.3. *Files d'attente*
Supposons que les clients se présentent à un comptoir donné selon un processus de Poisson $N(t)$ de taux λ. Si Y_i est la durée du service du i-ième client, le processus de Poisson composé $X(t)$ représente la demande totale de temps de service jusqu'au temps t. □

Exemple 8.3.4. *Variations du cours d'une action*
Supposons que les opérations boursières pour un certain titre ont lieu selon un processus de Poisson $N(t)$ de taux λ. Soit Y_i le changement dans le cours du titre entre la i-ième et la $(i-1)$-ième opération. L'hypothèse de fonctionnement du marché selon un chemin aléatoire (qui remonte au début du siècle) postule que les variables $Y_1, Y_2, \ldots,$ sont des v.a. indépendantes. Alors le processus $X(t)$ défini par (8.3.1) représente la variation totale du cours du titre entre 0 et t. □

PROBLÈMES

1. La durée d'une visite chez ce médecin bien connu est une variable aléatoire exponentielle de moyenne 10 minutes.
(a) Quelle est la probabilité qu'une visite dure plus de 10 minutes?
(b) Quelle est la probabilité qu'une visite dure plus de 40 minutes sachant qu'elle a déjà duré plus de 30 minutes?

2. Comme dans l'exemple 8.1.1, considérons une succursale de banque avec deux guichets; un employé travaille à chaque guichet. A l'ouverture de la banque, trois personnes A, B et C entrent simultanément. A et B vont directement à un guichet, et C attend le premier départ pour se rendre à un guichet. Quelle est la probabilité que A soit toujours dans la banque après le départ de B et C lorsque le temps de service à chaque guichet est:
(a) exactement de 5 minutes;
(b) de 2, 3 ou 5 minutes avec probabilité 1/3 dans chaque cas;
(c) exponentiel de moyenne 4 minutes.

3. Reprenons l'exemple 8.1.1, et supposons que la durée de service au i-ième guichet ($i = 1, 2$) soit une variable aléatoire exponentielle de paramètre λ_i. Montrer que la probabilité que vous soyez le dernier des trois clients (qui sont dans la banque en ce moment) à quitter la banque est $2\lambda_1\lambda_2/(\lambda_1 + \lambda_2)^2$.

4. Pierre et Paul arrivent simultanément à un bureau de poste et sont immédiatement servis. Pierre vient chercher un mandat-poste international; la durée de cette opération est une variable aléatoire exponentielle de moyenne 10 minutes. Paul vient déposer un paquet à destination des États-Unis; la durée de cette opération est une variable aléatoire exponentielle de moyenne 5 minutes. Quelle est la probabilité que Pierre sorte du bureau de poste avant Paul?

5. Soient X_1 et X_2 deux variables aléatoires exponentielles indépendantes de paramètres respectifs λ_1 et λ_2, et $m = \min(X_1, X_2)$.
(a) Trouver la loi conditionnelle de m sachant que $m = X_1$.
(b) Donner un raisonnement intuitif pour justifier que la loi conditionnelle de $X_2 - m$, sachant que $m = X_1$, est exponentielle de paramètre λ_2.

6. Soient $\{N_1(t), t \geq 0\}$ et $\{N_2(t), t \geq 0\}$ deux processus de Poisson indépendants de paramètres respectifs λ_1 et λ_2. Soit $N(t) = N_1(t) - N_2(t)$.
(a) $N(t)$ est-il un processus à accroissements indépendants?
(b) $N(t)$ est-il un processus de Poisson?

7. Soient $\{N_1(t), t \geq 0\}$ et $\{N_2(t), t \geq 0\}$ deux processus de Poisson indépendants de paramètres respectifs λ_1 et λ_2. Soit $N(t) = N_1(t) + N_2(t)$. Montrer que $\{N(t), t \geq 0\}$ est un processus de Poisson de paramètre $\lambda_1 + \lambda_2$.

8. Dans le problème 7, trouver
(a) la probabilité que le premier événement du processus $N_1(t)$ ait lieu avant le premier événement du processus $N_2(t)$;
(b) la probabilité qu'on enregistre deux événements dans le processus $N_1(t)$ avant d'en enregistrer un dans le processus $N_2(t)$; et
(c) la probabilité qu'on enregistre n événements dans le processus $N_1(t)$ avant d'en enregistrer m dans le processus $N_2(t)$, où n et m sont des entiers positifs.

9. Les télégrammes arrivent à un bureau de la CNT (Compagnie nationale des télégrammes) selon un processus de Poisson avec un taux moyen de 3 télégrammes par heure.
(a) Quelle est la probabilité qu'aucun télégramme n'arrive entre 8 heures et midi?
(b) Quelle est la loi de l'instant d'arrivée du premier télégramme de l'après-midi?

10. Le nombre d'automobiles qui passent à un endroit particulier de cette route suit un processus de Poisson avec un taux moyen de trois véhicules à la minute. Le savant Cosinus (qui était devenu fou dans un des problèmes du chapitre 1, et qui est toujours très distrait) traverse la route à cet endroit précis sans jamais se soucier du trafic. Quelle est la probabilité qu'il ne soit pas renversé s'il a besoin de x secondes pour traverser la route? On fera l'hypothèse qu'il sera renversé s'il se trouve sur la route lorsqu'une automobile passe à l'endroit considéré. Donner les valeurs numériques de la probabilité obtenue pour $x = 2$, 5, 10 et 20 secondes.

11. Supposons maintenant que, dans le problème 10, le savant Cosinus, malgré son grand âge, soit suffisamment alerte pour être capable d'éviter un véhicule en traversant la route. Mais si au moins deux véhicules passent à l'endroit considéré pendant les x secondes que dure la traversée, il sera renversé. Quelle est la probabilité que, dans ces conditions, il ne soit pas renversé? Donner les valeurs numériques de cette probabilité pour $x = 5$, 10, 20 et 30 secondes.

12. Des clients arrivent dans une salle d'attente selon un processus de Poisson de taux λ. Ils sont servis en groupes de Q clients. Par conséquent, les $Q-1$ premiers clients arrivés attendent l'arrivée du Q-ième client. Ils sont alors servis simultanément, et le processus recommence. Les durées de service sont instantanées. Soit $M(t)$ le nombre de clients dans la salle d'attente à l'instant t. Supposons que $M(0) = 0$, et soit $T = \min\{t \geq 0 : M(t) = Q\}$ l'instant de service du premier groupe. Montrer que:
(a) $E(T) = Q/\lambda$;
(b) $E(\int_0^T M(t)\,dt) = [1 + 2 + \cdots + (Q-1)]/\lambda = Q(Q-1)/2\lambda$.

13. Soient $\{N_1(t),\, t \geq 0\}$ et $\{N_2(t),\, t \geq 0\}$ deux processus de Poisson indépendants de paramètres respectifs λ_1 et λ_2. On suppose que le processus $N_1(t)$ a deux arrivées successives à T et à T' ($T' > T$); par conséquent $N_1(t) = N_1(T)$ pour $T \leq t < T'$ et $N_1(T') = N_1(T) + 1$. On définit la variable aléatoire $N = N_2(T') - N_2(T)$ égale au nombre d'arrivées pour le processus $N_2(t)$ dans l'intervalle $(T, T']$. Trouver:
(a) la loi de la variable aléatoire N, c'est-à-dire calculer $P\{N = m\}$ pour chaque $m = 0, 1, 2\ldots$;
(b) l'espérance de N, soit $E(N)$.

14. Le compteur Geiger sert à mesurer les particules émises par un corps radioactif. Les particules sont émises selon un processus de Poisson avec un taux moyen de 4 particules à la minute. Cependant, chaque particule a une probabilité de 0,75 d'être enregistrée par le compteur dont nous disposons. Soit $N(t)$ le nombre de particules enregistrées dans l'intervalle $(0, t]$. Déterminer $P\{N(t) = 0\}$ et $E(N(t))$.

15. Les visiteurs arrivent à cette exposition selon un processus de Poisson avec un taux moyen de un à la minute. Cinq pour cent des visiteurs viennent du Japon.
(a) Quelle est la probabilité d'avoir au moins un visiteur japonais arrivant le lundi entre 10 et 11 heures?
(b) On vient d'enregistrer dix visiteurs japonais pendant la dernière heure, quelle est l'espérance du nombre total de visiteurs arrivés pendant cette dernière heure?
(c) Si cinquante visiteurs sont arrivés dans une période d'une heure, quelle est la probabilité que cinq d'entre eux soient japonais?

16. Les clients arrivent dans un magasin d'articles de sport selon un processus de Poisson. Supposons que deux clients soient arrivés pendant la première heure.
(a) Quelle est la probabilité qu'ils soient arrivés tous les deux pendant les vingt premières minutes?
(b) Quelle est la probabilité qu'au moins un d'entre eux soit arrivé pendant les vingt premières minutes?

17. Finir la démonstration du théorème 8.3.1.

18. Dans l'exemple 8.3.1, exprimer l'intensité $\lambda(t)$ du processus lorsque t représente les heures de la journée ($0 \leq t \leq 24$ et $\lambda(t) = \lambda(t-24)$ pour $t > 24$) plutôt que les heures d'ouverture. Vérifier qu'avec cette fonction $\lambda(t)$, on obtient bien les mêmes résultats numériques pour les quantités calculées dans l'exemple 8.3.1.

19. Un magasin ouvre le matin à 8 heures. De 8 à 10 heures, les clients arrivent avec un taux poissonnien de 4 à l'heure. De 10 à 12 heures, ils arrivent avec un taux poissonnien de 8 à l'heure. Entre 12 et 14 heures, le taux d'arrivée augmente régulièrement de 8 à l'heure à midi à 10 à l'heure à 14 heures. De 14 à 17 heures, le taux d'arrivée décroît régulièrement de 10 à l'heure à 14 heures à 4 à l'heure à 17 heures (heure de fermeture du magasin). Déterminer la loi de probabilité du nombre d'arrivées quotidiennes à ce magasin.

20. Soit $\{N(t),\ t \geq 0\}$ un processus de Poisson non homogène d'intensité $\lambda(t)$, et T_n la n-ième durée d'attente (intervalle de temps entre le $(n-1)$-ième et le n-ième événement).

(a) Les variables aléatoires T_n, $n \geq 1$, sont-elles indépendantes?

(b) Les variables aléatoires T_n, $n \geq 1$, admettent-elles la même loi?

(c) Déterminer la loi de T_1.

21. Les réclamations arrivent à une compagnie d'assurance selon un processus de Poisson de taux moyen $\lambda = 6$ par semaine. En supposant que le montant de chaque règlement est une variable aléatoire exponentielle de moyenne 3 000 dollars, trouver la moyenne et la variance de la somme totale des règlements de la compagnie pour une période de quatre semaines.

22. On considère un circuit électronique comprenant deux composantes principales. Ces composantes peuvent être mises hors d'usage par suite de certaines impulsions électriques en provenance du secteur. Il y a trois types d'impulsions indépendantes les unes des autres, et qui arrivent selon trois processus de Poisson. Le premier type d'impulsions suit un processus de Poisson de paramètre λ_1 et met la première composante hors d'usage. Le deuxième type d'impulsions suit un processus de Poisson de paramètre λ_2 et met la deuxième composante hors d'usage. Le troisième type d'impulsions suit un processus de Poisson de paramètre λ_3 et met les deux composantes hors d'usage. Soient X_1 et X_2 les durées de vie de chacune des deux composantes. Montrer que la loi de probabilité croisée du couple de v.a. (X_1, X_2) est donnée par

$$P\{X_1 > s, X_2 > t\} = e^{-\lambda_1 s - \lambda_2 t - \lambda_3 \max(s,t)}, \qquad s, t > 0.$$

23. Dans le problème précédent, utiliser la loi de probabilité croisée du couple (X_1, X_2) pour montrer que les variables aléatoires X_1 et X_2 sont exponentielles. Déterminer leur paramètre.

24. Soient $T_1, T_2, \ldots, T_n$ des v.a. exponentielles indépendantes. Montrer que la probabilité que la plus grande d'entre elles soit plus grande que la somme des $n-1$ autres est $n/2^{n-1}$. Cela revient à montrer que, si $M = \max_{1 \leq j \leq n} T_j$, on a:

$$P\Big\{M > \sum_{i=1}^{n} T_i - M\Big\} = \frac{n}{2^{n-1}}.$$

Indication: on écrira

$$P\Big\{M > \sum_{i=1}^{n} T_i - M\Big\} = \sum_{i=1}^{n} P\Big\{T_i > \sum_{j\neq i} T_j\Big\},$$

et on calculera, par exemple:

$$P\Big\{T_1 > \sum_{j=2}^{n} T_j\Big\}.$$

25. On observe une suite d'événements dans l'intervalle $(0, T)$ où $T =$ 10 minutes. On enregistre 12 événements aux instants suivants (en minutes): 0,20 , 0,33 , 0,98 , 2,02 , 3,92 , 4,12 , 5,74 , 6,42 , 7,87 , 8,49 , 9,85 , 9,94. A l'aide d'un intervalle de confiance à 95% du genre de l'intervalle (8.2.9), tester l'hypothèse que les événements observés proviennent d'un processus de Poisson.

26. Soit $X_1, X_2, \ldots, X_n$ une suite de variables aléatoires, à distribution identique de fonction de répartition continue $F(x)$ et de densité $f(x)$. Notons par X_i^* la i-ième plus petite des variables $X_1, X_2, \ldots, X_n$; X_i^* est la i-ième statistique d'ordre de l'échantillon $(X_1, X_2, \ldots, X_n)$.

(a) Remarquons que, pour que la variable X_i^* soit exactement égale à x, il faut que $i-1$ des variables $X_1, X_2, \ldots, X_n$ soient inférieures ou égales à x, que l'une d'entre elles soit égale à x et que les $n-i$ autres soient toutes plus grandes que x. Remarquons, par ailleurs, que la probabilité qu'une variable aléatoire continue X, de densité $f(x)$, se trouve dans un intervalle de longueur dx autour du point x est approximativement égale à $f(x)\,dx$. En tenant compte de ces remarques, montrer que la densité de la variable aléatoire X_i^* est donnée par:

$$\frac{n!}{(i-1)!\,(n-i)!}\,(F(x))^{i-1}(1-F(x))^{n-i}f(x).$$

(b) La variable aléatoire X_i^* sera inférieure à x si et seulement si combien parmi les n variables $X_1, X_2, \ldots, X_n$ sont inférieures à x?

(c) En se servant du résultat de la question (b), donner une expression pour la probabilité $P\{X_i^* \leq x\}$.
(d) A l'aide des résultats des questions (a) et (c), établir la relation

$$\sum_{k=i}^{n} \binom{n}{k} y^k (1-y)^{n-k} = \int_0^y \frac{n!}{(i-1)!\,(n-i)!}\, x^{i-1}(1-x)^{n-i} dx$$

pour $0 \leq y \leq 1$.
(e) Soit S_i l'instant auquel se produit le i-ième événement d'un processus de Poisson $\{N(t),\, t \geq 0\}$. Calculer $E[S_i \mid N(t) = n]$ lorsque $i \leq n$ et $i > n$.

Chapitre 9

PROCESSUS DE RENOUVELLEMENT

La théorie des processus de renouvellement a pour origine l'étude de systèmes aléatoires dont l'évolution dans le temps est entremêlée de moments où, d'un point de vue probabiliste, le système, en quelque sorte, recommence à zéro. Ces moments sont appelés des *points de renouvellement.* Aujourd'hui on englobe sous ce titre général l'étude des fonctions de variables aléatoires non négatives indépendantes et de même loi représentant les durées d'attente entre renouvellements consécutifs. Les résultats de cette étude s'appliquent à de nombreux problèmes théoriques et pratiques tels que le remplacement des équipements, la gestion des stocks, la détermination des primes d'assurance, etc.

A titre d'illustration, prenons l'exemple d'une composante dont la durée de fonctionnement est aléatoire et suit une loi connue. Dès que cette composante tombe en panne, elle est immédiatement remplacée par une composante identique pour que la machine puisse continuer à fonctionner. A chaque panne, le processus se renouvelle et pour étudier le comportement d'un tel processus à partir d'un instant donné, il suffit de connaître le temps écoulé depuis la dernière panne (le dernier renouvellement), sans se préoccuper du déroulement du processus avant cette dernière panne. A propos d'un tel processus, nous allons nous intéresser au nombre de renouvellements dans une période de longueur donnée et au coût quotidien moyen de remplacement (étant donné le coût d'une composante). Si l'on inspecte la machine à un instant arbitraire, nous chercherons à déterminer la durée de fonctionnement résiduelle de la composante (durée de fonctionnement jusqu'à la prochaine panne).

Nous allons commencer notre étude des processus de renouvellement en les définissant de façon formelle et en proposant un certain nombre d'exemples pratiques. Nous envisagerons ensuite leur comportement à long terme et présenterons un outil fondamental en théorie des probabilités connu sous le nom d'*équation de renouvellement*.

9.1 LE CONTEXTE DU RENOUVELLEMENT

9.1.1 Définition d'un processus de renouvellement

Nous avons vu au chapitre 8 que le processus de Poisson est un processus d'arrivée tel que les durées d'attente (les intervalles de temps entre événements consécutifs) sont des variables aléatoires indépendantes et de même loi exponentielle de paramètre λ (le paramètre du processus de Poisson). On peut généraliser ce concept en considérant un processus d'arrivée tel que les durées d'attente sont des variables aléatoires indépendantes et de même loi *arbitraire*; on appelle *processus de renouvellement* un tel processus d'arrivée.

Soit donc $\{N(t),\, t \geq 0\}$ un processus d'arrivée, et soit X_n l'intervalle de temps entre le $(n-1)$-ième et le n-ième événement de ce processus, $n \geq 1$.

Définition 9.1.1. *Si les variables aléatoires non négatives $\{X_1, X_2, \ldots\}$ sont indépendantes et de même loi, le processus d'arrivée $\{N(t),\, t \geq 0\}$ est appelé processus de renouvellement.*

On représente, en général, par F la fonction de répartition commune des variables X_i, $i \geq 1$:

$$F(x) = P\{X_i \leq x\}, \qquad i = 1, 2, \ldots.$$

On suppose que les variables X_i prennent des valeurs finies, c'est-à-dire que $P\{X_i < \infty\} = 1$ quel que soit $i \geq 1$, et pour éviter le cas trivial où $X_i \equiv 0$ on suppose que $P\{X_i = 0\} < 1$. De plus, on représente par μ l'espérance de la durée d'attente entre deux renouvellements consécutifs, soit:

$$\mu = E(X_i), \qquad i \geq 1.$$

Il résulte de la non-négativité des v.a. X_i et du fait qu'elles ne sont pas identiquement nulles que $\mu > 0$.

On appelle *point de renouvellement* du processus un instant auquel un événement se produit. Étant donné que les variables $X_1, X_2, \ldots$ sont indépendantes et de même loi, le déroulement du processus à partir de tout point de renouvellement est indépendant de l'histoire antérieure du processus. Notons que le processus de Poisson, lui, se renouvelle non seulement aux points de renouvellement mais encore, par suite de l'absence de mémoire de la loi exponentielle, à tout instant $t \geq 0$.

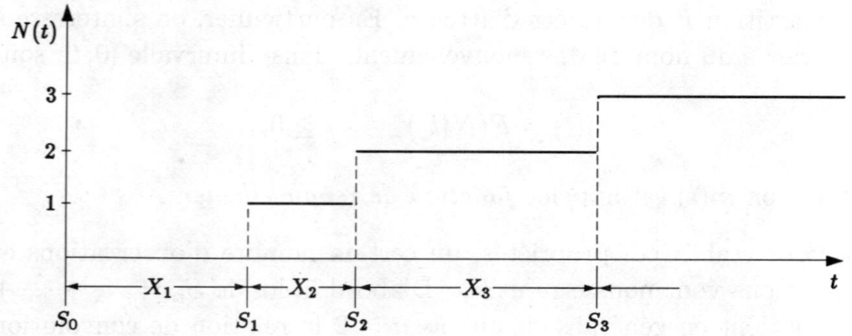

FIGURE 9.1.1: RELATION ENTRE X_n, S_n ET $N(t)$

Définissons maintenant les variables aléatoires S_n par:

$$S_n = \begin{cases} X_1 + X_2 + \cdots + X_n & \text{si } n \geq 1, \\ 0 & \text{si } n = 0. \end{cases}$$

S_n est l'instant auquel se produit le n-ième événement (renouvellement). La figure 9.1.1 illustre la relation qui existe entre les suites de variables aléatoires $\{X_n, n \geq 1\}$, $\{S_n, n \geq 0\}$, et le processus $\{N(t), t \geq 0\}$. Remarquons que la suite des sommes partielles $\{S_n, n \geq 0\}$ et le processus $\{N(t), t \geq 0\}$ sont intimement liés; en particulier on a:

$$N(t) = \max\{n : S_n \leq t\}. \tag{9.1.1}$$

Pour vérifier la relation (9.1.1), supposons que $S_n \leq t$ mais $S_{n+1} > t$. Donc le n-ième renouvellement a eu lieu au plus tard à l'instant t, mais le $(n+1)$-ième a eu lieu plus tard que t. En d'autres termes, $N(t)$, le nombre de renouvellements dans l'intervalle $[0, t]$, est égal à n. En fait dans la pratique, on appelle indifféremment "processus de renouvellement" le processus $\{N(t), t \geq 0\}$ ou la suite des sommes partielles $\{S_n, n \geq 0\}$.

9.1.2 La loi de $N(t)$

Le but principal de la théorie du renouvellement est d'établir certaines propriétés des variables aléatoires associées avec les processus $\{N(t), t \geq 0\}$ ou $\{S_n, n \geq 0\}$ à partir de la connaissance de la fonction de répartition F des durées d'attente. En particulier, on s'intéresse à l'espérance du nombre de renouvellements dans l'intervalle $[0, t]$, soit:

$$m(t) = E(N(t)), \qquad t \geq 0;$$

la fonction $m(t)$ est appelée *fonction de renouvellement.*

Pour établir ces propriétés, un certain nombre d'observations et de relations vont nous être utiles. D'abord la loi de $S_n = X_1 + \cdots + X_n$ s'obtient en généralisant au cas $n \geq 2$ la relation de convolution (2.3.8); on a:

$$P\{S_n \leq x\} = F_n(x), \qquad n \geq 1,$$

où $F_1(x) = F(x)$, et:

$$F_n(x) = \int_0^\infty F_{n-1}(x-y)f(y)\,dy = \int_0^x F_{n-1}(x-y)f(y)\,dy.$$

où $f(y) = dF(y)/dy$ est la densité correspondant à la fonction de répartition F.

Le lien fondamental qui existe entre la suite des S_n et le processus de renouvellement peut s'exprimer par la relation:

$$N(t) \geq n \quad \text{si et seulement si} \quad S_n \leq t, \tag{9.1.2}$$

qui résulte de la relation (9.1.1). Étant donnée l'importance de ce lien pour la suite, le lecteur devrait prendre le temps de se convaincre de la véracité de la relation (9 1.2), en particulier en examinant sa signification sur la figure 9.1.1.

On déduit de la relation (9.1.2) que:

$$P\{N(t) \geq n\} = P\{S_n \leq t\} = F_n(t), \qquad t \geq 0,\ n = 1, 2, \ldots \tag{9.1.3}$$

et donc pour $t \geq 0$ et $n = 1, 2, \ldots$:

$$\begin{aligned} P\{N(t) = n\} &= P\{N(t) \geq n\} - P\{N(t) \geq n+1\} \\ &= P\{S_n \leq t\} - P\{S_{n+1} \leq t\} \\ &= F_n(t) - F_{n+1}(t). \end{aligned} \tag{9.1.4}$$

On peut alors exprimer la fonction de renouvellement $m(t)$, en tenant compte des résultats du problème 45 du chapitre 1:

$$m(t) = E(N(t)) = \sum_{n=1}^{\infty} P\{N(t) \geq n\} = \sum_{n=1}^{\infty} P\{S_n \leq t\},$$

et, d'après la relation (9.1.3):

$$m(t) = \sum_{n=1}^{\infty} F_n(t). \tag{9.1.5}$$

9.2 EXEMPLES DE PROCESSUS DE RENOUVELLEMENT

Avant d'aborder l'étude détaillée de ces processus et des différents problèmes qui y sont rattachés, essayons de motiver le lecteur par une série d'exemples en tentant d'illustrer les nombreux contextes où ces processus se rencontrent.

9.2.1 Processus de renouvellement alternatif

Un étudiant ne peut pas se passer de son walkman (le dictionnaire Robert entérine l'usage de cet anglicisme, bien que le terme recommandé soit "baladeur"!); cependant il n'est pas suffisamment prévoyant pour se munir de piles de rechange. Chaque fois que ses piles cessent de fonctionner, notre étudiant doit donc se passer de musique jusqu'à ce qu'il se procure de nouvelles piles.

Dans cet exemple, un renouvellement se produit chaque fois que l'étudiant se procure de nouvelles piles. Si l'on définit les variables aléatoires suivantes:

$Y_i =$ durée de fonctionnement (on dit aussi "durée de vie") du i-ième jeu de piles,

$Z_i =$ temps nécessaire pour se procurer le $(i+1)$-ième jeu de piles, alors $X_i = Y_i + Z_i$, et l'espérance de la durée d'attente entre deux renouvellements successifs est $E(X_i) = E(Y_i) + E(Z_i)$.

La figure 9.2.1 illustre ce type de processus de renouvellement connu sous le nom de processus de renouvellement *alternatif*, puisque le processus passe par plusieurs états (ici deux états) entre deux renouvellements consécutifs. Nous reviendrons à ces processus par la suite.

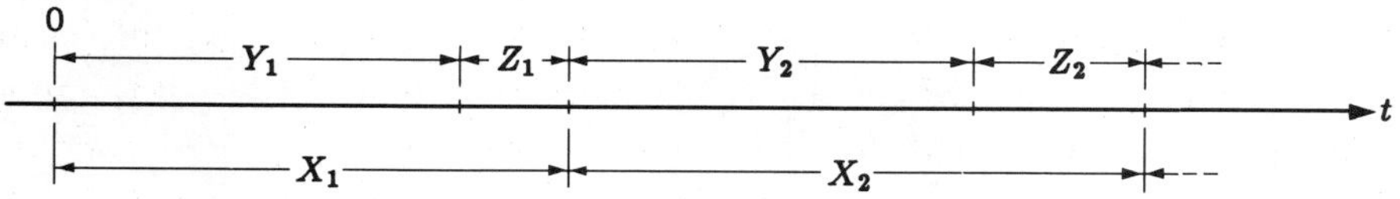

FIGURE 9.2.1: PROCESSUS ALTERNATIF

9.2.2 Processus de renouvellement associés à des files d'attente

Il y a de nombreux processus de renouvellement associés aux files d'attente avec poste de service unique. Nous envisageons deux situations distinctes.

Exemple 9.2.1. L'arrivée des clients dans une petite succursale bancaire se fait selon un processus de Poisson de paramètre λ. Cette banque a un seul guichet et, les moeurs bancaires étant plutôt inhabituelles à cet endroit, s'il y a un client au guichet les clients ne rentrent pas dans la banque et s'en vont. Il n'y a donc jamais de queue devant le guichet.

Dans cet exemple, un renouvellement se produit au moment où le service d'un client prend fin. La durée d'attente entre deux renouvellements consécutifs est la somme du temps d'attente T entre la fin du service d'un client et l'arrivée du premier client suivant (c'est une variable aléatoire de Poisson de paramètre λ) et de la durée du service SV de ce nouveau client.

Remarquons que pour que ce processus soit effectivement un processus de renouvellement, il est essentiel que les arrivées se fassent selon un processus de Poisson. En effet, c'est l'absence de mémoire de la loi exponentielle qui fait que les variables aléatoires T successives ont la même loi exponentielle, quel que soit l'instant de départ du client précédent. De façon générale, lorsque les arrivées des clients dans une file d'attente à poste de service unique sont poissonniennes, alors les instants successifs où le serveur passe de l'état "occupé" à l'état "libre" sont les points de renouvellement d'un processus de renouvellement.

Envisageons un cas où les arrivées ne se font pas selon un processus de Poisson. Supposons par exemple que les clients arrivent à intervalles réguliers toutes les 10 minutes, et que la durée d'un service est de 8 ou 12 minutes avec probabilité égale à 1/2 dans chaque cas. La figure 9.2.2 illustre une réalisation de ce processus. On voit que les services "courts" (d'une durée de 8 minutes) sont suivis d'une période libre de 2 minutes jusqu'à l'arrivée du client suivant, tandis que les services "longs" (d'une durée de 12 minutes) sont suivis d'une période libre de 8 minutes.

Essayons de déterminer les lois des variables aléatoires $X_1, X_2, \ldots$, où X_i représente la durée de l'intervalle de temps entre le départ du $(i-1)$-ième client rentré dans la banque et celui du i-ième client. Nous remarquons que la v.a. X_1 peut être égale à 18 ou à 22 minutes avec probabilité 1/2 dans chaque cas. Dans le cas où $i \geq 2$, et où l'arrivée

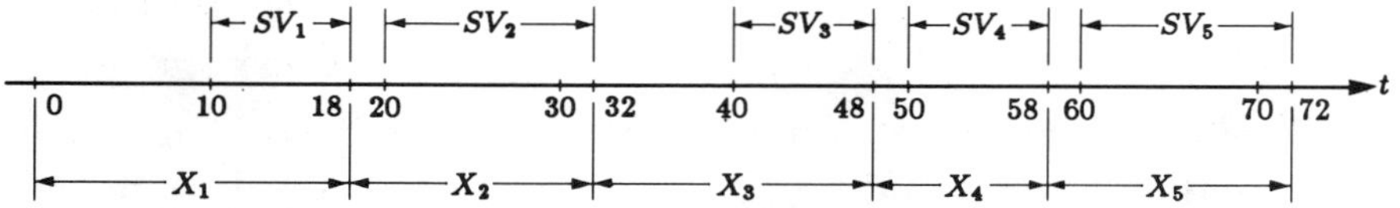

FIGURE 9.2.2: ARRIVÉES NON POISSONNIENNES

du i-ième client a lieu deux minutes après le départ du $(i-1)$-ième, la v.a. X_i peut prendre les valeurs 10 ou 14 minutes selon la durée du i-ième service. De même, si $i \geq 2$ et si l'arrivée du i-ième client a lieu 8 minutes après le départ du $(i-1)$-ième, la v.a. X_i peut prendre les valeurs 16 ou 20 minutes.

Il en résulte que pour $i \geq 2$, la variable aléatoire X_i peut prendre les valeurs 10, 14, 16 ou 20 minutes. Nous laissons au lecteur le soin de vérifier que si X_i est égal à 10 ou 16 (le i-ième service dure 8 minutes), alors X_{i+1} ne peut prendre que les valeurs 10 et 14 tandis que si X_i est égal à 14 ou 20 (le i-ième service dure 12 minutes), alors X_{i+1} ne peut prendre que les valeurs 16 et 20. Les variables aléatoires $\{X_1, X_2, \ldots\}$ ne sont donc pas indépendantes et, d'après la définition 9.1.1, ce processus n'est pas un processus de renouvellement.

Revenons brièvement au cas des arrivées poissonniennes. La théorie du renouvellement va nous permettre de déterminer (à long terme) le pourcentage de clients potentiels qui peuvent effectivement entrer dans la banque, et le pourcentage de clients perdus. □

Exemple 9.2.2. On considère maintenant le cas où l'arrivée des clients dans une file d'attente devant un guichet unique se fait selon un processus de renouvellement (qui n'est pas nécessairement poissonnien), alors le début des périodes ou cycles d'activité successifs (c'est-à-dire les instants où le serveur passe de l'état "libre" à l'état "occupé") engendre un processus de renouvellement qui va jouer un rôle fondamental au chapitre 10. □

9.2.3 Processus de renouvellement associés aux problèmes de circulation

On considère souvent que les intervalles de temps entre les passages de deux véhicules consécutifs à un endroit donné forment un processus de renouvellement.

Prenons le cas de cette petite république d'Amérique centrale qui se spécialise dans la culture de la banane. Il existe un horaire affiché à chacun des arrêts de la ligne d'autobus unique de la capitale. Cependant, les choses étant ce qu'elles sont, les intervalles de temps entre les passages de deux autobus consécutifs à un arrêt donné peuvent être représentés par des variables aléatoires indépendantes et de même loi (difficile à déterminer pour un observateur non averti!). Le processus d'arrivée des autobus à l'arrêt considéré est donc un processus de renouvellement. L'arrivée d'un autobus constitue un point de renouvellement.

Pour ce genre de processus, nous calculerons par la suite l'espérance du temps d'attente jusqu'à l'arrivée d'un autobus pour une personne qui arrive à cet arrêt à un instant quelconque.

9.2.4 Processus de renouvellement associés à une chaîne de Markov

Soit $\{X_n, n \geq 0\}$ une chaîne de Markov récurrente positive. Supposons que $X_0 = j$ et considérons les instants $T_j^{(n)}$ des retours successifs de la chaîne dans l'état j définis dans la section 6.3.1. Nous avons vu que les durées d'attente entre deux retours consécutifs, $S_j^{(n)} = T_j^{(n)} - T_j^{(n-1)}$, $n \geq 1$, sont des variables aléatoires indépendantes et de même loi et, par conséquent, engendrent un processus de renouvellement.

Nous verrons plus tard les similarités qui existent entre les résultats asymptotiques de ces processus de renouvellement et les distributions stationnaires des chaînes de Markov correspondantes.

9.2.5 Un processus de renouvellement en planification des ressources humaines

Le remplacement des composantes dans un système mécanique est, d'une certaine façon, semblable à celui des employés dans une organisation. Pour voir que la structure fondamentale de ces processus est identique, considérons un poste donné auquel une personne vient d'être nommée. Supposons que cette personne occupe ce poste pendant une période de durée X_1. Dès qu'elle quitte cet emploi, la personne est immédiatement remplacée, et le nouveau titulaire reste à ce poste pendant une période de durée X_2. Si l'on peut faire l'hypothèse que les durées successives d'occupation du poste sont des variables aléatoires indépendantes et de même loi, ce processus devient un processus de renouvellement.

Dans la terminologie des modèles de planification de la main-d'oeuvre, l'hypothèse ci-dessus implique que les durées d'occupation du poste par les différents titulaires ont la même loi, et qu'il n'y a pas d'interaction entre titulaires. Des études expérimentales confirment qu'il s'agit là d'une hypothèse réaliste dans de nombreuses organisations.

Deux points de vue de la théorie du renouvellement reviennent souvent en planification des ressources humaines. D'abord on s'intéresse au nombre de remplacements (renouvellements) nécessaires pendant une période donnée, ainsi qu'à l'espérance de ce nombre (fonction de renouvellement). L'application la plus importante de ce concept a trait à la prévision des besoins de main-d'oeuvre. On étudie également la distribution du nombre d'années de service dans le poste actuel. La comparaison du nombre d'années observé avec le nombre espéré permet de détecter les problèmes associés à l'avancement ou au recrutement dans l'organisation.

9.2.6 Un processus de renouvellement en temps discret

Dans les processus de renouvellement considérés jusqu'à maintenant, les durées d'attente entre renouvellements consécutifs étaient essentiellement des variables aléatoires continues. Cela n'est pas nécessairement toujours le cas. Considérons par exemple une suite $\{X_1,$

$X_2, \ldots\}$ de variables aléatoires indépendantes ayant toutes la même loi de Bernoulli, c'est-à-dire que:

$$P\{X_i = 0\} = 1 - p \quad \text{et} \quad P\{X_i = 1\} = p, \qquad i \geq 1.$$

Les points de renouvellement sont alors les entiers $0, 1, \ldots$, et puisque $P\{X_i = 0\} > 0$, il se peut qu'on ait plus d'un renouvellement à un point de renouvellement donné. En fait, si Y_n est le nombre de renouvellements qui se produisent à l'instant n, $n = 0, 1, 2, \ldots$, Y_n a une loi géométrique de paramètre p (voir la section 1.4.4), et d'après la relation (1.6.22): $E(Y_n) = 1/p$, $n \geq 0$.

Le nombre de renouvellements dans l'intervalle $[0, t]$ est donc:

$$N(t) = \sum_{n=0}^{[t]} Y_n$$

où $[t]$ représente la partie entière du nombre réel t, c'est-à-dire le plus grand nombre entier inférieur ou égal à t. La fonction de renouvellement $m(t)$ est égale à:

$$m(t) = E(N(t)) = E\Big(\sum_{n=0}^{[t]} Y_n\Big) = ([t]+1)E(Y_0) = \frac{[t]+1}{p}.$$

9.3 PROCESSUS DE RENOUVELLEMENT POISSONNIEN

Nous avons vu au début de ce chapitre que le processus de Poisson de paramètre λ est un processus de renouvellement tel que les durées d'attente sont des variables indépendantes et de même loi exponentielle de paramètre λ. L'absence de mémoire de la loi exponentielle permet de calculer facilement certaines fonctions associées au processus de renouvellement poissonnien.

Les relations (9.1.4) et (9.1.5) en particulier sont considérablement simplifiées puisque l'on a:

$$P\{N(t) = n\} = e^{-\lambda t}\,\frac{(\lambda t)^n}{n!}, \qquad n = 0, 1, \ldots,$$

et:

$$m(t) = E(N(t)) = \lambda t.$$

Trois variables aléatoires, que nous avons déjà rencontrées dans les exemples précédents sans cependant les mentionner explicitement, jouent un rôle important en rapport avec les processus de renouvellement. Ces variables sont la *durée de vie résiduelle*, l'*âge* et la *durée de vie totale* et sont définies respectivement à l'instant t par:

$$\gamma_t = S_{N(t)+1} - t \text{ (durée de vie résiduelle)},$$
$$\delta_t = t - S_{N(t)} \text{ (âge)},$$
$$\beta_t = \gamma_t + \delta_t \text{ (durée de vie totale)},$$

puisque $S_{N(t)}$ est l'instant du dernier renouvellement *avant* (ou à) la date t et $S_{N(t)+1}$ est l'instant du premier renouvellement *après* t. Ces variables sont illustrées graphiquement sur la figure 9.3.1.

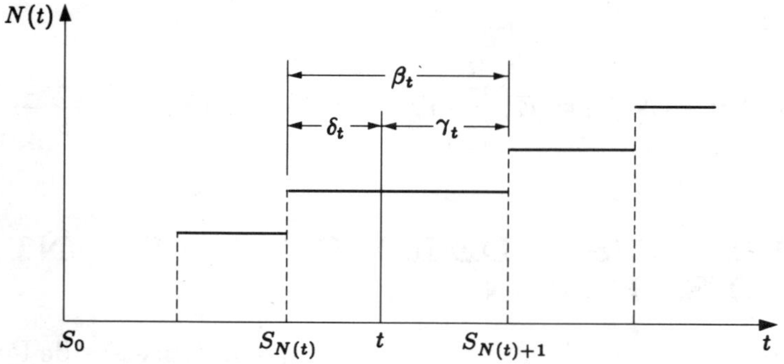

FIGURE 9.3.1: LES VARIABLES γ_t, δ_t ET β_t

Pour calculer la loi de la durée de vie résiduelle, remarquons sur la figure 9.3.1 que $\gamma_t > x$ si et seulement si il ne se produit pas de renouvellement dans l'intervalle $(t, t+x]$. D'après la stationnarité des accroissements du processus de Poisson, cet événement a la même probabilité que celui associé à aucun événement dans $(0, x]$, soit:

$$P\{\gamma_t > x\} = P\{N(t+x) - N(t) = 0\} = P\{N(x) = 0\} = e^{-\lambda x}.$$

Par conséquent, la durée de vie résiduelle suit la même loi exponentielle qu'une durée de vie (durée d'attente) *quelconque.* Cela n'est pas surprenant; il s'agit en fait d'une autre manifestation de l'absence de mémoire de la loi exponentielle.

L'âge δ_t ne saurait dépasser t, et pour $x < t$ on a $\delta_t > x$ si et seulement si il n'y a pas de renouvellement dans $(t - x, t]$, ce qui se produit à nouveau avec probabilité $e^{-\lambda x}$. L'âge δ_t suit une loi exponentielle *tronquée*:

$$P\{\delta_t \leq x\} = \begin{cases} 1 - e^{-\lambda x} & \text{si } 0 \leq x < t; \\ 1 & \text{si } t \leq x. \end{cases}$$

Finalement, l'espérance de la durée de vie totale (à l'instant t) est $E(\beta_t) = E(\gamma_t) + E(\delta_t)$, et en utilisant le problème 47 du chapitre 1 pour calculer $E(\delta_t)$, on a:

$$\begin{aligned} E(\beta_t) &= \frac{1}{\lambda} + \int_0^t P\{\delta_t > x\}\, dx = \frac{1}{\lambda} + \int_0^t e^{-\lambda x}\, dx \\ &= \frac{1}{\lambda} + \frac{1}{\lambda}(1 - e^{-\lambda t}). \end{aligned}$$

Remarquons que la durée de vie *totale* moyenne est plus grande que l'espérance de vie $E(X_n) = 1/\lambda$ entre deux renouvellements consécutifs *quelconques.* De façon encore plus surprenante, lorsque t est grand, $E(\beta_t)$ est près du double de l'espérance de vie. Ce résultat apparaît, à première vue, quelque peu paradoxal.

Pour expliquer intuitivement ce paradoxe, il nous faut revenir sur la définition de la durée de vie *totale* β_t. D'abord on choisit un instant t arbitraire. Puis β_t est la longueur de l'intervalle entre deux renouvellements consécutifs qui contient le point t. Avec un tel processus, le point t a plus de chances de tomber dans un intervalle long que dans un intervalle court. Ce phénomène est connu sous le nom de "biais d'échantillonnage dû à la longueur des intervalles"; on le retrouve sous de nombreuses formes dans les problèmes d'échantillonnage. Nous y reviendrons dans la section 9.6.3.

9.4 COMPORTEMENT ASYMPTOTIQUE

La plupart des fonctions qui se calculaient aisément pour des processus de renouvellement poissonniens sont beaucoup plus difficiles à exprimer pour d'autres processus de renouvellement. Dans ce cas, les relations (9.1.4) et (9.1.5) ne conduisent pas à des expressions analytiques simples car les convolutions $F_n(t)$ ne se manient pas facilement. Il existe cependant un certain nombre de résultats simples qui décrivent le comportement asymptotique, pour de grandes valeurs de t, d'un processus de renouvellement arbitraire. Nous allons envisager ces résultats dans cette section.

9.4.1 Le comportement asymptotique de $N(t)$

Avant d'étudier le comportement de $N(t)$ lorsque t tend vers l'infini, demandons-nous s'il est possible d'avoir un nombre infini de renouvellements pendant une période finie, c'est-à-dire, $N(t)$ peut-il devenir infini pour une certaine valeur (finie) de t? La réponse à cette question est négative comme nous le voyons dans la proposition suivante.

Proposition 9.4.1. *Soit $\{N(t),\, t \geq 0\}$ un processus de renouvellement; on a avec probabilité égale à* 1:

$$N(t) < \infty, \quad \textit{quel que soit } t \geq 0, \tag{9.4.1}$$

et:

$$N(\infty) = \lim_{t\to\infty} N(t) = \infty. \tag{9.4.2}$$

De plus:

$$m(t) = E(N(t)) < \infty, \quad \textit{quel que soit } t \geq 0. \tag{9.4.3}$$

Démonstration. On a d'après la relation (9.1.3):

$$P\{N(t) \geq n\} = P\{S_n \leq t\};$$

mais d'après le théorème 1.7.1 (loi des grands nombres) $S_n/n \to E(X_1) = \mu$ lorsque $n \to \infty$. Puisque, d'après les hypothèses de la section 9.1.1, μ est positif, il en résulte que $S_n \to \infty$ lorsque $n \to \infty$. Par conséquent, $P\{S_n \leq t\} \to 0$ pour $t \geq 0$ fixé lorsque $n \to \infty$, et donc $P\{N(t) \geq n\} \to 0$ lorsque $n \to \infty$. Cela revient à dire que $P\{N(t) = \infty\} = 0$, ce qui établit la relation (9.4.1).

Remarquons que pour que $N(\infty)$ (égal au nombre total de renouvellements du procesus) soit fini, il faut qu'une des durées d'attente X_i soit infinie. Par conséquent:

$$\begin{aligned} P\{N(\infty) < \infty\} &= P\{X_i = \infty \text{ pour un indice } i \text{ quelconque}\} \\ &= P\Big\{\bigcup_{k=1}^{\infty}\{X_k = \infty\}\Big\} \leq \sum_{k=1}^{\infty} P\{X_k = \infty\} = 0; \end{aligned}$$

puisque les variables aléatoires X_k sont telles que $P\{X_k < \infty\} = 1$; ce qui établit (9.4.2).

Finalement, pour montrer que $m(t) < \infty$, nous allons utiliser une méthode dite de "troncature" qui revient souvent en théorie des probabilités. Le principe de la méthode est de remplacer l'étude (difficile) de la quantité étudiée par celle (plus facile) d'une quantité voisine. Remarquons d'abord que, puisque nous avons supposé dans la section 9.1.1 que $P\{X_i = 0\} < 1$, il existe un nombre $\alpha > 0$ tel que $P\{X_i \geq \alpha\} = p > 0$. Considérons maintenant la variable X'_i définie à partir de X_i de la façon suivante:

$$X'_i = \begin{cases} 0 & \text{si } X_i < \alpha, \\ \alpha & \text{si } X_i \geq \alpha; \end{cases}$$

on peut dire, d'une certaine façon, que X'_i est obtenue par double troncature de X_i.

Il résulte de l'inégalité $X'_i \leq X_i$, quel que soit $i \geq 1$, que $N(t) \leq N'(t)$ où $N'(t)$ est le processus de renouvellement engendré par la suite $\{X'_1, X'_2, \ldots\}$. Par conséquent, on a aussi $E(N(t)) \leq E(N'(t))$. Le processus $\{N'(t),\, t \geq 0\}$ est un processus de renouvellement en temps discret semblable à celui étudié à la section 9.2.6, et où les renouvellements se produisent aux instants $0, \alpha, 2\alpha, \ldots$. Comme on l'a vu à la section 9.2.6, le nombre Y_k de renouvellements qui se produisent à l'instant $k\alpha$ suit une loi géométrique de paramètre $p = P\{X'_i = \alpha\} =$

$P\{X_i \geq \alpha\}$, et:

$$E(N'(t)) = E\Big(\sum_{k=0}^{[t/\alpha]} Y_k\Big) = \frac{[t/\alpha]+1}{p} < \infty, \quad \text{quel que soit } t \geq 0,$$

où $[t/\alpha]$ est la partie entière du rapport t/α. On en conclut donc que:

$$m(t) = E(N(t)) \leq E(N'(t)) < \infty,$$

ce qui établit la relation (9.4.3). ■

La proposition 9.4.1 confirme que la variable aléatoire $N(t)$ est une “bonne” variable aléatoire pour $t \geq 0$; en effet, elle est finie avec probabilité égale à 1 et son espérance est également finie. Cependant elle tend vers l'infini avec t. Cela soulève la question de savoir à quelle “vitesse” $N(t)$ tend vers l'infini, c'est-à-dire, en particulier, que nous aimerions pouvoir connaître la limite de $N(t)/t$ (le nombre moyen de renouvellements par unité de temps) lorsque t tend vers l'infini. Le théorème suivant, connu sous le nom de *premier théorème élémentaire du renouvellement*, indique que ce nombre moyen de renouvellements par unité de temps tend vers l'inverse de l'espérance de la durée d'attente (entre renouvellements consécutifs); ce qui n'est pas vraiment surprenant!

Théorème 9.4.2. *Soit* $\{N(t),\, t \geq 0\}$ *un processus de renouvellement, on a avec probabilité égale à* 1*:*

$$\lim_{t\to\infty} \frac{N(t)}{t} = \frac{1}{\mu}. \tag{9.4.4}$$

Démonstration. Remarquons à nouveau, comme nous l'avons déjà mentionné dans la section 9.3, que le dernier renouvellement avant (ou à) t se produit à l'instant $S_{N(t)} = X_1 + \cdots + X_{N(t)}$, et que le premier renouvellement suivant t se produit à l'instant $S_{N(t)+1}$. Nous avons donc:

$$S_{N(t)} \leq t \leq S_{N(t)+1},$$

et:

$$\frac{S_{N(t)}}{N(t)} \leq \frac{t}{N(t)} < \frac{S_{N(t)+1}}{N(t)}. \tag{9.4.5}$$

Cependant puisque, d'après la proposition 9.4.1, $N(t) \to \infty$ lorsque $t \to \infty$, la loi des grands nombres nous apprend que:

$$\lim_{t\to\infty} \frac{S_{N(t)}}{N(t)} = E(X_1) = \mu.$$

D'autre part, en écrivant:

$$\frac{S_{N(t)+1}}{N(t)} = \frac{S_{N(t)+1}}{N(t)+1} \cdot \frac{N(t)+1}{N(t)}$$

et en remarquant que $(N(t)+1)/N(t) \to 1$ lorsque $t \to \infty$, on a:

$$\lim_{t\to\infty} \frac{S_{N(t)+1}}{N(t)} = \lim_{t\to\infty} \frac{S_{N(t)+1}}{N(t)+1} = E(X_1) = \mu.$$

Laissons maintenant t tendre vers l'infini dans l'inégalité double (9.4.5). Puisque le rapport $t/N(t)$ est compris entre deux termes dont la limite lorsque $t \to \infty$ est, d'après ce qui précède, égale à μ, on en déduit:

$$\lim_{t\to\infty} \frac{t}{N(t)} = \mu;$$

et le résultat désiré est obtenu en inversant le rapport ci-dessus. ■

Pour des raisons évidentes d'après le théorème précédent, le rapport $1/\mu$ est souvent appelé le *taux* du processus de renouvellement.

9.4.2 Le comportement asymptotique de $m(t)$

Le théorème 9.4.2 nous apprend que le taux moyen de renouvellement dans l'intervalle $[0, t]$ converge, avec probabilité égale à 1, vers $1/\mu$ lorsque $t \to \infty$. Qu'en est-il de l'espérance du taux moyen de renouvellement? Est-il aussi vrai que $m(t)/t$ tend vers $1/\mu$ lorsque $t \to \infty$, ce qui reviendrait à dire que la limite de l'espérance du rapport $N(t)/t$ (soit la limite de $m(t)/t$) est égale à l'espérance de la limite de ce rapport (soit $1/\mu$)?

Remarquons d'abord que l'échange de la limite et de l'espérance n'est pas en général possible comme le montre l'exemple suivant.

Exemple 9.4.1. Soit U une variable aléatoire uniforme sur l'intervalle $(0,1)$. Définissons les variables aléatoires Y_n, $n \geq 1$, de la façon suivante:

$$Y_n = \begin{cases} 0 & \text{si } U > 1/n \\ n & \text{si } U \leq 1/n \end{cases}$$

Étant donné que $U > 0$ avec probabilité égale à 1, $Y_n = 0$ pour tout n suffisamment grand. Plus précisément, $Y_n = 0$ pour tout n tel que $1/n < U$. Donc, avec probabilité égale à 1, $\lim_{n\to\infty} Y_n = 0$. Cependant, on a:

$$E(Y_n) = nP\{U \leq 1/n\} = n(1/n) = 1,$$

et par conséquent:

$$0 = E(\lim_{n\to\infty} Y_n) \neq \lim_{n\to\infty} E(Y_n) = 1. \ \square$$

Cependant dans le cas des processus de renouvellement, le rapport $m(t)/t$ tend également vers $1/\mu$ lorsque $t \to \infty$. Remarquons que, alors que le processus de Poisson a une fonction de renouvellement $m(t) = \lambda t$ qui est exactement linéaire, toutes les fonctions de renouvellement sont asymptotiquement linéaires au sens du théorème suivant.

Théorème 9.4.3. *Soit $\{N(t),\, t \geq 0\}$ un processus de renouvellement, on a:*

$$\lim_{t\to\infty} \frac{m(t)}{t} = \lim_{t\to\infty} \frac{E(N(t))}{t} = \frac{1}{\mu}\cdot \tag{9.4.6}$$

Le théorème 9.4.3 est connu sous le nom de *deuxième théorème élémentaire du renouvellement.* Les deux théorèmes élémentaires constituent les résultats les plus importants à propos des phénomènes de renouvellement. On y fait constamment allusion, comme nous le verrons par la suite, pour calculer des fonctions décrivant le comportement à long terme de modèles stochastiques reliés aux processus de renouvellement.

Les théorèmes élémentaires du renouvellement sont intuitivement vrais et ont pendant longtemps été considérés comme étant évidents.

Par exemple, $\lim_{n\to\infty} m(t)/t$ représente le nombre moyen (à long terme) de renouvellements par unité de temps, tandis que $1/\mu$ est l'inverse du temps moyen de renouvellement. N'est-il donc pas évident que si la durée d'attente moyenne entre deux renouvellements est de μ unités de temps, on peut s'attendre à long terme à $1/\mu$ renouvellements par unité de temps? Cependant malgré l'aspect plausible de ce raisonnement, il ne constitue pas une démonstration. En fait la démonstration correcte du deuxième théorème élémentaire du renouvellement exige un niveau d'analyse mathématique qui n'est pas nécessaire à la lecture du reste de ce manuel. Nous renvoyons donc le lecteur à Karlin *et al.* (1975) pour plus de détails.

Nous sommes tentés de conclure du théorème 9.4.3 que $m(t)$ "se comporte comme" t/μ lorsque t augmente; cependant cette analogie doit être soigneusement précisée comme on le voit dans l'exemple suivant.

Exemple 9.4.2. Supposons que toutes les durées d'attente X_n, $n \geq 1$, soient identiquement égales à 1. Nous avons alors de façon déterministe:

$$m(t) = N(t) = \begin{cases} 0 & \text{si } 0 \leq t < 1, \\ 1 & \text{si } 1 \leq t < 2, \\ n & \text{si } n \leq t < n+1, \end{cases}$$

et de façon générale $m(t) = [t]$. Étant donné que $\mu = 1$, $m(t) - t/\mu = [t] - t$, et la fonction $m(t) - t/\mu$ oscille indéfiniment entre 0 et -1. Bien que dans cet exemple nous ayons bien $m(t)/t = [t]/t \to 1 = 1/\mu$, il serait difficile de préciser de quelle façon $m(t)$ "se comporte comme" $t/\mu = t$. □

Si nous éliminons les cas de comportement périodique illustrés par le processus déterministe ci-dessus, $m(t)$ se comporte comme t/μ au sens du *théorème du renouvellement* que nous présentons maintenant.

Théorème 9.4.5. *Soit* $\{N(t),\, t \geq 0\}$ *un processus de renouvellement, on a quel que soit* $h > 0$*:*

$$\lim_{t\to\infty} (m(t+h) - m(t)) = h/\mu. \tag{9.4.7}$$

Remarquons que $m(t+h)-m(t)$ représente l'espérance du nombre de renouvellements dans l'intervalle $(t, t+h]$. Le théorème 9.4.5 énonce que, de façon asymptotique, l'espérance du nombre de renouvellements dans un intervalle est proportionnelle à la longueur de l'intervalle avec une constante de proportionnalité égale à $1/\mu$.

On fait souvent appel au théorème 9.4.5 (ou plutôt à une forme équivalente mais plus pratique de ce théorème que nous verrons dans la section 9.6.2) dans le cas où les durées d'attente X_n, $n \geq 1$, sont des variables aléatoires continues ayant la densité $f(x)$. Dans ce cas, la fonction $m(t)$ est différentiable, et en écrivant (9.4.7) sous la forme:

$$\frac{m(t+h)-m(t)}{h} \to \frac{1}{\mu} \quad \text{lorsque } t \to \infty,$$

cette expression suggère que:

$$\lim_{t\to\infty} m'(t) = 1/\mu\cdot \tag{9.4.8}$$

Cela est effectivement le cas lorsque les variables aléatoires continues X_n, $n \geq 1$, sont “raisonnables”. La relation (9.4.8) montre aussi que, en quelque sorte, le théorème du renouvellement est une forme différentielle du deuxième théorème élémentaire.

9.4.3 Quelques applications élémentaires

Les deux exemples suivants sont des applications directes des théorèmes élémentaires du renouvellement.

Exemple 9.4.3. Dans le processus de renouvellement alternatif de la section 9.2.1, supposons que l'espérance de la durée de fonctionnement d'un jeu de piles est $E(Y_i) = 72$ heures, $i \geq 1$, et que l'espérance du temps nécessaire pour se procurer un jeu de piles est $E(Z_i) = 3$ heures, $i \geq 1$. L'espérance du temps entre renouvellements (mise en place de piles nouvelles) est donc $\mu = E(Y_i) + E(Z_i) = 75$ heures. On a:

$$\lim_{t\to\infty} \frac{m(t)}{t} = \frac{1}{\mu} = \frac{1}{75} = 0{,}013;$$

on en déduit, en particulier, que pour une période suffisamment longue, disons un an (égal à $365 \times 24 = 8\,760$ heures), le nombre espéré de remplacements est:

$$m(8\,760) \simeq \frac{8\,760}{75} = 116{,}8. \square$$

Exemple 9.4.4. Revenons à l'exemple 9.2.1 du guichet de banque sans file d'attente. L'arrivée des clients se fait selon un processus de Poisson de paramètre λ, et les durées de service successives SV sont des variables aléatoires indépendantes et de même loi. Nous avons vu que la durée d'attente X entre deux renouvellements consécutifs est la somme du temps d'attente T entre la fin du service d'un client et l'arrivée du premier client suivant, et de la durée de service SV de ce nouveau client.

Puisque T est une variable aléatoire exponentielle de paramètre λ, on a $E(T) = 1/\lambda$ et:

$$\mu = E(X) = E(T + SV) = E(T) + E(SV) = \frac{1}{\lambda} + E(SV).$$

Le nombre moyen de renouvellements par unité de temps (à long terme) est donc donné (avec probabilité égale à 1) par:

$$\lim_{t \to \infty} \frac{N(t)}{t} = \frac{1}{\mu} = \frac{\lambda}{1 + \lambda E(SV)}.$$

Puisqu'un seul client est servi dans un intervalle de temps entre deux renouvellements consécutifs, le nombre moyen de clients servis par unité de temps est donc égal, à long terme, au nombre moyen de renouvellements par unité de temps.

Étant donné qu'il arrive à la banque λ clients par unité de temps et que $\lambda/(1 + \lambda E(SV))$ clients sont servis par unité de temps, la proportion des clients qui entrent dans la banque est donc:

$$\frac{\lambda}{1 + \lambda E(SV)} \div \lambda = \frac{1}{1 + \lambda E(SV)},$$

et la proportion des clients qui partent sans être servis est:

$$1 - \frac{1}{1 + \lambda E(SV)} = \frac{\lambda E(SV)}{1 + \lambda E(SV)} \cdot \square$$

9.5 PROCESSUS CUMULATIFS ET PROCESSUS ALTERNATIFS

On peut trouver dans la littérature scientifique de nombreuses généralisations et variantes des processus de renouvellement. Le processus *différé* est tel que les durées d'attente $\{X_2, X_3, \ldots\}$ sont des variables aléatoires indépendantes et de même loi de fonction de répartition F; la variable X_1, bien qu'indépendante des autres, a une fonction de répartition différente G. On rencontre un tel processus en particulier lorsque la composante qui fonctionne à l'instant $t = 0$ n'est pas neuve; X_1 représente alors la durée de fonctionnement résiduelle de cette composante. Le processus *terminal* est un processus où on peut avoir une durée d'attente infinie; ce qui revient à dire que les renouvellements s'arrêtent lorsqu'une durée d'attente infinie est enregistrée, d'où le nom du processus. On trouvera une étude détaillée de ces processus de renouvellement ainsi que de nombreuses autres variantes dans Karlin *et al.* (1975). Dans cette section, nous allons limiter notre attention à deux variantes utiles dans le contexte de la prise de décision: les processus de renouvellement cumulatifs et les processus de renouvellement alternatifs.

9.5.1 Processus de renouvellement cumulatif

De nombreux modèles probabilistes sont des cas particuliers de la situation suivante: soit $\{N(t),\ t \geq 0\}$ un processus de renouvellement dont les durées d'attente entre événements consécutifs sont représentées par la suite de variables aléatoires indépendantes et de même loi $\{X_1, X_2, \ldots\}$. Supposons qu'à chaque renouvellement on reçoit un revenu; soit R_n le revenu associé au n-ième renouvellement (un coût est considéré comme un revenu négatif). Les variables aléatoires $\{R_1, R_2, \ldots\}$ sont indépendantes et de même loi, mais R_n peut dépendre de la longueur X_n du n-ième intervalle de renouvellement. Nous allons étudier le processus $\{R(t),\ t \geq 0\}$, où:

$$R(t) = \sum_{n=1}^{N(t)} R_n \tag{9.5.1}$$

représente le revenu accumulé dans l'intervalle $[0, t]$. Cette interprétation est à l'origine du nom de processus de renouvellement *cumulatif* pour $R(t)$.

Le premier théorème élémentaire du renouvellement va nous permettre d'établir le résultat intuitif suivant.

Théorème 9.5.1. *Soit* $\{R(t),\, t \geq 0\}$ *un processus de renouvellement cumulatif, on a:*

$$\lim_{t\to\infty} \frac{R(t)}{t} = \frac{E(R_1)}{E(X_1)} \tag{9.5.2}$$

avec probabilité égale à 1, *et:*

$$\lim_{t\to\infty} \frac{E(R(t))}{t} = \frac{E(R_1)}{E(X_1)} \tag{9.5.3}$$

où $E(X_1) = \mu$ *est l'espérance commune des durées d'attente* $\{X_1, X_2, \ldots\}$ *et* $E(R_1)$ *est l'espérance commune des revenus* $\{R_1, R_2, \ldots\}$.

Démonstration. On a, quel que soit $t > 0$:

$$\frac{R(t)}{t} = \frac{\sum_{n=1}^{N(t)} R_n}{t} = \frac{\sum_{n=1}^{N(t)} R_n}{N(t)} \times \frac{N(t)}{t}. \tag{9.5.4}$$

Mais, d'après la proposition 9.4.1, $N(t) \to \infty$ lorsque $t \to \infty$, et par la loi des grands nombres:

$$\lim_{t\to\infty} \frac{\sum_{n=1}^{N(t)} R_n}{N(t)} = E(R_1).$$

De plus, il résulte du premier théorème élémentaire du renouvellement que:

$$\lim_{t\to\infty} \frac{N(t)}{t} = \frac{1}{\mu} = \frac{1}{E(X_1)}.$$

Donc, en laissant tendre t vers l'infini dans (9.5.4) et en tenant compte de ce qui précède, on a:

$$\lim_{t\to\infty} \frac{R(t)}{t} = \lim_{t\to\infty} \frac{\sum_{n=1}^{N(t)} R_n}{N(t)} \times \lim_{t\to\infty} \frac{N(t)}{t} = \frac{E(R_1)}{E(X_1)}.$$

La démonstration de la relation (9.5.3) du théorème contient des passages techniques d'analyse mathématique et nous renvoyons le lecteur intéressé à Ross (1970). ■

Si l'on définit un *cycle* de renouvellement comme l'intervalle entre deux renouvellements consécutifs, le théorème 9.5.1 confirme que le revenu moyen à long terme (ou l'espérance de ce revenu moyen) est égal à l'espérance du revenu par cycle divisée par l'espérance de la longueur du cycle.

Exemple 9.5.1. *Remplacement systématique des équipements*
Supposons que $X_1, X_2, \ldots,$ représentent les durées de fonctionnement de certains équipements (ampoules, puces, machines, etc.). En cas de panne, l'équipement est immédiatement remplacé. Les variables aléatoires $X_1, X_2, \ldots,$ sont indépendantes et de même loi avec l'espérance commune $\mu = E(X_1)$. Les théorèmes élémentaires du renouvellement nous suggèrent que, à long terme, les remplacements auront lieu avec un taux moyen de $1/\mu$ par unité de temps.

A long terme, toute politique de remplacement qui recommande d'échanger l'équipement avant qu'il tombe en panne conduit à l'utilisation de plus que $1/\mu$ machines par unité de temps. Cependant, lorsqu'on a intérêt à éviter la panne ou bien lorsque les équipements se détériorent avec le temps, il peut être économiquement avantageux de considérer d'autres stratégies de remplacement. Les poteaux qui supportent les fils électriques et les fils de téléphone permettent d'illustrer ce concept. Il n'est évidemment pas désirable d'attendre que ces poteaux cassent en service, à cause des dommages aux fils qu'ils supportent et aux propriétés avoisinantes, des salaires des équipes d'urgence et des revenus perdus pendant la coupure du réseau. Les compagnies cherchent donc à remplacer ces poteaux avant qu'ils ne cassent. Les politiques d'entretien préventif des avions sont motivées par des considérations analogues.

Pour concrétiser ces idées, considérons le cas d'un véhicule automobile. La durée de fonctionnement de la i-ième voiture est X_i; les variables $X_1, X_2, \ldots,$ admettent la fonction de répartition F et la densité f communes. Un individu a pris l'habitude d'acheter une voiture neuve tous les T ans (cette politique est connue sous le nom de politique de *remplacement systématique* ou encore de remplacement en fonction de l'âge). Cependant si la voiture présente une panne majeure (selon la loi F) avant la période du remplacement systématique, elle devra être immédiatement remplacée par une voiture neuve. Sachant qu'une voiture neuve coûte C_1 dollars et qu'en cas de panne un coût supplémentaire de C_2 dollars est encouru, on demande de déterminer le coût moyen annuel $\overline{C}(T)$ (à long terme) associé à cette politique de remplacement systématique. Trouver la valeur de T qui minimise $\overline{C}(T)$ lorsque la v.a. X_i, $i \geq 1$, est uniformément distribuée entre 0 et 10 ans et que $C_1 = 10\,000$ dollars et $C_2 = 500$ dollars.

Réponse: On considère le processus de renouvellement cumulatif des coûts de remplacement des voitures successives. Les points de renouvellement de ce processus sont les instants d'achat d'une nouvelle voiture. D'après le théorème 9.5.1, le coût moyen annuel $\overline{C}(T)$ à long terme est égal au rapport de l'espérance du coût par cycle de renouvellement par l'espérance de la longueur du cycle.

La longueur du cycle est le minimum de T et de la variable aléatoire X (l'une quelconque des durées de fonctionnement X_i). On a donc d'après (2.3.6):

$$E(\min(X,T)) = \int_0^\infty E[\min(X,T) \mid X = x]\, f(x)\, dx.$$

Remarquons que si $x \leq T$, le minimum de X et T, connaissant $X = x$, est $X = x$, alors que si $X = x > T$, $\min(X,T) = T$. L'espérance ci-dessus s'écrit donc:

$$\begin{aligned} E(\min(X,T)) &= \int_0^T x f(x)\, dx + \int_T^\infty T f(x)\, dx \\ &= \int_0^T x f(x)\, dx + T(1 - F(T)). \end{aligned}$$

Pour calculer l'espérance du coût par cycle de renouvellement, remarquons que la voiture est remplacée prématurément si et seulement si $X \leq T$; par conséquent cette espérance est:

$$C_1 + C_2 P\{X \leq T\} = C_1 + C_2 F(T).$$

Le coût moyen annuel (à long terme) est donc:

$$\overline{C}(T) = \frac{C_1 + C_2 F(T)}{\int_0^T x f(x)\,dx + T(1 - F(T))}. \tag{9.5.5}$$

Évaluons $\overline{C}(T)$ lorsque la loi de X est uniforme sur $(0, 10)$ et $C_1 = 10\,000$, $C_2 = 500$. Il vient:

$$\overline{C}(T) = \frac{10\,000 + 500(T/10)}{\int_0^T dx/10 + T(1 - (T/10))} = 1\,000\,\frac{200 + T}{20T - T^2}.$$

Pour trouver la valeur de T qui minimise $\overline{C}(T)$, il suffit de trouver T^* tel que $\overline{C}'(T^*) = 0$ et de vérifier que cette valeur T^* correspond bien à un minimum de $\overline{C}(T)$ (en s'assurant par exemple que $\overline{C}''(T^*) > 0$). Nous laissons au lecteur le soin de finir les calculs; on trouvera $T^* =$ 9,76 années et $\overline{C}(T^*) = 2\,098{,}81$ dollars par an. □

Exemple 9.5.2. *Taille optimale d'un chargement*

Dans le bureau de poste d'une petite municipalité, les colis à destination de la grande ville la plus proche arrivent selon un processus de Poisson de paramètre λ. Les colis sont entreposés jusqu'à ce qu'il y en ait N. Lorsque ce total est atteint, les colis sont envoyés par camion à la grande ville. Il y a un coût d'entreposage de C par unité de temps où chaque colis doit rester entreposé à la poste; de plus le coût du transport des N colis (chauffeur, essence, etc.) est de K. Le gérant du bureau de poste cherche à déterminer, en fonction de N, le coût moyen par unité de temps de sa politique de gestion des colis afin de choisir la valeur N^* de N qui minimise ce coût moyen à long terme. Faire l'application numérique au cas $\lambda = 8$ colis par jour, $C = 2$ dollars par colis par jour et $K = 578$ dollars.

Réponse: On considère le processus de renouvellement cumulatif des coûts d'entreposage et de livraison des colis. Les points de renouvellement de ce processus sont les instants où le camion part et où il ne reste aucun colis dans la poste. D'après le théorème 9.5.1, le coût moyen par unité de temps $\overline{C}(N)$ à long terme est égal au rapport de l'espérance du coût total par cycle de renouvellement par l'espérance de la longueur du cycle.

Si $X_1, X_2, \ldots$, sont les durées d'attente entre arrivées des colis successifs, la longueur d'un cycle de renouvellement est $S_N = X_1 + X_2 + \cdots + X_N$, et $E(S_N) = NE(X_1) = N/\lambda$.

Pour déterminer l'espérance du coût total par cycle, remarquons qu'il y a $i-1$ colis entreposés pendant l'intervalle $[S_{i-1}, S_i)$ de longueur X_i, où $S_i = X_1 + \cdots + X_i$, $i \geq 1$, et, par conséquent, l'espérance du coût d'entreposage total pendant la durée du cycle est:

$$E\Big(C\sum_{i=1}^{N}(i-1)X_i\Big) = C\sum_{i=1}^{N}(i-1)E(X_i)$$

$$= CE(X_1)\sum_{i=1}^{N}(i-1) = \frac{CN(N-1)}{2\lambda}.$$

Le coût total espéré par cycle est donc:

$$K + \frac{CN(N-1)}{2\lambda}$$

et le coût moyen par unité de temps est, à long terme, égal à:

$$\overline{C}(N) = \frac{K + \dfrac{CN(N-1)}{2\lambda}}{N/\lambda} = \frac{\lambda K}{N} + \frac{C(N-1)}{2}.$$

La valeur N^* de N qui minimise $\overline{C}(N)$ est telle que:

$$0 = \overline{C}'(N^*) = -\frac{\lambda K}{N^{*2}} + \frac{C}{2}$$

soit:

$$N^* = \sqrt{\frac{2\lambda K}{C}}.$$

N^* est bien un minimum de $\overline{C}(N)$ puisque $\overline{C}''(N^*) = 2\lambda K/N^{*3} > 0$. On voit, comme on pouvait s'y attendre, que N^*, la taille optimale du chargement, est proportionnelle au coût fixe K (ou plus exactement à sa racine carrée) et inversement proportionnelle au coût d'entreposage.

Avec les données numériques suggérées au début de l'exemple, on obtient $N^* = 68$ colis et $\overline{C}(68) = 135$ dollars par jour. La stratégie optimale consiste donc à attendre qu'il y ait 68 colis au bureau de poste. A raison de 8 colis par jour, cela explique en partie la détérioration du service postal observée récemment! □

Exemple 9.5.3. *Application à la gestion des stocks*
Le magasin B.E. Systems (voir section 5.4.2) vend maintenant un autre modèle de micro-ordinateur fabriqué à Singapour. La demande pour ce micro-ordinateur pendant la i-ième semaine est une variable aléatoire D_i; on suppose que les variables aléatoires D_i, $i \geq 1$ sont indépendantes et de même loi.

Pour gérer le stock de cet article, le magasin utilise une politique (s, S): si le stock restant à la fin de la semaine est inférieur à s, on commande la quantité nécessaire pour le ramener à S. La commande est livrée le lundi matin à l'ouverture du magasin. Si le stock restant est plus grand ou égal à s, aucune commande n'est passée. Par conséquent, s'il reste x micro-ordinateurs en main à la fin d'une semaine, la commande sera de:

$$\begin{cases} S - x & \text{si } x < s, \\ 0 & \text{si } x \geq s. \end{cases}$$

On suppose que les seuls coûts associés à cette politique de gestion des stocks sont les coûts de commande: il y a un coût fixe K chaque fois qu'une commande est passée, et un coût C par micro-ordinateur commandé. On demande de calculer le coût moyen par semaine $\overline{C}(s, S)$ résultant de cette politique (s, S).

Réponse: On considère le processus de renouvellement cumulatif des coûts de gestion du stock. Les points de renouvellement de ce processus sont les instants où le stock revient au niveau S. D'après le théorème 9.5.1, le coût moyen par semaine est, à long terme, égal au rapport de l'espérance du coût total par cycle de renouvellement par l'espérance de la longueur de cycle.

Partant d'un stock de S, un nouveau renouvellement aura lieu dès que la demande totale à partir de ce point sera supérieure à $S - s$. Si l'on définit N par:

$$N = \max\{n : D_1 + \cdots + D_n \leq S - s\},$$

alors la durée du cycle est de $N + 1$ semaines. Remarquons que la définition de N est similaire à celle de $N(t)$ dans la relation (9.1.1). On peut donc exprimer l'espérance de N à l'aide de (9.1.5), et il vient:

$$E(\text{longueur du cycle}) = E(N+1) = 1 + \sum_{n=1}^{\infty} G_n(S-s), \qquad (9.5.6)$$

où G_n est la fonction de répartition de la somme des variables aléatoires indépendantes $D_1 + \cdots + D_n$, $n \geq 1$.

Le coût total par cycle de renouvellement est égal à K plus C fois le nombre d'ordinateurs commandés pendant le cycle. Ce dernier nombre est exactement égal au nombre d'ordinateurs vendus pendant le cycle, soit $D_1 + \cdots + D_{N+1}$. L'espérance du coût total est donc $D + CE(D_1 + \cdots + D_{N+1})$. La proposition 2.2.1 permet de calculer l'espérance d'une somme aléatoire telle que $D_1 + \cdots + D_{N+1}$ lorsque N est indépendant des variables $D_1, D_2, \ldots$ Cependant, dans notre cas la valeur de N dépend des valeurs de la demande pour les semaines constituant le cycle et la proposition 2.2.1 ne s'applique pas. On verra cependant dans la section 9.6 que l'*équation de Wald* sous une forme plus générale s'applique à notre cas et permet d'écrire:

$$\begin{aligned} K + CE(D_1 + \cdots + D_{N+1}) &= K + CE(D_1)E(N+1) \\ &= K + CE(D_1)[1 + \sum_{n=1}^{\infty} G_n(S-s)]. \end{aligned}$$

On a donc, à long terme, le coût moyen hebdomadaire suivant:

$$\overline{C}(s,S) = \frac{k + CE(D_1)[1 + \sum_{n=1}^{\infty} G_n(S-s)]}{1 + \sum_{n=1}^{\infty} G_n(S-s)}.$$

Remarquons que $\overline{C}(s,S)$ peut être en pratique difficile à calculer s'il est malcommode d'exprimer les convolutions G_n de la loi de la demande hebdomadaire. □

9.5.2 Processus de renouvellement alternatif

On considère un système qui peut se trouver dans l'un des deux états "marche" (*ON*) ou "arrêt" (*OFF*). Initialement le système est en marche pour une durée Y_1, puis il s'arrête pendant une durée Z_1; il se remet alors en marche pendant un temps Y_2, puis s'arrête pendant un temps Z_2, etc. On suppose que les vecteurs aléatoires (Y_n, Z_n), $n \geq 1$, sont indépendants et de même loi. Il en résulte que chacune des suites de variables aléatoires $\{Y_n,\ n \geq 1\}$ et $\{Z_n,\ n \geq 1\}$ est formée de variables indépendantes et de même loi. Cependant, les variables Y_n et Z_n peuvent être dépendantes. Par conséquent, chaque fois que le système se remet en marche, le processus repart à zéro du point de vue probabiliste, et lorsqu'il s'arrête la durée de la période d'arrêt peut dépendre de la durée de fonctionnement précédente.

On a dans ce cas un processus de renouvellement avec les durées d'attente entre points de renouvellement (instants de mise en marche) égales à $X_n = Y_n + Z_n$, $n \geq 1$. Nous avons vu un cas particulier de cette situation dans la section 9.2.1. On s'intéresse à déterminer la proportion du temps (à long terme) pendant laquelle le système est en marche; soit P_{ON} cette proportion. Pour obtenir cette quantité, imaginons que nous obtenons un revenu égal à 1 par unité de temps où le système est en marche, et égal à 0 autrement. Le revenu associé au n-ième cycle de renouvellement est Y_n, et le revenu total $R(t)$ dans l'intervalle $[0, t]$ est tel que:

$$\sum_{n=1}^{N(t)} Y_n \leq R(t) \leq \sum_{n=1}^{N(t)+1} Y_n$$

selon l'endroit où le point t se trouve dans l'intervalle $[S_{N(t)}, S_{N(t)+1})$. En écrivant:

$$\frac{1}{t}\sum_{n=1}^{N(t)} Y_n \leq \frac{R(t)}{t} \leq \frac{1}{t}\sum_{n=1}^{N(t)+1} Y_n,$$

et en laissant tendre t vers l'infini, on montre facilement en reprenant la démonstration du théorème 9.5.1 que les deux bornes de l'inégalité ci-dessus tendent vers $E(Y_1)/E(X_1)$. On en déduit, avec probabilité égale à 1, que:

$$P_{ON} = \lim_{t\to\infty} \frac{R(t)}{t} = \frac{E(Y_1)}{E(X_1)} = \frac{E(ON)}{E(ON)+E(OFF)} \tag{9.5.7}$$

puisque $R(t)/t$ est la proportion du temps où le système fonctionne dans l'intervalle $(0, t)$. On déduit de (9.5.7) que la proportion du temps (à long terme) où le système est arrêté est:

$$P_{OFF} = 1 - P_{ON} = \frac{E(OFF)}{E(ON)+E(OFF)}. \tag{9.5.8}$$

Dans (9.5.7) et (9.5.8), $E(ON)$ et $E(OFF)$ représentent respectivement l'espérance commune d'une durée de fonctionnement (soit $E(X_1)$) et l'espérance commune d'une durée d'arrêt (soit $E(Z_1)$).

Exemple 9.5.4. Revenons au problème de la section 9.2.1 avec les données de l'exemple 9.4.3. La proportion du temps où le walkman fonctionne est égale à:

$$P_{ON} = \frac{E(ON)}{E(ON)+E(OFF)} = \frac{72}{72+3} = 0{,}96. \ \square$$

Exemple 9.5.5. *File d'attente* $(M/G/1)$

On a vu dans l'exemple 9.2.2 que si l'arrivée des clients dans une file d'attente devant un poste de service unique se fait selon un processus de renouvellement, le début des périodes (ou cycles) d'activité (c'est-à-dire les instants où le serveur passe de l'état "libre" à l'état "occupé") engendre un processus de renouvellement. Une file d'attente $(M/G/1)$, où les arrivées sont poissonniennes et les durées de service arbitraires (on utilisera systématiquement cette notation au chapitre 10), satisfait ces conditions. Le processus de renouvellement engendré passe par deux états: un état "occupé" (ON) pendant qu'il y a un client en service, et un état "libre" (OFF) lorsque le serveur est libre. Soient Y_i et Z_i les variables aléatoires représentant respectivement la longueur de la période "occupé" et de la période "libre" du i-ième cycle d'activité dont la longueur est $X_i = Y_i + Z_i$, $i \geq 1$.

Nous avons donc un processus de renouvellement alternatif et la proportion du temps (à long terme) P_{LIBRE} où le poste de service est libre est, d'après (9.5.8), donnée par:

$$P_{LIBRE} = \frac{E(Z_1)}{E(Y_1) + E(Z_1)}$$

La période "libre" dure de la fin d'un service qui vide la file d'attente à l'arrivée du prochain client. Par suite de l'absence de mémoire des durées d'attente exponentielles d'un processus de Poisson, chaque période libre Z_i suit une loi exponentielle de paramètre λ et $E(Z_i) = 1/\lambda$, $i \geq 1$.

La période "occupé" comprend le temps de service SV_1 du premier client et les périodes "occupé" engendrées par tous les clients qui arrivent pendant le service de ce premier client. Soit A le nombre de ces nouvelles arrivées. Nous allons calculer l'espérance conditionnelle de la longueur de la période "occupé" (soit Y_1) connaissant $A = n$ et $SV_1 = s$. Nous avons d'abord:

$$E[Y_1 \mid A = 0, SV_1 = s] = s$$

puisque s'il n'y a aucun nouveau arrivant, la période "occupé" correspond à la durée de service du premier client. Considérons ensuite le cas où $A = 1$, et soit Y_1' l'intervalle entre le commencement du service de ce deuxième client et le moment où la queue est vide; alors:

$$E[Y_1 \mid A = 1, SV_1 = s] = s + E(Y_1') = s + E(Y_1),$$

car après le service du premier client, le client suivant ($A = 1$) commence une période d'activité Y_1' qui est identique du point de vue probabiliste à la précédente, d'où $E(Y_1') = E(Y_1)$. De proche en proche, nous obtenons:

$$E[Y_1 \mid A = n, SV_1 = s] = s + nE(Y_1)$$

et en utilisant la loi des probabilités totales:

$$\begin{aligned}
E[Y_1 \mid SV_1 = s] &= \sum_{n=0}^{\infty} E[Y_1 \mid A = n, SV_1 = s]\, P\{A = n \mid SV_1 = s\} \\
&= \sum_{n=0}^{\infty} (s + nE(Y_1)) e^{-\lambda s} \frac{(\lambda s)^n}{n!} \\
&= s \underbrace{\sum_{n=0}^{\infty} e^{-\lambda s} \frac{(\lambda s)^n}{n!}}_{1} + \lambda s E(Y_1) \underbrace{\sum_{n=1}^{\infty} e^{-\lambda s} \frac{(\lambda s)^{n-1}}{(n-1)!}}_{1} \\
&= s + \lambda s E(Y_1).
\end{aligned}$$

Supposons que la distribution de la durée de service SV admette la densité f, on a alors d'après (2.3.6):

$$\begin{aligned}
E(Y_1) &= \int_0^{\infty} E[Y_1 \mid SV_1 = s]\, f(s)\, ds \\
&= \int_0^{\infty} (s + \lambda s E(Y_1))\, f(s)\, ds \\
&= (1 + \lambda E(Y_1)) \int_0^{\infty} s f(s)\, ds = (1 + \lambda E(Y_1)) E(SV_1).
\end{aligned}$$

En général, on représente les durées de service en théorie des files d'attente par la variable aléatoire S (et non SV que nous avons utilisé jusqu'à maintenant pour éviter toute confusion avec les sommes partielles des X_i, $i \geq 1$). Avec cette notation, on a:

$$E(Y_1) = E(S)(1 + \lambda E(Y_1)).$$

Il en résulte, à condition que $\lambda E(S) < 1$, que:

$$E(Y_1) = \frac{E(S)}{1 - \lambda E(S)}. \tag{9.5.9}$$

Nous verrons au chapitre 10 que la condition $\lambda E(S) < 1$ est nécessaire à l'existence d'un processus de renouvellement dans cette file d'attente. On conçoit intuitivement que si $\lambda E(S) > 1$, c'est-à-dire que la durée moyenne d'un service (soit $E(S)$) est plus longue que la durée moyenne entre arrivées consécutives (soit $1/\lambda$), la taille de la file d'attente va augmenter continuellement et il n'y aura jamais de fin à un cycle d'activité.

La proportion du temps (à long terme) où le poste de service est libre est donc:

$$P_{LIBRE} = \frac{E(Z_1)}{E(Y_1) + E(Z_1)} = \frac{1/\lambda}{E(S)/(1 - \lambda E(S)) + 1/\lambda} = 1 - \lambda E(S). \tag{9.5.10}$$

Si par exemple les arrivées se font au taux $\lambda = 2$ à l'heure et la durée moyenne de service est de 20 minutes (soit $E(S) = 1/3$), alors $P_{LIBRE} = 1 - (2/3) = 1/3$; à long terme, le serveur est libre pendant un tiers du temps. □

Exemple 9.5.6. *Application à la gestion des stocks (suite)*
Revenons à l'exemple 9.5.3, et supposons que pour la politique (s, S) donnée nous cherchions la proportion du temps où le niveau de stock est supérieur ou égal à une valeur donnée x telle que $s \leq x < S$.

Nous pouvons donc diviser le cycle de renouvellement en deux phases: la première pour laquelle le niveau de stock est supérieur ou égal à x (*ON*), et la deuxième pour laquelle il est inférieur à x (*OFF*). La proportion du temps où le niveau de stock est supérieur ou égal à x est donc à long terme égale à $E(Y_1)/E(X_1)$, où $E(Y_1)$ est l'espérance de la longueur de la première phase du cycle et $E(X_1)$ est l'espérance de la longueur totale du cycle. On a, d'après la relation (9.5.6):

$$E(X_1) = 1 + \sum_{n=1}^{\infty} G_n(S - s)$$

où G_n est la fonction de répartition de la somme des n premières demandes.

Partant d'un stock de S, le niveau de stock sera supérieur ou égal à x tant que la demande totale enregistrée à partir de ce point ne dépasse pas $S - x$. Si l'on définit N' par:

$$N' = \max\{n : D_1 + \cdots + D_n \leq S - x\},$$

alors la durée de la première phase du cycle est $N' + 1$ et, comme dans l'exemple 9.5.3, nous avons:

$$E(Y_1) = E(N' + 1) = 1 + \sum_{n=0}^{\infty} G_n(S - x).$$

Par conséquent, la proportion du temps où le niveau de stock est supérieur ou égal à x est:

$$P_{STOCK \geq x} = \frac{1 + \sum_{n=0}^{\infty} G_n(S - x)}{1 + \sum_{n=0}^{\infty} G_n(S - s)}. \square$$

9.6 THÉORIE DU RENOUVELLEMENT: ÉQUATIONS ET THÉORÈME

Dans la section 9.1.2 nous avons établi que l'espérance du nombre de renouvellements dans $[0, t]$ est égale à:

$$m(t) = E(N(t)) = \sum_{n=1}^{\infty} F_n(t)$$

où:

$$F_n(t) = P\{S_n \leq t\}, \qquad t \geq 0,$$

et la fonction $m(t)$ est appelée *fonction de renouvellement*. De plus, d'après la proposition 9.4.1:

$$m(t) < \infty \qquad \text{quel que soit } t;$$

par conséquent, pour toute valeur donnée de t:

$$F_n(t) \to 0 \qquad \text{lorsque } n \to \infty. \tag{9.6.1}$$

Dans la suite de ce chapitre, nous allons supposer que les variables aléatoires $X_1, X_2, \ldots$, sont des variables continues (ce qui implique en particulier que $P\{X_i = 0\} = 0$ et $m(0) = 0$) et que la dérivée $m'(t)$ de la fonction de renouvellement existe. Les résultats obtenus demeurent valables dans le cas de variables aléatoires discrètes (en remplaçant les intégrations par les sommations appropriées). Remarquons que l'analyse ci-dessous ne nécessite pas l'existence de $m'(t)$; dans ce cas cependant, il faudrait faire appel à des intégrales de Riemann-Stieljes qui sont conceptuellement plus difficiles à définir.

Il est maintenant utile d'étendre le concept de *convolution* pour l'appliquer à deux fonctions non décroissantes autres que des fonctions de répartition (voir exemples 1.5.5 et 2.3.3). Soit f et g deux fonctions continues, différentiables et non décroissantes telles que $f(0) = g(0) = 0$. On définit la convolution de f par g, et on note $f * g$, par:

$$f * g(x) = \int_0^x g(x-y) f'(y)\, dy, \qquad x \geq 0. \tag{9.6.2}$$

Étant donné que $g(0) = 0$, on a $g(x-y) = \int_0^{x-y} g'(z)\, dz$. En utilisant cette expression de $g(x-y)$ dans (9.6.2) et en changeant l'ordre d'intégration, il vient:

$$\begin{aligned} f * g(x) &= \int_0^x \left(\int_0^{x-y} g'(z)\, dz \right) f'(y)\, dy \\ &= \int_0^x \left(\int_0^{x-z} f'(y)\, dy \right) g'(z)\, dz \\ &= g * f(x) \end{aligned}$$

et l'on voit que la convolution est une opération commutative.

Montrons que la fonction de renouvellement vérifie l'équation:

$$m(t) = F(t) + \int_0^t m(t-x) f(x)\, dx, \qquad t \geq 0,$$

ou encore, en utilisant la notation de la convolution:

$$m(t) = F(t) + F * m(t), \qquad t \geq 0, \tag{9.6.3}$$

où F et f sont respectivement la fonction de répartition et la densité de la loi commune des durées d'attente X_n, $n \geq 1$. Nous allons établir cette relation à l'aide d'un raisonnement fondamental en théorie du renouvellement qui consiste à conditionner sur l'instant X_1 du premier renouvellement et à compter le nombre espéré de renouvellements qui font suite. Manifestement, la structure probabiliste des renouvellements recommence à zéro après X_1, et par conséquent:

$$E[N(t) \mid X_1 = x] = \begin{cases} 0 & \text{si } x > t, \\ 1 + m(t-x) & \text{si } x \leq t. \end{cases}$$

Le résultat ci-dessus exprime qu'il n'y a aucun renouvellement dans $[0, t]$ si la première durée d'attente est supérieure à t. Si par contre $X_1 = x < t$, on a le renouvellement engendré à l'instant x plus, en moyenne, $m(t-x)$ renouvellements supplémentaires dans l'intervalle compris entre x et t. Utilisant la loi des probabilités totales, on a:

$$\begin{aligned} m(t) = E(N(t)) &= \int_0^t E[N(t) \mid X_1 = x]\, f(x)\, dx \\ &= \int_0^t (1 + m(t-x)) f(x)\, dx \\ &= F(t) + \int_0^t m(t-x) f(x)\, dx, \end{aligned}$$

ce qui établit la relation (9.6.3).

Comme nous allons bientôt le voir, l'équation intégrale (9.6.3) permet de déterminer $m(t)$ de façon unique à partir de la loi des durées d'attente. Cependant il n'est pas toujours possible de résoudre une telle équation intégrale. Le processus de Poisson fournit un exemple où l'on sait résoudre l'équation (9.6.3).

Exemple 9.6.1. *Processus de Poisson*

Considérons un processus de Poisson de paramètre λ. Nous avons $F(t) = 1 - e^{-\lambda t}$ pour $t \geq 0$, et $f(x) = \lambda e^{-\lambda x}$ pour $x \geq 0$. L'équation (9.6.3) s'écrit donc:

$$m(t) = 1 - e^{-\lambda t} + \int_0^t m(t-x) \lambda e^{-\lambda x}\, dx.$$

En faisant le changement de variable $u = t - x$ dans l'intégrale ci-dessus, on obtient:

$$m(t) = 1 - e^{-\lambda t} + \int_0^t m(u) \lambda e^{-\lambda(t-u)}\, du$$

$$= 1 - e^{-\lambda t} + \lambda e^{-\lambda t} \int_0^t m(u) e^{\lambda u}\, du. \tag{9.6.4}$$

En dérivant (9.6.4) par rapport à t, il vient:

$$m'(t) = \lambda e^{-\lambda t} - \lambda^2 e^{-\lambda t} \int_0^t m(u) e^{\lambda u}\, du + \lambda e^{-\lambda t} m(t) e^{\lambda t};$$

soit, puisque $\lambda e^{-\lambda t} \int_0^t m(u) e^{\lambda u}\, du = m(t) - 1 + e^{-\lambda t}$ (d'après l'équation (9.6.4)):

$$m'(t) = \lambda e^{-\lambda t} - \lambda(m(t) - 1 + e^{-\lambda t}) + \lambda m(t) = \lambda.$$

On en déduit $m(t) = \lambda t + C$, où C est une constante arbitraire; et puisque $m(0) = 0$ par hypothèse, $m(t) = \lambda t$ comme nous le savons déjà. □

9.6.1 Les équations de renouvellement

On peut généraliser le type d'équation intégrale introduite ci-dessus à l'aide de la définition suivante:

Définition 9.6.1. *On dit qu'une équation intégrale de la forme:*

$$g(t) = h(t) + \int_0^t g(t - x) f(x)\, dx, \qquad t \geq 0 \tag{9.6.5}$$

est une équation de renouvellement. On suppose que la fonction $h(t)$ et la densité $f(x)$ sont des fonctions connues tandis que la fonction $g(t)$ est inconnue.

On peut étendre encore un peu la portée de la notation $f * g$ en définissant la convolution d'une fonction $g(t)$ (que l'on suppose suffisamment "régulière" et bornée sur des intervalles finis) et d'une fonction différentiable non décroissante $f(t)$ telle que $f(0) = 0$, par la relation (9.6.2). Nous laissons au lecteur le soin de vérifier les propriétés élémentaires suivantes de cette convolution:

(i) $\max_{0 \leq t \leq T} |f * g(t)| \leq \max_{0 \leq t \leq T} |g(t)| \cdot f(T)$,

(ii) $f * g_1 + f * g_2 = f * (g_1 + g_2)$; on dit que la convolution est distributive par rapport à l'addition,

(iii) si f_1 et f_2 sont non décroissantes, on a:

$$f_1 * (f_2 * g) = (f_1 * f_2) * g;$$

on dit que la convolution est associative.

En comparant les relations (9.6.3) et (9.6.5), on voit que la fonction de renouvellement $m(t)$ est la solution d'une équation de renouvellement où $h(t) = F(t)$. Le théorème suivant affirme que la solution d'une équation de renouvellement quelconque peut être exprimée de façon unique à l'aide de la fonction de renouvellement.

Théorème 9.6.1. *Soit h une fonction bornée, et f la dérivée d'une fonction F non décroissante telle que $F(0) = 0$. Il existe une fonction g et une seule, bornée sur des intervalles finis, telle que:*

$$g(t) = h(t) + \int_0^t g(t-x)f(x)\,dx. \tag{9.6.6}$$

Cette fonction g est:

$$g(t) = h(t) + \int_0^t h(t-x)m'(x)\,dx, \tag{9.6.7}$$

où $m'(t) = \sum_{n=1}^{\infty} f_n(t)$ est la dérivée de la fonction de renouvellement $m(t) = \sum_{n=1}^{\infty} F_n(t)$.

Démonstration. Nous vérifions d'abord que la fonction g définie par la relation (9.6.7) est bornée sur des intervalles finis. En effet, puisque h est bornée et que m est non décroissante et finie, on a pour chaque T:

$$\begin{aligned}|\sup_{0\le t\le T} g(t)| &\le \sup_{0\le t\le T} |h(t)| + \int_0^T \Big(\sup_{0\le t\le T} |h(t)|\Big) m'(x)\,dx \\ &= \sup_{0\le t\le T} |h(t)|(1+m(T)) < \infty.\end{aligned}$$

Nous vérifions maintenant que la fonction g définie par (9.6.7) est une solution de l'équation (9.6.6). On a:

$$g(t) = h(t) + m * h(t) = h(t) + \Big(\sum_{n=1}^{\infty} F_n\Big) * h(t)$$
$$= h(t) + F * h(t) + \sum_{n=2}^{\infty} F_n * h(t)$$
$$= h(t) + F * \Big\{h(t) + \Big(\sum_{n=1}^{\infty} F_n\Big) * h(t)\Big\} = h(t) + F * g(t),$$

où l'avant dernière égalité est obtenue en tenant compte du fait que $F_n = F * F_{n-1}$ et de l'associativité de la convolution.

Il ne reste plus qu'à établir l'unicité de la solution de l'équation intégrale (9.6.6). Pour cela supposons qu'il existe une solution $\widetilde{g}$ de (9.6.6) autre que celle donnée par (9.6.7), soit $g = h + m * h$. Posons $d = \widetilde{g} - g$. En tenant compte de l'équation (9.6.6) d doit être solution de:

$$d(t) = \int_0^t d(t-x) f(x)\, dx = F * d(t),$$

ou encore, en remplaçant $d(t)$ itérativement $(n-1)$ fois par $F * d(t)$ dans l'égalité ci-dessus:

$$d(t) = F_n * d(t), \qquad \text{quel que soit } n \geq 1.$$

Étant donné que, d'après (9.6.1), $F_n(t) \to 0$ lorsque $n \to \infty$ quel que soit $t \geq 0$, on obtient $d(t) \equiv 0$ en laissant tendre n vers l'infini dans l'équation ci-dessus. On en conclut que la solution (9.6.7) de l'équation intégrale (9.6.6) est unique. ∎

Nous allons voir dans ce qui suit un certain nombre d'applications des méthodes probabilistes introduites dans cette section.

Exemple 9.6.2. *L'équation de Wald*

Nous avons vu dans la proposition 2.2.1 le calcul de l'espérance d'une somme aléatoire de variables indépendantes et de même loi lorsque le nombre de termes dans la somme est indépendant des valeurs de ces termes. Dans l'exemple 9.5.3, nous avons dû calculer $E(D_1 + \cdots + D_{N+1})$ où le nombre de termes de la somme dépend de la valeur des variables aléatoires D_i. Nous allons établir le résultat général suivant qui est une forme de l'équation de *Wald.*

Proposition 9.6.2. *Soit* $\{N(t), t \geq 0\}$ *un processus de renouvellement dont les durées d'attente sont les variables indépendantes et de même loi* $X_1, X_2, \ldots$. *On a:*

$$E(S_{N(t)+1}) = (m(t) + 1)E(X_1). \tag{9.6.8}$$

Démonstration. Posons $g(t) = E(S_{N(t)+1})$ et trouvons l'équation de renouvellement dont $g(t)$ est la solution en utilisant la démarche habituelle (c'est-à-dire un conditionnement sur l'instant $X_1 = x$ du premier renouvellement). Il vient:

$$E[S_{N(t)+1} \mid X_1 = x] = \begin{cases} x & \text{si } x > t, \\ x + g(t - x) & \text{si } x \leq t, \end{cases}$$

puisque si $x > t$, $N(t) = 0$ et $S_{N(t)+1} = X_1 = x$, tandis que si $x \leq t$ alors $S_{N(t)+1} = x + S_{N(t-x)+1}$. (Nous conseillons au lecteur de représenter ces quantités sur un axe pour mieux les visualiser. Un graphique est toujours utile lorsque l'on cherche à établir une équation de renouvellement.)

Utilisons maintenant la loi des probabilités totales:

$$\begin{aligned} g(t) = E(S_{N(t)+1}) &= \int_0^\infty E[S_{N(t)+1} \mid X_1 = x]\, f(x)\, dx \\ &= \int_0^t (x + g(t - x)) f(x)\, dx + \int_t^\infty x f(x)\, dx \\ &= \int_0^\infty x f(x)\, dx + \int_0^t g(t - x) f(x)\, dx \\ &= E(X_1) + \int_0^t g(t - x) f(x)\, dx \end{aligned}$$

Par conséquent, $g(t)$ est la solution d'une équation de renouvellement du genre (9.6.6) où $h(t) = E(X_1)$. Le théorème 9.6.1 nous permet d'écrire que la fonction $g(t)$ est égale à:

$$\begin{aligned} g(t) = E(S_{N(t)+1}) &= h(t) + \int_0^t h(t-x)m'(x)\,dx \\ &= E(X_1) + \int_0^t E(X_1)m'(x)\,dx \\ &= E(X_1) + E(X_1)\int_0^t m'(x)\,dx \\ &= E(X_1)(1+m(t)). \blacksquare \end{aligned}$$

Le lecteur curieux se demandera pourquoi la proposition 9.6.2 n'affirme pas que $E(S_{N(t)}) = E(X_1)E(N(t)) = m(t)E(X_1)$. C'est surtout que ce résultat est faux en général; en effet, on se souviendra que dans la section 9.3 l'espérance de la durée de vie totale β_t était presque deux fois l'espérance inconditionnelle lorsque t était assez grand. Or $\beta_t = S_{N(t)+1} - S_{N(t)}$ est le dernier terme de la somme partielle $S_{N(t)+1}$; il n'est donc pas vraisemblable que $E(S_{N(t)})$ puisse être égal à $m(t)E(X_1)$. □

Exemple 9.6.3. *Processus de renouvellement alternatif*

Dans la section 9.5.2, nous avons déterminé la proportion de temps (à long terme) où le système fonctionne. Supposons que l'on s'intéresse maintenant à la probabilité que le système fonctionne à l'instant t; soit:

$$P(t) = P\{\text{système dans l'état } ON \text{ à } t\}.$$

Nous allons déterminer une équation de renouvellement pour $P(t)$ en conditionnant sur $Y_1 + Z_1 = x$. Avec le raisonnement habituel, on obtient:

$$P\{ON \text{ à } t \mid Y_1 + Z_1 = x\} = \begin{cases} P\{Y_1 > t \mid X_1 + Y_1 = x\} & \text{si } x > t, \\ P(t-x) & \text{si } x \leq t, \end{cases}$$

puisque si $x > t$, $N(t) = 0$ et le système sera en marche si la première durée de fonctionnement $Y_1 > t$, tandis que si $x \leq t$ alors le système recommence à zéro en x et la probabilité cherchée est égale à la probabilité $P(t-x)$ que le système soit en marche après un temps $t - x$.

Utilisons maintenant la loi des probabilités totales en adoptant les notations suivantes: F_{ON} (resp. F_{OFF}) est la fonction de répartition de Y_1 (resp. Z_1) et F est la fonction de répartition de $X_1 = Y_1 + Z_1$ (on prendra les lettres minuscules correspondantes pour les densités); il vient:

$$\begin{aligned} P(t) &= \int_0^\infty P\{ON \text{ à } t \mid Y_1 + Z_1 = x\} f(x)\,dx \\ &= \int_0^t P(t-x) f(x)\,dx + \int_t^\infty P\{Y_1 > t \mid Y_1 + Z_1 = x\} f(x)\,dx. \end{aligned}$$

Mais, puisque $Z_1 \geq 0$, on a:

$$\begin{aligned} \int_t^\infty P\{Y_1 > t \mid Y_1 + Z_1 = x\} f(x)\,dx \\ &= \int_0^\infty P\{Y_1 > t \mid Y_1 + Z_1 = x\} f(x)\,dx \\ &= P\{Y_1 > t\} = 1 - F_{ON}(t) \end{aligned}$$

d'après la loi des probabilités totales. Par conséquent:

$$P(t) = 1 - F_{ON}(t) + \int_0^t P(t-x) f(x)\,dx, \tag{9.6.9}$$

et $P(t)$ est la solution d'une équation de renouvellement où $h(t) = 1 - F_{ON}(t)$. D'après le théorème 9.6.1, la probabilité $P(t)$ est égale à:

$$P(t) = 1 - F_{ON}(t) + \int_0^t (1 - F_{ON}(t-x)) m'(x)\,dx$$

où $m'(x)$ est la dérivée de $m(x) = \sum_{n=1}^\infty F_n(x)$.

Le calcul de $P(t)$ dépend de la connaissance des fonctions F_{ON} et F et peut être malcommode. Nous verrons dans la section suivante le comportement de $P(t)$ lorsque t tend vers l'infini. □

9.6.2 Le théorème du renouvellement

Nous avons vu que le théorème du renouvellement sous la forme du théorème 9.4.5 n'était pas très pratique à utiliser. Les applications qui suivent justifieront notre préférence pour la forme équivalente suivante que nous donnons sans démonstration.

Théorème 9.6.3. *Soit $f(x)$ la densité d'une variable aléatoire continue positive dont l'espérance est égale à μ, et $h(t)$ une fonction monotone et absolument intégrable sur $(0, \infty)$. Alors si $g(t)$ est la solution de l'équation de renouvellement:*

$$g(t) = h(t) + \int_0^t g(t-x) f(x)\, dx,$$

on a:

$$\lim_{t \to \infty} g(t) = \begin{cases} \dfrac{1}{\mu} \displaystyle\int_0^\infty h(x)\, dx & \text{si } \mu < \infty, \\ 0 & \text{si } \mu = \infty. \end{cases}$$

Comme on le verra dans les applications, les conditions imposées à la fonction $h(t)$ (monotone et absolument intégrable, c'est-à-dire $\int_0^t |h(t)|\, dt < \infty$) sont satisfaites dans la quasi-totalité des cas.

On peut montrer que le théorème 9.6.3 implique le théorème 9.4.5 en prenant:

$$h(t) = \begin{cases} 1 & \text{si } 0 \leq t < h, \\ 0 & \text{si } h < t. \end{cases}$$

Cette fonction $h(t)$ satisfait les conditions du théorème 9.6.3 et d'après le théorème 9.6.1, on a pour $t > h$:

$$g(t) = h(t) + \int_0^t h(t-x) m'(x)\, dx = \int_{t-h}^t m'(x)\, dx = m(t) - m(t-h).$$

D'autre part, $\mu^{-1} \int_0^\infty h(x)\, dx = h/\mu$. Le théorème 9.6.3 permet alors de conclure que:

$$\lim_{t \to \infty} g(t) = \lim_{t \to \infty} (m(t) - m(t-h)) = h/\mu,$$

ce qui équivaut au théorème 9.4.5. Il est plus difficile de montrer que le théorème 9.4.5 implique le théorème 9.6.3 et nous renvoyons le lecteur intéressé aux ouvrages spécialisés.

Exemple 9.6.4. *Processus de renouvellement alternatif (suite)*

Revenons à l'exemple précédent où nous avons déterminé une équation de renouvellement pour la probabilité $P(t) = P\{$système dans l'état ON à $t\}$. Cette équation, donnée par la relation (9.6.9), est:

$$P(t) = 1 - F_{ON}(t) + \int_0^t P(t-x)f(x)\,dx.$$

Remarquons que $h(t) = 1 - F_{ON}(t) \geq 0$ est une fonction non croissante et que, d'après le problème 47 du chapitre 1, $\int_0^\infty |1 - F_{ON}(t)|\,dt = E(Y_1)$ que nous supposons fini. On a alors, d'après le théorème 9.6.3:

$$\lim_{t\to\infty} P(t) = \frac{1}{\mu}\int_0^\infty (1 - F_{ON}(x))\,dx = \frac{E(Y_1)}{\mu} = \frac{E(ON)}{E(ON)+E(OFF)}.$$

En comparant ce résultat avec la relation (9.5.7), on voit que la limite de la probabilité que le système fonctionne est égale à la proportion du temps (à long terme) pendant laquelle le système fonctionne. Le lecteur devrait dès maintenant prendre conscience de la différence entre ces deux quantités; nous allons les retrouver régulièrement au prochain chapitre. □

9.6.3 Applications du théorème du renouvellement

A l'aide du théorème 9.6.3, nous allons pouvoir étudier, dans le contexte d'un processus de renouvellement quelconque, le biais d'échantillonnage mis en évidence dans la section 9.3 pour un processus de Poisson. De plus, nous allons préciser le comportement asymptotique de la fonction de renouvellement $m(t)$.

Exemple 9.6.5. *Le paradoxe de l'inspection*

Dans la section 9.3 nous avons envisagé, pour un processus de renouvellement poissonnien, les variables suivantes représentées sur la figure 9.3.1:

$$\gamma_t = S_{N(t)+1} - t \text{ (durée de vie résiduelle)},$$
$$\delta_t = t - S_{N(t)} \text{ (âge)},$$
$$\beta_t = \gamma_t + \delta_t \text{ (durée de vie totale)},$$

et nous avons mis en évidence le "biais d'échantillonnage dû à la longueur des intervalles" en calculant $E(\beta_t)$. Ce phénomène est aussi connu sous le nom de "paradoxe de l'inspection" puisque, lorsque l'on inspecte un intervalle au hasard, on a tendance à tomber sur un grand intervalle.

Nous allons étudier ces variables dans le cas d'un processus de renouvellement arbitraire. Commençons par établir une équation de renouvellement pour la loi de la durée de vie résiduelle; soit $g_z(t) = P\{\gamma_t > z\}$. Utilisons le raisonnement habituel en conditionnant sur l'instant $X_1 = x$ du premier renouvellement. Il vient (nous recommandons au lecteur de soutenir le raisonnement à l'aide d'un dessin):

$$P\{\gamma_t > z \mid X_1 = x\} = \begin{cases} 1 & \text{si } x > t + z, \\ 0 & \text{si } t + z \geq x > t, \\ g_z(t - x) & \text{si } t \geq x > 0 \end{cases}$$

puisque si $t < x = X_1$, alors $N(t) = 0$ et $\gamma_t = x - t$. La probabilité conditionnelle est donc égale à 1 si $\gamma_t = x - t > z$ et à 0 si $\gamma_t \leq z$. Si par contre $t \geq x = X_1$, étant donné que le processus repart à zéro d'un point de vue probabiliste à l'instant $X_1 = x$, alors la probabilité que γ_t soit supérieur à z est égale à celle que γ_{t-x} soit supérieur à z.

Par conséquent, en notant f (resp. F) la densité (resp. fonction de répartition) de X_1 et en utilisant la loi des probabilités totales:

$$\begin{aligned} g_z(t) &= \int_0^\infty P\{\gamma_t > z \mid X_1 = x\} f(x)\, dx \\ &= \int_0^t g_z(t - x) f(x)\, dx + \int_{t+z}^\infty f(x)\, dx \\ &= 1 - F(t + z) + \int_0^t g_z(t - x) f(x)\, dx. \end{aligned}$$

Pour obtenir la limite de la distribution de la durée de vie résiduelle γ_t lorsque t tend vers l'infini, on utilise le théorème 9.6.3. A cet effet, il faut montrer que la fonction $h(t) = 1 - F(t + z) \geq 0$ est monotone (elle est évidemment non croissante) et absolument intégrable. Pour cela, remarquons que:

$$\int_0^\infty (1 - F(t + z))\, dt = \int_z^\infty (1 - F(y))\, dy < \int_0^\infty (1 - F(y))\, dy = \mu$$

et $h(t)$ est absolument intégrable si $\mu = E(X_1) < \infty$. Dans ces conditions, le théorème 9.6.3 affirme que:

$$\lim_{t \to \infty} P\{\gamma_t > z\} = \frac{1}{\mu} \int_z^\infty (1 - F(y))\, dy, \quad z > 0 \tag{9.6.10}$$

ce qui nous donne la distribution asymptotique de la durée de vie résiduelle.

Supposons maintenant z fixé et $t \geq z$. Le lecteur se convaincra, en raisonnant sur le dessin ci-dessous, que les événements $\{\delta_t > z\}$ et $\{\gamma_{t-z} > z\}$ sont identiques. On en déduit dans ce cas $P\{\delta_t > z\} = P\{\gamma_{t-z} > z\}$ et:

$$\lim_{t\to\infty} P\{\delta_t > z\} = \lim_{t\to\infty} P\{\gamma_{t-z} > z\} = \lim_{t\to\infty} P\{\gamma_t > z\}$$

puisque lorsque $t \to \infty$, $\gamma_{t-z} \sim \gamma_t$ pour z fixé.

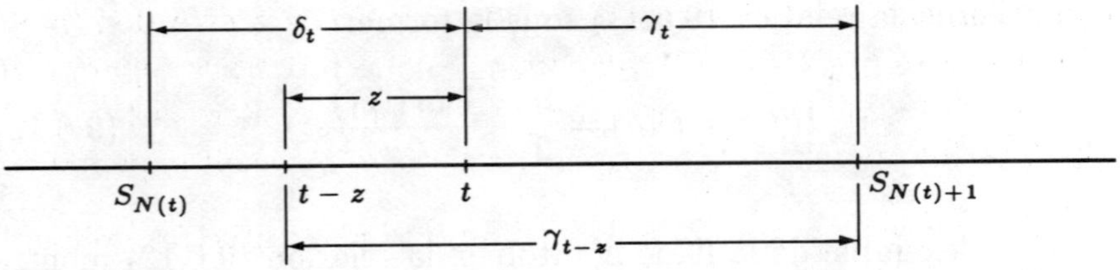

Nous voyons donc qu'à long terme, l'âge et la durée de vie résiduelle ont la même distribution limite donnée par (9.6.10). Si l'on choisit, pour concrétiser la discussion, l'exemple de la ligne d'autobus de la section 9.2.3, ce résultat indique que, si une personne arrive à l'arrêt d'autobus après une période de fonctionnement t suffisamment grande, le temps écoulé depuis le passage du dernier autobus a la même loi que le temps d'attente de l'autobus suivant. Comme cette personne arrive à un instant arbitraire, ce résultat n'est pas trop surprenant!

On peut calculer la limite commune $E(\gamma) = E(\delta)$ lorsque t tend vers l'infini des espérances de γ_t et δ_t. Pour cela, notons que la densité de la loi limite donnée par la relation (9.6.10) est:

$$\begin{aligned} f_\gamma(z) &= \frac{d}{dz}\Big(\lim_{t\to\infty} P\{\gamma_t \leq z\}\Big) = \frac{d}{dz}\Big(1 - \lim_{t\to\infty} P\{\gamma_t > z\}\Big) \\ &= \frac{d}{dz}\Big(1 - \frac{1}{\mu}\int_z^\infty (1 - F(y))\,dy\Big) = \frac{1 - F(z)}{\mu}. \end{aligned}$$

Par conséquent:

$$E(\gamma) = E(\delta) = \int_0^\infty z f_\gamma(z)\,dz = \frac{1}{\mu}\int_0^\infty z(1 - F(z))\,dz.$$

Calculons cette dernière intégrale par parties en posant $u = 1 - F(z)$, $dv = z\,dz$; il vient:

$$\int_0^\infty z(1 - F(z))\,dz = \frac{z^2}{2}(1 - F(z))\Big|_0^\infty + \frac{1}{2}\int_0^\infty z^2 f(z)\,dz;$$

d'où:

$$E(\gamma) = E(\delta) = \frac{1}{2\mu}\int_0^\infty z^2 f(z)\,dz = \frac{E(X_1^2)}{2\mu}. \qquad (9.6.11)$$

En se rappelant que $E(X_1^2) = Var(X_1) + (E(X_1))^2 = Var(X_1) + \mu^2$, on peut écrire la relation (9.6.11) sous la forme:

$$E(\gamma) = E(\delta) = \frac{\mu}{2} + \frac{Var(X_1)}{2\mu}. \qquad (9.6.12)$$

Dans l'exemple de la ligne d'autobus, la relation (9.6.12) montre que si μ est l'intervalle moyen entre deux passages *quelconques*, une personne qui arrive à l'arrêt d'autobus au hasard après un temps t suffisamment long attendra en moyenne plus que $\mu/2$. En fait, cette personne n'attendra en moyenne $\mu/2$ que si $Var(X_1) = 0$, c'est-à-dire si les autobus arrivent toujours à intervalles fixes sans aucune variation possible à l'horaire. Dans le cas du processus de Poisson où $\mu = 1/\lambda$ et $Var(X_1) = 1/\lambda^2$, on a $E(\gamma) = 1/\lambda = \mu$ comme on l'avait déjà établi dans la section 9.3.

La relation (9.6.12) permet aussi de retrouver le paradoxe de l'inspection dans le cas général. En effet, la limite de l'espérance de la durée de vie totale $E(\beta_t)$ lorsque t tend vers l'infini est telle que:

$$\lim_{t\to\infty} E(\beta_t) = \lim_{t\to\infty}(E(\delta_t) + E(\gamma_t)) = 2E(\gamma) = \mu + \frac{Var(X_1)}{\mu}$$

ce qui confirme bien que la durée de vie totale moyenne est asymptotiquement plus grande ou égale à l'espérance de vie μ entre deux renouvellements consécutifs *quelconques*. □

Exemple 9.6.6. *Développement asymptotique de* $m(t)$
Les résultats précédents permettent de calculer le deuxième terme

du développement asymptotique de $m(t)$. Le premier terme, soit t/μ, résulte du deuxième théorème élémentaire du renouvellement (théorème 9.4.3). Remarquons d'abord que d'après la définition de γ_t:

$$S_{N(t)+1} = t + \gamma_t,$$

soit en prenant les espérances des deux membres de l'égalité ci-dessus et en tenant compte de la relation (9.6.8):

$$E(S_{N(t)+1}) = \mu(m(t) + 1) = t + E(\gamma_t);$$

cette dernière égalité s'écrit aussi

$$m(t) - \frac{t}{\mu} = \frac{E(\gamma_t)}{\mu} - 1.$$

En laissant t tendre vers l'infini on a:

$$\lim_{t\to\infty} (m(t) - \frac{t}{\mu}) = \frac{1}{\mu} \lim_{t\to\infty} E(\gamma_t) - 1.$$

En utilisant l'expression (9.6.12) de $E(\gamma) = \lim_{t\to\infty} E(\gamma_t)$, il vient:

$$\lim_{t\to\infty} (m(t) - \frac{t}{\mu}) = \frac{Var(X_1) - \mu^2}{2\mu^2} \cdot \square$$

PROBLÈMES

1. On considère un processus de renouvellement $\{N(t),\ t \geq 0\}$ tel que les durées d'attente $\{X_1, X_2, \ldots\}$ aient la distribution commune suivante:

$$P\{X_i = 1\} = 1/3 \text{ et } P\{X_i = 2\} = 2/3, \qquad i \geq 1.$$

Déterminer les lois de $N(1)$, $N(2)$ et $N(3)$, c'est-à-dire calculer pour chaque entier $k \geq 0$ les probabilités $P\{N(t) = k\}$, $t = 1, 2, 3$.

2. Dans un service d'urgence, les malades sont d'abord examinés par l'infirmière de garde; 30% des malades doivent voir un médecin et lorsque c'est leur tour, l'infirmière les envoie *immédiatement* à la clinique. Les autres malades reçoivent des soins de l'infirmière pendant 10 minutes. Après 10 minutes, 30% des malades quittent l'infirmière pour retourner chez eux ou aller en clinique, tandis que les autres reçoivent encore 10 minutes de soins de l'infirmière, et ainsi de suite toutes les 10 minutes. Par conséquent, toutes les 10 minutes, le malade en train d'être soigné par l'infirmière a une probabilité égale à 0,3 de quitter l'infirmière et une probabilité égale à 0,7 de rester 10 minutes de plus, indépendamment du temps déjà passé à recevoir des soins. On suppose que la salle d'attente de l'urgence est toujours pleine (ce qui est une bonne approximation de la réalité!) de façon que l'infirmière ait toujours un malade à examiner.
(a) Soient $X_1, X_2, \ldots$, les instants où les malades successifs quittent l'infirmière. Trouver la distribution des X_i, $i \geq 1$.
(b) Trouver, à long terme, le nombre horaire moyen de malades examinés par l'infirmière.

3. Un poste d'inspection se trouve à la fin d'une chaîne de fabrication. Les pièces sont inspectées et, si nécessaire, réparées. L'inspection est instantanée; les pièces défectueuses nécessitent une demi-heure de réparations. Si 10% des pièces sont défectueuses, calculer le nombre moyen de pièces qui peuvent être inspectées pendant une journée de travail de huit heures. On supposera qu'il y a toujours suffisamment de pièces pour que l'inspecteur n'ait jamais à attendre la prochaine pièce; de plus l'inspecteur part après huit heures de travail à la fin de la dernière réparation de la journée.

4. Nous avons supposé que les durées d'attente $X_1, X_2, \ldots$, d'un processus de renouvellement sont telles que $P\{X_i < \infty\} = F(\infty) = 1$. Si par contre $F(\infty) < 1$, il y a une probabilité positive égale à $1 - F(\infty)$ pour que chaque renouvellement soit le dernier renouvellement du processus (puisque la durée d'attente est alors infinie). On dit alors qu'on a un processus de renouvellement *terminal*.

Soit $N(\infty)$ le nombre total de renouvellements dans l'intervalle $[0, \infty)$. Montrer que $N(\infty) - 1$ est une variable aléatoire géométrique de paramètre $p = 1 - F(\infty)$.

5. Les équivalences suivantes sont-elles vraies ou fausses:
(a) $N(t) < n$ si et seulement si $S_n > t$?
(b) $N(t) \leq n$ si et seulement si $S_n \geq t$?
(c) $N(t) > n$ si et seulement si $S_n < t$?

6. Dans une petite île tropicale, les périodes de pluie alternent avec les périodes ensoleillés (ce qui n'est d'ailleurs pas vraiment différent du climat d'autres endroits!). La durée d'une période de pluie est une variable de Poisson de paramètre $\lambda = 2$ jours. La durée d'une période ensoleillée est une variable aléatoire géométrique de paramètre $p = 1/8$ par jour. En supposant que les périodes de pluie et les périodes ensoleillées sont indépendantes les unes des autres, trouver, à long terme, la proportion des jours de pluie.

7. Les invités à une soirée de gala du Centre national des arts stationnent leur voiture le long de l'allée qui conduit à l'entrée. La longueur d'une voiture est une variable aléatoire L d'espérance $\mu = E(L)$ finie (bien que si certains des invités avaient le choix, ils préféreraient, à en croire leur voiture, $\mu = \infty$!). Chaque voiture stationne à une distance D du pare-chocs de la voiture précédente, et D est une variable aléatoire uniforme entre 0 et 1 mètre. Sachant que la première voiture stationne contre le mur situé au bout de l'allée, soit $N(x)$ le nombre de voitures stationnées à une distance inférieure ou égale à x du bout de l'allée. Calculer $\lim_{x\to\infty} N(x)/x$ lorsque la variable aléatoire L possède la loi suivante:

(a) uniforme entre 3 et 5 mètres,

(b) exponentielle de paramètre $\lambda = 1/3$.

8. Les voyageurs qui désirent se procurer des devises canadiennes se présentent au bureau de change de l'aéroport international de Montréal selon un processus de renouvellement dont les durées d'attente sont les variables aléatoires indépendantes et de même loi $X_1, X_2, \ldots$ Chaque voyageur achète, indépendamment des autres, un montant de devises donné par une v.a. Y.

(a) Donner une expression pour le montant total de devises achetées à ce bureau dans l'intervalle $[0, t]$, soit $D(t)$ ce montant.

(b) Trouver $\lim_{t\to\infty} D(t)/t$.

9. Considérons la politique de remplacement systématique d'un véhicule automobile décrite dans l'exemple 9.5.1. Rappelons que la voiture est remplacée par une voiture neuve tous les T ans à moins que l'on ait une panne majeure après X années, où $X < T$. En cas de panne majeure, la voiture est remplacée immédiatement. La durée de fonctionnement de la i-ième voiture est X_i; les variables indépendantes $X_1, X_2, \ldots$, admettent la fonction de répartition F et la densité f communes.

Trouver une expression pour représenter la proportion des voitures qui sont remplacées prématurément.

10. Considérons à nouveau la politique de remplacement systématique d'un véhicule automobile décrite dans l'exemple 9.5.1 (voir aussi le problème 9). Supposons qu'on ait toujours les coûts C_1 (coût d'une voiture neuve) et C_2 (coût supplémentaire en cas de panne majeure), mais qu'on puisse revendre une voiture qui a T années et qui *fonctionne encore* pour une somme $R(T)$.

(a) Trouver le coût moyen annuel (à long terme) $\overline{C}(T)$ qui correspond à cette situation.

(b) Trouver la valeur de T qui minimise le coût moyen annuel à long terme lorsqu'on suppose que la durée de fonctionnement d'une voiture neuve suit une loi uniforme entre 2 et 8 années, que $C_1 = 4$, $C_2 = 1$, et que la fonction $R(T)$ est définie par:

$$R(T) = \begin{cases} 4 - T & \text{si } 0 \leq T \leq 2, \\ \dfrac{-T}{3} + \dfrac{8}{3} & \text{si } 2 \leq T \leq 8. \end{cases}$$

11. Trouver la valeur de T qui minimise le coût moyen $\overline{C}(T)$ donné par la relation (9.5.5) lorsque la durée de fonctionnement d'une voiture neuve est une variable aléatoire exponentielle dont l'espérance est égale à 5 ans et que $C_1 = 9\,000$ dollars et $C_2 = 1\,000$ dollars.

12. Dans l'exemple 9.5.2 de la taille optimale d'un chargement, supposons maintenant que le camion ne part pas immédiatement après l'arrivée du N-ième colis. Au contraire, il y a un délai constant égal à D entre l'arrivée du N-ième colis et le départ du camion. Tout nouveau colis arrivant pendant ce délai sera également expédié par ce camion. En utilisant la structure des coûts de l'exemple 9.5.2, trouver dans ce cas le coût moyen par unité de temps (à long terme).

13. Dans l'exemple 9.5.2 de la taille optimale d'un chargement, nous supposons maintenant que le camion part à intervalles fixes de T unités de temps quel que soit le nombre de colis accumulés dans l'intervalle.

(a) En utilisant la structure des coûts de l'exemple 9.5.2, trouver dans ce cas le coût moyen par unité de temps (à long terme).

(b) En prenant $\lambda = 8$ colis par jour, $C = 2$ dollars par colis par jour et $K = 578$ dollars, déterminer la valeur de T qui minimise le coût moyen par jour déterminé dans la question (a). Calculer le coût moyen minimum.

(c) Comparer les résultats numériques obtenus dans la question (b) avec ceux de l'exemple 9.5.2. Quelle est la politique de gestion des colis qui vous paraît la plus appropriée?

14. Une source émet des impulsions selon un processus de Poisson de taux λ. Ces impulsions sont enregistrées par un compteur. Cependant, après chaque enregistrement le compteur reste bloqué pendant un certain temps. Avec un compteur de type I, les impulsions qui arrivent pendant que le compteur est bloqué ne sont pas enregistrées; cependant elles n'affectent ni le fonctionnement du compteur ni la longueur de la période de blocage.

Si $\lambda = 50$ impulsions par seconde, calculer (à long terme) la proportion du temps où le compteur est bloqué et la proportion du nombre total des impulsions émises qui est enregistrée lorsque la loi de la durée de la période de blocage est:
(a) exponentielle avec une moyenne égale à 0,001 seconde;
(b) uniforme entre 0 et 0,01 seconde;
(c) constante et égale à 0,01 seconde.

15. Nous considérons maintenant un compteur de type II (voir problème 14). Alors que pour un compteur de type I seules les impulsions enregistrées engendrent un blocage du compteur, l'arrivée d'une impulsion quelconque peut prolonger le blocage de ce nouveau type de compteur. Le mécanisme de blocage est le suivant: supposons que la première impulsion bloque le compteur pendant une durée b_1 et qu'une deuxième impulsion arrive à un instant $\tau < b_1$. Cette deuxième impulsion bloque le compteur pendant une durée b_2 indépendante de b_1 et de même loi. Le compteur est alors libéré à l'instant $\max(b_1, \tau + b_2)$ à condition qu'aucune autre impulsion n'arrive avant cet instant. Une réalisation de ce processus est donnée en figure 1.

Montrer que si l'arrivée des impulsions suit un processus de Poisson de paramètre λ, la probabilité $P(t)$ que le compteur soit libre à l'instant t est égale à:

$$P(t) = e^{-\lambda \int_0^t \left(1-G(y)\right)\, dy}$$

où $G(y) = P\{b_1 \leq y\}$.

Indication: on conditionnera sur le nombre d'arrivées dans l'intervalle $(0, t]$ et on utilisera le théorème 8.2.4 pour exprimer $P\{\text{compteur libre à } t \mid n \text{ impulsions dans } (0, t]\}$. Le résultat s'obtient alors à l'aide de la loi des probabilités totales.

16. Nous considérons encore un autre type de compteur (voir problèmes 14 et 15) qui reste bloqué pendant une période de temps égale à la somme des durées de blocage engendrées par chacune des impulsions arrivant pendant que le compteur est bloqué. Supposons à nouveau que l'arrivée des impulsions se fait selon un processus de Poisson de paramètre $\lambda = 50$ (par seconde) et que la durée du

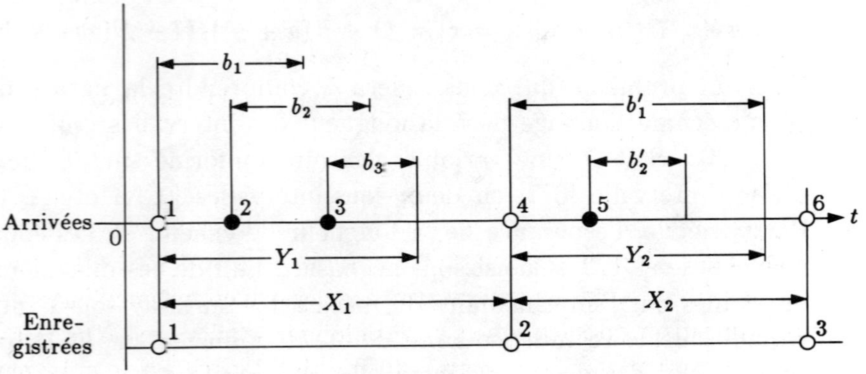

FIGURE 1

blocage engendré par une impulsion est une constante égale à 0,01 seconde.

(a) Calculer la probabilité $P(t)$ que le compteur soit libre à l'instant t.

(b) Utiliser votre réponse à la question (a) et la théorie du renouvellement pour calculer l'espérance de la longueur d'une période de blocage (comprise entre deux périodes où le compteur est libre).

Indication: pour la question (a) on écrira:

$$P(t) = \sum_{n=0}^{\infty} P(t \mid n) e^{-\lambda t} (\lambda t)^n / n!$$

où $P(t \mid n) = P\{\text{compteur libre à } t \mid n \text{ impulsions dans } (0, t]\}$.

17. Chaque fois qu'une machine tombe en panne, elle est immédiatement remplacée par une machine neuve. Calculer la proportion du temps où l'âge de la machine est inférieur à un an si la durée de fonctionnement d'une machine suit une loi:

(a) uniforme entre 0 et 5 ans;

(b) exponentielle avec une moyenne égale à 2 ans.

18. Soit γ_t la durée de vie résiduelle et δ_t l'âge à l'instant t dans un processus de renouvellement dont les durées d'attente ont la fonction de répartition commune F (densité f). Calculer la probabilité conditionnelle $P\{\gamma_t > y \mid \delta_t = x\}$ et l'espérance conditionnelle $E[\gamma_t \mid \delta_t = x]$.

Réponse: $P\{\gamma_t > y \mid \delta_t = x\} = (1 - F(x+y))/(1 - F(x))$.

19. Voici un problème qui nous aidera à comprendre la nature du biais d'échantillonnage dû à la longueur des intervalles (voir section 9.3). Soit X une variable aléatoire uniforme sur $[0,1]$; X divise l'intervalle $[0,1]$ en deux sous-intervalles $[0,X]$ et $(X,1]$. Par symétrie, l'espérance de la longueur de chacun de ces sous-intervalles est $1/2$. Choisissons au hasard l'un de ces deux sous-intervalles par l'intermédiaire du mécanisme suivant: soit Y une variable aléatoire indépendante de X et uniforme sur $[0,1]$, on choisit celui des deux sous-intervalles qui contient Y. Soit L la longueur du sous-intervalle ainsi choisi. On a de façon formelle:

$$L = \begin{cases} X & \text{si } Y \leq X, \\ 1 - X & \text{si } Y > X. \end{cases}$$

Trouver l'espérance de L.

Réponse: $E(L) = 2/3$.

20. Dans le problème de gestion des stocks de l'exemple 9.5.3, on suppose que, en plus des coûts introduits dans l'exemple, il existe un coût de pénalité P par unité de demande non satisfaite (une demande non satisfaite est perdue). Donner la nouvelle valeur du coût moyen hebdomadaire à long terme $\overline{C}(s,S)$.

21. Un processus se trouve dans l'un de n états possibles; soient $\{1, 2, \ldots, n\}$ ces états. Le processus est initialement dans l'état 1 où il reste pendant un temps T_1 de fonction de répartition F_1. Il passe ensuite dans l'état 2 qu'il occupe pendant un temps T_2 de fonction de répartition F_2. Il va ensuite à l'état 3, et ainsi de suite. De l'état n il revient à l'état 1 et le processus recommence. Trouver $P_i = \lim_{t\to\infty} P\{\text{processus dans l'état } i \text{ à } t\}$ pour $1 \leq i \leq n$. On supposera que les variables aléatoires T_i sont continues et ont des espérances finies $\mu_i = E(T_i)$.

Indication: déterminer une équation de renouvellement pour $P_i(t) = P\{\text{processus dans l'état } i \text{ à } t\}$ et appliquer le théorème 9.6.3.

22. On considère un processus de renouvellement dont les durées d'attente ont pour fonction de répartition commune F (densité f). Soit W l'instant du premier renouvellement tel que la durée d'attente de ce renouvellement soit supérieure à une durée donnée $\xi > 0$. Trouver l'équation intégrale satisfaite par $V(t) = P\{W \leq t\}$. Calculer $E(W)$. (On supposera qu'un événement a lieu à l'instant $t = 0$.)

Réponse: $V(t) = F(t) - F(\xi) + \int_0^\xi V(t-y)f(y)\,dy$ pour $t \geq \xi$, et $V(t) = 0$ pour $t < \xi$.

23. On définit pour un processus de renouvellement $\{N(t),\, t \geq 0\}$ la fonction $m_2(t) = E(N^2(t))$. Montrer que l'on a:

$$m_2(t) = m(t) + 2\int_0^t m(t-s)m'(s)\,ds.$$

24. Soit $V(t)$ la variance d'un processus de renouvellement $\{N(t),\, t \geq 0\}$ tel que les durées d'attente X_i, $i \geq 1$, ont un moment d'ordre 2 fini: $E(X_i^2) < \infty$. Trouver, par le raisonnement habituel, une équation de renouvellement pour $V(t)$.

Réponse: $V(t) = h(t) + \int_0^t V(t-u)f(u)\,du$ où $h(t) = \int_0^t [1 + m(t-u)]^2 f(u)\,du - [m(t)]^2$.

25. Soit γ_t la durée de vie résiduelle à l'instant t.

(a) Montrer à partir de la relation (9.6.10) que:

$$\lim_{t\to\infty} P\{\gamma_t \leq z\} = \frac{1}{\mu}\int_0^z (1 - F(y))\,dy.$$

(b) On suppose maintenant que t est choisi au hasard (uniformément) dans l'intervalle $(0, T)$; montrer que:

$$\lim_{T\to\infty} P\{\gamma_t \leq z\} = \frac{1}{\mu}\int_0^z (1 - F(y))\,dy.$$

Indication: on conditionnera sur la valeur de t, et on supposera que les échanges de limite et d'intégration sont justifiés (le lecteur pointilleux pourra appliquer le théorème de la convergence dominée de Lebesgue que l'on trouve dans tous les bons traités d'analyse).

Chapitre 10

FILES D'ATTENTE

Un problème de file d'attente est caractérisé par l'arrivée de *clients*, à des intervalles de temps réguliers ou irréguliers, en un point donné appelé *centre de service*. Un ou plusieurs *canaux de service* (on dit aussi postes ou stations de service) sont rassemblés au centre de service. Lors de son arrivée au centre de service, un client peut soit être servi immédiatement si une station est libre, soit attendre s'il le désire qu'une station se libère. Les durées des services des clients peuvent être fixées ou aléatoires suivant la nature du service.

Les *files d'attente* ou *queues* sont des phénomènes familiers que nous observons très fréquemment dans nos activités quotidiennes. Une succursale de banque est un exemple typique où les clients sont les personnes qui entrent dans la banque et les caissières sont les canaux de service. Les travaux qui arrivent dans un secrétariat constituent un deuxième exemple: les travaux sont les clients tandis que les secrétaires sont les stations de service. On peut donner comme troisième exemple celui des pannes de machines; une machine est un client qui a besoin des services d'un réparateur. On voit dans ces exemples que le terme “clients” peut être interprété de façon très générale en fonction de la situation. On remarquera également que le service peut avoir lieu soit lorsque le client se rend au centre de service, soit lorsque le serveur se rend jusqu'au client.

Il est difficile, à cause du caractère aléatoire des arrivées et des durées de service, de planifier un centre de service de façon optimale. La théorie mathématique des queues, qui utilise une description probabiliste des processus d'arrivée et de départ (ou de service), permet d'analyser de telles situations. Elle donne la possibilité de calculer certaines caractéristiques opérationnelles du processus comme la durée moyenne d'attente dans le centre de service ou le pourcentage de temps où un canal de service n'est pas occupé. A partir de ces résultats, on peut, en général, ajuster certains paramètres (tels le taux de service) afin d'améliorer le centre de service à la fois du point de vue du client et de celui du responsable du centre.

Il est souhaitable lorsque l'on entreprend la planification d'un centre de service de mesurer l'efficacité du système par rapport à certains facteurs financiers. Par exemple, l'augmentation du nombre de canaux va diminuer le temps d'attente des clients mais augmenter les coûts d'opération. Au contraire, une réduction du nombre de canaux va allonger le temps d'attente mais réduire les coûts d'opération. Par conséquent, si on pouvait exprimer le temps d'attente en termes financiers, on pourrait choisir le nombre optimal de canaux (ou taux de service optimal) afin de minimiser la somme des coûts de service et d'attente. Bien que cette méthode soit irréprochable sur le plan théorique, il est très difficile en pratique d'estimer le coût d'attente par unité de temps. Dans la plupart des cas, les éléments qui entrent dans la détermination de ces coûts sont tellement évasifs qu'il est impossible d'en déterminer une valeur monétaire fiable. Nous reviendrons sur ces difficultés par la suite.

Il ressort clairement de ce qui précède que la théorie des queues n'est pas une technique d'optimisation (comme l'est, par exemple, la théorie des processus de décision markoviens). Il s'agit plutôt d'un outil analytique qui permet d'obtenir efficacement de l'information sur le système étudié. On peut résumer la démarche associée à l'étude d'un problème de file d'attente à l'aide des quatre étapes suivantes:

- définir les variables du problème et établir les relations qui existent entre elles;
- établir, à l'aide des données historiques disponibles et des tests statistiques appropriés, les lois de probabilité de ces variables;

- déterminer, à partir de ces lois de probabilité, les caractéristiques et paramètres opérationnels du système; et
- améliorer la performance du système avec des modèles d'aide à la décision.

L'objectif principal de ce chapitre est la présentation et l'analyse d'un certain nombre de modèles de file d'attente qui diffèrent de par la nature des processus d'arrivée et de départ des clients. Nous verrons l'importance des modèles où le processus d'arrivée est poissonnien (la durée d'attente entre deux clients consécutifs est exponentielle). Nous montrerons également comment tirer profit de nos connaissances sur la théorie des chaînes de Markov et des processus de renouvellement pour nous aider dans l'analyse des phénomènes d'attente. Pour chaque modèle, nous préciserons les hypothèses de base et établirons les résultats fondamentaux. Le lecteur intéressé principalement aux applications de ces modèles pourra sauter les démonstrations et autres passages théoriques sans perdre la continuité de l'exposé.

10.1 DÉFINITIONS ET NOTATIONS

La figure 10.1.1 représente la structure de base d'une file d'attente. L'ensemble de la file d'attente et des stations de service constitue le *système d'attente* ou *système*. A un instant donné, le nombre de clients dans le système est égal au nombre de clients dans la queue plus le nombre de clients en train d'être servis. Nous allons maintenant introduire un certain nombre de définitions et de notations de base qui vont revenir tout au long de ce chapitre.

10.1.1 Caractéristiques d'un phénomène d'attente

Un système d'attente peut être complètement caractérisé par la connaissance des six éléments suivants:
- la distribution d'entrée ou processus des arrivées;
- la distribution du service;
- le nombre et la nature des canaux de service;
- la discipline d'attente;
- la capacité maximale du système d'attente; et
- la source des arrivées.

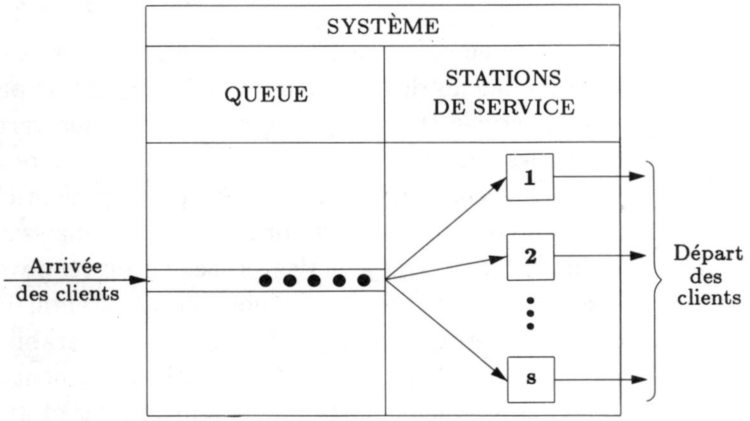

FIGURE 10.1.1: REPRÉSENTATION SCHÉMATIQUE D'UN SYSTÈME D'ATTENTE

Nous allons décrire brièvement chacun de ces éléments.

La *distribution d'entrée* (processus des arrivées) gouverne la répartition dans le temps des arrivées des clients, ou de façon plus précise, la distribution des intervalles de temps écoulés entre les arrivées (ces intervalles sont aussi appelés durées d'attente). La *distribution du service* est la distribution du temps nécessaire pour servir un client. En général, on définit ces distributions par échantillonnage des conditions réelles du phénomène.

On supposera toujours que le processus des arrivées est à accroissements indépendants et est indépendant de la longueur de la queue. On suppose encore, de façon équivalente, que les laps de temps entre des arrivées successives de clients, appelés les intervalles entre arrivées (ou durées d'attente), sont des variables aléatoires positives indépendantes et identiquement distribuées. Le processus des arrivées constitue donc un processus de renouvellement au sens du chapitre précédent.

Les *canaux de service* peuvent être disposés en parallèle ou en cascade (on dit aussi en série), ou encore en une combinaison plus compliquée de ces deux genres. Dans le cas de canaux parallèles, plusieurs clients peuvent être servis simultanément; dans le cas de canaux en série, un client doit passer par toutes les stations avant que son service soit terminé. On dit qu'on a une file d'attente à *poste de service unique* lorsque le système n'a qu'un seul canal de service (un seul serveur), et une file d'attente à *postes de service multiples* lorsque le système a plusieurs canaux en parallèle et que chaque canal a un serveur. On peut aussi construire des modèles faisant intervenir des canaux en série et des réseaux complexes de canaux; l'analyse de ces situations est cependant plus compliquée que celle d'un poste unique ou de postes multiples.

L'ensemble des relations d'ordre ou *priorités* qui interviennent dans les files s'appelle *discipline d'attente.* Dans la plupart des modèles, le règlement est "premier arrivé, premier servi", le service d'un client commençant aussitôt qu'il atteint la tête de la file. D'autres disciplines utilisées sont le règlement "dernier arrivé, premier servi", et l'utilisation de priorités. Dans ce dernier cas, un client qui vient d'arriver peut passer avant certains des clients qui sont déjà en train d'attendre.

La *capacité maximale* du système peut être finie ou infinie. Certains systèmes ne peuvent accommoder qu'une queue de taille limitée et lorsque la limite est atteinte les clients ne peuvent pas entrer dans le système. Il faut distinguer ce cas de celui d'une file d'attente avec existence de *refus* où un client peut décider de ne pas entrer dans le système parce qu'il trouve la queue trop longue, ou pour toute autre raison.

Finalement la *source* (ou population) des arrivées est un élément important dans l'analyse des files d'attente; la distribution des arrivées dépend souvent de la nature de la source dont elles proviennent. La source des arrivées peut être soit finie soit infinie. On a une source finie lorsque l'événement d'une arrivée influence le taux d'arrivée des autres clients potentiels. C'est le cas du problème de la réparation de M machines. Lorsque toutes les machines fonctionnent, la source contient M clients possibles. Dès qu'une machine tombe en panne, elle devient effectivement un client et ne peut plus engendrer d'autre arrivée jusqu'à la fin de son service (réparation). Il faut distinguer ce cas de celui d'une population limitée qui peut cependant engendrer un nombre infini de clients. C'est le cas d'un secrétariat qui a un nombre limité M d'utilisateurs, mais tel que chaque utilisateur peut théoriquement engendrer un nombre infini d'arrivées (travaux à dactylographier).

10.1.2 La notation de Kendall

On trouve souvent dans la littérature sur le sujet une notation symbolique pour identifier les files d'attente les plus simples. En 1953, D. Kendall introduisit la notation pour les trois premiers éléments des six caractéristiques données dans la section précédente, à savoir: la distribution d'entrée, la distribution du service et le nombre de postes de service en parallèle. La notation correspondante est $(a/b/c)$. En 1966, A. Lee ajouta à cette notation les quatrième et cinquième éléments, à savoir: la discipline d'attente et la capacité maximale du système. Dans ce manuel, nous utilisons la notation complète de Kendall-Lee qui inclut également le sixième élément (la capacité de la source). Cette notation est donc de la forme:

$$(a/b/c) : (d/e/f)$$

où:

- a représente la distribution des arrivées (ou la loi des durées d'attente);
- b représente la distribution des durées de service;
- c représente le nombre de canaux de service (serveurs) en parallèle;
- d représente la discipline d'attente;
- e représente la capacité maximale du système (clients en attente et en service); et
- f représente la capacité de la source des arrivées (taille de la population d'origine des clients).

Les symboles utilisés dans les deux premières places (symboles a et b) sont les suivants:

M pour des arrivées ou des départs poissonniens (ou de façon équivalente des durées d'attente ou de service exponentielles et indépendantes);

D pour un schéma d'arrivées donné (déterministe) ou des durées de service fixées;

GI pour des durées d'attente entre arrivées arbitraires (générales) et indépendantes; et

G pour des durées de service arbitraires.

Pour le symbole c, on choisit un nombre entier positif qui représente le nombre de canaux de service en parallèle. Il n'existe pas en français de symboles normalisés pour les disciplines d'attente (symbole d); nous utiliserons donc, en cas de besoin, les symboles anglo-saxons suivants: *FCFS* pour "premier arrivé, premier servi" (first come, first served), *LCFS* pour "dernier arrivé, premier servi" (last come, first served), et *SIRO* pour "discipline d'attente arbitraire" (service in random order). Les symboles e et f sont remplacés par les nombres entiers positifs finis ou infinis représentant respectivement la capacité maximale du système et la taille de la source des arrivées.

Pour illustrer l'utilisation de cette notation symbolique, considérons la file d'attente $(M/M/s):(FCFS/N/\infty)$. Dans ce cas, les clients arrivent selon un processus de Poisson (durées d'attente exponentielles) et reçoivent un service de durée exponentielle dans l'un de s canaux de service. La discipline d'attente est selon la règle "premier arrivé, premier servi". Le système a une capacité maximale de N clients (en attente et en train d'être servis) et la source (population d'origine) des arrivées est de taille infinie.

Comme on peut le voir d'après sa structure, cette notation ne permet pas de représenter des sytèmes complexes du genre de queues en série ou de réseaux de files d'attente. Elle constitue cependant un outil commode pour décrire et comparer les modèles simples dont l'analyse constitue un des buts essentiels de ce chapitre.

10.1.3 Régime transitoire et régime stationnaire

La théorie des queues permet d'analyser l'évolution dans le temps d'un phénomène d'attente. On dit qu'un système est en *régime transitoire* lorsque son comportement dépend de l'instant t auquel on l'observe. C'est en général le cas dans la première phase de fonctionnement du système lorsque l'influence des conditions initiales est prépondérante. Cependant, dans les files d'attente comme dans de nombreux autres processus stochastiques, on s'intéresse surtout au comportement à long terme du système. Une partie importante de la théorie des queues est donc consacrée à l'étude du *régime stationnaire.* Dans ce cas, le comportement du système devient indépendant de l'instant t auquel on l'observe.

Une condition nécessaire à l'existence d'un régime stationnaire est que le système ait déjà fonctionné pendant un temps suffisamment long (d'un point de vue mathématique, cela revient à dire que $t \to \infty$). Cette condition n'est cependant pas suffisante car les paramètres du système peuvent être tels qu'un régime stationnaire ne puisse pas s'établir. C'est le cas par exemple lorsque le taux d'entrée des clients dans le système est supérieur à leur taux de sortie; la file d'attente va s'allonger avec le temps et pourrait théoriquement devenir infinie.

Dans ce manuel, nous allons mettre l'accent sur l'étude des régimes stationnaires. Lorsque les outils mathématiques seront à notre portée, nous donnerons quelques résultats en régime transitoire.

10.1.4 Autres notations

Les notations suivantes sont utilisées traditionnellement dans l'étude des files d'attente. Rappelons au lecteur que le système (d'attente) comprend à la fois la queue (ou file d'attente) et les canaux (ou stations, postes) de service.

n est le nombre d'unités (de clients) dans le *système*;

$P_n(t)$ est la probabilité d'avoir exactement n clients dans le système à l'instant t, en supposant que le système a commencé à fonctionner à l'instant zéro;

P_n est la probabilité stationnaire d'avoir exactement n clients dans le système;

λ_n est le taux moyen des arrivées (nombre de clients qui arrivent par unité de temps) lorsqu'il y a n clients dans le système.

Lorsque λ_n est une constante pour tout n, on note $\lambda_n = \lambda$;

- μ est le taux moyen de service dans un canal occupé (nombre de clients servis par unité de temps);
- μ_n est le taux moyen de service pour le *système* lorsqu'il y a n clients dans le système;
- s est le nombre de canaux de service (serveurs) en parallèle;
- ρ est l'*intensité de trafic* ou *facteur d'utilisation*, on a $\rho = \lambda/\mu$;
- $\lambda/s\mu$ est le *facteur d'utilisation* pour s canaux de service en parallèle;
- W_s est l'espérance du temps d'attente d'un client dans le *système*;
- W_q est l'espérance du temps d'attente d'un client dans la *queue*;
- L_s est l'espérance du nombre de clients dans le système;
- L_q est l'espérance du nombre de clients dans la queue (longueur moyenne de la file d'attente).

Il résulte des définitions des quantités ci-dessus que:

$$L_s = \sum_{n=0}^{\infty} nP_n, \tag{10.1.1}$$

et:

$$L_q = \sum_{n=s}^{\infty} (n-s)P_n. \tag{10.1.2}$$

Il existe une relation importante entre L_s et W_s (et aussi entre L_q et W_q) qui permet de déterminer l'une de ces deux quantités à partir de la connaissance de l'autre. Nous allons l'établir dans la section suivante.

10.2 RÉSULTATS PRÉLIMINAIRES

Dans notre étude des phénomènes d'attente, nous allons être amenés à faire appel à certaines relations entre les quantités données dans la section 10.1.4. Nous allons également, en fonction des besoins, devoir regarder le système d'attente de plusieurs points de vue: celui d'un client qui arrive, celui d'un client qui part, celui d'un observateur externe, etc. Ces différents points de vue conduisent à la définition de différentes probabilités stationnaires. Il est essentiel d'en comprendre la signification. Dans cette section, nous allons établir ces relations. Bien que certains des exposés soient relativement complexes (nous renvoyons certains développements au supplément au chapitre 10), il est cependant nécessaire d'être sensibilisé aux résultats donnés dans les propositions suivantes ainsi qu'à leur interprétation.

10.2.1 La relation $L = \lambda W$

Il existe, en régime stationnaire, une relation importante entre les quantités L_s et W_s (et aussi entre L_q et W_q). Lorsque le taux d'arrivée est constant et égal à λ, nous avons:

$$L_s = \lambda W_s, \tag{10.2.1}$$

$$L_q = \lambda W_q. \tag{10.2.2}$$

Les relations ci-dessus sont satisfaites dans la plupart des situations de file d'attente où il existe un régime stationnaire; il n'est pas nécessaire, en particulier, d'imposer des restrictions aux processus d'entrée et de service. Bien que ces relations apparaissent à première vue intuitives, la démonstration en est assez complexe; nous renvoyons le lecteur intéressé au supplément au chapitre 10.

Dans certaines situations, le taux d'arrivée n'est pas constant; il dépend du nombre de clients déjà présents dans le système. C'est le cas, par exemple, d'un système dont la capacité maximale est limitée (lorsque le système n'est pas plein le taux d'entrée dans le système est égal au taux d'arrivée λ, mais lorsque il est plein le taux d'entrée tombe à zéro). Supposons que le taux d'entrée dans le système est λ_n lorsqu'il y a n clients dans le système. Les relations (10.2.1) et (10.2.2) sont toujours valables, mais il faut remplacer le taux d'arrivée λ par le taux d'entrée moyen à long terme $\overline{\lambda}$:

$$\overline{\lambda} = \sum_{n=0}^{\infty} \lambda_n P_n, \tag{10.2.3}$$

où P_n est la probabilité stationnaire d'avoir exactement n clients dans le système. Dans ces conditions nous avons:

$$L_s = \overline{\lambda} W_s, \tag{10.2.4}$$

$$L_q = \overline{\lambda} W_q. \tag{10.2.5}$$

D'autre part, en écrivant que l'espérance du temps d'attente d'un client dans le système est la somme de l'espérance de son temps d'attente dans la queue et de son temps de service, il vient:

$$W_s = W_q + E(S), \tag{10.2.6}$$

où $E(S)$ est l'espérance de la durée du service. En supposant que la durée moyenne du service est constante et égale à $1/\mu$, on obtient:

$$W_s = W_q + \frac{1}{\mu}\cdot \tag{10.2.7}$$

Ces relations sont très importantes puisqu'elles permettent de déterminer les quatre quantités fondamentales L_s, L_q, W_s et W_q à partir de la connaissance d'une seule d'entre elles. Comme nous le verrons par la suite, certaines de ces quantités sont beaucoup plus faciles à calculer que d'autres à partir des principes de base de la théorie des files d'attente. Les relations ci-dessus permettent donc d'obtenir sans effort le reste des quantités fondamentales du système.

Dans le cas où le taux d'entrée λ_n est constant et égal à λ, on a en multipliant par λ les deux membres de l'égalité (10.2.7):

$$L_s = L_q + \frac{\lambda}{\mu}\cdot \tag{10.2.8}$$

La relation (10.2.8) est également satisfaite lorsque λ est remplacé par $\overline{\lambda}$ (le taux d'entrée n'est pas constant). On peut en déduire la valeur de $\overline{\lambda}$ en fonction de μ, L_s et L_q:

$$\overline{\lambda} = \mu(L_s - L_q). \tag{10.2.9}$$

10.2.2 Les probabilités stationnaires

Soit $X(t)$ le nombre de clients dans le système à l'instant t, et soit

$$P_n(t) = P\{X(t) = n\}, \qquad n = 0, 1, 2, \ldots,$$

la probabilité d'avoir n clients dans le système à l'instant t (on dit aussi que le système est dans l'état n à l'instant t). Supposons qu'il existe une distribution de probabilité stationnaire lorsque $t \to \infty$, c'est-à-dire que:

$$P_n = \lim_{t \to \infty} P\{X(t) = n\}, \qquad n = 0, 1, 2, \ldots$$

P_n est la probabilité d'avoir (à long terme) n clients dans le système. Les conditions nécessaires à l'existence de probabilités stationnaires seront envisagées par le suite.

Dans le chapitre 9 (exemples 9.5.5 et 9.6.4), nous avons montré que, pour les files d'attente où le début des cycles d'activité (c'est-à-dire les instants où un serveur passe de l'état "libre" à l'état "occupé") engendre un processus de renouvellement, la limite lorsque $t \to \infty$ de la probabilité que le système soit vide (soit P_0) est égale à la proportion du temps (à long terme) où le système est vide. Par exemple, si $P_0 = 0{,}3$, alors à long terme le système sera vide 30% du temps.

On peut montrer de façon similaire que la probabilité stationnaire P_n est égale à la proportion du temps (à long terme) où il y a n clients dans le système, $n = 0, 1, 2, \ldots$ On dit qu'un processus de file d'attente qui satisfait l'hypothèse ci-dessus sur les cycles d'activité est *régénératif.*

Proposition 10.2.1. *Lorsqu'un processus de file d'attente est régénératif, la probabilité stationnaire d'avoir n clients dans le système est égale à la proportion du temps où il y a n clients dans le système,* $n = 0, 1, 2, \ldots$

La totalité des processus de file d'attente que nous étudierons sont des processus régénératifs lorsque les conditions de stationnarité sont satisfaites.

Deux autres groupes de proportions à long terme sont souvent utilisés en théorie des files d'attente. Ce sont:

$a_n =$ la proportion des clients qui trouvent, à leur arrivée, n clients dans le système; et

$d_n =$ la proportion des clients qui laissent, à leur départ, n clients dans le système.

Par conséquent, P_n est la proportion du temps (à long terme) où il y a n clients dans le système, a_n est la proportion des arrivants qui trouvent n clients dans le système, et d_n est la proportion des partants qui laissent derrière eux n clients dans le système. Nous allons étudier les différences existant entre ces proportions. Remarquons d'abord, comme on le voit dans l'exemple suivant, que ces quantités ne sont pas toujours égales.

Exemple 10.2.1. Considérons une file d'attente à poste de service unique où la durée du service est constante et égale à 1. Supposons également que les durées d'attente (intervalles de temps entre deux arrivées consécutives) sont toujours supérieures à 1. Par conséquent, chaque client qui arrive trouve le système vide et chaque client qui part laisse le système vide. Nous avons donc:

$$a_0 = d_0 = 1.$$

Cependant:

$$P_0 \neq 1$$

puisque le système n'est pas toujours vide. □

Ce n'est cependant pas par hasard que $a_n = d_n$ dans l'exemple précédent. Le fait que les proportions d'arrivants et de partants qui voient un nombre donné de clients dans le système soient égales résulte de la proposition suivante:

Proposition 10.2.2. *Dans un système d'attente où les clients arrivent un à la fois et sont servis un à la fois, on a:*

$$a_n = d_n, \qquad n \geq 0.$$

Démonstration. Lorsqu'un client qui arrive trouve n personnes dans le système, le nombre de clients présents (état du système) passe de n à $n+1$. De même, lorsqu'un client qui part laisse derrière lui n personnes dans le système, l'état passe de $n+1$ à n. Dans un intervalle de longueur quelconque T, le nombre de transitions de l'état n

à l'état $n+1$ doit, à une unité près, être égal au nombre de transitions de l'état $n+1$ à l'état n (puisque pour pouvoir repasser de n à $n+1$, il faut être revenu de $n+1$ à n). Donc, le taux de transition de n à $n+1$ est égal au taux de transition de $n+1$ à n; ou de façon équivalente le taux auquel un arrivant trouve n clients dans le système est égal au taux auquel un partant laisse n clients dans le système. On en déduit le résultat annoncé puisque le taux global d'entrée dans le système doit être, en régime stationnaire, égal au taux global de sortie du système (et la proportion de clients qui trouvent n personnes dans le système est égale au rapport du taux auquel un arrivant trouve n clients au taux global d'entrée). ■

Nous avons vu à l'aide de l'exemple 10.2.1 qu'en général les proportions P_n et a_n ne sont pas égales. Il existe une exception importante à cette observation: c'est le cas d'un système d'attente où le processus des arrivées est poissonnien.

Proposition 10.2.3. *Dans un système d'attente où les arrivées se font selon un processus de Poisson, on a:*

$$P_n = a_n \qquad n \geq 0.$$

On peut justifier ce résultat en remarquant que dans un intervalle de longueur T, le système est dans l'état n pendant un temps approximativement égal à P_nT. Puisque le taux des arrivées dans un processus de Poisson est constant et égal à λ, le nombre des arrivants qui trouvent n clients dans le système est approximativement égal à $\lambda P_n T$. Donc le taux auquel, à long terme, les arrivants trouvent le système dans l'état n est λP_n. Puisque λ est le taux global d'entrée dans le système, la proportion des clients qui trouvent n personnes dans le système, soit a_n, est égale à $\lambda P_n/\lambda = P_n$.

10.3 LES FILES D'ATTENTE $(M/M/1)$

Les types de file d'attente les plus simples et qui ont été aussi étudiées le plus complètement sont ceux où le processus d'arrivée est de Poisson et la distribution du service exponentielle. Nous allons envisager une file d'attente à poste de service unique dans le cas où la capacité maximale du système est infinie, ainsi que dans le cas où cette capacité est finie.

10.3.1 Le cas $(M/M/1):(FCFS/\infty/\infty)$

Supposons que les clients arrivent à un poste de service unique selon un processus de Poisson de taux λ. Les durées d'attente entre arrivées consécutives sont donc des variables aléatoires exponentielles indépendantes dont l'espérance commune est $1/\lambda$. Lors de son arrivée au centre de service, un client peut soit être servi immédiatement si le serveur est libre, soit attendre son tour dans la queue. Lorsque le service d'un client se termine, celui-ci quitte le système et le serveur commence à s'occuper du client suivant (s'il y en a un dans la queue). La capacité du système (donc de la queue) est infinie. Les durées de service pour les différents clients sont des variables aléatoires exponentielles indépendantes de paramètre commun μ.

Soit $X(t)$ le nombre de clients dans le *système* à l'instant t, et soit:

$$P_n(t) = P\{X(t) = n\}, \qquad n = 0, 1, 2, \ldots,$$

la probabilité d'avoir n clients dans le système à l'instant t (on dit aussi que le système est dans l'état n à l'instant t).

Nous allons déterminer un système d'équations différentielles satisfait par les $P_n(t)$, $n \geq 0$, en utilisant le même genre d'analyse que dans la section 8.2.2 du chapitre 8. Nous avons vu, dans la définition 8.2.5, que la probabilité d'une arrivée dans un intervalle de longueur $h > 0$ est égale à $\lambda h + o(h)$, tandis que la probabilité de plus d'une arrivée est égale à $o(h)$. De même, étant donné que la fonction de répartition d'une durée de service S est $P\{S \leq h\} = 1 - e^{-\mu h}$, on voit que la probabilité qu'un service se termine dans un intervalle de longueur $h > 0$ est $\mu h + o(h)$ (en utilisant le développement en série entière de l'exponentielle), tandis que la probabilité que plus d'un service se termine dans un intervalle de longueur h est $o(h)$.

En tenant compte de ces résultats, on voit que pour $n > 0$, la probabilité qu'il y ait n clients dans le système à l'instant $t + h$ est approximativement ("approximativement" veut dire à $o(h)$ près) égale à la somme des quatre termes suivants:

- la probabilité d'avoir n clients dans le système à l'instant t, aucune arrivée dans l'intervalle $(t, t+h]$, et aucun départ (fin de service) dans ce même intervalle. En tenant compte des remarques précédentes et du fait que les processus d'arrivée et de départ sont indépendants, cette probabilité, égale au produit des probabilités des trois événements considérés, vaut approximativement:

$$P_n(t)[1 - \lambda h + o(h)][1 - \mu h + o(h)];$$

- la probabilité d'avoir n clients dans le système à l'instant t, une arrivée dans l'intervalle $(t, t+h]$, et un départ dans ce même intervalle. Cette probabilité est approximativement égale à:

$$P_n(t)[\lambda h + o(h)][\mu h + o(h)];$$

- la probabilité d'avoir $n-1$ clients dans le système à l'instant t, une arrivée dans l'intervalle $(t, t+h]$, et aucun départ dans ce même intervalle. Cette probabilité est approximativement égale à:

$$P_{n-1}(t)[\lambda h + o(h)][1 - \mu h + o(h)];$$

- la probabilité d'avoir $n+1$ clients dans le système à l'instant t, aucune arrivée dans l'intervalle $(t, t+h]$, et un départ dans ce même intervalle. Cette probabilité est approximativement égale à:

$$P_{n+1}(t)[1 - \lambda h + o(h)][\mu h + o(h)].$$

Nous avons donc à $o(h)$ près:

$$\begin{aligned} P_n(t+h) = & P_n(t)[1 - \lambda h + o(h)][1 - \mu h + o(h)] \\ & + P_n(t)[\lambda h + o(h)][\mu h + o(h)] \\ & + P_{n-1}(t)[\lambda h + o(h)][1 - \mu h + o(h)] \\ & + P_{n+1}(t)[1 - \lambda h + o(h)][\mu h + o(h)]. \end{aligned}$$

En regroupant les termes $o(h)$, il vient:

$$\begin{aligned} \frac{P_n(t+h) - P_n(t)}{h} = & P_n(t)[-\lambda - \mu + 2\lambda\mu h] + P_{n-1}(t)[\lambda - \lambda\mu h] \\ & + P_{n+1}(t)[\mu - \lambda\mu h] + o(h)F(n, t, h), \end{aligned}$$

où $F(n, t, h)$ est la fonction de n, t et h que l'on obtient en mettant $o(h)$ en facteur commun dans tous les termes où il intervient. En faisant tendre h vers zéro, on a:

$$P'_n(t) = \lambda P_{n-1}(t) + \mu P_{n+1}(t) - (\lambda + \mu) P_n(t), \qquad n > 0. \quad (10.3.1)$$

On obtient à l'aide d'un raisonnement analogue:

$$P'_0(t) = -\lambda P_0(t) + \mu P_1(t). \quad (10.3.2)$$

Le système d'équations différentielles (10.3.1) et (10.3.2) admet pour solution $P_n(t)$, la probabilité d'avoir (en régime transitoire) n clients dans le système à l'instant t. Malheureusement, la résolution de ce système, ainsi que la forme de la solution obtenue sont très compliquées (voir Saaty (1961), pp. 88–93, pour plus de détails).

On peut montrer que, si $\lambda < \mu$, il existe un régime stationnaire pour ce système lorsque $t \to \infty$. Remarquons en général que, puisque l'espérance du nombre d'arrivées dans l'intervalle $(0, t)$ est λt et que l'espérance du nombre de départs dans $(0, t)$ est inférieure à μt (il peut y avoir des périodes où le serveur est libre), l'espérance du nombre de clients dans le système à t est supérieure ou égale à $\lambda t - \mu t = (\lambda - \mu)t$. Par conséquent, si $\lambda > \mu$, l'espérance du nombre de clients dans le système à l'instant t augmente avec t; il ne peut donc pas y avoir d'état stationnaire. Notons que si $\lambda < \mu$, l'intensité du trafic $\rho = \lambda/\mu$ est inférieure à 1, et que cette condition implique que la durée de service moyenne est inférieure au temps moyen d'attente entre deux arrivées consécutives. On retrouve ce genre de condition pour l'existence de probabilités stationnaires dans la plupart des systèmes de file d'attente à un poste de service unique. Nous avons d'ailleurs déjà rencontré cette condition sous la forme $\lambda E(S) < 1$ en établissant la relation (9.5.9) dans le cas de la file d'attente $M/G/1$ (exemple 9.5.5).

Supposons donc que $\lambda < \mu$ et qu'il existe un régime stationnaire. Nous avons alors:

$$P_n = \lim_{t \to \infty} P_n(t), \quad (10.3.3)$$

où P_n est la probabilité stationnaire d'avoir exactement n clients dans le système. Nous obtenons alors un système d'équations linéaires pour

P_n en faisant tendre t vers l'infini dans (10.3.1) et (10.3.2), et en écrivant que $P_n(t) \to P_n$ et $P'_n(t) \to 0$, pour $n \geq 0$. Il vient:

$$\begin{cases} -\lambda P_0 + \mu P_1 = 0, \\ \lambda P_{n-1} + \mu P_{n+1} - (\lambda + \mu) P_n = 0, \qquad n > 0. \end{cases} \tag{10.3.4}$$

Le système (10.3.4) est un système d'équations récurrentes linéaires du deuxième ordre à coefficients constants. Ces équations ont été étudiées dans le supplément au chapitre 5. L'équation caractéristique associée à (10.3.4) est $\mu t^2 - (\lambda + \mu)t + \lambda = 0$. Elle admet deux racines distinctes $t_1 = 1$ et $t_2 = \lambda/\mu$. La solution générale est donc de la forme:

$$P_n = A + B(\lambda/\mu)^n, \qquad n \geq 1,$$

où A et B sont deux constantes que l'on identifie à l'aide des conditions:

$$-\lambda P_0 + \mu P_1 = 0,$$

et:

$$\sum_{n=0}^{\infty} P_n = 1.$$

La première condition implique que $A = 0$ et $B = P_0$; par conséquent, $P_n = (\lambda/\mu)^n P_0 = \rho^n P_0$. La deuxième condition s'écrit:

$$1 = \sum_{n=0}^{\infty} P_n = \sum_{n=0}^{\infty} \rho^n P_0 = P_0 \sum_{n=0}^{\infty} \rho^n;$$

d'où l'on déduit $P_0 = 1 - \rho$, et:

$$P_n = \rho^n (1 - \rho), \qquad 0 < \rho = \lambda/\mu < 1 \text{ et } n \geq 0. \tag{10.3.5}$$

Remarquons que la distribution (10.3.5) est similaire à la loi géométrique envisagée dans la section 1.4.4. On vérifie aisément (voir exemple 1.6.5) que son espérance est $\rho/(1 - \rho)$. A l'aide des relations (10.1.1) et (10.1.2), nous pouvons calculer respectivement l'espérance du nombre de clients dans le système et dans la queue; il vient:

$$L_s = \sum_{n=0}^{\infty} n P_n = \frac{\rho}{1 - \rho} = \frac{\lambda}{\mu - \lambda}, \tag{10.3.6}$$

et:

$$L_q = \sum_{n=1}^{\infty}(n-1)P_n = \frac{\rho^2}{1-\rho} = \frac{\lambda^2}{\mu(\mu-\lambda)}. \qquad (10.3.7)$$

Pour déterminer l'espérance du temps d'attente, remarquons d'après les résultats de la section 10.2.1 que le taux d'arrivée est constant et égal à λ quel que soit le nombre de clients présents dans le système. Nous avons donc d'après (10.2.1) et (10.2.2):

$$W_s = \frac{L_s}{\lambda} = \frac{1}{\mu-\lambda} = \frac{1}{\mu(1-\rho)}, \qquad (10.3.8)$$

et:

$$W_q = \frac{L_q}{\lambda} = \frac{\lambda}{\mu(\mu-\lambda)} = \frac{\rho}{\mu(1-\rho)} = W_s - \frac{1}{\mu}. \qquad (10.3.9)$$

Exemple 10.3.1. Un garage est équipé d'un poste de lavage des voitures. L'expérience montre que les voitures arrivent selon un processus de Poisson de taux $\lambda = 5$ voitures à l'heure. Le temps nécessaire afin de laver l'extérieur et de nettoyer l'intérieur d'une voiture est variable et suit une loi exponentielle de moyenne 10 minutes par voiture. On ne peut laver et nettoyer qu'une seule voiture à la fois.

Pour pouvoir utiliser les résultats obtenus pour la file d'attente $(M/M/1):(FCFS/\infty/\infty)$, il faut supposer que la capacité de la source des arrivées est si grande qu'on peut la considérer comme infinie (ce qui est une hypothèse raisonnable dans la plupart des centres urbains!). De plus, nous supposons qu'il y a assez de place pour stationner toutes les voitures en attente (ce qui revient à dire que la capacité maximale du système est infinie).

Dans ces conditions, nous pouvons utiliser les résultats de la section 10.3.1 avec $\lambda = 5$ voitures à l'heure, $\mu = 60/10 = 6$ voitures à l'heure, et $\rho = \lambda/\mu = 5/6 < 1$ (donc le système d'attente peut atteindre un régime stationnaire). Pour se faire une idée du nombre de places de stationnement nécessaires pour accommoder les voitures en attente, nous calculons L_q à l'aide de la relation (10.3.7):

$$L_q = \frac{\rho^2}{1-\rho} = \frac{(5/6)^2}{1-(5/6)} = 4{,}17 \simeq 4 \text{ voitures.}$$

Bien entendu, L_q est une valeur moyenne et le nombre de voitures en attente à un moment donné peut être inférieur ou supérieur à 4. Il est donc souhaitable d'offrir un nombre de places de stationnement tel qu'un conducteur qui amène sa voiture au garage ait une chance raisonnable de pouvoir stationner dans le garage (plutôt que, par exemple, dans la rue). Supposons qu'un conducteur doive pouvoir stationner dans le garage au moins huit fois sur dix. Si N est le nombre de places nécessaire, cela revient à dire que:

$$P_0 + P_1 + \cdots + P_N \geq 0{,}8\,,$$

puisqu'une voiture peut stationner dans le garage s'il y a au plus $N-1$ voitures dans la file d'attente (en plus de celle qui est en train d'être lavée), donc au plus N voitures dans le système. En utilisant (10.3.5), il vient:

$$\sum_{n=0}^{N} P_n = \sum_{n=0}^{N} \rho^n(1-\rho) = 1 - \rho^{N+1};$$

et par conséquent la condition ci-dessus s'écrit $\rho^{N+1} \leq 0{,}2$. On détermine N en prenant les logarithmes des deux membres de cette inégalité; on a:

$$(N+1)\mathrm{Log}(5/6) \leq \mathrm{Log}\,0{,}2\,;$$

soit en remarquant que $\mathrm{Log}(5/6) < 0$:

$$N \geq \frac{\mathrm{Log}\,0{,}2}{\mathrm{Log}(5/6)} - 1 = 7{,}8 \simeq 8 \text{ places.}$$

Par conséquent, pour qu'un conducteur puisse stationner dans le garage au moins huit fois sur dix, il faut huit places de stationnement, ce qui est approximativement le double de L_q, la longueur moyenne de la queue.

Les résultats obtenus pour la file d'attente à poste de service unique nous apprennent que la probabilité que le poste de lavage soit inactif est $P_0 = 1 - \rho \simeq 0{,}17$, ce qui revient à dire que le poste de lavage est inactif 17% du temps. Par ailleurs, le temps moyen d'attente d'une voiture dans le système (entre son arrivée au garage et sa sortie du système de lavage) est d'après (10.3.8):

$$W_s = \frac{1}{\mu - \lambda} = \frac{1}{6-5} = 1 \text{ heure;}$$

ce temps d'attente est plutôt long, surtout si le conducteur doit faire la queue en attendant que sa voiture soit lavée. Il serait donc souhaitable d'accélérer le taux de service pour ce garage. □

Les calculs menés au début de la section 10.3.1 sont complètement indépendants de la *discipline d'attente* utilisée dans le système. Nous avons supposé une discipline d'attente "premier arrivé, premier servi", mais les caractéristiques de cette discipline ne sont jamais intervenues dans le raisonnement. Il en résulte en particulier que les espérances des temps d'attente dans le système et dans la queue, soit W_s et W_q respectivement, sont également indépendantes de la discipline d'attente puisqu'on peut les obtenir à partir de L_s et L_q à l'aide des relations (10.3.8) et (10.3.9).

Bien que son espérance soit indépendante de la discipline d'attente, le *temps d'attente* dans le système a une distribution qui, elle, dépend de la discipline d'attente utilisée. Dans ce qui suit, nous allons trouver la loi du temps d'attente dans le système lorsque la discipline d'attente est du type "premier arrivé, premier servi" (*FCFS*). Soit donc τ le temps qu'un client qui arrive doit passer dans le système. Si ce client trouve à son arrivée n personnes devant lui, son temps d'attente total τ est égal, d'après la discipline d'attente choisie, à la somme de sa propre durée de service et de celle des n personnes qui sont avant lui, toutes distribuées exponentiellement avec paramètre μ (y compris celle de la personne en cours de service par suite de l'absence de mémoire de la loi exponentielle). Comme les durées de service sont indépendantes de la taille de la file, τ suit, d'après le théorème 8.1.2, une loi gamma de paramètres $n+1$ et μ. Nous avons donc:

$$P\{\tau \leq t \mid n\} = \int_0^t \frac{\mu e^{-\mu\tau}(\mu\tau)^n}{n!}\, d\tau, \tag{10.3.10}$$

où $P\{\tau \leq t \mid n\}$ représente la probabilité conditionnelle que τ soit inférieur ou égal à t, sachant que le client trouve, à son arrivée, n personnes devant lui. On a d'après la loi des probabilités totales:

$$P\{\tau \leq t\} = \sum_{n=0}^{\infty} P\{\tau \leq t \mid n\} P_n,$$

où $P_n = (\lambda/\mu)^n(1 - (\lambda/\mu))$ est la probabilité que dans le cas stationnaire un client trouve à son arrivée n personnes avant lui dans la queue. En substituant $P\{\tau \leq t \mid n\}$ par son expression (10.3.10), il vient:

$$\begin{aligned}
P\{\tau \leq t\} &= \sum_{n=0}^{\infty} \int_0^t \frac{\mu e^{-\mu\tau}(\mu\tau)^n}{n!} \left(\frac{\lambda}{\mu}\right)^n \left(1 - \frac{\lambda}{\mu}\right) d\tau \\
&= \int_0^t \mu e^{-\mu\tau} \left(1 - \frac{\lambda}{\mu}\right) \sum_{n=0}^{\infty} \frac{\tau^n \lambda^n}{n!} \, d\tau \\
&= \int_0^t \left(1 - \frac{\lambda}{\mu}\right) \mu e^{(\lambda-\mu)\tau} \, d\tau \\
&= \int_0^t (\mu - \lambda) e^{-(\mu-\lambda)\tau} \, d\tau \\
&= 1 - e^{-(\mu-\lambda)t},
\end{aligned}$$

ce qui est également une distribution exponentielle de paramètre $\mu - \lambda$. Remarquons d'ailleurs que l'espérance de cette distribution, soit $1/(\mu - \lambda)$, est égale à W_s donné par la relation (10.3.8).

La connaissance de la loi du temps d'attente procure au preneur de décision des informations qu'il ne peut trouver d'aucune autre façon. Par exemple, il peut se faire une idée de la "fiabilité" de l'indicateur W_s (l'espérance du temps d'attente dans le système) comme mesure du temps d'attente réel des clients en calculant la probabilité qu'un client attende plus que $W_s = 1/(\mu - \lambda)$; il vient:

$$P\{\tau > W_s\} = e^{-(\mu-\lambda)W_s} = e^{-1} \simeq 0{,}368.$$

Par conséquent, avec la discipline d'attente *FCFS*, 36,8% des clients devront attendre dans le système plus longtemps que le temps moyen d'attente W_s. Bien entendu, cette probabilité va varier avec la discipline d'attente et devrait, intuitivement, être plus élevée pour les disciplines *SIRO* et *LCFS*.

10.3.2 Le cas $(M/M/1) : (FCFS/N/\infty)$

Dans le modèle précédent, nous avons supposé qu'il n'y a pas de limite sur la capacité maximale du système. Cependant, dans la réalité il existe toujours une limite finie N correspondant au nombre de places permises dans le système. Un client qui arrive et trouve N personnes dans le système ne peut pas entrer. Il en résulte que si les arrivées se font selon un processus de Poisson de taux λ, les entrées dans le système se font à un taux inférieur à λ.

Dans ces conditions, l'approche suivie à la section précédente conduit à un système d'équations linéaires pour P_n (la probabilité stationnaire d'avoir n clients) identique au système (10.3.4) pour $0 \leq n < N$, et où l'équation pour $n = N$ s'obtient de façon analogue. Nous avons:

$$\begin{cases} -\lambda P_0 + \mu P_1 = 0, & n = 0, \\ \lambda P_{n-1} + \mu P_{n+1} - (\lambda + \mu) P_n = 0, & 0 < n < N, \\ \lambda P_{N-1} - \mu P_N = 0, & n = N. \end{cases} \tag{10.3.11}$$

En appliquant la méthode de résolution proposée dans le supplément au chapitre 5, le lecteur trouvera que la solution du système (10.3.11) est, lorsque $\lambda \neq \mu$, de la forme $P_n = (\lambda/\mu)^n P_0 = \rho^n P_0$; on identifie P_0 en écrivant la condition:

$$1 = \sum_{n=0}^{N} P_n = P_0 \sum_{n=0}^{N} \rho^n = P_0 \frac{1 - \rho^{N+1}}{1 - \rho}.$$

On en déduit:

$$P_0 = \frac{1 - \rho}{1 - \rho^{N+1}} = \frac{1 - (\lambda/\mu)}{1 - (\lambda/\mu)^{N+1}},$$

et par conséquent:

$$P_n = \frac{\rho^n (1 - \rho)}{1 - \rho^{N+1}} = \frac{(\lambda/\mu)^n (1 - (\lambda/\mu))}{1 - (\lambda/\mu)^{N+1}}, \qquad 0 \leq n \leq N.$$

Remarquons que dans ce cas, il n'est pas nécessaire d'imposer la condition $\lambda < \mu$ pour avoir l'existence du régime stationnaire. En effet, puisque la capacité maximale du système est limitée, la taille de la queue ne peut pas augmenter indéfiniment. On a donc un régime stationnaire quelles que soient les valeurs relatives de λ et μ, c'est-à-dire quelle que soit la valeur de ρ par rapport à 1. Dans le cas où $\rho = 1$, les méthodes du supplément au chapitre 5 permettent d'obtenir la solution du système (10.3.11); en regroupant ces résultats avec ceux du cas $\rho \neq 1$, il vient:

$$P_n = \begin{cases} \dfrac{\rho^n(1-\rho)}{1-\rho^{N+1}} & \rho \neq 1, \\[2ex] \dfrac{1}{N+1} & \rho = 1, \end{cases} \qquad n = 0, 1, \ldots, N. \tag{10.3.12}$$

En écrivant la définition de l'espérance du nombre moyen de clients dans le système, soit $L_s = \sum_{n=0}^{N} nP_n$, on obtient après quelques calculs:

$$L_s = \begin{cases} \dfrac{\rho[1-(N+1)\rho^N + N\rho^{N+1}]}{(1-\rho)(1-\rho^{N+1})} & \rho \neq 1, \\[2ex] \dfrac{N}{2} & \rho = 1. \end{cases} \tag{10.3.13}$$

Les quantités L_q, W_s et W_q peuvent être déterminées à partir de L_s à l'aide des relations de la section 10.2.1 lorsque l'on connaît le taux moyen d'entrée à long terme $\overline{\lambda}$. Par définition:

$$\overline{\lambda} = \sum_{n=0}^{\infty} \lambda_n P_n = \sum_{n=0}^{N} \lambda_n P_n,$$

où $\lambda_n = \lambda$ lorsque $0 \leq n \leq N-1$, et $\lambda_n = 0$ lorsque $n \geq N$. Nous avons donc:

$$\overline{\lambda} = \sum_{n=0}^{N-1} \lambda P_n = \lambda \sum_{n=0}^{N-1} P_n = \lambda(1 - P_N). \tag{10.3.14}$$

Exemple 10.3.2. Considérons le garage de l'exemple 10.3.1 et supposons qu'il y a 5 places de stationnement pour le lavage des voitures (non compris le poste de lavage). Lorsque ce stationnement est plein, les clients doivent aller faire laver leur voiture ailleurs.

L'une des premières choses que le gérant d'un tel garage souhaite savoir est le nombre de clients perdus à cause de la limitation du nombre de places de stationnement. Nous avons $N = 5 + 1 = 6$ et $\rho = 5/6$; un client qui arrive est perdu lorsqu'il trouve le système dans l'état $N = 6$, ce qui se passe avec probabilité P_6 et, puisque le taux d'arrivée est égal à 5 véhicules à l'heure, le nombre de voitures qui ne peuvent pas entrer dans le garage est, d'après (10.3.12), égal à:

$$\lambda P_6 = 5 \, \frac{\rho^6(1-\rho)}{1-\rho^7} = 5 \times 0{,}0774 = 0{,}387 \text{ voiture/heure.}$$

Si l'on suppose que le garage est ouvert 8 heures par jour, cela revient approximativement à 3 clients perdus par jour. La décision d'agrandir ou non le stationnement existant doit tenir compte du manque à gagner causé par cette perte de 3 clients.

Pour calculer l'espérance du temps d'attente d'un client dans le système, nous écrivons $W_s = L_s/\overline{\lambda}$, où d'après (10.3.13):

$$L_s = \frac{(5/6)[1 - 7(5/6)^6 + 6(5/6)^7]}{(1-(5/6))(1-(5/6)^7)} = 2{,}29 \text{ voitures}$$

et d'après (10.3.14):

$$\overline{\lambda} = \lambda(1 - P_6) = 5(1 - 0{,}0774) = 4{,}613.$$

Par conséquent:

$$W_s = L_s/\overline{\lambda} = 2{,}29/4{,}613 = 0{,}496 \text{ heure.}$$

Remarquons que l'espérance du temps d'attente a été réduite d'une heure, dans le cas où tous les clients peuvent entrer dans le garage (exemple 10.3.1), à environ une demi-heure quand le système a une capacité maximale de 6 voitures. Cette diminution du temps d'attente est contrebalancée par une perte moyenne de 3 clients par jour par suite du manque de places de stationnement. □

10.4 PROCESSUS DE NAISSANCE ET DE MORT

On considère un système dont l'état à un instant donné est représenté par le nombre de personnes dans le système à cet instant. On suppose que lorsqu'il y a n personnes dans le système:

(i) les nouveaux arrivants entrent dans le système selon un taux exponentiel λ_n, et

(ii) les clients quittent le système avec un taux exponentiel μ_n.

Par conséquent, lorsqu'il y a n personnes dans le système, la durée d'attente jusqu'à la prochaine arrivée (entrée dans le système) est une variable exponentielle de paramètre λ_n. Cette variable aléatoire est indépendante de la durée d'attente jusqu'au prochain départ qui est elle-même une variable aléatoire exponentielle de paramètre μ_n.

On dit qu'un tel système constitue un *processus de naissance et de mort*. Les suites de paramètres $\{\lambda_n, n \geq 0\}$ et $\{\mu_n, n \geq 1\}$ déterminent respectivement les taux d'arrivée (ou de naissance) et de départ (ou de mort) du processus. Remarquons qu'étant donné que personne ne peut quitter un système vide, nous avons nécessairement $\mu_0 = 0$. Nous avons déjà rencontré une version discrète des processus de naissance et de mort dans l'exemple 6.2.1 du chapitre 6.

10.4.1 Exemples

Nous avons déjà étudié plusieurs processus qui peuvent être modélisés comme des processus de naissance et de mort. Nous donnons ci-dessous quelques exemples de tels processus.

1. *Le processus de Poisson.* Considérons un processus de naissance et de mort tel que:

$$\mu_n = 0, \qquad \text{quel que soit } n \geq 0,$$
$$\lambda_n = \lambda, \qquad \text{quel que soit } n \geq 0.$$

Dans ce processus, il n'y a jamais de départ puisque $\mu_n = 0$ pour tout n, et les durées d'attente entre arrivées consécutives sont des variables aléatoires exponentielles indépendantes de paramètre λ. L'état du processus, soit le nombre de personnes dans le système à l'instant t, est donc tout simplement le nombre de personnes arrivées dans l'intervalle $(0, t]$. Nous avons donc là le processus de Poisson du chapitre 8.

On dit qu'un processus de naissance et de mort pour lequel $\mu_n = 0$ pour tout n est un *processus de naissance.* Un autre exemple de processus de naissance est donné ci-dessous.

2. *Un processus de naissance à taux linéaire.* Considérons une population dont les organismes peuvent donner naissance à de nouveaux organismes mais ne meurent jamais. Si chaque organisme agit indépendamment des autres et nécessite, afin d'engendrer un autre organisme, une durée exponentielle de paramètre commun λ, alors nous avons un processus de naissance de paramètre:

$$\lambda_n = n\lambda, \qquad n \geq 0.$$

En effet, lorsqu'il y a n organismes dans la population, la durée jusqu'à la prochaine naissance est le minimum de n variables aléatoires indépendantes exponentielles de paramètre λ. On sait d'après le théorème 8.1.4 que ce minimum suit une loi exponentielle de paramètre $n\lambda$; d'où la valeur de λ_n.

Un exemple de ce phénomène est donné dans la reproduction des organismes vivants (c'est de là que vient le nom du processus), où dans certaines conditions – nourriture suffisante, pas de mortalité, pas de migrations, etc. – la probabilité d'une naissance à un instant donné est proportionnelle (directement) à la taille de la population à cet instant. Cet exemple est connu sous le nom de *processus de Yule.*

3. *La file d'attente* $(M/M/1) : (FCFS/\infty/\infty)$. Le système d'attente étudié à la section 10.3.1 est un processus de naissance et de mort pour lequel on a:

$$\mu_n = \mu \qquad n \geq 1,$$
$$\lambda_n = \lambda \qquad n \geq 0.$$

Cela résulte du fait que le taux d'arrivée λ_n est constant et égal à λ quel que soit le nombre n de clients dans le système, et aussi du fait que le taux de départ μ_n est constant et égal à μ tant que le système n'est pas vide.

4. *La file d'attente* $(M/M/1):(FCFS/N/\infty)$. Le système d'attente étudié à la section 10.3.2 est un processus de naissance et de mort pour lequel on a:

$$\mu_n = \mu \qquad n \geq 1,$$

$$\lambda_n = \begin{cases} \lambda & n < N, \\ 0 & n \geq N. \end{cases}$$

Cela résulte du fait que lorsqu'il y a N clients dans le système, alors le taux d'entrée est nul, puisqu'aucun arrivant ne peut entrer dans le système.

5. *La file d'attente* $(M/M/s):(FCFS/\infty/\infty)$. Considérons un système d'attente où les arrivées se font selon un processus de Poisson de taux λ et où il y a s postes de service. Lors de son arrivée un client attend dans la queue (si nécessaire) et va au premier poste de service qui se libère. La durée de service est une variable aléatoire exponentielle de paramètre μ. Nous avons un processus de naissance et de mort de paramètres:

$$\mu_n = \begin{cases} n\mu & 1 \leq n \leq s, \\ s\mu & n > s, \end{cases} \qquad (10.4.1)$$

$$\lambda_n = \lambda \qquad n \geq 0.$$

En effet, s'il y a n clients dans le système, avec $n \leq s$, alors n postes de service sont occupés et l'attente jusqu'au prochain départ (mort) sera le minimum de n variables aléatoires indépendantes exponentielles de paramètre μ (durées de service des n clients). On sait d'après le théorème 8.1.4 que ce minimum suit une loi exponentielle de paramètre $n\mu$; d'où la valeur de μ_n. Lorsque $n > s$, les s serveurs sont occupés et le taux de départ devient $s\mu$.

6. *Un modèle de croissance linéaire.* Considérons une population dans laquelle chaque organisme, indépendamment des autres, engendre une naissance à un taux exponentiel λ et meurt à un taux exponentiel μ. Ce modèle constitue un processus de naissance et de mort qui a les paramètres suivants:

$$\mu_n = n\mu \qquad n \geq 1,$$

$$\lambda_n = n\lambda \qquad n \geq 0.$$

La justification des valeurs de ces paramètres est identique à celle donnée ci-dessus dans le processus de naissance à taux linéaire.

7. *Un modèle de croissance linéaire avec immigration.* Un processus de naissance et de mort qui admet pour paramètres:

$$\begin{aligned} \mu_n &= nu \qquad n \geq 1, \\ \lambda_n &= n\lambda + \theta \qquad n \geq 0, \end{aligned} \tag{10.4.2}$$

est appelé un modèle de croissance linéaire avec immigration. Chaque organisme engendre une naissance avec un taux exponentiel λ, et il y a en plus un taux exponentiel θ de croissance de la population par suite d'une immigration d'origine exogène. Lorsqu'il y a n organismes dans la population, le taux de naissance est donc $n\lambda+\theta$. Chaque organisme meurt avec un taux exponentiel μ et par conséquent $\mu_n = n\mu$.

8. *Un modèle avec immigration et émigration.* Considérons une région où des individus immigrent avec un taux exponentiel constant λ. Supposons que chaque immigrant reste dans cette région pendant une durée exponentielle de paramètre μ. Nous avons donc un processus de naissance et de mort qui admet les paramètres:

$$\begin{aligned} \mu_n &= n\mu \qquad n \geq 1, \\ \lambda_n &= \lambda \qquad n \geq 0. \end{aligned}$$

On remarque que ce modèle avec immigration et émigration est mathématiquement équivalent à une file d'attente $(M/M/s)$ lorsqu'il y a un nombre infini de postes de service (on prend $s = \infty$ dans (10.4.1)).

10.4.2 Probabilités stationnaires

Si l'on représente par $P_n(t) = P\{X(t) = n\}$, $n = 0, 1, \ldots$, la probabilité d'avoir n individus dans le système à l'instant t, on peut déterminer tout comme dans la section 10.3.1, des équations différentielles satisfaites par les $P_n(t)$. La démarche est absolument identique puisque dans les deux cas le système reste dans un état donné pendant une durée exponentielle. On obtient le système d'équations suivant:

$$\begin{cases} P_n'(t) = \lambda_{n-1}P_{n-1}(t) + \mu_{n+1}P_{n+1}(t) - (\lambda_n + \mu_n)P_n(t), & n > 0, \\ P_0'(t) = -\lambda_0 P_0(t) + \mu_1 P_1(t) & n = 0. \end{cases}$$

Supposons, ici aussi, l'existence d'un régime stationnaire. Alors $P_n(t) \to P_n$ et $P'_n(t) \to 0$. On obtient le système d'équations récurrentes linéaires suivant:

$$\begin{cases} -\lambda_0 P_0 + \mu_1 P_1 = 0, \\ \lambda_{n-1} P_{n-1} + \mu_{n+1} P_{n+1} - (\lambda_n + \mu_n) P_n = 0, \qquad n > 0. \end{cases} \tag{10.4.3}$$

Remarquons que les méthodes données dans le supplément au chapitre 5 ne s'appliquent pas au système (10.4.3), car les coefficients des équations ne sont pas constants. On peut cependant résoudre facilement ces équations de proche en proche; il vient:

$$\begin{aligned} P_1 &= \frac{\lambda_0}{\mu_1} P_0 \\ P_2 &= \frac{\lambda_1}{\mu_2} P_1 = \frac{\lambda_1 \lambda_0}{\mu_2 \mu_1} P_0 \\ P_3 &= \frac{\lambda_2}{\mu_3} P_2 = \frac{\lambda_2 \lambda_1 \lambda_0}{\mu_3 \mu_2 \mu_1} P_0 \\ &\vdots \\ P_n &= \frac{\lambda_{n-1}}{\mu_n} P_{n-1} = \frac{\lambda_{n-1} \lambda_{n-2} \ldots \lambda_1 \lambda_0}{\mu_n \mu_{n-1} \ldots \mu_2 \mu_1} P_0. \end{aligned} \tag{10.4.4}$$

En écrivant que la somme des P_n est égale à 1, on a:

$$\sum_{n=0}^{\infty} P_n = 1 = P_0 + P_0 \sum_{n=1}^{\infty} \frac{\lambda_{n-1} \ldots \lambda_1 \lambda_0}{\mu_n \ldots \mu_2 \mu_1},$$

soit:

$$P_0 = \frac{1}{1 + \displaystyle\sum_{n=1}^{\infty} \frac{\lambda_0 \lambda_1 \ldots \lambda_{n-1}}{\mu_1 \mu_2 \ldots \mu_n}}; \tag{10.4.5}$$

et par conséquent:

$$P_n = \frac{\lambda_0 \lambda_1 \ldots \lambda_{n-1}}{\mu_1 \mu_2 \ldots \mu_n \left(1 + \displaystyle\sum_{n=1}^{\infty} \frac{\lambda_0 \lambda_1 \ldots \lambda_{n-1}}{\mu_1 \mu_2 \ldots \mu_n}\right)}, \qquad n \geq 1. \tag{10.4.6}$$

Les équations ci-dessus nous indiquent qu'il est nécessaire, pour qu'un régime stationnaire existe, que P_0 ne soit pas nul, c'est-à-dire que son dénominateur ne soit pas une somme infinie:

$$\sum_{n=1}^{\infty} \frac{\lambda_0\lambda_1 \ldots \lambda_{n-1}}{\mu_1\mu_2 \ldots \mu_n} < \infty. \tag{10.4.7}$$

On peut montrer que la condition (10.4.7) est également une condition suffisante d'existence du régime stationnaire pour un processus de naissance et de mort.

Exemple 10.4.1. *Croissance linéaire avec immigration*
Revenons à l'exemple 7 de la section 10.4.1. La condition (10.4.7) s'écrit:

$$\sum_{n=1}^{\infty} u_n = \sum_{n=1}^{\infty} \frac{\theta(\theta+\lambda)\ldots(\theta+(n-1)\lambda)}{n!\,\mu^n} < \infty.$$

Pour que cette série de termes positifs converge il suffit, d'après le critère de convergence de d'Alembert, que $\lim\limits_{n\to\infty} u_{n+1}/u_n < 1$. Nous avons:

$$\frac{u_{n+1}}{u_n} = \frac{\theta(\theta+\lambda)\ldots(\theta+n\lambda)}{(n+1)!\,\mu^{n+1}} \cdot \frac{n!\,\mu^n}{\theta(\theta+\lambda)\ldots(\theta+(n-1)\lambda)} = \frac{\theta+n\lambda}{(n+1)\mu},$$

et:

$$\lim_{n\to\infty} \frac{u_{n+1}}{u_n} = \lim_{n\to\infty} \frac{\theta+n\lambda}{(n+1)\mu} = \frac{\lambda}{\mu}.$$

Par conséquent il existe un régime stationnaire lorsque $\lambda/\mu < 1$. Lorsque $\lambda \geq \mu$, il est facile de vérifier qu'il ne peut pas y avoir de régime stationnaire.

Remarquons que la condition d'existence du régime stationnaire, soit $\lambda < \mu$, est indépendante du taux d'immigration θ. □

Exemple 10.4.2. *La file d'attente* $(M/M/s):(FCFS/\infty/\infty)$
Dans le cas d'une file d'attente où les arrivées se font selon un processus de Poisson de taux λ, où les services ont une durée exponentielle de paramètre μ, et où il y a s postes de service (exemple 5 de la section 10.4.1), la condition (10.4.7) s'écrit:

$$\sum_{n=1}^{s-1} \frac{1}{n!}\left(\frac{\lambda}{\mu}\right)^n + \frac{1}{s!}\left(\frac{\lambda}{\mu}\right)^s \sum_{n=s}^{\infty}\left(\frac{\lambda}{s\mu}\right)^{n-s}.$$

La dernière somme est convergente lorsque $\lambda/s\mu < 1$, c'est-à-dire lorsque le facteur d'utilisation $\rho/s = \lambda/s\mu$ est inférieur à 1. Cette condition exprime, comme on peut s'y attendre, que le taux d'arrivée dans le système, soit λ, doit être inférieur au taux maximum de départ du système, soit $s\mu$.

Dans le cas où $\lambda < s\mu$, les relations (10.4.5) et (10.4.6) permettent de calculer les probabilités stationnaires pour cette file d'attente. En remplaçant par les valeurs de λ_n et μ_n données dans (10.4.1), il vient en posant $\rho = \lambda/\mu$:

$$P_0 = \frac{1}{\displaystyle\sum_{n=0}^{s-1} \frac{\rho^n}{n!} + \frac{\rho^s}{s!\,(1-(\rho/s))}}, \tag{10.4.8}$$

et:

$$P_n = \begin{cases} \dfrac{\rho^n}{n!} P_0 & 0 \leq n \leq s, \\ \dfrac{\rho^n}{s^{n-s} s!} P_0 & n > s. \end{cases} \tag{10.4.9}$$

Nous laissons au lecteur le soin d'établir les résultats suivants (voir problème 12):

$$\begin{aligned} L_q &= \frac{\rho^{s+1}}{(s-1)!\,(s-\rho)^2} P_0, \\ L_s &= L_q + \rho, \\ W_q &= L_q/\lambda, \\ W_s &= W_q + \frac{1}{\mu}. \end{aligned}$$

Comme on le voit, les calculs associés à ce modèle sont relativement pénibles. Morse (1958) a donné deux approximations utiles de L_q et de P_0. Lorsque ρ est beaucoup plus petit que 1, on a approximativement:

$$P_0 \simeq 1 - \rho \qquad \text{et} \qquad L_q \simeq \rho^{s+1}/s^2,$$

tandis que lorsque $\lambda/s\mu$ est voisin de 1, on a:

$$P_0 \simeq (s-\rho)(s-1)!/s^s \qquad \text{et} \qquad L_q \simeq \rho/(s-\rho). \ \square$$

10.4.3 Applications

On peut appliquer les résultats obtenus pour les processus de naissance et de mort dans un grand nombre de contextes comme le montrent en partie les exemples suivants.

Exemple 10.4.3. *Un modèle de réparation de machines*
Considérons un atelier où il y a N machines et R mécaniciens pour les réparer ($N > R$). On suppose que, avant de tomber en panne, chaque machine fonctionne pendant une durée exponentielle de paramètre λ, et que le temps de réparation est une variable aléatoire exponentielle de paramètre μ. Nous pouvons modéliser ce problème sous la forme d'un processus de naissance et de mort.

Définissons l'état du système comme le nombre n de machines en panne. Une machine qui tombe en panne correspond à une arrivée, tandis qu'une machine qui finit d'être réparée correspond à un départ. Les taux de naissance (panne) sont donnés par:

$$\lambda_n = \begin{cases} (N-n)\lambda & n \leq N, \\ 0 & n > N, \end{cases}$$

puisque lorsque n machines sont en panne, il reste $N - n$ machines ayant chacune une durée de fonctionnement exponentielle de paramètre λ. La prochaine panne arrive donc au taux $(N - n)\lambda$. De même, les taux de mort (réparation terminée) sont donnés par:

$$\mu_n = \begin{cases} n\mu & n \leq R, \\ R\mu & n > R. \end{cases}$$

Remarquons que ce modèle est mathématiquement équivalent à la file d'attente $(M/M/R):(FCFS/N/N)$.

On déduit les probabilités stationnaires de ce système à l'aide des équations (10.4.4). En posant $\rho = \lambda/\mu$, il vient:

$$P_n = \begin{cases} \binom{N}{n} \rho^n P_0 & 0 \leq n \leq R, \\ \binom{N}{n} \dfrac{n!\, \rho^n}{R!\, R^{n-R}} P_0 & R \leq n \leq N, \end{cases}$$

où:

$$P_0 = \left\{ \sum_{n=0}^{R} \binom{N}{n} \rho^n + \sum_{n=R+1}^{N} \binom{N}{n} \frac{n!\,\rho^n}{R!\,R^{n-R}} \right\}^{-1}.$$

L'une des mesures de l'efficacité du processus de réparation est le nombre moyen de machines en panne qui attendent un mécanicien. Cette mesure est précisément égale à L_q, l'espérance du nombre de "clients" dans la file d'attente. On a:

$$\begin{aligned} L_q = \sum_{n=R+1}^{N} (n-R)P_n &= \sum_{n=0}^{N}(n-R)P_n - \sum_{n=0}^{R}(n-R)P_n \\ &= \underbrace{\sum_{n=0}^{N} nP_n}_{L_s} - R \underbrace{\sum_{n=0}^{N} P_n}_{1} + \sum_{n=0}^{R}(R-n)P_n, \end{aligned}$$

où le dernier terme est égal à l'espérance du nombre de mécaniciens libres; soit $\overline{R}$ cette espérance. On a donc établi la relation suivante:

$$L_s = L_q + (R - \overline{R}),$$

qui exprime que le nombre moyen de machines en panne dans le système, soit L_s, est égal au nombre moyen de machines en panne qui attendent un mécanicien, soit L_q, plus le nombre moyen de mécaniciens occupés.

On peut déterminer à l'aide des relations (10.2.4) et (10.2.5) le temps d'attente moyen W_s d'un "client" dans le système ou le temps d'attente moyen W_q d'un "client" dans la queue (c'est-à-dire le temps moyen pendant lequel une machine demeure en panne – y compris le temps de réparation – ou le temps moyen d'attente avant qu'un mécanicien puisse commencer à réparer une machine). A cet effet il faut calculer $\overline{\lambda}$, le taux moyen d'entrée (de panne) à long terme;

d'après (10.2.3) il vient:

$$\overline{\lambda} = \sum_{n=0}^{\infty} \lambda_n P_n = \sum_{n=0}^{N} (N-n)\lambda P_n$$

$$= \lambda N \underbrace{\sum_{n=0}^{N} P_n}_{1} - \lambda \underbrace{\sum_{n=0}^{N} nP_n}_{L_s};$$

par conséquent:

$$\overline{\lambda} = \lambda(N - L_s). \ \square$$

Exemple 10.4.4. Deux compagnies de taxis possédant chacune deux voitures se partagent le marché de façon égale dans une petite ville. En effet, les appels téléphoniques pour demander un taxi arrivent au bureau de chacune des compagnies au taux de 10 appels à l'heure. La durée moyenne de la course en taxi est 11,5 minutes. Les appels se font selon un processus de Poisson, tandis que la durée de la course suit une loi exponentielle.

Un homme d'affaires de la région vient d'acheter les deux compagnies. Il envisage de les regrouper en un seul bureau afin de procurer un meilleur service à ses clients. Cependant, en analysant le facteur d'utilisation (égal à $\lambda/s\mu$) de chacune des compagnies, il remarque qu'il est égal à:

$$100\frac{\lambda}{s\mu} = \frac{100 \times 10}{2(60/11{,}5)} = 95{,}8\%;$$

ce facteur est assez élevé et puisque chacun des deux bureaux est déjà bien occupé, il ne semble pas y avoir d'avantages à les regrouper.

En fait, pour analyser cette situation nous devons comparer les deux systèmes suivants:

- deux files d'attente indépendantes du type $(M/M/2) : (FCFS/\infty/\infty)$ où $\lambda = 10$ appels à l'heure et $\mu = 60/11{,}5 = 5{,}217$ courses à l'heure;
- une file d'attente du type $(M/M/4) : (FCFS/\infty/\infty)$ où $\lambda = 20$ appels à l'heure et $\mu = 5{,}217$ courses à l'heure.

Le facteur d'utilisation dans le cas du regroupement est égal à

$$100\frac{\lambda}{s\mu} = \frac{100 \times 20}{4 \times 5{,}217} = 95{,}8\%,$$

et est, bien entendu, égal au facteur d'utilisation commun des deux bureaux indépendants. Cependant, si l'on considère d'autres mesures de performance du système d'attente, le point de vue est très différent. Calculons en particulier W_q, le temps moyen d'attente d'un client jusqu'à l'arrivée du taxi demandé. Dans le premier cas (deux queues indépendantes) où $s = 2$ et $\rho = \lambda/\mu = 10/5{,}217 = 1{,}917$, nous avons d'après (10.4.8) et (10.4.10):

$$P_0 = \left\{\frac{1{,}917^0}{0!} + \frac{1{,}917}{1!} + \frac{1{,}917^2}{2!\,(1-(1{,}917/2))}\right\}^{-1} = 0{,}0212\,,$$

$$W_q = \frac{1}{10}\left[\frac{1{,}917^3 \times 0{,}0212}{1!\,(2-1{,}917)^2}\right] = 2{,}16 \text{ heures.}$$

Dans le second cas (regroupement des deux compagnies) où $s = 4$ et $\rho = \lambda/\mu = 20/5{,}217 = 3{,}83$, nous avons:

$$P_0 = \left\{\frac{3{,}83^0}{0!} + \frac{3{,}83}{1!} + \frac{3{,}83^2}{2!} + \frac{3{,}83^3}{3!} + \frac{3{,}83^4}{4!\,(1-(3{,}83/4))}\right\}^{-1} = 0{,}0042$$

$$W_q = \frac{1}{20}\left[\frac{3{,}83^5 \times 0{,}0042}{3!\,(4-3{,}83)^2}\right] = 1{,}05 \text{ heure.}$$

Ces résultats numériques montrent qu'en regroupant les deux compagnies, le temps d'attente moyen des clients est réduit de 50%. On en conclut que le regroupement des services s'accompagne en général d'une plus grande efficacité en ce qui a trait à la rapidité du service des clients, même dans le cas où le facteur d'utilisation de chaque service est élevé. Remarquons que dans le cas considéré le regroupement n'est pas suffisant puisque le client doit attendre le taxi en moyenne plus d'une heure pour une course d'une dizaine de minutes; le nouveau propriétaire devrait sérieusement envisager d'augmenter le nombre de voitures! □

10.4.4 Le programme QUEUES

Les développements de la section 10.4 nous montrent que les calculs associés aux files d'attente $(M/M/s)$ sont particulièrement fastidieux et malcommodes à exécuter à l'aide d'une calculatrice de poche. Le programme QUEUES permet de calculer les probabilités stationnaires (soit P_n, $n \geq 0$) et les mesures de performance (L_s, W_s, L_q et W_q) de toutes les queues poissonniennes de type $(M/M/s)$. La version MS-DOS de ce programme (pour micro-ordinateur IBM PC ou compatible) demande à l'utilisateur de fournir dans l'ordre les informations suivantes:

- le taux d'arrivée LAMBDA (où λ est un nombre réel non négatif);
- le taux de service MU (où μ est un nombre réel non négatif);
- le nombre s de postes de service en parallèle (nombre entier plus grand ou égal à 1);
- la capacité maximale N du système (nombre entier plus grand ou égal à 1); et
- la capacité maximale K de la source (nombre entier plus grand ou égal à 2).

Si l'un des trois derniers paramètres (s ou l'une des deux capacités) a une valeur infinie, il suffit de répondre à la question demandant sa valeur en appuyant sur "RETURN". Le programme choisit automatiquement le modèle approprié en fonction des paramètres choisis.

L'extrant du programme indique les valeurs des paramètres choisis, ainsi que de RHO (où ρ est égal à λ/μ) et de LAMBDA BARRE (où $\overline{\lambda}$ est le taux moyen d'entrée dans le système). Il donne ensuite les valeurs des mesures W_s, W_q, L_s et L_q. De plus, les valeurs des probabilités stationnaires P_n sont calculées jusqu'à ce que $P_n < 10^{-5}$, ou jusqu'à ce que la valeur de $P_{1\,000}$ soit calculée. Finalement, le programme donne les probabilités cumulatives associées aux P_n. La figure 10.4.1 donne l'extrant pour la file d'attente $(M/M/4):(FCFS/\infty/\infty)$ de l'exemple 10.4.4. On y retrouve $P_0 = 0{,}0042$ et $W_q = 1{,}04762$ ($\simeq 1{,}05$). Remarquons qu'il y a 197 valeurs de P_n supérieures où égales à 10^{-5}; nous avons choisi d'en imprimer que les 12 premières (de $n = 0$ à $n = 11$).

```
                    (M/M/  4)-(FCFS/INFINI/INFINI)

LAMBDA= 20.00000        LAMBDA BARRE= 20.00000
MU=      5.21700        RHO=           3.83362

WS=  1.23930          WQ=  1.04762
LS= 24.78608          LQ= 20.95246

VALEURS DE P(N) POUR N=0 A  11    (P(N) < 0.00001 POUR N > 197)
N=         0          1          2          3          4          5
--------------------------------------------------------------------
P(N)=  0.00420    0.01611    0.03088    0.03947    0.03782    0.03625

N=         6          7          8          9         10         11
--------------------------------------------------------------------
P(N)=  0.03474    0.03330    0.03191    0.03059    0.02931    0.02809

VALEURS CUMULATIVES DE P(N)
N=         0          1          2          3          4          5
--------------------------------------------------------------------
P(N)=  0.00420    0.02031    0.05120    0.09066    0.12849    0.16474

N=         6          7          8          9         10         11
--------------------------------------------------------------------
P(N)=  0.19948    0.23278    0.26469    0.29528    0.32459    0.35268
```

FIGURE 10.4.1: EXTRANT DU PROGRAMME QUEUES

10.5 SYSTÈMES EXPONENTIELS COMPLEXES

Dans les sections 10.3 et 10.4, nous avons envisagé des systèmes d'attente dont l'état était particulièrement facile à définir. Il s'agissait en effet du nombre de "clients" dans le système à un instant donné. Dans cette section, nous considérons des systèmes pour lesquels une description plus détaillée de l'espace des états est nécessaire. Pour nous faire une idée des problèmes rencontrés, considérons des postes de service où deux types de service peuvent être offerts (par exemple dans un bureau de poste, l'achat de timbres ou l'émission de mandats), et supposons que le taux de service dépende du service demandé. On voit que l'état du système va dépendre à la fois du nombre de clients dans le système, mais aussi du type de service reçu par les clients servis à l'instant considéré.

Nous supposerons que lorsque le système est dans l'état n:

(i) les nouveaux arrivants entrent dans le système selon un taux exponentiel λ_n, et

(ii) les clients quittent le système avec un taux exponentiel μ_n.

Un système qui satisfait ces hypothèses, lorsque l'état ne peut pas être défini comme le nombre de clients dans le système, est appelé un *système exponentiel complexe.*

On peut, par suite du caractère exponentiel, analyser ces systèmes à l'aide d'équations différentielles du genre de celles obtenues dans les sections 10.3 et 10.4. Cependant puisqu'en fait nous n'utilisons pas directement ces équations, mais que nous les réduisons aux équations linéaires du régime stationnaire, nous allons présenter une méthode, dite des *équations d'équilibre*, qui permet d'obtenir simplement dans tous les cas les équations satisfaites par les probabilités stationnaires.

10.5.1 Équations d'équilibre

Les équations d'équilibre pour la détermination des probabilités stationnaires d'un système d'attente exponentiel reposent sur l'observation que, en régime stationnaire, *le taux d'entrée dans un état quelconque doit être égal au taux de sortie de ce même état.*

On peut vérifier intuitivement cette affirmation en supposant que nous ayons une infinité de pièces numérotées $0, 1, 2, \ldots$; supposons que l'on demande à une personne d'entrer dans la n-ième pièce chaque fois que le système est dans l'état n. Lorsque l'état change, la personne quitte la pièce dans laquelle elle se trouve et entre dans la pièce correspondant au nouvel état.

Supposons maintenant que, à long terme, notre personne entre dans la pièce n^{0}1 au taux de 10 fois par heure. A quel taux doit-elle sortir de cette même pièce? La réponse à cette question résulte du fait que pendant une période donnée, le nombre de fois où la personne est entrée dans la pièce n^{0}1 est égal (à une unité près) au nombre de fois où elle en est sortie. Par conséquent, la personne est sortie de la pièce n^{0}1 au taux de 10 fois par heure.

Nous allons illustrer l'obtention des équations d'équilibre à l'aide du cas de la file d'attente $(M/M/1):(FCFS/\infty/\infty)$. Il est toujours

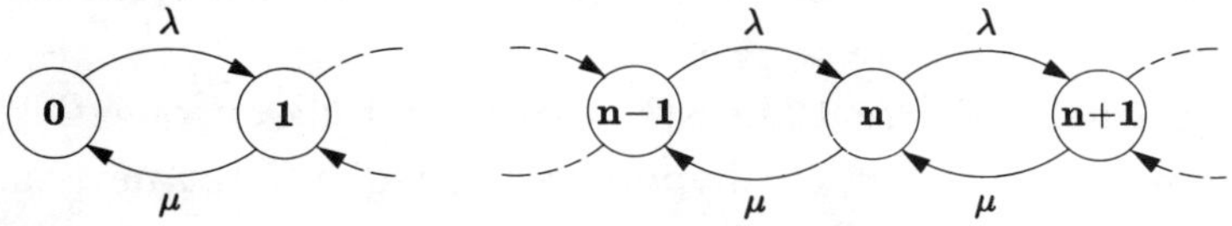

FIGURE 10.5.1: DIAGRAMME DES TRANSITIONS DU SYSTÈME $(M/M/1)$: $(FCFS/\infty/\infty)$

utile, afin d'écrire ces équations, de tracer le *diagramme des transitions* du système. Il s'agit d'un réseau dont les noeuds sont les états du système, et chaque arc orienté représente une transition possible. Pour le cas de la file $(M/M/1)$ étudiée, le diagramme est donné en figure 10.5.1.

Considérons l'état n (il y a n clients dans le système) sur la figure 10.5.1. Le processus peut quitter l'état n soit lorsqu'un client arrive (ce qui survient au taux exponentiel λ), soit lorsque le service d'un client se termine (ce qui survient au taux exponentiel μ). Par conséquent, *lorsqu'il se trouve dans l'état* n, le processus va en sortir au taux $\lambda + \mu$; en effet, le processus change d'état après une durée égale au minimum de deux variables aléatoires exponentielles indépendantes, l'une ayant un paramètre λ (la durée d'attente du prochain client) et l'autre un paramètre μ (la durée du service du client en train d'être servi). D'après le théorème 8.1.4, ce minimum admet une loi exponentielle de paramètre $\lambda+\mu$. Remarquons que ce minimum correspond au *temps d'occupation* de l'état n; dans un système exponentiel, le temps d'occupation de chaque état est une variable aléatoire exponentielle.

Étant donné que la proportion du temps pendant lequel le système est dans l'état n est égale, d'après la proposition 10.2.1, à la probabilité stationnaire P_n, le processus sort de l'état n au taux $(\lambda+\mu)P_n$ (c'est le produit du taux de sortie dans l'état n *lorsque le processus se trouve dans cet état* par la proportion du temps où le processus se trouve effectivement dans cet état).

En outre, le processus peut entrer dans l'état n soit à partir de l'état $n-1$ lorsqu'il y a une nouvelle arrivée dans cet état (taux λ), soit à partir de l'état $n+1$ lorsqu'il y a un départ de cet état (taux μ).

En utilisant le même raisonnement qui a conduit à l'obtention du taux de sortie, le taux d'entrée dans l'état n est égal à $\lambda P_{n-1} + \mu P_{n+1}$.

En écrivant que les deux taux (d'entrée et de sortie) sont égaux, il vient:

$$(\lambda + \mu)P_n = \lambda P_{n-1} + \mu P_{n+1}.$$

Le lecteur vérifiera qu'il s'agit bien de l'équation linéaire du système (10.3.4). En écrivant l'équation d'équilibre pour l'état 0, on obtient de même l'équation $\lambda P_0 = \mu P_1$.

Nous allons, dans ce qui suit, utiliser la méthode des équations d'équilibre pour trouver les mesures de performance de systèmes exponentiels complexes.

10.5.2 Un salon de coiffure

Considérons un salon de coiffure où il y a seulement deux fauteuils et un seul coiffeur. Lorsqu'un client entre dans le salon, il occupe le fauteuil n^{0}1 où on lui lave les cheveux. Une fois le lavage terminé, il passe au fauteuil n^{0}2 où on lui coupe les cheveux. Les durées de service dans chaque fauteuil sont des variables aléatoires indépendantes exponentielles de paramètres μ_1 et μ_2 respectivement. On suppose que les clients arrivent au salon de coiffure selon un processus de Poisson de paramètre λ, mais ils n'entrent que si les *deux* fauteuils sont inoccupés. On cherche à déterminer la proportion de clients potentiels qui entrent effectivement dans le salon.

Pour déterminer les états de ce système on pourrait, comme dans ce qui précède, choisir le nombre de clients dans le système à l'instant considéré. Nous aurions donc ici deux états 0 et 1. Lorsque le système est dans l'état 0, les clients entrent avec un taux exponentiel λ. Cependant lorsque le système est dans l'état 1, il y reste pour une durée égale à la *somme* de deux variables aléatoires indépendantes exponentielles de paramètres μ_1 et μ_2 respectivement. D'après le théorème 8.1.2, cette somme (contrairement au minimum) n'est pas exponentielle. Les clients ne quittent donc pas le système (dans l'état 1) avec un taux exponentiel. L'hypothèse donnée au début de la section 10.5 n'est pas satisfaite et nous n'avons pas, avec ce choix d'états, un système expo-

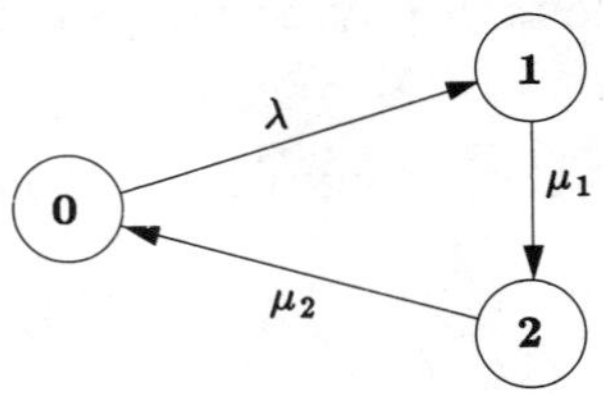

FIGURE 10.5.2: DIAGRAMME DES TRANSITIONS
DU SALON DE COIFFURE

nentiel. Remarquons également que le temps d'occupation de l'état 1 n'est pas une variable aléatoire exponentielle.

La discussion ci-dessus résume les deux caractéristiques essentielles que doit satisfaire l'espace des états d'un système exponentiel:

(i) à tout instant le système se trouve dans un état unique; et

(ii) le temps d'occupation d'un état donné est une variable aléatoire exponentielle.

Nous devons alors dans ce problème définir l'état en tenant compte du fauteuil occupé par le client. Nous avons les états suivants:

État	Interprétation
0	système vide
1	un client dans le fauteuil $n^0 1$
2	un client dans le fauteuil $n^0 2$

Le diagramme des transitions de ce problème est donné en figure 10.5.2. Dans l'état 0, le système passe dans l'état 1 lors d'une arrivée (avec taux exponentiel λ). Dans l'état 1, le système passe dans l'état 2 lorsque le service du client dans le fauteuil $n^0 1$ se termine (avec taux exponentiel μ_1). Finalement dans l'état 2, le système passe dans l'état 0 lorsque le service du client dans le fauteuil $n^0 2$ se termine (avec taux exponentiel μ_2).

A partir du diagramme des transitions, il est relativement facile d'obtenir les équations d'équilibre. Pour déterminer le *taux de sortie* d'un état, il suffit de faire la *somme* des taux de tous les arcs partant de cet état (c'est comme nous l'avons déjà vu le taux de sortie de l'état lorsque le processus se trouve dans cet état) et de la multiplier par la probabilité de se trouver dans cet état (égale à la proportion du temps où le système est dans cet état). De façon analogue, pour déterminer le *taux d'entrée* dans un état, on multiplie le taux se trouvant sur chaque arc arrivant dans cet état par la probabilité de l'état d'origine de cet arc, et on fait la somme de ces produits pour tous les arcs arrivant dans l'état considéré.

Il en résulte, à partir de la figure 10.5.2, les équations d'équilibre suivantes:

État	Taux de sortie = taux d'entrée
0	$\lambda P_0 = \mu_2 P_2$
1	$\mu_1 P_1 = \lambda P_0$
2	$\mu_2 P_2 = \mu_1 P_1$

où P_i est la probabilité stationnaire de l'état i, $i = 0, 1, 2$. Les deux premières équations donnent $P_2 = (\lambda/\mu_2)P_0$ et $P_1 = (\lambda/\mu_1)P_0$; et puisque $P_0 + P_1 + P_2 = 1$, il vient:

$$P_0\left[1 + \frac{\lambda}{\mu_2} + \frac{\lambda}{\mu_1}\right] = 1,$$

ou encore:

$$P_0 = \frac{\mu_1\mu_2}{\mu_1\mu_2 + \lambda(\mu_1 + \mu_2)}.$$

Étant donné que la capacité maximale du système est égale à 1 (finie), il existe toujours un régime stationnaire. La probabilité stationnaire P_0 que le système soit vide représente donc la proportion du temps où les clients peuvent entrer dans le système; c'est donc aussi la proportion de clients potentiels qui entrent effectivement dans le salon.

Si par exemple, $\lambda = 4$ clients à l'heure, $\mu_1 = 12$ clients à l'heure et $\mu_2 = 3$ clients à l'heure, nous avons:

$$P_0 = \frac{12 \times 3}{12 \times 3 + 4(12 + 3)} = \frac{3}{8} = 0{,}375.$$

Donc s'il arrive en moyenne un client toutes les 15 minutes, si le lavage dure en moyenne 5 minutes, et si la coupe dure en moyenne 20 minutes, 37,5% des clients potentiels pourront entrer dans le salon.

10.5.3 Systèmes en cascade

Si dans le salon de coiffure de la section précédente on laisse un client entrer lorsque le fauteuil n^{0}1 est libre, nous avons un cas particulier de *système en cascade* (on dit aussi en série). Le cas général est illustré en figure 10.5.3.

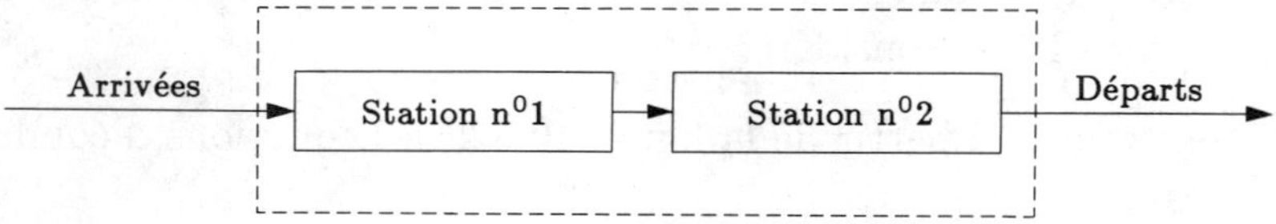

FIGURE 10.5.3: SYSTÈME EN CASCADE

L'étude analytique de systèmes en cascade est, en général, très difficile et l'on procède alors par simulation (voir chapitre 12). Toutefois dans le cas d'arrivées poissonniennes et de services exponentiels, cette étude devient assez simple; nous montrerons ci-après comment elle peut être menée.

Des systèmes en cascade se rencontrent, par exemple, dans une chaîne de fabrication, dans le trafic des clients d'un restaurant self-service, dans la transmission des dossiers à l'intérieur d'une administration, etc.

Donnons, à titre d'exemple, la description analytique d'un ensemble de deux stations en cascade dans lesquelles aucune file n'est permise devant la première ou la deuxième station.

Exemple 10.5.1. *Un autre salon de coiffure*
Considérons à nouveau un salon de coiffure ayant deux fauteuils et deux employés. Lorsqu'un client entre dans le salon, il occupe le fauteuil n^{0}1 où un employé lui lave les cheveux. Lorsque le lavage est fini, il passe dans le fauteuil n^{0}2 s'il est libre ou bien il attend dans le premier fauteuil que le second se libère. Nous supposons maintenant qu'un client peut entrer dans le salon lorsque le fauteuil n^{0}1 est inoccupé (un client peut donc entrer dans le salon lorsque le deuxième fauteuil est occupé).

Supposons que les clients arrivent au salon de coiffure selon un processus de Poisson de paramètre λ, et que les durées de service dans chaque fauteuil sont des variables aléatoires indépendantes exponentielles de paramètres μ_1 et μ_2 respectivement. Nous cherchons à nouveau la proportion de clients potentiels qui entrent effectivement dans le salon.

Tout comme dans le modèle précédent, il faut déterminer les états qui vont permettre d'analyser ce système comme un système exponentiel. L'état doit clairement contenir plus d'information que le simple nombre de clients dans le système à l'instant considéré. On pourrait ici aussi tenir compte du nombre de clients et du fauteuil occupé; on aurait donc quatre états: aucun client, un client dans le premier fauteuil, un client dans le deuxième fauteuil, et deux clients. Cependant le temps d'occupation de l'état "deux clients" n'est pas exponentiel puisque, si le service du client se trouvant dans le premier fauteuil se termine avant celui de l'autre client, le premier client sera "bloqué" dans son fauteuil pendant une durée exponentielle supplémentaire en attendant que le deuxième fauteuil se libère.

On peut éliminer cette difficulté en tenant compte du statut du client dans le premier fauteuil lorsqu'il y a deux clients dans le salon. Nous avons alors les cinq états suivants:

- $(0,0)$ système vide,
- $(1,0)$ un client dans le fauteuil n^{0}1,
- $(0,1)$ un client dans le fauteuil n^{0}2,
- $(1,1)$ deux clients en train d'être servis simultanément, et
- $(b,1)$ deux clients dans le système, mais le client dans le fauteuil n^{0}1 attend que le fauteuil n^{0}2 se libère.

Le diagramme des transitions de ce problème est donné en figure 10.5.4. De l'état $(0,0)$, le système passe dans l'état $(1,0)$ lors d'une arrivée (avec taux exponentiel λ). La même démarche explique la flèche de l'état $(0,1)$ à l'état $(1,1)$.

De l'état $(1,0)$ le processus passe dans l'état $(0,1)$ lorsque le service du client prend fin, ce qui arrive avec un taux exponentiel μ_1. La même démarche explique la flèche de l'état $(1,1)$ à l'état $(b,1)$.

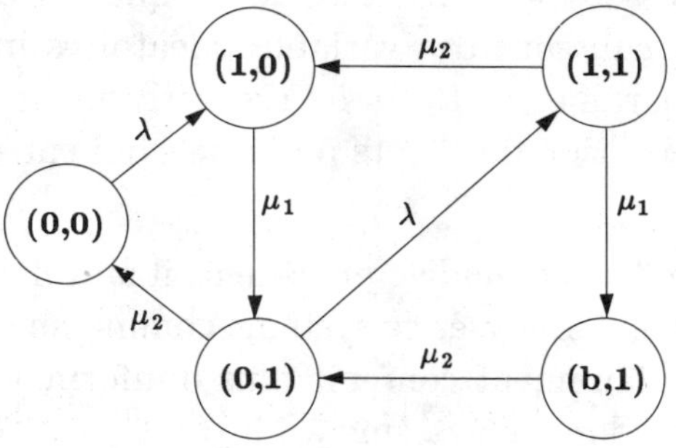

FIGURE 10.5.4: DIAGRAMME DES TRANSITIONS DU SALON DE COIFFURE

De l'état $(b, 1)$ le processus passse dans l'état $(0, 1)$ lorsque le service du client dans le deuxième fauteuil se termine, ce qui arrive avec un taux exponentiel μ_2. De même, à partir de l'état $(1, 1)$ le processus passe à l'état $(1, 0)$ lorsque le service du client dans le deuxième fauteuil prend fin. La même démarche explique la flèche de l'état $(0, 1)$ à l'état $(0, 0)$.

A partir du diagramme de la figure 10.5.4, nous obtenons, tout comme dans la section 10.5.2, les équations d'équilibre en écrivant que le taux de sortie d'un état donné est égal au taux d'entrée dans cet état. Il vient:

État	Taux de sortie = taux d'entrée
$(0, 0)$	$\lambda P_{00} = \mu_2 P_{01}$
$(1, 0)$	$\mu_1 P_{10} = \lambda P_{00} + \mu_2 P_{11}$
$(0, 1)$	$(\lambda + \mu_2) P_{01} = \mu_1 P_{10} + \mu_2 P_{b1}$
$(1, 1)$	$(\mu_1 + \mu_2) P_{11} = \lambda P_{01}$
$(b, 1)$	$\mu_2 P_{b1} = \mu_1 P_{11}$

où P_{ij} est la probabilité stationnaire de l'état (i, j). Les cinq équations d'équilibre et la condition $P_{00} + P_{10} + P_{01} + P_{11} + P_{b1} = 1$ permettent de calculer les probabilités stationnaires. Bien qu'il n'y ait aucune difficulté théorique à résoudre ce système d'équations linéaires, l'expression des P_{ij} en fonction de λ, μ_1 et μ_2 est encombrante et ne sera pas donnée ici. On peut cependant répondre à la question posée en fonction des P_{ij}. En effet, la proportion des clients potentiels qui entrent effectivement dans le salon est $P_{00} + P_{01}$.

En remarquant qu'il y a un client dans le système dans les états $(0,1)$ et $(1,0)$, et deux clients dans les états $(1,1)$ et $(b,1)$, on peut exprimer le nombre moyen L_s de clients dans le salon, soit:

$$L_s = P_{01} + P_{10} + 2(P_{11} + P_{b1}).$$

Pour trouver le temps moyen W_s passé par un client dans le salon, on utilise la relation (10.2.4) avec $\overline{\lambda} = \lambda(P_{00} + P_{01})$ (puisque les clients ne peuvent entrer – avec taux λ – que lorsque le système est dans l'un des deux états $(0,0)$ ou $(0,1)$); il vient:

$$W_s = \frac{L_s}{\overline{\lambda}} = \frac{P_{01} + P_{10} + 2(P_{11} + P_{b1})}{\lambda(P_{00} + P_{01})}.$$

Pour terminer cet exemple, reprenons les valeurs numériques de la section 10.5.2, soit $\lambda = 4$ clients à l'heure, $\mu_1 = 12$ clients à l'heure et $\mu_2 = 3$ clients à l'heure. La résolution du système des équations d'équilibre donne $P_{00} = 45/204 = 0{,}2206$, $P_{10} = 19/204 = 0{,}0931$, $P_{01} = 15/51 = 0{,}2941$, $P_{11} = 4/51 = 0{,}0784$ et $P_{b1} = 16/51 = 0{,}3137$. La proportion de clients potentiels qui entrent effectivement dans le système est égale à $P_{00}+P_{01} = 0{,}5147$. Par conséquent, dans ce salon, 51,5% des clients peuvent entrer alors que cette proportion était de 37,5% dans le salon de la section 10.5.2.

De même, le nombre moyen de clients dans le salon est $L_s = 1{,}17$ client, et le temps moyen passé par un client dans le salon est $W_s = 0{,}569$ heure $\simeq 34$ minutes. □

Dans l'exemple suivant nous donnons un résultat important pour des files d'attente poissonniennes en cascade lorsque la place disponible (longueur maximale de la file d'attente) entre deux stations consécutives est illimitée (infinie).

Exemple 10.5.2. *Systèmes en cascade à capacité infinie*
Considérons un système d'attente ayant k stations en cascade. Ce système est représenté sur la figure 10.5.5.

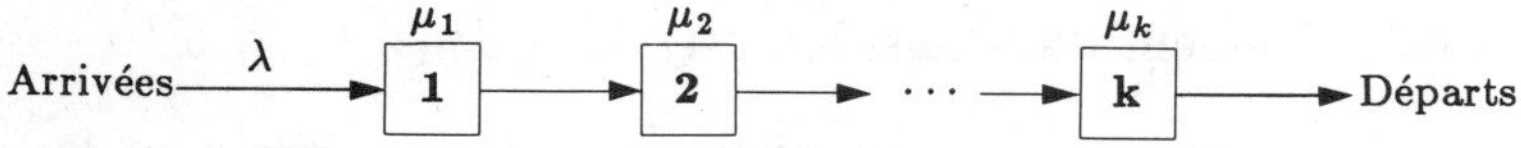

FIGURE 10.5.5: k STATIONS EN CASCADE

Supposons que les arrivées à la station 1 proviennent d'une population infinie et se font selon un processus de Poisson de taux λ. Les clients passent successivement d'une station à l'autre jusqu'à ce qu'ils partent de la station k. La durée de service à la station i est une variable aléatoire exponentielle de paramètre μ_i, $i = 1, 2, \ldots, k$. De plus, il n'y a aucune limitation sur la taille de la file d'attente permise devant chaque station.

Avec ces hypothèses, on peut montrer (voir Saaty (1961), sections 12-2 à 12-4) que les départs de la station i (c'est-à-dire les arrivées à la station $i+1$) se font selon un processus de Poisson de taux λ, et que chaque station peut être traitée, de façon *indépendante*, comme une file d'attente $(M/M_i/1) : (FCFS/\infty/\infty)$ (où M_i indique que le taux de service exponentiel est μ_i). Il résulte de la relation (10.3.5) que les probabilités stationnaires P_{n_i} pour la station i sont données par:

$$P_{n_i} = \rho_i^{n_i}(1 - \rho_i), \qquad n_i = 0, 1, 2, \ldots \text{ et } \rho_i = \lambda/\mu_i < 1, \qquad (10.5.1)$$

pour $i = 1, 2, \ldots, k$, et où n_i représente le nombre de clients dans le système constitué uniquement par la station i et sa file d'attente.

Ce résultat pour k stations en cascade peut être généralisé au cas où la station i a s_i serveurs en parallèle, chacun servant au même taux exponentiel μ_i. Dans ce cas, on peut traiter chaque station indépendamment comme une file d'attente $(M/M_i/s_i) : (FCFS/\infty/\infty)$ avec taux exponentiel d'arrivée égal à λ.

Remarquons que les résultats donnés ne sont plus valables si l'une ou l'autre des hypothèses énoncées (population infinie, capacité infinie, taux exponentiels, etc.) n'est pas entièrement satisfaite.

Illustrons ces résultats à l'aide d'une chaîne de fabrication avec 5 stations en cascade. Les pièces arrivent à la station 1 selon un processus de Poisson de taux moyen $\lambda = 20$ à l'heure. Le temps de fabrication à chacune des cinq stations est une variable aléatoire exponentielle de moyenne égale à 2 minutes. A chaque station, une fraction des pièces fabriquées est défectueuse et doit être rejetée; soit $(1 - \alpha_i)$ cette fraction pour la station i.

Nous cherchons la taille de l'espace d'entreposage avant chaque station qui est nécessaire pour pouvoir contenir, dans $100\beta\%$ des cas, toutes les pièces qui arrivent. Cette condition est satisfaite si l'espace d'entreposage de la station i contient $N_i - 1$ places, où N_i est tel que:

$$\sum_{n_i=0}^{N_i} P_{n_i} = \sum_{n_i=0}^{N_i} \rho_i^{n_i}(1 - \rho_i) \geq \beta$$

pour chaque $i = 1, 2, \ldots, 5$. En utilisant les logarithmes, on obtient tout comme dans l'exemple 10.3.1:

$$N_i \geq \frac{\mathrm{Log}(1 - \beta)}{\mathrm{Log}\, \rho_i} - 1, \qquad i = 1, 2, \ldots, 5. \tag{10.5.2}$$

En supposant par exemple que $\alpha_i = 0{,}9$ pour chaque station (c'est-à-dire 10% de pièces défectueuses par station), le taux d'arrivée λ_i à la station i est égal à:

$$\begin{aligned}
\lambda_1 &= \lambda = 20, \\
\lambda_2 &= \alpha_1 \lambda_1 = 20\alpha_1 = 18, \\
\lambda_3 &= \alpha_2 \alpha_1 \lambda_1 = 20\alpha_1\alpha_2 = 16{,}2\,, \\
\lambda_4 &= 20\alpha_1\alpha_2\alpha_3 = 14{,}58\,, \\
\lambda_5 &= 20\alpha_1\alpha_2\alpha_3\alpha_4 = 13{,}12.
\end{aligned}$$

Étant donné que $\mu_i = \mu = 30$ pièces à l'heure, nous avons $\rho_1 = 0{,}67$, $\rho_2 = 0{,}6$, $\rho_3 = 0{,}54$, $\rho_4 = 0{,}486$, $\rho_5 = 0{,}437$. Si l'on cherche la capacité d'entreposage pour contenir les pièces dans 99% des cas ($\beta = 0{,}99$), nous avons d'après (10.5.2):

$$\begin{aligned}
N_1 &\geq 10{,}499 \simeq 11, \\
N_2 &\geq 8, \\
N_3 &\geq 6.47 \simeq 7, \\
N_4 &\geq 5.38 \simeq 6, \\
N_5 &\geq 4.57 \simeq 5. \ \square
\end{aligned}$$

10.5.4 Systèmes avec deux types de service

Considérons une file d'attente à poste de service unique où les clients arrivent selon un processus de Poisson de taux λ. Les clients peuvent demander l'un de deux types de service possibles. La durée du service pour le premier (resp. deuxième) type de service est une variable aléatoire exponentielle de paramètre μ_1 (resp. μ_2). De plus, nous supposons qu'un client choisit, indépendamment des autres clients, le premier type de service avec probabilité p et le deuxième avec probabilité $1 - p$.

On peut imaginer de nombreuses situations où un tel système se rencontre. Comme nous l'avons déjà indiqué au début de la section 10.5, un bureau de poste, où l'employé peut soit vendre des timbres soit émettre des mandats, est une illustration de ce genre de système d'attente. Mais nous allons développer les équations d'équilibre dans le cas de notre salon de coiffure favori!

Revenons donc à un salon de coiffure pour hommes avec un seul coiffeur. Les clients arrivent selon un processus de Poisson de taux λ et peuvent entrer si l'un des deux fauteuils est inoccupé. L'un de ces fauteuils permet aux clients de s'asseoir (si nécessaire) en attendant d'être servis. Dans l'autre fauteuil, le client peut soit se faire couper les cheveux (service de type 1), soit se faire raser (service de type 2). Un client choisit de se faire couper les cheveux avec probabilité p, et de se faire raser avec probabilité $1 - p$.

Pour analyser ce système d'attente, il nous faut à nouveau choisir un espace d'états approprié. Il est clair, ici aussi, que la connaissance du nombre de clients présents dans le système n'est pas suffisante puisque le temps d'occupation de certains états va dépendre du type de service choisi (taux de départ μ_1 ou μ_2 selon le cas). Nous pouvons tenir compte de cette difficulté en définissant les états suivants:

- 0 système vide,
- 1 un seul client dans le système, il reçoit le service de type 1,
- $1'$ un seul client dans le système, il reçoit le service de type 2,
- 2 deux clients dans le système, le client en train d'être servi a choisi le service de type 1, et

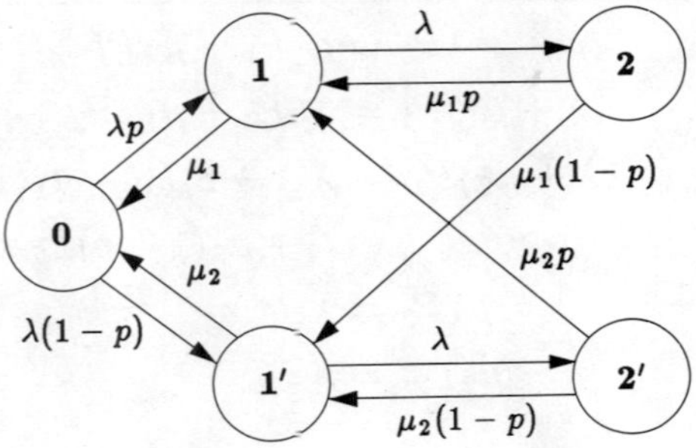

FIGURE 10.5.6: DIAGRAMME DES TRANSITIONS DU SALON DE COIFFURE

$2'$ deux clients dans le système, le client en train d'être servi a choisi le service de type 2.

Le diagramme des transitions de ce problème est donné en figure 10.5.6. De l'état 0 le système passe dans l'état 1 si un client arrive (avec taux exponentiel λ) *et* choisit le service de type 1 (avec probabilité p); par conséquent le taux exponentiel de passage de l'état 0 à l'état 1 est λp (voir en particulier le théorème 8.2.5 pour une justification de cette conclusion). La même démarche explique la flèche de l'état 0 à l'état $1'$ et le taux $\lambda(1-p)$.

De l'état 1 (resp. $1'$), le processus revient dans l'état 0 lorsque le service du client prend fin, ce qui arrive avec taux μ_1 (resp. μ_2), et le processus passe dans l'état 2 (resp. $2'$) si un client arrive (avec taux λ). Remarquons que lorsqu'un client arrive, le type de service en cours ne change pas.

Finalement de l'état 2, le processus peut retourner dans l'état 1 ou dans l'état $1'$ lorsque le service du client en train d'être servi se termine (avec taux μ_1) et que le client qui attend choisit un service de type 1 (avec probabilité p) ou un service de type 2 (avec probabilité $1-p$). La même démarche explique les transitions à partir de l'état $2'$.

A partir du diagramme de la figure 10.5.6, nous obtenons les équations d'équilibre du système en écrivant que le taux de sortie d'un état donné est égal au taux d'entrée dans cet état. Il vient:

État	Taux de sortie = taux d'entrée
0	$\lambda P_0 = \mu_1 P_1 + \mu_2 P_{1'}$
1	$(\lambda + \mu_1) P_1 = \lambda p P_0 + \mu_1 p P_2 + \mu_2 p P_{2'}$
1′	$(\lambda + \mu_2) P_{1'} = \lambda(1-p) P_0 + \mu_1 (1-p) P_2$ $+ \mu_2(1-p) P_{2'}$
2	$\mu_1 P_2 = \lambda P_1$
2′	$\mu_2 P_{2'} = \lambda P_{1'}$

où P_n est la probabilité stationnaire de l'état n, $n = 0, 1, 1', 2, 2'$. Les cinq équations d'équilibre ci-dessus et la condition $P_0 + P_1 + P_{1'} + P_2 + P_{2'} = 1$ permettent de calculer les probabilités stationnaires. Ici encore, bien qu'il n'y ait aucune difficulté théorique à résoudre ce système d'équations linéaires, l'expression des P_n en fonction de λ, μ_1, μ_2 et p est encombrante et ne sera pas donnée.

10.6 MÉTHODE DE LA CHAINE DE MARKOV INDUITE

Nous allons maintenant étudier les files d'attente $(M/G/1)$ et $(GI/M/1)$. Dans le premier cas, les arrivées se font selon un processus de Poisson à paramètre λ, mais les durées de service des clients successifs ont une loi commune quelconque de densité $b(x)$ et d'espérance $E(S)$ finie. Dans le deuxième cas, la durée d'attente entre deux arrivées consécutives suit une loi quelconque de densité $a(x)$, tandis que les durées de service sont des variables aléatoires exponentielles de paramètre μ.

Contrairement aux systèmes d'attente que nous avons envisagés jusqu'ici, ces modèles ne sont pas exponentiels puisque le temps d'occupation d'un état (défini comme le nombre de clients dans le système à un instant donné) n'est plus nécessairement une variable aléatoire exponentielle. On ne peut plus utiliser l'absence de mémoire de la loi exponentielle pour établir des équations du genre de celles que nous avons obtenues dans la section 10.3, ou comparables aux équations d'équilibre de la section 10.5.

Le concept de *chaîne de Markov induite* a été utilisé pour la première fois en 1948 par D.G. Kendall. Il suggère d'étudier la file d'attente $(M/G/1)$ en observant l'état du système (nombre de clients dans le système) à chaque fois qu'un départ se produit. Dans ces conditions, les probabilités de transition à une étape vont dépendre du nombre d'arrivées pendant la durée d'un service. De même, on peut étudier la file d'attente $(GI/M/1)$ en observant l'état du système à chaque fois qu'une arrivée se produit; les probabilités de transition à une étape vont dépendre du nombre de départs pendant la durée d'attente entre deux arrivées consécutives. On appelle *points de régénération* les instants définis ci-dessus où l'on observe l'état du système.

L'avantage de cette méthode d'analyse des systèmes d'attente est qu'elle permet de ramener l'étude d'un système non exponentiel (ou non markovien) à celle d'une chaîne de Markov. Nous devons cependant signaler que les résultats de l'analyse du régime stationnaire de la chaîne de Markov peuvent être légèrement différents de ceux correspondant à la file d'attente proprement dite. Cela est la conséquence du fait que l'on observe uniquement le système aux points de régénération. Par exemple si L_s et L_s^d représentent le nombre moyen de clients dans le système dans la version continue et discrète (chaîne de Markov) respectivement, nous avons:

$$L_s^d \leq L_s \leq L_s^d + 1.$$

Bien que le lecteur devrait être sensibilisé à ces différences, nous n'introduirons pas, dans ce qui suit, des notations particulières pour en tenir compte.

10.6.1 La file d'attente $(M/G/1):(FCFS/\infty/\infty)$

Nous considérons donc le cas d'une file d'attente à poste de service unique où les arrivées se font selon un processus de Poisson de taux λ et les durées de service des clients successifs sont des variables aléatoires $S_1, S_2, \ldots$, de loi quelconque de densité $b(x)$ et d'espérance finie $E(S) = 1/\mu$. Les durées de service fixes constituent, comme nous le verrons par la suite, un cas particulier important.

Nous avons vu au chapitre 9 (exemples 9.2.2 et 9.5.5) que les durées des *cycles d'activité* de la queue $(M/G/1)$ (c'est-à-dire les intervalles de temps entre deux instants consécutifs où le serveur passe de l'état "libre" à l'état "occupé") engendrent un processus de renouvellement. De plus, nous avons établi que la proportion du temps (à long terme) où le poste de service est libre est égale à:

$$P_{LIBRE} = 1 - \lambda E(S) = 1 - (\lambda/\mu)$$

dans le cas où $\lambda/\mu < 1$. Cette proportion, d'après l'exemple 9.6.4, est aussi égale à la limite lorsque t tend vers l'infini de la probabilité que le système soit vide. Il en résulte que, lorsque $\lambda/\mu < 1$, la probabilité stationnaire que le système soit vide est égale à:

$$P_0 = 1 - \lambda E(S) = 1 - (\lambda/\mu). \tag{10.6.1}$$

Malheureusement les probabilités stationnaires P_n, $n > 0$, que le système se trouve dans l'état n (n clients dans le système) ne peuvent pas être calculées aussi facilement que P_0. Remarquons, en effet, que lorsque le poste de service est "libre" le système est dans l'état 0, mais lorsqu'il est "occupé" on ne sait pas combien de clients se trouvent dans le système; le processus de renouvellement des cycles d'activité ne permet donc pas d'obtenir P_n directement.

Pour obtenir plus d'information sur le système d'attente étudié, nous introduisons maintenent la chaîne de Markov induite associée.

La chaîne de Markov induite

Soit $X(t)$ le nombre de clients dans le système à l'instant t $(t > 0)$. Supposons que l'on observe le processus $X(t)$ juste au moment où un client finit d'être servi. De cette façon, on engendre une suite discrète de variables aléatoires:

$$X_0 = 0, \quad X_1 = X(t_1), \quad X_2 = X(t_2), \quad X_3 = X(t_3), \ldots,$$

où $t_1, t_2, t_3, \ldots$, sont les instants successifs d'achèvement d'un service. On va montrer ci-dessous qu'à cause de la nature de Poisson du processus des arrivées, la suite $\{X_n,\ n \geq 0\}$ constitue une chaîne de Markov.

Nous avons en effet:

$$X_{n+1} = \begin{cases} X_n - 1 + N & \text{si } X_n \geq 1, \\ N & \text{si } X_n = 0, \end{cases} \qquad n = 0, 1, 2, \ldots \tag{10.6.2}$$

où N est le nombre de personnes qui sont arrivées pendant la durée de service S du $(n+1)$-ième client. Mais par hypothèse la variable aléatoire S est indépendante des durées de service précédentes et de la longueur de la queue. D'après le caractère stationnaire du processus de Poisson, le nombre d'arrivées N pendant la durée d'un service ne dépend que de S et non de la longueur de la queue ou du moment auquel le service commence. Ces faits entraînent que $\{X_n,\ n \geq 0\}$ est une chaîne de Markov.

On peut calculer la distribution de probabilité de N en conditionnant sur les valeurs de S et en faisant appel à la loi des probabilités totales. On obtient:

$$\beta_k = P\{N = k\} = \int_0^\infty P\{N = k \mid S = x\}\, b(x)\, dx;$$

et puisque le nombre de clients arrivant pendant un intervalle de temps x est une variable aléatoire suivant la loi de Poisson de paramètre λx, il vient:

$$\beta_k = P\{N = k\} = \int_0^\infty e^{-\lambda x} \frac{(\lambda x)^k}{k!}\, b(x)\, dx.$$

En tenant compte de (10.6.2), il en résulte les probabilités de transition suivantes:

$$\begin{aligned} p_{ij} &= P\{X_{n+1} = j \mid X_n = i\} \\ &= \begin{cases} P\{N = j - i + 1\} = \beta_{j-i+1} & \text{si } i \geq 1,\ j \geq i - 1, \\ P\{N = j\} = \beta_j & \text{si } i = 0. \end{cases} \end{aligned}$$

L'étude de cette chaîne de Markov et la détermination des probabilités stationnaires exigent des manipulations assez complexes; nous renvoyons le lecteur à Karlin *et al.* (1975 et 1981). On y verra en particulier que la chaîne est récurrente positive, récurrente nulle ou transitoire selon que $\rho = \lambda E(S)$ est inférieur, égal ou supérieur à 1.

La chaîne de Markov induite est particulièrement utile dans l'étude de la file d'attente $(M/G/1)$, car dans ce cas la distribution stationnaire $\{\pi_j,\ j \geq 0\}$ de la chaîne $\{X_n,\ n \geq 0\}$ est égale à la distribution stationnaire du nombre de clients dans le système (en temps continu), c'est-à-dire que l'on a:

$$P_j = \lim_{t\to\infty} P\{X(t) = j\} = \lim_{n\to\infty} P\{X_n = j\} = \pi_j. \tag{10.6.3}$$

Nous allons utiliser ce résultat pour calculer ci-dessous l'espérance du nombre de clients dans le système.

La démonstration du résultat (10.6.3) est assez subtile. Nous en donnons ici une justification intuitive. Partant de l'instant $t = 0$, soit $\{u_n,\ n \geq 1\}$ la suite des instants où le nombre $X(t)$ de clients dans le système augmente d'une unité (c'est-à-dire les instants des arrivées successives), et soit $\{t_n,\ n \geq 1\}$ la suite des instants où $X(t)$ décroît d'une unité (c'est-à-dire les instants des départs successifs). Appelons $Y_n = X(u_n-)$ le nombre de clients dans le système juste *avant* la n-ième arrivée, et $X_n = X(t_n+)$ le nombre de clients dans le système juste *après* le n-ième départ. Considérons un nombre quelconque i de clients dans le système et un instant quelconque t; la différence entre le nombre de visites du processus Y_n dans l'état i pendant l'intervalle $(0, t)$ et le nombre de visites du processus X_n dans ce même état ne peut pas dépasser 1 (elle est égale soit à 0 soit à 1). Par conséquent, à long terme, le nombre moyen de fois où le processus Y_n visite l'état i par unité de temps est égal au nombre moyen de fois où le processus X_n visite l'état i par unité de temps. Ce dernier nombre est précisément π_i, la distribution stationnaire de la chaîne de Markov $\{X_n,\ n \geq 0\}$. Il suffit donc de montrer que la distribution stationnaire du nombre de clients $X(t)$ dans le système est la même que celle de $\{Y_n,\ n \geq 0\}$ (qui est égale à $X(t)$ observé juste avant une arrivée). Étant donné que les arrivées sont poissonniennes, et que les nombres d'arrivées dans des intervalles de temps disjoints sont indépendants, il en résulte que $X(t)$ doit être indépendant d'une arrivée qui se produit à l'instant t. Par conséquent, $\{X(t),\ t \geq 0\}$ et $\{Y_n,\ n \geq 0\}$ doivent avoir la même distribution stationnaire; et finalement la distribution stationnaire de $X(t)$ est donc égale à celle de la chaîne de Markov induite $\{X_n,\ n \geq 0\}$.

Le nombre moyen L_s de clients dans le système

Nous allons calculer l'espérance du nombre de clients dans le système (en régime stationnaire), soit $L_s = \lim_{t\to\infty} E(X(t))$ en utilisant la quantité correspondante pour la chaîne de Markov induite, soit $L = \lim_{n\to\infty} E(X_n)$. Si $X = X_\infty$ est le nombre de clients dans le système après le départ d'un client et X' est le nombre de clients dans le système après le départ suivant, nous avons d'après (10.6.2):

$$X' = X - \delta + N, \tag{10.6.4}$$

où N est le nombre d'arrivées pendant la durée du service et:

$$\delta = \begin{cases} 1 & \text{si } X > 0, \\ 0 & \text{si } X = 0. \end{cases}$$

En régime stationnaire, les distributions de probabilité de X et de X' sont identiques, et en particulier

$$L = E(X) = E(X'). \tag{10.6.5}$$

En prenant les espérances des variables aléatoires dans (10.6.4), il vient:

$$E(X') = E(X) - E(\delta) + E(N),$$

d'où, en tenant compte de (10.6.1) et (10.6.5):

$$E(N) = E(\delta) = 1 - P_0 = \lambda E(S). \tag{10.6.6}$$

En élevant la relation (10.6.4) au carré, on a:

$$(X')^2 = X^2 + \delta^2 + N^2 - 2\delta X + 2N(X - \delta),$$

et, puisque $\delta^2 = \delta$ et $\delta X = X$:

$$(X')^2 = X^2 + \delta + N^2 - 2X + 2N(X - \delta). \tag{10.6.7}$$

Nous tenons compte maintenant du fait que N, le nombre de clients qui arrivent pendant une durée de service S, est indépendant de X, et donc de δ (qui est une fonction de X); il s'ensuit que:

$$E(N(X - \delta)) = E(N)E(X - \delta).$$

En prenant les espérances des deux membres de la relation (10.6.7), on a:

$$E((X')^2) = E(X^2) + E(\delta) + E(N^2) - 2E(X) + 2E(N)E(X - \delta),$$

et en tenant compte de (10.6.6) et du fait que les distributions de X et de X' sont identiques, il vient:

$$0 = \lambda E(S) + E(N^2) - 2L + 2\lambda E(S)(L - \lambda E(S)),$$

ou encore:

$$L = \frac{\lambda E(S) + E(N^2) - 2(\lambda E(S))^2}{2(1 - \lambda E(S))}. \tag{10.6.8}$$

Il ne reste plus qu'à calculer $E(N^2)$, où N est le nombre d'arrivées pendant une durée de service S. En posant la condition $S = x$, la variable aléatoire N suit une loi de Poisson de paramètre λx. Puisque l'espérance et la variance d'une variable aléatoire de Poisson sont égales à son paramètre (voir tableau 1.6.1), on a donc:

$$E[N^2 \mid S = x] = \text{Var}\,[N \mid S = x] + (E[N \mid S = x])^2 = \lambda x + (\lambda x)^2;$$

et d'après la loi des probabilités totales:

$$\begin{aligned} E(N^2) &= \int_0^\infty E[N^2 \mid S = x]\, b(x)\, dx \\ &= \lambda \int_0^\infty x b(x)\, dx + \lambda^2 \int_0^\infty x^2 b(x)\, dx \\ &= \lambda E(S) + \lambda^2(\text{Var}(S) + (E(S))^2). \end{aligned} \tag{10.6.9}$$

En substituant (10.6.9) dans la relation (10.6.8), il vient:

$$\begin{aligned} L_s = L &= \frac{2\lambda E(S) + \lambda^2 \text{Var}(S) - (\lambda E(S))^2}{2(1 - \lambda E(S))} \\ &= \rho + \frac{\lambda^2 \text{Var}(S) + \rho^2}{2(1 - \rho)} \end{aligned} \tag{10.6.10}$$

où $\rho = \lambda E(S) = \lambda/\mu$ est l'intensité de trafic. En outre, puisque le taux d'entrée dans le système est constant et égal à λ, on a d'après la relation (10.2.1):

$$W_s = \frac{L_s}{\lambda} = E(S) + \frac{\lambda(\text{Var}(S) + (E(S))^2)}{2(1 - \rho)}. \tag{10.6.11}$$

Les formules (10.6.10) et (10.6.11), connues sous le nom de formules de Pollaczek-Khintchine, expriment des faits quelque peu surprenants. Elles énoncent que, lorsque le taux moyen d'arrivée λ et l'espérance de la durée S de service d'un client quelconque sont donnés, on peut faire décroître l'espérance du nombre de clients dans le système (donc l'espérance de la longueur de la queue) et celle du temps d'attente dans le système en diminuant la variance de la durée de service. Le cas le plus favorable dans cette optique est donc une durée de service constante puisque sa variance est nulle.

10.6.2 La file d'attente $(GI/M/1) : (FCFS/\infty/\infty)$

Un autre modèle que l'on peut étudier par la chaîne de Markov induite est celui qui comporte une répartition d'entrée générale de densité $a(x)$ pour les intervalles de temps entre arrivées, mais un service exponentiel, c'est-à-dire que les durées de service suivent une distribution exponentielle de paramètre μ.

La difficulté majeure que l'on rencontre dans l'analyse de ce système est que le nombre de clients dans le système à un instant donné ne contient pas suffisamment d'information pour représenter de façon utile l'état du système. En effet, pour résumer la situation à un instant donné, il faudrait connaître à la fois le nombre de clients dans le système *et* le temps écoulé depuis la dernière arrivée (puisque les durées d'attente entre arrivées consécutives ne sont pas exponentielles et ne sont donc pas sans mémoire).

On peut contourner cette difficulté en introduisant la chaîne de Markov induite associée à ce système.

La chaîne de Markov induite

Soit $X(t)$ le nombre de clients dans le système à l'instant t $(t > 0)$. Supposons que l'on observe le processus $X(t)$ lorsqu'un client entre dans le système. De cette façon, on engendre une suite discrète de variables aléatoires:

$$X_1 = X(u_1), \quad X_2 = X(u_2), \quad X_3 = X(u_3), \ldots,$$

où $u_1, u_2, \ldots$, sont les instants d'arrivée des clients successifs.

Si i est l'état du système après une arrivée et j après l'arrivée suivante,

$$j = i + 1 - k, \tag{10.6.12}$$

où k est le nombre de personnes servies pendant la période entre les deux arrivées. A cause de la propriété de manque de mémoire de la distribution exponentielle, le nombre k de personnes servies pendant un intervalle entre arrivées ne dépend que de la longueur de cet intervalle et de i et non de la quantité de service que le client actuel a déjà reçu. Les intervalles de temps entre arrivées sont bien sûr des variables aléatoires indépendantes. En vertu de ces faits, on peut conclure que la loi de transition (10.6.12) engendre une chaîne de Markov $\{X_n, n \geq 1\}$. On va maintenant déterminer les probabilités de transition p_{ij}.

Comme $k \geq 0$, on a de façon évidente $p_{ij} = 0$ pour $j > i + 1$. Si $i + 1 \geq j \geq 1$, c'est que $i + 1 - j$ individus ont été servis pendant un intervalle entre arrivées. On note la probabilité de cet événement par α_{i+1-j}. Il est clair que si $i + 1 \geq j \geq 1$, $p_{ij} = \alpha_{i+1-j}$.

On détermine la probabilité α_k que k personnes soient servies pendant un intervalle entre arrivées en conditionnant sur la longueur x de cet intervalle. Étant donné que les services constituent, dans cet intervalle, un processus de Poisson de taux μ, on a:

$$\alpha_k = \int_0^\infty e^{-\mu x} \frac{(\mu x)^k}{k!} a(x)\, dx$$

Enfin p_{i0} est la probabilité que toutes les i personnes présentes aient été servies, ce qui est égal à la probabilité qu'au moins i aient été servies si davantage avaient été présentes. Ce dernier résultat est exprimé de façon plus pratique sous la forme:

$$p_{i0} = 1 - \sum_{j=1}^{\infty} p_{ij} = 1 - \sum_{j=0}^{i} \alpha_j.$$

Nous pouvons donc résumer les probabilités de transition de cette chaîne de Markov sous la forme suivante:

$$p_{ij} = \begin{cases} \int_0^\infty e^{-\mu x} \dfrac{(\mu x)^{i+1-j}}{(i+1-j)!} a(x)\, dx & \text{si } 1 \le j \le i+1, \\ 0 & \text{si } j > i+1, \\ 1 - \sum\limits_{j=1}^{\infty} p_{ij} & \text{si } j = 0. \end{cases}$$

L'étude de la nature des états d'une telle chaîne de Markov est assez complexe et nous renvoyons le lecteur à Karlin *et al.* (1975). On y trouvera en particulier que la chaîne est récurrente positive (et par conséquent admet une distribution stationnaire) si et seulement si:

$$1 < \sum_{k=0}^{\infty} k\alpha_k = \int_0^\infty e^{-\mu x} \Big(\sum_{k=0}^{\infty} k \frac{(\mu x)^k}{k!} \Big) a(x)\, dx = \mu E(T),$$

où $E(T) = \int_0^\infty x a(x)\, dx$ est l'espérance de la durée d'attente entre arrivées consécutives.

Dans ces conditions, les probabilités stationnaires $\{\pi_k,\, k \ge 0\}$ de la chaîne de Markov induite sont données par la solution unique du système d'équations:

$$\begin{cases} \pi_k = \sum\limits_{i=0}^{\infty} \pi_i p_{ik}, & k \ge 0, \\ \sum\limits_{k=0}^{\infty} \pi_k = 1. \end{cases}$$

Étant donné qu'il existe toujours une équation redondante dans ce genre de systèmes d'équations linéaires (voir la remarque dans l'exemple 6.4.1), le système ci-dessus, après avoir introduit l'expression des p_{ij} donnée ci-dessus et éliminé l'équation correspondant à $k = 0$, se réduit à:

$$\begin{cases} \pi_k = \sum\limits_{i=k-1}^{\infty} \pi_i \int_0^\infty e^{-\mu x} \dfrac{(\mu x)^{i+1-k}}{(i+1-k)!} a(x)\, dx, & k \ge 1, \\ \sum\limits_{k=0}^{\infty} \pi_k = 1. \end{cases} \tag{10.6.13}$$

On peut trouver la solution unique du système (10.6.13) en posant:

$$\pi_k = C\beta^k, \qquad k \geq 0, \tag{10.6.14}$$

où C est une constante non nulle et β un paramètre que nous allons déterminer. Remarquons que nécessairement $0 < \beta < 1$, puisque $\pi_k \equiv 0$ si $\beta = 0$, et si $\beta \geq 1$ la solution (10.6.14) ne définit pas une distribution de probabilité puisque $\sum_{k=0}^{\infty} \pi_k > 1$.

En substituant la solution (10.6.14) dans le système (10.6.13), il vient:

$$\begin{aligned} C\beta^k &= C \sum_{i=k-1}^{\infty} \beta^i \int_0^{\infty} e^{-\mu x} \frac{(\mu x)^{i+1-k}}{(i+1-k)!} a(x)\, dx \\ &= C \int_0^{\infty} e^{-\mu x} \beta^{k-1} \sum_{i=k-1}^{\infty} \frac{(\beta\mu x)^{i+1-k}}{(i+1-k)!} a(x)\, dx. \end{aligned}$$

Mais étant donné que:

$$\sum_{i=k-1}^{\infty} \frac{(\beta\mu x)^{i+1-k}}{(i+1-k)!} = \sum_{j=0}^{\infty} \frac{(\beta\mu x)^j}{j!} = e^{\beta\mu x},$$

l'équation ci-dessus se réduit à:

$$\beta^k = \beta^{k-1} \int_0^{\infty} e^{-\mu x(1-\beta)} a(x)\, dx,$$

soit encore à:

$$\beta = \int_0^{\infty} e^{-\mu x(1-\beta)} a(x)\, dx. \tag{10.6.15}$$

On obtient la constante C à l'aide de l'équation $\sum_k \pi_k = 1$; en effet:

$$1 = \sum_{k=0}^{\infty} \pi_k = \sum_{k=0}^{\infty} C\beta^k = \frac{C}{1-\beta} \Longrightarrow C = 1 - \beta.$$

Par conséquent, la solution unique du système (10.6.13) est donnée par:

$$\pi_k = (1-\beta)\beta^k, \qquad k \geq 0,$$

où β est la solution de l'équation intégrale (10.6.15). On peut montrer (voir Karlin *et al.* (1975)) que lorsque $\mu E(T) > 1$, l'équation intégrale (10.6.15) admet une solution unique $\beta = \beta_0$ dans l'intervalle $(0, 1)$. La distribution de probabilité stationnaire de la chaîne de Markov induite prend donc la forme:

$$\pi_k = (1 - \beta_0)\beta_0^k, \qquad k \geq 0, \tag{10.6.16}$$

où la valeur exacte de β_0 s'obtient par les méthodes de l'analyse numérique.

Remarquons que si λ est le taux moyen des arrivées, on a $E(T) = 1/\lambda$, et la condition $\mu E(T) > 1$ s'écrit $\lambda/\mu < 1$ ou encore $\rho < 1$. On retrouve bien la condition habituelle d'existence du régime stationnaire pour une file d'attente à poste de service unique.

La probabilité stationnaire π_k représente la proportion du temps (à long terme) où la chaîne induite se trouve dans l'état k, c'est-à-dire la proportion des clients qui trouvent, à leur arrivée, k clients dans le système. C'est la probabilité a_k définie dans la section 10.2.2. On a donc:

$$a_k = (1 - \beta_0)\beta_0^k, \qquad k \geq 0. \tag{10.6.17}$$

Nombre moyen de clients et temps moyen d'attente

La distribution de probabilité stationnaire donnée par (10.6.16) est voisine de la loi géométrique que nous avons rencontrée au chapitre 1. Son espérance est $\beta_0/(1 - \beta_0)$, et par conséquent:

$$L_s = \sum_{k=0}^{\infty} k\pi_k = \frac{\beta_0}{1 - \beta_0}, \tag{10.6.18}$$

où L_s est l'espérance du nombre de clients dans le système observé à l'arrivée d'un nouveau client (et non pas nécessairement dans le système continu $(GI/M/1)$; voir la remarque à propos de L_s^d au début de la section 10.6).

On obtient l'espérance du temps d'attente dans le système en conditionnant sur le nombre de clients présents dans le système lors d'une arrivée:

$$\begin{aligned} W_s &= \sum_{k=0}^{\infty} E[\text{temps d'attente} \mid \text{un arrivant trouve } k \text{ clients}](1-\beta_0)\beta_0^k \\ &= \sum_{k=0}^{\infty} \frac{k+1}{\mu}(1-\beta_0)\beta_0^k. \end{aligned}$$

Cette dernière égalité résulte du fait que si un arrivant trouve k clients devant lui, son temps d'attente moyen dans le système est égal à $k+1$ fois la durée moyenne d'un service, soit $(k+1)/\mu$. Nous avons alors, en utilisant la relation $\sum_{k=0}^{\infty} kx^k = x/(1-x)^2$ (voir relation (1.6.21)):

$$W_s = \frac{1}{\mu(1-\beta_0)}. \tag{10.6.19}$$

Les expressions (10.6.18) et (10.6.19) mettent en évidence un problème que nous n'avons pas encore rencontré dans ce chapitre. Si l'on forme le rapport de L_s à W_s, il vient:

$$L_s/W_s = \mu\beta_0,$$

et ce rapport n'est pas égal au taux moyen λ d'entrée dans le système. Pour expliquer pourquoi notre fameuse relation $L_s = \lambda W_s$ n'est pas satisfaite, rappelons nous que cette relation a été établie dans le contexte du système continu, tandis que les quantités L_s et W_s ont été ici calculées pour la chaîne de Markov induite. L'explication est reliée au fait que la démonstration de la relation $L_s = \lambda W_s$ (donnée dans le supplément à ce chapitre) exige que la moyenne L_s soit calculée sur tous les instants $t > 0$, alors que W_s peut seulement être calculée aux points de régénération. Étant donné que, dans le cas du système $(GI/M/1)$, L_s est calculé seulement lors de l'arrivée d'un nouveau client, la relation $L_s = \lambda W_s$ ne peut pas être utilisée. Cette difficulté n'existe pas dans le cas d'arrivées poissonniennes.

Régime stationnaire

Il résulte de la proposition 10.2.3 que, puisque les arrivées ne forment pas un processus de Poisson, la proportion des arrivants qui trouvent k clients dans le système, soit a_k, n'est pas égale à la proportion du temps (à long terme) P_k où il y a k clients dans le système d'attente (observé de façon continue). On peut cependant calculer P_k pour le système d'attente *continu* en écrivant que le taux auquel le nombre de clients dans le système passe de $k-1$ à k est égal au taux auquel ce nombre passe de k à $k-1$.

Le taux auquel le système passe de $k-1$ à k clients est égal au produit du taux moyen d'arrivée λ par la proportion a_{k-1} d'arrivants qui trouvent $k-1$ clients dans le système. Il est donc égal à λa_{k-1}. Le taux auquel le système passe de k à $k-1$ clients est égal au produit du taux moyen μ de départ (service) par la proportion du temps P_k où il y a k clients dans le système; soit μP_k ce produit. Il en résulte donc que:

$$\lambda a_{k-1} = \mu P_k,$$

et par conséquent en tenant compte de (10.6.17):

$$P_k = \frac{\lambda}{\mu}(1-\beta_C)\beta_0^{k-1}, \qquad k \geq 1. \tag{10.6.20}$$

Finalement puisque $P_0 = 1 - \sum_{k=1}^{\infty} P_k$, il vient en simplifiant la sommation:

$$P_0 = 1 - \frac{\lambda}{\mu},$$

où $\lambda = 1/E(T)$ est le taux moyen des arrivées et μ est le taux exponentiel de service. Remarquons que cette valeur de P_0 se retrouve dans toutes les situations de files d'attente à poste de service unique que nous avons rencontrées dans ce chapitre lorsque la capacité du système et celle de la source sont infinies.

10.7 OPTIMISATION ET FILES D'ATTENTE

Dans cette partie, nous allons envisager la composante "décisionnelle" des problèmes d'attente. L'objectif des modèles de prise de décision dans le contexte des systèmes d'attente est l'amélioration de la performance du système par un choix optimal de paramètres tels que le taux de service, le nombre de postes de service et la capacité maximale du système.

Selon le point de vue du preneur de décision, différentes considérations peuvent intervenir dans le choix des paramètres optimaux. L'un des critères les plus fréquemment utilisés est la minimisation de la somme des coûts de service et d'attente par unité de temps. De façon évidente, plus les coûts de service sont élevés, plus les coûts d'attente vont diminuer, et inversement. Ce genre de modèle est parfaitement adéquat lorsque l'on dispose d'estimations fiables des paramètres de coût. En général cependant, il est difficile – voire impossible – d'estimer les coûts associés aux temps d'attente dans le système. Dans ce genre de situation, il faut alors trouver un autre critère d'optimalité. Pour une étude détaillée de ce genre de problèmes, nous renvoyons le lecteur aux ouvrages spécialisés tels que ceux de Lee (1966) et de Newell (1971).

10.7.1 Taux de service optimal

Considérons une file d'attente à poste de service unique et où les arrivées se font selon un taux moyen égal à λ et le taux moyen de service est μ. Supposons que l'on cherche à déterminer la valeur optimale de μ par rapport à un critère de décision approprié. On définit:

$C_1 =$ le coût d'une augmentation unitaire de μ par unité de temps;

$C_2 =$ le coût d'une attente égale à une unité de temps par client; et

$SC(\mu) =$ l'espérance de la somme des coûts de service et d'attente par unité de temps étant donné le taux de service μ.

Nous avons donc:

$$SC(\mu) = C_1\mu + C_2 L_s.$$

On remarque que le coût de service par unité de temps est directement proportionnel à μ, et que le coût d'attente par unité de temps est égal au produit de l'espérance du nombre de clients dans le système par le coût d'attente par client et par unité de temps.

Étant donné que μ est un paramètre continu, on peut trouver sa valeur optimale μ^* en dérivant $SC(\mu)$ par rapport à μ. Dans le cas de la file d'attente $(M/M/1):(FCFS/\infty/\infty)$, on déduit à l'aide de la relation (10.3.6):

$$SC(\mu) = C_1\mu + C_2\frac{\lambda}{\mu - \lambda},$$

et par conséquent:

$$\mu^* = \lambda + \sqrt{\frac{C_2\lambda}{C_1}}. \tag{10.7.1}$$

La relation (10.7.1) montre que le taux optimal de service μ^* dépend de λ. Ce résultat paraît être logique, puisque si μ^* était indépendant de λ on pourrait avoir $\rho = \lambda/\mu^* > 1$. La solution (10.7.1) garantit que $\lambda/\mu^* < 1$.

Dans le cas où la capacité maximale du système est limitée à N clients (file d'attente $(M/M/1) : (FCFS/N/\infty)$), on peut modifier le modèle ci-dessus pour tenir compte du fait que plus N est grand plus le nombre de clients qui ne pourront pas entrer dans le système sera petit. Dans ce cas, le coût total sera une fonction à la fois de μ et de N, et l'on aura par exemple:

$$SC(\mu, N) = C_1\mu + C_2L_s + C_3N + C_4\lambda P_N$$

où:

$C_3 =$ le coût d'une unité supplémentaire de capacité par unité de temps; et

$C_4 =$ le coût de pénalité par client perdu (nous avons vu dans la section 10.3.2 que le nombre de clients perdus par unité de temps est égal à λP_N).

On peut déterminer les valeurs μ^* et N^* qui optimisent la fonction $SC(\mu, N)$ à l'aide des techniques de l'analyse des fonctions de plusieurs variables.

10.7.2 Nombre optimal de postes de service

Considérons le cas de la file d'attente $(M/M/s)$ donné dans l'exemple 10.4.2. On peut construire un modèle pour déterminer le nombre optimal s^* de postes de service. Dans ce contexte, on suppose que les paramètres λ et μ sont fixés. De façon analogue au résultat obtenu dans la section 10.7.1, l'espérance de la somme des coûts de service et d'attente par unité de temps étant donné le nombre s de postes de service est égale à:

$$SC(s) = sC_1 + C_2 L_s(s) \tag{10.7.2}$$

où:

$C_1 =$ le coût par unité de temps d'un poste de service supplémentaire;

$L_s(s) =$ l'espérance du nombre de clients dans le système étant donné qu'il y a s postes de service; et

$C_2 =$ le coût d'une attente égale à une unité de temps par client.

Étant donné que le paramètre s ne peut prendre que des valeurs entières, on ne peut pas dériver l'expression (10.7.2) pour déterminer la valeur optimale s^*. On peut cependant déterminer s^* en remarquant que cette valeur optimale est telle que:

$$SC(s^*-1) \geq SC(s^*) \qquad \text{et} \qquad SC(s^*+1) \geq SC(s^*).$$

En tenant compte de (10.7.2), on obtient la condition:

$$L_s(s^*) - L_s(s^*+1) \leq \frac{C_1}{C_2} \leq L_s(s^*-1) - L_s(s^*), \tag{10.7.3}$$

qui nous indique où trouver la valeur optimale s^*.

Exemple 10.7.1. Pour illustrer l'utilisation de la condition (10.7.3), considérons la file d'attente $(M/M/s)$ lorsque $\lambda = 1{,}75$ et $\mu = 1$ (soit $\rho = \lambda/\mu = 1{,}75$). Prenons par exemple $C_1 = 0{,}2$ et $C_2 = 1$, soit $C_1/C_2 = 0{,}2$. A l'aide du programme QUEUES, on peut calculer les valeurs de $L_s(s)$ pour $s \geq 1$ (remarquons que $L_s(1) = \infty$ puisque $\lambda > \mu$), et avec ces valeurs numériques on peut construire le tableau suivant:

s	$L_s(s)$	$L_s(s-1) - L_s(s)$
1	∞	–
2	7,47	∞
3	2,22	5,25
4	1,84	0,38
5	1,77	0,07

Étant donné que:

$$L_s(4) - L_s(5) = 0{,}07 < 0{,}2 < 0{,}38 = L_s(3) - L_s(4),$$

il en résulte, d'après la condition (10.7.3), que le nombre optimal de postes de service est $s^* = 4$. ⊏

10.8 CONCLUSIONS

Les situations d'attente sont des phénomènes familiers que nous rencontrons fréquemment dans nos activités quotidiennes. Une bonne planification de ces systèmes joue un rôle important dans la qualité de vie et la productivité.

La théorie des queues permet d'étudier les systèmes d'attente en construisant des modèles mathématiques de leur fonctionnement et, à l'aide de ces modèles, de calculer des mesures de performance. Ces mesures procurent des informations importantes pour la planification et l'optimisation des systèmes d'attente.

Dans ce chapitre, nous avons envisagé les principaux modèles de la théorie des queues pour lesquels on peut obtenir des résultats utiles. Cependant il existe bien d'autres modèles dans ce domaine; en effet, en 1980 on comptait déjà plus de 3 000 articles où des modèles de files d'attente étaient formulés ou analysés.

Comme on l'a vu dans ce qui précède, la loi exponentielle joue un rôle fondamental en théorie des queues pour représenter la distribution des durées d'attente ou des durées de service. La littérature scientifique ne contient que peu d'articles où des résultats analytiques ont pu être obtenus avec d'autres hypothèses (bien qu'il existe un certain nombre d'algorithmes pour obtenir des résultats numériques dans l'étude de ces autres modèles). Malheureusement, on doit souvent utiliser des distributions autres que la loi exponentielle pour représenter de façon réaliste certains systèmes d'attente. Il y a donc encore beaucoup de modèles mathématiques avec lesquels on pourrait obtenir des résultats utiles si on savait les analyser. Lorsque nos connaissances mathématiques ne nous permettent pas d'étudier directement ces modèles, on fait souvent appel à la *simulation* du système à l'aide de l'ordinateur. Cette technique fera l'objet du chapitre 12 de ce manuel.

PROBLÈMES

1. Un petit salon de coiffure a de la place pour un maximum de deux client(e)s (y compris celui ou celle qui se fait couper les cheveux par le seul coiffeur du salon). Les client(e)s arrivent au salon selon un processus de Poisson de taux égal à trois client(e)s par heure et ne rentrent que si le salon n'est pas plein. Le temps nécessaire pour couper les cheveux est une variable aléatoire exponentielle de moyenne égale à 15 minutes. Trouver:
(a) le nombre moyen de client(e)s dans le salon;
(b) la proportion des arrivants qui peut entrer dans le salon;
(c) le temps moyen passé dans le salon par une personne qui peut y entrer; et
(d) recalculer les quantités (a), (b) et (c) si le coiffeur travaillait deux fois plus vite.

2. En conditionnant à l'aide d'événements appropriés, trouver pour la file d'attente $(M/M/1):(FCFS/\infty/\infty)$:
(a) l'espérance du nombre d'arrivants pendant la durée d'un service; et
(b) la probabilité d'aucune arrivée pendant la durée d'un service.

3. Les machines d'un atelier tombent en panne avec un taux exponentiel égal à six machines à l'heure. Les réparations sont faites par une seule personne au taux exponentiel de huit machines à l'heure. On estime le manque à gagner en cas de panne à 100 dollars par heure et par machine. Quelle est la valeur du manque à gagner horaire moyen par suite des pannes?

4. Montrer que, pour la file d'attente $(M/M/1):(FCFS/\infty/\infty)$, la probabilité que le *temps d'attente dans la queue* d'un client soit inférieur ou égal à x est:

$$\begin{cases} 1-\dfrac{\lambda}{\mu} & \text{si } x=0, \\ 1-\dfrac{\lambda}{\mu}+\dfrac{\lambda}{\mu}(1-e^{-(\mu-\lambda)x}) & \text{si } x>0. \end{cases}$$

5. Un restaurant qui prépare des repas à emporter dispose d'un poste où l'on peut passer la commande sans descendre de voiture. On

estime que les voitures arrivent à ce poste selon un processus de Poisson de taux égal à 2 voitures toutes les 5 minutes. Il y a assez de place pour que 10 voitures puissent stationner; si la queue est trop longue, les autres voitures attendent dans la rue. La durée de service est une variable exponentielle de moyenne égale à 1,5 minute. Trouver:
(a) la probabilité que le poste de service soit libre;
(b) l'espérance du nombre de clients en attente au poste de service et qui ne sont pas en train d'être servis;
(c) la durée moyenne de l'attente nécessaire avant qu'un client ne puisse passer sa commande; et
(d) la probabilité que le nombre de voitures dans le système dépasse la capacité du stationnement (égale à 10 voitures).

6. Résoudre le problème précédent à l'aide du programme QUEUES.

7. Dans le problème 5, déterminer la probabilité que le temps d'attente d'un client dans le système soit supérieur au temps moyen d'attente dans le système.

8. Pour augmenter sa clientèle, le propriétaire du restaurant du problème 5 décide d'offrir un dessert gratuit à chaque client qui attend plus que 5 minutes avant d'être servi. Étant donné qu'un dessert revient à 1 dollar et que le restaurant est ouvert 12 heures par jour, combien cette décision va-t-elle coûter par jour à notre restaurateur?

9. Reprendre le problème 5 en supposant que les clients qui ne trouvent pas de place dans le stationnement vont se nourrir ailleurs.

10. Les voitures arrivent à un poste de péage le long d'une autoroute selon un processus de Poisson de taux égal à 90 voitures à l'heure. Le temps moyen de passage par le poste de péage (non compris l'attente devant le poste) est égal à 38 secondes. Les usagers se plaignent de la longueur de la durée d'attente devant le poste. La compagnie d'exploitation de l'autoroute est prête à introduire un poste de péage automatique qui réduirait le temps moyen de passage à 30 secondes. Cependant cette introduction n'est justifiable aux yeux de la compagnie que si le nombre moyen de voitures dans l'ancien système est supérieur à 5 *et* si le pourcentage du temps où le poste automatique est inutilisé est inférieur à 10%. Est-ce que la compagnie doit introduire le poste automatique?

11. Un organisme publique est ouvert, chaque jour ouvrable, de 9 heures à 17 heures sans interruption. Il accueille, en moyenne, 64 usagers par jour; un guichet unique sert à traiter le dossier de chaque usager, et ce en un temps moyen de deux minutes et demie. Les usagers, si nécessaire, font la queue dans l'ordre de leur arrivée; même si la queue est importante, on ne refuse aucun usager.

Une étude statistique a permis de conclure que la durée aléatoire des services suit une loi exponentielle et que les arrivées des usagers forment un processus de Poisson. On suppose que le régime stationnaire est rapidement atteint.

(a) Trouver le temps moyen passé à attendre, et le temps moyen passé dans l'organisme par chaque usager.

(b) Quelles sont les probabilités qu'il n'arrive aucun client entre 15 et 16 heures? que six clients arrivent entre 16 et 17 heures?

(c) Quelle est, en moyenne et par heure, la durée pendant laquelle l'employé du guichet ne s'occupe pas des usagers?

(d) Quelle est la probabilité d'observer une file d'attente de quatre usagers, derrière celui en cours de service?

(e) Quelle est la probabilité qu'un usager passe plus d'un quart d'heure dans l'organisme?

L'organisme concerné vient de déménager; par suite de l'exiguïté des nouveaux locaux, il ne peut pas accueillir plus de cinq usagers. Ceux qui arrivent et trouvent le bureau complet repartent sans avoir été reçus.

(f) Donner le nombre moyen d'usagers refusés par jour ainsi que l'inactivité (en moyenne et par heure) de l'employé du guichet.

(g) Vérifier que $\lambda(1 - P_5) = \mu(1 - P_0)$, où P_n est la probabilité stationnaire d'avoir n clients dans le système. Interpréter cette relation.

12. Retrouver les valeurs de L_q, L_s, W_q et W_s données dans l'exemple 10.4.2 pour la file d'attente $(M/M/1):(FCFS/\infty/\infty)$.

13. Des clients arrivent à un poste de service unique selon un processus de Poisson de taux λ. Cependant, si un client trouve n clients déjà dans le système lors de son arrivée, il attend avec probabilité α_n (et s'en va avec probabilité $1 - \alpha_n$). En supposant que l'employé sert avec un taux exponentiel égal à μ,
(a) formuler ce problème comme un processus de naissance et de mort, et
(b) exprimer, en fonction des probabilités stationnaires P_n, la proportion des arrivants qui n'entrent pas dans le système.

14. On considère quatre souris dans une cage. Chaque souris passe, en alternance, par des périodes pendant lesquelles elle mange et des périodes pendant lesquelles elle ne mange pas. La longueur d'une période pendant laquelle une souris mange est une variable aléatoire exponentielle d'espérance égale à 30 minutes, et la longueur d'une période pendant laquelle elle ne mange pas est une variable aléatoire exponentielle d'espérance égale à trois heures. En supposant que les souris agissent indépendamment les unes des autres, quelle est la proportion du temps pendant laquelle aucune souris ne mange?

15. On considère une population où chaque organisme engendre une naissance selon un taux exponentiel λ et meurt avec un taux exponentiel μ. De plus, il y a un taux exponentiel θ de croissance de la population par suite d'une immigration d'origine exogène. Cependant l'immigration n'est pas permise lorsque la taille de la population atteint un niveau donné N.
(a) Formuler ce problème comme un processus de naissance et de mort.
(b) Si $N = 3$, $1 = \theta = \lambda$, $\mu = 2$, trouver la proportion du temps pendant laquelle l'immigration n'est pas permise.

16. Considérons un atelier où il y a $N = 3$ machines et $R = 2$ mécaniciens. On suppose que, avant de tomber en panne, chaque machine fonctionne pendant une durée exponentielle de moyenne égale à 10 heures, et que le temps de réparation est une variable exponentielle de moyenne égale à 8 heures.
(a) Trouver le nombre moyen de machines en panne.

(b) Trouver la proportion du temps pendant laquelle les deux mécaniciens sont simultanément occupés à réparer des machines.

17. Dans la bibliothèque de Babel, dont nous parle si bien Jorge Luis Borges, il y a K exemplaires d'un livre important (bien que d'après l'auteur "il n'y a pas, dans la vaste bibliothèque, deux livres identiques"). On suppose que les demandes pour ce livre forment un processus de Poisson de taux λ. La durée d'une période de prêt est une variable aléatoire exponentielle de paramètre μ.
(a) On suppose qu'un demandeur qui arrive et ne trouve aucun exemplaire de disponible quitte la bibliothèque immédiatement sans attendre le retour d'un livre. Montrer que le nombre d'exemplaires disponibles à la bibliothèque forme un processus de naissance et de mort. Donner les taux de naissance et de mort correspondants.
(b) Avec l'hypothèse de la question précédente, quelle est la probabilité qu'un demandeur puisse immédiatement emprunter un exemplaire du livre.
(c) Supposons maintenant que $\lambda = 10$ demandes par jour et $1/\mu = 0{,}25$ jour, et que les demandeurs peuvent faire la queue lorsque tous les exemplaires du livre ont été empruntés (ils sont servis dans l'ordre d'arrivée). Trouver le plus petit nombre K^* d'exemplaires tel que la probabilité (à long terme) qu'un demandeur puisse emprunter un livre immédiatement soit supérieure ou égale à $1/2$.

18. Avec les données de l'exemple 10.4.4, et en supposant que les deux compagnies sont regroupées, utiliser le programme QUEUES pour déterminer P_0 et W_q lorsque les deux compagnies possèdent un total de 4 (cas de l'exemple 10.4.4), 5, 6 ou 7 taxis.

19. L'ordinateur du centre de calcul du collège IROQUOIS a 3 unités centrales (CPU) identiques. Le collège dispose de 10 terminaux pour accéder à l'ordinateur; ces 10 terminaux sont toujours occupés 24 heures par jour. Chaque usager prépare son programme sur un terminal puis le soumet à l'ordinateur qui, pour l'éxécuter, choisit la première unité centrale disponible. Une fois le programme soumis, le terminal est libéré pour un autre usager ou pour que le même usager prépare un autre programme. La préparation des programmes n'utilise pas de puissance des unités centrales.

Si la préparation d'un programme se fait au taux exponentiel de 0,5 à l'heure et si l'éxécution des programmes par l'une des unités centrales se fait à un taux exponentiel de 2 à l'heure, trouver:

(a) la probabilité que l'exécution d'un programme ne commence pas immédiatement après qu'il ait été soumis à l'ordinateur;

(b) le temps moyen qu'un usager doit attendre après avoir soumis son programme afin d'en obtenir les résultats (on suppose qu'il obtient ses résultats dès que l'exécution est terminée);

(c) le nombre moyen de programmes attendant d'être exécutés;

(d) le nombre moyen d'unités centrales inactives;

(e) le pourcentage du temps où l'ordinateur est inactif; et

(f) le pourcentage du temps où une unité centrale est inactive.

20. Dans un aéroport, un secteur est mis au service de trois types de clientèle: les voyageurs qui arrivent des zones périphériques, les voyageurs qui arrivent du centre-ville, et les voyageurs en transit. Les arrivées de chacun de ces trois groupes de voyageurs forment des processus de Poisson indépendants de taux 10, 5 et 7 voyageurs à l'heure respectivement. On suppose que chaque voyageur reçoit le même type de service et que les durées de service sont des variables aléatoires exponentielles de taux égal à 10 voyageurs à l'heure. Combien de comptoirs doit-on prévoir dans ce secteur de l'aéroport dans chacun des trois cas suivants.

(a) Le temps moyen d'attente d'un voyageur dans le système ne doit pas dépasser 15 minutes.

(b) Le nombre moyen de voyageurs dans le système ne doit pas dépasser 10.

(c) La probabilité que tous les comptoirs soient simultanément libres ne doit pas dépasser 0,11.

21. Un stationnement dispose de 10 places. Les arrivées des voitures forment un processus de Poisson de taux égal à 10 à l'heure. Le temps de stationnement d'une voiture est une variable aléatoire exponentielle de moyenne égale à 10 minutes. Trouver:

(a) le nombre moyen de places de stationnement vides;
(b) la probabilité qu'un automobiliste qui arrive au stationnement ne trouve pas de place libre; et
(c) le taux moyen réel (à long terme) d'entrée dans le stationnement.

22. Pour le salon de coiffure de la section 10.5.4, exprimer les quantités suivantes en fonction des probabilités stationnaires P_n, $n = 0, 1, 1', 2, 2'$:
(a) le nombre moyen de clients dans le salon;
(b) le temps moyen passé par un client dans le salon de coiffure; et
(c) la proportion du temps où il y a au moins un client dans le salon.

23. Considérons la variante d'une file d'attente $(M/M/1)$ où, lorsque le service d'un client est terminé, ce client quitte le système avec probabilité α, $0 < \alpha < 1$, ou retourne faire la queue avec probabilité $1 - \alpha$. Il se peut donc qu'un même client se fasse servir plusieurs fois.
(a) Trouver les équations d'équilibre de ce système. Donner la valeur des probabilités stationnaires P_n, $n \geq 0$, et la condition que doivent satisfaire λ, μ et α pour qu'il existe un régime stationnaire.
(b) Combien de temps, en moyenne, un client doit-il attendre entre son arrivée et l'instant où il se fait servir pour la première fois?
(c) Quelle est la probabilité qu'un client se fasse servir exactement n fois, $n \geq 1$?
(d) Combien de temps, en moyenne, un client passe-t-il à se faire servir (sans compter le temps passé à attendre)?
(e) Quelle est la loi de probabilité du temps total qu'un client passe à se faire servir?

Indication: on montrera que la loi de (e) est sans mémoire.

24. Dans un système d'attente à poste de service unique et capacité illimitée, les arrivées forment un processus de Poisson de taux λ et les durées de service sont des variables aléatoires exponentielles de paramètre μ. Cependant le serveur attend qu'il y ait K clients dans la queue avant de commencer à servir le premier client. Une fois qu'il a commencé à servir, l'employé continue jusqu'à ce que la queue soit vide (il sert donc les K clients et tous ceux qui sont arrivés pendant ce temps). Il ne recommence à travailler que lorsqu'il y a à nouveau K clients dans la queue.

(a) Définir l'espace des états approprié pour ce système d'attente. Donner le diagramme des transitions et écrire les équations d'équilibre.

(b) Combien de temps, en moyenne, un client passe-t-il à attendre dans la queue? On exprimera cette quantité en fonction des probabilités stationnaires du système.

(c) Déterminer une relation entre λ et μ pour garantir l'existence d'un régime stationnaire.

25. On considère un réseau fermé de trois stations à services exponentiels de taux μ_1, μ_2 et μ_3 respectivement. Il y a trois clients dans ce réseau. Tous les clients doivent passer par la station $n^0 1$; à la sortie de cette station, un client se rend à la station $n^0 2$ avec probabilité α ou à la station $n^0 3$ avec probabilité $1 - \alpha$. Après être passés par une de ces deux stations, les clients retournent à la station $n^0 1$. Chacune des stations se comporte comme une file d'attente à poste de service unique. Le réseau est représenté en figure 1.

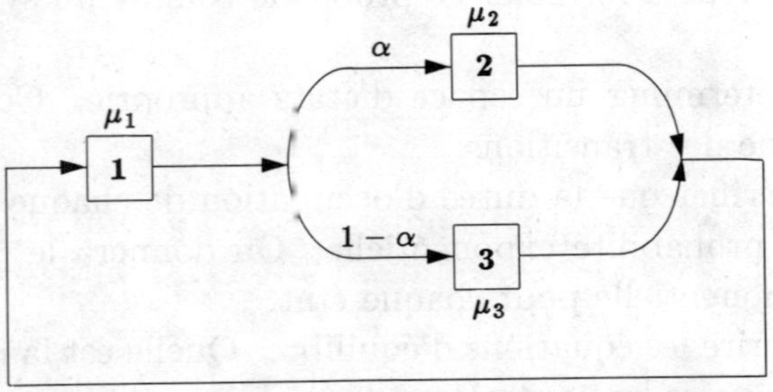

FIGURE 1

(a) Analyser ce système d'attente en définissant un espace des états approprié.
(b) Donner le diagramme des transitions et écrire les équations d'équilibre.

26. HIS AND HERS BOOBY TRAP est un petit salon de relaxation du centre-ville. Il y a deux employés Antoine et Beverly (A et B) et deux types de service: le massage-détente (type 1) et le spécial non annoncé (type 2). La durée du massage-détente d'Antoine est une variable aléatoire exponentielle de paramètre μ_{A1}, tandis que la durée de son spécial est une variable aléatoire exponentielle de paramètre μ_{A2}. Pour Beverly, les paramètres correspondants sont μ_{B1} et μ_{B2}. Les arrivées des clients au BOOBY TRAP forment un processus de Poisson de taux λ. La salle d'attente ne dispose que d'une place, c'est-à-dire que lorsque les deux employés sont occupés, un seul autre client peut attendre dans le système et d'autres clients potentiels ne peuvent pas entrer (ils s'en vont sans attendre). Lorsque les deux employés sont disponibles, un client choisit, selon ses goûts, Antoine avec probabilité α et Beverly avec probabilité $1-\alpha$. Lorsqu'un employé est occupé, le client doit être "servi" par l'autre employé (cet élément d'inconnu est l'une des grandes attractions du salon!). Le client qui attend sera "servi" par le premier employé qui deviendra libre. Un client choisit un service de type 1 avec probabilité p et un service de type 2 avec probabilité $1 - p$ indépendamment du serveur.

On cherche à formuler ce problème comme un système exponentiel.
(a) Déterminer un espace d'états approprié. Construire le diagramme des transitions.
(b) Vérifier que la durée d'occupation de chaque état a bien une loi de probabilité exponentielle. On donnera le paramètre de la loi exponentielle pour chaque état.
(c) Écrire les équations d'équilibre. Quelle est la relation qui doit exister entre les paramètres du problème pour garantir l'existence d'un régime stationnaire? Pourquoi?

27. Une chaîne de fabrication, représentée en figure 2, a k stations en cascade. Les pièces arrivent à la station n^{0}1 en provenance d'une source infinie selon un processus de Poisson de taux λ. Étant donné qu'il y a, par suite de défauts, des pièces rejetées à chaque station, le pourcentage de pièces acceptables qui sortent de la station n$^0 i$ est égal à $100\alpha_i$, $0 \leq \alpha_i \leq 1$. Le reste, soit $100(1-\alpha_i)$, représente le pourcentage de pièces défectueuses à la station n$^0 i$. On suppose que la durée de fabrication d'une pièce à la station n$^0 i$ est une variable aléatoire exponentielle de paramètre μ_i.

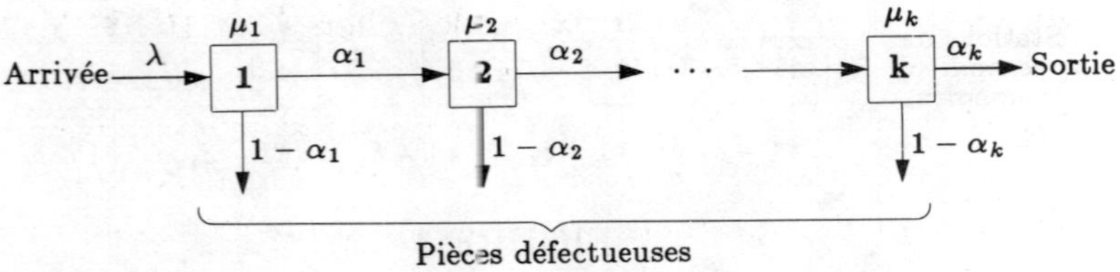

FIGURE 2

(a) Donner une expression générale pour déterminer la taille de l'espace d'entreposage nécessaire devant la station n$^0 i$, $i = 1, \ldots, k-1, k$, afin de pouvoir contenir, dans β% des cas, toutes les pièces acceptables qui arrivent.
(b) Supposons que $\lambda = 20$ pièces à l'heure et $\mu_i = 30$ pièces à l'heure, $i = 1, \ldots, k$, et que, de plus, le pourcentage de pièces défectueuses est constant et égal à 10% quelle que soit la station. Calculer les valeurs numériques résultant de l'expression de la question (a) lorsque $k = 5$ et $\beta = 95\%$.
(c) Avec les données de la question (b), trouver le nombre moyen total de pièces défectueuses pour l'ensemble des stations pendant une période de T heures.

28. On suppose dans le problème précédent qu'il existe une station de reconditionnement associée à chaque station de fabrication. La figure 3 illustre cette situation de façon schématique. Les pièces défectueuses sont réparées dans les stations de reconditionnement et sont ensuite envoyées dans la station de fabrication suivant celle dont elles proviennent. On suppose que la durée de réparation à la i-ième station de reconditionnement est une variable aléatoire exponentielle de paramètre γ_i, et que le pourcentage de pièces qui peuvent y être remises en état est égal à δ_i%.

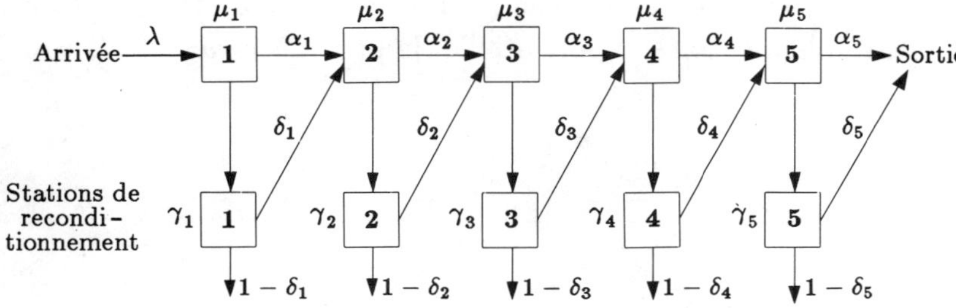

FIGURE 3

(a) Reprendre la question (b) du problème précédent lorsque $\gamma_i = 4$ pièces à l'heure et $\delta_i = 100/(i+1)$, $i = 1, \ldots, 5$.
(b) Quelle est la taille de l'espace d'entreposage nécessaire devant chacune des stations de reconditionnement afin de pouvoir contenir, dans 90% des cas, toutes les pièces défectueuses qui arrivent?
(c) Quel est le nombre moyen de pièces défectueuses à chaque station de reconditionnement (en attente et en service)?
(d) Quelle est la longueur moyenne de l'intervalle de temps entre l'arrivée d'une pièce à la station de fabrication n^{0}1 et sa sortie de la chaîne?
(e) Reprendre les questions (a), (b), (c) et (d) lorsque $\delta_i = 100\%$.

29. On suppose maintenant que, dans le problème précédent, toutes les stations de reconditionnement sont regroupées comme le montre schématiquement la figure 4. Pour chaque canal de service du centre de reconditionnement, la durée de réparation est une variable aléatoire exponentielle de paramètre γ (on a sur la figure 4 l'équivalent d'une file d'attente $(M/M/3)$). On suppose également que le pourcentage de pièces qui peuvent être remises en état à chaque canal est $\delta\%$, et que les pièces qui sortent du centre de reconditionnement sont redistribuées aux stations de fabrication proportionnellement à leur nombre à l'entrée au centre.

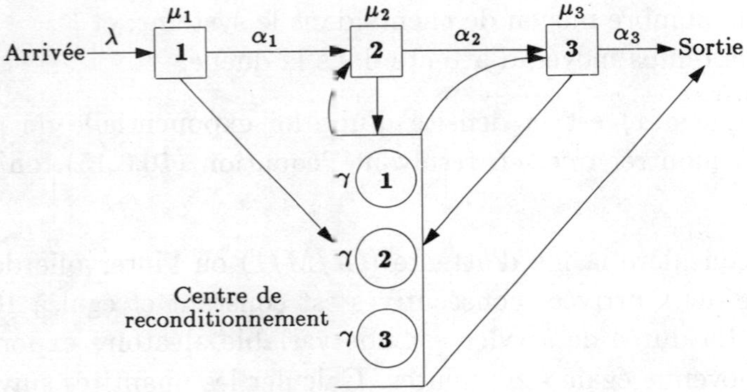

FIGURE 4

On suppose que $k = 3$, $\lambda = 10$ pièces à l'heure, $\mu_i = 15$ pièces à l'heure, $\alpha_i = 100/2i$, $i = 1, 2, 3$, $\gamma = 10$ pièces à l'heure et $\delta = 90\%$. Calculer les quantités suivantes:

(a) la probabilité d'avoir trois pièces dans la chaîne de fabrication (excluant le centre de reconditionnement);

(b) la probabilité d'avoir au moins deux pièces dans le centre de reconditionnement;

(c) le nombre moyen de pièces en attente devant chacune des trois stations de fabrication;

(d) la longueur moyenne de l'intervalle de temps entre l'arrivée d'une pièce à la station de fabrication n^{0}1 et sa sortie de la chaîne, pour une pièce qui ne passe pas par le centre de reconditionnement; et

(e) le nombre moyen de pièces dans l'ensemble du système comprenant la chaîne de fabrication et le centre de reconditionnement.

30. On considère la file d'attente $(M/G/1)$ où le taux moyen des arrivées est de 5 par heure, et où la durée de service (exprimée en minutes) admet la densité uniforme donnée par:

$$b(x) = \begin{cases} 1/10 & \text{si } 5 \leq x \leq 15, \\ 0 & \text{sinon.} \end{cases}$$

Calculer les quantités suivantes:
(a) la probabilité qu'il y ait au moins un client dans le système;
(b) le nombre moyen de clients dans le système; et
(c) le temps moyen d'attente dans la queue.

31. Lorsque $a(x)$ est la densité d'une loi exponentielle de paramètre λ montrer que, en résolvant l'équation (10.6.15), on a $\beta_0 = \lambda/\mu$.

32. On considère la file d'attente $(GI/M/1)$ où l'intervalle de temps entre deux arrivées consécutives est constant et égal à 10 minutes. La durée de service est une variable aléatoire exponentielle de moyenne égale à 6 minutes. Calculer les quantités suivantes:
(a) la probabilité qu'il y ait deux personnes dans le système lorsqu'un client arrive, sachant qu'il y avait quatre personnes dans le système lors de l'arrivée précédente;
(b) la probabilité qu'il y ait deux ou trois clients dans le système lorsqu'un client arrive sachant qu'il y avait exactement trois personnes dans le système lors de l'arrivée précédente;
(c) le nombre moyen de clients dans le système;

Indication: on montrera, soit en reprenant les calculs de la section 10.6.2, soit en utilisant la relation (10.6.5) avec la fonction $a(x)$ appropriée, que la relation (10.6.15) s'écrit $\beta = e^{-(1-\beta)5/3}$. Cette équation admet une racine unique β_0 que l'on déterminera numériquement ($\beta_0 = 0{,}324$). Il ne reste plus qu'à utiliser la relation (10.6.18).
(d) la durée d'attente moyenne dans le système.
(e) On peut aussi calculer le nombre moyen L_s de clients dans le système dans le cas continu à partir des relations (10.1.1) et (10.6.20). Calculer L_s de cette façon et comparer le résultat avec celui obtenu dans la question (c). Comment expliquez-vous la différence entre ces deux valeurs de L_s?

SUPPLÉMENT AU CHAPITRE 10

DÉMONSTRATION DE LA RELATION $L = \lambda W$

La relation $L = \lambda W$ est un résultat important en théorie des queues. La démonstration suivante, basée sur un article de Jewell (1967), utilise la théorie du renouvellement pour mettre en évidence la structure de ce résultat.

Notations

On considère un système d'attente pour lequel on définit les variables suivantes:

$X(t) =$ le nombre de clients présents dans le système à l'instant t;

$T_i =$ l'intervalle de temps entre l'arrivée du $(i-1)$-ième client et celle du i-ième client; et

$W_i =$ le temps total d'attente du i-ième client dans le système.

On choisit le temps $t = 0$ comme l'instant de l'arrivée du client n^{0}0.

Si le taux moyen de service est supérieur au taux moyen des arrivées, on peut montrer que la probabilité que le système soit vide est égale à 1 pour une certaine valeur $t = t_0 < \infty$. Dans ces conditions, on peut définir comme dans le chapitre 9 (voir exemple 9.5.5) le concept de cycle d'activité, et le nombre N de clients "traités" (arrivés, servis, et sortis du système) pendant ce cycle.

Pour un cycle d'activité arbitraire (commencé par un client n^{0}0 à l'instant zéro) pour lequel $X(0-) = 0$, on définit:

- le nombre N de clients traités pendant la durée du cycle d'activité. On a:

$$N = \min\left\{n > 0 \mid X\left(\sum_{i=1}^{n} T_i\right) = 0\right\};$$

- la durée D du cycle d'activité. On a:

$$D = \sum_{i=1}^{N} T_i\,;$$

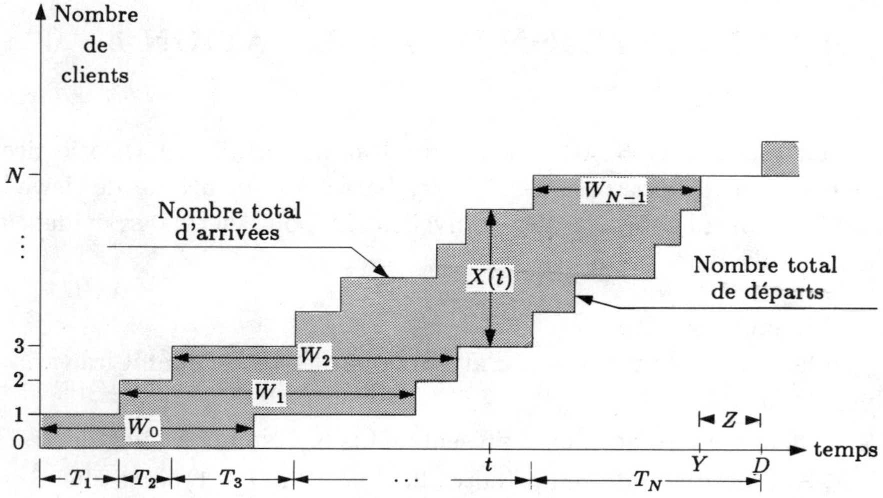

FIGURE 1: RÉALISATION D'UN CYCLE D'ACTIVITÉ

- la durée Y de la période "occupé" du cycle d'activité; c'est aussi l'instant du départ du client n$^0 N-1$ (rappelons-nous que le premier client porte le numéro zéro); et
- la durée Z de la période "libre" du cycle d'activité. On a $Z = D - Y$.

Lorsque les variables aléatoires N, D, Y et Z s'appliqueront à un cycle d'activité arbitraire, elles seront utilisées sans indice. Si on veut préciser qu'elles représentent les quantités associées au i-ième cycle d'activité, on utilisera les notations N_i, D_i, Y_i et Z_i.

Hypothèses et résultats

Nous avons besoin de l'hypothèse suivante:

Hypothèse 1. *Quelles que soient les conditions initiales du système, l'événement* $\{X(t) = 0\}$ *est un événement récurrent.*

L'hypothèse ci-dessus nous garantit que, avec probabilité égale à 1, le nombre $X(t)$ de clients dans le système va éventuellement être nul.

Théorème 1. *Pour $Y \leq t < D$, on a:*

$$\sum_{i=0}^{N-1} W_i = \int_0^t X(u)\,du. \tag{1}$$

Démonstration. La figure 1 représente une réalisation possible d'un cycle d'activité. La fonction en escalier supérieure représente le nombre total d'arrivées en fonction du temps, tandis que la fonction inférieure représente le nombre total de départs. Puisque $X(t)$ est représenté graphiquement par la distance entre les deux fonctions en escalier précédentes, le deuxième membre de l'équation (1) est égal à la surface de la partie hachurée sur la figure 1.

La surface de la zone hachurée est aussi égale à la somme des surfaces de N rectangles de hauteur égale à 1 et de longueur égale à W_i, $i = 0, 1, \ldots, N-1$, puisque W_i représente le temps total passé par le i-ième client dans le système. Cette somme est précisément le premier membre de l'équation (1). ■

Nous avons maintenant besoin d'une hypothèse qui indique que, du point de vue probabiliste, tous les cycles d'activité sont identiques.

Hypothèse 2. *A chaque fois que le système se trouve dans l'état $\{X(t) = 0\}$, les mécanismes probabilistes des arrivées et des temps d'attente sont remis à zéro par l'arrivée du client suivant. En d'autres termes, la loi croisée des variables aléatoires $\{N; T_1, \ldots, T_N; W_0, W_1, \ldots, W_{N-1}; Z\}$ est indépendante d'un cycle d'activité à l'autre et est identique pour tous les cycles d'activité.*

Remarquons que cette hypothèse est trivialement satisfaite dans le cas de variables aléatoires exponentielles par suite de leur absence de mémoire.

Théorème 2. *Si les hypothèses 1 et 2 sont satisfaites, nous avons:*

$$\lim_{t\to\infty} \frac{1}{t} E\Big(\int_0^t X(u)\,du\Big) = \frac{E\Big(\sum_{i=0}^{N-1} W_i\Big)}{E(D)}. \tag{2}$$

Démonstration. Étant donné que l'événement $\{X(t) = 0\}$ est récurrent, et que les durées D_i des cycles d'activité successifs sont des variables aléatoires indépendantes et de même loi (d'après l'hypothèse 2), le processus d'arrivée engendré par la suite de variables aléatoires $\{D_0, D_1, \ldots\}$ est un processus de renouvellement. Les points de renouvellement sont donnés par:

$$S_0 = 0 \qquad \text{et} \qquad S_n = \sum_{i=0}^{n-1} D_i, \quad n \geq 1.$$

Définissons les variables aléatoires:

$$R_n = \int_{S_n}^{S_{n+1}} X(u)\,du, \qquad n \geq 0.$$

Ces variables aléatoires sont indépendantes et de même loi. Cette loi commune, d'après le théorème 1, est la loi de $\sum_{i=0}^{N-1} W_i$.

Si l'on pose:

$$R(t) = \sum_{n=0}^{N(t)-1} R_n$$

où $N(t)$ est le nombre de cycles d'activité qui débutent dans l'intervalle $[0, t]$, le théorème 9.5.1 nous indique que:

$$\lim_{t\to\infty} \frac{R(t)}{t} = \frac{E(R_0)}{E(D_0)} = \frac{E\Big(\sum_{i=0}^{N-1} W_i\Big)}{E(D)}.$$

On montre sans difficulté que:

$$\lim_{t\to\infty} \frac{R(t)}{t} = \lim_{t\to\infty} \frac{1}{t} \int_0^{N(t)} X(u)\,du = \lim_{t\to\infty} \frac{1}{t} \int_0^t X(u)\,du. \blacksquare$$

Le théorème 2 nous indique qu'il suffit d'étudier un seul cycle d'activité afin d'obtenir les informations désirées sur ce processus.

Hypothèse 3. *Pour la loi de probabilité qui intervient dans l'hypothèse 2, les quantités:*

$$W = E\Big(\sum_{i=0}^{N-1} W_i\Big)/E(N) \tag{3}$$

et:

$$T = E(D)/E(N) = E\Big(\sum_{i=1}^{N} T_i\Big)/E(N) \tag{4}$$

sont finies.

Remarquons que la quantité W est le rapport de l'espérance du temps total d'attente pendant un cycle d'activité à l'espérance du nombre de clients "traités" pendant ce cycle; c'est donc la durée moyenne d'attente dans le système. La quantité T est le rapport de l'espérance de la durée du cycle d'activité à l'espérance du nombre de clients "traités" pendant ce cycle; c'est donc l'inverse du taux moyen d'entrée dans le système.

Théorème 3. *Si les hypothèses 1, 2 et 3 sont satisfaites, nous avons:*

$$W = \lim_{n\to\infty} E\Big(\frac{1}{n}\sum_{i=0}^{n-1} W_i\Big), \tag{5}$$

$$T = \lim_{n\to\infty} E\Big(\frac{1}{n}\sum_{i=1}^{n} T_i\Big), \tag{6}$$

et:

$$L \overset{\text{déf}}{=} \lim_{t\to\infty} \frac{1}{t} E\Big(\int_0^t X(u)\, du\Big) = W/T. \tag{7}$$

Démonstration. Les relations (5) et (6) résultent de raisonnements de théorie du renouvellement similaires à celui de la démonstration du théorème 2. La relation (7) est la conséquence du théorème 2 et des relations (3) et (4). ∎

La relation $L = \lambda W$ est déduite du théorème 3 en remarquant que, comme dans le commentaire qui suit l'hypothèse 3, T est l'inverse du taux moyen d'entrée dans le système.

Commentaires

Remarquons que la démonstration ci-dessus n'exige aucune hypothèse sur l'indépendance des durées d'attente entre arrivées consécutives, des durées de service, sur le nombre de postes de service, etc.

L'hypothèse 1 est fondamentale; elle est cependant satisfaite dans la plupart des cas où un régime stationnaire existe.

L'hypothèse 2 est presque toujours satisfaite par les modèles simples de file d'attente où le processus des arrivées est généralement indépendant de celui des services, et où le mécanisme de service est normalement remis à zéro d'un point de vue probabiliste par une arrivée faisant suite à une période d'inactivité.

Application

Pour la file d'attente $(M/M/1) : (FCFS/\infty/\infty)$ de la section 10.3.1, les variables aléatoires T_i sont indépendantes et de loi exponentielle de paramètre λ. Par conséquent, d'après le théorème 8.1.2, la variable aléatoire $\sum_{i=1}^{n} T_i$ suit une loi gamma de paramètres n et λ. Nous avons donc d'après (6):

$$T = \lim_{n\to\infty} E\Big(\frac{1}{n}\sum_{i=1}^{n} T_i\Big) = \lim_{n\to\infty} \frac{1}{n} E\Big(\sum_{i=1}^{n} T_i\Big) = \frac{1}{n}\cdot\frac{n}{\lambda} = \frac{1}{\lambda},$$

et par conséquent, $T = \lambda^{-1}$.

Chapitre 11

TEMPS D'ARRÊT OPTIMAL SUR UNE CHAINE DE MARKOV

Nous avons vu au chapitre 7 que les processus de décision markoviens sont des processus stochastiques qui représentent l'évolution de systèmes dynamiques sous le contrôle de suites d'actions ou de décisions. Un cas particulier serait celui d'un processus de décision sur une chaîne de Markov où, à chaque état, le preneur de décision peut choisir entre deux actions possibles: continuer ou s'arrêter.

Considérons par exemple le cas d'une antenne de radar qui balaie périodiquement l'horizon. Le radariste observe un écho lumineux qui apparaît sur l'écran. Après chaque rotation de l'antenne, il peut choisir l'une de deux actions possibles: soit continuer à observer l'écran pour obtenir plus d'information, soit confirmer la détection d'un objet (direction et distance). S'il s'arrête trop tôt, il risque de donner l'alerte de façon inutile; mais s'il s'arrête trop tard, le bombardier ennemi risque de lui faire regretter son manque de jugement! Le radariste doit donc, d'une certaine façon, trouver le temps optimal pour arrêter d'observer l'écho et décider de sa nature.

Le problème de choisir un temps d'arrêt optimal se rencontre dans de nombreux contextes: un joueur doit savoir s'arrêter à temps contre le casino où il risque la ruine, un spéculateur doit trouver le moment optimal pour arrêter d'observer le cours des titres qui l'intéressent et décider d'acheter (ou de vendre). Un autre exemple est celui de l'employeur qui cherche à embaucher un nouveau collaborateur; après un certain nombre d'entrevues, il devra arrêter sa recherche et prendre, s'il est encore disponible, le meilleur candidat rencontré jusqu'à ce moment.

Dans ce chapitre, nous allons étudier les problèmes de temps d'arrêt optimal sur une chaîne de Markov. En plus de leur intêret propre, ces problèmes constituent un cas simple de la classe des problèmes faisant intervenir des décisions multiples et séquentielles; dans cette classe de problèmes, on retrouve la programmation dynamique et les tests séquentiels d'hypothèses. Nous commencerons notre étude par un certain nombre d'exemples de problèmes de temps d'arrêt optimal. Puis nous formulerons le problème de façon plus précise, et nous donnerons enfin un algorithme de recherche d'une solution optimale dans le cas d'un horizon de planification fini.

11.1 EXEMPLES DE PROBLÈMES DE TEMPS D'ARRÊT OPTIMAL

Comme nous l'avons vu à plusieurs reprises dans ce manuel, le calcul des probabilités est né comme une théorie des jeux de hasard. L'origine de la recherche de systèmes infaillibles pour gagner au jeu se perd dans la nuit des temps. Ces systèmes, connus sous le nom de *martingales*, ont pour but de transformer un jeu équitable, ou un jeu défavorable pour le joueur, en un jeu favorable pour celui qui les utilise. L'une des martingales les plus fréquemment utilisées à la roulette consiste à doubler sa mise après chaque perte et à s'arrêter au premier gain. Bien que cette martingale permette de gagner à coup sûr, elle a le sérieux inconvénient de nécessiter une fortune infinie et de demander un nombre infini de parties!

Au chapitre 5, nous avons associé le problème de la ruine du joueur à l'étude des promenades aléatoires. Ici encore, les promenades aléatoires vont nous permettre d'illustrer certains problèmes de temps d'arrêt optimal et certaines des difficultés que l'on rencontre dans la recherche de ces temps. Une partie des exemples suivants est tirée de Chow *et al.* (1971).

11.1.1 Promenade aléatoire et temps d'arrêt optimal

Un jeu est constitué d'une série de paris ou de parties. Les parties sont indépendantes les unes des autres, et le joueur a une probabilité p, $(0 < p < 1)$, de gagner chaque partie et une probabilité $1 - p$ de perdre. Considérons la suite $\{Y_1, Y_2, \ldots\}$ de variables aléatoires indépendantes de même loi telle que:

$$P\{Y_i = 1\} = p, \qquad P\{Y_i = -1\} = 1 - p, \qquad i \geq 1, \quad 0 < p < 1.$$

Clairement, la variable Y_i sera égale à 1 si le joueur gagne la i-ième partie, et à -1 dans le cas contraire. Le revenu (gain ou perte) X_n du joueur après n parties sera une fonction de ses mises, des variables $Y_1, \ldots, Y_n$, et du nombre n de parties jouées. Le joueur cherche bien entendu une stratégie pour maximiser son revenu.

On dit que la partie (resp. le jeu) est *favorable* si l'espérance du revenu du joueur lorsque la partie (resp. le jeu) se termine est strictement positive. De même, on dit que la partie (resp. le jeu) est *défavorable* si l'espérance du revenu du joueur lorsque la partie (resp. le jeu) se termine est strictement négative, et elle (resp. il) est *équitable* si l'espérance du revenu du joueur est nulle.

Exemple 11.1.1. Supposons d'abord que $p = 1/2$ et que le revenu X_n après n parties est égal à $(Y_1 + \cdots + Y_n)/n$. Le joueur peut utiliser la stratégie suivante:
- s'arrêter tout de suite si $Y_1 = 1$;
- s'arrêter la première fois que la somme partielle $Y_1 + \cdots + Y_n$ est égale à 0, si $Y_1 = -1$.

Nous avons vu dans l'exemple 5.6.1 que la promenade aléatoire libre symétrique à une dimension $(p = 1/2)$ est une chaîne de Markov récurrente. Par conséquent, si $Y_1 = -1$, la somme partielle $Y_1 + \cdots + Y_n$ atteindra la valeur 0 avec probabilité égale à 1, et la stratégie choisie permet au joueur de s'arrêter avec probabilité égale à 1.

Le joueur recevra donc un revenu égal à 1 avec probabilité 1/2, et un revenu égal à 0 avec probabilité 1/2. L'espérance du revenu associé à cette stratégie est donc égale à $1 \times (1/2) + 0 \times (1/2) = 1/2$. Soit v le revenu espéré optimal de ce jeu; d'après ce qui précède $v \geq 1/2$.

D'autre part, par définition de X_n, $v \leq 1$. Il est cependant très difficile de trouver la valeur exacte de v, et encore plus difficile de trouver une stratégie optimale pour ce problème. □

Exemple 11.1.2. Prenons encore $p = 1/2$, et considérons le jeu qui consiste à miser un montant w_i à la i-ième partie. Si $Y_i = 1$ (le joueur gagne la i-ième partie), le joueur reçoit un montant égal à w_i, tandis que si $Y_i = -1$ (il perd la i-ième partie), le joueur perd sa mise w_i. L'espérance du revenu pour la i-ième partie est alors égale à $w_i P\{Y_i = 1\} - w_i P\{Y_i = -1\} = 0$, et chaque partie est équitable.

Une stratégie pour ce jeu est une règle permettant au joueur de varier sa mise selon les gains et les pertes déjà encourus. Formellement, la mise à la i-ième partie est une variable aléatoire W_i qui ne dépend que de $Y_1, \ldots, Y_{i-1}$. Alors, si X_0 est la fortune initiale du joueur, sa fortune après n parties sera:

$$X_n = X_0 + \sum_{i=1}^{n} W_i Y_i.$$

Si, par exemple, on prend:

$$W_i = \begin{cases} 2^{i-1} & \text{si } X_k = -1, \text{ pour } k = 1, \ldots, i-1, \\ 0 & \text{sinon,} \end{cases}$$

nous retrouvons la martingale classique qui suggère de doubler la mise après chaque perte, et de s'arrêter après un gain. Avec cette stratégie, le joueur est sûr de gagner s'il joue suffisamment longtemps, puisque la probabilité de perdre les n premières parties est égale à $(1/2)^n$, et que cette probabilité tend vers zéro lorsque n tend vers l'infini. Supposons que le joueur gagne pour la première fois à la n-ième partie, sa mise totale pour les $n-1$ premières parties est de $1 + 2 + \cdots + 2^{n-2} = 2^{n-1} - 1$, alors que son gain à la n-ième partie est de 2^{n-1}. Le joueur va donc éventuellement terminer le jeu avec un revenu net de 1 dollar.

Cependant, de façon réaliste, le joueur n'a ni les ressources ni le temps pour continuer à jouer indéfiniment. Supposons donc que le jeu ne puisse pas durer plus de m parties; prenons alors une stratégie dont les mises sont données par:

$$W_i' = \begin{cases} 2^{i-1} & \text{si } Y_k = -1, \text{ pour } k = 1, \ldots, i-1 \text{ et } i \leq m, \\ 0 & \text{sinon.} \end{cases}$$

Le joueur peut perdre toute sa mise de $1 + 2 + \cdots + 2^{m-1} = 2^m - 1$ s'il perd les m premières parties (avec probabilité égale à $(1/2)^m$), ou il gagne un dollar dans le cas contraire. Son espérance de revenu est donc de $1 \times (1 - (1/2)^m) - (2^m - 1) \times (1/2)^m = 0$.

Bien que la probabilité de tout perdre soit très faible si m est suffisamment grand, cette stratégie n'assure pas un jeu favorable. En fait, la proposition suivante montre qu'il n'existe aucune stratégie qui permette de rendre ce jeu favorable si l'on doit s'arrêter au bout d'un nombre fini de parties.

Proposition 11.1.1. *Soit $Y_1, Y_2, \ldots$ une suite de variables aléatoires indépendantes de même loi telle que $E(Y_1) = 0$, et $W_1, W_2, \ldots$ une suite de variables aléatoires telle que W_i ne dépend que de $Y_1, \ldots,$ Y_{i-1}. Si:*

$$X_n = X_0 + \sum_{i=1}^{n} W_i Y_i, \qquad n = 1, 2, \ldots,$$

on a:

$$E[X_{n+1} \mid Y_1, \ldots, Y_n] = X_n, \tag{11.1.1}$$

et:

$$E(X_n) = E(X_0). \tag{11.1.2}$$

Démonstration. En écrivant X_{n+1} sous la forme:

$$X_{n+1} = X_n + W_{n+1} Y_{n+1},$$

on obtient:

$$E[X_{n+1} \mid Y_1, \ldots, Y_n] = E[X_n \mid Y_1, \ldots, Y_n] + E[W_{n+1} Y_{n+1} \mid Y_1, \ldots, Y_n].$$

Étant donné que W_{n+1} et Y_{n+1} sont des variables aléatoires indépendantes, on a:

$$E[W_{n+1} Y_{n+1} \mid Y_1, \ldots, Y_n] = E[W_{n+1} \mid Y_1, \ldots, Y_n]\, E[Y_{n+1} \mid Y_1, \ldots, Y_n],$$

et puisque Y_{n+1} est indépendante de $Y_1, \ldots, Y_n$:

$$E[Y_{n+1} \mid Y_1, \ldots, Y_n] = E(Y_{n+1}) = E(Y_1) = 0.$$

De plus, étant donné que X_n ne dépend que des variables $Y_1, \ldots, Y_n$, on vérifie que:

$$E[X_n \mid Y_1, \ldots, Y_n] = X_n.$$

Ceci établit donc la relation (11.1.1).

Pour vérifier la relation (11.1.2), il suffit d'utiliser (2.3.6) sous la forme:

$$E(X_{n+1}) = E(E[X_{n+1} \mid Y_1, \ldots, Y_n])$$

et d'en déduire que, d'après (11.1.1), $E(X_{n+1}) = E(X_n)$. En répétant de proche en proche cette dernière égalité, il vient:

$$E(X_{n+1}) = E(X_n) = \cdots = E(X_1) = E(X_0). \blacksquare$$

On voit donc bien que quel que soit le nombre fixe n de parties, la fortune espérée $E(X_n)$ est égale à la fortune espérée initiale $E(X_0)$, et ce quelle que soit la stratégie utilisée.

Cet exemple illustre le fait que certaines stratégies, qui peuvent donner un jeu favorable étant donné un horizon infini, ne donnent plus nécessairement un jeu favorable si l'on est contraint de limiter le jeu à un nombre fini de parties. Il montre donc que l'on ne peut pas toujours restreindre une stratégie donnée à s'arrêter au bout de n parties, puis faire tendre n vers l'infini pour calculer le revenu espéré qui lui est associé. □

Exemple 11.1.3. Supposons maintenant que le revenu X_n après n parties est égal à $Y_1 + \cdots + Y_n$. La suite $\{X_n,\, n \geq 1\}$ définit une promenade aléatoire et l'on a $E(X_n) = nE(Y_1) = n(2p-1)$. On considère, selon la valeur de p $(0 < p < 1)$, les trois cas suivants:

- $p < 1/2$: on a $E(X_n) = n(2p-1) < 0$, et le jeu est défavorable. On peut montrer que, dans ce cas, la stratégie optimale consiste à s'arrêter avant même la première partie.
- $p = 1/2$: on a $E(X_n) = 0$, et le jeu est équitable. Soit k un nombre entier positif donné; considérons la stratégie qui consiste à s'arrêter la première fois que le revenu X_n est égal à k. Nous sommes dans le cas de la promenade aléatoire symétrique, et nous avons vu dans l'exemple 5.6.1 que c'est une chaîne de Markov

récurrente. X_n sera donc égal à k avec une probabilité égale à 1. L'espérance du revenu de cette stratégie est donc égale à k; si v est le revenu espéré optimal on a $v = \infty$, puisque le choix de k est arbitraire.

- $p > 1/2$: on a $E(X_n) > 0$, et le jeu est favorable. Dans ce cas, la promenade aléatoire est transitoire; cependant, d'après la loi des grands nombres (théorème 1.7.1), X_n/n tend vers $E(Y_1) = 2p - 1 > 0$ avec une probabilité égale à 1. Par conséquent, X_n tend vers l'infini et, avec probabilité égale à 1, atteindra toute valeur donnée. On en déduit, ici encore, que $v = \infty$.

Remarquons que, dans les deux derniers cas ci-dessus, il n'existe pas de stratégie optimale. □

Exemple 11.1.4. Supposons maintenant que $p = 1/2$ et que le revenu pour la i-ième partie soit égal à $Y_i - 1/i(i+1)$. Le revenu total X_n après n parties est égal à la somme des revenus de chaque partie, et par conséquent:

$$X_n = \sum_{i=1}^{n} \left(Y_i - \frac{1}{i(i+1)} \right) = \sum_{i=1}^{n} Y_i - \frac{n}{n+1}, \tag{11.1.3}$$

où la dernière partie de l'équation s'obtient à partir de la décomposition $1/i(i+1) = 1/i - 1/(i+1)$.

L'espérance du revenu de la i-ième partie est égal à $-1/i(i+1)$, et cette partie est donc défavorable. Mais on remarque, en quelque sorte, que chaque partie jouée devient de moins en moins défavorable pour le joueur puisque l'espérance du revenu, bien que négative, augmente avec i.

Quelle que soit la valeur fixée du nombre n de parties, nous avons $E(X_n) = -n/(n+1) < -1/2$. Cependant, puisque $p = 1/2$, la suite des sommes partielles des variables aléatoires Y_i définit une promenade aléatoire symétrique, donc récurrente. Il est alors possible de considérer la stratégie qui consiste à s'arrêter à la première valeur de n telle que $\sum_{i=1}^{n} Y_i = k$, pour un entier donné k. On déduit de (11.1.3) que l'espérance du revenu associé à cette stratégie est supérieure ou égale à $k - 1$. Par conséquent, le revenu espéré optimal est infini.

Cet exemple montre que, même avec un jeu qui, partie par partie, est défavorable, il est parfois possible de choisir une stratégie qui permette un revenu espéré positif. Rappelons que, dans le premier cas de l'exemple 11.1.3, nous avions un jeu où la stratégie optimale était de s'arrêter avant même de commencer à jouer, et pour lequel $v = 0$. Dans le cas présent, les parties sont encore défavorables, mais le revenu espéré optimal est infini. Cette contradiction n'est qu'apparente car, dans l'exemple 11.1.3, les parties étaient uniformément défavorables, alors qu'ici, les parties deviennent de moins en moins défavorables avec le temps. □

Exemple 11.1.5. Nous considérons ici un jeu où le joueur perd tout et est obligé de s'arrêter dès qu'il perd une partie. Supposons que $p = 1/2$, et que le revenu total X_n après n parties soit égal à:

$$X_n = \frac{n}{n+1} \prod_{i=1}^{n} (Y_i + 1). \tag{11.1.4}$$

Le revenu du joueur est donc égal à $n2^n/(n+1)$ s'il gagne chacune des n premières parties, et à 0 s'il perd au moins l'une d'entre elles. Son revenu espéré $E(X_n)$ après n parties est égal, d'après (11.1.4) et le théorème 1.6.2, à:

$$E(X_n) = \frac{n}{n+1} E\Big(\prod_{i=1}^{n} (Y_i + 1)\Big) = \frac{n}{n+1} \prod_{i=1}^{n} E(Y_i + 1) = \frac{n}{n+1}.$$

On remarque que la limite de $E(X_n)$ lorsque n tend vers l'infini est égale à 1, et, puisque $E(X_n) \leq v$ pour tout n, le revenu espéré optimal v est tel que $v \geq 1$.

Supposons que le joueur n'ait pas encore perdu après n parties: s'il décide de s'arrêter à ce moment, il a un revenu assuré de $n2^n/(n+1)$. S'il choisit de jouer une partie de plus (soit la $(n+1)$-ième partie), son revenu espéré devient:

$$\frac{(n+1)\, 2^{n+1}}{n+2} \times \frac{1}{2} + 0 \times \frac{1}{2} = \frac{(n+1)\, 2^n}{n+2} > \frac{n2^n}{n+1}.$$

Ce nouveau revenu espéré est donc supérieur à celui que le joueur aurait obtenu s'il s'était arrêté après n parties. Nous obtenons donc le paradoxe suivant: le joueur a toujours avantage à continuer à jouer tant qu'il ne perd pas; mais s'il continue indéfiniment, il perdra à coup sûr! □

11.1.2 Autres exemples

Les exemples que nous venons de présenter illustrent certains des aspects de la recherche d'un temps d'arrêt optimal en horizon infini. Nous allons envisager maintenant certains exemples plus "pratiques" ayant trait à des situations autres que celles rencontrées dans les jeux de hasard.

Exemple 11.1.6. *Le problème du stationnement*
Un automobiliste cherche à stationner dans la rue, le plus près possible de sa destination. On peut formuler ce problème comme un problème d'arrêt optimal de la façon suivante: supposons qu'il y ait N places de stationnement entre l'endroit où l'automobiliste se trouve et sa destination. Chaque place est libre avec une probabilité égale à p. S'il s'arrête à i places de sa destination, l'automobiliste reçoit un "revenu" de $N - i + 1$ (plus il s'arrête près d'où il veut aller, plus sa "satisfaction" est grande); s'il arrive à sa destination avant d'avoir pu ou voulu stationner, son revenu est nul.

En supposant que l'automobiliste ne découvre si une place est libre qu'au moment où il y arrive (c'est-à-dire qu'il ne peut pas voir si les places situées entre l'endroit où il se trouve et sa destination sont libres ou non), et qu'il ne peut pas reculer pour revenir à une place libre qu'il a déjà dépassée, nous allons chercher, par la suite, la stratégie optimale qui maximise l'espérance de "revenu" de l'automobiliste (ou encore qui minimise la distance qu'il doit parcourir à pied pour se rendre à sa destination). □

Exemple 11.1.7. *Le problème d'Arsène Lupin*
Le romancier Maurice Leblanc décrit Arsène Lupin comme un "gentleman cambrioleur". En fait, il s'agit plutôt d'un fonctionnaire de l'effraction puisqu'il effectue un cambriolage par jour (ou période de temps). Chaque jour, il y a une probabilité p qu'il se fasse prendre. S'il ne se fait pas prendre, son vol lui rapporte un revenu R, tandis que dans le cas contraire, il perd tout ce qu'il a accumulé jusqu'à ce jour.

Pour formuler ce problème, définissons la suite de variables aléatoires $\{Y_i,\ i \geq 1\}$ telle que:

$$Y_i = \begin{cases} 1 & \text{si Arsène Lupin ne se fait pas prendre le jour n}^0 i, \\ 0 & \text{si Arsène Lupin se fait prendre le jour n}^0 i. \end{cases}$$

Le revenu X_n du cambrioleur au bout de n jours est donc:

$$X_n = (R_1 + \cdots + R_n) \prod_{i=1}^{n} Y_i, \tag{11.1.5}$$

où R_i est le revenu obtenu le jour n$^0 i$. Arsène Lupin se demande à quel moment il faut s'arrêter de cambrioler afin de maximiser l'espérance de son revenu total. □

Exemple 11.1.8. *Le problème des secrétaires*
Le problème des secrétaires est l'un des exemples les plus connus de problème d'arrêt optimal. On le retrouve sous différentes formes telles que le problème du mariage, du concours de beauté, etc.

Le problème, dans sa version originale, peut être posé de la façon suivante: un employeur qui cherche à embaucher un(e) secrétaire reçoit N candidatures. Il choisit de faire passer, dans un ordre quelconque, une entrevue à chaque candidat(e). Après chaque entrevue, il peut soit embaucher la personne qu'il vient de voir, soit lui refuser le poste. Cette décision est irrévocable (il ne peut pas rappeler un candidat auquel il a déjà refusé le poste), et doit être prise uniquement sur la base d'une comparaison des candidats qu'il a déjà vus. Remarquons que cette hypothèse, pas nécessairement réaliste pour le choix d'un(e) secrétaire, s'applique assez bien dans le cas du mariage! L'objectif de l'employeur est de trouver une stratégie de sélection (c'est-à-dire un moment optimal pour arrêter la sélection) qui maximise la probabilité de choisir le "meilleur" dans un groupe de N candidats. Ce problème a été abordé de plusieurs façons dans la littérature scientifique; nous nous inspirons ici de l'approche de Dynkin *et al.* (1969).

Il est clair que l'employeur ne doit pas trop se précipiter pour faire son choix. S'il offre le poste au premier candidat avec lequel il s'entretient, la probabilité pour que celui-ci soit le meilleur est égale à $1/N$. Si, par contre, l'employeur attend trop longtemps sans se décider, les derniers candidats risquent d'être moins bons que certains autres déjà passés. L'employeur va alors se retrouver avec le dernier candidat (il doit choisir celui-ci s'il a rejeté tous les précédents), et sa probabilité de succès est encore égale à $1/N$.

Il paraît également évident qu'une stratégie optimale pour ce problème ne peut consister qu'à sélectionner un candidat qui est le meilleur parmi tous ceux qui ont été *déjà* vus par l'employeur. Sinon, la probabilité que l'employeur puisse sélectionner le "meilleur" candidat est nulle. On peut d'ailleurs se demander, d'après ce qui précède, s'il existe une stratégie de sélection dont la probabilité de succès, lorsque N est grand, ne tend pas vers zéro. La réponse à cette question est cependant positive. L'employeur peut, par exemple, envisager la stratégie suivante: examiner la première moitié des candidats, et choisir ensuite le premier candidat qui est meilleur que tous ses prédécesseurs (ou le dernier candidat si aucun des candidats de la deuxième moitié n'est meilleur que tous ses prédécesseurs). A l'aide de cette stratégie, l'employeur est sûr d'embaucher le meilleur candidat si celui-ci se trouve dans la deuxième moitié, tandis que le deuxième meilleur candidat se trouve dans la première moitié. En supposant, pour simplifier les choses, que N est pair, la probabilité de cet événement est égale à $[(N/2)/N] \cdot [(N/2)/(N-1)]$. Remarquons que cette quantité est strictement supérieure à $1/4$. Étant donné que l'événement considéré n'est qu'une des possibilités de succès, la probabilité de succès de cette stratégie, quel que soit le nombre N de candidats, est supérieure à $1/4$. Nous verrons par la suite que, lorsque N tend vers l'infini, la probabilité de succès de la stratégie optimale tend vers $1/e \simeq 0{,}3679$. □

11.2 DÉFINITIONS ET RÉSULTATS PRÉLIMINAIRES

Nous allons maintenant formaliser le problème de la recherche d'un temps d'arrêt optimal sur une chaîne de Markov. Nous reprendrons certains des exemples de la section précédente afin de montrer qu'ils rentrent dans le cadre de cette formulation.

Soit donc $\{X_n,\, n \geq 0\}$ une chaîne de Markov dont l'espace des états $\mathcal{I}$ est fini ou dénombrable, et soit $P = (p_{ij})_{i,j\in\mathcal{I}}$ sa matrice des probabilités de transition. Après chaque transition, le preneur de décision peut choisir entre deux actions: s'arrêter ou continuer. Ce choix doit dépendre uniquement du déroulement du processus jusqu'à maintenant (le preneur de décision n'est pas capable de lire l'avenir dans une boule de cristal!). Cela nous amène à définir un temps d'arrêt de la façon suivante.

Définition 11.2.1. *Soit $\{X_n,\, n \geq 0\}$ un processus aléatoire discret quelconque; un temps d'arrêt τ relativement au processus $\{X_n\}$ (on dit aussi temps d'arrêt du processus $\{X_n\}$) est une variable aléatoire à valeurs entières, telle que l'événement $\{\tau = n\}$ ne dépende que des variables $(X_0, X_1, \ldots, X_n)$ pour tout entier n.*

Nous avons déjà rencontré des temps d'arrêt dans les chapitres précédents.

Exemple 11.2.1. *Temps d'entrée $T_{\mathcal{A}}$*

Dans la section 5.5, nous avons introduit le temps d'entrée $T_{\mathcal{A}}$ dans un sous-ensemble $\mathcal{A}$ de l'espace des états $\mathcal{I}$ d'une chaîne de Markov. Le temps d'entrée $T_{\mathcal{A}}$ est un temps d'arrêt relativement à la chaîne de Markov $\{X_n,\, n \geq 0\}$, puisque c'est une variable aléatoire à valeurs entières, et que pour que l'événement $\{T_{\mathcal{A}} = n\}$ se réalise, on doit avoir $X_n \in \mathcal{A}$ et $X_i \notin \mathcal{A}$ pour $i = 1, 2, \ldots, n-1$. L'événement $\{T_{\mathcal{A}} = n\}$ dépend donc seulement des variables aléatoires $(X_1, X_2, \ldots, X_n)$. □

Rappelons, à propos de l'exemple 11.2.1, que le temps d'entrée $T_{\mathcal{A}}$ peut prendre la valeur $+\infty$. Nous permettrons souvent aux temps d'arrêt de prendre une valeur infinie.

Exemple 11.2.2. *Variable $N(t) + 1$*

Au chapitre 9, nous avons défini le nombre d'événements $N(t)$ dans l'intervalle $(0, t]$, pour un processus de renouvellement dont les durées d'attente sont les variables aléatoires non négatives $\{X_i,\, i \geq 1\}$, par:

$$N(t) = \max\{n : S_n = X_1 + \cdots + X_n \leq t\}.$$

L'événement $\{N(t) = n\}$ se produit si et seulement si le n-ième renouvellement a eu lieu au plus tard à l'instant t et si le $(n+1)$-ième a eu lieu plus tard que t. On a donc:

$$\{N(t)=n\}=\{X_1+\cdots+X_n\leq t\}\bigcap\{X_1+\cdots+X_{n+1}>t\}.$$

$N(t)$ n'est donc pas un temps d'arrêt pour le processus $\{X_n,\, n\geq 1\}$, puisque l'événement $\{N(t)=n\}$ dépend des variables $(X_1,\ldots,X_n, X_{n+1})$, et non pas seulement des variables $(X_1,\ldots,X_n)$.

Remarquons cependant que la variable aléatoire $N(t)+1$, elle, est un temps d'arrêt pour le processus $\{X_n,\, n\geq 1\}$; on a en effet:

$$\begin{aligned}\{N(t)+1=n\}&=\{N(t)=n-1\}\\&=\{X_1+\cdots+X_{n-1}\leq t\}\bigcap\{X_1+\cdots+X_n>t\},\end{aligned}$$

et l'événement $\{N(t)+1=n\}$ ne dépend que des variables aléatoires $(X_1,\ldots,X_n)$. □

Pour compléter la formulation du problème du temps d'arrêt optimal, introduisons une fonction de revenu $f(\cdot)$ définie sur l'ensemble $\mathcal{I}$. La variable aléatoire $f(X_n)$ représente donc le revenu lorsque le processus est arrêté après n transitions. Si le processus n'est pas arrêté, c'est-à-dire $\tau=\infty$, on suppose que $f(X_\infty)=0$. Le problème consiste à déterminer la valeur du revenu espéré maximum, et à trouver, si possible, un temps d'arrêt qui permette d'obtenir ce revenu espéré maximum.

Soit $\mathcal{T}$ l'ensemble de tous les temps d'arrêt pour la chaîne de Markov $\{X_n,\, n\geq 0\}$; pour chaque état $i\in\mathcal{I}$, on définit:

$$v(i)=\max_{\tau\in\mathcal{T}}\Big\{E[f(X_\tau)\mid X_0=i]\Big\},\tag{11.2.1}$$

où $v(i)$ est la valeur du revenu espéré optimal lorsque la chaîne se trouve initialement dans l'état i.

Définition 11.2.2. *On dira qu'un temps d'arrêt τ^* est optimal si:*

$$E[f(X_{\tau^*})\mid X_0=i]=\max_{\tau\in\mathcal{T}}\Big\{E[f(X_\tau)\mid X_0=i]\Big\}.\tag{11.2.2}$$

Remarquons que, contrairement aux processus de décision markoviens où la politique α-optimale est indépendante de l'état initial du système, le temps d'arrêt optimal dépend généralement de l'état initial i. Dans le reste du chapitre, nous allons déterminer la valeur $v(i)$ du revenu espéré optimal pour chaque état $i \in I$ et identifier les temps d'arrêt optimaux. Avant d'aborder la résolution du problème du temps d'arrêt optimal, montrons comment ramener certains des exemples de la section 11.1 au modèle que nous venons d'introduire.

Exemple 11.2.3. *Le problème du stationnement (suite)*

Dans l'exemple 11.1.6, nous avons posé le problème de l'automobiliste qui cherche à stationner dans la rue, le plus près possible de sa destination. Il y a N places de stationnement entre l'endroit où il se trouve initialement et sa destination; chaque place est libre avec probabilité égale à p.

Soit X_n la distance, exprimée en nombre de places de stationnement (libres ou non), entre la n-ième place libre rencontrée et la destination de l'automobiliste; s'il y a moins de n places libres entre l'origine et la destination de l'automobiliste, on posera $X_n = N + 1$. On vérifie facilement que le processus $\{X_n,\, n \geq 0\}$ est une chaîne de Markov dont l'espace des états est l'ensemble $\{1, 2, \ldots, N, N+1\}$, et la matrice des probabilités de transition est donnée par la matrice suivante (où $q = 1 - p$):

$$
P = \begin{array}{c} \\ 1 \\ 2 \\ \vdots \\ j \\ \vdots \\ N \\ N+1 \end{array}
\begin{array}{c}
\begin{array}{ccccccccc} 1 & 2 & \ldots & j-1 & j & \ldots & N-1 & N & N+1 \end{array} \\
\left(\begin{array}{ccccccccc}
0 & 0 & \ldots & 0 & 0 & \ldots & 0 & 0 & 1 \\
p & 0 & \ldots & 0 & 0 & \ldots & 0 & 0 & q \\
\vdots & \vdots & & \vdots & \vdots & & \vdots & \vdots & \vdots \\
pq^{j-2} & pq^{j-3} & \ldots & p & 0 & \ldots & 0 & 0 & q^{j-1} \\
\vdots & \vdots & & \vdots & \vdots & & \vdots & \vdots & \vdots \\
pq^{N-2} & pq^{N-3} & \ldots & pq^{N-j} & pq^{N-j-1} & \ldots & p & 0 & q^{N-1} \\
0 & 0 & \ldots & 0 & 0 & \ldots & 0 & 0 & 1
\end{array}\right)
\end{array}
$$

Remarquons que l'état $N + 1$ est un état absorbant pour cette chaîne de Markov. Cet état est atteint lorsqu'il ne reste plus de place de stationnement libre entre l'endroit où l'automobiliste se trouve et sa destination; l'automobiliste dépasse alors sa destination.

Il est clair que plus la valeur de X_n est petite (plus l'automobiliste se rapproche de sa destination) plus les chances sont grandes d'être absorbé dans l'état $N+1$. Il paraît donc intuitivement logique que la stratégie optimale consiste à s'arrêter à la première place libre qui se trouve à une distance inférieure ou égale à une grandeur d^* à déterminer. La valeur de d^* dépend de p et de la fonction de revenu $f(\cdot)$ qui, dans cet exemple, est telle que $f(i) = N - i + 1$ pour $i = 1, 2, \ldots, N+1$. □

Exemple 11.2.4. *Le problème d'Arsène Lupin (suite)*

Revenons à l'exemple 11.1.7, et supposons que le revenu rapporté par un cambriolage réussi (c'est-à-dire un cambriolage où Arsène ne se fait pas prendre) soit égal à une unité. L'unité peut être égale à n'importe quelle valeur monétaire, par exemple 10 000 dollars. Avec les notations de la relation (11.1.5), on a donc $R_i = 1$, quel que soit $i \geq 1$, et le revenu X_n du cambrioleur après n jours est:

$$X_0 = 0 \qquad \text{et} \qquad X_n = n \prod_{i=1}^{n} Y_i, \quad n \geq 1.$$

Ici encore, on vérifie que la suite $\{X_n,\, n \geq 0\}$ est une chaîne de Markov dont l'espace des états est l'ensemble $\{0, 1, 2, \ldots\}$. Afin de refléter le fait que, lorsque Arsène se fait prendre, le processus s'arrête, nous introduisons un état absorbant, noté ∞, qui est atteint lorsque le cambrioleur est appréhendé (voir l'utilisation d'un tel état dans les problèmes 7.3 et 7.5). Les probabilités de transition de cette chaîne sont données par:

$$p_{ij} = \begin{cases} 1-p & \text{si } i \neq \infty \text{ et } j = i+1, \\ p & \text{si } i \neq \infty \text{ et } j = \infty, \\ 1 & \text{si } i = \infty \text{ et } j = \infty, \\ 0 & \text{autrement.} \end{cases} \tag{11.2.3}$$

Dans ce problème, la fonction de revenu est telle que $f(i) = i$ si $i \neq \infty$, et $f(\infty) = 0$.

La stratégie optimale que doit suivre Arsène Lupin n'est pas évidente d'après ce qui précède. Essayons de déterminer l'espérance de son revenu s'il décidait de s'arrêter après un nombre fixe N de cambriolages; cette espérance $E(X_N)$ est égale à:

$$E[R_1 + \cdots + R_N \,|\, Y_i = 1,\, i = 1, \ldots, N] \times P\{Y_i = 1,\, i = 1, \ldots, N\}$$
$$+ 0 \times P\{Y_i = 0 \text{ pour l'un au moins des } i = 1, \ldots, N\} = N(1-p)^N.$$

Considérons la fonction $g(n) = n(1-p)^n$; $g(n)$ est une fonction croissante de n aussi longtemps que $g(n) \geq g(n-1)$, c'est-à-dire que $n(1-p)^n \geq (n-1)(1-p)^{n-1}$. Cette dernière inégalité est équivalente à $n \leq 1/p$. La fonction $g(n)$ est décroissante dès que $n > 1/p$. Le maximum de $g(\cdot)$ est donc atteint pour $n = n^* = [1/p]$, où $[1/p]$, la partie entière de $1/p$, est le plus grand entier inférieur ou égal à $1/p$.

Si, par exemple, $p = 0{,}2$ (le cambrioleur a deux chances sur dix de se faire prendre à chaque cambriolage), alors $1/p = 5$, et $E(X_5) = 5(1-p)^5 = 1{,}6384$. En remarquant que, dans ce cas, on a également $E(X_4) = 4(1-p)^4 = 1{,}6384$, on en conclut qu'Arsène Lupin aurait intérêt à s'arrêter après 4 ou 5 cambriolages. Cependant, cela ne nous permet pas d'identifier une stratégie optimale, puisque nous n'avons considéré qu'un sous-ensemble de tous les temps d'arrêt possibles, à savoir ceux où Arsène Lupin s'arrête après un nombre donné de cambriolages. □

Exemple 11.2.5. *Le problème des secrétaires (suite)*
Revenons à l'exemple 11.1.8 où un employeur, qui cherche à embaucher un(e) secrétaire, reçoit N candidatures. Il conduit des entrevues selon la procédure décrite dans l'exemple 11.1.8. Les candidats peuvent être classés de 1 à N, où 1 est le numéro du meilleur et N celui du moins bon; cependant l'employeur ne connaît pas ce classement. Les candidats se présentent devant lui un par un pour l'entrevue, et arrivent dans un ordre quelconque qui est une permutation aléatoire des nombres $1, 2, \ldots, N$. A chaque entrevue, l'employeur peut classer le candidat qu'il a devant lui relativement aux candidats qu'il a déjà vus; il ne possède aucune information sur les candidats à venir. Puisque l'employeur cherche à maximiser la probabilité de choisir le meilleur candidat (celui qui porte le numéro 1), il est clair qu'il doit choisir un candidat qui est meilleur que tous ses prédécesseurs; sinon, il n'a aucune chance de choisir le meilleur candidat.

Calculons la probabilité que le k-ième candidat qui se présente devant l'employeur soit le meilleur parmi les k premiers candidats. Représentons par a_i le rang (classement absolu) du candidat qui se présente devant l'employeur en i-ième position. Par exemple si le candidat qui passe la dixième entrevue est en fait le troisième meilleur en valeur absolue, on a $a_{10} = 3$. Le k-ième candidat sera le meilleur parmi les k premiers si et seulement si son rang a_k est inférieur à $a_1, a_2, \ldots$, et a_{k-1}. Les nombres $a_1, \ldots, a_k$ ayant été pris au hasard parmi les entiers $1, \ldots, N$, leurs rangs relatifs forment une permutation des entiers de 1 à k. Ces $k!$ permutations sont équiprobables, et chacune a une probabilité égale à $1/k!$. Ainsi la probabilité pour que le k-ième candidat soit le meilleur (des k premiers), connaissant les rangs relatifs des $k-1$ premiers, est $(1/k!)/(1/(k-1)!) = 1/k$.

De façon analogue, si b_k est le rang du k-ième candidat relativement aux k premiers candidats, on a:

$$P\{b_k = j\} = \frac{1}{k}, \qquad j = 1, \ldots, k. \tag{11.2.4}$$

Si maintenant le k-ième candidat (à se présenter devant l'employeur) a un rang relatif (parmi ses prédécesseurs) égal à 1, la probabilité que ce candidat soit le meilleur parmi tous les candidats est:

$$P\{a_k = 1 \mid b_k = 1\} = \frac{P\{a_k = 1, b_k = 1\}}{P\{b_k = 1\}} = \frac{P\{a_k = 1\}}{P\{b_k = 1\}} = \frac{k}{N}. \tag{11.2.5}$$

Puisque l'employeur ne doit s'intéresser qu'aux candidats dont le rang relatif (à leurs prédécesseurs) est égal à 1, nous sommes amenés à définir la suite des variables aléatoires $X_1, X_2, \ldots$, qui correspondent aux numéros des entrevues des candidats qui sont meilleurs que tous leurs prédécesseurs. Remarquons qu'il y a au plus N variables aléatoires X_i, et que la dernière correspond nécessairement au numéro de l'entrevue du meilleur des N candidats. Notons également que X_1 est toujours égal à 1.

Montrons maintenant que la suite des variables $X_1, X_2, \ldots$, forme une chaîne de Markov. Considérons, pour les valeurs $k = 1, \ldots, N$ et $\ell = k+1, \ldots, N$, la probabilité conditionnelle suivante:

$$P\{X_{n+1} = \ell \mid X_1 = 1, X_2 = i_2, \ldots, X_n = k\};$$

la condition $X_2 = i_2$ implique que a_{i_2} est le plus petit des nombres $a_1, \ldots, a_{i_2}$, et la condition $X_n = k$ implique que a_k est le plus petit des nombres $a_1, \ldots, a_k$. Étant données ces conditions, l'événement $\{X_{n+1} = \ell\}$ est réalisé si les nombres $a_{k+1}, \ldots, a_{\ell-1}$ sont tous plus grands que a_k, alors que a_ℓ est plus petit que a_k. Par conséquent cet événement ne dépend que des positions relatives de $a_k, a_{k+1}, \ldots, a_\ell$ et non pas des positions de $a_1, \ldots, a_{k-1}$. Nous avons donc, pour $k = 1, \ldots, N$ et $\ell = k+1, \ldots, N$:

$$\begin{aligned} P\{X_{n+1} = \ell \mid X_1 = 1, X_2 = i_2, \ldots, X_n = k\} \\ = P\{X_{n+1} = \ell \mid X_n = k\} = p_{k\ell}. \end{aligned} \tag{11.2.6}$$

La suite $\{X_n,\ n \geq 1\}$ forme donc une chaîne de Markov dont l'espace des états est l'ensemble $\{1, 2, \ldots, N\}$.

Pour calculer les probabilités de transition $p_{k\ell}$, remarquons, d'après l'égalité (11.2.6), que:

$$p_{k\ell} = \frac{P\{X_{n+1} = \ell,\ X_n = k\}}{P\{X_n = k\}}.$$

L'événement $\{X_n = k\}$ implique que a_k est le plus petit des nombres $a_1, \ldots, a_k$, et, d'après (11.2.4), sa probabilité est égale à $1/k$. L'événement $\{X_{n+1} = \ell,\ X_n = k\}$ implique que $a_\ell < a_k$ $(k < \ell)$ sont les deux plus petits nombres relativement à $a_1, \ldots, a_\ell$. On vérifie facilement, avec un raisonnement combinatoire, que cet événement a pour probabilité $1/\ell(\ell - 1)$. Notre chaîne de Markov a donc les probabilités de transition suivantes:

$$p_{k\ell} = \begin{cases} \dfrac{k}{\ell(\ell-1)} & \text{si } k = 1, \ldots, N, \quad \ell = k+1, \ldots, N, \\ 0 & \text{sinon.} \end{cases} \tag{11.2.7}$$

Remarquons, à partir des probabilités (11.2.7), que:

$$\sum_{\ell=k+1}^{N} p_{k\ell} = \sum_{\ell=k+1}^{N} \frac{k}{\ell(\ell-1)} = k \sum_{\ell=k+1}^{N} \left(\frac{1}{\ell-1} - \frac{1}{\ell} \right) = 1 - \frac{k}{N} < 1.$$

Ce résultat contredit la relation (5.3.7) vérifiée par toutes les chaînes de Markov. Afin de compléter à 1 cette somme des probabilités de transition à partir de l'état k, il nous manque une probabilité égale à k/N. Remarquons, d'après la relation (11.2.5), que c'est précisément la probabilité que, sachant que le k-ième candidat est le meilleur relativement à ses prédécesseurs, il soit aussi le meilleur en valeur absolue. Dans ce cas, il n'y a plus de transition possible après ce candidat puisqu'il est impossible d'en trouver un meilleur, et nous conviendrons de dire que la chaîne est absorbée dans l'état ∞. Nous pouvons donc finaliser les probabilités de transition de notre chaîne de Markov sous la forme:

$$p_{k\ell} = \begin{cases} \dfrac{k}{\ell(\ell-1)} & \text{si } k = 1, \ldots, N, \quad \ell = k+1, \ldots, N, \\ \dfrac{k}{N} & \text{si } k = 1, \ldots, N, \quad \ell = \infty, \\ 1 & \text{si } k = \ell = \infty, \\ 0 & \text{sinon.} \end{cases} \tag{11.2.8}$$

La fonction de revenu $f(\cdot)$ pour le problème des secrétaires représente la probabilité de choisir le meilleur candidat. D'après (11.2.5), elle est telle que $f(k) = k/N$ pour $k = 1, \ldots, N$, tandis que $f(\infty) = 0$, puisque si l'employeur laisse passer le meilleur candidat et est "absorbé" dans l'état ∞, sa probabilité de succès est nulle. □

11.3 SOLUTION OPTIMALE

Nous sommes prêts maintenant à aborder la recherche d'un temps d'arrêt optimal pour le problème défini dans la section précédente.

Commençons par nous demander sous quelles conditions il est optimal de s'arrêter immédiatement dans l'état initial $X_0 = i$. En d'autres termes, que faut-il pour que:

$$f(i) \geq E[f(X_\tau) \mid X_0 = i], \qquad i \in \mathcal{I}, \tag{11.3.1}$$

quel que soit le temps d'arrêt $\tau \in \mathcal{T}$?

Si la relation (11.3.1) est satisfaite pour tous les temps d'arrêt possibles, elle l'est en particulier pour $\tau = 1$ et pour $\tau = \infty$ (le lecteur s'assurera qu'il s'agit bien là de deux temps d'arrêt). Pour $\tau = 1$, la relation (11.3.1) s'écrit:

$$f(i) \geq E[f(X_1) \mid X_0 = i] = \sum_{j \in \mathcal{I}} p_{ij} f(j), \qquad i \in \mathcal{I}, \tag{11.3.2}$$

et, pour $\tau = 0$, en tenant compte du fait que $f(X_\infty) = 0$, on a:

$$f(i) \geq 0, \qquad i \in I.$$

Examinons d'abord, à l'aide d'un exemple, la signification de la relation (11.3.2).

Exemple 11.3.1. Considérons une promenade aléatoire symétrique ($p=1/2$) à deux barrières absorbantes sur l'ensemble $I=\{0,1,\ldots,7,8\}$, où les états 0 et 8 sont absorbants (voir la section 5.4.1). Supposons que la fonction de revenu $f(\cdot)$ définie sur l'ensemble I soit telle que:

i	0	1	2	3	4	5	6	7	8
$f(i)$	0	1	2	1	2	8	7	5	0

Le graphe de la fonction $f(\cdot)$ est donné en figure 11.3.1.

L'analyse de la figure 11.3.1 suggère un certain nombre d'observations évidentes: si le processus se trouve initialement dans l'état 5, il est optimal de s'arrêter immédiatement, puisque l'on obtient le revenu maximum. Si, par contre, le processus se trouve initialement dans l'état 3, il est optimal de faire au moins une transition, puisque le processus se trouve alors dans un état (2 ou 4) où le revenu est supérieur à celui obtenu dans l'état 3.

Il est cependant moins facile de choisir une stratégie lorsque le processus se trouve initialement dans l'état 2. Considérons, par exemple, la stratégie qui consiste à attendre que le processus atteigne soit l'état 0 (auquel cas, puisque 0 est un état absorbant, le processus s'arrête et le revenu est $f(0) = 0$), soit l'état 5 (auquel cas, on choisit de s'arrêter et on reçoit un revenu de $f(5) = 8$). D'après la relation (5.2.5), la probabilité que le processus, partant de l'état 2, soit absorbé dans l'état 0 avant d'atteindre l'état 5 est $(5-2)/5 = 0{,}6$. L'espérance du revenu de la stratégie considérée est donc égale à $0 \times 0{,}6 + 8 \times 0{,}4 = 3{,}2$. Puisque $3{,}2 > f(2) = 2$, la stratégie qui consiste à attendre que le processus arrive dans l'un des états 0 ou 5 avant de s'arrêter est donc meilleure que celle qui consiste à rester dans l'état 2 lorsque le processus s'y trouve initialement. On peut vérifier

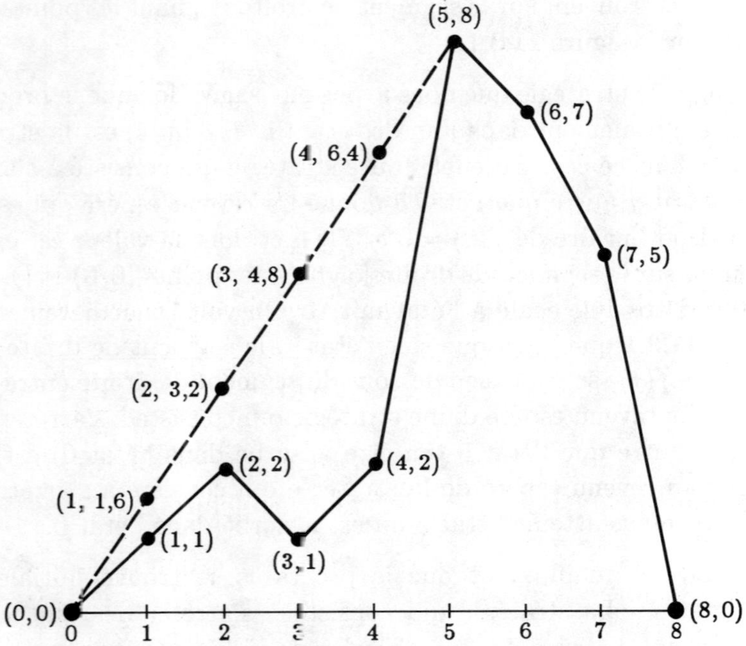

FIGURE 11.3.1: FONCTION DE REVENU
SUR UNE PROMENADE ALÉATOIRE

géométriquement que le point de coordonnées (2, 3,2) se trouve sur le segment de droite joignant les points (0,0) et (5,8); ce segment de droite apparaît en pointillés sur la figure 11.3.1.

Un calcul similaire à celui que nous venons de faire montre que:

- partant de l'état 1, la stratégie qui consiste à s'arrêter dès que le processus atteint l'état 5 ou est absorbé dans l'état 0 a un revenu espéré de $0 \times 0{,}8 + 8 \times 0{,}2 = 1{,}6 > 1 = f(1)$;
- partant de l'état 3, la stratégie qui consiste à s'arrêter dès que le processus atteint l'état 5 ou est absorbé dans l'état 0 a un revenu espéré de $0 \times 0{,}4 + 8 \times 0{,}6 = 4{,}8 > 1 = f(3)$;
- partant de l'état 4, la stratégie qui consiste à s'arrêter dès que le processus atteint l'état 5 ou est absorbé dans l'état 0 a un revenu espéré de $0 \times 0{,}2 + 8 \times 0{,}8 = 6{,}4 > 2 = f(4)$.

Remarquons à nouveau que les points de coordonnées (1, 1,6), (3, 4,8) et (4, 6,4) se trouvent sur le segment de droite joignant les points $(0, 0)$ et $(5, 8)$ sur la figure 11.3.1.

En fait, la stratégie que nous avons envisagée, lorsque le processus se trouve initialement dans l'un des états 1, 2, 3 ou 4, est la stratégie optimale dans ce cas. En effet, toute stratégie qui consiste à s'arrêter dans un état j autre que l'état 5 donne un revenu espéré qui est une combinaison linéaire de $f(0) = 0$ et $f(j)$, et dont la valeur est égale à l'ordonnée sur le segment de droite joignant les points $(0, 0)$ et $(j, f(j))$ du point d'abscisse égale à l'état initial. On voit immédiatement sur la figure 11.3.1 que, quel que soit l'état j, le segment de droite entre $(0, 0)$ et $(j, f(j))$ se trouve en dessous du segment de droite entre $(0, 0)$ et $(5, 8)$. Le revenu espéré d'une stratégie qui consiste à s'arrêter dans un état j autre que l'état 5 (ou être absorbé dans l'état 0) est donc inférieur au revenu espéré de la stratégie qui consiste à s'arrêter dès que le processus atteint l'état 5 ou est absorbé dans l'état 0.

Supposons maintenant que le processus se trouve initialement dans l'état 7. La stratégie qui consiste à s'arrêter dès que le processus atteint l'état 5 ou est absorbé dans l'état 8 procure un revenu espéré de $0 \times (2/3) + 8 \times (1/3) = 8/3 = 2{,}667$ (puisque la probabilité que le processus, partant de l'état 7, soit absorbé dans l'état 8 avant d'atteindre l'état 5 est, d'après la relation (5.2.5), égale à $2/3$). Ce revenu espéré est inférieur à celui qu'on obtient en s'arrêtant immédiatement à l'état 7, soit $f(7) = 5$. Un raisonnement et un calcul analogues s'appliquent au cas où le processus se trouve initialement dans l'état 6. Si le processus se trouve initialement dans l'un des états 5, 6 ou 7, il est donc optimal de s'arrêter immédiatement.

Le revenu espéré optimal $v(i)$ lorsque la chaîne se trouve initialement dans l'état i est donc tel que:

i	0	1	2	3	4	5	6	7	8
$v(i)$	0	1,6	3,2	4,8	6,4	8	7	5	0

On remarque sur la figure 11.3.1 que les segments de droite reliant les points $(i, v(i))$ constituent *l'enveloppe convexe* des segments de droite reliant les points $(i, f(i))$ pour $i = 0, 1, \ldots, 8$.

Nous pouvons maintenant revenir à la relation (11.3.2) établie avant cet exemple. Si la chaîne se trouve initialement dans l'un des états 5, 6 ou 7, nous avons:

$$v(i) = f(i) \geq \sum_{j \in I} p_{ij} f(j) = \frac{1}{2} f(i-1) + \frac{1}{2} f(i+1), \qquad i = 5, 6, 7;$$

si, par contre, la chaîne se trouve initialement dans l'un des états 1, 2, 3 ou 4, nous avons:

$$\sum_{j \in I} p_{ij} v(j) = \frac{1}{2} v(i-1) + \frac{1}{2} v(i+1) = v(i), \qquad i = 1, 2, 3, 4.$$

Nous voyons donc, dans cet exemple, que le revenu espéré optimal $v(i)$, $i \in I$, satisfait la relation (11.3.2) (en remplaçant f par v). □

Revenons donc maintenant au problème général du temps d'arrêt optimal sur une chaîne de Markov défini dans la section 11.2. L'exemple 11.3.1 suggère de rechercher le revenu espéré optimal $v(\cdot)$ parmi les fonctions $f(\cdot)$ satisfaisant (11.3.2). Si l'on note par P la matrice des probabilités de transition de la chaîne de Markov, et par f le vecteur colonne des valeurs de la fonction $f(\cdot)$ pour chaque $i \in I$, on a la définition suivante.

Définition 11.3.1. *On dit qu'une fonction non négative $f(\cdot)$ est surharmonique par rapport à une chaîne de Markov si la relation vectorielle $f \geq Pf$ est satisfaite, où P est la matrice des probabilités de transition de la chaîne.*

Soit donc $f(\cdot)$ une fonction surharmonique par rapport à une chaîne de Markov $\{X_n, n \geq 0\}$. En répétant de proche en proche l'inégalité vectorielle $f \geq Pf$, on obtient:

$$f \geq Pf \geq P^2 f \geq \cdots \geq P^n f \geq \cdots \qquad (11.3.3)$$

En représentant par $Pf(i)$ la composante du vecteur Pf correspondant à l'état $i \in I$, on peut écrire la relation (11.3.2) sous la forme:

$$Pf(i) = \sum_{j \in I} p_{ij} f(j) = E[f(X_1) \mid X_0 = i].$$

Calculons maintenant $E[f(X_2) \mid X_0 = i]$, il vient:

$$\begin{aligned} E[f(X_2) \mid X_0 = i] &= \sum_{j \in I} p_{ij} E[f(X_2) \mid X_0 = i, X_1 = j] \\ &= \sum_{j \in I} p_{ij} E[f(X_2) \mid X_1 = j] \text{ (propriété de Markov)} \\ &= \sum_{j \in I} p_{ij} E[f(X_1) \mid X_0 = j] \text{ (par stationnarité)} \\ &= \sum_{j \in I} \sum_{k \in I} p_{ij} p_{jk} f(k) = P^2 f(i). \end{aligned}$$

On montre, de proche en proche, que:

$$E[f(X_n) \mid X_0 = i] = P^n f(i), \qquad n \geq 1, \tag{11.3.4}$$

et la relation (11.3.3) implique que, si la fonction $f(\cdot)$ est surharmonique:

$$f(i) \geq E[f(X_1) \mid X_0 = i] \geq \cdots \geq E[f(X_n) \mid X_0 = i] \geq \cdots, \qquad i \in \mathcal{I}. \tag{11.3.5}$$

La relation (11.3.5) exprime que, si $f(\cdot)$ est une fonction surharmonique par rapport à une chaîne de Markov, la relation (11.3.1) est satisfaite pour tous les temps d'arrêt qui font que le processus s'arrête à un instant fixé $\tau = n$. De plus, nous voyons que si $n \leq m$ sont deux temps d'arrêt constants, et si $f(\cdot)$ est surharmonique, alors $E[f(X_n) \mid X_0 = i] \geq E[f(X_m) \mid X_0 = i]$. Les deux propositions suivantes généralisent ces résultats à des temps d'arrêt quelconques. Étant donné le caractère technique de leurs démonstrations, nous renvoyons le lecteur intéressé aux ouvrages spécialisés. Nous allons, par la suite, illustrer l'utilisation de ces propositions dans la recherche d'un temps d'arrêt optimal.

Proposition 11.3.1. *Soit $f(\cdot)$ une fonction surharmonique par rapport à une chaîne de Markov $\{X_n, n \geq 0\}$; alors pour tout temps d'arrêt $\tau \in \mathcal{T}$, on a:*

$$f(i) \geq E[f(X_\tau) \mid X_0 = i], \qquad i \in \mathcal{I}.$$

Proposition 11.3.2. *Soit $f(\cdot)$ une fonction surharmonique par rapport à une chaîne de Markov $\{X_n,\ n \geq 0\}$; si τ et τ' sont deux temps d'arrêt tels que $\tau \leq \tau'$, on a:*

$$E[f(X_\tau) \mid X_0 = i] \geq E[f(X_{\tau'}) \mid X_0 = i], \qquad i \in \mathcal{I}.$$

Exemple 11.3.2. Considérons la suite $\{Y_1, Y_2, \ldots\}$ de variables aléatoires indépendantes et de même loi telle que $P\{Y_i = -1\} = P\{Y_i = 1\} = 1/2$. Supposons que, comme dans les exemples de la section 11.1.1, le revenu total X_n d'un joueur après n parties soit défini de la façon suivante:

$$X_0 = 2 \qquad \text{et} \qquad X_n = \frac{n+1}{n} \prod_{i=1}^{n} (Y_i + 1), \quad n \geq 1.$$

Malgré l'analogie qui existe entre ce revenu X_n et celui donné par (11.1.4), le problème du temps d'arrêt optimal conduit à des conclusions radicalement différentes dans les deux cas.

Remarquons d'abord que la suite des variables aléatoires $\{X_n,\ n \geq 0\}$ constitue une chaîne de Markov dont l'espace des états est $\mathcal{I} = \{0, 2\} \cup \{(n+1)2^n/n,\ n \geq 1\}$, et la matrice des probabilités de transition est donnée par:

$$p_{ij} = \begin{cases} \dfrac{1}{2} & \text{si } i = 2 \text{ et } j = 4, \\ \dfrac{1}{2} & \text{si } i \neq 0 \text{ et } j = 0, \\ \dfrac{1}{2} & \text{si } i = \dfrac{(n+1)2^n}{n} \text{ et } j = \dfrac{(n+2)2^{n+1}}{n+1} \quad (n \geq 1), \\ 1 & \text{si } i = j = 0, \\ 0 & \text{sinon.} \end{cases}$$

Considérons la fonction de revenu $f(\cdot)$ définie sur $\mathcal{I}$ par $f(x) = x$. Cette fonction est surharmonique par rapport à la chaîne de Markov. En effet, $f(\cdot)$ est une fonction non négative sur l'ensemble $\mathcal{I}$ et la relation $f \geq Pf$ est satisfaite puisque:

$$f(0) = 0 \geq 1 \times f(0) = 0$$
$$f(2) = 2 \geq \frac{1}{2} f(0) + \frac{1}{2} f(4) = 2,$$

et, pour $n \geq 1$:

$$f\Big(\frac{(n+1)2^n}{n}\Big) = \frac{(n+1)2^n}{n} \geq \frac{1}{2}f(0) + \frac{1}{2}f\Big(\frac{(n+2)2^{n+1}}{n+1}\Big) = \frac{(n+2)2^n}{n+1}.$$

D'après la proposition 11.3.2, on a pour tout temps d'arrêt $\tau \geq 0$:

$$E[f(X_\tau) \mid X_0 = 2] \leq E[f(X_0) \mid X_0 = 2] = 2,$$

et, par conséquent, il est optimal de s'arrêter avec un revenu égal à 2 avant même de commencer à jouer, puisque l'espérance du revenu associé à un temps d'arrêt quelconque est plus petite ou égale à 2. □

Les propositions 11.3.1 et 11.3.2 permettent de caractériser les fonctions surharmoniques comme les fonctions de revenu pour lesquelles la stratégie optimale consiste à s'arrêter tout de suite. En fait, si $f(\cdot)$ est surharmonique, le revenu espéré optimal, défini par (11.2.1), est égal à $f(i)$ lorsque le processus se trouve initialement dans l'état i; on a donc $v(i) = f(i)$.

De façon générale, si $g(\cdot)$ est une fonction surharmonique telle que $g \geq f$, on peut montrer que $g \geq v$. En effet, soit τ un temps d'arrêt quelconque; on a, puisque $g \geq f$:

$$E[g(X_\tau) \mid X_0 = i] \geq E[f(X_\tau) \mid X_0 = i],$$

et, puisque $g(\cdot)$ est une fonction surharmonique, on a d'après la proposition 11.3.1:

$$g(i) \geq E[g(X_\tau) \mid X_0 = i].$$

Par conséquent, il en résulte que:

$$g(i) \geq E[f(X_\tau) \mid X_0 = i], \quad \text{quel que soit } \tau \in \mathcal{T};$$

et, d'après la relation (11.2.1):

$$v(i) = \max_{\tau \in \mathcal{T}} E[f(X_\tau) \mid X_0 = i] \leq g(i), \qquad i \in \mathcal{I}.$$

Ce dernier résultat va nous permettre de caractériser la fonction $v(\cdot)$ comme la plus petite fonction surharmonique majorant $f(\cdot)$. En effet, nous venons d'établir que si $g(\cdot)$ est une fonction surharmonique telle que $g \geq f$, la relation $f \leq v \leq g$ est satisfaite. Il ne nous reste donc plus qu'à établir que $v(\cdot)$ est une fonction surharmonique par rapport à la chaîne de Markov. A cet effet, et étant donné une quantité quelconque $\epsilon > 0$, il existe, d'après (11.2.1), un temps d'arrêt τ_j tel que:

$$E[f(X_{\tau_j}) \mid X_0 = j] \geq v(j) - \epsilon,$$

pour chaque état $j \in \mathcal{I}$. Considérons maintenant la stratégie τ qui consiste à faire une transition à partir de l'état initial et, si le processus se trouve alors dans l'état j, à suivre la stratégie τ_j. Cette stratégie τ définit bien un temps d'arrêt (puisque τ_j en est un), et on a:

$$\begin{aligned} E[f(X_\tau) \mid X_0 = i] &= \sum_{j \in \mathcal{I}} p_{ij} E[f(X_\tau) \mid X_0 = i, X_1 = j] \\ &= \sum_{j \in \mathcal{I}} p_{ij} E[f(X_\tau) \mid X_1 = j] \\ &= \sum_{j \in \mathcal{I}} p_{ij} E[f(X_{\tau_j}) \mid X_0 = j] \\ &\geq \sum_{j \in \mathcal{I}} p_{ij} (v(j) - \epsilon) = Pv(i) - \epsilon. \end{aligned}$$

D'autre part, puisque d'après (11.2.1) on a:

$$v(i) \geq E[f(X_\tau) \mid X_0 = i], \quad \text{quel que soit } \tau \in \mathcal{T},$$

il résulte de ce qui précède que:

$$v(i) \geq Pv(i) - \epsilon,$$

et, en laissant tendre ϵ vers zéro (ϵ est une quantité arbitraire):

$$v(i) \geq Pv(i).$$

Il ne reste plus, pour pouvoir satisfaire la définition 11.3.1, qu'à établir que la fonction $v(\cdot)$ est non négative. Pour cela, écrivons que, d'après la relation (11.2.1), pour le temps d'arrêt $\tau = \infty$, on a:

$$v(i) \geq E[f(X_\infty) \mid X_0 = i] \equiv 0, \quad \text{quel que soit } i \in \mathcal{I},$$

et l'on obtient le résultat désiré.

La proposition suivante permet de déterminer la valeur du revenu espéré optimal quel que soit l'état initial $i \in \mathcal{I}$ du processus.

Proposition 11.3.3. *Quel que soit l'état $i \in \mathcal{I}$, la valeur $v(i)$ du revenu espéré optimal lorsque le processus se trouve initialement dans l'état i est donnée par:*

$$v(i) = \max\Big(f(i), \sum_{j\in\mathcal{I}} p_{ij}v(j)\Big). \tag{11.3.6}$$

Démonstration. En effet, puisque $v(\cdot)$ est une fonction surharmonique, on a $v \geq Pv$, et puisque v majore f, on a $v \geq f$; par conséquent, en considérant la composante de ces deux égalités vectorielles correspondant à l'état $i \in \mathcal{I}$, il vient:

$$v(i) \geq \max\Big(f(i), \sum_{j\in\mathcal{I}} p_{ij}v(j)\Big).$$

Pour établir l'inégalité inverse, considérons un temps d'arrêt τ quelconque. Si la stratégie τ prescrit de s'arrêter immédiatement dans l'état initial i, on a:

$$E[f(X_\tau) \mid X_0 = i] = f(i) \leq \max\Big(f(i), \sum_{j\in\mathcal{I}} p_{ij}v(j)\Big).$$

Si, par contre, la stratégie τ prescrit de faire au moins une transition à partir de l'état initial i et si $\tau = 1 + \tau'$, on a:

$$\begin{aligned} E[f(X_\tau)\,|\,X_0{=}i] &= \sum_{j\in\mathcal{I}} p_{ij}E[f(X_\tau)\,|\,X_1{=}j] = \sum_{j\in\mathcal{I}} p_{ij}E[f(X_{\tau'})\,|\,X_0{=}j] \\ &\leq \sum_{j\in\mathcal{I}} p_{ij}v(j) \leq \max\Big(f(i), \sum_{j\in\mathcal{I}} p_{ij}v(j)\Big); \end{aligned}$$

où la première inégalité résulte de la relation (11.2.1). Dans les deux cas on a donc:

$$v(i) = \max_{\tau\in\mathcal{T}}\Big\{E[f(X_\tau) \mid X_0 = i]\Big\} \leq \max\Big(f(i), \sum_{j\in\mathcal{I}} p_{ij}v(j)\Big);$$

ce qui termine la démonstration. ■

La proposition 11.3.3 montre que le vecteur du revenu espéré optimal satisfait une équation fonctionnelle comparable à celle satisfaite par la valeur de la politique α-optimale d'un processus de décision markovien (équation (7.7.5)). Tout comme dans la section 7.10, nous pouvons, lorsque l'espace des états I est fini, réduire le calcul de v à la résolution d'un programme linéaire. En effet, d'après la proposition 11.3.3, on a:

$$\begin{aligned} v(i) &\geq \sum_{j \in I} p_{ij} v(j), && i \in I, \\ v(i) &\geq f(i), && i \in I, \end{aligned}$$

et, puisque la fonction $v(\cdot)$ est surharmonique, $v(i) \geq 0$. D'autre part, puisque v est la plus petite fonction surharmonique majorant f, nous cherchons à minimiser v. Mais, minimiser chacune des composantes de v revient à en minimiser la somme (puisque l'espace des états est fini) et, par conséquent, nous avons donc pour $v(\cdot)$ le programme linéaire suivant:

$$\text{Minimiser } \sum_{i \in I} v(i)$$

avec les contraintes:

$$\begin{aligned} v(i) &\geq \sum_{j \in I} p_{ij} v(j), && i \in I, \\ v(i) &\geq f(i), && i \in I, \\ v(i) &\geq 0, && i \in I. \end{aligned} \tag{11.3.7}$$

Exemple 11.3.3. Revenons à l'exemple 11.3.1; en tenant compte des probabilités de transition de la promenade aléatoire symétrique à deux barrières absorbantes, et de la fonction de revenu $f(\cdot)$ donnée dans cet exemple, le programme linéaire (11.3.7) s'écrit:

$$\text{Minimiser } \sum_{i=0}^{\infty} v(i)$$

avec les contraintes:

$$\begin{aligned} 2v(i) &\geq v(i-1) + v(i+1), && i = 1, \ldots, 7, \\ v(i) &\geq f(i), && i = 1, \ldots, 7, \\ v(i) &\geq 0, && i = 0, \ldots, 8. \end{aligned}$$

La résolution de ce programme linéaire permet de retrouver les valeurs de $v(i)$, $i = 0, \ldots, 8$, obtenues dans l'exemple 11.3.1. □

Nous allons maintenant illustrer, à l'aide du problème d'Arsène Lupin, l'utilisation de l'équation fonctionnelle (11.3.6) dans le cas où l'espace des états est infini (mais dénombrable).

Exemple 11.3.4. *Le problème d'Arsène Lupin (suite)*

Revenons au problème du cambriolage introduit dans l'exemple 11.1.7, et formulé de façon générale dans l'exemple 11.2.4. Puisque l'espace des états est l'ensemble des entiers non négatifs $\mathcal{N}=\{0,1,\ldots\}$, on ne peut utiliser la fonction économique du programme linéaire (11.3.7), bien que les contraintes soient toujours valables. En tenant compte des probabilités de transition données par la relation (11.2.3) et de la fonction de revenu $f(i) = i$, la recherche de v dans ce problème revient donc à:

$$\begin{aligned}
&\text{Minimiser } v(i), && i=0,1,\ldots,\\
&\text{avec les conditions:} && \\
&v(i) \geq (1-p)\,v(i+1), && i=0,1,\ldots,\\
&v(i) \geq i, && i=0,1,\ldots,\\
&v(i) \geq 0, && i=0,1,\ldots
\end{aligned}$$

Remarquons que la condition $v(i) \geq i$ implique $v(i) \geq 0$, et le dernier ensemble de conditions est donc redondant. Posons $v(i) = i + a_i$; il résulte de la condition $v(i) \geq i$ que $a_i \geq 0$, $i = 0,1,\ldots$. De plus, le premier ensemble de conditions s'écrit:

$$a_i \geq 1-(i+1)p+(1-p)a_{i+1}, \qquad i=0,1,\ldots.$$

En remarquant que la minimisation des $v(i)$ est équivalente à celle des a_i, la recherche de v revient à:

$$\begin{aligned}
&\text{Minimiser } a_i, && i=0,1,\ldots,\\
&\text{avec les conditions:} && \\
&a_i \geq 1-(i+1)p+(1-p)a_{i+1}, && i=0,1,\ldots,\\
&a_i \geq 0, && i=0,1,\ldots
\end{aligned}$$

Remarquons que les conditions du premier ensemble ci-dessus sont satisfaites pour $a_i = 0$ lorsque $i \geq (1-p)/p$. Dans ce cas, la solution optimale est donc $a_i^* = 0$ puisqu'on cherche à minimiser $a_i \geq 0$. Par conséquent, lorsque $i \geq (1-p)/p$, $v(i) = i$; pour les valeurs de i plus petites que $(1-p)/p$, on obtient la solution optimale en résolvant de proche en proche les équations:

$$a_i^* = 1-(i+1)p+(1-p)a_{i+1}^*, \qquad i = 0, 1, \ldots, [(1-p)/p]-1, \quad (11.3.8)$$

où $[(1-p)/p]$ est la partie entière de $(1-p)/p$.

Pour donner une illustration numérique de cette démarche, prenons, comme dans l'exemple 11 2.4, le cas où $p = 0{,}2$ (le cambrioleur a deux chances sur dix de se faire prendre à chaque cambriolage). On a $(1-p)/p = 0{,}8/0{,}2 = 4$ et, par conséquent, $a_i^* = 0$ si $i \geq 4$. On obtient a_i^*, $0 \leq i \leq 3$, en résolvant les équations (11.3.8); il vient:

$$\begin{aligned}
a_3^* &= 1 - 4p + (1-p) \times 0 = 1 - 4 \times 0{,}2 = 0{,}2\,,\\
a_2^* &= 1 - 3p + (1-p) \times 0{,}2 = 1 - 3 \times 0{,}2 + 0{,}8 \times 0{,}2 = 0{,}56\,,\\
a_1^* &= 1 - 2p + (1-p) \times 0{,}56 = 1 - 2 \times 0{,}2 + 0{,}8 \times 0{,}56 = 1{,}048\,,\\
a_0^* &= 1 - p + (1-p) \times 1{,}048 = 0{,}8 + 0{,}8 \times 1{,}048 = 1{,}6384\,,
\end{aligned}$$

Le revenu espéré optimal est $v(i) = i + a_i^*$, donc:

i	0	1	2	3	$i \geq 4$
$v(i)$	1,6384	2,048	2,56	3,2	i

Remarquons que le revenu espéré optimal $v^*(0) = 1{,}6384$ correspond, comme nous l'avons vu dans l'exemple 11.2.4, à l'espérance du revenu obtenu si Arsène Lupin s'arrête après 4 ou 5 cambriolages. Nous avons donc au moins deux stratégies optimales pour ce problème; la stratégie qui recommande de s'arrêter après quatre cambriolages revient à s'arrêter dès que $v(i) = f(i)$ (pour $0 \leq i \leq 3$, on a $i = f(i) < v(i)$). □

L'exemple qui précède et la relation (11.3.6) suggèrent que le temps d'arrêt optimal consiste à s'arrêter dès que le processus atteint un état i tel que $f(i) \geq \sum_{j \in I} p_{ij} v(j)$ ou, de façon équivalente, dès que le processus atteint un état i tel que $f(i) = v(i)$ (on ne peut pas augmenter le revenu espéré en faisant une transition supplémentaire).

Malheureusement, un tel temps d'arrêt n'existe pas toujours dans le cas où l'espace des états de la chaîne de Markov est infini (voir, par exemple, Dynkin *et al.* (1969), page 108). L'étude de l'existence et la détermination des temps d'arrêt dans le cas général est, comme certains des exemples de la section 11.1.1 nous le laissaient prévoir, un problème complexe; nous renvoyons le lecteur intéressé aux ouvrages de référence de Chow *et al.* (1971), de Dynkin *et al.* (1969), et de Neveu (1957). Dans le cas où l'espace des états $\mathcal{I}$ est fini, le résultat suivant confirme qu'il est optimal de s'arrêter dès que le processus atteint un état i tel que $f(i) = v(i)$ (nous avons introduit la notion de *temps d'entrée* dans un sous-ensemble de $\mathcal{I}$ dans la définition 5.5.1).

Proposition 11.3.4. *Si l'espace des états $\mathcal{I}$ de la chaîne de Markov est un ensemble fini, le temps d'entrée τ^* dans le sous-ensemble $\Gamma = \{i : f(i) = v(i)\}$ est un temps d'arrêt optimal.*

Démonstration. Posons $g(i) = E[f(X_{\tau^*}) \mid X_0 = i]$; on cherche à montrer que $g = v$.

Pour un état $i \in \Gamma$, la stratégie τ^* prescrit de s'arrêter immédiatement, et on a $g(i) = f(i) = v(i)$.

Considérons alors un état $i \notin \Gamma$. Il résulte de la relation (11.2.1) que, quel que soit le temps d'arrêt τ, on a $E[f(X_\tau) \mid X_0 = i] \leq v(i)$ et, par conséquent, que $g(i) = E[f(X_{\tau^*}) \mid X_0 = i] \leq v(i)$.

Pour établir l'inégalité inverse, soit $g(i) \geq v(i)$ pour $i \notin \Gamma$, montrons d'abord que la fonction $g(\cdot)$ est surharmonique. Par définition de Γ, on a $f(X_{\tau^*}) = v(X_{\tau^*})$, et donc:

$$g(i) = E[v(X_{\tau^*}) \mid X_0 = i]. \qquad (11.3.9)$$

Considérons le temps d'arrêt $\tau' = \min\{n \geq 1 : f(X_n) = v(X_n)\}$; on a $\tau' \geq \tau^*$, et d'après la proposition 11.3.2:

$$E[v(X_{\tau^*}) \mid X_0 = i] \geq E[v(X_{\tau'}) \mid X_0 = i]. \qquad (11.3.10)$$

D'après la loi des probabilités totales, il vient:

$$E[v(X_{\tau'}) \mid X_0 = i] = \sum_{j \in \mathcal{I}} E[v(X_{\tau'}) \mid X_0 = i, X_1 = j]\, p_{ij}$$

$$= \sum_{j\in I} E[v(X_{\tau'}) \mid X_1 = j]\, p_{ij}$$
$$= \sum_{j\in I} E[v(X_{\tau^*}) \mid X_0 = j]\, p_{ij} \qquad (11.3.11)$$
$$= \sum_{j\in I} p_{ij} g(j) = Pg(i),$$

où la troisième égalité s'obtient en remarquant que si $j \in \Gamma \subset I$, $E[v(X_{\tau'}) \mid X_1 = j] = E[v(X_{\tau^*}) \mid X_0 = j] = g(j)$, tandis que si $X_0 = j \notin \Gamma$, $\tau' = \tau^*$. Les relations (11.3.9), (11.3.10) et (11.3.11) impliquent que $g(i) \geq Pg(i)$, et la fonction $g(\cdot)$ est surharmonique.

Pour établir que $g \geq v$, il suffit, puisque v est la plus petite fonction surharmonique majorant f, de montrer que $g \geq f$. Supposons qu'il existe un état $j \notin \Gamma$ tel que $f(j) > g(j)$. Soit $c = \max\{f(i) - g(i),\ i \notin \Gamma\}$, et soit k l'état pour lequel ce maximum est atteint. La fonction $g_1(\cdot) = g(\cdot) + c$ est un majorant de $f(\cdot)$ et est telle que $g_1(k) = f(k)$; de plus, puisque $g(\cdot)$ est une fonction surharmonique, la fonction $g_1(\cdot)$, égale à la somme de $g(\cdot)$ et de la constante c, est elle-même surharmonique. On a donc $g_1 \geq v$, et $f(k) = g_1(k) \geq v(k)$; d'où nécessairement $f(k) = v(k)$, ce qui contredit le fait que $k \notin \Gamma$. Il n'existe donc aucun état $j \notin \Gamma$ tel que $f(j) > g(j)$. ■

Nous terminons le chapitre 11 en illustrant sur deux exemples l'utilisation de la proposition 11.3.4.

Exemple 11.3.5. Revenons à l'exemple 11.3.1. Nous avons vu que le graphe de la fonction $v(\cdot)$ était l'enveloppe convexe du graphe de la fonction de revenu $f(\cdot)$. La stratégie optimale consiste donc à s'arrêter dès que la promenade aléatoire se trouve en un point de l'ensemble Γ, où les deux graphes sont confondus. On a ici $\Gamma = \{i : f(i) = v(i)\} = \{0, 5, 6, 7, 8\}$. □

Exemple 11.3.6. *Le problème des secrétaires (fin)*
Revenons au problème des secrétaires introduit dans l'exemple 11.1.8 et continué dans l'exemple 11.2.5. Nous allons déterminer, à l'aide de la proposition 11.3.3, la valeur du revenu espéré optimal et, à l'aide de la proposition 11.3.4, la stratégie optimale.

En tenant compte des probabilités de transition (11.2.8) et de la fonction de revenu $f(k) = k/N$, la relation (11.3.6) s'écrit:

$$v(k) = \max\left(\frac{k}{N}, k\sum_{\ell=k+1}^{N}\frac{v(\ell)}{\ell(\ell-1)}\right), \tag{11.3.12}$$

où $k \in \mathcal{I} = \{1, 2, \ldots, N\}$, l'ensemble des états de la chaîne de Markov définie dans l'exemple 11.2.5. La relation (11.3.12) nous permet de calculer $v(k)$ de proche en proche en commençant par $k = N$. On a:

$$v(N) = \max\left(\frac{N}{N}\right) = 1 = f(N);$$

la relation ci-dessus est évidente puisque, si la chaîne se trouve dans l'état N, cela veut dire que le candidat qui se présente à la N-ième (et dernière) entrevue est meilleur que tous ses prédécesseurs. C'est donc le meilleur de tous les candidats et la probabilité de succès est égale à 1.

La relation (11.3.12) nous permet d'écrire, pour $k = N - 1$, que:

$$\begin{aligned} v(N-1) &= \max\left(\frac{N-1}{N}, (N-1)\frac{1}{N(N-1)}\right) \\ &= \max\left(\frac{N-1}{N}, \frac{1}{N}\right) = \frac{N-1}{N} = f(N-1). \end{aligned}$$

De proche en proche, on a:

$$\begin{aligned} v(k) &= \max\left(\frac{k}{N}, k\left[\frac{(k+1)/N}{(k+1)k} + \cdots + \frac{N/N}{N(N-1)}\right]\right) \\ &= \max\left(\frac{k}{N}, \frac{k}{N}\left[\frac{1}{k} + \frac{1}{k+1} + \cdots + \frac{1}{N-1}\right]\right). \end{aligned}$$

Tant que l'inégalité:

$$\frac{1}{k} + \frac{1}{k+1} + \cdots + \frac{1}{N-1} \leq 1 \tag{11.3.13}$$

est satisfaite, on a $v(k) = k/N = f(k)$. Mais, lorsque k diminue, la somme des termes dans la relation (11.3.13) va éventuellement devenir, et rester, strictement supérieure à 1; dans ce cas, on aura:

$$v(k) \geq k \sum_{\ell=k+1}^{N} \frac{v(\ell)}{\ell(\ell-1)} \geq k \sum_{\ell=k+1}^{N} \frac{f(\ell)}{\ell(\ell-1)}$$
$$= \frac{k}{N}\left(\frac{1}{k} + \frac{1}{k+1} + \cdots + \frac{1}{N-1}\right) > \frac{k}{N} = f(k).$$

Par conséquent, l'ensemble $\Gamma = \{i : f(i) = v(i)\}$ est de la forme $\Gamma = \{k_N, k_N + 1, \ldots, N\}$, où k_N est le plus petit nombre entier k tel que la relation (11.3.13) soit satisfaite. Pour $k \geq k_N$, le revenu espéré optimal (probabilité de trouver le meilleur candidat) est égal à $v(k) = f(k) = k/N$. Pour $k < k_N$, la valeur de $v(k)$ est calculée de proche en proche à partir de la relation:

$$v(k) = k \sum_{\ell=k+1}^{N} \frac{v(\ell)}{\ell(\ell-1)} \cdot \tag{11.3.14}$$

Nous laissons au lecteur le soin de vérifier (voir problème 7) que pour $k < k_N$, la valeur de $v(k)$ donnée par (11.3.14) est en fait indépendante de k, et est égale à:

$$v(k) = \frac{k_N - 1}{N}\left(\frac{1}{k_N - 1} + \frac{1}{k_N} + \cdots + \frac{1}{N-1}\right).$$

La proposition 11.3.4 nous indique que la meilleure stratégie de sélection consiste à s'arrêter dès que la chaîne de Markov associée entre dans l'ensemble $\Gamma = \{k_N, k_N + 1, \ldots, N\}$; ce qui revient à dire que l'employeur doit arrêter sa recherche dès que, à partir de la k_N-ième entrevue, il trouve un candidat meilleur que tous ses prédécesseurs. En langage clair, la meilleure stratégie revient donc à faire passer les $k_N - 1$ premières entrevues, mais à rejeter ces candidats, et ensuite à choisir le premier candidat qui est meilleur que tous ses prédécesseurs (ou le dernier candidat si cette stratégie ne permet pas de choisir avant). La probabilité de succès de cette stratégie est:

$$E[f(X_{\tau^*}) \,|\, X_1 = 1] = v(1) = \frac{k_N - 1}{N}\left(\frac{1}{k_N - 1} + \frac{1}{k_N} + \cdots + \frac{1}{N-1}\right). \tag{11.3.15}$$

De façon pratique, afin de déterminer la stratégie optimale et la probabilité optimale de succès, on peut conduire les calculs à l'aide de tableaux du genre du tableau 11.3.1; celui-ci illustre le cas où $N = 10$ (on peut évidemment aussi écrire un petit programme d'ordinateur pour effectuer les calculs).

k	$\frac{1}{k}$	$\frac{1}{k} + \cdots + \frac{1}{N-1}$	k	$\frac{1}{k}$	$\frac{1}{k} + \cdots + \frac{1}{N-1}$
9	0,111	0,111	4	0,250	0,996
8	0,125	0,236	3	0,333	1,329
7	0,143	0,379	2	0,500	1,829
6	0,167	0,546	1	1,000	2,829
5	0,200	0,746			

TABLEAU 11.3.1

Il résulte du tableau 11.3.1 que le plus petit entier k_N tel que la relation (11.3.13) soit satisfaite est égal, pour $N = 10$, à $k_{10} = 4$. La stratégie optimale est donc de rejeter les trois premiers candidats, et de choisir ensuite le premier qui est meilleur que tous ses prédécesseurs. La probabilité de succès à l'aide de cette stratégie est égale, d'après la relation (11.3.15), à $0,3 \times 1,329 = 0,399$.

Pour terminer cet exemple, nous allons étudier le comportement asymptotique de k_N et de la probabilité optimale de succès lorsque N devient très grand. Pour tout entier $m \geq 2$, on a:

$$\operatorname{Log}(m+1) - \operatorname{Log} m = \int_m^{m+1} \frac{dx}{x} < \frac{1}{m} < \int_{m-1}^{m} \frac{dx}{x} = \operatorname{Log} m - \operatorname{Log}(m-1),$$

comme on le voit immédiatement en traçant la courbe $1/x$. En sommant les inégalités ci-dessus de $m = k$ à $m = N - 1$, il vient:

$$\operatorname{Log} \frac{N}{k} < \frac{1}{k} + \frac{1}{k+1} + \cdots + \frac{1}{N-1} < \operatorname{Log} \frac{N-1}{k-1} \cdot \qquad (11.3.16)$$

Il résulte de la définition de k_N que la double inégalité suivante permet de calculer sa valeur:

$$\frac{1}{k_N} + \cdots + \frac{1}{N-1} \leq 1 < \frac{1}{k_N - 1} + \frac{1}{k_N} + \cdots + \frac{1}{N-1} \cdot \qquad (11.3.17)$$

Par conséquent, en tenant compte de (11.3.16) et (11.3.17), on a:

$$\operatorname{Log} \frac{N}{k_N} < \frac{1}{k_N} + \cdots + \frac{1}{N-1} \leq 1 < \frac{1}{k_N - 1} + \cdots + \frac{1}{N-1} < \operatorname{Log} \frac{N-1}{k_N - 2} \cdot$$

Puisque $k_N \to \infty$ lorsque $N \to \infty$, on déduit du dernier ensemble d'inégalités que:

$$\lim_{N \to \infty} \operatorname{Log} \frac{N}{k_N - 1} = 1,$$

ou encore:

$$\lim_{N \to \infty} \frac{k_N - 1}{N} = \frac{1}{e} \simeq 0{,}368.$$

De plus, en utilisant la relation (11.3.15), nous avons pour la probabilité de succès de la stratégie optimale:

$$\begin{aligned} \lim_{N \to \infty} v(1) &= \lim_{N \to \infty} \frac{k_N - 1}{N} \times \lim_{N \to \infty} \left(\frac{1}{k_N - 1} + \cdots + \frac{1}{N-1} \right) \\ &= \frac{1}{e} \times 1 = \frac{1}{e} \cdot \end{aligned}$$

La stratégie optimale, pour un "grand" nombre de candidats, revient donc à voir approximativement 36,8% des candidats avant de prendre une décision, et d'embaucher ensuite le premier candidat qui est meilleur que tous ses prédécesseurs. La probabilité de succès de cette stratégie est approximativement égale à 0,368. □

PROBLÈMES

1. Soient $Y_1, Y_2, \ldots$ des variables aléatoires indépendantes de même loi telle que $P\{Y_i = 1\} = p$ et $P\{Y_i = 0\} = 1 - p$, $0 < p < 1$. On définit $X_n = (Y_1 + \cdots + Y_n)/n$, et la fonction de revenu $f(\cdot)$ telle que $f(x) = x$. Soit v le revenu espéré optimal du problème de temps d'arrêt optimal par rapport au procesus $\{X_n,\ n \geq 1\}$. Montrer que $v \geq p(2 - p)$.

Indication: Pour $\epsilon > 0$, on considère le temps d'arrêt:

$$\tau = \begin{cases} 1 & \text{si } Y_1 = 1, \\ \min\{n : X_n \geq p - \epsilon\} & \text{si } Y_1 = 0. \end{cases}$$

Calculer $E(f(X_\tau)) = E(X_\tau)$, et laisser tendre ϵ vers zéro.

2. Considérons une promenade aléatoire symétrique à deux barrières absorbantes (0 et 5) sur l'ensemble $I = \{0, 1, 2, 3, 4, 5\}$. La fonction de revenu est définie par:

i	0	1	2	3	4	5
$f(i)$	0	2	5	4	1	0

Trouver les valeurs $v(i)$, $0 \leq i \leq 5$, du revenu espéré optimal:

(a) en construisant l'enveloppe convexe du graphe de la fonction de revenu $f(\cdot)$;

(b) en résolvant le programme linéaire approprié. Quel est le temps d'arrêt optimal pour ce problème?

3. Considérons une promenade aléatoire symétrique à deux barrières absorbantes (0 et 10) sur l'ensemble $I = \{0, 1, \ldots, 10\}$. La fonction de revenu $f(\cdot)$ est définie par $f(i) = i(10 - i)$. Montrer que, quel que soit l'état initial i, il est toujours optimal de s'arrêter immédiatement.

4. Pour le problème d'Arsène Lupin (voir exemple 11.3.4), trouver la fonction $v(\cdot)$ du revenu espéré optimal si la probabilité p de se faire prendre à chaque cambriolage est égale à 0,1.

5. Reprendre le problème d'Arsène Lupin (exemples 11.2.4 et 11.3.4) dans le cas où le revenu rapporté par chaque cambriolage est égal à une unité avec probabilité 1/2, ou à deux unités avec probabilité 1/2. Calculer la fonction $v(\cdot)$ du revenu espéré optimal si la probabilité p de se faire prendre à chaque cambriolage est égale à 0,2.

6. Pour le problème du stationnement (voir exemple 11.2.3), montrer qu'on peut restreindre la recherche d'une stratégie optimale aux temps d'arrêt τ_k de la forme:

$$\tau_k = \min\{n : X_n \leq k\}, \qquad k \leq N.$$

Calculer alors l'espérance du revenu associé à la stratégie τ_k, et maximiser cette espérance (considérée comme une fonction de k) par rapport à k (ceci permet de déterminer la distance d^* introduite dans l'exemple 11.2.3).

7. Dans l'exemple 11.3.6, montrer que, pour $k < k_N$, la valeur de $v(k)$ est indépendante de k et égale à:

$$v(k) = \frac{k_N - 1}{N}\left(\frac{1}{k_N - 1} + \frac{1}{k_N} + \cdots + \frac{1}{N-1}\right).$$

8. Dans le problème des secrétaires, on suppose qu'au lieu de se présenter dans un ordre quelconque pour les entrevues, les N candidats arrivent selon une permutation cyclique de l'ordonnancement $(N, N-1, \ldots, 1)$. C'est-à-dire que l'arrivée dans l'ordre de mérite $N, N-1, \ldots, 1$ a une chance sur N de se produire, de même que dans l'ordre $N-1, N-2, \ldots, 1, N$, ou dans l'ordre $k, k-1, \ldots, 1, N, N-1, \ldots, k+1$ pour $1 \leq k \leq N$. L'objectif étant toujours de maximiser la probabilité de trouver le meilleur des N candidats, trouver la stratégie optimale de l'employeur.

Indication: On définit une chaîne de Markov similaire à celle de l'exemple 11.2.5. Les probabilités de transition sont ici données par:

$$p_{k\ell} = \begin{cases} \dfrac{N-k}{N-k+1} & \text{si } k = 1, \ldots, N, \quad \ell = k+1, \\ 0 & \text{sinon.} \end{cases}$$

On montrera que la fonction de revenu appropriée est $f(k) = 1/(N-k+1)$, et que cette fonction est surharmonique par rapport à la chaîne de Markov considérée.

9. Dans le problème des secrétaires, supposons maintenant que l'employeur cherche une stratégie pour maximiser la probabilité de choisir l'un des deux meilleurs candidats (peu importe s'il s'agit du meilleur ou du deuxième meilleur). Comme dans l'exemple 11.2.5, ce problème se réduit à un problème d'arrêt optimal sur une chaîne de Markov $\{X_n,\, n \geq 1\}$. Les variables aléatoires $X_1, X_2, \ldots$, correspondent aux numéros des entrevues des candidats qui sont soit meilleurs que tous leurs prédécesseurs, soit meilleurs que tous leurs prédécesssseurs sauf un d'entre eux. L'espace des états I de la chaîne est formé des couples $(i, 1)$ et $(i, 2)$, $1 \leq i \leq N$, où l'état $(i, 1)$ correspond au cas où, lors de la i-ième entrevue, le candidat est meilleur que tous ses prédécesseurs, tandis que l'état $(i, 2)$ correspond au cas où, lors de cette i-ième entrevue, le candidat est le deuxième meilleur de tous les candidats vus jusqu'à ce moment.
(a) Trouver les probabilités de transition de la chaîne de Markov introduite ci-dessus.

Indication: On montrera que la probabilité de transition d'un état k (que ce soit $(k, 1)$ ou $(k, 2)$) à un état ℓ (que ce soit $(\ell, 1)$ ou $(\ell, 2)$) est égale à:

$$p_{k\ell} = \frac{k(k-1)}{\ell(\ell-1)(\ell-2)}, \qquad \ell > k.$$

Dans le cas où $k = 1$ et $\ell = 2$, on supposera que la probabilité $p_{k\ell}$ est égale à $k/[\ell(\ell-1)]$.
(b) Trouver la probabilité de succès (fonction de revenu) lorsque le procesus est arrêté dans un état donné.

Indication: On établira que:

$$f(k, 1) = \frac{k(2N-k-1)}{N(N-1)} \quad et \quad f(k, 2) = \frac{k(k-1)}{N(N-1)}.$$

On montre, à l'aide de la proposition 11.3.3, que le revenu espéré optimal se calcule, pour $\theta = 1$ ou 2, à l'aide de la relation:

$$v(k, \theta) = \max\Big(f(k, \theta),\ \sum_{\ell=k+1}^{N} p_{k\ell}[v(\ell, 1) + v(\ell, 2)]\Big). \qquad (1)$$

Définissons, pour $\theta = 1, 2$, les sous-ensembles Γ_θ de l'espace des états I, tels que $\Gamma_\theta = \{(i, \theta) : f(i, \theta) = v(i, \theta)\}$.
(c) Montrer que le sous-ensemble Γ_2 est de la forme $\Gamma_2 = \{(m_2, 2), (m_2+1, 2), \ldots, (N, 2)\}$, où m_2 est le plus petit entier supérieur ou égal à $(2N+1)/3$. Le sous-ensemble Γ_2 est aussi un sous-ensemble de Γ_1.
Indication: On établira l'égalité:

$$\sum_{\ell=k+1}^{N} p_{k\ell}[f(\ell, 1) + f(\ell, 2)] = \frac{2k(N-k)}{N(N-1)},$$

et on utilisera la relation (1).
Soit B_k la réunion de Γ_2 et de l'ensemble $\{(k+1, 1), (k+2, 1), \ldots, (N, 1)\}$ lorsque $k < m_2$. On appelle τ_k le temps d'entrée dans B_k.
(d) Si $f(k, 1) < E[f(X_{\tau_k}) \mid X_1 = (1, 1)]$, montrer que $(k, 1) \notin \Gamma_1$. Si, par contre, les états $(k+1, 1), (k+2, 1), \ldots, (N, 1)$ sont dans Γ_1 et si $f(k, 1) \geq E[f(X_{\tau_k}) \mid X_1 = (1, 1)]$, alors $(k, 1) \in \Gamma_1$.
Indication: On montrera que le temps d'entrée dans l'ensemble $\Gamma_1 \cup \Gamma_2$ est un temps d'arrêt optimal.
(e) Montrer que le sous-ensemble Γ_1 est de la forme $\Gamma_1 = \{(m_1, 1), (m_1+1, 1), \ldots, (N, 1)\}$ où m_1 est le plus petit entier positif tel que:

$$\frac{1}{m_1} + \frac{1}{m_1+1} + \cdots + \frac{1}{m_2-2} \leq \frac{3m_2 - 2m_1 - 4}{2(N-1)}.$$

(f) Montrer que:

$$\lim_{N\to\infty} \frac{m_1}{N} = \alpha \quad \text{et} \quad \lim_{N\to\infty} \frac{m_2}{N} = \frac{2}{3},$$

où α est la racine plus petite que 1 de l'équation $\alpha - \operatorname{Log} \alpha = 1 + \operatorname{Log}(3/2)$. On peut montrer que $\alpha \simeq 0{,}347$.
(g) Lorsque $N \to \infty$, la probabilité de succès de la stratégie optimale tend vers $\alpha(2-\alpha) \simeq 0{,}574$.

10. Soit $\{X_n, n \geq 0\}$ une chaîne de Markov, et soit $f(\cdot)$ une fonction de revenu définie sur l'espace des états I de la chaîne. Supposons qu'après chaque transition du processus, le preneur de décision doive payer une certaine somme (cette somme est souvent appelée *droit d'entrée*). De façon précise, si le processus fait une transition de l'état i à l'état j, la somme à payer est égale à $c(i, j)$. Ainsi, pour un état initial $X_0 = i$ et un temps d'arrêt τ quelconque, l'espérance du coût total à payer est:

$$E\Big[\sum_{n=1}^{\tau} c(X_{n-1}, X_n) \mid X_0 = i\Big].$$

On suppose que, quels que soient l'état initial i et le temps d'arrêt τ, l'expression ci-dessus est toujours finie. En particulier, si $\tau = \infty$, c'est-à-dire que l'on continue indéfiniment à observer le processus, soit ξ l'instant auquel le processus s'arrête de lui-même (ξ peut être égal à l'infini, ou bien au temps d'entrée dans un état absorbant); posons:

$$F(i) = E\Big[\sum_{n=1}^{\xi} c(X_{n-1}, X_n) \mid X_0 = i\Big] < \infty, \qquad i \in \mathcal{I}. \quad (2)$$

Nous allons montrer que l'on peut réduire le problème du temps d'arrêt optimal avec droit d'entrée à un problème de temps d'arrêt optimal sans droit d'entrée.

(a) Montrer que, pour tout temps d'arrêt τ, la relation ci-dessous est satisfaite:

$$F(i) = E\Big[\sum_{n=1}^{\tau} c(X_{n-1}, X_n) \mid X_0 = i\Big] + E\Big[F(X_\tau) \mid X_0 = i\Big], \quad i \in \mathcal{I}.$$

Indication: Appliquer la propriété de Markov au terme

$$E\Big[\sum_{n=\tau+1}^{\xi} c(X_{n-1}, X_n) \mid X_0 = i\Big]$$

dans la relation (2) en conditionnant d'abord par rapport à τ et à X_τ.

(b) Montrer que le temps d'arrêt qui maximise

$$E\Big[f(X_\tau) - \sum_{n=1}^{\tau} c(X_{n-1}, X_n) \mid X_0 = i\Big] \quad (3)$$

est le temps d'arrêt optimal pour le problème sans droit d'entrée où la fonction de revenu est $f(\cdot) + F(\cdot)$. Quelle relation existe-t-il entre l'expression (3) et $E[f(X_\tau) + F(X_\tau) \mid X_0 = i]$?

11. Revenons au problème des secrétaires, et supposons maintenant que l'employeur reçoit une prime R s'il réussit à embaucher le meilleur candidat, et rien du tout dans le cas contraire. Chaque entrevue coûte un montant fixe c.

(a) En supposant que l'employeur cherche à maximiser son profit net espéré, formuler ce problème comme un problème de temps d'arrêt optimal avec droit d'entrée (voir problème 10). Déterminer explicitement la fonction de revenu $f(\cdot)$ et le coût total $F(\cdot)$.

(b) A l'aide des résultats du problème 10, déterminer l'équation fonctionnelle (du genre (11.3.6)) donnant la solution optimale de ce problème.

12. Une personne s'apprête à déménager et cherche à vendre un certain nombre de ses possessions (voiture, meubles, etc.). Soient $Y_1, Y_2, \ldots$ les montants des offres successives que cette personne reçoit; les Y_i sont des variables aléatoires indépendantes telles que $P\{Y_i = m_1\} = p_1$, $P\{Y_i = m_2\} = p_2$ et $P\{Y_i = m_3\} = p_3$, où $m_1 < m_2 < m_3$, $0 < p_1, p_2, p_3 < 1$ et $p_1 + p_2 + p_3 = 1$. Cette personne reçoit une offre par jour et doit vendre ses possessions dans les 30 jours. Pour chaque journée où les biens ne sont pas vendus, la personne doit payer des frais fixes (assurance, entreposage, etc.) d'un montant égal à c. Au moment où la personne décide de vendre ses biens, elle choisit la plus grande des offres déjà reçues.

(a) Soit $X_n = \max(Y_1, \ldots, Y_n)$ la somme obtenue si la personne s'arrête après n jours (ou, ce qui revient au même, n offres), $1 \leq n \leq 30$. Montrer que $\{X_n, n \geq 1\}$ est une chaîne de Markov dont on déterminera l'espace des états et la matrice des probabilités de transition.

(b) Formuler ce problème dans le cadre des problèmes de temps d'arrêt optimal avec droit d'entrée (voir problème 10).

Indication: Afin de pouvoir déterminer la fonction $F(\cdot)$ et de tenir compte du fait que le processus doit s'arrêter au bout de 30 jours, on devra considérer une nouvelle chaîne de Markov $\{X'_n, n \geq 1\}$. L'état pour cette nouvelle chaîne est le couple (i, n), où i représente la valeur de la plus grande parmi les n premières offres reçues, et n le nombre d'offres reçues si au plus 30 offres ont été reçues. Si plus de 30 offres ont été reçues, $X'_n = \infty$. On a donc $X'_n = (X_n, n)$ si $n \leq 30$, et $X'_n = \infty$ si $n > 30$. On déterminera la matrice des probabilités de transition de la chaîne X'_n, ainsi que la fonction de revenu $f(\cdot)$ et le coût total $F(\cdot)$.

13. Revenons au problème d'Arsène Lupin. Comme dans l'exemple 11.2.4, le revenu pour chaque cambriolage réussi est $R = 1$ unité (10 000 dollars par exemple). Cependant, dans cette version du problème, les cambrioleurs sont syndiqués et doivent payer une certaine somme au syndicat avant de pouvoir cambrioler. Cette somme est une fonction décroissante du nombre de cambriolages déjà réussis; pour le n-ième cambriolage, ce "droit d'entrée" est égal à $(1-c)c^n$ unité, où $0 < c < 1$.

Formuler ce problème comme un problème de temps d'arrêt optimal avec droit d'entrée. Trouver la stratégie optimale d'Arsène Lupin, ainsi que son profit espéré optimal, si la probabilité p de se faire prendre pendant un cambriolage est égale à 0,2, et si $c = 0{,}1$.

Chapitre 12

LA SIMULATION

Il est courant dans les industries automobile et aéronautique de faire des tests en soufflerie sur maquette avant de déterminer les caractéristiques finales d'une nouvelle voiture ou d'un avion. Ces tests permettent de simuler les conditions atmosphériques réelles et de prévoir les implications de différents choix possibles. De même, il existe des techniques qui permettent d'effectuer (à l'aide de l'ordinateur) des expériences sur des situations qui se présentent dans le monde des affaires. Ces techniques impliquent l'utilisation de modèles logiques et mathématiques qui décrivent le comportement de systèmes administratifs ou économiques durant une certaine période de temps.

Les modèles utilisés en simulation diffèrent de ceux qui ont été étudiés dans les chapitres précédents et de ceux de programmation mathématique. En général on peut obtenir, à l'aide de ces autres modèles, une solution analytique. Mais la structure d'un grand nombre de problèmes est si complexe que la simulation se trouve être l'outil par excellence pour les résoudre. A l'aide de cette technique, le preneur de décision peut essayer plusieurs scénarios et en mesurer les effets sur les objectifs de l'entreprise. Dans la plupart des cas, on doit faire appel à l'ordinateur étant donné le grand nombre de calculs nécessaires à l'évaluation des différents scénarios. Remarquons que les modèles de simulation ne sont pas en général construits pour déterminer des solutions "optimales" selon un critère particulier (contrairement à la programmation linéaire ou à la théorie de la décision). Un choix est fait entre les différents scénarios évalués sur la base d'une comparaison de leurs résultats. De plus, lors de la construction d'un modèle de simulation, on met en général l'accent sur le détail des opérations physiques ou financières du système. On étudie l'évolution du système pendant un certain temps, et les effets des résultats d'une période sur la suivante sont pris en considération. Pour illustrer les différences entre les modèles de simulation et d'autres modèles étudiés jusqu'à maintenant, considérons l'étude d'une usine qui pourrait fabriquer une certaine gamme de produits. On pourrait utiliser un programme linéaire pour déterminer la composition optimale de la gamme de produits à fabriquer. Mais on utiliserait un modèle de simulation pour mettre en place l'ordonnancement des opérations nécessaires à la fabrication de ces produits (chaîne de production, attente entre machines, réduction des temps morts, etc.).

Dans ce chapitre, nous allons effectuer un survol des principes et des applications des techniques de simulation. Puis nous donnerons certains des outils techniques nécessaires aux études de simulation; en particulier l'obtention de nombres aléatoires, l'analyse statistique des résultats et les techniques de réduction de la variance. Finalement, nous donnerons quelques notions sur des langages spécialisés qui ont été mis au point pour faciliter la simulation.

12.1 SIMULATION ET MODÉLISATION

Les modèles utilisés en simulation, comme tous les autres modèles, doivent, pour être utiles, représenter convenablement le système réel étudié tout en le simplifiant et en retenant les caractères pertinents pour l'analyse. Cependant, il est souvent difficile de déterminer quelles composantes du système on peut ignorer dans le modèle sans affecter les résultats de l'analyse. Du point de vue de la construction du modèle, la simulation permet de partir d'une représentation relativement simple, puis de se rapprocher de plus en plus du système réel en enrichissant le modèle avec les éléments pertinents à l'étude du problème. Souvent l'un des bénéfices marginaux que l'utilisateur peut retirer de la construction d'un modèle de simulation est une meilleure compréhension des mécanismes fondamentaux du système réel.

Concrétisons ces premières idées sur l'utilisation d'un modèle de simulation à l'aide de l'exemple suivant.

Exemple 12.1.1. *File d'attente dans une banque*

Dans l'une des succursales de la BVO – Banque Vinicole de l'Ouest – où d'ailleurs Fernand Péquenot (voir exemple 3.2.2) fait affaire, tous les services sont offerts par une caissière unique connue dans la région sous le nom de Bertha (son vrai nom est Alberte Bouze). Pendant les heures d'ouverture, on a observé que les clients arrivaient toutes les 3,4 minutes en moyenne, tandis que la durée du service était de 3 minutes en moyenne. Par conséquent, avec les notations du chapitre 10, le taux d'arrivée est donc $\lambda = 1/3{,}4$ et le taux de service $\mu = 1/3$.

Si l'on suppose que les arrivées se font selon un processus de Poisson et que les services ont une durée exponentielle, on retrouve la file d'attente de type $(M/M/1)$ étudiée au chapitre 10 avec les caractéristiques suivantes:

$$W_Q = \text{ temps moyen d'attente dans la file}$$

$$= \frac{\lambda}{\mu(\mu - \lambda)} = \frac{1/3{,}4}{1/3(1/3 - 1/3{,}4)} = 22{,}5 \text{ minutes,}$$

$$L_Q = \text{ longueur moyenne de la file d'attente}$$

$$= \lambda W_Q = \frac{22{,}5}{3{,}4} = 6{,}62 \text{ clients.}$$

Cependant, si les hypothèses d'arrivées poissonniennes et de services exponentiels ne peuvent pas être faites, il n'est en général plus possible d'obtenir des résultats analytiques pour les valeurs de W_Q et L_Q. Nous verrons un peu plus loin dans ce chapitre comment construire un modèle de simulation simple afin d'estimer ces quantités. On pourra également enrichir ce modèle pour tenir compte des situations suivantes:

- lorsqu'un client arrivant à la BVO trouve déjà au moins 5 clients dans la file d'attente, il dit bonjour à Bertha mais ne s'ajoute pas à la queue;

- par suite d'une augmentation du nombre de clients de la banque (modification du taux d'arrivée) la BVO embauche une deuxième caissière (dont nous ne connaissons pas le nom). Le temps moyen passé par cette nouvelle caissière à servir un client est de 4 minutes;
- le directeur de la BVO désire savoir si la qualité du service reçu par ses clients serait meilleure avec une file d'attente unique pour les deux caissières, ou avec une file d'attente individuelle en face de chacune d'entre elles. □

12.1.1 La simulation dans le monde des affaires

La simulation est l'un des outils quantitatifs les plus répandus dans le monde des affaires. Une étude réalisée en 1978 par The Institute of Management Science (TIMS) et Operations Research Society of America (ORSA) (voir Watson *et al.* (1979)) a montré que parmi ces outils, seules l'analyse économique et les méthodes statistiques sont utilisées dans les organisations plus fréquemment que la simulation. Les techniques de simulation étaient donc plus fréquemment utilisées que la programmation linéaire, le PERT/CPM et autres techniques d'optimisation. En fait, l'étude montra que 85% des entreprises interrogées utilisaient une forme de modèle de simulation.

Ce grand succès de la simulation est dû, en partie, à l'informatisation croissante des entreprises. Mais surtout, contrairement à certains autres outils quantitatifs, la simulation a su s'imposer comme une technique flexible et facile à comprendre pour les non-spécialistes. En effet, les modèles de simulation, permettant de reconstituer pas à pas le fonctionnement du système réel, ont su gagner la confiance des preneurs de décision dans le monde des affaires.

On peut illustrer la diversité des applications réussies des techniques de simulation en citant les suivantes:

- l'analyse financière des stratégies d'une compagnie d'assurance,
- la détermination d'une politique de gestion des stocks dans un supermarché,
- la planification d'un parc de stationnement dans un centre commercial,
- la disposition et le nombre de caisses dans un supermarché,

- le contrôle des mouvements des avions dans un aéroport,
- la planification des horaires d'autobus dans un centre urbain,
- la planification des chaînes de production dans une usine d'automobiles,
- l'acheminement des appels dans un central téléphonique,
- l'emplacement des casernes de pompiers et des bornes d'incendie dans une ville,
- la planification du nombre de lits, des équipements et du personnel dans la salle des urgences d'un hôpital, et
- la détermination des trajets des autobus de ramassage scolaire.

Cette liste n'est, bien entendu, qu'une liste partielle des applications réelles ou potentielles des modèles de simulation; cependant elle donne une idée de la variété des domaines pratiques où les techniques de simulation font partie des outils de prise de décision.

Une application qui a eu récemment un grand retentissement aux États-Unis est le modèle de simulation développé par la compagnie United Airlines afin de réduire les problèmes de congestion lors des atterrissages à l'aéroport O'Hare de Chicago (Hubbard (1978)). Ces problèmes sont d'importance capitale puisqu'ils sont la cause dans les aéroports américains de plus de 25 000 heures de délais par mois à un coût de plus de 10 millions de dollars. On estime à plus de 60 millions de litres la quantité d'essence gâchée mensuellement aux États-Unis à cause des délais dans les aéroports. La taille et la complexité du problème étaient telles que seul un modèle de simulation présentait la flexibilité nécessaire pour s'y attaquer.

La mise en oeuvre des résultats de cette simulation a permis à l'aéroport O'Hare de réduire de 2 à 3 minutes les délais à l'atterrissage (variables entre 8 et 20 minutes suivant la période). Cette réduction s'est accompagnée, pour la compagnie United Airlines, d'une économie annuelle de 1,2 million de dollars (en se basant sur un coût de 15 dollars par minute d'attente en vol).

12.1.2 Simulation et arbres de décision

Dans un bon nombre de modèles de simulation, on doit tenir compte explicitement de l'incertitude. Cela suggère qu'il serait théoriquement possible de modéliser ces problèmes, dans le contexte de la théorie de la décision, comme des arbres de décision. Les arbres de décision que nous avons construits au chapitre 3 ne faisaient intervenir qu'un ou deux niveaux d'incertitude, et les noeuds probabilistes n'avaient qu'un petit nombre de branches associées. Il en résultait des arbres de décision relativement simples et peu touffus, et les techniques de la théorie de la décision s'appliquaient sans trop de difficultés. Cependant, beaucoup de problèmes réels ont trop de niveaux d'incertitude et trop de branches à chaque niveau pour qu'il soit réaliste de chercher à construire l'arbre de décision.

C'est dans de telles circonstances que l'on fait appel à une technique de simulation. Celle-ci consiste, comme nous allons le voir dans les exemples ci-dessous, à faire des expériences numériques dans l'arbre de décision du problème sans avoir vraiment à le construire.

Exemple 12.1.2. *La compagnie Union Morbide*
La compagnie Union Morbide est l'un des leaders de l'industrie chimique en Amérique du Nord. Elle produit un composé très instable que nous appellerons MIC (pour des raisons évidentes de secret industriel). Le MIC est utilisé dans la fabrication de nombreux solvants. La demande quotidienne pour le MIC est variable, elle est de l'ordre de 1 000 litres. Le processus de fabrication dure 24 heures et comprend un certain nombre d'opérations délicates. Le MIC est fabriqué dans de grandes cuves et il y a une chance sur dix, au cours de la fabrication, que tout le contenu de la cuve soit rendu inutilisable. C'est pourquoi la production du MIC se fait par lots individuels de 100 litres chacun; cette technique réduit la probabilité que toute la production quotidienne soit détruite.

Chaque jour, la compagnie Union Morbide produit k lots de MIC qui serviront à satisfaire la demande du jour suivant. Cette demande (exprimée en lots de 100 litres) suit une loi de Poisson dont la moyenne est $\lambda = 10$. Le MIC étant un composé très instable, le surplus de production, s'il en existe, ne peut être gardé plus de 24 heures. Union Morbide doit déterminer le nombre optimal de lots à produire quotidiennement étant donné que le processus de fabrication coûte 40 dollars par lot et que le prix de vente d'un lot est 100 dollars.

Si l'on représente la demande quotidienne (en multiples de 100 litres) pour le MIC par la variable aléatoire discrète D, et le nombre de lots acceptables produits en une journée par la variable aléatoire discrète X, alors le nombre de lots vendus est:

$$Y = \min(D, X)$$

où D suit une loi de Poisson à paramètre $\lambda = 10$ et X suit une loi binômiale $B(k,p)$ avec $p = 0{,}10$. Le profit quotidien est:

$$P = 100Y - 40k = 100 \min(D, X) - 40k, \qquad (12.1.1)$$

et le problème d'Union Morbide consiste à déterminer le (ou les) nombre(s) de lots k^* qui maximise(nt) le profit quotidien espéré.

On peut approcher la solution de ce problème à l'aide d'un arbre de décision. Pour chaque action du preneur de décision (choix de la valeur du nombre k de lots à fabriquer), nous avons deux niveaux d'incertitude: d'abord le nombre de lots défectueux peut être $0, 1, \ldots, k$ suivant une loi binômiale $B(k, 0{,}10)$; ensuite le niveau de la demande quotidienne prend des valeurs entières (positives ou nulles) suivant une loi de Poisson à paramètre $\lambda = 10$.

La figure 12.1.1 illustre la partie de l'arbre de décision correspondant à l'action $k = 12$ (la compagnie choisit de fabriquer 12 lots par jour). Le premier noeud aléatoire associé à la branche $k = 12$ a treize sous-branches correspondant aux lots défectueux (entre 0 et 12). Chaque sous-branche se termine par un noeud aléatoire correspondant à la demande pour le MIC. Par exemple, la sous-branche correspondant à un lot défectueux aura elle-même 12 sous-branches associées correspondant à des nombres de lots vendus compris entre 0 et 11 (extrémités terminales de l'arbre). On voit facilement que le nombre total d'extrémités terminales associées à la branche $k = 12$ est de $13+12+\cdots+2+1 = 91$. Il devient clair assez rapidement que cet arbre de décision est bien trop encombrant pour être pratique. Remarquons cependant qu'on peut calculer à l'ordinateur la valeur espérée du profit pour chaque valeur de k et déterminer ainsi la décision optimale pour la compagnie. □

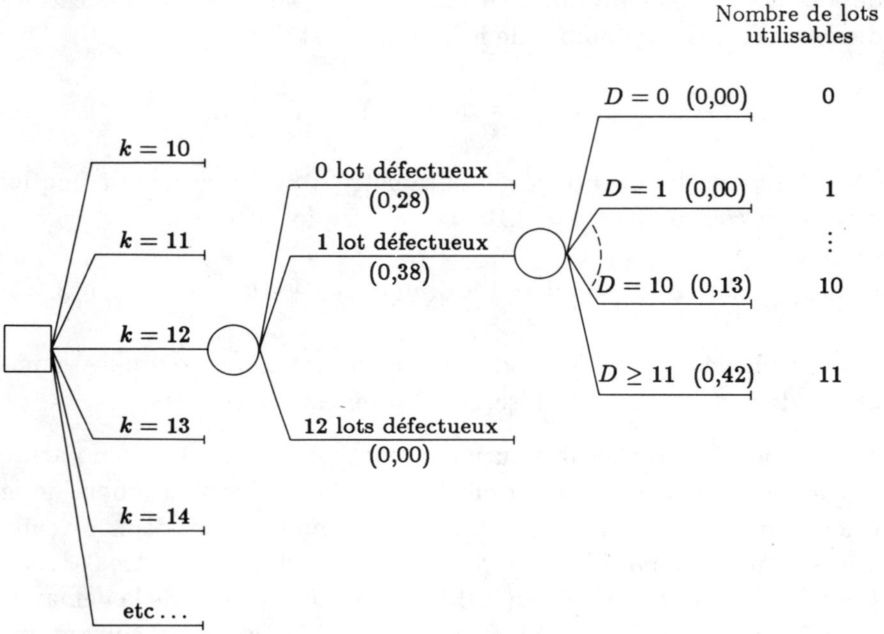

FIGURE 12.1.1: ARBRE DE DÉCISION (PARTIEL) DE LA COMPAGNIE UNION MORBIDE

Cependant de nombreux problèmes ont un tel niveau de complexité que le calcul de toutes les éventualités devient rapidement impossible en pratique. L'approche de la simulation consiste à choisir un échantillon représentatif parmi toutes les conséquences d'une stratégie donnée. On choisit au hasard une valeur pour chaque événement aléatoire qui affecte cette stratégie; ce choix tient compte de la loi de probabilité associée à cet événement. On en déduit le gain ou la perte résultant pour le preneur de décision. Chacun de ces choix constitue une expérience de notre simulation, et correspond à l'une des extrémités terminales de l'arbre de décision.

Après un nombre suffisant d'expériences, on obtient un échantillon représentatif et la valeur moyenne des profits de cet échantillon donne une estimation du profit espéré résultant de la stratégie choisie.

Le nombre d'expériences (ou de tirages) nécessaire afin d'obtenir un échantillon statistiquement représentatif du système étudié varie d'un problème à l'autre; nous nous attarderons sur la détermination du nombre d'expériences au paragraphe 12.4. Nous pouvons déjà indiquer que d'autres considérations affectent la taille de l'échantillon choisi: par exemple, dans une simulation très complexe où chaque expérience est relativement coûteuse, le nombre de tirages sera en général réduit, tandis que, dans le cas d'une simulation où la précision numérique des résultats est de prime importance, on pourra faire plusieurs milliers de tirages.

Pour que chaque expérience de la simulation représente bien une réalisation non biaisée des événements aléatoires associés à la stratégie choisie, il est nécessaire de déterminer une procédure permettant de choisir une valeur au hasard selon une loi prédéterminée. Ce choix fait intervenir une table de *nombres aléatoires.* Nous étudierons certains générateurs de nombres aléatoires en détail au paragraphe 12.3. Indiquons, pour le moment, qu'un tel générateur est un algorithme qui permet d'engendrer des suites de nombres qui ont les mêmes propriétés que des suites de nombres tirés au hasard et avec remplacement. Si, par exemple, on veut engendrer des nombres aléatoires à deux chiffres (compris entre 00 et 99), alors le nombre 48 a la même probabilité de sortir que le nombre 73 (soit 0,01), quelle que soit la suite des nombres déjà tirés. Le tableau 12.1.1 est un extrait d'une table de nombres aléatoires à trois chiffres.

Exemple 12.1.3. *La compagnie Union Morbide (suite)*
Revenons à l'exemple précédent. Nous nous proposons maintenant de simuler une journée de production du composé MIC. Rappelons que chaque lot de 100 litres a une probabilité égale à 0,10 d'être inutilisable, et que la demande quotidienne (en lots de 100 litres) pour le MIC suit une loi de Poisson à paramètre $\lambda = 10$.

Supposons que la compagnie cherche à estimer l'espérance du profit quotidien P lorsqu'elle décide de produire $k = 12$ lots de MIC par jour. Il faut d'abord simuler l'incertitude reliée à la fabrication de chacun des lots. Pour ce faire il suffit d'avoir une suite de nombres aléatoires compris entre 0 et 9; chaque nombre a une probabilité égale

1	573	30	777
2	675	31	795
3	337	32	820
4	177	33	407
5	871	34	384
6	160	35	277
7	719	36	784
8	667	37	943
9	340	38	016
10	420	39	140
11	431	40	859
12	036	41	954
13	449	42	239
14	202	43	958
15	693	44	743
16	580	45	250
17	218	46	705
18	428	47	090
19	125	48	404
20	096	49	399
21	340	50	515
22	318	51	491
23	343	52	818
24	961	53	715
25	610	54	843
26	512	55	372
27	339	56	754
28	485	57	755
29	507	58	637

TABLEAU 12.1.1: TABLE DE NOMBRES ALÉATOIRES

à 0,10 de sortir à un tirage donné. Par conséquent, il suffit d'associer l'un de ces nombres (par exemple zéro) avec un lot inutilisable, et les autres (de 1 à 9 par conséquent) avec un lot utilisable. Nous avons donc là un mécanisme qui permet de déterminer au hasard les lots inutilisables lorsque la probabilité d'obtenir un tel lot est 0,10.

Il suffit de trouver une suite de nombres aléatoires compris entre 0 et 9. Le tableau 12.1.1 donne une suite de nombres aléatoires à 3 chiffres; on peut montrer qu'on obtient une suite de nombres aléatoires compris entre 0 et 9 en choisissant “au hasard” des chiffres dans le tableau 12.1.1. On peut en fait choisir une procédure de sélection bien déterminée à condition qu'elle n'entraîne pas des choix systématiquement répétés. A titre d'exemple, nous construirons une suite de nombres aléatoires compris entre 0 et 9 en choisissant systématiquement le dernier chiffre des nombres du tableau 12.1.1.

La première expérience de la simulation correspondra donc à la production suivante:

LOT NUMÉRO	NOMBRE ALÉATOIRE ASSOCIÉ	
1	3	
2	5	
3	7	
4	7	
5	1	
6	0	LOT INUTILISABLE
7	9	
8	7	
9	0	LOT INUTILISABLE
10	0	LOT INUTILISABLE
11	1	
12	6	

Donc, pour cette expérience, il y aura 3 lots inutilisables parmi les douze lots fabriqués.

Nous devons maintenant simuler l'incertitude associée avec la demande quotidienne (en fait la demande du jour suivant la production). On peut lire les valeurs de la fonction de répartition $F(d) = P\{D \leq d\}$ d'une loi de Poisson avec paramètre $\lambda = 10$ dans les tables à la fin du manuel. On en déduit les probabilités $P\{D = d\}$ de la façon suivante:

$$P\{D = d\} = P\{D \leq d\} - P\{D \leq d - 1\}.$$

Ces résultats sont regroupés dans le tableau 12.1.2.

Pour simuler la demande quotidienne, on peut encore utiliser notre table de nombres aléatoires à 3 chiffres. Une demande de deux lots

DEMANDE d (en lots)	$F(d) = P\{D \leq d\}$	$P\{D = d\}$
0	0,000	0,000
1	0,000	0,000
2	0,003	0,003
3	0,010	0,007
4	0,029	0,019
5	0,067	0,038
6	0,130	0,063
7	0,220	0,090
8	0,333	0,113
9	0,458	0,125
10	0,583	0,125
11	0,697	0,114
$d \geq 12$		$P\{D \geq 12\} = 0{,}303$

TABLEAU 12.1.2

sera associée avec les nombres aléatoires 000, 001 et 002. Il y a, en effet, trois chances sur mille (soit une probabilité de 0,003) que l'un de ces trois nombres soit tiré. De même, on associe une demande égale à 3 lots avec les nombres aléatoires 003, 004, 005, 006, 007, 008 et 009 (probabilité de tirage 0,007).

On trouvera dans le tableau 12.1.3 la correspondance entre les valeurs de la demande et les nombres aléatoires à trois chiffres. Utilisons, par exemple, la colonne de gauche du tableau 12.1.1. Le premier nombre aléatoire, soit 777, correspond à une demande supérieure ou égale à 12. Puisque l'on avait produit 9 lots utilisables, le profit d'après l'expression (12.1.1) est égal à:

$$P = 100 \times 9 - 40 \times 12 = 420 \text{ dollars.}$$

Faisons une deuxième expérience de la simulation en utilisant pour la production des lots le dernier chiffre des nombres aléatoires numérotés de 13 à 24, et pour la demande le nombre aléatoire n^{0}31. Nous voyons que les lots associés aux nombres aléatoires n^{0}16 et 21

DEMANDE d (en lots)	NOMBRES ALÉATOIRES REPRÉSENTATIFS
0	Aucun
1	Aucun
2	000 à 002
3	003 à 009
4	010 à 028
5	029 à 066
6	067 à 129
7	130 à 219
8	220 à 332
9	333 à 457
10	458 à 582
11	583 à 696
$d \geq 12$	697 à 999

TABLEAU 12.1.3

(soit 580 et 340) ne sont pas utilisables (chiffre 0 en dernière position). De plus, le nombre aléatoire n^{0}31 (soit 795) correspond à une demande supérieure ou égale à 12. Le profit pour cette deuxième expérience est donc de:

$$P = 100 \times 10 - 40 \times 12 = 520 \text{ dollars.}$$

Bien sûr, il faudra faire un nombre de tirages suffisamment grand avant de pouvoir se fier à l'estimation de la valeur espérée du profit lorsqu'on choisit de produire $k = 12$ lots par jour. Les résultats de deux simulations de 1 000 tirages faites à l'aide du langage spécialisé SLAM sont résumés dans le tableau 12.1.4.

Afin de déterminer son choix optimal du nombre de lots à fabriquer quotidiennement, la compagnie Union Morbide devrait, bien entendu, comparer les résultats du choix $k = 12$ avec ceux obtenus pour les autres valeurs possibles de k. □

	Simulation n°1	Simulation n°2
Nombre moyen de lots utilisables:	10,780	10,790
Nombre moyen de lots vendus :	9,023	8,948
Espérance de profit :	422,30 dollars	414,80 dollars
Écart-type du profit :	222,40 dollars	225,20 dollars

TABLEAU 12.1.4

12.1.3 Les étapes du développement d'un modèle de simulation

Bien que la démarche à suivre pour construire un modèle de simulation ne soit pas essentiellement différente de la démarche générale de la science de la gestion (voir paragraphe 1.2 dans Nedzela (1986)), il peut être utile de mettre en évidence les étapes suivantes.

(i) La formulation du problème et la définition des objectifs

Le but d'une simulation n'est pas, en général, la construction pure et simple d'un modèle du système. Les preneurs de décision et les analystes doivent s'entendre sur des objectifs clairs et précis afin de déterminer le niveau de détail qui devra être incorporé dans le modèle.

Par exemple, l'un des auteurs a construit en 1981 un modèle de la flotte hauturière de chalutiers opérant au large des côtes atlantiques du Canada (voir Nedzela (1982)). Le but de la simulation n'était pas de voir les chalutiers se déployer quotidiennement, mais d'évaluer l'excédent de capacité (par rapport aux quantités de poisson existantes) dans ce secteur de la flotte.

(ii) La construction du modèle mathématique et sa traduction informatique

Un bon modèle (de simulation ou autre) capture l'essence du système étudié sans s'encombrer de détails inutiles. L'une des caractéristiques importantes des modèles de simulation est leur grande flexibilité: un modèle de départ relativement simple peut être modifié au fur et à mesure des besoins pour incorporer un plus grand nombre d'éléments. La structure du modèle choisi conditionne la mise en oeuvre de la simulation sur ordinateur. Nous verrons au paragraphe 12.5 que certains langages spécialisés sont plus efficaces avec certains types de problèmes.

Dans l'exemple mentionné ci-dessus, le modèle fut d'abord construit pour évaluer la capacité des chalutiers pour la capture de la morue. Il fut ensuite élargi pour incorporer tous les poissons de fond. On considère maintenant ajouter les chalutiers qui pêchent la crevette. Étant donnée la forme inhabituelle du modèle, il fut décidé de ne pas utiliser l'un des langages spécialisés, mais de programmer la simulation en FORTRAN.

(iii) La collecte des données

Les caractéristiques fondamentales du système doivent être quantifiées pour servir d'intrants au modèle. Cette quantification peut être faite sur la base de données historiques ou d'approximations obtenues par des méthodes appropriées.

Dans le cas des chalutiers, le Ministère des pêches et des océans du Canada dispose, sur bande magnétique, d'un enregistrement de tous les voyages de pêche effectués par les grands chalutiers (dates, zones de pêche, espèces et quantités capturées, etc.). Cette information exhaustive sur les mouvements des chalutiers a servi de base historique à la simulation de leurs activités.

(iv) La validité du modèle

L'étude de la validité d'un modèle de simulation se fait en général à deux niveaux: le modèle doit être une représentation adéquate du système réel, et sa traduction informatique est une interprétation fidèle du modèle mathématique. Si l'objectif du modèle est d'évaluer certains changements proposés pour un système déjà en opération, on pourra valider le modèle en utilisant comme intrants les décisions actuelles et en vérifiant que les extrants correspondent à ceux actuellement observés en pratique. La validation peut être difficile lorsqu'on modélise un système qui n'est pas déjà opérationnel.

Dans la simulation de la flotte de chalutiers, les grandes compagnies propriétaires des chalutiers furent invitées à valider le modèle.

On effectuait une simulation de leur flotte dans les conditions habituelles, et les résultats étaient comparés avec la réalité de leur expérience quotidienne dans la gestion de la flotte. Le programme FORTRAN fut mis au point avec les techniques habituelles de recherche et de correction des erreurs en programmation.

(v) L'évaluation de nombreux scénarios

Comme nous l'avons déjà indiqué à plusieurs reprises, la simulation est l'une des techniques de modélisation parmi les plus flexibles: on peut évaluer une multitude de scénarios dans un temps beaucoup plus court que sur le système réel. Par exemple, il faut environ trois minutes de temps machine pour simuler les opérations annuelles de la flotte de chalutiers. Souvent même, il ne serait pas possible d'expérimenter directement sur le système réel (en particulier lorsque celui-ci n'existe pas).

Cette facilité d'expérimentation sur le système réel permet parfois de concevoir certains scénarios ou certaines stratégies qui n'apparaissaient pas de façon évidente lors de l'étude initiale du système.

(vi) La mise en oeuvre des résultats

Contrairement à certaines autres techniques de recherche opérationnelle, les modèles de simulation sont, en général, faciles à expliquer à des non-spécialistes. Par exemple, les dirigeants des compagnies de pêche pouvaient littéralement "voir" chacun des chalutiers partir en mer, pêcher, revenir à l'usine de poisson, etc.

Cet aspect des modèles de simulation facilite considérablement la mise en oeuvre des résultats dans l'entreprise.

12.1.4 Dans quelles circonstances faut-il choisir la simulation?

De façon générale, lorsque l'on cherche à évaluer les conséquences de certains scénarios sur un système complexe, on peut, en plus de la construction d'un modèle de simulation, faire appel à trois approches:
- une modélisation mathématique autre que la simulation;
- une expérimentation avec le système réel ou avec un autre système suffisamment semblable; ou

- des conclusions fondées sur l'expérience et l'intuition des preneurs de décision.

Dans la pratique, la simulation n'est en général utilisée que lorsqu'aucun autre modèle mathématique ne donne une bonne approximation du système. En effet, la mise au point et l'utilisation d'un modèle de simulation sont des opérations relativement coûteuses. Cependant, beaucoup de systèmes sont d'une complexité telle qu'ils ne peuvent être représentés par des modèles analytiques. Rappelons le cas de la file d'attente dans une banque de l'exemple 12.1.1. On a vu au chapitre 10 que si les arrivées se font selon un processus de Poisson, il est possible de calculer certaines des caractéristiques importantes du système (longueur moyenne de la queue, temps moyen d'attente). Dans le cas où cette hypothèse n'est pas vérifiée et où les durées de service suivent une distribution quelconque, la simulation est la seule technique qui permet d'estimer ces caractéristiques importantes. A plus forte raison, lorsque l'on considère un système plus complexe, tel que celui d'une chaîne de production faisant intervenir plusieurs files d'attente interdépendantes, la simulation est le seul modèle qui permet de tenir compte des particularités du système.

Bien que l'expérimentation avec le système réel soit a priori une technique parfaite pour évaluer les effets de certains changements, elle est, dans la plupart des cas, impossible ou irréaliste. La simulation permet d'expérimenter sur le système sans avoir à y apporter de modifications et sans l'exposer aux conséquences négatives d'un échec possible. Dans certains cas, la simulation est la première étape dans la conception d'un système; elle permet d'en prédire le comportement futur et ainsi d'éviter des erreurs dont les conséquences peuvent être graves et coûteuses.

Finalement, le but de la simulation n'est pas de se substituer au jugement, à l'intuition et à l'expérience des preneurs de décision. Au contraire, elle procure souvent un soutien, une “deuxième opinion”. La construction d'un modèle de simulation pousse le preneur de décision à mieux connaître les mécanismes du système qu'il étudie.

Le désavantage principal des études de simulation est en quelque sorte la conséquence d'un de leurs plus grands avantages. En effet, la flexibilité et la simplicité conceptuelle des modèles font que les preneurs de décision ont tendance à choisir la simulation au détriment de modèles tout aussi précis et beaucoup moins coûteux. Cela conduit souvent à la construction de modèles bien trop complexes par rapport aux objectifs à atteindre. Bien que le temps de programmation soit souvent réduit par suite de l'utilisation de langages adaptés, les calculs de simulation nécessitent en général beaucoup de temps machine, même avec les ordinateurs puissants offerts sur le marché.

En outre, la nature même de la technique fait que la simulation d'un système où l'incertitude intervient ne permet d'obtenir que des valeurs approximatives pour les caractéristiques du système que l'on étudie. Ces approximations sont elles-mêmes sujettes à des fluctuations aléatoires. Les résultats d'une simulation doivent donc être accompagnés d'une analyse statistique rigoureuse afin d'en contrôler la validité. Par opposition, dans le cas de modèles analytiques, on obtient en général les valeurs exactes des paramètres du système.

Finalement, en tant que modèle d'aide à la décision, la simulation ne permet pas d'obtenir "la" décision optimale. Elle permet d'évaluer les conséquences de plusieurs scénarios ou stratégies, mais ne conduit pas à la meilleure décision en fonction d'un critère pré-spécifié.

Cependant, malgré certains désavantages ou certaines limitations dont nous venons de parler, la simulation demeure l'un des outils quantitatifs les plus flexibles et les plus utilisés.

12.2 LES DIFFÉRENTS TYPES DE SIMULATION

Même en laissant de côté les modèles non mathématiques de simulation (maquettes, prototypes, etc.), on peut distinguer plusieurs types de simulation selon la nature du système à simuler, ou selon les objectifs du modèle ou le degré de complexité que le preneur de décision est prêt à y incorporer.

12.2.1 Simulation statique et simulation dynamique

Certains systèmes évoluent dans le temps, on dit qu'ils sont dynamiques. Lorsque le facteur temps est effectivement une caractéristique intrinsèque du système, il faudra en tenir compte dans la construction d'un modèle de simulation. Par exemple, la simulation d'une file d'attente doit tenir compte de l'évolution de la taille de la queue dans le temps; on dit que c'est une simulation de type *dynamique*. Par contre dans d'autres cas, le temps n'est soit pas un facteur essentiel, soit pas un facteur du tout. On dit alors que la simulation est de type *statique*. C'est le cas de l'exemple 12.1.2 (la compagnie Union Morbide) où, bien que l'on s'intéresse à la production quotidienne de la compagnie, le temps n'intervient pas explicitement dans le problème.

Exemple 12.2.1. *Une simulation de type statique*

Nous allons illustrer l'utilisation d'une technique de simulation connue sous le nom de *méthode de Monte Carlo*. Le problème consiste à estimer la surface d'un cercle de rayon connu à l'aide d'un échantillonnage au hasard. Pour expliquer le principe de la méthode, considérons le cas d'un cercle de rayon $r = 5\,\text{cm}$ centré à l'origine. L'équation de ce cercle dans le plan (x, y) (avec des axes orthonormés et l'unité égale à un centimètre) est: $x^2 + y^2 = 25$. La figure 12.2.1 représente ce cercle inscrit dans un carré dont les côtés ont pour équation: $x = \pm 5$ et $y = \pm 5$. L'échantillonnage suivant la méthode de Monte Carlo repose sur l'hypothèse que tous les points (x, y) tels que $-5 \leq x \leq 5$ et $-5 \leq y \leq 5$ ont la même probabilité d'être tirés. Ce qui revient à dire que les valeurs x et y suivent des lois uniformes indépendantes dans l'intervalle $[-5, 5]$ de densité $f(t)$ donnée par:

$$f(t) = \begin{cases} 1/10 & -5 \leq t \leq 5, \\ 0 & \text{ailleurs.} \end{cases}$$

Nous choisissons donc au hasard et de façon indépendante une valeur x suivant la loi de densité $f(x)$ et une valeur y suivant la loi de densité $f(y)$. Nous répétons ce processus un certain nombre de fois tout en comptant le nombre de points (x, y) qui tombent à l'intérieur ou sur la périphérie du cercle de rayon 5. Supposons que l'on tire n points (x, y) au hasard, et que m d'entre eux tombent à l'intérieur ou sur la périphérie du cercle; alors on peut estimer la surface du cercle de la façon suivante:

$$\text{Valeur estimée de la surface} = \frac{m}{n} \times \text{surface du carré} = \frac{100m}{n}.$$

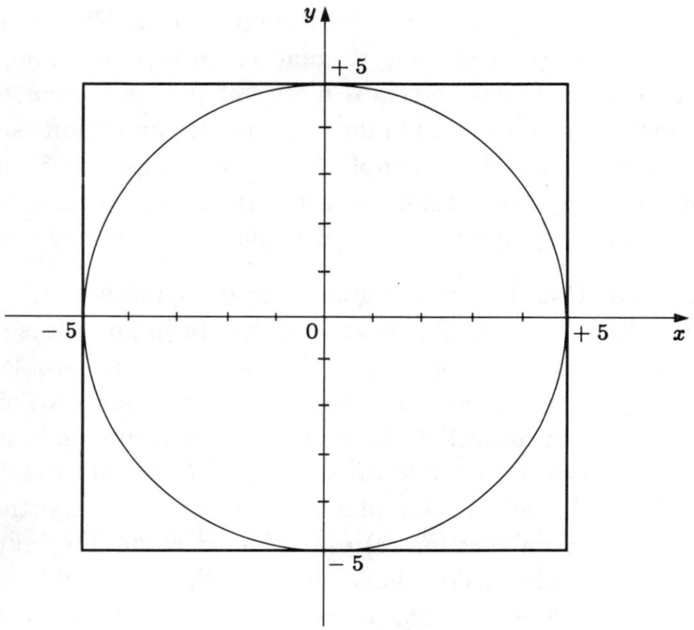

FIGURE 12.2.1

On peut justifier ce choix de l'estimateur de la façon suivante: par suite du processus d'échantillonnage, un point (x, y) peut tomber n'importe où à l'intérieur ou sur la périphérie du carré avec la même vraisemblance; par conséquent, le rapport m/n doit représenter approximativement la surface du cercle par rapport à celle de son carré circonscrit.

Pour illustrer l'importance des erreurs de nature statistique introduites dans des expériences de simulation, nous avons fait plusieurs simulations en choisissant successivement des valeurs de n (nombre de points (x, y) tirés) égales à 100, 200, 500, 1 000, 2 000, 5 000 et 10 000. De plus, pour chaque valeur de n, nous avons fait 10 passes indépendantes de la simulation (une suite différente de nombres aléatoires est utilisée pour chaque passe). Les résultats obtenus à l'aide du langage spécialisé SLAM sont résumés dans le tableau 12.2.1.

PASSE NO.	$n = 100$	200	500	1 000	2 000	5 000	10 000
1	78	72,5	76,6	78,1	78,90	78,84	78,77
2	67	78,0	79,6	79,7	79,30	78,70	78,02
3	75	83,0	78,4	78,3	77,85	78,56	77,76
4	81	77,5	81,0	80,3	79,25	77,48	78,14
5	82	79,5	79,2	77,8	78,55	77,32	78,18
6	84	75,0	77,4	77,9	77,85	78,20	77,77
7	72	80,5	78,8	79,8	79,90	78,76	79,61
8	83	79,5	81,8	78,7	77,00	77,52	78,19
9	82	82,5	79,4	76,6	77,60	78,94	78,99
10	77	81,0	76,2	80,5	77,75	77,42	78,14
Moyenne	78,1	78,9	78,84	78,77	78,40	78,17	78,36
Écart-type	5,47	3,27	1,78	1,26	0,92	0,67	0,59
Variance	29,88	10,71	3,19	1,59	0,85	0,45	0,35

TABLEAU 12.2.1: ESTIMATION DE LA SURFACE
DU CERCLE DE RAYON $r = 5\,\text{cm}$
ÉTANT DONNÉ UN NOMBRE DE TIRAGES n
(VALEUR EXACTE $\pi r^2 = 78{,}54\,\text{cm}^2$)

L'étude du tableau 12.2.1 suggère les observations suivantes:

(i) les valeurs estimées de la surface du cercle se rapprochent de la valeur exacte (égale à 78,54 cm^2) lorsque le nombre de points tirés augmente. On a représenté sur la figure 12.2.2 les valeurs estimées dans les passes numéros 1 et 2 en fonction du nombre n de points tirés.

Nous observons que pour les valeurs de n inférieures ou égales à 1 000, les valeurs estimées de la surface sont dispersées autour de la valeur exacte; tandis que pour des valeurs de n supérieures à 1 000,

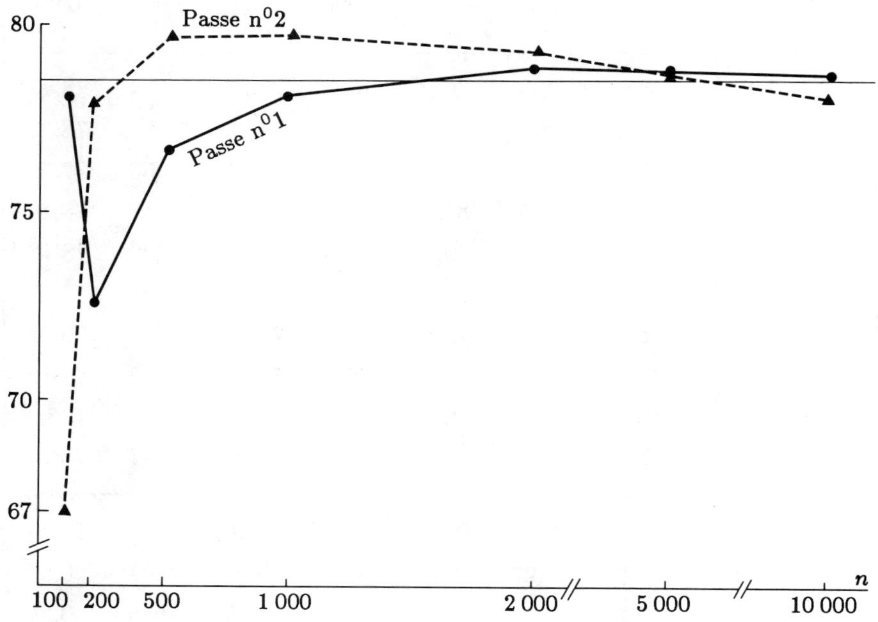

FIGURE 12.2.2: VALEURS ESTIMÉES EN FONCTION DE n

les estimations ont tendance à se stabiliser autour de la valeur exacte. Ce phénomène est caractéristique des résultats obtenus à l'aide des techniques de simulation: l'extrant de la simulation passe d'abord par une phase transitoire qui se transforme en régime permanent avec l'augmentation du nombre de tirages. Bien entendu, on préfère obtenir des résultats d'une simulation en situation de régime permanent.

(ii) les effets associés au régime transitoire semblent être réduits lorsque l'on considère la moyenne des valeurs obtenues pour les 10 passes. Cela n'est pas étonnant, puisque lorsqu'on prend la moyenne de 10 passes avec $n = 100$ tirages chacune, cela revient à faire une passe avec 1 000 tirages, donc à se rapprocher du régime permanent. On remarque cependant que, pour $n = 100$ tirages, chacune des passes (correspondant à une suite distincte de nombres aléatoires) donne une valeur estimée qui peut être assez éloignée de la valeur exacte.

On peut mesurer la *précision* de la simulation pour une valeur donnée de n par la variance des résultats des dix passes. Lorsque n augmente de 100 à 500, la variance décroît de 29,88 à 3,19. Au-delà de cette valeur de n, il n'y a plus de réduction aussi significative de la valeur de la variance. Cela nous montre qu'il existe un certain nombre de tirages qu'il ne sert à rien de dépasser puisque la précision des résultats de la simulation ne sera pas significativement améliorée. Cette constatation est importante parce que le coût d'opération d'une simulation est, en général, directement proportionnel au nombre de tirages aléatoires. Il faut donc choisir le compromis optimal entre coût et précision.

(iii) Étant donnée la variabilité des valeurs estimées de la surface, il est important d'exprimer les résultats de la simulation en termes *d'intervalles de confiance.* Ces intervalles mesurent la variation autour de la valeur exacte étant donné les résultats de l'expérience. Si, dans notre cas, nous représentons par S la valeur exacte de la surface, et par $\overline{S}$ et s respectivement la moyenne et l'écart-type des résultats obtenus pour $N = 10$ passes, alors l'intervalle de confiance à $100(1 - \alpha)\%$ est donné par:

$$\overline{S} - \frac{s}{\sqrt{N}} t_{\alpha/2,N-1} \leq S \leq \overline{S} + \frac{s}{\sqrt{N}} t_{\alpha/2,N-1}$$

où $t_{\alpha/2,N-1}$ est tel que si la variable aléatoire T suit une loi de Student à $N-1$ degrés de liberté, alors $P\{T > t_{\alpha/2,N-1}\} = \alpha/2$. Remarquons que N représente le nombre de passes effectuées, alors que n est le nombre de tirages à chaque passe.

Le tableau 12.2.2 donne les intervalles de confiance à 95% obtenus à partir du tableau 12.2.1 et de la valeur $t_{0,025;9} = 2{,}262$. Une analyse rapide du tableau 12.2.2 montre que chacun des intervalles de confiance contient la valeur exacte $S = 78{,}54\,\text{cm}^2$. Cependant les intervalles décroissent lorsque n augmente pour une valeur donnée de N. Nous voyons, à nouveau, qu'il est préférable de faire les passes de la simulation dans des conditions de régime permanent. □

Le but de cet exemple simple était de nous montrer que l'utilisation de la simulation ne se limite pas au choix d'un modèle et d'un langage spécialisé. La simulation est une expérience au sens statistique

NOMBRE DE TIRAGES n	INTERVALLE DE CONFIANCE
100	$78{,}1 \pm 3{,}91 = [74{,}19 ; 82{,}01]$
200	$78{,}9 \pm 2{,}34 = [76{,}56 ; 81{,}24]$
500	$78{,}84 \pm 1{,}28 = [77{,}56 ; 80{,}12]$
1 000	$78{,}77 \pm 0{,}90 = [77{,}87 ; 79{,}67]$
2 000	$78{,}40 \pm 0{,}66 = [77{,}74 ; 79{,}06]$
5 000	$78{,}17 \pm 0{,}48 = [77{,}69 ; 78{,}65]$
10 000	$78{,}36 \pm 0{,}42 = [77{,}94 ; 78{,}78]$

TABLEAU 12.2.2: INTERVALLES DE CONFIANCE À 95%

du terme, et ses résultats doivent être analysés dans ce contexte. Nous avons soulevé les questions suivantes qui seront étudiées plus en détail dans la suite de ce chapitre:

- combien doit-on faire de tirages aléatoires avant d'atteindre les conditions de régime permanent?
- comment choisir un bon compromis entre le coût de la simulation et la précision de ses résultats?
- combien de passes et de tirages doit-on faire pour obtenir un certain niveau de confiance?

12.2.2 Simulation déterministe et simulation probabiliste

Une simulation est dite *déterministe* si toutes les variables du problème sont connues avec certitude. On utilise ce type de simulation principalement pour évaluer les effets de changements proposés sur un système. On peut ainsi obtenir rapidement des réponses à des questions d'analyse post-optimale telles que: quel serait l'effet sur le système d'un changement des intrants (modification de la demande, erreur dans les coûts, etc.).

Il est possible que, dans certaines applications de gestion, les paramètres de la simulation soient connus avec certitude. Dans la plupart des cas, il faudra s'assurer de l'exactitude d'une telle hypothèse. Cependant, on pourra souvent considérer une simulation déterministe comme un premier pas dans le développement d'une simulation plus complexe et plus réaliste d'un système soumis à des variations aléatoires. Ainsi, bien que la plupart des systèmes réels contiennent des éléments aléatoires, on estime que plus de 60% des modèles de simulation utilisés dans le contexte de la prise de décision sont des modèles déterministes.

Le caractère déterministe d'une simulation implique certaines différences fondamentales par rapport aux caractéristiques d'une simulation probabiliste; en particulier:

- étant donné qu'il n'y a pas de variabilité des paramètres, un seul passage dans le modèle est nécessaire pour obtenir des résultats uniques déterminés par le choix des intrants;
- il n'y a pas lieu d'obtenir d'échantillon représentatif, ni de faire l'analyse statistique des résultats;
- les simulations déterministes sont souvent plus faciles à construire et moins coûteuses à opérer que les simulations probabilistes.

Dans l'exemple suivant, nous allons illustrer comment on peut utiliser une simulation déterministe dans un contexte où tous les paramètres ne sont pas vraiment déterminés.

Exemple 12.2.2. *Une simulation déterministe de gestion des stocks*

La direction générale d'une firme de composantes électroniques souhaite évaluer sa stratégie de gestion des stocks pour l'un des articles de sa ligne, la puce Z8089. La politique actuelle consiste à passer une commande dès que le stock en fin de mois est inférieur à 150 unités. La quantité commandée est de 500 moins le nombre d'unités en stock; cependant, il y a un délai de livraison d'à peu près un mois. Les coûts associés avec une commande sont un coût fixe de 1 200 dollars et un coût de 100 dollars par unité. En outre, la firme estime que les coûts de stockage, calculés sur la moyenne des stocks en début et en fin de mois, sont de un dollar par unité et par mois. Si une situation de rupture de stock se présente, c'est-à-dire que le stock que l'on a en début de mois ne suffit pas à satisfaire la demande de ce mois, alors il faut passer immédiatement une commande spéciale, livrée sans délai, au coût de 150 dollars par unité.

La direction générale de la compagnie a constaté que, ces derniers mois, les stocks de fin de mois étaient relativement hauts; ce qui coûtait cher à la compagnie vu le coût élevé de la composante Z8089. La compagnie souhaite donc réduire ces stocks sans trop augmenter la somme des coûts de commande et de stockage. On pourrait aborder ce problème à l'aide d'un modèle de gestion des stocks similaire à ceux considérés au chapitre 4 (demande aléatoire). Cependant, un modèle de simulation déterministe simple peut permettre de mesurer rapidement les effets de certains changements dans la politique de gestion des stocks.

Le modèle de simulation dans ce problème est tout simplement un programme contenant les quelques équations nécessaires au calcul des niveaux de stock et des coûts mensuels en fonction de la demande et de l'inventaire initial.

Si, par exemple, la demande pendant les douze derniers mois est celle donnée dans le tableau ci-dessous, et si l'on a un stock initial (début septembre) de 405 unités, l'extrant du modèle de simulation est donné dans le tableau 12.2.3.

MOIS	SEPT	OCT	NOV	DÉC	JAN	FÉV
DEMANDE (unités)	126	104	115	122	93	132
MOIS	MARS	AVR	MAI	JUIN	JUIL	AOUT
DEMANDE (unités)	98	89	125	118	97	103

Après avoir constaté que les stocks de fin de mois sont effectivement relativement élevés, on peut envisager d'autres stratégies: réduire le niveau de stock à partir duquel une commande se fait, ou

MOIS	SEPT	OCT	NOV	DÉC	JAN	FÉV
STOCK EN DÉBUT DE MOIS	405	279	175	60	440	347
DEMANDE	126	104	115	122	93	132
STOCK EN FIN DE MOIS	279	175	60	0	347	215
COMMANDE NORMALE	–	–	440	–	–	–
COMMANDE SPÉCIALE	–	–	–	62	–	–
COUTS:						
INVENTAIRE	342	227	117,5	30	393,5	281
COMMANDE NORMALE	–	–	45 200	–	–	–
COMMANDE SPÉCIALE	–	–	–	9 300	–	–
TOTAL	342	227	45 317,5	9 330	393,5	281

TABLEAU 12.2.3: EXTRANT DE LA SIMULATION (DE SEPTEMBRE A FÉVRIER)

bien réduire la taille de la commande. Pour chaque nouvelle stratégie, la simulation produit un extrant du genre du tableau 12.2.3. On peut ainsi comparer les résultats de diverses stratégies du point de vue du niveau des stocks, ainsi que de celui du coût total.

Cependant l'analyse ne doit pas s'arrêter là. En effet, la demande observée pendant les douze derniers mois est vraisemblable-

MOIS	MARS	AVR	MAI	JUIN	JUIL	AOUT
STOCK EN DÉBUT DE MOIS	215	117	411	286	168	71
DEMANDE	98	89	125	118	97	103
STOCK EN FIN DE MOIS	117	28	286	168	71	0
COMMANDE NORMALE	383	–	–	–	429	–
COMMANDE SPÉCIALE	–	–	–	–	–	32
COUTS:						
INVENTAIRE	166	72,5	348,5	227	119,5	35,5
COMMANDE NORMALE	39 500	–	–	–	44 100	–
COMMANDE SPÉCIALE	–	–	–	–	–	4 800
TOTAL	39 666	72,5	348,5	227	44 219,5	4 835,5

TABLEAU 12.2.3: EXTRANT DE LA SIMULATION
(DE MARS A AOUT)

ment destinée à varier dans les mois à venir. Une analyse post-optimale des effets d'une variation de demande sur la stratégie retenue est nécesaire pour déterminer comment cette stratégie est affectée par différents niveaux de variation. Un processus similaire à celui décrit dans l'organigramme de la figure 12.2.3 sera utilisé pour l'analyse de ce problème. □

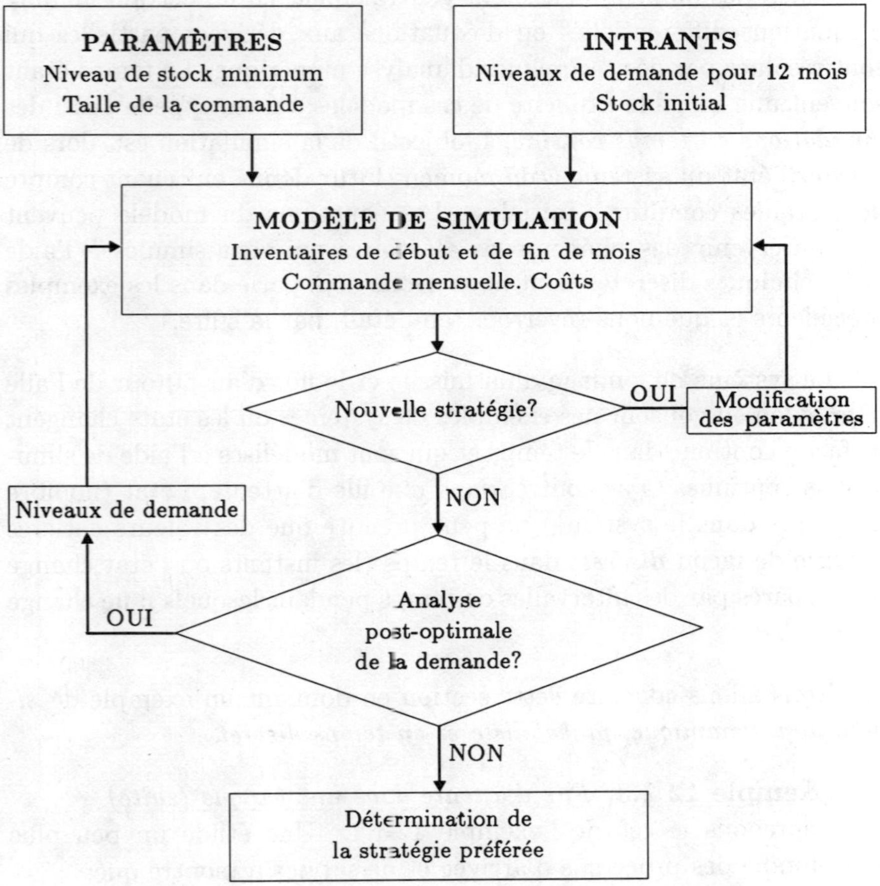

FIGURE 12.2.3: ANALYSE D'UN PROBLÈME DE GESTION DES STOCKS A L'AIDE D'UNE SIMULATION DÉTERMINISTE

12.2.3 Simulation discrète et simulation continue

On appelle *simulation continue* toute technique faisant appel à l'ordinateur pour analyser des modèles où les états varient de façon continue. Ces modèles consistent généralement en un certain nombre d'équations différentielles ou d'équations aux dérivées partielles qui sont résolues par des techniques d'analyse numérique. Le temps étant souvent une variable explicite de ces modèles, on les appelle aussi des *simulations en temps continu.* L'objectif de la simulation est alors de prévoir l'état du système à un moment futur donné en tenant compte de certaines conditions initiales. Les équations du modèle peuvent faire intervenir des phénomènes aléatoires qui sont simulés à l'aide des techniques discrètes dont nous avons déjà parlé dans les exemples précédents et que nous reverrons, en détail, par la suite.

Le système de guidage d'un missile et le flot d'air autour de l'aile d'un avion en vol sont des exemples de systèmes où les états changent de façon continue dans le temps et qui sont modélisés à l'aide de simulations continues. Par contre, dans une file d'attente, l'état (nombre de clients dans le système) ne peut prendre que des valeurs entières et varie de façon *discrète* dans le temps (les instants où l'état change sont séparés par des intervalles de temps pendant lesquels il ne change pas).

Nous allons conclure cette section en donnant un exemple de *simulation dynamique, probabiliste et en temps discret.*

Exemple 12.2.3. *File d'attente dans une banque (suite)*
Reprenons le cas de l'exemple 12.1.1. Une étude un peu plus approfondie des processus d'arrivée et de service a montré que:

- le temps écoulé entre deux arrivées successives est de 2 minutes dans 40% des cas, de 4 minutes dans 50% des cas, et de 6 minutes dans 10% des cas;
- le temps de service est de 5 minutes pour la moitié des clients, et de 1 minute pour l'autre moitié.

Remarquons que l'on retrouve les taux de service de l'exemple 12.1.1 ($\lambda = 1/3{,}4$ et $\mu = 1/3$) en prenant l'inverse des espérances des variables aléatoires T et S représentant respectivement le temps entre deux arrivées successives et la durée du service:

$$E(T) = 2 \times 0{,}4 + 4 \times 0{,}5 + 6 \times 0{,}1 = 3{,}4$$
$$E(S) = 1 \times 0{,}5 + 5 \times 0{,}5 = 3.$$

De plus, nous sommes dans une situation où les hypothèses d'arrivées poissonniennes et de services exponentiels ne sont pas vérifiées.

Pour simuler les processus d'arrivée et de service de cette file d'attente, nous utilisons à nouveau les nombres aléatoires du tableau 12.1.1. Afin d'obtenir des suites indépendantes de nombres aléatoires, nous prendrons la colonne de gauche pour les arrivées et la colonne de droite pour les services. De plus, étant donné la simplicité des probabilités associées à ce problème, il suffit de prendre par exemple le premier chiffre des nombres aléatoires de la colonne de gauche pour simuler les arrivées des 29 premiers clients, et le premier chiffre des nombres aléatoires de la colonne de droite pour simuler les services de ces clients.

Nous conviendrons de dire que le temps entre deux arrivées est de:

- 2 minutes si le nombre aléatoire tiré est 0, 1, 2 ou 3 (probabilité 0,4);
- 4 minutes si le nombre aléatoire tiré est 4, 5, 6, 7 ou 8 (probabilité 0,5); et
- 6 minutes si le nombre aléatoire tiré est 9 (probabilité 0,1).

De même, la durée de service est de:

- 1 minute si le nombre aléatoire tiré est 0, 1, 2, 3 ou 4 (probabilité 0,5); et
- 5 minutes si le nombre aléatoire choisi est 5, 6, 7, 8 ou 9 (probabilité 0,5).

En plus des nombres aléatoires tirés et des valeurs des variables aléatoires T (temps entre arrivées successives) et S (durée de service), le tableau 12.2.4 donne, pour chaque client, l'instant auquel il arrive, celui auquel son service commence, l'instant auquel il sort du système (fin du service), et le temps d'attente dans la queue (tous les temps sont exprimés en minutes).

CLIENT NUMÉRO	ARRIVÉES NBRE ALÉA	T	INSTANT D'ARRIVÉE	SERVICES NBRE ALÉA	S	DÉBUT	FIN	ATTENTE DANS LA QUEUE
1	5	4	4	7	5	4	9	0
2	6	4	8	7	5	9	14	1
3	3	2	10	8	5	14	19	4
4	1	2	12	4	1	19	20	7
5	8	4	16	3	1	20	21	4
6	1	2	18	2	1	21	22	3
7	7	4	22	7	5	22	27	0
8	6	4	26	9	5	27	32	1
9	3	2	28	0	1	32	33	4
10	4	4	32	1	1	33	34	1
11	4	4	36	8	5	36	41	0
12	0	2	38	9	5	41	46	3
13	4	4	42	2	1	46	47	4
14	2	2	44	9	5	47	52	3
15	6	4	48	7	5	52	57	4
16	5	4	52	2	1	57	58	5
17	2	2	54	7	5	58	63	4
18	4	4	58	0	1	63	64	5
19	1	2	60	4	1	64	65	4
20	0	2	62	3	1	65	66	3
21	3	2	64	5	5	66	71	2
22	3	2	66	4	1	71	72	5
23	3	2	68	8	5	72	77	4
24	9	6	74	7	5	77	82	3
25	6	4	78	8	5	82	87	4
26	5	4	82	3	1	87	88	5
27	3	2	84	7	5	88	93	4
28	4	4	88	7	5	93	98	5
29	5	4	92	6	5	98	103	6

TABLEAU 12.2.4: SIMULATION D'UNE FILE D'ATTENTE

Pour obtenir l'instant d'arrivée d'un client donné dans le tableau 12.2.4, il suffit d'ajouter la valeur de la variable aléatoire T pour ce client (temps écoulé entre son arrivée et celle du client précédent) à l'instant d'arrivée du client précédent. Ainsi, le premier client arrive à l'instant 4; le deuxième client arrive à l'instant $4 + 4 = 8$; le troisième client arrive à l'instant $2 + 8 = 10$, et ainsi de suite. L'instant auquel débute le service d'un client donné est déterminé de la façon suivante: c'est l'instant d'arrivée si le serveur est libre à ce moment-là (c'est-à-dire si l'instant où le service du client précédent prend fin est inférieur ou égal à l'instant d'arrivée du client considéré; voir, par exemple, le client numéro 11 dans le tableau 12.2.4); ou bien, dans le cas contraire, c'est l'instant auquel se termine le service du client précédent. Le temps d'attente dans la queue est, bien entendu, le temps écoulé entre l'arrivée d'un client et le début de son service.

On peut formuler les résultats ci-dessus à l'aide des notations suivantes; soient:

- t_i le temps entre l'arrivée du client numéro i et celle du client $i-1$;
- s_i la durée du service du client numéro i;
- a_i l'instant d'arrivée du client numéro i;
- b_i l'instant où le service du client numéro i commence;
- c_i l'instant où le service du client numéro i prend fin; et
- w_i le temps d'attente du client numéro i dans la queue.

Nous avons alors les relations suivantes pour $i \geq 1$:

$$\begin{aligned} a_i &= a_{i-1} + t_i \\ b_i &= \max(a_i, c_{i-1}) \\ c_i &= b_i + s_i \\ w_i &= b_i - a_i \end{aligned}$$

avec $a_0 = c_0 = 0$.

Le tableau 12.2.4 permet également d'estimer la valeur de W_Q, le temps moyen d'attente dans la queue. Soit w_Q cette valeur estimée, alors:

$$w_Q = \frac{1}{29} \sum_{i=1}^{29} w_i = \frac{98}{29} = 3{,}38 = 3 \text{ minutes et } 23 \text{ secondes.}$$

Remarquons que, étant donnée la petite taille de l'échantillon, la valeur estimée que nous venons d'obtenir risque d'être biaisée par le choix des conditions initiales. Le fait que le premier client arrive dans un système vide fait que son temps d'attente est nul, et que celui du client suivant est relativement court; la valeur estimée risque donc d'être inférieure à la valeur exacte de W_Q. Une fois encore, on remarque que pour obtenir des résultats fiables, il faut effectuer la simulation en situation de régime permanent afin d'éviter les perturbations du régime transitoire.

Les résultats numériques du tableau 12.2.4 ne permettent pas d'estimer directement les autres paramètres importants du système tels que L le nombre moyen de clients dans le système, L_Q la longueur moyenne de la file d'attente et p_0 le pourcentage de temps où il n'y a aucun client dans le système (serveur au repos). Le tableau 12.2.5, construit à partir du tableau 12.2.4, donne les instants auxquels un changement (événement) se produit dans l'état (nombre de clients) du système. A chaque changement, nous calculons le nombre de clients dans le système (en tenant compte du nombre précédent et de la nature du changement – arrivée ou départ) et le temps (en minutes) pendant lequel le système est dans cet état (jusqu'au changement suivant).

Pour éviter les biais les plus évidents dans le calcul des valeurs estimées des paramètres précédents, nous allons éliminer les quatre premières minutes (où le système est artificiellement vide par suite des conditions initiales) et les dix dernières minutes (où aucune arrivée n'a lieu après les 29 premières). Nous considérons donc une période de temps commençant à $t = 4$ et finissant à $t = 93$, soit de 89 minutes. Pour calculer la proportion de temps où il y a i clients dans le système (la banque), soit p_i, il suffit d'ajouter la durée de toutes les périodes où il y a i clients dans le système et de diviser cette somme par la durée de la simulation, soit 89 minutes. Nous obtenons ainsi:

$$p_0 = 2/89 = 0{,}022$$

$$p_1 = (4+1+1+4+1+1+2+1+1+2+1)/89 = 0{,}213.$$

De même: $p_2 = 45/89 = 0{,}506$

$$p_3 = 21/89 = 0{,}236$$

$$p_4 = 2/89 = 0{,}022.$$

TEMPS t	ARRIVÉE DÉPART	NB DE CLIENTS DS SYSTÈME	TEMPS t	ARRIVÉE DÉPART	NB DE CLIENTS DS SYSTÈME
4	A	1 (4 minutes)	52	A,D	2 (2 minutes)
8	A	2 (1 minute)	54	A	3 (3 minutes)
9	D	1 (1 minute)	57	D	2 (1 minute)
10	A	2 (2 minutes)	58	A,D	2 (2 minutes)
12	A	3 (2 minutes)	60	A	3 (2 minutes)
14	D	2 (2 minutes)	62	A	4 (1 minute)
16	A	3 (2 minutes)	63	D	3 (1 minute)
18	A	4 (1 minute)	64	A,D	3 (1 minute)
19	D	3 (1 minute)	65	D	2 (1 minute)
20	D	2 (1 minute)	66	A,D	2 (2 minutes)
21	D	1 (1 minute)	68	A	3 (3 minutes)
22	A,D	1 (4 minutes)	71	D	2 (1 minute)
26	A	2 (1 minute)	72	D	1 (2 minutes)
27	D	1 (1 minute)	74	A	2 (3 minutes)
28	A	2 (4 minutes)	77	D	1 (1 minute)
32	A,D	2 (1 minute)	78	A	2 (4 minutes)
33	D	1 (1 minute)	82	A,D	2 (2 minutes)
34	D	0 (2 minutes)	84	A	3 (3 minutes)
36	A	1 (2 minutes)	87	D	2 (1 minute)
38	A	2 (3 minutes)	88	A,D	2 (4 minutes)
41	D	1 (1 minute)	92	A	3 (1 minute)
42	A	2 (2 minutes)	93	D	2 (5 minutes)
44	A	3 (2 minutes)	98	D	1 (5 minutes)
46	D	2 (1 minute)	103	D	0
47	D	1 (1 minute)			
48	A	2 (4 minutes)			

TABLEAU 12.2.5: NOMBRE DE CLIENTS DANS LE SYSTÈME

On obtient alors une valeur estimée ℓ du nombre moyen de clients dans le système:

$$\ell = 0 \times p_0 + 1 \times p_1 + 2 \times p_2 + 3 \times p_3 + 4 \times p_4 = 2{,}022.$$

On calcule un estimateur ℓ_Q du nombre moyen de clients dans la file d'attente en remarquant que s'il y a i clients dans le système, alors il y a $i-1$ clients dans la queue, et si le système est vide alors la queue est aussi vide.

$$\ell_Q = 1 \times p_2 + 2 \times p_3 + 3 \times p_4 = 1{,}045.$$

Tout comme nous l'avons vu dans l'exemple 12.2.1, il faudra faire une simulation bien plus longue afin d'obtenir des résultats plus fiables. A titre de comparaison, une simulation de 600 heures (au lieu des 89 minutes de notre simulation) effectuée à l'aide du langage spécialisé GPSS (voir section 12.5.2) a donné les résultats suivants:

$$p_0 = 0{,}119 \quad \ell = 2{,}538 \quad \ell_Q = 1{,}657 \quad w_Q = 5{,}651. \ \square$$

12.3 GÉNÉRATION DE NOMBRES ET VARIABLES ALÉATOIRES

Si l'on considère un modèle de simulation probabiliste, il va falloir construire un processus de sélection à partir des lois de chacune des variables aléatoires, de sorte que l'exécution répétée de ce processus sur ordinateur donne des échantillons qui respectent les lois de chacune de ces variables. Cela, comme nous l'avons déjà entrevu à l'aide d'exemples, nécessite l'utilisation de nombres aléatoires.

Il faut donc que l'ordinateur soit capable d'engendrer des nombres aléatoires de façon rapide et efficace. Bien qu'il existe des tables de nombres aléatoires de grande dimension (celle publiée par la Rand Corporation en 1955 contient un million de chiffres aléatoires), il serait très inefficace de garder de telles tables en mémoire et d'en lire les nombres comme des données de la simulation. On préfère engendrer des nombres aléatoires par des techniques appropriées au fur et à mesure des besoins de la simulation.

De façon formelle, un nombre aléatoire est une variable aléatoire dont les valeurs, entières ou fractionnaires, sont tirées de façon équiprobable d'un intervalle spécifié Des nombres aléatoires "purs" peuvent être obtenus à partir de phénomènes naturels telles les émissions radioactives, ou à partir de dispositifs électroniques qui font intervenir le "bruit" électronique. Cependant, ces méthodes demandent des équipements spécialisés et coûteux et ne sont pas, en général, utilisées dans le cadre d'une simulation. De plus, étant donné qu'on n'a guère de contrôle sur le processus qui engendre les nombres aléatoires, il est impossible de reproduire plusieurs fois de suite la même suite de nombres aléatoires; cette impossibilité complique la vérification du modèle et l'expérimentation sur les paramètres de la simulation.

Dans la pratique, on fait appel à des générateurs de *nombres pseudo-aléatoires.* Ce sont des algorithmes qui produisent des suites de nombres dont les propriétés sont suffisamment voisines de celles de suites de nombres aléatoires purs. Ces algorithmes produisent un nombre aléatoire à partir du dernier nombre engendré dans la suite et sont donc numériquement très efficaces.

Nous allons étudier, dans ce paragraphe, les propriétés des générateurs de nombres pseudo-aléatoires, ainsi que l'utilisation de ces nombres pour simuler des phénomènes aléatoires complexes.

12.3.1 Les générateurs de nombres pseudo-aléatoires

Une méthode analytique ou algorithme acceptable pour engendrer des nombres aléatoires doit avoir les propriétés suivantes:

(i) les nombres doivent être uniformément distribués. En général, on cherche des nombres uniformément distribués sur l'intervalle ouvert $(0,1)$, bien que la plupart des générateurs de nombres pseudo-aléatoires donnent des nombres uniformément distribués sur l'intervalle semi-fermé $[0,1)$.

(ii) les nombres doivent être statistiquement indépendants; en particulier, il ne doit pas y avoir de corrélation dans une suite de nombres pseudo-aléatoires.

(iii) les nombres doivent être non répétitifs pour toute longueur de suite désirée. Comme chaque nombre pseudo-aléatoire est engendré de

façon déterministe à partir du nombre précédent, la suite de nombres pseudo-aléatoires se répète au complet dès que l'un des nombres de la suite est répété. Il est donc souhaitable d'obtenir une suite aussi longue que voulue avant qu'un nombre pseudo-aléatoire ne se répète. On parle, dans ce contexte de la *période* ou de la *longueur de cycle* du générateur de nombres pseudo-aléatoires.

(iv) une suite donnée de nombres pseudo-aléatoires doit pouvoir être reproduite à volonté.

(v) le générateur de nombres pseudo-aléatoires doit être rapide et occuper le moins possible d'espace en mémoire.

La technique analytique la plus fréquemment utilisée pour la construction d'un générateur de nombres pseudo-aléatoires est celle dite des *congruences linéaires.* Elle a été d'abord proposée par Lehmer (1951) et fait appel aux équations suivantes:

$$z_{i+1} \equiv az_i + b \ \ (\text{modulo } M) \qquad i = 0, 1, 2, \ldots$$

$$r_{i+1} = z_{i+1}/M$$

où z_0 est la valeur initiale de la suite, et où r_i est le i-ième nombre pseudo-aléatoire engendré dans l'intervalle $[0, 1)$. Remarquons que z_{i+1} s'obtient en divisant $az_i + b$ par la valeur M et en prenant le reste de la division.

Exemple 12.3.1. *Générateur de nombres pseudo-aléatoires*
Considérons les équations précédentes lorsque $M = 13$, $a = 7$, $b = 5$ et $z_0 = 8$. Le tableau 12.3.1 nous donne les treize premiers nombres produits.

Remarquons que cette suite de nombres est cyclique; en effet, $z_{12} = z_0 = 0{,}692$, et de façon générale $z_{i+12} = z_i$. Il est clair qu'une telle suite de nombres pseudo-aléatoires ne possède pas vraiment les propriétés d'une vraie suite de nombres aléatoires. □

La période d'un générateur congruentiel de nombres aléatoires sera toujours inférieure ou égale à M, mais même lorsque M est très grand, le choix de a, b et z_0 doit être fait soigneusement pour assurer une période égale à M. En effet, si par exemple $M = 1\,000\,000$, $a = 238$, $b = 0$ et $z_0 = 0$, on voit immédiatement que $z_i = 0$ pour

i	$7z_i + 5$	z_{i+1}	r_{i+1}
0	61	9	0,692
1	68	3	0,231
2	26	0	0,000
3	5	5	0,385
4	40	1	0,077
5	12	12	0,923
6	89	11	0,846
7	82	4	0,308
8	33	7	0,538
9	54	2	0,154
10	19	6	0,462
11	47	8	0,615
12	61	9	0,692
13	68	3	0,231

TABLEAU 12.3.1

toute valeur de i, et la période est égale à 1. Le problème du choix des paramètres a, b et M pour le générateur a fait l'objet de nombreux travaux. Naylor *et al.* (1966) donnent les conditions suivantes pour assurer que la période d'un générateur congruentiel du type considéré est égale à M:

- b est un nombre impair, et M et b sont premiers entre eux;
- $a \equiv 1$ (modulo p) pour tout diviseur premier p de M; et
- $a \equiv 1$ (modulo 4) si 4 est un diviseur de M.

Étant donné que le nombre M doit être choisi aussi grand que possible, on prend en général la plus grande puissance de 2 offerte dans l'ordinateur utilisé. Ce choix rend les calculs (divisions par M) particulièrement efficaces. Le nombre $M = 2^{35}$ est un choix acceptable pour de nombreuses applications; de même on prend souvent des nombres a de la forme $2^s + 1$, où $s > 2$.

Un générateur de nombres pseudo-aléatoires doit non seulement avoir une période suffisamment longue pour que la même suite de nombres ne se répète pas au cours d'une simulation, mais doit aussi fournir des suites de nombres uniformément distribués sur l'intervalle $(0, 1)$. Il existe, pour vérifier cette propriété, un certain nombre de tests qui sont basés sur le test du χ^2 et le test de Kolmogorov-Smirnov. Nous renvoyons le lecteur intéressé aux ouvrages spécialisés tels que Emshoff et Sisson (1970), Naylor *et al.* (1966), et Schmidt et Taylor (1970).

12.3.2 La génération de variables aléatoires

Nous allons maintenant illustrer comment utiliser des nombres aléatoires dans l'intervalle $(0, 1)$ pour engendrer des phénomènes probabilistes complexes. Il existe un certain nombre de techniques pour engendrer des variables aléatoires ayant une loi de probabilité donnée. Les trois méthodes principales sont la méthode de l'inverse, la méthode de rejet et la méthode de composition. Nous étudierons la *méthode de l'inverse* qui est souvent la plus simple de ces techniques. Pour une étude plus approfondie, nous renvoyons le lecteur aux ouvrages spécialisés; on trouve un bon résumé de ces techniques dans Phillips *et al.* (1976).

La méthode de la transformation inverse repose sur le résultat suivant:

Théorème 12.3.1. *Soit X une variable aléatoire arbitraire et soit F sa fonction de répartition. La variable aléatoire $U = F(X)$ est uniforme sur* $(0, 1)$.

Démonstration. Remarquons, en effet, que comme $F(x) = P\{X \leq x\}$, on a $0 \leq F(x) \leq 1$, et donc $P\{0 \leq F(X) \leq 1\} = 1$. Soit $0 \leq u \leq 1$; puisque F est une fonction non décroissante, on a:

$$\begin{aligned} P\{U \leq u\} &= P\{F(X) \leq u\} = P\{X \leq F^{-1}(u)\} \\ &= F(F^{-1}(u)) = u \end{aligned}$$

et par conséquent, U est une variable aléatoire uniforme sur $(0, 1)$. ∎

Il résulte également du théorème 12.3.1 que si U est une variable aléatoire uniforme sur $(0,1)$, alors la variable aléatoire $X = F^{-1}(U)$ possède la fonction de répartition F. La méthode de la transformation inverse consiste donc à prendre une suite de nombres aléatoires $u_1, u_2, \ldots$, distribués uniformément sur $(0,1)$, et de calculer $x_1 = F^{-1}(u_1), x_2 = F^{-1}(u_2), \ldots$, afin d'obtenir une suite de nombres aléatoires suivant la loi F.

La difficulté principale de la méthode de la transformation inverse est que, pour un certain nombre de lois de probabilité, la fonction inverse F^{-1} n'existe pas ou bien est trop complexe pour pouvoir être utilisée de façon pratique. Dans ce cas, on peut utiliser une approximation à la place de la fonction inverse, ou encore faire appel à une méthode différente.

Exemple 12.3.2. *Variable aléatoire discrète*

Remarquons que dans le cas d'une variable aléatoire discrète, la fonction $F^{-1}(u)$ ne prend pas une valeur unique pour toutes les valeurs de u. Dans ce cas, on définit $F^{-1}(u)$ de la façon suivante:

$$F^{-1}(u) = \inf\{x : F(x) > u\}.$$

Soit, par exemple, une variable aléatoire X prenant les valeurs 1, 2 et 3 avec les probabilités:

$$P\{X = 1\} = 0{,}25 \qquad P\{X = 2\} = 0{,}50 \qquad P\{X = 3\} = 0{,}25$$

Sa fonction de répartition est donc:

$$F(x) = \begin{cases} 0 & \text{si } x < 1; \\ 0{,}25 & \text{si } 1 \le x < 2; \\ 0{,}75 & \text{si } 2 \le x < 3; \\ 1 & \text{si } 3 \le x; \end{cases}$$

elle est représentée graphiquement sur la figure 12.3.1.

La fonction inverse est donc:

$$F^{-1}(u) = \begin{cases} 1 & \text{si } 0 \le u < 0{,}25; \\ 2 & \text{si } 0{,}25 \le u < 0{,}75; \\ 3 & \text{si } 0{,}75 \le u < 1. \end{cases}$$

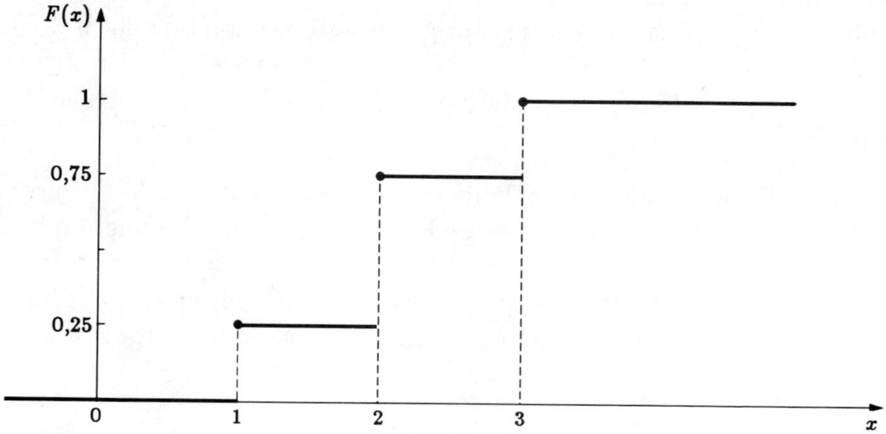

FIGURE 12.3.1

Nous prendrons donc $X = 1$ si le nombre aléatoire u engendré est tel que $0 \leq u < 0{,}25$, $X = 2$ si $0{,}25 \leq u < 0{,}75$, et $X = 3$ si $0{,}75 \leq u < 1$. □

Exemple 12.3.3. *Variable aléatoire uniforme sur* (a, b)

La fonction de répartition d'une variable aléatoire uniforme sur l'intervalle (a, b) est:

$$F(x) = \begin{cases} 0 & \text{si } x < a; \\ \dfrac{x-a}{b-a} & \text{si } a \leq x < b; \\ 1 & \text{si } x \geq b; \end{cases}$$

et sa représentation graphique est donnée sur la figure 12.3.2.

Soit u un nombre entre 0 et 1; de l'équation $u = \frac{x-a}{b-a}$ on déduit $x = a + u(b-a)$. Par conséquent:

$$F^{-1}(u) = a + u(b-a) \qquad \text{pour } 0 \leq u < 1.$$

Pour obtenir un échantillon distribué uniformément sur un intervalle quelconque (a, b), on calcule donc les nombres $x_i = a + u_i(b-a)$ où les u_i, $i \geq 0$, sont une suite de nombres pseudo-aléatoires sur $(0, 1)$. □

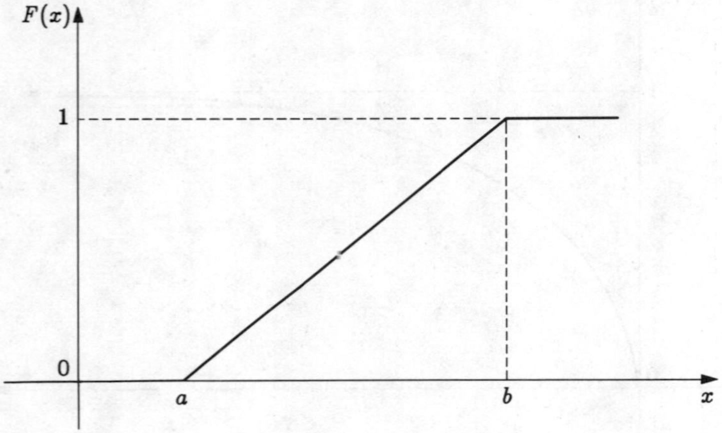

FIGURE 12.3.2

Exemple 12.3.4. *Variable aléatoire exponentielle*

La fonction de répartition d'une variable aléatoire exponentielle à paramètre λ est:

$$F(x) = \begin{cases} 0 & \text{si } x < 0; \\ 1 - e^{-\lambda x} & \text{si } x \geq 0; \end{cases}$$

et sa représentation graphique est donnée sur la figure 12.3.3. Soit u un nombre entre 0 et 1; de l équation $u = 1 - e^{-\lambda x}$, on déduit $x = -\frac{1}{\lambda}\,\mathrm{Log}(1-u)$ où Log représente la fonction logarithme népérien. Par conséquent:

$$F^{-1}(u) = -\frac{1}{\lambda}\,\mathrm{Log}(1-u) \quad \text{pour } 0 \leq u < 1.$$

Pour obtenir un échantillon distribué suivant une loi exponentielle, on calcule donc les nombres $x_i = -\frac{1}{\lambda}\,\mathrm{Log}(1-u_i)$ où les u_i, $i \geq 0$, sont une suite de nombres pseudo-aléatoires sur $(0, 1)$. □

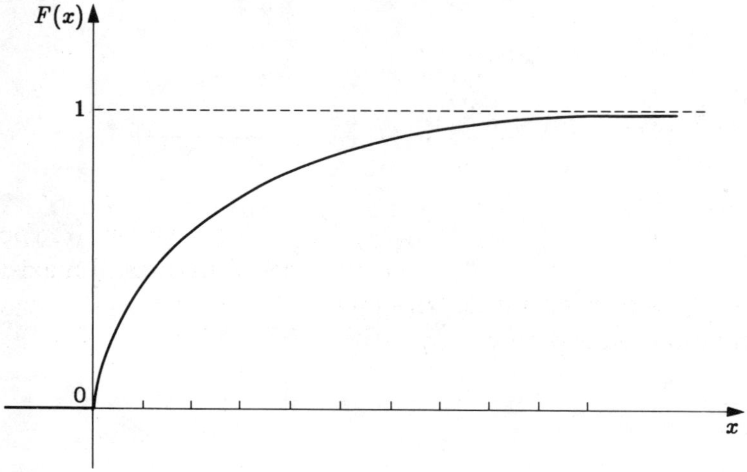

FIGURE 12.3.3

12.4 ANALYSE STATISTIQUE DES RÉSULTATS D'UNE SIMULATION

Dans un bon nombre d'études de simulation, beaucoup de temps et d'efforts sont consacrés au développement et à la programmation du modèle, mais l'analyse statistique des résultats est souvent négligée. En fait, l'approche la plus utilisée consiste à faire une passe unique du programme de simulation, dont la longueur a été déterminée de façon plutôt arbitraire, et de traiter les estimations ainsi obtenues comme étant les valeurs vraies des paramètres du système. Dans une simulation probabiliste, ces valeurs estimées sont des observations sur des variables aléatoires dont la variance peut être grande et peuvent donc être très différentes des vrais paramètres du système. Les conclusions tirées d'une simulation conduite de la façon décrite ci-dessus ont donc de bonnes chances d'être erronées. Pour pouvoir utiliser les résultats d'une simulation dans le processus de prise de décision, il est donc indispensable d'en faire une analyse statistique appropriée.

Une difficulté supplémentaire provient du fait que les résultats de l'analyse statistique classique se basent sur l'hypothèse d'observations indépendantes et de même loi. Or, les extrants de beaucoup de simulations forment un processus non stationnaire (la distribution des observations varie à travers le temps) et ayant une autocorrélation non nulle (les observations dépendent les unes des autres). Prenons, pour illustrer ces difficultés, l'exemple d'une file d'attente: si le i-ième client doit attendre longtemps dans la queue, il y a de fortes chances pour que les clients qui le suivent et ceux qui le précèdent doivent aussi attendre longtemps. Il est donc difficile d'analyser ces temps d'attente à l'aide des techniques statistiques classiques qui se basent sur l'hypothèse d'échantillons indépendants. Dans certaines situations, il n'existe pas de techniques permettant de faire une analyse correcte de l'extrant de la simulation; dans d'autres, les techniques existantes sont difficiles à mettre en oeuvre.

Étant donné que, dans une simulation, on cherche à effectuer des observations tout en réduisant le plus possible l'erreur d'échantillonnage, ce résultat pourrait théoriquement être obtenu:

- en faisant un très grand nombre d'expériences (longueur de la simulation) pour s'assurer d'avoir atteint un état de régime permanent; et
- en répétant la simulation avec des suites indépendantes de nombres aléatoires, chaque répétition constituant une observation.

En introduisant des suites indépendantes de nombres aléatoires, nous obtenons des observations indépendantes. L'erreur d'échantillonnage peut être réduite en prenant la moyenne de ces observations, puisque l'écart-type de la moyenne de n observations est égal à l'écart-type de chaque observation divisé par $\sqrt{n}$.

Bien que l'on puisse ainsi réduire l'erreur d'échantillonnage, il faut tenir compte du coût d'obtention de ces observations. En d'autres termes, bien qu'il soit désirable de réduire l'erreur d'échantillonnage, cet objectif ne doit pas être recherché à n'importe quel prix. Il est clair que l'augmentation de la durée d'une passe de simulation, afin d'atteindre le régime permanent, peut être très coûteuse car elle nécessite une utilisation non productive de temps d'ordinateur.

En pratique, on recueille les observations dans une simulation en tenant compte des deux facteurs suivants:

- on peut essentiellement contrôler le coût d'une simulation en réduisant la longueur des passes; et
- on peut réduire l'erreur d'échantillonnage à l'aide de techniques spécialement mises au point à cet effet.

Bien sûr, il n'existe pas de solution parfaite. Comme nous allons le voir par la suite, on peut réduire la longueur des passes soit en faisant des expériences en régime transitoire, soit, pour atteindre le régime permanent, en faisant des expériences dont les résultats sont corrélés. Dans cette section, nous allons d'abord illustrer les difficultés statistiques de la détermination d'un intervalle de confiance pour un paramètre du système. Puis nous donnerons certaines méthodes pour obtenir des observations "satisfaisantes" dans une simulation. Ensuite, nous illustrerons certaines techniques de réduction de l'erreur d'échantillonnage (réduction de la variance). Finalement, nous envisagerons l'effet des conditions initiales du système sur les résultats de la simulation.

12.4.1 Intervalles de confiance pour la moyenne de l'échantillon

Soient $X_1, X_2, \ldots, X_n$ des variables aléatoires représentant n observations sur l'un des paramètres d'une simulation. Posons:

$$\mu_i = E(X_i)$$

$$C_{ij} = E[(X_i - \mu_i)(X_j - \mu_j)]$$

$$C_{ii} = E[(X_i - \mu_i)^2] = \sigma_i^2$$

où μ_i est la moyenne de X_i, C_{ij} la covariance de X_i et X_j, et C_{ii} la variance de X_i.

On dira que les variables aléatoires $X_1, X_2, \ldots, X_n$ forment un *processus stationnaire du deuxième ordre*, si:

(i) $\mu_1 = \mu_2 = \cdots = \mu_n = \mu$, et

(ii) $C_{ij} = C_h$, pour tout i et j tels que $|i - j| = h$.

Remarquons que la condition (*ii*) implique en particulier que $C_{ii} = C_0 = \sigma^2$ pour tout i, $1 \leq i \leq n$. Représentons par $\overline{X}_n$ la moyenne des n observations $X_1, X_2, \ldots, X_n$; soit:

$$\overline{X}_n = \frac{1}{n}\sum_{i=1}^{n} X_i. \tag{12.4.1}$$

Nous démontrons d'abord le résultat suivant:

Théorème 12.4.1. *Si les variables aléatoires $X_1, X_2, \ldots, X_n$ forment un processus stationnaire du deuxième ordre, alors:*

$$E(\overline{X}_n) = \mu$$

et
$$\operatorname{Var}(\overline{X}_n) = \frac{1}{n}\Big(\sigma^2 + 2\sum_{i=1}^{n-1}(1 - \frac{i}{n})C_i\Big)$$

Démonstration. D'après (12.4.1), nous avons:

$$E(\overline{X}_n) = E\Big(\frac{1}{n}\sum_{i=1}^{n} X_i\Big) = \frac{1}{n}\sum_{i=1}^{n} E(X_i) = \frac{1}{n}\sum_{i=1}^{n}\mu = \mu.$$

De même:

$$\operatorname{Var}(\overline{X}_n) = E\Big[(\overline{X}_n - \mu)^2\Big] = E\Big[\Big(\frac{1}{n}\sum_{i=1}^{n}(X_i - \mu)\Big)^2\Big]$$

$$= \frac{1}{n^2}E\Big[\Big(\sum_{i=1}^{n}(X_i - \mu)\Big)^2\Big].$$

Soit, en développant le carré de cette dernière somme:

$$\operatorname{Var}(\overline{X}_n) = \frac{1}{n^2}E\Big[\sum_{i=1}^{n}(X_i - \mu)^2 + \sum_{i \neq j}(X_i - \mu)(X_j - \mu)\Big]$$

$$= \frac{1}{n^2}\Big[\sum_{i=1}^{n}\sigma_i^2 + 2\sum_{i<j} C_{ij}\Big]$$

$$= \frac{1}{n^2}\Big[n\sigma^2 + 2((n-1)C_1 + (n-2)C_2 + \cdots + C_{n-1})\Big]$$

$$= \frac{1}{n}\Big[\sigma^2 + 2\sum_{i=1}^{n-1}(1 - \frac{i}{n})C_i\Big]. \blacksquare$$

Remarquons qu'une suite de n variables aléatoires $X_1, X_2, \ldots, X_n$ indépendantes et de même loi forment un processus stationnaire du deuxième ordre tel que $C_i = 0$, quel que soit $i \geq 1$. On déduit du théorème 12.4.1 que, dans ce cas, $E(\overline{X}_n) = \mu$ et $\text{Var}(\overline{X}_n) = \sigma^2/n$. Par conséquent, puisque $E(\overline{X}_n) = \mu$, $\overline{X}_n$ est donc un estimateur sans biais de μ, et puisque $\text{Var}(\overline{X}_n) \to 0$ lorsque n tend vers l'infini, cet estimateur est convergent. De plus, le théorème central limite nous indique que, pour n suffisamment grand, la variable $\frac{\overline{X}_n - \mu}{\sigma/\sqrt{n}}$ suit approximativement une loi normale centrée réduite. Par conséquent, nous avons pour μ l'intervalle de confiance à $100(1-\alpha)\%$ suivant:

$$\overline{X}_n \pm z_{\alpha/2} \frac{\sigma}{\sqrt{n}} \tag{12.4.2}$$

où la valeur $z_{\alpha/2}$ est telle que si Z est une variable aléatoire normale centrée réduite, alors $P\{Z > z_{\alpha/2}\} = \alpha/2$. La longueur de l'intervalle de confiance est proportionnelle à $\sigma/\sqrt{n}$, la racine carrée de la variance de $\overline{X}_n$; pour garantir une certaine précision, il faudra donc s'assurer que $\text{Var}(\overline{X}_n)$ soit suffisamment petit.

Dans l'expression (12.4.2), la valeur exacte de σ n'est pas, en général, connue. On peut l'estimer à l'aide de la variance empirique sans biais:

$$S^2 = \frac{1}{n-1} \sum_{i=1}^{n} (X_i - \overline{X}_n)^2. \tag{12.4.3}$$

Dans le cas de variables $X_1, X_2, \ldots, X_n$ indépendantes et de même loi, on montre que S^2 est un estimateur sans biais et convergent de σ^2, et que lorsque n est suffisamment grand, la variable $\frac{\overline{X}_n - \mu}{S/\sqrt{n}}$ suit une loi de Student à $n-1$ degrés de liberté. Par conséquent, nous avons pour μ l'intervalle de confiance à $100(1-\alpha)\%$ suivant:

$$\overline{x}_n \pm t_{\alpha/2,\, n-1} \frac{s}{\sqrt{n}} \tag{12.4.4}$$

où $t_{\alpha/2,\, n-1}$ est tel que si la variable aléatoire T suit une loi de Student à $n-1$ degrés de liberté, alors $P\{T > t_{\alpha/2,\, n-1}\} = \alpha/2$.

Exemple 12.4.1. *Compagnie Union Morbide (suite)*
Revenons à la première simulation de 1 000 tirages dont les résul-

tats sont donnés dans l'exemple 12.1.3. Les mille expériences effectuées nous donnent mille observations indépendantes sur le profit quotidien de la compagnie, et nous avons pour la simulation n^{0}1: $\overline{x}_{1\,000} = 422{,}30$ dollars et $s = 222{,}40$ dollars. Étant donné que $t_{\alpha/2,\,999} \simeq t_{\alpha/2,\,\infty} = z_{\alpha/2}$, on en déduit l'intervalle de confiance à 95%:

$$\overline{x}_{1\,000} \pm z_{0,025} \frac{s}{\sqrt{1\,000}} = 422{,}30 \pm 1{,}96 \times \frac{222{,}40}{31{,}62}$$

où la valeur $z_{0,025}$ se lit dans la table de la fonction intégrale de la loi normale. Nous avons donc l'intervalle suivant pour le profit quotidien P:

$$408{,}52 \leq P \leq 436{,}08.$$

On peut préciser cet intervalle en tenant compte simultanément des 2000 tirages réalisés dans les deux simulations de l'exemple 12.1.3. L'espérance du profit est estimée par la moyenne des estimateurs obtenus pour chacune des simulations, soit $\overline{x}_{2\,000} = (422{,}30+414{,}80)/2 = 418{,}55$. On peut montrer que le carré de l'écart-type est égal à la demi-somme des carrés des écarts-types de chaque simulation, augmentée du quart du carré de la différence des espérances (voir problème 14); soit ici $s = 223{,}83$. On en déduit l'intervalle de confiance à 95% pour le profit quotidien déterminé à partir des 2 000 tirages:

$$\overline{x}_{2\,000} \pm z_{0,225} \frac{s}{\sqrt{2\,000}} = 418{,}55 \pm 1{,}96 \times \frac{223{,}83}{44{,}72},$$

soit:

$$408{,}74 \leq P \leq 428{,}36. \;\square$$

Malheureusement, comme nous l'avons souligné dans l'introduction de cette section, la plupart des simulations ne produisent pas des suites d'observations indépendantes. Supposons cependant que le processus $X_1, X_2, \ldots, X_n$ demeure un processus stationnaire du deuxième ordre: $\overline{X}_n$ est toujours un estimateur sans biais de μ, mais sa variance n'est plus égale à σ^2/n. La variance de $\overline{X}_n$ est donnée dans le théorème 12.4.1, soit:

$$\operatorname{Var}(\overline{X}_n) = \frac{1}{n}\Big(\sigma^2 + 2\sum_{i=1}^{n-1}(1 - \frac{i}{n})C_i\Big). \qquad (12.4.5)$$

Il en résulte que si les variables $X_1, X_2, \ldots, X_n$ sont corrélées positivement (c'est-à-dire que tous les C_i sont positifs), la variance de $\overline{X}_n$ est plus grande que σ^2/n.

De plus S^2, donné dans (12.4.3), n'est plus un estimateur sans biais de σ^2. En fait, nous avons le résultat suivant:

Théorème 12.4.2. *Soit $X_1, X_2, \ldots, X_n$ un processus stationnaire du deuxième ordre, et S^2 donné par (12.4.3), alors:*

$$E(S^2) = \sigma^2 - \frac{2}{n-1}\sum_{i-1}^{n-1}(1-\frac{i}{n})C_i. \qquad (12.4.6)$$

Démonstration. D'après (12.4.3), nous avons:

$$E(S^2) = E\Big[\frac{1}{n-1}\sum_{i=1}^{n}(X_i - \overline{X}_n)^2\Big].$$

On montre, à l'aide d'une petite manipulation algébrique, que:

$$\sum_{i=1}^{n}(X_i - \overline{X}_n)^2 = \sum_{i=1}^{n}(X_i - \mu)^2 - n(\overline{X}_n - \mu)^2.$$

Par conséquent:

$$E(S^2) = \frac{1}{n-1}E\Big[\sum_{i=1}^{n}(X_i - \mu)^2 - n(\overline{X}_n - \mu)^2\Big]$$

$$= \frac{1}{n-1}\Big[\sum_{i-1}^{n}\mathrm{Var}(X_i) - n\mathrm{Var}(\overline{X}_n)\Big].$$

En substituant pour $\mathrm{Var}(\overline{X}_n)$ sa valeur donnée par (12.4.5), il vient:

$$E(S^2) = \frac{1}{n-1}\Big[n\sigma^2 - \Big(\sigma^2 + 2\sum_{i=1}^{n-1}(1-\frac{i}{n})C_i\Big)\Big]$$

$$= \sigma^2 - \frac{2}{n-1}\sum_{i=1}^{n-1}(1-\frac{i}{n})C_i. \blacksquare$$

Par conséquent, si les variables aléatoires $X_1, X_2, \ldots, X_n$ sont corrélées positivement (ce qui se produit très souvent en pratique), $E(S^2) < \sigma^2$. De plus, d'après (12.4.5):

$$\operatorname{Var}(\overline{X}_n) = \frac{1}{n}\Big(\sigma^2 + 2\sum_{i=1}^{n-1}(1 - \frac{i}{n})C_i\Big) > \frac{\sigma^2}{n}\cdot$$

Nous avons donc la double inégalité suivante:

$$\operatorname{Var}(\overline{X}_n) > \frac{\sigma^2}{n} > \frac{E(S^2)}{n};$$

et en estimant $\operatorname{Var}(\overline{X}_n)$ par s^2/n, comme dans l'intervalle de confiance (12.4.4), nous ferions dans ce cas une double erreur: d'une part nous négligerions le biais de S^2 en tant qu'estimateur de σ^2 et, d'autre part, nous négligerions l'effet de la covariance des X_i sur la variance de $\overline{X}_n$.

Cette erreur est commise par la plupart des langages spécialisés de simulation. Ceux-ci, en effet, calculent automatiquement la valeur de S^2 et la donnent comme étant la valeur estimée de σ^2. Cette approximation peut être justifiée, notamment lorsque les C_i décroissent suffisamment vite lorsque i croît (on voit, d'après (12.4.6), que pour un échantillon de taille n suffisante, la différence entre $E(S^2)$ et σ^2 sera relativement faible). C'est le cas, par exemple, d'une file d'attente: les temps d'attente de deux clients consécutifs auront vraisemblablement une forte corrélation positive, tandis que les temps d'attente de deux clients séparés par une centaine d'autres seront relativement indépendants et leur corrélation sera pratiquement nulle. Cependant, même si les conditions décrites ci-dessus sont réalisées (et donc que le biais de S^2 en tant qu'estimateur de σ^2 est très petit), il n'est pas justifiable d'utiliser S^2/n pour estimer $\operatorname{Var}(\overline{X}_n)$ car la somme présente au deuxième terme de l'expression (12.4.5) n'est pas négligeable par rapport au premier terme (soit σ^2/n).

Un cas particulier pour lequel les conditions sur les C_i, qui sont nécessaires pour permettre de calculer un intervalle de confiance pour μ, sont satisfaites est donné dans le théorème 12.4.3.

Théorème 12.4.3. *Si dans un processus stationnaire du deuxième ordre, les covariances C_i sont telles qu'il existe un nombre a, $0 < a < 1$, tel que $C_i = C_0 a^i$, alors:*

(i) $\lim_{n\to\infty} n\text{Var}(\overline{X}_n) = C_0 + 2\sum_{i=1}^{\infty} C_i = m,$

(ii) $\lim_{n\to\infty} E(S^2) = \sigma^2.$

Démonstration. Nous étudions d'abord le terme $\sum_{i=1}^{n-1}(1-\frac{i}{n})C_i$ qui intervient dans l'expression (12.4.5) de la variance de $\overline{X}_n$, et dans l'expression (12.4.6) de l'espérance de S^2.

$$\sum_{i=1}^{n-1}(1-\frac{i}{n})C_i = C_0\sum_{i=1}^{n-1}(1-\frac{i}{n})a^i = C_0\Big(\sum_{i=1}^{n-1} a^i - \frac{1}{n}\sum_{i=1}^{n-1} ia^i\Big).$$

Nous avons les résultats bien connus pour la série géométrique:

$$\lim_{n\to\infty}\sum_{i=1}^{n-1} a^i = \frac{a}{1-a}$$

$$\lim_{n\to\infty}\sum_{i=1}^{n-1} ia^i = \frac{a}{(1-a)^2}$$

et, par conséquent:

$$\lim_{n\to\infty}\frac{1}{n}\sum_{i=1}^{n-1} ia^i = 0.$$

Il en résulte que:

$$\lim_{n\to\infty}\sum_{i=1}^{n-1}(1-\frac{i}{n})C_i = C_0\frac{a}{1-a} = \sum_{i=1}^{\infty} C_0 a^i = \sum_{i=1}^{\infty} C_i. \qquad (12.4.7)$$

Revenons maintenant à l'expression (12.4.5) de la variance de $\overline{X}_n$:

$$\lim_{n\to\infty} n\text{Var}(\overline{X}_n) = \lim_{n\to\infty}\Big(\sigma^2 + 2\sum_{i=1}^{n-1}(1-\frac{i}{n})C_i\Big)$$

$$= \sigma^2 + 2\sum_{i=1}^{\infty} C_i = C_0 + 2\sum_{i=1}^{\infty} C_i,$$

ce qui établit la partie *(i)* du théorème. De même, d'après l'expression (12.4.6) de l'espérance de S^2:

$$\lim_{n\to\infty} E(S^2) = \sigma^2 - \lim_{n\to\infty}\Big[\frac{2}{n-1}\sum_{i=1}^{n-1}(1-\frac{i}{n})C_i\Big];$$

cette dernière limite est nulle d'après (12.4.7), et par conséquent *(ii)* est vérifié. ∎

On voit donc que si les C_i décroissent exponentiellement, d'une part $\text{Var}(\overline{X}_n) \approx m/n$ pour n suffisamment grand, et d'autre part S^2 est un estimateur asymptotiquement sans biais de $C_0 = \sigma^2$. On peut, en estimant tous les C_i à l'aide de méthodes appropriées (voir à la fin de la section 12.4.2) déterminer un estimateur $\widehat{m}$ de m. Nous pouvons alors construire un intervalle de confiance pour μ de la forme de l'intervalle donné dans (12.4.4) où $\sqrt{\widehat{m}/n}$ remplace $S/\sqrt{n}$ comme estimateur de $\sqrt{\text{Var}(\overline{X}_n)}$.

On peut donner un exemple numérique qui illustre l'écart qui peut exister entre m et σ^2. Fishman (1978) a calculé que, dans le cas d'une file d'attente $(M/M/1)$ avec $\lambda = 4{,}5$ et $\mu = 5$ et où $\{X(t),\ t \geq 0\}$ représente le nombre de clients dans le système à l'instant t, $\sigma^2 = 90$ alors que $m = 6\,840$.

12.4.2 Cueillette des observations

Dans cette section, nous présentons trois méthodes utilisées pour engendrer des observations lors d'une simulation. Il existe d'autres méthodes (voir en particulier Pritsker et Pegden (1979)), mais les trois dont nous allons parler semblent être les plus utiles en pratique.

1. *La méthode des répétitions indépendantes*

Dans cette méthode, chaque observation est représentée par une passe de la simulation. Chaque passe est réalisée à partir des mêmes conditions initiales du système, mais avec des suites indépendantes de nombres aléatoires. x_i sera la valeur moyenne du paramètre à estimer lors de la i-ième passe, et notre estimateur sera égal à $\overline{x}_n = \frac{1}{n}\sum_{i=1}^{n} x_i$.

L'*avantage* principal de cette méthode est que les observations sont indépendantes. Par conséquent, nous pouvons utiliser l'intervalle de confiance (12.4.4) pour évaluer la précision de la valeur estimée. L'*inconvénient* majeur de la méthode est que chaque observation risque d'être fortement biaisée par les conditions initiales du système (régime transitoire). On pourrait amorcer chaque exécution de la simulation afin de commencer les expériences après avoir atteint un certain niveau d'équilibre. Un tel procédé risque d'augmenter considérablement le coût de la simulation.

2. *La méthode de la division en sous-intervalles*

Le but de la méthode est de réduire les effets du régime transitoire associés à la méthode des répétitions indépendantes. Elle propose de diviser une passe de la simulation en n sous-intervalles. Chaque sous-intervalle contient b expériences, et la valeur estimée x_i du paramètre observé est la moyenne des b valeurs obtenues dans le i-ième sous-intervalle. On traite ensuite l'estimateur $\overline{x}_n = \frac{1}{n}\sum_{i=1}^{n} x_i$ comme s'il avait été obtenu à l'aide d'observations indépendantes et de même loi.

Bien sûr, ce traitement n'est pas théoriquement correct. La covariance entre les résultats obtenus à la fin d'un sous-intervalle et au début de l'intervalle suivant n'est pas nulle. Cependant, si les sous-intervalles sont suffisamment longs (c'est-à-dire qu'ils contiennent un nombre d'expériences b suffisamment grand), l'hypothèse d'indépendance des observations est approximativement satisfaite. Il existe des méthodes permettant de choisir des valeurs de b telles que les observations aient une covariance très proche de zéro; mais, en pratique, ce choix est fait de façon plutôt arbitraire. On peut montrer que, en général, lorsque l'on est limité à une durée fixe de la simulation il est préférable d'avoir un bon nombre de sous-intervalles de longueur raisonnable, plutôt qu'un petit nombre de sous-intervalles de longue durée.

L'*avantage* principal de cette méthode, en plus de n'exiger qu'une seule passe de la simulation, est que les effets du régime transitoire disparaissent avec le temps, et les observations obtenues sont donc plus représentatives du système réel. Cependant, sur le plan des *désavantages*, la détermination de la valeur de b qui donne des observations relativement indépendantes est souvent complexe. Ainsi, en pratique, plutôt que de faire une décomposition en sous-intervalles ayant chacun un nombre fixe b d'événements, on découpera l'intervalle en sous-intervalles de *longueur* égale (mais ne contenant pas nécessairement le même nombre d'événements).

3. *La méthode des cycles*

Le but de cette méthode est de réduire les effets de la covariance entre observations résultant de la non-indépendance entre sous-intervalles consécutifs. La simulation est toujours divisée en sous-intervalles; cependant au lieu de choisir des sous-intervalles ayant un nombre fixe d'événements (soit b), on définira le début d'un nouvel intervalle (ou cycle) lorsque le système se trouve dans un certain état précisé d'avance. Par exemple, dans la simulation d'une file d'attente, on commencera un nouveau cycle à chaque fois que le nombre de clients présents dans le système tombe à zéro. Les observations ainsi obtenues sont indépendantes.

Cette méthode présente cependant un certain nombre de difficultés. D'abord les cycles sont de longueur aléatoire, et chaque observation est donc obtenue à partir d'un nombre aléatoire d'expériences. Cela complique l'obtention d'un estimateur pour le paramètre étudié. De plus, les cycles peuvent être relativement longs. Par conséquent, le nombre de sous-intervalles (observations) serait limité pour une simulation de longueur donnée. Un petit nombre de sous-intervalles aura des effets négatifs sur la précision de l'estimation obtenue.

En relation avec les méthodes ci-dessus, nous pouvons maintenant faire quelques commentaires sur l'estimation des covariances C_i introduites dans la section 12.4.1. Si on estime C_i par $\widehat{C}_i$ on voit, d'après le théorème 12.4.1, que:

$$\frac{1}{n}\Big[\widehat{C}_0 + 2\sum_{i=1}^{n-1}(1-\frac{i}{n})\widehat{C}_i\Big]$$

est un estimateur de $\mathrm{Var}(\overline{X}_n)$. On peut choisir:

$$\widehat{C}_i = \frac{1}{n}\sum_{k=1}^{n-i}(X_k - \overline{X}_n)(X_{k+i} - \overline{X}_n).$$

Parfois, si la valeur de $\widehat{C}_i$ est grande, donnant une variance estimée trop grande pour $\overline{X}_n$ (et donc un intervalle de confiance peu précis), on combinera cette méthode avec une méthode de sous-intervalles en estimant les covariances dans chaque sous-intervalle, puis en considérant les observations comme provenant d'intervalles indépendants.

12.4.3 Les méthodes de réduction de la variance

Nous avons vu que pour évaluer la précision des valeurs estimées des paramètres d'une simulation, il était indispensable d'estimer la variance de $\overline{X}_n$. Si cette variance est grande, les intervalles de confiance seront grands et les valeurs estimées manqueront de précision. On pourrait augmenter la précision en augmentant la longueur de la simulation; cependant le coût de la simulation augmenterait d'autant. Les méthodes de *réduction de la variance* permettent de réduire la variance de $\overline{X}_n$ à l'aide de manipulations des nombres aléatoires et de l'utilisation de relations entre les paramètres du modèle. Nous allons présenter deux de ces méthodes.

1. *La méthode antithétique*

La plus utilisée des méthodes de réduction de la variance, connue sous le nom de méthode antithétique (ou méthode des *nombres aléatoires complémentaires*), a été proposée par Tocher (1963). Elle est basée sur l'observation que si u est un nombre aléatoire dans $(0, 1)$, il en est de même de $1 - u$ (dit nombre aléatoire complémentaire). Le principe de la méthode antithétique est de faire une passe de la simulation avec la suite de nombres aléatoires $u_1, u_2, \ldots, u_k$, suivie d'une autre passe avec la suite complémentaire $1 - u_1, 1 - u_2, \ldots, 1 - u_k$. Soient X_i et X'_i les variables aléatoires associées avec la i-ième observation de chacune des deux passes. Les suites de variables aléatoires $\{X_i\}$ et $\{X'_i\}$ sont corrélées négativement car, en principe, lorsqu'une faible valeur x_i de X_i est obtenue, la suite complémentaire donnera une forte valeur x'_i de X'_i, et vice versa. Si l'on se souvient que, dans la démonstration du théorème 12.4.1, on a:

$$\mathrm{Var}(\overline{X}_n) = \frac{1}{n^2}\Big[\sum_{i=1}^{n} \mathrm{Var}(X_i) + 2\sum_{i<j} \mathrm{Cov}(X_i, X_j)\Big],$$

on voit qu'une corrélation négative entre observations va réduire la variance de $\overline{X}_n$ (c'est-à-dire l'erreur d'échantillonnage). Dans cette méthode on estime la moyenne de l'échantillon par:

$$\overline{Y}_n = \frac{1}{n}\sum_{i=1}^{n} Y_i = \frac{1}{n}\sum_{i=1}^{n} \frac{X_i + X'_i}{2};$$

ce qui montre que cela revient à utiliser un échantillon de $2n$ observations.

On peut aussi montrer de la façon suivante que la variable aléatoire $\overline{Y}_n$ a une variance plus petite que celle obtenue à l'aide d'un échantillon de $2n$ observations non corrélées. En effet, d'après (1.6.12):

$$\begin{aligned}\operatorname{Var}(\overline{Y}_n) &= \operatorname{Var}\left(\frac{\overline{X}_n + \overline{X}'_n}{2}\right) = \frac{1}{4}\operatorname{Var}(\overline{X}_n + \overline{X}'_n) \\ &= \frac{1}{4}[\operatorname{Var}(\overline{X}_n) + \operatorname{Var}(\overline{X}'_n)] + \frac{1}{2}\operatorname{Cov}(\overline{X}_n, \overline{X}'_n),\end{aligned}$$

et, puisqu'en principe $\operatorname{Cov}(\overline{X}_n, \overline{X}'_n) < 0$, il vient:

$$\operatorname{Var}(\overline{Y}_n) < \frac{1}{4}[\operatorname{Var}(\overline{X}_n) + \operatorname{Var}(\overline{X}'_n)].$$

Il résulte de cette inégalité que même dans le cas le plus défavorable, la variance de $\overline{Y}_n$ est inférieure à la moitié de la plus grande des variances de $\overline{X}_n$ et $\overline{X}'_n$.

Nous allons illustrer cette méthode à l'aide de l'exemple suivant.

Exemple 12.4.2. Considérons une file d'attente $(M/M/1)$ où les arrivées se produisent en moyenne toutes les 5 minutes ($\lambda = 1/5$), et où les services ont une durée moyenne de 4 minutes ($\mu = 1/4$). Pour ce modèle, nous savons que la longueur moyenne de la file d'attente L_Q et le temps moyen dans la queue W_Q ont les valeurs suivantes:

$$\begin{aligned}L_Q &= \frac{\lambda^2}{\mu(\mu - \lambda)} = 3{,}2 \text{ clients} \\ W_Q &= L_Q/\lambda = 16 \text{ minutes.}\end{aligned}$$

Simulons cette file d'attente à l'aide du langage spécialisé SLAM. Faisons d'abord dix répétitions indépendantes de la simulation de la file d'attente; chaque répétition a une durée de six heures (360 minutes) et on enregistre les observations après avoir amorcé la simulation pendant trois heures (180 minutes) au début de chaque passe (pour minimiser les effets du régime transitoire). Pour simuler les temps entre arrivées successives, on a utilisé une suite de nombres aléatoires $\{u_i\}$; et pour simuler les temps de service, on a pris une suite de nombres aléatoires $\{u'_i\}$ indépendante de la précédente. Nous avons ensuite répété les dix passes obtenues avec les suites complémentaires $\{1 - u_i\}$ et $\{1 - u'_i\}$. Définissons les paramètres suivants:

x_i = longueur moyenne de la queue dans la i-ième passe de la simulation;

x'_i = longueur moyenne de la queue dans la i-ième passe antithétique de la simulation;

w_i = temps moyen d'attente dans la queue pour la i-ième passe de la simulation; et

w'_i = temps moyen d'attente dans la queue pour la i-ième passe antithétique de la simulation.

Définissons $y_i = (x_i + x'_i)/2$ et $v_i = (w_i + w'_i)/2$. Les suites $y_1, \ldots, y_{10}$ et $v_1, \ldots, v_{10}$ sont des suites de dix observations indépendantes. Les résultats numériques des deux groupes de dix passes sont donnés dans la moitié supérieure du tableau 12.4.1.

Un examen rapide des résultats de ce tableau permet de voir que l'utilisation de la méthode antithétique a permis d'éliminer certaines valeurs extrêmes (petites ou grandes) de la liste des observations. Par exemple, la valeur $x_6 = 5{,}5517$ a pour valeur complémentaire $x'_6 = 1{,}1496$; et par conséquent nous retenons $y_6 = 3{,}3507$. Remarquons cependant que toutes les valeurs extrêmes n'ont pas été éliminées par ce procédé: nous avons ainsi $x_5 = 0{,}6205$ et $x'_5 = 0{,}9716$, ce qui donne $y_5 = 0{,}7961$.

Le résultat essentiel à retenir est, malgré tout, la réduction de la variance de la moyenne de l'échantillon. Pour permettre de faire une comparaison significative de la méthode antithétique avec des répétitions indépendantes de la simulation, nous avons fait dix répétitions indépendantes supplémentaires (puisque avec dix passes, la méthode antithétique correspond, du point de vue de la taille de l'échantillon, à vingt passes indépendantes). Les résultats de ces passes supplémentaires sont donnés dans la moitié inférieure du tableau 12.4.1. En comparant les variances (il s'agit de s^2, la variance empirique sans biais, divisée par la taille n de l'échantillon) des valeurs estimées, on remarque que, pour la longueur moyenne de la queue,

i	x_i	x'_i	y_i	w_i	w'_i	v_i
1	12,1948	4,7130	8,4539	55,3378	19,4276	37,3827
2	1,6369	2,4363	2,0366	8,1092	12,7728	10,4410
3	1,3258	1,3960	1,3609	6,4496	6,3884	6,4190
4	3,5298	4,1751	3,8525	16,5749	20,1298	18,3524
5	0,6205	0,9716	0,7961	3,2529	4,9970	4,1250
6	5,5517	1,1496	3,3507	22,8847	6,2077	14,5462
7	2,0837	2,8093	2,4465	11,3658	14,1777	12,7718
8	1,7364	1,8446	1,7905	10,0824	9,4865	9,7845
9	4,9972	2,1074	3,5523	20,5993	12,2364	16,4179
10	2,8583	5,2744	4,0664	12,5487	24,1370	18,3429
11	15,4249			54,9799		
12	3,4915			17,9562		
13	0,9759			4,9717		
14	3,0276			14,3414		
15	7,8885			34,0781		
16	2,3025			10,7187		
17	1,7459			8,4178		
18	7,6546			30,6185		
19	1,9837			9,3146		
20	1,4891			7,6580		
Moyenne	4,1260		3,1706	18,0130		14,8583
Variance	0,7695		0,4665	11,3355		8,5585

TABLEAU 12.4.1: SIMULATION D'UNE FILE D'ATTENTE

la méthode antithétique a permis de réduire la variance de 0,7695 à 0,4665 (une réduction de 40%). De même, pour le temps moyen d'attente dans la queue, la variance a été réduite de 11,3355 à 8,5585 (une réduction de 25%). □

L'observation X_i et son antithétique X_i' sont en général obtenues à partir des méthodes décrites dans la section 12.4.2. Dans la pratique, il est difficile d'évaluer comment la valeur de l'observation varie lorsque l'on remplace une suite de nombres aléatoires par sa suite antithétique. En effet, la relation entre le paramètre observé et les nombres aléatoires n'est pas toujours évidente. Donc la corrélation négative entre observations antithétiques qui est à la base de la réduction de la variance n'est pas toujours présente. Cette difficulté n'est pas aussi prononcée lorsque l'on utilise les méthodes des répétitions indépendantes ou de la division en sous-intervalles pour engendrer les observations. En effet, avec ces deux méthodes on peut déterminer X_i et X_i' avec des intervalles de longueur égale, ce qui permet souvent de conserver la corrélation négative. Par contre, dans la méthode des cycles, les suites antithétiques de nombres aléatoires vont probablement engendrer des cycles de longueurs distinctes pour observer X_i et X_i', et on risque de perdre l'effet de corrélation négative. Ces remarques soulignent les difficultés que l'on rencontre dans l'utilisation de ces méthodes. Il faut en tenir compte lorsque l'on utilise les techniques de réduction de la variance.

Il existe un certain nombre de variantes de la méthode antithétique. Page (1965) a proposé, pour simuler une file d'attente, d'échanger les suites de nombres aléatoires utilisées pour les arrivées et les services. On a montré expérimentalement que cette variante donne une plus grande réduction de la variance que la méthode antithétique de Tocher.

2. *La méthode des suites communes de nombres aléatoires*

Cette méthode, la plus simple des techniques de réduction de la variance, est utilisée lorsque l'on cherche à comparer plusieurs stratégies ou configurations d'un système. Dans un tel cas, il est souhaitable que l'échantillonnage demeure constant pour toutes les stratégies envisagées. Si c'est possible, alors les variations observées seront effectivement le résultat du changement de stratégie ou de configuration. La méthode exige que pour chaque source de variation aléatoire dans le modèle, on dispose d'une suite de nombres aléatoires que l'on peut reproduire d'une passe à l'autre.

La procédure introduit une corrélation positive entre deux passes de la simulation. Appelons $\overline{X}_n$ la variable aléatoire associée avec le paramètre à estimer lorsque l'on évalue une certaine stratégie, et $\overline{X}'_n$ la variable aléatoire associée avec le même paramètre lorsque l'on évalue une autre stratégie. La variance de la différence $\overline{X}_n - \overline{X}'_n$ est égale, en généralisant la relation (1.6.12), à:

$$\mathrm{Var}(\overline{X}_n - \overline{X}'_n) = \mathrm{Var}(\overline{X}_n) + \mathrm{Var}(\overline{X}'_n) - 2\mathrm{Cov}(\overline{X}_n, \overline{X}'_n).$$

Lorsque l'échantillonnage est fait au hasard (suites de nombres aléatoires indépendants), la covariance est nulle. Mais, lorsque l'on utilise une même suite de nombres aléatoires, on peut s'attendre à avoir une covariance positive. La variance de $\overline{X}_n - \overline{X}'_n$ est donc, en principe, inférieure pour une suite commune de nombres aléatoires qu'elle ne le serait pour des suites indépendantes.

Exemple 12.4.3. *Compagnie Union Morbide (suite)*
Dans l'exemple 12.1.3, nous avons estimé la valeur espérée du profit P lorsque la compagnie choisit de produire $k = 12$ lots par jour. L'échantillon utilisé correspondait à 1 000 journées de production. Dans l'exemple 12.4.1, nous avons déterminé des intervalles de confiance à 95% pour P.

Nous allons maintenant utiliser une simulation pour comparer la stratégie qui consiste à produire 12 lots par jour à celle qui consiste à produire 13 lots par jour. Pour cela, nous allons faire dix passes d'une simulation de 100 journées de production pour $k = 12$. Chaque passe sera répétée avec la même suite de nombres aléatoires pour $k = 13$. Comme dans l'exemple 12.1.3, la simulation a été faite à l'aide du langage spécialisé SLAM (nous avons utilisé la même suite de nombres aléatoires que dans l'exemple 12.3.1). Les résultats sont résumés dans le tableau 12.4.2 où l'on a représenté la valeur estimée du profit obtenue avec la stratégie $k = 12$ (resp. $k = 13$) à la passe n$^0 i$ par x_i (resp. x'_i).

Soient $\overline{x}_{10} = 422{,}30$ et $\overline{x}'_{10} = 412{,}30$ les valeurs moyennes des profits obtenus dans la simulation. Peut-on en conclure que la stratégie $k = 12$ est meilleure que la stratégie $k = 13$, en particulier puisque neuf des dix valeurs estimées du profit pour $k = 12$ sont supérieures aux

i	x_i $(k = 12)$	x'_i $(k = 13)$	$d_i = x_i - x'_i$
1	434	419	15
2	396	386	10
3	417	419	− 2
4	428	420	8
5	388	375	13
6	448	438	10
7	432	430	2
8	428	426	2
9	424	404	20
10	428	406	22
Moyenne	422,30	412,30	10,00
Variance	320,90	389,12	61,56

TABLEAU 12.4.2: COMPARAISON DE DEUX PLANS DE PRODUCTION

valeurs correspondantes pour $k = 13$? Si l'on suppose que les variables aléatoires $\overline{X}_{10}$ et $\overline{X}'_{10}$ proviennent d'échantillons indépendants, alors d'après ce qui précède:

$$\text{Var}(\overline{X}_{10} - \overline{X}'_{10}) = \text{Var}(\overline{X}_{10}) + \text{Var}(\overline{X}'_{10}) \simeq \frac{s^2 + s'^2}{10} = 71{,}002$$

où s^2 et s'^2 sont les variances empiriques sans biais données dans le tableau 12.4.2. L'intervalle de confiance à 95% pour la différence des profits $\overline{X}_{10} - \overline{X}'_{10}$ est donnée par:

$$\overline{x}_{10} - \overline{x}'_{10} \pm t_{0{,}025,\,18}\sqrt{71{,}002} = 422{,}30 - 412{,}30 \pm 2{,}101 \times 8{,}426\,,$$

soit:

$$-7{,}703 \leq \overline{X}_{10} - \overline{X}'_{10} \leq 27{,}703.$$

L'intervalle de confiance de la différence des deux moyennes a été obtenu en prenant une variable aléatoire de Student à 18 degrés de liberté (10 + 10 = 20 observations dans l'échantillon moins deux paramètres estimés). Cet intervalle contient la valeur zéro; il n'est donc pas possible de conclure sur cette base que la stratégie $k = 12$ est significativement meilleure que la stratégie $k = 13$.

Cependant les échantillons ne sont pas indépendants puisque la même suite de nombres aléatoires a été répétée. Il faut déterminer l'intervalle de confiance à partir des valeurs observées des différences d_i des profits. Pour la différence moyenne $\overline{d}_{10} = \overline{x}_{10} - \overline{x}'_{10}$, on obtient l'intervalle:

$$\overline{d}_{10} \pm t_{0{,}025,\,9} \frac{s_d}{\sqrt{10}} = 10 \pm 2{,}262 \frac{\sqrt{61{,}56}}{\sqrt{10}} = 10 \pm 5{,}612$$

où s_d^2 est la variance empirique sans biais donnée dans le tableau 12.4.2, et où on a utilisé une variable aléatoire de Student à 9 degrés de liberté.

L'intervalle de confiance à 95% est donc:

$$4{,}388 \le \overline{X}_{10} - \overline{X}'_{10} \le 15{,}612,$$

ce qui, cette fois-ci, permet de conclure avec une probabilité d'erreur inférieure à 5% que la stratégie $k = 12$ est meilleure que la stratégie $k = 13$.

Remarquons, pour terminer cet exemple, que la variance de la moyenne de la différence des profits qui était égale à 71,002 dans le cas d'observations indépendantes a été réduite à 61,56/10 = 6,156 dans le cas d'observations corrélées. Il s'agit là d'une réduction de la variance de 91%. □

12.4.4 Le choix des conditions initiales

Le choix des conditions initiales du système dans une simulation peut affecter les valeurs estimées des paramètres du modèle. Par exemple, pour simuler une file d'attente on peut partir d'un système vide à l'instant initial, ou on peut partir d'un système avec quelques personnes en attente pour avoir, dès le départ, des conditions représentatives de l'état "normal" du système.

Le choix des conditions initiales dépend de la nature du système étudié. Pour illustrer ce choix, prenons d'abord l'exemple d'un salon de coiffure où le patron est seul pour servir les clients. Lorsqu'il ouvre chaque matin, le salon est vide; à la fin de la journée, il ferme la porte pour empêcher l'arrivée de nouveaux clients, mais il servira tous ceux arrivés avant l'heure de la fermeture. Nous avons donc des journées successives indépendantes; le système est dans un état transitoire qui évolue au cours de la journée. Pour simuler un tel système, on fera n exécutions indépendantes d'une simulation de huit heures (si le salon est ouvert sans interruption de 10 à 18 heures), et pour chaque exécution, le système sera initialement vide.

Considérons maintenant le cas d'un atelier de réparations mécaniques: les employés travaillent également huit heures par jour, mais les réparations en attente à l'heure de la fermeture seront reportées au lendemain. Tout se passe donc comme si le système opérait de façon continue pendant une durée indéfinie. Un tel système finira par atteindre un certain régime permanent, et c'est cet état que l'on cherche à simuler. Si l'on connaît la loi de l'évolution du système (soit à l'aide d'un modèle analytique, soit par observation directe), on peut choisir les conditions initiales de la simulation en prenant un échantillon sur la distribution de l'état de régime permanent. Remarquons cependant que, si la distribution de l'état de régime permanent est déjà connue, il n'y a pas vraiment de raison de vouloir simuler le système! De plus, cette distribution va changer lorsque l'on fait varier les paramètres du modèle. Comme nous l'avons déjà vu, il faut, dans ce cas, amorcer la simulation pendant un certain temps afin que le système puisse atteindre le régime permanent. Pendant cette période transitoire, aucune statistique n'est enregistrée. Pour déterminer la longueur de cette période transitoire, on peut faire une passe préliminaire de la simulation et observer à quel moment les valeurs estimées des paramètres du système commencent à se stabiliser. Remarquons à nouveau que, si l'on doit faire n répétitions indépendantes de la simulation, ce processus peut être coûteux puisqu'il nécessite l'utilisation de temps d'ordinateur non productif.

12.5 LES LANGAGES SPÉCIALISÉS

Il est relativement facile pour un analyste d'écrire un programme de simulation à l'aide des langages de programmation classiques: FOR-

TRAN, PASCAL, PL/1, etc. Les trois éléments suivants sont communs à tout programme de simulation.

1. *Une horloge*

Puisque le but recherché est de simuler l'évolution d'un système dans le temps, il est essentiel dans tout programme de simulation d'avoir un mécanisme représentant le temps. Ce mécanisme est appelé une horloge, et il peut être conçu de deux façons différentes suivant que l'on choisit l'une ou l'autre des deux approches principales à la simulation: l'*approche événement* et l'*approche activité*.

Lorsqu'on utilise l'approche activité (une activité est un processus qui provoque un changement d'état dans un système), l'horloge est avancée par intervalles de temps constants (e.g. secondes, minutes, etc.) et le système est examiné au début de chacun de ces intervalles pour voir s'il y a des activités à exécuter. En d'autres termes, au début de chaque intervalle (unité) de temps, on vérifie si toutes les conditions requises pour qu'une activité soit exécutée sont remplies. Si elles le sont, on exécute l'action correspondante. Sinon, on augmente l'horloge d'une unité et on recommence. Une telle horloge est relativement inefficace car des changements ne se produisent pas dans le système à chaque unité de temps, et dans ces conditions l'ordinateur travaille pour rien.

Dans l'approche événement, l'horloge est avancée jusqu'au moment où l'événement le plus proche se produit. Par conséquent, on doit garder une liste chronologique des événements contenant le moment auquel ils doivent se produire et les changements d'état associés. Lorsqu'on change d'état, un nouvel événement est engendré qui doit à son tour être placé sur la liste. Les événements passés sont enlevés de cette liste.

2. *Un générateur de nombres aléatoires*

Nous avons vu dans la section 12.3 certains problèmes reliés à la génération de nombres aléatoires. Il est préférable d'avoir accès à de nombreuses suites de nombres aléatoires afin de faciliter l'analyse et l'interprétation des résultats de la simulation.

3. *Des structures de données*

Les durées des nombreuses activités et des processus associés aux simulations discrètes sont rarement de nature déterministe. On simule ces durées à l'aide de distributions de probabilité. Nous avons vu dans la section 12.3 un certain nombre de méthodes pour construire des échantillons d'une loi donnée.

Bien qu'aucun des trois éléments ci-dessus ne présente de difficulté conceptuelle majeure, la popularité croissante de la simulation en tant qu'outil d'analyse et de prise de décision a fait qu'un assez grand nombre de langages spécialisés qui les incorporent a été introduit depuis quelques années. Ces langages sont relativement concis et permettent d'écrire des programmes de simulation relativement facilement. De plus, le déroulement de la simulation dans le temps, la génération de nombres aléatoires et la collecte des statistiques se font automatiquement (ainsi qu'un certain nombre d'autres fonctions de la simulation). Cela permet à l'utilisateur de se consacrer à la structure du modèle de simulation plutôt qu'aux détails techniques de la programmation.

Les langages spécialisés peuvent se diviser en trois catégories suivant l'approche qui a été choisie.

A. *Les langages orientés vers la description du modèle*

Ces langages permettent de décrire les processus (suite d'opérations) du système tel qu'on peut les observer. Pour simuler une file d'attente, par exemple, il faudra faire arriver les clients dans le système, leur faire attendre leur tour, les faire servir et les faire sortir du système. Pour programmer ces quatre opérations, sept commandes suffisent avec GPSS, quatre seulement avec SLAM. Ces langages sont généralement faciles à apprendre et peuvent être utilisés par des non-spécialistes. Parmi ces langages, les plus populaires sont GPSS (Greenberg (1972)), SIMULA (Hills (1973)), Q-GERT (Pritsker (1977)).

B. *Les langages orientés vers la description des événements*

Pour écrire un programme de simulation dans un tel langage, il faut utiliser des sous-routines comme on le ferait dans un programme FORTRAN. Pour simuler une file d'attente, on devra spécifier en détail, entre autres événements, ce qui se passe chaque fois qu'un nouveau client se présente dans le système et chaque fois qu'un service se termine. La sous-routine correspondant aux arrivées serait, en gros, de la forme suivante:

- *déterminer l'instant de l'arrivée suivante;*
- *si le serveur est occupé, le nombre de clients en attente est augmenté d'une unité;*
- *si le serveur est libre, il devient occupé; déterminer l'instant de fin de service.*

Tandis que la sous-routine à utiliser à chaque fin de service aurait la forme suivante:

- *si le nombre de clients en attente est plus grand que zéro, le nombre de clients en attente diminue d'une unité; déterminer l'instant de fin du service suivant;*
- *s'il n'y a aucun client en attente, le serveur devient libre.*

Ces langages ont un certain nombre de sous-routines et de fonctions pré-programmées qui facilitent leur utilisation. Cependant, ils sont en général plus complexes que les langages qui décrivent le modèle. En contrepartie, ils sont plus flexibles que les précédents et se prêtent à une plus grande variété d'applications. Parmi les langages de ce type, on trouve GASP II et SIMSCRIPT (Markovitz *et al.* (1963)).

C. *Les langages de simulation continue*

Dans la section 12.2.3, nous avons introduit brièvement les simulations en temps continu. Les langages spécialisés dans ce type de simulation possèdent des sous-routines qui permettent l'intégration numérique des équations différentielles. Ils sont principalement utilisés lorsque l'on cherche à modéliser le comportement de systèmes économiques, ou à concevoir de nouveaux équipements. Aucun de ces langages – parmi lesquels on trouve DYNAMO, MIMIC, SL/1 – n'a atteint la popularité de GPSS ou de SIMSCRIPT.

Il n'est pas toujours possible de classer un langage spécialisé dans l'une des catégories citées ci-dessus. Certains d'entre eux, comme par exemple GASP IV (Pritsker (1974)), et SLAM (1972), ont les caractéristiques de deux, ou même des trois catégories. Ils permettent aussi d'incorporer des sous-routines en FORTRAN pour augmenter la flexibilité du langage.

12.5.1 Les langages les plus usuels

Dans cette section, nous allons décrire brièvement les avantages et les inconvénients de cinq des langages de simulation les plus fréquemment utilisés. Ces langages sont GASP, SIMSCRIPT, GPSS, SIMULA et IFPS. Le lecteur intéressé par une comparaison plus détaillée de ces langages pourra se référer à Kay (1972) ou Sargent (1979). On remarquera que le domaine de la simulation est en pleine évolution; la fréquence d'apparition de nouveaux produits sur le marché, depuis les années soixante, est très élevée.

1. GASP

La première version de GASP – langage orienté vers la description des événements – a été créée par Philip Kiviat de la compagnie U.S. Steel en 1967. Une deuxième version, GASP II, fut développée à Arizona State University en 1969 par Philip Kiviat et Alan Pritsker. Cette version n'était pas encore un langage très complet, mais elle contenait une vingtaine de sous-routines FORTRAN permettant la manipulation de l'horloge de la simulation, la génération de nombres et variables aléatoires, et la collecte et l'impression de statistiques sur la simulation.

GASP II étant orienté vers la description des événements est donc un langage très flexible de par l'étendue de ses applications. Son avantage principal est sa simplicité et l'excellente documentation qui accompagne ses sous-routines, rendant le langage particulièrement facile à utiliser.

GASP II a eu de nombreux descendants:

- GASP IV (Pritsker (1974)) peut être utilisé pour des simulations discrètes, des simulations continues, ou toute combinaison de ces deux types.
- Q-GERT (Pritsker (1977)) permet de faire des simulations après avoir modélisé le système sous forme de réseau.
- SLAM (Pritsker *et al.* (1979)) est le dernier et le plus général des langages de cette famille. C'est un langage dont la popularité s'accroît rapidement.

2. SIMSCRIPT

La première version de SIMSCRIPT – un autre langage orienté vers la description des événements – a été mise au point en 1963 par Markowitz *et al.* à la RAND Corporation. SIMSCRIPT I nécessitait un traducteur pour passer du code de simulation au FORTRAN; il fallait ensuite compiler et assembler le programme. La version I.5 du langage permit d'éliminer la phase de traduction en fournissant directement des équivalents en langage machine pour les commandes SIMSCRIPT I.5. Les versions les plus récentes du langage, SIMSCRIPT II (Kiviat *et al.* (1969)) et SIMSCRIPT II.5, sont des langages de simulation complets dont la structure comprend cinq niveaux:

- un langage de programmation de base qui permet d'initier un débutant aux principes de programmation constitue le premier niveau;
- un langage de programmation dont la puissance est comparable à celle de FORTRAN constitue le deuxième niveau;
- un langage de programmation de niveau supérieur dont la puissance est comparable à celle de l'ALGOL ou de PL/1 constitue le troisième niveau;
- le quatrième niveau contient toutes les structures de données de SIMSCRIPT;
- le cinquième niveau est le langage de simulation proprement dit, avec une horloge, des générateurs de nombres et variables aléatoires, et les sous-routines pour produire des rapports statistiques sur la simulation.

Ce langage qui, comme GASP, est orienté vers la description des événements est donc à la fois flexible et puissant. Cependant, l'inconvénient majeur de SIMSCRIPT provient de sa syntaxe qui porte à confusion en essayant d'être très libre. Chaque nouvelle version du langage contient, pour des raisons de compatibilité, la version précédente. Cela nuit à l'uniformité du langage et ajoute à la confusion. Ce problème est aggravé par des manuels peu clairs et relativement difficiles à lire.

3. GPSS

La première version de ce langage (General Purpose Simulation System) fut développée dans les laboratoires de Bell Telephone avec la collaboration de la société IBM par l'équipe de G. Gordon. Depuis, il y a eu de nombreuses versions de ce langage dont les plus récentes sont GPSS/360 et GPSS V (IBM (1971)). Ce langage connaît une grande popularité, d'autant plus qu'IBM a continué à lui apporter beaucoup de soutien.

GPSS est un langage complet orienté vers la description du système. Il est particulièrement bien adapté à la simulation des files d'attente; cette spécialisation le rend d'ailleurs moins pratique pour d'autres types de simulation. Son avantage principal est sa grande simplicité: un programme écrit en GPSS est facile à lire, même sans grande connaissance des techniques de programmation. En contrepartie, GPSS présente un certain nombre d'inconvénients:

- seule la dernière version (GPSS V) permet d'incorporer des sous-routines en FORTRAN à un programme de simulation;
- toute l'arithmétique de la simulation se fait en nombres entiers; GPSS tronque toutes les décimales dans les nombres entiers. De même, l'horloge avance par accroissements entiers, ce qui fait que certaines précautions doivent être prises pour le traitement d'événements simultanés;
- toutes les fonctions (en particulier, les fonctions de répartition) doivent être saisies dans le programme point par point sous formes de tableaux (x, y). Cela rend très lourde la génération de valeurs d'une variable aléatoire ayant une loi donnée, et entraîne des erreurs d'interpolation pour les valeurs ne se trouvant pas dans le tableau.

4. SIMULA

Le langage de simulation SIMULA a été développé au Centre de calcul norvégien à partir de 1963. Il est construit à partir du langage de programmation ALGOL 60. C'est un langage orienté vers la description du système qui a connu, comme beaucoup d'autres, de nombreuses versions. La plus récente, SIMULA 67, date de 1970.

C'est un langage complexe et difficile à utiliser qui connaît une certaine popularité en Europe, mais qui est peu utilisé en Amérique du Nord. Pour remédier à la difficulté du langage, une version annexe – DEMOS – de type GPSS a été développée par Birtwhistle (1979).

La combinaison SIMULA + DEMOS donne un langage clair et précis qui, cependant, n'a pas toujours toute la flexibilité désirable.

5. IFPS

Ce langage de simulation (Interactive Financial Planning System) a été développé par Execucom System Corporation en vue de la planification financière de l'entreprise. Il sert surtout à faire des simulations de nature déterministe et des analyses post-optimales.

12.5.2 Simulation à l'aide de GPSS

Pour terminer ce chapitre, revenons à l'exemple 12.2.3 où l'on a fait manuellement une simulation de la file d'attente dans une banque. Nous allons simuler, à l'aide du langage GPSS, cette file d'attente pendant une durée de 600 heures. Nous en profiterons pour illustrer l'écriture d'un programme GPSS et l'interprétation des rapports statistiques.

Rappelons que cette banque possède un guichet unique (station simple) où les clients sont servis dans leur ordre d'arrivée. Soit T la variable aléatoire représentant la durée d'attente entre arrivées successives; T prend les valeurs $T = t$ minutes avec les probabilités suivantes:

$$P\{T = 2\} = 0{,}4 \qquad P\{T = 4\} = 0{,}5 \qquad P\{T = 6\} = 0{,}1.$$

Il en résulte pour T la fonction de répartition suivante:

$$P\{T \leq t\} = \begin{cases} 0 & \text{si } t < 2, \\ 0{,}4 & \text{si } 2 \leq t < 4, \\ 0{,}9 & \text{si } 4 \leq t < 6, \\ 1 & \text{si } t \geq 6. \end{cases}$$

La durée d'attente est représentée par une fonction (FUNCTION) des nombres aléatoires engendrés par le générateur numéro 1 (RN1). Cette fonction est discrète et déterminée par trois points (D3); ces trois points sont les points représentatifs de la fonction de répartition inverse F^{-1}, soit (0,4 , 2), (0,9 , 4) et $(1, 6)$. La partie correspondante du programme GPSS est:

```
ARR FUNCTION RN1,D3
.4,2/.9,4/1,6
```

où ARR est une étiquette permettant d'identifier la fonction correspondant aux durées d'attente.

Si l'on représente par S la variable aléatoire associée avec la durée du service, rappelons que $S = s$ minutes avec les probabilités suivantes:

$$P\{S = 1\} = 0{,}5 \qquad P\{S = 5\} = 0{,}5.$$

Il en résulte pour S la fonction de répartition suivante:

$$P\{S \leq s\} = \begin{cases} 0 & \text{si } s < 1, \\ 0{,}5 & \text{si } 1 \leq s < 5, \\ 1 & \text{si } s \geq 5. \end{cases}$$

La partie correspondante du programme est:

```
SER FUNCTION RN2,D2
.5,1/1,5
```

Nous avons déjà mentionné que GPSS est un langage orienté vers la description du système. L'action se déroule en général en différentes étapes. Dans GPSS, chacune de ces étapes fera l'objet d'une instruction dans le programme et sera représentée par un *bloc*.

L'examen de la figure 12.5.1 va nous permettre d'illustrer le concept de bloc. Remarquons d'abord que la première ligne du programme définit ce que l'on appelle le champ d'opérande (colonnes 19 à 71), qui se divise en champs A, B, C, D, E, F et G; le premier blanc rencontré dans ce champ est considéré comme la fin de l'instruction GPSS. Ensuite la première commande de tout programme GPSS est SIMULATE; de même la dernière commande est END. Après SIMULATE, nous avons quatre définitions:

- RMULT initialise les générateurs de nombres aléatoires RN1 et RN2 avec les valeurs initiales 453 et 721 respectivement;
- QTABLE produit un tableau de statistiques par intervalles sur les temps d'attente dans la queue. Les opérandes sont les suivantes:
  champ A: le nom de la file d'attente dont on va tabuler les valeurs des temps d'attente (ici FILE);

```
BLOCK
NUMBER  *LOC   OPERATION   A,B,C,D,E,F,G,H,I
               SIMULATE
               RMULT       453,721
          1    QTABLE      FILE,0,1,25
        ARR    FUNCTION    RN1,D3
       0.4,2/0.9,4/1.0,6
        SER    FUNCTION    RN2,D2
       0.5,1/1.0,5
       *
       *
  1            GENERATE    FN$ARR
  2            QUEUE       FILE
  3            SEIZE       SERV
  4            DEPART      FILE
  5            ADVANCE     FN$SER
  6            RELEASE     SERV
  7            TERMINATE
       *
       *
  8            GENERATE    3600
  9            TERMINATE   1
               START       2,NP
               RESET
               START       10
               END
```

FIGURE 12.5.1: UN PROGRAMME EN GPSS

champ B: limite supérieure du premier intervalle (ici zéro, les valeurs égales à zéro du temps d'attente tombent dans l'intervalle dont la limite supérieure est zéro);
champ C: largeur des intervalles (ici chaque intervalle correspond à une durée de une minute);
champ D: nombre d'intervalles (ici 25, soit les intervalles $(-\infty, 0],]0,1], \cdots,]22,23],]23,\infty)$).

- les deux définitions des fonctions ARR et SER associées respectivement avec les lois des durées d'attente et des temps de service.

Les blocs numérotés de 1 à 7 décrivent le flot des transactions à travers le système:

1. Le bloc GENERATE permet de créer des transactions. Ici il utilise la fonction ARR pour créer des transactions (arrivées) toutes les 2, 4 ou 6 minutes selon la loi donnée.
2. Le bloc QUEUE est le point d'entrée dans la file d'attente FILE; son but est de délivrer des statistiques relatives à la file d'attente.

3. Le bloc SEIZE contrôle l'accès de la station simple de service SERV. La transaction est arrêtée si SERV n'est pas libre. SEIZE ne laisse passer qu'une seule transaction à la fois.
4. Le bloc DEPART s'assure qu'une fois la transaction prise en charge par la station simple, elle quitte bien la file d'attente FILE. En particulier, il met à jour les statistiques relatives à la file d'attente.
5. Le bloc ADVANCE simule l'occupation de la station simple de service selon la loi donnée par la fonction SER. En fait, le bloc arrête le progrès de la transaction jusqu'à ce que l'horloge de la simulation soit avancée d'une valeur calculée à partir de SER.
6. Le bloc RELEASE permet de libérer la transaction de la station simple SERV.
7. Le bloc TERMINATE permet à la transaction de quitter le système.

Pour finir, les deux blocs suivants ainsi que les cartes de contrôle START et RESET font que la simulation dure 600 heures (dix fois le temps de base de 60 heures ou 3 600 minutes), après une période initiale de 120 heures (2 fois le temps de base) où aucune statistique n'est enregistrée (NP). Le lecteur qui souhaite plus de détails sur GPSS pourra consulter l'excellent livre de Schriber (1974).

L'extrant de notre simulation est donné en figure 12.5.2. On y lit d'abord la valeur de l'horloge relative (temps écoulé depuis le dernier RESET, c'est-à-dire ici depuis la fin de la période initiale de la simulation) et de l'horloge absolue (temps écoulé depuis le tout début de la simulation). Dans notre simulation, l'horloge absolue est de 43 200 minutes, alors que l'horloge relative est de 36 000 minutes (600 heures). On y trouve ensuite le décompte du nombre de transactions dans chaque bloc. La simulation s'est terminée alors qu'aucune transaction ne reste dans le système (colonne CURRENT). Il y a un total de 10 556 transactions pour chacun des blocs 1 à 5, et 10 557 pour les blocs 6 et 7. Cette différence d'une unité s'explique par le fait que, lorsque la période initiale de la simulation s'est terminée et que toutes les statistiques ont été remises à zéro, il y avait une transaction dans le système qui venait de terminer sa période de service, et donc de passer dans le bloc 6.

Le reste de l'extrant donne des statistiques associées à la station simple (FACILITY) et à la file d'attente (QUEUE). La station simple SERV a été utilisée 88,1% du temps, et la durée moyenne de service était de 3,004 minutes. De même, la longueur moyenne de la file d'attente FILE était de 1,657 clients (transactions), alors que sa longueur maximale a été de 13 clients; de plus 2 481 clients (23,5% de l'ensemble) n'ont pas attendu du tout. Le temps d'attente moyen dans la queue était de 5,651 minutes, alors que le temps moyen d'attente des clients autres que ceux dont l'attente était nulle a été 7,387 minutes. Finalement le tableau TABLE 1 de la figure 12.5.2 donne la distribution des temps d'attente dans FILE en utilisant les intervalles spécifiés dans QTABLE.

```
RELATIVE CLOCK         36000  ABSOLUTE CLOCK         43200
BLOCK COUNTS
BLOCK CURRENT      TOTAL    BLOCK CURRENT     TOTAL     BLOCK CURRENT     TOTAL     BLOCK CURRENT     TOTAL
    1       0      10556
    2       0      10556
    3       0      10556
    4       0      10556
    5       0      10556
    6       0      10557
    7       0      10557
    8       0         10
    9       0         10


                  ****************************************
                  *                                      *
                  *              FACILITIES              *
                  *                                      *
                  ****************************************


                                          -AVERAGE  UTILIZATION  DURING-
FACILITY        NUMBER        AVERAGE       TOTAL    AVAIL.   UNAVAIL.      CURRENT       PERCENT
               ENTRIES       TIME/TRAN      TIME      TIME      TIME        STATUS      AVAILABILITY
    SERV        10557          3.004        .881                                           100.0


                  ****************************************
                  *                                      *
                  *                QUEUES                *
                  *                                      *
                  ****************************************


QUEUE       MAXIMUM     AVERAGE     TOTAL      ZERO     PERCENT     AVERAGE     $AVERAGE     TABLE
           CONTENTS    CONTENTS    ENTRIES    ENTRIES    ZEROS     TIME/TRANS  TIME/TRANS   NUMBER
    FILE         13       1.657      10556       2481     23.5         5.651       7.387         1
 $AVERAGE TIME/TRANS = AVERAGE TIME/TRANS EXCLUDING ZERO ENTRIES
```

FIGURE 12.5.2: EXTRANT DU PROGRAMME EN GPSS

```
                 ****************************************
                 *                                      *
                 *               TABLES                 *
                 *                                      *
                 ****************************************

TABLE    1
ENTRIES IN TABLE        MEAN ARGUMENT        STANDARD DEVIATION        SUM OF ARGUMENTS
      10556                   5.651                      6.441              59657.000          NON-WEIGHTED

     UPPER      OBSERVED      PER CENT      CUMULATIVE      CUMULATIVE      MULTIPLE      DEVIATION
     LIMIT     FREQUENCY      OF TOTAL      PERCENTAGE       REMAINDER       OF MEAN      FROM MEAN
         0          2481         23.50            23.5            76.4         -.000          -.877
         1           992          9.39            32.9            67.0          .176          -.722
         2           664          6.29            39.1            60.8          .353          -.566
         3          1014          9.60            48.7            51.2          .530          -.411
         4           725          6.86            55.6            44.3          .707          -.256
         5           585          5.54            61.2            38.7          .884          -.101
         6           581          5.50            66.7            33.2         1.061           .054
         7           487          4.61            71.3            28.6         1.238           .209
         8           443          4.19            75.5            24.4         1.415           .364
         9           391          3.70            79.2            20.7         1.592           .519
        10           311          2.94            82.1            17.8         1.769           .675
        11           304          2.87            85.0            14.9         1.946           .830
        12           263          2.49            87.5            12.4         2.123           .985
        13           186          1.76            89.3            10.6         2.300          1.140
        14           174          1.64            90.9             9.0         2.477          1.296
        15           148          1.40            92.3             7.6         2.654          1.451
        16           128          1.21            93.5             6.4         2.831          1.606
        17           111          1.05            94.6             5.3         3.008          1.761
        18            84           .79            95.4             4.5         3.185          1.917
        19            69           .65            96.0             3.9         3.361          2.072
        20            50           .47            96.5             3.4         3.538          2.227
        21            49           .46            97.0             2.9         3.715          2.382
        22            40           .37            97.3             2.6         3.892          2.538
        23            30           .28            97.6             2.3         4.069          2.693
  OVERFLOW           246          2.33           100.0              .0
  AVERAGE VALUE OF OVERFLOW      30.36
```

FIGURE 12.5.2: EXTRANT DU PROGRAMME EN GPSS (SUITE)

PROBLÈMES

1. La probabilité que, dans un groupe de m personnes ($m \leq 365$), deux au moins d'entre elles aient leur anniversaire le même jour est:

$$1 - \binom{365}{m} \frac{m!}{365^m}.$$

(a) Retrouver le résultat ci-dessus à l'aide de vos connaissances de base en probabilité.
(b) On considère un groupe de 25 personnes. Supposons que nous disposions d'un calendrier avec une page pour chaque jour de l'année. Expliquer comment utiliser ce calendrier pour estimer la probabilité qu'au moins deux de ces 25 personnes aient leur anniversaire le même jour. Comment s'y prendrait-on si, maintenant, on disposait d'une table de nombres aléatoires? Expliquer la démarche *sans* effectuer la simulation.

2. La succession des jours de pluie et des jours de beau temps est régie par les probabilités suivantes:
- la probabilité qu'il pleuve demain est 0,8 s'il pleut aujourd'hui, et
- la probabilité qu'il fasse beau demain est 0,9 s'il fait beau aujourd'hui.

A l'aide des nombres aléatoires de la première colonne du tableau 12.1.1, simuler l'évolution du temps pour les trente prochains jours sachant qu'il pleut aujourd'hui.

3. Un atelier fabrique des meubles à bon marché. A la fin de chaque jour, un meuble est dans l'un des quatre états suivants: en construction, en réparation, fini ou rejeté. Le tableau des probabilités de changement d'état d'un jour à l'autre est donné ci-dessous.

DE↓ A→	Réparation	Fini	Rejeté
Construction	0,2	0,7	0,1
Réparation	0,1	0,6	0,3

Simuler la fabrication de quatre meubles, en indiquant les transitions d'un jour à l'autre, jusqu'à ce que ces quatre meubles soient finis ou rejetés. On utilisera la suite de nombre aléatoires suivante: 10, 34, 70, 09, 96, 42, 10, 44 (il se peut que vous n'ayez pas besoin de tous les nombres de cette suite).

4. Dans une banque, il y a deux guichets ayant chacun une caissière. Les clients forment une file d'attente unique devant les deux guichets. Ils sont servis dans l'ordre d'arrivée dès qu'une caissière est libre. Dans une simulation, on a obtenu les instants d'arrivée et les durées des services des huit premiers clients (en minutes) donnés ci-dessous.

Client numéro	1	2	3	4	5	6	7	8
Instant d'arrivée	2	7	7	8	10	14	17	20
Durée de service	1	11	4	1	6	4	2	1

(a) Calculer le temps moyen d'attente dans la queue pour ces huit clients.
(b) Calculer le nombre moyen de clients dans le système (la banque) pendant les 20 premières minutes de la simulation.

5. Une compagnie qui se spécialise dans le remplacement des pots d'échappement va ouvrir une succursale dans une petite ville. La direction de la compagnie doit décider si cette succursale aura un ou deux postes de service. Elle dispose des informations suivantes sur les variables aléatoires S et A qui représentent respectivement la durée de service (exprimée en périodes de 15 minutes chacune) et le nombre de voitures arrivant par période.

$$P\{S=1\}=0{,}2\,,\qquad P\{S=2\}=0{,}6\,,\qquad P\{S=3\}=0{,}2\,,$$

$$P\{A=0\}=0{,}6\,,\qquad P\{A=1\}=0{,}3\,,\qquad P\{A=2\}=0{,}1\,.$$

On suppose que les voitures arrivant pendant une période donnée arrivent au début de la période en question.
(a) Simuler pendant huit heures (correspondant à une journée de

travail) la succursale avec un seul poste de service; puis recommencer avec deux postes de service. On utilisera les nombres aléatoires du tableau 12.1.1: on prendra la première colonne pour les durées de service et la dernière pour le nombre d'arrivées. Pour chacune de ces deux possibilités, évaluer:

- le temps d'attente moyen dans la queue;
- le temps d'attente maximum dans la queue;
- le nombre moyen de voitures dans la queue;
- le nombre maximum de voitures dans la queue;
- le nombre moyen d'heures pendant lequel chacun des postes de service est libre.

(b) Les valeurs estimées ci-dessus sont-elles suffisamment significatives pour pouvoir choisir entre les deux possibilités?

(c) Pour comparer ces deux possibilités, est-il préférable de se servir de la même série d'arrivées dans les deux cas, ou de prendre deux séries d'arrivées indépendantes, mais de même loi?

6. Dans une usine de produits chimiques, les rotations sont de dix jours de travail consécutifs en alternance avec six jours de repos. Lorsqu'il arrive au début d'une période de travail (de dix jours), chaque ouvrier reçoit un bleu de travail neuf pour protéger ses vêtements. A la fin de chaque journée, les bleus qui sont trop abîmés par les produits chimiques sont jetés et remplacés par un bleu de travail neuf. A la fin de la dixième journée de travail, on jette tous les bleus usagés, sans tenir compte de leur état (remarquons que cette politique implique que des bleus encore utilisables seront jetés prématurément). L'expérience montre que la loi de la "durée de vie" D (en journées de travail) d'un bleu est donnée par:

$$P\{D=1\}=0{,}35\,, \qquad P\{D=2\}=0{,}35\,,$$
$$P\{D=3\}=0{,}25\,, \qquad P\{D=4\}=0{,}05.$$

Remarquons que cette loi a été obtenue à l'aide de données historiques sur les bleus de travail qui n'ont pas été jetés prématurément à la fin d'une période de travail de dix jours.

(a) On désire faire une simulation de ce système afin de déterminer le nombre moyen de bleus utilisés par ouvrier pendant une rotation de dix jours. Expliquer comment réaliser cette simulation.

Faire la simulation pour un ouvrier et une période de dix jours à l'aide des nombres aléatoires suivants: 08, 91, 38, 62, 15, 48, 79, 86 (vous n'aurez pas nécessairement besoin de tous les nombres de cette suite).

(b) L'espérance $E(D)$ de la variable aléatoire D, calculée à partir de la loi ci-dessus, est égale à 2. A la place de la politique actuelle de remplacement des bleus, on propose de les remplacer systématiquement tous les deux jours. Chaque ouvrier utiliserait donc cinq bleus par rotation. Pensez-vous que cette nouvelle politique de remplacement réduirait le nombre moyen de bleus utilisés par période? Justifier votre réponse.

7. Une chaîne de production est composée de deux postes de travail. La fabrication d'une pièce nécessite qu'elle passe dans l'ordre au poste n°1, puis au poste n°2. A chaque poste, le traitement appliqué à chaque pièce dure 5,5 minutes en moyenne. Cependant, le contremaître a remarqué que la production horaire de la chaîne est bien inférieure à la moyenne prévue de 10,9 pièces (60/5,5).

Une étude fut entreprise pour déterminer les causes de ce ralentissement dans la production. Les éléments suivants furent déterminés:

- la durée d'attente A entre les arrivées de deux pièces consécutives au poste n°1 peut être de 4, 5, 6 ou 7 minutes avec les probabilités suivantes:

$$P\{A=4\}=0{,}2\,, \qquad P\{A=5\}=0{,}3\,,$$

$$P\{A=6\}=0{,}3\,, \qquad P\{A=7\}=0{,}2\,;$$

- la durée S_1 du traitement au premier poste peut être de 4, 5, 6 ou 7 minutes avec probabilités égales;
- la durée S_2 du traitement au deuxième poste peut être de 4, 5, 6 ou 7 minutes avec les probabilités suivantes:

$$P\{S_2=4\}=0{,}1\,, \qquad P\{S_2=5\}=0{,}4\,,$$

$$P\{S_2=6\}=0{,}4\,, \qquad P\{S_2=7\}=0{,}1\,.$$

L'étude a également montré que, comme il n'existe pas d'espace-tampon entre les deux postes de travail, les pièces ne partent du premier poste que si le deuxième est libre. Il arrive donc que le premier poste soit bloqué par une pièce déjà traitée à ce poste mais attendant que le deuxième poste devienne libre.

Simuler, à l'aide des nombres aléatoires du tableau 12.1.1 (on commencera par prendre les 58 nombres aléatoires de la première colonne du tableau suivis, si nécessaire, de ceux de la deuxième colonne, etc.), le mouvement de 20 pièces à travers ce système. Estimer les paramètres suivants:

- le temps moyen d'attente devant le premier poste;
- la longueur moyenne de la file d'attente devant le premier poste (rappelons qu'il n'y a pas de file d'attente devant le deuxième poste);
- l'utilisation moyenne de chacun des deux postes (rapport du temps d'utilisation au temps total);
- la proportion de temps où le premier poste est bloqué (par une pièce dont le service est terminé à ce poste, mais qui ne peut pas avancer car le deuxième poste est occupé);
- la production horaire moyenne (nombre moyen de pièces passant à travers le système par heure).

Que pouvez-vous suggérer pour améliorer la performance de cette chaîne de production? Testez vos suggestions en répétant la simulation ci-dessus.

8. Dans le problème précédent, la file d'attente n'a pas d'état d'équilibre car le paramètre d'intensité du trafic ρ est égal à 1. En effet, les variables aléatoires A et S_1 (et d'ailleurs S_2) ont la même espérance égale à 5,5 minutes. Afin d'observer l'évolution de ce système dans le temps, écrire un programme de simulation à l'aide d'un langage de votre choix. Définir les paramètres de la simulation de façon à recueillir des statistiques sur le système toutes les 550 minutes, pour une durée totale de 5 500 minutes (vous aurez donc des statistiques sur les 550 premières minutes, puis sur les 1 100 premières minutes, etc.).

Décrivez l'évolution avec le temps des statistiques suivantes:

- la longueur moyenne de la file d'attente devant le premier poste de travail;
- la longueur maximum de cette même file d'attente;

- le temps moyen d'attente dans la queue;
- la proportion de temps où le premier poste est bloqué.

9. Revenons au problème de la société DUPONT et DUPONT Inc. (problème 7 du chapitre 3). Cette société vient de se voir octroyer un contrat pour la construction d'un pont sur la rivière des Outaouais. Ce pont peut être construit en 12 mois en utilisant les techniques traditionnelles à un coût mensuel de 15 millions de dollars; on peut également utiliser des techniques nouvelles pour suspendre le pont à partir des deux rives.

Une analyse plus poussée des délais et des coûts qui pourraient résulter de l'utilisation de cette nouvelle technique a montré que l'étude de la composition des sols et celle de la résistance des matériaux nécessitent, indépendamment l'une de l'autre, un temps de réalisation qui est uniformément distribué entre 4 et 8 mois. De plus, DUPONT et DUPONT avait antérieurement estimé à 2 millions de dollars par mois le coût de l'étude sur la composition des sols, et à 8 millions de dollars par mois le coût de l'étude sur la résistance des matériaux. Les estimations les plus récentes tendent à montrer que le coût *mensuel* de l'étude sur la composition des sols admet la fonction de répartition $F(x)$, où x est exprimé en millions de dollars:

$$F(x) = \begin{cases} 0 & \text{si } x \leq 1{,}8\,, \\ \dfrac{x - 1{,}8}{0{,}4} & \text{si } 1{,}8 < x \leq 2\,, \\ \dfrac{x - 1{,}6}{0{,}8} & \text{si } 2 < x \leq 2{,}4\,, \\ 1 & \text{si } 2{,}4 < x. \end{cases}$$

De façon semblable, le coût *mensuel* de l'étude de résistance des matériaux admet la fonction de répartition $G(x)$:

$$G(x) = \begin{cases} 0 & \text{si } x \leq 7{,}2\,, \\ \dfrac{x - 7{,}2}{1{,}6} & \text{si } 7{,}2 < x \leq 8\,, \\ \dfrac{x - 6{,}4}{3{,}2} & \text{si } 8 < x \leq 9{,}6\,, \\ 1 & \text{si } 9{,}6 < x. \end{cases}$$

Les autres contraintes et conditions du problème 7 du chapitre 3 demeurent toujours valables.

(a) Modifier l'arbre de décision construit dans la partie (a) du problème 7 du chapitre 3 en tenant compte des nouvelles données (ne pas évaluer les coûts et les probabilités des noeuds aléatoires continus).

(b) Plutôt que d'aborder la résolution de ce problème à l'aide de la théorie de la décision, vous allez simuler une réalisation possible du projet. A l'aide des nombres aléatoires à 3 chiffres du tableau 12.1.1, comparer le coût associé avec chacune des stratégies décrites dans l'arbre que vous avez construit dans la question (a). Sur la base de cette expérience, quelle est la meilleure stratégie?

(c) Que faudrait-il faire pour pouvoir identifier une stratégie optimale?

(d) DUPONT et DUPONT considère demander que le délai de construction de 18 mois soit rallongé. Comment pourriez-vous évaluer la valeur d'une extension de un mois? de deux mois?

10. L'intervalle de temps qui sépare l'arrivée de deux camions livrant du bois à l'usine E.B. FREDDY suit une loi de probabilité continue dont la fonction de répartition est donnée par:

$$F(x) = \begin{cases} 0 & \text{si } x \leq 0, \\ \dfrac{\sqrt{x}}{2} & \text{si } 0 < x \leq 4, \\ 1 & \text{si } 4 < x. \end{cases}$$

Supposons que l'on utilise un générateur de nombres aléatoires pour engendrer un échantillon d'une variable aléatoire ayant la loi ci-dessus. Les cinq premiers nombres aléatoires obtenus sont les suivants:

0,781 0,219 0,609 0,406 0,750

Trouver les intervalles de temps entre arrivées de camions correspondant à ces nombres aléatoires.

11. Dans une banque, la durée du service à la caisse est une variable aléatoire exponentielle dont la moyenne est de 3 minutes. Afin de simuler trois services consécutifs, on prend des nombres aléatoires.

Les trois premiers nombres obtenus sont:

$$0{,}275 \qquad 0{,}831 \qquad 0{,}442.$$

Calculer la durée du service correspondant à chacun de ces trois nombres aléatoires.

12. Considérons le générateur congruentiel de nombres pseudo-aléatoires suivants:

$$z_{i+1} \equiv 13z_i + 5 \pmod{256}.$$

Calculer dix nombres pseudo-aléatoires distribués uniformément entre 0 et 1 à partir de la valeur initiale $z_0 = 51$.

13. A l'aide du langage spécialisé SLAM, nous avons simulé sept files d'attente $(M/M/1)$ pendant 500 unités de temps chacune. Pour chacune des simulations, nous avons estimé les paramètres suivants:

- $1 - p_0$ le facteur moyen d'utilisation du serveur (rapport du temps pendant lequel le serveur est occupé au temps total);
- ℓ_Q la longueur moyenne de la queue;
- w_Q le temps d'attente moyen dans la queue.

Le tableau suivant résume les estimations obtenues ainsi que les valeurs du temps moyen entre arrivées $(1/\lambda)$ et de la durée moyenne de service $(1/\mu)$ pour chacune des sept files d'attente.

FILE NO.	$1/\lambda$	$1/\mu$	$1 - p_0$	ℓ_Q	w_Q
1	0,25	0,15	0,59	0,74	0,21
2	0,50	0,25	0,48	0,39	0,24
3	1,50	0,50	0,33	0,14	0,26
4	1,00	0,75	0,73	2,14	2,05
5	0,45	0,40	0,88	6,19	2,98
6	4,00	0,50	0,13	0,019	0,08
7	0,80	0,20	0,27	0,10	0,05

Soit $\rho = \lambda/\mu$ le rapport de la durée moyenne de service au temps moyen entre arrivées.
(a) Pouvez-vous identifier une relation entre la valeur estimée de ρ et la valeur estimée du facteur moyen d'utilisation du serveur? Et entre la valeur de ρ et la longueur moyenne de la queue? Tracer un graphique pour illustrer vos conclusions.
(b) Pouvez-vous également identifier une relation entre ρ et le temps d'attente moyen dans la queue? Expliquer le pourquoi de votre réponse.

14. Vous venez d'effectuer deux passes d'un modèle de simulation. On peut supposer que l'on a obtenu des observations indépendantes pour l'un des paramètres du modèle. Les résultats statistiques sont les suivants:

		Simulation n^{0}1	Simulation n^{0}2
Moyenne	:	$\overline{x}_1 = 3{,}94$	$\overline{x}_2 = 4{,}16$
Écart-type	:	$s_1 = 1{,}47$	$s_2 = 1{,}82$
Nombre d'observations:		$n_1 = 46$	$n_2 = 52$

(a) Expliquer brièvement pourquoi l'on obtient des résultats différents alors que l'on estime le même paramètre dans chacune des deux simulations.
(b) A l'aide des $46 + 52 = 98$ observations des deux échantillons réunis, estimer la valeur de la moyenne du paramètre.
(c) A l'aide des 98 observations des deux simulations mises ensemble, estimer la valeur de l'écart-type du paramètre.

15. Soit une file d'attente $(M/M/1)$ où le temps moyen entre arrivées successives est égal à une minute et la durée moyenne d'un service est égale à 0,8 minute (soit 48 secondes). Écrire, avec le langage de votre choix, un programme pour simuler cette file d'attente. Faire quatre passes de ce programme en choisissant les suites de nombres aléatoires de la façon suivante:

- passe n^{0}1: prendre la suite de nombres aléatoires n^{0}1 pour les arrivées (il s'agit là d'une suite quelconque fournie par le

générateur de nombres aléatoires), et la suite n^{0}2 pour les services (il s'agit là d'une suite indépendante de la précédente);
- passe n^{0}2: prendre la suite n^{0}1 pour les arrivées, et la suite complémentaire (ou antithétique) de la suite n^{0}2 pour les services;
- passe n^{0}3: prendre la suite complémentaire de la suite n^{0}1 pour les arrivées, et la suite complémentaire de la suite n^{0}2 pour les services;
- passe n^{0}4: prendre la suite n^{0}1 pour les arrivées, et la suite n^{0}3 (indépendante des deux premières) pour les services.

Chaque passe de la simulation comprendra dix sous-intervalles d'une durée de une heure chacun. Soient X_k^i le nombre moyen de clients dans le système pour le k-ième sous-intervalle de la passe numéro i, et $\overline{X}_i$ la valeur moyenne des X_k^i pour les dix sous-intervalles de la passe numéro i, soit:

$$\overline{X}_i = \frac{1}{10}\sum_{k=1}^{10} X_k^i, \qquad i = 1, 2, 3, 4.$$

(a) Soient $\overline{Z}_1 = (\overline{X}_1 + \overline{X}_2)/2$ et $\overline{Z}_2 = (\overline{X}_1 + \overline{X}_3)/2$. Estimer $\text{Var}(\overline{Z}_1)$ et $\text{Var}(\overline{Z}_2)$, et comparer ces deux variances.
(b) Estimer $\text{Var}(\overline{X}_1 - \overline{X}_2)$ et $\text{Var}(\overline{X}_1 - \overline{X}_4)$, et comparer ces deux variances.

LECTURES

LA RÉDUCTION D'EMBOUTEILLAGES DANS LA VOIE MARITIME DU SAINT-LAURENT*

Les responsables en recherche opérationnelle de l'Administration de la Voie maritime du Saint-Laurent ont mis au point un modèle de simulation du canal Welland. Grâce à ce modèle, ils ont pu planifier une série d'innovations et d'améliorations qui ont normalisé les opérations de cet important cours d'eau.

Le problème: le besoin d'améliorer la planification

La Voie maritime du Saint-Laurent dessert la navigation depuis Montréal (Québec) jusqu'aux Grands Lacs, à Duluth (Minnesota). Inauguré en 1959, le tronçon Saint-Laurent a été aménagé conjointement par le Canada et les États-Unis au coût d'environ un milliard de dollars. Ce sont l'Administration de la Voie maritime du Saint-Laurent et son homologue américain qui sont chargés du maintien d'un niveau efficient de service tout le long de ce réseau maritime.

Le canal Welland, qui constitue une partie intégrante de la Voie maritime, remonte d'une centaine de mètres le niveau des navires, du lac Ontario au lac Érié; huit écluses, de nombreux ponts et des passages restreints constituent un embouteillage qui entrave la libre circulation des navires à destination de la Voie maritime. Le canal Welland, dont les exigences de transit annuelles se chiffrent à près de 6 500 demandes et 77 millions de tonnes de fret, constitue une entrave majeure au trafic sur la Voie maritime.

En 1964 il arrivait souvent que plus de 20 navires mouillaient aux deux entrées du canal. Ces retards s'avérant coûteux, des armateurs ont exercé des pressions politiques et 26 millions de dollars ont été affectés à l'amélioration du canal. En 1967, le service avait atteint de nouveau un niveau raisonnable, même si la demande s'était accrue.

---

* Reproduit de *Réussites en Recherche Opérationnelle au Canada* (1984), avec la permission de la Société canadienne de recherche opérationnelle.

Cependant, puisque de nombreux cargos empruntant la Voie maritime ne pouvaient être acheminés autrement, il fut convenu de planifier un nouveau canal Welland dont le coût s'établirait à quelque 2 milliards de dollars. La mise en oeuvre de ce projet gigantesque s'étalerait sur au moins 10 ans et exigerait d'immenses accroissements en personnel. On a toutefois cessé les travaux de ce nouveau projet de canal vu que la planification s'orientait vers l'amélioration du présent canal.

Toutefois, les concepts à la base d'autres améliorations étaient morcelés et confus. Des slogans et des mythes sans fondement constituaient la base de nombreuses propositions et aboutissaient à de profonds désaccords quant à l'interprétation et au calcul des avantages du projet. Le critère général de comparaison des plus grands avantages portait sur la réduction du temps de transit des navires. Cependant, les sociétés maritimes encaissaient les profits tandis que la Voie maritime investissait les fonds, ce qui contribuait à embrouiller la prise de décision.

Personne ne voulait une répétition des congestions de 1964; la demande s'accroissait toujours alors qu'au début des années 70, les dirigeants de la Voie maritime s'inquiétaient de la confusion presque indescriptible qui régnait dans la planification de l'amélioration. L'Administration de la Voie maritime se demandait comment exécuter son mandat de maintenir un niveau rentable de service tout en retardant autant que possible cette immense dépense de 2 milliards de dollars pour un nouveau canal.

La solution: un modèle simulateur

En 1974, la gestion de la Voie maritime nommait un groupe dont la vocation serait de comprendre les éléments du réseau d'écluses et de cours d'eau qui constituent le canal Welland. Il s'agissait comme objectif de devancer la demande. Les facteurs ayant une influence sur le temps que les navires passent dans les écluses ont été identifiés dès 1975. Vu la complexité et l'ampleur de la tâche, on s'en est remis à la simulation par ordinateur, meilleur moyen d'établir les coordonnées du canal Welland.

Le personnel de la Voie maritime, au courant des ramifications du canal, mettait en oeuvre un modèle simulateur. On retenait les services de deux experts-conseils de l'extérieur, que l'on affectait aux problèmes d'aménagement du modèle. La simulation mettait l'accent sur la capacité physique du canal par rapport à sa capacité en tonnage, assujettie à de nombreux facteurs non inclus dans le modèle.

Il a suffi d'à peine 14 mois pour construire un modèle de simulation tout à fait valable. Le coût global de mise en oeuvre, y compris la rémunération interne et les frais de déplacement, s'élevait à 116 400 dollars, un montant très modeste par rapport à des projets comparables, surtout des projets où prédominaient des ressources extérieures.

Les résultats du modèle de simulation

La simulation visait d'abord à améliorer la compréhension du rendement du canal lors d'une demande de service très élevée. C'était le critère commun à toute discussion portant sur les besoins d'une capacité accrue et sur la comparaison d'options quant à la réalisation d'accroissements de capacité.

Étant donné la croyance traditionnelle selon laquelle la tendance à utiliser de plus gros navires avait un impact marqué sur la capacité, le réseau des écluses a été modifié en vue de tester cette hypothèse. On a conclu de l'étude que, devant des situations de lourde demande, il se trouvait là suffisamment de gros navires empruntant le canal pour ralentir constamment la circulation dans son ensemble, c'est-à-dire que la proportion de gros navires n'avait pas l'importance qu'on s'accordait à le dire.

Des données passées et futures de la navigation ont été examinées; on a regroupé les "tonnes par écluse" et les bornes de capacité d'éclusage simulé afin d'aboutir à des limites annuelles de capacité de cargaison. A la suite de l'analyse de ces calculs, on a pu facilement constater que le canal Welland avait depuis de nombreuses années fonctionné près de sa limite de capacité. En outre, on a extrapolé la demande en cargos pour conclure qu'elle augmente plus rapidement que la capacité et qu'elle dépasse celle-ci vers 1986.

La méthodologie de ce projet comble une lacune de vieille date dans le cadre des nombreux éléments épars et confus de la planification axée sur la capacité. On l'a acceptée d'emblée à titre de structure prévisible et évaluative. Devant les prévisions d'une pénurie inacceptable de capacité en 1986, l'attention s'est centrée sur l'urgence d'élaborer des plans spécifiques en vue d'accroître la capacité physique du canal. La direction a en outre réalisé que la projection était relativement insensible aux divers changements des hypothèses de base, sauf pour deux éléments particuliers auxquels on a dès lors porté attention. De même, l'étude a écarté l'inquiétude de toujours au sujet des conséquences défavorables des gros navires.

Un résultat de l'étude également important est le fait que la direction ne devait plus se limiter aux coûts opérationnels des navires pour rationaliser ses dépenses d'amélioration. Les avantages découlant de l'amélioration de la capacité devenaient plus clairs aux employés de la Voie maritime et on était en mesure de les interpréter comme des recettes accrues comparables directement aux coûts accrus de l'Administration. Par ailleurs, la simulation pouvait évaluer objectivement le nombre d'années pendant lesquelles une amélioration donnée retarderait le besoin d'un nouveau canal de 2 milliards de dollars.

Autres applications du modèle

Écluse 7. Au début des années 70, on croyait que l'écluse n^{0}7 était nettement la cause des embouteillages du canal Welland. On accordait la priorité à tout projet qui pourrait réduire le temps d'accès des navires à l'écluse. On se plaisait à croire qu'on devait dépenser 10 millions de dollars pour réaménager le mur d'approche et l'on prévoyait réduire ainsi le temps d'éclusage d'environ 10%.

On a utilisé le modèle pour mesurer l'impact de l'amélioration proposée de l'écluse n^{0}7, ce qui a démontré que la nature changeante et les nombreux embouteillages dans le canal ne donnaient pas aux navires un avantage marqué à cause de cette seule amélioration. On a reporté indéfiniment la mise en oeuvre de ce projet en attendant d'incorporer ce concept dans un programme d'améliorations plus étendu.

Bateaux remorqueurs. La simulation a également porté sur les "remorqueurs", c'est-à-dire des petits bateaux puissants qu'on pourrait attacher à des navires pour en accroître la manoeuvrabilité dans le canal. Afin d'évaluer cette option prioritaire, on a eu recours aux résultats de simulation pour planifier une série d'épreuves à l'occasion d'un projet sur place de 5 millions de dollars. Les épreuves importantes se sont terminées tôt à ces endroits. Malgré la fin prématurée des expériences et la rareté des données, les résultats des études exploratoires de simulation ont inspiré suffisamment de confiance pour passer à une deuxième phase plus coûteuse et de grande envergure des épreuves sur place. La simulation devait d'ailleurs s'avérer critique afin d'assurer que les épreuves limitées de deuxième phase portent sur les problèmes clés.

A la suite des épreuves sur place, on a utilisé le simulateur pour établir sans crainte que le nouveau concept du "remorqueur" était en mesure d'accroître la capacité jusqu'à 40%, c'est-à-dire assurer l'efficacité du canal Welland au-delà de l'an 2000. Ainsi, cette simulation permet à la direction supérieure de commencer à mesurer les conséquences administratives de recourir au concept de "remorquage".

L'alternative du remorquage. Cette étude du remorquage a mené à la recherche d'une solution de rechange valable. A partir de l'expérience collective des opérations du canal, simulées et réelles, une étude des embouteillages graves a débouché sur l'élaboration d'un programme d'améliorations conventionnelles du canal. Il semble qu'une amélioration de 16% de la capacité soit faisable à un coût moindre que le concept plus élaboré de remorquage. On a abordé une étude, au moyen du simulateur, en vue d'établir l'importance relative de chacune des composantes de la proposition de rechange et en vue de produire une ferme estimation d'ensemble de la capacité.

Chenaux étroits. Les travaux exploratoires de simulation de remorquage montrent qu'une grande partie du potentiel est axée sur le retrait des restrictions intéressant les navires qui se rencontrent dans certains chenaux étroits. Une nouvelle étude de simulation, portant sur la possibilité de profiter de ce potentiel grâce à l'élargissement conventionnel, dévoile trois facteurs favorables:

- on pourrait élargir le chenal au coût estimatif de 8 millions de dollars;
- un chenal élargi pourrait accroître la capacité d'éclusage de 4%; et,
- une capacité accrue d'amélioration de 2% serait possible grâce à de nouvelles règles de circulation.

L'amélioration citée en deuxième, à elle seule, équivaut à une somme additionnelle de 3 millions de dollars de recettes annuelles et l'on estime qu'elle retarderait de deux ans la pénurie inacceptable de capacité.

Frais de péage. Finalement, l'efficacité du simulateur revêt un autre volet. On a imposé des frais de péage surtout en raison du tonnage des cargos alors que les navires légers passaient à peu de frais. Or, imprégnée des travaux de simulation sur la capacité, l'Administration tient maintenant pour acquis le fait qu'en réalité le canal Welland est doté d'un réseau relativement fixe d'écluses. Par conséquent, le recours aux "frais d'éclusage" a été proposé comme faisant partie d'une révision des barèmes de péage.

Conclusion

L'Administration de la Voie maritime du Saint-Laurent se sert de la simulation par ordinateur pour remplir son mandat d'assurer un niveau de service efficient aux usagers du canal Welland. Les professionnels de la recherche opérationnelle jouent des rôles importants au chapitre de la planification de l'Administration de la Voie maritime et ils ont contribué à maintenir la réputation mondiale de transport maritime dont jouit cette voie étendue du Saint-Laurent.

SIMULATION INTERACTIVE DES COURS DE TRIAGE POUR L'EXPLOITATION, LA PLANIFICATION ET LA FORMATION*

Le Canadien National a recours à la simulation interactive pour guider les directeurs de manoeuvre dans l'exploitation des triages. La simulation permet également d'analyser les courants de trafic ainsi que les règles d'exploitation applicables dans de telles installations.

Introduction

Le Canadien National (CN), l'une des grandes entreprises de transport ferroviaire d'Amérique du Nord, enregistre chaque année des recettes se chiffrant à quelque quatre milliards de dollars. A titre de société de la couronne, le CN a pour tâche d'assurer des services efficaces de transport de marchandises à travers le Canada – tâche considérable si l'on tient compte des dimensions du pays.

C'est généralement dans les cours de triage que se produisent les embouteillages qui freinent l'acheminement des marchandises du point d'expédition au point de destination. La vie d'un wagon se répartit à peu près de la manière suivante: 15% en circulation sur la voie ferrée, 23% en stationnement chez le client et 62% dans les cours de triage. Réduire ce temps d'immobilisation dans les cours permettrait non seulement de réaliser des économies substantielles en ce qui concerne la taille de la flotte de wagons et l'extension des installations, mais également d'améliorer les services à la clientèle.

L'équipe de Recherche opérationnelle du CN a travaillé en collaboration étroite avec le Service d'exploitation pour mettre au point un modèle de simulation interactif reproduisant les activités d'un triage, afin d'en étudier et d'en améliorer l'exploitation.

Le problème: les cours de triage

Les cours de triage sont avant tout de gigantesques centres de tri qui classent, par destination, les wagons sur les trains d'arrivées et

---

* Reproduit de *Réussites en Recherche Opérationnelle au Canada* (1984), avec la permission de la Société canadienne de recherche opérationnelle.

qui les retiennent jusqu'à ce qu'ils partent sur des trains de départ. Les dimensions des triages sont variables, pouvant aller de quelques voies jusqu'à plus de 300 km de voies dans les centres importants où l'on traite de deux à trois mille wagons par jour. Il faut à un wagon en moyenne un jour pour passer dans une cour de triage. S'il doit passer dans plusieurs triages entre son point d'origine et son point de destination, il peut subir des retards considérables.

Le traitement des wagons dans une cour de triage se fait en plusieurs étapes. D'abord le train qui arrive est stationné sur une voie de réception. Il est alors inspecté et les wagons à réparer où à nettoyer sont marqués pour être retirés du convoi. Ensuite le train attend le tri proprement dit et l'acheminement des wagons sur les différentes voies de triage. Dans les petites gares le triage "en palier" est effectué par une locomotive; dans les grandes gares, on fait intervenir la gravité: les trains sont poussés jusqu'à une "bosse" ou "butte" d'où les wagons descendent librement sur la voie appropriée. Un système de freins de voie et un ordinateur industriel permettent aux wagons d'atteindre la bonne voie à une vitesse sécuritaire. Une fois que les wagons ont été regroupés et que l'heure prévue pour le départ du train est arrivée, des locomotives les acheminent vers les voies de départ. On effectue une dernière inspection et le convoi se met en marche.

Ce qui rend difficile l'analyse de l'exploitation d'un triage, c'est l'ampleur, la complexité et l'interaction de toutes ces opérations. Parmi les questions à résoudre figurent celles-ci:

- Quels sont les éléments les plus importants influençant le rendement d'un triage, et comment peut-on les diriger?
- Quel est le meilleur ordre de triage des wagons?
- D'après quels critères doit-on choisir les voies de triage?
- Quel est le meilleur horaire de départ des trains?
- De quelle façon un triage peut-il absorber les augmentations ou les diminutions de volume de trafic?

La solution: la simulation sur ordinateur

Le Service d'exploitation du CN reconnaît depuis longtemps la nécessité d'étudier et d'améliorer les triages. Il y a quelques années, une équipe de mesure du rendement a été chargée d'observer l'équipe de gestion locale et de l'aider à améliorer l'exploitation du triage. Bien qu'on était en mesure d'étudier la situation, on était dans l'impossibilité d'expérimenter de nouveaux principes d'exploitation. C'est alors qu'on a consulté l'équipe de Recherche opérationnelle et qu'on a pu, après une étude de faisabilité, recommander la création d'un modèle de simulation sur ordinateur reproduisant les activités d'une cour de triage.

La première phase comprenait une étude sur la situation générale des chemins de fer d'Amérique du Nord. La plupart des cours de triage à "bosses" ont été construites entre les années cinquante et soixante. Elles ont été évaluées à l'aide de simulations manuelles qui mobilisaient habituellement une bonne dizaine d'analystes pendant plusieurs mois. Il s'agissait d'une longue entreprise: la simulation exigeait plus de temps que les opérations réelles. En conséquence, on ne pouvait simuler plus d'un jour ou deux d'activités et on ne pouvait étudier que quelques solutions possibles. La tâche était difficile en ce qui concernait la conception d'une cour de triage et impossible pour ce qui était d'une analyse continue de leurs activités. Toutefois, elle permit de jeter les fondations d'une structure de simulation solide et largement acceptée.

Les chemins de fer faisaient déjà appel à la simulation sur ordinateur pour étudier la capacité des voies, mais en examinant les documents, on s'aperçut qu'on n'avait réussi à l'appliquer qu'à très peu de cas dans le domaine des triages. C'est pourquoi le CN décida de créer de toutes pièces son propre simulateur.

Le simulateur traditionnel se compose d'un programme dit "boîte noire" qui traite les entrées (provenant généralement d'un fichier) et crée des sorties qui expliquent le comportement du système.

Toutefois, le CN n'a pas adopté ce procédé pour un certain nombre de raisons, telles que:

- le dynamisme et la complexité de la prise de décisions dans un triage;

- la nécessité d'être en mesure d'examiner rapidement de nouveaux principes d'exploitation comme solutions de rechange;
- le temps qu'il faudrait pour découvrir comment les décisions sont prises et pour programmer cette logique.

Il a plutôt mis au point une simulation interactive où le directeur de manoeuvre (ou DM) prenait les décisions dans le cadre des activités quotidiennes. Ce procédé a simplifié la tâche de la programmation et a créé une structure qui permettait d'en apprendre davantage sur les activités d'une cour grâce à l'observation du comportement du DM. Son succès se trouvait favorisé du fait que l'un des principaux responsables de l'analyse était le DM de la cour à l'étude.

Le produit: le simulateur

Le premier programme de simulation reposait sur une simplification considérable des activités d'un triage réel. Mais on le perfectionna au cours des ans, à mesure que s'y intégraient de nouveaux paramètres. Se fondant sur l'introduction de données effectuée manuellement, on poursuivit les études tout en continuant de perfectionner le programme.

Des liaisons étroites avec la clientèle garantissent que les améliorations seront apportées dans l'ordre de leur priorité. La simulation est conduite de façon interactive, à l'aide d'un terminal d'ordinateur, par le directeur de manoeuvre. On se sert de commandes simples et faciles à utiliser pour obtenir l'information et le contrôle nécessaires à la gestion du triage simulé.

Un système d'inventaire permanent enregistre l'emplacement des trains et des wagons dans le triage. Les rapports établis sont pratiquement des duplicata de ceux que produit le système d'inventaire permanent utilisé dans la cour même. Cela permet de réduire considérablement le temps nécessaire à un DM pour apprendre à utiliser le simulateur. En fait, il ne lui faut généralement qu'une semaine pour y parvenir.

Le DM assigne les tâches et les pauses aux équipes d'inspection et de manoeuvre. On avance une horloge une fois les affectations distribuées. Les événements simulés qui "repassent la main" au DM sont jalonnés de points de reprise pour qu'on puisse visualiser, au choix, l'ensemble ou l'essentiel de l'information sur l'écran.

Le DM exploite le triage simulé avec un analyste qui introduit, par l'intermédiaire d'un clavier, les décisions prises par le DM et s'acquitte de certaines tâches administratives. Ainsi, le DM peut se consacrer essentiellement à l'aspect planification de l'exploitation.

Une étude de ce genre exige environ deux mois. On commence par traiter une situation de base, puis on évalue les changements dans la stratégie d'exploitation de la cour en comparant les situations successives simulées à la situation de base. Les activités simulées se déroulent de deux à trois fois plus vite qu'en temps réel.

Il fallait atteindre certains objectifs primordiaux pour assurer le succès d'un modèle de simulation de cette importance et de cette complexité. Ainsi:

- La simulation est facile à effectuer. Ce but est atteint grâce au recours à l'interaction et aux données déjà familières au DM responsable.
- La collecte des données nécessite un minimum d'interventions de la part de l'utilisateur. On a effectué des liaisons avec les bases de données informatiques existantes pour automatiser un processus qui exige normalement beaucoup de temps.
- Le temps de réponse au terminal est de moins de deux secondes.
- La possibilité de repartir de n'importe quel point de la phase de simulation est essentielle à la réévaluation des stratégies d'exploitation. On a donc ajouté une capacité de conservation et de reprise qui a considérablement réduit les frais d'exploitation de l'ordinateur.
- Les données de sortie de la simulation sont faciles à lire et à comprendre pour les responsables de la direction de la cour. Le simulateur établit des rapports ayant les mêmes structures que ceux du système d'évaluation du rendement employé normalement pour le contrôle des activités quotidiennes.

Applications

Au cours des dernières années, le Service de transport du CN a eu recours à la simulation pour une foule de situations. Servant d'abord à l'étude de triages existants, les analyses peuvent avoir pour objet aussi bien la simple détermination des courants et des niveaux de pointe du trafic que la conception de stratégies opérationnelles comme solution de rechange (changements d'horaires, par exemple). Le modèle a également servi à étudier l'agencement de futures cours, compte tenu de limites de capacité très strictes. Une application courante est l'utilisation du programme comme simulateur dans le cadre d'un cours de formation des directeurs de manoeuvre. Enfin, la simulation sert à concevoir, essayer et mettre au point des outils de planification de la gestion, qui seront intégrés au système d'inventaire permanent.

Avantages

Aujourd'hui, les simulations ayant trait à la planification ne font appel qu'à 20% de la main-d'oeuvre que nécessitait l'ancienne méthode manuelle, et elles donnent de meilleurs résultats. On entreprend des analyses et des programmes de formation qui étaient autrefois irréalisables sur les plans technique et financier. On met au point des outils de planification de la gestion en temps réel qui permettront d'améliorer sensiblement l'exploitation des cours de triage. Les économies que ces améliorations permettront de réaliser à long terme sont de l'ordre de plusieurs millions de dollars par an.

Récapitulation

Le modèle de simulation utilisé dans les triages du CN représente une formule novatrice par rapport aux méthodes traditionnelles appliquées à l'étude de ces installations. Cet instrument interactif automatisé dépend d'un directeur de manoeuvre en ce qui concerne les décisions importantes. La nouvelle formule a permis de traiter toute une gamme d'applications allant de l'analyse de la capacité aux cours de formation. Outre les avantages immédiats qu'on peut tirer de l'analyse des activités courantes, on compte que des économies à long terme découleront de la mise au point d'outils de planification de la gestion pour l'exploitation des triages.

ANNEXE A

TABLE DE LA FONCTION DE RÉPARTITION DE LA LOI NORMALE $\mathcal{N}(0,1)$

$$\Phi(x) = P\{X \leq x\} = \int_{-\infty}^{x} \frac{1}{\sqrt{2\pi}} e^{-x^2/2}\, dx$$

x	0,00	0,01	0,02	0,03	0,04	0,05	0,06	0,07	0,08	0,09
0,0	0,5000	0,5040	0,5080	0,5120	0,5160	0,5199	0,5239	0,5279	0,5319	0,5359
0,1	0,5398	0,5438	0,5478	0,5517	0,5557	0,5596	0,5636	0,5675	0,5714	0,5753
0,2	0,5793	0,5832	0,5871	0,5910	0,5948	0,5987	0,6026	0,6064	0,6103	0,6141
0,3	0,6179	0,6217	0,6255	0,6293	0,6331	0,6368	0,6406	0,6443	0,6480	0,6517
0,4	0,6554	0,6591	0,6628	0,6664	0,6700	0,6736	0,6772	0,6808	0,6844	0,6879
0,5	0,6915	0,6950	0,6985	0,7019	0,7054	0,7088	0,7123	0,7157	0,7190	0,7224
0,6	0,7257	0,7291	0,7324	0,7357	0,7389	0,7422	0,7454	0,7486	0,7517	0,7549
0,7	0,7580	0,7611	0,7642	0,7673	0,7704	0,7734	0,7764	0,7794	0,7823	0,7852
0,8	0,7881	0,7910	0,7939	0,7967	0,7995	0,8023	0,8051	0,8078	0,8106	0,8133
0,9	0,8159	0,8186	0,8212	0,8238	0,8264	0,8289	0,8315	0,8340	0,8365	0,8389
1,0	0,8413	0,8438	0,8461	0,8485	0,8508	0,8531	0,8554	0,8577	0,8599	0,8621
1,1	0,8643	0,8665	0,8686	0,8708	0,8729	0,8749	0,8770	0,8790	0,8810	0,8830
1,2	0,8849	0,8869	0,8888	0,8907	0,8925	0,8944	0,8962	0,8980	0,8997	0,9015
1,3	0,9032	0,9049	0,9066	0,9082	0,9099	0,9115	0,9131	0,9147	0,9162	0,9177
1,4	0,9192	0,9207	0,9222	0,9236	0,9251	0,9265	0,9279	0,9292	0,9306	0,9319
1,5	0,9332	0,9345	0,9357	0,9370	0,9382	0,9394	0,9406	0,9418	0,9429	0,9441
1,6	0,9452	0,9463	0,9474	0,9484	0,9495	0,9505	0,9515	0,9525	0,9535	0,9545
1,7	0,9554	0,9564	0,9573	0,9582	0,9591	0,9599	0,9608	0,9616	0,9625	0,9633
1,8	0,9641	0,9649	0,9656	0,9664	0,9671	0,9678	0,9686	0,9693	0,9699	0,9706
1,9	0,9713	0,9719	0,9726	0,9732	0,9738	0,9744	0,9750	0,9756	0,9761	0,9767
2,0	0,9772	0,9778	0,9783	0,9788	0,9793	0,9798	0,9803	0,9808	0,9812	0,9817
2,1	0,9821	0,9826	0,9830	0,9834	0,9838	0,9842	0,9846	0,9850	0,9854	0,9857
2,2	0,9861	0,9864	0,9868	0,9871	0,9875	0,9878	0,9881	0,9884	0,9887	0,9890
2,3	0,9893	0,9896	0,9898	0,9901	0,9904	0,9906	0,9909	0,9911	0,9913	0,9916
2,4	0,9918	0,9920	0,9922	0,9925	0,9927	0,9929	0,9931	0,9932	0,9934	0,9936
2,5	0,9938	0,9940	0,9941	0,9943	0,9945	0,9946	0,9948	0,9949	0,9951	0,9952
2,6	0,9953	0,9955	0,9956	0,9957	0,9959	0,9960	0,9961	0,9962	0,9963	0,9964
2,7	0,9965	0,9966	0,9967	0,9968	0,9969	0,9970	0,9971	0,9972	0,9973	0,9974
2,8	0,9974	0,9975	0,9976	0,9977	0,9977	0,9978	0,9979	0,9979	0,9980	0,9981
2,9	0,9981	0,9982	0,9982	0,9983	0,9984	0,9984	0,9985	0,9985	0,9986	0,9986

BIBLIOGRAPHIE

ARROW, K.J., KARLIN S. et H. SCARF (1958). *Studies in the Mathematical Theory of Inventory and Production.* Stanford University Press, Stanford.

BELLMAN, R. et S. DREYFUS (1965). *La programmation dynamique et ses applications.* Dunod, Paris.

BIRTWHISTLE, G.M. (1979). *Discrete Event Modelling on SIMULA.* MacMillan, London.

BRATLEY, P., FOX, B.L. et L.E. SCHRAGE (1983). *A Guide to Simulation.* Springer-Verlag, New York.

BREIMAN, L. (1969). *Probability and Stochastic Processes with a View Toward Applications.* Houghton Mifflin, Boston.

CHOW, Y.S., ROBBINS, H. et D. SIEGMUND (1971). *Great Expectations: The Theory of Optimal Stopping.* Houghton Mifflin, Boston.

CHUNG, K.L. (1974a). *A Course in Probability Theory.* Second edition. Academic Press, New York.

CHUNG, K.L. (1974b). *Elementary Probability Theory with Stochastic Processes.* Springer-Verlag, New York.

CRAMER, H. (1945). *Mathematical Methods of Statistics.* Princeton, New Jersey.

DERMAN, C. (1970). *Finite State Markovian Decision Processes.* Academic Press, New York.

DYNKIN, E.B. et A.A. YUSHKEVICH (1969). *Markov Processes: Theorems and Problems.* Plenum Press, New York.

EMSHOFF, J.R. et R.L. SISSON (1970). *Design and Use of Computer Simulation Models.* MacMillan, New York.

FELLER, W. (1966). *An Introduction to Probability Theory and its Applications.* Volume 2. Wiley, New York.

FELLER, W. (1968). *An Introduction to Probability Theory and its Applications.* Volume 1, third edition. Wiley, New York.

FISCHER, R.A. (1962). *The Genetical Theory of Natural Selection.* Oxford (Clarendon) Press, London.

FISHMAN, G.S. (1973). *Concepts and Methods in Discrete Event Digital Simulation.* Wiley, New York.

FISHMAN, G.S. (1978). *Principles of Discrete Event Simulation.* Wiley-Interscience, New York.

FOX, B.L. et D.M. LANDI (1968). "An algorithm for identifying the ergodic subchains and transient states of a stochastic matrix". *Communications of the ACM,* **11**, 9.

GODEMENT, R. (1963). *Cours d'algèbre.* Hermann, Paris.

GREENBERG, S. (1972). *GPSS Primer.* Wiley, NewYork.

GURNANI, C. (1983). "Economic Analysis of Inventory Systems". *International Journal of Production Research,* **21**, 2 No.2, 261–277.

HADLEY, G. et T.M. WHITIN (1963). *Analysis of Inventory Systems.* Prentice-Hall, Englewood-Cliffs.

HENRION, M. (1985). "Software for Decision Analysis: A Review of Riskcalc, Arborist and Supertree". *OR/MS Today,* **12**, No.5, 25–29.

HILLS, P.R. (1973). *An Introduction to Simulation Using SIMULA*. Norwegian Computing Centre, Oslo.

HOEL, P.G., PORT S.C. et C.J. STONE (1971). *Introduction to Probability Theory.* Houghton Mifflin, Boston.

HOEL, P.G., PORT S.C. et C.J. STONE (1972). *Introduction to Stochastic Processes.* Houghton Mifflin, Boston.

HOLLOWAY, C. (1979). *Decision-Making under Uncertainty: Models and Choices.* Prentice-Hall, Englewood Cliffs.

HOWARD, R.A. (1960). *Dynamic Programming and Markov Processes.* M.I.T. Press, Cambridge.

HUBBARD, H.B. (1978). "Terminal Airspace/Airport Congestion Delays". *Interfaces*, **8**, February 1978, 1–14.

IBM (1971). *General Purpose Simlulation System V User's Manual.* Second edition. Publication SH20–0851–1. IBM, New York.

JEWELL, W.S. (1967). "A Simple Proof of $L = \lambda W$". *Ops. Res.*, **15**, 1109–1116.

KARLIN, S. et H.M. TAYLOR (1975). *A First Course in Stochastic Processes.* Second edition. Academic Press, New York.

KARLIN, S. et H.M. TAYLOR (1981). *A Second Course in Stochastic Processes.* Academic Press, New York.

KAY, I.M. (1972). "Digital Discrete Simulation: A Discussion and an Inventory". In *Fifth Annual Simulation Symposium;* K.W. Gohring, N.D. Swain et R.L. Sanders, editors. Gordon and Breach, New York.

KEMENY, J.G. et J.L. SNELL (1960). *Finite Markov Chains.* Van Nostrand, Princeton.

KENDALL, D.G. (1953). "Stochastic Processes Occurring in the Theory of Queues and their Analysis by Means of the Imbedded Markov Chain". *Ann. Math. Stat.*, **24**, 338–354.

KIVIAT, P.J., VILLANUEVA, R. et H.M. MARKOWITZ (1969). *The Simscript II Programming Language.* Prentice-Hall, Englewood Cliffs.

KOOPMAN, B.O. (1940). "The Axioms and Algebra of Intuitive Probability". *Ann. of Math. (2)*, **41**, 269–292.

LEE, A. (1966). *Applied Queueing Theory.* Macmillan, Toronto.

LEHMER, D.E. (1951). "Mathematical Methods in Large-Scale Computing Units". *Ann. Comp. Laboratory,* Harvard University, **26**, 141–146.

MAO, J.C. (1969). *Quantitative Analysis of Financial Decisions.* MacMillan, London.

MARKOWITZ, H.M., HAUSNER, B. et H.W. KARR (1963). *SIMSCRIPT: A Simulation Programming Language.* RAND Corporation RM–3310–pr 1962. Prentice-Hall, Englewood Cliffs.

MINE, H. et S. OSAKI (1970). *Markovian Decision Processes.* Elsevier, New York.

MORSE, P. (1958). *Queues, Inventories, and Maintenance.* Wiley, New York.

NAYLOR, T.H., BALINTFY, J.L., BURDICK, D.S. et K. CHU (1966). *Computer Simulation Techniques.* Wiley, New York.

NEDZELA, M. (1977). "Classification of the States of a Markov Chain with APL". Working Paper 77–22. Faculty of Administration, University of Ottawa.

NEDZELA, M. (1982). "The FERN Model: A Simulation of the Operations of the Atlantic Coast Offshore Trawler Fleet". Economic Policy Branch. Fisheries and Oceans Canada, Ottawa.

NEDZELA, M. (1986). *Introduction à la science de la gestion.* Troisième édition. Presses de l'Université du Québec, Québec.

NEVEU, J. (1972). *Martingales à temps discret*. Masson, Paris.

NEWELL, G.F. (1971). *Applications of Queueing Theory*. Chapman and Hall, Londres.

PAGE, E.S. (1965). "On Monte Carlo Methods in Congestion Problems: II. Simulation of Queueing Problems". *Ops. Res.*, **13**, 300–305.

PHILLIPS, D.T., RAVINDRAN, A. et J.J. SOLBERG (1976). *Operations Research: Principles and Practice*. Wiley, New York.

PRITSKER, A. (1974). *The GASP IV Simulation Language*. Wiley, New York.

PRITSKER, A. (1977). *Modeling and Analysis Using Q-GERT Networks*. Halsted Press et Pritsker and Associates.

PRITSKER, A. et C. PEGDEN (1979). *Introduction to Simulation and SLAM*. Halsted Press-Wiley, New York.

PRITSKER, A. (1984). *Introduction to Simulation and SLAM II*. Second Edition. Halsted Press.

RAIFFA, H. (1973). *Analyse de la décision*. Dunod, Paris.

RAND Corporation (1955). *A Million Random Digits with* 1 000 000 *Normal Deviates*. Free Press, New York.

ROSS, S.M. (1970). *Applied Probability Models with Optimization Applications*. Holden-Day, San Francisco.

ROSS, S.M. (1985). *Introduction to Probability Models*. Third edition. Academic Press. Orlando.

SAATY, T. (1961). *Elements of Queueing Theory*. McGraw-Hill, New York.

SARGENT, R.G. (1979). "An Introduction to the Selection and Use of Simulation Languages". Technical Report 79–1, Department of Industrial Engineering and Operations Research, Syracuse University.

SCHMIDT, J.W. et R.E. TAYLOR (1970). *Simulation and Analysis of Industrial Systems.* Richard D. Irwin, Inc., Homewood.

SCHRIBER, T.J. (1974). *Simulation Using GPSS.* Wiley, New York.

SILVER, E.A. et R. PETERSON (1985). *Decision Systems for Inventory Management and Production Planning.* Second edition. Wiley, New York.

SLAM (1972). *A Simulation Language for Analogue Modeling.* ICL, UK.

SMALLWOOD, R.D. (1966). "Optimal Policy Regions for Markov Processes with Discounting". *Ops. Res.*, **14**, 658–669.

STYAN, G. et H. SMITH, Jr. (1964). "Markov Chains Applied to Marketing". *Journal of Marketing Research,* February 1964, 50–55.

TAYLOR, H.M. et S. KARLIN (1984). *An Introduction to Stochastic Modeling.* Academic Press, Orlando.

TOCHER, K.D. (1963). *The Art of Simulation.* English Universities Press, London.

VATTER, P.A., BRADLEY S.P., FREY S.C. et B.B. JACKSON (1978). *Quantitative Methods in Management, Text and Cases.* Irwin, Homewood.

Von NEUMANN, J. et O. MORGENSTERN (1947). *Theory of Games and Economic Behavior.* Second Edition. Princeton University Press, Princeton.

WAGNER, H.M. (1969). *Principles of Operations Research with Applications to Managerial Decisions.* Prentice-Hall, Englewood Cliffs.

WAGNER, H.M. et T.M. WHITIN (1958). "Dynamic Version of the Economic Lot Size Model". *Management Science,* **5**, 89–96.

WARNSHUIS, P. (1968). ‘Graphic Illustration of the Central Limit Theorem”. Naval Undersea Warfare Center, Pasadena.

WATSON, H.J. et J.M. BAECHER (1979). “A Survey of Industrial Usage of Operations Research Techniques”. *Proceedings of the Fifteenth Annual Meeting of the Southeastern Chapter of TIMS*, Myrtle Beach.

WATSON, H.J. (1981). *Computer Simulation in Business.* Wiley, New York.

WHITE, D.J. (1985). “Real Applications of Markov Decision Processes”. *Interfaces,* **15**, No.6, 73–83.

ZEITOUN, L. (1983). “Notes du cours de recherche opérationnelle”. ESLSCA, Paris.

INDEX

D

E

F

G

U

V

Achevé d'imprimer au Canada
Imprimerie Gagné Ltée Louiseville